Gesamtverzeichnis des deutschsprachigen Schrifttums (GV) 1700 – 1910

Bearbeitet unter der Leitung von
Hilmar Schmuck und Willi Gorzny

Bibliographische und redaktionelle Beratung:
Hans Popst und Rainer Schöller

135

Sil – Soc

K · G · Saur München · New York · London · Paris 1985

CIP-Kurztitelaufnahme der Deutschen Bibliothek

Gesamtverzeichnis des deutschsprachigen Schrifttums :
(GV). – München, New York, London, Paris : Saur.
Bd. 1 – 6 bearb. unter d. Leitung von Peter Geils
u. Willi Gorzny.
ISBN 3-598-30000-X

1700 – 1910 / bearb. unter d. Leitung von Hilmar
Schmuck u. Willi Gorzny. Bibliograph. u. red.
Beratung: Hans Popst u. Rainer Schöller

NE: Schmuck, Hilmar [Bearb.]

135. Sil – Soc. – 1985.

Techn. Realisierung und Druck: Norbert Gärtner, Mainz-Kastel
Binden: Karl Schaumann, Darmstadt
Printed in the Federal Republic of Germany
ISBN 3-598-30000-X (Gesamtwerk)

Sila, od. die Macht des Seegens. Romant. Schausp. in 5 Aufz. 16. ($8\frac{1}{4}$ B.) München 841. (Gotha, Müller.)

Silas, das Haus am Walde. Eine Weihnachtsgeschichte für Kindergottesdienste u. Sonntagsschulen. gr. 16. (15 S.) Berlin 878. Hauptverein für christliche Erbauungsschriften. — 15

Silas, im Kampfe Frieden. Ein einfaches Bild aus großer Zeit. 8. (211 S.) Halle 874. Fricke. 1. 50

Silbenjagd, die, oder Unterhaltung am Theetisch durch Homonymen, Charaden u. s. w. Mit 1 illum. Kupfer. Taschenf. Dresden, Hartknoch. 818.

Silbenräthsel, einhundert auserlesene. Neue Ausg. 8. Hamb. Gundermann. 811. -

Silber: Lectiones Euripideae. 15 S.–Oels, Progr. 1856

Silber. Plan der grossherzoglich badischen Stadt Pforzheim. 1 : 3000. Pforzheim 1876 und 1890. Je 1 Bl. c. L.

Silber, Plan der grossherzogl. badischen Stadt Pforzheim. Nach den Katasterplänen redig. und gez. 1 : 3000. 4 Bl. Lithogr. und color. Imp.-Fol. Pforzheim 877, (Riecker's Buchh.) * 8 —

Silber, Alfred [aus Reutlingen]: Ueber die Bestandtheile der Bryonia-Wurzel m. bes. Berücks. des darin vorkommenden bittern Stoffes ... Frankfurt a. M., Druck v. Gebr. Knauer, 1894; 22 S. 8.
Erlangen, Phil. Fak., Inaug.-Diss. v. 1894

Silber, Benjamin [Wirkl. Name], s.a. Blum, Eduard [Pseud.] u.: Sebald, Karl.

Benjamin Silber's vertraute Briefe über die Schrift des Freymaurers [Friedr.] Mossdorf: „Mittheilungen" „an denkende Freymaurer" hrsg. von dem Verf. jener Schrift. Dresden: [Mossdorf], Freyberg: Gerlach 1819. 84 S. 8°
Kl. 2848. Mit Anm. von Mossdorf. Im Anh. Auszüge aus „Fesslers Ansichten von Religion u. Kirchenthum". 23. 25.

(Silber, Benjamin:) Erzählungen. O. O. 1820. 8°

LIEBE, Die getäuschte, eine Autobiographie (von *Benjamin Silber*). Weissenfels 1802.
Anon.-Lex. III. p. 59 (nach Goedeke).

OPIATE in kleinen Erzählungen (von *Benjamin Silber*, 1772—1821). 3 Thle. Freiberg 1804—5. 8°. Zahm.
Neue Allg. dtsch. Bibl. 96, 305. — Anon.-Lex. III. p. 236 (nach Goedeke).

RICHARD und Angelika. (Roman von *Benjamin Silber*.) Leipzig 1805.
Anon.-Lex. III. p. 384 (nach Goedeke).

Silber, Benjamin (Hrsg.), s. Silber, Chr. August Heinr.: Liturg. Vermächtniß für seine Zeitgenossen.

XANTIPPE (!), Die deutsche, oder der zerstörte Hausfriede. Ein Warnungspiegel für junge Ehemänner. (Zieml. zahmer Roman vom Major *Benj. Silber*, 1778—1821.) Weissenfels u. Leipzig, in Commiss. der Böseschen Buchhandlung, 1805. 8°. 302 S. (incl. Titel). (1 Mk. 80 Pfg. H. Lesser, Breslau, 1875.)
Zuerst mit d. Tit.: Die getäuschte Liebe, eine Autobiographie von *Eduard Blum* (d. i. *Benj. Silber*). Ebd. 1802. 8°. — Goedeke VI, 390, 21, 1: Neue Allg. dtsch. Bibl. 81, 101; 101, 69; Kayser hat p. 136 irrig „1804".

Silber, Christoph (Christian?) August Heinrich

Silber, Cph. Aug. Hnr., († 1797.) Samml. auserles. Lieder. 8. Freiberg 800. Graz u. G. 2 gr (Aus dessen „Vermächtniß" abgedr.)

—liturg. Vermächtniß für seine Zeitgenossen; (hrsgg. v. Benj. Silber). 8. Freiberg 800. Graz u. G. 4 gr

Silber, Christian August Heinrich. Liturgisches Vermächtniss für seine Zeitgenossen. Freyb. 1800. II: *Silber, Benjamin.* (Ky) (MGT)

Silber, E., die verlegten Schlüssel, s.: Bloch's, E., Dilettanten-Bühne.

Silber, Ernst. Mitgiftjägerei. Ein Weckruf an alle einsicht. Väter u. Mütter. gr. 8. (32 S.) Berl. 892, W. Zimmermann. * 1 —

Silber, Ernst Woldemar

Silber, Ern. Woldemar (geb. Annaburg in d. Prov. Sachs. [illegible]): De Euripidis Bacchis. Berolini (1837). (71 S.) 8°.
Berlin. Phil. Diss. v. 29. Juli 1837

Silber, Ernst Woldemar: Der Director an die Einwohner. 11 S. – Oels, Progr. 1855.

Silber, Ernst Woldemar: Das Gymnasium und seine Stellung zur Gegenwart. 40 S. – Kreuznach, Progr. 1853.

Silber: Kanon der Schulautoren, 7 S. – Oels, Progr. 1859.

Silber: Lectiones Euripideae. 15 S. – Progr. Oels 1856.

Silber: Der historisch-geographische Lehrplan. 10 S. – Oels, Progr. 1858.

Silber: Der Religionsunterricht im Gymnasium zu Oels. 10 S. – Oels, Progr. 1856.

Silber: Die Schulordnung des Gymnasiums zu Oels. 14 S. – Oels, Progr. 1857.

Silber Über den philologischen Unterricht in den Gymnasien. 36 S.
Saarbrück, Progr. 1846

Silber: Ueber Vokabularien. 4 S. – Oels, Progr. 1860.

Silber, Erwin, Hypnotismus u. Suggestion, ihre Bedeutg. u. Heilwirkg. Gemeinverständl. dargest. gr. 8. (48 S.) Dresden 898. Verlag d. Diätet. Heilanstalt. — 75

[F.] **Silber,** Erwin [pr. Arzt aus Zabrze (Schles.)]: Das Überleben der Frucht und der Kaiserschnitt an der Todten ... Leipzig, Druck v. Sellmann & Henne, 1895; 31 S., 1 Bl. 8.
Leipzig, Med. Fak., Inaug.-Diss. v. 10. Okt. 1895

Silber, F., Alphabete. Deutsche u. Englische Uebungen. 1. Heft, enthaltend deutsche u. engl. Current-, Kanzlei-, französische, Fractur-, gothische, altgothische, musirte römische u. Kartenschrift. qu. gr. 8. (9 Blätt.) Berlin 841. (Heymann.) n. 1/3 ₰

Silber, F., Schulvorschriften. 5 Hfte. qu. gr. 8. Berlin, (Heymann.) à * 1/3 Thlr. *
(Hft. 1.) Alphabete. Deutsche u. engl. Uebungen. 1. Hft., enth. deutsche u. engl. Current-, Kanzlei-, französ., Fractur-, gothische, altgoth., musirte röm. u. Kartenschrift. (9 lith. Bl.) 842.
(— 2.) Deutsche Schul-Vorschriften. (9 lith. Bl.) 842.
(— 3.) Engl. Schul-Vorschriften. (9 lith. Bl.) 842.
(— 4.) Deutsche u. engl. Schul-Vorschriften d. höh. Kalligraphie. (I.) 8. (9 lith. Bl.) 841.
(— 5.) Deutsche u. engl. Schul-Vorschriften d. höh. Kalligraphie. (II.) (9 lith. Bl.) 842.

— Deutsche Schul-Vorschriften. qu. gr. 8. (9 Blätter.) Ebend. 841. n. 1/3 ₰

— Deutsche u. Englische Schul-Vorschriften der höhern Kalligraphie. 4. Heft. qu. gr. 8. (9 sauber lith. Blätter.) Ebend. 841. (à) n. 1/3 ₰ — 5. Heft. qu. gr. 8. (9 sauber lith. Blätter.) Ebend. 842. (à) n. 1/3 ₰

Silber, F., Deutsche u. Engl. Schul-Vorschriften. 16 Hft. (17 lithogr. Blätter.) qu. 8. Berlin 839. (Heymann.) n. 5/12 ₰

— Englische Schul-Vorschriften. qu. gr. 8. (9 Blätter.) Ebend. 841. n. 1/3 ₰

Silber, F., deutsche u. engl. Vorlege-Blätter zum Schön- u. Richtig-Schreiben, enth. die gebräuchlichsten Aufsätze, Anzeigen, Briefe u. Billets für das bürgerl. u. Geschäfts-Leben. 3 Hfte. 4. (12 B.) Berlin 846, (Riess.) *

Silber, F. A., neubegründete, auf d. einfachsten u. fassl. Grundsätze zurückgeführte theoret.-prakt. Schreibschule. Für Schulen u. d. Selbstunterr. d. Kupferstecher, Lithographen, Kalligraphen, Graveurs, Maler, Zeichner etc. (Mit e. Vorr.: Ueber d. Würdigung d. Kalligraphie als Kunst v. K. Rosenberg.) qu. gr. Fol. (11 lith. Bl. u. 4 B. Text.) Berlin 832. (Leipzig, Wienbrack.)

Silber, Fr., die Münzen, Maße und Gewichte aller Länder der Erde einzeln berechnet nach ihren Werthen und Verhältnissen zu allen deutschen Münzen, Maßen u. Gewichten. Nebst Angabe der Handelsplätze u. deren Rechnungsverhältnisse. Leipzig 861. Ruhl. 8. (VIII, 480 S.) n. 1 ₰ 10 ngr.

Silber, Georg: Über die Behandlung der Buhonen. *Leipzig-Reudnitz 1897: A. Hoffmann.* (41 S.) 8°
Leipzig, Med. Diss. v. 28. Sept. 1897

Silber, Georges, Kiew, Harting & Co., s.: Longuet, Jean.

Silber, K. Heinrich

Silber, C.: Über den gothischen Dativ. 16 S.
Naumburg, Progr. 1845

Silber, K. Heinr.: Ueber die Modus im Neu-Hochdeutschen. 20 S. – Naumburg, Progr. 1854.

Silber: Schiller als nationaler Dichter. Schulrede. 15 S. –Naumburg, Progr. 1860

Silber, Karl Andreas

— Abhandl., daß die Lehre vom Gebet der Vernunft gemäß sey. 8. Kopenh. 758.

Silber, K. And., Erdbeschreibung f. Schulen aus Büsching. 8. Kopenh. Proft. 764.

Silber, Max [aus Breslau]: Wie verhält sich die Erregbarkeit der peripheren motorischen Nerven im Schlaf? ... Breslau, Druck v. Th. Schatzky, 1896; 34 S. 8.
Würzburg, Med. Fak., Inaug.-Diss. v. 1896

Silber, Max, womit sind die ansteckenden Geschlechtskrankheiten als Volksseuche im Deutschen Reiche wirksam zu bekämpfen? Preisschrift, gekrönt m. dem Preise des Hrn. Kommerzienrat Dr. Willmar Schwabe zu Leipzig, Vorsitzender der Ortskrankenkasse f. Leipzig u. Umgegend. Hrsg. v. der Ortskrankenkasse f. Leipzig u. Umgegend. 1. u. 2. Aufl. 1.—13. Taus. gr. 8. (à 64 S.) Leipzig 902. B. Konegen. n. — 60

Womit sind die ansteckenden Geschlechtskrankheiten als Volksseuche im Deutschen Reiche wirksam zu bekämpfen? Preisschrift von Dr. Max Silber, Arzt in Breslau. 2. Aufl. *Leipzig: B. Konegen in Komm. 1903.* (64 S.) 8° [δ.] [04. 1641 2

Silber, O. H. Paul

Silber, O. H. P., prakt. Diätetik. E. treuer Führer f. Jedermann. 3 Bdchn. gr. 8. (84, 98 u. 68 S.) Leipzig 895. R. Böhm. à n. 1. 50 (in 1 Bd. [250 S.]: n.n. 4. 50)

Praktische Diätetik. E. treuer Führer f. Jedermann v. O. H. P. Silber ... 4. Aufl. (In 6 Lfgn.) *Berlin: A. Frantz [1896].* (250 S.) 1 Bd 8. [97. 879

— dasselbe. 4. [Titel-] Aufl. gr. 8. (250 S.) Berlin (895) 897. A. Frantz. Geb. n. 4. 50
Erschien auch in 6 Lfgn. à n. — 50.

— Schloss Hummelshain, e. Juwel deutscher Renaissance-Baukunst, erbaut v. Ihne u. Stegmüller. (†) 34 Taf. Salon-Lichtdr. m. 60 Aufnahmen f. Architekten, Studirende, Kunstfreunde u. s. w. gr. Fol. (4 S. Text.) Leipzig 897. P. Schimmelwitz & Co. In Mappe n. 32. —

Silber, P., malerische Motive. Fol. (26 Lichtdr.-Taf. m. 6 S. Text.) Leipzig 894. J. Werner. In Mappe. n. 25. —; in 2 Lfgn. à n. 12. 50; Mappe allein n.n.n. 1. 50

Praktische Schattenkonstruktionen und Perspektiven. Isometrie, Dachdurchdringgn u. Dachausmittelgn. F. techn. Unterrichtsanst., Architekten, Ing., ... sowie z. Selbststudium. 21 Taf. in farb. Lithographiedr. nebst e. Vorw. v. O. H. P. Silber, Architekt. ... *Berlin: A. Frantz 1897.* (2 Bl., 21 Taf.) 1 Bd quer-4. [98. 3233

Silber, O. H. P., praktische Schattenkonstruktionen u. Perspektiven, Isometrie, Dachdurchdringungen u. Dachausmittelungen. Für technische Unterrichtsanstalten, Architekten, Ingenieure, Bildhauer, Maler, Zeichenlehrer etc., sowie zum Selbststudium. 21 Taf. in farb. Lithographiedr. nebst e. Vorwort. 2. Aufl. qu. Fol. (1 Bl. Text.) Berlin 900. A. Frantz. n. 6. —; in Mappe n. 7. 50

— Schlosswerke. A, B u. C. 2. [Titel-]Aufl. Ebd. (900). n. 55. —; in Mappe n. 59. 50
A. Rococo-Schloss Wilhelmsthal bei Kassel. 45 Abbildgn. auf 30 Fol.-Taf. in Lichtdr. nebst 4 S. Text [894.] n. 20. —; in Mappe n. 21. 50
B. Schloss Hummelshain, Besitzthum Sr. Hoh. des Herzogs v. Sachsen-Altenburg. Ein Juwel deutscher Renaissance-Baukunst, erbaut vom Geh. Hofbaur. E. Ihne u. Archit. Stegmüller. 60 Abbildgn. auf 34 Fol.-Taf. in Lichtdr. nebst 4 S. Text. [897.] n. 20. —; in Mappe n. 21. 50
C. Schloss „Fröhliche Wiederkunft“, Besitzthum Sr. Hoh. des Herzogs v. Sachsen-Altenburg. Ein Juwel goth. Architektur. 54 Abbildgn. auf 30 Fol.-Taf. in Lichtdr., nebst 4 S. Text m. wichtigen baugeschichtl. Notizen u. 2 Portr. [897.] n. 15. —; in Mappe n. 16. 50

Silber, O. H. Paul, ausgewählte Skizzen f. 60 praktische Villen u. eingebaute Wohn- u. Geschäftshäuser in den modernsten Baustylen f. Interessenten jeder Art. gr. Fol. (35 photolith. Bl. Berlin 891. (A. Frantz.) 7. —

— 60 ausgew. prakt. Villen u. eingebaute Wohn- u. Geschäftshäuser in d. modernsten Baustylen f. Interessenten jeder Art. 4. Aufl. gr. Fol. (35 Taf.) Berlin 895. A. Frantz. 7. —

Silber, O. H. P., Schloss „Fröhliche Wiederkunft", e. Juwel gothischer Kleinkunst, enth. 30 Taf. Salon-Lichtdr. in 54 Aufnahmen. gr. Fol. (4 S. Text m. 2 Portr.) Leipzig 897. P. Schimmelwitz & Co. In Mappe n. 27.

— Schloss Wilhelmsthal bei Cassel. (Besitzthum Sr. Maj. Kaiser Wilhelm II.) (Liebhaber-Ausg.) Fol. (30 Lichtdr.-Taf. u. 4 S. Text.) Kassel 894. A. Freyschmidt. In Mappe n. 30. —; in eleg. Mappe n. 35. —; Künstler-Ausg. in Mappe n. 26. 50; in 3 Lfgn. à n. 8. 50; Mappe allein n.n.n. 1. 50

— Schloss Wilhelmsthal bei Cassel. (Besitzthum Sr. Maj. Kaiser Wilhelm II.) (Neue [Titel-] Ausg.) gr. Fol. (30 Lichtdr.-Taf. m. 4 S. Text.) Ebd. (894) 897. In Mappe n. 27. —

Silber, Paul, über Diaethylglycolsäure u. deren Abkömmlinge. gr. 8. (III, 64 S.) München 877. Th. Ackermann. n. 1. 20

Silberausbringen, d., d. chursächs. Erzgebirges, s. F. W. H. v. Trebra.

Silberbach, meiner Tochter Therese von, Lebenslauf, Deutschlands edelsten Töchtern gewidmet, 2 Thle. mit Kupf. zweyte verbesserte Aufl. 8. Berlin, 788. Maurer. 1 Rthl. 10 sgl.

Silberbach, v., Reise durch e. ungenannten Theil Deutschlands. 3 Thle. 8. Meldorf. Boje. 788–93. (1r 2r 2 Rthlr. 3r 1 Rthlr. 4 gr.)
Vgl. Ehrenfall, J.G.

Silberbach, des Grafen von, Reise durch einen ungenannten Theil Deutschlands. 3 Theile. 8. Meldorf. 788 — 93. Jetzt Hammerich in Altona.

Silberbach, Max: [1.] Nitropapaverin und dessen Reduktionsprodukte. [2.] Destillation von Guajacol mit Bleioxyd. [3.] Zur Kenntnis des m-Oxybenzalazins. Berlin 1903: A. W. Schade. (32 S.) 8°
Berlin, Phil. Diss. v. 1. Aug. 1903

Silberberg, Ludw., Gesetz üb. den Absatz v. Kalisalzen. Mit Erläutergn. u. Sachregister. (VI, 140 S.) 8. Halle 910. W. Knapp. 5. 40

Handbuch des Deutschen Kartellrechts. Von Dr. Ludwig Silberberg. Berlin: Puttkammer & Mühlbrecht 1910. 327 S. 8° [10. 11017 5

Silberberg, Ludw., Handbuch f. die Leitg. u. Praxis der deutschen u. d. in Deutschland arbeitenden nichtdeutschen Feuerversicherungs-Gesellschaften in 2 Thln. gr. 8. (66 S.) Altona 895. (Schlüter.) n. 6. —

— Kaliwerte u. Kaligesetz. (V, 23 S.) 8. Berlin 911. Verlag der Kuxen-Zeitg. 1.50

— s.: Kartell-Jahrbuch, deutsches.

Silberberg, Ludwig: Das Kontrahieren des Geschäftsführers mit Generalhandlungsvollmacht im eigenen Namen und im eigenen Interesse. Berlin 1908: Buschhardt. 45 S. 8°
Heidelberg, Jur. Diss. v. 1908, Ref. v. Lilienthal

Silberberg, Ludw. Wegweiser f. Feuerversicherungsbeamte in sämmtl. deutschen Staaten unter Berücksicht. der daselbst geltenden gesetzlichen Bestimmgn. u. Verwaltungsvorschriften. gr. 8. (IV, 79 S.) Altona 890, (Schlüter). ** 4 —

Silberberg, Max, Medizinalprakt.: Ueber das Frühaufstehen nach Laparotomien. Berlin 1909: Streisand. 32 S. 8°
Freiburg i. B., Med. Diss. v. 1909, Ref. Krönig
[Geb. 22. Sept. 85 Berlin; Wohnort: Freiburg i. B.; Staatsangeh.: Preußen; Vorbildung: Realgymn. Berlin Reife O. 04; Studium: Berlin 8, Freiburg i. B. 2 S.; Coll. 29. Okt. 09.] [U 10. 1006

Silberberg, Maximilian. Ueber den Einfluss der Hydrierung auf das Drehungsvermögen. Diss. Phil. Basel. 58 S. 8. Bern, W. Wälchli, 1902.

[Hebr. u. Ant.] **Silberberg,** Moritz [aus Posen]: Sefer **hammispâr.** Buch der Zahl, ein arithmetisches Werk von **Abraham ibn Esra.** Text d. Einl. d. A. ibn Esra m. deutscher Übs. u. Anm. ... Halle a. S., Hofbuchdr. v. C. A. Kaemmerer & C., 1891; 30 S., 1 Bl. 8.
Halle, Phil. Fak., Inaug.-Diss. v. [2. Okt.] 1891

Silberberg, Mor. (Hrsg.), s.o. Abraham Ibn Ezra: Sefer Ha Mispar. Das Buch der Zahl.

Silberberg, Moritz Julius

Silberberg, Mauritius Julius *(geb. Kochanowitz in Oberschles. 24. 6. 1821)*: De pyaemia. Vratislaviae (1866). (34 S.) 8°
Breslau, Med. Diss. v. 31. Juli 1866

Silberberg, Nathan, die Incubation und Verbreitungsweise der Masern mit Rücksicht auf eine selbsterlebte Epidemie. Inaugural-Dissertation. gr. 8. (82 S.) Breslau 885, (Köhler.) * 1 —

Silberberg, Otto, approb. Arzt: Aus d. Augusta-Hospital d. Vaterländ. Frauen-Vereins zu Breslau (Dr. Tietze). Über die Naht der Blutgefässe. Klinische u. experimentelle Untersuchungen. *Breslau 1899: Th. Schatzky.* (59 S.) 8°
Breslau, Med. Diss. v. 17. Apr. 1899

Silberberg, Rudolf, aus Grätz, Referendar bei d. Staatsanwaltsch. am Kgl. Landgericht zu Meseritz: § 111 des Strafgesetzbuches für das Deutsche Reich in seinem Verhältnis zur Lehre von der Teilnahme. *Grätz (Posen): H. Hartmann 1902.* (57 S.) 8° [Ant. u. F.]
Erlangen, Jur. Diss. v. 5. Apr. 1902

Bergbau, der Silber- und Blei-, zu Přibram (Böhmen). Zur Feier der im Adalbertschachte erreichten Saigerteufe von 1000 Meter. Herausgeg. von der k. k. Bergdirektion zu Přibram. Mit 3 Tfln. Wien 1875. Fol. brosch. (84 S.)

Silberberger Richard: Studien über die quantitative Bestimmung von Schwefelsäure. S. 112. Hh. 944 . . . .
Separatabdruck

Silberblicke. Eine Reihe leucht. Beweise der Hilfe Gottes. (Neue Sammlg.) 2. Aufl. gr. 16. (IV, 301 S.) Eisleben 885. Christl. Verein im nördl. Deutschland. Geb. — 98

Silberblicke aus dem menschl. Leben. Eine Gabe f. Jünglinge u. Jungfrauen von christl. Eltern. 8. (7½ B.) Stuttgart 845, Verlagsbureau.

Silberblüthen, herausgeg. von Fr. v. Sydow. 2 Bdchn. 8. Erfurt, Keyser. 819. 820. à 1 Rthlr. 12 Gr.

Silberborth, Hans: Erzbischof Albrecht II. von Magdeburg von seiner Erwählung bis zum Tode Ottos IV. Halle a. S. 1910: Kaemmerer. 76 S. 8°
Halle, Phil. Diss. v. 28. April 1910, Ref. Lindner
[Geb. 30. Jan. 87 Magdeburg; Wohnort: Magdeburg; Staatsangeh.: Preußen; Vorbildung: König-Wilhelms-Gymn. Magdeburg Reife M. 06; Studium: Göttingen 2, Berlin 1, Halle 4 S.; Rig. 10. Jan. 10.] [U 10. 1799

Silberborth, Wilhelm, aus Berlin: Über [!] **Reiskörperhygrom** der Bursa subdeltoidea. *Greifswald 1900: J. Abel.* (41 S.) 8°
Greifswald, Med. Diss. v. 15. Juni 1900

Silberbusch, Reinhold: Über den Einfluß der Coriolis'schen Kraft auf die Drehung des Foucault'schen Pendels. S. 3 - 12. 8.
Progr. K. k. I. Staatsgymn. *Czernowitz* 1906

Silbereinlösung (Ueber die) in Oesterreich und das Papiergeld, geschrieben in der Schweiz im März 1810. 8°. Schafhausen 1810.
(Fr.Bruder in Lpz.)

Silbereisen, Franc. Seraph., Balde, Horatius germanus, in principiis suis repraesentantus. Sive sententiae ab ipso praeclare cantatae, quas omnes — M — velut in areola florum perennium ad majorem philosophiae gloriam et honorem complantavit F. C. S. gr. 8. (166 S. mit lithogr. Portr.) Ratisbonae 880. (Altötting, Lutzenberger.)

Silbereisen, Franc. Seraph., Bruderschafts-Büchlein für die Mitglieder des lebendigen oder ewigen Rosenkranzes. 2. Aufl. gr. 16. (23 S.) Passau 877. Bucher. — 15

— des seraphischen Vaters St. Franciscus von Assisi Leben u. Wirken, nebst den wichtigsten Schauplätzen desselben. In Wort u. Bild. 8. (44 S.) Altötting 882. Lutzenberger. n. — 50

—— die schwarze aber schöne Tochter von Nazareth Mirjam. Eine lyrisch-didaktische Epopöe in 83 herzigen Gesängen. Zur Feier der marian. Mysterien in allen Kreisen des menschl. Lebens. gr. 8. (32 S.) Ebendas. 882. **

Silberer, G., s. Sil Vara.

Silberer, Hubert (Herbert?)

Silberer, Herb., Anleitung zum Gummidruck. (32 S.) schmal 8. Wien 903. Verlag der allg. Sport-Zeitung.
Sonderabdruck aus: „Allg. Sport-Zeitg." n. 1. —

— 4000 Kilometer im Ballon. Mit 28 photograph. Aufnahmen vom Ballon aus. (VIII, 136 S.) gr. 8. Leipzig (903). O. Spamer. n. 4.50; geb. in Leinw. n. 6. —

Silberer, Viktor

Silberer, Vict., April-Kalender 1886. 16. (18 S.) Wien, Verlag der Allgemeinen Sportzeitung. * — 60

Silberer, V., April-Kalender 1887. 16. (31 S.) Wien, Verlag der „Allgem. Sport-Zeitung". n. 1. —

Silberer, Victor, April-Kalender 1891. 16. (54 S.) Ebda. —.50

— dasselbe. April-Kalender 1898. 16. (1, 37 S.) Ebd. n. — 60

Silberer, Vict., April-Kalender der Allgemeinen Sport-Zeitung 1902. 16. (81 S.) Wien, Verlag der Allg. Sport-Zeitg. n. — 60

Silberer, Vict., April-Kalender der allgem. Sport-Zeitung 1901. (36 S.) 16. Wien, Verlag der allgem. Sportzeitung. n. — 60

Silberer, Vict., April-Kalender der allgem. Sport-Zeitung. 1910. (31 S.) 16. Wien, Verlag der allgem. Sport-Zeitg. —60

Silberer, V. v., August-Kalender 1889. 24. (106 S.) 1. -
Wien: Vlg.d."Allgem.Sportzeitung".

Silberer, Victor, August-Kalender. 1897. 16. (196 S.) Ebda. 1.—

— dasselbe. August-Kalender 1898. 16. (195 S.) Ebd. n. 2. —

August-Kalender von Victor Silberer. Wien. 1899. Verlag der „Allgemeinen Sportzeitung". 16°. 216 S. fl. 1.—

August-Kalender von Victor Silberer. Wien. 1901. Verlag der „Allgemeinen Sportzeitung". 16°. 228 S. K 2

— August-Kalender der Allgemeinen Sport-Zeitung 1902. 16. (251 S.) Ebd. 902. n. 2. —

Silberer, V., August-Kalender 1903. 8°. (271 S.) K 2.—
Ebda.

— August-Kalender der allgem. Sport-Zeitung. 906. (259 S.) 16. Ebd. n. 2. —

— August-Kalender der allg. Sport-Zeitg. 1910. (318 S.) 16. Ebd. 2. —

Silberer, Vict., Im Ballon! Eine Schilderung der Fahrten des Wiener Luftballons „Vindobona" im J. 1882, sowie der früheren Wiener Luftfahrten [1791 bis 1881], weiters eine Beschreibung der bedeutendsten und interessantesten Ascensionen, die überhaupt je stattgefunden haben, und endlich eine Aufzählung aller jener Luftfahrten, bei denen Menschenleben zum Opfer gefallen sind. 8. (VIII, 324 S. mit 14 Holzschn.-Abbild.) Wien 883, Verlag der Allgem. Sport-Zeitung. geb. *

Silberer, Victor, Bycycle-Buch für 1883. Taschenformat. (80 S.) Wien, Verl. d. allgem. Sportzeitung. Eleg. geb. 2 fl.

Silberer, Victor, Derby-Kalender 1890. 16. (74 S.) —.50
Wien: "Allgem.Sportzeitung".

Silberer, Victor, Journalist. Ueber die locale Entwicklung Wiens und die auf dieselbe abzielenden Projecte. Vortrag, gehalten im niederösterreichischen Gewerbevereine am 5. März 1875. Separatabdruck aus der „Wochenschrift des niederösterreichischen Gewerbevereines". 8. Wien 1876.

Silberer, Victor, Frühjahrs-Kalender. 16. (64 S.) Ebda.1897. —.30

— Frühjahrs-Kalender d. Allgem. Sport-Zeitung 1898. 16. (66 S.) Ebd. n. — 60

Frühjahrs-Kalender von Victor Silberer Wien. [1899.] Allgemeine Sportzeitung. (V. Silberer.) 16°. 72 S. fl —.30

Frühjahrs-Kalender von Victor Silberer. Wien. 1901. Allgemeine Sportzeitung. 16°. 63 S. K —.60

Silberer, Vict., Frühjahrs-Kalender der Allgem. Sport-Zeitung 1902. 16. (71 S.) Wien, Verlag der Allg. Sport-Zeitg. n. — 60

Silberer, V., Frühjahrs-Kalender. 16°. (78 S.) K —.60
Ebda. 1903.

— Frühjahrs-Kalender der allgem. Sport-Zeitung. 906. (79 S.) 16. Ebd. n. — 60

— Frühjahrs-Kalender der allg. Sport-Zeitung. 1910. (95 S.) 16. Ebd. — 60

Silberer, Victor, Eigenthümer der „Militär-Zeitung". Die Generalität der k. k. Armee. (Mit 169 Portraits im Texte.) (2 Bde.) Fol. Wien 1877.

Silberer, V. Die Generalität der k. k. Armee. 46 Lief. fol. Wien 1877—79. 180,00.

Silberer, Viktor: Grundzüge der praktischen Luftschiffahrt. Handbuch f. angehende Ballonführer, prakt. Anleitung z. Gebr. u. z. richtigen Behandlung des Kugelballons. Mit 23 Abb. u. vielen Vignetten. Berlin: R. C. Schmidt 1910. 248 S. 8°
(Bibliothek f. Luftschiffahrt u. Flugtechnik. Bd 2.)

Silberer, Victor, Handbuch d. Athletik u. d. Trainings für alle Sportszweige. 8. (275 S. m. 8 Illustr.) Wien, Verlag d. Allgem. Sportzeitung. Eleg. sportmässig geb. 3 fl. 1885.

Handbuch der Athletik nebst einer Anleitung zum Boxen. Von Victor Silberer. Mit 88 erläuternden Holzschnitten. 2. gänzlich umgearbeitete Auflage. Wien. 1900. Allgemeine Sport-Zeitung. 8°. XII, 461 S. Geb. fl. 3.—

—— und George Ernst, Handbuch des Bicycle-Sport. 8. (336 S. mit 124 Holzschn.-Illustr.) Wien 883, Verlag der Allgem. Sport-Zeitung. geb. *

—— und George Ernst, Handbuch des Bicycle-Sport. 2. verb., namentlich auch unter Berücksicht. des „Tricycle" vielfach verm. und nach dem Fortschritte des Bicycle- und Tricycle-Sport bis zur neuesten Zeit ergänzte Aufl. 8. (374 S. mit 156 Illustr.) Ebendas. 885. In elegantem Leinwbd. * 5 40

— u. Otto Baron **Dewitz,** Handbuch f. Hindernissreiter. 8. (VIII, 237 S.) Ebend. 886. geb. n. 5. 40

—— Handbuch des Renn-Sport. 8. (180 S.; Anhang 139 S. mit 10 Abbild., Holzschntaf.) Wien 881, Hartleben's Verlag. geb.

Silberer, Vict., Handbuch des Ruder-Sport. 8. (VIII, 217 S. mit 28 erläuternden eingedr. Holzschn. und Anhang XLIX S.) Wien 879, Hartleben's Verlag. geb.

—— Handbuch des Ruder-Sport. 2. verm. und ergänzte Aufl. 8. (XIV, 293 S. mit 40 erläut. Holzschn.) Ebendas. 882.

Silberer, Vict., Handbuch des Ruder-Sport. Mit 2 Portraits u. 49 erläut. Holzschn. 3., verm. u. verb. Aufl. 12. (XVI, 281 S.) Wien 897. A. Hartleben. Geb. in Leinw. n. 5. 40

—— Handbuch des Traber-Sport. 8. (220, 100 S. mit 8 Abbild., Holzschntaf.) Ebendas. 880. geb.

Silberer, Viktor, s. Herbst-Kalender.

Silberer, Victor, Herbst-Kalender 1884. 16. (69 S.) Wien, Verl. d. „Allgem. Sportzeit." (Vict. Silberer). 1 fl.

—— Herbst-Kalender 1885. Ein statist. Handbuch der Renn-Ergebnisse des J. 1885 bis zum Schlusse der Wiener Herbst-Rennen. (1. Jahrg.) 16. (73 S.) Wien, Verlag der Allgem. Sport-Zeitung.

—— Herbst-Kalender 1886 und 1888. 16. (83; 120 S.) Ebendas. à Jahrg. * 2 —

Silberer, Victor, Herbstkalender 1891. 16. (157 S.) 1.—
Wien: "Allgem. Sportzeitung".

Silberer, Victor, Herbst-Kalender. Extra-Ausgabe 1893. 16. (176 S.) Ebda. 1.—

Silberer, V., Herbst-Kalender der Allgemeinen Sport-Zeitung. 16. (180 S.) Wien 894. Verl. d. Allg. Sport-Zeitung. n. 2. —

Silberer, Victor, Herbstkalender 1895. 16. (182 S.) Ebda. 1.—

Silberer, Victor, Herbst-Kalender. 1897. 16. (260 S.) Ebda. 1.—

— dasselbe. Herbst-Kalender 1898. 16. (245 S.) Ebd. n. 2. —

Herbst-Kalender von Victor Silberer. Wien [1899.] Allgemeine Sportzeitung. (V. Silberer.) 16°. 280 S. fl. 1.—

Herbst-Kalender von Victor Silberer. Wien. [1900.] Allgemeine Sportzeitung. (V. Silberer.) 16°. 288 S. K 2.—

Herbst-Kalender von Victor Silberer. Wien. [1901.] Allgemeine Sportzeitung. (Victor Silberer.) 16°. 309 S. K 2.—

— Herbst-Kalender der Allgemeinen Sport-Zeitung. 16. (318 S.) Ebd. 902. n. 2. —

— Herbst-Kalender der allgem. Sport-Zeitung 1906. (336 S.) 16. Ebd. n. 2. —

— Herbst-Kalender der allgemeinen Sport-Zeitg. 1910. (392 S.) 16. Wien, Verlag der allgem. Sport-Zeitg. 2. —

Juli-Kalender von Victor Silberer. Extra-Ausgabe 1891. Pester August-Meeting. 16. (116 S.)
Wien: "Allgem. Sportzeitung".

Silberer, Viet. Juli-Kalender 1892. 16. (122 S.) Wien, Verlag d. Allgem. Sport-Zeitg. * 2 —
Erscheint alljährlich, u. ausserdem: Juni-, September-, October- u. Herbst-Kalender zu gleichem Preise.

Silberer, Victor, Juli-Kalender 1893. 16. (132 S.) Ebda.

— Juli-Kalender 1894 der Allgemeinen Sport-Zeitung. 16. (127 S.) Ebd. n. 2. —

Silberer, Viktor, Juli-Kalender 1897. 16. (172 S.) Ebda. 1.—

Silberer, Victor, Juli-Kalender 1898. 24. (170 S.) Ebda. 1.—

Juli-Kalender von Victor Silberer. Wien. 1901. Verlag der „Allgemeinen Sportzeitung". 16°. 177 S. K 1.—

— Juli-Kalendor d. Allgemeinen Sport-Zeitung 1902. 16. (187 S.) Ebd. 902. n. 1. —

Juli-Kalender von V. Silberer. 1903. 16°. (282 S.) K 1.—
Ebda.

— Juli-Kalender der allgem. Sport-Zeitung 1905. (237 S.) 16. Ebd. n. 2. —

Julikalender von Viktor Silberer. 1908. 8°. (231 S.) K 2.—
Ebda.

Julikalender von Victor Silberer. 1909. 8°. (21 S.) K 2.
Ebda.

— Juli-Kalender der allgem. Sport-Zeitg. 1910. (271 S.) 16. Ebd. 2. —

—— Juni-Kalender 1884 und 1885. Sommer-Rennen. 16. (à Jahrg. ca. 68 S.) Ebendas. à Jahrg.

—— Juni-Kalender der allgemeinen Sport-Zeitung. 1886—[1888]. 16. (63; 67; 80 S.) Ebendas. à Jahrg. * 2 —

Silberer, Victor von, Juni-Kalender 1889. 16. (88 S.) 1.—
Wien: "Allgem. Sportzeitung".

Silberer, Victor von, Juni-Kalender 1890. 24. (98 S.) Ebda. 1.—

Silberer, Victor, Juni-Kalender. 16. (128 S.) Ebda. 1897. —.50

— dasselbe. Juni-Kalender 1898. 16. (124 S.) Ebd. n. 1. —

Juni-Kalender von Victor Silberer. Wien. 1899. Verlag „Allgemeine Sportzeitung". 16°. 140 S. fl. —.50

Juni-Kalender von Victor Silberer. Wien. 1901. Verlag „Allgemeine Sportzeitung". 16°. K 1.—

— Juni-Kalender d. Allgemeinen Sport-Zeitung 1902. 16. (159 S.) Ebd. n. 1. —

Silberer, V., Juni-Kalender 1903. 16°. (188 S.) K 1.—
Ebda.

Junikalender von Viktor Silberer. 1904. 16°. (196 S) K 1.—
Ebda.

— Juni-Kalendor dor allgem. Sport-Zeitung 1906. (173 S.) 16. Ebd. n. 1. —

— Juni-Kalender der allgem. Sport-Zeitg. 1907. (188 S.) 16. Ebd. 1. —

Silberer, Victor, Liste der Pferde in Training 1890. 16. (35 S.) —.50
Wien: "Allgem. Sportzeitung" 1890.

—— der Luftballon. Eine Geschichte der Luftschifffahrt und eine Beschreibung der im J. 1882 mit dem Ballon „Vindobona" unternommenen Wiener Luftschifffahrten. 3. Aufl. gr. 8. (58 S.) Ebendas. 883. *

— drei Luftfahrten. Im Ballon üb. den Neusiedlersee. Eine Vormittagspromenade 6000 Fuss üb. Wien. Eine Nacht in den Sturmwolken. [Aus: „Allgem. Sport-Zeitung".] gr. 8. (28 S.) Ebd. 890. n. — 80

Silberer, Victor, Die Luftfahrten d. Ballons „Vindobona" in Budapest 1883. 8. (25 S.) Wien, Verlag d. „Allgem. Sportzeitung". 40 kr. 1883

Silberer, Vict., dio Wiener Luftfahrton im Ballon „Vindobona". gr. 8. (19 S.) Wien 882. Verl. dor Allg. Sport-Zeitung. n. — 40

— s.: Luftschiffer-Zeitung, Wiener.

Silberer, Viktor (Hrsg.), s.a. Maikalender.

—— Mai-Kalender 1884 und 1885. Frühjahrs-Rennen. 16. (à Jahrg. ca. 48 S.) Ebendas. à Jahrg.

Silberer, Victor, Mai-Kalender pro 1885. Inh.: Wiener Sommer-Rennen. 16. (38 S.) Wien, Verl. d. „Allg. Sportzeit." geb. 50 kr.

—— Mai-Kalender 1886—1888. 16. (43; 48; 56 S.) Ebendas. à Jahrg. * 1 —

Silberer, Victor, Mai-Kalender 1893. (Extra-Ausgabe der „Allgemeinen Sportzeitung".) 16. (82 S.) Ebda. —.50

Silberer, V., Maikalender. 1894. 24. (80 S.) Ebda. —.50

Silberer, Viktor, Mai-Kalender 1895. 16. (76 S.) Ebda. —.50

Silberer, Viktor, Mai-Kalender 1897. 16. (92 S.) Ebda. —.50

— dasselbe. Mai-Kalendor 1898. 16. (99 S.) Ebd. n. 1. —

Mai-Kalender von Victor Silberer. Wien. 1899. Verlag: „Allgemeine Sportzeitung." 16°. 108 S. fl. —.50

Mai-Kalender von Victor Silberer. Wien. 1901. Allgemeine Sportzeitung. 16°. 107 S. K 1.—

— Mai-Kalender der Allgemeinen Sport-Zeitung 1902. 16. (125 S.) Ebd. n. 1.—

— Mai-Kalender der allgem. Sport-Zeitung 1906. (126 S.) 16. Wien, Verlag der allgem. Sportzeitung. n. 1.—

— Mai-Kalender der allgem. Sport-Zeitg. 1910. (159 S.) 16. Ebd. 1.—

Silberer, Victor, Neujahrs-Album der allgemeinen Sportzeitung 1890. Folio. (64 S.) In feinstem illustrirten Carton-Umschlag 1.—

Wien: "Allgem.Sportzeitung".

Silberer, Victor, Neujahrs-Album 1891 der allgemeinen Sportzeitung. Mit zahlreichen Abbildungen. Folio. (62 S.) Ebda. 1.—

November-Kalender von Victor Silberer. Wien. [1899.] Allgemeine Sport-Zeitung. (Silberer.) 16°. 336 S. fl 1.—

— November-Kalender der allgem. Sport-Zeitung 1906. (422 S.) 16. Ebd. n. 2.—

—— October-Kalender 1886—1888. 16. (88; 119; 133 S.) Ebendas. à Jahrg. * 2 —

Silberer, V., October-Kalender 1889. 16. (147 S.)
Wien: Vlg.d."Allgem.Sportzeitung" 1.—

— October-Kalender v. 1890. 16. (146 S.) Ebd. n. 2.—

Silberer, Victor, October-Kalender. 1893. 16. (192 S.) Ebda. 1.—

Silberer, V., October-Kalender 1894. 16. (200 S.) Ebda. 1.—

Silberer, Viktor, October-Kalender 1895. 16. (204 S.) Ebda. 1.

Silberer, Victor, October-Kalender. 24. (286 S.) Ebda. 1897. 1

Silberer, Victor, October-Kalender 1898. 24. (266 S.) Ebda. 1.—

October-Kalender von Victor Silberer. Wien. [1899.] Allgemeine Sportzeitung. (Silberer.) 16°. 310 S. fl. 1.—

October-Kalender von Victor Silberer. Wien. 1900. Allgemeine Sportzeitung. (Silberer.) 16°. 342 S. K 2.—

October-Kalender von Victor Silberer. Wien. 1901. Allgemeine Sportzeitung. (Silberer.) 16°. 335 S. K 2.—

— October-Kalender der Allgemeinen Sport-Zeitung 1902. 16. (358 S.) Ebd. 902. n. 2.—

Silberer, V., Oktoberkalender 1903. (377 S.) K 2.—
Ebda.

Oktober-Kalender von Viktor Silberer. 1904. 16°. (381 S.) Ebda. K 2.—

Oktoberkalender 1905 von Viktor Silberer. 16°. (373 S.) Ebda.

— Oktober-Kalender der allgem. Sport-Zeitung 1906. (380 S.) 16. Ebd. n. 2.—

Oktoberkalender von Viktor Silberer. 1907. 16°. (397 S.) Ebda. K 2.—

Oktoberkalender von Viktor Silberer. 1908. 16°. (378 S.) Ebda. K 2.—

Oktoberkalender von Victor Silberer. 1909. 8°. (396 S.) Ebda. K 2.—

— Oktober-Kalender der allg. Sport-Zeitg. 1910. (352 S.) 16. Ebd. 2.—

— Oster-Kalender der Allgem. Sport-Zeitung. 16. (35 S.) Wien 897. Verlag der Allg. Sport-Zeitung. n. — 60

Oster-Kalender von Victor Silberer. Wien. [1901.] Allgemeine Sportzeitung. (V. Silberer.) 16°. 24 S. K —.60

Oster-Kalender von V. Silberer. 1903. 16°. (36 S.)
Ebda.

— Oster-Kalender der allgem. Sport-Zeitung 1906. (32 S.) 16. Ebd. n. — 60

Osterkalender von Viktor Silberer. 1908. 16°. (26 S.) K —.60
Wien: Silberer 1908.

— Oster-Kalender der allgem. Sport-Zeitg. 1909. (27 S.) 16. Ebd. — 60

—— die Wiener Regatten von 1881—1887. Die vollständ. Resultate und ausführl. Berichte sämmtl. Wiener Ruderwettkämpfe [einschliesslich des ersten Meisterschaftskampfes auf der Donau und des grossen österreichisch-amerikan. Vierer-Matches] von 1881—1887. Zusammengestellt nach den Orig.-Berichten der „Allgemeinen Sport-Zeitung". 8. (VIII, 179 S.) Ebendas. 887. * 2 —

— das Roulette-Spiel u. Trente et Quarante in Monte-Carlo. Die Spiel-Regeln u. ihre Erklärgn. [Aus: „Vom grünen Tisch in Monte-Carlo".] 8. (VI, 80 S.) Nizza (900). L. Groß. n. 1.50

— das Roulette-Spiel u. Trente et Quarante in Monte-Carlo. Die vollständ. Spielregeln erklärt u. m. prakt. Winken versehen. [Aus: „Vom grünen Tisch in Monte-Carlo".] 2. verb. Aufl. (V, 78 S. m. 1 farb. Taf.) 8. Nizza 905. L. Groß. n. 1.50

Silberer, Victor, Ruderbuch 1882. Herausgeg. unt. Mitwirkung v. Georg Ernst. kl. 8. (192 u. XVI S.) geb. 3 fl. In Comm.
Wien: Seidel & Sohn 1882.

— September-Kalender. 1887. 16. (88 S.) Ebendas. * 2 —

Silberer, Victor, September-Kalender 1889. 16. (128 S.) 1.—
Wien: Vlg.d."Allgem.Sportzeitung".

Silberer, Victor, September-Kalender 1891. 16. (138 S.) 1 —
Wien:"Allgem.Sportzeitung".

Silberer, V., September-Kalender 1892. 16. (148 S) Ebda. 1.—

— September-Kalender 1894 der Allgemeinen Sport-Zeitung. 16. (164 S.) Ebd. n. 2. —

Silberer, Viktor, September-Kalender. 1895. 16. (168 S.) Ebda. 1.—

Silberer, Victor, September-Kalender 1897. 16. (232 S.) Ebda. 1.—

— dasselbe. September-Kalender 1898. 16. (221 S.) Ebd. n. 2. —

September-Kalender von Victor Silberer. Wien. 1899. Verlag „Allgemeine Sportzeitung". 16°. 252 S. fl. 1.—

September-Kalender von Victor Silberer. Wien. 1900. Verlag: „Allgemeine Sport-Zeitung". 16°. 250 S. K 2.—

September-Kalender von Victor Silberer. Wien. 1901. Verlag „Allgemeine Sportzeitung". 16°. 269 S. K 2.—

— September-Kalender der Allgemeinen Sport-Zeitung 1902. 16. (285 S.) Wien 902. Verlag d. Allgem. Sport-Zeitg. n. 2. —

September-Kalender von Viktor Silberer 1903. 16°. (312 S.) K 2.—
Ebd.

September-Kalender von Viktor Silberer. 1904. 16°. (305 S.) K 2.—
Ebd.

Septemberkalender von V. Silberer 1905. 8°. (303 S.)
Ebd.

— September-Kalender der allgem. Sport-Zeitung 1906. (297 S.) 16. Wien, Verlag d. allg. Sportzeitg. n. 2. —

Septemberkalender von Viktor Silberer. 1907. 16°. (301 S.) K 2.-
Ebd.

Septemberkalender von Viktor Silberer. 1908. 16°. (298 S.) K 2.—
Ebd.

Septemberkalender von Victor Silberer. 1909. 8°. (328 S.) K 2.—
Ebd.

— September-Kalender d. allg. Sport-Zeitg. 1910. (352 S.) 16. Ebd. 2.—

Sommer-Kalender 1899 von Victor Silberer. Wien. 1899. Verlag „Allgemeine Sportzeitung". 16°. 186 S. fl. 1.—

Sommer-Kalender 1901 von Victor Silberer. Wien. 1901. Verlag „Allgemeine Sportzeitung". 16°. 206 S. K 2.—

— Sommer-Kalender der Allgemeinen Sport-Zeitung 1902. gr. 16. (222 S.) Ebd. n. 2. —

Sommer-Kalender von Viktor Silberer. 1903. 16°. (244 S.) K 2.—
Ebd.

Sommerkalender von Viktor Silberer. 1905. 8°. (198 S) K 1.—
Ebd.

— Sommer-Kalender der allgem. Sport-Zeitg. 1906. (223 S.) 16. Ebd. n. 2. —

Sommerkalender von Viktor Silberer. 1907. 8°. (132 S.) K 1.
Ebd.

Sommerkalender von Viktor Silberer 1908. 8°. (195 S.) K 1.-
Ebd.

Sommerkalender von Victor Silberer. 1909. 8°. (181 S.) K 1.—
Ebd.

— Sommer-Kalender der allgem. Sport-Zeitg. 1910. (230 S.) 16. Ebd. 1. —

Silberer, Vict., u. Geo. **Ernst,** Sport-Geschichten. Frei aus dem Engl. u. Franz. 8. (VIII, 252 S.) Wien 884. Verlag der Allgem. Sport-Zeitung. geb. n. 5. 40

— s.: Sport-Zeitung, Allgemeine.

Der heutige Stand der Luftschifffahrt und die Zweckmässigkeit der Gründung eines Aëro-Clubs in Wien. Vortrag, gehalten in der ausserordentlichen Versammlung des flugtechnischen Vereines zu Wien am 15. December 1899 im grossen Saale des Ingenieur- und Architekten-Vereines von Victor Silberer. Sonderabdruck aus der „Allgemeinen Sport-Zeitung". Wien. 1900. Allgemeine Sport-Zeitung (Victor Siberer). 8°. 31 S. K —.25

— der Stand der Luftschiffahrt zu Anfang 1904. Vortrag, geh. in der ausserordentlichen Versammlg. des Wiener Aëro-Klubs zu Wien am 15. XII. 1903 im grossen Saale des Ingenieur- u. Architekten-Vereines. (30 S. m. 1 eingedr. Bildnis.) 8. Wien 904. Verlag der allgem. Sport-Zeitung. n. — 50

— dasselbe, zu Anfang 1905. Vortrag, geh. in der ausserordentl. Versammlg. des Wiener Aëro-Klubs zu Wien am 14. XII. 1904 im grossen Saale des Ingenieur- u. Architekten-Vereines. (31 S.) 8. Ebd. 905. n. 80
2 Sonderabdrucke aus: „Allg. Sport-Zeitung" u. „Wiener Luftschiffer-Zeitg."

— vom grünen Tisch in Monte Carlo. 12. (IV, 265 S.) Wien 897. Verlag d. „Allg. Sport-Zeitung". Geb. in Leinw. n. 3. —

(F) Vom grünen Tisch in Monte Carlo. Von Victor Silberer. 2. Auflage. Wien. 1902. „Allgemeine Sport-Zeitung". 8°. VIII, 282 S. Geb. K 2.—

— Vom grünen Tisch in Monte Carlo. (Mit gründl. Erläutergn. u. mathemat. Analysen v. Roulette, Trente-et-quarante sowie v. Bakkarat u. Ecarté.) 3. Aufl. (XII, 272 S.) fl. 8. Wien 909. Verlag der allg. Sportzeitg. Geb. in Leinw. 4. —

— Traberbuch f. 1882. kl. 8. (120 u. XVI S.) In Comm. geb. 3 fl. Wien: Seidel u.Sohn 1882.

—— Traberbuch für 1882—1885. 16. (à Jahrg. ca. VI, 115 S.) Ebendas. à Jahrg. *

Silberer, Vict., Traberbuch für 1886 und 1887. 16. (VII, 130; VIII, 135 S.) Wien, Verlag der Allgemeinen Sportzeitung. geb. à Jahrg. * 5 40

Silberer, Viktor u. George Ernst

— — das Training d. Rennpferdes. 8. (VII, 244 S.) Ebend. 883. geb. n. 5. 40

— — das Training d. Trabers. 8. (X, 218 S.) Ebend. 883. geb. n. 5. 40

— das Training des Trabers. 2., gänzlich umgearb. u. auf den doppelten Umfang bereich. Aufl. 12. (XV, 436 S.) Ebd. 894. Geb. in Leinw. n. 10. 80

Silberer, Victor (Hrsg.), s.a. T u r f b u c h

—— Turfbuch für 1882—1885. 16. (à Jahrg. ca. XVI, 285 S.) Ebendas. à Jahrg. *

—— Turfbuch für 1887 und 1888. 16. (XVII, 339; XIX, 406 S.) Ebendas. geb. à Jahrg. * 5 40

Silberer, Victor, Turfbuch für 1889. 12. (XXI, 475 S.) Geb. 3. —
Wien: "Allg. Sportzeitung" (V. Silberer)

— Turfbuch f. 1890. gr. 16. (XXIV, 499 S.) Ebd. 890. geb. n. 9. —

Silberer, Victor, Turfbuch für 1891. 16. (XXIV, 540 S.) In Leinwand geb. 5.—
Wien: "Allg. Sportzeitung" (V. Silberer)

—— Turfbuch f. 1892. 16. (XXIV, 591 S.) Ebd. geb. * 9 —
Jahrg. 1889. * 5 40; 1890,91. à * 9 —. Ebd.

Silberer, Victor, Turfbuch für 1893. 16. (XXIV, 623 S.) In Lwd. geb. 5.—
Wien: "Allgem. Sportzeitung" (V. Silberer)

— Turfbuch f. 1894. 16. (XXVI, 668 S.) Ebd. 894. Geb. in Leinw. n. 9. —

Silberer, Victor, Turfbuch für 1895. 16. (XXX, 730 S.) In Lnwd. geb. Ebda. 5.—

Silberer, Victor, Turfbuch für 1896. 16. (XXX, 730 S.) In Lnwd. geb. Ebda. 5.—

Silberer, Victor, Turfbuch für 1897. 2 Theile. 16. (I. Thl. XV, 402 S. II. Thl. XXII. 330 S.) In Lnwd. geb. fl. 8.—, nur fest oder baar. Ebda.

— Turfbuch f. 1898. 2 Thle. 16. (XVI, 453 u. XXIX, 325 S.) Ebd. Geb. in Leinw. n.n. 16. —

Turfbuch für 1901. Herausgegeben von Victor Silberer. II. Theil. Wien. 1901. Allg. Sportzeitung V. Silberer. 16°. XXIX, 390 S. compl. (I. und II. Theil.) Geb. K 16.—

— Turfbuch f. 1902. 2 Thle. gr. 16. (XV, 552 u. XXX, 391 S.) Ebd. 902. Geb. in Leinw. n.n. 13. 50

Silberer, V., Turfbuch für 1904. 2. Teil. 8°. (XXIX, 366 S.) Ebda. geb. K 1.04

— Turfbuch f. 1906. 2 Tle. (XIX, 624 u. XXVIII, 363 S.) 16. Ebd. Geb. in Leinw. n.n. 13. 80

— Turfbuch f. 1910. 2 Tle. (XX, 664 u. 384 S.) 16. Ebd. Geb. in Leinw. nn 13.50

— Turf-Lexikon enth. alle gebräuchlichen Fachausdrücke m. eingehenden Erläuterungen, sowie die Namen bekannter u. berühmter Rennpferde m. Angabe ihrer Abstammung, ihrer Besitzer u. ihrer Leistungen etc. 8. (VIII, 318 S.) Ebend. 884. geb. n. 5. 40

— Turf-Lexicon, enth. alle gebräuchl. Fachausdrücke m. eingeh. Erläutergn., sowie die Namen bekannter u. berühmter Rennpferde m. Angabe ihrer Abstammgn., ihrer Besitzer u. ihrer Leistgn. etc. etc. 2., verm. u. verb. Aufl. 8. (X, 684 S.) Ebd. 890. geb. n. 10. 80

Silberer, Victor. Die Unmöglichkeit der Lenkbarmachung des Luftballons. (Vict. Silberer's kleine aëronautische Schriften X.) gr. 8. (21 S.) Wien, Verl. d. „Allg. Sportzeitung" (Vict. Silberer) 40 kr. 1884

Silberer, Vict., A „Vindobona" léghajó budapesti légi utazásai 1883-ban. 8. Wien, Verlag d. „Allgem. Sport-Zeitung" 40 kr 1883.

— über den Werth u. die Bedeutung der Gymnastik vom Standpunkte der Darwin'schen Theorie. Populärer Vortrag, gehalten im grossen Saale des Ingenieur- u. Architekten-Vereines am 21. Jänner 1880. gr. 8. (24 S.) Wien 880. Seidel & Sohn. n. - 80

Silberer, Victor, Wett-Einmaleins. 24. (4 S.) auf Carton
Wien: "Allgem. Sportzeitung" (V. Silberer) 1897.

Silberfarb, Malka, aus Rowno (Russland): Beitrag zur Erklärung der Stiel-Torsion der Ovarialtumoren. Bern 1910. 32 S. [23. II. 10.]
Bern. Med. Diss. 1909/10.

Silberfarb, Malka. Beitrag zur Erklärung der Stiel-Torsion der Ovarialtumoren. Diss. Med. Bern. 32 S. 8. Bern, Stämpfli & Cie., 1910.

Silberfeld, Else: Japanische Antipatharien. München 1909: Straub. 31 S. 4° ¶ (Aus: Abhandlungen d. math.-phys. Kl. d. Bayer. Akad. d. Wiss. Suppl.-Bd 1, Abhandl. 7.)
Breslau, Phil. Diss. v. 15. Febr. 1910, Ref. Kükenthal
[Geb. 21. Nov. 85 Breslau; Wohnort: Breslau; Staatsangeh.: Preußen; Vorbildung: Realgymn. am Zwinger Breslau Reife O. 06; Studium: Heidelberg 1, Breslau 6 S.; Rig. 24. Nov. 09.] [U 10. 643

Japanische Antipatharien. Von E. Silberfeld. (Aus d. zoolog. Inst. d. Univ. Breslau.) Mit 2 Taf. u. 8 Fig. München: Akad. d. Wiss. 1909. 30 S. 4°
(Beiträge z. Naturgeschichte Ostasiens. Bd 1, 7.)
(Abhandlungen d. math.-phys. Kl. d. K. Bayer. Akad. d. Wiss. Suppl.-Bd 1, Abh. 7.)

Silberfeld, E., Japanische Antipatharien, 84, Beiträge zur Naturgeschichte Ostasiens.

SILBERFELS, Wilhelm, der Jüngling. („Ein poetisch-prosaischer [!], epistolischer, dramatisierter, philosophisch-politischer, und theologischer Wirrwarr".) (Typ. Ornam.) Leipzig, verlegts Adam Friedrich Böhme, 1781. Gr. 8°. (2 Mk. Frdr. Klüber, 1905.)
280 S. (incl. Titel). Empfindsam-moralisirender Roman.

Silberfels, Wilhelm, der Jüngling, 8. Leipzig, 782. Böhme. 15 fgl.

Silberfels, f. Wilhelm.

Silberfrage, Die. [Caleppio 1893.] V: *Weber, E.* (Zuwachsverz. d. Bibliotheken in Zürich 1898 ff., 8.)

Silberfund der Hildesheimer. (47 S) (von Th Blume) Hildesheim (1906)

Der Hildesheimer Silberfund. Unter Benutzung d. grundlegenden Schriften von Heinrich Holzer ... (Vorr.: Th. Blume, Goldschmied, Hildesheim.) Mit 23 Farbendrucktaf. Hildesheim: Th. Blume [1907?]. (47 S.) 8°

Silberfund, Der Kawallener, Münzen und Schmuckstücke um 1010 nach Chr. Geb. vergraben ... [Breslau 1869.] V: *Friedländer, Jul.* (Cat. d. Stadtbibl. Zürich. Zürich 1864—97.)

Silberg und Julia; eine wahre Geschichte. 8. Gera, Haller. (Rothe.) 785.

Silbergeräth, Das, der Compagnie der Schwarzen Häupter in Riga. Riga 1883. V: *Buchholtz, Anton.* (stadtbiblBerlin XII, S. 80)

Silbergeschenk, das, badischer Städte und Gemeinden zur Vermählung Ihrer königl. Hoheiten des Erbgrossherzogs Friedrich und der Erbgrossherzogin Hilda, entworfen und hrsg. von Herm. Götz. gr. Fol. (20 Lichtdr.-Taf. mit 1 Bl. Text.) Karlsruhe 888, A. Bielefeld's Hofbuchh.
In Mappe * 40 —

Silbergleit, Heinrich

Armenstatistik der Stadt Magdeburg für 1894/95 und 1895/96. Im Auftr. d. Magistr. d. Stadt Magdeburg bearb. von Heinrich Silbergleit, Dir. d. Statist. Amts d. Stadt Magdeburg. Mit 2 graph. Taf. *Magdeburg 1897: C. Friese.* (77 S.) 4° [F.]
= Mitteilungen d. Statist. Amts d. Stadt Magdeburg. No 6.

Beschäftigungsgrad und Arbeitsmarkt. Von Prof. Dr. H[einrich] Silbergleit. Berlin: Deutscher Städteverl. 1908. (31 S.) 8°

Ergebnisse der Magdeburger Zählung der Arbeitslosen sowie der Beschäftigten mit verkürzter Arbeitszeit v. 7. Dez. 1902. Im Auftr. d. Magistrats d. Stadt Magdeburg bearb. von Heinrich Silbergleit, Dir. d. Statist. Amts. *Magdeburg 1903: R. Zacharias.* (29 S.) 4° [F.]
— Mitteilungen d. Statist. Amts d. Stadt Magdeburg. No 11.

Finanzstatistik der Armenverwaltungen von 108 deutschen Städten. Im Auftr. d. deutschen Ver. f. Armenpflege u. Wohltätigkeit bearb. von Dr. Heinrich Silbergleit, Dir. d. Stat. Amtes, Magdeburg. *Leipzig: Duncker & Humblot 1902.* (VIII, 82 S.) 8° [F.]
= Schriften d. deutschen Vereins f. Armenpflege u. Wohltätigkeit. H. 61.

Finanzstatistik der Armenverwaltungen von 130 deutschen Städten, 1901—1905. Im Auftr. d. deutschen Vereins f. Armenpflege u. Wohltätigkeit bearb. von Prof. Dr. Heinrich Silbergleit, Berlin. Leipzig: Duncker & Humblot 1908. (53 S.) 8° [F.]
— Schriften d. dtsch. Vereins f. Armenpflege u. Wohltätigkeit. H. 78.

Silbergleit, H. Gutachten über die finanzielle Tragweite der Umgestaltung der Pensionskasse des städtischen Orchesters. Magdeburg 1900.

— s.: Jahrbuch, statistisches, der Stadt Berlin.

Magdeburg's Industrie, Handwerk und Handel und deren gewerbliche Steuerkraft. Mit 6 graph. Tafeln. Im Auftr. d. Magistrats d. Stadt bearb. von Dr. Heinrich Silbergleit, Dir. d. Statist. Amts in Magdeburg. [Nebst] Anh.: Zur Gewerbesteuerreform. *Magdeburg: C. E. Klotz in Komm. 1901.* (VIII, 272, 205 S.) 4°

Die Lage der preußischen Schlachthöfe und die Freizügigkeit des frischen Fleisches. Im Auftr. der im Herrenhause vertret. Städte hrsg. von d. Stadt Magdeburg. Bearb. von Dr. Heinrich Silbergleit, Dir. *Magdeburg: R. Zacharias 1903.* (52, 80* S.) 4°(8°) [F.]

Die Mehrleistungen der grösseren Städte seit Erlass des Gesetzes betr. Erleichterung der Volkschullasten vom ... Im Auftr. d. Magistr. d. Stadt Magdeburg bearb. von Heinrich Silbergleit, Dir. d. Statist. Amts d. Stadt Magdeburg. Mit 1 graph. Taf. *Magdeburg 1891: E. Baensch jun.* (48 S.) 4° [F.]
— Mitteilungen d. Statist. Amts d. Stadt Magdeburg. No 5.

Preußens Städte. Denkschrift z. 100jähr. Jubiläum d. Städteordnung v. 19. Nov. 1808. Hrsg. im Auftr. d. Vorstandes d. Preuß. Städtetages von Prof. Dr. Heinrich Silbergleit. Berlin: C. Heymann 1908. (XII, 248*, 509 S.) 4°(8°)

Statistik der städtischen Lohnarbeiter 1901. Im Auftr. d. Magistr. d. Stadt Magdeburg bearb. von Dr. Heinrich Silbergleit, Dir. d. Statist. Amts d. Stadt Magdeburg. *Magdeburg 1902: R. Zacharias.* (33 S.) 4° [F.]
= Mitteilungen d. Statist. Amts d. Stadt Magdeburg. No 9.

Statistik des Wagenverkehrs über die Strombrücke zu Magdeburg. Bearb. von Heinrich Silbergleit, Dir. d. Statist. Amts d. Stadt Magdeburg. Mit 1 Pl. d. Altstadt u. 3 graph. Taf. *Magdeburg 1896: C. Friese.* (37 S.) 4° [F.]
— Mitteilungen d. Statist. Amts d. Stadt Magdeburg. No 2.

Statistik der leerstehenden Wohnungen nach der Aufnahme von Ende October 1894. Bearb. von Heinrich Silbergleit, Dir. d. Statist. Amts d. Stadt Magdeburg. Mit 1 Kartogramm. *Magdeburg 1895: C. Friese.* (28 S.) 4° [F.]
= Mitteilungen d. Statist. Amts d. Stadt Magdeburg. No 1.

Statistik der leerstehenden Wohnungen nach der Aufnahme von Ende October 1895. Im Auftr. d. Magistr. d. Stadt Magdeburg bearb. von Heinrich Silbergleit, Dir. d. Statist. Amts d. Stadt Magdeburg. Mit 2 graph. Taf. *Magdeburg 1896: C. Friese.* (41 S.) 4° [F.]
= Mitteilungen d. Statist. Amts d. Stadt Magdeburg. No 4.

Statistik der leerstehenden Wohnungen nach der Aufnahme von Ende October 1896. Im Auftr. d. Magistr. d. Stadt Magdeburg bearb. von Heinrich Silbergleit, Dir. d. Statist. Amts d. Stadt Magdeburg. Mit 2 graph. Taf. *Magdeburg 1897: C. Friese.* (48 S.) 4° [F.]
= Mitteilungen d. Statist. Amts d. Stadt Magdeburg. No 7.

Die Vertheilung der Volksschullast in Stadt und Land und die in den grösseren Städten zu erwartende Wirkung des Lehrerbesoldungsgesetzes. Im Auftr. d. Magistr. d. Stadt Magdeburg bearb. von Heinrich Silbergleit, Dir. d. Statist. Amts d. Stadt Magdeburg. Mit 4 graph. Taf. *Magdeburg 1898: Faber.* (51 S.) 4° [F.]
= Mitteilungen d. Statist. Amts d. Stadt Magdeburg. No 3.

Magdeburg's Wohnungen und Haushaltungen 1890–1900. Im Auftr. d. Magistr. d. Stadt Magdeburg bearb. von Dr. Heinrich Silbergleit, Dir. d. Stat. Amts, Magdeburg. *Magdeburg 1903: R. Zacharias.* (92, 102* S.) 4°(8°) [F.]
= Mitteilungen d. Statist. Amts d. Stadt Magdeburg. No 13.

Der Magdeburger Wohnungsmarkt 1894–98. Im Auftr. d. Magistr. d. Stadt Magdeburg bearb. von Heinrich Silbergleit, Dir. d. Statist. Amts d. Stadt Magdeburg. Mit 2 graph. Taf. *Magdeburg 1899: R. Zacharias.* (59 S.) 4° [F.]
= Mitteilungen d. Statist. Amts d. Stadt Magdeburg. No 8

Der Magdeburger Wohnungsmarkt Ende Oktober 1900 und 1901. Im Auftr. d. Magistr. d. Stadt Magdeburg bearb. von Heinrich Silbergleit. *Magdeburg 1902: R. Zacharias.* (40 S.) 4° [F.]
= Mitteilungen d. Statist. Amts d. Stadt Magdeburg. No 10.

Der Magdeburger Wohnungsmarkt Ende Oktober 1902. Im Auftr. d. Magistrats d. Stadt Magdeburg bearb. von Heinrich Silbergleit, Dir. d. Statist. Amts. *Magdeburg 1903: R. Zacharias.* (31 S.) 4°
= Mitteilungen d. Statist. Amts d. Stadt Magdeburg. No 12.

SILBERGLEIT, Hermann: Versuche mit dem Mosso'schen Ergographen.– München: Kastner & Callwey 1899. 22 S.
1.3.1899 – Chr 1898/99,14; Jv 1903/04,333 (Prom.-Datum: 1904)
Diss. Ingolst.-Landsh.-Mchn.

Silbergleit, J. R.

Silbergleit, unser Recht. Repetitorium u. Examinatorium. Enth.: Bürgerl. Gesetzbuch unt. Einbeziehg. der einschläg. Bestimmgn. des Handelsrechts, Konkursrechts, Liegenschaftsrechts, des Straf-, Verwaltungs- u. Prozessrechts. (IV, 307 S.) 8. Berlin 907. F. Siemenroth. Geb. in Leinw. 5. —

Silbergleit, L. G. Béranger als Bonapartist. Diss. Rostock 1871. 23 S. Progr.

Silbergleit, Ludov. (geb. Gleiwitz 12. 6. 1843): De aortae thoracicae aneurysmate. Berolini (1867). (32 S.) 8°
Berlin, Med. Diss. v. 3. Apr. 1867

Silberglöckchen od. Verloren u. wiedergefunden. Eine Weihnachtsgeschichte. 16. (64 S. m. Bildern.) Hamburg 894, J. G. Oncken Nachf. Geb. — 45

Silberglocken: 1895? Denver, CO
Weekly. Quarto, each 8 pages.

Silberglocken. Segensspuren der Kirchen-Kernlieder. Mit Angabe der Entstehg. der Lieder u. Mitteilgn. über das Leben der Dichter rc. 2 Bde. (à 192 S.) 11. 8. Konstanz (909). Christl. Buch- u. Kunstverlag C. Hirsch. Geb. à 1.—; auch in 12 Heften à — 10

Silbergroschen-Bibliothek, s. Singer, F. J.

Silbergrube, die, s. Goldgrube, die englische. Bd. 5–8.

—— die deutsche, zu gemeinnütz. Zwecken bearb. 8. (11½ B.) Ulm 828, Stettin.

—die, für das bürgerl. Leben, s. Goldgrube.

Silbergruss am masonischen Vierteljahrhundertstage des hochw. und gel. Freimaurerbruders Bernh. Morell, von den Brüdern aus der Freimaurerloge Archimedes z. d. drei Reissbretern i. O. v. Altenburg. 17. Mai 1860. [Verf. von Bernh. Lützelberger?] [Altenburg 1860]: Hofbuchdr. 2 Bl. 8° [Umschlagtit.]
Lied ohne Noten: „Die hellen Maienglocken läuten . . .“ 25.

Silbergs und Walmers Briefe, ein Fragment, 8. Leipzig, 787. Lincke. 5 sgl.

— s.a. Silbers ...

Silberherzchen, das, u. Anderes. Uebersetzungen aus den skandinav. Sprachen v. Agnes v. der Decken. 8. (144 S.) Hirschberg 895. (Kuh.) n.n. 1. —

Zu des Kaiserpaares **Silberhochzeitsfeier.** 2 Festreden z. Feier d. silbernen Ehejubiläums d. Deutschen Kaiserpaares in d. Schule u. in patriot. Vereinen von e. prakt. Schulmanne... Lissa i. P.: F. Ebbecke 1906. (16 S.) 8° [F.]

Silberhorn, Johann Nepomuk Alois

Silberhorn, J. A., Predigt am Neujahrstage 1810. 8. Landshut. 814. Krüll.

Silberhuber, Anton

Silberhuber, Ant., Distanz- und Wegmarkirungs-Karte der Rax-Alpe. Hrsg. vom österreich. Touristen-Club. Photolithogr. qu. Fol. Wien 885, (Bretzner und Comp.) * — 80

—— und Frz. Wagner, Distanz- und Wegmarkirungs-Karte des Schneeberges. Hrsg. vom österreich. Touristen-Club. Photolithogr. qu. Fol. (Ebendas.) 885. * — 80

Silberhuber, A., u. J. **Rabl,** Führer auf den Semmering u. Umgebung, s.a. Touristen-Führer.

Silberhuber, Anton, und Josef Rabl, Führer auf den Semmering und seine Umgebung mit besonderer Berücksichtigung der neuen Hotel-Anlagen. 5. Auflage. Bearbeitet von Josef Zeisberger. Herausgegeben vom österr. Touristen-Club. Mit 2 Ansichten, 1 Grundriss und 2 Umgebungskarten mit allen markirten Wegen. 8. (X, 113 S.) In Comm. Lnwdbd. 1.—
Wien: Lechner(Müller) 1897.

Karte der Umgebung von Abbazia nach der vom k. u. k. Major a. D. Gustav v. Pelikan reambulierten Militär-Aufnahme red. u. hrsg. von Anton **Silberhuber.** Maßst. 1:30,000. (Mit Bezeichnung d. Culturen u. markirten Wege in Farben. Schrift, Gerippu. Terrainzeichn. von K. Geng. [Mit 1 Nebenkarte.] Wien: R. Lechner [1905]; Photolith. k. u. k. mil.-geogr. Inst.) (1 Kartenbl. 47×41 cm.) 8° [kol.] [F. u. Ant.]

Silberhuber, A., Panorama vom Grossen Sonnleithstein [6179']. [Aus: „Jahrb. des österr. Touristen-Club“.] Lith. qu. gr. Fol. Wien 878. (Hölder.) n. 1. 20

Plan von Abbazia. Auf Grundlage d. Cataster-Mappen aufgen. von A[nton] **Silberhuber** u. K. Geng 1897. Massst. 1:3,000. [*Wien] 1897: K. u. k. mil.-geogr. Inst.* (1 Kartenbl. 92×28 cm.) quer-4° [kol.]

—— Touristen-Karte des Wienerwaldes. Hrsg. vom österreich. Touristen-Club. 1 : 80,000. 2 Bl. Photolithogr. und color. qu. gr. 4. (Ebendas.) 885,86. [1. Bl. 7. und 8. Aufl.; 2. Bl. 5. und 6. Aufl.] * 1 50

Silberhuber, A. Touristen-Karte d. Wienerwaldes. Hrsg. vom österreich. Touristen-Club. 1 : 80,000. 2. Ausg. 3. Aufl. Photolith. u. Farbendr. 2 Bl. (à Bl. 31×47 cm.) Wien 892. (Lpz., Literar. Anstalt.) à Bl. * — 75

Silberhuber, A., Winterkurort u. Seebad Abbazia, s.: Rabl, J.

Silberhuber, A. Wintercurort u. Seebad Abbazia, s. Touristen-Führer. Hrsg. vom österreich. Touristen-Club.

Ein Silber-Jubelfest. [Sondershausen 1865: Eupel.] 24 S. 8⁰ [Umschlagtit.]
Aus: A. 26 (1865) S. 255–276.
Tt. 2104. Bericht üb. die Feier des 25jährigen Mrjubiläums von O. E. Funkhänel u. Meissner aus Elster; Festrede von G. G. M. Kyber: Wodurch bewährt sich der Maurer als ein echter Johannisjünger? 439.

Silberkammer, grossherzogl. hessische. Mustergültige Werke alter Edelschmiedekunst aus dem 16–18. Jahrh. Mit Allerhöchster Genehmigg. zusammengestellt u. hrsg. v. Adph. Schürmann u. Ferd. Luthmer. Photograph. Aufnahme u. Lichtdr. v. Kühl & Co., Frankfurt a. M. 5 Lfgn. Fol. (à 5 Taf. m. 5-7 Bl. Text.) Darmstadt 884. Bergsträsser. à n. 7. —

Silberklänge heiliger Andacht u. Frömmigkeit, in einer Sammlung religiöser Blüthen u. Blumen, von M. Hauber, Pfarrer Ilmenser, Andr. Postelmaier, F. D. Rager u. C. Schmid, in 16 Gaben mit 155 Kpfrn. ... Augsburg ... Schlosser. 2 ℳ

Silber-Körbchen, das, s.: Vereins-Theater, kathol.

Silberkuhl, Car. Henr. (geb. Frohnhausen bei Essen 3. 9. 1841): De catarrho ventriculi acuto. Berolini (1865). (32 S.) 8°
Berlin, Med. Diss. v. 12. Aug. 1865

Silberkuhl, Wilhelm [aus Rüttenscheidt]: Ein diffuses Gliosarkom des Rückenmarks ... Greifswald, Druck v. J. Abel, 1892; 32 S. 8.
Greifswald, Med. Fak., Inaug.-Diss. v. 3. Aug. 1892

Silberling, Jh., Versuch üb. die Anfangsgründe der Entbindungs- u. Hebammenkunst. gr. 8. Straßb. 779. (Levrault). 8 ℛ

Silberling, J., Versuch über die Anfangsgründe der Entbindungskunst. gr. 8. Strasb. Stein. (Levrault.) 789.

Silberling, Max, e. indianisches Blutgericht, s.: Jugend- u. Volksbibliothek.

Silberlinge, dreißig, im Judassäckel, s. Broschüren-Cyclus für das katholische Deutschland.

Silberman, Alex. Die diffuse Sklerose der Aorta nebst Bemerkungen üb. das Tractionsaneurysma der Kinder. Diss. gr. 8. (56 S. m. 1 Taf.) Dorpat 891, (Karow). * 1 20
Dass.s.a.:Silbermann,Alexander.

Silbermann, A Ennesch, C Eichler, die Privatbeamten und die Versicherungsgesetzgebung. (117 S) (Schr. d. Ges. für soziale Reform 25) Jena 1908

Silbermann, s.a.Schriften der Gesellschaft für soziale Reform. (Privatbeamten, die, u. die Versicherungsgesetzgebung.)

Silbermann, Adalb., Henrik Ibsen. Eine Skizze seines Lebens u. seiner Werke. Sep.-Abdr. der Einleitung zu „Henrik Ibsens Werke. Meisterdramen". (56 S.) 8. Berlin (909). A. Weichert. 1. —

Silbermann, Adalbert, aus Görlitz: Ernst Schulzes Bezauberte **Rose.** *Berlin 1902: E. Ebering.* (50 S.) 8° (Enthält nur einige Abschnitte d. eingereichten Arbeit.)
Berlin, Phil. Diss. v. 14. Mai 1902

Silbermann, Adalb., die Sprachverderbnis im deutschen Handelsstande. Ihr Wesen, ihre Entstehg. u. ihre Bekämpfg. (64 S.) 8. Berlin 906. Verlag f. Sprach- u. Handelswissenschaft. n. 1. —

Die Sprachverderbnis im deutschen Handelsstande. Ihr Wesen, ihre Entstehung u. ihre Bekämpfung. Von Dr. Adalbert **Silbermann.** Berlin: S. Simon 1906. (64 S.) 8° [F.] 108. 1836

Silbermann, Adalbert (Hrsg.), s. Uhland, Ludwig: Werke in 3 Teilen (1908).

Silbermann Dr. Adalbert: Über den Verfasser einer gegen Goethe und die beiden Schlegels gerichteten Schmähschrift aus dem Jahre 1803. 21. Brünn. H. Sch. 08.
Progr.

Silbermann, Alexander: Die diffuse Sklerose der Aorta nebst Bemerkungen über das Tractionsaneurysma der Kinder. Diss. Dorpat 1891. 8⁰. 55 S. mit einer lithographirten Tafel.
Dass. s. a.: Silberman, Alexander.

Silbermann, Edwin, pract. Arzt: Aus d. Kgl. Universitäts-Frauenklinik zu Breslau. Die Einleitung der Frühgeburt mittels Hystereuryse. *Breslau 1902: Th. Schatzky.* (69 S.) 8°
Breslau, Med. Diss. v. 4. Juni 1902

Silbermann, Edwin, wie erhalten sich Herzkranke leistungsfähig? Anh.: Kurze Übersicht üb. d. häufigsten Erkrankgn. des Herzens. (44 S.) gr. 8. Berlin 910. O. Coblentz. 1. —

Silbermann, Emil, die Konkurspauliana. Ein Beitrag zur Auslegg. des § 30 der Konkursordng. gr. 8. (VII, 68 S.) München 902. Th. Ackermann. n. 1. 20
Würzburg, Jur.Diss.v.1902.

Silbermann, Felix. Über die elektrochemische Reduktion aromatischer Nitrokörper in saurer Lösung. Giessen, 1900.

Gießen, Phil.Dissert.v.1900. (54 S.)

Silbermann, Gust., Album typographique, publié à l'occasion de la quatrième fête séculaire de l'invention de l'imprimerie. (Mit vielen artist. Beilagen.) 1/2 Fol. (38 Blätt.) Strasbourg, 24. Juni 840. (Schmidt et Grucker.) n. 5 1/3 ℳ

Silbermann, Gust., s. **Revue** entomologique.

Silbermann, Gustave s. Wencker, J., et Silbermann, Gustave.

Silbermann, Henri, Fortschritte auf dem Gebiete der photo- u. chemigraphischen Reproduktionsverfahren. 1877–1906. An der Hand der Patentliteratur hrsg. 2 Bde. (XX, 287 u. XXII, 458 S. m. Abbildgn.) Lex. 8. Leipzig (907). H. A. L. Degener. 50. —; geb. 56. —

Silbermann, Henri, Fortschritte auf dem Gebiete der chemischen Technologie der Gespinstfasern 1885–1900. An der Hand amtl. Materials hrsg. 1. Tl. Maschinen u. Apparate. hoch 4. (XIV, 540 S. m. 922 Abbildgn.) Dresden 902. G. Kühtmann. n. 36. —

Silbermann, Henri, Fortschritte auf dem Gebiete der chemischen Technologie der Gespinstfasern 1885 bis 1900. An der Hand amtl. Materials hrsg. 2. Tl. Verfahren u. Methoden. Mit 23 Abbildgn. Nebst den Patentansprüchen zu beiden Tln. (XIX, 463 u. 205 S.) hoch 4. Dresden [G. Kühtmann]. Leipzig, H. A. L. Degener. 1903. n. 36. —; geb. n.n. 42. —

Silbermann, Henri, die Seide. Ihre Geschichte, Gewinng. u. Verarbeitg. 2 Bde. Lex.-8. Dresden 897. G. Kühtmann. à Bd. n. 25. —
1. D. Geschichte d. Seidenkultur, des Seidenhandels u. der Seidenwebekunst von ihren Anfängen bis auf d. Gegenwart. Naturgeschichte d. Seide. D. wilden Seiden. Die Gewinng. d. Rohseide u. Zubereitg. der Gespinnste. (X, 517 S. m. 273 Illustr.)
2. D. Industrie d. Seidenabfälle. Florett- u. Bourrettespinnerei. D. künstl. Seiden. Physik u. Chemie d. Seidenfaser. D. chem. Technologie d. Seide: Bleicherei, Färberei etc. D. Geschichte der Seidenzölle. Statistik. Mit 163 Illustr. (VI, 514 S.)

Silbermann, Henricus *(geb. Rosenberg in Oberschles. 27. 3. 1818)*: De cyanosi. Vratislaviae (1844). (31 S.) 8°
Breslau, Med. Diss. v. 26. Okt. 1844

Silbermann, Johann Andreas

— Beschreib. von Hohenburg oder dem St. Odilienberg, sammt umliegender Gegend; hrsgg. rc. Mit 20 Kpf. v. Weis. gr. 8. Straßb. 781.

Silbermann, Joh. Andr., Local-Geschichte der Stadt Strassburg. Mit 16 Kupfertafeln, zum Theil in Doppelformat, und mehreren schön gestochenen Vignetten im Text. Strassburg, bey Jonas Lorenz, 1775. Folio. (25 Mk., schönes, gänzlich unbeschnittenes Exemplar, Max Perl, Berlin, 1910.)

Silbermann, Johann Andreas. Historische Merkwürdigkeiten des ehemaligen Elsasses . . . Strassburg 1804. H: *Friese, Joh.* (BrMm)

[**Silbermann, Josef:**] Fortbildungsschulzwang für jugendl. weibliche Handlungsgehilfen u. Lehrlinge. Mit e. Anh. — Berlin 1903: (Chasté.) 24 S. 8° (Schriften d. kaufmänn. Hilfsvereins f. weibl. Angestellte. No 3.)
— — 2., veränd. Aufl. 1905. 16 S.

Silbermann, J., die Frau im Handel u. Gewerbe, s.: Meyer, Jul.

Silbermann, Josef [aus Schlesien]: Der Gesindezwangsdienst in der Mark Brandenburg ... Greifswald, *[Berlin], W. & S. Loewenthal,* 1897; 1 Bl., 40 S., 1 Bl. 8.
Greifswald, Phil. Fak., Inaug.-Diss. v. 6. Febr. 1897

Für die freien Hilfskassen. Eine Verteidigungsschrift von Dr. J[osef] Silbermann. Gen.-Sekr. d. Kaufm. Hilfsver. f. weibl. Angestellte zu Berlin. *Berlin: Hilfsver.* 1901. (16 S.) 8° [5.]
= Schriften d. Kaufmänn. Hilfsvereins f. weibl. Angestellte zu Berlin. No 1.

Silbermann, J., Für die freien Hilfskassen. Eine Verteidigungsschrift. 8°. Berlin, Kaufmänn. Hilfsverein für weibl. Angestellte. 1902. (Schriften d. Vereins, 1.)

Silbermann, J[osef]: Praktische Lehre und theoretische Fachbildung der weibl. Handlungsgehilfen. Ein Beitr. z. Lehrlingsfrage i. Handelsgewerbe. Auf Grund e. Umfrage bearb. — Berlin 1907: (Chasté.) 63 S. 8° (Schriften d. kaufmänn. Verbandes f. weibl. Angestellte. 6 [b].)

Silbermann, J., praktische Lehre und theoretische Fachbildung der weiblichen Handlungsgehilfen, s. a. Schriften des kaufmännischen Verbandes f. weibliche Angestellte. 6.

Die Sprache der Presse und des Parlaments. Von J. Sabin [d. i. Jos. Silbermann]. *Kiel & Leipzig: Lipsius & Tischer 1893.* (50 S.) 8° [5.]
= Schriften, Deutsche, für Litteratur u. Kunst. Reihe 2, H. 6.

Silbermann, Ios., tract. iustin. Bavarico-canonicus in tit. X. inst. imper. de Nupt. 8. Augsb. 732.

Silbermann, [Josef]: Kaufmännische Unterrichtsanstalten für weibliche Angestellte. — Braunschweig 1898: Limbach. 60 S. 8° (Veröffentlichungen d. Dtsch. Verbandes f. d. kaufm. Unterrichtswesen. 9.)

Silbermann, Kurt, zur Kenntnis des p-Tolylaldehydes. Diss. (35 S.) gr. 8. Freiburg i/B. 903. Speyer & Kaerner. n. — 80

Silbermann, Martin, a. Berlin: Untersuchungen in der 3-Kohlenstoffreihe. Über ein neues Verfahren zur Darstellung von Oxyaminosäuren. (Berlin 1905: G. Schade.) (40 S.) 8° Berlin, Phil. Fak., Ref. Gabriel, Landolt, Diss. v. 4. März 1905
[Geb. 8. Febr. 83 Berlin; Heimatsort: Berlin; Staatsangeh.: Preußen; Vorbildung: Luisenstädtisches Realgymn. Berlin Reife O. 00; Studium: Berlin 2, München 1, Berlin 6 S.; Rig. 20. Febr. 05.]

Silbermann, Maximilian Josef Anton von

— vollständ. prakt. ökonom. Haustabellen. 8. Regensb. 788. Montag u. W. 12 gr

SILBERMANN, Maximilian, Josef Anton v.: Praktische Verfassung einiger Forsttabellen, worinn ein jeder Forstmann in Kürze zu ersehen hat, was zum allgemeinen Nutzen des Forstwesens nothwendig, und unumgänglich zu beobachten ist, nebst einer kurzgefaßten Tabelle von dem großen und kleinen Weidwerk ... Forst- und Hirschgerecht. - Regensburg 1786. 72 S., 8 Tab., 1 Kupfer. - 2. Aufl. Frankfurt a. M., Leipzig 1788

Silbermann, Max. Jos. Ant., prakt. Verfassung einiger Forsttabellen rc. 8. Regensb. 785. Montag u. W. 10 gr

Silbermann, Oscar *(geb. Breslau 12. 4. 1851)*: Die brüske Dilatation der weiblichen Harnröhre. Breslau 1875. (22 S.) 8°
Breslau, Med. Diss. v. 27. Juli 1875

Silbermann, Osc., Recept-Taschenbuch für Kinder-Krankheiten. 8. (V, 114 S.) Breslau 884, Koebner. *
geb. *

Silbermann, O., Recept-Taschenbuch f. Kinder-Krankheiten. 2., verb. Aufl. 8. (XIII, 114 S.) Breslau 889. Koebner. n. 2. —; geb. u. m. Schreibpap. durchsch. n. 2. 50

Silbermann, Samuel: Das T a r g u m zu Ezechiel nach einer südarabischen Handschrift herausgegeben, mit einer Einleitung und Varianten versehen. Straßburg i. E. 1902: W. Drugulin in Leipzig. (40 S.) 8°
[Hebr. u. Ant.] (Soll vollst. erscheinen.)
Straßburg, Phil. Diss. v. 1901

Silbermann, Samuel, a. Breslau: Untersuchungen über den feineren Bau von Alcyonidium mytili. Aus dem zoologischen Institut der Universität Rostock. Hierzu zwei Tafeln. Separat-Abdruck a. d. Archiv f. Naturgeschichte Jg. 72. Berlin 1906. Berlin: Nicolai 1906. (50 S., 2 Taf.) 8°
Rostock, Phil. Fak., Ref. Seeliger, Diss. v. 28. Juni 1906
[Geb. 22. Juli 81 Warschau; Wohnort: Berlin; Staatsangeh.: Preußen; Vorbildung: Gymn. Breslau Prima-Reife M. 00; Studium: Breslau, Berlin, Würzburg, Rostock; Rig. 25. Juli 06.]

Silbermann, Sigmund, Rechtspraktikant aus Bamberg: Die Unterordnung des Staates unter seine Polizei- und Steuergesetzgebung. *Bamberg 1899: S. Mahlmeister.* (51 S.) 8°
Erlangen, Jur. Diss. v. 1. Juni 1899

Silbermann, Theophil, Dipl.-Ing. a. Bukarest: Über die Einwirkung von organischen Ammoniakabkömmlingen auf Mucobromsäure und ihren Pseudoäthylester. Berlin u. Potsdam [1907]: A. W. Hayns Erben. (54 S.) 8°
Münster, Phil. Fak., Ref. Salkowski, Diss. v. 11. März 1907
[Geb. 17. Okt. 83 Bukarest; Wohnort: Bukarest; Staatsangeh.: Rumänien; Vorbildung: Gymn. Bukarest Reife O. 01; Studium: Berlin Univ. u. T.H. 9 S.; Rig. 21. Febr. 07.]

Silbermann, Theophil, über die Einwirkung von organischen Ammoniakabkömmlingen auf Mucobromsäure u. ihren Pseudoäthylester. Diss. (54 S.) 8. Berlin 907. (H. J. Meidinger.) 1. —

Silberminen, die, von Mexico, deren Reichthümer und deren mangelhafte Bebauung von Seiten der Mexicaner. Eine Aufforderung an deutsche Capitalisten, sich an der Ausbeute der reichen Schätze jener Silberminen zu betheiligen. gr. 8. (13 S. mit 1 lithogr. Special-Karte der Minen-Districte von Mexico, nach den neuesten trigonometr. und astronom. Messungen.) Hamburg 850, Sowien.

Silber- und Goldmünzen, im Weltverkehr, coursirende, s. Gold- und Silbermünzen.

Silber- und Gold-Myrte. Gedichte, Vorträge u. Aufführungen z. silbernen u. goldenen Hochzeit. 2. Aufl. *Berlin: E. Bloch (1902).* (94 S.) 8° [5.]
= Polterabend u. Hochzeit. Bd 9.

(S[ilbernagel], Ad[olf].) Ernst Stückelberg (1831—1903). [Nekrolog. Mit 1 Porträt-Tafel.] S. 53—60. 8.
Basler Kunstverein. Berichterstattung über das Jahr 1903. (Beilagen: ... 2... .) Basel, M. Werner-Riehm, 1904.

(Silbernagel, Alfred.) Zum Anzug für die Einführung der Berufsvormundschaft. An die Mitglieder des Grossen Rates des Kantons Basel-Stadt. 14 S. 8. [Basel, Emil Birkhäuser, 1908.]

Silbernagel, Alfred. Ein Beitrag zur Kinderschutz-Gesetzgebung. 83 S. 8. Basel, Franz Wittmer, 1908.

Die Gründung der Aktiengesellschaft nach deutschem, schweizerischem, französischem und englischem Aktienrecht. Von Dr. Alfred Silbernagel, Civilger.Präs. Berlin: Puttkammer & Mühlbrecht 1907. (XV, 513 S.) 8° [07. 19933 4]

Silbernagel, Alfred. Das Schweizerische Zivilgesetzbuch und die Jugendfürsorge. ([Mit] Literaturübersicht.) 88 S. 8. Bern, A. Francke, 1910. [fr. 1.50]

Silbernagel, Arnold F.: Das Verhältnis des bayerischen Landes-Versicherungsrechts zum Reichs-Privatrecht, unter besonderer Berücksichtigung der Immobiliar-Versicherung. Heidelberg 1907: Weiss. (VIII, 69 S.) 8°
Heidelberg, Jur. Fak., Ref. Endemann, Diss. v. 1906
[Geb. 13. Mai 72 Basel; Wohnort: Basel; Staatsangeh.: Schweiz; Vorbildung: Gymn. Basel Reife O. 94; Studium: Basel 4, Heidelberg 1, Leipzig 1, Basel 5, Heidelberg 4 S.; Rig. 5. Aug. 05.]

Silbernagel, Emil: B e w e g u n g eines Punktes innerhalb einer nicht homogenen Staubmasse mit cylindirischen Flächen gleicher Dichtigkeit. München 1905: F. Straub. (48 S.) 4°
München, Phil. Fak., Ref. v. Seeliger, Diss. v. 8. Mai 1905

Silbernagel, J., über Blasen-Scheidefisteln. Diss. Würzburg 1888, Stahelsche Univ.-Buchh. 8°. 31 S.

Silbernagl, A., De Stichi Plautinae compositione. Pr. 1896. 10 S.

Silbernagl, Isidor, Albrecht IV., der Weise, Herzog von Bayern, und seine Regierung. Nach geschichtl. Quellen verfaßt. gr. 8. (109 S.) München 857, (Lindauer'sche Buchh.)

Silbernagl, Isidor, der Buddhismus nach seiner Entstehung, Fortbildung u. Vorbereitung. Eine kulturhistor. Studie. gr. 8. (VIII, 196 S.) München 891. E. Stahl sen. 3. —

Der Buddhismus nach seiner Entstehung, Fortbildung und Verbreitung. Eine kulturhist. Studie von Dr. Isidor **Silbernagl**. 2. ⟨erg.⟩ Ausg. *München: J. J. Lentner 1903.* (VIII, 207 S.) 8° [03. 5547 6]

SILBERNAGL, Isidor (Landshut): Die Eides-Entbindung nach dem canonischen Rechte.- München: Deschler 1860. 64 S.
17.3.1860 - Urk: F 44
Diss. Ingolst.-Landsh.-Mchn.

Silbernagl, Isid., die Eides-Entbindung nach dem canonischen Rechte. Inaug.-Dissert. München 860. (Lindauer.) gr. 8. (64 S.) n. 8 ngr.

Silbernagl, Isidor, Lehrbuch des katholischen Kirchenrechts, zugleich mit Rücksicht auf das im jetzigen deutschen Reiche geltende Staatskirchenrecht. gr. 8. (XII, 658 S.) Regensburg 880 Manz. n. 8. —

—— Lehrbuch d. katholischen Kirchenrechts, zugleich m. Rücksicht auf das im jetz. Deutschen Reiche gelt. Staatskirchenrecht. 2. Aufl. gr. 8. (XV, 716 S.) Regensb. 890, Verlagsanstalt. * 8 —

Silbernagl, Isid., Lehrbuch des katholischen Kirchenrechts zugl. m. Rücksicht auf d. im jetz. Deutschen Reiche gelt. Staatskirchenrecht. 3. Aufl. gr. 8. (XV, 790 S.) Regensburg 895. Verlagsanstalt vorm. G. J. Manz. n. 8. —

Silbernagl, Isidor, Lehrbuch des katholischen Kirchenrechts. Zugleich **m. Rücksicht auf das im jetzigen Deut**schen Reiche geltende **Staatskirchenrecht. 4., verb. Aufl. gr. 8.** (XII, 797 S.) **Regensburg 903. Verlagsanstalt** vorm. G. J. Manz. **n. 8. 80; geb. in Halbfrz. n. 10. 40**

Silbernagel, Johannes Trithemius. Eine Monographie. Landshut 868. Krüll. gr. 8. (VI, 245 S.) n.n. 1 ℛ 3 ngr.

Silbernagl, Isidor, Johannes Trithemius. Eine Monographie. 2. mit einem Anhang verm. Aufl. gr. 8. (VIII, 263 S.) Regensburg 885, [Manz.] Verlags-Anstalt. * 4 —

Silbernagl, Isid., Verfassung und gegenwärtiger Bestand sämmtlicher Kirchen des Orients. Eine canonistisch-statist. Abhandlung. gr. 8. (X und 335 S.) Landshut 865, Krüll'sche Universitäts-Buchh.

Silbernagel, Isidor, Verfassung u. gegenwärtiger Bestand sämtlicher Kirchen des Orients. Eine kanonistisch-statist. Abhandlung. 2., gänzlich umgearb. Aufl., nach dem Tode des Verf. hrsg. von Jos. Schnitzer. (XXIV, 396 S) gr. 8. Regensburg 904. Verlagsanstalt vorm. G. J. Manz. n. 6. —

Silbernagl, Isid., Verfassung und Verwaltung sämmtlicher Religionsgenossenschaften in Bayern. Nach den gegenwärtig gelt. Gesetzen und Verordnungen dargestellt. Mit einem statist. Anhang. gr. 8. (456 S.) Landshut 870, Krüll'sche Buchh. 5 —

—— Verfassung und Verwaltung sämmtlicher Religionsgenossenschaften in Bayern. Nach den gegenwärtig geltenden Gesetzen und Verordnungen dargestellt. Nebst einem statist. Anhang. 2. Aufl. gr. 8. (XVI, 570 S.) Ebendas. 883. *

— **Verfassung** u. Verwaltung sämtlicher Religionsgenossenschaften in Bayern. Nach den gegenwärtig gelt. Gesetzen u. Verordngn. dargestellt. Nebst e. statist. Anh. 4. Aufl. (XVI, 680 S.) gr. 8. Ebd. 900. n. 8. —; geb. in Halbfrz. n. 9. 60

Silbernagl, Isidor. Die kirchenpolitischen und religiösen Zustände im neunzehnten Jahrhundert. Ein Kulturbild. VIII + 467 S. 8. Landshut, Ph. Krüll, Druck: J. F. Rietsch, 1901. (br. M. 6. —, geb. M. 8. —)

Silber-Prämien-Bibliothek für die Jugend. Zur Lust und Lehre der Kinder hrsg. v. Karl Löffler. (1.) Jahrg. 1851. 12 Bdchn. 8. Mit Prämie. Berlin, C. Schultze's Buchdr. n. 3 1/3 ₰

Silberrad, Georg Gustav (Nürnberg) A. S. 386/20

Dissertatio inauguralis de iuris Romani criminalis in Germaniae foris maxime hodiernis auctoritate.
Präs. Christ. Friedrich Georg Meister.
Göttingen (Schulz) 16. X. 1766. 66 S.

Gew.: Stadt Nürnberg.
W. v.: Johann Christoph Erich Springer (Opp.), G. C. Oelhafen, Friedrich Albert Fhr. von Wechmar.
32652

Silberrad, Johann Gustav (Nürnberg) A. S. 153/9

De hercto cito ob inaequalitatem in melius reformando occasione l. III. C. commun. utr. iudic.
Präs. Georg Christian Gebauer.
Göttingen (Vandenhoeck) 15. IX. 1738. 36 S.

Gew.: Stadt Nürnberg. 32656

Silberrad, Johann Gustav U. S. Göttingen 1738/5

De hercto cito ob inaequalitatem in melius reformando.
Präs. Georg Christian Gebauer. Rec.
Göttingen 1777. 36 S.

Diss. 1738. Der Resp. ist nicht genannt. 32657

Silberrad, Johann Gustav (Nürnberg) A. S. 261/22

Dissertatio genealogico-historica de Mathilde abbatissa Quedlinburgensi aliquando vicaria imperii.
Präs. Christian Gottlieb Schwarz.
Altdorf (Kohles) 26. IX. 1736. 76 S.

W. v.: G. F. Deinlin, Präs., Jobst Wilhelm Ebner von und zu Eschenbach (Opp.), Giese Weisbach (Opp.), Christoph Adolph von Dolle (Opp.), C. F. Wittequin, H. E. Münck, C. C. J. Volckamer, Johann Christoph Penzel, I. C. von Dolle, C. E. von Krafft, Georg Friedrich Poemer, Johann Volkert. 32655

Silberrad, Johann Gustav (Nürnberg) A. S. 72/26

Dissertatio inauguralis juridica de sensalibus, vulgo Mäklern.
Altdorf (Meyer) VI. 1711. 60 S. 32653

Silberrad, Johann Gustav (Nürnberg) A. S. 779/56

Dissertatio inauguralis juridica de sensalibus, vulgo Mäklern. Rec.
Altdorf (Kohles) 1716. 60 S.

Diss. VI. 1711. 32654

Silberrad, Johann Jakob (Nürnberg) A. S. 218/22

Dissertatio inauguralis juridica de brachio seculari.
Altdorf (Meyer) 21. II. 1704. 70 S. 32658

Silberrad, Martin Jakob (Nürnberg) A. S. 108/13-15

De imperatoris titulo ex antiquitate selecta quaedam capita. Präs. Erhard Reusch.
Helmstedt (Buchholz) 1728. 118 S.

Dissertatio I. 8. V. 1728. S. 1-40.
Dissertatio II. 29. V. 1728. S. 45-80.
Dissertatio III. VI. 1728. S. 85-118. 32661

Silberrad, Martin Jakob (Nürnberg) A. S. 314/3

Dissertatio inauguralis iuridica de variis iurisdictionis criminalis in Germania generibus.
Präs. Johann Paul Kress.
Helmstedt (Schnorr) 29. VII. 1730. 86 S.
32662

Silberrad, Martin Jakob (Nürnberg) A. S. 25/14

Dissertatio inauguralis iuridica de variis iurisdictionis criminalis in Germania generibus.
Präs. Johann Paul Kress. Rec.
Helmstedt (Schnorr) 1735. 86 S.

Diss. 29. VII. 1730. 32663

Silberrad, Oswald J(ohn), aus Essex: Ueber die **Polymerisationsprodukte** aus Diazoessigaether. *Würzburg 1900: Becker.* (56 S.) 8°
Würzburg, Phil. Diss. v. 1900

Silberrad, Sigismund Jakob (Nürnberg) A. S. 207/6

De genuina natura et indole vetustatis seu praescriptionis immemorialis. Präs. Johann Paul Kress.
Helmstedt (Schnorr) 30. XI. 1734. 124 S.

W. v.: Präs. 32664

Silbers und **Wallmers Briefe; ein Fragment. 8. Leipzig,** Schneider. (Linke.) 787.

– s.a. Silbergs ...

(**Silberschlag.**) Anweisung zur Kriegsbaukunst, worin die Beschaffenheit und Anlegung wie auch der Angriff und die Vertheidigung der Festungen, Schanzen und Linien. 8. Berlin 1757. — 2. Aufl. 1767.

Silberschlag, C., die Aufgabe d. Staats in Bezug auf die Heilkunde u. die öffentliche Gesundheitspflege. gr. 8. (46 S.) Berlin 875. Puttkammer & Mühlbrecht. n. 1. —

Silberschlag, C., die sociale Gesetzgebung u. Armenpflege, deren Geschichte u. Reformbedürfniss. gr. 8. (VII, 96 S.) Berlin 882. Puttkammer u. Mühlbrecht. n. 2. —

Silberschlag, Grundriß der Verfassung, Verwaltung und Gesetzgebung des Preußischen Staats seit der Zeit des 30jährigen Krieges bis zum Jahre 1850. Berlin 860. G. Reimer. gr. 8. (VI, 101 S.) 15 ngr.

Silberschlag, die deutsche Civil-Proceß-Ordnung. Betrachtet mit Rücksicht auf den amtl. Entwurf und auf die baier. Proceß-Ordnung in bürgerl. Rechtsstreitigkeiten. gr. 8. (32 S.) Berlin 871, Guttentag. * — 60

Silberschlag, Georg Christoph

Silberschlag, Geo. Cph., († d. 11. Juli 1790.) Antibarbarus, oder Vertheidigung der christl. Religion u. des evangel. Lehramts im Religionsunterricht, gegen u. wider die Einwürfe neuerer Zeiten. 2 Thle. 8. Berl. 778, 79. (Reimer). 12 gr.

— die wahre Beschaffenheit des Leidens Jesu. 8. Stendal 787. Franzen u. G.

— vom wahren Christenthum, dessen Gründen und Eigenschaften. 2 Thle. 8. Berlin, Realschulbuchhandlung. 777.(Reimer)

— Pastoralsentenzen. 8. Berl. 779.

— d. Ruf zum Predigtamte u. d. babey v. Seiten d. Patrons u. d. Candidaten zu beobacht. Pflichten. 8. Stendal, Franzen u. G. 781.

— neue Theorie der Erde, oder ausführl. Untersuchung der ursprüngl. Bildung d. Erde, nach d. Berichten der heil. Schrift rc. 4. Berl. 764. (Reimer). 12 gr.

— ausgesuchte Klosterbergische Versuche in den Wissenschaften d. Naturlehre u. Mathematik. 8. Berl. 768. (Reimer). 16 gr.

— ausgesuchte Klosterbergische Versuche, m. K. 8. Ebend. 778.

Silberschlag, Geo. Cph., Zeit u. Ewigkeit mit einander verglichen. 8. Berl. 771. (Reimer). 4 gr.

Silberschlag, Jh. Chr. Fid., leichtfaßl. Unterricht in der Proportionsrechnung f. Kinder. gr. 8. Leipz. 803. Heinsius. (Brockhaus). 8 gr.

Silberschlag, J. C. F., leichtfaßlicher Unterricht in d. Proportionsrechnung f. Kinder. gr. 8. Leipzig, Heinsius. (Gleditsch.) 803.

— vernunftmäß. u. allgem. Rechenkunst, nach Reesischer Manier auf geometr. Proportionen gegründet rc. (Ist der 1e Thl. des Vorhergehenden.) gr. 8. Leipz. 794. Heinsius. (Brockhaus). 6 gr.

Silberschlag, Johann Esaias, k. preuss. Oberconsistorial- und Oberbaurath, Director der kgl. Realschule und Mitglied der kgl. Akademie der Wissenschaften zu Berlin. Ausführlichere Abhandlung der Hydrotechnik oder des Wasserbaues. Mit 30 Kupfer-Taf. (2 Bde.) 8. Leipzig 1772—1773.

J. E. Silberschlags Ausführliche Abhandlung der Hydrotechnik oder des Wasserbaues. Leipzig bey Fritsch. 8. 1772/73

— ausführlichere Abhandl. der Hydrotechnik, ob. des Wasserbaues. 2 Thle. Mit 16 Kpf. gr. 8. Leipz. 772, 73. (Hahn).

Silberschlag. J. E. Ausführliche Abhandlung d. Hydrotechnik. 2. A. Wien 1786. 2 Bde.

— prakt. Abhandl. von Prüfung der Feuerspritzen. Mit Anmerkk. von F. G. Buße. Mit 1 Kpf. gr. 8. Halle 800. (Laue in Berl.) 16 gr.

— Abhandl. vom Selbstdenken. 8. Berl. 777.

(Silberschlag): Abhandlung v. Wasserbau an Strömen. Preisschr. Leipz. 1756. 246 S. 13 Tvl.

— Abhdl. vom Wasserbau an Strömen, m. K. 8. Leipzig, Fritsch. (Hahn.) 766.

Silberschlag, Jh. Esaias, († d. 22. Nov. 1791.) Abschiedspredigt in Magdeburg u. Antrittspredigt in Berlin. gr. 8. Berl. 770. (Reimer). 4 gr.

— Beschreib. des d. kön. Academie zu Berlin vorgezeigten Uranometers. 8. Berl. 778.

— psycholog. Betrachtt. üb. den Seelenzustand eines Menschen in den Jahren seines Unterrichts. 4. Berl. 770.

— Chronologie der Welt, berichtigt durch d. heil. Schrift, besond. zum Gebr. der kön. Realschule. gr. 8. Berl. 783. (Reimer). 12 gr.

Silberschlag, Joh. Esaias, Dank-Predigt wegen der Eroberung der Stadt Schweidnitz. Magdeburg, Frankf. u. Leipzig 1762. 4.

Silberschlag, Johann Esaias. Pastore an der H. Geist Kirche. Dankpredigt an dem öffentlichen Friedensfeste welches am Sonntage Oculi wegen des zwischen Sr. Königl. Maj. in Preussen der Kayserin Königin von Ungarn Majestät und des Königes von Pohlen Majestät den 15ten des Februars im Jahr 1763 auf der Hubertsburg geschlossenen gedoppelten Friedens in Magdeburg feyerlich begangen wurde gehalten über Jes. 52. 7—10. Magdeburg, Frankfurt und Leipzig, Verlegts und zu finden bey dem Königl. Preuss. Commercienrath u. privileg. Buchhändler Daniel Christian Hechtel. 8. 45 S.

— Entwürfe seiner Sonn- u. Festtags-Predigten des 1789. Jahres. 8. Berl. 790. (Reimer). 16 gr.

— das von Christo gestiftete Gedächtnißmahl seines versöhnenden Kreuzestodes. 8. Berl. 774. 2e A. 775. 3e A. 779. 4e A. 791. (Reimer). 6 gr.

— Gedächtnißrede auf Geo. Wlh. Lübecke. gr. 8. Berl. 786. (Köchly). 3 gr.

Johann Esaias Silberschlags [Silberschlag] Geogenie Th. 1-3. Berlin: Buchh. d. Realschule 1780-83. 8°

Th. 1: Oder Erklärung der mosaischen Erderschaffung nach physikalischen und mathematischen Grundsätzen. 1780.

Th. 2: Handelt von ihrer ersten Palingennesie zur Erklärung der mosaischen Sündfluth nach physikalischen und mathematischen Grundsätzen. 1780.

Th. 3 [u.d.T.]: [Silberschlag:] Die vertheidigte Geogenie. 1783.

— Geogenie der heil. Schrift, ob. Erklär. der Mosaischen Erdschaffung, nach physikal. u. mathemat. Grundsätzen. Mit 14 Kpft. 3 Thle. gr. 4. Berl. 780—83. (Reimer). 4 Rthlr. 16 gr. Beilage dazu, s. Beilage.

Silberschlag, Jh. Esaias, Ueber Handwerksschulen und Handwerksklassen in den Realschulen. 8°. Wien (Berlin) 1775.

— über die Handwerksschulen u. Handwerksklassen in den Realschulen. 8. Wien (Berl.) 775.

— Leben, von ihm selbst beschrieben, nebst Verzeichn. fr. Schriften; herausgg. von Frd. Jul. Koch. gr. 8. Berl. 792. (Reimer). 6 g

— Lehre der heil. Schrift von der Dreieinigkeit Gottes. 4 Stcke. 8. Berl. 783—91. (Reimer). 22 g

SILBERSCHLAG, Joh. Esaias: Nachricht von einigen zu Schöneiche angestellten Versuchen die zurück gebliebenen Stubben der Kiefernbäume durch Maschinen auszurotten. - Berlin 1773. 20 S., 1 Taf.

— Nachr. von einigen zu Schöneiche angestellten Versuchen, die zurückgebliebenen Stubben der Kienbäume durch Maschinen auszurotten. Mit 1 Kpf. gr. 4. Berl. 783. (Reimer)

— Predigt am 2. Sonntag des Advents 1789 über Luca XXI, 25—36. zu Magdeburg geh. gr. 8. Magdeb. 789. Creutz. 2 g

— zwo Predigten. 8. Berl. 776.

— zwei Predigten, in d. Dreifaltigkeits-Kirche gehalten. gr. 8. Berl. 789. (Reimer). 2 g

— zwo Predigten üb. Phil. III, 17—31. u. über Luc. XXII, 54. 62. 8. Berl. 777.

— Sendschreiben über das 1770 beobachtete Nordlicht. 4. Berl. 770. (Reimer). 4 g

Theorie der am 23. Julii 1762 erschienen Feuer-Kugel. Abgehandelt von Johann Esaias Silberschlag. Magdeburg, Stendal & Leipzig: Hechtel 1764. 135 S. 8°

— Vertheidigung der Realschule. 8. Berl. 784.

— Verzeichniß der auf dem Maschinensaale der königl. Realschule in Berlin befindl. Instrumente, Maschinen u. Modelle. gr. 8. Berl. 777. (Reimer). 3 g

Silberschlag, Johann Jesaias (Erfurt) A. S. 1126/26

Dissertatio inauguralis medica exhibens succinum, physice et medice consideratum. Präs. Justus Vesti. Erfurt (Kindleb) 1-VI. 1702. 16 S.

Gew.: Christian Vater. 32667

Silberschlag Jonas: Die Iphigeniendramen von Johann Elias Schlegel und Christoph Friedrich von Derschau.
II. 1908 PN 2445 Diss. Wien, Univ. 255

Silberschmidt, Ernst [prakt. Arzt aus Fürth in Bayern]: Ein Fall von intermittirender Hämoptoë .... Fürth, F. Weintz'sche Buchdr. (L. Limpert), 1885; 16 S. 8°.
Würzburg, Med. Fak., Inaug.-Diss. v. 1885.

Silberschmidt, Ernst, ein Fall von intermittirender Hämoptoë. Diss. Würzburg 1885, Stahelsche Univ.-Buchh. 8°. 16 S.

Silberschmidt, Fr., wohlerfahrner, sicher u. leicht heilender Wunderdoctor, od. Anweisung für Landwirthe rc. 2 Thle. 8. Heilbr. 826. Claß. 1 ℔

Silberschmidt, Fr., Wohlerfahrener, sicherer u. leicht heilender Wunderdoktor, oder Anweisung für Landwirte u. Ökonomen, wie sie sich bei der Gesundheitspflege und Krankheitsbesorgung der Pferde, des Rindviehes, der Schafe, Ziegen und Schweine zu verhalten haben. 2 Teile. 8. Heilbronn 27. Class. M. 3.—
2. Teil auch unter dem Titel: Anweisung für Landwirte etc., wie sie sich bei d. Zucht u. den Krankheiten des zahmen Geflügels, als: d. Hühner, Gänse etc., dann der Hunde, Katzen, Bienen, etc. zu verhalten haben.

Silberschmidt, Georg Christoph (Sulzbach)
Altd. Jur. 48/8

De Franciscanorum actione.
Präs. Johann Georg Fichtner.
Altdorf (Meyer) V. 1727. 32 S.

Gew.: Georg Hannibal von Braun.
W. v.: Präs., Franz Bernhard Pantzer, Johann Sebastian Joseph Dedell (Opp.), Friedrich Paul Reisenleiter (Opp.), Johann Daniel Geibel (Opp.).
32668

Silberschmidt, H., historisch-kritische Darstellung der Pathologie des Kindbettfiebers von den ältesten Zeiten bis auf die unsrige. Von der medicin. Facultät zu Würzburg gekrönte Preisschrift. gr. 8. (131 S.) Erlangen 858, Enke's Verlagsh. *

Silberschmidt, H., historisch-kritische Darstellung der Pathologie des Kindbettfiebers von den ältesten Zeiten bis auf die unsrige. Von der medicinischen Facultät zu Würzburg gekrönte Preisschrift. Erlangen 859. Enke. gr. 8. (131 S.)
n. 22 ngr.

Silberschmidt, Hirsch, das Gambit, od. Angriff u. Vertheidigung gegen Gambitzüge. Nebst e. systemat. Anleit. zum gewöhnl. Schach-, dem kleinen Krieges- u. sinesischen Schach-Spiele. Nebst e. Anh. üb. d. Geschichte d. Schachs. gr. 8. (14½ B. u. 2 Stnt.) Braunschweig 829. (Potsdam, Vogler.)

Silberschmidt, (H.,) die neu entdeckten Geheimnisse im Gebiete des Schachspieles, od. Verbess. mehrerer Spiele des Selenus, Philidor's, Stamma's, Calabroisen rc.; nebst einer leichten theoret.-prakt. Anweisung zum Schach- u. neu verbess. Kriegesspiel. Mit 1 Kpfrtaf. gr. 8. Braunschw. 826, Meyer.

Silberschmidt, H., Lehrbuch des Schachspiels mit besond. Berücksichtig. des Gambitspiels, nebst einer systemat. Anleitung zum kleinen Kriegs- u. sinesischen Schachspiel. Mit e. Anhange: Die Geschichte des Schachspiels. 2., umgearb. u. verm. Aufl. gr. 8. (19¼ B. u. 2 Stnt.) Wolfenbüttel 845, Holle'sche Bh. *

Silberschmidt, Kossy, aus Bayreuth, Rechtsprakt. am kgl. Landgerichte zu Bayreuth: Die Reformen des Entwurfes einer Börsennovelle. Bayreuth 1905: S. Fleischmann. (34 S.) 8°
Erlangen, Jur. Fak., Diss. v. 25. Nov. 1904
[Geb. Bayreuth; Wohnort: Bayreuth; Staatsangeh.: Bayern; Rig. 25. Nov. 04.]

Silberschmidt, Ludwig, Referendar: Der Gerichtsstand des Erfüllungsorts (§ 29 Z.P.O.) bei der Wandelungsklage. Rostock 1909: Winterberg. 77 S. 8°
Rostock, Jur. Diss. v. 30. Jan. 1909, Ref. Wachenfeld
[Geb. 8. Dez. 83 Bocholt i. W.; Wohnort: Essen a. R.; Staatsangeh.: Preußen; Vorbildung: Gymn. Bocholt Reife O. 03; Studium: Freiburg i. B. 1, Berlin 3, Münster 2 S.; Rig. 14. Juli 08.]
[U 09. 3096

Silberschmidt, W[illiam]. Die Bakterienfurcht. Akademischer Rathausvortrag, gehalten in Zürich am 21. Januar 1904. [Sep.-Abdr. aus: Schweizer. Blätter für Gesundheitspflege, Jahrg. 19, 1904, Nr. 3—5.] 12 S. gr.-8. [Zürich, Th. Schröter.]

Silberschmidt, W[illiam]. Die Reinlichkeit im Lichte der modernen Hygiene. (Akademische Antrittsrede, gehalten am 7. Juli 1906 ... [an der Universität] Zürich.) II + 26 S. 8. Zürich, Gebr. Leemann & Co., Komm. Ed. Rascher, [1906]. [fr. 1. —]

Silberschmidt, W. Experimentelle Untersuchungen über die bei der Entstehung des Perforations-peritonitis wirksamen Fakturen des Darm-Inhalts. In-8°. 38 S. Bern. These. 1894.

Silberschmidt, W., experimentelle Untersuchungen üb. die bei der Entstehung der Perforationsperitonitis wirksamen Factoren des Darm-Inhalts, s.a. Mittheilungen aus Kliniken u. medicinischen Instituten der Schweiz.

Silberschmidt, Willy, die Commenda in ihrer frühesten Entwicklung bis zum XII. Jahrh. Ein Beitrag zur Geschichte der Commandit- und der stillen Gesellschaft. Mit einem Vorwort von L. Goldschmidt. gr. 8. (VIII, 142 S.) Würzburg 884, Stuber's Verlagsh. *

Silberschmidt, W., die Entstehung des deutschen Handelsgerichts. Nach archival. Quellen dargestellt. gr. 8. (X, 181 S.) Leipzig 894. Duncker & Humblot. n. 4. —

Silberschmidt, W . Die Deutsche Sondergerichtsbarkeit in Handels- und Gewerbesachen, insbesondere seit der französischen Revolution. Ein Beitrag zur Frage der Laiengerichte. Beilageheft zu «Zeitschrift für das gesamte Handelsrecht» Band 55. VIII + 280 S. 8. Stuttgart, Ferdinand Enke, 1904. [M. 7. 20]
Buch 1 mit Anhang: Handelsgerichte in den benachbarten Staaten,

Anleitung zur Altersbestimmung des Pferdes für Landwirte, Pferdebesitzer und Pferdeliebhaber. Von Erich Silbersiepe, Tierarzt, Berlin. Mit 20 Gebißtaf. *Berlin: Ill. Landw. Zeitung (1903).* (47 S.) quer-8° [J.] [Umschlagt.:] Altersbestimmung d. Pferdes. 20 Gebißtaf. nach Präparaten d. kgl. tierärztl. Hochschule zu Berlin.
— Zeitung, Illustrierte Landwirtschaftliche. 1903, Dez.-Beilage.

Silbersiepe, Erich, Anleitung zur Altersbestimmung des Pferdes f. Landwirte, Pferdebesitzer u. Pferdeliebhaber. Mit 20 nach der Natur gezeichneten Gebißtaf. (47 S.) qu. kl. 4. Berlin (904). Deutsche Tageszeitung. n. 2. —

Silbersiepe, Erich, Tierarzt a. Ergste i. W.: Aus d. chirurg. Klinik d. Kgl. Tierärztl. Hochschule zu Berlin. Vorstand: Prof. Dr. Eberlein. Die Fesselbeinfrakturen des Pferdes, mit besonderer Berücksichtigung der Architektur des Fesselbeins und der Transformationen der äußeren Form und der inneren Architektur dieses Knochens infolge von Frakturen. Mit 16 Abb. auf Tafel 1—4. Stuttgart 1908: Union. (72 S.) 8° ¶ (Aus: Monatshefte f. prakt. Tierheilkunde Bd 19.)
Leipzig, Phil. Fak., Ref. Eber-Kirchner, Diss. v. 11. Mai 1908
[Geb. 18. Dez. 80 Ergste, Kr. Iserlohn (Westfalen); Wohnort: Ergste; Staatsangeh.: Preußen; Vorbildung: Rektorat-Sch. Schwerte Reife f. Prima O. 97; Studium: Leipzig 7 S.]

Silbersiepe, Erich, Krankheiten des Thorax u. d. Lungen, inklusive Brustbeulen, s.: Handbuch der tierärztlichen Chirurgie u. Geburtshilfe.

Silbersiepe, Fritz, appr. Arzt, Assistenzarzt im Inf.-Reg. Nr. 17: Beitrag zum Studium der Keratitis parenchymatosa auf luetischer Basis. Unter Zuhülfenahme der Wassermannschen Reaktion. Berlin (1908): Ebering. 35 S. 8°
Berlin, Med. Diss. v. 22. Dez. 1908, Ref. v. Michel
[Geb. 20. Juni 82 Ergste; Wohnort: Mörchingen; Staatsangeh.: Preußen; Vorbildung: Gymn. Hagen i. W. Reife O. 02; Studium: Berlin K. W. A. 10 S.; Coll. 19. Dez. 08; Approb. 10. Aug. 08.] [U 09. 110

SILBERSPORN, M. (ps.?), Kurt von Waldau mit seiner wildverwegenen Räuberschaar oder der erfüllte Hexenspruch. Ein romant. Räubergemälde a. d. 30 jährigen Kriege. 3 Bde. Leipzig 1858. 8°. (1 Mk. 25 Pfg. G. Pietzsch, München, 1908: stark fleckiges Leihbibl.-Expl.)

Silberstein, Frau Elsa, geb. Kohn. Zur Erinnerung. Wien 1882. V: *Heller, Seligmann & Majer Kohn-Bistritz.* (EB)

Silberstein, Adela. Leibniz' Apriorismus im Verhältnis zu seiner Metaphysik. Diss. Phil. I. Univ. Zürich. VI + 52 S. 8. Weimar, R. Wagner Sohn, 1902.

Leibnizens Apriorismus im Verhältnis zu seiner Metaphysik. Von Dr. A[dela] Silberstein. *Berlin: Mayer & Müller 1904.* (74 S.) 8°
Ein Teil erschien als Inaug.-Diss. Zürich 1902.

Silberstein, Adolf

Silberstein, Adf., die Bibel der Natur. Offenbarungen der fortschreitenden Vernunft. Grundrisse einer neuen Weltanschauung. 4. unveränd. Aufl. gr. 8. (200 S.) Leipzig 880, [Eckerlein.] Lindig. M 2,50.; geb. *

Silberstein, Adf., die Bibel der Natur. Offenbarungen der fortschreit. Vernunft. Grundrisse e. neuen Weltanschaug. 5. unveränd. Aufl. gr. 8. (200 S.) Leipzig 887. F. Lindig. n. 2. 50

Silberstein, Adf., die Bibel d. Natur. Offenbargn. d. fortschreit. Vernunft. 5. Aufl. gr. 8. (200 S.) Leipzig 887. [F. Lindig.] Alfr. König. n. 2. 50

Silberstein, Adf., philosophische Briefe. An e. Frau. 8. (163 S.) Budapest 873. Zilahy. n. 2. 40

Silberstein, Adf., Dichtkunst des Aristoteles. Versuch eines Systems der „Poetik". 1. Bd. 8. (190 S.) Budapest 876, Zilahy. *

[Autogr.] Gedanken über die Freimaurerei. Epistel an einen Freund von **Adolf Silberstein.** Temesvár 1871. 4 Bl. 4° [Kopftit.]
cf. Bh. 14 (1871) S. 164 (J. G. Findel).
Tt. 1791. Rechtfertigung des Daseins u. der Notwendigkeit der Frmrei. 439.

—— Rud. Gottschall. 25 Jahre seiner Dichterlaufbahn. Studie zur Literatur der Gegenwart. gr. 16. (VII und 191 S.) Leipzig 868, Rhode. *

Silberstein, Adph., die Katharsis des Aristoteles. Aesthetisch-krit. Untersuchung. [Aus: Neue Allgemeine Zeitschrift für Theater u. Musik.] Leipzig 867. Rhode. [Lucius.] gr. 16. (77 S.) n. 15 ngr.

Silberstein, Adolf: Die Neubildung elastischen Gewebes bei chronischen interstitiellen Entzündungen der Nieren. Berlin (1903): G. Schade. (28 S.) 8°
Berlin, Med. Diss. v. 24. Juli 1903

Silberstein, Adolf [aus Braila]: Die Prognose der Geburt beim schrägverengten Becken. Aus d. geburtshülfl.-gynäkolog. Universitätsklinik d. Charité '(Herr Geheimr. Prof. Gusserow)' ... Berlin, Druck v. E. Ebering, *1897;* 32 S., 2 Bl. 8.
Berlin, Med. Fak. Inaug.-Diss. v. 30. Juli 1897

—— Rede zur Feier der 25jährigen dichterischen Wirksamkeit von Rud. Gottschall gehalten. gr. 8. (18 S.) Leipzig 867, Rhode. *

SILBERSTEIN, A., Strategie d. Liebe. Berlin, o. J. 8°. (1 Mk. 20 Pfg. H. Hugendubel, München, 1905.)

—— Strategie der Liebe. Studien. 8. (216 S.) Leipzig 880, Eckstein. *

—— dass. — 2. (Titel-)Aufl. 8. (216 S.) Berlin 884, Eckstein Nachf. *

Silberstein, Adf. Strategie der Liebe. Studien. 3. Aufl. 8. (VI, 222 S.) Berl. 891, R. Eckstein Nachf. * 3 —

Silberstein, (*Hans*) Alfred [aus Berlin]: Ueber die Oxydation der βγ- und der αβ-Isoheptensäure mit Kaliumpermanganat ... Strassburg, Elsäss. Druckerei u. Verl.-Anst., 1894; 32 S. 8.
Strassburg, Math.-naturw. Fak., Inaug.-Diss. v. 1894

Silberstein Artur Dr. Über die Kondensation von Isobutyrformaldol mit Malonsäure. S. 112 III. 88 . . . vgr.
Separatabdruck

Silberstein, August

Silberstein, Aug., **der verwandelte Ahasver. Poetische Glas- u. Rauchbilder im St. Peterskeller zu Salzburg. 12. (59 S.) Leipzig 899. [W. Friedrich.] M. Altmann. Geb. n. 1.80**

Silberstein, August
Die Alpenrose von Ischl. Geschichte. Berlin 1865.
In: Roman-Zeitung, Deutsche. Bd 3.

Silberstein, Aug., die Alpenrose von Ischl. Eine Geschichte. 2 Bde. Berlin 866. Janke. 8. (504 S.) 3 ₰

Silberstein, Aug, die Alpenrose v. Ischl. Erzählung. 2. durchgeseh. Ausg. 8. (312 S.) Berlin 875. Janke. n. 3. —

Silberstein, August
Glänzende Bahnen. Roman. Bd 1-3. Berlin 1872.
In: Roman-Zeitung, Deutsche. Bd 2.3.

Silberstein, Aug., glänzende Bahnen. Roman. 3 Bde. 1. Aufl. 1872, und 2. Aufl. 8. (344; 375; 379 S.) Berlin 872, Janke. 13 50

— glänzende Bahnen. Roman aus den Gesellschaftskreisen. 2. Aufl. 3 Bde. 8. (341, 375 u. 379 S.) Ebend. 875. 13. 50

Silberstein, Aug., Denksäulen im Gebiete der Cultur u. Literatur. gr. 8. (VII, 344 S.) Wien 879. Braumüller. n. 7. —

Silberstein, Aug., Die vom Dorf'. Ernste u. heitere Geschichten. 8. (333 S.) Berlin 895. Bibliograph. Bureau. n. 4. —

Silberstein, Aug. Dorfmusik. Heitere Geschichten. 8. (VII, 370 S.) Stuttg. 892, Deutsche Verlags-Anstalt. * 4 —; geb. * 5 —

Silberstein, Aug., Dorfmusik. Heit. Geschichten. (Neue [Titel-] Ausg.) 8. (V, 370 S.) Stuttgart (892) 897. Deutsche Verlags-Anstalt. n. 1. 50; geb. n. 1. 75

Silberstein, Aug., Dorfschwalben aus Oestreich. Geschichten. 2 Bde. München 862, 63. Fleischmann. 8. (2 Bl., 399 S.; 2 Bl., 359 S.) Jeder Bd. 1 ₰ 6 ngr.

— Dorfschwalben aus Oestreich. Geschichten. 2 Bde. 8. (III und 359 S., III und 399 S.) München 862,63, [Merhoff's Verlag.] à Bd. 1 Thlr. 6 Ngr.

— dass. — Neue Folge. I. Der Hallodri. Eine Dorfgeschichte. 8. (344 S.) Berlin 868, Janke. *

Silberstein, Aug., Dorfschwalben aus Oesterreich. Frischer Flug. 2 Bde. 8. (VII, 352; 353 S.) Breslau 881, Schottländer. * M 8.; geb. *

Silberstein, Aug., das Engerl im See, s. National-Bibliothek, deutsch-österreichische.

— der Gerhab, s. Novellenschatz, neuer deutscher.

Silberstein, Aug., der Gerhab, s.: Volksbücher, Wiesbadener.

Silberstein, Aug., Geschichte der Aula. Die Wiener Universität u. die akadem. Legion vom März bis Ende Octbr. 1848. gr. 16. (85 S.) Mannheim 848, Grohe. n. 1/3 ₰

— landläufige Geschichten aus Dorf, Stadt und Alm. 2 Bde. 2. Aufl. 8. (329; 295 S.) Leipzig 886, Unflad. à Bd. * 3 60

— Haus-Chronik im Blumen- und Dichter-Schmuck. Blumen (19 Chromolithogr.) von Marie Höpffner [geb. v. Manteuffel-Zögen]. 12. (212 S.) München 880, Gebr. Obpacher. geb.

— dass. — 2. Aufl. 12. (208 S. mit 17 Chromolithogr.) Ebendas. 881. geb.

— dass. — Blumen von Marie v. Beckendorff, Auguste Reichelt u. A. 3. Aufl. 8. (208 S. mit 18 Chromolithogr.) Altona 884, Send. geb.

— Mein Herz in Liedern. Neue Lieder. 16. (VIII, 116 S.) Stuttgart 868, Grüninger. geb. mit Goldschn. * 3 —

— dass. — 3. verm. Aufl. [Gesammtausgabe.] gr. 16. (XII, 318 S.) Stuttgart 875, Hallberger. geb. mit Goldschn. * 6 —

— mein Herz in Liedern. 4. Aufl. [Gesammtausg.] Mit dem Portr. des Dichters (in Tondr.). 8. (XII, 318 S.) Stuttgart 878, [Hallberger.] Deutsche Verlags-Anstalt. geb. mit Goldschn. *

Silberstein, A., mein Herz in Liedern. 5., verm. Aufl. Mit dem Portr. d. Dichters. 8. (XII, 346 S.) Stuttgart 887. Deutsche Verlags-Anstalt. geb. m. Goldschn. n. 6. —

Silberstein, Aug., die Himmelfahrt e. Sünders, s.: Verein f. Verbreitg. guter Schriften. Bern.

— Hochlandsgeschichten, s. Collection Spemann.

Silberstein, August
Hochlandsgeschichten. Mit einer Einleitung von Joseph Kürschner.
Stuttgart: Spemann (1882). 210 S. 8°

August **Silberstein**. Hochlandsgeschichten. (Vorr.: Joseph Kürschner.) *Stuttgart, Berlin, Leipzig: Union [1900].* (210 S.) 8° [F.]
— **Romane**, Moderne, aller Nationen. 14. [01. 1308]

— deutsche Hochlands-Geschichten. 2 Bde. 8. (308; 288 S.) Ebendas. 875. 6 —

— deutsche Hochlands-Geschichten. 2. (Titel-) Aufl. 2 Bde. 8. (308; 288 S.) Ebendas. 875,77. * M 6.; geb. *

— Neue Hochlandsgeschichten. 12. (109 S.) Lpz. 888, Knaur. geb. m. Goldschn. [* 2 — | * 1 —

— die Kaiserstadt am Donaustrand. Wien und die Wiener in Tag- und Nachtbildern. Nebst zahlreichen Stahlst. von bedeutenden Künstlern. 15 Lfgn. gr. 8. (S. 1—286 mit 24 Stahlst.) Wien 873, Perles. à Lfg. M 1.; geb. * 19 —
Ausg. in gr. 4. à Lfg. M 2.; geb. * 33 —

— Büchlein Klinginsland. Dichter-Weisen und Weisungen. 1. und 2. Aufl. 16. (107 S.) Wien 879, Fromme. geb. mit Goldschn. *

— Klinginsland. Dichter=Weisen u. Weisgn. 3., sehr verm. Aufl. gr. 16. (VI, 255 S.) Wien 895. C. Gerold's Sohn. Geb. in Leinw. 2. —

—— Land und Leute im Naßwalde. [Colonie protestantischer Holzknechte in den österreich. Alpen.] gr. 8. (72 S.) Wien 868, Braumüller. * 1 —

—— Lieder. 8. (XI und 306 S.) München 864, [Merhoff's Verlag.]

—— die Rosenzauberin. Erzählendes Gedicht. 12. (III, 134 S.) Leipzig 884, Friedrich. *

—— Herkules Schwach. Humorist. Roman. 3 Bde. 8. (XXII und 992 S.) München 863, [Merhoff's Verlag.]

—— Frau Sorge. Eine Märchen=Dichtung. 12. (68 S.) Leipzig 886, Friedrich. geb. mit Goldschn. * 2 50

—— Trutz=Nachtigal, s. Universal=Bibliothek.

Silberstein, Aug., Trutz=Nachtigal. Lieder aus dem deutschen Walde. 1. und 2. Aufl. 8. (IV und 60 S.) Leipzig 859, Fries. *

— Volks=Kalender, s.: Vogl, Joh. Nep.

Silberstein, D[avid]: Beitrag zur Tuberkulose der Nase und des lymphadenoiden Rachengewebes. *Greifswald 1898: C. Sell.* (52 S.) 8°
Greifswald, Med. Diss. v. 11. März 1898

Silberstein, Emil, aus Treptow a. Rega: Conrad Pellicanus. Ein Beitrag zur Geschichte d. Studiums d. hebr. Sprache in d. ersten Hälfte d. 16. Jahrhunderts. *Berlin 1900: Rosenthal & Co.* (VIII, 104 S.) 8°
Erlangen, Phil. Diss. v. 13. Febr. 1900

Silberstein, Emil, Conrad Pellicanus. Ein Beitrag zur Geschichte des Studiums der hebr. Sprache in der 1. Hälfte des XVI. Jahrh. gr. 8. (VIII, 104 S.) Berlin 900. Mayer & Müller. n. 2. —

Silberstein, Ernst [aus Königsberg]: Über Oxyphosphazo-Verbindungen der aromatischen Reihe ... Rostock, C. Hinstorffs Buchdr., 1896; 55 S. 8.
Rostock, Phil. Fak., Inaug.-Diss. v. [13. Dez.] 1895

Silberstein, Heinr., Blätter u. Blüten. Gedichte e. Jugend. (57 S.) kl. 8. Straßburg 910. J. Singer. 1. —

Silberstein, Heinrich. Ueber Diazoderivate des symmetrischen Tribromanilins und deren Umsetzungsproducte. (Tübingen) Dresden, 1882.

Silberstein, Heinrich [aus Schweinfurt]: Die Stellung der Gesellschafter im Prozesse der offenen Handelsgesellschaft ... Würzburg, kgl. Universitätsdr. v. H. Stürtz, 1894; 59 S. 8.
Erlangen, Jur. Fak. Inaug.-Diss. v. 1894

Silberstein, James, über die Anwendung u. Wirkg. des Benzoylarbutins [Cellotropin]. (8 S.) gr. 8. Leipzig 905. B. Konegen. n. 1. —
Sonderabdruck aus: „Der Frauenarzt".

Silberstein, J., die Behandlung der habituellen Verstopfung m. Regulin. (7 S.) gr. 8. Leipzig 908. B. Konegen. 1. –
Sonderabdruck aus: „Der Frauenarzt".

— Beiträge zur Ernährungstherapie m. Plasmon. (12 S.) 8. Ebd. 905. n. 1. —

— über e. neues Eisenphosphorpräparat (Haemostogen Löffler). (14 S.) 8. Ebd. 905. n. 1. —

— üb. die neuerbohrte Glaubersalzquelle in Hersfeld (Hessen-Nassau). (16 S.) 8. Ebd. 906. n. 1. —
3 Sonderabdrucke aus: „Reichs-Medizinal-Anzeiger".

Silberstein, Joachim

Silberstein, Joach., der Weihnachtsbaum. Prolog. 12. (7 S.) Berlin 898. F. Martinelli. — 30

Silberstein, [Julius], Rechtsanwalt: Die Aufgaben der deutschen Nachlaßgerichte beim Tode von Nichtdeutschen. [Umschlagt.] O. O. u. J. (IX, 60 S.) 8°
Rostock, Jur. Fak., Ref. Wachenfeld, Diss. v. 20. Dez. 1906
[Geb. 2. Aug. 76 Berlin; Wohnort: Berlin; Staatsangeh.: Preußen; Vorbildung: Gymn. Danzig Reife O. 96; Studium: Berlin 5, München 1 S.; Rig. 14. Dez. 05.]

Silberstein, Leo [wirkl. Name], s.a. G i l b e r t, Leo [Pseud.]

Silberstein, Leo: Die E n t s t e h u n g der Lungentuberkulose nach Trauma. (Ein casuist. Beitrag.) Leipzig 1903: B. Georgi. (30 S.) 8°
Leipzig, Med. Diss. v. (15. Jan.) 1903

Silberstein, Leo, kurzgefaßte Grammatik der schwedischen Sprache. 8. (IV, 52 S.) Frankfurt a. M. 873, Winter. * — 80

Silberstein, Leo, wie wird der Begriff des Wortes „werden" in den romanischen und germanischen Sprachen ausgedrückt? Eine etymologisch-vergleichende Abhandlung. Progr. der Israelit. Anstalt Fulda 1850. 4°. 30 S.

—— Wörterbuch zu E. Tegnérs Frithiofssage. 8. (VI, 103 S.) Ebendas. 873. * 1 60

Silberstein, Louis [geb. Krieschtin d. Neum 6. 10. 1843] Thesen Berlin (1870). (2 Bl.) 8
Berlin, Med. Thes. v. 5. Aug. 1870

Silberstein, Ludwig [aus Warschau]: Ueber die mechanische Auffassung elektromagnetischer Erscheinungen in Isolatoren und Halbleitern ... Berlin, C. Vogts Buchdr., *1894*; 2 Bl., 42 S., 1 Bl. 8.
Berlin, Phil. Fak., Inaug.-Diss. v. 22. Nov. 1894

Silberstein, Ludw., vor dem Konkurse. Prakt. Ratschläge f. Gläubiger u. Schuldner. (99 S.) 8. Strassburg 908. J. Singer. 1. 50

Silberstein, M., Die sociale Frage und die mosaische Gesetzgebung. 8°. Münster 1873.

Silberstein, M., das Gotteshaus — unser Wächter. Predigt, geh. bei der Einweihg. der restaurirten Synagoge in Buttenhausen, am 27. Septbr. 1872. gr. 8. (14 S.) Eßlingen 872. (Breslau, Hepner.) n. — 30

Silberstein, M., das Gotteshaus — unser Wächter. Predigt, gehalten bei der Einweihung der restaurirten Synagoge in Buttenhausen, am 27. Septbr. 1872. gr. 8. (14 S.) Eßlingen 872. (Breslau, Skutsch.) * — 30

Silberstein, M., der Gruß. Eine Plauderei. 32. (16 S.) Breslau 889. Baumann. n. — 40

Silberstein, M., im Himmel u. auf Erden. Parallel-Bilder aus d. religiösen Leben d. verschied. Völker. gr. 8. (VIII, 143 S.) Breslau 896. M. & H. Marcus. n. 2. —

— einleitende Ideen zur Geschichte der Juden u. d. Judentums. Vortrag, geh. am 27. Jan. 1891 im jüd. Litteratur-Vereine zu Bochum. [Aus: „Populär-wissenschaftl. Monatsblätter".] gr. 8. (14 S.) Ebd. 891. n. — 60

— Moses Mendelssohn, e. Lebensbild. Vortrag geh. in der Lesegesellschaft zu Münsingen am 22. Janr. 1872. gr. 8. (22 S.) Ebend. 872. n. — 40

— Predigt bei der Sieges- u. Friedensfeier, den 6. März 1871 geh. gr. 8. (8 S.) Ebend. 871. n.n. — 25

—— Predigten bei besond. Gelegenheiten, s. Gelegenheits-Predigten jüdischer Kanzelredner.

Silberstein, M., Worte am Grabe Berthold Auerbach's. gr. 8. (8 S.) Breslau 882. Preuß & Jünger. — 30

Silberstein, M., Worte am Grabe Berth. Auerbachs. gr. 8. Breslau 882. Frankfurt a. M., Kauffmann. — 30

Silberstein, Martin, Arzt: Aus d. Kgl. Universitäts-Frauenklinik zu Breslau. Direktor: Geh. Medizinalrat Prof. Dr. Küstner. Die Zwillingsgeburten der Breslauer Universitäts-Frauenklinik von 1902—1906. Breslau 1907: Breslauer Genossenschafts-Buchdruckerei. (43 S.) 8°
Breslau, Med. Fak., Ref. Küstner, Diss. v. 26. Nov. 1907
[Geb. 29. Dez. 79 Chelmce (Kr. Strelno); Wohnort: Breslau; Staatsangeh.: Preußen; Vorbildung: Gymn. Hohensalza Reife O. 00; Studium: Breslau 7, Berlin 1, Straßburg 1 S.; Coll. 16. Nov. 07; Approb. 27. Juli 05.]

Silberstein, Max, das Amt des Vormunds und des Gegenvormunds in seiner practischen Uebung und Bethätigung, gemeinfasslich erläutert und dargestellt. [Blätter für populäre Rechtswissenschaft, hrsg. von G. Freudenstein, 1. Bd. 7. Lfg.] gr. 8. (67 S.) Minden 883, Bruns' Verlag. *

(Silberstein, Max:) Rechts-Gutachten betreffend die Successionsrechte des Grafen von Merenberg auf das Großherzogtum Luxemburg. Als Ms. gedr. (Berlin 1907: E. Wertheim.) 157 S. 4°

Silberstein, Michael

Silberstein, M., das geistliche Amt — ein Hirtenamt. Antritts-Predigt bei seiner feierl. Einführung als Stadt- und Bezirksrabbiner in Wiesbaden. Gehalten am 17. Mai 1884. gr. 8. (15 S.) Wiesbaden 884, Rodrian. *

Silberstein, M., Wolf Breidenbach u. die Aufhebung d. Leibzolls in Deutschland. Mit besond. Rücksicht auf Nassau, zumeist nach archival. Urkunden dargestellt. [Aus: „Zeitschr. f. die Geschichte der Juden in Deutschland".] gr. 8. (20 S.) Wiesbaden 891. (Ch. Limbarth.) n. — 60

Mein Glaube! Eine Dichtung verf. von ....? Aufgefunden, auf ihren Wanderungen begleitet u. hrsg. von M[ichael] **Silberstein**, Waisenhausinsp. a. D. Breslau: Koebner 1906. (59 S.) 8° [F.] [06. 6890

Silberstein, M., Leitfaden f. den israelitischen Religionsunterricht, zugleich zur Vorbereitg. f. d. Akt d. Religionsweihe [Konfirmation]. 2. Aufl. 8. (31 S.) Wiesbaden 889. Limbarth. geb. n.n. — 50

— die israelitische Religionsschule in ihrer geschichtlichen Entwickelung m. besond. Berücksicht der nassauischen Verhältnisse. Vortrag, geh. am 7. Juni 1891 in der zu Wiesbaden stattgefundenen Versammlg. der israelit. Religionslehrer Nassaus. gr. 8. (12 S.) Ebd. 891. n. — 60

Gabriel Rießer. Ein Kämpfer f. Recht u. Freiheit. Vortrag von Dr. M[ichael] **Silberstein**, Rabbiner in Wiesbaden. 2. Aufl. Berlin: M. Poppelauer 1906. (16 S.) 8° [F.] [08. 7897

Meine letzte Zeit in der Israelitischen Waisen-Verpflegungs-Anstalt, zugleich Das hundertjährige Jubiläum derselben. M[ichael] **Silberstein** 1805–1905. Breslau 1907: Th. Schatzky. (37 S.) 8° [F.] [07. 9963

Silberstein, Mieczyslaw. Über ein neues Isomeres des Rosindulins. Diss. Phil. (Sci.) Lausanne. 47 S. 8. Lausanne, Hoirs B. Benda, 1901.

Das erste Lebensjahr. Wie ernähren u. pflegen wir d. Säugling? Von Dr. med. R[afael] **Silberstein**. *Berlin: Vorwärts 1904.* (16 S.) 8° [F.]
= Arbeiter-Gesundheits-Bibliothek. H. 2. [04. 1933

Silberstein, R., das erste Lebensjahr. Wie ernähren und pflegen wir den Säugling? 3. durchgeseh. Aufl. (16 S.) 8. Berlin 909. Buchh. Vorwärts. — 50

Silberstein, Raphael [aus Gollnow (Pomm.)]: Über Lipoma sarcomatodes ... Würzburg, P. Scheiner's Buchdr., 1896; 29 S. 8.
Würzburg, Med. Fak., Inaug.-Diss. v. 1896

Das Schulkind von Dr. R[aphael] **Silberstein**. Berlin: Vorwärts 1905. (10 S.) 8° [F.]
= Arbeiter-Gesundheits-Bibliothek. H. 6. [05. 4528

Silberstein, Richard, Arzt: Ein Fall von Situs viscerum [!] inversus. Berlin: Jaeckel 1910. 38 S. 8°
Berlin, Med. Diss. v. 29. April 1910, Ref. Kraus
[Geb. 19. April 84 Berlin; Wohnort: Berlin; Staatsangeh.: Preußen; Vorbildung: Sophien-Gymn. Berlin Reife O. 03; Studium: Berlin 10 S.; Coll. 11. Febr. 10; Approb. Sept. 09.] [U 10. 98

Silberstein, Siegbert: Über die Bedeutung des Gesichtssinnes für das Zustandekommen der Raumanschauung. Erlangen 1910: Junge. 75 S. 8°
Erlangen, Phil. Diss. v. 23. Juni 1910, Ref. Hensel
[Geb. 2. April 79 Posen; Wohnort: Erlangen; Staatsangeh.: Preußen; Vorbildung: Friedrich-Wilhelms-Gymn. Posen Reife M. 98; Studium: Berlin 9, Erlangen 2 S.; Rig. 27. Mai 10.] [U 10. 901

Silberstein, Siegfried

Silberstein, Abschiedsworte, gesprochen an der Bahre des Herrn Josef Goldberg. (4 S.) gr. 8. Elbing 904. (P. Ackt.) n. — 30

Abschiedsworte gesprochen an der Bahre des Herrn Josef Goldberg von Rabbiner Dr. [Siegfried] **Silberstein**. Elbing, d. 21. April 1904. (Elbing [1904]: H. Gaartz.) (3 Bl.) 8° [F.] [05. 1657

Silberstein, Siegfr., üb. den Ursprung der im Codex Alexandrinus u. Vaticanus des 3. Königsbuches der alexandrinischen Uebersetzung überlieferten Textgestalt. [Aus: „Zeitschr. f. alttestamentl. Wiss."] 8. (75 S.) Giessen 893. (J. Ricker.) Nicht im Handel.

Silberstein, Wilhelm: Kondensation von Propionitril mit Oxalester. Würzburg 1909: Becker. 53 S. 8°
Tübingen, Naturw. Diss. v. 5. März 1909, Ref. Wislicenus
[Geb. 7. Sept. 81 Schwiebus; Wohnort: Tübingen; Staatsangeh.: Preußen; Vorbildung: Luisenstädt. Oberrealsch. Berlin Reife f. Obersek.; Studium: München 4, Tübingen 6 S.; Coll. 5. März 09.] [U 09. 4018

Hygiene der Arbeit in komprimierter Luft von Dr. Philipp **Silberstern**, Polizeiarzt in Wien. Mit 6 Abb. *Jena: G. Fischer 1901.* (36 S.) 8°
= **Handbuch** der Hygiene. Suppl.Bd 1, [4.] [01. 12440

Silberstern, Phpp., Hygiene der Arbeit in komprimierter Luft. gr. 8. (36 S. m. 6 Abbildgn.) Jena 901. G. Fischer. n. 1.50
Sonderabdruck aus: „Handbuch d. Hygiene, 1. Suppl.-Bd."

Silbert, Johann Peter

Silbert, Joh. Pet., Andachtsbuch zum göttl. Herzen Jesu. gr. 12. (12 B. u. Titlkpfr.) Wien 830, Mechitaristen-Congregat.-Buchh.

Silbert, Joh. Pet., Andachtsübungen z. heil. Herzen Jesu, s. Andachtsübungen etc.

— s. Archier, A.: Die Familie Morand.

Silbert, Jh. Pt., Begleiter auf dem Tugendwege. 2e, mit Meßgebeten u. 1 Kpfr. verm Aufl. 12. Wien 833. Haas. 1/3 ℛ

Silbert, Johann Peter, s. Bernhard, des heil., Schriften.

– s. Bonaventura: Goldener Psalter.

Silbert, Jh. Pt., der Bote aus Jericho, s. J. E. Veith.

——, Christus und zwölf Apostel, s. Christus.

— Columba. Ein Füllhorn freundlicher Blüthen u. Früchte zur Belehrung u. Erheiterung, zumal der gebildeten Jugend. 8. Pforzheim 843, Dennig, Finck u. Co. (Stuttg., Scheible, R. u. S.) 3/4 ℛ

Silbert, Joh. Pet., Columba. Ein Füllhorn freundlicher Blüthen u. Früchte zur Belehrung u. Erheiterung, zumal der gebildeten Jugend. 8. (24 B.) Pforzheim 843. [Stuttgart, Rieger'sche Vrlgsh.]

– s. Denkmale der christl. Glaubens- u. Sittenlehre.

Silbert, J. P., Dom heiliger Sänger und fromme Gesänge d. Vorzeit. Mit einer Vorrede v. Fr. v. Schlegel. gr. 8. Wien und Prag, Haas. 820.

—— Dom heil. Sänger, od. fromme Gesänge d. Vorzeit. Mit Vorr. v. Fr. v. Schlegel. Neue Ausg. gr. 8. (22 B. u. Ttlkpfr.) Wien 835, Haas'sche Buchh.

—— der christliche Dulder auf dem Himmelswege. Ein Buch zu trostreicher Erkräftigung für Leidende. 12. (8½ B.) Wien 844, Wallishausser.

(——), Eleonore, s. Eleonore.

— Emanuel, s. a. Emanuel.

— Emanuel, ein Adventbuch aus kirchl. Schriftstellern vorzüglich aus d. heil. Bernhard übersetzt. 8. Ebend. 820.–

——, Emmanuel. Ein Advents-Buch. Aus kirchl. Schriftstellern, vorzügl. aus d. heil. Bernhard übers. u. geordnet. gr. 12. (7½ B. u. Ttlkpfr.) Wien 835, Haas'sche Buchh.

—— die vier heiligen Evangelien, s. Evangelien.

– s. Fenelon: Sämmtl. Schriften.

— Ferdinand der Zweite, Röm. Kaiser, und seine Zeit. (Mit Dedication an Kaiser Franz I. von dem Erzbischof von Cäsarea 2c., Aristaces Azaria.) 8. Wien 836. Mechitaristen-Congreg.-Buchh. 1 ℛ

—— christl. Festgeschenk. Eine Samml. frommer Betrachtn. u. Gebete z. Beherzig. f. ganze Leben. Gebildeten kathol. Jünglingen u. Jungfrauen gewidmet. gr. 12. (14½ B. u. Ttlkpfr.) Wien 835, Haas'sche Buchh. 1 Thlr., Saffian-Einb. m. Goldschn. u. Futteral.

—— der Frauenspiegel, aufgestellt in e. Reihe Biographien gottsel. Personen aus d. Frauengeschlechte. gr. 12. (17½ B.) Wien 830, Haas.

— Gegrüßet seyst du Maria! — Ein Gebetbuch zur Verehrung u. Nachfolge der allerseligsten Jungfrau, f. kathol. Christen 2c mit d. Kirchengesängen. Mit 1 Kpf. u. Vign. gr. 12. Wien 826. Armbruster. 1 ℛ 4 gGr. Velinp.

—— Gegrüßet seyst Du, Maria! Ein Gebethb. zur Verehr. u. Nachfolge d. allerseligsten Jungfrau f. kathol. Christen überh., insbesond. aber f. d. andächt. Frauengeschlecht. 2., verm. Aufl. gr. 12. (20 B. u. Ttlkpfr.) Wien 829, Armbruster.

— Gegrüßet seist Du, Maria! Gebetbuch zur Verehrung und Nachfolge der allerseligsten Jungfrau für kathol. Christen überhaupt, ins Besondere aber für das andächtige Frauengeschlecht. 3e verm. Aufl. (Mit 2 Kpfrn.) 16. Wien 837. Armbruster. [illegible] ℛ, bei Wallishauser 1 ℛ

—— gegrüßet seyst Du Maria! Gebetbuch f. d. andächtige Frauengeschlecht. 4., verm. Aufl. 8. (29½ B., 1 Stahlst. u. gestoch. Ttl.) Wien 843, Wallishausser. 1 Thlr. 3¾ Ngr., Velinp.

— Geheiligt werde dein Name! ein kathol. Gebet- u. Andachtsbuch. Mit 5 Kpf. u. 1 Vign. gr. 12. Wien 823. 2e A. 827. Haas. 1 ℛ Schrbp. 1 ℛ 6 gGr. (Kranzfelder in Augsb.) 16 gGr. 4e Aufl. 831. Ebd. 8 gGr.

—— Geheiliget werde Dein Name! Ein kathol. Gebeth- u. Andachtsbuch. 3., sehr verm. Aufl. gr. 18. (396 Seit. u. 6 Stahlst.) Wien 834, Haas. 1 Thlr., Schrbp.

— Gelobt sey Jesus Christus! Ein kathol. Gebet- u. Andachtsbuch. gr. 8. Wien 830. Mechitaristen-Congreg.-Buchh. (a. Müller in Mainz).

—— Gelobt sey Jesus Christus! Ein vollständ. kathol. Gebeth- u. Andachtsbuch. 1. Aufl. gr. 8. (21 B. u. Ttlkpfr.) 830. 20 Gr., 2., unveränd. A. 8. (23 B. u. Ttlkpfr.) Wien 834, Mechitaristen-Congregat.-Buchh. 20 Gr., Schrb.-Vlnp.

Silbert, J. P., Gelobt sei Jesus Christus! Ein katholisches Gebeth- und Andachtsbuch. (Neuer Abdruck.) Wien (853.) Mechitharisten-Congreg.-Buchhandlung. 8. (365 S., 1 Kpfrst. u. Titel in Kpfrst.) 15 ngr

(——) das kleinere Gelobt sey Jesus Christus! Ein kathol. Gebeth- u. Andachtsbuch mit Morgen-, Abend-, Meß-, Beicht- u. Communion-Gebethen; Betrachtungen d. allersel. Jungfrau u. d. Heiligen Gottes, so wie auch mit verschied. Gebethen in besond. Fällen, u. für Kranke u. Sterbende; sammt Litaneyen u. Kirchengesängen. 2., verm. Aufl. 12. (9¼ B. u. 3 Kpfr.) Wien 833, Mechitaristen-Congregat.-Buchh. 6 Gr., Postp.

——, Gersen, Gerson u. Kempis; od.: Ist Einer v. diesen Dreyen, u. welcher ist der Verf. d. vier Bücher v. d. Nachfolge Christi? Mit e. krit. Rückblick auf d. Behauptungen d. neuern franz. Kritiker A. A. Barbier u. J. B. M. Gence. gr. 12. (3½ B.) Wien 828, Armbruster.

—— Geschichte der heiligen Engel. 12. (13½ B. u. 2 Stahlst.) Elberfeld 843, Büschler'sche Vrlgsbh.

Silbert, J. P., Geschichte der heiligen Engel. 2. Aufl. Mit 2 Stahlst. 8. (XII u. 303 S. mit eingedr. Holzschn.) Arnsberg 851, Grote. ½ ℛ

– s. Granada, L. v.: Einkehr in Gott. – Dess. homilet. Predigten.

– s. Granada, L. v.: Fastenpredigten.

— der Handlungs-Correspondent, oder zweckmäßig geordnete Samml. französ. u. deutscher Handlungsbriefe für Jünglinge, welche sich dem Handlungsfache widmen. gr. 8. Wien 817. Ant. Doll. 1 ℛ Hbd. Pr. 16 gGr.

—— kleines christkathol. Hausbuch 2c., s. a. Hausbuch.

— Hausbuch, kleines christkathol., für jeden einzelnen Tag des Jahres, aus den Denksprüchen, Lehren u. Beispielen der Heiligen. Aus d. Franz. 2e verm. Aufl. gr. 12. Wien 840. Wallishauser. 1¼ ℛ, Velinp. 1½ ℛ

Silbert's, J. P., kleines christkatholisches Hausbuch für jeden einzelnen Tag des Jahres, aus den Denksprüchen, Lehren und Beispielen der Heiligen. Nebst einer Andachtsübung für die heil. Messe und Uebungen über die vier letzten Dinge. 3. Aufl. 8. (IV und 520 S.) Wien 857, Wallishausser'sche Buchh. *
geb. *

Silbert's, P., kleines christkatholisches Hausbuch für jeden einzelnen Tag des Jahres, aus den Denksprüchen, Lehren und Beispielen der Heiligen. Nebst einer Andachtsübung für die heil. Messe und Uebungen über die vier letzten Dinge. 4. Aufl. 8. (IV, 531 S. mit 1 Stahlst.) Wien 877, Grottendiek's Verlag. *
geb. in Calico * ℳ 4.; geb. mit Goldschn. *
geb. in Leder *

Silbert's, P., kleines christkatholisches Hausbuch für jeden einzelnen Tag des Jahres, aus den Denksprüchen, Lehren und Beispielen der Heiligen. Nebst einer Andachtsübung für die heil. Messe und Uebungen über die vier letzten Dinge. 5. Aufl. 8. (X, 531 S. mit 1 Stahlst.) Wien 880, Grottendiek's Verlag. *

Silbert's kleines christkathol. Hausbuch f. jeden einzelnen Tag des Jahres aus den Denksprüchen, Lehren u. Beispielen der Heiligen. Nebst e. Andachtsübg. f. die hl. Messe u. Uebgn. üb. die vier letzten Dinge. 6. Aufl. (IX, 357 S. m. Titelbild.) 8. Linz 909. Preßverein.
Geb. in Leinw. nn 2.10

—— kleine kathol. Hauspostille für alle Sonn- u. Feiertage des ganzen Jahres. Mit zahlreichen u. sinnvollen Aussprüchen der heil. Väter u. leuchtenden Beispielen. gr. 8. (26 B. u. 1 Stahlst.) Elberfeld 845, Büschler'sche Vrlgsbh. * -

—— kleine katholische Hauspostille für alle Sonn- und Feiertage des ganzen Jahres. Mit zahlreichen und sinnvollen Aussprüchen der heil. Väter und leuchtenden Beispielen. 2. Aufl. gr. 8. (XIV und 400 S. mit 1 Stahlst.) Arnsberg 851, Grote.

—— die Himmelspforte. Ein vollständ. Gebeth- u. Andachtsbuch f. kathol. Christen. gr. 12. (14¼ B. u. Ttlkpfr.) Wien 835, Wallishausser.
Vlnp. m. 5 Kpfrn. v. F. John.

— das evangel. Jahr, od. Stunden d. Andacht für kathol. Christen. In 365 Betrachtt. Nach der Concordanz aller 4 Evangelisten bearb. Lexic.-8. Wien 826. Haas. 3 fl 16 kr

– s. Kempen, Thomas v.: Vier Bücher ...

– s. Kempen, Th. v.: Sämmtl. Werke.

— Communionbuch f. fromme Seelen, nach d. Lehren u. Schriften der Heiligen. Mit 1 Kpf. u. 1 Vign. gr. 12. Wien 825 2e A. 829. (Leipz., Fr. Fleischer).

—— Communionbuch f. fromme Seelen, nach d. Lehren u. Schriften d. Heiligen. Mit Morgen-, Abend- u. Meßgebethen an Communiontagen, mannichfalt. Communiongebethen, Litaneyen, Psalmen, Anbethungen vor d. allerheil. Sacramente u. bei d. 40stünd. Gebethe, Communionliedern rc. 2., verm. Aufl. gr. 12. (17 B., Ttlkpfr. u. Vign.) Wien 829, Grund.

Silbert, J. P., Kommunion-Buch für fromme Seelen nach den Lehren und Schriften der Heiligen. Mit Morgen-, Abend- u. Meßgebeten an Kommunion-Tagen, mannigfaltigen Kommuniongebeten, Litaneien, Psalmen rc. 3. Aufl. Wien 860. Grund. (Gorischek.) 12. (XII, 401 S. u. 1 Stahlst.) n. 1 ₰

— Conversations-Lexicon des geistl. Lebens. 1. Bd. 1e u. 2e Abthl. 1e – 30e Lfrg. Mit 26 Stahlstichen. 4. Regensburg 839, 40. Manz. 6⅔ ₰

—— Conversations-Lexicon d. geistl. Lebens. 2 Bde. (In 4 Abthln. od. 30 Lfgn.) 4. (118 B. u. 30 Stahlst.) Regensburg 839, 40, Manz.

— dass. 1. Bd. 1e Abthl. 1e Lfrg. Mit 1 Stahlstich. 2e Aufl. 4. Ebd. 840. 1e — 8e Lfrg. 1⅓ ₰

—— das Leben d. heil. Ambrosius, Erzbischofs v. Mailand u. Kirchenlehrers. 8. (19¾ B.) Wien 841, Mechitaristen-Congregations-Buchh.

— das Leben unseres Herrn Jesu Christi, des Sohnes Gottes u. der Jungfrau. 6 Lfrgg. (Mit 12 Stahlstichen u. verziertem Titel in Golddruck.) gr. 4. Leipzig 838, 39. Wunder. Subscriptions-Preis für 6 Lfrgg.

—— das Leben unsers Herrn Jesu Christi, d. Sohnes Gottes u. d. Jungfrau. 1. Stereotypausg. (12 Lfgn.) 839., u. 2. A. (6 Lfgn.) gr. 4. (à 48½ B., 12 Stahlst., 1 Karte, 1 Plan u. lith. Ttl. in Golddr.) Leipzig 842, [Hartung.] à *

— das Leben unseres Herrn Jesu Christi, des Sohnes Gottes u. der Jungfrau. Mit 12 Stahlst. 2. stereotypirte Ausg. gr. 4. Leipzig 841, Hartung. n. 4 ₰ — 3. stereotyp. Aufl. Mit Holzst. gr. 8. Ebend. 843. pro 6 Hefte n. 1 ₰

Silbert, J. P., Das Leben Jesu für Katholiken. Leipzig. Hartung, 1846. gr. 8°. 1. Stereotyp-Aufl., 18 Bg., mit 12 Stahlstichen und 1 Karte, 9 Mk.
Ausg. mit Holzschnitten 3 Mk. Das Werk ging in den Verlag von Manz, jetzt Verl. Anst. zu Regensburg über.

Silbert, Joh. Pet., das Leben d. heil. Laurentius Justiniani. (3 B. u. Ttlkpfr.) Regensburg 836, Manz. Thlr.

—— das Leben Mariä, der jungfräulichen Mutter Gottes. Mit einer Beigabe: Tagzeiten von der unbefleckten Empfängniß. 3., verm. und verb. Aufl. 9 Hefte. hoch 4. (316 S. mit 7 Stahlst.) Regensburg 860. 61, Manz. à Heft 6 Ngr.

— Legenden, fromme Sagen u. Erzähll., gesammelt. 2 Bde. Mit Silberts Portr. 8. Wien 830. Mechitarist.-Congreg.-Buchh. 2 fl 6 kr

—— Legenden rc., s. Legenden.

— Lehrbuch der französ. Sprache. gr. 8. Wien 818. Ant. Doll. 2 fl 8 kr

– s. Leitsterne auf d. Bahn des Heils.

—— das Licht Jesu in dem Tempel des frommen Herzens. Ein kathol. Erbauungsbuch f. die häusl. Andacht in 365 Betrachtungen, od. des evangel. Jahres 2., durchgeseh. u. illustr. Ausg. 1—8. Lfg. gr. 4. (64 B. m. Einfassg. u. 9 Kpfrt.) Wien 842, Haas'sche Buchh. à * 15 Ngr., *

Silbert, Joh. Pet., Lichtpunkte aus d. hellen Kammer e. christl. Denkers. 2 Bde. 12. (21 B.) Wien 831, Haas. Thlr.

Silbert, Joh. Pet., Licht- u. Trostquellen in kurzen Betrachtungen rc. Taschen-Ausg. 2 Thle. 8. (36½ B.) Pforzheim 842. [Stuttgart, Rieger'sche Vrlgsh.] Thlr.

— Licht- u. Trostquellen in kurzen Betrachtungen auf alle Tage des kathol. Kirchen-Jahres. Große Pracht-Ausg. mit Randverzierungen u. 367 Vignetten in Holzst. 6 Hfte. Lex.-8. Pforzheim 842. Stuttgart, Scheible, R. u. S. 1¾ ₰

— dass. Taschen-Ausg. 2 Thle. 8. Ebend. 843. ½ ₰

—— Licht- u. Trostquellen in kurzen Betrachtungen auf alle Tage des kathol. Kirchen-Jahres. Große Pracht-Ausg. 6 Hfte. Lex.-8. (48¾ B. m. Randverzierungen u. 367 Vign. in Holzst.) Pforzheim 843. [Stuttgart, Rieger'sche Vrlgsh.]

— die heil. Lyra. 8. Wien 819. Gräffer u. Schm. 20 kr 2e A. 8. Ebd. 820. Wallishauser. 1 fl

— Mannathau in der Wüste des Lebens. (Religiöse Gedichte mit vielen Vignetten.) 8. Pforzheim 842. Dennig, Finck u. Comp. (Stuttgart, Scheible, R. u. S.) ½ ₰

—— Mannathau in der Wüste des Lebens. (Religiöse Gedichte mit viel. Vign.) 8. (13 B.) Pforzheim 842. [Stuttgart, Rieger'sche Vrlgsh.]

— Mein Kind, gieb mir dein Herz! Ein Gebet- u. Erbauungsbuch für fromme Kinder. (Mit Titelkupfer.) 18. Wien 834, Grund. (Leipzig, Fr. Fleischer.) 1/2 ₰, Schreibp. 2/3 ₰

—— die heil. Messe, das Denkmal d. göttl. Liebe Jesu. Ein Buch z. Belehr. u. Erbauung. Mit e. Anh. v. 52 Gebeten z. heil. Messe u. verschied. and. Andachtsübungen. (23 Lfgn.) Lex.-8. (90 halbe B. u. 22 Stahlst.) Regensburg 841, 42, Manz.

—— die heil. Messe, das Denkmahl der göttlichen Liebe Jesu. Ein Buch zur Belehrung u. Erbauung. Mit e. Anhange. Neue wohlf. Ausg. Lex.-8. (45 B., 4 Stahlst. u. Prachttl.) Regensburg 845, Manz.

—— die heil. Messe, das Denkmal der göttl. Liebe Jesu. Ein Buch zur Belehrung und Erbauung, worin die göttl. Würde des heiligsten Meßopfers dargethan wird rc. Mit einem Anhange von 52 Gebeten zur heil. Messe und verschied. andern Andachtsübungen rc. 12. (XVI und 704 S. mit 1 Stahlst. und 14 Vignetten in Holzschn.) Regensburg 840, Manz. — Ausg. mit 4 Stahlst. und lithochrom. Titel
Prachtausg. mit 23 Stahlst. und lithochrom Titel

(——) geistl. Myrrhenkrone, s. Myrrhenkrone.

— geistl. Myrrhenkrone. Eine vollständ. Samml. auserles. Gebete aus d. Schriften verschied. Schriftsteller. 8. Wien, Grund. (Fr. Fleischer in Leipz.) 16 ₰ Postpap. 20 ₰
2e Aufl. 830. 16 ₰

— Opfer der Andacht. Eine Auswahl kräftiger Gebete rc. 12. Regensburg 840. Peitmayr. n. 1/4 ₰

— Opfer-Flammen des kindlichen Herzens. Ein Gebetbuch für jugendliche Gemüther. Mit 1 Stahlst. 32. Elberfeld 845, Büschler'sche Buchh. 1/4 ₰

— Opferflammen d. kindl. Herzens. Ein Gebetbuch f. jugendl. Gemüther. 2. Aufl. Mit 1 Stahlst. 32. (X u. 241 S.) Arnsberg 851, Grote. 4 1/2 ngr

— s. Prudentius: Feiergesänge.

— s. Sales, Frz. v.: Philothea.

— s. Sales, Frz. v.: Theotimus.

— s. Samml. wahrhafter Abbildungen d. Heiligen.

—— geistl. Schatzkammer, s. Schatzkammer.

Silbert, J. P., Die hl. Schrift, ihr Charakter, ihre Bedeutung und wie sie zu lesen. Ein Vorwort zu verschiedenen Übersetzungen der heil. Schrift. Würzburg, Etlinger, 1826, 8°. Neuer Abdruck als: Vorwort zur Katholischen Bibelübersetzung. Regensburg, Manz, jetzt Verl.-Anst., 1840, 8°, 1.50 Mk.

— die heilige Schrift, ihr Charakter, ihre Bedeutung, und wie sie zu lesen. Ein Vorwort zu den Leipziger Bilderbibeln. (Zu der Bilderbibel für die Katholiken.) 4. Würzburg 838, Etlinger. n. 1/6 ₰

—— dass. Ein Vorw. zu den leipziger Bilderbibeln. (Zu der Bilderbibel f. d. Katholiken.) 4. (4 1/2 B.) Würzburg 838. [Regensburg, Manz.]

—— dass. Ein Vorw. zu d. van Eß'schen Prachtbibel f. Familie u. Haus. gr. 4. (4 1/2 B.) Würzburg 838. [Regensburg, Manz.]

—— die Schule des Kreuzes u. der Liebe, s. Drexelius, J.

Silbert, J. P., die Schule d. Kreuzes u. der Liebe. Ein Buch zum Trost, zur Erbaug. u. Erheiterg. f. Betrübte u. Leidende. Nach dem Lat. d. J. Drexelius. 4., verb. Aufl. Mit e. Stahlst. 8. (XII, 435 S.) Regensburg 874. Manz. 2. 70

—— die im Umgang mit Gott erleuchtete Seele. Ein Denkbuch für kathol. Christen. Lex.-8. (29 B. in farb. Einfassung, Ttl. in Gold- u. Farbendr. u. 1 Stahlst.) Einsiedeln 844, Gebr. Benziger.

—— geistl. Seelentempel, erleuchtet durch Andacht u. Liebe. Ein vollständ. Gebet- u. Erbauungsb. f. alle Stände. 18. (588 Seit. u. Ttlkpfr.) Regensburg 835, Manz. 16 Gr., Masch.-Pap. 20 Gr., f. Vlnp.

—— kleiner geistl. Seelentempel rc. Ein kathol. Gebet- u. Erbauungsbüchlein. 18. (252 Seit. u. Ttlkpfr.) Regensburg 835, Manz. 7 Gr., Masch.-Pap. 9 Gr., f. Vlnp.

(——) Stunden d. wahren Andacht, s. Stunden.

— s. Tagzeiten, Kirchliche.

— s. Unterredungen mit Gott.

—— Vorhallen d. seligen Ewigkeit. gr. 8. (24 B.) Leipzig 834, Fr. Fleischer.

— der Weg zum Heil, oder tägliche Gebete. Aus d. Franz. übersetzt u. mit allen Kirchenliedern versehen. 8. Wien ... Riedl's Wittwe u. Sohn. Mit 6 Kpfrtaf. 1 1/4 ₰

—— Wegweiser zum Himmel, s. Reyveu, Fr.

—— der goldene Weihrauchaltar, od. Gebethe d. Heiligen Gottes. Ein vollständ. kathol. Gebeth- u. Andachts-Buch, sowohl zum kirchl. als zum häusl. Gebr. 1. Aufl. 12. (16 1/2 B. u. 7 gest. Orig.-Portr. v. Heiligen.) 828. 20 Gr., Schrbp. 1 Thlr. 3 Gr, 2., verb. u. verm. A. 18. (438 S. u. 5 Kpfr.) Wien 835, Haas.

— s. Wörterbuch, Allgem., der heil. Schrift.

Die neue **Silbertherapie.** Itrol-Actol-Collargolum. Unguentum Credé. Zusammenstellung d. Litteratur bis Nov. 1900. Chem. Fabrik von Heyden, Radebeul-Dresden. (Radebeul-Dresden: Chem. Fabrik von Heyden [nach 1900].) 52 S. 8° 10. 16133 6

Silberzweig, Isaac (geb. Odessa 13. 9. 1828): De chlorosi. Vratislaviae (1857). (36 S.) 8°
Breslau, Med. Diss. v. 29. Aug. 1857

(Silcher. Friedrich S. der Meister des Volksliedes.) Njbl. Zürich s. [Weber, Heinrich].

Silcher, Friedrich

Silcher, Frdr., figurirte Beispiele [2-, 3- u. 4-stimmig], als Nachtrag zu des Verf. Harmonie- u. Compositionslehre, 1. u. 2. Aufl. Tübingen 859. Laupp. gr. 8. (14 S.) 3 ngr.

Silcher, Friedrich, s. Choralbuch, Vierstimmiges.

Silcher, Fr., 136 vierstimmige Choräle, s. Kocher, Konr.

Silcher, Fr., 62 zwei- u. dreistimm. Choräle nach d. würtemberg. Choralbuche v. 1844 für Schule, Kirche u. Haus. gr. 8. (2 1/2 B.) Tübingen 846, Laupp'sche Buchh.

—— **Chöre und Quartette für Männerstimmen.** Aus dem Nachlass des Verf. (In 3—4 Heften.) 1. Heft. hoch. 4. (48 S.) Tübingen 861, Laupp'sche Buchh.

—— Chöre und Quartette für Männerstimmen. Aus dem Nachlass des Verf. 2. Heft. hoch 4. (48 S.) Tübingen 863, Laupp'sche Buchh.
1. Heft. Ebendas. 1861. 1 Thlr. 3 Ngr.

Silcher, Fr., s.: Commersbuch, allgemeines deutsches.

—— Gesänge der Jugend. 48 Kinderlieder f. Schule u. Haus. Zwei-, drei- u. vierstimmig componirt. Hft. 1—4. 2. Aufl. gr. 8. (4 B.) Tübingen 844, Laupp'sche Buchh.

— Gesänge der Jugend. 12 Lieder aus dem Anhange des Specter'schen Fabelbuches f. d. ersten Schüler im Gesang u. Clavier componirt. 1. Hft. qu. 4. Ebend. 846. 1/6 ₰

Silcher, Friedr., Gesänge der Jugend. 12 Lieder aus dem Anhange des Specter'schen Fabelbuches für die ersten Schüler im Gesang und Klavier componirt. 1. Heft. qu. 4. (12 S.) Tübingen 847, Laupp'sche Buchh.

Silcher, Friedr., Gesänge der Jugend. 6 Lieder von Rückert, Tieck, Albertini, A. Franz, Schenkendorf etc. (ein- oder zweistimmig.) Für vorgerücktere Schüler im Gesang und Klavier. 2. Heft. qu. 8. (12 S.) Tübingen 847, Laupp'sche Buchh. Thlr.

—— dass. — 6 Lieder von Hoffmann v. Fallersleben, Arnold, Uhland, Güll etc. (zwei- und dreistimmig) für vorgerücktere Schüler im Gesang und Klavier. 3. (letztes) Heft. qu. 4. (11 S.) Ebds. 847.

Silcher, Fr., Gesange der Jugend. Sechs Lieder aus dem „Lebensfrühling" von K. Euslin, für vorgerücktere Schuler im Gesang u. Klavier (zwei- u. dreistimmig, auch ohne Begleitung) componirt. 4. Heft. Tübingen (853.) Laupp. qu. 4. (11 S.) 6 ngr.

—— kurzgefaßte Gesanglehre für Volksschulen u. Singchöre. gr. 8. (3 B.) Tübingen 845, Laupp'sche Buchh.

Silcher, Friedr., kurzgefaßte Gesanglehre für Volksschulen und Singchöre. 2., verb. Aufl. gr. 8. (VI und 42 S.) Tübingen 853, Laupp'sche Buchh.

Silcher, Friedr., kurzgefaßte Gesanglehre für Volksschulen u. Singchöre. 3., verb. Aufl. Tübingen 865. Laupp'sche Buchh. gr. 8. (VI, 44 S.) 9 ngr.

—— Geschichte des evangelischen Kirchengesangs nach seinen Hauptmelodien, wie sie im württemberg. Choralbuche vom J 1844 enthalten sind, nebst einer Erklärung der alten Kirchentonarten. gr. 8. (VI und 66 S.) Tübingen (861)62, Laupp'sche Buchh. Thlr.

—— Harmonie- und Compositionslehre, kurz und populär dargestellt. gr. 8. (XII und 189 S. mit Melodien.) Tübingen 851, Laupp'sche Buchh.

Silcher, Friedr., Harmonie- und Compositionslehre, kurz und populär dargestellt. 2., verm. und verb. Aufl. gr. 12. (XV und 200 S.) Tübingen 859, Laupp'sche Buchh.

— — Nachtrag, s. dessen Beispiele, figurirte etc.

Silcher, Fr., 4stimmige Hymnen od. Figuralgesänge auf hohe Festtage u. zur Abendmahlsfeier. 1s Heft. 4. Tübing. 825. Laupp.

—— 72 Kinderlieder für Schule und Haus. Zwei-, drei- und vierstimmig componirt. (Enthaltend: „Zwölf Kinderlieder." 1—6. Heft.) gr. 8. (89 S.) Tübingen 858, Laupp'sche Buchh.

— zwölf Kinderlieder aus dem Anhange des Specter'schen Fabelbuches, zweistimmig componirt. Heft I. gr. 8. Ebend. 841. 1/8 ₰

—— 12 Kinderlieder f. Schule u. Haus. Zwei- u. dreistimmig. 4 Hfte. gr. 8. Tübingen 841—44, Laupp'sche Buchh. à 3¾ Ngr.,

— zwölf Kinderlieder für Schule u. Haus, 2- u. 3stimmig componirt. Heft II. gr. 8. Ebend. 841. 1/8 ₰ — 2. Aufl. Ebend. 844. 1/8 ₰ — Heft III. IV. Ebend. 843. (III. 2. Aufl.) 845. à 1/8 ₰

—— 12 Kinderlieder für Schule und Haus, zweistimmig componirt. 5. Heft. gr. 8. (14 S.) Tübingen 848, Laupp'sche Buchh.
1—4. Heft. Ebendas. 1841—44. 15 Ngr.

—— dass. — 1. Heft. 3. Aufl. gr. 8. (15 S.) Ebds. 849.

— zwölf Kinderlieder für Schule und Haus, zwei-, drei- und vierstimmig componirt. 6. Heft. Tübingen (853.) Laupp. gr. 8. (15 S.) 3 ngr.

— — 2. Heft. 3. Aufl. — 4. Heft. 2. Aufl. Ebend. 853, 54. gr. 8. (à 15 S.) Jedes Heft 3 ngr.

—— 6 vierstimmige Lieder für die deutschen Wehrmänner. 1. Heft. qu. 8. (32 S.) Tübingen 848, Laupp'sche Buchh.

—— 12 Lieder für Turner dreistimmig gesetzt. qu. 12. (1 B.) Tübingen 845, Laupp'sche Buchh.

—— 12 Lieder für Turner dreistimmig gesetzt. 2. Heft. Op. 51. qu. 12. (23 S.) Tübingen 847, Laupp'sche Buchh.
1. Heft. Ebendas. 1845. 3¾ Ngr.

—— zwölf Lieder für Turner, dreistimmig gesetzt. 1. Heft. 2. Aufl. und 2. Heft. qu. 8. (45 S.) Tübingen 854, Laupp'sche Buchh. à Heft 4 Ngr.

—— zwölf Lieder für Turner, dreistimmig gesetzt. 1. Heft. 2. Aufl. Op. 44 und 2. Heft. Op. 51. qu. 8. Tübingen 859, Laupp'sche Buchh. [1. Heft. (22 S.) 2. Heft. (24 S.) à Heft 4 Ngr.]

— Melodien aus dem württemberg. Choralbuche, dreistimmig, f. Schulen, Kirchen u. Familien bearb., nebst einer kurzgefaßten Anleit. z. Choralgesange. 1s Hft. qu. 4. Tübing. 820. (Laupp). 2e Aufl. 2 Hfte. 4. Ebd. 825.

—— Noten-Wandtabellen, s. Noten-Wandtabellen.

—— Orgelspielbuch, s. Orgelspielbuch.

Silcher, Frdr., s.: Schauenburg's allgem. deutsches Kommersbuch.

Silcher, Fr., Stimmen der Völker in Liedern und Weisen. Eine Sammlung deutscher u. ausländ. Volkslieder für 1 oder 2 Singstimmen m. Begleitung d. Pianoforte u. d. Guitarre. 1. Hft. qu. 4. Tübingen 846, Laupp. 1/2 ₰

— Stimmen der Völker in Liedern und Weisen. Deutsche u. ausländische Volkslieder für 1 u. 2 Singstimmen mit Begleitung des Pfte. oder der Guit. gesetzt. 1. Heft. 2. Aufl. und 2. Heft. Tübingen (855.) Laupp. qu. 4. (à 16 S.) Jedes Heft 15 ngr.

—— Trauergesänge für vier Männerstimmen. Aus seinem Nachlasse hrsg. gr. 16. (64 S.) Tübingen (861)62, Laupp'sche Buchh.

Silcher, Friedr., Trauergesänge für vier Männerstimmen. Op. 75. 2. Aufl. gr. 16. (64 S.) Tübingen 878, Laupp'sche Buchh.

—— deutsche Volkslieder mit Melodien für eine oder zwei Singstimmen mit Begleitung des Pianoforte. 1. und 2. Aufl. hoch 4. (IV, 108 S.) Leipzig 868,77, Fues's Verlag. * M 6.; geb. *

— deutsche Volkslieder m. Melodien f. 1 od. 2 Singstimmen mit Begleitung des Pianoforte. 5. Aufl. 4. (IV, 108 S.) Leipzig 896. O. R. Reisland. 2. —

— — Deutsche Volkslieder mit Pianoforte oder Guitarre. Heft 1—8. (Cplt.) Ebd., o. J. (1837—39). Qu.-4°.

—— dreißig deutsche Volkslieder für vier Männerstimmen. 2 Lfgn. (Auswahl aus den zwölf Sammlungen der Silcher'schen Volkslieder für vier Männerstimmen.) gr. 16. (128 S.) Tübingen 861,62, Laupp'sche Buchh.

—— 30 deutsche Volkslieder für 4 Männerstimmen gesetzt. Auswahl aus den 12 Sammlungen der Silcher'schen Volkslieder für 4 Männerstimmen. 2 Lfgn. 2. Aufl. gr. 16. (128 S.) Tübingen 865, Laupp'sche Buchh.

—— 30 deutsche Volkslieder für 4 Männerstimmen gesetzt. Auswahl aus den 12 Sammlungen der Silcher'schen Volkslieder für 4 Männerstimmen. 2 Lfgn. 3. Aufl. gr. 16. (à 64 S.) Ebendas. 869. 1 80

Silcher, Fr., 30 deutsche Volkslieder, für vier Männerstimmen gesetzt. Auswahl aus den zwölf Sammlungen der Silcher'schen Volkslieder für vier Männerstimmen. 4. und 5. Aufl. 4 Stimmen. 8. (à Stimme 32 S.) Tübingen 879,81, Laupp'sche Buchh. 1 80

— 21 echte deutsche Volkslieder f. 4 Männerstimmen, s.: Zur Kenntnis u. Pflege des deutschen Volksliedes. 10.

—— 144 Volkslieder, gesammelt und für vier Männerstimmen gesetzt. Billige Ausg. der vierstimm. Volkslieder Heft 1—12. 4 Bde. 4. (à Heft 64 P.) Ebendas. 879. Partitur

sechs vierstimmige Volkslieder für Sopran, Alt, Tenor und Bass, (ohne Begleitung im Chor oder Quartett zu singen.) 1. und 2. Heft. Op. 60 und 67. (à Heft 28 lithogr. S.) hoch 4. Tübingen 856, Laupp'sche Buchh. à Heft 15 Ngr.

— VI vierstimmige Volkslieder für Sopran, Alt, Tenor und Bass (ohne Begleitung im Chor oder Quartett zu singen) 1. u. 2. Heft. Op. 60. 67. Tübingen (857.) Laupp. 4. Jedes Heft (à 28 S.) 15 ngr.

—— 6 vierstimmige Volkslieder für Sopran, Alt, Tenor und Bass (ohne Begleitung im Chor oder Quartett zu singen). 2 Hefte. 2. Aufl. hoch 4. (à 28 S.) Tübingen 863, Laupp'sche Buchh. à Heft 15 Ngr.

Silcher, Friedr. Volkslieder für 1 od. 2 Singstimmen m. Begleitung d. Pianoforte. Mit 6 Kpfrdr. nach Zeichngn. v. Th. Schuez. gr. 4. (III, 88 S. m. Umrahmgn.) Tüb. 892, Laupp. * 5 —
Ausg. ohne Illustr. * 2 —

— XII Deutsche Volkslieder mit Melodien, für eine oder zwei Singstimmen mit Begleitung des Pianoforte und der Guitarre gesetzt. 3 Hefte. qu. gr. 4. Tübingen 842, Fues. 1½ ₰ — 1. Hft. 2. Aufl. qu. gr. 4. Ebend. 841. ½ ₰ — 2. Hft. 2. Aufl. Ebend. 845. ½ ₰

— XII deutsche Volkslieder mit Melodien für 1 oder 2 Singstimmen mit Begleitung des Pianoforte u. der Guitarre. 1. Heft. Op. 22. 4. Aufl. — 2. Heft. Op. 25. 3. Aufl. — 4. Heft. Op. 39. 2. Aufl. — 5. Heft. Op. 54. 2. Aufl. — 7. Heft. Op. 64. Tübingen (853—56.) L. F. Fues, qu. gr. 4. Jedes Heft (à 16 S.) 15 ngr.

Silcher, (Fr.,) XII. Volkslieder, s. Volkslieder.

— XII Volkslieder, gesammelt u. f. 4 Männerstimmen gesetzt. 8 Hfte. 4. Tübing. 826, 27, Laupp. 1 ₰ 8 gr

SILCHER, Frdr., Deutsche Volkslieder für Männerstimmen. Heft 1—12. (Cplt.) Tübingen, H. Laupp, o. J. (1827—40). Qu.-4°.

— XII Volkslieder für vier Männerstimmen gesetzt und der Stuttgarter Liedertafel hochachtungsvoll gewidmet. 1. — 3. Heft. 3. Aufl. qu. 4. Ebend. 841—44. à ⅔ ₰ — 4. u. 5. Heft. 2. Aufl. 844. 6. — 8. Heft. qu. kl. 4. Ebend. 844—46. à ⅔ ₰

—— XII Volkslieder für 4 Männerstimmen. 8—10. Heft. qu. 4. (à Heft 64 S.) Tübingen 847, Laupp'sche Buchh. à Heft 20 Ngr.
1—7. Heft. Ebendas. 1841—46. 4 Thlr. 20 Ngr.

— XII Volkslieder für 4 Männerstimmen. I. Hft. 3. Aufl. Op. 7. II. Hft. 3. Aufl. Op. 8. VI. Hft. 2. Aufl. Op. 31. VIII u. IX. Hft. X. Hft. Op. 58. qu. 4. (à 64 S.) Ebd. 847—52. à ⅔ ₰ (I—X: 6⅔ ₰)

— XII Volkslieder für 4 Männerstimmen gesetzt. 1. Heft. 4. Aufl. Op. 7. — 3. Heft. 3. Aufl. Op. 14. — 11. Heft. Op. 65. Tübingen (853—57.) Laupp. qu. 4. Jedes Heft (à 64 S.) 20 ngr.

—— dass. — 12. Heft. Op. 70. qu. 4. (64 S.) Ebendas. 860.

—— zwölf Volkslieder für vier Männerstimmen. 5. Heft. 3. Aufl. und 8. Heft. 2. Aufl. (à Heft 64 S.) qu. 4. Tübingen 861, Laupp'sche Buchh. à Heft 20 Ngr.

—— Volkslieder für 4 Männerstimmen gesetzt. Partitur zu Heft I—XII. qu. 4. (144 S.) Tübingen 867, Laupp'sche Buchh.

—— 12 Volkslieder für 4 Männerstimmen gesetzt. 1. Heft 5. Aufl., 2. Heft 4. Aufl. und 4. Heft 3. Aufl. qu. 4. (à 64 S.) Tübingen 868, Laupp'sche Buchh. à Heft * 2 —

—— 12 Volkslieder, gesammelt und für vier Männerstimmen gesetzt. 3., 6., 7. und 9.—12. Heft. 2. Aufl. Opus 14, 31, 38, 55, 58, 65 und 70. qu. 4. (à 64 S.) Ebendas. 876—79. à Heft M 2.
1., 2., 4., 5. und 8. Heft. Ebendas. 1861—68. à M 2.

—— Volkslieder, gesammelt u. f. vier Männerstimmen gesetzt. Nebst e. Anh. m. Trauerliedern. Neue Ausg. 12. (X, 366 S.) Tüb. 891, Laupp. geb. * 2 —

— ausländische Volksmelodien, mit deutschem, zum Theil aus dem Engl. rc. übertrag. Text, für eine oder zwei Singstimmen mit Begleitung d. Pianoforte u. d. Guitarre gesetzt. 4 Hfte. qu. gr. 4. Ebend. 842, 43. 2 ₰

Silcher, Fr., ausländische Volksmelodien mit deutschem, zum Theil aus dem Engl. etc. übertragenen Text, gesammelt und für 1 oder 2 Singstimmen mit Begleitung des Pianoforte oder der Guitarre gesetzt. 1. Heft. 2. verm. u. verb. Aufl. Op. 23. Tübingen (855.) L. F. Fues. qu. 4. (16 S.) 15 ngr.

Silcher, Georg: Tierfabel, Tiermärchen und Tierepos mit besonderer Berücksichtigung des Roman de Renart. 33 S. 4.
Progr. Kgl. Oberrealschule *Reutlingen* 1905 (721).

Silcher, Georg, Prof.: Tierfabel, Tiermärchen und Tierepos m. bes. Berücks. des Roman de Renart. (Reutlingen 1906: E. Hutzler.) (33 S.) 4°
Reutlingen, k. OR P 1906 (750)

Silchmüller, Samuel Gottlieb [Übers.], s. Bemerkungen u. Untersuch., medicin., e. Gesellsch. v. Aerzten in London, 7 Thle.

Silchmüller, Sam. Gli., († 1778.) Diss. de therapia perniucunda. 4. Leipz. 762.

Silen und sein Esel. Eine komisch periodische Schrift . . . Berlin 1781. V: *Cranz, August Friedrich.* (schr) (Ky) (GGr) (BrMm) (Neuest. Gel. Berlin.)

Silen u. sein Esel; e. komisch-period. Schrift (v. K. F. Cranz). 16 Stck. 8. Berl. 781. Hesse. (Stuhr). 8 ϑ

Silenen, eine Sammlung kleiner Erzählungen, s. Andeutungen, v. J. G. D. Schmiedtgen. 48 Bdchen.

Silenius, C., die neuesten Bienenwohnungen. Eine Abhandlung über den theilbaren Bienenstock, durch dessen empfehlenswerthe Anwendung die Bienenzucht uns zum größten Nutzen u. zum ungefährl., beschaulichen Vergnügen wird. 8. (36 S. m. 1 lithogr. Tafel in qu. Fol.) Freiburg im Br. 851. (Wagner.) n. 1/3 ℔

Silent, A. Charles —. Das sicherste Californien! oder: Gewinnreiche, Zeit und Kosten ersparende Recepte und Vortheile zur leichtesten Bereitung von Delikatessen, Kanditen, Essenzen, Liqueuren, Tinten 2c. auf die einfachste und billigste Weise, ohne Retorten u. dgl. Für jede Haushaltung, doch besonders für Gastwirthe, Kaufleute 2c. Aus eigener Erfahrung erprobt und zusammengestellt von — —. Wien, 1856. Druck und Verlag von M. Auer. (48 S. 8.)

Silentiarius, Paulus

Silentiarius, P. Ambo, Ex cod. palat. descrips. J. Bekkerus. 8maj. Berol. Realschulbuchh. 815. -

Silentiarii, Pauli, descriptio S. Sophiae et Ambonis ex recogn. J. Bekkeri. — Georgii Pisidae expeditio Persica, bellum Avarium, Heraclias. Recogn. Imm. Bekkerus. — Sancti Nicephori Patriarchae Constantinop. breviarium rerum post Mauricum gestarum. Recogn. Imm Bekkerus. 8 maj. Bonnae 837. Weber. 3 2/3 ℔ — Subscr.-Pr. n. 2 5/6 ℔ — Schrbp. n. 3 1/3 ℔ — Velinp. n. 4 1/2 ℔ (Bildet einen neuen Band vom Corpus scriptorum historiae Byzantinae.)

Silentium, Triumphale, das ist sigprangendes Stillschweigen oder heylsame Brüderschaft zur Aussreittung der grundbösen Gewohnheit zu schelten . . . Constanz 1727. V: *Ziegelbauer, Magnoald.* (WBL)

Silentium f. e. komischen Vortrag. Eine Sammlg. höchst origineller kom. Vorträge f. gesell. Kreise. 12. (VIII, 108 S.) Regensburg 887. Riempp. n. 1. —

— dasselbe. 2., verb. u. verm. Aufl. 8. (IX, 186 S.) Ebd. 890. n. 1. 20; geb. n.n. 2. 20

Silentium f. e. komischen Vortrag. E. Sammlg. höchst origin. kom. Vorträge f. gesell. Kreise. Neue [Titel-] Ausg. der 2., verb. u. verm. Aufl. 8. (IX, 136 S.) Regensburg (890) 896. H. Bauhof. 1. 20

Siler, S., s. Moden-Journal.

Silery, Mad. de, Leçon d'une gouvernante à ses élèves. 12. Berne, Typ.

Silesia [Sachliches OW]

Silesia, ein Unterhaltungsblatt. Schweidnitz 1822. H: *Fischer, Chn Frdr. Emm.* & *C. Frdr. Stuckart.* (Ky)

Silesia. Taschenbuch auf das J. 1838. Der Unterhaltung geweiht. Brieg. H: *Falch, Karl Eduard.* (Blt. f. liter. Unterh. 1838, 258) (Zeitschr. f. Büch. N. F. 15, 1923, S. 122)

Silesia. Taschenbuch auf das Jahr 1838. Der Unterhaltung geweiht. 12. Brieg 837. (Schwartz.) 1 1/2 ℔

Silesia. Kalender für das Herzogth. Schlesien, das benachbarte Mähren, Galizien und Ungarn, für die J. 1865 und 1866. 1. und 2. Jahrg. hoch 4. (à Jahrg. 92 S. mit eingedr. Holzschn.) Teschen, Prochaska. à Jahrg. cart. *

Silesia [Verfasser]

Silesia, s. a.: Siebelt, Agnes.

— Ave maris stella. Die Wuchergret. Am Weihnachtsabend. 3 Erzählgn. (32 S. m. 1 Abbildg.) kl. 8. Frankenstein 903. Neu-Weißensee, H. W. Th. Dieter. — 10

Silesia, ave maris stella. — Gottes Wege sind wunderbar. Jetzt: Freiburg i. B., Geschäftsstelle des Charitasverbandes.

— Gottes Wege sind wunderbar! Lebensbild. (23 S. m. 1 Abbildg.) kl. 8. Ebd. (903). — 10

(F) **Silesia**, Der Krautschneider von Moutafon. [Jugendbücherei Nr. 8.] 8°. (61 S.) K —.30, geb. K —.70
Graz: Styria 1908.

Silesia, der Krautschneider aus d. Montafon, s. Jugendbücherei.

— wie die Saat, so die Ernte, s.: Volksschriften, Münchener.

SILESIACA. FESTSCHRIFT des Vereins für Geschichte und Alterthum Schlesiens zum siebzigsten Geburtstage seines Präses Colmar Grünhagen. Breslau 1898. E. Morgenstern's Buchhandlung (E. Wohlfahrt). 8°.

Silesiaca. Festschrift d. Vereins f. Geschichte u. Alterthum Schlesiens z. 70. Geburtstage s. Präses Colmar Grünhagen. gr. 8. (III, 416 S.) Breslau 898. E. Wohlfarth. n. 6. —

Silesius, s.: Ergebniß, das, der Reichtagswahlen vom J. 1890.

† **Silesius Minor**, (G. O. Marbach,) Gedichte. gr. 12. (9 B.) Leipzig 835, Otto Wigand.
2. Aufl., s. Marbach.

Silesius', Angelus, Biographie, s. Lindemann, W.

Silesius, Angelus, s. a. Angelus Silesius.

—— s. a. Scheffler, Joh.

— und Saint-Martin. Auszüge (von K. A. Varnhagen v. Ense.) 16. Berlin 834. (Veit u. Comp.) n. 1/2 ℔, geb. n. 2/3 ℔

— pantheistisches Laienbrevier, s.: Pichler, Rud. Joh.

Silesius, Angelus (Johs. Scheffler 1624—1677), die christliche Mystik. Ausgew. Verse aus „Der cherubin. Wandersmann“. Systemat. zusammengest. v. F. Hartmann. 8. (VIII, 53 S.) Leipzig 897. W. Friedrich. n. 1. —

Silesius, Joh. Angelus, Perlenschnüre, s. Perlenschnüre.

Silesius, Angelus, heilige Seelenlust od. Geistliche Hirtenlieder der in ihren Jesum verliebten Psyche, s.: Neudrucke deutscher Litteraturwerke des XVI. u. XVII. Jahrh. Nr. 177—181.

Silesius, Angel. Heilige Seelenlust, oder geistliche Hirtenlieder usw. Neue vollständige Ausg. München 1826. H: *Aurbacher, Ludwig.* Vgl. v. Schaden a. a. O. (DARP)

Silesius (Jh.) Ang., heil. Seelenlust, od. geistl. Hirtenlieder der in ihren Jesum verliebten Psyche. Neue vollständ. Ausg. 12. Münch. 826. (Jaquet).

Silesius, (J.) A., heil. Seelen-Lust, oder geistl. Hirtenlieder der in ihren Jesum verliebten Psyche. Neue vollständ. Ausgabe. 12. München 826, Michael Lindauer. (Leipzig, Wienbrack.) Rthlr.

Silesius, Angelus, heil. Seelenlust. Geistl. Lieder. Bearb. u. als Andachtsb. hrsg. v. W. Winterer u. H. Sprenger. gr. 16. (22¼ B. u. Ttlkpfr.) Mannheim 838, Hoff.

Silesius, (Joh.) Angelus, heilige Seelenlust od. geistliche Hirtenlieder der in ihrem Jesum verliebten Seele. 8., illustr. Aufl. 16. (25 B. u. 10 Stahlst.) Stuttgart 846, Cast'sche Buchh. In Leinwd. geb. * 1 Thlr., Prachtausg. mit 10 in Gold u. Farben gedr. Stahlst. in Leinw. geb. m. Goldschn. *

—— heilige Seelen-Lust, oder geistl. Hirten-Lieder der in ihren Jesum verliebten Psyche. 2. Aufl. der neuen vollständ. Ausg. 12. (VIII und 220 S.) Augsburg 847, Jaquet's Vrlgsh.

—— heilige Seelenlust oder geistl. Hirtenlieder der in ihren Jesum verliebten Seele. 9., unveränd. Aufl. In und außer der Kirche statt ein Gebetbuch zu gebrauchen. 16. (XVI und 381 S. mit 1 Stahlst.) Stuttgart 847, [Verlags-Magazin.] *

Silesius, Angelus, heilige Seelenlust. Geistliche Lieder. Regensburg 862. Manz. 16. (2 Bl., 456 S.) 1 ℳ

— geistl. Sprüche aus dem cherubin. Wandersmann. 12. Berl. 820. Dümmler. 4 gr.

—— die schönsten Sprüche, s. Sprüche.

— die schönsten Sprüche. Der Deutschen Christenheit zur Erbauung dargeboten von C. Hermes. 8. Magdeburg 845, Falckenberg u. Co. n. ⅙ ℳ

— geistliches Vergißmeinnicht. Aus den schönsten u. geistreichsten Sinnreimen. Herausg. von Chph. v. Schmid. Mit 1 Stahlst. 12. 1839. (Augsburg, Kollmann.) 5 gr.

Silesius, Angelus, geistliche Vergißmeinnicht. Eine Auswahl der schönsten und geistreichsten Sinnreime. Hrsg. von Chrph. v. Schmid. 8. (120 S. mit Titelbild.) Regensburg 886, [Manz.] Verlags-Anstalt. * — 50

— cherubin. Wandersmann, s.: Neudrucke deutscher Litteraturwerke d. XVI. u. XVII. Jahrh., Nr. 135—138.

— cherubin. Wandermann, od. geistreiche Sinn- u. Schlußreime, zur göttl. Beschauung anleitend. N. Aufl. 8. Münch. 827. (Jaquet). (Wienbrack in Leipz.) 12 gr. Neue, nach d. ed. pr. u. d. Arnold'schen Ausg. besorgte Aufl. breit 12. Sulzb. 829. v. Seidel. 12 gr.

Silesius, Angel. Cherubinischer Wandersmann ... Neue ... Auflage. Sulzbach 1829. H: *Aurbacher, Ludwig.* Vgl. v. Schaden, Gel. München im J. 1834, S. 5. (DARP)

Silesius, des Angelus (Johs. Scheffler), cherubinischer Wandersmann. Nach der Ausg. letzter Hand von 1675 vollständig hrsg. u. m. e. Studie „Ueber den Wert der Mystik für unsere Zeit“ eingeleitet von Wilh. Bölsche. (LXXXVIII, 248 S.) 8. Jena 905. E. Diederichs. n. 5. —; geb. n. 6. 50; Luxusausg., geb. in Perg. n. 10. —

Silesius, Eduard [Pseud.], s. Badenfeld, Eduard v.

Silesius, Ed(uard)

s. Czeika von Badenfeld, Eduard Freiherr

— Alraunen. Eine Sammlung von Phantasiestücken u. abenteuerlichen Erzählungen. 1r (einz.) Bd. Wien, Johann Singer, 1839. 8⁰. 293 S. A. G. Schmidt, Gallerie sc.

Silesius, Eduard, Anfangsgründe der Psychologie f. die nichtstudirende Jugend u. f. ältere Freunde einer populären Lebensweisheit. Nebst einer Einleitung in das Gesammtgebiet der Philosophie vom gleichen Standpunkte. gr. 12. (VIII u. 464 S.) Wien 848. Gerold. n. 2 ℳ

Silesius, Eduard (Eduard Freih. v. Badenfeld), Ein neues Buch von den göttlichen Dingen oder die Philosophie eines Weltmanns. Leipzig, Teubner. 1845. gr. 8°. 4,50 Mk.

— Bühnenspiele. (Inhalt: I. Der Schatz, oder des Mammons Fluch. — II. Rafaels Jugendliebe. — III. Täuschungen, oder ein Gesellschaftsabend. — IV. Der Schein beherrscht die Welt, oder die letzte Rolle.) kl. 8. Wien 847, Ign. Klang. 1 ℳ

—— Bühnenspiele. gr. 8. (335 S.) Wien 847, Klang.

— Ewiges im Zeitenwechsel. [„Ἓν καὶ πᾶν. Alleinigkeit.] Lyrisch-didakt. Gedicht. Neue (Titel-) Ausg. gr. 8. (VIII u. 96 S.) Leipzig 848, Arnold. n. ⅓ ℳ

—— Gedichte. 2 Bdchn. gr. 12. (18¾ B.) Wien 846, Gerold, Verl.

—— der Kampf um Tirol, dramat. Gedicht. 2 Thle. A. u. d. Ttln.: Friedrich der Treue, Herzog von Tirol. Histor. Schausp. in 5 Akten. — Oswald von Wolkenstein. Histor. Schauspiel in 4 Akten. 8. (22¼ B.) Bunzlau 842, Appun's Buchh.

— der moderne Materialismus in seiner Nichtigkeit u. Erbärmlichkeit; oder: Karl Vogt, der Physiologe der Frankfurter Nationalversammlung, ein für allemal aus dem Tempel der Philosophie hinausgeworfen. gr. 8. (28 S.) Leipzig 849, Teubner in Comm. — 2. Aufl. mit einem Appendix über und an Wolfg. Menzel. gr. 8. (32 S.) Ebd. 849. in Comm. ¼ ℳ

Silesius, Eduard: Spaziergang durch die Alpen vom Traunstein zum Montblanc. Th. 1. Von Wien bis zur Gotthardsstrasse. Th. 2. Von der Gotthardsstrasse bis zum Montblanc. Th. 3. Vom Montblanc durch die südwestliche Schweiz, Savoyen und Ober-Italien nach Wien zurück. Wien 1844. 3 Bde. VIII, 364; VIII, 332; VI, 348 S. 8⁰. [E 689

—— Spaziergang durch die Alpen vom Traunstein zum Montblanc. 3 Thle. 12. (44⅔ B.) Wien 844, Gerold, Verl.

—— Tag- u. Nachtfalter. 8. (20 B.) Bunzlau 837, Appun's Bh.

Silesius, Ed., Hanswurst's Verbannung. Dramat. Bagatelle. 8. (3 B.) Wien 836, (Beck's Univ.-Buchh.) *

Silesius, Fr. [d. i. G. Kruse]

— u. Frz. v. Suppé, Dichter u. Bauer, s.: Universal-Bibliothek.

Silesius, Fr., der Roland v. Berlin. Schauspiel in 4 Akten. gr. 8. (118 S.) Bern 898. (C. Sturzenegger. Stuttgart, C. Malcomes.) n. 2. —

Silesius, F. (G. Kruse), sie ist stumm, s.: Bloch's, Ed., Theater-Korrespondenz.

— dasselbe, s.: Entsch, Theater-Correspondenz.

Silesius, F. Sie weint, s. Bloch's, Ed., Theater-Korrespondenz.

Silesius, F., sie weint, s.: Kühling's, A., Album f. Liebhaber-Bühnen.

Silesius, F., sie weint, s.: Thalia.

— heimliche Zusammenkünfte, } s.: Bloch's, Ed., Theater-Korrespondenz.

Silesius, Constanz, Morgen u. Mittag. Gedichte. 16. (VII, 252 S.) Berlin 877. Mittler & Sohn. n. 3. —

Silesius, C., Morgen u. Mittag. Gedichte. 2. (Titel-)Aufl. 16. (VII, 252 S.) Stolp 889. Hildebrandt. n. — 75; cart. n. 1. 25

Silesius, Paulus, Symbola zu Gott und aus Gott. Mit einer exeget. Homilie über Matth. 6, 22. 23. Weimar 856. Böhlau. 16. (102 S.) 10 ngr.

Silex, Albert Geschichte der Entwicklung der Undulationstheorie. 4 (S. 3—17). Ev. Oberg. A. B. u. verbund. Lehranst. *Bistritz* 1886 **Progr.**

Anschauungsunterricht für Stadtkinder. Von H. **Silex**. Mit zahlr. in d. Text gedr. Fig. Bielefeld & Leipzig: Velhagen & Klasing 1910. IV, 127 S. 8° [11. 3568

Siler, H., einfache Buchführung. Ein Uebungsbuch f. Schülerinnen in Mädchen-Fortbildungsschulen u. ähnl. Anstalten. 8. (24 S.) Braunschweig 893. Appelhans & Pfenningstorff. n. — 30

Siler, H., Geschäftsaufsätze f. Fortbildungsschulen. (32 S.) gr. 8. Braunschweig 903. H. Wollermann. n. — 40

Silex, Johannes: Die Vollendung der Fälschungsdelikte des Reichsstrafgesetzbuches. Greifswald 1899: H. Adler. (57 S.) 8°
Greifswald, Jur. Diss. v. 1899

Silex, Paul *(geb. Tamsel in Brand. 20. 3. 1858)*: Ueber Chorea adultorum und Tremor senilis. (Aus der Krankenabtheilung des Breslauer städtischen Armenhauses.) Breslau (1883). (38 S.) 8° *[Im Buchhandel 1883 bei Köhler in Breslau.]*
Breslau, Med. Diss. v. 2. Juni 1883

Silex, P., General-Register, s.: Archiv f. Augenheilkunde.

Silex, Paul, Compendium der Augenheilkunde. Für Studirende u. Aerzte. Mit 27 Fig. im Text u. 1 Durchschnitt d. Auges. 12. (VIII, 196 S.) Berlin 891. S. Karger. Geb. in Leinw. n. 4. 50

— dasselbe. 2., verm. Aufl. 12. (VIII, 218 S. m. 48 Abbildgn.) Ebd. 893. Geb. in Leinw. n. 4. 80

Compendium der Augenheilkunde. F. Studirende u. Aerzte v. Prof. Dr. Paul **Silex** ... in Berlin. M. 66 Abb. 4. verm. u. verb. Aufl. *Berlin: S. Karger 1899.* (VIII, 244 S.) 1 Bd 8. [98. 10843

Silex, Paul, Kompendium der Augenheilkunde f. Studierende u. Aerzte. 6. verm. u. verb. Aufl. (VI, 266 S. m. 83 Abbildgn.) kl. 8. Berlin 906. S. Karger. Geb. in Leinw. n. 5. —

Silex, Paul, Kompendium der Augenheilkunde. Für Studierende u. Ärzte. 7. verm. u. verb. Aufl. (III, 280 S. m. 87 Abbildgn. u. 2 farb. Taf.) kl. 8. Berlin 910. S. Karger. Geb. in Leinw. 6. —

— üb. das Sehvermögen der Eisenbahnbeamten. gr. 8. (40 S.) Ebd. 894. n. 1. —

Silfvenius, Antti Johannes

Beiträge zur Metamorphose der Trichopteren von A. J. **Silfvenius**. Mit 4 Taf. Helsingfors 1905: (K. Malmström in Kuopio). (168 S.) 8°
— **Acta** Societatis pro fauna et flora Fennica. 27, No 6. [07. 603 B

Über die Metamorphose einiger Hydropsychiden. Von A. J. **Silfvenius**. [1.] Helsingfors 1903: (K. Malmström in Kuopio). 8°
— **Acta** Societatis pro fauna et flora Fennica. 25, No 5. [07. 598

Über die Metamorphose einiger Hydroptiliden. Von A. J. **Silfvenius**. Mit 1 Taf. Helsingfors 1904: (Kuopio, K. Malmström). (38 S.) 8°
— **Acta** Societatis pro fauna et flora Fennica. 26, No 6. [05. 7099

Über die Metamorphose einiger Phryganeiden und Limnophiliden von A. J. **Silfvenius**. Mit 2 Taf. *Helsingfors 1902: (K. Malmström in Kuopio).* (101 S.) 8°
— **Acta** Societatis pro fauna et flora Fennica. 21, No 4. [04. 8316

Über die Nahrung der Trichopteren. Von A. J. Siltala [d. i. Antti Johannes **Silfvenius**]. Helsingfors 1907: (Malmström). 34 S. 8°
(Acta Societatis pro fauna et flora Fennica. 29, 5.) [09. 11866

Siltala, A. J. [d. i. Antti Johannes **Silfvenius**]: Zur Trichopterenfauna der nördlichen Fenno-Skandia. Mit 2 Taf. Helsingfors 1908: Simelii arfv. 19 S. 8°
(Acta Societatis pro fauna et flora Fennica. 31, 2.)

Zur Trichopterenfauna von Ladoga-Karelien von A. J. **Silfvenius**. Mit 3 Fig. Helsingfors 1906: (K. Malmström in Kuopio). (16 S.) 8°
— **Acta** Societatis pro fauna et flora Fennica. 27, No 8. [07. 603 B

Zur Trichopterenfauna des Finnischen Meerbusens. Von A. J. Siltala (**Silfvenius**). Helsingfors 1906: (K. Malmström in Kuopio). (21 S.) 8°
— **Acta** Societatis pro fauna et flora Fennica. 28, No 6. [07. 611 B

Zur Trichopterenfauna von Savolax. Von A. J. Siltala [d. i. Antti Johannes **Silfvenius**]. Helsingfors 1907: (Malmström). 14 S. 8°
(Acta Societatis pro fauna et flora Fennica. 29, 4.) [09. 11865 4

Siltala, A. J., trichopterologische Untersuchgn., s.: Jahrbücher, zoologische. IX. Suppl. 2.

Silfvenius, A. J., Trichopterologische Untersuchungen. I. Ueber den Laich der Trichopteren. (Acta societatis pro fauna et flora fennica, 28, No. 4.) (128 S. m. 2 Taf.) 8. Helsingsfors 906. (Berlin, R. Friedländer & Sohn.) n.n. 3. —

Trichopterologische Untersuchungen. Von A. J. **Silfvenius**. 1. Helsingfors 1906: (K. Malmström in Kuopio). 8°
— **Acta** Societatis pro fauna et flora Fennica. 28, No 4, [07. 609 B

Silfwerskjöld, T. v., Krönung u. Huldigung Oscar I. Königs v. Schweden u. Norwegen, u. der Königin Josephine M. M. in Stockholm am 28. Septb. 1844. Nach amtl. Nachrichten. Nebst e. Anh.: Ursprung, Geschichte u. Beschreibung der schwed. Ritterorden. Lex.-8. (7. B. u. 15 ill. Abbild.) Berlin 845, Morin. *

—— dass. Neue wohlf. Ausg. Lex.-8. (7½ B. u. 15 Ill. Abbild.) Ebds. 846. *

Silheim, Julchen. Meist wahre Geschichte. Kopenhagen u. Leipzig 1786. V: *Krögen, Karl Hnr.* (Ky) (BGE)

Silheim, Julchen; meist wahre Gesch. 8. Copenhag. Faber. (Schubothe.) 786.

Silheim, Julchen; e. wahre Geschichte (v. Karl Hnr. Krögen). 8. Kopenh. 786. (Schubothe). 12 gr.

Silhouette, Etienne de. Schreiben über die Stärke und Schwäche der menschlichen Vernunft; a. d. Franz. Greifswald 1746. Ü: *Spalding, Johann Joachim.* (JL) (MGT)

Silhouetten. Herausgeg. im lithograph. Institute von Aug. Wehrt. (1.—6. Blatt.) qu. 16. Braunschweig 842, Ramdohr's Hoffunsth. n. ½ ℳ — II. Heft. 6 Taf. 4. Ebend. 844, Wehrt. ½ ℳ

Silhouetten, das sind: Schattenrisse, Anecdoten, Bocksstreiche des berühmten Theaterdirector Bock. Hrsg. v. M. J. R. 1. Schnitt. 8. (47 S.) Leipzig 848. Kofffa. 6 ngr

Silhouetten, akademische, v. e. Chinesen. 8. (144 S.) Berlin 887. Eckstein Nachf. n. 2. 50

Silhouetten, Akademische, von einem Chinesen. Berlin [1888]. V: *Flach, Hans.* (Erman & Horn, Bibliogr. d. dtsch. Univ. 1. Leipz. u. Berl. 1904.)

Silhouetten edler Deutschen. O. O. 1779. V: *Geisler, Adam Frdr.* (Ky)

— edler Deutschen, (von A. Fr. Geisler d. Jüng.) 3 Thle. 8. ... 779.

Silhouetten, Drey, Catharina II., Peter I. und Friedrich II. .... (von *Joh. Eberh. Friedr. Schall*). Riga 1789.
Anon.-Lex. IV. p. 85 (nach Recke-Napiersky, Meusel u. Kayser). — Rar!

Silhouetten jetztlebender Gelehrten en Bou-Magie. Erstes Heft. ... Hamb. 1778. V: *Döhren, Jacob von.* (GGr) (Schr (Petz)

Silhouetten jetzt lebender Gelehrten en bou-magie, nebst Verzeichniß ihrer Schriften. 1s Heft. 4. Hamb. 778. Herold.

Silhouetten aus der Goethezeit. Aus dem Nachlass Johann Heinrich Merck's hrsg. u. eingeleitet v. Leo Grünstein. (VII, 49 S. m. 100 Taf.) Lex.8. Wien 909. J. Löwy. In Pappbd. 12.80; Luxusausg. 35. —

Literarische **Silhouetten**. Deutsche Dichter u. Denker u. ihre Werke. Ein literarkrit. Jahrbuch. Hrsg. u. bearb. von Dr. phil. Heinz Voss u. Doz. a. D. Bruno Volger. [1.] ⟨Ausg. 1907.⟩ Oetzsch-Leipzig: B. Volger 1907. 8° 07. 4066

— literarische. Deutsche Dichter u. Denker u. ihre Werke. Ein literarkrit. Jahrbuch. (Ausg. 1907.) Hrsg. u. bearb. v. Heinz Voss u. Bruno Volger. (IV, 384 S.) 8. Oetzsch-Leipzig 907. (Leipzig, Deutsche Verlagsactiengesellschaft.) 4.—; geb. 5. —

Silhouetten, literarische. Deutsche Dichter u. Denker u. ihre Werke. Ein literarkrit. Schriftsteller-Jahrbuch. 3. Ausg. 1908. Hrsg. v. Heinz Voss u. Bruno Volger. (IV, 349 S.) 8. Leipzig-Gohlis. Raschwitz, B. Volger. 5.—; geb. 6. —

— moralische. 8. Berlin, Rottmann. 780.

Silhouetten aus d. schwarzen Orden, s. a. Wallfahrten des Cand. Kilian Hieronymus.

Silhouetten aus dem schwarzen Orden; ein Beytrag zur Charakteristik ... dieses Ordens. Frankfurt 1794. V: *Textor, Friedrich Ludwig.* (Ky)

Silhouetten aus dem schwarzen Orden. 8. Frankf. Eßlinger. 794.

Silhouetten aus dem österreichischen Reichsrath. Leipzig 862. O. Wigand. 16. (31 S.) n. 6 ngr.

Silhouetten-Almanach. [1.] Für d. J. 1908. Berlin: E. Meyer 1908. 8° [F.] 08. 4393

Silhouetten-Almanach f. das J. 1910. (165 S. m. eingedr. Silhouetten.) 11×15,5 cm. Berlin, Edm. Meyer. Geb. 2. 50

Silhouetten-Ausstellung. Kunstgewerbemuseum Düsseldorf 2. Mai bis 2. Juni 1909. (Vorr.: W[ilhelm] Zaiser.) (Düsseldorf 1909: Bagel.) IX, 47 S. 8°

Silhouetten-Ausstellung des Vereins für Kunst und Kunstgewerbe, Danzig. Danzig 1908: (Müller). 67 S. 8° 09. 428

Silhouettenkabinet, physionom., od. die geschwindeste Art zu portraitiren, ohne zeichnen zu können. Ein Spiel zur nützl. u. unterhaltenden Beschäftigung. Französ. u. deutsch. Wien, Müller. 1 ℳ 4 gr

Silhouettentrauung, die; od. was vermag e. Schnurrbart nicht. Lustsp. v. Reinicke. 8. Prag, Schönfeld. 783.

Silistra, s.: Europa. Generalkarte.

Silius Italicus, Cajus, Epos vom punischen Kriege. Metrisch übersetzt, und von einem Vorworte über deutsche Vers- und Sylbenmessung begleitet. 2 Bde. gr. 8. (LII und 602 S.) Braunschweig 866, G. C. E. Meyer sen. *

—— Epos vom punischen Kriege. Metrisch übersetzt und von einem Vorworte über deutsche Vers- und Sylbenmessung begleitet. 2. (Titel-)Ausg. 2 Bde. gr. 8. (L, 288; IV, 314 S.) Braunschweig (866)69, G. C. E. Meyer sen. 4 50

Silius Italicus, C., punischer Krieg; verdeutscht von F. H. Bothe, s. a. Dichter, römische.

C. Silius Italicus. Punischer Krieg, übersetzt von F. H. Bothe. Stuttgart 1857. 8°.

Silii Italici, C., Punicorum lib. XVII. e recens. a Drakenborch, cur. et gloss. latin. adjec. Jh. Pt. Schmid. 8maj. Mietau 775. Hinz. (List in Berl.) 2 ℳ 12 gr

Silii Italici, Punicorum lib. XVII. e recens. a Drakenborch, cur. et gloss. latin. adj. I. P. Schmidt. 8. maj. Mietau, Hinz. (Sommer, Lps.) 775.

— Punicorum lib. XVII. Edit. accurata. 8maj. Pipont. 784. (Treuttel u. W. in Strassb.) 14 gr. Schrbp. 18 gr.

— Punicorum lib. XVII. var. lect. et comment. perpetuo illustr. I. C. T. Ernesti, accedit index uberrimus. II Vol. 8. maj. Lps. Weidmann. 791–92. (I. 1 Rthlr. 12 gr. II. 1 Rthlr. 8 gr.)
Schreibpp. (I. 2 Rthlr. 4 gr. II. 1 Rthlr. 20 gr.)

— Punicorum libri XVII. var. lect. et perpet. adnotat. illustr. G. A. Ruperti. Vol. I. cui praef. est C. G. Heyne. Vol. II. cui subjectus est index rerum ac verborum uberrimus. 8maj. Götting. 795 — 798. Dieterich. 3 ₰ Hbg. Pr. 2 ₰

— Punicorum libri XVII. cur. G. H. Lünemann. 8. Götting. 824. Deuerlich.

Silii, (Caji, Italici,) Punicorum libri XVII. cur. Lünemann, s. Bibliotheca rom. class. Tom. X.

Silii Italici, Caii, Punicorum libri XVII. Ad opt. libror. fidem accurate editi. Edit. stereotypa. 16. (24¼ B.) Lipsiae (834), Tauchnitz.

Silius Italicus, Cajus, Punicorum libri XVII ad optimorum librorum fidem accurate editi. Edit. ster. C. Tauchnitiana. Nova impressio. 16. (770 S.) Leipzig 872, Holtze. 1 50

Silii Italici Punica, ed. L. Bauer. Vol. I., libros I—X continens. 8. (XVIII, 240 S.) Leipzig 890. Teubner. 2. 40

Sili Italici Punica, ed. Ludov. Bauer. Vol. II., libros XI—XVII continens. 8. (IX, 252 S.) Leipzig 892. B. G. Teubner. 2. 40 (I. II.: 4. 80)

Silke, Marthas Bergungsort, s.: Sonnenstrahlen u. Regentropfen f. die Jugend. 1. Bd.

Sill, Henry A(ugustus): Untersuchungen über die Platonischen Briefe. T. 1: Prolegomena. Halle a. S. 1901: E. Karras. (42 S.) 8°
(Erscheint vollst. u. d. T.: 'Platos Briefe' bei M. Niemeyer in Halle.)
Halle, Phil. Diss. v. 1901

Sill, Herbert F.: Über das Gleichgewicht zwischen einer Stickstoffbase und organischen Säuren in verschiedenen Lösungsmitteln. (Mit einer Figur im Text.) Leipzig: W. Engelmann 1905. (28 S.) 8° (Aus: Zeitschrift f. physik. Chemie. Bd 51, H. 5.)
Leipzig, Phil. Fak., Ref. Ostwald u. Hantzsch, Diss. v. 24. März 1905
[Geb. 7. März 72 Geneseo, N.-Y.; Wohnort: New-York; Staatsangeh.: Ver. St.; Vorbildung: Newark Academy in Newark, N.-J.; Studium: College of New-Jersey in Princeton Master of Science 96, Göttingen 2, Leipzig 3 S.; Rig. 15. Dez. 04.]

Silldorf, G. A. F.: Ueber die Bewegung dreier materieller Punkte, welche sich in derselben Geraden befinden und sich mit Kräften, welche den Massen direct, den Cuben der Entfernungen indirect proportional sind, gegenseitig anziehen. Jena 1868. 4°. Diss. Jena.

Silldorf, G. A. F. Analytische Entwickelung von Sätzen, welche die Oberflächen zweiter Ordnung betreffen und aus synthetischen Betrachtungen hervorgehen. 31 S. Progr. Rg. *Magdeburg* 1881.

Verzeichniss einer Sammlung von Kupferstichen aus allen Schulen und gebundenen Kupferwerken gesammelt von Herrn Sillem. Berlin 1782. 4°.

Sillem, Gabriel (Hamburg) 4° Jur. XII, 26c/16
(Vgl. Sillem, Garlieb)
Disputatio XVI. de obsequio judicis inferioris.
Präs. Samuel Stryk.
In: Stryk: Dissertationes juridicae Hallenses. Vol. I.
Hannover (Foerster) 1732. S. 681-733.

Diss. Halle 11. V. 1700. 32670

Sillem, Garlieb (Hamburg)
Dissertatio inauguralis de censu habitationis collecta reali non personali.
Giessae 18. Nov. 1756: Braun. (6), 47, (3) S. 4°
pro summis in utroque jure honoribus rite et more majorum capessendis.

Sillem, Garlieb (Hamburg) A. S. 720/12
(Vgl. Sillem, Gabriel)
Disputatio juridica de obsequio judicis inferioris.
Präs. Samuel Stryk.
Halle (Henckel) 11. V. 1700. 71 S.

Gew.: Joachim Lemmermann, Peter von Lengercke, Helwig Sillem. 32669

Sillem, Jo., Diss. inaug. jur. sistens aliquot aenigmata e doctrina de exceptionibus petita. 4. Götting. 799. Dieterich. 2 gr.

Sillem, Karl Hieronymus Wilhelm

Sillem, C. H. W., s.: Briefsammlung des hamburgischen Superintendenten Joachim Westphal.

Sillem, C. H. W., die Einführung der Reformation in Hamburg, s.: Schriften d. Vereins f. Reformationsgeschichte.

Sillem, *Carl Hieronymus Wilhelm*: Festschrift zum 25jährigen Jubiläum am 13. Oktober 1898. Die Geschichte der Anstalt von 1873—1898. 8 (72 S.).
Progr. Oberrsch. u. Rsch. vor d. Holstenthore *Hamburg* 1898.
Nicht im Tauschverkehr

Sillem, C. H. Wilh., die wallonische Gemeinde in Stade, s.: Geschichtsblätter des deutschen Hugenotten-Vereins.

Sillem, C. H. Wilh., s. Matrikel, die, d. akademischen Gymnasiums in Hamburg 1613—1883.

Sillem: Michael Stiefel, der erste evang. Prediger im Erzherzogtume Österreich. 19 S. – Oberschützen. Progr. 1861.

Sillem, C. H. W. Das alte Testament im Lichte der assyrischen Forschungen und ihrer Ergebnisse. I. Die Genesis. 39 S.
Progr. HB. *Hamburg* 1877.

Sillem, C. H. W., das alte Testament im Lichte der assyrischen Forschungen u. ihrer Ergebnisse. 1. Hft. Die Genesis. 4. (39 S.) Hamburg 878. (Leipzig, O. Schulze.) 1. 50

Sillem, H. C. Wilh., Primus Truber, der Reformator Krains. Ein Beitrag zur Reformationsgeschichte Oesterreichs. Erlangen 861. Bläsing. gr. 8. (XII, 98 S.) n. 12 ngr.

Bürgermeister Joachim vom Kampe und Nicolaus van den Wouwer Gotteswohnungen in Hamburg 1582–1907. (Verf.: D. Dr. Wilhelm **Sillem**, Prof. em.) (Hamburg 1907: C. Griese.) (27 S.) 4° [08. 5210 9

Siller, A.; auf seinem Kranken- u. Sterbebette, ein Andenken für seine Freunde. 8. Nürnb. 808. Raw. 3 gr. Hbg. Pr. 1¾ gr.

Siller, Alois, der Quell d. Gnade. Oder das heil. Meßopfer der röm.-kath. Kirche. Ein Gebet- u. Erbauungsb. gr. 12. (12⅔ B., Stahlst. u. 16 Stnt.) Reutlingen 842, Enslin u. Laiblin. —

[Ant. u. F.] **Siller,** Aug. [Dr. jur., Referendar. Haus Germete]: (Der accessorische Charakter des Pfandrechts nach Römischem Recht und den mordernen [!] deutschen Hypothekenordnungen.) ... Warburg, Druck v. M. Schilp, 1895; 43 S., 1 Bl. 8.
Erlangen, Jur. Fak., Inaug.-Diss. v. Nov. 1895

Siller, Frank, Lieder und Sprüche aus dem Volke für das Volk. 12. (VII, 128 S.) München 887, J. A. Finsterlin. geb. * 2 —

SILLER, FRANZ XAVER: Geheimnißrede auf die Dreyeinige Gottheit bey Erneuerung der Würdenswahlen der allerheiligsten Dreyfaltigkeit von Erlösung gefangener Christen und hohen Titularfest dieses heiligsten Ordens. Vorgetragen in eigener Kirche zu Comorn den 25. May des Jahres Christi 1777. Preßburg 1777. Gedr. bey Joh. Mich. Landerer. 20, 4 S. - kl. 4°

Siller, Karl Friedrich Ed.

Siller, Ed., Lehrbuch der Pharmacie z. Selbstunterr. f. angeh. Pharmaceuten u. zur Repetition f. Aerzte. 2 Hälften. Lex.-8. Braunschweig 843, Leibrock. à 1 Thlr. 20 Ngr.
Hft. 1. Einleitung, pharmaceutische Naturgeschichte u. Waarenkunde. (21¼ B.)
- 2. Pharmaceutische Mechanik, Technik, Physik u. Chemie. (26 B.)

Siller, Carl Friedr. Ed., Lehrbuch der Pharmacie zum Selbstunterricht für Pharmaceuten und Aerzte. 2., verm. und gänzl. umgearb. Ausg. 1. Bd. welcher die Einleitung, die pharmaceut. Mechanik, Technik, Buchführung, Physik, Chemie und einen Anhang enth. gr. 8. (VI und 736 S. mit eingedr. Holzschn.) Dorpat 848, (Gläser.)

Siller, Carl Friedr. Ed., Lehrbuch der Pharmacie zum Selbstunterricht für Pharmaceuten und Aerzte. 2., verm. und gänzl. umgearb. Ausg. 2. Bd., welcher die pharmaceut. Zoologie, Botanik, Mineralogie und Pharmakognosie enthält. gr. 8. (XIV und 704 S.) Riga 850, Kymmel. (Berlin, Förstner'sche Buchh.) Thlr.

Siller, Paul: Geschichte der Burschenschaft Fridericia zu Bonn ..., s. Hessel, Karl

Siller, Paul, die Grundlagen u. Zahlen der Verhältniswahl, unt. besond. Berücksicht. der Vorschläge des preußischen Handelsministers u. ihrer Einführg. bei den Gewerbegerichten erläutert. gr. 8. (IV, 64 S.) Berlin 903. C. Heymann. n. 1. —
Sonderabdruck aus: „Verwaltungs-Archiv".

Siller, Robert, Referendar aus Cöln: **Der Kreditauftrag** des Bürgerlichen Gesetzbuches nebst einer historischen Einleitung. *Borna-Leipzig 1904: R. Noske.* (VIII, 39 S.) 8°
Leipzig, Jur. Diss. v. 1904

Siller, Rudolf: Zur Chemie des Hopfens. Berlin: Springer 1909. 31 S. 8°
¶ Aus: Zeitschrift f. Untersuchung d. Nahrungs- u. Genußmittel. Bd 18.
München, Dr.-Ing.-Diss. v. 5. 6. 1909

Sillery, A., die waldensischen Protestanten in den Alpenthälern bei Turin in Italien, ihre gegenwärtigen Verfolgungen u. die Lage des Pfarrers von Pramol. Ein Aufruf an die protestant. Christen aller Nationen. 4. Ausg. Aus d. Engl. v. J. G. H. H. 32. (1 B.) Heidelberg 844, Groos. Thlr. *

Sillevoldt, Hendrik Eliza Theodorus van: Ueber das Derrid und das Pachyrhizid. Ein Beitrag zur Kenntniss d. indischen Fischgifte. Marburg 1899: (E. Ydo, Leiden (Holland)). (78 S.) 8°
Marburg, Phil. Diss. v. [14. März] 1899

Sillib, L., Knabenbriefe. Für die Jugend u. ihre Freunde. Gütersloh 864. Bertelsmann. 8. (VIII, 200 S.) n. 16 ngr.

Sillib, L., Mädchen-Briefe. Für Schule u. Haus. 2. Aufl. Mannheim 868. Löffler. 8. (XVI, 264 S.) n. 10 ngr.

— Musterbriefe für bürgerliche Mädchenschulen. Mannheim 863. Löffler. (Segnitz.) 12. (XI, 107 S.) 9 ngr.

Sillib, Rud., Heidelberg u. Umgebung, s.: Pfaff, Karl.

Holz- und Metallschnitte aus der Grossh. Universitäts-Bibliothek Heidelberg. Von Rudolf **Sillib**. Mit 13 Taf. Strassburg: J. H. E. Heitz 1907. (12 S.) 4°
— **Einblattdrucke** d. 15. Jahrhunderts. [8.] [07. 12628

Sillib, Rud., Stift Neuburg bei Heidelberg. Seine Geschichte u. Urkunden. (160 S.) gr. 8. Heidelberg 903. (G. Koester.)
Sonderabdruck aus: n. 2. —
„Neues Archiv f. die Geschichte der Stadt Heidelberg".

— Schloß u. Garten in Schwetzingen. (VI, 88 S. m. Abbildgn. u. 2 Taf.) 8. Heidelberg 907. C. Winter, Verl. Kart. 2. —

Sillib, Rudolf [aus Mannheim]: Machiavellis Stellung zu **Deutschland ... Heidelberg,** Univ.-Buchdr. v. J. Hörning, 1892; 65 S. 8.
Heidelberg, Phil. Fak., Inaug.-Diss. v. [31. Okt.] 1891

Deutscher Verein gegen d. Mißbrauch geistiger Getränke. Der Kampf der Polizei gegen den Alkohol in Harburg a. E. (Verf.: v. **Sillich**, Polizei-Insp.) Berlin: Mäßigkeits-Verl. 1906. (8 S.) 8° [F.] [08. 967

Sillich, Hans, bacc. jur., Referendar in Chemnitz: **Zur Autonomie des rechtsfähigen Vereins** nach dem **Bürgerlichen Gesetzbuch.** Eine historisch-dogmatische Studie. Borna-Leipzig 1908: R. Noske. (IX, 44 S.) 8° [F.]
Leipzig, Jur. Fak., Diss. v. 15. April 1908
[Geb. 30. Mai 81 Chemnitz; Wohnort: Chemnitz; Staatsangeh.: Sachsen; Vorbildung: Kgl. Gymn. Chemnitz Reife O. 02; Studium: Heidelberg 3, Berlin 1, Leipzig 2 S.; Rig. 21. Juli 05.]

Sillig, Ferdinand (auch: Sillig, S.)

Sillig, Ferd., entdeckte Kunst d. spanischen Tournesoltücher zu bereiten, zum Behuf für deutsche Fabriken. 8. Leipzig. (Graffé in Weißenfels.) 805.

Sillig, Fd., auch S., entdeckte Kunst, die Spanischen Tournesoltücher zu bereiten, zum Behuf für deutsche Fabriken. 8. Leipz. 805. (Schmidt). 6 gr.

— entdeckte Kunst, die holländ. u. span. Tücher zu bereiten. 8. Leipz. 811. (Andrä).

Sillig, S., entdeckte Kunst, die holländ. u. span. Tücher zu bereiten. 8. Leipz. Bauer. 811.

Sillig, Johann Ehrenfried (Hayn) **A.S. 301/26**

Dysnoeta librorum ecclesiae Lutheranae symbolicorum excussa. Präs. Heinrich Clausing.
Leipzig (Titius) 2. X. 1722. 40 S.

W. v.: Präs. **32672**

Sillig, Johann Friedrich

— Bericht üb. die Wunderärztin J. D. Humitzsch in Schönborn. 8. Dresd. 817. Hartknoch. 3 gr.

Sillig, Johann Friedrich, s. Böhme, Jakob. Ein biogr. Versuch.

Sillig, Jh. Fr., († d. 24. Decbr. 1822.) Gebete u. Andachten auf alle Tage, Zeiten u. Feste des Jahres. 8. Leipz. 815. Göschen. 12 gr.

— Katechisationen üb. religiöse Gesänge. 8. Freiberg 801. Craz u. G. 12 gr.

— der kleine Katechismus des Christenthums, zum Auswendiglernen. Mit e. Vorrede von K. F. v. Ammon. 12. Leipz. 816. Göschen. 3 gr.

— Samml. derjen. latein. Wörter, welche ursprüngl. mit gleichbedeutenden deutschen verwandt sind, ob. schon längst das deutsche Bürgerrecht haben. 8. Leipz. 817. (Taubert). 6 gr.

— Ursachen d. christl. Freude üb. Verbesserungen in d. öffentlichen Gottesverehrungen u. üb. Einführ. e. bessern Gesangbuchs. gr. 8. Chemnitz, Jacobäer. (Mauke.) 801.

Sillig, Johann Gf.

Sillig, Jh. Gf., († d. 22. Mai 1792.) die Apostelgeschichte, s. a. Testament, das neue, übers. von Sillig.

Sillig, J. Gf., d. Apostelgeschichte. 8. Lpz. Gelehrte Hdl. 785.

Sillig, Jh. Gf., drei höchst wichtige Fragen an die Christen seiner Zeit, u. an seine Gemeinde insonderheit. 8. Leipz. 772.

— triga regularum criticarum, quae mul'is V. T. locis varie vellicatis prodesse posse videntur. 8. Leipz. 762.

— Uebersetzung der Evangelisten Matthäus, Markus, Lucas u. Johannes, s. a. Testament, das neue, übers. v. Sillig.

— Uebersetzung d. Evangelisten Matthäus, Markus, Lucas und Johannes. 8. Lpz. Hilscher. 778-84.

Sillig, (Karl) Julius

Sillig, (Jul.,) Catalogus artificum, sive Architecti statuarii, Sculptores, Pictores, Caelatores et Scalptores Graecorum et Romanorum literarum ordine dispositi. Acced. III. tabb. synchron. gr. 8. Dresd. u. Leipz. 827, Arnold.

Sillig, Julius, s. Catullus: Carmina.

Sillig's, Julius, Dictionary of the Artists of Antiquity; translated by the Rev. H. W. Williams, to which are added C. Plinii Secundi, Naturalis Historiae, Libri XXXIII - XXIV. with Indexes and Preface, by E. H. Barker. ... London ... Black and Armstrong. 3 rℓ

Sillig, (C. J.,) de C. Valerii Catulli carminibus epistola critica. 8 maj. Lips. 822. Reclam.

Sillig, C. J., De C. Valerii Catulli carminibus epistola critica. Gel. 1822. 70 S. 1

Sillig, J., Epistola critica de locis aliquot corruptis Taciti. Gel. 1841. 11 S. 4°. 1.

Sillig, Julius, s. Macer Floridus.

Sillig, Julius, s. Plinius: Hist. nat.

Sillig, J., Quaestionum Plinianarum spec. 2 Tle. Pr. 1839 u. 48. 30 u. 28 S. à 2.—

Sillig, Carl, der elegante Wäschzeichner, 16 Tafeln. gr. 4. Leipz. Klein.

Dass.s.a.:Silling,Karl.

Sillig, P. H., Faust in Leipzig. Kleine Chronik von Auerbachs Keller zu Leipzig, nebst historischen Notizen über Auerbachs Hof. Aus alten Chroniken und Urkunden zusammengestellt. Herausg. von H. Schultze. (Mit Abbildgn.) Leipzig 854. Fr. Voigt in Comm. 8. (VIII, 64 S. m. 1 Holzschn. im Text, 1 Holzschnitttaf. u. 2 Kpfrtaf. in Fol.) 10 ngr.

— die Shakespeare-Literatur bis Mitte 1854. Zusammengestellt u. herausg. Ein bibliograph. Versuch, eingeführt von H. Ulrici. Leipzig 854. Dyk. gr. 8. (VIII, 103 S.) n. 20 ngr.

Sillig, S., s. Fd. Sillig.

Sillig, Viktor, s. a. Chevauxlegers, bayerische.

Sillig. Baierische Chevauxlegers. 6 Radirungen. 4. München 1841. 2,25.

Sillig, Viktor, bayerische Chevauxlegers in sechs Radirungen. qu. gr. 4. (½ B. Text.) München 842. [Augsburg, Jaquet's Verlagsh.]

Silligs, Sebastian, Leben u. Tod; ein Roman zur Warnung, nicht zur Nachfolge. 8. Frankf. Garbe. (Gebhardt u. K., a. Hermann.) 776.

Silliman, Benjamin

Silliman, Benj., siehe: Journal, the American, of science and arts.

Silliman, die Uebereinstimmung d. neuern Entdeckungen d. Geologie mit d. bibl. Geschichte v. d. Schöpfung u. d. Sündfluth. N. d. Engl. v. F. L. Rothe. gr. 12. (7 B.) Hanau 838, Edler'sche Buchh.

Silling, Chr. Fr., a Manual of English Literature. Illustrated by poetical extracts. For the use of upper-classes of high-schools and of private students. 1st edit. (IV, 144 S.) 1876; 2d. edit. revised and somewhat enlarged. 8. (IV, 151 S.) Leipzig 879, Klinkhardt. *

Silling, Chr. Fr., a manual of English literature. Illustrated by poetical extracts. For the use of the upperclasses of high-schools and of private students. 3th edit. gr. 8. (IV, 132 S.) Leipzig 887, Klinkhardt. * 1 50

Silling, F. Origin und development of the English language. Zwickau, R., 1870. 30 S. 4. Progr.

Silling, Karl (vgl. Sillig, Karl)

Silling, K., Kleinigkeiten f. Strickerey in 24 Blätter K. Leipz. Ind. Comt.

Silling, K., großes Magazin f. Strickerey, od. Samml. neuer geschmackvoller Muster ic. 6 Hefte jedes mit 6 Blätter K. 4. Leipzig, Ind. Comt. (à 1 Rthlr.) ill. (à 1 Rthlr. 12 gr.)

— neues Magazin d. kleinen Strickerey. 2 Hefte jedes mit 9 Blätter K. qu. 8. Ebend. (à 16 gr.) ill. (à 1 Rthlr.)

— der elegante Wäschzeichner, 16 Taf. gr. 4. Leipz., Klein. 1 rℓ

Silling, Marie, Besprechg. d. Vorträge d. Hrn. Professor Fritz Schultze „üb. das Seelenleben des Weibes". 8. (18 S.) Leipzig 896. F. A. Berger. n. — 20

Heimgekommen! Eine Lieheskomödie in 3 Aufz. von Marie Silling. Leipzig: F. A. Berger 1899. (93 S.) 8° [J.]

Silling, Marie, Lotte. Eine Erzählg. f. junge Mädchen. Mit Illustr. v. A. Klamroth. 8. (III, 132 S.) Leipzig 892. G. Wigand. n. 2. 50; geb. in Leinw. n. 3. —

Silling, Marie, die Familie Schrötter oder Haus und Welt. Eine Mädchengeschichte fürs Backfischalter. gr. 8. (VII, 192 S. mit 60 Zeichnungen von Maxim. Schaefer.) Berlin 888, H. J. Meidinger Verlag. * M 3.—; geb. * 4 —

— die Familie Schrötter. Erzählung f. heranwachs. Mädchen u. deren Eltern. Mit 60 Zeichngn. v. Max. Schaefer. 2. verb. Aufl. gr. 8. (V, 207 S.) Berlin (899). H. J. Meidinger. Geb. in Leinw. n. 3. —

— „sie lebt". E. Frauenschicksal. 2. Aufl. 8. (248 S.) Ebd. 897. n. 2. 50; geb. in Leinw. m. Goldschn. 3. 75

Silling, Marie: Wandlungen. — Leipzig: Berger 1901. 164 S. 8°

Silling, Marie, welche Schriften geben wir Kindern? s.: Flugschrift, 21., des Dürer-Bundes zur ästhetischen Kultur.

Sillo, G., George Barnwell, s. Theatre, british and american.

Die Sillwerke bei Innsbruck. Anlagen für elektrische Beleuchtung, Kraftübertragung und den Betrieb der Stubaitalbahn, der Straßenbahn, der Seilbahn auf die Hungerburg. Hrsg. von der Allgemeinen Elektrizitäts-Gesellschaft Berlin. Berlin, 1907. 77 S. mit 82 Abb.

Siloah. Zeitschrift für religiösen Fortschritt inner der Kirche. Red. v. Mart. Deutinger und Max Huttler. 1. Jahrg. 1850. 24 Hfte. od. 104 Nrn. (½ B.) Mit Beilagen u. Literaturblatt. 12 Nrn. gr. 8. (½ B.) Augsburg, Kollmann. n. 3 ℳ

Siloah: Jahrgang 1–45, no. 5, Jan. 1882–May 1926.
Monthly. Organ des General-Konziels der Evangelisch-Lutherischen Kirche in Nord-Amerika. Sub-title: 1) Monatsblatt für die Innere Mission der Evangelisch-Lutherischen Kirche in Amerika [in 1886]; 2) Herausgegeben vom General-Konzil-Komitee für Versorgung zeitlich verwahrloser Glaubensgenossen in Nord-Amerika [in 1892]; 3) Organ der Deutschen Missions-Behörde des General-Konzils [in Jan. 1902]; 4) Organ der Deutschen Einheimischen Missions-Behörde des General-Konzils [in Jan. 1903]; 5) Organ der Nordwest-Mission-Behörde der Vereinigten Lutherischen Kirche in Amerika [in 1926]. Place of publication varies: Mt. Vernon, N.Y., 1902–1909.
Quarto, each issue 8 pages, paged continuously. Circulation: 1915, 4000. Edited by the Rev. Edward Frederick Moldehnke & F. W. Weiskotten, Jan. 1882–?; by the Rev. John Nicum [in 1892]; by the Rev. C. E. Moldehnke, J. J. Kündig, & J. W. Loch; by E. C. J. Kräling, F. Holter, D. W. Peterson, M. Wolff, Jan. 1902–Feb. 1906; by E. C. J. Kräling, & G. D. Berkemeier, Mar. 1906–Dec. 1908; by E. C. J. Kräling, G. D. Berkemeier & C. R. Tappert, Jan. 1909–?; by E. C. J. Kräling, C. R. Tappert, G. H. Wiencke & P. Ludwig [in 1926].
Reading, PA

Siloah: 1910?—21? Rochester, NY
Lutheran publication.

Silomon, Gustav, appr. Arzt a. Norden: Aus der Friedrich-Wilhelm-Stiftung in Bonn. Ueber den Paratyphus. Mit einem klinischen Beitrage. [Bonn] 1906: E. Eisele. (56 S.) 8°
Bonn, Med. Fak., Ref. Schultze, Diss. v. 14. Nov. 1906
[Geb. 1. Sept. 80 Norden; Wohnort: Bonn; Staatsangeh.: Preußen; Vorbildung: Ulrichsgymn. Norden Reife O. 99; Studium: Göttingen 4, Freiburg i. B. 1, München 2, Göttingen 2 S.; Coll. 14. Nov. 06; Approb. 5. März 04.]

Silomon, Hans: De Libanii Epistularum libris I—VI. Gottingae 1909: Dieterich. 58 S. 8°
Göttingen, Phil. Diss. v. 7. April 1909, Ref. Schwartz-Leo
[Geb. 4. Dez. 86 Frankfurt a. M.; Wohnort: Frankfurt a. M.; Staatsangeh.: Preußen; Vorbildung: Goethe-Gymn. Frankfurt a. M. Reife O. 05; Studium: Bonn 2, Göttingen 5 S.; Rig. 20. Jan. 09.] [U 09. 1203]

Silomon, Hero Cornelius (geb. am 15 Febr. 1848 in Norden Ostfriesl.): Einige Fälle von Meningitis cerebro-spinalis epidemica aus einer kleinen Epidemie in Bonn im Winter 1870/71 ... Bonn, Druck v. J. Trapp 1871. 30 S., 1 Bl. 8.
Bonn, Med. Fak., Diss. v. 28 Juli 1871

Siloti, F. X., Klassiker der Malerei. Venezianische Schule, s. Klassiker-Bibliothek der bildenden Künste.

Silserseewasserwerkanlage. Die S'-W'. Gutachten erstattet im Juni 1910 an das Bau- und Forstdepartement des Kantons Graubünden durch die Experten: Dr. Alb[ert] Heim, Professor..., G. J. [*d. i.* Louis] Cardinaux, Ständerat..., Dr. J[oseph] Epper..., J[acob] Lüchinger, Oberingenieur... [und] H[einrich] Peter.... [Mit 9 graphischen Tafeln.] II + 40 S. gr.-8. Chur, Victor Sprecher, 1910.

Sils-Maria. Luftkurort Sils-M' im Oberengadin.... Hotel-Pension Alpenrose.... [Mit 1 Karte und illustriertem Umschlag.] 8. (Samaden *o. J.* [1890/1900].)

Siltala, A. J., s. Silfvenius, Antti Johannes.

Siltemann, Johann Rudolph (Weissenfels)
U. S. Erfurt 1711/2

Dissertatio inauguralis physico-medica, de cortice Winterano.
Erfurt (Grosch) 29. XII. 1711. 10 Bl. 32673

Siltemann, Johann Rudolf: Progr. de veterum Medicina. Weißenfels 1725.

Silva. Illustrierte Forstzeitung. Wochenschrift für Waldwirtschaft. Hrsg. v. H. Raess. - Darmstadt. Jg. 1-5. 1908-1912.
Forts. s.: Forstl. Wochenschr. Silva

'Silva'. Wochenschrift f. Waldwirtschaft, Waldprodukten-Handel u. Industrie u. für d. forstl. Besitzwechsel. Red.: Forst-R. a. D. Dr. Raess. Jg. 1. Wiesbaden: Forstbüro Silva 1908. 4° [illegible]

Silva. Wochenschr. f. Waldwirtschaft, Waldprodukten-Handel u. Industrie u. für den forstl. Besitzwechsel. Hrsg. v. Raess. 2. Jahrg. 1909. 52 Nrn. (852 S.) Lex. 8. Wiesbaden. Darmstadt, Forstbureau Silva. 4. —

— dasselbe. Mit der Beilage: Nutzholzanfall in Gemeinde u. Privatwaldgn. Hrsg. v. Raess. 3. Jahrg. 1910. 52 Nrn. (414 S. m. Abbildgn.) 44×31 cm. Ebd. 12. —

Silva, Marquis de. Essai raisonné sur les manoeuvres de l'infanterie. (Mit 17 Tafeln.) 8. Berlin 1792.

— Gedanken über die Taktik u. Strategik, oder wahre Grundsätze der Kriegswissenschaft. Aus d. Franz. Mit 1 Atl.
Berlin 1780. 502 S. 8° u. 4°

Silva, Marquis de. Gedanken über die Taktik und Strategik, oder wahre Grundsätze der Kriegswissenschaft. Aus dem Französischen des Herrn ..... übersetzt. Mit dazugehörigen 30 Plans. *8. Breslau 1780.

Silva, F. J. Graf v., Austria. Unser Werden vom J. 803 bis zum heut. Tage. (IV, 115 S.) gr. 8. Wien 910. W. Frick. Geb. 4. —

— Gymnasialunterricht. (17 S.) gr. 8. Graz 908. Styria. — 40

Silva Sardinha, Manoel da, do Cuculo canoro. Dissertatio zoologica. (In französ. Sprache.) gr. 8. (38 S.) Bonn 877. (Behrendt.) n. 1. —

Silva-Tarouca, Ernst Graf, unsere Freiland-Stauden. Anzucht, Pflege u. Verwendung aller bekannten, in Mitteleuropa im Freien kulturfähigen ausdauernden kraut. Gewächse. Unter Mitwirkg. von Geo. Arends, Goos u. Koenemann, Camillo Karl Schneider u. a. im Auftrage der dendrolog. Gesellschaft für Österreich-Ungarn hrsg. Mit 341 Abbildgn. im Text u. 12 Abbildgn. auf 6 farb. Taf. (XLVIII, 285 S.) Lex. 8. Leipzig 910. G. Freytag. — Wien, F. Tempsky. Geb. in Leinw. 15. —

SILVA-TAROUCA, Ernst Graf: Kein Heger, kein Jäger! Ein Handbuch der Wildhege für weidgerechte Jagdherren und Jäger. - Berlin 1899. 238 S.

Silva-Tarouca, Graf Frz. v., schola artistica Beuronensis. Die Malerschule des Benedictinerordens. gr. 8. (40 S. m. 1 Taf.) Wien 901. W. Frick. n. 1. 20

(F) Die Silva's in Oesterreich. Ein Beitrag zur Geschichte dieses Hauses von Franz Graf von Silva-Tarouca. Wien. 1899. Frick. Gr.-8°. 62 S. mit 12 Tafeln. Geb. fl. 5.—

Pedro Silva Tavares. Freie und Unfreie. Roman. *Berlin: D. Dreyer & Co. [1903].* (207 S.) 8° [F.]
= Bibliothek, Dreyer's, moderner Schriftsteller. [Jg. 1, Bd 8.] [04. 3161

Silvae Cratyli seu variae in varios scriptores veteres lucubrationes. Augsburg 1822. V: *Kapp. Al.* (Ky)

Silvain. –

— Com. p. Marmontel. 8. Berlin, Rottmann.

Silvain, ein Singspiel in einem Aufzuge aus d. Französ. übersetzt. Frankf. a. M. 1772. V: *Marmontel, J. Fr.* Ü: *Faber, J. H.* (G. Fock, Ant.-Kat. Nr. 560, S. 128)

Silvain. Singsp. 8. Frkft. Andreä. 773. Rthlr.

Silvan, C., De plantis cibariis Romanorum. Diss. 1808. 71 S. 4°.

Silvander [Pseud.], s. Brocke, Heinrich Christian von

Silvanus, Ludw., Sagenkranz des bayerisch-böhmischen Waldes. (208 S.) 8. München (909). M. Kellerer. Geb. in Leinw. 2. —

Silvanus, Pet. Erinnerungen an den unvergeßlichen Vorkämpfer f. Wahrheit, Freiheit u. Recht Dr. Ludw. Windthorst, † 14. März 1891. 8. (100 S. m. 2 Bildern.) Aachen 891, J. Schweitzer. * — 40

Silvanus, P., mein ist d. Rache. Novelle. Frei nach d. Franz. 2. Aufl. 8. (256 S.) Leipzig 896. P. Braun. 1. 60

(B) Silvanus, P., mein ist die Rache. 896. (KVB 30.) Jetzt: Regensburg, J. Habbel.

Silvaplana-Campfèr, Luftkurort. St. Moritz 1901. V: *Pünchera, Domenic.* (BBullschw 2, S. 43)

Silvaplana und Camfèr, Luftkurorte, Engadin, Schweiz. Chur-St. Moritz 1909. V: *Pünchera, Domenic.* (BBullschw 16, S. 196)

Silvaplana im graubündnerischen Oberengadin als klimatischer Kurort und eisenhaltiges erdig-salinisches Mineralbad. 8. Chur *o. J.* [1875 90].

Sil Vara (G. Silberer), Blick vom Kahlenberg. (131 S.) 8. Wien 907. P. Knepler. 2. —

— Pierrots Drama. (3 Einakter.) (89 S.) 8. Wien 905. P. Knepler. n. 2. —

— Goldene Jugend. Ein Schauspiel in 3 Akten. (III, 144 S.) 8. Wien 907. C. Konegen. 1. 80

Sil Vara (G. Silberer), Babys Liebesgeschichte. Erzählungen. (230 S.) 8. Strassburg 904. J. Singer. n. 2. 50

Silverberg, Paul, Gerichtsref. in Cöln: Berufung, Berufungsgrund, Erhöhung und Anwachsung im Erbrecht des Bürgerlichen Gesetzbuchs. *Cöln [1902]: M. DuMont Schauberg.* (71 S.) 8°
Bonn, Jur. Diss. v. [12. Mai] 1902

Silverio, Osw., s.: Personalstatus der humanistischen usw. Mittelschulen im Königr. Bayern.

Silverio, Oswald: Untersuchungen zur Geschichte der attischen Staatssklaven. *München 1900: F. Straub.* (66 S.) 8°
München, Phil. Diss. v. 1900

Untersuchungen zur Geschichte der attischen Staatssklaven. -- Von Dr. Oswald Silverio, G.-L. -- 1900, München, F. Straub. — P. 3 66.
Progr. München, K. Maximilians-Gymnasium

Silverland, s. Asher's Collection of English Authors.

Der Trierer Silvester. Hrsg. von Carl Kraus. *(Hannover: Hahn 1895.)* (60 S.) 4°
= **Monumenta** Germaniae historica. Scriptores qui vernacula lingua usi sunt. T. 1, P. 2, (1.) [01. 1011

Silvester II., Papst, s.: Gerbert.

Silvester. Apologie der orthodoxen griechisch-orientalischen Kirche der Bukowina. gr. 4. (60 S.) Czernowitz 890, (Pardini). * 1 40

Silvester, A. J. Der starke Herrscher, sein Regierungsantritt im August 1850 und die Ereignisse, welche diesem noch vorangehen werden. Prophezeiung vom Jahr 1646. Sammt allen im Einklang damit seit 1789 bis auf den heutigen Tag in Erfüllung gegangenen Ereignissen und einer Andeutung derjenigen, so in der nächsten Zeit noch stattfinden werden; namentlich der über die Erde verbreitete hohe Glanz der katholischen Kirche. Nach dem Französischen und vermehrt durch einen interessanten Anhang von einem alten Ordensgeistlichen. Stuttgart, J. Scheible 1850. 58 S. 8.

Silvester, Ernst, über den kölnischen Carneval, ein Neujahrswort an die Bürger von Köln. 8. (2 B.) Köln 845, J. u. W. Boisserée. *

Silvester, Ewald, eine schlichte Geschichte. 8. (102 S.) Dresden 901. E. Pierson. n. 2. —; geb. n. 3. —

Silvester, Ewald (Hans Karl Heide), Nora Gylensee. Roman. (230 S.) 8. Stuttgart 906. Strecker & Schröder. n. 2. 50; geb. n. 3. 50

Mein Lied. Gedichte von Ewald Silvester [d. i. Hans Karl Heide]. Berlin: Concordia 1903. (103 S.) 8° [F.] [03. 4524

Silvester, Ewald (Hans Karl Heide), der komische Prinz. Eine königl. Komödie in 4 Akten. (64 S.) gr. 8. München (Reitmorstr. 19) 908. Spiegelverlag. (Nur direkt.) 2. —

— Triumphatrix. Novelle. (176 S.) kl. 4. Leipzig 902. Berlin, H. Seemann Nachf. n. 2. —

SILVESTER, Ewald. Das Verhältnis. Mit Porträts von George Sand, Diderot, Byron, Kathie Fröhlich u. a. Leipzig (ca. 1910). Kl. 8°. 83 S. (Die Frau, Bd. IV.)

— das Verhältnis, s. Frau, die.

Silvester, J., Sendschreiben e. Layen, üb. d. Bedenken e. luther. Geistl. üb. d. Mängel seiner Kirche. 8. Cöthen, Glaubenberg. 787.

Silvester, Jh. Bapt., (Jh. Faccius,) letzte Begebenheiten der Welt, aus der Offenbarung. 8. Frankf. u. Leipz. 762. (Gr. Fleischer). 12 gl.

Silvester, Joh. Bapt., letzte Begebenheiten d. Welt, a. d. Offenbarung. 8. Frankfurt und Leipzig, Hanisch. 762.

— ausführl. Einleit. in die heut zu Tage höchst nöthige Erkenntniß der drei großen, in d. hohen Offenbarung beschrieb. Widersacher Jesu Christi. 8. Frkf. u. Leipz. 759. Hanisch. 18 kr

— himmlische Ergötzlichkeiten, od. Gedanken von der Seligkeit. 8. Frankf. u. Leipz. 763. (Er. Fleischer). 1 ß

— prophet. Ergötzungen über Offenbarung X. 6—8. 8. Frankf. u. Leipz. 761. (Er. Fleischer). 1 ß

Silvester, Radoslav. Mali šopek domoljubnih cvetličic. V Celovcu, St. Hermagoras-Druck., 1878. 64 S.

Silvester de Sacy, s. Sacy.

Silvesterabend. Der S'-A' 1850 in einer Toggenburger-Familie. (Eingesandt.) Extra-Beilage zum St. Galler-Boten Nr. 4. 8. [St. Gallen 1851.]

Silvester-Almanach für Freimaurer; eine Spende. Dresden 1815. V: *Manko (Menke), Carl Ferd.* (Ky)

Silvestre, Armand, das Buch zum Lachen. Heitere Erzählungen. 8. (131 S.) Budapest 888, Grimm's Verlag. * 1 50

SILVESTRE, Armand. Das Buch zum Lachen. Budapest, G. Grimm, ca. 1909.
Verb. Rostock 13. 11. 09: M. 34/09.

— Drollige Einfälle. Mit Illustrationen. 8. (146 S.) Budapest: G.Grimm 1890. 1.50

— Drollige Einfälle. Budapest, Gustav Grimm (um 1895). 8°.
Verb. d. Ldg. Aachen I. M. 37/95.

Silvestre, Armand, Allerlei Erheiterndes. Mit Illustrationen. 8. (147 S.) 1.50
Budapest: G.Grimm 1890.

Silvestre, Armand, die kleinen Schwänke des Herrn Cadet-Bitard. Uebers. v. Ludw. Wechsler. 8. (144 S. m. Abbildgn.) Budapest 900. G. Grimm. n. 1.—

—Unter uns. Erzählungen. 8. (120 S.) —.90
Budapest: G.Grimm 1890.

Silvestre, Armand, die Unzucht, s. Todsünden, die sieben. I.

Silvestre, A., Die Unzucht. [Die sieben Todsünden. I.] Gr.-8°. (ill 171 S.) Budapest: G.Grimm 1904. K 3.60

SILVESTRE, A., Die sieben Todsünden. Die Unzucht. Mit vielen (etwas freien) Illustrationen von A. Scheiner. Budapest, Gust. Grimm, o. J. (1905). 8°. (Kr. 3,60.) (2 Kr. 60 H. Vict. Eytelhuber, Wien, 1905; 2 Mk. H. Hugendubel, München, 1905.)

Silvestre, Moses Marcus: Ueber das Leben und Wirken des Mathias Mayor. Zür. E. Kiesling Dr. 1849. 32 S., 1 Bl. 8°
Zürich, Med. Diss. v. 22. Sept. 1849

Silvestri, Philippo, Acari, Myriopoda et Scorpiones hucusque in Italia reperta. Classis Diplopoda. Vol. I. Anatome. Pars 1a, Segmenta, tegumentum, anusculi. (272 S. m. 346 Abbildgn. u. 4 Taf.) gr. 8. Portici 903. (Berlin, R. Friedländer & Sohn.) n.n. 20.—

Silvestri, Filippo, neue Diplopoden. [Aus: „Abhandlgn. u. Berichte d. kgl. zool. u. anthropol.-ethnogr. Mus. zu Dresden".] gr. 4. (23 S. m. 19 Fig. u. 3 Taf.) Berlin 897. R. Friedländer & Sohn. n. 8.—

Silvestri, F., Isoptera, s.: Fauna, die, Südwest-Australiens.

— Neue u. wenig bekannte Myriopoden des naturhistorischen Museums in Hamburg. (I. Tl.) (S. 229—257 m. 86 Abbildgn.) Lex. 8. Hamburg 907. (L. Gräfe & Sillem.) 1.50
Sonderabdruck aus: „Mittlgn. a. d. naturhist. Museum".

Silvestri, Philippo, Ordo Pauropoda. (Acari, Myriopoda et Scorpiones hucusque in Italia reperta.) Adnexa illustrat. specierum ital. cum tabulis lithographicis XVII auctore Antonia Berlese. gr. 8. (83 S.) Portici 902. (Berlin, R. Friedländer & Sohn.) n.n. 6.50

— Thysanura, s.: Fauna, die, Südwest-Australiens.

Silvestris, Bernardi, de mundi universitate libri II, s. Bibliotheca philosophorum medii aevi.

Silveyra y Ducloux. **Mapa de la provincia de Buenos Aires.** 1 : 1,000,000. Chromolithogr. Imp.-Fol. Buenos-Aires 890. (Hamb., Friederichsen u. Comp. — Kittler's Sort.) ** 15 —
Auf Leinw. m. Stäben od. in Leinw.-Carton ** 19 —

Silvia. Originaldrama in 5 Akten. Von G. E. Als Manuskript gedruckt. Wien, 1856. Aus J. B. Wallishaussers k. k. Hoftheater-Druckerei. (52 S. 8.)

Silvia, d. Herzens Lehrgeld. Drei Erzählgn. f. junge Mädchen. 8. (198 S.) Dresden 891. E. Pierson. n. 3.—; geb. n. 4.—

Silviae vel potius Aetheriae peregrinatio ad loca sancta, s.: Sammlung vulgärlateinischer Texte. I.

Silvia, die Priesterin der Vesta, s.: Spiele, dramatische, f. Töchterschulen. 4. Bdchn.

Silvia, Andrea. Erzählungen aus Graubündens Vergangenheit. 8. (VII, 543 S.) Glarus 888, (Bäschlin). * 5 —

—— Faustine. Roman. 8. (309 S.) (Ebd.) 888. * 4 40

—— Wilhelm Tell. Historische Erzählg., dem Schweizervolke zur Bundesfeier gewidmet. 8. (157 S.) Frauenfeld 891, Huber's Verlag. * 2 —; geb. * 2 40

Silvie, Henriette, v. Moliere. 8. Hamburg. 749.

Silvio; eine persische Erzählung. 8. Schleiz, Treuner. 757.

Silvio, deutsche Reisebilder. (83 S.) 8. Leipzig (904). [R. Friese (Sep.-Cto.)] A. Cavael. n. 1.—

— Torheit auf Reisen. 2. [Titel]-Aufl. der „Deutschen Reisebilder". (83 S.) 8. Leipzig [904] 905. A. Cavael. n. 1.—

Silvius. Erörterungen üb. die nächsten Aufgaben d. bayr. Forstwesens, m. besond. Berücksicht. der allgemeinen Entwicklg. der Forstwissenschaft. Lex.-8. (28 S.) Augsburg 873. (Schmid.) — 60

Gedanken über die preußische Staatsforstverwaltung. Von **Silvius**. Leipzig: Stein 1901. 125 S. 8° [II. 1348]

Silvius, s. a. Gedanken üb. d. preuß. Staatsforstverwaltg.

Forstliche Streitfragen in Preussen. Von Silvius. *Leipzig: A. Stein 1902.* (151 S.) 8° [F.] [02. 14649]

— s. a. Streitfragen, forstliche, in Preußen.

Silvii, Polemii, laterculus hrsg. von Thdr. Mommsen. hoch 4. (48 S.) Leipzig 853, Hirzel. •
Aus: Abhandlungen der königl. sächs. Gesellschaft der Wissenschaften, 3. Bd., besonders abgedruckt.

Silvius, Aeneas (Piccolomini)

Silvius, Ae., die Geschichte Kaiser Friedrich's III., s.: Geschichtschreiber, die, der deutschen Vorzeit.

Silvius, Aeneas, alias Sylvii Piccolominii opera geographica et historica. 4. Frft. 707.

Silvo, Leo Eug., d. Prozess des Fandango. Pantomim. Ballet in 3 Akten. 8. (21 S.) St. Petersburg 898. Dresden, R. Bertling. n. 1. —

Silvretta-Muttler-Lischanna. [Exkursionskarte. Lithographischer Ueberdruck aus den Blättern 275, 416bis, 417, 417bis, 420, 421, 421bis des Topographischen Atlas Siegfried.] Massstab 1 : 50000. [Hrg. durch die] Schweizerische Landestopographie, Bern. Ueberdruck 1906. 582/803 mm. 1 Bl. quer-fol.
Ausg. A: offen. fr. 2.50
Ausg. B: auf Lwd. aufgezogen, 8; *Titelblatt (mit Kartenskizze):* Topographischer Atlas der Schweiz. Ueberdruck. Silvretta-Muttler-Lischanna. Exkursionskarte. 1:50,000. [Bern,] Eidg. topographisches Bureau, *Aufdruck:* 1906. aufgezogen fr. 4. —

Silvretta-Gruppe, s.: Alpen. Paasche. — Tirol. Thöni.

Silvulae Afranae. Edid. Io. Theoph. Kreyssig. 8 maj. (7 B.) Misenae 832, (Klinkicht et fil.)

Silvulae panegyricae in festa quorundam Sanctorum . . . Monachii 1796. V: *Seccard, Louis.* (Jes)

Silz, Max A. Festschrift für d dten Tag in Cleveland, Ohio . . . 21.-23. Aug 1909. Cleveland, 1909.

Sima, Johann

Sima, Joh., Alpenwanderungen, s.: Jessen's, A. Ch., Volks- u. Jugend-Bibliothek, Nr. 97.

—— Im Gebiete der Steiner-Bahn, s. a. Bilder aus Krain.

Sima, Joh., Bilder aus Krain. I. Im Gebiete der Steiner-Bahn. Mit Zeichnungen von Lad. Benesch. 8. (192 S.) Cart. 2.--
Laibach: Kleinmayr & Bamberg 1891.

Sima, Joh., im Billichgrazer Gebirge, Berg- u. Thalwandergn. 12. (III, 63 S. m. 1 farb. Karte.) Laibach 892. (I. v. Kleinmayr & F. Bamberg.) n.n. 1.20

Sima, Johann (Red.), s. Schulzeitung, Laibacher.

Sima, J., Wanderungen durch Krain, s.: Volks- u. Jugend-Bibliothek.

— Wanderungen durch das Küstenland, s.: Volks- u. Jugend-Bibliothek.

Sima, Josef

Sima, J., slavische Stickmuster. 1. Serie. 16. (10 lith. Taf.) Smichow 890. (Kapr & Kotek.) n. — 60

Sima, Jos., Studien über nationale Stickereien aus Böhmen, Mähren u. d. ungar. Slovakei. Eine Sammlg. von Zeichngn. zum näheren Bekanntmachen mit dem čecho-slav. Stickereiornament. Enth.: Das geometr. Ornament, einige Grundmotive stilisierter Blüten u. Beispiele von einfachen sowie auch komplizierteren Bandornamenten, Eckverziergn. u. Ornamentfüllgn. aus verschiedenen Trachtengebieten. 30 treu nach d. Originalen durchgeführte farb. Taf. u. 19 Abbildgn. im Text. 50×35 cm. Mit Text. (12 S.) 31×23 cm. Brünn 909. A. Piša. In Mappe 40. —

Simacek, M. A., die Sünden der Väter. Roman. Autoris. Übersetzg. aus dem Böhm. v. E. M. Bacano. 8. (224 S. m. 26 Illustr.) Stuttgart 892. Deutsche Verlags-Anstalt. n. 1. —; geb. n. 1. 25

Simader, Paul. Dr. med. vet., München: Aus dem Veterinärinstitut der Universität Leipzig. (Prof. Dr. Eber). Über Lungenatelektase und ihre Beziehungen zur Schweineseuche. Mit 7 Abbildungen. Berlin: R. Schoetz 1906. (70 S.) 8°
Leipzig, Phil. Fak., Ref. Eber, Kirchner, Diss. v. 15. März 1906
[Geb. 7. Juli 72 Stuttgart; Wohnort: München; Staatsangeh.: Bayern; Vorbildung: Realgymn. Stuttgart Primareife Herbst 88, Tierärztl. Approbation Stuttgart Juli 92; Studium: Stuttgart Tierärztl. Hochsch. 7, Würzburg 3, Leipzig 3 S.; Rig. 5. März 06.]

Simader, Paul. Ueber das Vorkommen von Eiweiss im Harn unter physiologischen und pathologischen Verhältnissen, speciell bei Thieren. Diss. Vet.-Med. Bern. 32 S. 8. Jena, Frommann. 1901.

Die Handschriften der Graf Nostitz'schen Majoratsbibliothek in Prag. Beschrieben von Dr. J[osef] V. **Šimák**. Prag: Verl. d. Archaeolog. Commission bei d. Böhm. Kaiser Franz Josef-Akad. f. Wiss., Lit. & Kunst 1910. IX, 170 S. 4° (8°) A 11. 670

Siman, L. Über Anhydroformaldehydphenylhydrazin, Anhydroformaldehyd-α-Naphtalamin, Propyliden-α-Naphtylamin u. einige Derivate derselben. In-8°. 43 S. Basel. These. 1896.

Šimánek, Mathias: Die Jagd im Mittelalter. Diss., Prag 1888/89.

Simani, Jürg, Gedenkblätter an Friedrich Halm [Eligius Frhr. v. Münch-Bellinghausen.] [Aus „Oesterreichs Lyriker der Gegenwart in Wort u. Bild".] gr. 8. (31 S. m. 1 Steintaf.) Wien 871. Hügel in Comm. n. — 60

—— dass. — gr. 8. (31 S. mit 1 Holzschntaf.) Prag 873, Bartel. •

— Oesterreichs Lyriker der Gegenwart in Wort u. Bild. Illustrirtes literarhistor. Sammelwerk in 3 Bdn. 1. u. 2. Hft. gr. 8. (1. Bd. 64 S. m. 8 Holzschn.-Taf. Prag 873. Bartel. à n. — 70

Simanitsch, Georg, s. Album, illustrirtes, der Kurorte.

Simanitsch, Georg (Hrsg.), s. Ansichten aus Mähren mit vorzügl. Beachtung der Alterthümer und Denkwürdigkeiten.

Simanovics, Emman., Evangelium Jesu Christi συντασσόμενον a quattuor evangelistis in unum congestum, iuxta fidem Vulg. clero Hungariae dicatum. Wien, Doll, 1792, gr. 8°.

Simanovics, Frz. Emmerich, s. *Evangelium Jesu Chr.*

Simanowiz, Ludovike, s.: Ludovike.

Simar, Dr. Hubertus, Erzbischof v. Köln. Ein Lebensbild, den Katholiken der Erzdiözese Köln gewidmet. Mit Portr. u. Wappen. 12. (32 S.) Essen (899). Fredebeul & Koenen. n. — 20

— **Bischof Dr. Hubertus**, der erwählte Erzbischof v. Köln. Ein Lebensbild. Mit Titelbild u. 6 Abbildgn. 12. (64 S.) Köln 899. J. P. Bachem. — 50

Dr. Hubertus Simar, Erzbischof von Köln. Ein Lebensbild. 3. verm. Aufl. Mit 7 Abb. *Köln: J. P. Bachem [1902].* (60 S.) 8°

Simar, Hubert Theophil

Simar, Hub. Theophil, der Aberglaube, s. a. Vereinsschriften der Görres-Gesellschaft.

Simar, Hubert Thphl, Der Aberglaube. 2. Aufl. Köln 1878. 8.
Ver.-Schr. d. Görres-Ges. 1877. I.

Simar, Theophil Hub., der Aberglaube. 3. unveränd. Aufl. [Schriften der Görres-Gesellschaft 1877. I.] gr. 8. (80 S.) Köln 894. (J. P. Bachem.) n. 1. 20

Simar, Hub. Theoph., das Gewissen u. die Gewissensfreiheit. 10 Vorträge. gr. 8. (116 S.) Freiburg i/Br. 874. Herder. 1. 20

Simar, Theophil Hub., das Gewissen u. die Gewissensfreiheit. 10 Vorträge. 2. Aufl. gr. 8. (VII, 112 S.) Freiburg i/B. 902. Herder. n. 1. 20

—— Lehrbuch der Dogmatik. 1. Hälfte: Einleitung und 1. Thl. der Dogmatik. gr. 8. (X, 215 S.) Freiburg i. Br. 879, Herder'sche Verlagsh. *

Simar, Hub. Theophil, Lehrbuch der Dogmatik. 2. Hälfte. 2. Thl. der Dogmatik. gr. 8. (X, S. 217—926.) Freiburg i. Br. 880, Herder'sche Verlagsh. * 8 —
1. Hälfte. Ebendas. 1879. * ℳ 3,50.

Simar, Hub. Theophil, Lehrbuch der Dogmatik. 2. verb. Aufl. gr. 8. (XVI, 935 S.) Freiburg i. Br. 887, Herder'sche Verlagsh. * ℳ 11.—.; geb. *

— Lehrbuch der Dogmatik. 3., verb. Aufl. (Theologische Bibliothek.) gr. 8. (XVIII, 950 S.) Freiburg i/B. 893. Herder. n. 11. —; geb. in Halbfrz. n. 12. 75

— Lehrbuch der Dogmatik. 4., verb. Aufl. (Theologische Bibliothek.) 2 Bde. gr. 8. (XIV, VIII, 1102 S.) Ebd. 899. n. 11. —; geb. in Halbfrz. n. 15. —

—— **Lehrbuch der katholischen Moraltheologie.** Freiburg im Br. 867. **Herder'sche Verlagsh. gr. 8.** (XII, 401 S.) 1 ₰ 7½ ngr

— Lehrbuch der Moraltheologie. 2., umgearb. Aufl. gr. 8. (XII, 442 S.) Ebend. 877. 5. 40

— Lehrbuch der Moraltheologie. 3., verb. Aufl. gr. 8. (XV, 446 S.) Ebd. 893. n. 5. —; geb. in Halbfrz. n. 6. 60

Sacram memoriam ... Friderici Gvilelmi III vniversitatis Fridericiae Gvilelmiae Rhenanae conditoris ... ab eadem vniversitate d. III m. Avg. a. 1885 ... recolendam victorvmqve renvntiationem e litt. certaminibvs prodevntivm indicit Hvbertvs Theophilvs **Simar**, ord. theol. cath. h. a. decanvs. — Inest eivsdem dissertatio: Die Lehre vom Wesen des Gewissens in der Scholastik des 13 Jahrhunderts. Ein Beitrag zur Geschichte der Ethik. 1 [*einz.*] Th.: Die Franziscanerschule. Bonnae, form. C. Georgi (1885). 32 S., 1 Bl. 4. ¶ Erschien zugleich selbständig bei Herder in Freiburg.

Simar, Hub. Theophil., die Lehre vom Wesen d. Gewissens in der Scholastik d. 13. Jahrh. Ein Beitrag zur Geschichte der Ethik. 1. Thl.: Die Franciscanerschule. gr. 4. (32 S.) Freiburg i/Br. 885. Herder. n. 1. 50

—— die Theologie des heiligen Paulus. Uebersichtlich dargestellt. Freiburg im Br. 864. Herder. gr. 8. (VIII, 242 S.) 24 ngr.

Simar, Hub. Theophil. Die Theologie des heil. Paulus, übersichtlich dargestellt. Freiburg, Herder, 1883, gr. 8°, XII und 284 S., 2. Aufl., 3,40 Mk.
1. Aufl. 1864, 242 S., 2,40 Mk.

Simas s.: Mello e Simas.

Simböck, Michael

Simböck M.: Der Kodex Gelnhausen und seine Miniaturen. 12. Iglau. R. 03.
Progr.

Simböck, Mich., Iglau u. die Iglauer deutsche Sprachinsel. Illustr. Heimatskunde f. Schule u. Haus. (64 S. m. Abbildgn.) gr. 8. Iglau 905. (E. Netoliczka). n. 1. 35

Simböck M.: Die Realschule in Iglau von ihren Anfängen bis zur Gegenwart. 11. Iglau R. 01
Progr.

Simböck, M., Schilderungen aus dem Mährisch-Schlesischen Gesenke. 8. (IV, 143 S.) Olmütz 890. Hölzel. n. 1. 40

Simböck, Mich., Waldesrauschen. Gedichte. (113 S.) 16. Römerstadt (902). (Freiwaldau, A. Blažek.) — 70

Simbriger, Frdr., zur Physiologie u. Pathologie des Centralnervensystems m. bes. Berücksicht. der Sehhügel u. d. Hemmungsfunction. Auf Grund selbständ. Versuche. gr. 8. (VI, 163 S.) Wien 896. J. Šafář. n. 3. 60

Simchen, Adf., du sollst nur an einen Gott glauben! Ein offenes Wort üb. den Götzenkultus im Christentume, durch welchen — entgegen den Intentionen des großen Stifters der christl. Kirche — der Atheismus gefördert wird. (132 S.) 8. Seifhennersdorf 906. M. Großmann. 1. 60

Simchen, Adf., deutsche Poesie aus der nordböhmischen Schweiz. Gedichte. (93 S.) 8. Bensen (905). Wolfsberg, letzte Post Gäoten bei Schönlinde in Böhmen, Selbstverlag. n. 1. —

SIMCHEN, Gustav: Veterum iudicia de Demosthene congessit, disposuit, enerravit. — 1907. 177 S. Diss. Graz, **Univ.**

Simchen, Gustav: Veterum scriptorum de Demosthene iudicia. Collegit et disposuit G. S. Pars prima. Sermonis virtutes et vitia. (Umschlagtitel: ... iudicia.) S. 5—17. 8. (Pars altera.) 16 S. 8.
Progr. K. k. zweites Staats-Gymn. (Staats-Realgymn.) *Graz* 1909. 1910.

Simchowitsch, Marie. aus Mohilew am Dnieper (Russland): Fusssohlenschmerz. Bern 1910. 36 S. 8°. [2. II. 10.]
Bern. Med. Diss. 1909/10.

Simchowitsch, Marie. Fusssohlenschmerz. Diss. Med. Bern. 36 S. 8. Bern, Verlag »zum Zytglogge«, 1910.

Simchowitz, S. [aus Königsberg i. Pr.]: Ueber die Beziehung der erblichen Belastung zur Entwickelung des Gefässsystems. . . . Jena, Druck v. B. Engau, 1889; 37 S. 8°
Jena, Med. Fak.. Inaug.-Diss. v. 20. März] 1889

Simchowitz, S., üb. die Beziehung der erblichen Belastung zur Entwickelung d. Gefässsystems. Inaug.-Diss. gr. 8. (87 S.) Jena 889. Rudolstadt, Dabis. n. — 40

Simchowitz, S., s.: Kultur, die.

Simchowitz, S., die jüdisch-deutsche Literatur, s.: Mitteilungen der literar-histor. Gesellschaft Bonn. 1910. Nr. 3.

Simchowitz, S. Sch., der Positivismus im Mosaismus erläutert u. entwickelt auf Grund der alten u. mittelalterlichen philosophischen Literatur der Hebräer. 8. (XXIV, 206 S.) Wien 880. Gottlieb's Buchh. n. 3. —

Richard Dehmel. Vortrag, geh. zu Köln 1902 von Dr. S[chachne] Simchowitz. *Köln: Rhein. Musik- u. Theater-Zeitung (1902).* (24 S.) 8°
[F.] (o. 3993 5

Sime, James, Lessing. Copyright edit. 2 vols. 8. (XV, 316; XI, 348 S.) Leipzig 878, Brockhaus. * 9 —
geb. in Leinw. * 11 —

— dass. — frei bearbeitet von A. Strodtmann, s. Verein, allgemeiner, für deutsche Literatur.

Simek, *Fridolin* Der Cotyledon und das normale Blatt. (Ein Beitrag zur Kenntnis der Cotyledonen.) (Umschlagtitel: ... Blatt.) 8 (S. 30—49). **Progr.** Staats-Unterg. *Prag-Neustadt* (Stephansg.) 1888.

Šimek, Frid.: Die Keimpflänzchen einiger Caryophyllaceen, Geraniaceen u. Compositen. 17 S. – Prag, Stef., Progr. 1889.

Simek, J., Wie verhält sich die Königinhofer Handschrift im Allgemeinen besonders aber metrisch zur böhmischen Alexandreis? Chrudim. 1867.
Schul-/Univ.-Schrift

Simelew, Genia, aus Konotop (Russland): Ueber einen Fall von Ureteritis cystica. Bern 1905. 61 S. 8°.
[22. XII. 05.]
Bern. Med. Diss. 1906/1907.

Simelew, Genia. Ueber einen Fall von Ureteritis cystica. Diss. Med. Bern. 61 S. 8. Bern, W. Wälchli, 1905 (**Umschlag:* 1906).

Simen, Rinaldo. **Exposition Internationale, Milan 1906. Rapport administratif du Commissariat général suisse, présenté au haut Conseil fédéral par R' S', Commissaire g' s'.** Avec le plan et 25 vues de l'Exp'. 149 p. 4. Berne, Rösch & Schatzmann, 1908.

Simeon, oder Unterhaltungen für betagte Christen, ein nachgelassenes Werkgen. Hrsg. von Georg Gessner. Zürich 1804. 2. Aufl. 1808. V: *Lavater, Johann Kaspar.* (schstr S. 136)

Die Canones ([Syr.] Diné) des **Simeon** von Rêvârdešîr. Hrsg. u. übers. von Adolf Rücker, Dr. Leipzig 1908: Drugulin; [Breslau: Goerlich & Coch in Komm.]. 66 S. 8°
[Erschien auch als Inaug.-Diss. Breslau 1908.] (09. 7394

Simeonis Sethi syntagma de alimentorum facultatibus ed. Bernh. Langkavel. Leipzig 868. Teubner. 8. (IX, 156 S.) 18 ngr

Siméon-Köln, e. Wort zur Abwehr u. Aufklärung über Spitzelei. Lex.-8. (23 S.) Leipzig 897. W. Friedrich. n. — 50

Der Weg der Treue. Ein Festspiel f. d. jüdische Jugend von Alexander Simeon. *Berlin: M. Poppelauer 1901.* (27 S.) 8°

Siméon, Hermann

Siméon, A. Anweisung betreffend die Behandlung der bei den Justizbehörden entstehenden Einnahmen u. Ausgaben. Vom 30. Aug. 1879, in dem durch die allgem. Verf. vom 5. Novbr. 1881, Just.-M.-Bl. S. 267 theilweise veränd. Text. B. Vorschriften über die Fondsverwaltung bei den Justizbehörden. Vom 28. Septbr. 1879. Mit den dazu ergangenen, erläut., ergänz. u. abänd. Bestimmungen hrsg. gr. 8. (IV, 146 S.) Berlin 881. v. Decker. n. 1. 80

Siméon, Erläuterungen und Ergänzungen zur Instruktion für die Verwaltung der Kassen bei den Justizbehörden. gr. 8. (VIII, 204 S.) Berlin 887, v. Decker's Verlag. *

— **Gesetze** über den Kostenansatz bei den preußischen Justiz-Behörden in Angelegenheiten der streitigen und nichtstreitigen Gerichtsbarkeit. Mit Erläuterungen und Tabellen hrsg. gr. 4. (VI, 260 S.) Berlin 880, C. Heymann's Verlag. * 6 —
— dass. — 2 Thle. 2. Aufl. 4. Ebendas. 881. [1. Thl. (VIII, 256 S.) Subscr.-Pr. *M 6.; 2. Thl. (IV, 193 S.) Subscr.-Pr. *M 4.] compl. *M 12.; geb. * 14 50

— **Gesetze** über den Kostenansatz bei den preußischen Justiz-Behörden in Angelegenheiten der streitigen u. nichtstreitigen Gerichtsbarkeit. Mit Erläuterungen u. Tabellen. 2 Thle. 2. Aufl. gr. 4. (VIII, 256 u. IV, 193 S.) Berlin 881. 82. C. Heymann's Verl. n. 12. — ;
geb. n. 14. 50

Siméon, [H.]. Gesetze üb. den Kostenansatz bei den preußischen Justizbehörden in Angelegenheiten der streitigen u. nichtstreitigen Gerichtsbarkeit. (In 2 Abthlgn.) 1. Abthlg.: Das deutsche Gerichtskostengesetz. Mit Erläutergn. u. Tab. hrsg. 3. Aufl. gr. 8. (VIII, 120 S.) Berl. 890, C. Heymann. * 4 50
2. Abthl. Ebd. 1889. * 5 —; geb. * 6 25.

Siméon, Gesetze üb. d. Kostenansatz bei d. preuß. Justizbehörden in Angelegenheiten d. streit. u. nichtstreit. Gerichtsbarkeit. M. Erläutergn. u. Tabellen hrsg. 2. u. 3. Abth. 3. Aufl. gr. 4. Berlin 896. C. Heymann's Verl. n. 20. — (I—III: n. 24. 50)
2. Das preuß. Gerichtskostengesetz m. Erläutergn. u. Tabellen u. d. Vorschriften üb. d. Behandlg. d. nach d. deutschen u. d. preuß. Gerichtskostengesetze zu erheb. Auslagen. 2 Hfte. (XII, 337 S.) n. 13. —
3. D. preuß. Stempelsteuergesetz m. d. Ausführungsbestimmgn. u. Dienstvorschriften. (VI, 191 S.) n. 7. —

— die **Gesetze** üb. das Notariat u. die Gebühren der Notare f. die preußische Monarchie. 2. Aufl. 1. Abth. Die Gesetze üb. das Notariat. Mit Erläutergn. hrsg. v. P. Siméon. gr. 8. (X, 114 S.) Berlin 891. C. Heymann's Verl. cart. n. 2. 50

— die **Gesetze** üb. d. Notariat u. d. Gebühren d. Notare f. d. preuß. Monarchie. 2. Aufl. II. Abth. Gebührenordng. f. Notare. M. Erläutergn. hrsg. v. P. Siméon. gr. 8. (VIII, 88 S.) Ebd. 895. Kart. n. 2. —
(kplt.: n. 4. 50)

Siméon, das gerichtliche Hinterlegungswesen. Eine Zusammenstellg. der dabei in Betracht komm. Vorschriften nebst Formularen u. Sachregister. gr. 4. (VI, 120 S.) Berlin 876. v. Decker. n. 2. —

— Das Kostenfestsetzungsverfahren u. die deutsche Gebührenordnung f. Rechtsanwälte, s.: Willenbücher.

— die **Notariatsordnung** und die Gebühren der Notare für die preußische Monarchie mit Ausschluß der Oberlandesgerichtsbezirke Celle und Köln. Mit Erläuterungen und Tabellen hrsg. gr. 8. (V, 61 S.) Ebendas. 880. cart. * 1 50

Siméon, [Herm.]: Die Notariatsordnung und die Gebühren der Notare für die preußische Monarchie mit Ausschluß der Oberlandesgerichtsbezirke Celle u. Köln. Mit Erl. u. Tab. Berlin 1880.

2. Aufl. [u. d. Tit.:] Die Gesetze über das Notariat und die Gebühren der Notare für die preußische Monarchie. Mit Erl. hrsg. von P. Siméon. Berlin.

Abth. 1. Die Gesetze über das Notariat. 1891.
" 2. Gebührenordnung für Notare. 1895.

[F.] Das Preussische **Stempelsteuergesetz** mit den Ausführungsbestimmungen und Dienstvorschriften. Hrsg. v. [Hermann] Siméon, Geh. Rechngsr. 3. Aufl. *Berlin: C. Heymanns 1896.* (VI, 191 S.) 1 Bd 4.
— **Gesetze** üb. d. Kostenansatz b. d. Preuss. Justizbehörden. Abth. 3.

Discours prononcé par [Jos. Jérome] Siméon dans les t.·. de la r.·. □.·. de St. Jean s.·. l.·. t.·. d.·. R.·. Jérome Napoléon de la fidélité à l'O.·. de Cassel le 3 j.·. du 9.·. m.·. 5807. [Kassel 1807.] 4 Bl. 4° [Umschlagtit.]

Kl. 5285 gibt an Joh. Balthas. Siméon. Ermahnung, den König Jerome zu lieben u. sich der mrischen Tugenden zu befleissigen.

Simeon, Nikolaus, S. J.: Arnold an der Au. Schausp. in 5 Akten. Duisburg: J. Hoffmann 1900. (8 S.) 8°
= Vereins-Theater. Katholisches. Bdch. 63.

Simeon, Nik., S. J., der **Bibabu in Pechheim. Schwank** in 2 Akten. 12. (24 S.) **Paderborn 900. Bonifacius-Druckerei.** — 30

Simeon, Nic., S. J., **David als Hirtenknabe.** Biblisches Schausp. 12. (63 S.) Paderborn 898. Bonifacius-Druckerei. — 45

[F.] David als König. Bibl. Schauspiel in 5 Akten v. Nic. Simeon, S. J. *Paderborn: Bonifacius Dr. 1899.* (64 S.) 1 Bd 8.

— **David als Krieger. Biblisches Schauspiel. 12. (64 S.)** Ebd. 899. — 45

Der Doppelspieler oder: 'Nichts ist so fein gesponnen – es kommt doch an die Sonnen'. Schauspiel in 5 Akten von Nik. **Simeon**, S. J. *Paderborn: Bonifacius-Dr. 1900.* (52 S.) 8° [F.]

— **durch Nacht zum Licht. Schauspiel in 5 Akten. 12. (68 S.) Ebd. 897.** — 45

Ewig jung und ewig schön. Schauspiel in 3 Akten von Nik. **Simeon**, S. J. *Paderborn: Bonifacius-Dr. 1900.* (47 S.) 8° [F.]

— **Gott schützt d. Recht. Schausp. in 5 Akten. 12. (47 S.) Ebd. 897.** — 45

Simeon, Nikolaus, S. J.: Hermenegild. Trauersp. in 5 Akten. Duisburg: J. Hoffmann 1900. (55 S.) 8°
= Vereins-Theater, Katholisches. Bdch. 65.

Die Kleine 'Ich-mag-das-nicht.' Lustspiel mit Gesang f. Kinder von Nikolaus **Simeon** S. J. *Kevelaer: Butzon & Bercker 1900.* (16 S.) 8° [F.]
5

— **Odero, der Renegat. Schauspiel m. Gesang in 3 Akten. Aus der Zeit der Eroberg. Granadas. 12. (63 S.) Paderborn 900. Bonifacius-Druckerei.** — 60

Simeon, Nikolaus, S. J.: Der Stern der drei Weisen aus dem Morgenlande. Schausp. in 3 Akten. Duisburg: J. Hoffmann 1900. (30, 2 S.) 8°
= Vereins-Theater, Katholisches. Bdch. 64.

— **der Streik im Urwald. Lustsp. in 3 Akten. 12. (44 S.) Ebd. 897.** — 45

— s.: **Vereins-Theater, katholisches.**

Siméon, Pierre

Siméon, P., Ausführungsgesetz zum bürgerl. Gesetzbuche, s.: Guttentag's Sammlung preußischer Gesetze. Nr. 23.

Siméon, P., preuß. Gerichtskostengesetz, s. a. Guttentag's Sammlg. preuß. Gesetze, Nr. 17.

Siméon, P[ierre], Preussisches Gerichtskostengesetz vom 25. Juni 1895. In d. Fass. d. Bekanntmach. vom 6. Okt. 1899. Text-Ausg. m. Anmerk., Kostentab. u. Sachreg. 5. Aufl. Berlin 1908. 8°.
(Guttentag'sche Sammlung Preuss. Gesetze. Nr 17.)

Siméon, P[ierre]: Preußisches Gerichtskostengesetz vom 25. Juli 1910 in d. Fass. d. Bekanntmach. v. 6. Aug. 1910. Text-Ausg. mit Anm. Kostentab. u. Sachreg. 6. Aufl. Berlin 1910. 8°
(Guttentagsche Sammlung preuß. Gesetze. 17.)

— **Recht u. Rechtsgang im Deutschen Reiche.** E. Handbuch zur Einführg. d. Gerichtsbeamten in das bürgerl. Gesetzbuch u. s. Nebengesetze. I. Bd. 1.—5. Lfg. gr. 8. (S. 1—400.) Berlin 898. C. Heymann's Verl. à n. 1.—

— **Recht u. Rechtsgang im Deutschen Reiche. Handbuch zur Einführg. in das bürgerl. Gesetzbuch u. seine Nebengesetze. 1. Bd. Das bürgerl. Gesetzbuch. 6.—14. Lfg. 1. u. 2. Aufl. gr. 8. (XVIII u. S. 401—1072.) Berlin 899—901. C. Heymann's Verl.** à n. 1.—;
(1. Bd. kplt. geb. n. 15.—)

Siméon, P., Recht u. Rechtsgang im Deutschen Reiche. Handbuch zur Einführg. in das bürgerl. Gesetzbuch u. seine Nebengesetze. 1. Bd. Das bürgerl. Gesetzbuch. 3. Aufl. gr. 8. (XV, 1072 S.) Berlin, C. Heymann. 1901.
14. —; geb. 15. —

— dasselbe. 2. Bd. **Die Nebengesetze zum bürgerlichen Gesetzbuch. 1.—6. Lfg. gr. 8. (S. 1—480.) Ebd. 901—903.**
à n. 1.—

— Recht u. Rechtsgang im Deutschen Reiche. Handbuch zur Einführg. in das bürgerl. Gesetzbuch u. seine Nebengesetze. II. Bd. Das Verfahren der freiwill. u. der streit. Gerichtsbarkeit. I. Gerichtsverfassung. II. Freiwillige Gerichtsbarkeit u. Grundbuchordng. III. Civilprozeß, Konkurs, Liegenschaftsvollstreckg. 1. u. 2. Aufl. 7.—11. Lfg. (XII u. S. 481—806.) gr. 8. Berlin 903. 904. C. Heymann. à n. 1.— (II.: n. 11.—; geb. n. 12.—;
vollst.: n. 25.—; geb. n. 27.—)

Siméon, P., Recht u. Rechtsgang im Deutschen Reiche. Lehrbuch zur Einführg. in das bürgerl. Gesetzbuch u. seine Nebengesetze. 2. Bd. Lehrbuch der freiwill. u. streit. Gerichtsbarkeit. 3. u. 4. neubearb. Aufl. (XII, 718 S.) Lex.-8. Berlin, C. Heymann. 1907. 12. —; geb. 14. —

Siméon, P., Recht u. Rechtsgang im Deutschen Reiche. Lehrbuch zur Einführg. in das bürgerl. Gesetzbuch u. seine Nebengesetze. I. Bd. Lehrbuch des bürgerl. Rechtes. 4. neubearb. Aufl. 1. Hälfte. Allgemeiner Teil u. Schuldrecht (nebst Handels- u. Wechselrecht). (X, 543 S.) Lex.-8. Berlin, C. Heymann. 1908. 9. —; geb. 10. —

Siméon, P., Recht u. Rechtsgang im Deutschen Reiche. Lehrbuch zur Einführg. in das bürgerl. Gesetzbuch u. seine Nebengesetze. I. Bd. Lehrbuch des bürgerl. Rechtes. 4. neubearb. Aufl. 2. Hälfte. Sachenrecht, Familienrecht, Erbrecht. (XII u. S. 545—1119.) Lex.-8. Berlin, C. Heymann. 1909
11. —; geb. 12. —

[F.] Die Reichsgrundbuchordnung v. 24. März 1897. Zur Einführg in d. Grundbuchwesen d. Deutschen Reichs in d. Grundzügen dargest. v. Dr. P[ierre] Siméon, Gerichtsassessor … *Berlin: J. Guttentag 1897.* (40 S.) 1 Bd 8.
= Recht, Das, d. Bürgerl. Gesetzbuchs in Einzeldarst. [No] VI.

Die Reichsgrundbuchordnung und landesrechtlichen Ergänzungen. Eine Einführung in d. Grundbuchwesen d. Deutschen Reichs mit bes. Berücks. Preussens von Dr. P[ierre] **Siméon**, Landrichter. 2., neubearb. Aufl. *Berlin: J. Guttentag 1901.* (125 S.) 8° [F.]
= Recht d. Bürgerl. Gesetzbuchs in Einzeldarstell. No 6. fol. 7192

— Vorschriften f. d. preußischen Gerichtsvollzieher, s.: Helf, Ludw.

Siméon, Pierre: Das Wesen des befristeten Rechtsgeschäfts. Erstes Heft ... Berlin, gedr. bei Julius Sittenfeld 1888. 2 Bl., 41, 1 S., 1 Bl. 8°
Berlin, Jur. Fak., Inaug.-Diss. v. 13. Okt. 1888

Siméon, P., das Wesen d. befristeten Rechtsgeschäfts. Eine durch die jurist. Fakultät der Friedrich-Wilhelms-Universität zu Berlin gekrönte Preisschrift. gr. 8. (XI, 144 S.) Berlin 889. C. Heymann's Verl. n. 3. —

Simeon, R. Ben Jochai [Pseud.], s. a. Richter, Christoph Gottlieb.

(**Simeon Ben Jochai, R.**) Historie des Krieges zw. den Preussen u. ihren Bundesgenossen u. d. Oesterreichern u. ihren Bundesgenossen. 6. Th. 8. Nürnberg 1758—1763.

Simeon, Richard

Simeon, Rich., über e. Fall v. Sinusthrombose. Diss. gr. 8. (30 S.) **Jena 899. (H. Pohle.)** 1. —

Simeon, P. Ursicin. Leitfaden für den Unterricht in der deutschen Sprache. Zusammengestellt von P. U' Simeon O. S. B. II + IV + 98 S. 8. Chur, A.-G. Bündner Tagblatt, 1901. [cart. fr. 1.20]

Simeon, Wilhelm

Simeon, Wilh., alphabet.-systemat. Uebersicht der üb. d. Militairpflichtigkeit u. Aushebung in d. k. preuß. Staaten ergang. neueren u. der noch Kraft habenden älteren Gesetze, Verordnn. u. Instruktionen. Ein Handb. z. Gebr. f. d. Ersatz-Behörden rc. gr. 8. (9 B.) Crefeld 835, Schüller. *

— Nachtrag zu der alphabetisch-systemat. Uebersicht der über die Militairpflichtigkeit u. Aushebung in d. Königl. Preuß. Staaten ergang. neueren u. der noch Kraft habenden älteren Gesetze, Verordnungen u. Instructionen. gr. 8. Ebd. 836. n. 1/4 ℳ

Simeon, W. Alphabetisch-systematische Übersicht der über die Militäirpflichtigkeit in den Preuß. Staaten ergangenen ... Gesetze. 2. Ausg. Crefeld 1840. 8°. (1. Ausg. 1835)

Simeoner, Andreas

Simeoner, A., die Stadt Bozen. gr. 8. (VII, 1040 S.) Bozen 890. Wohlgemuth. n. 4. —

Simeoner, Andreas Der Geschichtsunterricht in seiner erziehlichen Bedeutung. 8 (S. 3—25).
Progr. K. k. Staats-R.- u. Oberg. *Ungarisch-Hradisch* 1893.

Simeoner A.: Der Tiroler Georg Kirchmair v. Ragon als Chronist Kaiser Maximilians des I. 30. Bozen Priv. 87.
Progr.

Simeoner, Andreas: Schriftlicher Nachlass des Landesvertheidigers Johann Thurnwalder aus Passeier. (Aus den Tiroler Befreiungskriegen.) I. Theil. 8 (S. 3—35). K. k. G. *Znaim* 1900.
Progr.

Simeoner, Andreas: Schriftlicher Nachlaß des Landesvertheidigers Johann Thurnwalder aus Passeier. (Aus den Tiroler Befreiungskriegen.) II. Theil. (Schluß.) S. 3—32. 8. K. k. Gymn. *Znaim* 1901.
Progr.

Simeoner, Andr., die patriot. Familie Thurnwalder aus Passeyer. [Aus: „Burggräfler".] gr. 16. (68 S.) Meran 897. (C. Jandl.) n. — 50

Simeonoff, Iwan: Die Eisenbahnen und Eisenbahnpolitik in Bulgarien. Halle a. S. 1909: Köhler. 96 S. 8°
Jena, Phil. Diss. v. 14. Juli 1909, Ref. Pierstorff
[Geb. 15. Aug. 80 Gabrovo; Wohnort: Sofia; Staatsangeh.: Bulgarien; Vorbildung: Staatsgymn. Gabrovo Reife Juni 01; Studium: Halle 3, Jena 6 S.; Rig. 24. Juli 08.] [U 09. 2220

Simeonow-Blumenfeld, Sigismund, aus Rostow: Aus den otiatrischen Arbeiten bei Privatdocent Dr. F. Rohrer. Ein Beitrag zum Weber-Schwabach'schen Versuch oder Ueber die Kopfknochenleitung und den Einfluss verschiedener Berufsarten auf den Verlust derselben. Zürich 1905. 60 S. 8°. [10. X. 05.]
Zürich. Med. Diss. 1905/1906.

Simeonow-Blumenfeld, Sigismund. **Ein Beitrag zum Weber-Schwabach'schen Versuch oder Ueber die Kopfknochenleitung und den Einfluss verschiedener Berufsarten auf den Verlust derselben. Diss. Med. Univ. Zürich.** *Kopftitel:* **Aus den otiatrischen Arbeiten bei Privatdocent Dr. F[riedrich] Rohrer. 60 S. 8. Zürich, A. Markwalder, 1905.**

Simeons, Carl, freimüthige Bemerkungen u. Reflexionen üb. die Medicinalorganisation des Grossherzogth. Hessen. gr. 8. (3¼ B.) Mainz 845, v. Zabern. *

Simeons, Karl, Diätetik für gesunde, schwache u. kranke Augen, od. Rath, wie man die Augen gesund erhalten, schwache Augen stärken u. kranke Augen diätetisch behandeln soll, nebst ausführl. Regeln üb. die Auswahl, Beschaffenheit u. den Gebrauch zweckmäß. Brillen. Mit 2 Steindr. 8. Darmst. 828. Leske. 12 gr.

Simeons, Karl, Diätetik f. gesunde, schwache u. kranke Augen, od. Rath, wie man d. Augen gesund erhalten, schwache Augen stärken u. kranke Augen diätet. behandeln soll, nebst ausführl. Regeln üb. d. Auswahl, Beschaffenheit u. d. Gebr. zweckmäß. Brillen. 8. (8 B. u. 2 Stnt.) Darmstadt 829, Leske.

Simeons, Karl: Über die Nachteile der jetzigen Stellung des ärztlichen Standes für Staat, Kranke und Ärzte, und die Mittel, solche umzugestalten und gründlich zu verbessern. 172 S., gbd.

Mainz: v.Zabern 1844

Simeons, Karl(Friedrich Wilhelm) (Offenbach)
Thesen aus der gesammten Heilkunde, welche den 17.11.1820 zur Erlangung der Doctorwürde in der Medizin, Chirurgie und Geburtshülfe öffentlich vertheidigen wird Karl Friedrich Wilhelm Simeons, aus Offenbach.
Giesen: Schröder 1820. 6 S. vorh. 7.
Dr. med. 17.11.1820.

Simeons, Simeon: De re universa instrumentaria in arte obstetricia commentatio systematico-historico-critica. Marburg. 1792. 8°

Simeonsbote, der. Red.: W. Faber. 5. Jahrg. 1896. 52 Nrn. (Bog. m. Abb.) gr. 4. Leipzig. Berlin, Deutsche Ev. Buch- u. Traktat-Gesellschaft. n. 1. 60

— dasselbe. 6. u. 7. Jahrg. 1897—1898. à 52 Nrn. (Bog. m. Abb.) gr. 4. Ebd. à Jahrg. n. 2. —
Kann auch vierteljährlich bezogen werden.

Simeonsbote, der. Red.: W. Faber. 8. u. 9. Jahrg. 1899 u. 1900. à 52 Nrn. gr. 4. (à ca. 8 S. m. Abbildgn.) Berlin-Westend, Verlag der Akadem. Buchh. W. Faber & Co. à Jahrg. n. 2. —

— **dasselbe. 10. Jahrg. 1901. 29 Nrn. gr. 4. (à ca. 8 S. m. Abbildgn.) Ebd.** n. 1. —
Weiter nicht erschienen.

Šimerka, M., einfache Maschinentheile, s.: Dirlam, M.

Šimerka, Vinzenz

Šimerka, V., Dampfkessel u. Dampfmaschinen u. ihre Wartung, f. Wärter u. Besitzer v. Dampfkesseln u. Dampfmaschinen, f. Werkführer, Beamte u. Arbeiter in Fabriken m. Dampfbetrieb. Mit 72 Holzschn. gr. 8. (IV, 177 S.) Pilsen 884. Steinhauser. n. 2. —

Šimerka, V. Dampfkessel u. Dampfmaschinen u. ihre Wartung, f. Wärter u. Besitzer v. Dampfkesseln etc. 2. verb. u. verm. Aufl. gr. 8. (V, 226 S. m. 79 Holzschn.) Pilsen 889, Steinhauser. * 2 40; geb. * 3 —

Šimerka, V., Dampfkessel und Dampfmaschinen und ihre Wartung. 3., verbesserte und vermehrte Ausgabe. Mit 86 in den Text eingedruckten Holzschnitten und einem Anhange, enthaltend die Gesetze und Verordnungen über Dampfkessel. Gr.-8. (250 S.) 1.30, in Lwd. geb. 1.60
Dasselbe, in böhmischer Sprache 1.30, in Lwd. geb. 1.60
Pilsen: Steinhauser 1893.

Šimerka, V., Dampfkessel u. Dampfmaschinen u. ihre Wartung, f. Wärter u. Besitzer von Dampfkesseln u. Dampfmaschinen, f. Werkführer, Beamte u. Arbeiter in Fabriken m. Dampfbetrieb. 5. verb. u. verm. Ausg. Mit 90 in den Text eingedr. Holzschn. u. e. Anh., enth. die Gesetze u. Verordngn. über Dampfkessel. gr. 8. (VII, 256 S.) Pilsen 902, W. Steinhauser. n. 2. 80; geb. n. 3. 40

Simerka, V., Dampfkessel, Dampfmaschinen, Dampfturbinen u. ihre Wartung f. Wärter u. Besitzer v. Dampfkesseln u. Dampfmaschinen, f. Werkführer, Beamte u. Arbeiter in Fabriken m. Dampfbetrieb. 6. verb. u. verm. Ausg. Mit 101 in den Text eingedr. Holzschn. u. e. Anh., enth. die Gesetze u. Verordngn. üb. Dampfkessel. (IV, 258 S.) 8. Pilsen 909. W. Steinhauser. 3.—; geb. in Leinw. n 3. 60

— **Elemente der Festigkeitslehre f. den Unterricht an Gewerbeschulen u. zum praktischen Gebrauche.** 2., verm. Aufl. gr. 8. (VIII, 125 S. m. 83 Holzschn.) Pilsen 891. Steinhauser. n. 2. —

Šimerka, V., Elemente der technischen Mechanik für den Unterricht an Gewerbeschulen u. zum praktischen Gebrauche. (1. Thl.) Elemente der Festigkeitslehre. Mit 66 in den Text gedr. Holzschn. gr. 8. (VIII, 93 S.) Pilsen 882. Steinhauser. n. 1. 80

Simerka, Wenzel, die Kraft der Ueberzeugung. Ein mathematisch-philosoph. Versuch. Lex.-8. (63 S.) Wien 883, (Gerold's Sohn.) * 1 —
Aus: Sitzungsberichte der k. Akademie der Wissenschaften, besonders abgedruckt.

Simerka, Wenzel, Lösung zweier Arten von Gleichungen. (Aus den Sitzungsber. der k. Akad. der Wissensch.) Wien 859. Gerold in Comm. gr. 8. (10 S.) n. 2 ngr.

— Lösung zweier Arten von Gleichungen: 1. Bestimmte Gleichungen des ersten Grades mit n Unbekannten gelöst mittelst der Permutationslehre. 2. Unbestimmte Gleichungen des ersten Grades mit zwei Unbekannten gelöst mittelst der Kongruenzlehre. S. 33. 277 . . . . -20-
Separatabdruck

Simerka, Wenzel, die Perioden der quadratischen Zahlformen bei negativen Determinanten. (Aus d. Sitzungsberichten d. k. Akad. d. W.) Wien 858. Gerold in Comm. gr. 8. (37 S.) n. 6 ngr.

— die trinären Zahlformen und Zahlwerthe. Lex.-8. (94 S.) Wien 859, (Gerold's Sohn.) * *
Aus: Sitzungsberichte der k. Akademie der Wissenschaften, Jahrg. 1859, besonders abgedruckt.

Simerling, Dr. E. Mitteilungen über Alkoholismus, insbesondere über die Rückfälligkeit der Trinker. (Sonderabdruck aus den Charité-Annalen XVI.) 54 S. Berlin 1891.

Simers, Gottlob Christian (Gross-Schmölen)
A. S. 566/32

Dissertatio iuridica de principe summo rerum civitatis curatore. Präs. Augustin von Leyser. Wittenberg (Eichsfeld) IX. 1747. 20 S. 32676

Simesen, Rasmus Johannes: Beiträge zur Entwickelungsgeschichte der (Flensburger) Schule, besonders im letzten Decennium. Flensburg. (1852.) 8°. Gymn.-Progr.

Simesen, Rasmus Johannes: Bidrag til Skolens Udviklingshistorie især i det sidste Decennium. Flensborg. (1852.) 8° Gymn.-Progr.

— die Geometrie, genetisch dargestellt für Schulen u. zum Selbstunterrichte. gr. 8. Ebd. 840. 5/8 ß

Simesen, R., die Geometrie genetisch dargest. f. Schulen u. z. Selbstunterr. gr. 8. (9 B. u. 175 eingedr. Holzschn.) Altona 841, Blatt.

Simesen, R., die Geometrie genetisch dargestellt für Schulen und zum Selbstunterrichte. 2. (Titel-)Ausg. gr. 8. (VIII und 136 S. mit 175 eingedr. Holzschn.) Hamburg 852, Kittler.

Simesen, R., Grundriß der elementaren Algebra, zum Gebrauch bei Vorträgen und dem Schulunterrichte. gr. 8. Altona 840. Blatt. 5/12 ß

— Grundriß d. elementaren Algebra, z. Gebr. bei Vorträgen u. d. Selbstunterr. gr. 8. (17¼ B.) Altona 841, Blatt.

— Grundriß der elementaren Algebra zum Gebrauche bei Vorträgen und dem Selbstunterrichte. 2. (Titel-)Ausg. gr. 8. (IV und 271 S.) Hamburg 852, Kittler.

Geometrisk Tegnelære for Skoler af R[asmus] J[ohannes] Simesen. Afdel. 2. 2. Oplag. Flensborg. 1858. 8°

Simhart, Max: Lord Byrons Einfluss auf die italienische Literatur. Naumburg a. S. 1908: Lippert. XII, 39 S. 8°
¶ (Ersch. vollst. als: Münchener Beiträge z. roman. u. engl. Philol. H. 45. 1909.)
München, Phil. Diss. v. 15. Mai 1908, Ref. Schick, Breymann
[Geb. 8. Aug. 82 München; Wohnort: München; Staatsangeh.: Bayern; Vorbildung: Luitpold-Gymn. München Reife Juli 01; Studium: München 13 S.; Rig. 15. Mai 08.] [U 09. 3522

Simhart, Max: Lord Byrons Einfluss auf die italienische Literatur. Leipzig: Deichert 1909. XVI, 85 S. 8°
(Münchener Beiträge z. roman. u. engl. Philologie. H. 45.)

Simienowicz (Simienowitz), Casp.

Simienowicz, C., Vollkommene Geschütz-Feuerwerck- und Büchsenmeisterey-Kunst. Aus d. Lat. von Th. L. Beeren. Frankfurt a. M. 1730. 4°. (Orig. 1650.) M. Kpf.
Dass. franz. o. O. u. J.

Simigiani, Ambr., Histor. rerum Ungar. et Transsilvan., s. Scriptores rerum Transsilvanicarum, Tom. II. Vol. II.

Simiginowicz: Die europäische Hauptwasserscheide. 26 S. 8°—Kronstadt kth., Progr. 1859

Simiginowicz, Eugen: Handbuch der Gemeindeverwaltung für das Herzogtum Bukowina zum Gebrauche der Gemeindevertretungsmitglieder und der Gemeindesekretäre. Czernowitz: Verl. d. Bukowinaer Landesausschusses 1900.

Simiginowicz, Franz

Jahresbericht über den Zustand des k. k. Ober-Gymnasiums zu Czernowitz in dem Herzogthume Bukowina während des Schuljahres 1855—1856. Womit zu den am 12. und 14. Juli d. J. abzuhaltenden öffentlichen Prüfungen, und zu der am 15. Juli stattfindenden mit Deklamations- und Gesangübungen verbundenen feierlichen Entlassung der Abiturienten ehrfurchtsvoll einladet der prov. Direktor Dr. A. J. Kahlert Inhalt: 1. Zur physischen Geographie der Bukowina. Mit einer Karte. Vom Herrn Lehramtssupplenten Franz Simiginowicz. 2. Schulnachrichten vom Direktor. Wien, 1856. Druck von Anton Schweiger. (48 S. 4.)

Simiginowicz, Franz: Karte zur physischen Geographie der Bukowina . . . [ohne Angabe des Maßstabs]. Wien: Reifferstein & Rösch 1856.

Simiginowicz-Staufe, Ludwig Adolf: Die Bodenplastik der Bukowina. Kronstadt: Frank & Dreßnacht 1873.

Simiginowicz-Staufe, Ludw. Adf., die Bodenplastik der Bukowina. 8. (46 S.) Kronstadt 874, Sindel. *

Simiginowicz-Staufe, Ludwig Adolf: Die Geschichte des Entstehens und die Entwicklung des Musikvereines in Czernowitz. Czernowitz: Pardini 1882.

— zwei Geschichts-Studien. Festschrift zu Ehren der Eröffng. d. k. k. Franz-Josefs-Universität in Czernowitz. gr. 8. (32 S.) Czernowitz 875. Pardini. n. — 60

Simiginowicz, L. A., das Pruththal in Galizien u. in der Bukowina, s.a. Bericht der k. k. Lehrer- u. Lehrerinnenbildungsanst. in Czernowitz.

Simiginowicz L. A.: Das Pruththal in Galizien und in der Bukowina. 15. Czernowitz LBA. 90.
Progr.

Simiginowicz-Staufe, Ludwig Adolf: Reliefkarte der Bukowina. (Ohne Angabe des Maßstabs) Czernowitz: Verl. d. Landesregierung 1871

Simiginowicz-Staufe, Ludw. Adf., die Völkergruppen der Bukowina. Ethnographisch-culturhistor. Skizzen. 8. (VII, 203 S.) Czernowitz 884. (Pardini.) n.n. 2. —

Simiginowicz-Staufe, Ludwig Adolf: Volkssagen aus der Bukowina. Czernowitz: Pardini 1885

Simio-Midas, der Doktor, od. der Verfasser d. Affenlandes. 8. Wien 781. Wucherer. 7 ß

Simio-Midas, der Doktor, oder der Verfasser des Affenlandes, 8. Wien, 787. Wucherer. 9 sgl.

Simion's deutscher Reichs-Kalender, s.a. Reichs-Kalender, deutscher.

Simions deutscher Reichs-Kalender für das Schaltj. 1872. Mit vielen Illustr. (in Holzschn.). 16. (218 S. mit 15 Holzschntaf.) Berlin 871, Simion. *

Simion's deutscher Reichs-Kalender für das Jahr 1881. Mit vielen (eingedr. Holzschn.-)Illustr. 16. (184 S. m. 3 Steintaf.) Berlin, Simion. n. — 50

Simion, L., s.: Cliché-Katalog.

Simion, Leonh., Nf.'s Sammlung französischer Schulausgaben. (Hrsg. v. Max Pfeffer.) 1.—6. Bd. Je 2 Tle. Text u. Wörterbuch. kl. 8. Berlin, L. Simion Nf. Kart., jeder Bd. Text —50; Wörterbuch — 25
Chateaubriand, atala ou les amours de deux sauvages dans le désert. Bearb. v. Ernst Kröger. 1. Tl. Text u. Anmerkgn. (65 u. 11 S.) (909.) (Bd. 4.) — 2. Tl. Wörterverzeichnis. (26 S.) (909.)
Dumas, Alex., les demoiselles de Saint-Cyr. Hrsg. u. erklärt v. Gust. Knauff. 1. Tl. Text u. Anmerkgn. (146 u. 10 S.) (909.) (Bd. 3.) — 2. Tl. Wörterverzeichnis. (36 S.) (909.)
La Fontaine, ausgewählte Fabeln. Hrsg. u. erklärt v. M. Fuchs. 1. Tl. Text u. Anmerkgn. (77 u. 32 S.) (909.) (Bd. 2.) — 2. Tl. Wörterverzeichnis. (33 S.) (909.)
Molière, le Tartuffe ou l'imposteur. Comédie en 5 actes. Hrsg. v. Max Pfeffer. 1. Tl. Text u. Anmerkgn. (120 u. 21 S.) (909.) (Bd. 1.) — 2. Tl. Wörterverzeichnis. (26 S.) (909.)
Racine, J., Phèdre. Tragédie en 5 actes et en vers. Bearb. v. Paul Fittig. 1. Tl. Text u. Anmerkgn. (89 u. 23 S.) (909.) (Bd. 5.) — 2. Tl. Wörterverzeichnis. (31 S.) (909.)
Scribe, E., la camaraderie ou la courte échelle. Bearb. v. H. Engel. 1. Tl. Text u. Anmerkgn. (158 u. 19 S.) (909.) (Bd. 6.) — 2. Tl. Wörterverzeichnis. (32 S.) (909.)

Simionescu, J.

——— Ueber die ober-cretacische Fauna von Ürmös (Siebenbürgen). (Sep.-Abdr. a. d. Verhandl. d. k. k. geol. Reichsanst., 1899, Nr. 8.)

Simionowicz, Dionis, Carte de citire. Partea prima pentru clasa V a scoalelor secundare. Wien. Verlag des griechisch-orientalischen Religionsfondes für die Bukowina, 1898. Brosch. 1.65
Geb. 1.75

SIMITSCH, Reichsritter v. HOHENBLUM, Alfred
(F) Das Zoll- und Handelspolitische Agrarprogramm der österreichischen Centralstelle zur Wahrung der land- und forstwirtschaftlichen Interessen beim Abschlusse von Handelsverträgen. Vom Hauptreferenten Alfred Simitsch, Reichsritter von Hohenblum. Separatabdruck aus der Zeitschrift: „Der deutsche Landwirt". (Stimmen aus dem agrarischen Lager. Herausgegeben von Stefan Richter. 2 Heft.) Prag. 1900. Verlag des Bundes der deutschen Landwirte Böhmens. [In Comm. Calve.] 16°. 68 S.
K —.60

Šimkević, Vladimir. s. Schimkewitsch, Wladimir.

Simkhowitsch, Wladimir Grigorjewitsch

Simkhowitsch W., der russische Bauer und die Autokratie. (24 S) (Kultur und Fortschritt 289/290) Gautzsch 1910

Simkhowitsch, Wladimir, der russische Bauer u. die Autokratie, s.a. Kultur u. Fortschritt.

Simkhowitsch, Wladimir Gr(igorjewitsch): Die Feldgemeinschaft in Russland. *Halle a. S. 1898: (Lippert & C., Naumburg a. S.).* (VI, 56 S.) 8° ¶ (Enthält nur einen Theil der ganzen Arbeit.)
Halle, Phil. Diss. v. [15. Aug.] 1898

Simkhowitsch, Wladimir Gr., **die Feldgemeinschaft in Russland.** Ein Beitrag **zur Socialgeschichte** u. **zur Kenntnis** der gegenwärt. **wirtschaftl. Lage des russ. Bauernstandes.** gr. 8. **(XV, 399 S.) Jena 898. G. Fischer.** **n. 10. —**

Simkó, Joseph: [Umschlagt.:] Die Malerei und Bildhauerei auf der Millenniums-Ausstellung in Ungarn. Vorgelesen a. d. IV. internat. Congress der Kathol. Gelehrten in Freiburg. 1897. Fribourg '(Suisse)': Impr. et Libr. de L'œuvre de St.-Paul 1898. (14 S., 1 Bl.) 8°

(Simler, Josias S'... geb:... 1530, gest:... 1576.) Njbl. s. [Wyss, Georg von].

Simler, G., Clef de la méthode Ollendorff ou corrigé des thèmes de la grammaire italienne à l'usage des Français. 8. (186 S.) Francfort s. M. 851, Jügel's Verlag. -

— clef de la méthode Ollendorff ou corrigé des thèmes de la grammaire italienne à l'usage des Français. (Neue Titel-Ausg.) Ebend. (851.) 856. 8. (2 Bl., 168 S.) 26¼ ngr.

Simler, G., Grammaire italienne, s. Ollendorff, H. G.

Simler, G., grammaire italienne à l'usage des Français. 8. éd., entièrement refondue par A. Hörmann. (XII, 427 S.) kl. 8. Frankfurt a/M. 907. C. Jügel.
Geb. in Leinw. 4.—; clef. (42 S.) geb. 1.—

Simler, G., nouvelle méthode pour apprendre à lire, à écrire et à parler une langue en six mois, appliquée à l'italien, s. Ollendorff.

Simler, G., nouvelle méthode pour apprendre à lire, à écrire et à parler une langue en six mois, appliquée à l'italien. Ouvrage arrangé d'après la grammaire italienne à l'usage des Anglais de H. G. Ollendorff, et destiné aux établissements d'instruction, publics et particuliers, de l'un et de l'autre sexe. 2. édit. revue, corrigée et augmentée par Jos. Reale. Francfort s. M. 856. Jugel's Verlag. 8. (X, 568 S.) 1 ℛ 15 ngr.

Simmler, G., nouvelle méthode pour apprendre à lire, à écrire et à parler une langue en six mois, appliquée à l'italien. Ouvrage arrangé d'après la grammaire italienne à l'usage des Anglais de H. G. Ollendorff, et destiné aux établissements d'instruction, publics et particuliers, de l'un et de l'autre. Revu, corrigé et augmenté par Jos. Reale. 3. édit. Frankfurt a. M. 861. Jügel's Verlag. 8. (X, 568 S.) 1 ℛ 15 ngr.; Schlüssel dazu (2 Bl., 186 S.) 27 ngr.

Simler, G., H. G. Ollendorff's nouvelle méthode pour apprendre à lire, à écrire et à parler une langue en six mois, appliquée à l'italien. Ouvrage arrangé d'après la grammaire italienne à l'usage des Anglais et destiné aux établissements d'instruction, publics et particuliers, de l'un et de l'autre sexe. Revu, corrigé et augmenté par Jos. Reale. 4. édit. Frankfurt a. M. 865. Jügel's Verl. 8. (VIII, 568 S.) geb. 1 ℛ 15 ngr.
Clef (III, 187 S.) geb. 27 ngr.

Simler, Heinrich A. S. 1319/29

Coelum triste ad Julias calendas anni MDCCXXXI.
Präs. Johann Jakob Scheuchzer.
Zürich (Byrcklin) I. (1732). 41 S., 2 Taf.

Gew.: Jakob Theodor Klein.
9 Resp. 32677

Simler, Johann Jakob

Simler, Jh. Jak., († 1786.) Rede von der brüderl. Liebe unter den Gliedern d. Kirche im 16. Jahrhund.; aus d. Latein. v. H. C. Hirzel. gr. 8. Zürich 767. Orell. 4 gl.

Simler, Johann Jacob. Sammlung alter und neuer Urkunden zur Beleuchtung der Kirchen-Geschichte, vornemlich des Schweizer-Landes, von J' Jakob Simlern .... 2 Bände. 8. Zürich 1757–1763.

Band 1. 3 Theile. [Mit 1 Tabelle und 2 Porträt-Tafeln.] 1757–1759.
Band 2. 3 Theile. [Mit 2 Tafeln.] 1760–1763.

—Samml. alter u. neuer Urkunden zur Beleuchtung d. Kirchengeschichte des Schweizerlandes. 3 Bde. gr. 8. Zürich 757—67. Orell. 3 ℛ

(Simler, Joh[ann] Caspar.) An meine geliebte Gemeinde. (Zuschrift [von] Joh. C' Simmler [an seine Pfarrgemeinde Trüllikon].) 8. [Zürich 1852.]

[Simler, Johann Caspar.] Leichenrede auf den ehrwürdigen Greis-Herr M. Johannes Rumpf, Pfarrer in Arisdorf. In der dortigen Pfarrkirche gehalten den 18. Brachmonat 1806 vom Pfarr-Vicar daselbst. 8. Basel.

Simler, Jos., ein Führer in Uebung des innerlichen Gebetes für alle, die guten Willens sind. 12. (VIII, 315 S.) Mainz 888, Kirchheim.

—— Katechismus des innerlichen Gebetes. 12. (59 S.) Berlin 888, H. J. Meibinger.

Simler, Jos., S. Mariae, die kindliche Pietät im christlichen Leben. Eine erbauliche Belehrung. Aus dem Französischen von einem Mitgliede derselben Gesellschaft. 16. (VIII, 248 S.) Mainz 880. Kirchheim. 1. 50

— das kindliche Vertrauen auf Gott. Eine trostreiche Belehrung. Aus dem Französischen von einem Mitgliede derselben Gesellschaft. 16. (VIII, 309 S.) Mainz 880. Kirchheim. 1. 80

Simler, Josias. Von dem Regiment Der Lobl. Eydgenoßschaft Zwey Bücher ...; Erstlich .... zusamengetragen Von Josia Simlero, Nun aber ... bis auf disere (*2. Aufl: jetzige) Zeiten fortgesetzet Von Hans Jacob Leu. [Mit 1 Tafel und 1 Karte.] 4. Zürich.
[1. Aufl.] 1722. — 2. Aufl. 1735.

Simler, Josias, Regiment d. Eidgenossenschaft, mit H. T. Leu Anmerk. 4. Zurich, Orell, Füßli u. Comp. 735.

——— Von dem Regiment der lobl. Eydgenossschaft zwei Bücher. Neue Ausgabe von J. J. Leu. Zürich 1792. 4.

Simler, Josias. Josiae Simleri De Republica Helvetiorum libri duo .... Adjunctum est Compendium Historiae Helveticae antiquae auctore J(oh[anne]) Conrado Fueslino .... Accedit proc. tumult. Cos. (Johannis) Waldmanni. 8. Tiguri 1734. Orell

Simler, Kaspar A. S. 1344/27

Dissertatio physico-mathematica de effectibus, qui a virium compositione producuntur.
Präs. Johann Gesner.
Zürich (Gessner) II. 1747. 1 Taf., 22 S.

7 Resp. 32678

Simler, [Rudolf] Th[eodor]. Ein Ausflug nach der Seesaplana. (Im Sommer 1862.) ⟨SA.⟩ 8. Bern 1864.

Simmler R. T.: Beiträge z. chemischen Analyse durch Spectralbeobachtungen. Inauguraldiss. (Bern). Chur 1861. 59 S. 1 Tvl. P.

Simler, R[udolf] Th[eodor]. Beiträge zur Statistik der Wärmeverhältnisse der Luft und der Gewässer in den Schweizeralpen. ⟨Vorgetragen den 22. November 1862.⟩ [A.] 8. [Bern 1862.]

Simler, R. Thdr., die Chemie in ihren Beziehungen zur Landwirthschaft und zum Nationalhaushalt. Vierter öffentlicher Vortrag des akademischen Cyclus, gehalten im Großrathssaale in Bern am 18. Dezbr. 1863. Bern 864. Huber & Co. in Comm. gr. 8. (39 S.) n. 5 ngr.

Simler, Dr. R. Th., geologische Formationskarte der Schweiz. Nach den Karten der HH. B. Studer, Escher v. d. Linth, Theobald u. A. für Mittelschulen, sowie Alpentouristen übersichtlich bearbeitet. Herausgegeben vom Freiämter Morainenclub in Muri. gr.-quer-Fol. Winterthur, J. Wurster & Co. 1870.

Simler, R[udolf] Theodor. Das Bunsen'sche Gesetz der syntektischen Gesteinbildung, angewendet auf die metagenen Schiefer ⟨Verrucane⟩ des Kantons Glarus. [A.] 8. [Bern 1862.]

Simler, R[udolf] Th[eodor]. Die eisen- und manganhaltige Heilquelle von Goldach bei Rorschach. Vorläufer einer ausführlichen chemisch-physikalischen Untersuchung und Beschreibung. Mit einer lithographischen Ansicht [Tafel] des Muhlethales bei Goldach. 8. Chur 1870.
[1. Aufl.] — 2. verbesserte Aufl. [Mit 1 Tabelle.]

Simler, Rudolf Theodor: Der Hochkärpf in den Freibergen im Kanton Glarus. Glarus 1862.

Simler, R. Th. Kartoffeldüngungsversuche angestellt mit Rücksicht auf Liebig's Erklärung der Kartoffelkrankheit an der landwirthschaftl. Anstalt in Muri im Sommer 1864. Aarau 865. (Christen.) 8. (15 S.) 3 ngr.

Simler, R. Thdr., Leitfaden der botanischen Formenlehre oder Anleitung zum wissenschaftl. Beschreiben der Blüthenpflanzen und zur Kenntniss der botan. Kunstausdrücke. Zur Erleichterung für Schüler und Lehrer an Mittelschulen und zum Privatstudium. 16. (62 S. mit 4 lithogr. Taf.) Zürich 871, Schmidt. *

—— die Löthrohr-Chemie in Verbindung mit einigen Reactionen auf nassem Wege angewendet auf land- und hauswirthschaftlich-chem., sowie gewerbl. Untersuchungen. Eine Anleitung für angehende Chemiker, Studirende der Landwirthschaft, Polytechniker und Gewerbtreibende, hauptsächlich zur Prüfung von Bodenarten, Düngern, Pflanzen- und Thiersuchen etc. Mit einer farb. Spetraltaf., 24 in den Text gedr. Holzschn., zahlreichen Uebersichtstab. und ausführl. Materienregister. gr. 8. (XX, 168 S.) Zürich 873, Orell, Füssli und Comp. *

Simler, R[udolf] Th[eodor]. Das Mineral- und Soolbad zum Löwen in Muri, Kanton Aargau. Naturwissenschaftlich beleuchtet. [Mit 7 Tabellen und 1 Tafel.] 8. Muri 1868.

Simler, R. Thdr., über die Nothwendigkeit landwirthschaftlich-chemischer Laboratorien und Versuchsstationen in der Schweiz. Ein national-ökonomisches Wort, den schweizerischen Land- und Alpenwirthen gewidmet. Bern 864. Blom. gr. 8. (VIII, 56 S. u. 1 Tab. in Fol.) 9 ngr.

—— über die Nothwendigkeit landwirthschaftlich-chemischer Laboratorien und Versuchsstationen in der Schweiz. Ein nationalökonom. Wort, den schweizer. Land- und Alpwirthen gewidmet. gr. 8. (VIII und 56 S. mit 1 Tab. in qu. Fol.) Bern 864, [Fiala.]

Simler, Th. R. Petraea. Anleitung zum Bestimmen der wichtigsten Felsarten. Muri 1866.

— Petraea. Anleitung zum Bestimmen der wichtigsten Felsarten mit besond. Berücksichtigung der schweizer. Vorkommnisse. Vermehrt durch einen Nachtrag Orykta. Anleitung zum Erkennen derjenigen Mineralien, welche am häufigsten als Bestandtheil gemengter Felsarten auftreten. Ein Führer auf Excursionen u. beim Unterricht. Aarau 867. (Sauerländer's Verl.) 8. (101 S.) n. 16 ngr.

—— über die Petrogenese im Allgemeinen und das Bunsensche Gesetz der syntektischen Gesteinsbildung, angewendet auf die Verrucano des Kantons Glarus, im Besondern. Habilitationsvorlesung. gr. 8. (VI und 36 S. mit 2 Stnt., lithogr. und ill. Karte und Profilen in gr. 4. und qu. Fol.) Bern 862, Huber und Comp. *

— Physiognosie des Stachelberger-Mineralwassers im Kanton Glarus. Eine Beschreibung seiner topographischen, historischen, geologischen, physikalischen u. chemischen Verhältnisse, nebst einer Diskussion über die Natur u. chemische Analyse der Mineralwasser im Allgemeinen u. der Schwefelwasser in's Besondere. Mit 1 Titelvignette (in Holzschn.) u. mehreren Holzschn. (im Text.) Chur 860. Hitz. gr. 8. (XVI, 181 S. u. 2 Tab. in Fol.) n. 24 ngr.

— wissenschaftliche Praxis auf dem Gebiete der Landwirthschaft. Aarau 864. (Christen.) 4. (11 S.) 3 ngr.

—— die Prüfung der Milch auf ihre Güte oder Fälschung mittelst Milchwage und Rahmmesser. Anleitung und Auseinandersetzung für Landwirthe, Käser und Milchfecker, sowie für das gesammte milchverbrauchende Publikum. In leichtfaßlicher Weise dargestellt und mit neueren Erfahrungen bereichert. 8. (16 S.) Aarau 869, Christen.

—— botanischer Taschenbegleiter des Alpenclubisten. Eine Hochalpenflora der Schweiz und des alpinen Deutschlands; ein Hülfsmittel für Anfänger und Liebhaber, in leicht fassl. Weise und in kürzester Zeit den botan. Namen einer Hochalpenpflanze aufzufinden. gr. 16. (XXVIII, 164 S. mit 4 Stnt.) Zürich 871, Schmidt. cart. *

— der Tödi-Rusein und die Excursion nach Obersandalp. Beschreibung der am 30. Juli 1861 von Stachelberg aus unternommenen Ersteigung. Mit 2 (lith.) Ansichten in Farbendruck, 1 (lith.) Croquis u. 2 (lith.) Profilen, sowie 1 chromotyp. Isohypsenkarte der Tödiumgebungen (in Fol.). Bern 863. (Blom.) gr. 8. (VIII, 64 S.) n. 1 ₰ 4 ngr.

—— der Tödi-Rusein und die Excursion nach Obersandalp. Beschreibung der am 30. Juli 1861 von Stachelberg aus unternommenen Ersteigung. gr. 8. (VIII und 64 S. mit 2 lithogr. Ansichten in Farbendr., 1 lithogr. Croquis und 2 lithogr. Profilen, sowie 1 chromotyp. Isohypsenkarte der Tödiumgebungen in Fol.) Bern 863, [Fiala.] **

— Uebersicht der Felsarten in ihrer landwirthschaftlichen Bedeutung. Tabellar. Zusammenstellung. Muri 867. (Aarau, Sauerländer's Verl.) Imp.-Fol. n. 6 ngr.

Simler, R. Th., chem. Untersuchung der obern Mineralquelle in Seewen. 8. Zürich, Druck v. Zürcher & Furrer. 1873.

— Versuch e. Ernährungsbilanz der Schweizer Bevölkerung. Nach neuen, chemisch-physiolog. Grundlagen auf den Stand d. J. 1870 berechnet; zugleich als Beitrag zur Begründg e. staats- u. volkswirthschaftl. Chemie. [Aus: „Zeitschr f schweizer. Statistik".] gr. 4. (59 S.) Zürich 876. Orell, Füssli & Co. n n. 2. 50

[Simler, Rudolf Theodor.] Stachelberger Wasser. (Vergleichung des St' Wassers mit einigen andern Schwefelwassern der Schweiz und des Auslandes. [Mit 2 Tabellen.] – Versuch einer Erklärung über die Entstehungsweise der St' Quelle.) [SA.] 8. [Chur 1860.]

Simm, Erich, Referendar: Die Aussonderungsrechte der Ehefrau im Konkurse des Ehemanns unter Berücksichtigung der verschiedenen Güterstände des Bürgerlichen Gesetzbuches. Breslau 1900: Breslauer Genoss.-Buchdr. (39 S.) 8°
Breslau, Jur. Fak., Ref. Leonhard-Fischer, Diss. v. 6. Juli 1906
[Geb. 29. Juli 84 Breslau; Wohnort: Breslau; Staatsangeh.: Preußen; Vorbildung: König Wilhelms-Gymn. Breslau Reife O. 02; Studium: Heidelberg 1, Breslau 5 S.; Rig. 23. Juni 05.]

Simm, Felix *(geb. Breslau 28. 2. 1850)*: Ein Beitrag zur Lehre von der Tetanie. Breslau 1874. (36 S.) 8°
Breslau, Med. Diss. v. 28. Sept. 1874

Simm, Frz., All Heil. Skizzen aus d. Radfahr-Sport. qu. Fol. (10 Heliograv. m. 1 Bl. Text.) München 897. F. Hanfstaengl. In Leinw.-Mappe 20. —

Simm, F., f.: Mal-Vorlagen in Friesen.

Simm, Carl, das Amt Salder, einst u. jetzt. 1. u. 2. Lfg. (IV, 62 S. m. 2 farb. Karten u. 55 S. m. 4 Taf.) 8. Wolfenbüttel 896. 907. (J. Zwissler.) à 1. —

Simmank, G., Materialien f. die schriftlichen Aufsätze in den Mittelklassen der Volksschule. Im Anschluß an Lectüre u. Sachunterricht. gr. 8. (X, 115 S.) Großenhain 884. (Hentze.) n. 1. 50

Simmel, Ernst, a. Berlin: Kritischer Beitrag zur Ätiologie der Dementia praecox. Rostock 1908: Adler. 63 S. 8°
Rostock, Med. Diss. v. 31. Aug. 1909, Ref. Schuchardt
[Geb. 4. April 82 Breslau; Wohnort: Rostock; Staatsangeh.: Preußen; Vorbildung: Leibniz-Gymn. Berlin Reife M. 02; Studium: Berlin 6, Rostock 4 S.; Coll. 28. Sept. 08; Approb. 25. Aug. 09.] [U 10. 3929

Simmel, Eug., die liquidirenden Aktien-Gesellschaften. Ein Beitrag zur Geschichte der Handelskrisis. gr 8. (51 S.) Berlin 876. Weidmann. n 1. —

Simmel, Eugen. Spaziergänge in den Alpen. In-8°. Mit 7 Lichtdruckbildern nach Gemälden von Ernst und Karl Heyn. Leipzig, A. G. Liebeskind. In Originalband. 1880. (122 S.) 6 70

Simmel, Georg

Simmel G. über soziale Differenzierung. (Forschungen, Staatswiss. X, 1) Leipzig 1890

Simmel, G., üb. soziale Differenzierung, s. a. Forschungen, staats- u. socialwissenschaftliche.

Simmel, Geo., Einleitung in die Moralwissenschaft. Eine Kritik der eth. Grundbegriffe. 2 Bde. gr. 8. (VIII, 467; VIII, 426 S.) Berlin 892. 893. Besser. à n. 9. —; geb. à n. 10. 20

Simmel, Geo., Einleitung in die Moralwissenschaft. Eine Kritik der eth. Grundbegriffe. Anastat. Neudr. der Ausg. v. 1892/93. 2 Bde. (VIII, 467 u. IX, 426 S.) gr. 8. Stuttgart 904. J. G. Cotta Nachf. n. 16. —; geb. in Leinw. n. 18. —

Simmel, G., s.: Großstadt, die.

Hauptprobleme der Philosophie. Von Georg **Simmel**. Leipzig: Göschen 1910. 175 S. 8°
(Sammlung Göschen. 500.) [10. 171

Simmel, Geo., Hauptprobleme der Philosophie, s. a. Sammlung Göschen.

— **Kant.** 16 Vorlesgn., geh. an der Berliner Universität. 1. u. 2. unveränd. Abdr. (VI, 181 S.) gr. 8. Leipzig 904. 905. Duncker & Humblot. n. 3. —; geb. n. 3. 80

Kant und Goethe von Georg **Simmel**. Mit 1 Heliograv. u. 12 Vollbild. Berlin: Bard, Marquardt & Co. [1906]. (71 S.) 8°
— **Kultur**, Die. Bd 10. [07. 303

Simmel, Geo., Philosophie des Geldes. gr. 8. (XVI, 554 S.) Leipzig 900. Duncker & Humblot. n. 13. —

Philosophie des Geldes. Von Georg **Simmel**. 2., verm. Aufl. Leipzig: Duncker & Humblot 1907. (XIV, 585 S.) 8° [07. 17632

Simmel, Georg. Philosophie der Mode. Berlin, Pan Verlag [1905].
41 S. 8°.
(Moderne Zeitfragen. Nr. 11.)

Philosophie der Mode von Georg **Simmel**, Prof., Berlin. 2. Taus. Berlin: Pan-Verl. [1905]. (41 S.) 8° [F.]
— **Zeitfragen**, Moderne. No 11. [05. 13793

— die **Probleme** der Geschichtsphilosophie. Eine erkenntnistheoret. Studie. gr. 8. (X, 109 S.) Leipzig 892. Duncker & Humblot. n. 2. —

Die Probleme der Geschichtsphilosophie. Eine erkenntnistheoret. Studie von Georg **Simmel**. 2., völlig veränd. Aufl. Leipzig: Duncker & Humblot 1905. (X, 169 S.) 8° [05. 9945

— **Die Probleme der Geschichtsphilosophie.** Eine erkenntnistheoret. Studie. 3., erweit. Aufl. (XI, 179 S.) gr. 8. Ebd. 907. 3. 20

Die Religion. Von Georg **Simmel**. Frankfurt a. M.: Rütten & Loening (1906). (78 S.) 8°
— **Gesellschaft**, Die. Bd 2. [06. 13427

Schopenhauer und Nietzsche. Ein Vortragszyklus. Von Georg **Simmel**. Leipzig: Duncker & Humblot 1907. (XII, 263 S.) 8° [06. 14300

Soziologie. Untersuchungen über d. Formen d. Vergesellschaftung. Von Georg **Simmel**. Leipzig: Duncker & Humblot 1908. (782 S.) 8° [08. 9646

Simmel, Georg (geb. Berlin 1. 3. 1858): Das Wesen der Materie nach Kant's Physischer Monadologie. Berlin 1881. (34 S.) 8°
Berlin, Phil. Diss. v. 25. Febr. 1881

Simmen, Ad. (Pfarrer). Nach dem Bergsturze von Elm. Bettagspredigt. In-8°, 16 S. Bern, K. J. Wyss Verlag. 1881.

Simmen, Fr. (auch Hans Flachs genannt), **schlichte Gedichte.** 8. (VII, 224 S.) Bern 898. K. J. Wyß. n. 2. —

Simmen, Joh. Friedr., praktische Anleitung zur Seidenzucht. Zugleich 3., gänzlich umgearb. und erweiterte Aufl. der prakt. Mittheilungen für Seidenzucht von J. J. Studer. gr. 8. (VIII und 112 S. mit 1 Tab. in gr. 4. und 4 Stnt. Abbild. in gr. 4.) Aarau 862, Christen. *

Simmen, Joh. Friedr., der rationelle Obstbau in Garten u. Feld. Für Landwirthe, Gärtner, Lehrer u. Förster. Aarau 866. Christen. gr. 8. (IV, 68 S. mit 3 Steintaff. in qu. Fol.) 10 ngr.

Simmen, Joh. Gerh., ein Beytrag zur Physiognomik und Menschenkenntniß. 8. Gotha, Ettinger. 782.

Simmen, Jh. Herm.; ein Beitr. zur Physiognomik u. Menschenkenntniß. 8. Gotha 782. Ettinger.

Simmen, Casp., König Dagobert. Eine Tragödie in 5 Akten. 164 Stn. 8. Basel, Chr. Krüsi. 1873. 1. 50

Simmendinger, Ulrich: Wahrhaffte und glaubwürdige Verzeichnůss, jeniger, durch die Gnade Gottes, annoch im Leben sich befindenden Personen. Welche sich Anno 1709 unter des Herren wunderbarer Führung aus Teutschland in Americam oder Neue Welt begeben, und allda an verschiedenen Orten ihr Stůcklein Brods suchen. Allen Liebhabern, insonderheit aber deroselben Familien und nahen Freunden zur freudigen Nachricht gestellet. *Von . . ., siebenjährigen Nord-Americanern, in der Provintz Neu-York, anjetzo aber wieder in seiner Vatter-Stadt Reuttlingen. Daselbst gedruckt.*
[Reutlingen, Deutsches Reich] bey Joh. G. Fůsing [1717?]. 22 S.

Simmendinger, Ulrich: Wahrhafte und glaubwürdige Verzeichnueß, jeniger, durch die Gnade Gottes, annoch im Leben sich befindenden Personen, welche sich Anno 1709 unter des Herrn wunderbarer Führung aus Teutschland in Americam oder neue Welt begeben, und allda an verschiedenen Orten ihr Stuecklein Brods suchen. Allen Liebhabern, insonderheit aber deroselben Familien und nahen Freunden zur freudigen Nachricht gestellet. *Von . . ., siebenjährigen Nord-Americanern, in der Provintz Neu-York, anjetzo aber in seiner Vatter-Stad Reuttlingen. Daselbst gedruckt. Bey Joh. G. Fuesing [1717].* 22 S.

Simmendinger, Ulrich: Wahrhaffte und glaubwürdige Verzeichnüß, jeniger, durch die Gnade Gottes, annoch in Leben sich befindenden Personen. Welche sich Anno 1709 unter des Herrn wunderbarer Führung aus Teutschland in Americam oder Neue Welt begeben, und allda an verschiedenen Orten ihr Stücklein Brods suchen. Allen Liebhabern, insonderheit aber deroselben Familien und nahen Freunden zur freudigen Nachricht gestellet. *Von . . ., siebenjährigen Nord-Americanern, in der Provintz Neu-York, anjetzo aber in seiner Vatter-Stadt Reuttlingen. Daselbst gedruckt [Reutlingen, Deutsches Reich]: bey Joh. G. Füsing [1717]* 22 S.

Simmenroth, Walter: Zur Kritik der Forderung einer staatlichen Pensions- und Hinterbliebenen-Versicherung der Privatbeamten. Cassel 1909: Weber & Weidemeyer. 81 S. 8°
Erlangen, Phil. Diss. v. 13. Febr. 1909, Ref. v. Eheberg
[Geb. 18. Jan. 85 Cassel; Wohnort: Cassel; Staatsangeh.: Preußen; Vorbildung: Gymn. Cassel Reife O. 04; Studium: Berlin 1, Göttingen 5, München 2 S.; Rig. 6. Juli 08.] [U 09. 864

Simmenthal: Das Simmenthal
⑤ 1859—1. 1. 1892 ⑥ 2° ⑦ Wochenblatt: halbwöchentlich (ab 1. 1. 1890) ⑧ Zweisimmen: Fr. Schneider ⑨ Illustriertes Sonntagsblatt ⑩ Fr. Schneider ⑪ Fr. Schneider ⑫ politisch neutral ⑬ BGSZ: 973 ⑭ Be: i. ⑮ Auf dem Zeitungskopf die Devise »Vom Wendelsee zur Strubel-Wand Für Freiheit. Gott und Vaterland!« — Als Gratisbeilagen in loser Reihenfolge Wanderbilder aus dem Simmenthal »sammt begleitendem Text«.

Simmer, August, a. Leipzig: Ueber das Verhalten der Alkaloidsalze u. anderer organischer Substanzen zu den Lösungsmitteln der Perforationsmethode, insbesondere Chloroform, sowie über Reduktionswirkungen der Alkaloide. Straßburg i. E. 1906: C. Müh. (87 S.) 8°
Straßburg, Math.-naturwiss. Fak., Ref. Schaer, Diss. v. 1906
[Geb. 30. Nov. 77 Leipzig; Wohnort: Straßburg i. E.; Staatsangeh.: Sachsen; Vorbildung: Ludwig-Georgs-Gymn. Darmstadt Reife für Prima; Studium: Darmstadt T.H. 3, Straßburg 4 S.]

Simmer, Hans, a. Grafing: Der aktive Vulkanismus auf dem afrikanischen Festlande und den afrikanischen Inseln. München: Th. Ackermann 1906. (64 S.) 8° ¶ (Erschien vollständig in: Münchener Geographische Studien hrsg. v. Siegm. Günther Stück 18.)
Erlangen, Phil. Fak., Ref. Pechuel-Loesche, Diss. v. 2. Juli 1906
[Geb. 14. März 77 Grafing; Wohnort: Freiburg i. B.; Staatsangeh.: Bayern; Vorbildung: Gymn. Freising Reife Juli 98; Studium: München 2, München T.-H 5 S.; Rig. 30. Jan. 05.]

Der aktive Vulkanismus auf dem Afrikanischen Festlande und den Afrikanischen Inseln von Hans **Simmer**. München: Th. Ackermann 1906. (II, 218 S.) 8°
= **Studien,** Münchener geographische. St. 18. [06. 8473

Simmer, Richard (Hrsg.), s. W o amüsiert man sich?

Simmering, s.: **Wien.**

Simmerl, Die landwirthschaftliche Nothlage und über die Mittel zur Abhülfe. Vortrag, geh. in der landwirthschaftl. Versammlung des Bez.-Comités Starnberg. gr. 8⁰. München (Kellerer) 1879. (26 S.)

Simmerl, Aloys, polit. Betracht. üb. die Türken. 8. Wien 783.

(**Simmerl,** Alois:) Das H a a r s c h e r r e n oder Anekdoten der Wonnemädchen geschrieben von einem, der Augenzeuge war von dieser höchsttraurigen Operation, namens Skarpin. (–) o. V., Freysing (Wien) 1787. 24 S.

UNSCHULDIGE, D i e s c h ö n e. E i n e (zieml. zahme Liebes-) G e s c h i c h t e (einer Exnonne). (Vf.: *Alois Simerl.*) Berlin und Leipzig (Wien, Hörling) 1784. 8⁰.

Simmerle, M.: Zur Bildung der homerischen Infinitivformen. 14 S. 8⁰ – Hall OG., Progr. 1873.

Simmerlein, R.

Simmerlei, R., das Kürzungswesen in der stenographischen Praxis nach dem Stolze'schen System. 2. gänzlich umgearb. und verm. Aufl. 8. (XXI, 84 S.) Berlin 884, Mittler und Sohn. cart. * 2 40

Simmerlein, R., das Kürzungswesen in der stenographischen Praxis nach dem Stolzeschen System. 3. Aufl. 8. (XXII, 84 S.) Berlin 885. Mittler & Sohn. cart. n. 2. 40

Simmerlein, R., das Kürzungswesen in der stenographischen Praxis nach dem Stolze'schen System. Mit besond. Rücksicht auf parlamentar., jurist. u. militär. Verwendg. 4., verm. Aufl. 8. (XXII, 88 S.) Berlin 887. Mittler & Sohn. cart. n. 2. 40

— das Kürzungswesen f. angehende stenographische Praktiker nach dem Stolze'schen System. Mit besond. Rücksicht auf parlamentar., jurist. u. militär. Verwendg. 5. u. 6., m. der 5. übereinstimm. Aufl. gr. 8. (30 S.) Ebd. 889. n. — 80

Simmerlein R, das Kürzungswesen nach d. Stolze'schen System. 7.u.8.A. Berlin 1891.92

Simmerlein, R., das Kürzungswesen f. angehende stenographische Praktiker nach dem Stolzeschen System. Mit besond. Rücksicht auf parlamentar., jurist., militär. u. kaufmänn. Verwendg. 8. u. 9. Aufl. gr. 8. (42 S.) Berlin 892. 894. E. S. Mittler & Sohn. n. 1. —

[F.] Das Kürzungswesen für angehende stenographische Praktiker nach d. Stolzeschen System. M. bes. Rücks. auf parlamentar., jurist., militär. u. kaufmänn. Verwendg. Von Dr. R. **Simmerlein.** Heft 1. 2. *Berlin: E. S. Mittler & Sohn 1896.* 2 Bde 8.
1. Prakt. Anweisg. 10. Aufl. (42 S.)
2. Theoret. Begründg u. Erläutergn. (35 S.) [96. 4785

Simmerlein, R., d. Kürzungswesen f. angeh. stenograph. Praktiker nach d. Stolzeschen System. M. besond. Rücksicht auf parlamentar., jurist., militär. u. kaufmänn. Verwendg. 1. u. 2. Hft. gr. 8. Berlin, E. S. Mittler & Sohn. n. 1. 80
1. Prakt. Anweisung. 11. Aufl. (42 S.) 897. n. 1. —
2. Theoret. Begründg. u. Erläutergn. (35 S.) 896. n. — 80

— praktische Übungen f. Stenographen. Eine Ergänzg. zu dem „Kürzungswesen" desselben Verf. 8. (46 S., wovon 24 autogr.) Ebend. 883. n. — 60

Simmern [Schlagwort]

Simmern, s.: Deutschland. Kürschner-Peip.

Simmern, s.: Deutschland. Karte (Abt. Preussen). — Preussen. Messtischblätter.

Simmern, s.: Rheinprovinz. Liebenow, W.

Simmern [Verfasser]

Simmern, s. Langwerth v. Simmern.

Simmersbach, Bruno: Frankreichs Bergbau und Hüttenwesen im Jahre 1908. Kattowitz: Böhm 1909. 24 S. 8°
Aus: Berg- u. Hüttenmännische Rundschau.
(Sammlung Berg- u. Hüttenmännischer Abhandlungen. H. 51.)

Simmersbach, Bruno, Frankreichs Bergbau u. Hüttenwesen im J. 1908, s.a. Sammlung berg- u. hüttenmännischer Abhandlungen.

Simmersbach, B., Das koreanische Berggesetz nebst kurzer Übersicht üb. den Bergbau in Korea. [Aus: „Berg- u. hüttenm. Rundschau".] (14 S.) gr. 8. Kattowitz, Gebr. Böhm. 1908. —. 80.
Sammlung berg- u. hüttenmännischer Abhandlungen, H. 28.

Simmersbach, Bruno, das koreanische Berggesetz nebst kurzer Übersicht üb. den Bergbau in Korea, s.a. Sammlung berg- u. hüttenmännischer Abhandlungen.

Die Entlöhnungsmethoden in der Eisenindustrie Schlesiens und Sachsens. Von Bruno Simmersbach. Berlin: L. Simion Nf. 1906. (90 S.) 8°
— Untersuchungen über d. Entlöhnungsmethoden in d. deutschen Eisen- u. Maschinenindustrie. H. 5. [05. 13044

Die Entwicklung der Arbeiterverbände in der amerikanischen Eisenindustrie. Nach amerikan. Quellen bearb. von Bruno Simmersbach. Kattowitz: Böhm 1910. 35 S. 8°
Aus: Berg- u. Hüttenmännische Rundschau.
(Sammlung berg- u. hüttenmännischer Abhandlungen. H. 56.) [10. 13304

Die wirtschaftliche Entwicklung der Gelsenkirchener Bergwerks-Aktiengesellschaft von 1873—1904. Von Bruno Simmersbach. — Freiberg i. S.: Craz & Gerlach 1906. 96 S. 8°

Simmersbach, Bruno: Neuere Fortschritte und Entwicklungen des Goldbergbaus in Transvaal. Berlin, 1910. 77 S. mit 1 Abb. u. 1 Taf.

Das Vorkommen von Zinkerzen in Nordamerika. Von Hüttening. Bruno Simmersbach. Kattowitz: Böhm 1910. 31 S. 8°
Aus: Berg- u. Hüttenmännische Rundschau.
(Sammlung berg- u. hüttenmännischer Abhandlungen. H. 58.) [10. 13306

— Das Vorkommen v. Zinkerzen in Nordamerika, s.a. Sammlung berg- u. hüttenmännischer Abhandlungen.

Simmersbach, Franz (M.)

Simmersbach, F. M., Beiträge zur Geschichte des deutschen Salinenwesens. [Aus: „Glaser's Annalen f. Gewerbe u. Bauwesen".] 8. (33 S.) Berlin 879. Polytechn. Buchh. in Comm. n. 1. —

Über die Bildung der Steinkohle. Von † Dir. F. Simmersbach, Bonn. Kattowitz: Böhm 1910. 13 S. 8°
Aus: Berg- u. Hüttenmänn. Rundschau.
(Sammlung Berg- u. Hüttenmännischer Abhandlungen. H. 65.) [11. 3530

Simmersbach, F., d. Fortschritte d. Koksfabrikation im Oberbergamtsbez. Dortmund in d. letzten 10 Jahren. Fortsetzg. d. in Bd. XXXV d. Zeitschrift f. d. Berg-, Hütten- u. Salinenwesen veröffentl. Arbeit desselben Verf.: „Die Koksfabrikation im Oberbergamtsbez. Dortmund". [Aus: „Zeitschr. f. Berg-, Hütten u. Salinenwesen".] Imp.-4. (18 S. m. 3 Taf.) Berlin 896. W. Ernst & Sohn. n. 8. —

— Geschichte des Siegerländer Bergbaues. Mit einer (lith.) Karte. [Aus: „Glaser's Annalen f. Gewerbe u. Bauwesen".] gr. 8. (42 S.) Ebend. 881. n. 1. —

Simmersbach, F., die Koksfabrikation im Oberbergamtsbezirke Dortmund mit Berücksicht. des fremden Wettbewerbs. Im Auftrage des Verwaltungsrathes der „Vereinigung der Koks-Anstalten und Fettkohlen-Zechen des Oberbergamtsbezirks Dortmund" bearb. 4. (64 S. mit 2 Taf.) Berlin 887, Ernst und Korn. *
Aus: Zeitschrift für Berg-, Hütten- und Salinenwesen, besonders abgedruckt.

Simmersbach, F., Mitteilungen über den Kohlenbergbau und den Kohlentransport in den Vereinigten Staaten von Amerika. Bochum, (1891?). 40 S. [Fb 98

Simmersbach, F[ranz]: Die geologischen Unterlagen des Radiums. Kattowitz: Böhm 1909. 10 S. 8°
Aus: Berg- u. Hüttenmännische Rundschau.
(Sammlung Berg- u. Hüttenmännischer Abhandlungen. H. 46.)

Simmersbach, F., die geolog. Unterlagen des Radiums, s.a. Sammlung berg- u. hüttenmännischer Abhandlungen.

Vorgeschichte des Westfälischen Cokssyndikats. (Verf.: Franz Simmersbach.) 1. 2. — Bochum (1899:) Stumpf (2: Essen 1900: Schmemann). 8° 1. Geschichte d. ersten Coks-Vereinigung im Oberbergamts-Bezirk Dortmund 1882—1884. 2. Geschichte d. Vereinigung d. Coksanstalten u. Fettkohlenzechen d. Oberbergamts-Bezirks Dortmund 1885—1890. E. 1.

Welthandel in Kohle und Eisen. Von F. Simmersbach, Bonn. Kattowitz O.-S.: Böhm 1909. 17 S. 8°
Aus: Berg- u. Hüttenmänn. Rundschau.
(Sammlung Berg- u. Hüttenmännischer Abhandlungen. H. 45.) [09. 12530

— Welthandel in Kohle u. Eisen, s.a. Sammlung berg- u. hüttenmännischer Abhandlungen.

Die Eisenindustrie. Von Oskar Simmersbach, Hütteningenieur. Leipzig & Berlin: B. G. Teubner 1906. (X, 322 S.) 8°
(B. G. Teubners Handbücher f. Handel u. Gewerbe.) [06. 1399

Simmersbach, Osk., die Eisenindustrie, s.a. Teubner's B. G., Handbücher f. Handel u. Gewerbe.

Die Fortschritte der Eisenhüttenchemie in den letzten fünf Jahren. Von Oskar Simmersbach. Cöthen: Chemiker-Zeitung 1910. 40 S. 8° [Umschlagt.]
Aus: Chemiker-Zeitung. 1910, Nr 139. [11. 823

Technische Fortschritte im Hochofenwesen. Von Dir. Oscar Simmersbach. Ausz. aus dem auf d. Hauptversammlung d. Eisenhütte Oberschlesien 1905 zu Gleiwitz geh. Vorträge. Hierzu 1 Taf. Kattowitz: Gebr. Böhm 1906. (41 S.) 8°
Aus: Berg- u. Hüttenmänn. Rundschau.
— Sammlung Berg- u. Hüttenmännischer Abhandlungen. H. 3. [07. 4638

Simmersbach, Osc., Grundlagen d. Koks-Chemie. gr. 8. (III, 99 S.) Berlin 895. J. Springer. n. 2. 40

— **die Koksfeuerung als Lösg. d. Rauchfrage. Eine technisch-volkswirthschaftl. Studie.** 8. (51 S.) Gelsenkirchen 897. C. Bertenburg. n. — 80

Mitteilungen über den Kohlenbergbau der Vereinigten Staaten von Nordamerika. Nach offiziellen Berichten d. U. S. Geol. Survey mitgeteilt von Oscar **Simmersbach**, Prof. Kattowitz: Böhm 1910. 65 S. 8°
Aus: Berg- u. Hüttenmänn. Rundschau.
(Sammlung Berg- u. Hüttenmännischer Abhandlungen. H. 63.) [u. 3518

Simmersbach, [Oskar] : Über moderne Schachtförderung. Kattowitz: Böhm 1908. 13 S. 8°
Aus: Berg- u. Hüttenmänn. Rundschau.
(Sammlung Berg- u. Hüttenmänn. Abhandlungen. H. 31.)

— Über moderne Schachtförderung, s.a.Sammlung berg- u. hüttenmännischer Abhandlungen.

Simmersbach, O., Der deutsche Stahlwerksverband und seine Bedeutung für unser Wirtschaftsleben. Berlin, 1905. 37 S. mit 3 Abb. [Jd 88

Über das Holzapfelsche Verfahren zur Gasrohrfabrikation aus Flusseisen. Von Oscar **Simmersbach**. Kattowitz: Böhm 1908. 17 S. 8°
Aus: Berg- u. Hüttenmännische Rundschau
(Sammlung berg- u. hüttenmännischer Abhandlungen. H. 35.) 10?. 10165

— Über das Holzapfelsche Verfahren zur Gasrohrfabrikation aus Flusseisen, s.a.Sammlung berg- u. hüttenmännischer Abhandlungen.

Simmersfeld, s.: Geologische Karten. **Spezialkarte** (Württ.)

Die Reichsstadt Augsburg in der ersten Hälfte des dreissigjährigen Krieges. — Von Ludwig Simmet, G.-P. — 1901, Augsburg, Haas und Grabherr. — P. 3–30.
Progr. Augsburg, Realgymnas.

Simmet, Ludwig „Augsburg und der Reichstag des Jahres 1530". I. Vom Ausschreiben des Reichstages bis zur Ankunft des Kaisers in Augsburg. pg. 3–32. 8°. J. P. Himmer.
Augsburg, Progr. 1881/82

Simmet, Ludwig „Augsburg und der Reichstag des Jahres 1530". II. Vom Einzuge des Kaisers in Augsburg bis zur Ueberreichung der Augsburger Konfession. pg. 3–31. 8°. J. P. Himmer.
Augsburg, Progr. 1883/84

Simmet, Ludwig „Augsburg und der Reichstag des Jahres 1530". III. und IV: Von der Ueberreichung der Augsburger Konfession bis zum Schlusse des Reichstages. pg. 3–55. 8°. J. P. Himmer.
Augsburg, Progr. 1886/87

Simmet, Ludwig „Der Landshuter Erbfolgestreit in den Jahren 1503–1505". pg. 3–64. 8°. J. P. Himmer.
Augsburg, Progr. 1880/81

Simmet, Ludwig „Der Dichter, Publizist und Musiker Ch. Fr. D. Schubart in Augsburg. 1774–1775". pg. 3–33. 8°. J. P. Himmer.
Augsburg, Progr. 1892/93

Simmet, Ludwig „Die Versöhnung der freien Reichsstadt Augsburg mit Kaiser Karl V. 1547". pg. 3–32. 8°. J. P. Himmer.
Augsburg, Progr. 1887/88

SIMMET, Max (Erding): De meningitide cerebrospinali.- München: Weifenbach 1872. 16 S.
19.7.1871 - Urk; F 73; Chr 1871/72,19
Diss. Ingolst.-Landsh.-Mchn.

SIMMICH, PAUL. Beiträge zur Kenntniss der Amidopyrazole. Jena, 1896.
(39 S.) Jena. Diss.v.16-März 1896.

Simminger, Nikol., Bet-, Gesang- u. Kreuzwegsbüchlein eines guten u. treuen Diener Gottes. 12. Luxemb. 789. (Storno in Landsh.) 4 gr

Simminger, Nicolas: Frölige Einladung. Ich habe mich erfreuet ob dem, was mir ist gesagt worden: wir werden in das Haus des Herrn eingehen. Ps. 121. Kommet: Lasset uns den Herrn in seinem heiligen Tempel anbeten! Ps. 10. Tröstliches Gesang an die sämtlichen Pfarrkinder von Mondorf. [Luxembourg 1766.] – 8°

Simminger, Nicolas: Evangelien sammt den Episteln und Lectionen auf alle Sonn- und Feyertage des ganzen Jahres, wie auch der Hl. Passion Jesu Christi, nach Beschreibung der vier Hl. Evangelien. Alles nach Ordnung und Gebrauch des neu verbesserten Römischen Messbuchs Clementis VIII. und Urbani VIII. Zum Gebrauche der Schul- und Pfarrkinder, sammt einer kurzen Einleitung in Fragen und Antworten. Hrsg. mit Erlaubnis der Obern. [Saarlouis 1764?]

– Dass. Lützemburg: P. Brück. – 12, 403 S.

– Dass. Lützemburg: Lamort Sohn. – 415 S.

– Dass. Lützemburg: Schmit-Brück. – 415 S.

Simminger, Nicolas: Auserlesenes Gebet-, Gesang- und Kreuzweg büchlein eines guten und treuen Dieners Gottes. Neue Auflage. Luxemburg: V. Bück 1853.

Simminger, Nicolas: Kern aller Bussgebete aus den besten Erklärungen über die 7 Busspsalmen Davids gesammelt, auf jeden Tag der Woche durch besondere Schlusslitaneien abgetheilt. Saargemünd 1763.

Simmler, Emmanuel, Gedenkblätter zur Erinnerung an die Einweihung der neuen Kirche in Trüllikon. 8. (40 S.) Zürich 887, S. Höhr. *

Simmler, Emman., **Jesu Christo nach!, s.a.Synodalpredigten. 5.**

Simmler, E. Pfarrer. Jesu Christo nach! Synodalpredigt über Matth. 16, 24, gehalten am Vorabend der zürcherischen Kirchensynode den 13. November 1900 in der St. Peterskirche in Zürich. Mit Anhang: Uebersicht d. zürcherischen Synodalpredigten seit 1834. 8°. 24 S. Zürich, Schulthess & Co. 1900. — 45

Simmler, Gudrun, Monographie der Gattung Saponaria. (77 S. m. 2 Taf. u. 2 Bl. Erklärgn.) 31,5×24,5 cm. Wien 910. A. Hölder. 6. 80
Sonderabdr. aus: „Sitzungsber. d. k. Akad. d. Wiss."

SIMMLER, Gudrun: Saponaria. Beiträge zur Kenntnis der Gattung. — 1909. III, 68 Bl. Diss. Graz, Univ.

Simmler, J. M., Gisella Bremenserin v. Rüdesheim. Schspl. in 5 A. 8. Leipz. 789. N. A. 807. (Rauck). 9 gr

Simmler, Rudolf Theodor, s. Simler, Rudolf Theodor

Simmler, W., Baron Münchhausen's wunderbare Fahrten u. Abenteuer in Originalzeichngn. Nebst beschreib. Text. 4. (25 S. m. eingedr. Holzschn. in Buntdr.) Stuttgart 871. G. Weise. geb. 1. 80

Simmonds, Morris

Simmonds, M., s.: **Arbeiten üb. Infektionskrankheiten.**

Simmonds, M., die ätiologische Bedeutung des Typhus-Bacyllus, s. Fraenkel, E.

Simmonds, M., Cholera-Leichenbefunde, s.: Fraenkel, Eug.

Simmonds, M., üb. d. Einfluss v. Alter u. Krankheiten auf d. Samenbildg., s.: Festschrift zur Feier des 80jähr. Stiftungsfestes d. ärztl. Vereins zu Hamburg.

Über Form und Lage des Magens unter normalen und abnormen Bedingungen. Mit zahlr. photogr. Aufnahmen an Leichen von Dr. M[orris] **Simmonds.** Mit 10 Abb. u. 12 Taf. Jena: G. Fischer 1907. (54 S.) 8° [07.8139]

— über Mittelohrentzündung im frühen Kindesalter, s.: Jahrbücher d. hamburg. Staatskrankenanstalten.

—— der gegenwärtige Stand unserer Kenntnisse über die Aetiologie des Abdominaltyphus, s. Centralblatt für allgemeine Gesundheitspflege.

Simmonds, Otto: Der Querulantenwahnsinn, eine Form der Entartung. Heidelberg 1910: Straus. 39 S. 8°
Heidelberg, Med. Diss. v. 14. März 1910, Ref. Nißl
[Geb. 18. Mai 84 Frankfurt a. M.; Wohnort: Frankfurt; Staatsangeh.: Preußen; Vorbildung: Goethe-Gymn. Frankfurt Reife O. 03; Studium: Berlin 3, Heidelberg 8 S.; Coll. 26. Juni 08; Approb. 19. Juli 09.] [U 10. 3097

Simmonds, P. L., and T. S. Williams, English commercial correspondence, s. Williams, T. S.

Simmonet, vide Simonet.

Simmons, Herm. G.

Simmons H. G.: Zur Kenntniss d. Meeresalgen-Flora d. Färöer. 1897. [Rostr. Saml.].

Simmons, Herm. G., über einige lappländische Phanerogamen. (40 S.) 8. Uppsala 907. (Berlin, R. Friedländer & Sohn.) nn 1.60
Sonderabdruck aus: „Arkiv f. botanik".

Simmons, Samuel Foart. Bemerkungen über die Kur des Trippers, a. d. Engl. . . . Schweinfurt 1787. Ü: *Spohr, Carl Heinr.* (Ky) (EngM) (MGT)

— Bemerkk. üb. die Kur des Trippers; aus d. Engl. mit Anmerkk. (v. K. H. Spohr). 8. Schweinf. 787. (Bärecke in Eisenach). 5 gr

— Bemerk. üb. die Cur des Trippers, a. d. Engl. m. Anm. 8. Schweinfurt. (Wittekind in Eisenach.) 787. •

Simmons, Sam. Foart., anatom. Beschreib. des menschl. Körpers; aus d. Engl. mit Anmerkk. u. Verbesserr. v. Kapp. gr. 8. Leipz. 781. Schwickert. 1 ₰

— Samml. der neuesten Beobachtt. engl. Aerzte u. Wundärzte f. die J. 1787—90; aus d. Engl. 8. Frkf. a. M. 790—94. Andreä. 3 ₰

Simmons, Samuel Foart: Sammlung der neuesten Beobachtungen englischer Aerzte und Wundärzte für d. J. 1788. Aus d. Engl. Frankfurt a. M. 1791. 322 S.

Simmons, Samuel Foart: Sammlung der neuesten Beobachtungen englischer Aerzte und Wundärzte für das Jahr 1797. (Medical Facts and observations. Dt.) 210 S., gbd.

Franfurt am Mayn: Andreä 1797

Simms, William Gilmore

Simms, W. Gilmore, Marie de Bernière, — die Grenzjagd, — Richard Hurdis, — Guy Rivers, — Schwert und Spindel,	f. Bibliothek, amerikanische.

Simms. W. G.. der Kassike von Kiawa,	f. Bibliothek, amerikanische.

Simms, W. Gilmore, der Parteigänger, f. Bibliothek, amerikanische. [Stuttgart, Werther's Buchh.]

Simms, Katherine Walton, f. Bibliothek, amerikanische.

Simms, W. G., Wigwam u. Hütte, Erzählungen aus dem Westen Amerika's. A. d. Engl. v. Fr. Gerstäcker. 12. (13 B.) Leipzig 846, Arnoldische Buchh.

Simms, W. G., der Yemassee-Indianer. Ein Roman aus Carolina. Nach dem Engl. v. M. B. Lindau. 2 Bde. gr. 12. (640 S.) Leipzig 847, Arnold. 3 ₰

[J.] Geopfert. Roman v. George **Simmy.** Autoris. Uebs. a. d. Französ. v. Auguste Scheibe. *Stuttgart: J. Engelhorn 1894.* (158 S.) 1 Bd 8.
= Romanbibliothek, Engelhorns Allgemeine. Jg. 10. Bd 11. [98. 10504 Gr

Simmy, George, geopfert, f. a. Engelhorn's Romanbibliothek.

Simoleit, J. W., Altes u. Neues üb. Glauben u. Zweifeln, f.: Volksbücher, Neuruppiner. Nr. 2.

— Am Familientisch, f.: Volksbücher, Neuruppiner. Nr. 1.

— Das Gewissen. (82 S.) 8. Neuruppin (909). F. W. Bergemann. — 15

Simolin, A. Baron, Das Haus deror von Kreutz. Mit color. Wappen. Leipzig 1844. 4. Nicht im Handel.

Simolin, A. Frh. v., Stammtafeln des edlen Geschlechtes der Báthory von Simolin. Manuscript für Freunde des Hauses. 1855. 4.

Simon [Sachliches OW]

Simon, Heinrich. (Abdr. aus der Nationalzeitung.) Berlin 860. J. Springer in Comm. gr. 8. (8 S.) 1⅓ ngr.

Simon (Heinrich), Johann Jacoby und das Berliner Pressgericht 1866. 8°. Leipzig 1866.

„**Simon Johanna,** hast du mich lieb? — Weide meine Lämmer!" Frage und Aufruf zur Betheiligung bei der Volksschulerziehung, gerichtet an gereiftere junge Männer aus allerlei Ständen, insbesondere aus dem Stande der Expedienten, der Handwerker und Gewerbtreibenden, der Militairs. (Selbstständiges Beiblatt zu der Schrift: „Neben-Seminarien ꝛc.") gr. 8. (13 S.) Grimma 855, Gensel. **

Simon, Der kleine, ein Küchenjunge . . . Amberg 1728. V: *Hofreuter, Albert.* (Jes)

Simon, Mutter, die Helferin auf dem Schlachtfelde. gr. 8. (16 S) Bielefeld 871. Velhagen & Klasing. n. — 20

Simon Justus Hebraeorum Princeps et Pontifex ludis musicis datus . . . Eystadii 1749. V: *Weitenauer, Ignaz.* (Jes)

SIMON, siehst du dies Weib, oder Geschichte einer Engelländerinn. Halle, Waysenhaus, 1776. 8°.
So im Cat. Monath. IV. Nürnb. 1785. p. 43.

Simon, Zauberer, s. Mährchen.

Simon [Verfasser]

Simon Atheniensis, de re equestr. libri fragm. emend. et enarrarit F. Blass. 1864. 11 S. 8.-A. —.75

Simon Fidatus

Simonis Fidati de Cassia (Ordin. eremit. s. Aug.), Gesta salvatoris domini nostri Jesu Christi seu commentaria super IV evangelia. Regensburg, 1733—1734, Fol., 2 Bde.

Simon de Nantua, histoire d'Albert. qu.-4. (21 lith. Blätter mit Text.) Genève 845, Kessmann. n. 1 2/3 ₰

Simon Socratic., ut videtur dialogi IV. de lege, de lucri cupidine, de justo ac de virtute etc. graece recens et praef. crit. praem. A. Böck. 8. maj. Heidelb. Mohr et Z. 810.

Simonis, Socr., Dialogi quatuor. Acc. incerti auctoris dialogus Axiochus et Eryxias. Graece, cum notis edid. A. Boeckh. Heidelb. 810. 8. 20 gr.

Simon de la Vierge, P., Actions chrétiennes, ou discours de morale etc. 8. Basel, Thourneseu. 745.

Simon a Virgine, P., histor. Beschreib. aller Bischöfe zu Speier. Fol. Manh. 773. Löffler. 1 ₰ 20 gr

SIMON, Die Begebenheiten der Gräfin von Horneville oder Betrachtungen über den Unbestand irdischer Dinge. Der sehr curieusen Fatalitäten wegen a. d. Französ. übers. 2 Thle. Frankfurt 1745. 8°. (6 Mk. Karl W. Hiersemann, 1905.)
Das O. M. V. 1746, E 1 b, hat die Adresse: Augspurg b. Phil. Ludw. Klaffschenkel; Hartung's cat. univ. Königsb. 1746. p. 251 citirt: „Franckf. 1746".

Simon, Bibelgesellschaften u. Bibelverbreitung. Vortrag, gehalten im evangel. Vereinshaus Berlin. Berlin 869. (E. Beck.) 16. (32 S.) n. 2 ngr.

Simon, Cours de litterature allemande. Paris et Strasb. König.

— Erwiederung auf: „die wahren Grundlagen des religiösen Friedens," s. Zimmermann.

— Erwiederung auf Kettler's Schrift, s. Zimmermann.

Simon, Fibel, s.: Grundmann.

Simon: Friedrich d. Gr. in den Jahren 1760 u. 1761. 56 S. –Breslau M., Progr. 1861

Simon, über den Gebrauch und Nutzen einiger durch mehr als 100jähr. Erfahrung erprobter, anerkannt guter u. gänzlich unschädlicher Arzneien gegen die üblen Folgen des Onanismus [Selbstbefleckung] d. weißen Flusses ꝛc. Zum Besten leidender Menschen auf's Neue durchgesehen u. mit den nöthigen Recepten versehen. 20. Orig.-Aufl. 8. (VIII u. 72 S.) Stuttgart 850, Lubrecht & Co. 1/2 ₰

Simon, über den Gebrauch und Nutzen einiger durch mehr als 100jährige Erfahrung erprobter, anerkannt guter u. gänzlich unschädlicher Arzneien gegen die üblen Folgen der Onanie [Selbstbefleckung], des weißen Flusses u. der unfreiwilligen Samenergießungen ꝛc. Auf's Neue durchgesehen u. mit den nöthigen Recepten versehen. 21. Orig.-Aufl. Stuttgart 863. Lubrecht & Co. 8. (72 S.) 15 ngr.

Simon, Hauptm., Instruktion für den Einjährig-Freiwilligen der Infanterie. Bearb. zum Gebrauch für den Landwehr-Reserve-Offizier und Reserve-Offizier-Aspiranten. 1. Aufl. (VII, 165 S. mit vielen in den Text gedr. Holzschn.) 1877; 2. umgearb. und verb. Aufl. gr. 8. (VIII, 178 S. mit vielen in den Text gedr. Holzschn.) Berlin 879. Bath. * 2 —

Simon, Instruktion f. den Einjährig-Freiwilligen der Infanterie. Bearb. zum Gebrauch f. den Landwehr-, Reserve-Offizier u. Reserve-Offizier-Aspiranten. Mit vielen in den Text gedr. Holzschn. u. 1 lith. Taf. 4., m. Berücksicht. der Garnisondienst- u. Schieß-Instruktion v. 1884 umgearb. Aufl. gr. 8. (VIII, 193 S.) Berlin 885. Bath. n. 2. 25

Simon, Instruktion f. den Einjährig-Freiwilligen der Infanterie. Bearb. zum Gebrauch f. den Landwehr-, Reserve-Offizier u. Reserve-Offizier-Aspiranten. Mit vielen in den Text auch üb. M/71. 84 gedr. Holzschn. 5., m. Berücksicht. der Friedenspräsenzstärke vom 1. April 1887, der Verändergn. d. Exerzier-Reglements vom Febr. 1887, der neuen Felddienstordng. u. d. Gewehres M/71. 84 umgearb. Aufl. gr. 8. (VIII, 213 S.) Berlin 887. Bath. n. 2. 40

— lehrreiche Kanzelreden auf verschied. Festtage des Jahres: aus d. Französ. v. J. Sutter. gr. 8. Augsb. 774. Rieger.

Simon: Über ebene sphärische Krümmungslinien. 18 S. – Gr. Glogau ev., Progr. 1861.

— **Leitfaden f. den Unterricht d. Einjährig-Freiwilligen der Infanterie. Mit vielen in den Text gedr. Holzschn. 6., m. Berücksicht. d. neuen Exerzier-Reglements f. die Infanterie, der neuen Garnisondienst-Vorschrift u. nach den Bestimmgn. der neuen Heerordng. üb. den Dienst der Einjährig-Freiwilligen u. üb. die Ergänzg. der Offiziere d. Beurlaubtenstandes umgearb. Aufl. gr. 8. (IX, 213 S.) Ebd. 889. n. 2. 50**

Simon. Leitfaden f. den Unterricht d. Einjährig-Freiwilligen der Infanterie. Bearb. zum Gebrauch f. den Landwehr-, Reserve-Offizier u. Reserve-Offizier-Aspiranten. 7. Aufl., nach den Bestimmgn. der Heerordng. üb. den Dienst der Einjährig-Freiwilligen u. üb. die Ergänzg. der Offiziere d. Beurlaubtenstandes bearb. u. m. vielen zu dem Gewehr 88, Schießlehre, Bewaffng., Exerzir-Reglement u. Pionierdienst der Infanterie in den Text gedr. Holzschn. versehen. gr. 8. (XII, 226 S.) Berl. 892, Bath. * 3 —; cart. * 3 50
6. Aufl. Ebd. 1889. * 2 50.

Simon, Liebe u. Rache. Roman. 2 Thle. Pest 867. Lauffer's Verl. gr. 8. (XII, 399 S.) n. 1 ₰

[Lied.] An die Schwestern! [Unterz.:] Simon. o. O. u. J.: [Andrä]. 1 Bl. 8°
[Kopftit.]
Lied mit Chor. Ohne Noten: „Was ist das Herrlichste auf dieser Welt, . . ." 281.

Simon, Predigt über die Armenpflege gehalten am 6. Sonnt. n. Trin. 1855. gr. 8°. Buchholz, Adler. (Annaberg, Nonne.) (12 S.)

Simon, Schulfibel, s.: Grundmann.

Simonis, R. P., sermones sacri in dominicas et Festa totius anni, e Gallico versi a F. A. Veith. IV Ptes. Augsb. 774.

Simon, s.: Seydlitz, E. v., Geographie.

— der Tierarzt, s.: Was willst Du werden?

Simon's, Dr., Trost und Hülfe allen Denjenigen, welche an den übeln Folgen der Onanie oder Selbstschwächung leiden und durch den Gebrauch ausgezeichneter Mittel ihre gesunkenen Leibes- und Seelenkräfte wieder erlangen wollen. 21. Aufl. 1865. und 22. Aufl. br. 8. (VI und 41 S.) Stuttgart 867, Lubrecht und Comp.

— der Unteroffiziers-Felddienst der Infanterie. gr. 8. (29 S. m. 1 Karte.) Ulm 891. (L. Frey.) n.n. — 80

Simon, A., Hülfsbüchlein f. Aerzte u. Wundärzte, als eine in jede Brieftasche passende Einlage. 12. (IV u. 56 S.) Bern 852. (Jent & Reinert.) n. 8 ngr

Simon, A., Prozeßkunde, } s.: Simon's, Ferd., kaufm. Universal-Bibliothek.

Simon, A.: Die Verjährung, s. Simon's, Ferd.: Kaufmänn. Universal-Bibliothek.

Simon, A., das Vogtland, s.: Landschaftsbilder aus d. Königr. Sachsen.

Simon, A. D., Anweis. z. vortheilhaftesten Benutzung d. Kirschen, Aprikosen, Pflaumen etc. z. Aufbewahrung d. Lagerobstes, z. Backen u. Dörren d. Obstes, u. z. Verfertigung d. Obstweins. 8. Neuburg, 1805. — 10

Simon, A. L., die Liebe Jesu zu den verlorenen Menschen. Pred. üb. Luc. 19, 10. 8. (1⅛ B.) Perleberg 840. (Neu-Ruppin, Oehmigke u. Riemschneider.) Thlr. *

Simon, A. M., sollen sich Juden in Deutschland dem Handwerk, der Gärtnerei u. der Landwirtschaft widmen? gr. 8. (8 S.) Berlin (902). S. Rosenbaum. n. — 10

Simon, A. M., Soziales zur Judenfrage. Ein Beitrag zu ihrer Lösg. (20 S.) gr. 8. Frankfurt a M. (903). J. Kauffmann. n. — 25

Simon, Aaron: De cordis polypo. Berolini (1818). (28 S.) 8°
Berlin, Med. Diss. v. 6. Jan. 1818

Simon, Adolf (geb. Jastrow in Westpr. 19. 12. 1853): Zur Casuistik der Tumoren des Pons. Berlin (1877). (30 S.) 8°
Berlin, Med. Diss. v. 14. Apr. 1877

Simon, Adf., Reïnkarnation u. Biologie od. das Rätsel der Zeugg. (38 S.) gr. 8. Leipzig (910). Theosoph. Verlagshaus. 1. —

Jenssen, Wilh.: ▭ **Absalom. Tafel-Lied zur Feier des 25jähr. Maurer-Jubiläums unseres Brs. Wilh. Jenssen. [Unterz.:] Ad[olf] Simon. [Hamburg 1902.] 1 Bl. 8⁰ [Kopftit.]**
Ohne Noten: „Und wenn auch die Jahre fliessen . . .“ 193.

Simon, Albert [aus Düben]: Aetiologie des Aborts ... Halle a. S., Hofbuchdr. v. C. A. Kaemmerer & C., 1892; 33 S., 1 Bl. 8.
Halle, Med. Fak., Inaug.-Diss. v. 12. Apr. 1892

Simon, Albert, Medizinalprakt.: Über Placenta praevia. Schmalkalden (1909): Wilisch. 20 S. 8°
Jena, Med. Diss. v. 12. Juli 1909, Ref. Franz
[Geb. 3. Febr. 79 Asbach b. Schmalkalden; Wohnort: Asbach; Staatsangeh.: Hessen; Vorbildung: Gymn. Weilburg Reife M. 03; Studium: Chem. 5, Med. Berlin 1, Jena 4, München 3, Jena 2 S.; Coll. 4. Febr. 09; Approb. 3. Mai 10.] [U 10. 2311

Simon, Albrecht

Simon, Albr., der industriöse Geschäftsmann. Oder 400 Anweisungen zur Fabrikation vieler Handels-Artikel, als: Künstliche Weine, Rum, Aquavite, Essige, Parfümerien ꝛc. Für Gewerbtreibende und Materialisten ꝛc. und für Alle, welche ihren Erwerb erhöhen wollen. 4. Aufl. 1853., 5. Aufl. (XII und 218 S. mit 1 Tab. in qu. 4.) 1854. und 6., verb. Aufl. 8. (XII und 228 S.) Quedlinburg 855, Ernst'sche Buchh.
1.-3.Aufl.s.Simon,C.F.W.

Simon, Albr., der industriöse Geschäftsmann. Oder: 400 Anweisungen zur Fabrikation vieler Handels-Artikel, als: Künstliche Weine, Rum, Aquavite ꝛc. Für Gewerbtreibende und Materialisten, für Branntweinbrenner, Restaurateure ꝛc. und für Alle, welche ihren Erwerb erhöhen wollen. 7., verb. Aufl. 8. (XVI und 244 S.) Quedlinburg 858, Ernst'sche Buchh.

Simon, Albr., der industriöse Geschäftsmann. Oder 400 Anweisungen zur Fabrikation vieler Handels-Artikel, als: künstliche Weine, Rum, Aquavite ꝛc. Für Gewerbtreibende u. Materialisten, für Branntweinbrenner, Restaurateure ꝛc. u. Alle, welche ihren Erwerb erhöhen wollen. 8. verb. Aufl. Quedlinburg 864. Ernst. 8. (XVI, 256 S.) 25 ngr.

Simon, Albr., der industriöse Geschäftsmann. Oder: 400 Anweisungen zur Fabrikation vieler Handels-Artikel, als: künstl. Weine, Rum, Aquavite ꝛc. Für Gewerbtreibende und Materialisten, für Branntweinbrenner, Restaurateure ꝛc. und Alle, welche ihren Erwerb erhöhen wollen. 8. Aufl. 1864. und 9., verb. Aufl. 8. (XIV und 264 S.) Quedlinburg 865, Ernst'sche Buchh.

Simon, Albr., der industriöse Geschäftsmann, od. 400 Anweisgn. zur Fabrikation vieler Handelsartikel als: künstl. Weine, Rum, Aquavite ꝛc. Für Gewerbtreibende und Materialisten f. Branntweinbrenner, Restaurateure, Parfümeure ꝛc. und für Alle, welche ihren Erwerb erhöhen wollen. 11. verb. Aufl. 8. (XII, 268 S.) Quedlinburg 874. Ernst. n. 2. 50

Simon, Alb., der industriöse Geschäftsmann, oder 400 Anweisungen zur Fabrikation vieler Handels-Artikel, als: Künstliche Weine, Rum, Aquavite ꝛc. Für Gewerbetreibende u. Materialisten, u. für alle, welche ihren Erwerb erhöhen wollen. 12., verb. Aufl. 8. (XV, 270 S.) Quedlinburg 879. Ernst. 3. —

Simon, Albr., Handbuch zur Fabrikation vieler Handels- u. Haus-Artikel, als: Weine, Aquavite, Essige, Delikateßwaaren, Parfümerien, Essenzen, Seifen, Firnisse, Extracte, Chocoladen, Hefen, Mostrich, Stiefelwichsen, Tabacke, Tinten u. s. w., **ferner: Universalpflaster, Zahnpulver, Liquor, Gichtpapier, Sodawasser, Lebensessenzen, Branntwein, Liqueuren, Punschessenzen, Rum, Arac, Cognac u. s. w. Umgearb. v. Joh. Moser. 13., verb. Aufl. gr. 8. (XVI, 880 S.) Halberstadt 892. Ernst. 8. —**

Simon, A: 5000 Rezepte und Anweisungen von Handels- und Gebrauchsartikeln aller Art. 14. Aufl. Leipzig (1910?)

Simon, Alexander

Simon, Alex., Die Auswanderung der Demokraten und Proletarier und die deutsch-nationale Colonisation des südamerikan. Freistaates Chile. 8°. Stuttgart, Expedition der Sonne, 1848.

Simon, Alexander: Auswanderung und dt.-nationale Kolonisation von Süd-Amerika mit bes. Berücks. des Freistaates Chile. 2. umgearb. und für Ansiedler und Auswanderer mit einem Anh. verm. Aufl. Hrsg. von Traugott Bromme. — Bayreuth: Buchner 1850. X, 131 S. mit 1 Kt. [1. Aufl. u. d. T.: Simon: Die Auswanderung der Demokraten und Proletarier . . . . 1848.]

Simon, Alexander, approb. Arzt aus Warschau: Aus d. hydriat. Abth. d. Prof. Dr. Winternitz in Wien u. d. Poliklinik d. Prof. Dr. Rosenheim in Berlin. Ueber den Einfluss des künstlichen Schwitzens auf die Magensaftsecretion. Ein Beitrag zur Lehre von d. Wechselbeziehungen zwischen Secreten u. Excreten. *Freiburg i. B.: Speyer & Kaerner 1900.* (32 S.) 8°
Freiburg i. B., Med. Diss. v. 1900

Simon, Alex., Illustration zu Oberon, siehe: Wieland.

Simon, Alfons [pr. Arzt aus Niedermorschweier '(O.-Els.)']: Ueber die Beziehungen bestimmter Muskeln zu bestimmten Abschnitten der grauen Substanz des Rückenmarks . . . Strassburg i. E., Buchdr. C. Gœller, 1892; 69 S., 1 Bl., 1 Tab. 8.
Strassburg, Med. Fak., Inaug.-Diss. v. 1892

Simon, Alfred

Simon, Alfr. Die Concurrence déloyale. Ihr Begriff und ihre Behandlung im Civil- und Strafrecht. Vom schweiz. Juristenverein gekrönte Preisschrift. In-8°. 52 S. Bern, Schmid, Francke & Co. 1894. 1 —

— die internationale Eintragung v. Fabrik- u. Handelsmarken. [Aus: „Zeitschr. f. gewerbl. Rechtsschutz".] hoch 4. (8 S.) München 892. (Bern, Schmid, Francke & Co.) n. — 40

Simon, Alfred, aus St. Johann '(Rheinpr.)': Zur Kenntniss der Farbstoffe der Methylenblaugruppe. Zür. Orell Füssli Cie Dr. 1885. 50 S. 8°.
Zürich, Phil. Diss. [v. 13. Juli 1885].

— der Patentschutz m. besond. Berücksicht. der schweizerischen Gesetzgebung. gr. 8. (III, 115 S.) Bern 891. K. J. Wyss. n. 2. —

Der Gewerbliche Rechtsschutz in der Schweiz. Sammlg d. Gesetze u. Verträge betr. d. Schutz d. Erfindgspatente, d. Fabrik- u. Handelsmarken u. d. gewerbl. Muster u. Modelle. Von Dr. jur. Alfred Simon. *Berlin: C. Heymanns 1897.* (X, 228 S.) 1 Bd 8. 97 3040

Das Nutzautomobil. Von Alfred H. Simon. Mit 141 Abb. Berlin: R. C. Schmidt [usw.] 1910. 180 S. 8°
(Autotechnische Bibliothek. Bd 14) A 12. 3015

Simon, Alfr. H., das Nutzautomobil, s. Bibliothek, autotechnische.

Simon, Andreas. Chicago, die Gartenstadt. Chicago, 1893.

Simon, A., Ungrund der Schlussfolge von einem verordneten Rückfalle auf ein teutsches Mannsstamm-Fideicommiss, ausgeführt bey dem Erbfolgrecht der Freyherrl. Venningischen Familie insbesondere derer Töchter in die . . . Herrschaft Grombach. Mit geneal. Tabelle. O. O. 1773. fol.

Simon, Andr., († d. 8. Nov. 1820.) Ungrund d. Schlußfolge von e. verordn. Rückfall auf ein deutsches Mannsstamm-Fideicommiß. Fol. Eisenach. 773. (Bärecke). 12 gr.

Simon, And., Ungrund d. Schlußfolge von e. verordneten Rückfalle auf e. deutsches Mannsstamm Fidei-Commiß. Fol. Eisenach, Griesbach. (Wittekind.) 773.

--Whatcom Co im Staate Washington. Chicago, 1896.

Simon, Andreas Karl (Berlin) A. S. 803/8

Pacis Osnabrugensis obligatio universalis.
Präs. Karl Otto Rechenberg.
Leipzig (Titius) 21. III. 1720. 36 S.

Gew.: Heinrich Rudger von Ilgen. 32680

Simon, Andreas Karl (Berlin) A. S. 95/13

Pacis Osnabrugensis obligatio universalis.
Präs. Karl Otto Rechenberg. Rec.
Leipzig 1727. 36 S.

Diss. 21. III. 1720.

Gew.: Heinrich Rudger Frhr. von Ilgen. 32681

Simon, Anton

Simon, Ant. Das Hautskelet der arthrogastrischen Arachniden. 14 S. u. 2 Taf. 8. Progr. Staatsg. *Salzburg* 1878.

Simon, Ant., das Hautskelet der arthro-gastrischen Arachniden. Mit 2 (lith.) Taf. gr. 8. (14 S. m. 2 Bl. Erklärgn.) Salzburg 878. (Dieter.) n.n. 2. —

Simon, *Anton* Die Staub- und Goldwespen Salzburg's. 8 (17 S.). **Progr.** Staats-G. *Salzburg* 1890.

Simon, Antonie [Wirkl. Name], s. Braun, T. S. [Pseud.]

Simon, Arnold, (geb. Warschau Mai 1791): De trismo recens natorum. Berolini (1817). (30 S.) 8°
Berlin, Med. Diss. v. 13. Sept. 1817

Simon, Arthur: Bedeutung der Salpingitis für die Ätiologie der Tubargravidität. Berlin (1903): G. Schade. (39 S.) 8°
Berlin, Med. Diss. v. 6. März 1903

Simon, Arthur, Rechtspraktikant: Die Ehefrau als Handelsfrau unter besonderer Berücksichtigung der verschiedenen Güterstände und des Konkurses. Heidelberg 1908: K. Rössler. (51 S.) 8°
Heidelberg, Jur. Fak., Ref. Schroeder, Diss. v. 1908
[Geb. 3. Dez. 85 Hamm a. d. Sieg; Wohnort: Mannheim; Staatsangeh.: Baden; Vorbildung: Friedrich-Wilhelms-Gymn. Cöln, Gymn. Mannheim Reife Juli 04; Studium: Heidelberg 1, Genf 1, Berlin 1, Heidelberg 4 S.; Rig. 14. Febr. 08.]

Kleiner Leitfaden für Privat-Kulturen von Hyazinthen und anderen Zwiebelgewächsen. Hrsg. von Arthur Simon, Münster i. W. Münster i. W.: Der Westfale [1906]. (16 S.) 8° [S.] [illegible] 6

Simon, Arthur [prakt. Veterinärarzt aus Sierenz i. E.]: Anatomisch-Histologische Untersuchungen der Ovarien von fünfundneunzig kastrirten Kühen. (Mit 4 Tafeln.) Rixheim 1904. 104 S. 8°. [24. VII. 03.]
Bern. Vet.-med. Diss. 1903/1904.

Simon, Arthur. Anatomisch-Histologische Untersuchungen der Ovarien von fünfundneunzig kastrirten Kühen. Diss. Vet.-Med. Bern. [Mit 4 Tafeln.] IV + 104 S. 8. Rixheim, F. Sutter & Cie., 1904.

Simon, August

Simon, Aug. Qu' est ce que le Nouveau Testament nous enseigne sur la liberté. 15 S. . . .
Saarbrücken, Progr. 1849

Simon, Aug., Quellenschriften zur Geschichte der Volksschule u. der Lehrerseminare im Königr. Sachsen. (VI, 432 S.) gr. 8. Leipzig 910. [Dürr'sche Buchh.] Berlin, Union, Zweigniederlassg. 4.80; geb. 5.60

Simon, (*Christian*) *August:* Die Verkehrsstrassen in Sachsen und ihr Einfluss auf die Städteentwickelung bis zum Jahre 1500 ... M. e. Kt. (Aus: Forsch. z. Deutschen Landes- & Volksk., Bd. VII Heft 2.) Stuttgart, *Druck d. Union Deutsche Verlagsges.*, 1892; 97 S., 1 Bl., 1 Kt. 8.
Leipzig, Phil. Fak., Inaug.-Diss. v. [19. Sept.] 1892

Simon, A., die Verkehrsstrassen in Sachsen u. ihr Einfluss auf die Städteentwickelung bis zum J. 1500, s. u. Forschungen zur deutschen Landes- u. Volkskunde.

Das Vogtland. Von Dr. A[ugust] **Simon**, Sem.Oberl. Mit 13 Abb., 1 topogr. u. 1 orohydrogr. Karte. Meißen: H. W. Schlimpert 1905. (72 S.) 8° [F.]
= **Landschaftsbilder** aus d. Königr. Sachsen, 1. los. 1919 3

Simon, Aug., welche Hauptgesichtspunkte hat die öffentl. Erziehung unserer Zeit gegenüber, in's Auge zu fassen? Rede am 14. Octbr. 1843 gehalten. 8. (1½ B.) Saarbrücken 844, (Neumann'sche Buchh.) *

Simon, August. Einige Worte über gymnastische Übungen an höheren Schulen, Saarbrücken 1841, 19 S., 8°.

Simon, August Heinrich

—— (Hrsg.), s. Actenstücke zur neuesten Geschichte der preußischen Polizei.

— siehe: Aktenstücke zur neuesten Geschichte der Preuß. Polizei.

—— **Annehmen oder Ablehnen?** Die Verfassung vom 3. Febr. 1847, beleuchtet vom Standpunkte des bestehenden Rechts. 8. (327 S.) Leipzig 847, [Schlicke.]

—— **Annehmen od. Ablehnen?** Die Verfassung v. 3. Febr. 1847, beleuchtet v. Standpunkte d. bestehenden Rechts. 8. (327 S.) Leipzig 847, G. Wigand. 12 ngr

Simon, Aug. Heinr., mein **Austritt** aus dem preuß. Staatsdienste. gr. 8. (2¾ B.) Leipzig 846, Mittler.

—— Denkschrift betreffend das Kupfer- und Silber-Bergwerk an der Mürtschenalp. Zürich 1857. 4.

Simon, Aug. Heinr., **Entscheidungen** d. k. Geh. Ober-Tribunals, s. Entscheidungen.

—— **Ergänzungen** u. Erläuterungen der preußischen Rechtsbücher ꝛc., s. Ergänzungen.

Simon, Aug. Heinr., Geschichtliches über die Königl. Preuß. Immediat-Justiz-Examinations-Commission. Zur Säkular-Feier derselben am 12. Novbr. 1855. Berlin 856. Nicolai'sche Verlhdlg. gr. 8. (VI, 180 S.) 1 Thlr. 20 ngr.

—— Geschichtliches über die königl. preuß. Immediat-Justiz-Examinations-Kommission. Zur Säkular-Feier derselben am 12. Novbr. 1855. gr. 8. (VI und 180 S.) Berlin 855, Nicolaische Buchh.

—— die Immediat-Justiz-Examinations-Kommission. Nachrichten über einige Veränderungen, die sie jüngst erlitten, und über die ihr im laufenden Jahre bevorstehende Säkularfeier. gr. 8. (32 S.) Berlin 855, Nicolaische Buchh.

— das **Medizinal-Wesen** des preußischen Staates, s. v. Rönne, Ldw.

—— das **Polizeiwesen** d. preuß. Staates, s. Rönne, L. v.

—— das **Provinzial-Gesetzbuch** d. schlesischen Verfassung u. Verwaltung. Eine systemat. Sammlung der Gesetze u. Verordnungen f. d. öffentl. Recht des Herzogth. Schlesien u. d. Grafschaft Glatz. 1. Hft. A. u. d. Ttl.: Die ständische Verfassung von Schlesien. gr. 8. (5⅞ B.) Breslau 846, G. P. Aderholz. *
Einzeln

— das Provinzial-Gesetzbuch d. Schlesischen Verfassung u. Verwaltung. Eine systemat. Sammlung der Gesetze u. Verordnungen f. das öffentliche Recht des Herzogth. Schlesien u. der Grafschaft Glatz. 5. Hft. A. u. d. T.: Das Kirchen-Recht u. die Kirchen-Verfassung von Schlesien. gr. 8. (VIII u. 123 S.) Breslau 847, G. P. Aderholz. n. 16 ngr — Einzeln ⅔ Thlr

—— das **Provinzial-Gesetzbuch** der schles. Verfassung und Verwaltung. 6. Heft. A. u. d. T.: Das Schulrecht und die Unterrichts-Verfassung von Schlesien. gr. 8. (X und 150 S.) Breslau 848, G. P. Aderholz Vrlgsh. *
Einzeln

—— dass. 7. Hft. A. u. d. Ttl.: Das Bau- u. Wege-Recht in Schlesien. Lex.-8. (9⅛ B.) Ebds. 847. * 20 Ngr. Einzeln –

—— dass. 9. Hft. A. u. d. Ttl.: Das Bergwerksrecht von Schlesien. Lex.-8. (7½ B.) Ebds. 846. * 16 Ngr. Einzeln

—— dass. — 10. Heft. A. u. d. T.: Das Forst- und Jagdrecht von Schlesien. gr. 8. (VI und 142 S.) Ebds. 848. *
Einzeln
1., 5., 7. und 9. Heft. Ebendas. 1846—47. * 2 Thlr. 4 Ngr.

Simon, Heinr., Don Quixote der Legitimität oder Deutschland's Befreier? Lex.-8. (23 S.) Zürich 859, Kießling's Verlag.

Simon, A. H., u. H. L. v. Strampff, Rechtssprüche d. preuß. Gerichtshöfe ꝛc., s. Rechtssprüche ꝛc.

—— die preußischen Richter u. die Gesetze vom 29. März 1844. gr. 8. (10½ B.) Leipzig 845, Otto Wigand. *

—— dass. 2., verm. u. verb. Ausg. Mit einem zweiten Theile: Die ministerielle u. sonstige Kritik, deren Prüfung u. die Entscheidung des Landes. Nebst einem Nachworte an den Hrn. Staatsminister von Kamptz. gr. 8. (26½ B.) Ebds. 845. *

— die preußischen Richter u. die Gesetze vom 29. März 1844. 2., zum 2. Male durchges. Ausg., verm. m. einer Abhandlg.: Das Verhältniß des Gesetzes v. 17. Juli 1846 zu den Gesetzen vom 29. März 1844, das ist die nachträgl. vergrößerte Macht des Richters üb. das Volk, nach vorgängig vergröß. Macht d. Regierung über den Richter. gr. 8. (LII u. 424 S.) Leipzig 847, O. Wigand. n. 1⅓ Thlr

— das Preußische Staatsrecht. 2 Thle. Lex.-8. Breslau 844, G. P. Aderholz. n. 5⅔ Thlr

—— die preuß. Städte-Ordnungen ꝛc.,
—— die Verfassung u. Verwaltung des preuß. Staates,
} s. Rönne, L. v.

—— das **Verhältniß** des Gesetzes vom 17. Juli 1846 zu den Gesetzen vom 29. März 1844, d. i.: Die nachträgl. vergrößerte Macht des Richters über das Volk, nach vorgängig vergrößerter Macht der Regierung über den Richter. gr. 8. (48 S.) Leipzig 847, O. Wigand. Thlr.

Simon, Aug. Heinr., die ständischen **Verhältnisse** der österreich. Monarchie, s. Verhältnisse.

Simon, August Heinrich (Hrsg.), s. Zeitschrift f. wissenschaftl. Bearbeitung d. preuß. Rechts.

Simon, B., u. P. N. Friderici, Materialienkunde zum Gebrauche f. Eisenbahnen, mechanische Werkstätten, Gewerbeschulen, Gewerbetreibende u. Kaufleute. gr. 8. (VI, 424 S. m. 1 Tab.) Lahr 884. Schauenburg. n. 7.—

Simon, Barthold (geb. Frankfurt a. O. 1825): Nonnulla de ovi hominum et mammalium evolutione. Berolini (1846). (61 S.) 8°
Berlin, Med. Diss. v. 29. Aug. 1846

Simon, C. F. W., die Fabrikation der russischen Pottasche in Deutschland, od. Anleitung, auf die vortheilhafteste Weise eine der russischen an Kali-Gehalt nicht nur gleichkommende, sondern dieselbe noch übertreffende Pottasche zu gewinnen. 8. (2 B. u. 1 Taf. Abbild.) Quedlinburg 845, Basse.

—— die Fabrikation der Sodaseifen, als Baumöl-, Talg- u. gewöhnliche Soda-Waschseife, Palmseife, Harzseife u. Kokosnußseife. Wie auch die Bereitung feiner Toilettseifen ꝛc. 8. (5½ B.) Quedlinburg 844, Ernst'sche Buchh. —

— die Fabrikation der Sodaseifen, als Baumöl-, Talg- u. gewöhnliche Soda-Waschseife ꝛc. Wie auch die Bereitung feiner Toilettenseifen, als Windsorseife, Mandelseife ꝛc. Ferner: Seifen f. Haushaltgn. u. Oleinseife. 2. (Titel-) Aufl. 8. (VIII u. 74 S.) Ebd. (845) 850. 5/12 ß

—— der industriöse Geschäftsmann. Oder 375 Anweisungen zur Fabrikation vieler Handels-Artikel. 8. (13 B.) Quedlinburg 845, Ernst'sche Buchh.

Simon, C. F. W., der industriöse Geschäftsmann. Oder 375 Anweisgn. zur Fabrikation vieler Handelsartikel, als: Künstliche Weine, Rum, Aquavite, Essige, Parfümerien ꝛc. 2. (Titel-) Aufl. 8. (VIII u. 197 S.) Quedlinburg 849, Ernst. 2/3 ß — Oder 400 Anweisgn. z. Fabrikation vieler Handels-Artikel, als: Künstliche Weine, Rum, Aquavite, Essige; Parfümerien ꝛc. Für Jedermann brauchbar, als: f. Branntweinbrenner, Destillateure, Restaurateure ꝛc. 3. verb. Aufl. 8. (XII u. 232 S. m. 1 Tab. in 4.) Ebd. 850. 5/6 ß
4.Aufl.ff.s.Simon,Albr.

Simon, Carl, s. S i m o n , Karl.

S i m o n , Chr. H.: „Kurze Beschreibung der bei den Kaufleuten gebräuchlichsten Handlungsbücher, Hauptbuchsconten . . . . zur leichtern Erlernung des doppelten Buchhaltens für Handlungsbeflissene", Frankfurt a. M. und Leipzig 1780 (Barth). — Vorh.: Com. Bibl. Hamburg.

Simon, Chr. Rudolf: Die E r z i e h u n g zur Selbstbeherrschung, ein padagogisches Problem. Langensalza: Beyer 1908. 35 S. 8°
(Pädagogisches Magazin. H. 339.)

Simon, Christian Friedrich Liebegott

Simon, Chr. Fr. Liebeg., ABC- u. Bilderbuch z. Gebrauch beim ersten Unterricht d. Kinder. Mit illum. Kpf. 8. Halle 808. 2e A. 811. Kümmel. 12 gr schwarz 8 gr ohne Kpf. 3 gr

Simon, Ch. F. L., ABC- u. Bilderbuch z. Gebrauch beim ersten Unterricht d. Kinder, mit illum. K. 8. Halle, Kümmel. 816. -
schwarz -
ohne K. -

Simon, Chrstn. Friedr. Liebegt., B e i s p i e l e des Guten u. Bösen, s. V o g e l, K., K i n d e r f r e u n d.

Simon, (Ch. F. L.,) nützl. u. unterhalt. Belehrungen für die Jugend. 1r Thl. Anleit. z. Bild. u. Veredlung d. Verstandes u. Herzens f. Kinder. 1e Abthlg. Material. z. Erweckung u. Uebung d. Denkvermögens. gr. 8. Leipzig 827, Hartmann.

— dass. 1r Thl. 2e u. 3e Abthlg. Material. hauptsächl. z. Entwickelung religiöser u. sittl. Begriffe ꝛc. gr. 8. Leipzig 827, Hartmann.

— nützl. u. unterhalt. Belehrr. für die Jugend. 1r Thl. Anleit. zur Bildung u. Veredlung d. Verstandes u. Herzens f. Kinder. 1e Abtheil. Material z. Erweckung u. Uebung d. Denkvermögens. gr. 8. Leipz. 827. (Lehnhold). 20 gr 1r Thl. 2e u. 3e Abtheil. Materialien, hauptsächl. z. Entwickelung religiöser u. sittl. Begriffe ꝛc. gr. 8. Leipz. 827. (Lehnhold). 1 ß 4 gr

— nützl. und unterhaltende B e l e h r u n g e n für die Jugend. 2 Abthll. gr. 8. Leipzig 839. Lehnhold. Wohlf. Ausg. (I. 1/2 ß, II. 1/3 ß) 5/6 ß — dass. 3e Abthl. gr. 8. Ebd. Wohlf. Ausg. Ebd. 839. 5/12 ß

— Erzählll., Fabeln u. Lieder, hauptsächl. z. ersten Uebung des Gedächtnisses, so wie z. ersten Entwickelung sittl. Begriffe. 8. Halle 808. 2e A. 811. 3e A. 8. Ebd. 816. Kümmel. 8 gr geb. mit schwarz. Kpf. 20 gr ill. 1 ß 12 gr 2r Thl. A. u. d. T.: Moral u. Religion in erläuternd. Beispielen. 8. Ebd. 818. Mit Kpf. 14 gr

— E r z ä h l u n g e n, Fabeln u. Lieder, hauptsächlich z. ersten Uebung des Gedächtnisses, so wie z. ersten Entwickelung sittl. Begriffe. 8. Ebend. 814. -
mit schw. K. -
mit illum. K. -

Simon, Chr. Fr. Liebeg., E r z ä h l u n g e n, Fabeln u. Lieder. Hauptsächlich zur Uebung des Gedächtnisses, so wie zur Entwickelung sittl. Begriffe. 1r Thl. 4e umgearb. u. bedeutend verm. Ausg. A. u. d. T.: Moral u. Religion in erläut. Beispielen. 1r Thl. Moral. 8. Halle 833. Kümmel. 7/12 ß

Simon, Christian Friedrich Liebegott, s. I d e e n zur Verbesserung d. Landschulen.

Simon, Chr. Fr. Liebeg., Literatur d. Theologie, hauptsächl. des 19. Jahrhund. A. u. d. T.: Fortsetz. von S. A. Nösselt's Anweis. z. Kenntniß theolog. Bücher ꝛc. gr. 8. Leipz. 813. Köhler. 2 ß 6 gr Schrbp. 3 ß 12 gr

— Diss. histor.-philosoph. de Socratis in philosophiam moritis rite aestimandis. 4. Wittenb. 797.

– s. O h m , J. J.: Bibl. Spruchconcordanz.

—— Religionslehre in Sätzen, Bibelsprüchen u. Liederversen. Ein Leitfaden bei d. ersten Religionsunterr. 8. (4 B.) Leipzig 831, (Lauffer.)

—— christl. Religionslehre in Sätzen, Bibelsprüchen u. Liederversen. 1. Curs. 2., verm. Aufl. 8. (4½ B.) Leipzig 833, Cnobloch.

—— dass., nebst d. Hauptstücken d. Katechismus Lutheri. 2. Curs. 8. (8 B.) Ebds. 833.

— christl. Religionslehre fur die obern Klassen in Stadt- u. Landschulen u. besonders auch für Confirmanden. 3r Cursus. gr. 8. Ebd. 833. 1/2 ß — 2e, auf's Neue sorgfältig durchges. Aufl. gr. 8. Ebd. 839. 1/2 ß

—— christl. R e l i g i o n s l e h r e in Sätzen, Bibelsprüchen u. Liederversen. 1—3. Curs. 8. Leipzig, Cnobloch. [1. 3. A. (4¾ B.) 837. 1/6 Thlr., 2. 2. A. (8¾ B.) 838. ¼ Thlr., 3. 2. A. (14¼ B.) 839. ½ Thlr.]

Simon, Christ. Friedr. Liebegott, christliche Religionslehre in Sätzen, Bibelsprüchen u. Liederversen. 1. Curs. 5. Aufl. 843. u. 6., durchgeseh. Aufl. 8. (à 4¾ B.) Leipzig 846, Cnobloch. à

—— christl. Religionslehre, nebst den Hauptstücken d. Luther'schen Katechismus. 2. Curs. 3., durchges. Aufl. 8. (9 B.) Ebds. 844.

—— Sammlung v. Beispielen, größtenth. a. d. wirkl. Leben. Nach Anleit. u. zur Erläuterung d. ersten Cursus seiner christl. Religionslehre. 8. (10½ B.) Leipzig 834, Cnobloch.

—— S a m m l u n g v. Liederversen u. Denksprüchen, nach d. Wahrheiten d. Glaubens- u. Pflichtenlehre geordnet. Zum Gebr. bei d. 2. u. 3. Curs. seiner christl. Religionslehre. 8. (8½ B.) Leipzig 835, Cnobloch.

Simon, Christ. Friedr. Liebegott, Sittenlehre in Beispielen aus der Geschichte u. d. täglichen Leben. 3 Bdchn. 8. Leipzig 845, Schwickert. Thlr.
Bdchn. 1. Einleitung u. Pflichten des Menschen gegen sich selbst. (11½ B.) 12½ Ngr.
" 2. Allgem. Nächstenpflichten. (13½ B.) 15 Ngr.
" 3. Besondere Nächstenpflichten ꝛc. (15 B.) 17½ Ngr.

Simon, Chrn. Friedr. Liebegott, Sittenlehre in Beispielen aus der Geschichte und dem täglichen Leben.. Zur Belehrung, Ermunterung u. Warnung für die reifere Jugend. Neue wohlf., mit 3 Stahlst. verseh. (Titel-)Ausg. 3 Bdchn. Leipzig (845.) 855. Schwickert. 8. (VIII, 176; IV, 212; IV, 236 S.) 24 ngr.

— biblische Spruchconcordanz, siehe Spruchconcordanz.

Simon, C. F. L., was muß d. Religionslehrer thun, um d. gesunkenen Achtung seines Standes wieder aufzuhelfen? abgesehen von dem, was d. Staat dabey thun kann. 8. Lpz. Steinacker. 803.

Simon, Clemens, s. Simon, Klemens.

Simon, D. W., Spurgeon, der berühmte englische Kanzelredner. Ein Vortrag gehalten im Saale des Friedrich-Wilhelms-Gymnasiums. 16. (26 S.) Berlin 869, (Matthies.) *
Aus: Echo aus der Heimath und Fremde, besonders abgedruckt.

Simon, David, prakt. Arzt in Berlin: Aus d. hygien. Untersuchungsstelle des 1. Armeecorps zu Königsberg i. Pr. ⟨Vorstand: Oberstabsarzt Prof. Dr. H. Jaeger.⟩ Die desinfectorische Kraft erwärmter Sodalösungen. Ein Beitrag zur prakt. Wohnungsdesinfection. *Leipzig: [Veit & Co.] 1903.* (S. 348--368.) 8° ¶ (Aus: Zeitschr. f. Hygiene, 43.)
Leipzig, Med. Diss. v. (27. Juni) 1903

Simon, (E.,) Bemerkk. über d. polit. Zustand Griechenlands. gr. 8. Hamb. 822, (Herold.)

Simon, E., über Diäthyl- u. Diamyl-Anhydrobenzoyl-diamidobenzolverbindungen. Inaugural-Dissertation gr. 8. (30 S.) Berlin 879. (Göttingen, Vandenhoeck & Ruprecht.) n. — 60

Simon, E. F. G.: De partibus metallicis circa ligna. Leipzig. 1778. 26 S.

Simon, E. Hermann, aus Terpt: Lotzes Verhältnis zu Leibniz. Leipzig-Reudnitz 1904: A. Hoffmann. (68 S.) 8° [J.]
Erlangen, Phil. Fak., Ref. Falckenberg, Diss. v. 3. Nov. 1904
[Geb. 11. Mai 81 Terpt; Staatsangeh.: Preußen; Vorbildung: Bismarck-Gymn. Pyritz Reife O. 99; Studium: Tübingen 1, Leipzig 1, Tübingen 2, Berlin 4 S.; Rig. 3. Nov. 04.]

(**Simon**, E. T.) Correspondance de l'armée française en Égypte, interceptée par l'escadre de Nelson. London 1799. 8°.
Dass. deutsch u. d. T.: Aufgefangene Originalbriefe von der Armee des Generals Bonaparte in Egypten. Hamburg 1799.

Simon, Edgar, aus Basel: Zur Constitution des Paratoluchinophtalons. *Basel 1901: R. Ehrich.* (52 S.) 8°
Freiburg i. B., Phil. Diss. v. 1901

Simon, Edm., über Rostbildung u. Eisenanstriche. E. krit. Studie. gr. 8. (43 S. m. 2 Fig.) Berlin 896. Technolog. Verlag, O. Italiener. n. — 50

Simon, Edm., über Rostbildung u. Eisenanstriche. gr. 8. (43 S. m. 2 Fig.) Berlin 896. Polytechn. Buchh. A. Seydel. n. — 50

Simon, Edmund, Referendar: Natur und völkerrechtliche Tragweite des Urteils des Haager Permanenten Schiedsgerichtshofes vom 22. Mai 1904 betreffend die zeitlich unbegrenzte Überlassung von Grundstücken in Japan an Fremde. Greifswald 1908: H. Adler. (48 S.) 8°
Greifswald, Jur. Fak., Ref. Stoerk, Diss. v. 7. Mai 1908
[Geb. 22. Febr. 82 Dresden; Wohnort: Stettin; Staatsangeh.: Preußen; Vorbildung: Kreuz-Gymn. Dresden Reife O. 02; Studium: Tübingen 1, Berlin 6, Greifswald 2 S.; Rig. 13. Mai 07.]

Simon, Edouard

Simon, Ed., Kaiser Friedrich III. Nach dem französ. Original in die deutsche Sprache übertr. v. Eufemia Gräfin Ballestrem [Frau v. Adlersfeld]. Autoris. Ausg. 8. (VIII, 220 S.) Breslau 888. [Schottländer.] Schlesische Verlags-Anstalt. n. 3. —; geb. n. 4. —

Simon, Edouard, Geschichte des Fürsten Bismarck [1847—1887]. Autoris. Uebersetzung von O. Th. Alexander. Mit erläut. Anmerkungen und einem Personen- und Sach-Register. gr. 8. (VIII, 444 S.) Berlin 888, C. Ulrich und Comp. * geb. **

Simon, Ed., Kaiser Wilhelm u. sein Reich. Autoris. deutsche Ausg. Aus dem Franz. gr. 8. (VIII, 488 S.) Jena 887. Costenoble. n. 6. —; geb. n. 8. —

— Kaiser Wilhelm u. sein Reich. Autoris. deutsche Ausg. Aus dem Franz. 2. Aufl. Wohlf. Ausg. gr. 8. (VIII, 483 S.) Jena 888. Costenoble. n. 4. —; geb. n. 6. —

Simon, Édou., Kaiser Wilhelm II. und das erste Jahr seiner Regierung. Einzig autor. deutsche Uebers. Berlin 1889. 8°.

Simon, Ed. Kaiser Wilhelm II. Einzig autoris. deutsche Uebersetzg. 2. Aufl. gr. 8. (VIII, 262 S.) Berl. 890, Conrad. 3 —

Simon, Edouard, Kaiser Wilhelm II. Einzig autoris. deutsche Uebersetzg. 3. Aufl. 8. (VIII, 262 S.) Berlin 893. F. Schlosser. Geb. in Leinw. 3. —

Simon, Eduard, a. Bütow in Pommern: Aus d. Kgl. Universitätspoliklinik für Hals- u. Nasenkranke zu Königsberg i. Pr. ⟨Dir.: Prof. Gerber.⟩ Ueber die Blutungen aus den oberen Luftwegen. Königsberg i. Pr. 1906: O. Kümmel. (46 S.) 8°
Königsberg, Med. Fak., Ref. Lichtheim, Diss. v. 11. Nov. 1906
[Geb. 11. Dez. 81 Bütow i. Pomm.; Wohnort: Königsberg i. Pr.; Staatsangeh.: Preußen; Vorbildung: Kgl. Gymn. Kolberg Reife O. 01; Studium: Königsberg 3, München 2, Berlin 3, Heidelberg 1 S.; Coll. 25. Juli 06; Approb. 1. Nov. 06.]

Simon, Eduard, a. Salzgitter a./H.: Die Rektion der Ausdrücke der Gemütsbewegung im Französischen. Göttingen 1907: Dieterich. (XVI, 114 S.) 8°
Göttingen, Phil. Fak., Ref. Stimming, Diss. v. 4. April 1907
[Geb. 2. März 83 Berensch b. Cuxhaven; Wohnort: Salzgitter; Staatsangeh.: Preußen; Vorbildung: Realgymn. Osnabrück Reife O. 03; Studium: Göttingen 2, München 1, Berlin 1, Göttingen 4 S.; Rig. 14. Nov. 06.]

Simon, Elias: Ein Beitrag zu der Kenntniss der Atresiae vaginales . . . (Aus: Beiträge z. klin. Chirurgie. IV. Bd.) Tübingen: Verl. d. H. Laupp'schen Buchh. 1889. 60 S. 8°
Heidelberg, Med. Fak., Inaug.-Diss. v. [2. Aug.] 1888

Simon, Elisabeth: Der erzieherische Werth der Musik. (Vorr.: Robert Ludwig.) Breslau: Preuss & Jünger 1902. (40 S.) 8°

Simon, Elise: Zur Kenntnis des o-Toluchinolin-ana-Merkaptans. Freiburg i. B.: Speyer & Kaerner 1910. 37 S. 8°
Freiburg i. B., Phil. Diss. v. 10. April 1910, Ref. Gattermann
[Geb. 8. Febr. 82 Berlin; Wohnort: Berlin; Staatsangeh.: Preußen; Vorbildung: Luisenstädt. Oberrealsch. Berlin Reife M. 07; Studium: Berlin Techn. Hochsch. 6, Freiburg i. B. 4 S.; Rig. 21. Jan. 10.] [U 10. 1089

Simon, Emil [pr. Arzt aus Schlesien]: Beitrag zur Casuistik abscedierender Hirnentzündungen nach Otitis media purulenta chronica. . . . Greifswald, Druck v. Julius Abel, 1890; 30 S. 8°
Greifswald, Med. Fak., Inaug.-Diss. v. 21. Jun. 1890

Simon, Emil: Über Pseudohypertrophie und einen Fall von Elephantiasis Arabum entstanden in Folge von einer Neuritis ascendens . . . Würzburg: P. Scheiner's Buchdr. 1891. 36 S. 8°
Würzburg, Med. Fak., Inaug.-Diss. v. 1891

Simon, Emil, Referendar a. Werden (Ruhr): Das Vorkaufsrecht nach dem Bürgerlichen Gesetzbuch. Borna-Leipzig 1907: R. Noske. (VIII, 71 S.) 8° [F.]
Leipzig, Jur. Fak., Diss. v. 27. Juli 1907
[Geb. 1. Febr. 81 Werden (Ruhr); Wohnort: Werden; Staatsangeh.: Preußen; Vorbildung: Kgl. Gymn. Essen (Ruhr) Reife O. 99; Studium: Freiburg i. B. 1, München 2, Berlin 1, Bonn 2 S.; Rig. 11. Jan. 05.]

Simon, Emma, s.a.† Vely, E.

Bocca della Verità. Roman von E. **Vely** [d. i. Emma Simon]. Berlin, Eisenach, Leipzig: H. Hillger [1905]. (111 S.) 8° [F.]
= **Bücherschatz,** Kürschners. No 442. [05 10787

[F.] Gelb-Stern. Roman v. E. Vely [d. i. Emma Simon]. *Breslau: S. Schottlaender 1898.* (249 S.) 1 Bd 8. [98. 193

[Ant. u. F.] E. Vely [d. i. Emma Simon]. Mente. Roman. *Berlin: R. Taendler 1896.* (2 Bl., 240 S.) 1 Bd 8. [96. 3571

Serenissima. Roman von E. **Vely** [d. i. Emma Simou]. Berlin, Leipzig: H. Hillger [1908]. (112 S.) 8° [F.]
— **Bücherschatz,** Kürschners. No 618. [08. 12090

[F.] **Weggenossen.** Novelle v. E. Vely [d. i. Emma Simon]. *Breslau: S. Schottlaender 1896.* (156 S.) 1 Bd 8.
— **Unterwegs** und Daheim. (Ser.) n. (Bd) 3. [96. 1315

[F.] Wolkentheilung. Novelle. Von E. Vely [d. i. Emma **Simon**]. *Breslau: S. Schottlaender 1896.* (a. d. Umschl.: *1897.*) (194 S.) 1 Bd 8. (Unterwegs u. Daheim.) [97. 6747

Simon, Er. Fr. Wlh., die Beschreib. der Stadt Zschopau. 8. Dresd., Verfasser. 1 ₰ 16 gr Schrbp. 1 ₰ 20 gr

Simon, Erich, statistisches Taschenbuch f. d. Deutsche Reich. Eine Statistik, geordnet nach 1968 Stichworten in alphabet. Folge. Nach amtl. Quellen bearb. Frühj. 1910. (172 S.) 16. Berlin 910. A. Bodenburg. 2.—; erm. Pr. 1.—

SIMON, Ernst: Die Behandlung der Mastitis.- München, Marburg: Hamel 1894. 1 Bl.,22 S.,1 Bl.
20.7.1894 - Chr 1894/95,19; Jv 1894/95,208 (Prom.-Datum: 1895)

Simon, Ernst, üb. den Einfluss d. Strahlon grossor **Brechbarkeit auf d.** elektrische Leitungsvermögen verdünnter Gase. [Aus: „Sitzungsber. der k. Akad. d. Wiss.".] Lex.-8. (29 S. m. 4 Fig.) Wien 895. (C. Gerold's Sohn.) n. — 90

Simon, Ernst: Acht Fälle von Sarkom der Extremitäten-Knochen . . . Greifswald: Druck v. J. Abel 1891. 32 S. 8°
Greifswald, Med. Fak., Inaug.-Diss. v. 11. Apr. 1891

Simon, Ernst, appr. Arzt: Über Hufschlagverletzungen im deutschen Heere (1896—1905). Berlin 1909: G. Schade. 34 S. 8°
Berlin, Med. Diss. v. 26. März 1909, Ref. Hildebrand
[Geb. 19. Juni 81 Brüssel; Wohnort: Heidelberg; Staatsangeh.: Preußen; Vorbildung: Gymn. Eberswalde Reife O. 00; Studium: Berlin K. W. A. 10 S.; Coll. 25. März 09; Approb. 21. März 06.] [U 09. 111

Simon Dr. Ernst: Die verschiedenen Methoden zur Ermittlung des „Ohm." 96. Karlsbad 901.
Progr.

Simon, Ernst Heinrich, s. Erziehungshandbuch, Prakt.

Fabeln und Erzählungen, Neue, zum Unterricht und Vergnügen (von *Ernst Heinrich Simon*). Heilbronn 1796—99.
Anon.-Lex. II. p. 84 (nach Meusel u. Kayser).

Vgl. Fabeln...

— s. Gedanken v. Verehrung d. Heiligen.

— **Geschichte des Glaubens älterer und neuerer nicht christlicher Völker an eine Fortdauer der Seele nach d. Tode, an Gespenster, Engel 2c. gr. 8. Heilbronn, Claß. 803.**

Simon, Ernst, ältere u. neuere Geschichte d. Glaubens an das Hereinragen e. Geisterwelt in d. unsrige; in Beziehung an e. Fortdauer d. Seele nach d. Tode, an Engel, Mittelgeister, Gespenster, Vorboten u. Teufel. Besond. aus d. Meinungen nicht-christl. Völker gezogen. 2. Aufl. 8. (20 B.) Heilbronn 834, Claß.

— s. Jugendfreund, oder moral. Erzählungen.

— **üb. Neujahrsfeyer, Neujahrswünsche und Neujahrsgeschenke, dessen Ursprung u. d. an d. Tage üblichen Gebräuchen versch. Völker d. Erdbodens. 8. Nrnb. Bauer und W. (Schmidmer.) 799.** -

— **über Neujahrsfeier, Neujahrswünsche u. Neujahrsgeschenke, dessen Ursprung u. der an dem Tage übl. Gebräuchen verschied. Völker des Erdbodens. 8. Nürnb. 799. Bauer u. W. (Winter). 6 gr**

— s. Stimme des Volks in Hinsicht auf Regierung.

Simon, Er. Hnr., († d. 9. Nov. 1804.) histor.-krit. Versuch üb. das Gebet, besond. aber üb. das Tischgebet alter u. neuerer cultivirter u. uncultivirter Völker. 8. Nürnb. 793. Bauer u. W. (Winter). 6 gr

Simon, E., histor. krit. Versuch üb. d. Gebet, besonders aber üb. d. Tischgebet alt. u. neuerer cultivirt. und uncultivirter Völker. 8. Nürnberg, Bauer und W. (Schmidmer.) 799. -

Simon, Eugen: Combination von Syphilis und Tuberkulose in der Leber. Würzburg 1897: A. Boegler. (50 S.) 8°
Würzburg, Med. Diss. v. 1897

Simon, Eugène

Simon, Eug., Arachnides de Java, recueillis par K. **Kraepelin en 1904.** (S. 49—73 m. 5 Abbildgn.) Lex.-8. **Hamburg 905.** (L. Gräfe & Sillem.) n. — 60
Sonderabdr. a.: „Mitteilgn. a. d. naturhist. Museum in Hambg."

Simon, E., Arachnoidea: Araneae (II), vom westlichen u. zentralen Südafrika, s.: Denkschriften der medizinisch-naturwiss. Gesellschaft zu Jena. XVI, 1.

Arachnoideen, excl. Acariden und Gonyleptiden, bearb. von Eugène Simon (Paris). *Hamburg: L. Friederichsen & Co. 1902.* (17 S.) 4°(8°)
= **Ergebnisse** d. Hamburger Magalhaens. Sammelreise. Lfg 6, [illegible]

Simon, Eug., Araneae, s.: **Fauna, die, Südwest-Australiens.**

— **Araneida, s.a. Ergebnisse der usw. zoolog. Forschungsreise Dr. F. Werner's nach dem ägyptischen Sudan u. Nord-Uganda. VII.**

Simon Eugène Ergebnisse der mit Subvention aus der Erbschaft Treitl unternommenen zoologischen Forschungsreise Dr. F. Werners nach dem ägyptischen Sudan und Nord-Uganda. 7. Araneida. S. 115. 1. 1159 . . . . —.55
Separatabdruck

Simon, E., Liste d. Arachniden d. Semon'schen Sammlung in Australien u. d. Malayischen Archipel, s.: Denkschriften d. medicinisch-naturwissenschaftl. Gesellschaft zu Jena, 8. Bd. 3. Lfg.

Simon, F.: Kurze Geschichte der Stadt Lüdenscheid und Umgegend bis zur Gegenwart. In 2 Abt. mit 4 Abb. Lüdenscheid: W. Crone 1904. (100 S.) 8°

Simon, F., gemeinnütz. Calculator für alle im Rechnungsfache angestellte Beamte, f. Zoll- u. Tranksteuer-Abgabenpflichtige Partheien, f. Advocaten, Kaufleute, Kommissäre, Fabrikanten rc., enthalt. 12 tabellar. Ausrechnungen für alle im gemein. Leben vorkomm. Berechnungsfälle, für Wechsel, Disconto, Zoll- u. Tranksteuer-Rechnungen rc. rc. 12. Prag 815. Endero. (a. K. Haas in Wien).
Vgl. Simon, T.

Simon, F., wehrt Euch! Ein Mahnwort an die Juden. Mit e. offenen Brief der Frau Baronin v. Suttner an den Verf. Berlin 893. (Centralbuchh.) — 80
Nicht mehr im Buchhandel.

Simon, F. B., die Gesundheitspflege des Weibes. Mit 34 Abbildgn. im Text u. 1 farb. Taf. 1.—3. unveränd. Aufl. 8. (VIII, 306 S.) Stuttgart 893. 894. J. H. W. Dietz. n. 2.—; geb. in Leinw. n. 2.50

Simon, F. B., die Gesundheitspflege des Weibes. 4., unveränd. Aufl. 8. (VIII, 304 S. m. 34 Abb., 1 Farbdr.-Taf. u. 1 Bl. Erklärgn.) Stuttgart 897. J. H. W. Dietz Nachf. n. 2.—; geb. n. 2.50

Simon, F. B., die Gesundheitspflege des Weibes. 5., unveränd. Aufl. 8. (VIII, 304 S. m. 34 Abbildgn., 1 farb. Taf. u. 1 Bl. Erklärgn.) Stuttgart 902. J. H. W. Dietz Nachf. n. 2.—; geb. n. 2.50

Simon, F. B., die Gesundheitspflege des Weibes. 7., teilweise umgearb. Aufl. (XII, 304 S. m. 85 Abbildgn. u. 1 farb. Taf. m. Text auf der Rückseite.) 8. Stuttgart 909. J. H. W. Dietz Nachf. 2.—; geb. 2.50

SIMON, Felix (Frankfurt a.O.): Über die Bedeutung zurückgebliebener Placentarteile für die Mortalität der septischen Wochenbett-Erkrankungen.- München: Müller & Steinicke 1910. 25 S.
17.9.1910 - Chr 1910/11.23; U 11.5735
Diss.Ingolst.-Landsh.-Mchn.

Simon, Ferdinand

Simon, Ferd., Anleitung zur gründlichen und practischen Erlernung der einfachen und doppelten Buchführung durch ein methodisch entwickeltes Geschäftsfragment nach der neuen Maß- und Gewichts-Ordnung. 8. (16 S.) Magdeburg 872, Simon. cart.

Simon, Ferd. Der Bankier u. seine Kundschaft. 8. (86 S.) Berl. 892, F. Simon, Abthl. f. briefl. Unterricht. * 1 50

Simon, Ferd., Katechismus der Buchführung, mit besond. Berücksicht. derjenigen Fehler, welche Anfänger am häufigsten begehen. 16. (88 S.) Wien 888. Berlin, F. Simon, Abthlg. f. briefl. Unterricht. — 50

—— Katechismus der Buchführung m. besond. Berücksicht. derjenigen Fehler, welche Anfänger am häufigsten machen. 16. (82 S.) Ebd. 890. cart. — 50

— Katechismus der Buchführung m. besond. Berücksicht. derjenigen Fehler, welche Anfänger am häufigsten begehen. Neue (Titel-)Ausg. 16. (82 S.) Ebd. 893. Kart. n. — 50

— die Lehre von den Wechseln. Wechselwesen u. Wechselrecht in Deutschland, Oesterreich u. Ungarn. 3. Aufl. 8. (54 S.) Ebd. 889. — 75

Simon, Ferd., d. Lehre v. d. Wechseln. Wechselwesen u. Wechselrecht in Deutschland, Oesterreich u. Ungarn. Prima-Wechsel. Secunda- u. Tertia-Wechsel. Wechsel-Copien. Sola-Wechsel. Anweisgn. Wechselfähigkeit. Gezog. Wechsel. Eigene Wechsel. 4. Aufl. gr. 8. (II, 54 S.) Berlin 895. F. Simon. Kart. — 75

—— Lehrgang der Handelswissenschaft mit besond. Berücksicht. der doppelten Buchführung, der Lehre von den Wechseln und Actien nebst einem Grundriß der Volkswirthschaftslehre. 1. Aufl. (32 S.) 1871. *M 1., und 2. verb. und verm. Aufl. gr. 8. (III, 36 S.) (Ebendas.) 872.

—— kurzgefaßter Lehrgang der Handelswissenschaft, mit besonderer Berücksichtigung der doppelten Buchführung, der Lehre von den Wechseln und Actien, nebst einem Abriß der Volkswirthschaftslehre. 10. verb. Aufl. 8. (45 S.) Berlin 887, F. Simon, Abtheilung für briefl. Unterricht.

Simon, Ferd., die Sexualität und ihre Erscheinungsweisen in der Natur. Versuch einer krit. Erklärung. Inaugural-Dissertation. gr. 8. (77 S.) Breslau 883. (Jena, Deistung's Buchh.) * 1 60

— kaufmännische Universal-Bibliothek. Heft 1—3. gr. 16. Ebd. 888. à Hft. n. — 25
1. Das Wesen der Buchführung, m. besond. Berücksicht. des amerikanischen Systems. (37 S.)
2. Prakt. Rechenvortheile für das Kopfrechnen u. leichte Berechnung des Kalenders. Anh.: Ermittelung des Procentsatzes, der Zeit u. des Capitals zur Zinsenberechnung. (32 S.)
3. Das Geheimbuch, die Controle im Detail-Geschäfte, Umwandlung einer einfachen Buchführung in doppelte. (32 S.)

—— Kaufmännische Universal-Bibliothek. Heft 4—6. gr. 16. Ebd. 892. à Heft * — 25
4. Correspondenz f. Stellenvermittelung. (39 S.) 889.
5. Privat-Buchführung. (32 S.) 892.
6. Briefschreibekunst. (32 S.) 892.
Heft 1—3. Ebd. 1888. à * — 25.

— kaufmännische Universal-Bibliothek. 1.—6. Hft. 12. Ebd. à n. — 25
1. Das Wesen der Buchführung, m. besond. Berücksicht. des amerikan. Systems. (32 S.) 892.
2. Praktische Rechenvortheile u. leichte Berechnung des Kalenders. Anh.: Ermittlung des Prozentsatzes, der Zeit u. des Capitals zur Zinsenberechng. 3. Aufl. (32 S.) 892.
3. Das Geheimbuch, die Controle im Detail-Geschäfte, Umwandlung e. einfachen Buchführung in die doppelte. 4. Aufl. (31 S.) 893.
4. Wie erlangt man gute Stellung? Correspondenz f. Stellenvermittlg. (33 S.) 892.
5. Privat-Buchführung f. Chef, Commis u. Lehrling (Practikanten), auch jedem Fremden gegenüber als Geheim-Buchführg. zu behandeln. (28 S.) 893.
6. Briefschreibekunst. (32 S.) 892.

— kaufmänn. Universal-Bibliothek. 7. u. 8. Hft. 12. Ebd. 895. à — 25
Messen, Märkte u. Marktberichte. 1. D. Entstehungsgeschichte d. Messen u. Märkte u. ihre Bedeutg. f. d. Handel v. einst u. jetzt. 2. D. Marktberichte d. heut. Zeit, ihre Erklärg. u. ihr Verständniß. Von H. Tolkmitt. (60 S.)

Simon's, Ferd., kaufmännische **Universal-Bibliothek. 9. Hft.** 12. Berlin, F. Simon. — 25
Kleine Prozeßkunde mit den erforderlichen Formularen. Von H. Tolkmitt. (32 S.) 897.

Simon's, Ferd., kaufmännische Universal-Bibliothek. 9. bis 11. Heft. kl. 8. Berlin-Charlottenburg 904. F. Simon. à n. — 25
9. 10. Kleine Prozeßkunde. Von A. Simon. 2 Tle. (32 u. 31 S.)
11. Die Verjährung. Von A. Simon. (31 S.)

Simon's, Ferd., gründliche Unterweisung in der Buchführung. gr. 8. (240 S.) Magdeburg 877. F. Simon. geb. 5. -

— Gründliche Unterweisung in der doppelten Buchführung. 8. Aufl. 8. (249 S.) Ebd. 892. geb. 5 —

— gründliche Unterweisung in der kaufmännischen Correspondenz und in der einfachen Buchhaltung. Theorie und Praxis. 3. verb. Aufl. 8. (194 S.) Ebendas. 888.

— Gründliche Unterweisung in der kaufmännischen Correspondenz u. in der einfachen Buchhaltung. 3. Aufl. 8. (194 S.) Ebd. 892. 5 —

— gründliche Unterweisung in der kaufmännischen Correspondenz u. in der einfachen Buchhaltg., nebst e. Grundriß des Kalkulationswesens. Theorie u. Praxis. 4., verb. Aufl. gr. 8. (237 S.) Ebd. 894. Geb. in Leinw. n. 5. —

— gründliche Unterweisung im kaufmännischen Rechnen, unter Berücksichtigung der deutschen und österreichischen Verhältnisse. 8. (281 S.) Elberfeld 886. Berlin, Abtheilung für briefl. Unterricht.

— Gründliche Unterweisung im kaufmännischen Rechnen. 2. Aufl. 8. (280 S.) Ebd. 889. geb. 5 —

— dasselbe im kaufmännischen Rechnen. 3. Aufl. gr. 8. (280 S.) Ebd. 892. Geb. in Leinw. n. 5. —

— dasselbe in der deutschen Sprache zum Gebrauche f. den Handelsstand. Sprachlehre, Rechtschreiben, Stil u. Fremdwörter. gr. 8. (III, 240 S.) Ebd. 898. Geb. in Leinw. n. 5. —

Simon, Franz (geb. Suhl 9. 10. 1851): Ueber einen Fall von myelogenem Sarkom der Ulna. Berlin (1870). (32 S.) 8°
Berlin, Med. Diss. v. 12 Febr. 1870

Simon, Frz. Joach., d. leid. u. sterbende Jesus, d. Gemeinen Gottes abermal mit blutiger Feder vorgestellt. 8. Königsb. Zeisen. 739. –

Simon, Frz. Carl, die Feier des h. Meßopfers als Stoff zu einem religiösen Anschauungsunterricht zu benutzen; für die kathol. Jugend insbesondere. Mit einem das Kirchenjahr u. Gebete enth. Anhange. 2. Aufl. Mainz 854. Wirth. 8. (2 Bl., 168 S.) n. 10 ngr.

Simon, Friedrich (Hrsg.), s. Arndt, Ernst Moritz: Frei und fromm.

Simon, Friedrich „Ueber die Behandlungsweise und den Werth des naturgeschichtlichen Unterrichtes an den Landwirthschafts- und Gewerbsschulen". pg. 3—12. 4°. Franz Seraph Lerno.
Straubing, Progr. 1842/43

Simon, Friedrich, approb. Arzt aus Berlin: Ein Beitrag zur Kenntnis des Ulcus ventriculi carcinomatosum. *Leipzig 1902: B. Georgi.* (46 S.) 8°
Leipzig, Med. Diss. v. (21. Juli) 1902

Simon, Friedrich [aus Sprottau]: Beiträge zur vergleichenden Anatomie der Epacridaceae und Ericaceae. . . . Leipzig, Wilhelm Engelmann, 1890; 35 + 1 S. + 1 Bl. 8°
Berlin, Phil. Fak., Inaug.-Diss. v. 2. Aug. 1890

Simon, Friedrich „Das Lechfeld". pg. 3—16. 4°. Albr. Volkhart.
Augsburg, Progr. 1849/50

Simon, (Joannes [?]) Car. Frid. (geb. Zielenzig 31. 1. 1796): Quaedam ad cerebri commotionis theoriam. (Berolini 1822.) (50 S.) 8°
Berlin, Med. Diss. v. 28. Dez. 1822

Simon, Friedrich Alexander

(Simon jun., Friedr. Alex.,) †(Scheue-Niemand,) Abfertigung u. Warnung vor einem gewissen Krüger-Hansen, s. Abfertigung.

— Ankündigung einiger Privatvorlesungen f. Hrn. Dr. S. Hahn, üb. Hippokrates, Caelius Aurelianus u. Sydenham, nebst wiederholter Bestätigung, daß Hahnemann noch etwas mehr als e. leichtfertiger u. betrügerischer Citator ist. 1. Vorles. gr. 8. ... Hamburg 834, Hoffmann u. Campe.

Simon, Friedr. Alex., Antwortschreiben auf Ricord's Briefe über Syphilis. gr. 8. (VIII und 333 S.) Hamburg 851(52), Hoffmann und Campe.

Simon jun., Friedr. Alex., antihomöopath. Archiv, s. Archiv.

Simon, Friedr. Alex., Auto-da-Fee d. staatsgefährl. Ketzerschrift Pezzoni u. Oppenheim oder die Pest ist also doch contagiös u. s. w. (S. hamb. Ztschrift. f. d. ges. Med. Octbrhft. 1843) nebst authent. Bericht über die 1835 in Cairo angestellten Pestimpfungsversuche. gr. 8. (4¼ B.) Hamburg 844, Hoffmann u. Campe.

Simon, Friedr. Alex., die Behandlung der Syphilis ohne Merkur. Offenes Antwortschreiben an Dr. Jos. Hermann. gr. 8. (III und 260 S.) Hamburg 860, Hoffmann und Campe.

Simon jun., Friedr. Alex., †(Scheue-Niemand,) die indische Brechruhr od. Cholera morbus, Ihre Symptome, ihr Wesen u. ihre Behandlung, so wie ihre ursprüngl. u. alleinige Verbreitung durch Menschenverkehr sowol in Asien als in Europa, u. d. dringende Nothwendigkeit d. strengsten Quarantaine gegen Menschen u. Thiere, gegründ. auf endliche naturgemässe Schlichtung d. Streites üb. Kontagiosität u. Nichtkontagiozität ders. 8. (26 B.) Hamburg 831, Hoffmann u. Campe. Thlr.

Simon, Friedrich Alexander, s. Colles, A.: Prakt. Beobachtungen ...

—Diss. de colore cutis ut signo. 8maj. Götting. 819. Dieterich. 6 ℊ

— Declaratio defensiva cujusdam positionis de Mala Franzos nuper per professorem Leporinum oppugnatae. — Der Morbus gallicus sive neapolitanus ist im J. 1495, nicht früher, und zuerst in Italien ausgebrochen. Offenes Sendschreiben an Hrn. Prof. Haeser. gr. 8. (66 S.) Hamburg 860, Hoffmann und Campe.

— Geist der Homöopathie. Ein Wort d. Warnung an Kranke jeder Art. Gegenstück zu Hahnemanns „Allöopathie, e. Wort d. Warnung an Kranke jeder Art." gr. 8. (5 B.) Hamburg 833, Hoffmann u. Campe.

— kritische Geschichte des Ursprungs, der Pathologie und Behandlung der Syphilis, Tochter und wiederum Mutter des Aussatzes. 1. Thl. und 2. Thl. 1. und 2. Abthl. gr. 8. Hamburg, Hoffmann und Campe. [1. Thl. (XVIII und 261 S.) 857. 1 Thlr. 15 Ngr., 2. Thl. 1. Abthl. (XVIII und 324 S.) 858. 2 Thlr., 2. Thl. 2. Abthl. (VI und 144 S.) 860. 1 Thlr.]

Simon, Dr. Friedr. Alex., Arzt in Hamburg. Medicinische Geschichte des russisch-türkischen Feldzuges in den Jahren 1828 und 1829 von Seidlitz, Petersenn, Rinck und Witt. Neu herausgegeben und mit kritischen Anmerkungen begleitet von ..... Mit 2 Kupfertafeln. 8. Hamburg 1854.

— Geschichte und Schicksale der Inunktionskur nebst Anweisung zu ihrer zweckmässigen Anwendung mit besonderer Beziehung auf Prof. Sigmund's nicht überall zweckmässige Einreibungskur mit grauer Salbe bei Syphilisformen. gr. 8. (XV und 412 S.) Hamburg 860, Hoffmann und Campe.

—— , Samuel Hahnemann Pseudomessias medicus κατ' ἐξοχὴν der Verdünner, od. krit. Ab- u. Ausschwemmung d. medicin. Augiasstalles, Organon d. Heilkunst, auch homöopath. Heilkunst genannt, f. Aerzte u. gebild. Nichtärzte. (1. Thl.) gr. 8. (19½ B.) Hamburg 830, Hoffmann u. Campe.

—— (dass.) — der unsterbl. Narrheit Samuelis Hahnemanni Pseudomessiae medici scabiosi κατ' ἐξοχὴν des Verdünners andrer Thl., od. dess. Viergespann von d. chron. Krankheiten, d. unumstösslichste Beweiss, dass d. Psora, zu deutsch Κρατζε, d. eigentl. Erbsünde d. Menschengeschlechts ist, die prima causa von ⅞ seiner phys. u. moral. Gebrechen, d. Hauptursache d. franz. Revolution, d. Julitage u. d. jetzt grassir. republikan. Schwindels; f. Staatsmänner, Theologen, Aerzte u. gebild. Nichtärzte. gr. 8. Ebds. 833. (127 S.)

—— (dass.) — der unsterbl. Narrheit Samuelis Hahnemanni Pseudomessiae medici scabiosi κατ' ἐξοχὴν Ἀγύρτου 3. Thl. 2 Abthln. od.: Krit. Betrachtungen üb. Hrn. Oberhofr. Kopp Erfahrn. u. Bemerkn. bei e. prüfenden Anwend. d. Homöopathie am Krankenbette. Ein Privatissimum f. Lehrer d. Arzneykunst u. prakt. Aerzte. (2 Abthln.) gr. 8. Ebds. [1. (11½ B.) 834., 2. (14½ B.) 836. à 1 Thlr.]

—— der Kampf mit einem Lindwurm. Oder: Unerwiesene Existenz der konstitutionellen Syphilis vor dem J. 1495. gr. 8. (IV und 85 S.) Hamburg 859, Hoffmann und Campe.

—— von den sogenannten galanten Krankheiten. Ein Rathgeber f. gebildete Laien jeden Standes. gr. 12. (9⅔ B.) Hamburg 845, Berendsohn.

—— Ricord's Lehre von der Syphilis, ihre bedenklichen Mängel und groben Irrthümer kritisch beleuchtet und durch zahlreiche, schwierige und verzweifelte Krankheitsfälle erläutert; ein prakt. Handbuch über Syphilis. 2 Thle. gr. 8. Hamburg, Hoffmann und Campe.

Inhalt:

Thl. 1. Primaire Syphilis. (VI und 178 S.) 851. 1 Thlr. 7½ Ngr.
- 2. Sekondaire und tertiaire Syphilis. (396 S.) 852. 2 Thlr. 7½ Ngr.

—— Nathan der Weise od. die Pest ist also doch kontagiös. (S. hannoversche Annalen f. die ges. Heilk. Jan.- u. Febr.-Hft. 1844.) gr. 8. (5 B.) Hamburg 845, Hoffmann u. Campe. –

Simon, Friedrich Alexander, junior: Pezzoni und Oppenheim oder: die Pest ist also doch kontagiös und die Quarantainen also doch nothwendig. Allen, bei den Pestquarantainen betheiligten, hohen Regierungen und Behörden zu ernster Würdigung empfohlen. 212 S., gbd.

Hamburg: Hoffmann & Campe 1843

Simon, Frdr. Alex., Pseudomessias syphiliticus. Antwortschreiben auf Ricord's Briefe über Syphilis. 2 Lfgn. gr. 8. (VIII u. 333 S.) Hamburg 851. 52, Hoffmann & Campe. (à 1 ₰) 2 ₰

Simon, Frdr. Alex., öffentl. u. persönl. Schutzmaßregeln gegen d. asiat. Cholera. gr. 8. (32 S.) Hamburg 848, Berendsohn. n. 6 Ngr

Simon, Friedrich Alexander, junior: Ueber den Sublimat und die Inunktionskur mit besonderer Beziehung auf Dzondi's neue zuverlässige Heilart der Lustseuche und die Louvrier-Rustische Inunktionskur. 233 S., gbd.

Hamburg: Hoffmann & Campe 1826

Simon jun., Fr. Alex., über den Sublimat u. die Inunktionskur, mit besond. Beziehung auf Dzondi's neue Heilart d. Lustseuche u. die Louvrier-Rustische Inunktionskur. gr. 8. Hamb. 827. Hoffmann u. C. 1 ₰ 12 Gr

Simon, Friedr. Alex., Syphilis, s. Handbuch der speciellen Pathologie und Therapie.

—— vom Tripper, seiner Natur u. seinen Tücken u. d. häufigen, schlimmen Folgen, besond. e. schlechten u. unzweckmäss. Behandlungsweise; nebst Angabe zweckdienl. u. immer unschädl. Mittel, in Ermangelung ärztl. Hülfe; e. unentbehrl. Rathgeber f. Layen. 8. (7½ B.) Hamburg 828, Hoffmann u. Campe.

—— der Vampirismus im 19. Jahrh., od. üb. wahre u. falsche Indikation zur Blutentziehung, nicht mit Beziehung auf E. v. Grossi's tragischen Tod nach neunmaligen Aderlässen innerhalb sechs Tagen. 8. (14¼ B.) Hamburg 831, Hoffmann u. Campe.

—— Versuch e. krit. Geschichte d. verschiedenart., besond. unreinen Behaftungen d. Geschlechtstheile u. ihrer Umgegend, od. der örtlichen Lustübel, seit d. ältesten bis auf d. neueste Zeit, u. ihres Verhältnisses zu der, Ende d. 15. Jahrh. erschien., Lustseuche; nebst prakt. Bemerkn. üb. d. positive Entbehrlichkeit d. Quecksilbers bei d. Mehrzahl jener Behaftungen, od. d. sogen. primairen syphilit. Zufälle. Ein Beitr. zur Pathologie u. Therapie d. primairen Syphilis. 2 Thle. gr. 8. Hamburg, Hoffmann u. Campe. [1. (17 B.) 830. 1 Thlr. 12 Gr., 2. (35 B.) 831. 2 Thlr. 16 Gr.]

—— Versuch e. krit. Geschichte d. örtlichen Lustübel u. ihrer Behandlung seit der ältesten bis auf die neueste Zeit. 3. Thl. gr. 8. (23½ B.) Hamburg 846, Hoffmann u. Campe.
1. u. 2. Thl. Ebendas. 1830, 31. 4 Thlr. 5 Ngr.

—— öffentl. u. persönl. Vorsichtsmaaßregeln geg. d. ostind. Brechruhr od. Cholera morbus, ihre unwidersprechl. u. alleinige Verbreitung durch Menschenverkehr sowol in Asien als in Europa 2c. 2. Aufl. 8. (6¾ B.) Hamburg 831, Hoffmann u. Campe.

—— persönl. Vorsichtsmaaßregeln geg. d. Choleramorbus, nebst Angabe d. nothwend., im Hause zu haltenden Hülfsmittel u. Medikamente, u. Anwendung ders. vor Ankunft d. hinzugeruf. Arztes, zu Trost u. Rath f. Jedermann. gr. 8. (1 B.) Hamburg 831, Hoffmann u. Campe.

— Weg mit den Korbons! quand même ..... der epidemisch-miasmatische Charakter der indisch. Brechruhr, ein grober Verstoß gegen die Geschichte ihres Zuges von Dschissore in Mittelindien nach dem tiefen Keller in Hamburg u. der gröbste gegen den gesunden Menschenverstand, mit Beziehung auf die von Burdach, Lorinser u. C. W. Hufeland in No. 265, 275, 276, 277 u. 307 der Preuß. Staatszeitung von 1831 enthaltenen Artikel. gr. 12. Hamb. 831. Hoffmann u. Campe. 12 Gr

—— Weg mit den Korbons! quand même ..... der epidem.-miasmat. Charakter d. indischen Brechruhr, e. grober Verstoß geg. d. Geschichte ihres Zuges v. Dschissore in Mittelindien nach dem tiefen Keller in Hamburg u. der gröbste geg. d. gesunden Menschenverstand, mit Bezieh. auf d. von Burdach, Lorinser u. C. W. Hufeland in Nr. 265, 275, 276, 277 u. 307 d. preuß. Staatszeitung enthalt. Artikel. gr. 12. (7 B.) Hamburg 832, Hoffmann u. Campe. Thlr.

Simon jun., (Fr. Al.,) über die Zeichen der venerischen Krankheit u. deren Bedeutung; über die Nothwendigkeit einer energischen Behandlung der allgemeinen Lustseuche u. üb. das wahre Wesen der vermeinten u. sogenannten Merkurialkrankheit. 8. Hamb. 825, Verf. (Leipz., Hartknoch)

Simon, Friedrich Theodor Eusebius [Praes.], s. Barth, Jo. Christoph: De ingenio Francorum orientalium poetico. Disp. IV.

Simon, Friedrich Theodor Eusebius [Praes.], s. Grosch, Samuel Ehrenfried: De ingenio Francorum orientalium poetico.

Simon, Friedrich Theodor Eusebius F, r/2

De odio tunicae a carne maculatae ad Iudae epist. comm. XXIII. commentatio exegetico-theologica. Erlangen (Becker) 5. XI. 1743. 40 S. 32687

Simon, Fritz [aus Barmen]: Aus d. chirurg. Klinik zu Bonn. Ueber männliche Epispadie ... Bonn, Druck v. E. Heydorn, 1892; 35 S. 8.
Bonn, Med. Fak., Inaug.-Diss. v. [15. Dez.] 1892

Simon, Fritz, die deutsche Frage. gr. 8. (49 S.) Lindau 884, Ludwig's Buchh. * 1 —

Simon, Fritz, die Getreide-Einfuhrscheine. Eine Kritik der Reichstagsverhandlg. vom 22. IV. 1909. (53 S.) Lex. 8. Königsberg 909. Gräfe & Unzer. 1. 50

Simon, Fritz: Ueber ein Pancreascarcinom bei einem 13jährigen Knaben ... Greifswald: Druck v. Julius Abel 1889. 30 S. 8°
Greifswald, Med. Fak., Inaug.-Diss. v. 10. Aug. 1889

Der Königsberger Seekanal und die ostpreussischen Binnenwasserstrassen. Von Fritz **Simon**, Synd. Vortrag, geh. in Berlin 1902. Mit 2 Lageplanskizzen u. 4 Profilzeichn. *Berlin 1902: A. W. Hayn's Erben.* (26 S.) 8°
Aus: Zeitschr. f. Binnenschiffahrt. Jg 9, H. 3 u. 4. (02. 7331 10

Simon, Fritz, Kammergerichts-Referendar in Fürstenwalde (Spree): **Die irrtümliche Übergehung eines Pflichtteilsberechtigten** bei der Erbeinsetzung nach römischem, gemeinem und heutigem bürgerlichen Recht. Berlin 1908: R. Saling & Co. (64 S.) 8°
Leipzig, Jur. Fak., Diss. v. 25. Febr. 1908
[Geb. 15. Jan. 84 Frankfurt a. O.; Wohnort: Fürstenwalde; Staatsangeh.: Preußen; Vorbildung: Friedrichs-Gymn. Frankfurt a. O. Reife O. 03; Studium: Heidelberg 1, Breslau 1, Heidelberg 1, Munchen 1, Berlin 2 S.; Rig. 26. Juli 06.]

Simon, G. H. Theodor, s. Simon, Theodor

Simon, Georg, a. Bielefeld: Aus dem pathologischen Institute zu Kiel. Hydronefrose durch Gefässkompression des Ureters. Kiel 1906: Schmidt & Klaunig. (20 S.) 8°
Kiel, Med. Fak., Ref. Heller, Diss. v. 14. Aug. 1906
[Geb. 19. Dez. 82 Bielefeld; Wohnort: Bielefeld; Staatsangeh.: Preußen; Vorbildung: Gymn. Bielefeld Reife O. 01; Studium: Göttingen 1, Würzburg 1, Kiel 2, München 1, Berlin 2, Kiel 2 S.; C. H. 27. Juli 06; Approb. 1. Juli 06.]

Simon, Georg. Ferd. Adolph. (geb. Greifenberg i. P. 28. 7. 1793): De organismi feminei proprietatibus. Berolini (1818). (35 S.) 8°
Berlin, Med. Diss. v. 2. Okt. 1818

Simon, Gerhard [Arzt aus Bern]: Beiträge zur Kenntnis der „Neurodermitiden". Bern 1898. 51 S. 8°.
Bern. Med. Diss. 1897/98.

Simon, Gerhard, prakt. Arzt aus Collbitz: Aus d. chirurg. Klinik d. Universität Bonn. Ueber **Makroglossie.** *Bonn 1902: J. Trapp.* (66 S.) 8°
Bonn, Med. Diss. v. 29. Okt. 1902

Simon, Gottfried August

Simon, Godofredus Augustus: De nonnullorum pigmentorum natura chemica ac physica. Halis Saxonum (1848): Schmidt. 30 S. 8°
Halle-Wittenberg, Med. Diss. v. 28. Aug. 1848
Geb. Stettin 27. 6. 1825. V.

Simon, Gottfried K.

— Islam u. Christentum im Kampf um die Eroberg. der animistischen Heidenwelt. Beobachtungen aus der Mohammedanermission im Niederländisch-Indien. (XII, 475 S.) gr. 8. Berlin 910. M. Warneck. 6. —

Simon, Gottfr. K., der Islam, wie ich ihn kennen lernte auf Sumatra. (23 S.) gr. 8. Barmen 909. Comptoir des Missionshauses. nn — 10

Simon, Gfr., die Missionspflicht d. deutschen Studenten. Vortrag, geh. auf d. 2. Konferenz d. Studentenbundes f. Mission. gr. 16. (45 S.) Halle 896. (J. Fricke's Sort.). n. — 10

Die Missionspflicht der deutschen Studenten. Vortr. geh. auf d. II. Konferenz des Studentenbundes f. Mission v. Gottfried **Simon** ... *Halle a. S.: Studentenbund f. Mission 1896.* (45 S.) 1 Bd 8. (98. 11437 Ha

— Die mohammedanische Propaganda u. die evang. Mission (IV, 82 S.) 8. Leipzig 909. A. Deichert Nachf. — 60

Sumatradeckblatt. Bilder aus d. Leben d. Tabakarbeiter auf Sumatra. Von Missionar G. **Simon.** Barmen: Missionshaus 1910. 40 S. 8°
A 12. 5371 5

— Sumatradeckblatt, s. a. Missionsschriften, rheinische.

Tole! Vorwärts! Von G. **Simon,** rhein. Missionar auf Sumatra. Mit 21 Bildern. *Gütersloh: C. Bertelsmann 1904.* (132 S.) 8° [Ant. u. F.]
= **Missionspfaden,** Auf. Bdch. 1. (04. 9919

Simon, G., Tole! Vorwärts!, s. a. Auf Missionspfaden. I.

Simon, Gustav: Beitrag zur Kenntniss der Eiweisskörper der Kuhmilch. Halle a. S. 1901: (M. Du Mont-Schauberg, Strassburg). (79 S.) 8°
Halle, Phil. Diss. v. 1901

Simon, Gust., Chirurgie der Nieren. 1. Thl.: Glückliche Exstirpation einer Niere zur Heilung einer Harnleiter-Bauchfistel. gr. 8. (VIII, 89 S. mit 2 Stnt.) Erlangen [Stuttgart] 871, Enke. *

Simon, Gust., Chirurgie der Nieren. 2. (Schluss-)Thl.: Operative Eingriffe bei Verletzungen und chirurg. Krankheiten der Nieren und der Harnleiter. gr. 8. (X, 314 S. mit 7 lithogr. und Farbendr.-Taf. und 6 eingedr. Holzschn.) Stuttgart 876, Enke. * 10 80
1. Thl. Ebendas. 1871. *ℳ 2,40.

Simon, Gustav, Referendar aus Königsberg i. Pr.: Das **Disciplinarstrafrecht** der Privatdocenten in Preußen. *Borna-Leipzig 1902: R. Noske.* (138 S.) 8°
Leipzig, Jur. Diss. v. 1902

Simon, Gust., die Echinococcuscysten der Nieren und des perirenalen Bindegewebes. Hrsg. von H. Braun. gr. 8. (III, 76 S.) Stuttgart 877, Enke. * 2 —

Simon, Gust., die Exstirpation der Milz am Menschen nach dem jetzigen Standpunkte der Wissenschaft beurtheilt. Giessen 857. Heyer. gr. 8. (IX, 141 S.) n. 1 ℛ. 6 ngr.

Simon, Gust. (Joan.) (geb. Polzin 5. 12. 1822): De febribus intermittentibus. Berolini (1845). (28 S.) 8°
Berlin, Med. Diss. v. 15. Aug. 1845

Simon, G., die Geschichte der Dynasten und Grafen zu Erbach und ihres Landes. Mit 2 (lithogr. und ill.) Karten (in qu. Fol.), 2 Holzschn.(-Taf.), 8 Stammtaf. (in qu. Imp.-Fol.) und dem Erbachischen Urkundenbuche. gr. 8. (XIII und 486 S. und Urkundenbuch 307 S.) Frankfurt a. M. 858, Brönner. *

Simon, G., die Geschichte Hessens in Biographien für das Volk erzählt. 1—5. Bdchn. 8. Frankfurt a. M. 855—56, Brönner. *

Inhalt:
Bdchn. 1. Das Leben des heil. Ludwigs, Landgrafen von Thüringen, Fürsten zu Hessen und seiner Gemalin, der heil. Elisabeth. Eine Erzählung für das Volk. (XV und 141 S.) 15 Ngr.
„ 2. Das Leben Heinrichs des Kindes, ersten Landgrafen von Hessen. Eine Erzählung für das Volk. (VIII und 122 S.) 10 Ngr.
„ 3. Das Leben Heinrichs II., des Eisernen, Landgrafen von Hessen und seines Sohnes Otto, gen. der Schütz. (VIII und 158 S. mit 1 Tab. in qu. Fol.) 10 Ngr.
„ 4. Das Leben Ludwigs I., des Friedsamen, Landgrafen von Hessen. (VIII und 135 S. mit 1 Tab. in qu. Fol.) 10 Ngr.
„ 5. Das Leben Philipps des Großmüthigen, Landgrafen von Hessen. (VII und 160 S. mit 1 Tab. in qu. Fol.) 10 Ngr.

Simon, G., die Geschichte des reichsständischen Hauses Ysenburg und Büdingen. 3 Bde. gr. 8. Frankfurt a. M. 865, Winter. *
Inhalt:
Bd. 1. Die Geschichte des Ysenburg-Büdingenschen Landes. (X und 262 S. mit 1 lithogr. und ill. Karte in Fol. und 8 lithogr. Zeichnungen.) * 1 Thlr. 24 Ngr.
" 2. Die Ysenburg und Büdingen'sche Hausgeschichte. (X und 416 S. mit vielen Siegelzeichnungen auf 6 Holzschntaf. und 8 Stammtaf. in 4. und Fol.) * 2 Thlr. 20 Ngr.
" 3. Das Ysenburg und Büdingen'sche Urkundenbuch. (XII und 312 S. mit 6 Siegelzeichnungen auf 1 Stnt. in 4. und einem Personen- und Ortsregister.) * 2 Thlr. 10 Ngr.

Simon, G., französ. Grammatik für Gymnasien. (Mit e. Vorwort vom Oberlehrer D. J. K. L. Hantschke). gr. 8. Elberf. 832. Büschler. 16 gr.

Simon, G., franz. Grammatik f. Gymnasien. (Mit e. Vorw. v. J. K. L. Hantschke.) gr. 8. (10 B.) Elberfeld 832. [Leipzig, Craven.]

Simon, Gust., französ. Grammatik f. Gymnasien. 2. Aufl. neu bearb. v. F. W. Gliemann. gr. 8. (12¼ B.) Leipzig 846, Friedlein u. Hirsch.

Simon, Gust. die Hautkrankheiten durch anatomische Untersuchungen erläutert. 1. Aufl. (XII und 394 S. mit 8 Kpfrt.) 1848. und 2., verm. Aufl. gr. 8. (XII und 420 S. mit 9 Kpfrt.) Berlin 851, G. Reimer.

— über die Heilung der Blasenscheidenfisteln. Beurtheilung der Opération autoplastique par glissement von Jobert (de Lamballe) in Paris. Neue Methode der Naht, die Doppelnaht, zur Vereinigung der Fistelränder. Giessen 854. Heyer. 8. (2 Bl., 60 S.) n. 12 ngr.

Simon, Gust. (geb. Eisleben 29. 11. 1836): De intoxicatione saturnina. Berolini (1862). (32 S.) 8°
Berlin, Med. Diss. v. 13. März 1862

— Ludwig IV. genannt der Heilige, Landgraf von Thüringen und Hessen, und seine Gemalin die heilige Elisabeth von Ungarn. Ein geschichtliches Lebensbild aus dem Zeitalter Kaiser Friedrichs II. Frankfurt a. M. 854. Brönner. 8. (XXXVI, 276 S.) n. 1 rf.

— über die Menge der ausgeathmeten Luft bei verschiedenen Menschen und ihre Messung durch das Spirometer, ein Beitrag zur medicin. Diagnostik. Eine der medicinischen Facultät der Universität zu Gießen zur Erlangung der Doctorwürde vorgelegte Inauguralabhandlg. verfaßt unt. d. Leitung u. m. e. Vorw. v. Jul. Vogel. Mit 1 (lith.) Abbildg. gr. 8. (VI u. 38 S.) Gießen 848. (Ricker.) n. ½ rf

—— über die Methoden, die weibliche Urinblase zugängig zu machen, s. Sammlung klinischer Vorträge.

Simon, Gust., Mittheilungen aus der chirurgischen Klinik des Rostocker Krankenhauses während der J. 1861—1865. 2 Bde. [Aus: Deutsche Klinik u. Prager Vierteljahrsschrift für prakt. Heilkunde.] Prag 867. Leipzig, Hirschfeld. gr. 8. (XXXI, 520 S. mit eingedr. Holzschn. u. 6 Holzschntaf.) 2 rf 15 ngr.

—— über die Operation der Blasen-Scheidenfisteln durch die blutige Naht mit Bemerkungen über die Heilung der Fisteln, Spalten und Defecte, welche an anderen Körpertheilen vorkommen. Lex.-8. (XII und 133 S. mit 25 eingedr. Holzschn. und 13 Lithogr.) Rostock 862, Stiller'sche Hofbuchh. *

Simon, G[ustav], appr. Arzt: Über alkoholische Pseudoparalyse und ihre Differentialdiagnose. Emmendingen: Dölter 1908. 21 S. 8°
Freiburg i. B., Med. Diss. v. 1908, Ref. Hoche
[Geb. 20. Juni 84 Frankfurt a. M.; Wohnort: Freiburg i. B.; Staatsangeh.: Preußen; Vorbildung: Goethe-Gymn. Frankfurt a. M. Reife O. 94; Studium: München 2, Heidelberg 1, München 2, Freiburg i. B. 1, München 1, Freiburg i. B. 3 S.; Coll. 14. Juni 07; Approb. 29. Mai 07.] [U 09. 977

Simon, Gustav: Über Schusswunden. Verbunden mit einem Berichte über die im Grossh.Militär-Lazareth zu Darmstadt behandelten Verwundeten vom Sommer 1849. 160 S., gbd., 2 Taf.

Giessen: Heinemann 1851

—— Sendschreiben, s. Urtheil des Vereins hessischer Aerzte in Darmstadt etc.

—— über die Uranoplastik mit besonderer Berücksichtigung der Mittel zur Wiederherstellung einer reinen (nicht näselnden) Sprache. gr. 8. (32 S. mit 3 Stnt.) Danzig 864, Ziemssen. *
Aus: Greifswalder medicinische Beiträge, besonders abgedruckt.

— Urtheil des Vereins Hessischer Aerzte in Darmstadt über die Exstirpation eines chronischen Milz-Tumors und die Resection eines 4½ Zoll langen Stücks aus der Diaphyse des Oberschenkelknochens etc. (Zwei von Hrn. Dr. Küchler in Darmstadt ausgeführte Operationen.) Ein offenes Schreiben an die Aerzte des Grossherzogth. Hessen. Giessen 855. Heyer. 8. (20 S.) n. 4 ngr.

Simon, Gustav Wilhelm

Simon, Gustav(us) Guilelmus: De sarcina ventriculi. Accedit tabula lithographica. Halis (1847): Heynemann. 29 S., 1 Taf. 8°
Halle-Wittenberg, Med. Diss. v. 24. Apr. 1847
Geb. Halle a. d. S. 8. 7. 1824. V.
Verf. ließ folgen: Ueber die Entwickelung der Sarcine aus dem Hefenpilz. In: Archiv f. pathol. Anatomie u. Physiologie. Hrsg.: R. Virchow u. B. Reinhardt. Bd. 2. Berlin 1849. S. 331—333.

Simon, H., Grundzüge der Mythologie und Sagengeschichte der Griechen und Roemer. 1. und 2. Aufl. gr. 8. (32 S.) Schmalkalden 875,76, Wilisch. * — 5

Simon, H., Grundzüge der Mythologie der Griechen und Römer. 3. und 4. Aufl. gr. 8. (32 S.) Schmalkalden 878,83, Wilisch. * 50 Pf.; geb. * — 65

Simon, H., Grundzüge der Mythologie der Griechen u. Römer. 5. Aufl. 8. (32 S.) Schmalkalden 890. Wilisch. n. — 50; geb. n. — 65

— Die württembergischen Sanitätszüge. fol Stuttgart 1871

Simon, H.: Wirtschafts-Buch für Beamte auf dem Lande. Unter bes. Berücks. d. Verhältnisse d. Forstbeamten zsgest. Neudamm: J. Neumann (1900). (64 S.) 4°

Simon, H., Wirtschafts-Buch f. Beamte auf dem Lande. Unter besond. Berücksicht. der Verhältnisse der Forstbeamten zusammengestellt. Fol. (III, 64 u. 32 S.) Neudamm (901). J. Neumann. Kart. n. 2.—

Simon, H., Wohlfahrtspflege in den Provinzen Rheinland, Westfalen usw., s.: Hoffmann, Aug.

Simon, H. H., et Schweighäuser, Connoissances les plus nécessaires tirées de l'étude de la nature et des arts et métiers, destinées à la jeunesse du moyen âge. T. I. 8. Basel, Thourneysen. 781. Rthlr.

—— les mêmes, avec vocabulaire.

— Darstellung d. gemeinnützigsten Kenntnisse a. d. Natur u. Kunst, in d. Art eines neuen Orbis pictus. 8. 781.

Simon, H. W. Henry Wadsworth Longfellow als epischer und lyrischer Dichter. Schmalkalden, R., 1868. 44 S. Progr.

Simon, Hans [Kammerger.-Ref.]: Die Geltendmachung des Verwendungsanspruches ... Berlin, *Druck: H. Schmidt*, 1897; 1 Bl., 69 S. 8.
Erlangen, Jur. Fak., Inaug.-Diss. v. 1897

Simon, Hans, das Reichsgesetz üb. die Sicherung der Baufordergn., s. a. Sammlung v. Handkommentaren deutscher Reichsgesetze.

Simon, Hans: Das Reichsgesetz über die Sicherung der Bauforderungen. Vom 1. Juni 1909. Erl. Stuttgart, Berlin, Leipzig 1909. 8°

Simon, Hans, Referendar: Die Schlüsselgewalt der Ehefrau nach dem Rechte des BGB. Borna-Leipzig 1908: Noske. VIII, 58 S. 8°
Leipzig, Jur. Diss. v. 14. Sept. 1908
[Geb. 2. Nov. 79 Eisleben; Wohnort: Magdeburg; Staatsangeh.: Preußen; Vorbildung: Klostersch. Ilfeld Reife O. 01; Studium: Halle 4, Berlin 1, Freiburg i. B. 1 S.; Rig. 3. Mai 05.] [U 09. 2089

Simon, Harry Arthur: Die Banken und der Hamburger Überseehandel. Studien z. Frage d. Zahlungsabwicklung u. Kreditgewährung. Stuttgart 1909: Union. VIII, 130 S. 8°
¶ (Ersch. auch als: Münchener volkswirtsch. Studien. Stück 91.)
München, Staatswirtsch. Diss. v. 9. März 1909, Ref. Lotz
[Geb. 2. Okt. 85 Hamburg; Wohnort: Hamburg; Staatsangeh.: Hamburg; Vorbildung: Realgymn. Hamburg Reife M. 04; Studium: Jura Freiburg i. B. 4, Jura u. Staatsw. München 5 S.; Rig. 9. März 09.] [U 10. 3409

Simon, Harry Arthur: Die Banken und der Hamburger Überseehandel. Studien z. Frage d. Zahlungsabwicklung u. Kreditgewährung. Stuttgart & Berlin: Cotta 1909. X, 130 S. 8°
(Münchener Volkswirtschaftl. Studien. Stück 91.)

Simon, Heinrich

Simon, Heinr., s. a. Osmin, H.

Simon, Heinr., Brief über die deutsche Patentfrage. Lex.-8. (54 S.) Manchester 876. (Berlin, Ernst und Korn.) * — 80

Simon, Heinrich: Die Druse der Pferde und deren Heilung. Neu bearb. Erlangen 1811. VI, 77 S.

Simon, die Druse d. Pferde u. ihre Heilung, neu bearbeitet. 8. Erlang. Breuning. 811. -

Simon, Heinr., Die Druse der Pferde und deren Heilung, neu bearb. 8. Erlangen 11. Heyder. M. —.75

Simon, Heinrich: Die theoretischen Grundlagen des magischen Idealismus von Novalis. Heidelberg: C. Winter 1905. (XI, 54 S.) 8°
Freiburg i. B., Phil. Fak., Ref. Rickert, Diss. v. 1905
[Geb. 31. Juli 80 Berlin; Wohnort: Berlin; Staatsangeh.: Preußen; Vorbildung: Realgymn. Gotha Reife O. 00; Studium: Berlin 2, Freiburg i. B. 7 S.; Rig. 30. Juli 04.]

Simon, Grundriß der gesammten ..ichbeschau. Ein Leitfaden f. empir. Fleischbeschauer. 8. (VI, 67 S.) Berlin 894. R. Schoetz. Geb. n. 1. 60

Simon, Grundriß der gesammten Fleischbeschau. Ein Leitfaden f. die Ausbildg. der Laien-Fleischbeschauer. 2. verm. Aufl. 8. (VII, 276 S.) Berlin 899. R. Schoetz. Kart. n. 5.—

Simon, Heinrich, a. Tann (Rhöngebirge): Ueber Halogen- und Azothioderivate des 1-Phenylpyrazols. Rostock 1904: C. Hinstorff. (57 S.) 8°
Rostock, Phil. Fak., Ref. Michaelis, Diss. v. 25. März 1905
[Geb. 25. Jan. 75 Saalfeld; Wohnort: Schwäb. Gmünd; Staatsangeh.: Sachsen-Meiningen; Vorbildung: Gymn. Schleusingen Reife f. Obersekunda O. 94; Studium: Marburg 4, Rostock 5 S.; Rig. 23. Nov. 04.]

Simon, Heinrich *Wilhelm* [aus Metten i. Westf.]: Ueber Hydromyelie und Syringomyelie ... Halle a. S., Hofbuchdr. v. C. A. Kaemmerer & C., 1895; 56 S., 1 Bl., 1 Taf. 8.
Halle, Med. Fak., Inaug.-Diss. v. 7. Aug. 1895

Der magische Idealismus. Studien z. Philosophie d. Novalis von Dr. Heinrich **Simon**. Heidelberg: C. Winter 1906. (XI, 147 S.) 8°
[Ein Teil erschien u. d. T.: Die theoret. Grundlagen d. magischen Idealismus von Novalis als Inaug.-Diss. Freiburg 1905.] [06. 3030

Simon, Heinr., Kohlen-Hau-, Fräs- oder Schrämm-Maschinen und Kohlenbrecher. gr. 8. (18 S. mit 3 lithogr. Taf. in Fol.) Klagenfurt 874, Bertschinger und Heyn. *
Aus: Zeitschrift des berg- und hüttenmännischen Vereins, besonders abgedruckt.

Kleines Musiklexikon nebst Winken z. Erlangung u. Bewahrung d. Kunstkennerschaft. Fragmente aus d. Nachlaß d. Prof. Kalauer. Hrsg. von H. Osmin [d. i. Heinrich **Simon**]. 4. verm. Aufl. Berlin: Ries & Erler 1906. (50 S.) 8° [F.] [06. 18441 11

Simon, H., Das Fairlie'sche Patent-System u. sein Einfluss auf den billigeren Betrieb von Eisenbahnen insonderheit Vicinalbahnen. Manchester (Verlag d. techn. Bür. von H. Simon) 1870. lex. 8°.

Simon, Heinrich: Das Fairlie'sche Patent-System und sein Einfluss auf den billigeren Betrieb von Eisenbahnen. Insonderheit Vicinalbahnen. Hoch 4. (62 S.) Wien: Lehmann & Wentzel in Comm. 1870.

Simon, Heinrich, die harmonische **Reihe**. Ein **Beitrag** zur algebraischen Analysis. Diss. Halle 1886, Lippert-sche Buchh. 8°. 46 S.

— die rituelle Schlachtmethode der Juden vom Standpunkt der Kritik u. der Geschichte. 8. (43 S.) Frankfurt a/M. 893. J. Kauffmann. n. — 60

Simon, Heinrich: Simon's Shorthand. Übertragung d. vereinfachten deutschen Stenographie (Einigungssystem Stolze-Schrey) auf d. Englische. Berlin: Schrey [1909]. 38 S. 8°

Simon's, Heinr., shorthand. Übertragg. d. vereinfachten deutschen Stenographie (Einigungssystem Stolze-Schrey) auf das Englische. (2. Aufl.) (38 S.) kl. 8. Berlin 910. F. Schrey. 1.—

Simon, Heinrich August, s. Simon, August Heinrich.

Simon, Heinrich Ludwig Julius

Simon, Hein. Ludov. Julius (geb. Berlin 7. 6. 1830): Analecta ad quaestionem de morte chloroformio inducta. Berolini (1862). (32 S.) 8°
Berlin, Med. Diss. v. 14. März 1862

Simon, Heinrich Otto

Simon, H. O., Aufgaben zum Uebersetzen in das Lateinische für Sexta und Quinta. 2. wenig veränd. Aufl. (VI, 82 S.) 1868. * 50 Pf.; 3. verm. und 4. unveränd. Aufl. 1870,73. * 75 Pf., und 5. Aufl. 8. (IV, 103 S.) Berlin 875, Dümmler's Verlag. *

Simon, H. O., Aufgaben zum Uebersetzen in das Lateinische f. Sexta u. Quinta. 6. Aufl. gr. 8. (IV, 103 S.) Berlin 876 Dümmler's Verl. n. — 80

Simon, H. O., Aufgaben zum Uebersetzen in das Lateinische für Sexta, Quinta und Quarta. 7. verm. Aufl. 8. (116 S.) Berlin 880, Dümmler's Verlagsb. * 1 —

Simon, H. O., Aufgaben zum Uebersetzen in das Lateinische für Sexta, Quinta und Quarta. 9. Aufl. gr. 8. (110 S.) [Berlin 886, Dümmler's Verlag.] Gütersloh, Bertelsmann. *

Simon, H. O., Aufgaben zum Übersetzen in das Lateinische f. Sexta, Quinta u. Quarta. 10., umgeänd. Aufl. 8. (124 S.) Berlin 889. Dümmler's Verl. n. 1. —

Simon, H. O., Aufgaben zum Übersetzen in das Lateinische f. Sexta, Quinta u. Quarta. 11. Aufl. gr. 8. (117 S.) Berlin 894. F. Dümmler's Verl. n. 1. — ; geb. n. 1. 20

Simon, H. O. Fastorum Romanorum specimen. 33 S.
Berlin, Gr. Kl., Progr. 1857

— deutsche Uebungsbeispiele, s. Gedike's lateinisches Lesebuch.

—— deutsche Übungsbeispiele zum Übersetzen in das Lateinische für Sexta, Quinta und Quarta. [Anhang zum latein. Lesebuch von Gedicke.] 7. und 8. Aufl. gr. 8. (42 S.) Ebendas. 885,87. *

—— Deutsche Ubungsbeispiele zum Uebersetzen in das Lateinische f. Sexta, Quinta u. Quarta. [Auszug aus den Aufgaben desselben Verf.] Anhang zum latein. Lesebuch v. Gedike. 9. gänzlich umgearb. Aufl. 8. (48 S.) Gütersloh 889, Bertelsmann. — 25

—— Vita Q. Lutatii Q. F. Catuli. gr. 8. (16 S.) Berlin 874, Weidmann'sche Buchh. *
Aus: Festschrift zur dritten Säcularfeier des Berliner Gymnasiums zum grauen Kloster, besonders abgedruckt.

Simon, Henr. Otto (geb. Berlin 19. 5. 1827): Urbani II papae vita. Particula prior. Berolini (1851). (48 S.) 8°
Berlin, Phil. Diss. v. 3. Febr. 1851

Simon, Helene: Der Anteil der Frau an der deutschen Industrie nach d. Ergebnissen d. Berufszählung v. 1907. Vortr. geh. auf d. 2. Konferenz z. Förderung d. Arbeiterinnen-Interessen.— Jena: Fischer 1910. 80 S. 8° (Schriften d. ständ. Ausschusses z. Förd. d. Arbeiterinnen-Interessen. H. 2.)

— William Godwin u. Mary Wollstonecraft. Eine biographisch-soziolog. Studie. (VIII, 168 S. m. 2 Bildnissen.) 8. München 909. C. H. Beck.
Geb. in Leinw. 5. —

Simon, Helene, die Herabsetzung der Arbeitszeit f. Frauen, s.: Pieper, Aug.

— Mutterschaft u. geistige Arbeit, s.: Gerhardt, Adele.

Simon, Helene, Robert Owen. Sein Leben u. seine Bedeutg. f. die Gegenwart. Mit e. Bildnis Robert Owens. (XII, 338 S.) gr. 8. Jena, G. Fischer. 1905.

Simon, Helene: Schule und Brot. Hamburg & Leipzig: L. Voss 1907. (90 S.) 8°

— Schule u. Brot. 2., erweit. Aufl. (112 S.) 8. Hamburg 908. Leipzig, L. Voss. 1.20

Simon, Helene: Die Schulspeisung. Leipzig: Duncker & Humblot 1909. VIII, 93 S. 8°
(Schriften d. deutschen Vereins f. Armenpflege u. Wohlthätigkeit. H. 89.)

— Das Stickereigewerbe in Berlin. Schriften des Vereins für Sozialpolitik, Bd. 85. gr. 8°. Leipzig 1899.

Simon, Henry Andrews, die Haftpflicht der Eisenbahnen oder das Recht in Bezug auf Unfälle und Unregelmässigkeiten beim Eisenbahnbetriebe in England. [The law relating to railway accidents.] Deutsch von M. M. Frhr. v. Weber. gr. 8. (XV, 120 S.) Weimar 868, B. F. Voigt.

Simon, Herbert, Referendar in Berlin: Das Bauwerk des Erbbaurechts. Borna-Leipzig 1910: Noske. IX, 30 S. 8°
Leipzig, Jur. Diss. v. 30. Juli 1910
[Geb. 1. Jan. 81 Bromberg; Wohnort: Charlottenburg; Staatsangeh.: Preußen; Vorbildung: Gymn. Treptow a. R. Reife O. 01; Studium: Freiburg i. B. 1, Berlin 3, Leipzig 1, Berlin 2 S.; Rig. 13. Juli 05.] [U 10. 2893

Simon, Hermann

Simon, Herm., Auswahl englischer Gedichte aus dem Engl. ins Deutsche übertragen. Mit dem engl. Texte. 1. und 2. Bd. 1. Aufl. 1863,64. 3 Thlr. und 2. (Titel-)Aufl. gr. 16. (XII und 755 S.) Leipzig 866, Arnoldische Buchh. à Bd. 15 Ngr. geb. à Bd. 24 Ngr.

Simon, Herm., Auswahl englischer Gedichte aus dem Engl. ins Deutsche übertragen. Mit dem engl. Texte. 3. Bd. Leipzig 865. Arnoldische Buchh. gr. 16. (VIII, 364 S. mit 1 Stahlst.) geb. mit Goldschn. 1 *ℛ* 15 *ngr.*

—— dass. — 4. Bd. A. u. d. T.: Auswahl englischer Gedichte der Eliza Cook aus dem Engl. ins Deutsche übertragen. gr. 16. (VI und 186 S. mit 1 Stahlst.) Ebendas. 865. geb. mit Goldschn.

Simon, Hermann: Ein Beitrag zur Kenntniss der Militärpsychosen. Saargemünd 1898: Völcker. (88 S.) 4°
Strassburg, Med. Diss. v. 1898

Simon, Herm., e. Beitrag zur Kenntniss d. Militärpsychosen. gr. 4. (88 S.) Saargemünd 898. (Leipzig, Buchh. G. Fock.) n. 5. —

Simon, Hermann, a. Königsbach (Baden): Aus dem pathologisch-anatomischen Institut Erlangen: Beitrag zur Kenntnis der abgesprengten Pankreaskeime. Erlangen 1905: E. Th. Jacob. (22 S., 1 Taf.) 8°
Erlangen, Med. Fak., Ref. Hauser, Diss. v. 12. Nov. 1900
[Geb. 18. Dez. 81 Königsbach; Wohnort: z. Z. unbestimmt; Staatsangeh.: Baden; Vorbildung: Gymn. Mannheim Reife 00; Studium: Berlin 1, München 1, Heidelberg 1, Erlangen 6 S.; Coll. 7. Okt. 05; Approb. 14. Juni 05.]

Simon, Herm., Dichtungen. 4 Bdchn. gr. 16. Leipzig 860, Arnoldische Buchh. à Bdchn. * 20 Ngr. *
geb. à Bdchn. * 1 Thlr. *
Inhalt:
Bdchn. 1. Gedichte. (VII und 126 S. mit 1 Stahlst.)
" 2. Gustav Adolph. Gedicht in 12 Gesängen. 2., ganz umgearb. Aufl. (143 S. mit 1 Stahlst.)
" 3. Prinz von Oranien. Trauerspiel in 5 Aufzügen. 2., umgearb. Aufl. (Den Bühnen gegenüber Mscr.) (VI und 177 S. mit 1 Stahlst.)
" 4. Cäcilie. Schauspiel in 5 Aufzügen. (Den Bühnen gegenüber Mscr.) (VI und 134 S.)

— Dichtungen. 4 Bdchn. Ebend. 862, 63. 16.
1. Bdchn.: Gedichte. 860. (VII, 126 S.) n. 20 *ngr.* — 2. verm. Aufl. 863. (VIII, 291 S. u. 1 Stahlst.) 1 *ℛ*
2. Bdchn.: Gustav Adolph. Gedicht in zwölf Gesängen. 2. ganz umgearb. Aufl. (143 S. u. 1 Stahlst.) n. 20 *ngr.*
3. Bdchn.: Prinz von Oranien. Trauerspiel in 5 Aufzügen. 2. umgearb. Aufl. (VI, 177 S. u. 1 Stahlst.) n. 20 *ngr.*
4. Bdchn.: Cäcilie. Schauspiel in 5 Aufzügen. (VI, 134 S.) n. 20 *ngr.*

—— Dichtungen. 1. und 5. Bdchn. gr. 16. Leipzig, Arnoldische Buchh. geb. *
Inhalt:
Bdchn. 1. Gedichte. 2. Aufl. 1863. und 3., verm. und umgearb. Aufl. (371 S. mit 1 Stahlst.) 865. geb. mit Goldschn. * 1 Thlr. 10 Ngr.
" 5. Hermann und Freia. Gedicht in 16 Gesängen. (105 S.) 866. 15 Ngr.; geb. mit Goldschn. 24 Ngr.

Simon, Herm., Gedichte. Neue Folge. gr. 16. (VIII, 211 S.) Leipzig 879. Arnold. n. 3. —; geb. m. Goldschn. n. 4. —
(1. u. 2.: n. 4. 50; geb. n. 6. 40)

Simon, Carl Herm., Gustav Adolph. Gedicht in neun Gesängen. gr. 8. (12½ B. u. 1 Stnt.) Leipzig 844, (Schreck.) *

Simon, Herm., über Kinder-Ferien-Kolonieen, s. Steuer, Ph.

Wendler, Christian Adolf: [Lied.] Dem Br. Wendler zur zwanzigjährigen Jubelfeier seiner Hammerführung gewidmet vom Br. [Karl Herm.] S[imon]. [Leipzig 1847.] 1 Bl. 8° [Kopftit.] Ohne Noten: „Willkommen, theurer Meister!" S.

Simon, Herm., Lieder f. den Wintersport, nebst Anh.: Volks-Lieder. Zeichnungen v. F. Vogel. (62 S.) kl. 8. Pirna (909). G. Glöckner. — 65

Simon, Herm., Mitterbad Arsen-Eisen-Trinkwasser. — Analysen von Ludw. Ritter v. Barth u. G. C. Wittstein. — Casuistik v. V. Jež. 8. (26 S.) Leipzig 899. B. Konegen. n. 1.—
Sonderabdruck aus: „Reichs-Medicinal-Anzeiger".

— s.: Was kommt denn nu' mal dran!?

Simon, Herm., was sind u. wollen die Ferien-Kinder-Colonien. Ein Vortrag, gehalten im Bezirksverein der Nikolaivorstadt zu Breslau. gr. 8. (22 S.) Breslau 881. Schletter in Comm. n. — 60

Simon, Hermann *Theodor* [aus Kirn a. d. Nahe]: Über Dispersion ultravioletter Strahlen ... Berlin, Buchdr. v. G. Schade, *1894;* 52 S., 1 Bl., 3 Taf. 8.
Berlin, Phil. Fak., Inaug.-Diss. v. 3. März 1894

Simon, Hermann *Theodor* [Dr. aus Kirn a/Nahe]: Ueber ein neues photographisches Photometrierverfahren und seine Anwendung auf die Photometrie des ultravioletten Spektralgebietes ... M. e. Taf. Leipzig, J. A. Barth, 1896; 29 S., 1 Taf. 8.
Erlangen, Phil. Fak., Hab.-Schr. v. [Mai] 1896

Simon, Hermann Th(eodor): Die Firma Carl Simon Söhne. (Lederfabrik, Kirn a. Nahe). 1857–1907. Erinnerungsblätter zur Feier des 50jähr. Bestehens der Firma. [Mit Abb.] (Berlin-Schöneberg) 1907: (Meisenbach, Riffarth & Co.). 120 S. quer-8°

Simon, H. Th., s.: Zeitschrift, physikalische.

Simon, Hermann Veit

Simon, Herm. Veit, Aktiengesellschaft u. Kommanditgesellschaft auf Aktien, s.: Keyßner, Hugo.

Simon, H. Veit, Beiträge zur Beurtheilg. d. Entwurfs e. Handelsgesetzbuchs, s.: Makower, H.

Betrachtungen über Bilanzen und Geschäftsberichte der Aktiengesellschaften aus Anlaß neuerer Vorgänge. Von Dr. Herman Veit **Simon**, Just.R. in Berlin. *Berlin: O. Liebmann 1903.* (S. 379–414.) 8°
Aus: Festgabe d. Jurist. Gesellsch. zu Berlin z. 50jähr. Dienstjubiläum d. Wirkl. Geh.R. Dr. Richard Koch. [03. 15464]

Simon, Herm. Veit, die Bilanzen der Aktiengesellschaften und der Kommanditgesellschaften auf Aktien. gr. 8. (XII, 244 S.) Berlin 886, Guttentag. * ℳ 5.50.; geb. *

[F.] Die Bilanzen der Aktiengesellschaften und der Kommanditgesellschaften auf Aktien. Von Dr. Herman Veit **Simon**, Rechtsanw. am Kammerger. 2., völlig umgearb. u. verm. Aufl. *Berlin: J. Guttentag 1898.* (XVIII, 490 S.) 1 Bd 8. [98. 1681]

— die Bilanzen der Aktiengesellschaften u. Kommanditgesellschaften auf Aktien. 3. Aufl. (Neudr. der 2. umgearb. Aufl.) gr. 8. (XVIII, 490 S.) Berlin 899. J. Guttentag. n. 10.—

Der Einfluss des Bürgerlichen Gesetzbuchs für das Deutsche Reich und des Handelsgesetzbuchs von 1897 auf das Recht der Berggewerkschaften in Preussen u. dessen Handhabung. Mustersatzungen für Gewerkschaften. Ein Rechtsgutachten erstattet dem Ver. f. d. bergbaul. Interessen im Oberbergamtsbez. Dortmund von Dr. Hermann Veit **Simon**, Rechtsanw. am Kammerger. *Berlin: C. Heymann 1900.* (72 S.) 4° [01. 6068]

— s.: Festgabe der Rechtsanwaltschaft des Kammergerichts f. Dr. Richard Wilke.

— s.: Formularbuch f. die freiwillige Gerichtsbarkeit.

— die Land- u. Berg-Gerechtsame der deutschen Colonial-Gesellschaft f. Südwest-Afrika, s.: Kobler, Jos.

Simon, Herm. Veit. Reichsgesetz betreff. die Kommanditgesellschaften auf Aktien u. die Aktiengesellschaften, s. Keyßner, H.

Simon, Herm. Veit, die Staatseinkommensteuer der Aktiengesellschaften, Kommanditgesellschaften auf Aktien, Berggewerkschaften, eingetragenen Genossenschaften u. Konsumvereine in Preußen, nach dem Gesetz vom 24. Juni 1891 systematisch dargestellt. gr. 8. (IX, 351 S.) Berlin 892. C. Heymanns Verl. Geb. in Leinw. n. 8.—

— die namenlosen Zinsscheine der Orderpapiere. gr. 8. (IV, 42 S.) Berlin 903. C. Heymann. n. 1.—

Simon, Hugo, kurze Abfertigung des Herrn Prof. Dr. J. Reinkens. Breslau 861. Aderholz. gr. 8. (13 S.) n. 2 *ngr.*

Beiträge zur Schmalkalder Geschichte von Hugo **Simon**. Schmalkalden: F. Wilisch 1905. (55 S.) 8° [05. 90 4]

Simon, Hugo (geb. Magdeburg 27. 2. 1862): Die Gravidität tubo-uterina sive interstitialis, beleuchtet an der Hand des Rugeschen Symptoms der Fundusdrehung. Berlin (1885). (31 S.) 8°
Berlin, Med. Diss. v. 5. Aug. 1885

—— Italia. Comoedia tragicomica. gr. 8. (24 S.) Breslau 860, (Aderholz.) *

Simon, Hugo: Zur Casuistik der schweren Anämie. Leipzig 1904: B. Georgi. (49 S.) 8°
Leipzig, Med. Diss. v. (24. März) 1904

Simon, Hugo, christliche Kriegs-Reden. Predigten-Cyklus, gehalten vor der kathol. Militär-Gemeinde zu Breslau. [Aus: Philothea.] Würzburg 866. Stahel'sche Buchh. Lex.-8. (XII, 200 S.) n. 21 *ngr.*

Simon, Hugo [aus Werden a. d. Ruhr in d. Rheinprov.]: Die Laryngologie des Hippokrates ... Berlin, Druck v. E. Rieger, *1897;* 32 S. 8.
Berlin, Med. Fak., Inaug.-Diss. v. 12. Aug. 1897

Simon, Hugo, Mirabilia. Eine Gefängniß-Studie. Mit (photogr.) Portr. des Verf. 8. (IV, 118 S.) Breslau 878. Aderholz. n. 1. 80

Simon, Hugo Th., Kgl. Preuß. Gerichtsassessor a. Kirn an d. Nahe: Die Abtretung der Vormerkung zur Sicherung des Anspruchs auf Einräumung einer Hypothek für eine Forderung, ihre Eintragung und Löschung nach B.G.B. Rostock 1906: Adlers Erben. (56 S.) 8°
Rostock, Jur. Fak., Ref. Bernhöft, Diss. v. 20. Sept. 1906
[Geb. 9. Dez. 75 Kirn a. d. Nahe; Wohnort: Kreuznach a. d. Nahe; Staatsangeh.: Preußen; Vorbildung: Gymn. Kreuznach Reife O. 96; Studium: Marburg 4, Bonn 3 S.; Rig. 28. Mai 06.]

Simon, J., die Ausrüstung des Hoch-Touristen. Mit Illustr. von E. Platz. 12. (40 S.) München 899. M. Kellerer. n. 1.—

Simon, J . Die Ausrüstung des Hoch-Touristen. Mit Illustrationen von E(rnst) Platz. 8. München 1899.
[1. Aufl.] — 2. Aufl.

Simon, J., die Ausrüstung des Hoch-Touristen. Mit Illustr. v. E. Platz. 3. Aufl. (49 S.) kl. 8. München 900, M. Kellerer. n. 1.—

Simon, J. und F. H. J. Albrecht, französisches Lesebuch, s. Albrecht, F. H. J.

Simon, J.: Biographische Notiz über Direktor Fr. Müller. S. 3–5. Echternach, Progymn., Progr. 1866/67

Simon, J., von der Polygonal- und Caponier-Befestigung. Ein Beitrag zur Wissenschaft des Festungskrieges wie auch der Befestigung vorzugsweise vom artillerist. Standpuncte aus. Berlin 856. Decker. gr. 8. (X, 340 S., 9 Tab. u. 7 lith. Taf. in Fol.) 3 ₰.

Simon, J. A., christl. Beantwort. der unkathol. Antwort eines Katholiken auf die Frage: Ist das Band der Ehe so gar ohne Ausnahme unauflöslich, als es die Kanonisten vorgeben? 8. Salzb. 776. Duyle. 5 gl.

Simon, J. D., physikal.-prakt. Abhandl. üb. die Haus- u. Landwirthschaft. 1r Thl. Mit Kpf. 8. Frankf. 782. (Fr. Fleischer in Leipz.) 8 gl.

Simon, J. F., s. Geschichte gegenwärt. Zeit.

– s. Reichsschluß der Nationalversammlung.

— deutsche Sprachlehre f. Damen. 8. Hamb. 803. (Herold jun.) 12 gl. (A. u. d. T: erste Anfangsgründe d. deutschen Sprache mit Vermeidung aller fremden Kunstwörter ꝛc. 817. Ebd. 14 gl.

Simon, J. F., deutsche Sprachlehre für Damen. Mit Vermeidung aller fremden Kunstwörter. Neue unveränd. Aufl. 8. Hamburg, Herold. 817. -

– s. Staatsverfassung oder Constitution des französ. Freistaats.

Simon, J. F., 1r Vers. e. deutsch. Sprachlehre mit lauter deutschen Kunstwortern ꝛc. 8. Salzb. Waisenhbdl. (Duyle) 787.

Simon, J. N., Kriegs-Abenteuer u. Erlebnisse in Deutschland, der Schweiz, Spanien, Rußland und Frankreich während des Zeitraums von 1805 bis 1815. Bevorwortet von N. v. Rff. Mit e. (lith.) Charte v. Catalonien (in 4.) gr. 8. (IV u. 212 S.) Oldenburg 849, Schulze. n. 1⅓ ₰

Simon, J. N., Vergleichungstafeln der neuen Maaße der Fränkischen Republik mit den in den ehemal. Trier., Cöln., Pfälz u. andern Landen gebräuchl. Maaßen. 4. Andernach 803. Lassaulx u. H. 1 ₰ 2 gl.

Simon, Ja. Mart. Jos., De morbis a fascino causatis. 31 pp. Herbipoli. 4°. 1708.

Simon, Dr. Jacob, Aufsätze patriotischen Inhaltes, für die unteren Classen der Mittelschulen und für Bürgerschulen zusammengestellt. Gr.-8. (44 S.) —.50
Kremsier: Gusek 1897.

Simon, Jac.: Kritische Beiträge zur Rhetorik des C. Chirius Fortunatian. 36 S. – Schweinfurt, Progr. 1872.

Simon, *Jakob* Kritische Bemerkungen zu Ciceros Brutus. 8 (76 S.). **Progr** Studienanst. *Kaiserslautern* 1887.

Simon, Jak., ein Blick ins Brünner Gymnasialarchiv (1786—1821), s.: Beiträge zur österreich. Erziehungs- u. Schulgeschichte. 11. Heft.

Simon, Jakob Auf Griechenlands Boden. Eine Reiseerinnerung, niedergelegt für die Gymnasialjugend. 8 (S. 3—25, 1 S. Inhalt). **Progr.** K. k. Staats-G. *Cilli* 1892.

Simon, *Jakob* De comparationibus, quae in Catulli carminibus leguntur, agit I. S. 8 (27 S., 1 S. unp.). **Progr.** K. k. Staats-G. *Cilli* 1893.

Simon, Jac. (geb. Driesen 1792): De dignitate medici deque eo quem in humani generis societate medicus obtinet loco. Berolini (1820). (38 S.) 8°
Berlin, Med. Diss. v. 18. Febr. 1820

Simon, J[akob], Dr.: **Briefe** des Gymnasiasten Ludwig Döderlein in Pforta aus den Jahren 1807—1810. (In Auswahl veröffentlicht.) *Kaiserslautern 1900: (E. Th. Jacob in Erlangen.)* (77 S.) 8°
Kaiserslautern, k. humanist. G, P 1900*

Simon, J., s. a. Döderlein, Ludw., Briefe.

Simon, J., aus Griechenland. Eine Reiseerinnerg., den Schülern der Gymnasien u. Realschulen, sowie Freunden des Alterthums gewidmet. 12. (109 S.) Graz 894. P. Cieslar. n. 1.—; geb. in Leinw. n. 1. 70

Simon, J., zur 2. Hälfte der Inschrift v. Gortyn. [Aus: „Wiener Studien".] gr. 8. (24 S.) Wien 887. Gerold's Sohn. n. — 80

Simon: Die Handschriften der Rhetorik an Herennius. Zs. 44 S.–Schweinfurt, Progr. 1863, 1864

Simon, Jac., zur Inschrift von Gortyn. gr. 8. (95 S.) Wien 886, Gerold's Sohn. *

Simon Jakob: De inscriptione Gortynia (Pars I).
II. 1885 PN 415 Diss Wien Univ. 1456

Simon, Jakob: Katalog der Lehrer-Bücherei des ersten deutschen Staatsgymnasiums in Brünn nach dem Stande vom 1. Mai 1902 (1904). III. Teil. (Umschlagtitel: . . . bücherei (III. IV. Teil.) S. 63–84. 8. S. 85–116. 8. Erstes deutsches Staatsgymn. *Brünn* 1902. 1904.
Progr.

Simon, Jakob (Hrsg.), s. Plutarchus: Biographie des Aristides.

Präparation zu Cicero, Cato maior de senectute. Von Dr. Jakob **Simon**, Prof., Brünn. 2. Aufl. Hannover: Norddeutsche Verlagsanst. 1906. (15 S.) 8° [Umschlagt. F. u. Ant.]
— **Präparationen**, Krafft u. Rankes, f. d. Schullektüre. H. 78. [07. 17337 7

Simon, Jak., Präparation zu Demosthenes u. Xenophon, s.: Krafft u. Ranke's Präparationen f. die Schullektüre.

Präparation zu Lysias' ausgew. Reden. Von Dr. J[akob] **Simon**, Prof. in Brünn. 2. u. 3. Aufl. Hannover: Norddeutsche Verlagsanst. 1906. (15 S.) 8° [Umschlagt. F.]
— **Präparationen**, Krafft u. Rankes, f. d. Schullektüre. H. 73. [07. 17335 7

— s. a. Präparationen f. die Schullektüre griechischer u. lateinischer Klassiker.

— Präparationen, s. a. Krafft u. Ranke's Präparationen f. die Schullektüre.

Simon, Jakob: Altklassische Schullektüre im Dienste des psychologischen Unterrichtes. 23 S., 1 S. ungez. 8. **Progr.** Erstes deutsches Staatsgymn. *Brünn* 1907.

Simon, Dr. Jakob, Lateinisches Übungsbuch für die I. Klasse der achtklassigen Realgymnasien und verwandter Lehranstalten. Wien und Leipzig 1909. Karl Fromme. Geb. K 3.—. (Min.-Erl. vom 29. Dezember 1909, Z. 49258.)

— Lateinisches Übungsbuch f. die 1. Klasse der achtklassigen Realgymnasien u. verwandter Lehranstalten. (129 S.) gr. 8. Wien (910). C. Fromme. Geb. 2.50

—, Von Delphi nach Chaeroneia. Eine Reiseerinnerung, der Gymnasialjugend gewidmet. 8 (S. 29—36).
Progr. K. k. Staats-G. Cilli 1893.
Vgl. des Verf. Aus Griechenland. Eine Reiseerinnerung 12 (109 S.). Graz 1894, P. Cieslar. ℳ 1,—, geb. ℳ 1,70.

Simon, Jakob Bernhard

Simon, Jak. Bernh., Ehret den König. Predigt, gehalten am 15. Okt. 1846, als am Geburtstage des Königs zu Merseburg. 8. (1 B.) Merseburg 846, Garcke.

Simon, J. B., die apostolische Gemeine- u. Kirchen-Verfassung, nach der heil. Schrift gezeichnet, zum Vorbilde f. die Gegenwart. Ein Wegweiser f. Freunde der Kirche in allen Ständen. 8. (IV u. 108 S.) Potsdam 851, Riegel'sche B. n. 1/3 ₰

Simon, J. K.W.B., das Haus des Herrn. Kirchweihpredigten. gr. 8. Sangerhausen 840. Rohland.

Simon, Jak. Bernh., das Haus d. Herrn. Kirchweihpredigten. gr. 8. (6½ B.) Sangerhausen 841, Rohland. (?)

— über den Muth des Christen in dieser Zeit. Predigt gehalt. am 17. Septbr. 1848 zu Merseburg. 8. (16 S.) Merseburg 848, Garcke in Comm. 2 ngr

Faust in der Musik von Dr. James Simon. Mit 12 Vollbild. u. 12 Faks. (Berlin): Bard, Marquardt & Co. (1906). (62 S.) 8°
= Musik, Die. Bd 21. '07. 1611

Kgl. Museen zu Berlin. Sammlung von Renaissance-Kunstwerken gestiftet von Herrn James Simon zum 18. Okt. 1904. Mit 18 Taf. in Lichtdr. u. 2 Taf. in Autotypie. Berlin: G. Reimer 1904. (52 S.) 4° [04. 16361

Simon, James, a. Berlin: Abt Voglers kompositorisches Wirken mit besonderer Berücksichtigung der romantischen Momente. Berlin 1904: G. Schade. (63, XII S.) 8°
München, Phil. Fak., Ref. Kroyer, Diss. v. 17. Jan. 1905
[Geb. 29. Sept. 80 Berlin; Wohnort: Berlin; Staatsangeh.: Preußen; Vorbildung: Friedrich-Werdersches Gymn. Berlin Reife M. 98; Studium: Berlin 7, Bonn 1, München 2 S.; Rig. 20. Juli 04.]

Simon, Johann

Simon, Johs., Antigone. Ein Trauerspiel in 8 Szenen. Zur Aufführg. in Schulen u. Vereinen, der gleichnam. Tragödie des Sophokles in gedrängter Kürze nachgebildet als verbind. Text zu Mendelssohns Chören zur Antigone u. m. e. Vorspruch versehen. (48 S.) gr. 16. Gelsenkirchen 903. E. Kannengießer. n. — 80

Simon, Johann, aus Zabern i. E.: Ueber die Oxydation der Hexyl-Itaconsäure und -Aticonsäure mit Kaliumpermanganat. Strassburg i. E. 1900: C. & J. Goeller. (41 S.) 8°
Strassburg, Math.-naturw. Diss. v. 1900

Simon, Johannes, a. Beulich: Stand und Herkunft der oberrheinischen Bischöfe der Mainzer Kirchenprovinz im Mittelalter. Weimar 1908: Hofbuchdruckerei. (47 S.) 8°
¶ (Erscheint vollst. u. d. T.: „Stand und Herkunft der Bischöfe der Mainzer Kirchenprovinz im Mittelalter" b. H. Böhlaus Nachf., Weimar.)
Bonn, Phil. Fak., Ref. Schulte, Diss. v. 20. Mai 1908
[Geb. 14. Sept. 84 Beulich, Kr. St. Goar; Wohnort: Bonn; Staatsangeh.: Preußen; Vorbildung: Progymn. Boppard, Kaiserin-Augusta-Gymn. Coblenz Reife O. 03; Studium: Bonn; Rig. 11. Dez. 07.]

Simon, Johs., Stand u. Herkunft der Bischöfe der Mainzer Kirchenprovinz im Mittelalter. (VI, 108 S.) gr. 8. Weimar 908. H. Böhlau's Nachf. 3. —

Simon, Johann Alfons

Simon, Joh. Alph., Akrosticha bei den augustischen Dichtern. (Exoterische Studien. 2. Tl.) Mit e. Anh.: Akrostichische u. telestichische Texte aus der Zeit von Plautus bis auf Crestien v. Troies u. Wolfram v. Eschenbach. gr. 8. (VIII, 240 S.) Köln 899. Kölner Verlagsanstalt u. Druckerei. n. 4.—

Simon, Johannes Alphons Zur Anordnung der Oden des Horaz. 4 (S. 163—172). Dazu ein Blatt Nachträge. 4.
In: Festschrift d. 43. Versammlung d. Phil. u. Schulmänner dargeboten von d. höh. Lehranstalten Kölns. Bonn 1895. (Kgl. kath. G. an Marzellen).
Das Blatt ist nicht im Tauschverkehr.
Progr.

Simon, Joh. Alph., zur Anordng. d. Oden d. Horaz. [Aus: „Festschr. d. Marzellen-Gymnasium in Köln".] gr. 4. (12 S.) Köln 895. (Leipzig, Buchh. G. Fock.) n. 1. —

Simon, Johann Alfons: Zur Anordnung der Oden des Horaz. (Zweite Abhandlung.) 4 (S. 3—16).
Progr. Kgl. kath. G. an Marzellen Köln 1896
Neu aufgenommen und auf d. II.—IV. Buch der Oden sowie auf die Epoden ausgedehnt wird die Untersuchung in des Verf. Exoterische Studien zur antiken Poesie, namentlich zu Horaz, Tibull und Ovid. 1. Teil. Zur Anordnung der Oden, Epoden und Satiren des Horaz. 8 (IV, 80 S.). Köln 1897, Kölner Verlagsanstalt u. Druckerei. ℳ 2,—.

Simon, Johannes Alphons 6 Tafeln Iktusvokal-Schemata zur Begründung einer Melodik (Euphonik) der antiken Poesie. Den in seinen Räumen versammelten Freunden der klassischen Philologie als ΞΕΝΙΟΝ dargereicht vom Königlichen Gymnasium an Marzellen. 4. Progr. Kgl. kath. G. an Marzellen Köln 1895.
Nicht im Tauschverkehr.

— oxoterische Studien zur antiken Poesie, namentl. zu Horaz, Tibull u. Ovid. 1. Tl.: Zur Anordng. der Oden, Epoden u. Satiren des Horaz. Lex.-8. (IV, 80 S.) Köln 897. Kölner Verlags-Anstalt & Druckerei.
2.Tl.s.Simon:Akrosticha... n. 2. —

Simon, Joh. Alphons Xenophon-Studien. Erster Teil: Zur Entwickelung des Xenophonteischen Stils. 4 (S. 3—32). Zweiter Teil: Die Hellenika-Ausgabe des Harpokration. Dritter Teil: Zwei verlorene Hellenika-Handschriften. (Ein Rekonstruktionsversuch.) 4 (S. 3—32). Vierter Teil: Die Praepositionen σύν und μετά c. gen. bei Xenophon. (Umschlagtitel: Vierter Teil.) 4 (S. 3—24). G. Düren 1887 (405). 1888 (408). 1889 (410).
Progr.

Simon, Joh. Alph., Xenophon-Studien. 3 Tle. 4. Leipzig, (Fock.) *
Inhalt:
Tl. 1. Zur Entwickelung des Xenophonteischen Stils. (32 S.) 887. *ℳ 2.—.
2 u. 3. Die Hellenika-Ausgabe des Harpokration. — Zwei verlorene Hellenika-Handschriften. [Ein Rekonstruktionsversuch.] (32 S.) 888. *ℳ 1.60.

Simon, Joh. Alph. Xenophon-Studien. 4. Tl.: Die Präpositionen σύν u. μετά c. gen. bei Xenophon. gr. 4. (24 S.) Lpz. 889, (Fock). * 1 20
1.—3. Tl. Ebd. 1887,88. * 3 60.

Simon, Johann Alfons: Xenophon-Studien, Abth. I.–IV. Phil. Diss., Prag 1893/94.

Simon, Johann Baptist [Praes.], s. Dieterichs, Johann Georg: Thes. quaed. jur. de celebr. tituli de donationibus controversiis nec non quaestione an simplex depositio instrumenti donationis aequipolleat insinuationi penitus decisa.

Simon, Jh. Bapt. Kameralpraxis, sive Collegium elaboratorium camerale. 8°. Erlangen 1773.

Simon, Jh. Bapt., (✝ d. 27. Juli 1794.) Diss. Theses de celebrioribus tituli de donationibus controversiis, nec non quaestione: an simplex depositio instrumenti donationis aequi polleat insinuationi penitus decisae? 4. Erlang. 768.

Simon, Johann Christian

Simon, Jh. Chr., Kunst des Bierbrauens, nach richtigen Gründen der Chemie u. Oekonomie. Mit Kpf. 8. Dresd. 803. Walther. 16 ggr.

Simon, J. Ch. Die Kunst Salpeter zu machen u. Scheidewasser zu brennen. Mit Kpf. Dresden 1771. 266 S.

— Kunst, Salpeter zu machen u. Scheidewasser zu brennen ꝛc. 3 Thle. Mit 10 Kpf. 8. Dresd. 771 — 781. Walther. 2 Rthlr. (2r Thl. A. u. d. T.: Samml. v. Nachr. u. Beobachtt. üb. die Erzeugung u. Verfertigung des Salpeters, nach Macquer, v. Arcy, Lavoisier ꝛc.; herausgg. v. J. H. Pfingsten. 8. Ebd. 778. 1 Rthlr. — 3r Thl. A. u. d. T.: Cornette, königl. französ. Instruktion z. Betrieb des Salpeterwesens ꝛc.; aus d. Französ. v. J. H. Pfingsten. 8. Ebd. 781. 12 ggr.)

Simon, Joh[ann] Christian: Vollständiger oeconomischer Unterricht vom Brandweinbrennen, Abziehung der Aquavite, Eßig-Brauen, und zur Holzerspahrniß vortheilhafterer Einrichtung der Brennereyen. Mit einigen Kupfer-Taf. Dresden: Walther 1765. 312 S. -- 14°
--- Dass. Neue, viel verb. u. verm. Aufl. Ebd. 1795. 417 S. -- 12°
--- Dass. 3. Aufl. Ebd. 1804. -- [Zit. nach Kayser]

— vollständ. ökonom. Unterricht vom Branntweinbrennen, Abziehen der Aquavite, Essigbrauen ꝛc. Mit Kpf. 8. Dresd. 768. N. A. 795. 3e A. 804. Walther. 20 ggr.

Simon, Johann Christian. Vollständiger ökonomischer Unterricht vom Brandtweinbrennen . . . Neue . . . Aufl. Dresden 1795 [1794]. H: *Weinhold, Johann Carl.* (MI.)

Simon, Jh. Fr., s. Insel, die unbekannte.

Simon, Johann Fr. (Hrsg.), s. Wochenblatt, Patriotisches.

Simon, Johann Franz.
Beiträge zur physiologischen und pathologischen Chemie und Mikroscopie in ihrer Anwendung auf die praktische Medicin, unter Mitwirkung der Mitglieder des Vereins für physiologische und pathologische Chemie und anderer Gelehrten. Berlin, 1844. 2 vols., 8vo.

Simon, Franz, Beiträge zur Chemie etc., s. Beiträge.

Simon, J. Frz., kurze Beleuchtung d. Schrift d. Hrn. Prof. Dr. Kranichfeldt üb. d. Nothwendigkeit gründl. pharmacolog. Kenntnisse zum Ueben e. glückl. Praxis etc. gr. 8. (2 B.) Berlin 833, Hirschwald.

Simon, J. Frz., die Frauenmilch, nach ihrem chem. u. physiolog. Verhalten dargest. gr. 8. (6½ B.) Berlin 838, Förstner.*

Simon, J. Frz., Grundzüge der Chemie, s. J. M. Mecklenburg.

— Handbuch der angewandten medizin. Chemie, nach d. neuesten Standpunkte d. Wissenschaft u. nach zahlreichen eigenen Untersuchungen bearb. 1r Thl. (1s — 3s Hft.) A. u. d. T.: Medizinisch-analyt. Chemie, oder Chemie der näheren Bestandtheile des thierischen Körpers. 3 Hfte. Mit 1 Kpfrtaf. gr. 8. Berlin 840. Förstner. 3 Rthlr.

Simon, J. Frz., Handbuch der angewandten medicinischen Chemie. II. Bd. Physiologische und pathologische Chemie. 1. Hft. gr. 8. Berlin 841. Förstner. 1½ Rthlr.

— dass. II. Thl. — A. u. d. T.: Physiolog. u. patholog. Anthropochemie, mit Berücksichtigung d. eigentlichen Zoochemie nach einer großen Reihe eigener Untersuchungen und den Erfahrungen fremder Forscher bearbeitet. 2. Hft. (Schluß.) Mit 1 Kupfertaf. gr. 8. Ebend. 842. 1½ Rthlr. (Compl. 6 Rthlr.)

—— Handbuch d. prakt. Toxikologie, s. Sobernheim, J. F.

Simon, J(ohann) Franz: Die Heilquellen Europa's, mit vorzüglicher Berücksichtigung ihrer chemischen Zusammensetzung, nach ihrem physikalischen und medizinischen Verhalten dargestellt... 266 S., gbd.

Berlin: Förstner 1839

—— Jahresbericht über die Fortschritte der Pharmacie etc, s. Dierbach, J. H.

— s. Jahresbericht über die Fortschritte d. Pharmacie ꝛc.

Simon, Joan. Franc. (geb. Frankfurt a. O. 25. 8. 1807): De lactis muliebris ratione chemica et physiologica. Berolini (1838). (IV, 42 S.) 8°
Berlin, Phil. Diss. v. 3. Okt. 1838

Simon, Joh. Friedr. (Hrsg.), s. Weltbürger, Der.

Simon, Johann Georg [Praes.], s. Falckenreich, Just. Georg: Actiones injuriarum sacerdotem concernentes.

SIMON, Dr. Joh. Geo., Commentatio historico-physico-juridica de impotentia conjugali: Von dem ehelichen Unvermögen u. anderen mit der Lehre vom Ehestand verwandten Dingen. Ed. VI. Jenae 1734. 4°. (24 Sgr., mit Beiband, Scheible, Cat. 32.)
Frühere Ausg. m. d. Tit.: Brevis delineatio impotentiae conjugalis. Denuo revisa. Jenae 1675. (Ed. I. ca. 1670.) 4°. (20 Kr., moderner Hmaroquinbd., Halm & Goldmann, Wien, 1907). -- Jenae 1682. 4°. 250 pp. (1 fl. Ackermann 37. no. 559; 1 Mk. 40 Pfg. Auct. Davidssohn no. 5391.) — Ed. IV. ibid. 1718. 4°. 192 pp. (2½ Mk. O. Richter, Lpz.)

Jo. Geo. Simon (resp. Jo. H. Lots) de juribus obstetricum, wie viel ihren Zeugnissen in Ehe-, Schwängerungs- und Geburtsfällen Glauben beizumessen. Jen. 1671. (1678.) 4. — Recus. ib. ? 1740. 4.

Simon, Johann Philipp

Simon, Joh. Phil., poetische Blumen dem Norden entsprossen. 8. (8½ B.) Leipzig 845, Voß. *

Simon, Joh. Phil., russisches Leben in geschichtlicher, kirchlicher, gesellschaftlicher und staatlicher Beziehung. Nebst Reisebildern aus Rußland während des ersten Erscheinens der Cholera. 8. (XII und 400 S.) Frankfurt a. M. 855, Völcker. **

Simon, Joh. Phil., russisches Leben in geschichtlicher, kirchlicher, gesellschaftlicher, staatlicher und commercieller Beziehung: in lauter interessanten Begebenheiten, Anekdoten und Reisebildern dargestellt, nebst einer Einleitung in die Streitigkeiten der griechischen Kirche mit der römischkatholischen. 2., völlig umgearb., vielfach verm. und verb. Aufl. 8. (VIII und 464 S.) Berlin 858, Martens. Thlr. *

Simon, J. Ph. Höchst interessante Reisebilder aus Russland während der Zeit der Cholera. Coblenz 1847.

Simon, Jh. Val., kurzgefaßtes Handlungslexicon, od. alphabet Verzeichniß d. wichtigsten in Handlungsgeschäften vorkomm Wörter. 8. Gießen 800. Heyer. 6 ggr.

Simon, Johannes, s. Simon, Johann.

Simon, Jonas, aus Mannheim: Der Mischna-Commentar des **Maimonides** zum Tractat Mo'ed katan und zum Tractat Sabbath V, VI, VII. Nach d. Hss. zu Berlin, Budapest u. London zum 1. Male im arab. Urtext nebst verb. hebr. Uebers. hrsg. *Berlin 1902: H. Itzkowski.* (VIII, 33 S.) 8°
Heidelberg, Phil. Diss. v. 1902

Simon, J., s. Maimonides, der Mischna-Commentar zum Tractat Mo'ed katan.

Simon, Jordan

— Anweis. zur italien. Sprache. 8. Erfurt 755. N. Aufl. o. L (Schweinf.) 770.

Simon, Jordan, († d. 2. Aug. 1776.) Aphorismen, od. Gesundheitsregeln des göttl. Plato wider die epikur. Seuche. 4 Hfte 8. Würzb. 772—75. Rienner. 6 gr.

— Bekehrung Augustini. 8. Würzb. Stahel. 766.

— die Bekehrung Augustins in 6 Fastenpredigten. 8. Würzb. 776. Stahel. 5 gr.

— Betrachtung des Leidens Jesu Christi. 8. Erfurt 765.

Simon, Jordanus, Cephas non apostolus, sed discipulus Antiochiae a Paulo reprehensus. Dissertatio. Erfurt, 1758.

Simon, (Frz.) Iord., **Cephas non apostolus sed discipulus Antiochiae a Paulo reprehensus. 4. Erfurt. 759.**

— der vollkommene Christ. 2 Thle. Nach des Verfass. Tode hei ausgg. 8. Cöln 779. Haas. 12 gr.

— vollkomm. Christ. 2 Theile. 8. Cöln, Haas. (Fabricius) 779.

Simon, Jordanus, Concordia quattuor ss. evangelistarum in descriptione passionis Domini nostri Jesu Christi sive magnum opus redemptionis. Erfurt, Sauerländer, 1765, 8°.

Simon, Jordan, s. Dorian: Briefe.

Simon, Jordan, s. Etwas f. Alle.

Simon, Jordan, Etwas zur Auflösung d. Scrupel der wahren Andächtigen. Nach d. Verf. Tode herausgg. 8. Cöln u. Frankf. 779.

— Fastenpredigten, in Parabeln. 8. Prag 776.

—— Der entlarvte Freigeist aus Gründen der Religion u. Vernunft. 3 Teile. Bamberg 1772, 8°.

Simon, (M. F.) Jordan, sämmtliche Kanzelreden. Mit einem Vorworte von Ant. Westermayer. Neue, verb. Aufl. 1—9. Bd. 8. Regensburg, Manz. à Bd. 18¾ Ngr. 5

Inhalt:
Bd. 1., 2. Sittliche Reden von dem großen Gebote der Liebe. 1. und 2. Bd. (700 S.) 847.
" 3., 4. Lobreden, welche zur Verherrlichung Gottes in seinen Heiligen auf verschied. Kanzeln vorgetragen wurden. 1. und 2. Bd. (366 und 388 S.) 847.
" 5., 6. Die heil. Schrift des alten Bundes mit den Geheimnissen der kathol. Religion, nach der Reihe der sonn- und festtägl. Evangelien und mit Sittenlehren begleitet. 1. Bd. 1. und 2. Thl. (XVI und 776 S.) 848.
" 7., 8. Die heutige Welt nach verschiedenen Ständen in Sittenreden geschildert und zur Besserung ermahnt. 1. und 2. Bd. (604 S.) 849, 50.
" 9. Die heilige Büßerin Magdalena. In 9 Reden. Mit Anhang. Neue, verb. Aufl. (320 S.) 851.

Simon, Jordan, Das Leben und die Lehre Jesu Christi. Salzburg, Oberer, gr. 8°, vor 1776.

— von der Lesung der philosoph. u. zeitverkürzenden Bücher. 8. Prag 773. Mangold. 12 gr.

— Lobreden zur Verherrlichung Gottes u. seiner Heiligen. 2 Bde. 8. Augsb. 768.

Simon, Jordanus, *Μελέτημα* verborum Christi Matth. 17, 24 sive politica ecclesiae potestas et eius a tributo civili immunitas. Erfurt, 1759, 4°.
Über das Schicksal des Verf. infolge dieser Dissertation vgl. Hurter, a. a. O. III, 30.

— Nichtigkeit d. Hexerey u. Zauberey in 2 Büchern sammt Anhang. 8. Würzb. Stabel. 766.

— die Nichtigkeit der Hexerei u. Zauberei, s. Nichts, das weltbetrügende.

[SIMON, JORDANUS, OEA.] Das grosse Welt-betrügende Nichts oder die heutige Hexerey und Zauberkunst In Zweyen Büchern, von ARDOINO UBBIDENTE DELL'OSA entworfen. Frankfurt und Leipzig. 1761. 8°. 4 Bl. 600 S. Ld. d. Z. mit Rv.

Simon, Jord.: Brevis iuris ecclesiastici Germanici notitia. Erfordiae 1768.

Nun ja! oder kleine Zweifel über zwey Berichte von einer Hexen- und Studenten-geschichte .... (von *Jordan Simon).* O. O. 1768.
Anon.-Lex. III. p. 222 (nach Baader u. Weller). — Eine Ingolstädter Affaire. Selten!

— Philosophie wider schöne und starke Geister. 3 Thle. 8. Augsb. Wolf. 771.

Simon, Jordan, Philosophie wider die schönen Geister, d. i. Betrachtungen über die menschliche Natur u. die natürliche Religion. Aus dem Italienischen. 3 Teile. Würzburg 1771, 8°.
Dasselbe Buch erschien in 2. Aufl. unter dem veränderten Titel:
Theologie wider die starken Geister.
Vgl. Philosophie...

— Philosophie der Sitten nach Muratorius. 2 Thle. 8. Würzb. 764, 66. N. A. 772. Stahel. 2 fl.

— Praelectiones historico-canonicae. Pars I. cont. VIII priora saecula ecclesiae, et jus canonicum antiquum. 8. 768. A. u. d. T.: Institutiones canonicae. 8. ... 770.

— Predigten über die Menschwerdung, Leiden, Tod und Auferstehung Jesu Christi. 8. Augsb. Wolf. 778.

— vom Priesterthume. 2 Thle. ...

— sittl. Reden von dem großen Gebote d. Liebe. 3 Bde. 8. Augsb. u. Ingolst. 767—71.

— d. Religion Jesu, in Fastenreden vorgetragen. 8. Ebend. 777.

— de religione contra libertinos. III Tom. 8. Prag, Mangold. 774. 75.

— die Schrift des alten Bundes, od. Sonn- u. Feiertagspredigten. 2 Thle. ...

—— Theologie wider die starken Geister, d. i. Beweise des kathol. Glaubens oder Widerlegung des Unglaubens eines Rousseau, Voltaire u. ihrer Anhänger. Aus dem Französ. 2 Teile. Augsburg 1772, 8°.
(Jetzt Regensburg, Verlagsanst. 5 Mk.)
(2. Aufl. zu: Simon: Philosophie wider die schönen Geister.)

— Theologie wid. d. starken Geister. 2 Thle. gr. 4. Ingolstadt, Krüll. 772.
Vgl. T h e o l o g i e...

— kurz. U n t e r r i c h t in d. evangel. Vollkommenheit, aus dem Ital. 2 Thle. 8. Prag, Mangold. 775.
Vgl. U n t e r r i c h t,...

Simon, Jordan, Urteil über die Seelenlehre einiger Ärzte, oder die Selbstzernichtung des heutigen Gott und die Seele leugnenden M a t e r i a l i s m u s. Augsburg (Würzburg, Stahel), 1761, 8°.

—Die Vereinigung der vier Evangelisten in Beschreibung des Leidens Jesu Christi. Würzburg, Stahel, 1766, 8°.

— verschiedenes z. L e s e n f. d. Liebhaber d. guten Sitten und schönen Wissenschaften, a. d. Franz. gr. 8. Augsburg, Rieger. 774.
Vgl. V e r s c h i e d e n e s...

—die heutige Welt nach verschied. Ständen in Reden geschildert, gr. 8. Augsb. 768 u. 774. Rieger. 1 ℔

—die Welt, ein Räthsel. ...

— d. umgekehrte W e l t in Parabeln in Fastenreden vorgestellt. 8. Prag, Mangold. 776.

— Widerlegung des Materialismus. A. u. d. T.: Urtheil üb. die Seelenlehre einiger Aerzte ꝛc. 8. Würzb. 761. Stahel. 20 kr

Simon, Jos. Aldr., die Wissenschaft der Philosophie, als das System d. Panaisthesis. I. Bd. Metaphysisch-erkenntnistheoret. Tl. (XXIII, 845 S.) gr. 8. Leipzig 909. O. Wigand. 9. —

Simon, Joseph, aus Manderscheid: Über Bakterien am und im Kuh-Euter. *Erlangen 1898: A. Vollrath.* (62 S.) 8°
Erlangen, Phil. Diss. v. 11. März 1898

Simon, Jos., l'éducation et l'instruction des enfants chez les anciens Juifs d'après la Biblo et lo Talmud. 3. éd. gr. 8. (63 S.) Leipzig 879. O. Schulze. n. 1. 50

Simon, Jos., neuere Ergebnisse bodenbakteriolog. Forschgn., ihr Wert f. die landwirtschaftliche Praxis. Vortrag, geh. in der ökonom. Gesellschaft im Königr. Sachsen zu Dresden am 13. XI. 1908. (27 S.) gr. 8. Leipzig 908. Fritzsche & Schmidt. — 80

SIMON, Josef (Trier): Ueber drei Fälle von Spina bifida.- München: Wolf 1910. 20 S.
28.10.1910 - Chr 1910/11,23; U 11.3736
Diss.Ingolst.-Landsh.-Mchn.

Simon, Joseph Anton: Ein B e i t r a g zur Anatomie und Systematik der Hexactinien . . . München: Druck v. V. Höfling 1892. 106 S., 6 Tab. 8°
München, Phil. Fak., Inaug.-Diss. v. 1892

Simon, Jul., wo ist die gnädige Frau? Lustspiel in 1 Aufzuge. Nach einem vorhand. Stoff bearb. (Als Mscr. gedr.) Mannheim 867. (Bender.) gr. 8. (35 S.) n. 10 ngr.

Simon, Jules,
Die Arbeiterin. Nach der 3. Orig.-Ausgabe in das Deutsche übertragen v. Frdr. Nessler. Einzig rechtmässig autoris. deutsche Uebertragung. gr. 8°. Zürich, Kiesling, 1862.

S i m o n, Jul. die Arbeiterin. Nach der 3. Orig.-Ausg. in das Deutsche übertragen von Friedr. Neßler. Einzig rechtmäß. autoris. deutsche Uebersetzung. gr. 8. (XVI und 324 S.) Zürich 862, [Herzog's Verlag.]

Simon, Jules, s.: Conteurs modernes.

[F.] Der Kaiser. E. Charakterstudie Wilhelms II. v. J u l e s Simon. Autoris. Übs. a. d. Französ. *Breslau: L. Frankenstein 1896.* (43 S.) 1 Bd 8. [94. 6683

— der K a i s e r. E. Charakterstudie Wilhelms II. Autor. Uebersetzung aus d. Franz. 12. (43 S.) Breslau 896. Oppeln, G. Maske. — 60

— s.: Prosateurs modernes.

Simon, Julius [aus Grabow i. Meckl.]: Über amnestische Aphasie ... Berlin, gedr. bei J. Sittenfeld, *1892;* 36 S., 1 Bl. 8.
Berlin, Med. Fak., Inaug.-Diss. v. 21. Mai 1892

Simon, Julius: Über die G e s c h i c h t e und therapeutische Anwendung der Sehnen-Transplantation. Tilsit 1908: v. Mauderode. 70 S. 8°
Freiburg i. B., Med. Diss. v. 1908, Ref. Kraske

Simon, Julius, Gerichtsassessor in Wohlau: Die unwiderrufliche Vollmacht. Rostock 1907: C. Hinstorff. (35 S.) 8° [F.]
Jena, Jur. Fak., Ref. Danz, Diss. v. 22. Mai 1907
[Geb. 12. März 76 Pleß, O.-Schl.; Wohnort: Pleß; Staatsangeh.: Preußen; Vorbildung: Evang. Fürstensch. (Hochbergianum) Pleß Reife O. 95; Studium: Freiburg i. B. 1, Berlin 1, Genf 1, Berlin 1, Breslau 2 S.; Rig. 12. Febr. 07.]

Simon, Karl: Über die Amputatio uteri supravaginalis mit retroperitonealer Stielversorgung bei Myomen. *Würzburg 1898: F. Scheiner.* (45 S.) 8°
Würzburg, Med. Diss. v. 1898

Simon, Karl, a. Lübeck: Beiträge zur Kenntnis der Mineralfarben. Kiel 1908 (Stuttgart: C. Grüninger). (S. 249—295.) 8° ¶ (Aus: Neues Jahrbuch f. Mineralogie usw. Beil.-Bd 26.)
Kiel, Phil. Fak., Ref. Brauns, Diss. v. 3. Aug. 1908
[Geb. 9. Nov 81 Lübeck; Wohnort: Lübeck; Staatsangeh.: Lübeck; Vorbildung: Realgymn. d. Katharineums Lübeck Reife O. 02; Studium: Tübingen 4, Kiel 6 S.; Rig. 6. Juli 07.]

Simon, K., s.: Beiträge, kunstwissenschaftliche.

Simon, C. Über Diphenylamindorivate und Azine. In-8°. 43 S. Basel, (Georg & Co.). Theso. 1894

Simon, Karl, Ermittelung der auf die Stellung v. Eisenbahn-Fahrzeugen in Bogengleisen sich beziehenden Masse u. Verhältnisse durch Rechnung sowie mittelst des Roy'schen graphischen Verfahrens. (VIII, 84 S. m. 45 Abbildgn.) Lex. 8. Wiesbaden 909. C. W. Kreidel. 3. 60

Simon, Car. (Alexand. Julius) (geb. Zielenzig 29. 2. 1832): De exarticulationibus pedis et pedis in tarso. Berolini (1854). (32 S.) 8°
Berlin, Med. Diss. v. 15. Aug. 1854

Simon, Carl, der Export landwirtschaftlicher u. landwirtschaftlich-industrieller Artikel aus den Vereinigten Staaten von Nordamerika u. die deutsche Landwirtschaft. Studie. gr. 8. (XII, 132 S.) Leipzig 899. Duncker & Humblot. n. 2. 80

Simon, Carl, Harmonium-Musik-Katalog. Eine systematisch-geordnete literarische Uebersicht der vom Beginn des Harmonium-Spiels bis zum Jahre 1877 im Druck erschienenen Musikalien, nebst einem Verzeichniss von Werken über Bau u. Behandlung des Harmoniums unter Berücksichtigung der Werke über den Orgelbau etc. 8. (64 S.) Berlin 878. Simon. n. — 75; geb. u. m. Papier durchsch. n. 1. 25

Simon, Karl: S t u d i e n zum romanischen Wohnbau in Deutschland. Strassburg: J. H. E. Heitz 1901. (74 S.) 8°
(Erscheint vollst. in: Studien zur deutschen Kunstgeschichte.)
Leipzig, Phil. Diss. v. [25. Juli] 1901

Studien zum romanischen Wohnbau in Deutschland von Karl **Simon**. Mit 1 Taf. u. 6 Doppeltaf. *Strassburg: J. H. E. Heitz 1902.* (VIII, 280 S.) 8°
= **Studien** z. deutschen Kunstgeschichte. H. 36.

Verlags-Katalog von Carl **Simon**, Musikverlag, Antiquariat u. Harmonium-Magazin. Berlin. T. 1. 2. *Berlin: C. Simon 1901–02.* 2 Bde 8°
[1.] Alph. Teil. 1901. [2.] Syst. Teil. 1902.

Simon, Carl, Verzeichnis v. Harfen-Harmonium-Ensemblemusik, Melodramen u. Weihnachtsmusik m. Harmonium, Aufsätze, Recensionen u. Anzeigen. Ausg. E des Wegweisers v. Max Allihn (Sonderabdr. des Anhanges). gr. 8. (IV; 32 S.) Berlin 894. C. Simon. n. — 30

Simon, C[arl], Darmstadt, Gerichts-Accessist: **Das Wechselblankett nach deutschem Recht unter Berücksichtigung des französischen und englischen Rechts.** *Darmstadt 1898: H. Uhde.* (44 S.) 8°
Giessen, Jur. Diss. v. 1898

Wie lerne ich den Schneeschuhlauf? Kurze Anleitung f. Anfänger von Carl **Simon**, Schmalkalden. Schmalkalden 1905: F. Wilisch. (8 S.) 8°
[8.] 1957 4

Simon, Karl Eduard

Simon, C. E., und L. Posner, Handbuch der allgemeinen und speciellen Arzneiverordnungs-Lehre, s. Posner, Louis.

Simon, Carl Ed., Handbuch der allgemeinen und speciellen Arzneiverordnungslehre, s. Waldenburg, L.

Simon, Car. Aemil. (geb. Niederwambach im Rheinl. 16. 8. 1824): De hepatis abscessibus. Berolini (1850). (28 S.) 8°
Berlin, Med. Diss. v. 6. März 1850

Simon, Car. Frid. (geb. Marienwerder 28. 12. 1817): Nonnulla de ano praeternaturali ejusque curatione. Berolini (1843). (32 S.) 8°
Berlin, Med. Diss. v. 3. März 1843

Simon, Car. Gust. Theod. (geb. Berlin 2. 11. 1810): De aquae Binelli et Kreosoti virtute styptica. Berolini (1833). (56 S.) 8°
Berlin. Med. Diss. v. 28. Sept. 1833

Simon, Karl Hermann, s. S i m o n , Hermann.

Simon, Clemens, allgemeine Aesthetik. Ein wissenschaftl. Ueberblick des Schönen überhaupt, u. aller bauenden Künste insbesondere, worin zugleich d. schöne Geräthschaftsbau u. d. Ausschmückungskunst in das Gebiet d. Aesthetik eingeführt werden &c. gr. 8. (9½ B.) Wien 846, (Doll's Enkel.) *

Simon, Konrad [Dr.]: Die Hauptreihe der Blattstellungs-Divergenzen mathematisch betrachtet. M. 3 Fig. Berlin, R. Gaertner, 1893; 29 S. 4.
Berlin, Berlinisches G z. grauen Kloster, OP 1893 (52)

Simon, Konrad [aus Berlin]: Über den Punkt kleinster Entfernungssumme und die Flächen Σr_n ... const . . . . Halle a/S., Druck v. Otto Hendel, 1887; 1 Bl. + 45 + 1 S. + 1 Bl. u. 1 Taf. 8°.
Halle, Phil. Fak., Inaug.-Diss. v. 17. März 1887.

Simon, Kurt: B e i t r ä g e zur Entstehung und Geschichte des Verfassungskonfliktes in Preussen. T. 1. 1860–1862. Heidelberg 1908: Rössler. 76 S. 8°
Heidelberg, Jur. Diss. v. 8. Jan. 1909, Ref. Anschütz

Simon [Kurt], Dr.: Der Einfluss der englischen Seegewalt auf die Feldzüge Napoleons in Mittel- und Osteuropa. Schwiebus 1907: C. Wagner. (S. 3—12.) 4°
Schwiebus, RPG i. E. P 1907 (129)

Simon, Kurt: Die Ermattungsstrategie im Peloponnesischen Kriege (mit besonderer Berücksichtigung des Sizilischen Feldzuges.) 10 S. 8.
Progr. Realprogymn. i. E. *Schwiebus* 1909 (142).

Simon, Kurt: Erzherzog J o h a n n bei Wagram. Eine quellenkrit. Untersuchung über d. Verspätung d. Erzherzogs Johann bei Wagram. Berlin: E. Ebering 1900. (38 S.) 8°
= Studien, Historische. H. 15.

Simon, Kurt, Referendar: Der versicherungsrechtliche Schutz des **Hypothekengläubigers.** Leipzig-Reudnitz 1909: Hoffmann. VI, 119 S. 8°
Leipzig, Jur. Diss. v. 4. März 1909
[Geb. 25. Juni 81 Leipzig; Wohnort: Leipzig; Staatsangeh.: Sachsen; Vorbildung: Realgymn. Leipzig Reife O. 01, Erg.-Prüf. Karola-Gymn. Leipzig O. 04; Studium: Leipzig Phil. 3. Staatsw. 3. Jura 7 S.; Rig. 19. Juni 07.]
[U 09. 2690

Simon, Kurt, der versicherungsrechtliche Schutz des Hypothekengläubigers. (VIII, 120 S.) gr. 8. Leipzig 909. J. Wörner. 3. —

Simon, Kurt, aus Schivelbein: Die **Verspätung** des Erzherzogs Johann bei Wagram. *Berlin (1899): E. Ebering.* (34 S.) 8°
Berlin, Phil. Diss. v. 2. Dez. 1899

(S i m o n , L.): „Die Juden in Russland", Hamburg 1844. — Vorh.: Com. Bibl. Hamburg.

Simon, Lor., tabellar. Uebersicht einer möglichst systemat. allgem. Encyklopädie der Wissenschaften zum leichten Ueberblicke für Erfahrenere u. besond. für Anfänger in diesem Studio auf Schulen u. Gymnasien &c., mit Erklärr. 4. Bremen 810. Müller. 20 gℛ (Heyse). Hbg. Pr. 8 gℛ (Taubert in Leipz.) 1 ß

Simon, Louis, collection of English poems. Sammlung leichter engl. Gedichte zum Auswendiglernen u. Uebersetzen. Mit Wortregister u. literar. u. grammatical. Anmerkungen. 8. (VIII u. 142 S.) Wismar 850, Hinstorff. n. ½ ß

Simon, Louis, französisch-englisch-deutsche Gespräche, nebst e. Samml. von Sprichwörtern u. Beispielen über d. engl. Zeitwörter. Zum Schulgebrauch. gr. 16. (8¼ B.) Altona 840, Lehmkuhl.

— Französisch-englisch-deutsche Gespräche, nebst einer Sammlung von Sprichwörtern u. Beispielen über die engl. Zeitwörter. Zum Schulgebrauch. gr. 16. (132 S.) Altona 847, Lehmkuhl. ½ ß

—— die französische Grammatik in Beispielen. Praktischer Lehrgang zur schnellen und gründl. Erlernung der französ. Sprache. 3 Curs. gr. 12. Altona, Lehmkuhl. [1. (111 S.) 847.. 2. (143 S.) 849.. 3. (IV und 95 S.) 851. à 7½ Ngr.] -

—— Schlüssel zu den 3 Cursen der französ. Grammatik in Beispielen. gr. 8. (98 S.) Altona 851, Lehmkuhl.

Simon, Louis, Katechismus der Handelswissenschaft, s. **Weber's illustrirte Katechismen.**

Simon, Louis, Katechismus der Handelswissenschaft. Eine gedrängte Uebersicht alles Dessen, was ein Kaufmann wissen muß, mit sämmtlichen Courszetteln und Uebersichten der Münz-, Maß- und Gewichtsverhältnisse aller Länder nach den neuesten Bestimmungen und Usancen. 8. (VIII und 117 S.) Leipzig 853, Weber. *

Simon L., Katechismus der Handelswissenschaft. 3. Auflage von K. Arenz. (Weber's illustrierte Katechismen 13) Leipzig 1859

Simon, L., Katechismus der Handelswissenschaft. 4. verm. u. verb. Aufl. bearb. von K. Arenz. Leipzig 1868. kl. 8°.

Simon, Louis, Lehrbuch der englischen Sprache nach Robertson's Methode. 1. Cursus. Für Anfänger. gr. 8. (VIII u. 192 S.) Leipzig 852, Baumgärtner. ½ ß

— die Reform der Schule. Offenes Sendschreiben an die Mitglieder der constituirenden Versammlg. zu Hamburg, so wie an alle Schulbehörden u. Lehrer in Deutschland. 8. (62 S.) Altona 848, Lehmkuhl. n. 1/3 ₰

Simon, Louis, Sammlung französischer Gedichte zu Declamations-Uebungen und zum Uebersetzen, mit Wort-Register, literar. und grammatikal. Erklärungen. A. u. d. T.: Beautés de la littérature française accompagnés d'un vocabulaire, de notices biographiques et grammaticales. 8. (XI und 156 S.) Wismar 850, Hinstorff'sche Hofbuchh. *

—— Taschenbuch der Handelscorrespondenz, s. a. Taschenbuch.

—— Taschenbuch der Handelscorrespondenz. Mit Anmerkungen und Worterklärungen zum Selbstunterricht, so wie für Schulen und Comptoire bearb. (In 2 Abtheilungen.) (1. Abthl.:) Die Handelscorrespondenz in deutscher und englischer Sprache. (In 2 Thln.) 1. Thl.: Englisch-deutsch. br. 8. (VIII und 159 S.) Leipzig 853, Spamer. *

—— dass. — (1. Abthl.) 2. Thl.: Deutsch-englisch. br. 8. (VIII und 131 S.) Ebds. 853. * —

— die Wege Gottes sind wunderbar. Eine Erzählung f. artige Mädchen von 8—12 Jahren. 16. (90 S.) Altona 847, Lehmkuhl. 6 ngl.

Simon, Ludwig. Beiträge zur Anatomie und Entwickelung der Bradypodiden. Diss. Phil. Bern. Hiorzu zwei Tafeln. (Sonderabdruck aus dem Archiv für Naturgeschichte [Jahrg. 68,] 1902, Band 1, Heft 3.) 28 S. 8. Berlin, Nicolai, 1902.

Simon, Ludw., Aus dem Exil. 2 Bde. Gießen 855. Ricker. gr. 8. (XII, 262; XI, 356 S.) n. 3 ₰.

Simon, Ludwig, aus Oberöwisheim: Ein Fall von entzündlichem Papillom. *Mannheim 1904: M. Hahn & Co.* (23 S.) 8°
Erlangen, Med. Diss. v. 18. Nov. 1903

Simon, Ludw., politisches u. internationales Recht. Die elsaß-lothring. Frage. Bericht an die Friedens- u. Freiheits-Liga auf deren Lausanner-Kongreß erstattet am 29. Septbr. 1871. [In's Deutsche übers. durch den Verf. selbst.] gr. 8. (33 S.) Bern 871. Fiala. n. — 40

Simon, (L.), Rede über die Verlegung und Vertagung der preuß. National-Versammlung. 119. Sitzung am 20. Novbr. 1848. gr. 4. (4 S.) Grünberg 849, Levysohn.

— Vide: Studien (Demokratische).

Simon, Ludwig, aus Trier. Ein Wort des Rechts für alle Reichsverfassungs-Kämpfer, an die deutschen Geschwornen. Frankfurt a. M., Liter. Anstalt (J. Rütten), 1849. 72 S. 8°.

Simon, M.: Über das Balanophorin. 1. Mitteilung. Separatabdruck aus: Sitzungsber. d. Kais. Akad. d. Wissensch. in Wien. Bd. 119. IIb. S. 1161.

Simon M.: Über Selencyanpropionsäure. S. 114. IIb. [illegible] vgr.
Separatabdruck

Simon, Margarete, prakt. Anweisg. zur Erteilg. d. Handarbeitsunterrichts, s.: Schallenfeld, Agnes.

— d. Handarbeits-Unterricht in Schulen, s.: Schallenfeld, Rosalie.

Simon, Marie, meine Erfahrungen auf dem Gebiete der freiwilligen Krankenpflege im deutsch-französischen Kriege 1870—71. Briefe u. Tagebuchblätter. gr. 8. (VIII, 326 S.) Leipzig 872. Brockhaus. n. 4. 50; geb. n. 5. 40

— die Krankenpflege. Theoretische u. prakt. Anweisgn. Mit 25 in den Text gedr. Abbildgn (in Holzschn.) 8. (XVI, 302 S.) Leipzig 876. Weber. n. 4. —; geb. n. 5. —

Simon, Martin: Ursprung und Entwicklung des Staatenhauses in der deutschen Reichsverfassung vom 28. März 1849. Greifswald 1909: Adler. 73 S. 8°
Greifswald, Phil. Diss. v. 18. März 1909, Ref. Bernheim
[Geb. 12. Okt. 83 Weißenfels a. S.; Wohnort: Rudolstadt; Staatsangeh.: Preußen; Vorbildung: Gymn. Rudolstadt Reife O. 05; Studium: Berlin 2, Greifswald 5 S.; Rig. 22. Febr. 09.] U 09. 1566

Simon, Math.: Annalen der innern Verwaltung der Länder auf dem linken Ufer des Rheins. Nebst e. Vorbericht über die frühern Territorial-Verhältnisse der Länder auf der Westseite des Rheins. Buch 1, Abth. 1. 2. [Mehr nicht ersch.] Köln 1822—24.

Simon, (M.,) Annalen der innern Verwaltung der Länder auf dem linken Ufer des Rheins. In 3 Büchern. 1r Bd. 1e u. 2e Abthlg. gr. 8. Cöln 822 — 24. (Coblenz, Hölscher.) à 1 Rthl. 16 gr.

Simon, Matth., Königlich Preussischen Geheimen Kriegs- und Appelations-Gerichtsrath, Membre correspondant de la Société Royale des Antiquaires de France. Die ältesten Nachrichten von den Bewohnern des linken Rheinufers. Julius Cäsar und seine Feldzüge in Gallien, nebst einem Vorbericht über die Castrametation und das Kriegswesen der alten Römer, gegründet auf Julius Cäsar, Livius, Cornelius Tacitus, Polybius und Vegetius. Mit Figuren vom römischen Lager nach Lazius und Du Choul, mit Abbildungen der römischen Soldaten nach Justus Lipsius und Du Choul, und nach den Monumenten, welche bei Bonn und Birten (in der Nähe von Xanten) entdeckt wurden; sodann mit der Charte des Broelmann von Gallien zu Cäsars Zeiten, und des Imperators Cäsar Abbildung zu Pferde von O. Venius. (Hiezu ein Folio-Heft mit lithographirten Tafeln römischer Antiquitäten). (2 Bde.) Fol. u. 8. Köln 1829—1833.

Simon, Matth., die ältesten Nachrichten von d. Bewohnern d. linken Rheinufers. — Julius Cäsar u. seine Feldzüge in Gallien, nebst e. Vorberichte üb. d. Castrametation u. d. Kriegswesen d. alten Römer, gegründet auf Jul. Cäsar, Livius, Tacitus, Polybius u. Vegetius. gr. 8. (10½ B. u. 3 B. Fol., 10 Stnt. gr. 4. u. Fol.) Köln 829, Renard u. Dübyen. (165 S.)
2 Thlr. 12 Gr., wohlf. Ausg. 833.

Simon, Max, die Abweichungen in der neuen Orthographie. In Form einer Wand-Tabelle für Schule u. Haus. Uebersichtlich dargestellt. Imp.-Fol. Berlin 880. Latte. n. — 25; auf Pappe gezogen m. Ring n. — 60

— dasselbe. Wandtafel. (2. Aufl.) Imp.-Fol. Ebend. 880. n. — 25

Simon, Max [cand. med. aus Breslau]: Ein Beitrag zur Lehre von der Entstehung der Herzschwielen und der chronisch-partiellen Herzaneurysmen ... Frankfurt a. M., C. Naumann's Druckerei, *1888*; 25 S. 8.
Würzburg, Med. Fak., Inaug.-Diss. v. 1888

Simon, Max, die Brillanten des Studenten, s.: Gesellschaftsstücke, ausgewählte. Nr. 2.

Simon, Max [pr. Arzt]: Über angeborene knöcherne Choanalatresie im Anschl. an zwei neue Fälle ... Königsberg i. Pr., R. Schenk Nachf., 1897; 36 S., 1 Bl. 8.
Leipzig, Med. Fak., Inaug.-Diss. v. 18. Mai 1897

Simon, Max, a. Barmen: Über geometrisch isomere Derivate des Diphenyläthylens. Rostock 1905: H. Winterberg. (56 S.) 8°
Rostock, Phil. Fak., Ref. Stoermer, Diss. v. 30. Juni 1905
[Geb. 18. Juli 80 Barmen; Wohnort: Barmen; Staatsangeh.: Preußen; Vorbildung: Gymn. Barmen Prima-Reife O. 96; Studium: Karlsruhe T.H. 2, Rostock 8 S.; Rig. 28. Juni 05.]

— u. J. Kiessling, Didaktik u. Methodik d. Rechnen-, Mathematik- u. Physik-Unterrichts. [Aus: „A. Baumeister's Handb. der Erziehungs- u. Unterrichtslehre f. höh. Schulen".] gr. 8. (128 u. 73 S.) München 895. C. H. Beck. n. 4. 50

— — dasselbe, s.: Handbuch d. Erziehungs- u. Unterrichtslehre f. höh. Schulen, IV, 1.

Simon, Max, Didaktik u. Methodik des Rechnens u. der Mathematik. 2., umgearb. u. verm. Aufl. (VIII, 206 S.) gr. 8. München 908. C. H. Beck. 4.50; geb. in Leinw. 5. 50
Sonderabdr. aus: „A. Baumeisters Handbuch der Erziehungs- u. Unterrichtslehre f. höhere Schulen".

Simon, Max, hundertundzwanzigjähriger Doppel-Kalender der jüdischen und christlichen Zeitrechnung von 5541 bis 5660 und von 1781 bis 1900 nebst den Jahres- und Monatsformen des immerwährenden christl. und jüd. Kalenders. Zur leichten Umwandlung des einen Datums in das andere übersichtl. dargestellt. qu. 4. (23 S.) Berlin 873, Peiser's Verlag. **

Simon, Max, 120jähriger Doppel-Kalender der jüdischen u. christlichen Zeitrechnung von 5541—5660 u. von 1781—1900, nebst den Jahres- u. Monatsformen d. immerwähr. christl. u. jüd. Kalenders. Zur leichten Umwandlg. d. e. Datums in das andere übersichtlich dargestellt. Neue Ausg., fortgeführt bis zum J. 2000. qu. 4. (28 S.) Berlin 888. Boas Nachf. n. 1. —

Simon, Max, die Elemente der Arithmetik als Vorbereitung auf die Functionentheorie. gr. 8. (VIII, 77 S.) Strassburg 884. Schultz & Co. Verl. n. 1. 20

— die Elemente der Geometrie m. Rücksicht auf die absolute Geometrie. gr. 8. (42 S. m. eingedr. Fig.) Strassburg i/E. 890. Strassburger Druckerei u. Verlagsanstalt. n. 1. 50; Ausg. m. Anmerkgn. (74 S.) n. 2. —

Über die Entwicklung der Elementar-Geometrie im XIX. Jahrhundert. Bericht d. Deutschen Math.-Vereinigung. Erstattet von Max Simon, Straßburg. Mit 28 Fig. Leipzig: B. G. Teubner 1906. (VIII, 278 S.) 4°(8°)
— Jahresbericht d. Deutschen Mathematiker-Vereinigung. Erg.Bd 1.
[06. 3700

Euclid und die sechs planimetrischen Bücher. Mit Benutzung d. Textausgabe von Heiberg. Von Dr. Max Simon, Strassburg i. Els. Mit 192 Fig. im Text. *Leipzig: B. G. Teubner 1901.* (VI, 141 S.) 8°
= Abhandlungen z. Geschichte d. math. Wissenschaften. H. 11. [01. 2388

Simon, Max, ein Fall von sogenannten Pseudo-Hermaphroditismus masculinus externus. Diss. Erlangen 1886, Th. Blaesing. 8° 20 S. mit einer Taf.

Simon, Max, s.: Galen, 7 Bücher Anatomie.

— Freie Geister! Erzählung aus der Föhrenheide. (114 S.) 8. Straßburg 908. J. Singer. 2.50

— Geographie f. Elementar- u. Mittelschulen. Das Gedächtniss-Material zur Wiederholg. u. Einübg. f. Schüler übersichtlich zusammengestellt. 4. verb. Aufl. 8. (IV, 72 S.) Berlin 877. Spaeth. geb. n. — 60

Analytische Geometrie der Ebene von Max Simon, Strassburg i. E. Mit 96 Fig. *Leipzig: G. J. Göschen 1900.* (VII, 372 S.) 8°
(Sammlung Schubert. 8.) [00. 9343 II

Analytische Geometrie der Ebene. Von Max Simon, Strassburg i.E. Mit 57 Fig. 2., verb. Aufl. Leipzig: G. J. Göschen 1906. (197 S.) 8°
(Sammlung Göschen. No 65.) [06. 13190 4

Simon, Max, analyt. Geometrie der Ebene, } s. a. Sammlung
— dasselbe d. Raumes, } Göschen.

— dasselbe des Raumes, s. a. Sammlung Schubert.

Analytische Geometrie des Raumes von Max Simon, Strassburg i. E. Mit Fig. T. 1. 2. *Leipzig: G. J. Göschen 1900 01.* 2 Bde 8°
1. Gerade, Ebene, Kugel. 1900. 2. Die Flächen 2. Grades. 1901.
(Sammlung Schubert. 9. 25.) [02. 9344 II

Analytische Geometrie des Raumes von Dr. Max Simon. Mit 28 Abb. 2., verb. Aufl. Leipzig: Göschen 1903. 205 S. 8°
(Sammlung Göschen. 89.) [11. 14314 II

— Geometrie f. Elementar- u. Mittelschulen. Ein method. Leitfaden in heurist. Darstellg. Mit 83 in den Text gedr. (Holzschn.-)Abbildgn. gr. 8. (VI, 59 S.) Leipzig 876. Hirt & Sohn. n. — 80

— Geometrie f. höhere Bürgerschulen [Mittelschulen] u. Lehrer-Seminarien. Ein method. Leitfaden in heurist. Darstellg. Mit 97 in den Text gedr. Abbildgn. 2. verb. u. durch „Elemente der Trigonometrie u. Stereometrie" verm. Aufl. gr. 8. (IV, 79 S.) Breslau 883. F. Hirt. n. 1. —

— Geometrie f. höhere Bürgerschulen [Mittelschulen] u. Lehrer-Seminarien. Ein method. Leitfaden, in heurist. Darstellg. bearb. Mit 101 in den Text gedr. Abbildgn. 3., durchgeseh. Aufl. gr. 8. (IV, 80 S.) Breslau 888. F. Hirt. cart. n. 1. —

Simon, Max, Geometrie f. höhere Bürgerschulen (Realschulen) u. Lehrer-Seminarien. Ein method. Leitfaden in heurist. Darstellg. 4., durchgeseh. Aufl. gr. 8. (IV, 80 S. m. 101 Fig.) Breslau 894. F. Hirt. Kart. n. 1. —

Simon, Max, Geometrie f. höhere Bürgerschulen (Realschulen) u. Lehrer-Seminarien. Ein method. Leitfaden in heuristisch. Darstellg. 5., verb. Aufl. gr. 8. (80 S. m. 104 Fig.) Breslau 900. F. Hirt. Kart. n. 1.—

Simon, Max, Geometrie f. Mittelschulen. Ein method. Leitfaden in heurist. Darstellg. 6., durchgeseh. Aufl. (80 S. m. 104 Fig.) 8. Breslau 908. F. Hirt. Kart. 1. —

— Geschichte der Mathematik im Altertum in Verbindung m. antiker Kulturgeschichte. (XVII, 401 S. m. Fig. u. 8 Taf.) gr. 8. Berlin 909. B. Cassirer. 13.—; geb. n 14. 50

— zu den Grundlagen der nicht-euklidischen Geometrie. Herrn Ernst Eduard Kummer zum 50jähr. Doktor-Jubiläum 10. Septbr. 1891 gewidmet. gr. 4. (III, 32 S. m. 1 Taf.) Strassburg i/E. 891. Strassburger Druckerei & Verlagsanstalt. n. 2. —

— Grundzüge des jüd. Kalenders. 8. (39 S.) Berlin 891. [Bibl. Bureau.] M. Poppelauer. n. — 50

— Grundzüge d. jüdischen Kalenders u. leichtfassliche Anleitung zu seiner Berechnung. 8. (39 S.) Berlin 891. Bibliograph. Bureau. n.n. — 50

— geographisches Hilfsbuch f. Schüler. 3. verb. u. die neuesten Verhältnisse berücksicht. Aufl. 8. (IV, 68 S.) Berlin 874. Adf. Cohn. geb. n. — 75

Simon, Max, Karte des alttestamentlichen Palaestina mit geographischen Notizen und einem deutschen und hebräischen Ortsverzeichniss, gezeichnet von Jul. Straube. Chromolithogr. gr. 4. Berlin 878, Geographisches Institut. - * — 80

Simon, Max, Karte des alttestamentlichen Palaestina, bearb. und hrsg. von Jul. Straube. Lithogr. und color. gr. 4. Mit geograph. Notizen und einem deutschen und hebr. Orts-Verzeichniss. 2. verb. Aufl. gr. 4. (1 Bl.) Berlin 883, Straube. * — 30

Simon, M., u. A. Milinowski, die Kegelschnitte, behandelt für die oberen Classen höherer Lehranstalten. 1. u. 2. Abth. gr. 8. Berlin 878. 79. Calvary & Co. n. 2. 30
1. Die Parabel von M. Schmidt. (55 S. m. eingedr. Holzschn.) n. — 80
2. Ellipse & Hyperbel von A. Milinowski. Mit 8 lith. Taf. (IV, 66 S.) n. 1. 50

—— die Kegelschnitte behandelt für die Repetition in der Gymnasial-Prima. 1. Abthl.: Die Parabel. gr. 8. (55 S. mit eingedr. Holzschn.) Berlin 878, Calvary und Comp. * — 80

—— und A. Milinowski, die Kegelschnitte, behandelt für die oberen Classen höherer Lehranstalten. 2. Abthl.: Ellipse und Hyperbel von A. Milinowski. gr. 8. (IV, 66 S. mit 8 lithogr. Taf.) Ebendas. 879. * 1 50

— französische Konjugations-Tabelle zur leichten u. sichern Selbst-Einübung der unregelmässigen Verben. 12. (15 S. auf Carton.) Berlin 886. (Latte.) n. — 25

—— Leitfaden der analytischen Geometrie der Ebene. Zum Gebrauch f. höhere Lehranstalten. gr. 8. (71 S. m. 38 Fig.) Berl. 892, Weidmann. * 1 —

— methodischer Leitfaden der Geographie. Ein Wiederholungsbuch f. Schüler in übersichtl. Darstellg. 5. verb. u. verm. Aufl. 8. (IV, 76 S.) Berlin 884. Spaeth. cart. n. — 70

Ein neuer Maphtĕach [Hebr.] maftêaḥ ḥádáš li-ḳebó-'a 'ittim. [Ant.] ... Schlüssel zur leichten Umrechnung jüdischer u. christl. Daten, sowie zur Bestimmg d. Wochentages e. jeden beliebigen Datums f. d. Jahre 4105—5760 A. M. = 345—2000 A. Chr. ... nebst 1 Tab. üb. d. Wochenabschnitte f. alle Sabbathe d. Jahres. Von Dr. Max Simon, Berlin, u. L. Cohen, Lehrer, Bees a. Rh. ... *Berlin: M. Poppelauer 1897.* (23 ungez. Bl.) 1 Bd quer-8. [97. 2367

— u. L. Cohen, ein neuer Maphtĕach. Schlüssel zur leichten Umrechng. jüd. u. christl. Daten, sowie zur Bestimmg. d. Wochentages e. jeden belieb. Datums f. d. J. 4105—5760 A. M. = 345—2000 A. Chr., nebst e. Tabelle üb. d. Wochenabschnitte f. alle Sabbathe d. Jahres. (In deutscher, französ. u. engl. Sprache.) qu. gr. 4. (VIII, 38 S.) Ebd. 897. n. 3. —

Simon, Max, das neue [metrische] Maass- u. Gewichts-System leicht fasslich dargestellt u. durch Vergleichung mit den alten Massen veranschaulicht. 1. u. 2. Aufl. Berlin 869. Cohn. gr. 16. (4 S.) cart. n. 1½ ngr.

Simon, Max, das neue [metrische] Maass- und Gewichts-System übersichtlich dargestellt und durch Vergleichung mit den alten Maassen sowie durch Maassstäbe veranschaulicht. 1. Aufl. 1869, und 2. verb. Aufl. gr. 16. (4 S.) Berlin 870, Adf. Cohn. ** — 15

— Maass- u. Preis-Reductions-Tabellen mit Rücksicht auf die neue Maass- u. Gewichtsordnung für Techniker, Landwirthe u. Kaufleute übersichtlich dargestellt nebst einer Beilage: praktische Anleitung zum Decimalbruch-Rechnen. Ebend. 869. gr. 16. (8 S.) n. 3 ngr.

— Maass- u. Preis-Reductions-Tabellen m. Rücksicht auf die neue Maas- u. Gewichtsordng. f. Techniker, Landwirthe u. Kaufleute übersichtlich dargestellt nebst e. Beilage: Praktische Anleitg. zum Decimalbruchrechnen. 8. (8 S.) Ebend. 872. n. — 30

Über Mathematik. Erweiterung d. Einleitung in d. Didaktik von Prof. Dr. Max Simon, Straßburg i. E. Gießen: A. Töpelmann 1908. (32 S.) 8°
— Arbeiten, Philosophische. Bd 2, H. 1. [08. 7013

Methodik der elementaren Arithmetik in Verbindung mit algebraischer Analysis. Von Dr. Max Simon, Strassburg i. E. Mit 9 Textfig. Leipzig & Berlin: B. G. Teubner 1906. (108 S.) 8° [06. 3385

—— die neue Orthographie in ihren Abweichungen von der früheren übersichtlich dargestellt. Wandtafel. 1. und 2. Aufl. Imp.-Fol. Ebendas. 880. * — 25

—— die neue Orthographie in ihren Abweichungen von der früheren zum Handgebrauch für Schüler. Uebersichtlich dargestellt. gr. 8. (3 S.) Berlin 880, Latte. * — 15
—— dass. — Zum Handgebrauch für Schüler übersichtlich dargestellt. 2. verb., auch die Fremdwörter berücksicht. Aufl. gr. 8. (4 S. auf Cartonpap.) Ebendas. 880. * — 10

— die neue Orthographie in ihren Abweichungen von der früheren, zum Handgebrauch für Schüler. Uebersichtlich dargestellt. gr. 8. (3 S.) Ebend. 882. n. — 15

— 1200jähr. Parallel-Kalender der jüdischen u. christl. Zeitrechng. 4561—5757 800—1996, nebst neuen Formeln zur vollständ. Berechng. d. jüd. Kalenders. Für wissenschaftl. u. rituelle Zwecke bearb. gr. 8. (29 S.) Berlin 895. M. Poppelauer. n. 1. —

Simon, M., Physik für Elementar- und Mittelschulen. Die Ergebnisse des Unterrichts zur Wiederholung und Einübung für Schüler systemat. geordnet. 8. (VIII, 64 S. mit 111 in den Text eingedr. Holzschn.) Berlin 874, Klemann. cart. *

Simon, M., Physik f. Elementar- u. Mittelschulen. Die Ergebnisse d. Unterrichts zur Wiederholg. u. Einübg. f. Schüler systematisch geordnet. Mit 111 in den Text eingedr. Holzschn. 2. verb. Aufl. 8. (VIII, 64 S.) Berlin 876. Klemann. n. — 80

Simon, M., Physik für Elementar- u. Mittelschulen. Die Ergebnisse des Unterrichts zur Wiederholung u. Einübung für Schüler systematisch geordnet. Mit 112 in den Text eingedr. Holzschn. 3., verb. u. durch einen Anhang: „Zur Chemie" verm. Aufl. 8. (80 S.) Berlin 881. Klemann. cart. n. — 80

Rechnen u. Mathematik. Von Prof. Dr. Max Simon, Oberl. ... in Strassburg. *(München: C. H. Beck 1895.)* (128 S.) 8.
— Handbuch d. Erziehungs- u. Unterrichtslehre f. höh. Schulen. Bd 4. Abt. 1, [1.] [98. 2645

Simon, Maximil. (geb. Kolberg 8. 6. 1844): De relationibus inter constantes duarum linearum secundi ordinis, ut sit polygonum alteri inscriptum circumscriptum alteri. Berolini (1867). (23 S.) 4°
Berlin, Phil. Diss. v. 7. Dez. 1867

— einzeilige Schul- u. Verkehrs-Stenographie. Vereinfachung des Stolze'schen Systems u. der einzeil. Kurzschrift Adler's. gr. 8 (16 S. m. 8 Steintaf.) Berlin 879. Spaeth. — 75

Simon, Max: Total-Exstirpation der Scapula ... Würzburg: P. Scheiner's Buchdr., 1894. 37 S. 8°
Würzburg, Med. Fak., Inaug.-Diss. v. 1894

— der erste Unterricht in der Raumlehre. Ein method. Leitfaden f. die unteren Klassen höherer Lehranstalten, sowie f. die Volksschule, in heurist. Darstellg. bearb. Mit 58 in den Text gedr. Fig. 8. (VI, 36 S.) Berlin 889. Springer. cart. n.n. — 50

Simon, Max, Referendar: Der Vermögensnießbrauch nach römischem Recht und nach dem Recht des B.G.B. *Berlin 1903: C. Rosen.* (93 S.) 8°
Rostock, Iur. Diss. v. [12. Juli] 1903

Simon, Max: Zusatz der Programmabhandlung des Lyceums für 1875. [Zusatz zu d. Vfs: Ganzzahlige Multiplication der elliptischen Functionen in Verbindung mit dem Schliessungsproblem.] Strassburg, Univ.-Buchdr. v. J. H. E. Heitz, 1897; 1 Bl. 4.
Strassburg i. E., L, P 1897 (539)

Simon, Mendel Aron, Problemata medica. 26 pp. Regiom. 4°. 1793

Simon, M(eyer): Aus d. Kgl. Universitäts-Klinik zu Königsberg i. Pr. Über das mikroskopische Verhalten des Glykogens in normalen menschlichen Schleimhäuten. *Königsberg i. Pr. 1901: H. Jaeger.* (26 S.) 8°
Königsberg, Med. Diss. v. 5. Aug. 1901

Simon, *Moritz* [Dir. Prof. Dr.]: *Die Berechtigungen der Anstalt.* Frankfurt a. M., Druck v. Krebs-Schmitt Nf., 1893; 25—27 S. 4.
Frankfurt a. M., Klinger-S (OR), OP 1893 (410)

Simon, *Moritz* [Dir. Prof. Dr.]: *Grabrede auf den Direktionsgehilfen Prof. Dr. Theodor Weiffenbach.* Frankfurt a. M., Druck v. Krebs-Schmitt Nachf., 1896; 22—23 S. 4.
Frankfurt a. M., Klinger-S (OR), OP 1896 (424)

Simon, *Moritz Nachruf am Grabe des verstorbenen Oberlehrers Heinrich Gottwerth.* 4 (S. 21).
Progr. Klingersch. (Ober-Rsch.) *Frankfurt am Main* 1893 (416).

Simon, Moritz ⟨geb. am 6 Dez. 1840 in Frankfurt a. M.⟩: Ueber den flexivischen Verfall des Substantivs im Rolandsliede ... Bonn, Druck v. C. Georgi 1867. 2 Bl., 37 S., 1 Bl. 8.
Bonn, Phil. Fak., Diss. v. [16 Aug.] 1867

Simon, *Moritz Worte am Grabe Georg Goedecker's.* 4 (S. 20 der Schuln.)
Progr. Klingersch. *Frankfurt a. M.* 1890 (396).

Simon, R., humoristische Reise durch die Religionen u. Dogmen. Autoris. Uebersetzg. aus dem Franz. v. Jos. Klees. 2 Bde. (101 u. 97 S.) 8. Luxemburg (906). (Leipzig-Dölitz, Monist. Centralbuchh. E. Teichmann.) à n. —30

Simon, Neumann [pr. Arzt]: Beiträge zur Frage der operativen Behandlung der Perityphlitis ... Leipzig, Druck v. A. Edelmann, *1893;* 24 S. 8.
Leipzig, Med. Fak., Inaug.-Diss. v. 13. Okt. 1893

Simon, Nicolaus. Über Darstellung und Zusammensetzung von Rauchopium, sowie die im Opiumrauch wirksamen Stoffe. Diss. Phil. Bern von Nikolaus Simon.... [Mit 1 Tafel.] IV + 95 S. 8. Würzburg, Franz Scheiner, 1903.

Simon, O.: Über Anfänge der exacten Naturwissenschaft. Sprottau 1867. Schul-/Univ.-Schrift

Simon, O., die Aufgaben u. Arbeiten der inneren Mission in der Prov. Sachsen. Mit e. Vorwort d. Provinzialausschusses. 8. (V, 120 S.) Halle 873. Fricke. — 75

Simon, O. Die Elemente der ebenen Trigonometrie. 20 S. 8. *Sprottau* 1877.
Progr.

Simon, O.: Die Theorie der Variationsrechnung. 35 S. – Progr. Berlin J.G. 1857.

Simon, Oskar, aus Cöslin: Über **Cetrarsäure.** *Leipzig 1902: Metzger & Wittig.* (57 S.) 8°
Leipzig, Phil. Diss. v. [11. Aug.] 1902

Simon, O., Denkschrift üb. d. Entwickelg. d. gewerbl. Fortbildungsschulen etc., s.: **Lüders,** K.

Simon, Osk, die Fachbildung des preuss. Gewerbe- u. Handelsstandes im 18. u. 19. Jahrh. nach den Bestimmungen des Gewerberechts u. der Verfassung des gewerbl. Unterrichtswesens. 14 Hfte. gr. 8. (VII, 928 u. LXXXVII S.) Berlin 902. [J. J. Heine.] J. Guttentag. n. 22.—; geb. in Halbfrz. n.n. 24.50

Das gewerbliche **Fortbildungs-** und **Fachschulwesen** in Deutschland. Ein Überblick über s. Entwickelung u. s. gegenwärt. Stand von **Oskar Simon,** Geh. Ober-Reg.R. *Berlin: E. S. Mittler & Sohn 1903.* (60 S.) 4°(8°) [03. 8131]

Laboratoriumsbuch für die Industrie der Riechstoffe. Von Dr. Oskar **Simon,** Chemiker. Halle: W. Knapp 1908. (VI, 67 S.) 8°
—**Laboratoriumsbücher** f. d. chem. u. verwandte Industrien. Bd 3. [08. 7314] 3

Simon, Osc., die Localisation der Hautkrankheiten histologisch u. klinisch bearb. Mit 5 (lith.) Taf. gr. 8. (162 S.) Berlin 873. Hirschwald. n. 5. 60

Simon, Osk., die deutsche Reichsbank in den J. 1876—1883. Eine statist. Uebersicht über deren Geschäfts-Entwicklung, nebst einem Commentar zum deutschen Bankgesetz vom 14. März 1875. gr. 8. (XII, 92 S.) Minden 884, Bruns' Verlag. *

Simon, Sammlung v. Polizei-Verordnungen f. den Reg.-Bez. Osnabrück. Auf Veranlassg. des Hrn. Regierungspräsidenten zu Osnabrück zusammengestellt. gr. 8. (280 S.) Osnabrück 890. J. G. Kisling. Kart. n.n. 2. —

— dasselbe. 1. Nachtrag. gr. 8. (IX, 66 S.) Ebd. 892. Kart. n. 1. 20

Simon, Osc. (geb. Berlin 2. 1. 1843): Die Selbstentwicklung. Berlin (1867). (61 S.) 8°
Berlin, Med. Diss. v. 8. Aug. 1867

Simon, Oscar, Referendar: Steht dem Schuldner, welcher in entschuldbarer Unkenntnis von einer ihm zustehenden aufrechenbaren Gegenforderung gezahlt hat, die condictio indebiti auf Rückgewähr des Gezahlten zu? ⟨Nach gemeinem und bürgerlichem Rechte.⟩ Greifswald 1906: J. Abel. (68 S.) 8° [J.]
Greifswald, Jur. Fak., Ref. Pescatore, Diss. v. 14. Juni 1906
[Geb. 16. Juli 81 Berlin; Wohnort: Marienwerder; Staatsangeh.: Preußen; Vorbildung: Gymn. Marienwerder Reife O. 99; Studium: Tübingen 1, Berlin 3, Greifswald 3 S.; Rig. 10. Aug. 05.]

Simon, Osk., die hannoverschen Wegegesetze, auf Grund der neueren Gesetze, gerichtlichen Entscheidungen und Erlasse erläutert. gr. 8. (III, 220 S. mit alphabet. Sachregister.) Minden 888, Bruns' Verlag. * 3 50

Simon, Otto: Abriſs der Geschichte der Königlichen Realschule. I. 1747—1814. 4 (LVI S.). **Progr.** Kgl. Rg. *Berlin* 1897
Auch in der nicht im Tauschverkehr befindlichen Festschrift z. 150j. Bestehen der Anstalt.

Simon, Otto: Ein Fall von Aorteninsufficienz bei Tabes dorsalis. Kiel 1900: P. Peters. (18 S.) 8°
Kiel, Med. Diss. v. [7. Febr.] 1900

Simon, Otto: Festbericht [über die Feier des 150jährigen Bestehens der Anstalt]. *Berlin (1898): A. W. Hayn's Erben.* (17—35 S.) 4°
Berlin, k. Kaiser Wilhelms-RG, OP 1898 (92)

Simon, Otto [Dir. Dr.]: *Gedenkfest zum 50jährigen Bestehen des Turnplatzes.* Berlin, Druck v. A. W. Hayn's Erben, *1895;* 46—47 S. 4.
Berlin, k. RG, OP 1895 (92)

Simon, Otto: Über die mehrdimensionale Geometrie. S. 3—19. 8.
Progr. K. k. deutsches Staats-Obergymn. *Ungarisch-Hradisch* 1903.

Simon, Otto, Dir. Dr.: [Prof. Friedrich **Grossmann,** gest. am 19. Mai 1898.] *Berlin (1899): A. W. Hayn's Erben.* (S. 59—60.) 4°
Berlin, k. Kaiser Wilhelms-RG, OP 1899 (95)

Simon, Otto, Friedrich Haase. E. dramaturg. Studie. M. e. bisher noch nicht veröffentl. Jugendbildn. Haases. gr. 8. (VIII, 88 S. m. 1 Theaterzettel.) Berlin 898. A. Duncker. n. 2. —

Simon, Otto, s.: **Jahresbericht der Heidelberger chirurg. Klinik.**

Französische politische Mauer-Anschläge während der Zeit vom September 1870 bis zum Mai 1871. Ins Deutsche übertr. von Otto **Simon**. Amsterdam & Leipzig: Dieckmann (1894). **423** S. 8° A 12. 8140

Simon, Otto, s. a. Mauer-Anschläge, französ. politische.

Simon, Otto, Dr., Assistenzarzt d. chirurg. Universitätsklinik: **Die Nierentuberkulose** und ihre chirurgische Behandlung. *Tübingen: H. Laupp 1901.* (72 S.) 8° ¶(Aus: Beiträge zur klinischen Chirurgie, Bd 30, H. 4.)
Heidelberg, Med. Hab.-Schr. v. 1901

Simon, Otto, Referendar am Kgl. Landgericht zu Frankfurt a. M.: **Notwehr, Notstand** und Selbsthülfe nach dem Deutschen Bürgerlichen Gesetzbuche. *Frankfurt a. M. 1903: H. L. Brönner.* (81 S.) 8°
Marburg, Jur. Diss. v. [13. Juni] 1903

Simon, Otto, Notwehr, Notstand u. Selbsthülfe nach dem deutschen bürgerlichen Gesetzbuche. Diss. (84 S.) gr. 8. Frankfurt a/M. 903. (C. Koenitzer.) n. 2. —

Simon, Otto [app. Arzt]: Über Radicaloperationen bei Inguinal- und Femoralhernien ... (Aus: Beitr. z. klin. Chir., Bd XVII Heft II.) Tübingen, H. Laupp, 1896; 1 Bl., 39 S. 8.
Heidelberg, Med. Fak., Inaug.-Diss. v. [8. Mai] 1896

[Umschlagt.:] **Simon,** Otto [Dir. Dr.]: Die Königliche Realschule und die Militärzeugnisse. A. 1814—1834, B. 1834—1892. Berlin, Druck v. A. W. Hayn's Erben, *1893;* 3—24 S. 4.
Berlin, k. RG, OP 1893 (92)

Simon, Otto: [Professor Viktor Schemmel, gestorben am 19. Juni 1897.] *Berlin (1898): A. W. Hayn's Erben.* (38—39 S.) 4°
Berlin, k. Kaiser Wilhelms-RG, OP 1898 (92)

Simon, Otto [Dir. Dr.]: *Oberlehrer Gustav Schubart, gest. am 7. Mai 1894.* Berlin, Druck v. A. W. Hayn's Erben, *1895;* S. 48. 4.
Berlin, k. RG, OP 1895 (92)

Simon, Otto, a. Halle a. S.: **Überlieferung und Handschriftenverhältnis** des Traktates 'Schwester Katrei'. **Ein Beitrag zur** Geschichte der deutschen Mystik. Halle a. S. 1906: **E. Karras.** (90 S.) 8°
Halle, Phil. Fak., Ref. Strauch, Diss. v. 3. Apr. 1906
[Geb. 27. Mai 81 Gr.-Ammensleben, Reg.-Bez. Magdeburg; Wohnort: Halle a. S.; Staatsangeh.: Preußen; Vorbildung: Latein. Hauptsch. Halle Reife O. 00; Studium: Halle 2, München 1, Berlin 3, Halle 3 S.; Rig. 13. Nov. 05.]

Simon, Otto [Dir. Dr.]: Unterrichts-Verteilung in Unter-Sekunda während der Jahre 1862—92. Berlin, Druck v. A. W. Hayn's Erben, *1893;* 25—27 S. 4.
Berlin, k. RG, OP 1893 (92)

Simon, Otto, Ref. in Leipzig: Die Verbietungsrechte des Nachbarn **gegen** Immissionen und ihre Beschränkungen **gegenüber gewerblichen** Anlagen. Leipzig-Reudnitz 1905: A. Hoffmann. (53 S.) 8° [F.]
Leipzig, Jur. Fak., Diss. v. 6. Dez. 1905
[Geb. 13. April 80 Leipzig-Reudnitz; Wohnort: Leipzig-Reudnitz; Staatsangeh.: Sachsen; Vorbildung: Nikolai-Gymn. Leipzig Reife O. 99; Studium: Genf 1, Leipzig 5 S.; Rig. 17. Juli 03.]

Simon, Otto [Dir. Dr.]: Verzeichnis der Schüler der Königlichen Realschule und des Königlichen Realgymnasiums zu Berlin, welche in den Jahren 1861 bis 1892 das Schulzeugnis der Befähigung zum einjährig freiwilligen Militärdienst erhalten haben. Berlin, Druck v. A. W. Hayn's Erben, *1893;* I—XXIV S. 4.
Berlin, k. RG, OP 1893 (92)

Simon, Otto [Dir. Dr.]: *Professor Dr. August Ferdinand Voigt, gest. am 17. Juli 1893.* Berlin, Druck v. A. W. Hayn's Erben, *1894;* 63—66 S. 4.
Berlin, k. RG, OP 1894 (92)

Simon, Otto, von Frejus nach Elba, s.: Ussher.

Simon, Otto: Drei Vorreden des Archimedes. 4 (S. 95—108). Festschrift z. 150j. Bestehen des Kgl. Rg. *Berlin* 1897.
Nicht im Tauschverkehr.
Progr.

Simon, Otto [Dir. Dr.]: *Prof. Amand Zauritz, gest. am 22. Mai 1891.* Berlin, Druck v. A. W. Hayn's Erben, *1892;* 53—54 S. 4.
Berlin, k. RG, OP 1892 (92)

Simon, Paul, Referendar in Halle a. S.: Beiträge zur Lehre vom Gerichtsstande des Erfüllungsortes. Borna-Leipzig 1905: R. Noske. (VIII, 36 S.) 8° [F.]
Leipzig, Jur. Fak., Diss. v. 15. April 1905
[Geb. 14. Aug. 80 Eisleben; Wohnort: Halle a. S.; Staatsangeh.: Preußen; Vorbildung: Gymn. Eisleben Reife O. 99; Studium: Leipzig 2, Freiburg i. B. 1, Berlin 1, Halle 3 S.; Rig. 11. Nov. 02.]

Simon, Paul, de Briedr. Erzgebirgisches Volksstück in 1 Akte. (Erzgebirgisches Vereinstheater. 12. Heft.) (15 S.) 8. Annaberg 907. Graser's Verl. — 40

Simon, Paul, **Referendar** am Großherzogl. Amtsgericht zu **Mainz: Die Einigung** des Sachenrechts als Verfügungs**beschränkung. Breslau:** M. u. H. Marcus 1906. (IV, 82 S.) 8° ¶(Erscheint vollst. u. d. T.: „Die rechtliche Natur der **sachenrechtlichen Einigung**" als H. 20 d. „Studien zur **Erläuterung des bürgerlichen** Rechts".)
Gießen, Jur. Fak., Ref. Biermann, Diss. v. 4. Sept. 1906
[Geb. 13. Okt. 84 Mainz; Wohnort: Mainz; Staatsangeh.: Hessen; Vorbildung: Herbstgymn. Mainz Reife M. 02; Studium: München 2, Berlin 2, Gießen 3 S.; Rig. 28. März 06.]

Simon, Paul: Zur Erläuterung der §§ 516, 517 BGB. *Rostock 1904: C. Hinstorff.* (92 S.) 8°
Rostock, Jur. Diss. v. [31. Juli] 1904

Simon, Paul: Ueber Flächen mit constantem Krümmungsmaass. Halle (1876): Hendel. 30 S. 8°. (4°)
Halle-Wittenberg, Phil. Diss. v. 29. Juli 1876
Geb. Köln a. Rh. 18. 12. 1846. V.

Simon, Paul: Die Gewährleistung wegen eines Mangels im Rechte und wegen eines Mangels der Sache im Falle der Leistung an Erfüllungsstatt nach gemeinem Rechte und dem Rechte des Bürgerlichen Gesetzbuches für das Deutsche Reich. Greifswald 1899: J. Abel. (59 S.) 8°
Greifswald, Jur. Diss. v. 1899

Simon, Paul. Gewichtsbestimmungen f. Seitenverhältnisse in schematischen Dreiecksnetzen, s. Veröffentlichung d. königl. preussischen geodätischen Instituts.

Die rechtliche Natur der sachenrechtlichen Einigung. Zugl. e. Beitrag z. Lehre von d. Verfügungsbeschränkungen. Von Dr. Paul **Simon**. Breslau: M. & H. Marcus 1907. (VIII, 150 S.) 8°
— **Studien** z. Erläuterung d. bürgerl. Rechts. H. 20. [07. 1868 6

Simon, Paul [aus Franz. Buchholz, Prov. Brandenb.]: Ueber **traumatische Nuclearlähmung** der Augenmuskeln ... Greifswald, Druck v. J. Abel, 1896; 32 S. 8.
Greifswald, Med. Fak., Inaug.-Diss. v. 14. März 1896

— **Samariterliebe, s.: Vereins-Bühne.**

Simon, Peter (Hamburg) U. S. Göttingen 1759/2

Dissertatio inauguralis de querelae nullitatis et appellationis coniunctione.
Präs. Johann Stephan Pütter.
Göttingen (Schulz) 30. VI. 1759. 36 S.

Gew.: Johann Heinrich Simon (Vater). 32693

Simon, Philipp [aus Cassel]: Jacques d'Amiens ... [Erschien vollst. als No 3 von: Berliner Beitr. z. german. u. roman. Philol., Roman. Abt.] Berlin, C. Vogts Buchdr., *1895;* 25 S., 1 Bl. 8.
Berlin, Phil. Fak., Inaug.-Diss. v. 15. Mai 1895

Jacques d'Amiens. Von Philipp **Simon**. *Berlin: C. Vogt 1895.* [S. 1—25 erschien als Berl. Diss. 1895.] (71 S.) 1 Bd 8.
= **Beiträge**, Berliner, z. germanischen u. roman. Philologie. [No] LX. Roman. Abt. No 3. [97. 495]

Simon, Pierre, die Brüche u. deren gründl. Heilung, so daß alle Bruchbänder überflüssig werden. N. d. Franz. bearb., aber vielfach verm. u. verb. v. Aloys Riemer. 12. (3½ B.) Nordhausen 839, Fürst.

Simon, Pierre, die sichere und radicale Heilung der Brüche, so daß alle Bruchbänder überflüssig werden. Nach dem Französischen bearbeitet, aber vielfach verm. u. verb. von Aloys Riemer. 3. (Titel-)Aufl. Bautzen (839.) 853. Reichel. 16. (70 S.) 11¼ ngr.

—— radicale Heilung d. Brüche, oder Abhandl. üb. d. Brüche u. Vorfälle, nebst Angabe e. neuen unfehlbaren Mittels, wodurch sie radical geheilt u. also alle Bandagen unnütz gemacht werden. N. d. Franz. bearb. 1—4. Aufl. Cassel 838, 39, Krieger'sche Buchh. (Th. Fischer), 5. Ausg. 8. (à 7½ B.) Quedlinburg 841, Ernst'sche Buchh. à

Simon, Pierre, radicale Heilung der Brüche. 5. Ausg. 11.8. Quedlinburg 841, Ernst. ⅔ ₰ — 6. Aufl. 8. Ebend. 843. ⅔ ₰ — 6. (7.) Aufl. 12. Ebend. 845. ⅔ ₰

Simon, Pierre: Radicale Heilung der Brüche oder Abhandlung über die Brüche oder Vorfälle nebst Angabe eines neuen unfehlbaren Mittels, wodurch sie radical geheilt und also alle Bandagen unnütz gemacht werden. Nach dem Französischen bearbeitet. 6.Aufl. 114 S., gbd.

Quedlinburg u.Leipzig: Ernst 1842

— radicale Heilung der Brüche oder Abhandlung über die Brüche und Vorfälle, nebst Angabe eines neuen unfehlbaren Mittels, wodurch sie radical geheilt und also alle Bandagen unnütz gemacht werden. Nach dem Französ. bearbeitet. Nebst einem Anhange über Blähungsbeschwerden, Hartleibigkeit und Hämorrhoiden. 7. Aufl. (853.) (IV, 100 S.) — 8. verb. Aufl. Quedlinburg (857.) Ernst. 8. (IV, 108 S.) 20 ngr.

Simon, R. J., Juris Saxonici medii aevi de foro competenti praecepta. Regimonti 1867. 8.
Diss. inaug. . . . . (BRG.)

Mechanik (2: Mechanik fester u. flüssiger Körper). Von Reinhold **Simon**, Bauführer. Mit Abb. T. 1. 2. *Berlin-Steglitz: Litterar. Monatsberichte 1903.* 2 Bde 8°
= **Studium**, Das, d. Elektrotechnik. [4.] T. 1. 2. [04. 7417 11

Simon, Rhold., Mechanik. (Das Studium der Elektrotechnik in Theorie u. Praxis. Zum Gebrauch an techn. Fachschulen u. zum Selbstunterricht. Hrsg. v. A. Kraetzer.) 1. Tl. (V, 71 S. m. 52 Abbildgn.) gr. 8. Steglitz 903. Berlin, C. Malcomes. Geb. in Leinw. n. 2. —

— dasselbe. 2. Tl. Mechanik fester u. flüssiger Körper. (V, 61 S. m. 36 Abbildgn.) gr. 8. Ebd. 903. Geb. in Leinw. n. 1. 60

Simon, Richard

Simon, Rich., das Amaruçataka in seinen Beziehungen dargestellt, m. e. Einleitung u. Auszügen aus den Commentatoren versehen. gr. 8. (VII, 159 S.) Kiel 893. C. F. Haeseler, Verl. n. 9. —

Simon, Rich., das Amaruçataka in seinen Recensionen dargestellt. gr. 8. (VII, 159 S.) Kiel 893. Berlin, Gose & Tetzlaff. n. 9.—

Ⓢ **Simon**, Rich., d. Amaruçataka. 893. — Beiträge z. Kenntnis d. vedischen Schulen. 889. (KBL 32.) Jetzt: Berlin-Rixdorf, M. Umlauf.

Simon, Rich. Beiträge zur Kenntnis der vedischen Schulen. gr. 8. (VII, 113 S.) Kiel 889, Haeseler's Verlag. * 4 50

Simon, Rich., Beiträge zur Lehre vom Astigmatismus besonders in Hinsicht auf die Sehschärfe. Diss. gr. 8. (37 S.) Magdeburg 891. (Wiesbaden, J. F. Bergmann.) n.n. 1. —

Simon, Rich., the musical compositions of Somanātha, critically ed., with a table of notations. (IV S. u. 33 autogr. S.) 4. Leipzig 904. O. Harrassowitz. n. 2.80

Simon, Richard [aus Hamburg]: Ueber Rāmakṛshṇa's Einleitung zum Saṃskāragaṇapati. . . . Bonn, Univ.-Buchdr. v. C. Georgi, 1888: 2 Bl. + 84 S. + 1 Bl. 8°
Halle, Phil. Fak., Inaug.-Diss. v. 22. [handschr.] Sept. 1888

Simon, Richard: Ueber die Handschriften und Recensionen des Amarucataka . . . Bonn: Univ.-Buchdr. v. C. Georgi 1892. 1 Bl., 46 S. 8°
München, Phil. Fak., Hab.-Schr. v. 1892

— Historia critica commentatorum praecipuorum, V. et N. T. a. d. Franz. übers. mit J. F. Reimanns Vorrede. 8. Lpz. Crusius (F. C. W. Vogel) 713. ;

Simon, Rich., historia critica, alt. u. neuen Testaments, übers. v. L. C. Mühlen. 8. Goslar. 713.

Simon, Rich., krit. Historie des Textes des neuen Testaments, oder krit. Schriften üb. das neue Testament aus den Evangelien von H. M. A. Cramer, mit J. S. Semlers Vorrede. 3 Thle. gr. 8. Halle 776—80. Gebauer. (1r Thl. 2 ₰, 2r u. 3r à 1 ₰ 18 gr) 5 ₰ 12 gr

Simon, Rich., die Lungenschwindsucht und das Lignosulfit. gr. 8. (88 S.) Leipzig (900). E. Haberland. n. 1.—

Eine Neue rationelle Methode zur Bekämpfung der Lungenschwindsucht von Dr. med. Richard **Simon**, prakt. Arzt. *Göttingen: Vandenhoeck & Ruprecht 1901.* (48 S.) 8° [F.] [01. 9015

— eine neue rationelle Methode zur Bekämpfung der Lungenschwindsucht. 2. unveränd. Aufl. gr. 8. (48 S. m. Fig.) Göttingen 901. Vandenhoeck & Ruprecht. n. 1.—

— die Notationen des Somanātha. (S. 447–469 m. 2 Taf.) gr. 8. München 903. (G. Franz' Verl.) — 60
Sonderabdr. aus: „Sitzungsber. d. bayer. Akad. d. Wiss."

Simon, Richard [Referendar aus Osnabrück]: Das gesetzliche Pfandrecht des Verpächters an den Früchten nach gemeinem Recht und nach den deutschen Partikularrechten ... Göttingen, Druck d. Univ.-Buchdr. v. W. F. Kästner, 1894; 40 S. 8.
Göttingen, Jur. Fak., Inaug.-Diss. v. [7. Juni] 1894

— s.: Puspasūtra, das.

Simon, *Friedrich* Richard [aus Kirn an d. Nahe '(Rheinprov.)']: Untersuchungen über die Aetiologie des ulcus molle nebst Beitrag z. Therapie ... Leipzig, Druck v. Gressner & Schramm, 1894; 23 S. 8.
Leipzig, Med. Fak., Inaug.-Diss. v. [5. Apr.] 1894

Simon, Rudolf, a. Würzburg: Beitrag zur Statistik und Kasuistik der Rückenmarks-Geschwülste unter Aufführung eines Falles von epiduralem flächenhaftem Sarkom. Würzburg 1905: A. Borst. (33 S.) 8°
Würzburg, Med. Fak., Ref. v. Rindfleisch, Diss. v. 25. Mai 1905
[Geb. 13. März 79 Würzburg; Wohnort: Würzburg; Staatsangeh.: Bayern; Vorbildung: Gymn. Würzburg Reife Juli 97; Studium: Würzburg 10 S.; Coll. 20. Juli 04; Approb. 25. Nov. 02.]

Simon, Rud., Grundzüge des neuen Preußischen Concurs-Rechts und Concurs-Verfahrens unter Hervorhebung der wesentlichsten Abweichungen vom alten Rechte. Potsdam 856. Horvath. gr. 8. (VI, 96 S.) n. 15 ngr

Simon, S. Alpenansicht vom Ottenberg, Canton Thurgau, 6 Meter lang. In Farbendruck. Zürich, Hofer & Burger. 1883. cart. 7 35

Simon, S.: Südliche Aussicht von der Weid bei Zürich, s. Keller, Heinrich

Simon, Sal., De prosopalgia. 23 pp. Hal. 1793. 8°.

Simon, Sally [cand. med. aus Hamburg]: Framboesia syphilitica. . . . Hamburg, G. Diedrich & Co., 1890; 29 S. 8°
Würzburg, Med. Fak., Inaug.-Diss. v. 1890

Simon, Sally: Über das Verhältnis von elektrischer Ladung und Masse der Kathodenstrahlen. Berlin (1899): G. Schade. (36 S.) 8°
Berlin, Phil. Diss. v. 5. Aug. 1899

Simon, Sam. Fr., s. Simmons.

Simon, Siegfried, appr. Arzt a. Magdeburg: Geschichte der Reinkultur. München 1907: C. Wolf & Sohn. (67 S.) 8°
München, Med. Fak., Ref. v. Gruber, Diss. v. 18. Jan. 1908
[Geb. 8. Juni 82 Magdeburg; Wohnort: Magdeburg; Staatsangeh.: Preußen; Vorbildung: Realgymn. Magdeburg Reife M. 99; Studium: Phil. Berlin 1, München 2, Berlin 1, Med. Berlin 1, München 4, Berlin 2, München 1 S.; Coll. 18. Jan. 08; Approb. 31. Dez. 07.]

Simon, Siegfried: Untersuchungen über die Regeneration der Wurzelspitze. Leipzig: Gebr. Borntraeger 1904. (41 S.) 8°
(Aus: Jahrbücher f. wiss. Botanik, Bd 40.)
Leipzig, Phil. Diss. v. 1904

Simon, S[imon.] Hat die Guyer'sche Jungfrau-Bahn eine Zukunft? Eine Frage auf Grundlage von Plänen und Längenprofilen bearbeitet. Zur Orientierung seiner Freunde als Manuscript gedruckt. [Mit Figuren.] 84 S. 8. ([Bern, Bühler & Werder,] März 1901.) V

Simon, S[imon]. Eine Maifahrt im Clubgebiet. Stimmungsbilder aus dem Topographenleben. [Mit 1 Tafel. SA.] 8. (Bern [1887].)

Simon, S[imon]. Ein photographischer Streifzug im Clubgebiet. ⟨Topographenleben im Hochgebirge.⟩ ⟨SA.⟩ 8. [Bern 1886.]

Simon, T., gemeinnütz. Calculator f. alle im Rechnungsfache angestellte k. k. Beamte, f. Zoll- u. Tranksteuerabgabspflichtige Parteien, nicht minder f. Advokaten, Kaufleute etc. 12. Prag, Enders. 815. -
Vgl. Simon, F.

Simon, Theod. (geb. Kolberg 27. 2. 1841): De albinismo partiali, vitiligine, vitiligoidea. Berolini (1861). (32 S.) 8°
Berlin, Med. Diss. v. 13. Aug. 1861

Buddha. Sein Leben, s. Lehre u. s. Einfluß bis auf unsere Zeit. Von Theodor **Simon**, Pastor in Berlin. Gütersloh: C. Bertelsmann 1908. (94 S.) 8° [F.]
= **Für** Gottes Wort u. Luthers Lehr! Reihe 1. H. 5. [08. 4964]

[F.] **Simon,** (*Georg Heinrich*) Theodor [Schlosspred. in Cottbus]: Darstellung der Seinslehre Lotze's in ihrem Verhältnis zu der Herbarts . . . Leipzig-Reudnitz, Druck v. M. Hoffmann, 1892; 76 S., 2 Bl. 8.
Leipzig, Phil. Fak., Inaug.-Diss. v. [9. Juni] 1892

Simon, Thdr., Darstellung der Seinslehre Lotze's in ihrem Verhältnis zu der Herbarts. gr. 8. (77 S.) Leipzig 893. G. Fock. n. 2. —

Entwicklung und Offenbarung. Von Lic. Dr. Theodor **Simon**, Pastor, Berlin. Berlin: Trowitzsch & Sohn 1907. (129 S.) 8° [F.] [07. 3964]

Simon, Thdr., die Gehirnerweichung der Irren [dementia paralytica] für Aerzte und Studirende bearb. gr. 8. (VI, 114 S.) Hamburg [Leipzig] 871, Mauke. * 1 80

Gottesgeist und Menschengeist bei Paulus. Der Wert d. Persönlichkeit u. d. kath. Kirche. Von Lic. Dr. [Theodor] **Simon**, Schloßpfarrer in Cottbus. *Gr. Lichterfelde-Berlin: E. Runge [1899].* (25 S.) 8° [F.]
Aus: Kirchl. Monatsschrift.
— **Hefte** f. evangel. Weltanschauung u. christl. Erkenntnis. Ser. 1, No 5. [04. 9990 11]

Immanuel Kant. Ein Umriß s. Lebens u. s. Lehre. Von Lic. Dr. Theodor **Simon**, Schloßpfarrer in Cottbus. *Stuttgart: Ch. Belser 1904.* (58 S.) 8° [F.]
= **Zeitfragen** d. christlichen Volkslebens. Bd 29, H. 2. [04. 5343]

Simon, Thdr., Immanuel Kant, s. Zeitfragen des christlichen Volkslebens. 218.

Leib und Seele bei Fechner und Lotze als Vertretern zweier massgebenden Weltanschauungen von Dr. Theodor **Simon**, Schlosspfarrer in Cottbus. *Göttingen: Vandenhoeck & Ruprecht 1894.* (118 S.) 8° [F.] [04. 11185]

— der Logos. Ein Versuch erneuter Würdigg. e. alten Wahrheit. gr. 8. (V, 182 S.) Leipzig 902. A. Deichert. Nachf. n. 2. 25

— Der Monismus, s.: Gegenwartsfragen. 7. Heft.

Predigten und Homilien über Texte aus dem 1. Briefe St. Petri von Lic. Dr. Theodor **Simon**, Berlin. Leipzig: A. Deichert Nachf. 1906. (VI, 151 S.) 8° [F.] [06. 4982]

Simon, Thdr., d. Psychologie d. Apostels Paulus. gr. 8. (VI, 118 S.) Göttingen 897. Vandenhoeck & Ruprecht. n. 2. 80

Simon, Theodor [Wilhelm], Straßburg: Über die Reduktion aromatischer Nitroverbindungen in saurer Lösung. Nördlingen (1907): C. H. Beck. (76 S., 2 Tab.) 8°
Straßburg, Math.-naturwiss. Fak., Ref. Thiele, Diss. v. 17. Juli 1907
[Geb. 17. Juli 79 Straßburg i. E.; Wohnort: Straßburg; Staatsangeh.: Elsaß-Lothringen; Vorbildung: Lyzeum Straßburg Reife O. 99; Studium: Lausanne 1, Straßburg 10 S.]

— Arthur Schopenhauer nach s. Charakter u. s. Stellung z. Christentum, s.: Zeitfragen d. christl. Volkslebens.

Moderne Surrogate für das Christentum. Von Konsist.R. Lic. Dr. [Theodor] **Simon**. Berlin: Hobbing [1910]. 22 S. 8°
(Beiträge z. konservativer Politik u. Weltanschauung. H. 2.) [10. 17502]

— christliche u. moderne Weltanschauung. Ein Vortrag. (21 S.) gr. 8. Ebd. 903. n. — 50

Simon, Theod., Das Wiedererwachen des Buddhismus und seine Einflüsse in unserer Geisteskultur. Stuttgart 1909. 8°.
(Gegenwartsfragen, H. 5.)

— Das Wiedererwachen des Buddhismus u. seine Einflüsse in unserer Geisteskultur, s. a. Gegenwartsfragen. 5. Heft.

Simon, W., Sammlung deutscher Briefe mit sprachwissenschaftlichen Notizen und einem Vocabularium versehen zum Uebersetzen in's Französische. Magdeburg 859. (Ebers.) gr. 8. (70 S.) n. 10 ngr

Simon, Waldemar, Referendar in Öls i. Schl.: Die **Anweisung des Bürgerlichen Gesetzbuches.** *Öls 1903: A. Ludwig.* (37 S.) 8° [F. u. Ant.]
Leipzig, Jur. Diss. v. 1903

Simon, Walter, Anschauen v. Bildwerken, s.: Albin, G.

Simon, Walter: Kant, das Kind, u. die Kinder. Tischrede, geh. in d. Kant-Gesellsch. am 22. April 1898. Königsberg i. Pr.: Buchdr. v. R. Leupold 1898. (11 S.) 8°

Simon, Walter: Zur Kenntnis der Zuckergussleber. Königsberg i. Pr. 1900: H. Jaeger. (82 S.) 8°
Königsberg, Med. Diss. v. 30. Juni 1900

Simon, Walter: Deutschlands Ruhmeskarte. Maßst. 1:700,000. Entwurf u. Bearb. von Otto Herkt. (In 6 Bl.) Königsberg: W. Koch in Komm. [1904], C. Flemming, Buch- u. Kunstdr., Glogau. (4 Kartenbl. je 62x82, 2 Kartenbl. je 68x82 cm.) gr. 2° [kol.]

Simon, Walter: Deutschlands Ruhmeskarte. (Eine Handkarte d. Deutschen Reichs z. Belebung d. deutschen, geschichtl. u. geogr. Unterrichts . . . in 10 Farben.) Maßst. 1:2,000,000. Entwurf u. Bearb. von Otto Herkt. [Nebst] Die Namen der . . . berühmten Deutschen . . . Königsberg: W. Koch in Komm. (1904): C. Flemming, Buch- u. Kunstdr., Glogau. (1 Kartenbl. 62x58 cm, 10 S.) 8° [kol.]

Simon, Walt., Königsberger Stuckdecken, s.: Czihak, E. v.

Simon, W., s.: Vokabular, das Elbinger deutsch-preussische.

Simon, Walter Veit, Arzt: Aus d. pathol. Inst. d. Univ. Freiburg i. B. Über Pigmentierungen im Darm mit besonderer Berücksichtigung des Wurmfortsatzes. Wiesbaden: Bergmann 1909. 42 S. 8° ¶(Aus d. Frankfurter Zeitschr. f. Pathol. Bd 3, H. 1.)
Freiburg i. B., Med. Diss. v. 1909, Ref. Aschoff
[Geb. 18. Dez. 82 Berlin; Wohnort: Berlin; Staatsangeh.: Preußen; Vorbildung: Gymn. Insterburg Reife O. 03; Studium: Berlin 7, Würzburg 1, Freiburg i. B. 2 S.; Coll. 4. Dez. 08; Approb. 13. Juni 09.] [U 09. 979

Simon, Wilhelm, Med.-Prakt.: Ueber 6 Fälle von Dementia praecox in einer Geschwistergruppe. Leipzig 1910: Lehmann. 30 S. 8°
Leipzig, Med. Diss. v. 3. Juni 1910, Ref. Flechsig
[Geb. 26. Juli 86 Bleischwitz; Wohnort: Eberswalde; Staatsangeh.: Preußen; Vorbildung: Lessing-Gymn. Frankfurt a. M. Reife O. 04; Studium: Marburg 1, Königsberg 3, Marburg 1, Königsberg 6 S.; Coll. 24. Juni 10.] [U 10. 3062

Simon, Wilh., Hausbesitzer-Lexikon. Verläßlicher Ratgeber in allen Hausbesitzer-Angelegenheiten. (356 S.) 11. 8. Aussig 906. (A. Becker.) 1. —

Simon, Wilh., die Knospen der bekanntesten deutschen Laubholz-Bäume u. Sträucher, mit 38 Abbildgn. nach der Natur. 12. (31 S. m. 1 Tab.) Marburg 902. N. G. Elwert's Verl. n. — 80

Simon, W., erstes Lesebuch für Elementarschulen. Eine wohlf. Handfibel für die unteren Klassen deutscher Stadt- u. Landschulen. Unter Mitwirkung mehrerer prakt. Lehrer bearb. 8. (40 u. 16 lith. S.) Wernigerode 851. (Halberstadt, Frantz.) n. n. 1/12 ℞

Simon, Wilh., erstes Lesebuch für Elementarschulen. Eine wohlfeile Handfibel für die unteren Klassen deutscher Stadt- und Landschulen. Unter Mitwirkung mehrerer prakt. Lehrer bearb. Wernigerode 855. (Quedlinburg, Huch.) 8. (10 S. u. 16 lith. S.) nn. 2½ ngr.

Simon, Guil. (geb. Halberstadt 12. 1. 1844): Stellionatus. Berolini 1866. (34 S.) 8°
Berlin, Jur. Diss. v. 3. Nov. 1866

Simon, Guil., Stellionatus. Quaestiones criticae et exegeticae de Stellionatus crimine. Berlin 866. Calvary & Co. 8. (IV, 136 S.) n. 24 ngr.

Simon, Wilh., altdeutsche Volkslieder, nach Melodien aus F. M. Böhme's „Altdeutsches Liederbuch" für vierstimm. Männerchor gesetzt. qu. 8. (12 S.) Neuwied 885, Heuser's Verlag. * — 35

Drei Tage aus dem Leben unserer Maurerei. Drei Reden, gehalten im Or. zu Rastenburg von [Wilh. Aug.] **Simon.** Als Ms. hrsg. f. Brr. Rastenburg: Selbstverl. 1852. 52 S. 8°
Üb. Wesen u. Bedeutung der Grade der Johmrei, Verdienst der Könige von Preussen um die Frmrei etc. 23.

Kleiner Ratgeber bei Anschaffung von Harmoniums. Verf. von Willy **Simon**. Erl. Abbildungen im Text. Berlin: C. Simon [1907]. (37 S.) 8° [Umschlagt.] [07. 16036

[Hebr.] Mekiltā de-rabbi **Šim'ōn** Ben-Joḥai ʻal sēfer šemōt. ʻIm heʻerōt ū-mare meqōmōt ū-petiḥā qeṣērā mēēt Dāwid Ṣebi Hoffmann. Frankfurt a. M.: J. Kauffmann 065 (1905). (XVI, 180 S.) 8°
[Nebent.:] Mechilta de-Rabbi Simon b. Jochai, e. halachicher u. haggadischer Midrasch zu Exodus, nach handschriftl. u. gedr. Quellen reconstruirt u. mit erkl. Anm. u. e. Einl. versehen von D[avid] Hoffmann, [Dir., Berlin]. [05. 1395

Simon ben Zemach Duran. Magen Abot. Ein ausführl. Commentar zu Pirke Abot. Nach der livorner Ausg. vom J. 1762 hrsg. gr. 8. (196 S.) Leipzig 855, (Hunger.) **

Simon, Bühler & Baumann: Preislisten über Mühlenbau-, Brauerei- und Mälzereieinrichtungen usw.; nebst: Nachrichten für Brauereien und Malzfabriken, Müller u. a. 1897 ff. Frankfurt a. M.

Simon Darschan

Simon, Jalkut Schimony. Sammlung aller Midraschim und Agades für die fünf Bücher Mosis, aller Profeten und Hagiografen, aus den besten Quellen geschöpft. (In hebraischer Sprache.) Neue correcte Ausg. 3 Bde. in 7 Thln. Zolkiew 859. (Berlin, Adolf & Co.) gr. 8. (1927 S.) n. 8 ℞

Simon-Günzer, Dictionnaire des gallicismes, proverbes et locutions familières de la langue française, à l'usage des allemands qui s'adonnent à l'étude de cette langue. gr. in-8. (32½ B.) Francfort s. M. 830, [Comptoir f. Lit. u. Kunst.]

Simon-Günzer, (Secr.,) Dictionnaire des Gallicismes, Proverbes et Locutions familières de la Langue Française à l'usage des Allemands qui s'adonnent à l'étude de cette Langue. gr. 8. Frankf. 830. Friedrich. 1 ℞ 16 gℓ

Simon-Günzer, Dictionnaire des Gallicismes, Proverbes et Locutions familières de la langue franç. à l'usage des Allemands. Nouv. édit. gr. in-8. (32⅝ B.) Francfort s. M. 845, Streng.

Tafellied zum Johannis-Ausflug der vereinigten eklektischen Logen in Frankfurt a. M. und der Loge zur Wahrheit und Treue in Heidelberg [am 19. Juni 1904]. [Unterz.:] [Adolf] **Simon-Langenbach.** [Frankfurt a. M. 1904: Mahlau.] 2 Bl. 8°. [Umschlagtit.]
„Und wenn auch die Jahre fliessen" . . . 21.

Frankfurter Zentrale für freimaurerische Fürsorge von Adolf **Simon-Langenbach.** Gehalten in der konstituierenden Versammlung 17. Nov. 1905. Frankfurt a. M.: Mahlau & Waldschmidt. 1906. 19 S. 8° [Umschlagtit.]
Abgedr. in: Bh. 48 (1905) S. 393—398.
Propagandaschrift. Mit Rückblick auf die Tätigkeit der Vereine Fürsorge (Dresden), Bruderhilfe (Leipzig), Rat u. Tat (Hamburg). 193.

Simon-Legrand, Aphorismen über die Zuckerrübe. Bemerkungen über Boden, Dünger, Cultur u. Rübenracen. gr. 8. (86 S. m. 1 Taf. in Aubeldr.) Köln 878. (Prag, Kosmack & Neugebauer.) n. 2. —

Simoncellis, Oct., de decretis caeterisque solemnitatibus in contractibus minorum etc. 4. Colon. 705.

Simonchitz, I., de numismatica Hungariae diplom. axiom. 8. maj. Vien. Blumauer. 794.

Simond, L., eines Gallo-Amerikaners Reise durch Großbritanien, s. **Tagebuch** e. Reise ꝛc.

Simond, M., eines Gallo-Amerikaners, Reise durch Großbritannien. s. Tagebuch.

Simonde de Sismondi, Jean Charles Léonard

Simonde de Sismondi, siehe S. de Sismondi.

Simonde de Sismonde, J. C. L., Etudes sur les constitutions des peuples libres. gr. in-8. Paris et Strasbourg 836. Treuttel et Würtz. n. $2^1/_3$ ʄ

— Etudes sur les constitutions des peuples libres. Lex.-8. Aix-la-Chapelle et Cologne 837. Kohnen. n. $1^2/_3$ ʄ

— Etudes sur l'économie politique. Tome I. et II. (Etudes sur les Sciences Sociales. Tome II. et III.) gr. in-8. Paris 837, 38. Treuttel et Würtz. 5 ʄ (I. — III. n. $7^1/_3$ ʄ)

— Forschungen über die Verfassungen der freien Völker. Uebersetzt u. mit Anmerkk. begleitet von August Schäfer. gr. 8. Frankfurt a. M. 837. Küchler. 2 ʄ

Simonde, Sismondi, J. C. L., Gemälde d. Toscanischen Landwirthschaft; aus d. Französ. mit Anmerkk. v. J. Burger. gr. 8. Tübing. 805. v. Cotta. 1 ʄ

Simonde J. C. L.: Gemählde d. toskanischen Landwirthschaft. Aus d. Franz. übers. u. m. Anmerk. u. Zusätzen begl. v. J. Burger. Tübing. 1805. (10) 204 S. 1 Tvl.

— Geschichte der Auflösung des römischen Reiches u. des Verfalls der Civilisation der alten Welt. Verdeutscht von Wilhelm Ad. Lindau. (5 Lfrgg.) gr. 8. Leipzig 836 — 38. Barth. 3 ʄ

Simonde de Sismondi, (J. C. L.,) Geschichte der Franzosen; mit Anmerkk. v. H. Luden. 1r Bd. gr. 8. Jena 822. Bran.

Simon de Sismondi, J. C. L. Geschichte der Italienischen Freystaaten im Mittelalter. A. d. Franz. Zürich 1807—11. Ü: *Gesner, Heinrich.* (MGT) »1807—24« (Ky)

Simonde, Sismondi, J. C. L., Geschichte d. italien. Freistaaten im Mittelalter; aus d. Französ. 16 Thle. (1r—8r Thl. von H. Geßner). gr. 8. Zürich 807—824. Geßner. compl. 23 ʄ 8 ℊ

— Geschichte der italien. Freistaaten im Mittelalter; aus d. Franz. 13r — 16r Theil. 8. Zürich 822 — 24, Geßner. 7 Rthl. 16 gr. Alle 16 Bde compl.

— aus Obig. apart: Ueber die Freiheit d. Italiener während d. Dauer ihrer Republiken ꝛc. gr. 8. Ebd. 824, Ebd.

— Geschichte der italienischen Freistaaten im Mittelalter. Aus d. Franz. von Friedr. Wilh. Bruckbräu. gr. 8. Augsburg 836 — 40. v. Jenisch u. Stage. Compl. (5 Lfrgg.) $2^1/_2$ ʄ

— Histoire de la chute de l'Empire romain et du déclin de la civilisation. II Tomes. gr. in-8. Paris et Strasbourg 835. Treuttel et Würtz. n. $4^5/_6$ ʄ

— Histoire des Français. Tome I. — XVI. Lex.-8. Aix-la-Chapelle et Cologne 836 — 40. Kohnen. n. 40 ʄ

— Histoire des Français. Tome XVII — XXI. Lex.-8. Aix-la-Chapelle 842 — 44, Kohnen. à n. $2^1/_2$ ʄ

Simonde de Sismondi, J. C. L., Histoire des Français. Tome 25 — 28. gr. in-8. Paris 841 — 42, Treuttel et Würtz. à n. $2^2/_3$ ʄ

— histoire des républiques Italiennes du moyen âge. IV Vols. gr. 8. Zürich 807, 8. Gessner. 5 ʄ 12 ℊ

— Histoire des Republiques Italiennes du moyen age. Nouv. édit. X Tomes ou 100 Livrs. Avec 24 gravures. gr. in-8. Strasbourg 840, Treuttel et Würtz. n. $16^2/_3$ ʄ

— de l'intérêt de la France à l'égard de la traite des nègres. IIIme Edit. gr. 8. Genf 815. (Nicolai in Berl.) 12 ℊ

Simonde de Sismondi, Jean-Charles-Léonard

Julia Severa oder das Jahr 492. Nach dem Franz. von Karl Ludwig Methusalem Müller. Th. 1.2. Leipzig: Hartmann 1822. 8°

Simonde de Sismondi, Julie Severa; nach d. Französ. v. K. L. M. Müller. 2 Thle. 8. Leipz. 822. (Lehnhold). 2 ʄ 21 ℊ

— die Kreuzzüge gegen die Albigenser im 13. Jahrh.; aus d. Französ. mit e. Einleit. von *r (G. W. Becker). gr. 12. Leipz. 829. Voß. 1 ʄ 8 ℊ

Simon de Sismondi, Jean Charles Leonard. Die Kreuzzüge gegen die Albigenser . . . a. d. Franz. . . . Leipzig 1829. Ü: *Becker, Gottfried Wilhelm.* (Ky)

Simonde Sismondi, J. C. L. Die Literatur des südlichen Europas. Deutsch herausgegeben und mit Anmerkungen begleitet von Ludwig Hain. 8. Leipzig und Altenburg 1816.

— die Literatur des südl. Europa, deutsch bearb. v. L. Hain. In 2 Bden. gr. 8. Leipz. 816—19. Brockhaus. 6 ʄ Hbg. Pr. 2 ʄ 12 ℊ

Simonde de Sismondi. Du papier-monnaie dans les États autrichiens, et des moyens de le supprimer. 8°. Weimar 1810.

— Précis de l'histoire des Français. II Tomes. gr. in-8. Paris 839. Treuttel et Würtz. n. $5^1/_3$ ʄ

Simonde de Sismondi, J. C. L.: „Die zwei Systeme der politischen Oekonomie, oder die Physiokraten und Oekonomisten gegen einander gestellt mit der Theorie von Adam Smith", aus dem Französischen, Wien 1811 (Gerold).

— Voyage en Angleterre pendant les années 1810 et 11, avec des observations sur l'état politique et moral, les arts et la littérature de ce pays, et sur les moeurs et les usages de ses habitans. Orné de 15 planches et de 13 Vign. IIe Edit. II Voll. 8. Strassb. 817. Treuttel u. W. 8 ʄ 6 ℊ Velinp. 16 ʄ

Simoneit, Friedr[ich], a. Barmen: **Wie kann der Wohlstand der landwirtschaftlichen Bevölkerung auf der Hohen Rhön gehoben werden, insbesondere mit Berücksichtigung der Verhältnisse in Frankenheim?** Eisenach 1909: Kahle. 169 S. 8°
Jena, Phil. Diss. v. 6. Okt. 1900, Ref. Edler
[Geb. 10. Sept. 81 Simorangkir, Sumatra; Wohnort: Triptis; Staatsangeh.: Preußen; Vorbildung: Realgymn. Barmen bis O. 99; Studium: Bonn 4, Jena 4 S.; Rig. 20. Febr. 09.] [U 10. 2375

Simoneit, S., s. a. **Warner,** Eckart.

Simoneit, Severin, die Eklampsie od. der Sommernachtsball in Villa Nova. Arabesken aus der östl. Universitätsstadt. gr. 8. (82 S.) Königsberg 893. (Bon's Buchh.) n. 1. —

Die **Eklampsie** oder Der Sommernachtsball in Villa Nova. Satir. Kulturskizze aus d. deutschen Osten von Eckart Warner [d. i. **Severin Simoneit**]. (2. verm. Aufl.) *Königsberg i. Pr.: G. Kemsies 1900.* (39 S.) 8° [F.] [oo. 1886 10

Kypika: Die Wanzenschlacht oder Gestohl'ner Humor ex Actis Kypekanëis. Parodistisch-homerische Gesänge von Gelasinos Gelotopoietikos, [d. i. **Severin Simoneit**]. *Königsberg i. Pr. [1898?]: R. Schenk Nachf.* (28 S.) 8° [F. u. Ant.] [oo. 6517 10

Simoneit, Severin (Hrsg.), s. Warte, Nordöstliche.

***Simonet,* R. P. Edmund, institutiones theologicae de legibus et peccatis. 4. Ofen 772. Typ. Soc. 21 ℛ**

Simonet, J. J., die Stenographie beim katholischen Klerus. gr. 8. (67 S.) Luzern (898). (Räber & Co.) n. 1. —
Sonderabdruck aus: „Kath. Schweizer-Blätter".

Simonet, N., le Miroir d'or pour les enfans. 8. Hildburgh. Hanisch. 781.

Simonetti, Christian Ernst

— **Anweisung z. geistl. Beredsamkeit. 8. Frkf. Schmidt. 754.**

— **gründl. Bemühung des vernünftigen Menschen im Reiche der Wahrheit. 5 Thle. 8. Frankf. 752—54. Braun. 1 ß 1 ℛ**

— **Bußpredigten. 8. Frkf. Braun. 751.**

Simonetti, Christian Ernst: Der Charakter eines Geschichtschreibers. Entworfen in dem Leben und aus den Schriften des Abts Claudius Fleury. Göttingen: Schmidt 1746. 4°

— **Charakter e. rechtschaffenen Theologen. 8. Lpz. Hilscher. 747.**

Simonetti, Chrn. Ernst. Friedens- und Dankpredigt wegen des am 15. Februar dieses 1763. Jahres zu Hubertsburg . . . geschlossenen Friedens über den Text Joh. 14, 27 gehalten in der Hauptkirche zu Frankfurt an der Oder. Frankf. a. d. O. 1763. 4. (20 S.)

— **Gedanken d. Glaubens u. d. Gottseligkeit üb. d. letzten Reden d. Mittlerliebe Jesu am Kreuz. 8. Berl. Voß. 749.**

— **Gedanken üb. d. Lehren v. d. Unsterblichkeit u. d. Schlafe d. Seelen. 2 Thle. 8. Frkf. Braun. 751.**

— **der ehrliche Mann. 8. Frankf. 745. 2e Aufl. Berl. u. Frankf. 750. 3e A. Berl. 752. 4e A. 8. Magdeb., Frankf. u. Leipz. 763. Hechtel. 6 ℛ**

— **Predigten üb. verschied. Wahrh. d. vernünft. Gottesdienstes d. Wahrheit, Vernunft, Freyheit u. Relig. 6 Thle. 8. Potsdam (Voß in Berlin) 750–62.**

Simonetti, Chr. Er., († d. 20. Jan. 1782.) Samml. vermischter Beitr. zum Dienste der Wahrheit, Vernunft, Freiheit u. Religion; auf die Jahre 1749, 50. 7 Stcke. 8. Leipz. Kleyb. 1 ß 8 ℛ

Simonetti, Chr. Ernst, Samml. verm. Beyträge zum Dienste d. Wahrheit, Vernunft, Freyheit u. Religion, a. d. J. 1749 u. 50. 2 Bde. oder 8 Stck. 8. Lpz. Kleyb. 749–50. Rthlr.

Simonetti, Christian Ernst, s. Schulfuchs, Der.

— **d. Schulfuchs. 8. Frkf. 750.**

Christian Ernst Simonetti, ordentlichen Lehrers der hohen Schule und Kirche zu Gottingen, Sendschreiben an die Ehrw. Loge der Freymåurer in Berlin. Berlin u. Gottingen: Schmid 1744. 284 S. 8° [Kupfertit.]
Auszug in: D. neu aufgesteckte brennende Leuchter. 1746 S. 336 – 394.
Recens: Göttingsche Gelehrten Ztg. 1744 S. 237. Kl. 279. Wünscht „Auflösung des Ordens" auf Grund seiner Einrichtung, Verfassung u. Grundgesetze. 23. 25.

Simoni, der Nikaknabe in Deutsch-Ostafrika, s.: Jugendschriften, illustrierte, aus der Mission der Brüdergemeine.

Simoni, Amme, so sollt ihr essen! Kochvorschriften f. alle, die gesund bleiben u. werden wollen. Mit e. Vorrede u. Speisekarten auf jeden Tag der Woche, wie auch f. die wichtigsten Krankheitsfälle u. e. Anh. üb. vegetar. Rohkost v. Geo. Simoni. 3. Aufl. (VIII, 222 S. m. Bildnis.) 8. Feistritz-Lembach 900. (Lemgo, D. Mai.) Kart. n. 1. –

Simoni, Georg

Simoni's, Geo., illustr. Handbuch der Naturheilkunde für Alle, die gesund werden u. bleiben wollen. 51.—60. Taus. 12. (447 S. m. Abb.) Regensburg 900. E. Stahl. n. 1.70

Simoni, Geo, der kleine Kneipp. Unentbehrlicher Rathgeber für's Haus. 12. (93 S.) Marburg a. d. Drau 891. Exped. d. „Tausendschön". — 75

— **Ministranten-Büchlein. Eine faßl. Anleitg. zu den übl. Verrichtgn. der Kirchendiener beim kathol. Gottesdienste, nebst beigefügten kurzen Meßgebeten. 7., verm. Aufl. 32. (98 S.) Feistritz-Lembach 894. (Marburg a/D., Exped. des „Tausendschön".) Ebd.** n. — 20

— **so werdet Ihr alt! Unentbehrliches Handbuch zur Naturheilkunde f. Alle, die gesund werden u. bleiben wollen. 4., verm. Aufl. 12. (290 S.) Ebd. 893. n. 1.50**

Simoni's Vorträge üb. naturgemäße Lebensweise, Naturheilkraft u. Medicin. 8. (V, 162 S. m. Bildn.) Feistritz-Lembach 897. Jurik's Waisen. Kart. n. 2.50

SIMONIČ, Franz: Politische Stellung Leopolds des Glorreichen zum Deutschen Reiche vom Jahre 1197, bis Februar 1213. — 1867. 123, 48 S. Diss. Graz, Univ.

Simonides, Johannes. Ein Bild aus der Zeit der Verfolgun. der Evangelischen in Ungarn. Nach seiner eigenen Beschreibg. aus dem J. 1675. 8. (31 S.) Hermannsburg 883. Missionshausdruckerei. n. — 20

Simonides und sein Prozeß. Berlin 856. Bernhardt u. Co. gr. 8. (VI, 42 S., lith. Portr. u. 1 Holzschnitttaf. in 4.) n. 7½ ngr.

Simonides von Amorgos

Simonides, carmen inscriptum περὶ γυναικῶν de mulieribus, recens. atque animadvers. illustr. Köhler etc. 8. maj. Götting. Vandenhök. 781.

Simonidis Amorgini carmen de mulieribus gr. s recens. atque animadvers. illust. G. D. Köler. 8maj. Götting. 781. Vandenhöck u. R. 5 gl

Simonidis Amorgini Jambi qui supersunt. Collegit et rec. Fr. Th. Welcker. 8maj. (5½ B.) Bonnae 835, Weber.
Aus: Rheinisches Museum f. Phil., besond. abgedruckt.

Simonides v. Keios, s. Lyriker, die griechischen.

Simonidis Cei carminum reliquiae. Ed. F. G. Schneidewin. 8maj. (20¼ B.) Brunsvigae 835, Vieweg et fil.

Simonidis Lamentatio Danaae emendata a H. L. Ahrens. Pr. 1858. 27 S.

Simonides, u. anderer geistliche Seelenübungen z. Gebrauch d. Abendmahls rc. 12. Basel, Thurneisen. 720.

Simonides, J., Galeria omnium sanctorum, s. Monumenta evangeliorum Aug. conf. in Hungaria historica.

Simonides J.: Zur Theorie der gestrichenen Saite. 14. Trebitsch881. Progr.

Simonides, J., weitere Untersuchung der Funkenwellen, s.: Mach, E.

Simonides, Const., archäologische Abhandlungen. I. Ueber die Echtheit des Uranius. München 856. (Finsterlin.) 8. (26 S.) n. 8 ngr.

Simonides, Paul 4°Thl. I, 232/1,1

Disputatio I. de perpetuitate ecclesiae evangelicae.
Präs. Gottlieb Wernsdorf.
In: Wernsdorf: Disputationes academicae, dogmatici, exegetici, polemici et historici argumenti ... 1736.
Wittenberg (Ahlfeld) 1736. S. 1 - 34.

Diss. 1. X. 1708. 32695

Simonidesz, Adolf, v. (*Ungar.*) Ein scheinbarer Freund, od. Die Folgen des Neides. Intriguen-Charakterbild in 3 Abtheil. *Oedenburg* 1857. Gedruckt bei *Adolf Reichard* (auf Kosten des Verfassers.) 80 S. 8°. 1 fl.

Simonin, A. J., französ. u. deutsche Briefe z. wechselsweisen Uebersetzen u. schnellen Erlernen der französisch. Sprache. 8. Duisb. 797. N. A. 801. Bädecker. 20 gl

Simonin, L. Die beiden Nebenbuhler des anischen Westens. Chi u StL. Tr: Ed. Bühler. Chicago, 1876.

Simonini Angelo: Über den Abbau der fetten Säuren zu kohlenstoffärmeren Alkoholen.
1. Mitteilung. S. 101. IIb. 37 . . . . vgr.
— 2. Mitteilung. S. 162. IIb. 59 . . . . vgr.
Separatabdruck

Simonis: Über die Gartenkunst der Römer. Blankenburg. 1865. 24 S. Schul-/Univ.-Schrift

Simonis, der Schergen-Kaspar v. Schorndorf, s.: Dilettanten-Bühne, katholische.

Simonis, Adolf: Die Gründung der deutschen Stadt Treptow a. R. Treptow a. R. 1909: Marg. 27 S. 4°
Treptow a. R., k. Bugenhagen-G OP 1909 (211) [S 09. 447

Simonis, Adolf, approb. Arzt aus Güstrow: **Aus d. Hygien. Institut zu Rostock.** Statistische **Untersuchungen** über die Diphtheriebewegung in Rostock von 1884 bis 1895. *Rostock 1901: Adler's Erben.* (24 S.) 8°
Rostock, Med. Diss. v. [15. Mai] 1901

Simonis, Carl, s. Simonis, Karl.

Simonis, Enoch Chr., († d. 3. Aug. 1787.) kurzer Entwurf einer Lehrart in der Religion für die Jugend rc. 8. Berl. 769. 2e A. 770. Voß. 5 gl

— kurzer Inbegriff der Lehre u. Wahrheit Jesu 8. Rostock 773. Koppe. (Stiller). 3 gl

— Memorial der Namen u. Chronologie aller regierenden Personen. 4 Thle. 12. Rostock. 720–22.

— Nachr. v. d. in Stargard belegenen Stadt Friedland. 4. Neubrandenburg. 730.

Simonis, H., u. M. Dennstedt, Anleitung zur Elementaranalyse u. Bestimmung des Molekulargewichtes. Für den Gebrauch im Laboratorium bearb. (VII u. S. 3–114 m. 87 Abbildgn.) Lex. 8. Leipzig 908. G. Thieme. Geb. in Leinw. 3. 40
Sonderabdr. aus: „Die Methoden der organ. Chemie."

Simonis, Henry, aus Hamburg: Die **Nichtigkeits-Erklärung** einer Aktien-Gesellschaft nach dem neuen Handels-Gesetzbuch. *Rostock 1901: C. Hinstorff.* (52 S.) 8° [J.]
Rostock, Jur. Diss. v. [20. Dez.] 1901

Simonis, Henry, die Nichtigkeits-Erklärung e. Aktien-Gesellschaft nach dem neuen Handels-Gesetzbuch. Diss. gr. 8. (52 S.) Rostock 901. (Berlin, C. Skopnik.) n. 1. 20

Simonis, Hugo [aus Düsseldorf am Rhein]: Ueber einige Mono- und Dioxydialphylessigsäurelactone. Freiburg (Schweiz) 1897. 77 p. 8°.
Freiburg. Mathem.-naturw. Diss. 1897/98.

Simonis, Jean: Die Häufigkeit der Epididymitis bei Gonorrhoe ... Würzburg: Paul Scheiner's Buchdr., 1888. 50 S. 8°
Würzburg, Med. Fak., Inaug.-Diss. v. 1888

Simonis, Johann

— Analysis et Explicatio lectionum masorethicarum Ketibhan et Krissau. 8. maj. Halae Kümmel. 752.

— analysis et explicatio lectionum masorethicarum Ketibhan et Krijan vulgo dictarum, ea forma, qua illae in textu sacro exstant etc. 8maj. Halle 752. Ed. II. 782. Kümmel. 4 gl Ed. III. (cur. E. F. K. Rosenmüller). 8maj. ibid. 824. Waisenhaus-B. 8 gl

Simonis, Johann. Analysis et explicatio lectionum masorethicarum Ketibhan et Krijan vulgo dictarum ... Editio III. Halis 1824. H: *Rosenmüller, Ernst Friedrich Carl* (Ky)

— arcanum formarum nominum hebraeae linguae. P. I. de nominibus nudis. P. II. de nom. auctis. 4. Halae, Waisenh. 735. (à 14 gr.)

Simonis, Johann, s. B i b l i a hebraica.

— Dictionarium Vet. Testamenti hebraeo-chaldaicum, ut cum Bibliis hebraicis manualibus compingi queat, hac forma editum. 8. Halle 752. Kümmel. 4 gr

— explicatio epicriseon masorethicarum etc. 8maj. Halle 752. Waisenhaus-B. 4 gr

Simonis, Jh., introductio grammatico-critica in linguam graecam. 8maj. Halle 752. Ed. II. ed. J. L. Schulze. 8maj. ibid. 772. (Waisenhaus-B.) 8 gr

Simonis, J. Introductio grammatico-critica in Linguam Graecam. Ed. altera . . . Halae Magd. 1771. H: *Schulze, Johann Ludwig.* (BrMm)

— introductio grammatico-critica in linguam hebraicam acced. append. de lingua chaldaica. 8. maj. ibid. 753.

— Lexicon manuale graecum. gr. 8. Halae, Curt. 766. in 4. mit breitem Rande.

— Lexicon manuale graecum. 8maj. Halle 766. (Laue in Berl.) 1 Thlr 12 gr

— Lexicon manuale hebraicum et chaldaicum. 8maj. Halle 756. Edit. altera, priori longe auctior, cui accessit vita b. Auctoris (a Sam. Mursinna). (Curante Jh. Ldw. Schulzio). 8maj. ibid. 771. Ed. III. quam recens., emend., auxit J. G. Eichhorn. 793. (Laue in Berl.) 5 Thlr Schrbp. 5 Thlr 20 gr Ed. IV. emend. multisq. modis aux. F. G. Winer. 8maj. Leipz. 828. Fr. Fleischer. 4 Thlr 12 gr Velinp. 7 Thlr

— Lexicon manuale hebraicum et chaldaicum rec. emend. et auxit I. G. Eichhorn. 8. maj. Halae, Curt. 793. Schreibp.

Simonis, Jo., Lexicon manuale hebraicum et chaldaicum in vet. testamenti libros, post J. G. Eichhornii curas denuo castigavit, emend., multisque modis auxit G. B. Winer. Edit. IV. — E. s. t.: Lexicon manuale hebr. et chald. in vet. testam. libros ordine etymologico descriptum edid. G. B. Winer. 8maj. (69½ B.) Lipsiae 828, Fr. Fleischer. 4 Thlr. 12 Gr., Vlnp.

— observationes lexicae in suppl. lexici hebraici manualis editae. 8. maj. ibid. 762.

— observationes Lexicae in suppl. Lexici hebraici manualis editae. 8maj. Halle 763. Curt. (Laue in Berl.) 8 gr

— Onomasticum vet. testam. sive tract. philologicus, quo nomina vet. test. propria explicant. 4. Halae, Waisenhaus Buchhdl. 741.

— onomasticum Novi Testamenti et librorum Vet. Testam. apocryphorum. 4. Halle 762. (Laue in Berl.) 16 gr

— — Novi Testamenti et libr. V. T. apocryphorum. 4 Halae, Curt. 762.

— Schreiben an den Hrn. Prof. Jh. Ldw. Schulze. 8. Halle 766.

— synopsis historiae ecclesiast. saeculi XVIII. loco supplem. ad J. A. Turretini compend. histor. eccles. N. Testam. edit. 8. Halle 750. Kümmel. 2 gr

Simonis, Johann, s. T u r r o t i n , Jh. A.: Compendium . . .

Simonis, Jh., († d. 2. Jan. 1768.) Vorlesungen üb. die christl. Alterthümer, nach S. J. Baumgartens Breviar. antiq. christianor., mit e. Vorr., Lebensbeschreib. d. Verf. u. e. Anmerkk. hrsgg. v. S. Mursinna. 8. Halle 769. (Hahn in Hannov.) 12 gr

— Vorles. üb. d. christl. Alterthümer nach S. J. Baumgartens Breviar. antiq. christianor. mit Anmerk. v. S. Mursinna. 8. Halle, Trampe. (Hahn in Hannover.) 769.

— Vorlesungen üb. die jüd. Alterthümer, nach Hadrian Reland. Mit Vorrede u. Anmerkk. hrsgg. v. Sam. Mursinna. gr. 8. Halle 769. (Laue in Berl.) 20 gr

— Vorles. üb. d. jüd. Alterthümer nach Reland. gr. 8. Halle, Curt. 769.

Simonis, Johann Friedrich

Simonis, Jh. Fr., Blicke in Walhalla, od. über Glauben an Unsterblichkeit. gr. 8. Jena 796. Göpferdt; (a. Schmid). 9 gr

— vermischte Schriften belehr. u. unterhalt. Inhalts. 8. Neustrelitz 798. Albanus. 16 gr

— Taschenbuch zur Beförderung d. Religiosität, f. gebild. Leser auf das J. 1798. 8. Schwerin 798.

SIMONIS, Joh. Friedr. (geb. 25. Dezbr. 1770 in Lüssow b. Güstrow [Mecklenb.], † als emerit. Prediger in Ruchow b. Sternberg 29. Aug. 1839), V e n u s U r a n i a , oder ü b e r d i e L i e b e. Ein Versuch. O. O. (Rostock) 1794 (d. i. 1793). 8°. (1 Rthl. Eman. Mai, v o r 1860; 1 Mk. 50 Pfg. G. Priewe, 1895.) (In München: Ph. Pr. 1126h.)
Goedeke VII, 378, 48, 2.

— Venus Urania, oder über die Liebe. 8. Rostock, Stiller. 794.

Simonis, Joh. Joachim (Mecklenburg) A. S. 820/1

Jus naturae omnibus congenitum ac insitum ex natura et ratione apodictica demonstratione et a priori nec cognitum nec deducendum. Präs. Jo. Joachim Weidner. Rostock (Weppling) 17. IX. 1712. 22 S.

Gew.: Paschasius Simonis (Vater), Enoch und Johann Simonis (Onkel).
W. v.: Jo. Fecht, Präs., Fr. Alb. Aepinus, Peter Becker, Johann David Hoheisel. 32697

Simonis, Carl, Versuch einer Geschichte des Alarich Königs der Westgothen. (1. Thl.) Inaug.-Dissert. Göttingen 858. (Vandenhoeck u. Ruprecht.) gr. 8. (47 S.) n. 8 ngr.

Simonis, Mathieu Charles Edouard, u. Michel Weyer: B e r i c h t über den Stand der Gemeinde-Angelegenheiten der Stadt Luxemburg für den Zeitraum vom 1. September 1872 bis zum 31. August 1873. (Artikel 20 des Gesetzes vom 24. Februar 1843.) Luxemburg: Joris 1873. – 27 S. 4°

Simonis, Mathieu Charles Edouard: B e r i c h t über den Stand der Gemeinde-Angelegenheiten der Stadt Luxemburg für den Zeitraum vom 1. September 1873 bis zum 31. August 1874. (Artikel 20 des Gesetzes vom 24. Februar 1843.) Luxemburg: Joris 1874. – 28 S. 4°

Simonis, Max, s.: J a h r b u c h , keramisches.

Simonis, Max, a. St. Johann: Zur Kenntnis orthosubstituierter Jodverbindungen mit mehrwertigem Jod. Berlin 1905: E. Ebering. (38 S.) 8°
Freiburg i. B., Phil. Fak., Ref. Gattermann, Diss. v. 25. April 1905
[Geb. 27. Juli 82 St. Johann a. d. Saar; Wohnort: Zähringen; Staatsangeh.: Baden; Vorbildung: Gymn. Saarbrücken Reife O. 00; Studium: Freiburg 2, Genf 1, Freiburg 3 S.; Rig. 20. Juli 04.]

Simonis, Max, Telegrapheninsp.: Die Schirmwirkung von Metallhüllen gegen elektromagnetische Induktion. Rostock 1910: Winterberg. 41 S. 8°
Rostock, Phil. Diss. v. 20. April 1910, Ref. Heyweiller
[Geb. 6. Juli 70 Ribnitz; Wohnort: Rostock; Staatsangeh.: Mecklenburg-Schwerin; Vorbildung: Realgymn. Malchin Reife O. 90; Studium: Rostock 6 S.; Rig. 18. April 10.] [U 10. 3983

Simonis, Wilhelm (Hrsg.), s. Düsseldorf im Jahre 1898.

Simonis Tyralla, Paul: Wen sie angeh'n. Gedichte. Berlin: Steinitz in Comm. 1909. 139 S. 8°

Simonkai, Ludw., enumeratio florae transsilvanicae vesculosae critica. Ex mandato societatis scientiarum naturalium regiae hungaricae scripsit L. S. gr. 8. (V, XLIX, 678 S.) Budapest 886, (Kilián's Universitäts-Buchh.) * 14 —

Simonné, T., and M. Velazquez, new method of learning to read, write, and speak the spanish language, s. Ollendorff, H. G.

—— —— a key to the exercises, s. Velazquez, M.

Simonoff, L., u. Iwan v. Moerder, die russischen Pferderassen. M. 32 Farbendr.-Taf. u. 23 Textabb. 4. (VII, 93 S.) Berlin 896. P. Parey. n. 25. —

Simonoff, Leonid, Aërotherapie. Ueber die physiolog. Wirkgn. u. therapeut. Anwendgn. der verdichteten Luft, der verdünnten Luft, d. Hauke-Waldenburg'-schen Apparats, d. Sauerstoffs u. d. Klima's. Für Aerzte u. Studirende bearb. Mit 4 Holzschn. in dem Texte. gr. 8. (VIII, 314 S.) Giessen 876. Ricker. n. 6. —

Simonon, Léonard: Blinde und Blinden-Unterricht. (Aus dem Französischen übersetzt.) Schleswig. 1861. 8°

Simonović, Jos., die 1. topograph. Aufnahme d. Königr. Serbien, s.: Truck, Sigism.

Simonow, (Ritter J.,) Beschreibung einer neuen Entdeckungsreise ins südl. Eismeer. Aus d. Russ. v. M. Bänyl u. mit Vorrede v. J. J. Littrow. gr. 8. Wien 824, Wallishausser

Simonowitsch, R., üb. Hyoscyamin in d. Augenheilkunde. 8. Bern, Huber & Co. 1875. 3. —

Simonowitsch, Spiridon, üb. einige Asterioiden der rheinischen Grauwacke. Mit 4 lith. Taf. [Aus: „Sitzungsber. d. k. Akad. d. Wiss."] Lex.-8. (47 S.) Wien 871. (Gerold's Sohn.) n. 1. 60

Simonowitsch, Spiridon. [von Tiflis]: Beiträge zur Kenntniss der Bryozoen des Essener Grünsandes. Mit vier lithographirten Tafeln. S. A. aus: Verhandlungen des naturh. Vereins der preussischen Rheinlande u. Westphalens. (Jg. XXVIII [S. 1—70]). Bonn C. Georgi Dr. 1871. 1 Bl., 70 S., 4 Taf. 8°.
[Zürich. Phil. Diss. v. 23. Nov. 1871].

Simons et de Ridder, (Ingénieurs-Directeurs etc.), le chemin de fer Belge, ou recueil des mémoires et devis pour l'établissement du chemin de fer d'Anvers et Ostende à Cologne, avec embranchement de Bruxelles et de Gand aux frontières de France. 3e édit., avec plans et profils. (Mit 3 Steintaf.) Lex.-8. Bruxelles 839. (Muquardt) n. 5 5/6 ₰

Simons, Geschichte u. Statistik der Wurm-Knappschaft in Bardenberg bei Aachen unter Berücksichtigung des ges. deutschen Knappschaftswesens. gr. 8°. Berlin 1890.

Simons, d. deutsche Knappschaftswesen. [Aus: „Invaliditäts- u. Altersversicherg."] gr. 4. (22 S.) Mainz 895. J. Diemer, Verl. n. 1. —

Simons, A[lgie] M[artin]: Klassenkämpfe in der Geschichte Amerikas [Class Struggles in America]. Aus d. Engl. übers. von B. L. Stuttgart: Singer (1909). 40 S. 8° [Umschlagt.]
(Die Neue Zeit. Erg. Hefte. Nr 7.)

Simons, Andreas. Die Doppelkirche zu Schwarzrheindorf. Nebst einer Geschichte der Stiftung von **Alexander Kaufmann.** Ein Band 4° und ein Band Fol. Bonn 1846.

Simons, A., die Doppelkirche zu Schwarzrheindorf, siehe a. Werke des Mittelalters im Rheinland. 1. Hft.

Simons, Arthur, approb. Arzt: Endotheliom der Pleura nach Trauma. *Leipzig 1903: B. Georgi.* (21 S.) 8°
Leipzig, Med. Diss. v. (23. Okt.) 1903

Simons, C., das Aggerthal bei Overath. Geschichte, Sagen u. Denkwürdigkeiten der Bürgermeisterei Overath. Bearb. u. hrsg. aus Anlaß der Jahrhundertwende. (101 S.) gr. 8. Overath 901. A. Becker. n.n. 1. 20; geb. n.n. 1. 75

Das Aggerthal bei Overath. Geschichte, Sagen u. Denkwürdigkeiten d. Bürgermeisterei Overath. Bearb. u. hrsg. aus Anlass d. Jahrhundertwende von C. **Simons,** Bürgermeister. Overath: Kölner Verl.-Anst. 1901. 98 S. 8° A 12. 5135 5

Simons, C., Ernst u. Scherz. Gedichte u. Erzählungen mit Kupfer u. Musik, nebst Schillers „Lied von d. Glocke" als Declamatorium, u. für d. Bühne eingerichtet. gr. 8. (17 B., 2 Kpfr. u. 14½ B. Musik v. J. Eschborn, Fol.) Crefeld 828, Funcke.

—— Reise d. Kronprinzen v. Preußen durch Westphalen, s. Reise.

—— Veilchen im Thale. Kleine Erzähln. u. Gedichte. Ein Geschenk f. Jünglinge u. Jungfrauen. 8. (8 B.) Elberfeld 829. (Barmen, Langewiesche.)

— Veilchen im Thale. Kleine Erzähll. u. Gedichte. 8. Elberf. u. Barmen 829. Weise. 16 ₰

Simons, C., Veilchen im Thale. Kleine Erzähln. u. Gedichte. Ein Geschenk f. Jünglinge u. Jungfrauen. (Neue Ausg.) 8. (8 B.) Leipzig 840, (Polet.)

—— Vergißmeinnicht. (Gedichte-Samml.) 8. (13¼ B.) Barmen u. Schwelm 831, [Falkenberg'sche Vrlsbuchh.]

Simons, Carl Alfred, s. Simons, Karl Alfred.

Simons, E. Moritz

Simons, E. M., eine Südamerikafahrt. Reiseskizzen. Mit Abbildgn. nach zumeist eigenen Aufnahmen. gr. 8. (98 S.) Berlin 901. Gropius. n. 2. —

Simons, Eduard, s.: Arbeiten, theologische, aus dem rhein. wissenschaftlichen Prediger-Verein.

— Aufgaben der rheinischen Kirche. Vortrag, bei der Dreihundertjahrfeier zum Gedächtnis der ersten Generalsynode v. Jülich-Cleve-Berg geh. zu Duisburg, am 5. X. 1910. (19 S.) gr. 8. Duisburg (910). Dietrich & Hermann. — 25

Simons, E., die Aufhebung des Ediktes von Nantes. Predigt, geh. in der evangel.-reformirten Kirche zu Leipzig. 8. (13 S.) Leipzig 885, Dürr'sche Buchh. * — 40

— „Eines um heimliche Beiwohnung e. Privatpredigt inhaftirten Bekenntnis 1579". (S. 110—116.) gr. 8. Tübingen 903. J. C. B. Mohr. n. — 40
Sonderabdruck aus: „Theol. Arbeiten a. d. rhein. wiss. Prediger-Ver."

Simons, Ed., Freikirche, Volkskirche, Landeskirche. Vorträge auf d. evang.-theolog. Ferienkursus zu Bonn, Aug. 1895 geh. gr. 8. (III, 59 S.) Freiburg i/B. 895. Tübingen, J. C. B. Mohr. n. 1. —

— die älteste evangelische Gemeindearmenpflege am Niederrhein u. ihre Bedeutung f. unsere Zeit. gr. 8. (IV, 166 S.) Bonn 894. C. Strauß. n. 3. —

— Generalsynodalbuch. Die Akten der Generalsynode v. Jülich, Cleve, Berg u. Mark 1610—1793, in Gemeinschaft m. F. Brauneck, P. Bockmühl, W. Bösken u. a. bearb. u. hrsg. (VIII, 55 S.) gr. 8. Neuwied 910. J. Meincke. — 60

Simons, Eduard [Lic. theol.]: Hat der dritte Evangelist den kanonischen Matthäus benutzt? Bonn, Universitäts-Buchdruckerei von Carl Georgi, 1880. 8. 112 S.

Simons, Ed., hat der dritte Evangelist den kanonischen Matthäus benutzt? gr. 8. (112 S.) Bonn 881. Strauss. n. 2. —

— der evangelische Kirchenbau. Vortrag, geh. in Bonn u. im Gustav-Adolf-Verein zu Elberfeld. gr. 8. (19 S.) Elberfeld 897. Verlag d. Reform. Schriftenvereins. n. — 20

Simons, Eduard: Die Konfirmation. Tübingen: Mohr 1909. VII, 63 S. 8°
(Lebensfragen. 23.)

Konfirmation und Konfirmanden-Unterrricht von Prof. Lic. Eduard Simons in Bonn. *Tübingen, Freiburg i. B. & Leipzig: J. C. B. Mohr 1900.* (93 S.) 8° [F.] (00. 4719

— s.: Konsistorial-Beschlüsse, Kölnische.

[F.] Melanchthon in Bonn. Vortrag auf Veranlassg d. akad. Ortsgruppe d. Evang. Bundes in Bonn am 16. Febr. 1897 geh. v. Prof. Lic. [Eduard] Simons. *Bonn: Röhrscheid & Ebbecke 1897.* (28 S.) 1 Bd 8. (97. 2479

— Matthes Meyer, e. Mystiker aus der Reformationszeit. (S. 30—49.) gr. 8. Ebd. 907. 1. —
Sonderabdruck aus: „Theolog. Arbeiten a. d. rhein. wiss. Prediger-Ver."

— s.: Philothesia.

Simons, E., Predigt nach dem Ableben Kaiser Wilhelm's, geh. in der evangelisch-reformirten Kirche zu Leipzig, am 11. März 1888. gr. 8. (12 S.) Leipzig 888. F. C. W. Vogel. n.n. — 50

— Predigt zur Gedächtnißfeier Luther's in der evangelisch-reformirten Kirche zu Leipzig am 11. Novbr. 1883. gr. 8. (12 S.) Leipzig 883. F. C. W. Vogel. n.n. — 50

— ein Rückblick auf die Seligpreisungen am Bußtag. Predigt geh. in der evangelisch-reformirten Kirche zu Leipzig. gr. 8. (16 S.) Leipzig 884. Dürr'sche Buchh. — 30

— eine altkölnische Seelsorgegemeinde als Vorbild f. die Gegenwart. Antrittsvorlesung, geh. am 28. Oktbr. 1893. gr. 8. (27 S.) Berlin 894. Reuther & Reichard. n. — 60

Simons, Ed., seid erbauet in Ihm. Abschiedspredigt in der evangel.-reformierten Kirche zu Leipzig am 9. Oktbr. 1892. gr. 8. (11 S.) Leipzig 892. Dürr'sche Buchh. n. — 40

— s.: Synodalbuch.

[F.] Niederrheinisches Synodal- und Gemeindeleben 'unter dem Kreuz'. Unter Verwertg bisher unbenutzten urkundl. Materials dargest. v. Prof. Lic. Ed[uard] Simons in Bonn. *Freiburg i. B. & Leipzig: J. C. B. Mohr 1897.* (VIII, 129 S.) 1 Bd 8. (97. 3485

Simons, Eduard. Ein Vermächtnis Calvins an die deutsch-evangelischen Kirchen. Vortrag bei der Hauptversammlung der deutschen Lutherstiftung in Langenberg/Rheinland am 6. Juli 1909.... 26 S. 8. Tübingen, J. C. B. Mohr, 1909. (M. —. 80)

— d. deutsch-evangelische Volk, e. Diener Christi bei den Heiden. Predigt, geh. bei d. Jahresfeier d. evang. Missionsvereins am 25. Oktbr. 1896 in d. Thomaskirche zu Leipzig. gr. 8. (11 S.) Leipzig 896. Dürr'sche Buchh. n. — 40

—— wir sind des Herrn. Predigt am Todtenfest in der evang.-reformirten Kirche zu Leipzig. 8. (12 S.) Ebendas. 885. * — 40

Simons, Engelbert [aus Friesheim]: Aus d. geburtshülfl. Klinik zu Bonn. Über Blutungen ex Atonia uteri post partum ... Bonn, Buchdr. J. Bach Wwe, 1895; 35 S., 1 Bl. 8.
Bonn, Med. Fak., Inaug.-Diss. v. [8. März] 1895

Simons, Ernest Charles Damien: Das Land. Ein Volkskalender auf das Schaltjahr 1868 für das Grossherzogthum Luxemburg. Prämie des "Land". Luxemburg: N. Worré 1868. – 187 S. 8°

Simons, Ernest Charles Damien: Promemoria für den Hochwürdigsten Herrn Nikolaus Adames, Bischof von Halicarnassus, Apostolischer Vikar von Luxemburg, als Beklagter gegen Herrn Julius Metz, verantwortlicher Redakteur und Eigenthümer des "Courrier du Grand-Duché de Luxembourg", als Kläger. Aus dem Französischen übersetzt. Luxemburg: V. Bück 1863. – 28 S. 4°

SIMONS, Eugen: Ueber das Argentum-Casein (Argonin) und seine Anwendung bei Gonorrhoe.- Düsseldorf: Tönnes 1897. 34 S.
21.12.1897 - Chr 1897/98,19; Jv 1897/98,220 (Prom.-Datum: 1898)
Diss. Ingolst.-Landsh.-Mchn.

Simons, Gustav

Simons, G., Die Brotfrage u. die Brotantwort. gr. 8. (32 S.) Feldmühle bei Soest i/W., Selbstverlag. 1900. —. 20.

Die Brotfrage und die Brotantwort. Gustav Simons, nicht approb. Bäckermeister, Feldmühle bei Soest i. Westf. 2. umgearb. Aufl. *Soest: Selbstverl. 1901.* (24 S.) 8° [Umschlagt. F.] (01. 10995

Die Brotfrage und die Brotantwort. Gustav Simons. 3. umgearb. Aufl. *Berlin: Selbstverl. 1902.* (36 S.) 8° [Umschlagt. F.] (02. 10357

Simons, Gust., die Brotfrage u. die Brotantwort. 3. umgearb. Aufl. 11.—20. Taus. gr. 8. (36 S.) Berlin 902. (Leipzig, W. Mahraun.) — 20

Simons, Gust., die naturgemäße Düngung des Bodens. Ein Ratgeber f. jeden Schrebergärtner. (36 S. m. 2 Abb.) 8. Berlin, Bundesvorstand der Vereine f. naturgemäße Lebens- u. Heilweise. nn — 30

Die naturgemäße Düngung des Bodens. Ein Ratgeber f. jeden Schrebergärtner. Von Gustav **Simons**, Soest. Berlin: 'Der Naturarzt' [um 1907]. (36 S.) 8° [F.] [08. 7313

Die soziale Frage und eine deutsche Antwort von Gustav **Simons**-Soest. Cüstrin-Neustadt 1906: H. Brandt. (112 S.) 8° [F.] [08. 7317

— Die soziale Frage u. e. deutsche Antwort. (112 S.) gr. 8. Cüstrin-Neustadt 906. Berlin, G. Simons. 1. —

Friedrich der Große als deutscher Volkserzieher durch seine Weisheitssprüche. Zsgest. von Gustav **Simons**, Mariendorf-Berlin. (Mariendorf-Berlin): Selbstverl. [um 1907]. (32 S.) 8° [Umschlagt. F.] [08. 7316

— Friedrich der Große als deutscher Volkserzieher durch seine Weisheitssprüche. 2. Aufl. (32 S.) 8. Stettin (908). Berlin, G. Simons. — 30

Simons, Gust., Küchensünden u. Volksgesundheit. Ein Buch f. Lebenskunst u. wider die Schablone. 2 Hefte. gr. 8. Berlin 905. Buchh. u. Verlag „Der Naturarzt". n. 1.10
1. (47 S.) — 50. — 2. (S. 49—91 m. Abbildgn.) — 60.

Die Naturgesetze im Völkerleben und die Gewaltpolitik. Mit zwei Bildern: Der heutige Gewaltstaat und Die frei deutsche Gesellschaft. Von Gustav **Simons**. Mariendorf-Berlin: Selbstverl. [1908]. 28 S. 8° [Umschlagt.] [10. 15122

Die deutsche Volksernährung von Gustav **Simons**, Soest. (Soest): Selbstverl. [um 1907]. (101 S.) 8° [Umschlagt. F.] [08. 7318

Die deutsche Volksküche. Auf Grund der Schrift: Die deutsche Volksernährung. Von Gustav **Simons**, Soest. (Soest): Selbstverl. [um 1907]. (75 S.) 8° [F.] [08. 7319

Die natürliche Weltanschauung. Ein Leitfaden durch d. Lebens Labyrint von Gustav **Simons** Mariendorf-Berlin: Selbstverl. [1908]. 20 S. 8° [Umschlagt.] [10. 15123

Simons, Gustav: Wie wurde Magdeburg Regierungs-Hauptstadt? Magdeburg 1907: E. Baensch jun. (22 S.) 4°
Magdeburg, st. König Wilhelms-G OP 1907 (297)

Simons, Gustav: Wie wurde Magdeburg Regierungs-Hauptstadt? 22 S. 4. (Städt.) König Wilhelms-Gymn. *Magdeburg* 1907 (zu 297).
I. Vorgeschichte. Magdeburg und Halle unter den Erzbischöfen. II. Das Herzogtum Magdeburg und der große Kurfürst. III. Die Verwaltungsreform Friedrich Wilhelms I.
Progr.

— unsere Wiedergeburt. Die Grundlagen menschl. Verjüngg. (56 S.) 8. Hannover 905). Gebr. Hiller. 1. 50

Simons, Heinrich

Das Gesicht und seine Pflege ... v. Dir. Heinr. **Simons**. (5. Aufl.) Tl I. II. *Berlin: Inst. f. Gesichtspflege (1895).* 2 Bde quer-8.
I. Die Lehre, durch Gesichts-Massage '(System Simons)' jedes Frauengesicht jugendlicher u. schöner zu gestalten. (63 S.)
II. ... jedes Männergesicht interessanter u. schöner zu gestalten. (64 S.) [98. 8086

Simons, Heinr., d. Gesicht u. s. Pflege. 2 Tle. qu. gr. 8. (Mit Abb.) Berlin 896. H. Simons. à n. 1. —
1. D. Lehre, durch Gesichts-Massage (System Simons) jedes Frauengesicht jugendlicher u. schöner zu gestalten. (63 S.)
2. D. Lehre, durch Gesichts-Massage (System Simons) jedes Männergesicht interessanter u. schöner zu gestalten. (64 S.)

Simons, Heinr. (geb. Soest 1816): De hydrophobia. Berolini (1840). (32 S.) 8°
Berlin, Med. Diss. v. 5. Aug. 1840

... Lehrbuch der hygienischen Gesichtspflege '(Schönheitspflege)' m. bes. Berücks. d. Gesichtsmassage '(System Simons)' bearb. u. hrsg. ... v. Heinr. **Simons**. 6. verb. u. verm. Aufl. *Berlin: H. Simons 1896.* (63 S.) 1 Bd 8. [96. 8062

Pflege Dein Antlitz! Lehrb. d. Hygien. Gesichtspflege '(Schönheitspflege)' m. besond. Berücks. d. Gesichtsmassage '(System Dir. Simons)' bearb. u. hrsg. v. Inst. f. Gesichtsmassage v. Heinrich **Simons**. 8. verb. u. verm. Aufl. *Berlin: H. Simons 1897.* (2 Bl., 80 S.) 1 Bd 8. [98. 8087

Simons, Heh., meine Lungenkur m. meinem Lungenstärker, Instrument zur Verhütung u. Heilung der Schwindsucht, des Asthmas, Hustens, der Influenza u. vieler anderer Krankheiten. Zur Erhaltg. der Gesundheit u. Verlängerg. des Lebens. gr. 8. (88 S. m. Fig. u. Bildnis.) Leipzig 894. A. Bergmann. Geb. in Leinw. n. 3. —

Simons', Heinr., Unterrichtsbriefe f. Manicure. 2. Aufl. (28 S. m. Abb.) 8. Berlin (905). H. Simons. Geb. 10. —

Simons, Hermann: Aus d. Direktorialabt. d. allg. Krankenh. Hamburg-Eppendorf. ⟨Prof. Lenhartz.⟩ Kalomelkuren bei Herzerkrankungen. Mit 12 Abb. im Text. Hamburg & Leipzig: Voss 1909. 64 S. 8° ¶ (Aus: Jahrbücher d. Hamburg. Staatskrankenanstalten. Bd 13.)
Leipzig, Med. Diss. v. Juli 1909, Ref. Curschmann
[Geb. 23. Okt. 79 Vogelsang b. Neuß; Wohnort: Bonn; Staatsangeh.: Preußen; Vorbildung: Gymn. Höxter Reife O. 01; Studium: Freiburg i. B. 2, Gießen 3, Bonn 2, Berlin 1, Bonn 4 S.; Coll. 24. Juli 09; Approb. 1. Okt. 08.] [U 09. 2880

Simons, Herm., Kalomelkuren bei Herzerkrankungen, s. Mitteilungen aus den hamburg. Staatskrankenanstalten. IX, 2.

Simons, Jean Charles: Kammersitzung vom 3. Fabruar 1881. Rede über die Unterrichtsvorlage. Luxemburg: P. Brück [1881]. – 16 S. 8°

Simons, Joan. Car. Henr. (geb. Brüssel 1811): De blennorrhoea oculorum Aegyptiaca. Berolini (1840). (32 S.) 8°
Berlin, Med. Diss. v. 24. Sept. 1840

Simons, K. F.

— Anklage u. Rechtfertigung meiner Schrift: Gründe, warum die neue Agende ꝛc. gr. 8. Essen 827, Bädeker.

Simons, (K. F.) freimüthige Darlegung d. Gründe, warum d. evangel. Kirche d. neue Militair-Kirchenagende nicht annehmen könne, mit besond. Rücksicht auf d. Kritik d. Agende. gr. 8. Wiesbaden 824, Schellenberg.

— zwei Predigten, gehalten am 3n Säcularfeste d. Uebergabe d. Augsburg. Confession. 8. Neuwied 830. Lichtfers. 6 gr

Simons, Carl Alfred: Die Rechtsstellung einer Ehefrau, welche selbständig ein Erwerbsgeschäft betreibt. Nach deutschem bürgerl. Recht. — Borna-Leipzig 1903: Noske. 50 S. 8°
Leipzig, Jur. Diss. v. 1903.

Simons, Konrad: Über die elektrische Entladung zwischen dünnen Drähten und coaxialen Zylinderflächen. Berlin (1903): G. Schade. (41 S.) 8°
Berlin, Phil. Diss. v. 4. Juli 1903

Simons, Ludwig [aus Dortmund]: Ueber reine Netzbrüche .... Berlin, Buchdr. M. Goedecke vorm. E. Müller (1886); 27 + 3 S. 8°.
Berlin, Med. Fak., Inaug.-Diss. v. 12. März 1886.

Simons, Ludwig, über reine **Netzbrüche. Diss. Berlin 1886. Mayer & Müller. 8°. 27 S.**

Simons, Menno

--Ein Fundament und klare Anweisung von der seligmachenden Lehre unsers Herrn Jesu Christi ... Ephrata, 1794.
-- --Lanc, 1835.

Simons, Moriz [aus Neus a Rh.]: Ueber Coincidenz von Lupus und Syphilis hereditaria tarda ... *Naumburg a. S., Druck v. G. Pätz, 1892;* 36 S. 8.
Strassburg, Med. Fak., Inaug.-Diss. v. 1892

Simons, Mor., üb. Coincidenz v. Lupus u. Syphilis hereditaria tarda, s.a.Dissertationen-Archiv.

Simons, O. G. [pr. Arzt in Kolberg a./E.]: Ueber Erysipel und Puerperalfieber. . . . Würzburg, Anton Boegler'sche Buchdr., 1890; 17 S. 8°
Würzburg, Med. Fak., Inaug.-Diss. v. 1890

Simons, P. Johann de Witt und seine Zeit. Aus dem Holländischen übersetzt von Friedrich Ferdinand Neumann. (2 Bde.)
8. Erfurt 1835.

Simons, P., Johann de Witt u. seine Zeit. A. d. Holländ. übers., u. mit eigenen Anmerkn. u. Erläutern. vers. v. Ferd. Neumann. 2 Thle. gr. 8. Erfurt, Otto. [1. (16⅛ B. u. J. de W's. Portr.) 835., 2. (15⅛ B.) 836. à 1⅓ Thlr., Vlnp. * 1⅔ Thlr.] * 2⅔ Thlr., Vlnp. *

Geschichte der Jülich'schen Unterherrschaft Bollheim, umfassend d. Orte Ober-Elvenich, Frauenberg, Rövenich u. Lüssem. Von P(eter) Simons, Cöln-Poll. Euskirchen 1907: Euskirchener Volkszeitung. 230 S. 8°
Aus: Euskirchener Volkszeitung. [09. 10326 5

Simons, Richard: Worte und Wortverbindungen der echten Schriften Cynewulfs. *Bonn 1898: C. Georgi.* (2 Bl.) 8° ¶ [Nur Titelblatt, Vita und Thesen.]
Bonn, Phil. Diss. v. 6. Aug. 1898

Simons, Richard: Worte und Wortverbindungen der echten Schriften Cynewulfs. Bonn 1898: C. Georgi. (32 S.) 8° (Erscheint vollst. u. d. T.: Cynewulfs Wortschatz als H. 3 d. Bonner Beiträge zur Anglistik.)
Bonn, Phil. Diss. v. 6. Aug. 1898

Simons, Richard: Cynewulfs Wortschatz oder vollständ. Wörterb. zu d. Schriften Cynewulfs. Bonn: P. Hanstein 1899. (IV, 163 S.) 8°
= Beiträge, Bonner, z. Anglistik. H. 3.

Simons, Robert (geb. am 14 Aug. 1846 in Elberfeld): Vorläufige Mittheilungen über eine neue Genese der Temperaturerniedrigung ... Bonn, Druck v. C. Georgi 1870. 25 S., 1 Bl., 2 Taf. 8. ¶ Es ist bei diesen Vorl. Mitth. geblieben.
Bonn, Med. Fak., Diss. v. 12 März 1870

Simons, Theodor. Spanien. In Schilderungen von Theodor Simons ... illustrirt von Alexander Wagner in München ... Berlin. Gebruder Paetel [1880].
XVI + 347 S. m. 200 Abb.: 38 Taf. in Holzschn. 2°.

Simons, Thdr., aus altrömischer Zeit. Culturbilder. 8. (III, 221 S.) Berlin 868, A. Duncker. [Gebr. Paetel.] (*M.* 3.)

Simons, Theodor. Aus altrömischer Zeit. Culturbilder. Mit Illustrationen von Alexander Wagner. Pracht-Ausgabe ... Berlin. Gebruder Paetel 1872—1878.
4 Lieferungen. 4°
I 1872: Tit., 1 Bl., 70 S.
II 1874: Tit., 1 Bl., 87 S.
III 1875: Tit., 1 Bl., 71 S.
IV 1878: Tit., 1 Bl., 70 S.
Mit zusammen 96 Holzschn.

Simons, Thdr., aus altrömischer Zeit. Culturbilder. 3., verm. Aufl. in 2 Bdn. 8. (VI, 245 u. 237 S.) Berlin 878. Paetel. n. 8. —; geb. n. 10. —

Simons, Walter: Meininger Pastellgemälde, s. Doebner, Eduard

Simons-Loschand, Käthe, Monikas Tränen. Ein Weckruf. (284 S.) 8. Dresden 908. E. Pierson. 3.—; geb. n 4. —

Simonschicz, Innocenz, Diss. de numismatica Hungariae diplomaticae accommodata. 8maj. Wien 794. Blumauer. (Andrä in Leipz.) 12 gl.

Simonsen, ..., s.a. Vedel.

Simonsen, Friedens-Predigt am 4. Decbr. 1864 gehalten. Flensburg 864. (Herzbruch.) gr. 8. (14 S.) n. 4 ngr.

Simonsen, unsere Sedanfreude. Predigt am 2. Septbr. 1874. 8. (15 S.) Flensburg 874. Westphalen. — 30

Simonsen, C. F., anatomico-physiologicus et pathologicus Tractatus de Oculo. 4. Kopenh. 820. Reitzel.

Simonsen, D., s.: Maimonides.

Simonsen, *Erich Andreas* [aus Tondern]: Photometrische u. elektrische Untersuchungen Geissler'scher mit atmosphärischer Luft gefüllter Röhren ... Berlin, Druck v. Denter & Nicolas, 1892; 37 S., 1 Taf. 8.
Kiel, Phil. Fak., Inaug.-Diss. v. [13. Aug.] 1892

Simonsen, J., der Hausgarten. Eine prakt. Anleitg. zur Anlage, Pflege u. Behandlg. sämtl. Gemüse u. Küchengewächse, sowie der Blumen u. Obstbäume, d. Weinstocks etc. Auf Grund prakt. Erfahrgn. hrsg. 2 Tle. 8. Mülheim a/R. 888. Bagel. cart. 2. 70; in 1 Bd. geb. 2. 50
1. Der Küchengarten. 2. Aufl. (IV, 128 S.) 1. 20
2. Der Blumen- u. Obstgarten. (V, 158 S.) 1. 50

[J.] Der Hausgarten. E. prakt. Anleitg z. Anlage, Pflege u. Behandlg sämtlicher Gemüse u. Küchengewächse sowie d. Blumen u. Obstbäume, d. Weinstocks &c. Auf Grund praktischer Erfahrgn hrsg. v. J. Simonsen. 3. verm. u. verb. Aufl. *Mülheim a. d. R.: J. Bagel (1894).* (3 Bl., 153 S., 3 Bl., 160 S.) 1 Bd 8. [96. 783

Simonsen, Johs., „Herr, lehre uns beten!" 10 Predigten üb. das hl. „Vater unser". Am Erinnerungstage meiner 25jähr. Amtswirksamkeit in Katharinenheerd den 25. Oktbr. 1893 der Gemeinde dargeboten. gr. 8. (IV, 117 S.) Halle 893. J. Krause. n. 1. 60; geb. n. 2. 40

Simonsen, Johs., „Herr, lehre uns beten!" 10 Predigten üb. das hl. „Vater unser". gr. 8. (IV, 117 S.) Halle 893. Leipzig, C. F. Tiefenbach. n. 1. 60

Simonsen, M., s.: Welt, die christl., u. das weltl. Christenthum.

Simonsen, M. D., Lehrbuch der dänischen Sprache. Nach der vom Königl. Ministerium in Kopenhagen vorgeschriebenen neuen dän. Orthographie f. die Schule u. den Selbstunterricht bearb. gr. 8. (184 S.) Flensburg 889. Westphalen. n. 1. 80

Simonsen, M. D., Lehrbuch der dänischen Sprache f. die Schule u. den Selbstunterricht. 2., umgearb. Aufl. gr. 8. (VII, 259 S.) Flensburg 899. A. Westphalen. n. 2. 25

Simonsen, M. D., Lehrbuch der dänischen Sprache, f. die Schule u. den Selbstunterricht bearb. 3. Aufl. (VII, 258 S.) 8. Flensburg 905. A. Westphalen.
Geb. in Leinw. n. 2. 80

Simonsen, M. D., Lehrbuch der dänischen Sprache f. die Schule u. den Selbstunterricht bearb. 4. Aufl. (VII, 270 S.) 8. Flensburg 909. A. Westphalen. Geb. 3. —

Simonsen, S., s.: Heilsgewißheit, die.

Simonsen, Simon, a. Fedstedt in Nordschleswig: Aus d. Universitäts-Augenklinik zu Gießen. Zur Prognose und Therapie der Bulbusrupturen. Gießen 1906: v. Münchow. (50 S.) 8°

Gießen, Med. Fak., Ref. Vossius, Diss. v. 6. April 1906

[Geb. 23. Mai 79 Fedstedt; Wohnort: Gießen; Staatsangeh.: Preußen; Vorbildung: Gymn. Hadersleben Reife O. 01; Studium: Berlin 2, Freiburg i. B. 1, Berlin 1, Kiel 1, Berlin 2, Gießen 3 S.; Coll. 17. Jan. 06; Approb. 22. Jan. 06.]

Simonsfeld, Henry, Analekten der Papst- u. Konziliengeschichte im 14. u. 15. Jahrh. [Aus: „Abhandlgn. d. k. b. Akad. d. Wiss."] gr. 4. (56 S.) München 891. (G. Franz' Verl.) n.n. 1. 70

Simonsfeld, H., neue Beiträge z. päpstlichen Urkundenwesen im Mittelalter u. zur Geschichte des 14. Jahrh. [Aus: „Abhandlgn. d. k. bayer. Akad. d. Wiss."] gr. 4. (92 S. m. 1 Taf.) München 896. (G. Franz' Verl.) n. 3. —

Simonsfeld, Henry, Mailänder Briefe zur bayerischen u. allgemeinen Geschichte des 16. Jahrh. I u. II. gr. 4. München (G. Franz' Verl.). n. 12. —
I. (S. 231—480.) 901. n. 9.—. — II. (S. 481—575.) 902. n. 3.—. Sonderabdrucke aus: „Abhandlgn. d. bayer. Akad. d. Wiss."

Simonsfeld, Henry, Andreas Dandolo u. seine Geschichtswerke. gr. 8. (176 S. m. 1 lith. Fcsm.) München 876. Th. Ackermann. n. 3. 60

Simonsfeld, Henry, die Deutschen als Colonisatoren in der Geschichte. Mit einem Vorwort von Frz. v. Holtzendorff. gr. 8. (VI, 34 S.) Hamburg 885, [J. F. Richter.] Verlagsanstalt und Druckerei. *

— der Fondaco dei Tedeschi in Venedig u. die deutsch-venetianischen Handelsbeziehungen. Mit Unterstützg. der histor. Commission bei der königl. bayer. Akademie der Wissenschaften. 2 Bde. gr. 8. (XXIV, 492 u. XVI, 396 S.) Stuttgart 887. Cotta. n. 20. —

— dasselbe. Eine histor. Skizze. [Historischer Thl. d. vorigen Werkes.] gr. 8. (XI, 201 S.) Ebd. 887. n. 6. —

Simonsfeld, H., einige kunst- u. literaturgeschichtliche Funde. (S. 521—568 m. 1 Taf.) gr. 8. München 903. (G. Franz' Verl.) n. — 60

Simonsfeld, Henry, zur Geschichte Friedrich Rotbarts, s.a. Sitzungsberichte der königl. bayerischen Akademie d. Wissenschaften. Philos.-philol. u. histor. Kl. 1909, IV.

Zur Geschichte Friedrich Rotbarts. Von Henry **Simonsfeld.** — München: Kgl. Bayer. Akad. d. Wiss.; Franz in Komm. 1909. 29 S. 8°
(Sitzungsberichte der Kgl. Bayer. Akad. d. Wiss. Phil.-philolog. u. hist. Kl. Jg. 1909, Abh. 4.)

— Jahrbücher des Deutschen Reiches unter Friedrich I., s.a. Jahrbücher der deutschen Geschichte.

Simonsfeld, Henry. Jahrbücher des Deutschen Reiches unter Friedrich I. Band 1: 1152 bis 1158. Auf Veranlassung ... des Königs von Bayern hrg. durch die historische Commission bei der Königl. Akademie der Wissenschaften. XXIV + 784 S. 8. Leipzig, Duncker & Humblot, 1908. (M. 24. —)
Jahrbücher der Deutschen Geschichte....

Simonsfeld, H., e. deutsche Colonie zu Treviso im späteren Mittelalter. Mit e. Excurs: Freidank's Grabmal. [Aus: „Abhandlgn. d. k. bayer. Akad. d. Wiss."] gr. 4. (96 S.) München 890. (Franz' Verl.) n.n. 2. 80

Simonsfeld, H., Compendium historiae Traianae-Romanae. S.-A. 11 S.

— zur Landeskunde Bayerns. Gesamtschilderungen u. Reisewerke. [Aus: „Jahresbericht d. Geograph. Gesellsch. in München".] gr. 8. (35 S.) München 894. Th. Ackermann. n. — 60

Wilhelm Heinrich Riehl als Kulturhistoriker. Festrede geh. in d. öff. Sitzung d. k. b. Akad. d. Wiss. zu München am 12. Nov. 1898 von Henry **Simonsfeld.** *München: G. Franz in Comm. 1898.* (62 S.) 4° (01. 43) 10

Wilhelm Heinrich Riehl als Kulturhistoriker. Festrede geh. in d. öff. Sitzung d. k. b. Akad. d. Wiss. zu München am 12. Nov. 1898 von Henry **Simonsfeld.** *München: G. Franz in Comm. 1898.* (62 S.) 4° (01. 43) 10

Simonsfeld, Henry, aus bayerischen Schlossinventaren v. 1603, 1604 u. 1680, s.a. Sitzungsberichte der königl. bayerischen Akademie d. Wissenschaften. Philos.-philolog. u. histor. Kl. 1910, V.

Aus bayerischen Schloßinventaren von 1603, 1604 und 1680. Von Henry **Simonsfeld.** — München: Kgl. Bayer. Akad. d. Wiss.; Franz in Komm. 1910. 48 S. 8°
(Sitzungsberichte d. Kgl. Bayer. Akad. d. Wiss. Philos.-philolog. u. hist. Kl. Jg. 1910, Abh. 5.)

Simonsfeld, Henry: Studien zu Marino Sanuto dem Älteren. ([S.-A.] Neues Archiv der Gesellschaft für ältere deutsche Geschichtskunde. Bd. 7.) [Hannover 1882.] 30 S. 8°.

Simonsfeld, Henry, venetianische Studien. I. Das Chronicon Altinate. gr. 8. (VII, 168 S.) München 878. Th. Ackermann. n. 3. —

— Untersuchungen zu den Faentiner Chroniken des Tolosanus u. seiner Fortsetzgn. [Sitzungsberichte d. philosophisch-histor. Classe d. bayer. Akad. d. Wiss. 1893, 3. Hft.] gr. 8. (69 S.) München 893. G. Franz' Verl. n. 1. 20
Als Sonderdr. nicht zu haben, sondern nur in den Sitzungsberichten.

— Urkunden Friedrich Rotbarts in Italien. (S. 711 bis 748.) gr. 8. Ebd. 905. n. — 60

— Urkunden Friedrich Rotbarts in Italien. 3. Folge. (S. 531—552.) gr. 8. München 908. G. Franz' Verl. — 40
Sonderabdruck aus: „Sitzungsber. d. bayer. Akad. d. Wiss."

— dasselbe, s.a. Sitzungsberichte der königl. bayer. Akademie der Wissenschaften. Philos.-philol. u. histor. Kl. 1908, VIII u. 1909, VII.

— weitere Urkunden Friedrich Rotbarts in Italien. (S. 389—416.) gr. 8. Ebd. 906. n. — 60
3 Sonderabdrucke a.: „Sitzungsber. d. bayer. Akad. d. Wiss."

Simonsfeld, S., bayerische Colonialpläne im 17. Jahrh. [Aus: „Beilage z. Allgem. Zeitg."] Lex.-8. (24 S.) München 885. (Lindauer.) n. — 60

Simonsohn, zwei vom Ballet od. der Herr Pfiffikus vom Theater, s.: Kühling's, A., Album f. Liebhaber-Bühnen.

Simonsohn, Alfred, prakt. Arzt in Berlin: Ueber 'Massage des Herzens.' *Berlin (1901): E. Ebering.* (37 S.) 8°
Berlin, Med. Diss. v. 5. Nov. 1901

Simonsohn, Alfred, prakt. Arzt aus Marienburg (Westpr.): Pylorusstenose bei Neugeborenen. *Greifswald 1903: F. W. Kunike.* (31 S.) 8°
Greifswald, Med. Diss. v. 31. Jan. 1903

Simonsohn, Benjamin [aus Birnbaum (Prov. Posen)]: Hat die Hämoptoe einen charakteristischen Einfluss auf die Temperatur?... Berlin, Buchdr. v. Gustav Schade (Otto Francke) (1887); 28 S. + 2 Bl. 8°.
Berlin, Med. Fak., Inaug.-Diss. v. 14. Mai 1887.

Simonsohn, Benjamin, hat die Hämoptoe einen charakteristischen Einfluss auf die Temperatur? Diss. Berlin 1887, Mayer & Müller. 8°. 28 S.

Simonsohn, Georg, Referendar: Der gesetzliche Schutz des Bauhandwerks. *Greifswald 1898: J. Abel.* (93 S.) 8°
Greifswald, Jur. Diss. v. 1898

Simonsohn, Max [app. Arzt]: Über Dermatitis herpetiformis (Duhring)' ... Königsberg i. Pr., Druck v. M. Liedtke, 1894; 2 Bl., 17 S., 2 Bl. 8.
Königsberg, Med. Fak., Inaug.-Diss. v. 5. Apr. 1894

Simonsohn, Max, aus Berlin: Ueber den Gefässbündelverlauf in den Blumenblättern der Liliaceen. *Heidelberg 1901: J. Hörning.* (47 S.) 8°
Heidelberg, Naturw.-math. Diss. v. 1901

Simonson, A., Anleitung zum Arbeiten bei dem ersuchten Strafrichter. gr. 8. (IV, 63 S.) Berlin 883. Puttkammer & Mühlbrecht. n. 1. —

Simonson, A., die Ausbildung der Referendarien bei kleineren Amtsgerichten. Nach Erfahrgn. aus der Praxis. 8. (44 S.) Berlin 888. Vahlen. n. — 60

— der Begriff d. „Vortheils" u. seine Stellung im deutschen Strafrecht. gr. 8. (96 S.) Ebd. 889. n. 1. 50

Simonson, A. Für die bedingte Verurtheilung. gr. 8. (71 S.) Berl. 890, Vahlen. * 1 20

— das österreichische Warrantrecht unter Berücksicht. e. f. Deutschland zu schaffenden Warrantgesetzes. gr. 8. (86 S.) Ebd. 889. n. 1. 20

Simonson, Albt. Über Giro- und Chequeverkehr in Deutschland. Leipzig.
Sep.-Abdr. aus: Jahrbuch f. Gesetzgebung etc. Bd. 8. . . . . (RPA.: D.)

Simonson, Emil [pr. Arzt aus Zirke '(Prov. Posen)']: Casuistische Beiträge zur Frage des Zusammentreffens und des Zusammenhanges der Missbildungen des Auges mit anderen Missbildungen und Degenerationszeichen des Körpers ... Berlin, Buchdr. v. G. Schade, *1892*; 29 S., 1 Bl. 8.
Berlin, Med. Fak., Inaug.-Diss. v. 1. Nov. 1892

Simonson, F., Richard Cobden und die Antikornzolliga, sowie ihre Bedeutung für die wirthschaftlichen Verhältnisse des Deutschen Reiches. gr. 8. (64 S.) Berlin 883, Dümmler's Verlagsb. *

Simonson, F., Joseph v. Sonnenfels und seine „Grundsätze der Polizei". gr. 8. (57 S.) [Leipzig 885, Friedrich.] Berlin, Friedrich Nachf. *

Simonson, Henr. (geb. Berlin 1809): De cognoscendis morbis organicis testium. Berolini (1831). (46 S.) 8°
Berlin, Med. Diss. v. 30. Juli 1831

Simonson, Isaac, Ehs-dath אש־דת ob. die in allen ihren Theilen umfass. Lehre d. mosa.-rabbin. Theologie, in ein. noch nicht erschien. Lichte dargest., u. nach deren vorzügl. Schriftstellern voriger Jahrh. bearb. 1. Thl. u. 2. Thl. 1—7. Lfg. 8. Dresden. (Leipzig, Friese.) [1. (10½ B.) 835., 2. 1—7. (... u. Ttlbld.) 837.] *

Simonson, L., deutsches Balladenbuch: eine Sammlung Balladen, Romanzen u. kleinerer Gedichte, von Goethe, Schiller, Bürger 2c. — The German ballad-book. — Mit Lebensskizzen, Einleitungen, grammat. u. sonst. Anmerkungen. Boston 865. (Philadelphia, Schäfer & Koradi.) 8. (VIII, 304 S.) geb. n. 1 ₰ 20 ngr.

Simonson, Otto, der neue Tempel in Leipzig. Entworfen und ausgeführt. Mit 6 Taf. in Farben- und Kupferdr. nebst Text. gr. Fol. (8 S.) Berlin 858, [Ernst und Korn.] *

Simonson, Otto, der neue Tempel in Leipzig. Entw. u. ausgeführt etc. Mit 6 Taf. in Farben- u. Kupferdruck nebst (8 S.) Text. Berlin 858. F. Riegel. gr. Fol. n. 2 ₰. 10 ngr.
Vgl.: Album, architektonisches.

Simonssohn, (geb. Lissa in Posen): De nonnullis ossium morbis organicis. Berolini (1850). (31 S.) 8°
Berlin, Med. Diss. v. 20. Febr. 1850

Simonstein, Hugo, prakt. Arzt a. Schneidemühl: Ueber Höhlenbildungen im Rückenmark nebst Beifügung neuer Gesichtspunkte in der Pathogenese und Mitteilung zweier atypischer Fälle. Leipzig 1908: B. Georgi. (70 S.) 8°
Leipzig, Med. Fak., Ref. Flechsig, Diss. v. 10. Juni 1908
[Geb. 13. Juli 82 Schneidemühl; Wohnort: Charlottenburg; Staatsangeh.: Preußen; Vorbildung: Gymn. Schneidemühl Reife O. 01; Studium: Berlin 9 S.; Coll. 23. Juni 08; Approb. 20. Sept. 07.]

Simony, Arthur, üb. Bilifuscin. [Aus dem physiolog. Institute der Wiener Universität.] [Aus: „Sitzungsber. d. k. Akad. d. Wiss."] Lex.-8. (5 S.) Wien 876. (Gerold's Sohn.) — 15

Simony, Friedrich

Simony, F., über die Alluvialgebilde des Etschthales. Mit 1 (lith.) Taf. (Aus d. Sitzungsberichten d. k. Akad. d. W.) Wien 857. Gerold in Comm. gr. 8. (40 S.) nn. 10 ngr.

Simony Friedrich, Dr.: Die Altertümer vom Hallstätter Salzberg und dessen Umgebung. Mit 7 kolorierten Tafeln. (Zugleich auch Beilage zum April- und Maihefte des Jahrganges 1850 der Sitzungsberichte der philosophisch-historischen Klasse.) Wien, 1851. Quer-Folio (separat) . . . . 4.—

Simony, Frdr., die Alterthümer vom Hallstätter Salzberg u. dessen Umgebung. [Als Beilage zu d. Sitzungsberichten d. philos.-histor. Classe d. kais. Akad. d. Wiss. Bd. IV. 1850] qu. gr. Fol. (11 S. m. 6 lithochrom. u. 1 lith. Taf.) Wien 851. (Braumüller.) n. 1⅓ ₰

Simony, Frdr., physiognomischer Atlas der österreichischen Alpen. 6 (lith.) Blätter (in Farbendr.). Mit (32 S.) Text (in gr. 8.). Gotha 862. J. Perthes. gr. Fol. n. 8 ₰

— Die Bedeutung landschaftlicher Darstellungen in den Naturwissenschaften. 8. 9. 20 ngr.
Separatabdruck

Simony, Friedr., *Professor.* Die Bedeutung des Waldes im Haushalte der Natur. (Aus dem Volks- und Wirthschafts-Kalender für das Jahr 1859 besonders abgedruckt.) *Wien.* Druck von *A. Pichler's Witwe & Sohn.* 4 Bl. 8°.

Simony, F. Beitrag zur Kunde der Oetzthaler Alpen. (Aus d. Mitth. d. Alpenverein.) Wien. 1863. 4.

— meteorolog. Beobachtungen auf dem Dachsteingebirge, s.a. Abhandlungen, naturwissenschaftl., hrsg. v. W. Haidinger. I. Bd.

Simony, F. Meteorologische Beobachtungen während eines dreiwöchentlichen Winteraufenthaltes auf dem Dachstein. (Aus naturw. Abh. herausg. von Haidinger. Vol. I.) Wien. 1847. 4.

Simony, F., das Dachsteingebiet. Ein geograph. Charakterbild aus den österreich. Nordalpen. Nach eigenen photograph. u. Freihandaufnahmen illustriert u. beschrieben. (In 4 Lfgn.) 1. Lfg. gr. 4. (24 S. m. 12 eingedr. Illustr., 20 Taf. in Photolith., Glanzlichtdr. u. Phototypie u. 2 Nebenblättern.) Wien 889. Hölzel. Subscr.-Pr. n. 9. —

Simony, Frdr., das Dachsteingebiet. Ein geograph. Charakterbild aus den österreich. Nordalpen. Nach eigenen photograph. u. Freihandaufnahmen illustriert u. beschrieben. Für Fachmänner u. Freunde der Alpenkunde. Mit allerhöchster kaiserl. Subvention. 2. Lfg. gr. 4. (8 S. u. S. 25—76 m. 35 eingedr. Illustr. 32 Taf. in Photolith., Glanzlichtdr. u. Phototypie, 4 Nebenblättern u. 8 Bl. Erklärgn.) Wien 893. E. Hölzel. Subskr.-Pr. n. 14. — (1 u. 2.: n. 23. —)

Simony, Frdr., d. Dachsteingebiet. Ein geograph. Charakterbild aus d. österreich. Nordalpen. Nach eig. photograph. u. Freihandaufnahmen illustriert u. beschrieben. Mit allerhöchster kaiserlicher Subvention. 3. (Schluss-) Lfg. gr. 4. (IV u. S. 77—152 m. 23 eingedr. Illustr., 80 Taf. in Photolith., Glanzlichtdr. u. Phototypie, 1 Nebenblatt u. 14 Bl. Erklärgn.) Wien 895. E. Hölzel. Subskr.-Pr. n. 13. —; Einzelpr. n. 18. — (kplt.: n. 36. —)

Simony, Fr. Fragmente zur Pflanzengeographie des oesterr. Alpengebietes. 1853.

Simony, Friedr[ich]. Die Gletscher. [A.] 8. (Wien *o. J.* [1860/61].)

Simony, F., die Gletscher d. Dachsteingebirges. [Aus: „Sitzungsber. d. k. Akad. d. Wiss."] Lex.-8. (36 S.) Wien 871. (Gerold's Sohn.) n. — 50

Simony, Friedr., Gletscherphänomene. 1 Blatt in Lichtdr. qu. gr. Fol. Nebst begleit. Text. Lex.-8. (24 S.) Wien 883. Hölzel. n. 4. —

— Über die Grenzen des Temperaturwechsels in den tiefsten Schichten des Gmundner Sees und Attersees. S. 71. H. 42 . . . . . . —.20
Separatabdruck

Simony, Friedr., über die Grenzen des Temperaturwechsels in den tiefsten Schichten des Gmundner Sees und Attersees. Lex.-8. (12 S.) Wien 875, (Gerold's Sohn.) *
Aus: Sitzungsberichte der k. Akademie der Wissenschaften, besonders abgedruckt.

—— Panorama des nordkrainischen Beckens nach der Natur gezeichnet und mit Erläuterungen versehen. Kpfrst. 7′ 10″ lang, 1′ 4″ hoch. Mit Text. (12 S. in Imp.-4.) Wien 859, Wallishausser'sche Buchh. *

Panorama der nordöstl. Kalkalpen vom Oetscher bis zum Staufen. (Aus d. Mitth. d. Alpenverein.) Wien. 1863. 8.

— Panorama des Schafberges nächst Ischl in Oberösterreich nach der Natur gez. Zinkdr. (10′ lang u. 1′ 3″ hoch.) (Wien 851, Wallishausser.) baar n. n. 2⅔ ℳ

— kleiner Schul-Atlas für den Elementar-Unterricht in 7 (lith.) Karten revid. und mit (8 S.) Text versehen. (Besonders zum Gebrauche von Bellinger's Leitfaden der Geographie eingerichtet.) Wien 854. Gerold. qu. gr. 4. 20 ngr

—— kleiner Schulatlas für den Elementar-Unterricht in 7 (chromolithogr.) Karten revidirt und mit Text versehen. 2., gänzlich umgearb. Aufl. qu. gr. 4. (8 S. Text.) Wien 867, Gerold's Sohn.

Simony, Frdr., Schutz dem Walde! Vortrag, geh. am 21. Febr. 1877 im Vereine zur Verbreitung naturwissenschaftlicher Kenntnisse in Wien. Nebst einem Anh.: Ueber einige Feinde des Waldes von Joh. Edlen v. Nahlik. 8. (112 S. m. eingedr. Holzschn.) Wien 878. Braumüller in Comm. n. - 80

— über See-Erosionen in Ufergesteinen. [Aus: „Sitzungsber. d. k. Akad. d. Wiss."] Lex.-8. (8 S.) Ebend. 871. n. — 20

— die Seen des Salzkammergutes. [Aus den Sitzungsberichten 1850 d. kais. Akad. d. Wiss. abgedr.] Lex. 8. (24 S. m. eingedr. Holzschn.) Wien 851. (Braumüller.) n. ¼ ℳ

—— die Seen des Salzkammergutes. Lex.-8. (24 S. mit eingedr. Holzschn.) Wien 852, (Gerold's Sohn.) *
Aus: Sitzungsberichte der k. Akademie der Wissenschaften J. 1850, besonders abgedruckt.

Simony, Fr., über Temperatur- und Tiefenverhältnisse des Königssees. Lex.-8. (22 S.) Wien 874, (Gerold's Sohn.) *

Simony, Friedr., Dr, Die Temperaturverhältnisse Wiens in der Periode 1775 bis 1882. Wien 1883.

Simony, Friedrich: Begleitender Text zu dem Bilde Gletscher-Phänomene. (Wien 1862?) 24 S. 8°.

Simony, Friedrich: Ueber die Tiefenverhältnisse und die Beckengestaltung der Seen des Traungebietes. Vortrag. ([S.-A.] Zeitschrift „Der Tourist" in Wien.) Wien 1882. 16 S. 8°.

—— über Urgesteinablagerungen im obersten Traunthale. Lex.-8. (12 S. mit 1 lithogr. Taf.) (Ebendas.) 869. *
Vorstehende drei Schriften sind aus: Sitzungsberichte der k. Akademie der Wissenschaften, besonders abgedruckt.

Simony, Leop., Bemerkungen zu dem Entwurfe f. e. General-Regulirungsplan üb. das gesammte Gemeindegebiet v. Wien, s.: Bach, Thdr.

Simony, Oskar

Simony, Osk., photographische Aufnahmen auf den Canarischen Inseln. Lex.-8. (S. 36—62.) Wien 901. A. Hölder. n. 1. 20
Sonderabdruck aus: „Annalen d.k.k. naturhist. Hofmuseums".

Simony, Oskar, Dr. Über eine Erweiterung der Giltigkeitsgrenzen einiger allgemeiner Sätze der Mechanik. S. 81. H. 30 . . . . . . vgr.
Separatabdruck

Simony, Osk., über eine Erweiterung der Giltigkeitsgrenzen einiger allgemeiner Sätze der Mechanik. [Aus: „Sitzungsber. d. k. Akad. d. Wiss."] Lex.-8. (16 S.) Wien 880. (Gerold's Sohn.) n.n. — 30

— Über jene Flächen, welche aus ringförmig geschlossenen, knotenfreien Bändern durch in sich selbst zurückkehrende Längsschnitte erzeugt werden (mit 5 Holzschnitten). S. 82. H. 29 . . . . . . vgr.
Separatabdruck

— über jene Flächen, welche aus ringförmig geschlossenen, knotenfreien Bändern durch in sich selbst zurückkehrende Längsschnitte erzeugt werden. [Mit 5 (eingedr.) Holzschn.] [Aus: „Sitzungsber. d. k. Akad. d. Wiss."] Lex.-8. (7 S.) Ebend. 880. n.n. — 25

— die näherungsweise Flächen- u. Körperberechnung in der wissenschaftl. Holzmesskunde, s.a. Mitteilungen aus dem forstl. Versuchswesen Österreichs. 26.

SIMONY, Oskar: Die näherungsweise Flächen- und Körperberechnung in der wissenschaftlichen Holzmesskunde. - Wien 1901. IV, 64 S., 32 Abb. - (Mitt. forstl. Versuchswes. Österreich H. 26)

SIMONY, Oscar
Die näherungsweise Flächen- und Körperberechnung in der wissenschaftlichen Holzmesskunde. Elementar dargestellt von Dr. Oscar Simony. Mit 32 Abbildungen im Texte. Wien. 1901. Frick. Lex. 8°. 64 S. K 3.—

Simony, Osk., über Formzahlengleichungen u. deren forstmathematische Verwertung. Ein neuer, die Lösg. wicht. morpholog. Probleme vermittelnder Beitrag zur wissenschaftl. Holzmesskunde. (III, 132 S. m. 8 Abbildgn.) hoch 4. Wien 904. W. Frick. n. 6. —

— Über jene Gebilde, welche aus kreuzförmigen Flächen durch paarweise Vereinigung ihrer Enden und gewisse in sich selbst zurückkehrende Schnitte entstehen (mit 8 Taf.). S. 81. H. 23 . . . . . . vgr.
Separatabdruck

— über jene Gebilde, welche aus kreuzförmigen Flächen durch paarweise Vereinigung ihrer Enden u. gewisse in sich selbst zurückkehrende Schnitte entstehen. [Mit 8 (lith.) Taf.] [Aus: „Sitzungsber. d. k. Akad. d. Wiss."] Lex.-8. (21 S.) Ebend. 881. n. 2. -

Simony, Oskar: Über Gipfelformen und deren praktisches Studium. Mit einer Textfigur und zwölf Tafeln als Beilage. ([S.-A.] Oesterreichische Alpenzeitung. April 1895.) Wien 1895. 8 S., 12 Tf. 4°.

Simony, Oscar: Die Canarischen Inseln, insbesondere Lanzarote und die Isletas. Vortrag gehalten den 10. Februar 1892. Mit 10 Tafeln. (Vorträge des Vereines zur Verbreitung naturwissenschaftlicher Kenntnisse in Wien. Jahrg. 32. Heft 11.) Wien 1892. 74 S. 8°.

— gemeinfassliche, leicht controlirbare Lösung der Aufgabe: „In ein ringförmig geschlossenes Band einen Knoten zu machen" u. verwandter merkwürdiger Probleme. gr. 8. (7 S.) Wien 880. Gerold & Co. n. — 20

— dasselbe. 2., erweit. Aufl. [Mit 30 (eingedr.) Holzschn.] gr. 8. (27 S.) Ebend. 881. n. — 80

— dasselbe. 3., erweit. Aufl. [Mit 42 (eingedr.) Holzschn. u. 4 lith. Taf.] (IV, 56 S.) Ebend. 881. n. 2. —

Simony, Osk., üb. spiritistische Manifestationen vom naturwissenschaftlichen Standpunkte. gr. 8. (48 S.) Wien 884. Hartleben. n. 1. 10

SIMONY, Oskar: Ueber das Problem der Stammcubirung als Grundlage der Berechnung von Formzahlentabellen und Massentafeln. - Wien 1879. 71 S.

Simony, Oscar: Ueber eine Reihe photographischer, zu naturwissenschaftlichen Zwecken unternommener Aufnahmen aus den Canarischen Inseln. Vortrag, gehalten am 12. December 1891 in der 31. Plenar-Versammlung des Club der Amateur-Photographen in Wien. (Photographische Rundschau. 1893. Heft 2–5. S. 51–97.) Halle a. S. 1893. 41 S., 27 Tf. 8°.

— Über eine Reihe neuer mathematischer Erfahrungssätze. 1. Mitteilung (mit 5 Taf.) S. 85. II. [illegible] vgr.
— 2. Mitteilung. S. 87. II. [illegible] — .66
— 3. Mitteilung und Schluss (mit 6 Taf.). S. 88. II. [illegible] 1.–
Separatabdruck

— über eine Reihe neuer mathematischer Erfahrungssätze. [Mit 5 (4 lith. u. 1 Lichtdr.-)Taf.] [Aus: „Sitzungsber. d. k. Akad. d. Wiss."] Lex.-8. (22 S.) Wien 882. (Gerold's Sohn.) n. 1. 50

— über e. Reihe neuer mathematischer Erfahrungssätze. [Fortsetzung u. Schluss.] Lex.-8. (82 u. 86 S.) Wien 883. (Gerold's Sohn.) n. 2. 60 (cplt.: n. 4. 10)

Simony, Oscar: Das Sonnenspectrum und dessen ultraviolette Fortsetzung. Vortrag, gehalten im Wissenschaftlichen Club am 5. März 1891. Mit einem Holzschnitte und zwei Phototypien. Wien (1891). 28 S., 1 Tf. 4°.

— Über zwei universelle Verallgemeinerungen der algebraischen Grundoperationen. S. 91. II. [illegible] 1.60
Separatabdruck

Simony, Osk., über zwei universelle Verallgemeinerungen der algebraischen Grundoperationen. Lex.-8. (106 S.) Wien 885, (Tempsky.) *

— Über den Zusammenhang gewisser topologischer Tatsachen mit neuen Sätzen der höheren Arithmetik und dessen theoretische Bedeutung (mit 2 Taf. und 1 Holzschnitt). S. 96. II. [illegible] 2.–
Separatabdruck

Simony, O., üb. den Zusammenhang gewisser topologischer Thatsachen m. neuen Sätzen der höheren Arithmetik u. dessen theoretische Bedeutung. [Mit 2 Taf. u. 1 Holzschn.] [Aus: „Sitzungsber. d. k. Akad. d. Wiss."] Lex.-8. (96 S.) Wien 887. (Tempsky.) n. 2. —

Simony, T., Plan des Sitzungs-Saales der Preuss. constituirenden National-Versammlung. Fol. Lith. Berlin 848, Schneider & Co. 1/6 ℔

Simonyi, And., animata Dei in terris imago etc. Pest, Eggenberger. 798.

Simonyi, Iván v., zur Frauenfrage. [Aus: „Westungar. Grenzbote".] 1. Hft. 8. (64 S.) Preßburg 896. (G. Heckenast's Nachf.) n. — 80

Simonyi, Iván v., der Judaismus und die parlamentarische Komödie. Rede über die Täuschungen und die nothwend. Reform unseres modernen Repräsentativsystems, gehalten bei Gelegenheit der Budgetdebatte am 7. Febr. 1882 im ungar. Abgeordnetenhause. Mit einer Einleitung: Die Juden und die Hohlheit unserer modernen Politik und Verfassung. gr. 8. (94 S.) Pressburg 883, Heckenast's Nachf. *

Als Ms. gedr. Die Schopenhauer-Filosofasterei eine Ursache und ein Faktor des Nihilismus und Anarchismus und die einzigen Gegenmittel gegen die Letzteren. Aus d. Tagebuche eines Laien von Iván v. Simonyi. *Pozsony (Preßburg): eigene Officin 1903.* (410 S.) 8° [F.] 103.137,8

Simonyi, Iván v., die vollständ. Umgestaltung der Mittelschule. Eine unserer dringendsten Aufgaben. Mit Nachtrag. (3. Aufl.) gr. 8. (66 u. 38 S.) Preßburg 899. (G. Heckenast's Nachf.) n. 1. —
Sonderabdruck aus: „Westungar. Grenzbote".

Simonyi, Iván v., die Wahrheit über die Judenfrage. Zu Nutz u. Frommen des jüd. u. nichtjüd. Publikums geschrieben. 8. (126 S.) Preßburg 882. Heckenast's Nachf. n. 1. 60

Simonyi, Iván v., Zeit-, Streit- u. Zukunftsfragen. 2 Bde. gr. 8. Pozsony (Preßburg) 903. Selbstverl. Nicht im Handel.
I. Einleitung, Presse, Liebe u. Ehe, Erziehung u. Unterricht. (VIII, 156 S.)
II. Die Schopenhauer-Filosofasterei, e. Ursache u. e. Faktor des Nihilismus u. Anarchismus u. die einz. Gegenmittel gegen die Letzteren. Aus d. Tagebuche e. Laien. (S. 157—568.)

Simonyi, Ludw. v., Geschichte des lombardisch-venezianischen Königreichs. 2 Bde. (Von 1300 vor Chr. G. bis 1402 nach Chr. G.) 8. (à 19 B.) Mailand 846, (München, Franz.) à * 1 Thlr. 15 Ngr. *

Simonyi, Ludw. v., Geschichte des lombardisch-venezianischen Königreichs (von 1402—1840.) 2. (letzter) Thl. 8. (S. 297—495.) Mailand 847. (München, Franz.) *
1. Thl. (von 1300 vor Chr. Geb. bis 1402 nach Chr. Geb.) Ebendas. 1846. * 1 Thlr. 15 Ngr. Die Angabe im 10. Bde. ist hiernach zu berichtigen.

—— Geschichte der lombardischen und venezianischen Städte seit dem Congresse von Pontida bis zum J. 1420, jener Mantuas bis 1708, oder Geschichte ihrer Selbstherrschaft bis zur Vereinigung mit Mailand und Venedig. 8. (212 S.) Mailand 847. (Wien, Jasper's Witwe und Hügel.) *

Simonyi, Ludw. v., das lombardisch-venezianische Königreich characterist.-artistisch-topograph.-statist. u. historisch dargestellt u. z. e. vollständ. Reisehandbuche f. alle Städte des Königreichs verfasst. (In 2 Bdn. m. 1 Postkarte.) 1. Bd. 8. (31⅞ B.) Mailand 844. (München, Franz.) Thlr. *

Simonyi, Zsigmond

Simonyi, Sigism., s.: Lexicon linguae hungaricae aevi antiquioris.

Simonyi, Siegm., deutsche u. ungarische Redensarten. Von d. ung. Akademie d. Wissenschaften m. d. Marczibányi-Preis gekrönte Schrift. E. Hilfsbuch zum Uebersetzen aus d. Deutschen u. zur Ergänzg. d. deutsch-ungar. Wörterbücher, aus d. besten ungar. Quellen bearb. gr. 8. (VIII, 456 S.) Budapest 896. Franklin-Verein. n. 8. —

Simonyi, Siegm., die ungarische Sprache. Geschichte u. Charakteristik. (VIII, 444 S. m. 1 Taf.) gr. 8. Strassburg 907. K. J. Trübner.
9.50; geb. in Leinw. 10. —

Simonyi, Siegm., u. Jos. Balassa, deutsches u. ungarisches Wörterbuch. 2 Thle. gr. 8. Budapest, Franklin-Verein.
à n. 6. —; geb. à n. 8. —
1. Deutsch-ungarischer Thl. (VIII, 475 S.) 899.
2. Ungarisch-deutscher Thl. (VII, 424 S.) 902.

— s.: **Wörterbuch, historisches, der ungar. Sprache.**

Simor, Johann, Cardinal Fürst-Primas von Ungarn, 50jähr. Wirken rc., s. Köhalmi-Klimstein, J.

SIMOR. Johann Simor, Bischof von Raab. In: Der kath. Christ. Jg. 18. 1865. Nr. 14 v. 30. VII. 1865, S. 105-106.

SIMOR, JOHANN: Abschiedsrede an die Gläubigen der Diöcese Raab. Regensburg 1867.

SIMOR, JOHANN: Allen Gläubigen der Raaber Diöcese Gruß, Heil und Segen im Herrn. (Gegeben zu Raab am Palmsonntage, den 14. April 1867). Wien 1867. Verlag v. Carl Sartori. Druck v. C. Biel. 8 S. - 230 mm

SIMOR, JOHANN: Eröffnungsrede des . . . Johannes Simor . . . gehalten in der Generalversammlung des St. Stefansvereines, am 18. März 1886. Pressburg 1886: C. Angermayer. 16 S. - 4°

SIMOR, JOHANN: Predigt Sr. Fürstlichen Gnaden des Reichsprimas und Erzbischofs von Gran Johann Simor, bei Gelegenheit der Consecration des Sanctuariums im Königsdome zu Pressburg am 11. November 1867. Pressburg 1867.

SIMOR, JOHANN: Schreiben des Fürstprimas und Erzbischofs von Gran Dr. Johann Simor an den k. ungar. Minister für Cultus und Unterricht, Freiherrn Josef von Eötvös, vom 8. September 1867. In: Oestr. Vjs. f. cath. Theol. Jg. 6. 1867, S. 627-643.

SIMOR, JOHANNES: Hirtenbrief des Fürstprimas von Ungarn, Erzbischofs von Gran, gelegentlich seiner Reise zum Concilium Vaticanum gegeben 8. Nov. 1869. Mit Genehmigung Seiner Fürstlichen Gnaden nach dem ungarischen Originaltexte veröffentlicht von Josef Lollok, Spiritual-Director im Pázmányischen Collegium. Wien 1869. Druck u. Verlag v. Alexander Eurich. 24 S. - 220 mm

SIMOR, Johannes, De peccato originali. — (1841) 160 S. 4° (Handschr.)
Diss. Wien, Univ. Diss. 57

SIMOR, JOSEPH: Gott allein Dank für die Erhaltung unserer Stadt. Eine Predigt bei Gelegenheit als Tirnau das sechshundertjährige Jubelfest seiner Erhebung zur königlichen Freistadt feierte. Vorgetragen den 24. Juni 1838 in der Stadtpfarrkirche von Joseph Simor, Stadt-Kaplan. Auf Verlangen zum Druck befördert. Pressburg 1838: Wachterische Buchhandlung. Gedr. bei C. F. Wigand in Pressburg. 16 S. - 8°

Simoutre, N. E., aux amateurs du violon. Historique, construction, réparation et conservation de cet instrument. gr. 8. (55 S.) Basel 883, (Bernheim.) *

Simoutre, N. E., e. Fortschritt in der Geigenbaukunst od. das harmonische Unterlagholz. 2. Aufl. gr. 8. (72 S. m. 6 Illustr.-Taf.) Rixheim 887. (Basel, Gebr. Hug & Co.) n. 4. —

Simoutre, N. E., un progrès en lutherie. Support harmonique. Invention de N. E. S. Illustré de 5 planches. gr. 8. (72 S.) Basel 886, Bernheim. *

Simovic Tryphon: Kant und Lotze. Eine kritische vergleichende Darstellung der Erkenntnistheorie Beider.
1893 PN 774 **Diss. Wien, Univ.** 59

Simpel, David, Leben, od. d. wahrhafte Freund. 2 Thle. 8. Breslau. 746.

Simpel, Hans Peter, Leben u. Thaten von d. Wiege bis ins Grab. 8. Leipz. 810. Barth. 3 ℛ

Simpel, Peter, Cigarrenrauch über Dr. Dubs'ens Buch von der schweizerischen Demokratie. 8°. Bern 1868.

SIMPELS, David, Begebenheiten oder Erzählungen von dessen Reisen durch die Städte London u. Westmünster (so!) um einen wahrhaftigen Freund zu suchen, geschrieben durch ein Frauenzimmer. A. d. Engl. v. M. A. Wodarch. Hamburg 1746. 8°. Zahm. (4 Mk. Frz. Teubner, ca. 1898.)

Simple, David, Begebenheiten u. Erzählungen seiner Reisen. 2 Thle. 8. Hamb. Hertel. 746.

Deutscher Michel wach auf! Ein Wort an alle Deutsche. (Verf.: **Simplex.**) Berlin: Walther [1910]. 22 S. 8° [10. 9005

Simplex, s.: **Fort** m. d. Aerzten in d. Geburtshülfe.

Simplex. Neue Zuschneidelehre f. Beinkleider. Eine leichte u. sichere Maaßkonstruktion f. Herrenbeinkleider unt. Berücksicht. aller Bein- u. Modeformen, m. e. Anh.: D. directe Construction sämmtl. Gamaschen- u. Stulpenformen. gr. 4. (64 S. m. Abb.) Dresden 898. Expedition d. europ. Modenzeitg. Kart. n. 4. 50

SIMPLEX, Cornelius, u. Euphrosine Wahrmundin (pss.). — Apotheke für böse Männer, d. i. Kunst über alle Künste; nicht allein die bösen u. regiersüchtigen Weiber, sondern auch die stürmischen Männer in Ordnung zu bringen. In 2 lustigen Gesprächen gezeiget. Ans Licht gegeben durch *Cornelium Simplicem* u. *Euphrosinen Wahrmundin.* 2 Thle. Mit 2 Titelkpfrn. O. O. 1703. 12°. (18 Mk., Prgtbd., mit 1 Beibd., Jacques Rosenthal, ca. 1903.) Sehr rar!
Die Pss. fehlen bei Weller.

Simplex, Innocenz, Der Glaube des Socialismus. 8°. Löbau (Westpr.), R. Skranczek, 1878.

Simplex, Justus, der Antiverjüdelungs-Verein. Sein Entstehen, Wirken u. klägl. Ende, in 10 Gesängen. Berlin, Elwin Staude, 1880. 8°. V—111 S. Beibd.

SIMPLICIANUS, JOANNES THEODATUS: Palladium Sanctae Religionis Catholicae, Apostolico Hungariae Regno, consecratum. Das ist: Discurs, von der Heiligen, Catholischen Alleinseeligmachenden Religion, dass solche auß beweglichen Antrib des Göttlichen Geist und Weltlichen Allgemeinen Kaiserlichen und hiesigen Königlichen Land-Rechts (Zur Vermehrung der Ehren Gottes, zu hertzlicher Wollgefallen Ihro Kaiserlicher Majestät, Zu Erhebung dieses Apostolischen Königreichs lang gewünschten Glückseeligkeit, und Unterbrechung, ja gänzlicher Vertilgung der dieser Orthen herumb grassirender Türkischer Tyranney) allein in bemelten Königreich Hungarn zuerhalten und fortzupflanzen sey . . . Auß Christlichen, Treuhertzigen Gemüth eröffnet und fürgestellet . . . von Joanne Theodato Simpliciano. Tyrnau 1734, 2. Auflage. 83 S. - 4°

Simplicissimi, abenteuerlicher Lebenswandel. 3 Thle. m. Kpf. 8. Nürnberg. 713.

SIMPLICISSIMI Musicalischer Leute-Spiegel. 4°. Rariss.
Bartholomei, Dan. (Bibliop. Ulmens.), cat. libr. 1703, Bl. 4a ohne Ang. v. Ort u. Jahr).

Simplicissimus, s. a. **Krüger, Paul,** u. der deutsche Michel.

Simplicissimus. Illustr. Wochenschrift. 1.—3. Jahrg. Apr. 1896—März 1899. à 52 Nrn. (à ca. 2 Bog.) Fol. München, A. Langen. à Jahrg. 6. —; einz. Nrn. — 10; Luxusausg. 12. —; einz. Nrn. — 25
Kann auch vierteljährlich bezogen werden.

Simplicissimus. Illustrierte Wochenschrift. Red.: Reinh. Geheeb. 4. u. 5. Jahrg. April 1899—März 1901. à 52 Nrn. Fol. (à ca. 8 S.) München, A. Langen. Billige Ausg. à Jahrg. 5.—; Allgemeine Ausg. 9.—

— dasselbe. Red.: Jul. Linnekogel. 6. u. 7. Jahrg. April 1901—März 1903. à 52 Nrn. Fol. (à ca. 12 S.) Ebd. Billige Ausg. à Jahrg. 7. 20; Luxus-Ausg. 12.—

— dasselbe. Extra-Nummer. Friede. Das Ende vom Lied. Verantwortlich: Jul. Linnekogel. Fol. (10 S. m. z. Tl. farb. Abbildgn.) Ebd. (902). n. —40

Simplicissimus. Illustrierte Wochenschrift. Red.: Jul. Linnekogel. 8.-10. Jahrg. April 1903—März 1906. à 52 Nrn. (VIII, 420; IX, 532 u. X, 628 S.) Fol. München, Simplicissimus-Verlag. à Jhrg. n. 12.—

— dasselbe. Extra-Nr. Reichstagswahl. (12 S. m. z. Tl. farb. Abbildgn.) Fol. Ebd. (903). n. —40

— dasselbe. Flugblatt. Die Prinzessin Luise v. Koburg od. ihre schrecklichen Erlebnisse u. Flucht aus dem Irrenhause. Wahrheitsgetreu berichtet v. Ludw. Thoma u. Th. Th. Heine. (2 S. m. Abb.) Fol. Ebd. (904). n. —10

— dasselbe. Flugblatt. Wahlergebnis. Das große Malöhr im Juni 1903, wahrheitsgetreu berichtet v. Ludw. Thoma u. Th. Th. Heine. (4 S. m. Abb.) Fol. Ebd. (903). n. —10
Buchausg. s.: Thoma, Ludw., u. Th. Th. Heine.

— dasselbe. Manöver-Nr. v. E. Thöny. (10 S. m. z. Tl. farb. Abbildgn.) Fol. Ebd. (904). n. —40

— dasselbe. Reznicek-Nummer. Karneval. (8 S. m. z. Tl. farb. Abbildgn.) Fol. Ebd. (905). n. —40

— dasselbe. Hrsg.: Alb. Langen. Red.: Jul. Linnekogel. 11. Jahrg. April 1906—März 1907. 52 Nrn. (416 u. 436 S. m. z. Tl. farb. Abbildgn.) Fol. Ebd. n. 14. 40; Liebhaberausg. n. 30.—; auch in Vierteljahrsbdn. u. d. T.: Simplicissimus-Album.

Simplicissimus. Begründet v. Alb. Langen u. Th. Th. Heine. Red.: Hans Kasp. Gulbransson; f. Österreich-Ungarn: Joh. Fröschel. 12.—15. Jahrg. April 1907—März 1911. à 52 Nrn. (à ca. 16 S. m. z. Tl. farb. Abb.) 39×28,5 cm. München, Simplicissimus-Verlag. à Jahrg. 14.40; Liebhaberausg. 30.—; auch in Vierteljahrsbdn. u. d. T.: Simplicissimus-Album.

Simplicissimus Abenteuer, s. Abenteuer.

Simplicissimus, d. abentheuerl., s. a. **Schleifheim**, neu bearbeitet.

Simplicissimus, Der abenteuerliche, neu bearbeitet. Leipzig 1785. B: *Wagenseil, Christian Jacob.* (NN) (MGT)

Simplicissimus, der abentheuerliche, auch Melchior Sternfels von Fuchshelm genannt, neu bearbeitet, mit 1 Kupfer, 8. Leipzig, 785. Weygand. 15 fgl.

Simplicissimus, Der abenteuerliche. Magdeburg 1810. V: *Haken, Johann Christian Ludwig.* (NN) (MGT) (Ky)

— lieber. 100 Anekdoten. 11.—15. Tausf. (154 S.) 16. München 904. A. Langen. n. 1.—; geb. n. 1. 50

— dasselbe, s. a. Bibliothek Langen, kleine.

Simplicissimus, der deutsche Pferdearzt, od.: kritische Zusammenstellung der bewährtesten u. einfachsten Rezepte bei den meisten Pferdekrankheiten. Von einem Schweizer. gr. 8. (94 S.) (Nördlingen 847, Beck.) 1/3 ₰

SIMPLICISSIMVS REDIVIVVS. Das ist: Der in Franckreich wieder belebte u. curieus becörperte alte Simplicius, welcher mit der Französischen Armée nach Prag marschiret ist, dabey viele wunderliche Abentheuer erlebt hat, wo unter andern Krieges-Particularitäten, historischen Erzehlungen, darüber gemachten politischen Reflexionen und Satyrischen Einfällen, auch der Französische Medicus, Chirurgus und Mund—Koch wahrhaft und lustig beschrieben werden von Ihm Selbst. O. O. [1743]. 12°. Doppelseitiger. Titel in rot u. schwarz, *1 gefalt. Kupfer (mit 4 Darstellgn.)*, 95 S. Neuerer Pbd. 300.—
Graesse VI, 414. FdF. 1185: „Probably the last authentic Simpliciad."

Der Ungarische Simplizissimus. Lebensschicksale eines Schlesiers. Nach dem Original bearb. u. hrsg. v. R. Urbanek. Breslau 1906. Mit 10 Abbldgn. nach R. Pfeiffer und e. Uebersichtskärtchen. 8°. XI, 164 S. (2 Mk., Orig.-Lwd., Rich. Bertling, Dresden. 1913.)

Simplicissimus, Ungarischer oder Dacianischer. Neue Aufl. Leipzig 1854. H: *Seiz, Johann Christian.* (Tübz 15, 15)

Simplicissimus, ungarischer oder dacianischer, vorstellend Seinen wunderlichen Lebens-Lauff und Sonderliche Begebenheiten gethaner Reisen. Nebenst Wahrhafter Beschreibung des vormals in Flor gestandenen, und öfters verunruhigten Ungarlands, sodann dieser Ungarischen Nation ihrer Sitten, Gebräuch, Gewohnheiten und führenden Kriege. Denkwürdig und lustig zu lesen. Herausg. vom gedachten Dacianischen Simplicissimo. Neue Aufl. Leipzig 854. O. Wigand in Comm. 8. (XXI, 217 S.) 1 ₰.

Simplicissimus, Modestinus Hilarius [Pseud.], s. Heege, Karl Heinrich

Simplicissimus, Simplicius [Pseud.], s. Beer, Johann

Simplicissimus-Album. 1.—9. Hft. (Simplicissimus Apr. 1896—Juni 1898.) Fol. (à ca. 104 S. m. z. Tl. farb. Abb.) Ebd. à Hft. 1. 25

Simplicissimus-Flugblatt. Die Gräfin v. Montignoso od. Liebeslust u. -leid in Florenz. Wahrheitsgetreu berichtet v. Ludw. Thoma u. Th. Th. Heine. (2 S. m. Abbildgn.) Fol. München (905). Simplicissimus-Verlag. n. —10

Simplicissimus-Kalender 1903. gr. 4. (46 S. m. Abb.) München, A. Langen. n. 1.—

Simplicissimus-Kalender 1907. (88 S. m. Abbildgn.) 8. München, A. Langen. n. 1.—

Simplicissimus-Kalender f. 1911. (103 S. m. Abb.) 8. München, A. Langen. 1.—

SIMPLICISSIMUS von Simplexhausen, Simplicius, Simplicianischer Wunder Geschichts Calender auf 1701. (vielleicht schon früher).
Weller, Lex. Ps. p. 522. — Rar!

Simplicius Simplicissimus, der abenteuerliche. Das ist: Ausführliche, unerdichtete u. sehr merkwürdige Lebensbeschreibung eines einfältigen, wunderlichen u. seltsamen Menschen, Melchior Sternfels von Fuchsheim, wie er seine Jugend im Spessart verlebt, dann im dreißigjähr. Kriege gar denkwürdige u. bunte Schicksale gehabt, vielerlei Noth, Leiden u. Lebensgefahr ausgestanden, aber endlich noch manchen frohen Tag genossen. Hrsg von O. L. B. Wolff. 2. (Titel-)Aufl. gr. 16. (918 S.) Leipzig (847. 48), O. Wigand. In Engl. Einb. 1½ ₰ (siehe auch: Volksromane. 1—6. Thl.)

Simplicius Simplicissimus, der abenteuerliche. Das ist: Ausführliche, unerdichtete und sehr merkwürdige Lebensbeschreibung eines einfältigen, wunderlichen und seltsamen Menschen, Melchior Sternfels v. Fuchsheim, wie er seine Jugend im Spessart verlebt, dann im dreißigjähr. Kriege gar denkwürdige und bunte Schicksale gehabt, vielerlei Roth, Leiden und Lebensgefahr ausgestanden, aber endlich noch manchen frohen Tag genossen. Hrsg. von O. L. B. Wolff. 2. (Titel-)Aufl. gr. 16. (918 S.) Leipzig 851, O. Wigand.
1. Aufl. s. Volksromane. 1—6. Thl.

Simplicius Simplicissimus, der abenteuerliche. Das ist: Ausführliche unerdichtete und sehr merkwürdige Lebensbeschreibung eines einfältigen, wunderlichen und seltsamen Menschen, Melchior Sternfels v. Fuchsheim, wie er seine Jugend im Spessart verlebt, dann im 30jähr. Kriege gar denkwürdige und bunte Schicksale gehabt, vielerlei Noth, Leiden und Lebensgefahr ausgestanden, aber endlich noch manchen frohen Tag genossen. In 6 Büchern. 3. (Titel-)Aufl. 8. (904 S.) Leipzig 856, O. Wigand.

Simplicius Simplicissimus, der abenteuerliche. D. i.: Ausführliche unerdichtete und sehr merkwürd. Lebensbeschreibung eines einfält., wunderl. und seltsamen Menschen, Melchior Sternfels v. Fuchsheim, wie er seine Jugend im Spessart verlebt, dann im 30jähr. Krieg gar denkwürd. und bunte Schicksale gehabt, vielerlei Noth, Leiden und Lebensgefahr ausgestanden, aber endlich noch manchen frohen Tag genossen. Revid. von O. L. B. Wolff. In 6 Büchern. 4. Aufl. 8. (796 S.) Leipzig 875, O. Wigand.
—— dass. —s.a. Dichter, deutsche, des 17. Jahrh. — Lauckhardt, C. F. — Meyer, C. H.

Simplicius Simplicissimus, der abenteuerliche. D. i.: Ausführliche unerdichtete u. sehr merkwürd. Lebensbeschreibg. e. einfält., wunderl. u. seltsamen Menschen, Melchior Sternfels v. Fuchsheim, wie er seine Jugend im Spessart verlebt, dann im 30-jähr. Krieg gar denkwürd. u. bunte Schicksale gehabt, vielerlei Noth, Leiden u. Lebensgefahr ausgestanden aber endlich noch manchen frohen Tag genossen. Rev. v. O. L. B. Wolff. In 6 Büchern. 5. Aufl. 8. (796 S.) Leipzig 876. O. Wigand. 4. 50

Simplicius Simplicissimus, der abenteuerliche. D. i.: Ausführliche unerdichtete u. sehr merkwürd. Lebensbeschreibg. e. einfält., wunderl. u. seltsamen Menschen, Melchior Sternfels v. Fuchsheim, wie er seine Jugend im Spessart verlebt, dann im 30 jähr. Krieg gar denkwürd. u. bunte Schicksale gehabt, vielerlei Noth, Leiden u. Lebensgefahr ausgestanden, aber endlich noch manchen frohen Tag genossen. Rev. v. O. L. B. Wolff. In 6 Büchern. 6. (Titel-)Aufl. 12. (796 S.) Leipzig 892. O. Wigand. 4. 50

Simplicius Simplicissimus, der abenteuerliche. Das ist: Ausführliche, unerdichtete u. sehr merkwürd. Lebensbeschreibg. e. einfält., wunderl. u. seltsamen Menschen, Melchior Sternfels v. Fuchsheim, wie er seine Jugend im Spessart verlebt, dann im 30jähr. Kriege gar denkwürd. u. bunte Schicksale gehabt, vielerlei Not, Leiden u. Lebensgefahr ausgestanden, aber endlich noch manchen frohen Tag genossen. (Von H. J. C. v. Grimmelshausen.) 7. Aufl. (694 S.) Leipzig (903). O. Wigand. n. 4. 50; geb. n. 5. 50

Simplicius Simplicissimus [Pseud.], s. Beer, Johann

Simplicius, s.a. Müller, Egb.

Simplicius, des, Bericht üb. die Quadraturen des Antiphon u. des Hypokrates, griechisch u. deutsch v. Ferd. Rudio, s.a. Urkunden zur Geschichte der Mathematik im Altertume. 1. Heft.

Der Bericht des **Simplicius** über die Quadraturen des Antiphon und des Hippokrates (In Aristotelis Physicorum libros quattuor priores commentaria [Ausz.]), griech. u. deutsch von Ferdinand Rudio. Mit e. hist. Erläuterungsberichte als Einl. Im Anh. erg. Urkunden ... Mit 11 Fig. Leipzig: B. G. Teubner 1907. (IX, 184 S.) 8°
= **Urkunden** z. Geschichte d. Mathematik im Altertume. H. 1. [08. 1862

Simplicii in Aristotelis de caelo commentaria, s.: Commentaria in Aristotelem graeca.

– In libros Aristotelis de anima commentaria, s.a. Commentaria in Aristotelem Graeca.

Simplicii in libros Aristotelis De anima commentaria. Consilio et auctor. Acad. litt. Regiae Boruss. ed. Michael Hayduck. Berolini: G. Reimer 1882. XIV, 361 S. 8°
(Commentaria in Aristotelem Graeca. Vol. 11.) [10. 6039

– In Aristotelis Physicorum libros IV priores commentaria, s. Commentaria in Aristotelem Graeca.

– in Aristotelis categorias commentarium, ed. Carol. Kalbfleisch. s.a. Commentaria in Aristotelem graeca.

Simplicii in Aristotelis categorias commentarium. Consilio et auctor. Acad. Litt. Reg. Boruss. ed. Carolus Kalbfleisch. Berolini: G. Reimer 1907. (XXI, 575 S.) 4° (8°)
= Commentaria in Aristotelem graeca. Vol. 8. [07. 16038

Simplicius, Commentarius in Epicteti Enchiridion, vide Epictetus.

Simplicii; *Commentarius in Epictetum.*
— Acc. Enchiridii paraphrasis christiana et Nili Enchiridion. Gr. et lat. Rec. et var. lect. brevibusq. notis illustr. J. Schweighäuser. Lips. 800. 2 Tom. 8 6 rthlr.
Diese beiden Bände machen Vol. IV u. V. der *Monumenta Epicteteae philosophiae* aus. S. Epictetus. Seite 111. Andere Ausgaben siehe bei Epictetus.

Simplicii commentarius in IV libros Aristotelis de caelo ex recensione Sim. Karstenii mandato regiae academiae disciplinarum nederlandicae editus. gr. 4. (VIII und 323 S.) Utrecht 865, Kemink und Sohn. geb. *

— Epiktet, aus d. Griech. v. J. G. Schultheß. gr. 8. Zürich 778. Orell. 16 ₰

Simplikios' Commentar zu Epiktetos Handbuch. Aus dem Griech. in das Deutsche übertragen von K. Enk. Wien 867. Beck'sche Universitäts-Buchh. 8. (IV, 301 S.) n. 1 ₰

Simplicius, M. (Psdn.), 999 Almanachs-Lustspiele durch die Würfel. Das ist: Almanach dramat. Spiele für d. Jahre 1829 bis 1961. Ein Noth- u. Hülfsbüchlein für alle stehenden, gehenden u. verwehenden Bühnen ꝛc. 16. Zwickau 828. Schumann. Mit Goldschn. geb. 1 ₰ 8 ₰

Simplification de l'enseignement de la syntaxe française. (Arrêté du 26. II. 1901.) 12. (11 S.) Potsdam (901). A. Stein. n. — 25

Simplification et extension de la Géométrie d'Euclide. [Berlin 1829.] V: *Gruson, Joh. Phil.* (BrMn)

Simplifications utiles, ou recherches psychologiques. gr. 8. Frcf. Gebhardt et K. 781.

Simplikios, s. Simplicius

v. Simplizius, Einfaltspinsel, der im vorig. Jahrhund. so wohl berufene, in einem neuen Kleide, nach d. Schnitt des Jahres 1790. N. Aufl. 2 Thle. 8. Wien 790, 91. (Heubner). 2 ₰ 12 gr

Simplizius von Einfaltspinsel, der im vorigen Jahrhunderte so weltberufene, in einem neuen Kleide, nach dem Schnitte des 1790 u. 1791sten Jahres. 2 Thle. 8. Wien, Kurzböck. (Camesina.) 790—91.

Simplon. Routes vieilles et nouvelles: S'. [Album-Leporello de 20 planches, en couverture illustrée.] 8-obl. (Zürich-Como, Brunner & Co, [1905].) [fr. 2. 50]

Simplon. Der S'. [Illustriert.] Gewerblich-technische Beilage zum Jahrg. 26 [1905/06] des »Fortbildungsschülers«. IV + 32 S. 8. Solothurn, C. Gassmann, [1906]. sep. im Buchh. fr. —. 50

Simplon. [Lithographischer Ueberdruck aus den Blättern XVIII, XIX, XXIII, XXIV der Dufour-Karte.] Massstab 1 : 100000. [Hrg. durch die] Schweizerische Landestopographie, Bern. Ueberdruck 1906. 756/547 mm. 1 Bl. fol.
Ausg. A: offen. [fr. 2. —]
Ausg. B: auf Lwd. aufgezogen, 8; *Titelblatt (mit Kartenskizze):* Carte topographique de la Suisse. Report sur pierre. Simplon. 1 : 100000. Berne, Service topographique fédéral, *Aufdruck:* 1906. collée sur toile fr. 3. —

Simplon, St.-Gothard, Lukmanier. Étude comparative de la valeur technique et commerciale des voies ferrées projetées par ces passages alpins italo-suisses. Lausanne 865. (St. Gallen, Scheitlin & Zollikofer.) Lex.-8. (240 S. mit 3 chromolith. Karten in Imp.-Fol.) n. 1 ₰ 2 ngr.

Simplongruppe [Schlagwort]

Simplongruppe s.: Geologische Karten. Schmidt. — Schweiz. Atlas.

Die Simplon-Linie vom Genfersee zum Lago Maggiore. Historisches. Technisches. Beschreibendes. Mit 1 Uebersichtskt. Bern: Publizitätsdienst d. Schweiz. Bundesbahnen 1908. 62 S. 8°

Simplon-Lokomotiven, die. Brown, Boveri & Cie, Aktiengesellschaft. (23 S. m. Abbildgn.) Lex.-8. Zürich (906). (Berlin, J. Springer.) n. 1. 20

Simplono. De Monte S' s. (D[oblhof]f, [Joseph Freiherr von]).

Simplon-Tunnel, Projekt 1893 ... Bern 1894. V: *Locher, Eduard.* (Cat. d. Stadtbibl. Zürich. Zürich 1894—97.)

Simplon-Tunnel. Erinnerung an die Eröffnungs-Feier. ([Hrg. von den] Schweizerischen Bundesbahnen: [Illustrierter Text von] Paul Zutter, Lausanne. Aus dem Französischen übersetzt von Th[eodor] Sourbeck, Bern; [70 Tafeln und 1 Karte].) *Text* 50 S. quer.-4. (Licht- und Buchdruck ... der Société Anonyme des Arts Graphiques, Sécheron-Genève, 1906.)

Simplontunneln s. [Schulthess, Ferdinand Paul].

Simplon-Zeitung
(S) Unter diesem Titel wird in der deutschschweizerischen Presse 1844—1847 häufig eine Walliser Zeitung erwähnt. Es handelt sich um die Sittener Zeitung »La Gazette du Simplon (II)«.

Simprecht von Benzenau. Ein Gemälde aus dem Bauernkriege für Jung und Alt. Mit einem Vorworte des Verfassers der Beatushöhle. Regensburg 1844. V: *Bauberger, Wilhelm.* (Russell IX, 750)

Simprecht von Benzenau. Ein Gemälde aus d. Bauernkriege f. Jung u. Alt. Mit e. Vorw. (v. Wilh. Bauberger.) 8. (7 B. u. 1 Stahlst.) Augsburg 844, Kollmann'sche Buchh.

Simpson. James S' (1811-1870), ein berühmter Arzt, der Erfinder des Chloroform. [Mit Portrait-Tafel.] 8. Basel 1875.

Der Tod. | Von | Professor Simpson, | Doctor der Medicin. Stuttgart, | zu haben bei Dr. Marriott.
Kol.: Druck der G. Hasselbrink'schen Buchdruckerei in Stuttgart.
o. J., 14 S., 160 × 100.
Priv.-Bes.

Simpson, A. B., Jesus selbst. 2. Aufl. 12. (15 S.) Basel 893 Jaeger & Kober. n. — 8

Simpson, A. B., Jesus selbst. 2. Aufl. 12. (15 S.) Basel 896. Kober. n. — 08

Simpson, A. B., Jesus selbst. 4. Aufl. (15 S.) kl. 8. Basel 905. Kober. — 08

Simpson, A. B., Jesus selbst. 5. Aufl. (15 S.) kl. 8. Basel 910. Kober. — 08

Simpson, A. B., das Liebesleben des Herrn od. Die tieferen Lehren in dem Hohenliede Salomonis. Autoris. Übersetzg. 12. (140 S.) Kassel (900). E. Röttger. n. 1.—; geb. n. 2.—

Simpson, Edwin, the dramatic unities in the present day. 2. ed. 8. (IV, 101 S.) London 875. (Offenburg, Trube.) geb. n. 3. —

Simpson, G. Wharton, Swan's Pigmentdruck oder das photographische Kohlenverfahren beschrieben. Vom Verf. autoris. Uebersetzung. Vervollständigt durch die neuesten Erfahrungen von H. Vogel. gr. 8. (V, 90 S. mit 1 photogr. Pigmentdruck-Beilage.) Berlin 868, Gerschel. [Oppenheim.] *

Simpson, Geo., Reise zu Lande um die Welt in den J. 1841 und 1842. Aus dem Engl. übers. von Wilh. Adf. Lindau. 3 Thle. 8. Leipzig, Arnoldische Buchh. [1. (X und 436 S.) 2 Thlr. 6 Ngr., 2. (IV und 398 S.) 848. 2 Thlr., 3. (IV und 320 S.) 849. 1 Thlr. 18 Ngr.] Thlr.

Simpson, J. P., Heads or tails? s. Theatre, the modern english comic.

Simpson, James

Simpson, J., Besuch auf d. Schlachtfelde von Waterloo; aus d. Engl. 8. Emden 816. Arends u. C. (Leipz., Cnobloch). 12 gr

Simpson, John., Für Schwindsüchtige und die daran zu leiden glauben! Eine von der Akademie gekrönte, populär gehaltene Preisschrift über die Frage: Wie ist der an der Schwindsucht so allgemein u. verborgen leidenden Menschheit am besten u. sichersten zu helfen? Aus dem Engl. übers., mit Zusätzen aus eigenen Erfahrungen erweitert u. allen Schwindsüchtigen gewidmet von van Neß. 1. u. 2. Aufl. Altona 861. Verlagsbureau in Comm. gr. 8. (47 S.) 7½ ngr.

Simpson, M. Stewart, Blicke nach Osten und nach Oben. Tägliche Betrachtungen für jeden Tag im Monat. Aus dem Engl. von W. W. 16. (102 S.) [Bonn 882, Schergens.] Gernsbach, Christl. Kolportage-Verein. *

Simpson, Marcus: Eine Vergleichung der Wieland'schen Shakespeare-Übersetzung mit dem Originale. *München 1898: Kastner & Lossen.* (133 S.) 8°
München, Phil. Diss. v. 1898

Simpson, Stephanus ⟨geb. am 2 Okt. 1792 in Wolston Grafsch. Warwick⟩: De incubo . . . Bonnae, typ. P. Neusseri (1825). VI, 18 S. 4.
Bonn, Med. Fak., Diss. v. 13 [hs. 12] Aug. 1825

Simpson, Rud., Anleitung zur vollständigen Entbitterung der blauen Lupine. Eine neue Nahrungsquelle f. Menschen u. Thiere. 8. (15 S.) Mohrungen 891. C. L. Rautenberg. n. 2. —

Simpson, Rud., die entbitterte Lupine und ihre Bedeutung für die Zukunft für alle Lupine bauenden Gegenden. gr. 8. (16 S.) Graudenz 885, (Röthe'sche Buchh.) *

Simpson, William, der orientalische Kriegsschauplatz in authentischen Darstellungen an Ort und Stelle gezeichnet. Mit erklärendem Text aus dem Engl. 8 Hefte. Imp.-Fol. (30 lithochrom. und 3 Stnt. und 4 S. Text.) Carlsruhe 855. 56, Veith. *

Simpsons, ..., s. E. P. Andersch, Vorbereitung.

Simrishamn [Schlagwort]

Simrishamn, s.: Europa. Liebenow.

Simrock's, Carl, Leben und Werke, s. Hocker, N.

Simrock, Carl, s. Simrock, Karl (Josef)

Simrock, Caspar, s. Simrock, Kaspar

Simrock, Eugen, Assistent a. d. Med. Univ.-Klin.: Aus der Univ.-Frauenklin. zu Bonn. Die Schnellentbindung bei Eklampsie. Bonn 1909: Eisele. 44 S. 8°
Bonn, Med. Diss. v. 21. Juli 1909, Ref. Fritsch
[Geb. 8. Juni 82 Frankfurt a. M.; Wohnort: Bonn; Staatsangeh.: Preußen; Vorbildung: Goethe-Gymn. Frankfurt a. M. Reife O. 03; Studium: Bonn 1, Straßburg 1, Bonn 4, Berlin 1, Bonn 3 S.; Coll. 21. Juli 09; Approb. 2. Juli 09.] [U 09. 372

Simrock, Franciscus ⟨geb. am 18 Nov. 1828 [nicht 1829] in Bonn⟩: De malis evulsione dentium ortis . . . Bonnae, form. F. P. Lechneri 1851. 27 S., 1 Bl. 8.
Bonn, Med. Fak., Diss. v. 18 Aug. 1851

Simrock, Henricus ⟨geb. am 18 Mai 1825 in Köln⟩: Observationes quaedam de via, qua proprietates hereditariae in genere humano propagantur . . . Bonnae, form. C. Georgii 1850. 2 Bl., 37 S. 8.
Bonn, Med. Fak., Diss. v. 26 [nach d. Akten v. 25 Jan.] 1850

Simrock, Iosephus ⟨geb. am 5 Sept. 1841 in Bonn⟩: De ossium hypertrophia . . . Bonnae, form. Carthausianis (1863). 28 S., 1 Bl. 8.
Bonn, Med. Fak., Diss. v. 12 Aug. 1863

Simrock, Karl (Josef)

— Das Amelungenlied, s.: Hesse's, Max, Volksbücherei.

Simrock, Carl (Jos.), Beowulf, s. Beowulf.

Simrock, Karl (Jos.), Bertha die Spinnerin. Frankfurt a. M. 853. Brönner. 16. (2 Bl., 152 S. u. 1 Stahlst.) n. 24 ngr.

Simrock, Karl (Jos.), Freidanks Bescheidenheit, s. Freidank.

Simrock, Karl, s. Brand's, Seb., Narrenschiff.

—— Dichtungen. Eigenes und Angeeignetes. 8. (VI, 492 S.) Berlin 872, Lipperheide. [Commissions- und Export-Buchh.] (*M 6.; geb. mit Goldschn. *M 8.) *

Simrock, Karl (Jos.), die Edda, s. Edda, die.

Simrock, C., die ältere und jüngere Edda, s. a. Edda.

— **die Edda die ältere und die jüngere nebst den mythischen Erzählungen der Skalda übers. u. mit Erläuterungen begleitet. 2. verm. u. verb. Aufl. Stuttgart 855. Cotta.** 8. (4 Bl., 490 S.) 2 rthl.

Simrock, Karl, Die Edda, die ältere u. jüngere nebst den mythischen Erzählungen der Skalda übersetzt u. mit Erläuterungen begleitet. Stuttgart, Cotta, 1864, gr. 8°, VIII, 514 S., 3. Aufl., 6 Mk.
1. Aufl. 1851.

Simrock, K., die Edda, die ältere u. jüngere, nebst den mythischen Erzählungen der Skalda, übers. u. m. Erläuterungen begleitet v. K. S. 9., verb. Aufl. gr. 8. (VIII, 482 S.) Stuttgart 888. Cotta Nachf. n. 8. —

Simrock, Karl, die Edda, d. ältere u. jüngere, nebst d. mythischen Erzählgn. d. Skalda, übers. u. m. Erläutergn. begleitet v. S. 10., verb. Aufl. gr. 8. (VIII, 482 S.) Stuttgart 896. J. G. Cotta Nachf. n. 8. —

— kurze Erzählung von einem Juden aus Jerusalem mit Namen Ahasverus, welcher bei der Kreuzigung Christi selbst persönlich gewesen, auch das Crucifige über Christum hat helfen schreien u. um Barnabam bitten. 8. (35 S. m. 2 Holzschntaf.) Frankfurt a/M. 880. Winter. n. — 40

— s. v. Eschenbach, Wolfram, Parzival u. Titurel.

— der Märkische Eulenspiegel oder Hans Clauerts kurzweilige Geschichte. Sehr lustig zu lesen. 8. (74 S. m. 3 Holzschntaf.) Ebend. 880. n. — 60

— Till Eulenspiegel, s.: Quellen.

Simrock, Karl, s. a. Faust.

—— Faust. Das Volksbuch und das Puppenspiel, nebst einem Anhang über den Ursprung der Faustsage. 8. (VIII, 204 S.) Frankfurt a. M. 873, Winter. *

—— **Faust. Das Volksbuch und das Puppenspiel nebst einem Anhang über den Ursprung der Faustsage. 2. Aufl. Mit Bildern.** 8. (228 S.) Ebendas. 877. *

Simrock, Carl. Faust. Das Volksbuch und das Puppenspiel, nebst einer Einleitung über den Ursprung der Faustsage. Von Karl Simrock. 3. Aufl. [2 Teile, *in 1 Bde.*] 8. Basel, Benno Schwabe, 1903. [*zus.* fr. 3.—]
[Teil 1] *u. d. T.:* Faust. Das Volksbuch, nebst einer Einleitung über den Ursprung der Faustsage. 3. Aufl. Mit 7 Bildern [Tafeln] von Ant[on] Burger. VIII + 168 S.
[Teil 2] *u. d. T.:* Doktor Johannes Faust. Puppenspiel in vier Aufzügen. Hergestellt von Karl Simrock. 3. Aufl. 96 S. (Einzelausgabe [fr. 1.20 =] M. 1. —)

Simrock, Carl, Johannes Faust, Puppenspiel in 4 Aufz. 8. (8 B.) Frankfurt a. M. 846, Brönner. *

Simrock, Karl, Gedichte, s.a. Heinrich, d. arme.

—— Gedichte. gr. 12. (19 B.) Leipzig, 844, Hahn'sche Vrlgsb.

—— Gedichte. Neue Auswahl. 8. (XII und 529 S.) Stuttgart 863, Cotta'sche Buchh.

— Ausgewählte Gedichte, s.: Volksbücher, Wiesbadener.

—— der gute Gerhard von Köln. Erzählung. 32. (146 S.) Frankfurt a. M. 847, Brönner. *

—— der gute Gerhard von Köln. Erzählung. Andere Aufl. 16. (III und 146 S.) Stuttgart 864, Cotta'sche Buchh. cart. mit Goldschn.

— der gute Gerhard und die dankbaren Todten. Ein Beitrag zur deutschen Mythologie und Sagenkunde. Bonn 856. Marcus. 12. (XII, 180 S.) n. 16 ngr.

— eine schöne u. wunderbare Geschichte des Ritters mit dem Schwanen, der aus dem Lande Lillefort zu Schiffe nach Nymwegen in Gelderland kam. 8. (74 S. m. Holzschntaf.) Ebend. 879. n. — 80

— Wunderbare Geschichte v. der edeln u. schönen Melusina, hrsg. v. Severin Rüttgers, s.: Schaffsteins Volksbücher.

—— Gudrun, s. Gudrun. — Heldenbuch, das.

Simrock, Karl (Jos.), Handbuch der deutschen Mythologie Bd 1—2. Bonn 1852—57. 8. (D.)
——, —— 2. sehr verm. Aufl. Ebda 1864. 8. . . . . (TStLA.; D.)
——, —— 3. verm. Aufl. Ebda 1869. 8.
——, —— 4. verm. Aufl. Ebda 1874. 8. . . . . (D.)
——, —— 5. verb. Aufl. Ebda 1878. gr. 8.
——, —— 6. durchges. Aufl. Ebda 1887. gr. 8.
Buch 1. a. u. d. T.: Die Geschicke der Welt und der Götter. Bonn 1853. 8.
Bd. 2. 3. Götterlehre. — Gottesdienst. Bonn 1855. 8.

— Handbuch der Deutschen Mythologie mit Einschluß der nordischen. In 3 Büchern. Bonn 853. Marcus. gr. 8. (VIII, VIII, 595 S.) n. 2 ℛ︀. 20 ngr.
Inhalt. 1. Buch: Die Geschicke der Welt und der Götter. n. 28 ngr.
2. Buch: Götterlehre. — 3. Buch: Gottesdienst. n. 1 ℛ︀. 22 ngr.

—— dass. — 2. und 3. (letztes) Buch (: Götterlehre. — Gottesdienst.) gr. 8. (VIII und S. 185—595.) Ebds. 855. *

— Handbuch der deutschen Mythologie mit Einschluß der nordischen. 2. sehr verm. Aufl. Bonn 864. Marcus. gr. 8. (X, 631 S.) n. 2 ℛ︀ 20 ngr.

Simrock, Karl, Handbuch der deutschen Mythologie mit Einschluß der nordischen. 3. Aufl. (XII, 625 S.) 1869. *ℳ 8., und 4. verm. Aufl. gr. 8. (XI, 644 S.) Bonn 874, Marcus. *

Simrock, Karl, Handbuch der deutschen Mythologie mit Einschluß der nordischen. Bonn, Marcus, 1878, gr. 8°, XII, 643 S., 5. verbess. Aufl., 9 Mk.
1. Aufl. 1853—5.

— Handbuch der deutschen Mythologie m. Einschluß der nordischen. 6., durchgesch. Aufl. gr. 8. (XII, 613 S.) Bonn 887. Marcus. n. 9. —

Simrock, K., s. Hartmann v. d. Aue, d. arme Heinrich.

— der arme Heinrich. Eine schwäbische Geschichte aus alter Zeit. Sehr lieblich u. rührend zu lesen. 8. (30 S. m. Holzschntaf.) Frankfurt a/M. 879. Winter. n. — 40

— das Heldenbuch, s.a. Heldenbuch, das.

— das Heldenbuch. 1. Bd. Gudrun. Deutsches Heldenlied. gr. 8. Stuttgart 843. Cotta. 1½ ℛ︀

— dass. 2. Bd. Das Nibelungenlied. 3. Aufl. gr. 8. Ebend. 843. 1 ℛ︀

Simrock, Karl, das Heldenbuch. 3. Bd. A. u. d. T.: Das kleine Heldenbuch. Walther und Hildegunde. Alphart. Der hörnerne Siegfried. Der Rosengarten. Das Hildebrands-Lied. Ortnit. gr. 8. Stuttgart 844. Cotta. 2 ℛ︀

— dass. 4. u. 5. Bd. A. u. d. T.: Das Amelungenlied. 1. u. 2. Thl.: Wieland, der Schmied. Wittich, Wielands Sohn. Ecken Ausfahrt. Ditleib. Sibichs Verrath. gr. 8. Ebend. 843, 46. à 2 ℛ︀

— das Heldenbuch. 6. Bd. A. u. d. T.: Das Amelungenlied. 3. Thl.: Die beiden Dietriche. Die Rabenschlacht. Die Heimkehr. gr. 8. (426 S.) Stuttgart 847, Cotta. 2 ℛ︀ (6 Bde.: 10½ ℛ︀)

—— dass. — 6. (letzter) Bd. A. u. d. T.: Das Amelungenlied. 3. Thl.: Die beiden Dietriche. Die Rabenschlacht. Die Heimkehr. gr. 8. (426 S.) Ebds. 849.

—— das Heldenbuch. 1. Bd. A. u. d. T.: Gudrun. Deutsches Heldenlied. 2. Aufl. gr. 8. (370 S.) Stuttgart 851, Cotta'sche Buchh.

—— dass. — 2. Bd. A. u. d. T.: Das Nibelungenlied. Uebers. von Carl Simrock. 7. Aufl. gr. 8. (382 S.) Ebds. 851.

Simrock, Karl, das Heldenbuch. 8. Bd. gr. 8. Stuttgart 883. Cotta. n. 9. —
Das kleine Heldenbuch. 4. Aufl. [Walther u. Hildegunde. Alphart. Der hörnerne Siegfried. Der Rosengarten. Das Hildebrandslied. Ortnit. Hugdietrich u. Wolfdietrich.] (XIV, 550 S.)

— Kerlingisches Heldenbuch. br. 8. (VIII u. 241 S.) Frankfurt a. M. 848. Brönner. n. ¹¹/₁₂ ℛ︀

—— Kerlingisches Heldenbuch. Neue (Titel-)Ausg. br. 8. (VIII und 241 S.) Frankfurt a. M. 854(55,) Brönner. *

— das kleine Heldenbuch, s.a. Handbibliothek, Cotta'sche.

— Das kleine Heldenbuch, s.a. Hesse's, Max, Volksbücherei.

— das kleine Heldenbuch, s.a. Volksbibliothek, deutsche.

Simrock. *Das kleine Heldenbuch.* [3. Aufl.] Stuttgart u. Augsburg, Cotta, 1859. Titel u. 725 S. Kl.-8°. Roter Hldr. d. Z. 7.—
Walther u. Hildegunde. Alphart, Der hörnerne Siegfried, Rosengarten, Hildebrandslied, Ortnit, Hugdietrich und Wolfdietrich.

— Zwei Heldensagen aus den deutschen Volksbüchern, s.: Schaffstein's Volksbücher.

— Helland, s. Heliand.

— Historia v. Johann Faustus, dem weitbeschreiten Zauberer u. Schwarzkünstler, s.: Schaffstein's Volksbücher.

— die Historie u. Legende von dem trefflichen u. weiterfahrenen Ritter Herrn Policarpen von Kirrlarissa, genannt der Finkenritter, wie der dritthalbhundert Jahr, ehe denn er geboren ward, viel Lande durchwandert u. seltsame Dinge gesehen, u. zuletzt von seiner Mutter für todt liegend gefunden, aufgehoben u. erst von Neuem geboren worden. 8. (16 S. m. 5 Holzschntaf.) Ebend. 880. n. — 40

— Eine lesenswürdige Historie vom Herzog Ernst in Bayern u. Österreich, neu hrsg. durch Severin Rüttgers, s.: Schaffstein's Volksbücher.

— eine Historie von Bruder Rauschen u. was Wunders er getrieben hat in einem Kloster, darin er sieben Jahre seine Zeit verbracht u. gedienet hat in eines Kochs Gestalt. 8. (25 S. m. Holzschntaf.) Ebend. 879. n. — 40

— schöne anmuthige Historie von Markgraf Walthern, darin dessen Leben u. Wandel u. was sich mit ihm zugetragen dem günstigen Leser kürzlich vor Augen gestellt wird. Angehängt ist eine schöne Historie von des Fürsten zu Salerno schöner Tochter Gismunda. 8. (53 S. m. Holzschntaf.) Ebend. 880. n. — 80

— eine schöne u. kurzweilige Historie von Kaiser Octavianus sammt Gemahl u. zwei Söhnen, wie sie ins Elend geschickt, u. nachmals in Frankreich bei dem frommen König Dagobert wunderbarlich wieder zusammen gekommen sind. 8. (181 S. m. Holzschntaf.) Ebend. 880. n. 1. 50

— eine schöne kurzweilige Historie von einem Riesen, Fierabras genannt, u. welche Kämpfe Kaiser Karl u. seine Helden mit den Heiden stritten. 8. (170 S. m. 6 Holzschntaf.) Ebend. 880. n. 1. —

— Eine schöne Historie v. dem Zauberer Virgilius, s.a. Schaffstein's Volksbücher.

— eine schöne Historie von dem Zauberer Virgilius, seinem Leben u. Tod u. den wunderbaren Dingen, die er durch Negromatie u. mit Hülfe des Teufels vollbrachte. Sehr lustig u. vergnüglich zu lesen. 8. (64 S. m. Holzschntaf.) Ebend. 879. n. — 80

— eine schöne u. wahrhafte Historie von dem theuern, geherzten u. mannhaftigen Hugschapler, der seiner kühnen u. ritterl. Thaten wegen, obwohl er von seiner Mutter Metzgersgeschlechts gewesen, zuletzt in Frankreich zu einem König gewählt u. gekrönt ward. Von Neuem gedruckt, sehr kurzweilig u. lieblich zu lesen. 8. (110 S.) Ebend. 879. n. — 80

— die wahrhaftige Historie von Flos u. Blankflos, welche nach langer Trennung u. vielen Widerwärtigkeiten doch zuletzt noch vereinigt u. ehelich verbunden wurden. Sehr lustig u. vergnüglich zu lesen. 8. (43 S. m. Holzschntaf.) Ebend. 880. n. — 60

Simrock, Karl, rheinisches Jahrbuch rc., s. Jahrbuch.

—— das deutsche Kinderbuch. Altherkömmliche Reime, Lieder, Erzählungen, Uebungen, Räthsel und Scherze für Kinder. 8. (III und 248 S.) Frankfurt a. M. 848, Brönner. *

—— das deutsche Kinderbuch. Altherkömmliche Reime Lieder Erzählungen Uebungen Räthsel und Scherze für Kinder gesammelt. 2., verm. Aufl. 8. (X und 348 S.) Frankfurt a. M. 856(57,) Brönner. *

Simrock, Karl, das deutsche Kinderbuch. 3. Aufl. 8. Frankfurt a. M. 879. Basel, Schwabe. cart. *

—— das deutsche Kinderbuch. Altherkömmliche Reime, Lieder, Erzählungen, Uebungen, Räthsel und Scherze für Kinder gesammelt. 3. verm. Aufl. 8. (IX, 380 S.) Frankfurt a. M. 879, Winter. * ℳ 3.; cart. *

— Zwei Kindergeschichten aus den deutschen Volksbüchern, s.: Schaffstein's Volksbücher.

— deutsche Kriegslieder 1870. 16. (56 S.) Berlin 870. Lipperheide. — 50

—— Shakespeare's die Kunst einen Trotzkopf zu brechen — Walpurgisnachtstraum — Die lustigen Weiber von Windsor, s. Bibliothek ausländ. Klassiker.

—— die Legende von den heiligen drei Königen, s. Legende

—— Legenden. 16. (IV und 240 S. mit Titel in Kpfrst.) Bonn 855, Weber. *

— Legenden. 2. verm. Aufl. Bonn 869. Weber. 16. (VI, 250 S.) n. 1 ₰

— Legenden. 3. Aufl. 16. (VI, 250 S. m. Titelbl. in Stahlst.) Bonn 876. Weber's Verl. geb. m. Goldschn. n. 3. —

Simrock, Carl (Jos.), altdeutsches Lesebuch in neudeutscher Sprache. Mit einer Uebersicht der Literaturgeschichte. gr. 8. (XII und 531 S.) Stuttgart 854, Cotta'sche Buchh. Thlr. *

Simrock, Karl, altdeutsches Lesebuch in neudeutscher Sprache. 2. teils verm., teils verkürzte Aufl. gr. 8. (XIV, 414 S.) Stuttgart 884, Cotta'sche Buchh. *

—— altdeutsches Lesebuch zum Gebrauch bei Vorlesungen. Mit einer mittelhochdeutschen Formenlehre. gr. 8. (IV und 184 S.) Bonn 851, Marcus. *

— altdeutsches Lesebuch zum Gebrauch bei Vorlesungen. Mit einer mittelhochdeutschen Formenlehre. 2. Aufl. Bonn 859. Marcus. gr. 8. (IV, 191 S.) n. 20 ngr.

Simrock, Karl, ein kurzweilig Lesen von Till Eulenspiegel geboren aus dem Lande Braunschweig. Was er seltsamer Possen betrieben hat seine Tage, lustig zu lesen. Neulich aus sächs. Sprache auf Hochdeutsch verdolmetscht. Nach den ältesten Ausg. Mit Bildern (Holzschntaf.) von H. Thoma. 8. (XX, 182 S.) Frankfurt a. M. 878, Winter. * ℳ 1,50.; cart. *

— Ein kurzweilig Lesen v. Fortunatus m. seinem Seckel u. Wunschhütlein, hrsg. v. Severin Rüttgers, s.: Schaffstein's Volksbücher.

—— Lieder der Minnesinger, s. Lieder der Minnesinger.

—— Lieder vom deutschen Vaterland. Zur Jubelfeier der Leipziger Schlacht gesammelt. 8. (XI und 227 S.) Frankfurt a. M. 863, [Winter.] *

— Lieder vom deutschen Vaterland aus alter Zeit. gr. 16. (VIII, 277 S.) Frankfurt a. M. 871. Winter. n. 2. —

—— zwanzig Lieder von den Nibelungen. Nach Lachmanns Andeutn. wiederhergestellt. Mit e. Vorr. 8. (15 B.) Bonn 840, Weber. Thlr.

— Loher u. Maller, s. Loher u. Maller.

— Die schöne Magelone, s.: Schaffstein's Volksbücher.

—— deutsche Märchen. gr. 16. (VIII und 373 S.) Stuttgart 864, Cotta'sche Buchh. cart.

— s.: Nibelunge, der, liet.

— das Nibelungenlied, s.a. Heldenbuch, das.

— Nibelungenlied, s.a. Nibelungenlied, das.

—— Nibelungenlied, s.a. Volksbibliothek, deutsche.

—— das Nibelungenlied. 5. Aufl. 16. (441 S. und 1 Stahlst.) Stuttgart 848, Cotta'sche Buchh.

—— dass. — 6. Aufl. A. u. d. T.: Das Heldenbuch. 2. Bd. gr. 8. (382 S.) Ebds. 848.

—— die Nibelungenstrophe und ihr Ursprung. Beitrag zur deutschen Metrik. 8. (VII und 103 S.) Bonn 858, Weber. *

— s.: Novellen, italienische.

—— die Quellen des Shakspeare in Novellen, Märchen und Sagen mit sagengeschichtl. Nachweisungen. 2. Aufl. 1870, und Neue Ausg. 2 Thle. gr. 8. (XII, 372; IV, 346 S.) Bonn 870, Marcus. *

— die Quellen d. Shakspeare in Novellen, Märchen u. Sagen m. sagengeschichtl. Nachweisgn. 2. Aufl. Neue Ausg. 2 Thle. gr. 8. (XII, 372 u IV, 346 S.) Bonn 872. A. Marcus. n. 8. —

—— das deutsche Räthselbuch, s. Räthselbuch, das deutsche.

—— das deutsche Räthselbuch, s.a. Volksbücher, deutsche. XXXII.

— das deutsche Räthselbuch. 1. Sammlung. (Neue Ausg.) und 2. Sammlung. Frankfurt a. M. Gedruckt in diesem Jahr. (853.) Brönner. 8. (106; 46 S.) Jede Sammlung 5 ngr.

— das deutsche Räthselbuch. 3. Sammlung. Frankfurt a. M. 863. Brönner. (Ch. Winter.) 8. (88 S.) 6 ngr.

— das deutsche Räthselbuch. 2. Aufl. Frankfurt a. M. 866. Winter. 8. (VIII, 251 S.) cart. n. 15 ngr.

—— das deutsche Räthsel-Buch. 3. Aufl. 8. (188 S.) Frankfurt a. M. 874, Winter. geb. *

—— Reineke Fuchs, s.a. Reineke Fuchs.

—— Reineke Fuchs. Aus dem Niederdeutschen mit einer literarhistor. Einleitung. Mit Bildern von T. Kiellerup. 2. Aufl. 8. (218 S.) Frankfurt a. M. 877, Winter. *

— das malerische u. romant. Rheinland, s.a. Deutschland, das maler. u. romant., 6e Sektion.

Simrock, Karl, Das malerische und romantische Rheinland. Mit 60 Stahlstichen. Lpzg. 1838. Lex.-8.

— das malerische u. romantische Rheinland. Mit 60 Stahlst. 3 verm. u verb Aufl. br. 8. (381 S.) Leipzig 851, Haendel. $2^1/_3$ ℛ︀ (siehe auch: Deutschland, das maler. u. romant., 8. Bd.)

—— das malerische und romantische Rheinland. 4., verb. und verm. Aufl. gr. 8. (405 S. mit chromolithogr. Titel.) Bonn 865, Cohen und Sohn. cart.

— die Rheinländer, s. Deutschland, das malerische.

—— Rheinsagen aus dem Munde d. Volks u. deutscher Dichter. 1. Aufl. ($19^1/_6$ B. u. Titlbld.), 2., verm. A. ($20^1/_2$ B. u. Titlbd.) 837. à $1^1/_2$ Thlr., u. 3., verm. A. ($15^3/_4$ B.) gr. 12. Bonn 841, Weber.

— Rheinsagen aus dem Munde des Volks u. deutscher Dichter. Für Schule, Haus u. Wanderschaft. 4. verb. u. verm. Aufl. gr. 12. (XVI u. 476 S. m. 1 Lith.) Bonn 850, Weber. n. $1^1/_2$ ℛ︀

—— Rheinsagen aus dem Munde des Volks und deutscher Dichter. Für Schule, Haus und Wanderschaft. 5., verb. und verm. Aufl. gr. 12. (XI und 480 S. mit 1 Stnt.) Bonn 857, Weber. *

— Rheinsagen aus dem Munde des Volkes u. deutscher Dichter. Für Schule, Haus u. Wanderschaft. 6. sehr verm. Aufl. Bonn 869. Weber. 8. (XI, 496 S.) In engl. Einb. n. 2 ℛ︀

— Rheinsagen aus dem Munde d. Volks u. deutscher Dichter. Für Schule, Haus u. Wanderschaft. 7. verb. Aufl. 8. (XII, 495 S.) Bonn 874. Weber's Verl. cart. n. 4. 50; geb. n. 6. —; geb. m. Goldschn. n. 9. —

Simrock, Karl, Rheinsagen aus dem Munde des Volkes u. deutscher Dichter. Für Schule, Haus u. Wanderschaft. 8. Aufl. gr. 8. (XII, 469 S.) Bonn 879. Weber's Verl. geb. n. 6. —

—— Rheinsagen aus dem Munde des Volks und deutscher Dichter. Für Schule, Haus und Wanderschaft. 9. Aufl. gr. 8. (XII, 469 S.) Bonn 883, Weber's Verlag. geb. *

Simrock, Karl. Rheinsagen aus dem Munde d. Volks u. deutscher Dichter. Für Schule, Haus u. Wanderschaft. 10. Aufl. 8. (XV, 448 S.) Bonn 891, Weber. geb. * 6 —; m. Goldschn. * 7 —

— Rheinsagen aus dem Munde des Volks u. deutscher Dichter. Für Schule, Haus u. Wanderschaft. (520 S. m. 8 Abb.) kl. 8. Leipzig 907. Hesse & Becker Verl. Geb. in Leinw. 2.—; in Geschenkbd. 3. —

— Riesengeschichte oder kurzweilige Historie von König Eginhard von Böhmen. Wie er des Kaisers Otto Tochter aus dem Kloster hat bringen lassen u. hernach viel Unglück im Königr. Böhmen entstanden ist. Auch wie die großen Riesen das Königreich überfallen u. welcher wundersame Streit mit ihnen ergangen ist. Sehr nützlich u. lehrreich beschrieben. 8. (104 S. m. 4 Holzschntaf.) Frankfurt a/M. 880. C. Winter. n. — 80

—— der ungenähte Rock, s. Rock.

—— die geschichtlichen deutschen Sagen, s.a. Sagen.

Simrock, K. J., Die geschichtlichen deutschen Sagen aus dem Munde des Volks und deutscher Dichter. Frankfurt 1850. 8.

—— die geschichtlichen deutschen Sagen aus dem Munde des Volks und deutscher Dichter. 2. verm. Aufl. 8. (XIX, 515 S.) Basel 886, Schwabe. geb. *

— Salomon und Morolf, s. Volksbücher, deutsche, I.

Simrock, Karl, s. Schimpf und Ernst.

— Shakspeare als Vermittler zweier Nationen. Probeband: Macbeth. gr. 8. Stuttgart u. Tübingen 842, Cotta'scher Verlag. $^7/_8$ ℛ︀

—— Lauda Sion, s. Lauda Sion.

—— die Tochter Sion oder die minnende Seele, s. Tochter Sion, die.

—— deutsche Sionsharfe, s.a. Sionsharfe, deutsche.

— deutsche Sionsharfe. Elberfeld 857. Friderichs. 16. (VIII, 283 S.) 1 ℛ︀.

—— s. Spee, Friedr., Trutz-Nachtigall.

Simrock, Karl, Die deutschen Sprichwörter, gesammelt u. herausg. Frankfurt a. M. 1846. 8.
Ist: Die deutschen Volksbücher. Bd. 5. . . . . (D.)
—, — 2. Aufl. Ebda 1863. 8.

—, — 4. Aufl. Frankfurt a. M. o. J. 8.

Simrock, Karl (Jos.), die deutschen Sprichwörter. 2. Aufl. 8. (VII und 677 S.) Frankfurt a. M. 863, [Winter.] *

—— die deutschen Sprichwörter, gesammelt. (4. Aufl.) 8. (V, 677 S.) [Frankfurt a. M. 881, Winter.] Basel, Schwabe. *
Die 3. Aufl. erschien 1863.

Simrock, Karl, Niederdeutsche Sprichwörter u. Redensarten, gesammelt und mit einem Glossar versehen v. K. Eichwald. 4. Ausg. Bremen 1870. 8.

— des edeln u. gestrengen weitberühmten u. streitbaren Helden Thedel Unverfährt v. Walmoden tapfere männliche u. ritterliche Thaten u. wunderbarliche Geschichten, die vor manchen Jahren beim heiligen Grabe, in Liefland, im Stift Halberstadt u. im Lande zu Braunschweig wahrhaftig ergangen. Kurzweilig zu lesen. 8. (30 S.) Ebend. 879. n. — 40

Ad audiendam ... orationem de discordia inter coelestes maritos pro aditu muneris prof. ord. in facultate phil. Bonnensi d. X m. Mart. [habendam] ... invitat Carolus Iosephus **Simrock** ... — Insunt vaticinii Valae vindiciae. Bonnae, typ. C. Georgii 1853. 11 S. 4. ¶ Erschien zugleich selbständig bei Marcus in Bonn.

—— Vaticinii Valae Eddici carminis antiquissimi vindiciae. 4maj. (11 S.) Bonnae 853, Marcus. *

—— s. Volksbücher, auserlesene deutsche.

— deutsche Volksbücher, s. Volksbücher, deutsche.
Vergl.: Walther v. der Vogelweide.

—— die deutschen Volksbücher, s.a. Volksbücher, die deutschen.

Volksbücher, Die deutschen. Gesammelt und in ihrer ursprünglichen Echtheit wiederhergestellt von Karl Simrock. Bd. 1—13. Frankfurt a. M. 1845—67. 8.
—, — Neue Aufl. Bd. 1. Ebda 1876. 8.

— die deutschen Volksbücher. Gesammelt u. in ihrer ursprüngl. Echtheit wiederhergestellt. 2—10. Bd. 2. Aufl. 8. (441, 501, 484; V, 677, 451, 548, 627; III, 528 u. V, 547 S.) Ebend. 877—80. à n. 4. —

— dasselbe. 13—15. u. 21. Bd. 2. Aufl. 8. Ebend. 878. n. 3. 50
13. Die wahre Legende von dem theuern u. strengen Ritter Herrn Peter Dimringer v. Staufenberg in der Ortenau. Mit Bildern (Holzschn.-Taf.). (46 S.) n. — 60
14. Fortunatus mit seinem Seckel u. Wünschhütlein. Wie er dasselbe bekommen u. ihm damit ergangen, in einer überaus lustigen Lebensbeschreibung dargestellt. Mit Bildern (Holzschn.-Taf.). (161 S.) n. — 80
15. Eine schöne Historie von König Apollonius, wie er von seinem Lande vertrieben, Schiffbruch u. mancherlei Unglück erlitten u. doch endlich glücklich wieder in sein Land gekommen ist. (60 S.) n. — 60
21. Die wunderbare u. sehr ergötzliche Historie v. Herrn Tristan u. der schönen Isalde, eines König's aus Irland Tochter. Welche große Freude sie mit einander gehabt haben u. wie diese Freude ein gar trauriges Ende nahm. Sehr lieblich zu lesen. Mit Bildern (Holzschn.-Taf.). (201 S.) n. 1. 50

— die deutschen Volksbücher. Gesammelt u. in ihrer ursprüngl. Echtheit wiederhergestellt. (Neue Ausg. in 13 Bdn.) 1. Bd. 8. (XII, 429 S.) Basel 886. Schwabe. n. 2. —

— die deutschen Volksbücher. Gesammelt u. in ihrer ursprüngl. Echtheit wiederhergestellt. (Frankfurt a/M. 1845—66.) Neue Ausg. in 13 Bdn. 8. Basel 887. Schwabe. à Bd. n. 2. —

— die deutschen Volksbücher. Gesammelt u. in ihrer ursprüngl. Echtheit wiederhergestellt. (Neue [Titel-]Ausg.) 13 Bde. 8. Basel, B. Schwabe. à n. 2. —
1. 2. Aufl. (XII, 429 S.) 892. — 2. 2. Aufl. (II, 441 S.) 892. — 3. 2. Aufl. (501 S.) 892. — 4. 2. Aufl. (484 S.) 892. — 5. 2. Aufl. (V, 677 S.) 892. — 6. 2. Aufl. (451 S.) 892. — 7. 2. Aufl. (548 S.) 892. — 8. 2. Aufl. (627 S.) 892. — 9. 2. Aufl. (III, 528 S.) 892. — 10. 2. Aufl. (V, 547 S.) 892. — 11. (544 S.) 866. — 12. (480 S.) 865. — 13. (524 u. XVI S.) 866.
Bd. 11–13 erschienen nicht in 2. Aufl.

—— die deutschen Volkslieder, s.a. Volkslieder.

* **SIMROCK,** Karl. — Die deutschen Volkslieder. In: Die deutschen Volksbücher. Gesammelt und in ihrer ursprüngl. Echtheit wiederhergestellt von —. Mit Holzschnitten. Frankfurt a. M., Heinr. Ludw. Brönner. 8°. Th. VIII. (1851.) 627 S. mit 379 Nrn.

— — Dasselbe. Neue (Titel-) Ausgabe. Ebd. 1872. 8°.

—— die deutschen Volkslieder. Gesammelt. (2. Aufl.) 8. (VI, 627 S.) Ebendas. 887. geb. *

—— s. Walther von der Vogelweide.

—— der Wartburgkrieg, s.a. Wartburgkrieg, der.

Der Wartburgkrieg, herausgegeben, geordnet, übersetzt und erlaeutert von **Karl Simrock.** Stuttgart und Augsburg 1858. 8°.

— deutsche Weihnachtslieder, s.a. Weihnachtslieder.

Simrock, Karl. Deutsche Weihnachtslieder. Neue Ausgabe. Leipzig 1865.

Simrock's, Karl, Werke. Kleine Auswahl in 7 Bdn. Hrsg. v. Ghold. Klee. Mit des Dichters Bildnis u. e. Gedicht als Handschriftprobe. (XXXII, 128, 336, 256, 158, 208, 222 u. 224 S.) kl. 8. Leipzig (909). Hesse & Becker Verl. In 2 Bde. geb., Leinw. 4.—; Halbfrz. 6.—; Luxusausg. in Liebh.-Halbfrz. 8. —

Karl **Simrocks** ausgewählte Werke in 12 Bden. Mit Einl. u. e Biogr. d. Dichters hrsg. von Gotthold Klee. Mit Simrocks Bildn. u. e. Stammbuchbl. als Handschriftprobe. Bd 1–12 (in 4 Bden). Leipzig: M. Hesse (1907). 4 Bde 8° [F.]
1. Biogr. Einl. Ausgewählte Gedichte.
2–4. Das Amelungenlied. T. 1. Wieland d. Schmied. Wittich Wielands Sohn. Ecken Ausfahrt. T. 2: Dietleib. Sibichs Verrat. T. 3: Die beiden Dietriche. Die Rabenschlacht. Die Heimkehr.
5. Das Nibelungenlied. 6. Gudrun.
7. 8. Das kleine Heldenbuch. T. 1: Walter u. Hildegunde. Alphart. Der hörnerne Siegfried. Der Rosengarten. T. 2: Das Hildebrandslied. Ortnit. Hugdietrich u. Wolfdietrich.
9. 10. Wolframs von Eschenbach Parzival u. Titurel. T. 1. 2.
11. Gedichte Walthers von der Vogelweide.
12. Heliand ⟨Christi Leben u. Lehre⟩.
(Max Hesses Neue Leipziger Klassiker-Ausgaben.) 07. 3867

— Wieland der Schmied. Deutsche Heldensage. Nebst Romanzen und Balladen. gr. 12. Bonn 835. Weber. 1 ℛ

—— Wieland der Schmied. Heldengedicht. 3. Aufl. 16. (IV und 204 S. mit 1 Stahlst.) Stuttgart 851, Cotta'sche Buchh.

Simrock, Karl V(ictor), a. Frankfurt a. M.: Aus der Kgl. **Frauenklinik** zu Bonn. Der Kaiserschnitt mit querem Fundalschnitt nach H. Fritsch. Bonn 1900: J. Trapp. (64 S.) 8°
Bonn, Med. Fak., Ref. Fritsch, Diss. v. 29. März 1906
[Geb. 15. Mai 78 Frankfurt a. M.; Wohnort: Bonn; Staatsangeh.: Preußen; Vorbildung: Gymn. Offenbach Reife O. 00; Studium: Bonn 4, Berlin 2, Bonn 3 S.; Coll. 29. März 06; Approb. 15. März 06.]

Simrock, Kaspar

· Simrock, Casp. (geb. Bonn 3. 7. 1842): De ligamentorum sacrouterinorum inflammatione eiusque sequelis. Berolini 1866. (32 S.) 8°
Berlin, Med. Diss.
nachgeliefert v. dem am 19. Juni 1866 auf Grund gedruckter Thesen promov. Verf.

Simrock, Nicolaus (geb. am 15 Mai 1832 in Bonn): De resectione et exarticulatione ossium tarsi ... Bonnae, ormis [!] C. Kruegeri (1856). 1 Bl., 5–38 S., 1 Bl. 8.
Bonn, Med. Fak., Diss. v. 20 Aug. 1856

Simroth, Heinr., Abriß der Biologie der Tiere, s.a. Sammlung Göschen.

Simroth, Heinrich: Abriß der Biologie der Tiere von Dr. –. 2. Aufl. Leipzig: Göschen 1907. 158 S. 8°
(Sammlung Göschen. 131.)

Simroth, Heinr., d. Acephalen d. Plankton-Expedition, s.a. Ergebnisse der Plankton-Expedition der Humboldt-Stiftung, 2. Bd. F.

Die Acephalen der Plankton-Expedition v. Dr. Heinrich Simroth. M. 2 Taf. u. 1 Kt. *Kiel & Leipzig: Lipsius & Tischer 1896.* (44 S., 2 Taf., 1 Kt.) 4.
= Ergebnisse der ... 1889 ausgef. Plankton-Expedition d. Humboldt-Stiftung. Bd II. F. e. [96. 4186

Simroth, H., üb. einige Aetherien aus den Kongofällen u. Beiträge zur Kenntniss der portugiesischen u. der ostafrikan. Nacktschnecken-Fauna. [Aus: „Abhandlung. der Senckenberg. naturforsch. Gesellsch."] gr. 4. (36 S. m. Fig. u. 3 farb. Taf.) Frankfurt a/M. 894. (M. Diesterweg.) n. 2. 50

— Ueber die morphologische Bedeutung der Weichthiere, s.a. Sammlung gemeinverständlicher wissenschaftlicher Vorträge.

Simroth H, über die morphologische Bedeutung der Weichtiere. (Sammlung gemeinverständlicher wissenschaftlicher Vorträge Neue Folge 94) Hamburg 1890

Simroth, H., Beiträge zur Kenntniss der kaukasisch-armenischen Molluskenfauna, s.a. Klika, B.

— Beiträge zur Kenntniss der Nacktschnecken. [Aus: „Nova acta der Kaiserl. Leop.-Carol. Deutschen Akademie der Naturforscher".] gr. 4. (IV, 91 S. m. 4 Taf.) Halle 889. (Leipzig, Engelmann.) n. 7. —

— die Brachiopoden d. Plankton-Expedition, s.a. Ergebnisse der Plankton-Expedition der Humboldt-Stiftung, 2. Bd. F.

Die Brachiopoden der Plankton-Expedition. Von Dr. Heinrich Simroth, Prof. an d. Univ. Leipzig. M. 1 Taf. *Kiel & Leipzig: Lipsius & Tischer 1897.* (17 S., 1 Bl., 1 Taf.) 4.
= Ergebnisse der ... 1889 ausgef. Plankton-Expedition d. Humboldt-Stiftung. Bd II. F. f. [97. 3262

— s.: Bronn's, H. G., Klassen u. Ordnungen d. Tier-Reichs.

Simroth, Heinr. Die Entstehung der Landtiere. Ein biolog. Versuch. gr. 8. (VIII, 492 S. m. 254 Abbildgn.) Lpz. 891, W. Engelmann. * 16 —

— die Ernährung der Tiere im Lichte der Abstammungslehre, s.a. Vorträge u. Abhandlungen, gemeinverständliche darwinistische. 3.

Simroth, Heinrich: Die Ernährung der Thiere im Lichte der Abstammungslehre. Von Dr. –, Prof., Leipzig. Mit 5 Abb. Odenkirchen: W. Breitenbach 1901. (49 S.) 8°
Vorträge, Gemeinverständliche darwinistische, u. Abhandl. H. 3.

— die Gastropoden der Plankton-Expedition, s.a. Ergebnisse der Plankton-Expedition der Humboldt-Stiftung, 2. Bd. F.

Die Gastropoden der Plankton-Expedition. Von Dr. Heinrich Simroth in Leipzig. M. 22 Taf. u. 17 Fig. im Text. *Kiel & Leipzig: Lipsius & Tischer 1895.* (206 S., 1 Bl., 22 Taf.) 4.
= Ergebnisse der ... 1889 ausgef. Plankton-Expedition d. Humboldt-Stiftung. Bd II. F. d. [96. 4187

Simroth, Heinrich [aus Riestaedt, Prov. Sachsen]: Zur Kenntniss des Bewegungsapparates der Infusionsthiere. Bonn, Universitäts-Buchdruckerei von Carl Georgi, 1875. 8. 40 S.

— Die Landnacktschnecken d. deutschen Südpolar-Expedition, s.: Südpolar-Expedition, deutsche.

— Mollusca (Weichthiere), s.a. Bronn's, H. G., Klassen u. Ordnungen des Thier-Reichs. III.

Mollusca. Von H[einrich] Simroth, Prof., Leipzig. Abth. 1. Leipzig: C. F. Winter 1892–94. 4°(8°)
= Bronn, Heinrich G[eorg]: Klassen u. Ordnungen d. Tier-Reiches. Bd 3, Abt. 1. [07. 17538

— über Nacktschnecken, s.: Sturany, Rud., zur Molluskenfauna d. europ. Türkei.

— Nacktschnecken aus d. malayischen Archipel. [Aus: „Abhandlgn. d. Senckenberg. naturforsch. Gesellsch.", 24. Bd. (Kükenthal, Ergebnisse e. zoolog. Forschungsreise in d. Molukken u. Borneo).] gr. 4. (8 S. m. 1 Farbdr.) Frankfurt a/M. 897. (M. Diesterweg.) n. 2.—

— die Nacktschnecken der portugiesisch-azorischen Fauna in ihrem Verhältniss zu denen der paläarktischen Region überhaupt. [Aus: „Nova Acta d. ksl. Leop.-Carol. deutschen Akad. d. Naturforscher".] gr. 4. (224 S. m. 10 Taf.) Halle a/S. 891. (Leipzig, W. Engelmann.) n. 15. —

— über die v. Hrn. Dr. Mrázek in Montenegro gesammelten Nacktschnecken unter Hinzunahme verwandten Materiales. (25 S. m. 1 farb. Taf.) Lex.-8. Prag 904. (F. Řivnáč.) n. — 80
Sonderabdr. a.: „Sitzungsber. d. böhm. Gesellsch. d. Wiss."

— die von Hrn. E. v. Oertzen in Griechenland gesammelten Nacktschnecken. [Aus: „Abhandlgn. d. Senckenberg. naturforsch. Gesellsch."] gr. 4. (27 S. m. 1 farb. Taf.) Frankfurt a/M. 889. (Berlin, R. Friedländer & Sohn.) n. 3. —; herabges. Pr. n.n. 2. —

— Lissopode Nacktschnecken v. Madagaskar, den Comoren u. Mauritius, s.: Reise in Ostafrika. II, 5.

— Nacktschnecken Ost-Afrikas. [Aus: „Deutsch-Ost-Afrika". 4. Bd.] Lex.-8. (23 S. m. 2 farb. u. 1 schwarzen Taf.) Berlin 895. D. Reimer. n. 8. 40

— dasselbe, s.a. Deutsch-Ost-Afrika, IV, 1.

Die Nacktschneckenfauna des Russischen Reiches. Von Dr Heinrich Simroth, Prof., Leipzig. Mit 27 Taf., 10 Karten u. 17 Textfig. *St. Petersburg: J. Glasunow in Komm. 1901.* (XI, 321 S.) 4° [04. 11911

— die Nacktschneckenfauna d. russischen Reiches. Lex.-8. (XI, 321 S. m. 17 Fig., 27 Taf. u. 10 Karten.) St. Petersburg 901. (Leipzig, Voss' Sort.) n. 26. —

Simroth, H[einrich], Prof. Dr.: Natur- und Kulturgeschichtliches aus Oberitalien und Sardinien. Leipzig 1907: C. G. Naumann. (44 S.) 4°
Leipzig, I. st. R OP 1907 (715)

Simroth, Heinr. Rud. Über das Nervensystem und die Bewegung der deutschen Binnenschnecken. 29 S. u. Taf. Progr. Rsch. *Leipzig* 1882.

— die Niere der Pulmonaten, s.: Semper, C.

— Die Pendulationstheorie. (XII, 564 S. m. 27 eingedr. Kartenskizzen.) gr. 8. Leipzig 907. K. Grethlein. 12.—; geb. 14. —

— einige Punkte aus der Oekonomie d. Weichthierkörpers, e. Kapitel üb. Constitution. [Aus: „Leopoldina".] gr. 4. (10 S.) Halle a/S. 892. (Leipzig, W. Engelmann.) n. — 75

Simroth, Hnr., Schmetterlings-Etiketten für die deutsche Fauna, nebst Besprechung der Tiere, Züchtung, Fangarten etc. Leipzig 1884. Fol.

Simroth, Heinr., Schmetterlings-Etiketten f. die deutsche Fauna, nebst Besprechg. der Tiere, Züchtg., Fangarten etc. Fol. (16½ Bog., nebst Text, 15 S. in 4.) Leipzig 884. H. Schultze. n.n. 1. 50

— unsere Schnecken, s.: Vorträge, zoologische.

— über bekannte u. neue Urocycliden. [Aus: „Abhandlgn. d. Senckenberg. naturforsch. Gesellschaft".] gr. 4. (32 S. m. 8 Abb. u. 2 Taf.) Ebd. 896. n. 3. —

Simroth, Heinrich [Dr. phil.]: Ueber die geologische und geographische Verbreitung der Pulmonaten, besonders der Nacktschnecken. . . . Halle a. S., Buchdr. Carl Colbatzky, 1888; 36 S. 8°
Leipzig, Phil. Fak., Hab.-Schr. v. 26. Okt. 1888

Simroth, Heinrich Rudolf, s. Simroth, Heinrich

Sims, George Robert

Sims, George R., die verschwundene Braut u. andere Erzählungen, s. a. Kürschners, Jos., Bücherschatz.

Die verschwundene Braut u. andere Erzählungen von George R[obert] **Sims**. Autor. deutsche Übertr. von G. A. Volchert u. B. T. Koner. Mit Ill. von O. Bernhardt. Berlin, Leipzig: H. Hillger [1906]. (92 S.) 8° [5.]
= **Bücherschatz**, Kürschners. No 504. [07. 15328

Sims, George R., Erinnerungen e. Schwiegermutter. Autor. Uebersetzg. aus d. Engl. v. F. Mangold. (Engelhorns allg. Romanbibliothek, Salon-Ausg.) 2 Bde. 8. (à 160 S.) Stuttgart 896. J. Engelhorn. In 1 Halbleinw.-Bd. n. 3. —

— die junge Frau Kaudel, s.: Engelhorn's allgemeine Roman-Bibliothek, XXII, 16.

Sims, George R., spurlos verschwunden, s.: Bibliothek, interessante.

[F.] Möblierte Wohnungen. Erinnergn e. Vermieterin. Von George R. **Sims**. Autoris. Uebs. a. d. Engl. v. Emmy Becher. *Stuttgart: J. Engelhorn 1895.* (160 S.) 1 Bd 8.
= **Romanbibliothek, Engelhorns Allgemeine.** Jg. 11. Bd 24. [98. 10505

— Dasselbe, s.a. Engelhorn's Romanbibliothek, 11. Jahrg.

Sims's, J. Marion, Klinik der Gebärmutter-Chirurgie mit besond. Berücksichtigung der Behandlung der Sterilität. Deutsch hrsg. von Herm. Beigel. Lex.-8. (XIII und 333 S. mit 142 in den Text gedr. Holzschn.) Erlangen 866, Enke's Verlag. *

Sims's, J. Marion, Klinik der Gebärmutter-Chirurgie mit besond. Berücksicht. der Behandlung der Sterilität. Deutsch hrsg. von Herm. Beigel. Mit 152 in den Text gedr. Holzschn. 2., vielfach verm. Aufl. (XI, 352 S.) 1870. *ℳ 6., und 3. verm. Aufl. Lex.-8. (XII, 362 S.) Erlangen [Stuttgart] 873, Enke. (*ℳ 7.) *

Sims, J. Marion, meine Lebensgeschichte. Hrsg. nach dem Tode des Verf. von seinem Sohne H. Marion Sims. Autoris. deutsche Ausg., besorgt von Ludw. Weiss. gr. 8. (XII, 374 S.) Stuttgart 885, Enke. *

—— über Ovariotomie. Deutsch von Herm. Beigel. Lex.-8. (105 S. mit eingedr. Holzschn.) Ebendas. 873. (*ℳ 3.) *

Sims, James

Sims, J., Bemerkungen über epidemische Krankheiten, a. d. Engl. v. Müller. gr. 8. Hamb. Bohn. 775.

Sims, Jak., Bemerkk. üb. epidem. Krankheiten; aus d. Engl. v. J. W. Möller. gr. 8. Hamb. 775. (A. Campe). 9 gr

Sims, James: Rede über die beste Methode, medicinische Untersuchungen anzustellen, vor der medicinischen Gesellschaft in Londen am 18 Jenner...1774 gehalten. (A Discourse on the best method of prosecuting medical enquiries. Second edition. Dt.) Übers. von Johann Wilhelm Moeller. 88 S., gbd.

Hamburg: Bohn 1775
an: Hulme, Nathaniel: Abhandlung von dem Kindbetterinnenfieber. (A treatise on puerperal fever. Dt.) 1772

JB 3.875

— Rede üb. die beste Methode medicin. Untersuchungen anzustellen; aus d. Engl. v. J. W. Möller. gr. 8. Hamb. 775. (Schnuphase in Altenb.) 5 gr

Sims, R. C., Versuch über Natur u. Wesen d. Menschen, a. d. Engl. 8. Lpz. Breitkopf u. H. 796.

Simsa, Jos., das Geheimnis der Person Jesu. 1.—5. Aufl. (à 87 S.) 8. Hamburg (904—906). Agentur des Rauhen Hauses. n. 1. —

Simsa, J., aus d. Geschichte e. Predigt. Ein Stück innerer Mission in der Diaspora. (Neubearbeitung v.: Eine vergessene Märtyrergemeinde.) (16 S.) 8. Hamburg 910. Agentur des Rauhen Hauses. — 15

Simsa, J, die evangelische Stadtmission in Halle a/S. Ein Bericht in Bildern aus ihrer Arbeit. gr. 8. (32 S.) Halle 902. Buchh. der ev. Stadtmission. n. —40

Simsen, Johannes Ferdinandus: De Vinculis....
s. Adolphi, Christian Michael

Simson oder Leben, Thaten u. Ende eines alttestamentarischen Burschen. Fur alle Freunde des Humors in zierliche *Reime* gebracht von *F. K.* Mit 34 ergötzl. Bildern illustrirt von *W. v. Breitschwert.* Stuttgart, Ed. Ade, o. J. (18..). 8°. 31 S. Cart.°)

Simson, dramat. Heldengedicht in 5 Abtheilungen, nach einer alttestamentl. Sage frey bearb. von W. Blumenhagen. gr. 8. Hannöver, Gebr. Hahn. 816.

Simson, Dramatische Skizze in drei Aufzügen. Zürich 1844. V: *Lange, Joh. Peter* oder *Reithard, Joh. Jac.*[?]. (ABJP)

Simson. Dramatische Skizze in 3 Aufz. gr. 16. (4½ B.) Zürich 844, Meyer u. Zeller.

Simson. Jena's alten und jungen Burschen gewidmet von T. Jena 858. Doebereiner. 8. (23 S.) n. 4 ngr.

Simson oder Leben, Thaten und Ende eines alttestamentarischen Burschen. Für alle Freunde des Humors in zierl. Reime gebracht von L. K. Mit 34 ergötzl. Bildern (in eingedr. Holzschn.) illustr. von W. v. Breitschwert. br. 8. (31 S.) Stuttgart 869, Ade. [Bruchmann.]

Simson oder Leben und Thaten eines alttestamentarischen Burschen, aus einem in den Ruinen von Ascalon ausgegrabenen Manuscript entziffert und für alle Freunde des Humors in zierliche Reime gebracht von F. K. 8. (31 S. mit 34 ergötzlichen Bildern illustrirt von W. v. Breitschwert.) Rudolstadt (885), Klinghammer.

Simson u. Delila oder der erste grosse Krach. Eine alte Historie mit neuer Moral für Mann u. Weib. Humoreske in 15 (color.) Bildern v. K. Klič m. (untergedr.) Text. 12. Hamburg 882. Kramer. — 50

Simson und Delila, oder: Der erste grosse Krach. Humoreske in 15 farbigen Bildern. Von K. Klič. Mit Text. (50 Pfg. Gust. Apitzsch, Lpz., 1885; jetzt höher!)

Eduard von **Simson.** Erinnerungen aus seinem Leben zusammengestellt v. B. von Simson. Mit 1 Portrait in Heliogravüre und 4 Facsimiles. Leipzig. 1900. 8°. Hirzel.

Simson des Starken, weiland Richters in Israel Leben, Thaten und Meynungen, wie auch seltsamliche Abentheuer, ein komischer Roman, als wichtiger Beytrag zu den Sünden wider die Chronologie, 8. Zarea, (Halberstadt) 797. (Gross 20 sgl.

Simson des Starken, weiland Richters in Israel, Leben, Thaten u. Meinungen; e. Roman (v. Cr. Bornschein). 8. Leipz. 807. (Rauck) 20 gl

Simsons d. Starken, weiland Richters in Israel, Leben, Thaten u. Meinungen; ein kom. Roman v. Verf. des Hrn. v. Lümmel (C. Bornschein). 8. Leipz. Sommer. 807.

ŠIMŠON BEN MOŠE [Pseud. ?]: Jehī šemo le'ōlam ... Perūš 'al kol Le'ōlam ha-nimṣa'īm be-'Ēn Ja'akōb ... Altona ([5]566 i Kronogr. (ɔ: 1806)). [»Maatte hans Navn være evigt«. Kabbalistisk præget Kommentar til Ordet »Le'ōlam« i det talm. Kompendium »'Ēn Ja'akob« af Ja'akob Ḥabīb]. (Hebr.) 4°.

Simson: Zur Kritik des Buches Hiob. 36 S. Koenigsberg Fr.C., Progr. 1861.

Simson Über Religionsunterricht auf Gymnasien. 9 S. Königsberg, Fr. G., Progr. 1843

Simson, A. E., leidende Liebe. Novellen. 2. Aufl. (208 S.) 8. Berlin (903). D. Dreyer & Co. n. — 50

Simson, A. E., leidende Liebe. 903. Jetzt: Berlin, B. Blaurock.

Simson, Anna, d. Bund deutscher Frauenvereine, was er will u. was er nicht will, s.a. Schriften d. Bundes deutscher Frauenvereine.

Simson, Anna: Der Bund deutscher Frauenvereine, was er will und was er nicht will. Vortrag, geh. in d. 1. Generalvers. d. Bundes. — Breslau: Maruschke & Berendt 1895. 22 S. 8° (Schriften d. Bundes deutscher Frauenvereine. 1.)

Simson, Anna, Ferienkolonien für arme kränkliche Schulkinder. Zweck und Bedeutung, Vorbereitung, Einrichtung und Ausführung, nebst allgemeiner Uebersicht aller bisher. Leistungen auf diesem Gebiete. Vortrag, gehalten im Frauenbildungs-Verein zu Breslau [20. Novbr. 1880]. 1. und 2. Aufl. gr. 8. (22 S.) Breslau 881, Koebner.
Aus: Deutscher Frauenanwalt, besonders abgedruckt.

Simson, Arth. Eug., Fürst Blücher als Brautwerber, s.: Weber's Bibliothek vaterländ. histor. Erzählungen.

Simson, Arthur Eugen s. Familienbibliothek, Schweizer. Nr. 112.

Simson, Arthur Eugen. Das Geheimnis des Staatsanwalts. Roman. 125 S. 8. Aarburg, Buchdr. Aarburg, [1901]. (fr. —.20)

Schweizer Wochenbibliothek (*Umschlag:* Familien-Bibliothek). Band 1.

Simson, Arth. Eug., der Hungerturm od. Die Ratsherren v. Groß-Glogau, s.a. Kürschner's, Jos., Bücherschatz.

Der Hungerturm oder Die Ratsherren von Gross-Glogau. Hist. Erzählung von Arthur Eugen Simson. Mit Ill. von Arthur Lewin. *Berlin. Eisenach, Leipzig: H. Hillger [1902].* (121 S.) 8° [F.]
= Bücherschatz, Kürschners. No 305.

— Karls-Ruhe, s.: Weber's Bibliothek vaterländ. histor. Erzählungen.

(A[rtur] E[ugen] Simson.) Leidende Liebe. Novellen. 2. Aufl. *Berlin: D. Dreyer & Co. [1903].* (208 S.) 8° [F.]
= [Bibliothek, Dreyer's, moderner Schriftsteller. Jg. 1, Bd 4.]

— der Spion v. Brieg, s.: Weber's Bibliothek vaterländ. histor. Erzählungen.

— unter schwerem Verdacht, s.: Engelin's Roman- u. Novellenschatz.

— ein Verrat gegen Friedrich den Großen, s.: Weber's Bibliothek vaterländ. histor. Erzählungen.

— eine Vorherbestimmung, s.: Enßlin's Roman- u. Novellenschatz.

— das Waldgeheimnis, s.a. Weichert's Wochen-Bibliothek.

Simson, Arthur Eugen: Das Waldgeheimnis. Eine Dorfgesch. von –. Mit 3 Vollbildern. Berlin: A. Weichert [1901]. (96 S.) 8°
Wochen-Bibliothek, Weicherts. Bd 107.

— das Wappen der Reichenstein, s.a. Welt, alle.

Simson, Arthur Eugen: Das Wappen der Reichenstein. Hist. Erzählung von –. Berlin: A. Weichert [1900]. (47 S.) 8°
Welt, Alle. Bd 11.

— die Zerstörung Baden-Badens, s.: Weber's Bibliothek vaterländ. histor. Erzählungen.

Simson, Aug., der Prophet Hosea erklärt und übersetzt. gr. 8. (X und 352 S.) Hamburg und Gotha 851, Fr. A. Perthes. *

Simson, Bernhard v.

—— s. Abel, Sigurd, Jahrbücher des fränk. Reiches unter Karl dem Großen.

Programm, wodurch zur Feier des Geburtsfestes Seiner Kgl. Hoheit unseres durchlauchtigsten Grossherzogs Friedrich ... einladet d. gegenw. Prorector Dr. Bernhard **von Simson**. — Inhalt: Analekten zur Geschichte der deutschen Königswahlen. Freiburg, Univ.-Buchdr. v. Ch. Lehmann, 1895; 3 Bl., 30 S. 4.

Simson, B. de, s.: Annales Mettenses priores.

Simson, B. de, s.: Annales Xantenses.

Simson, Bernh., über die Beziehungen Napoleons III. zu Preussen u. Deutschland. Ein Vortrag. gr. 8. (62 S.) Freiburg i/Br. 882. Mohr. n. 1. 20

Simson, Bernh., die Entstehung der pseudo-isidorischen Fälschungen in Le Mans. Ein Beitrag zur Lösg. der pseudo-isidorischen Frage. gr. 8. (V, 138 S.) Leipzig 886. Duncker & Humblot. n. 3. 20

Simson, B. v., Geschichte d. deutschen Kaiserzeit. — Die Zeit Kaiser Friedrichs d. Rothbarts, s.: Giesebrecht, W. v.

Simson, B., Jahrbücher d. Fränkischen Reiches, s.a. Jahrbücher der deutschen Geschichte.

—— Jahrbücher des Fränkischen Reiches unter Karl dem Großen, s. Abel, S.

Simson, Bernh., Jahrbücher des fränkischen Reichs unter Ludwig dem Frommen. 1. Bd.: 814—830. Auf Veranlassung und mit Unterstützung Sr. Maj. des Königs von Bayern, Maximilian II., hrsg. durch die histor. Commission bei der königl. Academie der Wissenschaften. gr. 8. (XIV, 404 S.) Leipzig 874, Duncker und Humblot.

Simson, Bernh., Jahrbücher des fränkischen Reichs unter Ludwig dem Frommen. 2. (Schluß-)Bd.: 831—840. Auf Veranlassung und mit Unterstützung Sr. Maj. des Königs von Bayern Maximilian II. hrsg. durch die histor. Commission bei der kgl. Akademie der Wissenschaften. gr. 8. (VII, 321 S.) Leipzig 876, Duncker und Humblot. *

Reden gehalten ... bei der öffentlichen Feier der Uebergabe des Prorectorats ... v. d. abtretenden Prorector Hofr. Prof. Dr. *Bernhard* **von Simson** (Bericht über das Studienjahr 1895/96) u. d. antretenden Prorector Prof. Dr. *Cornel* **Krieg** (Über Fürstabt Martin Gerbert von St. Blasien). Freiburg i. B., Univ.-Buchdr. v. Ch. Lehmann, 1896; 71 S. 4.

Simson, B. v., Eduard v. Simson. Erinnerungen aus seinem Leben, zusammengestellt. Mit 1 Portr. in Heliograv. u. 4 Fksms. gr. 8. (V, 440 S.) Leipzig 900. S. Hirzel. n. 8. —; geb. n. 10. —

Rede zur Gedenkfeier der Kaiserproclamation am 18. Januar 1896 in d. Aula d. Univ. Freiburg geh. v. d. derzeit. Prorector Prof. Dr. *Bernhard* **von Simson**. [Über die Versuche zur Wiederaufrichtung des deutschen Kaiserreiches.] Freiburg i. B., Univ.-Buchdr. v. Ch. Lehmann, *1896*; 22 S. 8.

Simson, Bernh. Ed., über die Annales Einhardi Fuldensis u. Annales Sithienses. Jena 863. Mauke. gr. 4. (30 S.) n. 10 *ngr.*

— Wilibald's Leben des heiligen Bonifazius nach der Ausg. der Monumenta Germaniae übers. u. erklärt. Berlin 863. G. Reimer. gr. 8. (96 S.) 15 *ngr.*

Simson, Bernh. Ed., Urkunden u. Actenstücke zur Geschichte des Kurfürsten Friedrich Wilhelm von Brandenburg, s. Urkunden u. Actenstücke.

Simson, Carl, s. Simson, Karl

Simson, E. W., der Begriff der Seele bei Plato. Eine Studie. Als Preisschrift gekrönt m. der goldenen Medaille von der historisch-philolog. Fakultät der kaiserl. Universität Dorpat. gr. 8. (X, 186 S.) Leipzig 889. Duncker & Humblot. n. 4. 20

Simson, Elisab., Studien u. Skizzen. (III, 132 S.) 8. Königsberg 904. W. Koch. 2. —; geb. in Leinw. 2. 70; erm. Pr. n. 1. —; geb. n. 1. 70

Simson, Emil. 1910 [Pseud.]
s. Simonsohn, Emil. 10 6:20

Simson, Eug., Assunta. s.a. Kaufmann's moderne Zehnpfennig-Bibliothek.

— dasselbe, s.a. Klambt's Bücherschatz.

Assunta. Venezian. Novelle von Eugen Simson. *Neurode: Zehnpfennig-Bibliothek 1903.* (152 S.) 8° [F.]
=Zehnpfennig-Bibliothek, Kaufmann's moderne. Jg. 2, Bd 4.

— **Die Zigeunerin,** s.a. Kaufmann's moderne Zehnpfennig-Bibliothek.

Die Zigeunerin! Eine Volkserzählung von Eugen Simson. *Neurode: Zehnpfennig-Bibliothek 1903.* (152 S.) 8° [F.]
=Zehnpfennig-Bibliothek, Kaufmann's moderne. Jg. 2, Bd 3.

Simson, Ewald, Lieder u. Gedichte. (151 S.) kl. 8. Berlin 907. K. Curtius. 3.—; geb. in Leinw. 4. 20

— Zwei Novellen. (273 S.) 8. Dresden (909). R. Kraut. 3.—; geb. 4. —

— Aus e. kleinen Stadt. 3 Erzählgn. (276 S.) kl. 8. Ebd. (910). 3. —

Simson, J., Palgrave, heads or tails, s.: Theatro, modern English comic.

Simson, K., 3 erste Bücher v. d. Kegelschnitten, übers. u. m. Zusätz. v. J. W. Camerer m. 18 K. gr. 8. Tübing. Cotta. 810.

Simson, Karl

Simson, Carl, s.: Fall, der, Simson.

Simson, L. Über Diphenylaminderivate und Azine. In-8°. 30 S. Basel. These. 1896.

Simson, L(esser) (geb. Schwetz); Die Trinkwasser-Theorie in ihrer jetzigen Stellung. Berlin (1878). (31 S.) 8°
Berlin, Med. Diss. v. 26. Juni 1878

Simson, M. D., die 6 ersten Bücher nebst den 11ten u. 12ten d. Elemente des Euclides u. d. Elemente d. ebnen u. sphärischen Trigonometrie, aus dem Engl. übersetzt v. M. Moder, herausg. v. J. H. Niesert. 2 Thle. 2te Aufl. gr. 8. Paderb. Wesener. 815. Rthlr.

Simson, Margar., geb. Mac Lean, s.a. Reise-Adressbuch f. Lehrerinnen.

Reise-Adressbuch für Lehrerinnen. Hrsg. im Auftr. d. Vorstandes d. Allgem. deutschen Lehrerinnen-Vereins von Margarete **Simson**, geb. Mac Lean. 7. Aufl. Berlin: L. Oehmigke (1907). (XVI, 193 S.) 8° [07. 9906

Simson, Mart. Ed. S., ad Dig. de capite minutis (IV. 5.) legem 11 (ult.) exercitatio instituta. 8maj. (4¾ B.) Regimontii Pruss. 835, (Bon.) *

Simson, Martin Eduard. Schlußrede des Berichterstatters der Verfassungs-Commission zweiter Kammer über die Regierungsvorlage vom 7. Januar 1850. Berlin, J. Traeger 1850. 14 S. 8.
— 1. Das Mißtrauensvotum der zweiten Kammer. Von einem Namenlosen. Berlin, Hertz 1850. 19 S. 8.

Simson, Moritz (geb. Schwetz a. W. [13. 7. 1858]): Über Lebercirrhose mit besonderer Berücksichtigung der als hypertrophische Cirrhose beschriebenen Form. Berlin (1883). (30 S.) 8°
Berlin, Med. Diss. v. 14. Aug. 1883

Simson, Maurit. Ludov., Interpretationum juris Romani cap. III. ubi quaeritur: Quatenus in mutua debitoris actione defendere creditorem teneatur procurator in rem suam factus. 8maj. (6¾ B.) Regimontii 834, (Unzer.)

Simson, Paul, der Artushof in Danzig u. seine Brüderschaften, die Banken. Im Auftrage der vereinigten Banken verf. gr. 8. (VIII, 338 S. m. Abbildgn. u. 13 Taf.) Danzig 900. [Th. Bertling.] L. Saunier. n. 5.—; geb. n. 7.50

Simson, Paul, Danzig im 13jährigen Kriege 1454—1466, s.a. Zeitschrift d. westpreussischen Geschichtsvereins.

Simson, Paul [aus Elbing]: Danzig im 13jährigen Kriege von 1454—1466. . . . (Aus d. Zeitschr. d. Westpreuss. Geschichtsvereins.) . . . Danzig, Druck v. A. W. Kafemann, 1891; 136 S., 1 Bl. 8°
Berlin, Phil. Fak., Inaug.-Diss. v. 1. Aug. 1891

Führer durch den Danziger Artushof. Im Auftr. d. vereinigten Banken verf. von Dr. Paul **Simson**. Danzig 1902: A. W. Kafemann. (43 S.) 8° [F.] [06. 8138 10

Simson, Paul, Geschichte der Stadt Danzig, s.a. Gedanensia.

Geschichte der Stadt Danzig von Dr. Paul **Simson**. *Danzig: L. Saunier 1903.* (202 S.) 8° [F.]
— Gedanensia. Bdch. 8. [03. 3516

Geschichte der Schule zu St. Petri und Pauli in Danzig von Oberl. Dr. Paul **Simson**. T. 1. 2. Danzig 1904-05: A. Schroth. 2 Bde 8°
1. Die Kirchen- u. Lateinschule. 1436–1817. 1904.
2. Die höhere Bürgerschule, Realschule erster Ordnung, das Realgymn., d. Realschule u. Oberrealschule. 1817–1905. 1905. [05. 14413

Simson, Paul, Dr.: Geschichte der Schule zu St. Petri und Pauli in Danzig. T. 2. Die höhere Bürgerschule, Realschule erster Ordnung, das Realgymnasium, die Realschule und Oberrealschule 1817—1905. Danzig 1905: A. Schroth. (138 S.) 8°
Danzig, OR zu St. Petri u. Pauli P 1905 (48)

— Geschichte der Danziger Willkür, s.a. Quellen u. Darstellungen zur Geschichte Westpreussens. 3. Bd.

Geschichte der Danziger Willkür. Von Dr. Paul **Simson**, Oberl. in Danzig. *Danzig: L. Saunier 1904.* (VIII, 207 S.) 4°(8°)
— Quellen u. Darstellungen z. Geschichte Westpreußens. 3. [04. 11610

Simson, Rob., s. Appollonius, Soph.. ebne Oerter ꝛc.

Simson, Rob., zur Begründung der Handels- und Verkehrs-Statistik Deutschlands. Mit einer statist. Taf. der Frachtgut-Bewegung auf den preuss. Eisenbahnen. gr. 4. (15 S.) Berlin 869, Kortkampf.

Simson, Rob., Beiträge zur Handels- u. Verkehrs-Statistik d. deutschen Reiches u. seiner Nachbarländer. Mit e. statist. Taf. der Frachtgutbewegg. auf den Eisenbahnen in Mittel-Europa. gr. 8. (20 S. m. 2 Tabellen in Imp.-Fol.) Berlin 871. Kortkampf. n. 1. 50

Simson, Robert: Denkschrift . . ., s. Honigmann, D.

Simson, Rob., Preussens Eisenbahn- u. Post-Reform, eine Abhülfe des Pauperismus. gr. 8. (2¾ B.) Krakau 844, [Baumgardten.]

Simson, Rob., Preußens Eisenbahn- u. Post-Reform, eine Abhilfe des Pauperismus. gr. 8. Krakau 844, Cypcer. ½ ß

— s. Euclides, Elemente.

Simson, Rob., zur Reform der Handels- und Verkehrs-Statistik. Breslau 859. Trewendt. gr. 8. (45 S.) 7½ ngr.

—— Schlesiens handelspolitische Zukunft. Ein Wort im Handels-Interesse Deutschlands. gr. 8. (25 S.) Breslau 869, Morgenstern. *

Simson, Sally [pract. Arzt aus Bromberg]: Zum Curarediabetes . . . . Halle a. S., S. Schlesingers Buchdr., 1888; 28 S. + 2 Bl. 8°
Halle, Med. Fak., Inaug.-Diss. v. 9. Aug. 1888

Simson, Sally, zum Curarediabetes. Diss. Halle 1888, Lippertsche Buchh. 8°. 28 S.

Siegmund Simson

De Polypis uteri horumque resectione. Berolini (1828:) Petsch. 39 S. 8°
Berlin, Med. Diss. v. 1. Mai 1828

Simson, Th. v., s.: Helmholtz.

Simson, Thom., de re medica dissertat. IV. ed. J. C. Fr. Schlegel. 8maj. Jena 771. Hartung. (Götting., Dieterich). 6 ℊℊ

Simson, Walter, Referendar: Der Begriff des Entgeltes. Halle a. S. 1909: Kaemmerer. VI, 67 S. 8°
Halle, Jur. Diss. v. 28. Sept. 1909, Ref. Stammler
[Geb. 23. Mai 86 Danzig; Wohnort: Halle a. S.; Staatsangeh.: Preußen; Vorbildung: Kgl. Gymn. Danzig Reife O. 04; Studium: Heidelberg 1, Halle 3, Berlin 2, Halle 2 S.; Rig. 6. Aug. 09.] [U 10. 1075

Simson-MacLean, Margarete. Reise-Adressbuch für Lehrerinnen. Hrg. im Auftrage des Vorstandes des Allgemeinen deutschen Lehrerinnen-Vereins von M' S' geb. Mac L'. 7. Aufl. XVI + 200 S. 8. Berlin, L. Oehmigke, (1907). [M. —.60]
(*Enth.* Adressen aus Deutschland, Österreich und der Schweiz.)

Simsonbrunnen. Der S' an der Kramgasse in Bern. (Bern) s. [Howald, Carl *H*].

Simsone Grisaldo, s. Grisaldo.

Simulation. Gesammelte Aufsätze v. Schmeichler, Raimann, Haudek, Hammerschlag, Erben, Bett. Hrsg. v. der Red. der „Wiener medizin. Wochenschrift". (IV, 272 S.) gr. 8. Wien 907. M. Perles. 5. —
Sonderabdr. a.: „Wiener med. Wochenschr."

Die **Simulation v. Krankheiten u. ihre Beurteilg. Unter Mitwirkung v. Arth. Hartmann, Frdr. Leppmann, Ewald Stier u. Karl Wessely hrsg. u. bearb. (VIII, 298 S.) Lex. 8. Leipzig 908. G. Thieme.** 8.—; **geb. in Leinw.** 9.—

Simultan-Beobachtungen, erdmagnetische, während der Südpolar-Forschung in den J. 1902—1903, s.: Veröffentlichungen des hydrogr. Amtes der k. u. k. Kriegs-Marine.

Simultanfrage, die, oder die gemischten Kirchen im Elsaß. gr. 8. (29 S.) Freiburg i/Br. 878. Herder. — 30

Simultan- Kirchhof, Der, zu Ehrenbreitstein in den letzten 20 Jahren. Coblenz 1904. V: *Schreiber, Michael.* (Berlzu 1920, S. 826)

Simultanschule, die, s.: Volksbibliothek, apologetische.

Simultanschule, die, in ihrer Bedeutung f. die Gegenwart. Von e. Landtags-Abgeordneten. gr. 8. (15 S.) Bonn 875. Neusser. — 25

Simultanschule, die nassauische, s. a. Abhandlungen, pädagogische.

Die Nassauische Simultanschule. Hist.-krit. Betrachtung von e. inaktiven kath. Schulmanne Nassaus. Bielefeld: A. Helmich [1904]. (32 S.) 8° [S.]
= Abhandlungen. Pädagogische. H. 89.

SIMZIG, Eugen: Quid Cicero de aetatis suae imitatoribus Alexandrinorum poetarum censuerit. — 1906. 70 Bl. Diss. Graz, Univ.

Simzig, Friedr. Ein neugriechisches Gedicht ins Italienische übersetzt. 7 S. 8. **Progr.** G. *Görz* 1885.

Simzig, Friedrich: Katalog der Lehrerbibliothek. I. Theil: Encyclopädie, Philosophie, Pädagogik, Religionswissenschaften und classische Philologie (Umschlagtitel: ... Encyclopädie — Classische Philologie), unter Mitwirkung der Collegen *Anton* Tummler und *Franz* Orešec veröffentlicht. 8 (S. 3 - 29). II. Theil: Moderne Philologie, Allgemeine Sprachwissenschaft, Erd-, Länder- und Völkerkunde, Allgemeine Geschichte, Geschichte der österreichisch-ungarischen Monarchie, Mathematik, Naturgeschichte und Physik (Umschlagtitel: ..., II. Theil Moderne Philologie — Physik), unter Mitwirkung der Collegen *Johann* Krainz, *Gino* Saraval und *Eduard* Scholz veröffentlicht. 8 (S. 30 - 63). **Progr.** K. k. Staatsg. *Görz* 1898 - 1899.

Sina, das Kind, s.: Vorträge u. Abhandlungen, pädagogische.

Sina, Frz. Gust., s.: Aloysius Stanislaus.

Sina-Wald, Frz. Gust., gib Christo Raum! Lesgn. f. jeden Tag des Kirchenjahres. Erziehern, besonders Lehrern u. Lehrerinnen dargeboten. Hrsg. v. kath. Lehrerverband Prov. Rheinl. E. V. (VII, 379 S. m. Bildnis.) gr. 8. Cöln 910. J. Kratz & Co. Geb. in Leinw. 3. 60

Sinacher, Frz. Xav., nach Meusel Sinnacher, Frz. Ant., kurze Biographien heil. u. gottsel. Bischöfe im Bisthum Brixen. 8. Brixen 814.

— kurze Nachr. von d. merkwürdigsten d. heil. Reliquien, welche in der hohen Domkirche zu Brixen aufbewahrt werden. 8. Brixen 814.

Sinai [Sachliches OW]

Sinai, Gesänge von Obadiah dem Sohne Amos. Herausg. v. S. L. Steinheim. gr. 8. Altona 824, Hammerich.

Sinai. Ein Wochenblatt für die religiösen u. bürgerl. Angelegenheiten Israels. Herausgeg. von Jos. Aub. Jahrg. 1846. 52 Numm. (Bog.) 4. Baireuth 846, Buchner. n. 3 ℛ

Sinai. Ein Wochenblatt für die religiösen u. bürgerl. Angelegenheiten Israels. Hrsg. von Jos. Aub. II. Jahrg. 1847. 52 Nrn. gr. 4. (Bog.) Erlangen, Enke. n. 3 ℛ

Sinai 1856 - 1918
Ein Organ für Erkenntnis und Veredelung des Judentums, herausgegeben von David Einhorn
Baltimore, MD

Sinai: Band 1 - 7, Feb. 1856 - Jan. 1863
Monthly Jewish paper, printed in English and German, with some Hebrew. Reform Judaism, evidently abolitionist. Subtitle: Ein Organ für Erkenntniss und Veredlung des Judenthums, in monatlichen Heften. Place of publication varies: Philadelphia, Feb. 1861 - Jan. 1863. Octavo, each issue 32 pages, numbered continuously with printed title-page; vols. 5 - 7 called "Jahrgang." Edited & published by David Einhorn, Feb. 1856 - Jan. 1863. Printed by Joh. F. Hanzsche, Feb. 1856 - Jan. 1857, by C. W. Schneidereith, Feb. 1857 - Jan. 1863.
Baltimore, MD

Sinai. Ein Organ für Erkenntniß und Veredlung des Judenthums, in monatl. Heften hrsg. von Dav. Einhorn. 3—5. Jahrg. 1858—60. à Jahrg. 12 Hefte. (à ca. 32 S.) gr. 8. Baltimore. (Philadelphia, Schäfer und Koradi.) à Jahrg. *

Sinai. Ein Organ für Erkenntniß und Veredlung des Judenthums, in monatl. Heften hrsg. von Dav. Einhorn. 6. und 7. Jahrg. 1861 und 1862. à Jahrg. 12 Hefte. (à ca. 32 S.) gr. 8. (Philadelphia, Schäfer und Koradi.) à Jahrg. *

Sinai, Kloster, s. a. Kloster.

Sinai, Das Kloster, vom Verf. der Grafen v. Moor. Arnstadt u. Rudolstadt 1803. V: *Arnold, Theodor Ferdinand Cajetan.* (BGE)

Sinai [Verfasser]

Sinai, Simon (geb. Inowrazlaw 6. 1. 1852): Ueber Starrkrampf. Berlin (1876). (36 S.) 8°
Berlin, Med. Diss. v. 14. [vielmehr 15.] Juni 1876

Sinai-Briefe an meinen Neffen Fritz. Eine moderne Glosse von einem Rechtsgelehrten. Neuwied [1910]. V: *Meyer, Moritz.* (Berl 1915, S. 487)

Sinai-Briefe an meinen Neffen Fritz. Eine moderne Glosse v. e. Rechtsgelehrten. (1.—5. Tausd.) (IV, 132 S. m. Abb.) gr. 8. Neuwied (910). J. Meincke. 1. 80

[Ant. u. Russ.] Studien zur römischen Agrar- und Rechtsgeschichte. Von W. Sinaisky. 1. V[asilij] I[vanovič] Sinajskij. Očerki iz istorii zemlevladěnija i prava v drevnem Rimě. 1. Dorpat 1908: Mattiesen. 8°
Aus: Učenyja Zapiski Imp. Jur'evskago Universiteta 1908 g.

Sinait [Schlagwort]

Sinait. Halbinsel, s.: Palästina, Riess, R.

[**Sinani**] : [Hebr.] Die 'Unterthänige'. A Drama in ein Akt von Sjn'anj. Arausgegeben vom allg. idischen Arbeiterbund. (Genève 1904: Impr. israélite.) 23 S. 8°

Olsnographia, oder Eigentliche Beschreibung des Oelssnischen Fürstenthums in Nieder-Schlesien. Ausgefertiget v. Johanne **Sinapio.** (Th. 1.) Leipzig und Franckfurt. 1707. Th. 2. Leipzig. 1706. 8°.

Sinapius, Adolf

Sinapius, über die Bedeutung des Plasmon (Siebold's Milcheiweisses) in der Ernährung. Ein prakt. Kapitel aus dem Ernährungsgebiet. 8. (8 S.) Leipzig 900. B. Konegen. n. 1. —
Sonderabdruck aus: „Reichs-Medizinal-Anzeiger".

Sinapius, Adf., Blutarmut u. Bleichsucht, ihr Wesen, ihre Erscheinungen, ihre Ursachen u. ihre Heilung durch die physikalisch-diätet. Heilfaktoren. Gemeinverständlich dargestellt. (35 S.) gr. 8. Leipzig 904. M. Spohr. n. — 80

Geist und Körper in ihrer Wechselbeziehung. Ein Beitrag z. Erhaltung u. Wiedergewinnung geistiger u. leibl. Gesundheit. Von Dr. **Sinapius,** Arzt. Schweidnitz: P. Frömsdorf [1905]. (11 S.) 8°

Sinapius, Geist u. Körper in ihrer Wechselbeziehung. Ein Beitrag z. Erhaltg. u. Wiedergewinng. geist. u. leibl. Gesundheit. 2. Aufl. (22 S.) kl. 8. Lorch 907. K. Rohm. — 20

— Geist u. Natur. Ein Zwiegespräch zwischen zwei Freunden üb. d. wichtigsten Fragen. (85 S.) 8. Leipzig (907). Verlag f. Lebensreform. — 40

— das Geschlechtsleben u. seine Gesetze. (24 S.) kl. 8. Lorch 906. K. Rohm. n. — 20

— Das Geschlechtsleben u. seine Gesetze. 2. Aufl. (24 S.) kl. 8. Lorch 910. K. Rohm. — 20

— Gott u. Menschengeist. (12 S.) 8. Leipzig (907). Verlag f. Lebensreform. — 20

— die Heilung der Nervenschwäche. Gemeinverständlich dargestellt. (38 S.) 8. Leipzig (906). M. Spohr. n. — 80

Sinapius, d. Heilung d. Tuberkulose durch Röntgenbestrahlg. gr. 8. (31 S.) Leipzig 897. Benno Konegen, Verlag. n. — 60

— Lehren e. Vaters an seinen in die Ferne ziehenden Sohn. (30 S.) 8. Lorch 907. K. Rohm. — 30

— Die Macht der Gedanken u. ihr Einfluss auf Gesundheit u. Schicksal. (20 S.) gr. 8. Ebd. 906. — 20

Der Mensch in seinem Verhältnis zu Gott und Welt. Von Dr. med. **Sinapius.** Schweidnitz: P. Frömsdorf [1905]. (15 S.) 8° [F.]

— die Onanie (Selbstbefleckung), ihre Folgen u. ihre Heilung. Gemeinverständlich dargestellt. (28 S.) 8. Leipzig 904. M. Spohr. n. — 75

— Die Onanie (Selbstbefleckung), ihre Folgen u. ihre Heilung. Gemeinverständl. dargestellt m. Illustr. 2. Aufl. (29 S.) 8. Leipzig 910. M. Spohr. — 75

— Die Philosophie des Bewusstseins (Wachsein, Schlaf, sogen. Tod). (16 S.) 8. Leipzig (907). Verlag f. Lebensreform. — 30

— Prâna als Ursache f. Gesundheit, Krankheit u. Tod. (15 S.) 8. Goslar 907. Leipzig, Verl. f. Lebensreform. — 30

— Tastgefühl u. Materie. (31 S.) 8. Leipzig (908). Verlag f. Lebensreform. — 40

— zehn Unterrichtsbriefe zur vollständigen Erlernung des Hypnotismus, Magnetismus etc. 5. Taus. (32 S.) 8. Braunschweig (905). A. Graff. n. — 60

— Der Vegetarismus u. seine Bedeutg. f. d. Erhaltg. u. Wiedergewinnung d. Gesundheit. Mit Anh.: Der Radfahrsport u. sein Einfluß auf die Gesundheit. (32 S.) 8. Lorch 906. K. Rohm. — 30

— über zweckmässiges Volksgetränk. (3 S.) gr. 8. Leipzig 906. B. Konegen. n. 1. —
Sonderabdruck aus: „Der Kinderarzt".

— wie veranstalte ich hypnotische Vorstellungen? 2. Taus. 8. Braunschweig (905). A. Graff. n. — 60

— Gottes Wille u. menschlicher Wille. (11 S.) 8. Ebd. (907). — 20

Sinapius, Joh., Beschreibung d. Oelsnischen Fürstenthums in Niederschlesien. 8. Frkf. 707.

Sinapius, Johann Christian

— Abhandll. üb. Wechselbriefe nach ihrer Verschiedenheit. 8. Hamb. 781. Matthießen. 6 gr.

Sinapius, Jh. Chr., († d. 13. März 1807.) der merkantil Anzeiger. 1s u. 2s Quartal. gr. 4. Bresl. 800. W. G. Korn 1 rthl. 8 gr.

Sinapius, J.C. (Hrsg.), s. Anzeiger, Der schlesische merkantilische.

— s. Beschreib. d. Handlung.

— Biedermann u. Redlich, oder die dopp. Buchhaltung im kleinen in d. Gesch. e. Compagnie-Handlung ꝛc. ein Noth- u. Hülfsbüchlein für Kaufleute und ihre Zöglinge. 8. Sorau. (Beygang in Lpz.) 801. — 12

— Biedermann u. Redlich, od. die doppelte Buchhaltung im Kleinen in der Geschichte einer Compagnie-Handlung ꝛc.; e. Noth- u. Hülfsbüchlein f. Kaufleute u. ihre Zöglinge. 8. Sorau 801. (Weygand in Leipz.; a. Fr. Fleischer u. Taubert das.) 12 gr. (Der merkantil. Blätter 5r Bd. 2s Heft).

— merkantil. Blätter. 5 Bde. 8. Sorau 796—801. (Beygang in Leipz.) 2 rthl.

— merkantil Blätter. 5 Bde. 8. Ebend. 798.

— Briefe f. Kaufleute nebst e. Abhandl. üb. Wechselbriefe u. 13 Schemas zu Anweis. u. Wechselbriefen. 8. Hamburg, Matthießen (Gräff in Lpz.) 800.

— Briefe f. Kaufleute, nebst einer Abhandl. üb. Wechselbriefe u. 13 Schemas zu Anweisungen u. Wechselbriefen. 8. Hamb. 800. Matthießen. (Wienbrack in Leipz.); (auch Heubner in Wien). 16 gr.

— Briefe für Kaufleute und auch für Leser aus andren Ständen. Nebst einer Abhandlung über Wechselbriefe. Hamburg und Lpz. 1781.

— d. neueste merkantil. Briefsteller ꝛc. f. geübte Männer u. wißbegierige Jünglinge (od. d. merkantil. Blätter 3r 4r) 2 Bde. 8. Sorau (Beygang in Lpz.) 799. 800.

— der neueste merkantil. Briefsteller zur Unterhalt. für geübte Männer u. wißbegier. Jünglinge, (od. der merkantil. Blätter 3r u. 4r Bd.) 2 Bde. 8. Sorau 799, 800. (Weygand; a. Fr. Fleischer; a. Taubert in Leipz.) 1 Thlr. 12 gr.

— s.a. Contoirblatt, das. 1781 ff.

— Comtoirblatt, od. kaufmänn. Zeitung, Fortsetz. der Fragm. 4 Quart. 8. Hamb. 782. Matthießen. 1 Thlr. 8 gr.

– s. Einleit. zu e. Commerzwissensch.

SINAPIUS, JOH. CHR., Fragmente aus dem Gebiete des Handlungswesens. 1—3. Bd., welche das 1—12. Stück der Kaufmännischen Hefte enthalten. Altona. 1780—81. (Hæfteomslagene er bevaret).

— Fragmente aus d. Gebiete d. Handlungswesens, od. kaufmänn. Hefte. 4 Bde od. 12 Hefte. 8. Hamb. 780 u. 81. Matthießen. 3 Thlr.

— Die Hauptzweige des Weinhandels. Im kurzen Entwurf bekannt gemacht. Hamburg und Lpz. (Altona). 1781.

— die Hauptzweige d. Weinhandels. 8. Hamb. 781. (Compt. f. Litt. in Leipz.) 3 gr.

Sinapius, Johann Christian: Die Hauptzweige des Weinhandels. Hamburg & Leipzig: Matthiessen 1781. 80 S. -- 12*.37

Sinapius, Johann Christian (Hrsg.), s. Hefte, Kaufmännische.

– s. Journal, allgem., f. Handlung.

– s.a. Kaufmann, der, e. Wochenschrift.

Sinapius, Johann Christian: „Der Kaufmann. Eine Wochenschrift, in welcher die Handlung nach ihren wesentlichen Vortheilen geschildert wird". Teil 1 und 2, Breslau 1767.

— Kaufmannsbriefe, zum Nutzen derer, welche nach England Geschäfte machen wollen, übers. ins Engl. v. Remnant. (A. u. d. T.: merchant's letters, translated from the german be R. Remnant). 8. Hamb. (W. Nauck in Leipz.) 6 gr.

— Kaufmannsbriefe, z. Nutzen derer, welche nach Engl. Geschäfte machen wollen, übersetzt ins Engl. v. Remnant. (A. u. d. Titel: merchant's Letters, translated from the german by W. Remnant.) 8. Hamb. (Sommer in Lpz.)

— die Kinder Israel in d. Wüste, ein Beitr. zur Geschichte der Fehde unsers Jahrhunderts ꝛc. 8. Leipz. 804. Beygang. 6 gr.

— schlesische Curiositäten u. ansehnl. Geschlechte d. schles. Adels. 2 Thle. 4. Lpz. 720–28.

— die Lehre von Wechselbriefen, in gedrängter Kürze mit den dazu nöthigen Wechseln. 8. Sorau 801. (Taubert in Leipz.) 8 gr. (Der merkantil. Blätter 5r Bd. 1s Hft.)

Sinapius, J. C.: „Lesebuch für Kaufleute", Hamburg und Leipzig 1783.

— Lesebuch f. Kaufleute. 8. Hamb. 788. (Compt. f. Literat. in Leipz.) 18 gr.

— lettres à l'usage de Négocians. 8. Hamb. 781. Matthiessen. 8 gr.

SINAPIUS, JOH. CHR., Lettres à l'usage des négocians, traduites de l'Allemand par J. C. SCHEDEL. Hamburg (Altona). 1782. (M. 1 Tvl.).

— Muster nebst e. Anleit. z. Schönschreibekunst. gr. Fol. Hamb. 781. N. A. 782. Matthießen. 8 gr.

— Schlesien, in merkantil. geograph. u. statist. Hinsicht. m. K. 4 Bde. 8. Sorau (Beygang in Lpz.) 803–8. Schreibp.

— Schlesien in merkantil. geograph. u. statist. Hinsicht. 4 Bde. Mit Kpf. 8. Sorau 803—9. Weygand; a. Taubert in Leipz.) 3 Thlr. 5 gr. Schrbp. 4 Thlr. (3 Bde. 803—9. Leipz., Fr. Fleischer). 3 Thlr. 8 gr.

– s.a. Theorie der Handlungswissenschaft.

Sinapius, Joh. Chr.: „Theorie und Praxis der Handlungswissenschaft", 1. Teil, Breslau 1777 (Löwe).

— traduction de las cartas mercantiles y morales en Espannol y Portugues dor Abr. Meldola etc. 8. Hamb. (Leipz.) 784. Schwickert. 14 gr.

Sinapius, Joh. Chr.: „Ueber Wechselbriefe nach ihrer Verschiedenheit", Hamburg und Leipzig 1781. — Vorh.: Com. Bibl. Hamburg.

— d. merkantil. Wegweiser in d. Hauptstadt Breslau. 8. Lpz. Beygang.

— der merkantil. Wegweiser in d. Hauptstadt Breslau. 8. Leipz. 801. (Weygand). 8 gr.

Sinapius, Karl Fr., († d. 4. April 1804.) s. Lyrika.

Sinapius, Oskar [pr. Arzt]: Über nervöse Dyspepsie ... Rostock, Univ.-Buchdr. v. Adler's Erben, 1894; 19 S. 8.
Rostock, Med. Fak., Inaug.-Diss. v. [12. Okt.] 1894

Sinauer, Julius, aus Karlsruhe i. B., Rechtspraktikant am kgl. Amtsgericht zu Nürnberg: Das geschützte Schriftwerk. Nürnberg 1904: R. Stich. (55, IV S.) 8°
Erlangen, Jur. Diss. v. 4. Dez. 1903.

Sincère, J., Lettre ouverte à Mgr. Willibrord Benzler, O. S. B., évêque de Motz. (80 S.) 8. Strassburg 905. (Metz, R. Lupus.) n. — 40

Sincers, Ephraim, der Spiritualismus oder die Inspiration der Geister. Eine der merkwürdigsten Erscheinungen der Gegenwart und ein Seitenstück des Tischrückens und der Klopfgeister. 2. Aufl. Naumburg 862. Regel. 16. (78 S.) n. 7½ ngr.

Sincerus, der Reformator. Frankf u. Leipz. [Darmstadt] 1787. V: *Bispink, J. H.* (MGT) oder *Milbiller, Jos.* oder *Pezzl, Joh.* [?]. (EE) (Ky) (EGE)

Sincerus, der Reformator. Frankf. u. Leipz. [Darmstadt] 1787. V: *Winkopp, Peter Adolf.* (Grillp.-Jahrb. 16, 183) (Zeitschr. f. Büch. N. F. 15, 1923, S. 122)

Sincerus, der Reformator. (Von J. Milbiller od. F. H. Bispink?) 8. Frankf. u. Frankf. u. Leipz. 787. (Orell in Zürich). 16 gl Schrbp. 1 rthl (Löffler in Manh.) 12 gl

Sincerus Bibliophilus (Pseud.), s.a. Albrecht, A. W. A. (wirkl. Name)

Sinceri Cordati Antwort auf Harwichs Nachr. wegen seiner Religionsveränderr. 8. Stuttg. 772. (Hofmann). 3 gl

Sinceri Veridici (d. i. Matth. Joh. v. Behr.): Betracht. üb. ein rechtl. Gutachten wegen d. Lehnsvererb. u. jährl. Bezahl. d. Ritterpferde. *Ulm.* 721.

Sincerus Philalethes, Acad. Nat. cur. Soc., Unvorgreiffliches Sortiment, von dem elenden Zustand unterschiedener Kinder, und erwachsener Personen in St. Annaberg, einem Academischen guten Freunde daselbst, auf Verlangen wohlmeinend communiciret 56 S. Chemnitz. 8°.
1714

Sincerus [Pseud.], s.a. Schönemann, Daniel

Sincerus, tägliches Brod. 8. Frankf. u. Leipz. 764. Hartung. 3 gl

Sincerus, „Christlich-sozial" oder Das Christenthum und die soziale Frage. 8°. München, M. Ernst, s. a.

— poet. Ergötzlichkeiten. 8. Rostock, Fritsch. 718.

— grünender Jugend erste Früchte. 8. Ebend. 718.

Sincerus, d. jüngere, Dr., Handbuch d. specif. Heilmittel-Lehre f. prakt. Aerzte u. auch diejen., welche sich überh. mit ders. bekannt zu machen wünschen, nach fremder u. eigener Erfahr. entworfen. 8. (16¼ B.) Augsburg 841, v. Jenisch u. Stage'sche Buchh.

* **SINCERUS** (ps.). — Das Leben der schönen Oesterreicherin, beschrieben von *Sincero*. Franckfurt und Leipzig (Wien), 1747. 8°. (In Berlin: Yv 4101.) (9 Mk. Alfr. Lorentz, Lpz., 1905.)
Tit. (roth u. schwarz), 2 Bll. u. 269 S. Einiges in pikanten Reimen. Besonders die Verführungsversuche einer verwittweten, höchstverliebten Obristin sehr frei.

— — Dasselbe. Ebd. 1751. 8°. (In Stralsund, Rathsbibl.)
Beide Ausgaben sehr rar! Die zweite war auch in der Bibl. J. J. Schwabii II.

(Sincerus): Sendschreiben an die Kurmaynzische Akademie zu Erfurt über die von derselben ausgesetzte Preisfrage: Welches sind die Mittel dem teutschen Bürger den Werth u. die Vortheile der Reichs-Konstitution recht fühlbar u. ihn derselben noch anhänglicher zu machen? o. O. 1792.

Specimen meditationum circa praecipua juris naturalis fundamenta, editum a Sincero. *Norimb.* 727. 8.

Sincerus (Feuchtwanger), s.a. Student, der deutsche, fin de siècle.

Der deutsche Student fin de siècle. Offener Brief an Herrn Prof. Theobald Ziegler von Dr. **Sincerus**. *Leipzig: O. Gottwald 1895.* (23 S.) 8 [F. u. Ant.] [04. 1]

Sincerus, ..., s. v. Szechenyi, Graf St., über die ungarische Academie 1842.

Sincerus, s.: Währungsfrage.

Sincerus, Kaiser Wilhelm II., s.a. Persönlichkeiten.

Kaiser Wilhelm II von **Sincerus**. (Zum 20jähr. Regierungsjubiläum.) Charlottenburg: Virgil-Verl. [1908]. (31 S.) 8°
= **Persönlichkeiten**. Illustr. Essays. H. 21. [08. 1]

Sincerus, A., s.: Gang, e., durchs Wupperthal.

Sincerus. Unlautere Reclame im Lebensversicherungswesen. Berlin o. J.

Sincerus, A., unlautere Reklame im Lebens-Versicherungswesen. (8 S.) 8. Berlin, O. Dreyer. — 30

SINCERUS, ADAM [oder AMANDUS?] Neu entdeckte und Kurtze doch gründlich gefaßte Jungfern Anatomie, Darinnen Nach dem [!] allerneuesten Experimenten das Frauen-Zimmer samt allen ihren Eigenschafften vorgestellet, Nebst einen [!] Anhang, worinnen gezeiget wird, daß die meisten Jungferchens in der Jugend von ihren Mütterchen und Mamachens an der Wurtzel verdorben werden. Allen Candidaten des Ehestandes zu nöthigem Unterricht, aus Liebe zur Wahrheit auffgesetzet. Von Adamo Sincero, Rarissimae Virginitatis Cult. Im Jahr da es Jungfern schneyete, und doch gar rar waren. [O. O. und Dr., Leipzig?] 1716. 8°. *Koloriertes Frontispiz (7 Arten von Jungfern)*, 45 S.

Neu entdeckte und kurtze doch gründlich gefaßte Jungfern- Anatomie, darinnen nach dem allerneuesten Experimenten das Frauenzimmer sammt allen ihren Eigenschafften vorgestellet, nebst e. Anh. worinnen gezeiget wird, daß die meisten Jungferchens... von ihren Mütterchen... an der Wurtzel verdorben werden Von Adamo Sincero [Sincerus].o.O. 1729. 40 S. 8°

Angeb. an: Chamedri, Lilio: Der auf alle Fälle wohleingrichtete Jungfern-Advocat. o.O. 1729.

Sincerus, Al., das dresdner Hoftheater und seine gegenwärtigen Mitglieder. Historisch-krit. Aphorismen für Kunstfreunde und Künstler. gr. 16. (X und 309 S.) Zerbst 852. [Leipzig, Mertens.] *

Sincerus, Al., das Dresdner Hoftheater u. seine gegenwärtigen Mitglieder. Histor.-krit. Aphorismen für Kunstfreunde u. Künstler. gr. 16. (X u. 309 S.) Zerbst 852, Wallerstein. n. 1 rthl In Engl. Einb. m. Goldschn. n. n. 1⅓ rthl

Sincerus, Alb., Heimleuchtung d. bisherig. neuerwartend. Beschuld. Baumgartens. 8. Frankf. Junius. 747.

Sincerus, Aletoph., wohlerfahrner Salpetersieder u. Feuerwerker. 8. Frankf. 772. Hauffe. 4 gr

— via ad transmutationem metall. 4. Nrnb. 742.

SINCERUS, Alexander: Der in allerley Ergötzlichkeiten vergnügte Landmann, darinnen allerhand zum Vogelfange, schiessen, jagen und Fischerey dienliche Kunststücke enthalten sind. - Nürnberg 1720 u. 1734

Sincerus, Alexius: Der Curiose in allerley / sowohl für hohe / als niedrige Stands-Personen / erdencklichen Bach-Wercken / als in unterschiedlichen Brod-Pasteten-Torten-Kuchen-Zucker- und Leb-Zelten- etc. Bachen Wohl-erfahrner und in jeder solcher Profession allezeit Wolbestehender Becker. Deme auch beygefüget / .... Wie auch endlich der Wein und andere Geträncke gut und beständig zu erhalten / ingleichen allerley gute Kräuter- und Frücht-Weine zu bereiten .... Durch Alexium Sincerum, Liebhaber Oeconomischer Wissenschafften. Nürnberg: Albrecht 1713. 426 S. -- 29* -- [S. 353-402 über Wein.]

SINCERUS, Amandus. — Neu entdeckte Und Kurtze doch gründlich gefaste Jungfern Anatomie, Darinnen Nach den allerneuesten Experimenten Das Frauenzimmer sammt allen ihren Eigenschafften vorgestellet, Allen Candidaten des Ehestandes zu nöthigem Unterricht, Nebst einem *Anhang* wie etliche an der Wurtzel versehen, in der Jugend etc. etc. Aus Liebe zur Warheit aufgesetzet, Von *Amando Sincero*, Rarissimæ Virginitatis Cult. (Ornament). Im Jahr da es Jungfern schneyete, und doch gar rar waren. (Leipzig, c. 1715.) 8°. (In Breslau, Kgl. u. Univ.-Bibl., Litt. Teut. I 8° 76, 1.) (1 Mk. 50 Pfg. Osw. Weigel, Lpz., 1883; jetzt viel theurer!)
3 Bll. Vorst. u. 32 SS. Selten u. sehr begehrt, wie die folgenden Ausgaben.

§ — — Dasselbe. O. O. 1715. 8°.

— — Dasselbe. Mit TKpf. O. O. 1716. 8°. 45 S. (5 Mk. Jacques Rosenthal, c. 1903.)

— — Dasselbe. O. O. 1728. 8°. (Citirt Weller.)

— — Dasselbe. Mit TKpt. O. O. Dieß ward gedruckt in diesem Jahr, da rechte Jungfern waren rar. 1733. 8°.
Privatmittheilung.

* — — Dasselbe, tit.: Neu entdeckte und Kurtze, doch gründlich gefaßte Jungfern-Anatomie, Darinnen Nach den allerneuesten Experimenten Das Frauenzimmer Samt allen ihren Eigenschafften vorgestellet, Allen Candidaten des Ehestandes zu nöthigem Unterricht, Aus Liebe zur Wahrheit aufgesetzet, Und in dieser neuen Auflage an viel Orten geändert und verbessert von *Amando Sincero*, Rarissmæ Virginitatis Cult. Anno 1735. 8°. 32 S. (incl. 2 Bll. Vorst.). (In Berlin: an Xc 1124a.)
Ist in 16 Fragen getheilt: Was ist eine rechte, reine, keusche und unbefleckte Jungfer? — Ob auch die Berührung der Brüste die Jungfrauschaft verletze? — Warum das Frauenzimmer an den Reif-Röcken so grosses Belieben träget. — Warum die Jungfern eben als die Weiber Fontangen tragen. — Warum das Frauen-Zimmer die Röcke hinten auffschwänzen, daß sie einen (!) Sattel gleich scheinen? — Warum die Jungfern ihre Schürtzigen auf so vielfältige Art ausstaffiren?

— — Dasselbe. Mit Titelkpf. O. O. 1762. 8°. 47 S. (10 Mk. R. Levi, Stuttg., 1908; 14 Mk. E. Frensdorff, 1907.)

Sincerus, Anastasius (Pseudonym): „Project der Oeconomie in Form einer Wissenschaft". „Nebst einem Unmassgeblichen Bedencken wie diese Wissenschaft beydes in Theoria und Praxi mit mehrerem Fleiß und Nutz getrieben werden könne". Frankfurt und Leipzig 1716 (Renger). — Vorh.: Preußische Staatsbibliothek Berlin. — Signatur F 915; ferner UB Greifswald und Königsberg.

Sincerus, Anast., Project, wie die Oekonomie in Form einer Wissenschaft zu bringen. 4. Hannov. Helwing. 717.

Sincerus, Chr. [Pseud.], s.a. Krug, Wilhelm Traugott

Sincerus, Chr.,) Anti-Romanus, s.a. Anti-Romanus.

Sincerus, Chr., (W. Tr. Krug), Anti-Romanus, od. die Kirchengeschichte z. e. Warnungstafel f. Fürsten u. Völker vor Begründung des röm. Katholicismus. gr. 8. Leipz. 823. Brockhaus. 1 ₰

—— Bittschreiben ꝛc., s.a. Bittschreiben.

—— Ist die christkathol. Kirche eine Secte? 8. (1 B.) Glogau 846, Flemming.

Sincerus, Chr., woher die gegenwärtigen Bewegungen in d. evangel. Kirche? u. wohin werden sie führen? gr. 8. (1¾ B.) Glogau 846, Flemming.

—— Worte der Belehrung aus der h. Schrift u. der Kirchengeschichte f. diejenigen römisch-kathol. Christen, welche unentschlossen fragen: Was sollen wir thun? 8. (2 B.) Glogau 846, Flemming.

Sincerus, Christianus [Pseud.], s.a. Hempel, Carl Friedrich

Sincerus, Chr., Beleuchtung d. Grundzüge d. röm.-kathol.-christl. Kirche, s.a. Beleuchtung.

Sincerus, Christianus, (psdn.) Beleucht. der Grundzüge der rein kathol.-christl. Lehre. 8. Neust. 831. Wagner. 4 gr

Sincerus, Christianus, (Psdn.) Bittschreiben an den Hrn. Dr. Bretschneider: Der evangel. Kirche doch ja ihren guten Namen zu erhalten. gr. 8. Berlin 834. Logier. 1/16 ₰

Sincerus II., Christ., die göttliche Einsetzung d. Papstthums. Nach der heil. Schrift u. Geschichte geprüft. 8. Glogau 846, Flemming. 3 ngr

Sincerus, Christianus, (psdn.,) s. Sendschreiben, offenes, an den Pfarrer Czerski.

Sincerus, Claudius

Sincerus, Cl., Leben u. Schriften großer Juristen. 8. Wittenb. 718.

SINCERUS, Claud.: Vitae et scripta magnor. ICtor. s.: Vollständ. Leben und Schriften grosser Juristen. III. T. *Wittenb.* 713—18. 8.

SINCERUS Emanuel. Fingerzeig eines patriot. Herzens an ein Mitglied des Wiener Polizeikollegiums. (Von) -. o. V., Wien 1781. 1 vol. 13 S.

Sincerus, Germanus [Pseud.], s.a. Lünig, Johann Christian

Sincerus, G., medicin. Handbüchlein. 8. Augsburg, Rieger. 789.

Sincerus, Germ., geschickter Handelscorrespondent, od. wohleingerichteter Briefsteller. 8. Zelle 753. 6 gr

Sincerus, Germanus, Kurzer Inbegrif einer wahren und gesunden Politik, oder: 362 Säze, welche Geseze des Natur- und Völkerrechts, und Reichsgrundgeseze, vernünftige und richtige Begriffe, Regeln der Vorsicht, Weisheit — — — wie auch vieler Publicisten — — Meinungen, Deductionen — — enthalten, worauf sich die gerechte Sache bey jezigem Kriege unbeweglich gründet. 1758. 4. (56 S.)

Sincerus, German (Pseud.): Unterricht von dem Zahnen der Kinder. 10 S.(S.119 - 128), gbd.

Augsburg: Rieger 1789
in: Sincerus, G.: Ursachen, schädliche Folgen und Zufälle der Selbstbefleckung... 1789

JB 4.576

Sincerus, German (Pseud.): Ursachen, schädliche Folgen und Zufälle der Selbstbefleckung, sammt den wirksamsten Mitteln das Leben solcher Personen zu retten. Nebst einem praktischen Unterricht kleine Kinder gesund, besonders aber zur gefährlichen Zeit des Zahnens beym Leben zu erhalten. 136 S., gbd.

Augsburg: Rieger 1789

JB 4.576

— Ursachen, Folgen u. Zufälle der Selbstbefleckung, sammt den Mitteln, das Leben solcher Personen zu retten. 8. Augsb. 790. Rieger. 5 gr

— Vademecum juridicum, od. der sich selbst rathende Advokat, wohlunterwiesene Beklagte, rechtsverständige Consulent u. Richter. 4 Thle. 8. Basel 751. Imhof. 1 rthl 8 gr

Sincerus, Germanus, Das ähnliche Verhalten derer gegenwärtigen mit denen vergangenen Zeiten an dem feindsel. Betragen der Crone Frankreich gegen Teutschland bey dem jetz. innerl. Krieg entworfen. 1758. 4.

— neuentdeckte Wahrheiten a. d. Geschichte d. öffentlichen Rechte u. d. Erdbeschreibung ält. u. mittl. Zeiten. 8. Frkf. Fleischer. 746.

Sincerus, Iatrophilus: Kurtze und gründliche Unterweisung, wie die mehreste Kranckheiten sicher, glücklich, und...durch annehmliche Artzneyen zu curiren... Samt einem Anhang von der...Haber-Cur, und der neuesten Prob, der durch die Silberglätt verfälschten Weinen, und der Cur derer darauß entstehenden Kranckheiten... Die dritte Edition. 344 S., gbd., Abb.

Ulm: Wohler 1719
angeb.: Ryff, Walther Hermann: Kurtzes Hand-Büchlein, und Experiment, vieler Artzneyen... 1700
beigedr.: Schnellenberg, Tarquinius: Experiment-Büchlein von XX. Pestilentzwurtzeln... 1700

JB 1.335

Sincerus, Jatroph., Unterweisung, wie die meisten Krankheiten sicher u. glücklich zu curiren. 8. Frkf. Wohler. 728.

Sincerus d. Jüng., Imm., (Chr. Gf. Mantzel,) eine Fabel v. Pfauen, Putern u. Hünern; aus d. 16. Jahrh. Ursprüngl. spanisch, nun deutsch erzählt. Schwerin 786.

Sincerus, Jocosus Candidus [Pseud.], s.a. Senftleben, Joh. Chr.

† — — Wohlverdientes Ehren-Lob Derer Breßlauischen Wein- und Wasser-Schencken, Oder Historische Nachricht Von denen Breszlauischen Haupt-Quartiren, allwo man süßes und saures, kaltes und warmes, leichtes und starkes um gutes Geld zu bezahlen gewohnt ist. Zu Nutzen des gemeinen Bestens Reymweise abgefasset. Durch *Jocosum Candidum Sincerum.* Ebd. 1732. 4°. 8 Seiten.
Höchst selten! — Partsch, Heft 5, S. 341.

† SINCERUS, Jocosus Candidus (d. i. *Joh. Chr. Senftleben*), Breßlauischer Schlendrian, Nach der Melodie des bekannten Quodlibets, Wie solcher von einem Tage zu dem andern In denen Kretscham- oder Bier-Häusern getrieben wird; Zu einiger guten Freunde Belustigung auffgesetzet von einem dessen Kiel den lieben Schöps zu Ehren Der Reimen-Schmiede Lieder-Kram in etwas hilfft vermehren. O. O. 1731. 4°. 8 Seiten.

† — — Die andere Auflage vermehrt und verbessert Durch *Jocosum Candidum Sincerum.* Breslau 1732. 4°. 8 Seiten. *Am Schlusse:* „Zusatz des Breßlauischen Schlendrians.")
Aeusserst selten! — Partsch, Heft 5, Bresl. 1897. S. 341. — Vgl. auch Schles. Ztg. 1891, vom 9., 10., 12. Septbr. Pl(aumann), A., Breslaus Wirthsstuben sonst und jetzt.

† — — Breßlauischer Wegweiser vors Thor, Oder kurtzer Unterricht, Woesum Breßlauherum an lustiger Compagnie von beyderley Geschlechte niemals oder selten zu ermangeln pflege: Allen, so frembden als einheimischen curieusen Passagiers zu dienlicher Nachricht Reim-weise mitgetheilet durch *Jocosum Candidum Sincerum.* (2. Aufl.) O. O. 1732. 4°. 8 Seiten.
Höchst selten! — Partsch, Heft 5, S. 342.

Sincerus, Julius [Pseud.], s.a. Lasker, Ignaz Julius

† Sincerus, Jul., (Ignaz. Lasker,) Akrosticha, s.a. Akrosticha.

Sincerus, Jul., (Dr. Lasker) Akrosticha. Liebes-Kränze um holde Frauen-Namen gewunden. Eine Sammlung von Stammbuchsversen, bei denen die Anfangsbuchstaben heruntergelesen, jedesmal einen Frauen-Namen bilden. 16. Posen 836. Heine. 1 rthl

† Sincerus, Jul., (Ign. Lasker,) d. Dampfboot, s. Dampfboot.

—— ungeheure Heiterkeit. Taschenbuch d. Frohsinns u. d. heit. Laune. (Gedichte.) 1. Bdchn. 16. (8 B.) Danzig 838, [Gerhardsche Buchh.]

— s. V. de Kock, Zizine.

—— die Nachtwandlerin, s. Nachtwandlerin.

(——) Taschenbuch d. Novelletten u. Humoresken a. d. J. 1839. 1. Jahrg. — A. u. d. T.: Novelletten u. Humoresken. 8. (18 B.) Danzig 838, [Gerhardsche Buchh.]

Perronius, theologus Romanus vapulans. Scripsit Lucius Sincerus. Köln, Eisen, 1840, gr. 8°, 2,25 Mk.

Sincerus, P., von der glücklichen mecklenburgischen Verfassung. gr. 8. (56 S.) Berlin 898. H. Walther. n. 1.—

Sincerus, Pacif., (Fr. D. Er. Schleiermacher), üb. das liturg. Recht evangel. Landesfürsten. Ein theolog. Bedenken. gr. 8. Götting. 824. Vandenhöck u. R. 8 gr

Sincerus minor, Pacif., (psdn.) üb. d. wahren Standpunkt zur Beurtheil. des Rechts in kirchl., besonders liturg. Dingen. (Aus: Für Christenthum etc. abgedruckt). gr. 8. Jena 825. Mauke. 6 gr

Sincerus, Pacificus, s.: Ueber die Trennung v. Kirche u. Staat.

SINCERUS RENATUS. [RICHTER, SAMUEL.]
* Sämtliche philosophisch- und chymische Schrifften, als :
1. Die wahrhaffte und vollkommene Bereitung des philosophischen Steins [etc.].
2. Theo-Philosophia Theoretico-Practica, oder der wahre Grund Göttlicher und natürlicher Erkänntniss.
3. Goldene Quelle der Natur und Kunst, bestehend in lauter Experimentis und chymischen Handgriffen, etc. Leipzig und Bresslau, Verlegts Michael Hubert, 1741. pp. [xv]–750, 12mo.

Sincerus, Theoph., bibliotheca historico-critica etc., oder Analecta lit. von laut. alt. u. raren Büchern u. Schrift. 8. Nrnb. Felsecker. 736.

— Nachrichten v. alt. u. rar. Büchern. 2 Thle. od. 12 Stck. 8. Frkf. 732-34.

— wöchentl. Nachrichten v. lauter alt. z. Theil auch neuen Büchern u. andern gelehrten Sachen aufs Jahr 1747. gr. 4. Wien, Kraus. 753.

Sincerus, Theoph., der erste Schiffer aus kindlicher Liebe. Ein kleines Heldengedicht zunächst für d. studirende Jugend u. ihre Gönner. 16. (3 B.) Innsbruck 845, Wagner'sche Buchh.

— Sendschreiben an Aletophilum, v. d. d. d. Gebrauch d. Wolff. Philosophie veranlaßtez neuern Streitigkeiten. 8. Bremen, 738.

Sincholagus [Schlagwort]

Sincholagus, s.: Vulkanberge.

Sinclair, Sir John Sinclair's Leben u. Wirken, s. Leben rc.

Sinclaire Marie

Marie von Sinclaire. 1819.

s.a. Ducos, Angelique Caze de La Bove [Verf.]

v. Sinclair, Marie; aus d. Französ. (d. Mad. Dugos) v. L. F. Huber. 8. Leipz. 799. Schmidt. 20 gr Neue Aufl. Mit 1 Kpf. Frankf. 819. Sauerländer. 1 rthl

Sinclair, Marie von; a. d. Franz. von L. F. Huber. 8. Leipz. Wolf. (Schmidt.) 799.

Sinclair, A. G.: Der Utilitarismus bei Sidgwick und Spencer. Heidelberg 1907: C. Winter. (IV, 51 S.) 8°

Heidelberg, Phil. Fak., Ref. Windelband, Diss. v. 18. Mai 1907

[Geb. 31. Dez. 75 Toronto; Wohnort: Toronto; Staatsangeh.: England; Vorbildung: Collegiate Institute Brantford, Univ. of Toronto B. A. u. M. A.; Studium: Berlin 3, Heidelberg 3 S.; Rig. 30. Nov. 06.]

Sinclair, A. G., der Utilitarismus bei Sidgwick u. Spencer. (IV, 107 S.) gr. 8. Heidelberg 907. C. Winter, Verl. 2.80

Sinclair, Al. Adam (Hrsg.), s. Abhandlungen, Vermischte, und Anmerkungen aus der Geschichte...

Sinclair, C., Beatrix, s. Museum, das belletristische.

Sinclair, Catharine, Leonore u. Mathilde od. moderne Bildung. Frei nach dem Engl. v. Louise Marezoll. 3 Bde. 8. (49½ B.) Leipzig 846, Gebhardt u. Reisland.

Sinclair, F. de, Herr Fokus als Hypnotiseur, s.a. Kürschner's Bücherschatz.

Herr Fokus als Hypnotiseur und andere Humoresken von F. de Sinclair. Deutsche Bearbeitung. von Albrecht Otto. Berlin, Leipzig: Hillger [1910]. 112 S. 8°
(Kürschners Bücherschatz. Nr 718.) 10. 7417

— Sherlock Holmes junior, s.: Luz' Kriminal- u. Detektiv-Romane.

— Möblierte Zimmer m. Pension u. anderes, s.a. Kürschner's Bücherschatz.

Sinclair, F. de: Möblierte Zimmer mit Pension und anderes. Erinnerungen von –. Autor. deutsche Bearb. von Albrecht Otto. Mit Ill. von W. Roegge. Berlin, Leipzig: Hillger [1908]. 94 S. 8°
(Kürschners Bücherschatz. Nr 638.)

Sinclair, (G.,) Hortus gramineus Woburnensis, od. Versuch üb. d. Ertrag u. die Nahrungskräfte verschiedener Gräser u. anderer Pflanzen, welche zum Unterhalt der nützlichern Hausthiere dienen rc.; veranstaltet durch Johann Herzog von Bedford. Mit 60 Steint. durch Abbildd. der Pflanzen u. Samen erläutert, womit diese Versuche gemacht wurden, nebst prakt. Bemerkk. üb. ihre natürl. Eigenschaften u. die Erdarten, welche am besten für dauernde Weiden rc. gr. 8. Stuttg. 826, v. Cotta. 3 Rthl. 12 gr. ill. Rthlr.

Sinclair, Baronet J. G. T., der deutsch-französische Krieg. Seine Ursachen, Geschichte u. Wirkgn. Eine Vertheidigg. der deutschen Sache, wie sie in England im J. 1870, hauptsächlich nach eigenen Beobachtgn. auf dem Kriegsschauplatze veröffentlicht worden ist; nebst e. Auswahl v. in der Times u. anderen Zeitgn. während d. Krieges erschienenen Briefen u. e. ergänz. Kapitel üb. die thatsächl. u. wahrscheinl. Folgen d. Krieges, sowie Citaten aus etwa 150 engl., franz. u. deutschen Schriftstellern üb. diesen Gegenstand u. Beweisen f. die fortwähr. Sympathien Englands f. Deutschland u. seine loyale Handhabg. der Neutralität. Ferner e. Auseinandersetzg. der Vortheile, welche die Annexion v. Elsaß u. Lothringen hat, u. e. Verzeichniß der französ. Niederlagen u. Siege seit dem J. 1000 nach Chr. bis auf die neueste Zeit. Zum ersten Male in deutscher Sprache veröffentl. Original-Materialien, die bereits zum Theil vergriffen sind, nebst Briefen vom Fürsten Bismarck u. Feldmarschall Grafen Moltke, u. Karten d. französ. u. deutschen Gebietes in den J. 1526, 1812 u. der Gegenwart. gr. 8. (XVI, 324 S. m. 2 chromolith. Karten.) Berlin 873. Asher & Co. n. 1. —

Sinclair, John Sir

Sinclair, Frhr., s.a. Crisalin.

SINCLAIR, Sir John: Grundsätze des Ackerbaus nebst Bemerkungen über Gartenbau, Obstbaumzucht, Forstkultur und Holzpflanzung. - Wien 1819. XIV, 762 S. u. 79 S. Anh. A. d. Engl. übers. v. Josef Ritter v. Schreiber

Sinclair, J., Grundgesetze des Ackerbaues, nebst Bemerkungen über Gartenbau, Obstbaumzucht, Forstcultur und Holzpflanzung. Aus d. Engl. übers. M. Kupf. gr. 8. Wien, Heubner. 820.
Velinpap.

Sinclair, (J.,) Grundgesetze des Ackerbaues, nebst Bemerkk. über Gartenbau, Obstbaumzucht, Forstkultur u. Holzpflanzung, a. d. Engl. übersetzt von J. v. Schreibers. Mit 9 Kpfrn. Wohlfeile Ausg. gr. 8. Wien 824, Heubner.

— Handbuch d. Gesundheit u. des langen Lebens; frei bearb. v. Kurt Sprengel, Mit sm. Bildn. gr. 8. Amsterd. 809. (Brockhaus in Leipz.) 1 rthl 12 gr

Sinclair, John: Handbuch der Gesundheit und des langen Lebens. (The Code of health and longevity... Dt.) Übers. von Kurt (Polykarp Joachim) Sprengel. 365 S., gbd., Abb.

Amsterdam: Kunst- und Industriecomptoir 1809

JB 2.959

Sinclair, John: Handbuch der Gesundheit und des langen Lebens. (The Code of health and longevity... Dt.) Übers. von Kurt (Polykarp Joachim) Sprengel. Neueste Aufl. 324 S., gbd.

Amsterdam: 1809

JB 2.960

v. Sinclair, Frhrr. John, (Pseudon. anagr. Crisalin,) († 1815.) Kriegslieder. gr. 8. Frankf. a. M. 814.

Sinclair, John, statist. Nachr. von Schottland, im Auszuge aus d. Engl., v. J. D. P. C. Ebeling. 2 Bde. gr. 8. Leipz. 794—96. Weidmann. 3 ℛ 8 g.

— Versuch einer durch Metaphysik begründeten Physik. gr. 8. Frankf. a. M. 813. Hermann. 18 g.

— Wahrheit u. Gewißheit. 3 Bde. gr. 8. Frankf. a. M. 811. Hermann. 3 ℛ 12 g.

Sinclair [So richtig auf dem Umschlag; auf dem Titelblatt: Singlair.] Julie. aus [Jaroslaw.] Russland: Experimentelle Untersuchungen zur Genese der erworbenen Kapsel-Katarakt. Zür. Orell Füssli Cie Dr. 1876. 52 S., 2 Bl., 2 Taf., 1 Bl. Thesen. 8°.
Zürich, Med. Diss. [v. 15. März 1876].

Sinclair, Thom., Humanitätsstudien. Aus dem Engl. übers. v. Hans Schiffert Müller. 8. (XVII, 137 S.) Straßburg 886. Trübner. n. 2. 50

Sinclair, Upton: Die Börsenspekulanten [The Money Changers.] Roman von –. Übers. von Robert Müller. 2. Aufl. Hannover: Sponholtz [1909]. 287 S. 8°

Sinclair, Upton, die Börsenspieler. Roman. Übers. v. Rob. Müller. 1. u. 2. Aufl. (287 S.) 8. Hannover (909). A. Sponholtz Verl. 3.50; geb. 4. 50

Sinclair, Upton, in 10 Jahren. (The industrial republic.) Autoris. Übersetzg. v. M. Endhausen u. E. v. Kraatz. (V, 191 S. m. Bildnis.) 8. Hannover 907. A. Sponholtz Verl. 3.—; geb. 4. —

SINCLAIR, Upton, Der Industriebaron. Geschichte eines amerikanischen Millionärs. Autorisierte Übersetzung aus dem Amerikanischen. Hannover 1906. Adolf Sponholts Verlag. 8°. 131 S. (Mk. 2—.)
„Sensationeller, schlecht geschriebener Incestroman" (Dr. Neumann-Berlin.)

— Ist „Der Sumpf" wahr? (Offener Brief Upton Sinclairs, nebst der Botschaft des Präsidenten Roosevelt an den Senat u. das Repräsentantenhaus u. dem I. Kapitel aus Sinclairs Roman „Der Sumpf".) (18 u. 7 S.) 8. Ebd. (907). — 20

— Metropolis. Ein Weltstadt-Roman. Autoris. deutsche Übersetzg. v. E. v. Kraatz. (400 S.) 8. Ebd. 908. 4.—; geb. 5. —

— Der Sumpf. Roman aus Chicagos Schlachthäusern. Autoris. deutsche Ausg. v. Eduard Eug. Ritter. (Volksausg.) (VIII, 381 S.) 8. Ebd. 906. 1.80; geb. 2. 80

Der Sumpf (The Jungle). Roman aus Chicagos Schlachthäusern von Upton Sinclair. Autor. deutsche Ausg. von Eduard Eugen Ritter. Hannover: Sponholtz 1906. XVI, 381 S. 8° (st. 15229)

Sinclair, Wilhelm [aus Edinburg]: Beiträge zur Kenntniss des Oxymethylencamphers ($(C_{10}H_{14}O)' = CH'(OH)'$. — Ueber einige Tetramethylenderivate ... München, kgl. Hof- u. Univ.-Buchdr. v. Dr. C. Wolf & Sohn. 1893; 80 S. 8.
München, Phil. Fak., Inaug.-Diss. v. 1893

Sind, Alexander, Freyherr von, und Viktoria, Gräfin von Puttbus; eine Begebenheit neuerer Zeit, m. Kpf. 8. Leipz. Weygand. 791.

Sind, Alexander, Freiherr von, und Viktoria, Gräfin von Putbus. Eine Begebenheit neuerer Zeit, bey Veranlassung eines Sommeraufenthalts in Spa. Mit Titelkupfer (Schubert del., Stechername [mit d. Jahrz. 1791] undeutlich). Leipzig, in der Weygandschen Buchhdlg. 1792. 8°. (2/3 Rthl.) (6 Mk. Taussig, Prag, 1904.)
Titel u. 227 S. Harmloser Familienroman, der über Spaa selbst nichts enthält.
— Kayser's Rom.-Verz. v. 1827 hat S. 4 die unrichtige Jahrzahl 1791

Sind Bibelauszüge e. Bedürfnis f. unsere Zeit? Eine ernste Frage f. alle Freunde d. göttl. Wortes. gr. 8. (32 S.) Karlsruhe 888. Reiff. n. — 25

Sind Bordelle in Wien nothwendig? Wien 1786. 8°. (In Wien, Bibl. des Finanzministeriums.) (1 Mk. Th. Ackermann, München, 1877; jetzt höher!)

Sind denn die gemischten Ehen wirklich so sündhaft und gefährlich? Eine Beurtheilung der Schrift: „Ermahnungsrede üb. den christl. Ehestand" und zugleich ein Sendschreiben an den kathol. Verfasser desselben. gr. 8. Amberg 839. Klöber. (Lämmermann.) 1/8 ℛ

Sind denn die gemischten Ehen wirklich so sündhaft u. gefährlich! Eine Beurtheil. d. Schrift: „Ermahnungsrede üb. d. christl. Ehestand" u. zugleich e. Sendschreiben an d. kathol. Verf. ders. Von e. Protestanten. gr. 8. (3 B.) Amberg 839. [Regensburg, Manz.]

—— die an die Herrlichkeitsbesitzer in d. Provinz Ostfriesland von d. Eingesessenen früher entricht. sogen. suspendirten Gefälle durch franzős. Gesetze aus d. Zeit d. Vereinigung Ostfrieslands mit Frankreich aufgehoben worden? Versuch e. Erörter. dies. Frage v. Standpunkte d. Geschichte u. d. Kritik. gr. 8. (7 B.) Hannover 836, Hahn'sche Hofbuchh. *

Sind die Ansprüche des deutschen Volkes auf Restitution seiner Beiträge zum Bau der gegen seinen Willen verkauften deutschen Fotte berechtigt? und, wenn sie berechtigt sind: Wie erlangt das deutsche Volk die Restitution dieser Beiträge, damit dieselben, zugleich mit den neugesammelten, ihrer Bestimmung gemäß, zum See- und Küstenschutze Deutschlands verwendet werden? Von A. B. H. Dresden 862. v. Boetticher. Lex.-8. (IV, 46 S.) 7½ ngr.

Sind die Ansprüche des Lloyd im Rechte begründet? Wien 865. Administration der „Sprechhalle". gr. 8. (27 S.) n.n. 10 ngr.

Sind die Börsenkurse jetzt tief genug? Praktische Winke f. jeden Kapitalisten. Von e. Finanzmann. gr. 8. (66 S.) Ansbach 891. M. Eichinger. n. 1. 20

Sind die Buchstaben der merkwürdigen Widmerischen Urkunden ... Gothische? [Leipzig 1808.] V: *Reinhold, Carl Leonhard.* (MGT)

Sind die deutschen Landstände nach dem Geiste der Pariser Convention für erloschen zu erklären? O. O. 1808. V: *Pelkhoven, Joh. Nepomuk Freih. von.* (Kn)

— die deutschen Landstände nach d. Geiste d. Pariser Convention v. 12. Juli 1806 für erloschen anzusehen? Ein Zusatz zu Hrn. .. Gönner's Abhandl. rc. 8. Straubing, 808. Heigl u. C. 2 gr.

Sind die Deutschen, welche westphäl. Staatsdienste nehmen, d. Todes schuldig durch Henkers Hand? Cassel u. Marb. 814. Krieger. 3 gr.

Sind die Deutsch-Oesterreicher in Gefahr? Politische Laienbriefe von einem Fortschrittsmann. gr. 8. (46 S.) Leipzig 879. O. Wigand. — 90

Sind die Einwürfe gegen d. Selbstdispensiren d. Aerzte auch auf d. Selbstdispensiren d. homöopath. Aerzte anwendbar? gr. 8. (1 B.) Darmstadt 833, (Heyer'sche Brlsbuchh.)

—— die Elementarschulen, an welchen mehr als Ein Lehrer arbeitet, natürlich u. zweckmäßig? Beantwortet, u. allen unbefang. Kinder- u. Schulfreunden gewid. v. e. alten Schulmanne. 8. (1½ B.) Leipzig 829, Wienbrack.

Sind die Frauenzimmer Menschen? 8. Lpz. Gräff.

— die Frauenzimmer Menschen? 8. Leipz., (Wienbrack). 2 gr.

Sind die Grundsätze der Grossherzoglichen Regierung bei Vergebung der Wasserkräfte am Oberrhein im beiläufigen Werte von 50 Millionen Mark an auswärtige Spekulanten die richtigen? ... Säckingen 1904. V: *Klingele, Alfred.* (DBullschw 4, 1904)

Sind die Hamburger Akkordmaurer Streikbrecher oder nicht? 8°. Hamburg, C. Hense, 1901.

Sind die heimischen Kreditansprüche oder die internationalen Goldbewegungen schuld an unseren hohen Diskont- (Zins-) Sätzen? Aus den Referaten der Herren O. Arendt und Graf von Mirbach-Sorquitten in der 25. General-Versammlung der Vereinigung der Steuer- und Wirthschafts-Reformer vom 14. Februar 1900 in Berlin. Berlin 1900.

Verband f. d. Verteidigung d. belg. Interessen im Auslande. **Sind** die Herren Grenfell, Forfeit, H. Johnston, Greshoff, Bell, H.-M. Stanley, Holland, Van Hees, Ascendo und Polidori, Maguire, James Harrison, Christy, Taylor, und die Damen French-Sheldon und Doering lauter Lügner? Brüssel: Monnom 1904. 54 S. 8°

Sind die heutigen Freymaurer und Illuminaten nicht Abkömmlinge der Manichäer? Augsburg: Merz 1792. 87 S. 8°
Sehr selten. Bejaht die Frage. Wünscht zum Schluss, dass „die verderbliche Brut" der Frmr u. Illum., „diese Pest der Menschen" vertilgt werden möge.

— die heutigen Freimaurer und Illuminaten nicht Abkömmlinge der Mooichäern? 8. Augsburg 792. M. Rieger. 1/8 rß

—— die Katholiken schlechte Patrioten? s. Broschüren-Cyclus.

Sind die katholischen Geistlichen in Rücks. auf ihre Personen den weltlichen Regenten auch unterthan? Meine Zweifel. o. O. 1784.

Sind die Länder glücklich zu nennen die von Joseph II. beherrscht werden? Wien 1786. V: *Geissau, Ant. Ferd.* (Széchenyi 5/461) (BiblPort)

— die Menschen, im Ganzen genommen, moral. Wesen? rc. s.a. Geschichte eines unglückl. Deutschen.

Sind die Menschen, im Ganzen genommen, moralische Wesen oder sind es blosse Naturprodukte? ... Leipzig 1812. V: *Steingruber, Joh. Chn Aug.* (Ky) (MGT)

Sind die Nachfolger Petri erst zu unsern letzten Zeiten in den dogmatischen Entscheidungen fehlbar geworden? Beantwortet von einem ultramontanischen Gottesgelehrten. Augsburg, Rieger, 8°, 1789, 50 Pf.

Sind die öffentlichen Gottesdienste ... solche Religionshandlungen, dass sie ohne Nachtheil der Religion ... vernachlässigt werden können? ... Stendal 1807. V: *Einem, Johann August Chph von.* (Ky)

— die öffentl. Gottesdienste u. Begehungen d. heil. Abendmahls solche Religionshandll., daß sie ohne Nachtheil d. Religion von e. Christen vernachlässigt werden können. Eine Preisschr. (v. J. Aug. Cph. v. Einem). gr. 8. Stendal 807. Franzen u. Gr. 4 gr.

⊙ Sind die Schleswig-Holsteiner eidbrüchige Aufrührer oder nicht? Von einem Schleswig-Holsteiner. Altona. 1850. 8°

Sind die Schulen oder der Privatunterricht vorzüglicher? [Nürnberg 1773.] V: *Thilo, Albrecht Friedrich.* (MI.)

Sind die Stellen eines Fürstl. Ministers und eines Schatzraths ... in einer Person vereinbar? Braunschw. 1801. V: *Engelbrecht, Georg Friedrich.* (Ky) (MGT)

— die Stellen eines fürstl. Ministers u. e. Schatzrathes im Herzogth. Braunschweig-Wolfenbüttel in einer Person vereinbar? (v. G. F. Engelbrecht). 8. Braunschw. 801. Vieweg.

Sind die Verliebten nicht Kinder. Lstspl. 8. Gotha 778. Ettinger. 6 gr.

Sind die vier Evangelien echt? Laienschrift. Berlin: Deutsche Ev. Buch- u. Tractat-Gesellsch. 1905 (1906). (31 S.) 8° [F.] 07. 13319

Sind die von dem Collegio Augustano Soc. Jesu bisher genossenen . . . Stiftungsgüter . . . pro bonis vacantibus . . . anzusehen und zu benehmen, oder nicht? O. O. 1774. V: *Fleiner, Joseph Simpert.* (Holz) (MGT) (Pütter, Litt. d. Teutsch. Staatsr. Gött. 1773—91. III, 193.)

Sind f. den mod. Menschen d. Sakramente noch nötig u. brauchbar?, s.: Kirchlich-positiv.

Sind geheime Gesellschaften im Staate erlaubt? O. O. 179? V: *Turin, Bernhard.* (MGT) »[1800]« (Ky)

Sind „politische Pastoren" e. Unding? Ein ungehalt. Vortrag üb. d. Frage: Wie hat sich d. christl. Kirche zu d. öffentl. Angelegenheiten zu stellen? gr. 8. (30 S.) Pforzheim 896. E. Haug. n. — 50

—— rationalist. Theologen ihrer Aemter zu entsetzen od. nicht? s. Gutachten, dreifaches.

—— Reformen in d. kathol. Kirche nothwendig? s. a. Mersy, F. L.

— Reformen in der kathol. Kirche nothwendig? auf welchem Wege sind dieselben zu bewirken? 2c. Beantwortet. gr. 8. Offenbach 832. Braun. 5 ℊ 2e Aufl., verm. durch e. Beleuchtung d. Erlasses d. Erzbischöfl. Ordinariats in Freiburg. Herausgg. v. F. L. Mersy. gr. 8. Ebd. 833. (832.) 9 ℊ

— Ringofengase den Pflanzen schädlich? Eine Zusammenfassg. der im Deutschen Verein f. Ton-, Zement- u. Kalkindustrie E. V. zur Klärg. der Frage gepflogenen Verhandlgn. u. der in seinem Auftrage vorgenommenen Untersuchungen. Bearb. v. dem chem. Laboratorium f. Tonindustrie H. Seger u. E. Cramer. (III, 143 S.) 8. Berlin 903. Tonindustrie-Zeitg. n. 3. —

Sind Schwur-Gerichte nothwendig? Von W. v. M. Berlin 856. Decker. gr. 8. (22 S.) 5 ngr

— stehende Heere in Friedenszeiten nöthig? aus d. Engl. 8. Altona 797. Hammerich. 10 ℊ

— stehende Kriegsheere in Friedenszeiten nöthig? a. d. Engl. 8. Altona, Hammerich. 797.

Sind unsere Lesegesellschaften der Litteratur zuträglich oder hinderlich? [Hannover 1782.] V: *Weppen, Joh. Aug.* (MGT)

— wir kriegsbereit? Eine Frage aus dem Volke. (V, 310 S.) gr. 8. Metz 905. P. Müller. n. 3. 75; geb. n.n. 5. —

—— wir Sozialdemokraten? An die Gebildeten unserer Tage. 8. (46 S.) Berl. 891, Wiesenthal. * — 60
Vgl.: Hundhausen, Thdr. Wir sind nicht Sozialdemokraten!

— wir unsterblich? 8. Zeitz 795. Heinse. (Webel). 4 ℊ

— wir unsterblich? Gedanken über die Fortdauer der Seele. gr. 16. (64 S.) München 877. Franz. n. — 80

Sind, Johann Baptist Frh. v.

— Abhandl. d. Pferdezucht u. Anlegung d. Gestüte. Mit Kpf. 8. Frankf. a. M. 769. 2e A. 777. Brönner. 10 ℊ

— Abhandl. von der Rehkrankheit bei Pferden. Mit Kpf. 8. Frankf. a. M. 768. N. A. 780. Brönner. 7 ℊ

— — Vollständige Abhandlung von der Rehkrankheit der Pferde, mit anat. Beschreibung des Vorderschenkels. Mit Kpfrn. Frankfurt a/M. (766.) 37. Brönner. M. 5.25

Sind, J. B[aron] v. Vollständige Abhandlung von der Reh-Krankheit der Pferde. Mit Kupfern. Frankfurt u. Leipzig 1780. VIII. 166 S.

Sind, J. Baron v., Vollständ. Abhandlung über die Rotzkrankheit. Mit Kpfrn. Frankfurt a/M. 780. Chr. Winter. M. —.70

Sind de: L'art du manège pris dans ses vrais principes, suivi d'une nouvelle méthode pour l'embouchure des chevaux et d'une connoissance abrégée des principales maladies . . . Bonn [1766]. 192 S. 1 Tvl.
— — Vienne 1772. 317 S. 6 Tvl. Forf.s Portr.
(Des princ. maladies . . . S. 107-317).

Sind, Baron de. L'Art du manège pris dans ses vrais principes suivi d'une nouvelle méthode pour l'embouchure des chevaux. [2. verm. u. verb. Aufl.] A Vienne, chez Jean-Thom. de Trattnern MDCCLXXII [1772].
7 Bl., 317 S.; 7 Taf. in Kupferst. 8°.
1. Aufl. Bonn 1762.
Brunet VI. 10350.

v. **Sind** Frhrr. J. B., († ...) die Kunst Pferde zu zäumen u. zu beschlagen. 8. Frankf. a. M. 766. 2e Aufl. 782. Brönner. 9 ℊ

— — Die Kunst, Pferde zu zäumen und gut zu beschlagen. 8v. Mit Kpfrn. (II.) (52 S.) Ebd. 768. H. L. Brönner.

Sind, J. Freiherr v.: Die Kunst Pferde zu zäumen und zu beschlagen, nebst e. Anweisung, junge Pferde zum allgemeinen Gebrauch, besonders aber zum Kriegs-Dienst geschickt abzurichten . . . 4. Aufl. mit Kupfern. Frankfurt u. Leipzig 1782. 80 S.

Sind J. B. v.: Neue u. sichere Lehrart die Pferde in kurzer Zeit fein u. schulmässig zu dressiren u. selbige z. langen Diensten brauchbar zu erhalten. Frankf. u. Leipz. 1768. 84 S. 1 Tvl.
— — 3. Aufl., m. Tit.: Die Kunst Pferde zu zäumen u. zu beschlagen . . . Welcher annoch beygefüget worden eine neue u. sichere Lehrart (etc.) . . . Frankf. u. Leipz. 1771. (216) S. 5 Tvl.

— neue und sichere Lehrart d. Pferde in kurzer Zeit zu dressiren. 8. Frankf. Brönner. 768.

— du Manège pris dans ses vrais principes av. fig. gr. 8. Berl. Himburg. 773.

— — le même av. fig. 4. Bonn. (Rommerskirchen, Cologne.)

— le manuel du cavalier qui renferme les connaissances nécessaires pour conserver le cheval en santé et pour le guérir en cas de maladie. 12. (Cöln) . . . Rommerskirchen. 6 ℊ

— der im Felde u. auf Reisen geschwindheilende Pferdearzt. 8. Frankf. a. M. 766. 6e A. 791. Brönner. 10 ℊ 7e Aufl. unt. d. T.: Der sichere u. geschwind heilende Pferdearzt. Herausgg. v. K. W. Ammon. (A. u. d. T.: K. W. Ammon, Taschenbuch f. angehende Pferdeärzte, Oekonomen u. Pferdeliebhaber). 8. Ebd. 810. 1 ℛ 8 ℊ 8e Aufl. od. Ammon's Handbuch 2c. 2e Aufl. mit Anmerkk. u. Zusätzen v. G. v. Tennecker. gr. 8. Ebd. 819. 9e A. od. Ammon's Handb. 3e A. 829. 1 ℛ 4 ℊ

Sind J. B. v.: Der im Feld u. auf der Reise geschwind heilende Pferdearzt . . . 2. verm. Aufl. Frankf. u. Leipz. 1767. 298 S. 1 Tvl.
(Vedlagt »Verbal-Process« om et af Forf. opfundet Lægemiddel mod Snive. 1763. 6 S.).

Sind, J(ohann) B(aptist Freiherr) von: Der im Felde und auf der Reise geschwind heilende Pferdearzt, welcher einen gründlichen Unterricht in den gewöhnlichsten Krankheiten der Pferde im Felde und auf der Reise, wie auch einen auserlesenen Vorrath der nützlichsten und durch die Erfahrung bewährtesten Heilungsmittel eröffnet. 300 S., gbd., Abb.

Wien: typ.v.Trattnern 1772

JB 5.870

Sind, v. D. im Feld u. auf d. Reise geschwind heilende Pferdearzt. 4. Aufl. Frankfurt 1773.

— — Der im Felde u. auf der Reise geschwind heilende Pferdearzt. (VI.) Frankfurt u. Leipzig 791.

Sind, J. B. von, der sichere u. geschwind heilende Pferdearzt. Herausg. von K. W. Ammon. 7te verm. Aufl. 8. Frankf. Brönner. 813.
Auch unt. d. Titel:
Ammon, K. W., Taschenbuch f. angehende Pferdeärzte, Oekonomen u. Pferdeliebhaber.

Sind, J. B. v., sicher und geschwind heilender Pferdearzt völlig umgearbeitet v. K. W. Ammon, mit Anmerk. und Zus. v. S. v. Tenneker. 8te Aufl. gr. 8. Frankfurt a. M., Brönner. 820.
Auch unter dem Titel:
Ammon, K. W., Handbuch f. angehende Pferdeärzte.

Sind, J. B. v., sicher u. geschwind heilender Pferde-Arzt, od. gründl. Unterr. üb. d. Erkenntniß, Ursachen u. Heilung d. Krankheiten d. Pferde. Völlig umgearb. v. K. W. Ammon, u. mit Anmerkn. u. Zusätzen vers. v. S. v. Tennecker. 9., verm. u. verb. Aufl. — A. u. d. T.: Handbuch f. angeh. Pferdeärzte; auch f. Oekonomen u. Pferdeliebhaber nützlich zu gebrauchen. gr. 8. (27 B.) Frankfurt a. M. 829, Brönner.

Sind, J. B. v., sicher u. geschwind heilender Pferde-Arzt, od. gründl. Unterr. üb. d. Erkenntniß, Ursachen u. Heilung d. Krankheiten d. Pferde. Völlig umgearb. — A. u. d. T.: Handbuch f. angeh. Pferdeärzte; auch f. Oeconomen u. Pferdeliebhaber nützlich zu gebrauchen. Von Carl Wilh. Ammon. Mit Anmerkn. u. Zusätzen vers. v. Seyfert v. Tennecker. 10., sehr verb. Aufl. gr. 8. (39½ B.) Frankfurt a. M. 837, Brönner.

v. Sind's, J. B., sicher u. geschwind heilender Pferde-Arzt oder gründlicher Unterricht üb. die Erkenntniß, Ursachen u. Heilung der Krankheiten der Pferde. Völlig umgearb. v. Carl Wilh. Ammon. Mit Anmerkungen u. Zusätzen versehen v. Seyfert v. Tennecker. 11. verb. Aufl. A. u. d. T.: Handbuch f. angehende Pferdeärzte; auch f. Oeconomen u. Pferdeliebhaber nützlich zu gebrauchen. Von Carl Wilh. Ammon. 11. verb. Aufl. gr. 8. (XII u. 640 S.) Frankfurt a. M. 852, Brönner. 1½ ℛ

Sind's, J. B. v., sicher und geschwind heilender Pferde-Arzt oder gründlicher Unterricht über die Erkenntniß, Ursachen und Heilung der Krankheiten der Pferde. Völlig umgearb. von Carl Wilh. Ammon. Mit Anmerkungen u. Zusätzen versehen von Seyfert v. Tennecker. A. u. d. T.: Handbuch für angehende Pferdeärzte; auch für Oeconomen u. Pferdeliebhaber nützlich zu gebrauchen. Von Carl Wilh. Ammon. 12. verb. Aufl. 861. — 13. Aufl. Frankfurt a. M. 864. Brönner. (Ch. Winter.) gr. 8. (XII, 640 S.) n. 1 ℛ 10 ngr

Sind's, J. B v., Pferde-Arzt od. gründl. Unterricht üb. die Erkenntniß, Ursachen u. Heilg. der Krankheiten der Pferde. Völlig umgearb. v. Carl Wilh. Ammon. Mit Anmerkgn. u. Zusätzen versehen von Seyfert v. Tennecker. 14. Aufl. gr. 8. (XII, 605 S.) Frankfurt a/M. 875. Winter. n. 5 —

Sind J. B. v.: Gründlicher Unterricht v. der Pferdezucht u. Anlegung d. Gestütte ... Frankf. u. Leipz. 1769. (22) 234 S. 2 Tvl.
— — 2. [Tit.-] Aufl. Sst. 1777. (22) 234 S. 2 Tvl.

Sind, J. Baron v.: Vollständiger Unterricht in den Wissenschaften eines Stallmeisters. Göttingen u. Gotha 1770. 323 S. 2°

— 2. Aufl. [u. d. Tit.:] Vollständiger Unterricht in den Wissenschaften eines Stallmeisters. Mit e. Lehrbegriff d. Pferdearzneykunst. Mit Kupfern. Neue verm. u. verb. Aufl. Thl 1—4. 1775. 1315 S.

1. Unterricht für e. Stallmeister.
2. Zergliederung d. Pferds.
3. Medicinische Materie.
4. Praktische Pferdearzneykunst.

— vollständ. Unterricht in d. Wissensch. e. Stallmeisters, m. e. Lehrbegriff d. Pferdearzneykunst, m. K. gr. 8. Götting, Dieterich. 775.

Sind, (Johann Baptist) Freyherr von: Vollständiger Unterricht in den Wissenschaften eines Stallmeisters. Th.3: Medicinische Materie. 952 S.(S.465 - 1316), gbd.

O.O.: (1785 - 1786)

JB 5.871

Sindall, Sir Thomas, oder der Mann nach der Welt, 2 Theile, 8. Daselbst, 773. Feind. 15 sgl.

SINDAL, Sir Thomas, oder der Mann nach der Welt. (Aus d. Englischen.) 2 Bde. Leipzig, Junius, 1773. 8°. (4 Mk. Jos. Baer & Co., 1894.)
Englische Sittenzustände am Ende des XVIII. Jh., in dezenter Darstellung.

Sindall, Sir Thomas, od. d. Mann n. die Welt; aus d. Engl. 2 Thle. 8. Leipz. 779. (Brockhaus). 12 gr

Sindal, Sir Thomas, od. der Mann nach d. Welt, a. d. Engl. 2 Thle. 8. Leipz. Junius. (Gleditsch.) 779.

Sindall, Sir Thomas, oder der falsche Freund. Aus dem Engl. Magdeburg 1810. Ü: *Jariges, Carl von* (?). (Schütze, Lebensgesch. 2, 108 f.) (Zeitschr. f. Büch. N. F. 15, 1923, S. 122)

— Sir Thomas, od. d. falsche Freund. 8. Magdeb. 810. (Lauffer in Leipz.) 1 ℛ 12 gr

Sindall, Sir Themas, od. d. falsche Freund. 8. (v. Schütz in Magdeb.) 810.

Sindbad, die beiden, od. Reiseabentheuer Sindbads d. Seefahrers. Nach e. zum ersten Male in Europa gedr. ägypt. Handschrift unmittelbar u. wörtl. treu aus d. Arabischen übers. u. mit erklär. Anmerkn., nebst zwei sprachl. Beil. z. Gebr. f. angeh. Orientalisten hrsg. v. J. G. H. Reinsch. 12. (9½ B.) Breslau 836, (Max u. Komp.)

Sindbad, des, Geschichte. 8. Berlin, Maurer. 769.

Sindbad, the sailor. Eine anziehende, leichte Lectüre für Schulen und Institute. Mit einem bezifferten Wörterbuche von S. Mauer. 2. sorgfältig revid., durch Zusätze und erläuternde Noten verm. Aufl., bearb. von M. Silberstein. gr. 8. (IV, 80 S.) Quedlinburg 886, Basse. *

Sindban oder die sieben weisen Meister. Syrisch und Deutsch von Fr. Baethgen. Leipzig 1879. 8°. 38+26 S. (2 Kr. Gilhofer & Ranschburg, 1908.)

Sindel, Emil: Das volksthüml. deutsche Schrifttum im 16. Jh. *Kronstadt 1898.*
in: **Zeit**, Aus d., d. Reformation ... Festschr. z. Honterusfeier. [96. 12315

Sindelfingen und die Stiftskirche zu St. Martin. [Stuttgart 1883.] V: ***Bräuhäuser.*** (Heyd)

Sinderen, Ruebel v., Ergänzungen zur Statik des Landbaues (in den Verhandlungen der 13. Versammlung deutscher Land- und Forstwirthe). Lex.-8. (IV und 124 S.) Halle 852, Heynemann. *

SINDERMANN, Friedrich (Lewin/Schlesien): Ein Beitrag zur künstlichen Afterbildung.- München: Wolf 1879. 18 S.
23.6.1879 - Urk (Titel: De ano artificialiter formando.); Chr 1878/79,12
Diss.Ingolst.-Landsh.-Mchn.

Characterstücke für das Pianoforte von Christian **Sinding**. Opus 33. (1. 2.) *Leipzig: C. F. Peters (1896).* 2 Bde 4° [F. u. Ant.]
(1.) No 1–3. (2.) No 4–6. [00. 5175 D

Characterstücke für das Pianoforte von Christian **Sinding**. Opus 34. (1. 2.) *Leipzig: C. F. Peters (1897).* 2 Bde 4° [F. u. Ant.]
(1.) No 1–3. (2.) No 4–6. [00. 5174 D

Quintett E-moll für Pianof., 2 Violinen, Viola u. Violoncell von Christian **Sinding**. Op. 5. *Leipzig: E. Eulenburg [1901].* (123 S.) 8°
(Payne's Kleine Partitur-Ausgabe. No 229.) [01. 9789

Mariae Tod und Himmelfahrt. Ein Beitrag z. Kenntnis d. frühmittelalterl. Denkmäler. Von Olov **Sinding**. Hrsg. mit Beitrag von 'Benneches Stiftelse'. *Christiania: Steen in Comm. 1903.* (X, 134 S.) 8° [03. 3133

SINDG, Johann Gebhard Wolfgang (Scheideck): De unguibus humanis.- Landishuti: Storno 1825. 16 S
31.8.1825 - Pe 414; F 58
Diss. Ingolst.-Landsh.-Mchn.

Sine ira. Der sogenannte Sprachenkampf in Oosterreich. gr. 8. (94 S.) Zürich 888. Verlags-Magazin. n. 1. 50

Sinébur, Essai sur l'art d'observer et de faire des expériences. III Vol. 8. Geneve. (König, Strasb.) 802.

Sineck. Situationsplan der Haupt- und Residenzstadt Berlin mit nächster Umgebung. 1 : 6250. Berlin 1856. 7 Bl. L. Fl.

Sineck, D., Situations-Plan von Berlin mit dem Weichbilde und Charlottenburg. 1 : 10,000. 2. Aufl. 1871, und neue vollständig bericht. Ausg. 4 Bl. Fol. Berlin 875, D. Reimer.
*ℳ 5.; mit Bebauungsplan * 6 —
color. * 7 —
Mit Polizei-Revieren und Stadt-Bezirken * 8 —

Sineck, Situations-Plan von Berlin mit dem Weichbilde und Charlottenburg. 1 : 10,000. 4 Bl. Neue Ausg. 1884. Lithogr. qu. gr. Fol. Berlin, D. Reimer. * 5 —
Ausg. mit Bebauungsplan * 6 —

Sineck, Situationsplan von Berlin mit dem Weichbilde und Charlottenburg. Neue vollständ. bericht. Aufl. 1 : 10,000. 4 Bl. Berlin 888, D. Reimer.
Ausg. I. schwarz * 5 —
Auf Leinw. in Mappe * 11 —
Ausg. II. mit rot eingedr. Bebauungsplan * 6 —
Auf Leinw. in Mappe * 12 —

Sineck. Situations-Plan v. Berlin m. dem Weichbilde u. Charlottenburg. 1 : 10,000. 4 Bl. Neue bericht. Ausg. 1891. Lithogr. 50,5×69 cm. Berl. 891, D. Reimer.
Schwarze Ausg. * 6 —
Schwarze Ausg. m. rot eingedr. Bebauungsplan * 8 —
Nach Stadtteilen color. Ausg. * 9 —
Ausg. m. Bebauungsplan u. Polizei-Reviergrenzen * 10 —

[F. u. Ant.] Situations-Plan von Berlin m. d. Weichbilde u. Charlottenburg. Neu aufgen. u. gez. v. **Sineck**, Major a. D. Massst. 1 : 10,000. Neue, vollst. bericht. Ausg. *Berlin: D. Reimer 1898.* 1 Ktnbl. quer-gr. 2. in 4 Bl. (F). [98. 4309

Situations-Plan von Berlin mit dem Weichbilde u. Charlottenburg. Neu aufgenommen u. gez. von **Sineck**, Major a. D. Massst. 1:10,000. (Neue vollst. bericht. Ausg.) *Berlin: D. Reimer (1901).* (4 Kartenbl. je 50×74 cm.) [Umschlagt.] [farbig] [01. 5784

Situations-Plan von Berlin mit d. Weichbilde u. Charlottenburg. Neu aufgenommen u. gezeichnet von **Sineck**, Major a. D. Maßst.: 1 : 10,000. (Neue vollst. bericht. Ausg. 1905.) Berlin: D. Reimer (1905). (1 Kartenbl. in 4 Bl.) [Ant. u. F. lith.] [kol.] [05. 10859

Sined

— letztes Gedicht, herausg. v. L. L. Haschka. 8. Wien 801. Pichler. 4 K

— Gibraltar, vom 11.—18. Weinmondes. Von e. ungar. Dame z. Druck befördert. 8. Wien 782.

Sined's, des Barden, (Mch. Denis,) Lieder. gr. 8. Wien 773. N. A. 782. Trattner. 1 ƒ

— s. Ossian u. Sineds Gedichte.

Sinell, Überblick üb. die wichtigsten Sprach- u. Stimmstörungen u. Atmungstechnik, s.: **Mitteilungen** aus d. hamburg. Staatskrankenanstalten. VII, 11.

— Der Verkehr m. Schwerhörigen, s.: **Mitteilungen** aus d. hamburg. Staatskrankenanstalten. IX, 9.

Sinell, Emil, über d. Anwendg. v. Motoren, besond. d. elektrischen Motoren in d. Landwirthschaft. Vortrag, geh. in d. ökonom. Gesellschaft im Königr. Sachsen, Dresden, am 5. XI. 1897. [Aus: „Mitteilgn. d. ökonom. Gesellsch. im Königr. Sachsen".] gr. 8. (18 S.) Dresden 898. G. Schönfeld. n. — 60

Sinell, Emil, die elektrische Arbeitsübertragung im Dienste der Landwirthschaft. hoch 4. (56 S. m. Abbildgn.) Berlin 894. (Polytechn. Buchh.) n. 1. 50

Sinell, E., Beschreibung des Dampfturbinen-Kraftwerks der Braunschweigischen Kohlenwerke in Helmstedt. Gewidmet den Besuchern des X. Allgemeinen Deutschen Bergmannstages in Eisenach. Berlin, [1907.] 19 S. mit 15 Abb. und 3 Taf.

Sinell, Hermann [aus Pommern]: Indikation und Applikation des Atropins bei Iritis ... Greifswald: Druck v. Julius Abel 1888. 21 S. 8°
Greifswald, Med. Fak., Inaug.-Diss. v. 5. Jul. 1888.

Sinemus, Aug., die Legende vom heiligen Christophorus u. die Plastik u. Malerei Eine Studie über christliche Kunst. Mit einem Titelbilde: St. Christoph nach Memling (in Holzschn.). Hannover 868. Meyer. gr. 8. (IV, 74 S.) n. 10 ngr.

Sinemus, Karl

Der evangelischen Kirchengemeinde Andernach Vorgeschichte, Gründung und halbhundertjährige Entwickelung. Festschrift z. Feier d. 50jähr. Bestehens d. Gemeinde von Karl **Sinemus**, Pfarrer. Mit Beiträgen von Pfarrer (Gustav) Ilse u. Pfarrer (August) Rocholl., Andernach: Selbstverl.; P. Eger in Leipzig in Komm. 1904. (92 S.) 8° [F.] [05. 3511

Breisig am Rhein, eine evang. Gemeinde unter d. Kreuz im 16. u. 17. Jh. u. ihre Nachfolgerin in d. Gegenwart. Ein Beitrag z. Geschichte d. evang. Kirche in d. Rheinlanden von Karl **Sinemus**. Bonn: A. Falkenroth [übergekl.: Andernach: Selbstverl.; P. Eger in Leipzig in Komm.] 1903. (68 S.) 8° [F.] [03. 3210

Sinemus, Karl, die Reformation und Gegenreformation in der ehemaligen Herrschaft Breisig am Rhein. Ein Beitrag zur Geschichte der evangel. Kirche in den Rheinlanden. Mit Vorwort von W. Krafft. gr. 8. (IV, 108 S. mit 1 eingedr. Holzschn. und 1 Lichtdr.) Barmen 883, Klein. *

Sinfonien der pfalzbayerischen Schule. (Mannheimer Symphoniker.) Eingeleitet u. hrsg. von Hugo Riemann. 1. *Leipzig: Breitkopf & Härtel 1902.* 2°(4°)
— Denkmäler d. Tonkunst in Bayern. Jg. 3, Bd 1.
— **Denkmäler** deutscher Tonkunst. Folge 2, Jg. 3, Bd 1.

Sing-hoei-či-sai. [Kirchengeschichte des Calwer Verlagsvereins.] o. O. u. J. 4°.

Sing' ma oans! Alpenliederbuch. Hrsg. v. E. Bayberger, M. Förderreuther u. A. Geistbeck. 1. u. 2. Aufl. schmal-12. (VIII, 144 S.) Passau 891. Abt. Kart. n. 1. —

Sing und Sang der Mädchen, s. a. **Mädchen, der, Sing und Sang.**

Sing und Sang, der Mädchen, der Buben Kling und Klang. Illustr. von W. Bülow. Berlin (855.) R. Kühn. 4. (16 lith. u. color. Taf. mit Text.) 18 ngr.

Sing-Xang, chines. Lebens-Bilder, s. a. **Lebens-Bilder** rc.

SING XANG (ps.). — Chinesische Lebensbilder von beschnittenen und unbeschnittenen Juden, Geizhälsen, Negozianten, Glücksrittern, Wucherern, Dieben etc. u. a. merkwürdigen Menschen-Kindern, von *Sing Xang*, kais. chines. Hofpoeten u. interimistisch-provisorisch-funktionirenden Hofgrimmassenschneider in Peking. In den zwanglosen Reimen des Originals frei übs. von Sebaldus Nothanker, kosmopolit. Magister u. Armenschulmeister. Mit 1 illum. Steindruck. München, Fleischmann, 1833. 16°. 8 Bog.
A. G. Schmidt, Gallerie etc.

Sing, K., üb. die katholischen Zustände in Baden bei dem Eintritte in das letzte Viertel dieses Jahrh. gr. 8. (47 S.) Freiburg i/Br. 876. Schmidt. n. — 40

Sing, Karl [pr. Arzt aus Osterberg]: Ueber die Sterblichkeit der Kinder im ersten Lebensjahre und deren Ursachen. E. stat. Beitr. ... Würzburg, Becker's Univ.-Buchdr., 1892; 32 S. 8.
Würzburg, Med. Fak., Inaug.-Diss. v. 1892

Singakademie, die Schweriner, u. ihre Stellung im musikalischen Leben Schwerins. Zur nothgedrungenen Abwehr veröffentlicht v. dem Vorstande der Singakademie. gr. 8. (18 S.) Schwerin 891. (F. Bahn.) n. — 30

Sing-, Bet-, Lob- und Dank- Altar, Pommerscher, s. a. Altar, Pommerscher

Sing-, Bet-, Lob- u. Dank-Altar, pommerscher, od. vollständ. Gesangbuch, alte u. neue geistreiche u. erbaul. Lieder enthalt. Neue mit d. 2n Anh. verm. Ausg. gr. 8. Stargard 828. (Cöslin, Hendeß). 20 gr.

Evangelische Sing-Andacht nebenst beygefugte Morgen- und Abend Gebethe auff alle Tage in der Wochen. Glückstadt. o. J [um 1720.] 8° [Kupfert.]

Vollständige Evangelische Sing-Andacht. Sammt einem kleinen Gebet-Büchlein. Glückstadt. 1715.

Singbuch. Enth.: 50 Vorübungen, 14 Canons, 30 Chorăle, 82 Arien, d. liturg. Gesänge u. e. vollständ. Register. Zunächst bestimmt f. d. Schulen in d. ersten Diöces d. rothenburger Kreises. 12. (6 B.) Görlitz 840, Heyn'sche Buch- u. Kunsth. *

Singbuch f. deutsche Schulen. Eigentum der Witwen- u. Waisenkasse d. Volksschullehrer Zittaus. 3 Hfte. 12. Zittau (A. Graun). Geb. n.n. 1. 28
1. Unterstufe. (IV, 71 S.) 897. n.n. — 38
2. Mittelstufe. (II, 96 S.) 898. n.n. — 40
3. Oberstufe. (IV, 144 S.) 896. n.n. — 50

Singbuch f. deutsche Schulen. Eigentum der Witwen- u. Waisenkasse d. Volksschullehrer Zittaus. II. u. III. Heft. kl. 8. Zittau 908. A. Graun. Geb. nn 1. 10
II. Mittelstufe. 5. u. 6. Schulj. 2. Aufl. (82 S.) nn — 45
III. Oberstufe. 7. u. 8. Schulj. 2. Aufl. (139 S.) nn — 65

Sing- und Betbüchlein für Kinder evangelisch-lutherischer Schulen. gr. 16. (156 S.) St. Louis 860. (Philadelphia, Schäfer und Koradi.) *

Sing- u. Betbüchlein für Kinder ev.-luth. Schulen. gr. 16. (159 S.) St. Louis, Mo. 877. (Dresden, H. J. Naumann.) cart. n. — 90

Sing- und Gebetbüchlein für Kinder evang.-luther. Schulen. 12. (159 S.) St. Louis, Mo. 882. (Dresden, H. J. Naumann.) cart. *

—— dass. — Mit Beifügung der Melodien in zweistimm. Satz. 16. Aufl. 8. (IV, 172 S.) (Ebendas.) 884. *

Singbüchlein für Schulen u. Erziehungsanstalten. qu. 8. (IV u. 88 S.) Frankfurt a. M. 852, Brönner. 1/4 rf

Singchor und Tanz. Fachblatt für Theatersingchor. Jg. 45—48. 1928—1931. Mannheim 1928—1931.
Mit Abb. 4°.
1. Jg 1883

Singe, le, en belle humeur. Historiette plaisante. qu. 16. (1 B. u. 16 Abbild.) Leipzig 854, Baumgärtner.

Singe, le, en belle humeur. Histoire plaisante. Nouvelle Edit. qu. 8. (1 1/8 B. u. 16 ill. Taf.) Leipzig 846, libr. Baumgärtner. *

Singe mit. Eine Sammlung von mehreren alten u. neuen der beliebtesten Lieder. 12. Magdeburg 844. (Mazzucchi.) 1/8 rf

Singe mit. Eine Sammlung von mehreren alten u. neuen der beliebtesten Lieder. 12. (2 B.) Magdeburg 844, (Quednow.)

Singe mit! oder: Der beliebte Sängerfreund. Eine reichhalt. Quelle von Wander-, Studenten-, Soldatenliedern rc. Hrsg. von J. F. Richter. 32. (191 S.) Hamburg 850, [Richter.]

Singe mit! oder: Der beliebte Sängerfreund. Eine reichhaltige Quelle von Wander-, Studenten-, Soldatenliedern rc. Herausg. von J. F. Richter. 32. (191 S.) Hamburg 850, Volksbuchhandlung in St. Pauli. 3 ngr.

Singe mit! oder der beliebte Sängerfreund. Eine reichhaltige Quelle von Schützen-, Turner-, Wander- rc. Liedern. 4. Aufl. Hamburg 863. Richter. 32. (280 S. u. 1 Notenbeilage in 4.) u. 5 ngr.

Singe mit! oder der **beliebteste Sängerfreund. Eine reichhaltige Quelle von Schützen-, Turner-, Wander-** rc. Liedern. 6. Aufl. Hamburg 869. J. F. Richter. 32. (278 S.) geb. n. 5 ngr.

Singe mit! od.: der beliebteste Sängerfreund. Eine reichhalt. Quelle v. Studenten-, Soldaten-, Helden- rc. Liedern. 7. Aufl. 32. (VIII, 199 S.) Hamburg 871. Richter. n. — 40; cart. n. — 50

Singe mit! oder: Der beliebteste Sängerfreund. Eine reichhaltige Quelle von Vaterlands-, Soldaten-, Volks- rc. Liedern. 8., bedeutend verm. Aufl. 16. (XV, 236 S.) Hamburg 877. J. F. Richter. n. — 50

Singe mit! od. der beliebteste Sängerfreund. Eine reichhalt. Quelle v. Vaterlands-, Soldaten-, Volks- etc. Liedern, bis auf die neueste Zeit fortgeführt v. W. Schardius. 9. Aufl. 32. (XII, 250 S.) Hamburg 884. J. F. Richter. n. — 50

Singe mit! E. Auswahl d. schönsten Lieder u. Walzertexte. 16. (138 u. VI S.) Leipzig 895. W. Dietrich. In Leinw. kart. — 40

Singe mit! Eine Sammlg. sozialist. Kampfeslieder. (56 S.) 12. Leipzig 904. R. Lipinski. n. — 20

Singe mit! Eine Sammlg. polit. u. gewerkschaftl. Kampfeslieder. Nach der Beschlagnahme geänd. u. ergänzte Aufl. 70.—80. Taus. (80 S.) 16. Leipzig 909. R. Lipinski. — 20

— mit Verstand! Eine Uebersicht der nöthigsten Vorkenntnisse für den Gesangunterricht. Zusammengestellt von A. B. C. 8. (8 lith. S.) Emmerich 850, Romen. n. 1 1/2 ngr.

Singe wem Gesang gegeben. Eine Sammlung der neuesten u. beliebtesten Volks- u. Liebeslieder. Speyer 860. Lang. 32. (96 S.) 3 ngr.

Singe, wem Gesang gegeben! Eine Sammlung der schönsten Volks-, Vaterlands-, Trink-, Liebes-, Wander-, Jäger-, Soldaten-, Studenten- und Rheinlieder, sowie vieler humorist. und histor. Lieder. Mit zahlreichen Illustr. Ausg. A. 12. (VII, 80 S.) Düsseldorf 888, F. Bagel. cart.
Ausg. B. (VIII, 136 S.) *
Ausg. C. (XIV, 240 S.) *

Singe, wem Gesang gegeben! 12. Düsseld. 888. Frankf. a. M., Jaeger's Verlag. cart. Ausg. A. — 25; B. — 50; C. 1 —

Singeisen, Theobald (Richensis/Schweiz) F, zh/5

Dissertatio inauguralis medica de ophthalmia a vitio ventriculi cum adversariis nonnullis chirurgico medicis. (Präs. Heinrich Friedrich von Delius). Erlangen (Kunstmann) 9. IX. 1786. 30 S.

32699

Singeisen, Theobald: De ophthalmia a vitio ventriculi cum adversariis nonnullis chirurgico medicis. Diss. 30 S., gbd.

Erlangae: (Walther) 1786
(Adversaria argumenti physico-medici, Fasc. 5,22)

JB 1.808

Singelman, Franz Johann (Dorpat) A. S. 753/21

Disputatio juridica, de revocatione donationis ob praestitam contra donatorem advocationem.
Präs. Simon Heinrich Musaeus.
Kiel (Reuther) 15. VII. 1702. 36 S. 32700

Singelmann, Christian (Dorpat) A. S. 812/42

Disputatio juridica de libello, ad lib. ff. 2. tit. 13.
Präs. Nikolaus Martini.
Kiel (Reuther) 21. II. 1703. 8 Bl. 32701

Singemäuschen, das. E. leipziger Buchhändler-Humoreske m. melodramat. Abschluß. Von W. S. 16. (31 S.) Leipzig 895. Schaumburg-Fleischer's Verl. n. — 40

Singemeister, der. 1. Aufl. Braunschweig 835., 2. u. 3. A. qu. 4. (1 3/4 B. Text u. 4 B. Musikbeil.) Leipzig 837, 39, [Friedlein u. Hirsch.] à

Singemeister, der, oder: Anweisung zum Singenlernen. Theoretisch u. prakt. bearb. f. Anfänger, wie f. Geübtere. Mit 123 Notenbeispielen (auf 4 Bogen). 4., unveränd. Aufl. gr. 4. (2 B. Text.) Leipzig 842, Friedlein u. Hirsch. –

Singen [Sachliches OW]

Zum Singen für Brüder. J. K. [17]74. [Hamburg; 1774.] 70 S. 8° [Kupfertit.]
Kl. 1526. 24 Lieder ohne Noten. Kl. gibt 68 S. an.

Singen [Schlagwort]

Singen. Hänssler, Alb., (neuer) Plan d. Stadt Singen (am Hohentwiel), 1:7000. Farbdr. Mit e. Verzeichnis d. Strassen, öffentl. Gebäude u. Plätze, Hotels, Gasthöfe, Restaurants, Cafés u. Weinwirtschaften. (2 S.) kl. 8. Singen 908. (Singener Nachrichten.) — 50

Singenberger, J., Cäcilia, s.: Mohr, Jos.

Singenberger, J., cantus in honorem Ss. Cordis et Nominis Jesu et purissimi Cordis B. Mariae Virginis. Gesänge zu Ehren d. göttl. Herzens u. Namens Jesu u. d. heiligsten Herzens Mariä. Gesammelt u. hrsg. Mit e. Vorw. v. Frz. Witt. hoch 4. (IV, 136 S.) Regensburg 876. Pustet. n. 4. —

— Gesänge zu Ehren d. göttlichen Herzens u. Namens Jesu u. d. heiligsten Herzens Mariä. Singstimmen. hoch 4. (52, 55, 52, 54 u. 14 S.) Ebend 876. n. 4. —

— Vesperbüchlein als Anh. zu Mohrs Cäcilia. Rev. v. F. X. Engelhart. (220 S.) 16. Regensburg 909. F. Pustet. — 35; geb. in Leinw. — 70

Singenstrüh, J. H. C., Universalkalender f. alle Jahrhunderte. schmal gr. 8. (2 Bl.) Hamburg 900. Strumper & Co. — 30

Singer, der lustige, u. lustige Dantzer. In poet. Erzehlg. kurtzweilig u. lächerlich vorgestellet. — Eine andere lustige Geschicht v. Käß u. Brod od. gleich u. gleich. Zwei derb-satyr. Gedichte aus dem 17. Jahrh. 12. (12 S.) Köln 890. Teubner. n. — 75

Singer's volkstüml. Bücherei. 1.—8. Bd. kl. 8. Berlin-Ch. [Ch. Singer.] Berlin, Schreiter. Geb. in Leinw. 15. 40

Bölsche, Wilh., die Entwicklungslehre im 19. Jahrh. Illustr. 3. Aufl. (135 S. m. Bildnis.) 909. (Bd. 8.) Geb. 2. —

Darwin, Charles, die Abstammung des Menschen u. die Zuchtwahl in geschlechtlicher Beziehung. Nach der engl. Gesamtausg. bearb. v. D. Haek. (Mit 12 Abbild.) (192 S. m. Bildnis.) (909.) (Bd. 7.) Geb. 1. 80

— Die Entstehung der Arten durch natürliche Zuchtwahl od. Die Erhaltung der bevorzugten Rassen im Kampfe ums Dasein. Nach der engl. Gesamtausg. bearb. v. D. Haek. (192 S. m. Bildnis.) (909.) (Bd. 6.) Geb. 1. 60

Müller, E., u. P. Heinrichs, die wildwachsenden u. im Garten gezogenen Heilpflanzen unserer Heimat und deren Anwendung in der Krankenstube. Mit 28 Taf. in Dreifarbendruck nach Aquarellen v. F. Arnold. (VIII, 144 S.) (909.) (Bd. 3.) Geb. 2. 20

Neumann, E., u. O. M. Kirsch, unsere gefiedert. Freunde aus Wald u. Flur, nebst e. Anleitg. zu ihrer Pflege u. Wartg. in der Gefangenschaft. Mit 32 Taf. in Dreifarbendruck nach Aquarellen v. K. Grundmann. (64 S.) (909.) (Bd. 2.) Geb. 1. 60

Oßwald, A., u. H. Blücher, praktischer Führer durch die heimische Pflanzenwelt, e. botan. Handbuch f. Naturfreunde. Mit 32 Taf. in Dreifarbendr. nach Aquarellen v. G. Schmidt. (127 S.) (909.) (Bd. 4.) Geb. 2. —

— — Eßbare u. giftige Pilze Mittel-Europas. Mit 64 Taf. in Dreifarbendr. nach Aquarellen v. Th. Bach. (VI, 159 S.) (909.) (Bd. 1.) Geb. 2. 60

Singer's neuer vollständiger Taschen-Atlas mit 34 Hauptkarten u. 18 Nebenkarten sowie erdkundlichen u. volkswirtschaftl. Zahlenaufzeichnungen. Neue vergrößerte Ausg. (96 S.) (909.) (Bd. 5.) Geb. 1. 60

Singer's Haushaltungsbuch f. d. J. 1903. 4. Jahrg. schmal Fol. (209 S.) Straßburg, J. Singer. Geb. n. — 60

Singer's Haushaltungsbuch f. d. J. 1906. 7. Jahrg. (203 S.) schmal Lex.-8. Straßburg, J. Singer. Geb. n. — 60

Singer's Haushaltungs-Buch f. d. J. 1911. 12. Jahrg. (207 S. m. Abb.) 28×15,5 cm. Straßburg, J. Singer. Geb. — 80

SINGER'S 5 Kreuzer-Bibliothek. 16 diverse Bände. Wien 1871.
Karajan's Bibl. II. no. 4953.

Singer u. Wolfner's Reisehandbücher. Budapest u. Umgebung m. besond. Berücksicht. d. Millenniums-Ausstellung. Mit Plan v. Budapest u. d. Ausstellg. 12. (89 S.) Budapest 896. Singer & Wolfner. Geb. n. 2. —; französ. Ausg. (113 S.) Geb. n. 2. —

— — dasselbe. Tátraführer. Wegweiser in d. Hohe Tátra u. in d. Bäder d. Tátragegend. Unter Mitwirkg. d. ungar. Karpathenvereins v. Nik. Szontagh. Aus d. Ungar. v. Frdr. Nikházy. M. 3 Karten. M. Unterstützg. d. Kaschau-Oderberger Eisenbahn-Direktion hrsg. 12. (VIII, 226 S.) Ebd. 896. Geb. in Leinw. n. 2. —

— — dasselbe. Ungarn m. bes. Rücksicht auf die Hauptstadt Budapest. M. 4 kolor. u. 10 nicht kolor. Karten. 12. (VIII, 314 S.) Ebd. 896. Geb. in Leinw. n. 6. —; engl. Ausg. (VIII, 335 S.) n. 6. —; französ. Ausg. (X, 377 S.) n. 6. —

Singer, Humor.-satyr. illustr. Stvx-Kalender für das Jahr 1864. 8. (32 S.) Pest, Pelbini's Selbstverlag. 20 kr.

Singer, Neuer vollständiger Taschenatlas mit 33 Haupt- u. 15 Nebenkarten. Ausgabe für Österreich-Ungarn. 8°. geb. K 1.50 Wien: Huber 1905.

SINGER, Verzeichniss der Sammlungen des zoologisch-mineralogischen Vereines in Regensburg. Regensburg 1867. Druck von Fr. Neubauer (Krug's Wittwe). 8°.

Singer, A., die Verrichtungen des Vormundschaftsgerichts u. des Nachlaßgerichts. Nach dem bürgerl. Gesetzbuch u. den Nebengesetzen unter besond. Berücksicht. der bayer. Ausführungsbestimmgn. in alphabet. Ordng. dargestellt. 2 Lfgn. 8. (IV, III, 163 S.) München 900. J. Schweitzer Verl. n. 2. 70; geb. in Leinw. n. 3. 40

Singer, Abrah., und Wilh. Singer, Hamadrich. Talmudische Chrestomathie für den ersten Unterricht im Talmud. Methodisch und systematisch geordnet, mit Raschi-Commentar und ausgewähltem Tossaphot, grammat. und lexikal. Zusätzen, vergleichenden Noten, einer Abbreviaturentaf. und einer allgemeinen umfassenden Einleitung in den Talmud versehen und nach pädagog. Grundsätzen bearb. 1. Thl. 1. und 2. Bd. gr. 4. Pressburg 882. (Wien, Lippe.) [1. Bd. (X, S. 1—72.) *M 2,20.; 2. Bd. (S. 73—192.) *M 2,40.] *

Singer, Abrah., u. Wilh. **Singer,** Hamadrich. Talmudische Chrestomathie für den ersten Unterricht im Talmud. Methodisch u. systematisch geordnet, mit Raschi-Commentar u. ausgewählten Tossaphot, grammat. u. lexikal. Zusätzen, vergleich. Noten, einer Abbreviaturentaf. u. einer allgemeinen umfass. Einleitung in den Talmud versehen u. nach pädagog. Grundsätzen bearb. 1. Thl. 1. Bd. gr. 4. (X, 72 S.) Pressburg 882. (Wien, D. Löwy.) n. 2. 20

Singer, Alfons, appr. Arzt, z. Z. einjähr.-freiw. Arzt im k. b. 3. Inf.-Reg. „Prinz Carl von Bayern": Unsere bisherige Kenntnis der angeborenen Haarlosigkeit des Menschen nebst einem neuen Beitrage. Augsburg 1906: Gebr. Reichel. (32 S.) 8°
Erlangen, Med. Fak., Ref. Menge, Diss. v. 3. Aug. 1906
[Geb. 24. Jan. 75 Biberach; Wohnort: Augsburg; Staatsangeh.: Württemberg; Vorbildung: Gymn. Ehingen Reife 94; Studium: Tübingen 2, München 2, Erlangen 18 S.; Coll. 7. Mai 06; Approb. 29. Nov. 05.]

Singer, Alfred: Aus d. Privat-Frauenklinik von Prof. Paul Strassmann-Berlin. Einbruch eines Cervix-Carcinoms in ein Myom. Posen: Mallow 1908. 26 S. 8°
Leipzig, Med. Diss. v. 12. Dez. 1908, Ref. Zweifel.
[Geb. 11. Nov. 84 Berent; Wohnort: Pankow-Berlin; Staatsangeh.: Preußen; Vorbildung: Gymn. Koblenz Reife O. 03; Studium: Berlin 10 S.; Coll. 23. Dez. 08.]

(Singer, Anthon.) Fernere Ausführung der von dem regierenden Herrn Podestat von Morbegno verübten Eingriffe in die Rechte des Vicariats des Veltlins, nebst Vollständiger Rechtfertigung des von Lobl. Bundstäglicher Standes-Versammlung zu Ilanz Den 3/11 und 5/16 Septemb. 1780. darüber gefällten gerechten Ausspruchs. fol. *o. O.*

Singer, Arth., Bismarck in der Literatur. Ein bibliograph. Versuch. (VI, 252 S.) gr. 8. Würzburg 909. C. Kabitzsch. 10.—; geb. in Leinw. 12.—; in Ldr. 50.—
Aus dem Handel zurückgezogen.

Singer, Benedict, Deutsche Schullieder, nebst einem Anhange liturgischer Gesänge. 8. (61 S.) Prag: Brandeis 1892. —.15

Singer, Bernh., unsere Eisenbahn-Anschlüsse nach Südosten u. Süden. Vom wirthschaftlichen Standpuncte besprochen. gr. 8. (43 S.) Wien 879. Gerold's Sohn. n. 1. 20

Singer, Bernh., zur Handels-Convention zwischen der oesterreichisch-ungarischen Monarchie u. Rumänien. gr. 8. (40 S.) Wien 875. Perles. n. 1. 20

Logen-Ordnung der Freimaurer-Loge „Sokrates" in Pressburg. Tochter-Loge der Grossloge von Ungarn für die drei Johannis-Grade in Pest. Entwurf (über Auftr. der Loge) von Bernh. Singer. Als Ms. gedr. Wien: Selbstverl. d. Verf. 1875. 21 Bl. 4° [Umschlagtit.]
Tt. 1211.

—— unsere Orient-Interessen. Eine Studie. gr. 8. (60 S.) Wien 878, Gerold's Sohn. *

Singer, Bernh., die Verträge mit Serbien, besprochen. gr. 8. (104 S.) Wien 882, Perles. *

Singer, Carl Ludwig, s. Singer, Karl Ludwig

Singer, Caspar, s. Singer, Kaspar

Singer, E., Führerordnung, s.: Bülow, F. v.

Singer, E. (Red.), s. Hochschule, Deutsche.

— Versuch e. Dürer-Bibliographie, s.: Studien zur deutschen Kunstgeschichte. 41. Hft.

Singer, Edmund: Grosse theoretisch-praktische V i o l i n s c h u l e vom ersten Anfang bis zur höchsten Ausbildung in 2 Bänden von Edmund Singer u. Max Seifriz. Bd 1. 2. Stuttgart: J. G. Cotta 1884–97. 2 Bde 4°
1. In 2 Hälften. 3. (2.) durchges. u. verb. Aufl. 18(90–)97.
2. In 2 Hälften. 1884.

Singer, Eduard: Kreuz- und Querzüge durch Marienbad. 8. (61 S.) Wien: Gronemeyer. (Prandel's Buchh.) 1870.
Inhalt: Von Wien nach Marienbad. Eine Badereise-Studie. – Ankunft in Marienbad. – Auf der Höhe der Saison. – Und was erzählen sich die Franzensbader Quellen? – Zum Schluß ein ernstes Wort. 1870.

Singer, Eduard, s. Z e i t s c h r i f t des allgemeinen technischen Vereines „Technische Rundschau".

Singer, E., über vegetarische Kost u. Lebensweise überhaupt, s.a. V o l k s b ü c h e r e i, medizinische. 6. Hft.

Singer, Ernst: Über vegetarische K o s t und Lebensweise überhaupt. Von Dr. E[rnst] Singer, Berlin. Halle a.S.: C. Marhold 1904. (25 S.) 8°
Volksbücherei, Medizinische. H. 6.

Singer, F. (Hrsg.) s. Z e i t, Die.

Singer, F. J. Das neue Geld nebst einem Kalender für das Jahr 1859. Nachdruck u. Uebersetzung vorbehalten. *Wien.* Gedr. bei *F. Fridrich.* 95 S. kl. 8°. 6 kr. CM.

A c h H e r r J e g e r l e ! Volkskalender für das Jahr 1856. Herausgegeben von F. J. Singer. Wien. 1855. Gedruckt bei Josef Stöckholzer von Hirschfeld. (48 S. 8.)

S i n g e r ' s, F. J., Ein Silbergroschen-Bibliothek. 1. Jahrg. 27 Hefte, 2. Jahrg. 36 Hefte und 3. Jahrg. 5 Hefte. gr. 16. Berlin 870—72, Burmester und Stempell. à Heft *
Inhalt:
T e m m e, J. D. H., zwei Revolutionsgeschichten. I. Das Recht auf Erden. Roman in 2 Büchern. (408 S. mit 6 Holzschntaf.) II. Der Quälgeist auf dem Weissenstein. (182 S. mit 3 Holzschntaf.)
L a n g e r, Ant., der Eingemauerte. Volks-Roman aus der Franzosenzeit. (592 S. mit 9 Holzschntaf.)
S c h i r m e r, Ad., 1870 oder: die Heldin von Wörth. Volks-Roman. (592 S. mit 9 Holzschntaf.)
L a n g e r, Ant., Kaisersohn und Baderstochter. Historischer Volks-Roman aus den letzten Jahren des 16. und den ersten des 17. Jahrh. (584 S. mit 9 Holzschntaf.)
Die Geheimnisse von Laxenburg. Historischer Roman von ***. (584 S. mit 9 Holzschntaf.)
S c h i r m e r, Ad., der räthselhafte Graf. Roman. (576 S. mit 9 Holzschntaf.)
H a f f n e r, Carl, der Erbschleicher. Roman. (576 S. mit 9 Holzschntaf.)
K n ü p f e r, Gust., die eiserne Jungfrau. Histor. Roman aus dem 17. Jahrh. (312 S. mit 5 Holzschntaf.)

Singer, Felix: Ueber künstliche Zeolithe und ihren konstitutionellen Zusammenhang mit andern Silicaten. [1910.] 72 S. 8° ¶ Ausz. in: Transactions of the American Ceramic Society. Vol. 33; Sprechsaal. Jg. 44. 1911. S. 325 ff.
Berlin, Dr.-Ing.-Diss. v. 24. 6. 1910

Singer, Franz: Medicinisch-chemische Abhandlung über ein sicheres Gegengift aller Merkurialgifte, und ein höchst wahrscheinliches aller übrigen Metallgifte, nebst einer neuen Bereitungsart des Vermillons, des Operments, und anderer ein-und mehrfacher Metallverärzungen auf dem nassen Wege. 221 S., gbd.

Wien: mit Binzischen Schriften 1786

JB 1.227

Singer, Franz: Theses. 2 S. **Viennae: 1780**

s.: Haën, Ant(on) de: Tractatus de vermibus intestinorum et (de) ictero (et ad hunc pertinentibus adfectionibus felleis). Edidit F(ranz Xaver August) von Wasserberg.

JB 4.731

Singer Friedrich: Der altfranzösische Joufroisroman in literarhistorischer und sprachlicher Beziehung. H. 1892 PN 726 Diss. Wien, Univ. 2224

Singer, Fritz, s.a. F r i t z, S.

Singer, Fritz *Wilhelm Albert* [pr. Arzt aus Westpreussen]: Ein Fall von Hydrops renum cysticus congenitus ... Greifswald, Druck v. J. Abel, 1894; 36 S. 8.
Greifswald, Med. Fak., Inaug.-Diss. v. 7. Dez. 1894

Singer, Fritz, aus Schwabach: Quecksilberorganische V e r b i n d u n g e n. Reaktionen des Stickoxyds. Erlangen: H. Vollrath 1903. (VIII, 92 S.) 8°
München, Phil. Diss. v. 1903.

Singer, Geo., 25 verschiedene M e t h o d e n zur künstlichen Vermehrung v. Bienenvölkern nach Anweisg. anerkannter Bienenmeister: Dzierzon, v. Berlepsch, Kleine rc. f. diejenigen Bienenzüchter, welche weder Zellenzuchtstöcke besitzen, noch e. gesonderte Weiselzucht betreiben. Mit e. Anh.: „Lesefrüchte." 8. (VIII, 32 S.) Nürnberg 872. (Korn.) n.n. — 50

S i n g e r, Geo., praktischer Wegweiser: oder 25 verschiedene, bewährte Methoden zur künstlichen Vermehrung deutscher Bienenvölker nach Anweisung anerkannter Bienenmeister und auf Grund eigener Erfahrung für Bienenzüchter, welche ohne oder mit Zellenzuchtstöcken imkern und eine gesonderte Weiselzucht betreiben wollen. 2. umgearb. und sehr verm. Aufl. gr. 8. (X, 82 S.) Nürnberg 876, Korn'sche Buchh. *
Die 1. Aufl. erschien im Selbstverlag.

S i n g e r, Geo. Friedr., Leben Caspar Hauser's, od. Beschreib. seines Wandels v. seinem Beginn bis zu seinem Grabe. gr. 8. (1 B.) Regensburg 834, Auernheimer jun.

Singer, George John

Singer, G. J., Elemente d. Elektricität u. Elektrochemie; aus d. Engl. übers. mit Anmerkk., welche die neuesten elektr. Entdeckungen enthalten, von C. H. Müller. Mit 4 Kpf. gr. 8. Bresl. 818. Holäufer; (a. Max u. C.) 3 ₰

Singer, George John. Elemente der Elektricität und Elektro-Chemie. Aus dem Engl. übersetzt von C. H. Muller. Breslau 1819.

Singer, Gust., Aetiologie u. Klinik d. acuten Gelenkrheumatismus. gr. 8. (XIX, 416 S.) Wien **898. W. Braumüller. n. 6. —**

Singer, Gustav, cand. paed.: **Bodenbau** und Bewässerung Thüringens unter Hervorhebung ihrer Bedeutung in der Geschichte Deutschlands. *Annaberg 1901: M. Muschter.* (92 S.) 8°
Leipzig, Phil. Diss. v. [2. März] 1901

Singer, Gust., die atonische u. die spastische Obstipation, s.a. S a m m l u n g zwanglos. Abhandlgn. aus dem Gebiete d. Verdauungs- u. Stoffwechsel-Krankheiten. I, 6.

Singer, Gustav: Die atonische und die spastische O b s t i p a t i o n. Ihre Differentialdiagnose u. Behandlung. Von Privatd. Dr. Gustav Singer. Mit 2 Abb. Halle: Marhold 1909. 46 S. 8°
(Sammlung zwangloser Abhandlungen aus d. Geb. d. Verdauungs- u. Stoffwechsel-Krankheiten. Bd 1, H. 6.)

Singer, Gust, Pseudoappendizitis u. Ileocökalschmerz. (54 S. m. Abb.) Lex.-8. Wien 905. W. Braumüller. n. 1. 20

Singer, H. F., kathol. Jugend- u. Volksbibliotheken (Leihanstalten — Lesezirkel) in Stadt u. Land. Prakt. Winke. (46 S.) kl. 8. Regensburg 907. F. v. Stokar. n. — 50

Singer, Hans Wolfg., Dresden. I. Die kgl. Gemälde-Galerie. (Moderner Cicerone.) (VIII, 162 S. m. 100 Abbildgn. u. 2 Grundrissen.) kl. 8. Stuttgart (906). Union Geb. in Leinw. n. 2. 50

Singer, Hans Wolfg., Dresden. I. The royal picture gallery Translated by Mart. Sampson. (The modern cicerone.) (X, 157 S. m. 100 Abbildgn. u. 3 Plänen.) kl. 8. Stuttgart (907). Union. Geb. in Leinw. 2.50

— s.a. Frauen u. Kinder, anmutige.

Singer, Hans Wolfgang. Anmutige Frauen und Kinder. Wiedergaben berühmter Kupferstiche mit einer Einleitung von Hans Wolfgang Singer. Dresden, Druck und Verlag der Kunstanstalt Stengel [1907].
23 S.; 53 Taf. 2°.

Die Kgl. Gemälde-Gallerie (in Dresden) von Hans W[olfgang] Singer. Mit 100 Abb. u. 2 Grundrissen. Stuttgart, Berlin, Leipzig: Union [1907]. (162 S.) 8°
— Dresden. 1.
— Cicerone, Moderner. [7.] [o8. 3030

Singer, Hans Wolfg., Geschichte d. Kupferstichs, s.: Bibliothek, illustr., d. Kunst- u. Kulturgeschichte.

— Die Kleinmeister, s.a. Künstler-Monographien.

Die Kleinmeister. Von Hans Wolfgang Singer. Mit 114 Abb. Bielefeld & Leipzig: Velhagen & Klasing 1908. (96 S.) 4°(8°) [5.]
= Künstler-Monographien. 92. [o8. 10417

— Käthe Kollwitz, s.a. Führer zur Kunst.

Singer H W, Käthe Kollwitz. (49 S 2 T) (Führ. z. Kunst 15) Esslingen 1908

Singer, Hans Wolfg., s.: Künstler-Lexicon, allgemeines.

— der Kupferstich, s.a. Sammlung illustr. Monographien. 15. Bd.

Singer, Hans W[olfgang]. Der Kupferstich. Mit 107 Abbildungen [wovon 5 Tafeln]. IV + 143 S. gr.-8. Bielefeld und Leipzig, Velhagen & Klasing, 1904. [geb. M. 4. —]
Sammlung illustrierter Monographien. Hrg. ... von Hanns von Zobeltitz. [Band] 15....
Darin S. 5 f. 84. 80. 87 f. 122 f. 130/2 etc., mit 4 Abbildungen, die Schweiz und Schweizer betr.

— Sammlung Lanna in Prag. D. Kupferstichkabinet, wissenschaftl. Verzeichniss. 2 Bde. breit 8. (XIII, 515 u. V, 517 S. m. Bildn., 31 Kpfr.-Taf. u. 4 S. Erklärgn.) Prag 895. (Frankfurt a. M., J. Baer & Co.) Geb. in Halbleinw. n. 20. —

Singer, Hans Wolfg., Jakob Christoffel Le Blon. gr. Fol. (21 S. m. 12 Abbildgn. u. 1 farb. Taf.) Wien 901. Gesellschaft f. vervielfält. Kunst. n. 5. —
Sonderabdruck aus: „Graphische Künste".

— der Humanist Jakob Merkstetter, 1460—1512, Professor der Theologie an der Mainzer Universität u. Pfarrer zu St. Emmeran. Nach archival. u. gedruckten Zeitquellen bearb. (IV, 53 S. m. 1 Taf.) gr. 8. Mainz 904. Druckerei Lehrlingshaus. n. 1. —

— Radierer unserer Zeit. (36 S. m. Abb. u. 12 Taf.) 36×27 cm. München (895). F. Hanfstaengl. 8. —
Sonderabdr. aus: „Die Kunst unserer Zeit".

Singer, Hans Wolfg., Max Klingers Radierungen, Stiche u. Steindrucke. Wissenschaftl. Verzeichnis. (XVIII, 49 S. m. 69 Taf.) Lex. 8. Berlin 909. Amsler & Ruthardt. Geb. in Leinw. 40. —

— s.: Rembrandt, Radierungen.

— Dante Gabriel Rossetti, s.a. Kunst, die. 41. Bd.

Dante Gabriel Rossetti von Hans W[olfgang] Singer. Mit 13 Vollbild. (Berlin): Bard, Marquardt & Co. [1905]. (66 S.) 8°
= Kunst, Die. Bd 41. [o5. 5368

Singer, Hans Wolfgang: Das bürgerliche Trauerspiel in England '(bis zum jahre 1800)' ... Leipzig-Reudnitz, Druck v. O. Schmidt, 1891; 128 S., 1 Bl. 8.
Leipzig, Phil. Fak., Inaug.-Diss. v. [1. Febr.] 1892

Singer, Hans Wolfgang: V e r s u c h einer Dürer-Bibliographie von Dr. –. Strassburg: J. H. E. Heitz 1903. (XVI, 98 S.) 8°
Studien z. Deutschen Kunstgeschichte. H. 41.

— James Mc N. Whistler, s.a. Kunst, die. 19. Bd.

James Mc N. Whistler von Hans W. Singer. Mit 11 Vollbild. Berlin: J. Bard [1904]. (64 S.) 8°
= Kunst, Die. Bd 19. [o5. 2902

Singer, Heinr., die Behebung der für Ordenspersonen bestehenden Beschränkungen im commercium mortis causa. Für das canon. u. österreichische Recht mit Rücksicht auf die Lehre von der Rechts- u. Handlungsfähigkeit der Religiosen überhaupt dargestellt. gr. 8. (IV, 161 S.) Innsbruck 880. Wagner. n. 2. 80

Singer Heinrich, Dr.: Neue Beiträge über die Dekretalensammlungen vor und nach Bernhard von Pavia. Mit Benutzung der in Friedrich Maassens Nachlasse enthaltenen Vorarbeiten. S. 171/1 . . . . 10.20
Separatabdruck

— Die Dekretalensammlung des *Bernardus Compostellanus antiquus*. Mit Benutzung der in Friedrich Maassens Nachlasse enthaltenen Vorarbeiten. S. 171/2 . . . . 3.—
Separatabdruck

Singer, Heinrich: Über Gleichgewichtsstörungen bei Stirnhirntumoren. Aus der Königl. Medizinischen Klinik zu Breslau. *Breslau 1897: Bresl. Gen.-Buchdr.* (25 S.) 8°
Breslau, Med. Diss. v. 11. Nov. 1897

Singer, Heinr., über Gleichgewichtsstörungen bei Stirnhirntumoren. Diss. gr. 8. (25 S.) Breslau 897. (Schletter.) n.n. 1. —

Singer, Heinr., allgemeine u. spezielle Krankheitslehre der Juden. Gemeinverständlich dargestellt. (V, 140 S.) 8. Leipzig 904. B. Konegen. n. 2. 50; geb. n. 3. —

—— historische Studien über die Erbfolge nach katholischen Weltgeistlichen in Oesterreich-Ungarn. gr. 8. (120 S.) Erlangen 883, Deichert. *

Singer, Summa decretorum, s. Rufinus.

Singer Hermann: Bestimmung der elektromotorischen Kraft einer galvanischen Kette. S. 7. 411 . . . . vgr.
Separatabdruck

Singer, Herm., Liedersammlung zum Gebrauch beim Schulturnunterricht, vorzugsweise f. Mädchen, s. 1888 (in Bd. XXVI): Steyer, Louis.

— Reigen f. das Mädchenturnen, s.a. Reigen f. das Turnen der Knaben, der Mädchen u. der Erwachsenen.

Singer, H.: Vier Reigen für das Mädchenturnen. Eine Ergänzung zu W. Jennys Buch der Reigen. Hof 1892. 12 S. m. Abb. (Reigen. 1.)

Singer, J., die amerikanischen **Bahnen u. ihre Bedeutung f. die Weltwirtschaft.** Mit 1 Karte der amerikan. Bahnen. (VII, 202 S.) gr. 8. Berlin 909. F. Siemenroth. 3. 50

— Die amerikanischen **Eisenbahn- u. Industriepapiere.** Ein Handbuch zur Information f. deutsche Interessenten. Jahrg. 1910. (VIII, 298 S.) 8. Berlin-Schöneberg, C. Regenhardt. Geb. in Leinw. nn 8. 50

Die Städtischen Elektrizitäts-Werke zu Frankfurt am Main. Denkschrift f. d. Deutsche Städte-Ausstellung zu Dresden 1903. Im Auftr. d. Städt. Elektr.- u. Bahn-Amtes bearb. von J. **Singer**, Betriebsdir. *Frankfurt a. M. 1903: Gebr. Fey.* (72 S., 37 Taf.) 4° [03. 10814 4

Singer, J., die städtischen Elektrizitäts-Werke zu Frankfurt am Main. Denkschrift f. die deutsche Städte-Ausstellg. zu Dresden 1903. Im Auftrage des städt. Elektrizitäts- u. Bahn-Amtes bearb. (V, 73 u. 57 S. m Abbildgn., 34 Taf. u. 3 Plänen.) 4. Leipzig 903. Hachmeister & Thal. Geb. in Leinw. n. 20. —

Singer, J., Flora Ratisbonensis. Verzeichniss der um Regensburg wildwachsenden Phanerogamen. Regensburg 865. (Pustet.) 16. (80 S.) 5 ngr.

Singer, Flora Ratisbonensis. Verzeichnis der um Regensburg wildwachs. u. häufig cultivierten Gefässpflanzen. 2., sehr verm. Aufl. 12. (8, 115 S.) Regensburg 891. F. Pustet. n. 80 —; kart. n. 1. --

Singer, J. — Die Jubeltage von Brünn und Prag. Authentische und ausführliche Beschreibung der Reise Ihrer apostolischen Majestäten des Kaisers Franz Josef und der Kaiserin Elisabeth nach Brünn und Prag, und aller hiebei stattgefundenen Festlichkeiten. Herausgegeben von — —. Wien, 1854. Gedr. bei Josef Stöckholzer v. Hirschfeld. (32 S. 8.)

Singer, J.: Die Orthopteren der Regensburger Fauna, morphologisch, biologisch und systematisch skizziert. 34 S. – Regensburg, Progr. 1869.

Singer, J. — Wo steckt der Teufel? Komischer Kriegs- und Friedens-Kalender für das Jahr 1855. Herausgegeben von — —. kl. 8. (64 S.) Wien. Gedruckt bei Jos. Stöckholzer v. Hirschfeld.

Singer, J. A., Weihnachtsbilder. Ein Lehr- u. Gebeth-Büchl. f. d. kathol. Jugend u. auch f. Kinder auf d. heil. Weihnachtszeit. Mit e. Vorr. v. d. Verf. d. „Genovefa" (Chr. Schmid). 12. (5½ B.) Augsburg 831, Wolff. (Kollmann.) Thlr.

Singer, Jac., Beiträge zum Pfandbriefwesen in Österreich. I. Bericht vom 12. Juli 1890, erstattet an das k. k. Handelsgericht Wien als Curatelsgericht in Angelegenheit der Staats-Domänen-Pfandbriefe. gr. 8. (88 S.) Wien 891. Konegen. n. 1. 20

Singer, Neueres aus dem Gebiete der Nierenkrankheiten, s. a. Wander-Vorträge, medicinische. 64. Hft.

Neueres aus dem Gebiete der Nierenkrankheiten. Von Prof. [Jakob] Singer. *Berlin: Fischer 1903.* (32 S.) 8°
— Wander-Vorträge, Medicinische. H. 64. [03. 15:67

Singer, über den Schwindel, s. a. Wandervorträge, medicinische. 56. Hft.

Ueber den Schwindel. Von Prof. Dr. [Jakob] **Singer**. *Berlin: Fischer 1900.* (30 S.) 8°
— Wandor-Vorträgo, Medizinische. H. 56. [00. 5960

Singer, d. klin. Symptome d. Arteriosklerose d. Herzens, s. a. Wandervorträge, medicinische.

Die klinischen Symptome der Arteriosklerose des Herzens v. Prof. [Jakob] **Singer**. *Berlin: Fischer 1896.* (21 S.) 1 Bd 8.
— Wandervorträge, Medicinische. H. 51. [97. 7373

SINGER, Joseph (Taimering): De hysteria.- Monachii: Wolf 1838. 15 S. 25.10.1838 - Urk; F 64
Diss. Ingolst.-Landsh.-Mchn.

Singer, Jos., die Tonarten des traditionellen Synagogengesanges (Steiger), ihr Verhältnis zu den Kirchentonarten u. den Tonarten der vorchristl. Musikperiode. Erläutert u. durch Notenbeispiele erklärt. Lex.-8. (19 u. Notenbeispiele 11 S.) Wien 886. A. Rosé. n. 1. —

Singer, Isidor

— — Beiträge zur Anatomie des Zentralnervensystems, insbesondere des Rückenmarkes (mit 3 Taf.). D. 57. 90 . . . . . vgr.

Singer, J., u. E. Münzer. Beiträge zur Anatomie d. Centralnervensystems, insbesondere d. Rückenmarkes. Aus dem physiolog. Institut d. k. k. deutschen Universität Prag. [Ausgeführt m. Unterstützg. der kais. Akademie der Wissenschaften.] Imp.-4. (22 S. m. 3 farb. Taf.) Wien 890, (Tempsky). * 3 60
Aus: Denkschr. d. k. Akad. d. Wiss., besonders abgedruckt.

— und Münzer E., Dr.: Beiträge zur Kenntnis der Sehnervenkreuzung (mit 5 Taf.) D. 55. II. 65 . . . . . vgr.

—— und E. Münzer, Beiträge zur Kenntniss der Sehnervenkreuzung. Aus dem physiolog. Institute der k. k. deutschen Universität zu Prag. [Ausgeführt mit Unterstützung der kais. Akademie der Wissenschaften.] Imp.-4. (22 S. mit 5 Taf.) Wien 888, (Tempsky.) *
Aus: Denkschriften der k. Akademie der Wissenschaften, besonders abgedruckt.

Singer, Isidor, Berlin, Wien und der Antisemitismus. gr. 8. (31 S.) Wien 882, (Lippe.) *

Singer, Isidor, Berlin, Wien u. der Antisemitismus. gr. 8. (34 S.) Wien 882. D. Löwy. n. — 40

—— humanistische **Bildung** und der classische Unterricht. Die beiden Elektren. Zwei Streifzüge in die Gebiete der Pädagogik und der philologischen Kritik. gr. 8. (IX, 88 S.) Wien 884, (Konegen.)

Singer, Isidor (III.), Briefe berühmter christlicher Zeitgenossen über die Judenfrage. Nach Manuscripten gedr. und mit Autoris. der Verf. zum ersten Male hrsg., mit biograph. Skizzen der Autoren und einem Vorworte versehen. Mit zwei Cabinetsschreiben: Sr. Maj. des Königs von Württemberg und Sr. Hoh. des regier. Herzogs von Sachsen-Coburg-Gotha. gr. 8. (VII, XLV, 200 S.) Wien 885, O. Frank. *
Vgl.: Winter, Jos., zur Judenfrage.

Singer J., Dr.: Über sekundäre Degeneration im Rückenmarke des Hundes (mit 2 Taf.). S. 84. III. 20 . . . . . 1.40
Separatabdruck

Singer, J., über secundäre Degeneration im Rückenmarke des Hundes. [Mit 2 (lith.) Taf.] [Aus: „Sitzungsber. d. k. Akad. d. Wiss."] Lex.-8. (30 S.) Wien 881. (Gerold's Sohn.) n. 1. 40

Der Juden Kampf ums Recht. Vortrag geh. 1902 v. Dr. Isidor **Singer**. Als Ms. gedr. New York (1902): E. Zunser. (15 S.) 8° [Umschlagt.] [07. 37400 10

— Zur Kenntnis der motorischen Funktionen des Lendenmarks der Taube. S. 89. III. 67 . . . . . — .30
Separatabdruck

—— zur Kenntniss der motorischen Functionen des Lendenmarks der Taube. [Aus dem deutschen physiolog. Institute der Prager Universität.] Lex.-8. (19 S.) (Ebendas.) 884. *
Vorstehende zwei Schriften sind aus: Sitzungsberichte der k. Akademie der Wissenschaften, besonders abgedruckt.

—— Presse und Judenthum. Mit einem Briefe Mr. Laurence Oliphant's an den Verfasser. gr. 8. (VII, 163 S.) Wien 882, (Lippe.) *
—— dass. — 2. verm. und verb. Aufl. gr. 8. (VII, 199 S.) Ebendas. 882. *

—— Sollen die Juden Christen werden? Ein offenes Wort an Freund und Feind. Mit einem Facs.-Schreiben Ernest Renan's an den Verfasser. gr. 8. (VIII, 56 S.) Wien 884, Frank. *
—— dass. — 2. verm. und verb. Aufl. gr. 8. (XV, 143 S.) Ebendas. 884. *

Singer, Isidor (I.), Untersuchungen über die socialen Zustände in den Fabrikbezirken des nordöstlichen Böhmen. Ein Beitrag zur Methodik socialstatist. Beobachtungen. gr. 8. (XII, 269 S. mit 5 Tab.) Leipzig 885, Duncker und Humblot. *

— Über die Veränderungen am Rückenmark nach zeitweiser Verschließung der Bauchaorta (mit 2 Taf.). S. 96. Ill. 12. . . . . 1.20
Separatabdruck

Singer, Isidor (II.), über die Veränderungen am Rückenmark nach zeitweiliger Verschliessung der Bauchaorta. [Aus dem Institute für experimentelle Pathologie der k. k. deutschen Universität zu Prag.] Lex.-8. (20 S. mit 2 Taf.) Wien 888, (Tempsky.) *
Aus: Sitzungsberichte der k. Akademie der Wissenschaften, besonders abgedruckt.

—— über sociale Verhältnisse in Ostasien. Vortrag, im k. k. Handels-Museum zu Wien geh. gr. 8. (28 S.) Wien 888, Deuticke. *

Singer, Isidor (Hrsg.), s. Zeit, Die.

Singer, Karl

Die Abminderung der Sterblichkeitsziffer Münchens. Ein Beitrag z. Frage d. Einwirkung hygienischer u. sozialpolit. Maassnahmen auf d. Gesundheit d. Städte. Von Dr. Karl Singer, Sekr. d. Statist. Amts, München. *München: (J. Lindauer) 1895.* (51 S.) 4°(8°)
Erw. Abdr. aus: Aerztl. Rundschau. 1894, No. 47–49.
= Mitteilungen d. Statist. Amts d. Stadt München. Bd 14. Beilage.

Die Abminderung der Sterblichkeitsziffer Münchens. Ein Beitrag z. Frage d. Einwirkung hygien. u. sozialpolit. Maassnahmen auf d. Gesundheit d. Städte. Von Dr. Karl Singer, Sekr. d. Statist. Amts. München 1895: Seitz & Schauer. (51 S.) 4°(8°)
= [Einzelschriften d. Statist. Amts d. Stadt München. H. 1.]

Armenstatistik Münchens. Untersuchungen über d. persönl. Verhältnisse der von d. Armenpflege unterstützten Personen im Jahre 1906. Von Dr. K[arl] Singer, Dir. d. Statist. Amtes. München: Lindauer in Komm. 1908. (47 S.) 8° [Umschlagt. F.]
= [Einzelschriften d. Statist. Amts d. Stadt München. H. 5.]

Singer, Karl [pr. Arzt aus Aschaffenburg]: Aus d. kgl. Garnisons-Lazareth Würzburg. Beitrag zur Lehre von der Streptokokken-Infektion ... Würzburg, P. Scheiner's Buchdr., 1893; 34 S. 8.
Würzburg, Med. Fak., Inaug.-Diss. v. 1893

SINGER, Karl: Bericht über die Gewinnung und Verarbeitung des Schwarzföhrenharzes. (Harzproductenfabrik in Pernitz bei Wiener-Neustadt) - Wien 1873. 8 S.

Singer, K., die Bodentemperaturen an der k. Sternwarte bei München u. der Zusammenhang ihrer Schwankungen m. den Witterungsverhältnissen. [Aus: „Beobachtgn. d. meteorolog. Stationen im Königr. Bayern".] Imp.-4. (24 S. m. 1 farb. Taf.) München 890. Th. Ackermann's Verl. n. 2.—

Singer, Karl, zur Einführung e. Armenstatistik für München 1906. Hrsg. vom statist. Amt der Stadt München. (6 S.) Lex.-8. München (906). (J. Lindauer.) n. — 20

Singer, Karl, Die Errichtung eines Institutes für sociale Arbeit und die Organisation der Wohlthätigkeit in München. 8⁰. München, J. Lindauer, 1906.

Die Errichtung eines Institutes für Soziale Arbeit und die Organisation der Wohltätigkeit in München. Von Dr. Karl Singer. München: R. Oldenbourg 1906. (47 S.) 8°
= [Einzelschriften d. Statist. Amts d. Stadt München. H. 3.]

Singer, Karl: Soziale Fürsorge, der Weg zum Wohltun. — München & Berlin: Oldenbourg 1904. XXIV, 266 S. 8°

Singer, K., Geburten u. Sterbefälle in deutschen Gross- u. Mittelstädten 1891 (1893)—1905. Auf Grund der Mitteilgn. der beteiligten Städte. (Hrsg. vom statist. Amt der Stadt München.) (14 S.) Lex.-8. München, J. Lindauer. 1906. —. 30.

Hygiene & soziale Fürsorge in München. Eine Auswahl von Einrichtungen in Bild & Zahlen von Dr. K[arl] Singer, Dir. d. Statist. Amtes. München: Lindauer in Komm. (1907). (48 S.) 8°
= [Einzelschriften d. Statist. Amts d. Stadt München. H. 4.]

— Lohnermittlungen im Baugewerbe u. Nahrungsmittelgewerbe in München. Winter 1905/06. (S. 47—76.) Lex.-8. Ebd. 906. n. — 50
Sonderabdr. a.: „Mitteilgn. d. statist. Amtes der Stadt München".

Singer, Karl, Dr., Naturverhältnisse. (Sonder-Abdr.) (o. O. u. J.)

Singer, K., Die Schaffung eines gemeindlichen Fonds zur Förderung der Arbeitslosen-Versicherung. Gutachten I im Auftrage des Magistrats München. — Die Schaffung eines Gemeinde-Fonds zur Förderung der Arbeitslosen-Versicherung in München. Gutachten II. — Arbeitslosenzählung. Bericht im Auftrage des Stadtmagistrats München. — Die Arbeitlosenzählung in München vom 27. November 1904. München, 1903—1904. 49 S.

Singer, Karl: Temperaturmittel für Süddeutschland ... (Aus: Beobacht. d. meteorol. Stationen im Königr. Bayern, hrsg. v. C. Lang u. F. Erk. Bd. X. Jahrg. 1888.) München: k. Hof-Buchdr. v. E. Mühlthaler 1889. 1 Bl. + 65 S. 4⁰
München, Phil. Fak., Inaug.-Diss. v. 1889.

— Temperaturmittel für Süddeutschland. [Aus: „Beobachtgn. d. meteorolog. Stationen im Königr. Bayern".] Imp.-4. (65 S.) Ebd. 889. n. 3.—

Singer, die Verrichtungen des Vormundschaftsgerichts u. des Nachlassgerichts. Nach dem B. G. B. München 900.

Singer, Karl, die Witterung in Süddeutschland 1861—1890. Kurze monatl. Übersichten. [Aus: „Beobachtungen d. meteorolog. Stationen im Königr. Bayern".] gr. 4. (19 S. m. Fig.) München 891. Th. Ackermann's Verl. n. 1. 60

Die Wohnungen der Minderbemittelten in München und die Schaffung unkündbarer kleiner Wohnungen. Denkschrift im Auftr. d. Magistrats-Direktoriums hrsg. von Dr. K[arl] Singer, Sekr. d. Statist. Amts. München: J. Lindauer 1899. (84 S.) 8° [F.]
= [Einzelschriften d. Statist. Amts d. Stadt München. H. 2.]

— Wolkentafeln. (Mit deutschem, französ. u. engl. Text.) 12 Bilder in Kpfr.-Lichtdr. (auf 3 Taf.). In Verbindg. m. mehreren Fachmännern hrsg. Imp.-4. (VIII S.) Ebd. 892. n. 2. 40

Singer, Karl, s. Zeitschrift für Wohnungswesen in Bayern.

Singer, Karl Ludw., Orb u. seine Heilquellen. gr. 8. (6½ B.) Amorbach 840. (Aschaffenburg, Pergay.) Thlr. *

SINGER, Carl Ludwig (Amorbach): De trepanatione.- Monachii: Wolf 1833. 23 S.
9.11.1833 - Urk: F 61
Diss.Ingolst.-Landsh.-Mchn.

Singer, Kaspar

Singer, Casp., physiologische Betrachtungen üb. das Kind. Vortrag geh. im Vereine zur Verbreitg. naturwissenschaftl. Kenntnisse im Festsaale d. k. k. akadem. Gymnasium zu Wien. 8. (31 S.) Wien 876. Hölder. n. -- 80

— das Geistesleben der Blinden. Vortrag geh. am 21. Decbr. 1875. gr. 8. (24 S.) Ebend. 876. n. — 80

— das Geistesleben der Taubstummen. Vortrag geh. am 7. Decbr. 1875. gr. 8. (23 S.) Ebend. 876. n. — 80

— das Herz d. Menschen im gesunden u. kranken Zustande, s.: Sammlung gemeinnütz. populär-wissenschaftl. Vorträge.

Ist Ibsen theatralisch? Eine Studie von Kurt **Singer**. Dresden: E. Pierson (1906.) (29 S.) 8°

Singer, Kurt, ist Ibsen theatralisch? Eine Studie. (VII, 29 S.) gr. 8. Dresden (907). E. Pierson. — 50

Singer, Kurt: Zur Klinik der Lungen-Carcinome. Posen 1908: Mallow. 54 S. 8°
Leipzig, Med. Diss. v. 2. Aug. 1908, Ref. Hoffmann
[Geb. 11. Okt. 85 Berent; Wohnort: Berlin; Staatsangeh.: Preußen; Vorbildung: Gymn. Koblenz Reife O. 03; Studium: Berlin 10 S.; Coll. 11. Aug. 08.] [U 08. 2882

— Methodik des Violinspiels, s.: Handbücher d. Musiklehre. (Grünberg, Max.)

Singer, Kurt, die Motive der indischen Geldreform, s.a. Abhandlungen aus dem staatswissenschaftl. Seminar zu Strassburg. 26. Heft.

Die Motive der indischen Geldreform. Von Kurt **Singer**, Dr. rer. pol. Strassburg: Trübner 1910. VI, 113 S. 8°
(Abhandlungen aus d. Staatswissenschaftl. Seminar zu Strassburg. H. 26.) [10. 18327

Singer, Kurt, aus Breslau: Über Sehstörungen nach Blutverlust. *Hamburg & Leipzig: L. Voß 1902.* (103 S.) 8°
¶ (Aus: Beiträge zur Augenheilkunde, H. 53.)
Leipzig, Med. Diss. v. (13. Febr.) 1902

Singer, Kurt, über Sehstörungen nach Blutverlust, s.a. Beiträge zur Augenheilkunde. 53.

Singer, Kurt: Über Sehstörungen nach Blutverlust. Von Dr. Kurt Singer, Arzt in Bad Salzbrunn. Hamburg & Leipzig: L. Voss 1902. (103 S.) 8°
Beiträge z. Augenheilkunde. H. 53.

SINGER, Leonhard (Ettlishofen): Auch ein Wort über Cholera.- München 1837. 27 S.
10.4.1835 - Urk: F 62
Diss. Ingolst.-Landsh.-Mchn.

Singer, Leopold, dipl. techn. Chemiker aus Wien: Beiträge zur Theorie der Petroleumbildung. Wien C. Fromme 1893. 70 S. 8°.
Zürich, Phil. Diss. [v. 5. Dec. 1892].

Singer, Leop., die österr. Verfassg., s.a. Miniatur-Bibliothek.

Singer, L., Die österreichische Verfassung. (79 S.) Leipzig, A. O. Paul. —. 10.

Singer, Ludw., Grillparzers Frauengestalten. Mit Illustr. zu Grillparzers Werken v. Frz. Thiele. (In 20 Lfgn.) 1. Lfg.: Sappho. gr. 8. (32 S.) Wien 891. M. Breitenstein. n. — 50

Singer Dr. Ludwig: Grammatisches zu Wielands Geron. 42. Wien II. U. R. (XX. Frz. Jos. R.) 95.
Progr.

Singer, Ludwig: Gustav Hiebel. Gestorben am 28. Februar 1908.
S. 30—32. 8. K. k. I. Staatsrealschule im II. Bezirke *Wien* 1908.
Progr.

Singer Ludwig: Kleons Leben.
II. 1881 PN 207 Diss. Wien, Univ. 664

—— Zur Rother-Sage. gr. 8. (25 S.) Lpz. 889, (Fock). *

— Die wirtschaftlichen und politischen Tendenzen des Narrenschiffes und einiger anderen Dichtungen des Sebastian Brant. 30. Prag I. St. R. 96.
Progr.

— wie Oesterreich an die Habsburger kam, s.: Vorträge, volksthümliche, d. allg. n.-ö. Volksbildungsverein.

Singer, Martin: Über Diazosulfone und Ketone. Orsova 1897: J. Handl. (36 S.) 8°
Würzburg, Phil. Diss. v. 1897.

Singer Max: Arbeiten des pflanzenphysiologischen Institutes der k. k. Wiener Universität. 22. Beiträge zur näheren Kenntnis der Holzsubstanz und der verholzten Gewebe. S. 85. L. 35 . . . . vgr.
Separatabdruck

Singer, Max, Beiträge zur näheren Kenntniss der Holzsubstanz u. der verholzten Gewebe. [Arbeiten aus dem pflanzenphysiolog. Institute der k. k. Wiener Universität.] [Aus: „Sitzungsber. d. k. Akad. d. Wiss."] Lex.-8. (16 S.) Wien 882. (Gerold's Sohn.) n.n. — 30

Singer Dr. Max.: Beobachtungen über das Lichtklima von Prag und seiner Umgebung. 16. kön. Weinberge 99.
Progr.

Singer, Max, dictionnaire des roses ou guide général du rosiériste. 2 tomes. 8. (VI, 439; 363 S. mit Holzschntaf.) Berlin 885, Parey. *

Singer, Max, es war einmal . . ., s.: Zemlinsky, Alex.

*Singer, Maximilian: Experimente beim botanischen Unterrichte im Obergymnasium. S. [illegible]—15. 8.
Progr. K. k. deutsches Staatsgymn. in der Stadt *Kgl. Weinberge* 1901.

Singer, Max, über Flussregime u. Talsperrenbau in den Ostalpen. Vortrag, geh. in der Versammlg. der Fachgruppe der Bau- u. Eisenbahn-Ingenieure am 5. IV. 1909. (43 S. m. 13 Abbild.) Lex. 8. Wien 909. (Lehmann & Wentzel.) 2. —
Sonderabdr. aus: „Ztschr. d. öst. Ingen.- u. Archit.-Ver."

Singer, Max, la teinture moderne. Recueil des principaux procédés pratiques de teinture, d'impression et de blanchiment, suivi d'un aperçu de la fabrication des matières tinctoriales, des falsifications et altérations etc. gr. 8. (XXXV, 767 S.) Leipzig 875. G. Weigel. n. 20. —

— **Über Wasserwirtschaft im Gebirge. Vortrag, geh. in der Versammlg. der Fachgruppe f. Verwaltungs- u. Wirtschaftstechnik am 8. III. 1909. (30 S. m. 5 Abb.) Lex. 8. Ebd. 909.** 1.50
Sonderabdr. aus: „Ztschr. d. öst. Ingen.- u. Archit.-Ver."

Singer, Maximilian, Der Friedensengel. Schauspiel in einem Aufzuge. 8. (31 S.) —.30
Wien: Dirnböck 1891.

Singer, Mich., jüdisches Blut, s. a. Universal-Bibliothek, jüdische.

Singer, M. Jüdisches Blut. Erzählungen. 12. (199 S.) Budap. 891, Grill. * 3 —

Singer, Michail: Über den Einfluss des Rechtsirrtums auf den Vorsatz im deutschen Strafrecht. Freiburg i. B.: Hammerschlag & Kahle 1909. 131 S. 8°
Heidelberg, Jur. Diss. v. 16. Okt. 1909, Ref. v. Lilienthal
[Geb. 10. Sept. 81 Petersburg; Wohnort: Petersburg; Staatsangeh.: Rußland; Vorbildung: 5. Gymn. Petersburg Reife 00; Studium: Freiburg i. B. 8 S.; Rig. 5. Aug. 09.] [U 10. 2019

Singer Oskar. Über die wechselseitige Induktion zweier auf eine Kugelschale gleichmäßig gewickelter Windungslagen. S. 105. IIa. 165 . . . . —.30
Separatabdruck

Singer, Osc., üb. d. wechselseitige Induction zweier auf e. Kugelschale gleichmässig gewickelter Windungslagen. [Aus: „Sitzungsber. d. k. Akad. d. Wiss."] gr. 8. (5 S.) Wien 896. (C. Gerold's Sohn.) n. — 30

— Über galvanische Polarisation fester und geschmolzener Salze (mit 6 Textfiguren). S. 107. IIa. 250 . . . . —.60
Separatabdruck

— **über galvanische Polarisation fester u. geschmolzener Salze. [Aus: „Sitzungsber. d. k. Akad. d. Wiss."] gr. 8. (22 S. m. 6 Fig.) Ebd. 898. n. — 60**

Singer, Otto, allgem. Gesangschule, s.: Iffert, Aug.

Singer, Paul, Bericht üb. die parlamentarische Thätigkeit d. sozialdemokrat. Reichstagsfraktion. 14. XI. 1899 bis 12. VI. 1900. gr. 8. (48 S.) Berlin 900. Buchh. Vorwärts. n. — 10

Singer, Paul, aus Gera, Reuss j. L.: Beziehungen des schmalkaldischen Bundes zu England im Jahre 1539. *Greifswald 1901: H. Adler.* (97 S.) 8°
Greifswald. Phil. Diss. v. 16. März 1901

Singer, P., Gesetz, betr. Invaliditäts- u. Altersversicherung, s.: Bebel, A.

— **„Der Kampf ums Recht".** Eine Rede zur Frage der „kaufmänn. Schiedsgerichte", geh. in e. vom Centralverband der Handlungsgehülfen u. Gehülfinnen Deutschlands u. vom Centralverband der Handelshülfsarbeiter einberufenen öffentl. Versammlg. in Berlin, am 10. II. 1902. Mit Anh.: Zur Geschichte der „kaufmänn. Schiedsgerichte". gr. 8. (80 S.) Hamburg 902. M. Josephsohn. — 15

Singer, Pet., geistliche Betrachtungs-Uhr. Uebung eines ununterbrochenen innern Umganges mit Jesus Christus in seinem Leben und Leiden und in seiner Glorie, nach den 24 Stunden des Tages und der Nacht abgetheilt. 4. nach dem Tode des Verf. für das christl. Volk umgearb. und mit einem Gebetbuch verm. Aufl. von Philibert Seeböck. 16. (III, 428 S. mit 1 Stahlst. und 1 Stnt.) Salzburg 883, Pustet. *
geb. in Leinw. * ℳ 1,50.; in Ldr. *
geb. mit Goldschn. * ℳ 2,10.; in Chagrinldr. mit Goldschn. *

Singer, Peter, geistliche Betrachtungs-Uhr. Uebung eines ununterbrochenen inneren Umganges mit Jesus Christus in seinem Leben und Leiden und in seiner Glorie, nach den 24 Stunden des Tages und der Nacht abgetheilt. 5., nach dem Tode des Verf. für das christl. Volk umgearb. und mit einem Gebetbuch verm. Aufl. von Philibert Seeböck. 16. (III, 440 S. mit 1 lithogr. Tab. und 1 Stahlst.) Salzburg 888, Pustet. *

Singer, Pet., geistliche Betrachtungs-Uhr. Uebung e. ununterbrochenen inneren Umganges m. Jesus Christus in seinem Leben u. Leiden u. in seiner Glorie, nach den 24 Stunden des Tages u. der Nacht abgetheilt. 6., nach dem Tode des Verf. f. das christl. Volk umgearb. u. m. e. Gebetbuch verm. Aufl. v. Philib. Seeböck, Ord. S. Fr. gr. 16. (III, 448 S. m. 1 Stahlst. u. 1 Taf.) Salzburg (899). A. Pustet. n. 1. —

Singer's, Peter, metaphysische Blicke in die Tonwelt nebst einem dadurch veranlaßten neuen System der Tonwissenschaft. Hrsg. von Georg Phillips. gr. 8. (VIII u. 224 S.) München 847, Literarisch-artistische Anstalt. n. 1 ß 2 ngr.

Singer, Richard, s.: Buchführungs-Kalender, Fromme's.

Singer, Rich., statistische Daten über die Besteuerung der Prioritäten-Coupons der österreichisch-ungarischen Eisenbahnen u. die Texte dieser Coupons. gr. 8. (V, 35 S.) Wien 881. Gerold's Sohn. n. 1. 20

Singer, Rich., s.: Fromme's Buchführung.

Singer, R., Lehrbuch der gewerbl. Buchführung, nebst einem Anhange: Das Wichtigste über Wechselkunde und über dem Wechselstempel. Wien 1889. M. Perles. Cart. —.80. (Min.-Erl. 10. Juli 1889. Z. 12720.)

— Lehrbuch d. gewerblichen Buchführung, nebst e. Anh.: Das Wichtigste aus d. Wechselkunde u. üb. d. Wechselstempel, f. Werkmeisterschulen, allg. Handwerkerschulen, gewerbl. Fachschulen u. verw. Lehranst., sow. z. Selbstunterrichte. 2. Aufl. gr. 8. (VIII, 187 S.) Wien 895. M. Perles. Kart. n.n. 1. 60

— **Lehrbuch der gewerblichen Buchführung, nebst einem Anh.:** Das Wichtigste **aus der Wechselkunde u. üb. den Wechselstempel, f. Werkmeisterschulen, allg. Handwerkerschulen, gewerbl. Fachschulen u. verwandte Lehranstalten, sowie zum Selbstunterrichte. 3. Aufl. gr. 8. (IV, 188 S.) Wien 902. M. Perles. Kart. n.n. 1. 60**

— **allgem. deutscher Muster-Briefsteller, s.: Saal, Geo. v.**

Singer, Rud., Hamburger Firmen aus d. vorigen Jahrhundert. M. vielen Nachbildgn. alter Dokumente. [Aus: „Hamburgs Handel u. Verkehr".] gr. 8. (26 S.) Hamburg 897. A.-G. „Neue Börsen-Halle". n. 1. —

Singer, Rud., das Recht auf Arbeit in geschichtl. Darstellg. gr. 8. (VI, 84 S.) Jena 895. G. Fischer. n. 2. —

— ein Spaziergang durch Hamburgs City. M. zahlr. Illustr. v. C. Schildt. [Aus: „Hamburgs Handel u. Verkehr".] gr. 8. (24 S.) Ebd. 897. n. 1. —

Singer, S., erste Anleitung zur Buchstabenrechnung f. Mittelschulen. Auf Grundlage d. neuen Lehrplanes f. die österr. Realschulen zunächst f. die 3. Klasse der Unter-Realschule. 2. verm. Aufl. gr. 8. (IV, 57 S.) Wien 872. Hölder. n. — 80

Singer, Salomon: Onkelos und das Verhältniss seines Targums zur Halacha. Halle 1881: (Itzkowski in Berlin). 60 S. 8°
Halle-Wittenberg. Phil. Diss. v. [23. März] 1881
Geb. Német-Ujvar (= Güssing; Ungarn) 4. 8. 1850. V.
Im Buchhandel Berlin: Frankfurt a. M.: Kauffmann 1881. IV, 60 S.

Singer, Salomon, Onkelos und das Verhältniss seines Targums zur Halacha. gr. 8. (IV, 60 S.) Berlin 881. (Frankfurt a. M., Kauffmann.) *

Singer, Samuel

Singer, S., Apollonius v. Tyrus. Untersuchgn. üb. das Fortleben des antiken Romans in spätern Zeiten. gr. 8. (VI, 228 S.) Halle 895. M. Niemeyer. n. 6. —

Singer, S., Beiträge zur Literatur der kroatischen Volkspoesie. gr. 8. (IX, 111 S.) Agram 882. Hartman's Buchh. n. 1. 20

— Bemerkungen zu Wolframs Parzival, s.: Abhandlungen zur german. Philologie.

Singer Samuel Dr.: Bruchstück eines Wörterbuches der germanischen Sprachen mit etymologischen Erörterungen unter besonderer Rücksichtnahme auf den Vokalismus.
1885 PN 382 Diss. Wien, Univ. 26

Singer, S[amuel] s. Heinrich von Neustadt. ... «Apollonius von Tyrland»....

— die deutsche Kultur im Spiegel des Bedeutungslehnwortes, s.a. Mitteilungen der Gesellschaft f. deutsche Sprache in Zürich.

Singer, S[amuel]. Die deutsche Kultur im Spiegel des Bedeutungslehnwortes. Vortrag gehalten in der Gesellschaftssitzung vom 23. Januar 1903. IV + 20 S. 8. Zürich, Zürcher & Furrer, 1903. [fr. 1. —]
Mitteilungen der Gesellschaft für deutsche Sprache in Zürich. Heft 7.

— schweizer Märchen. s.a. Untersuchungen zur neueren Sprach- u. Literaturgeschichte. 3. u. 10. Hft.

Schweizer Märchen. Anfang e. Kommentars zu d. veröffentlichten Schweizer Märchenliteratur. Von Prof. Dr. S[amuel] Singer. Mit 1 Abb. Bern: A. Francke 1903. (77 S.) 8°
= Untersuchungen z. neueren Sprach- u. Literaturgeschichte. H. 3. [03. 14367]

Singer, S[amuel]. Schweizer Märchen. Anfang eines Kommentars zu der veröffentlichten Schweizer Märchenliteratur. Erste Fortsetzung. Mit einer Abbildung [und 1 Tabelle]. VI + 167 S. 8. Bern, A. Francke, 1906. (fr. 5. —)
Untersuchungen zur neueren Sprach- und Literaturgeschichte. Hrg. von Professor Dr. Oskar F[ranz] Walzel. Heft 10....

Singer, S., Mittelalter u. Renaissance. — Die Wiedergeburt des Epos u. die Entstehung des neueren Romans, s.a. Sprache u. Dichtung. 2. Heft.

Singer, S[amuel]. Mittelalter und Renaissance — Die Wiedergeburt des Epos und die Entstehung des neueren Romans. Zwei akademische Vorträge. VIII + 56 S. 8. Tübingen, J. C. B. Mohr, 1910. [M. 1. 80]
Sprache und Dichtung.... Heft 2.

Singer, S., die mittelhochdeutsche Schriftsprache, s.a. Mitteilungen der Gesellschaft f. deutsche Sprache in Zürich. 5. Hft.

Singer, Samuel: Die mittelhochdeutsche Schriftsprache. Vortrag geh. in d. Gesellsch. am 3. Nov. 1899 von Dr. S[amuel] Singer, Prof. zu Bern. Zürich: E. Speidel 1900. (23 S.) 8°
Mitteilungen d. Gesellschaft f. deutsche Sprache in Zürich. H. 5.

Singer, S[amuel]. Sprache und Werke des Niclaus Manuel. 8.
In: Zeitschrift für hochdeutsche Mundarten. [Jahrg.] 2 [Heft 1/2]. [Heidelberg, Carl Winter, 1901.] S. 5 – 13.

Singer, S., siehe: *Volksbücher.*

Singer, S. Deutsche Volksbücher, s. Bibliothek d. litterarischen Vereins in Stuttgart.

Singer, S., Willehalm, s.a. Bibliothek der mittelhochdeutschen Litteratur in Böhmen.

Singer, S., Willehalm. Ein Rittergedicht aus der zweiten Hälfte des dreizehnten Jahrhunderts von Meister Ulrich von dem Türlin. Gr.-8. (LXXXIX, 410 S.) Prag: Dominicus 1893.

Singer, Sam. Weller, s. Shakespeare's dramatic Works.

SINGER, SIGMUND. Beiträge zur Kenntniss der am Bauersberge bei Bischofsheim vor der Rhön vorkommenden Sulfate. Würzburg, 1879.

Singer, Sophie Wilh., s. Emiliens Reise.

— s. Minna, ..., Feierstunden.

Singer, Vilmos, Szépirási minták, iskolai és magán-oktatásra. (Wilhelm Singer, Vorlegeblätter zum Schönschreiben, zum Schul- und Privatunterrichte.) (20 S.) Pest, Lauffer & Stolp. 1862 In Umschlag 40 kr.

Singer, W., die Destillierkunst der Neuzeit auf warmem u. kaltem Wege. Genaue Anleitg. zur Nutzbarmachg. d. neuesten Erfahrgn. auf dem Gebiete d. Destillier- u. Getränkkunde, nebst Mitteilg. v. Orig.-Rezepten m. Erläutergn., darunter viele, welche bis jetzt ganz unbekannt u. behufs Ausbeutg. v. Wichtigkeit u. hohem Werte sind. gr. 8. (80 S.) Berlin 895. S. Mode's Verl. 3. —

Singer, W., die Destillierkunst der Neuzeit auf warmem u. kaltem Wege. Genaue Anleitg. zur Nutzbarmachg. der neuesten Erfahrgn. auf dem Gebiete der Destillier- u. Getränkkunde, nebst Mitteilg. von Orig.-Rezepten m. Erläutergn., darunter viele, welche bis jetzt ganz unbekannt u. behufs Ausbeutung von Wichtigkeit u. hohem Werte sind. 4. Aufl. 8. (105 u. IV S.) Berlin 900. S. Mode's Verl. 3. —

Singer, Wilhelm. Die Berufswürde in den Pressfehden von Wilhelm Singer (Wien). [Bericht erstattet am:] 8. Internationaler Presskongress, Bern, Juli 1902. 14 S. 8. [Bern, H. Jent.]

Singer, Wilh., das Buch der Jubiläen od. die Leptogenesis. I. Thl.: Tendenz u. Ursprung. Zugleich ein Beitrag zur Religionsgeschichte. gr. 8. (IV, 323 S.) (Stuhlweissenburg (898.) Liptó-Szt. Miklós, Ungarn, Rabbiner Singer. n. 8. —

Singer, Wilhelm. La dignité professionnelle dans les polémiques de presse par Guillaume Singer ⟨Vienne⟩. [Rapport présenté au] 8e Congrès international de la Presse, Berne, Juillet 1902. 13 p. 8. [Berne, H. Jent.]

Singer, Wilhelm. La Dignité professionnelle dans les Polémiques de Presse. Rapporteur: Guillaume Singer, ... à Vienne ⟨Autriche⟩. [Présenté au 8e] Congrès [international de la Presse,] Berne [Juillet 1902]. 44 p. 8. Vienne, Impr. «Steyrermühl».

Singer, Wilh., neue Lehrmethode für den hebräischen Lese- u. Sprachunterricht in der 1. Klasse. Pest 867. Lauffer's Verlag. 8. (64 S. mit 3 Steintaff. in 16.) n. 5 ngr.

Singer, Wilhelm: Vorlegeblätter zum Schönschreiben ..., s. Singer, Vilmos

Singer v. Moffau, Anna Renata, die letzte deutsche Hexe. Ein Geschichtsbild, dargestellt zur Erinnerung an den nunmehr hundertjähr. Niedergang eines langen u. grauenvollen Irrwahns u. an die Befreiung von der Schmach wälscher Inquisition in Deutschland. Nebst einem Abriß der Geschichte der Hexenprocesse im Allgemeinen u. beiliegenden Actenstücken sowie einem sächs. Hexenprocesse aus d. 17. Jahrh. gr. 8. (142 S.) Leipzig 849, Serig in Comm. n. 1/3 ℔

SINGER von Moffau. Anna Renata, die letzte deutsche Hexe. Geschichtsbild, nebst Abriß der Geschichte der Hexenprocesse und einem sächsischen Hexenproceß aus dem XVII. Jahrhundert. O. O. (Pirna, Selbstverlag des Verfassers), 1849. Gr. 8°. 142 S.

Singerkriec, der, uf Wartburc. Gedicht aus d. XIII. Jahrh.; zum ersten Male genau nach d. Jenaer Urkunde nebst d. Abweichungen d. Manesse u. d. Lohengrins hrsg. u. mit d. alten zu Jena aufbewahrten Sangweisen, wie mit e. Einleit., Uebersetz., sprachl. u. geschichtl. Erläutern. begl. v. Lud. Ettmüller. (Beigegeben ist Rotes Gedicht üb. d. Wartburgskrieg.) gr. 8. (16 B. u. 2 Musikbeil.) Ilmenau 830, [Weimar,] Voigt.

Singesteer, Martin, eine Nachtwächtergeschichte, 8. Altona, 783. Kaven. 15 sgl.

Singestett, Martin; eine Nachtwächtergesch. 8. Wertheim. Brückner. 783.

Singesteet, Martin, eine Nachtwächtergeschichte. Wertheim u. Leipzig [Römhild] 1783. V: *Geisler, Adam Friedrich.* (Wr) (MGT) (Ky)

Singestunden, die, in der Volksschule, oder ganz einfacher u. leichter Unterricht im mehrstimmigen Gesange nach Ziffern, nebst 85 sorgfältig ausgewählten u. methodisch geordneten Uebungsstücken Größtentheils 4stimmig, für 3 Kinderstimmen u. Baß. Beigefügt sind: die liturgischen Chorgesänge zur Kirchenagende in Berlin. 2e Aufl. 4. Jauer 825. (Breslau, Graß, Barth u. C.)

Singestunden, die, in der Volksschule, oder ganz einfacher und leichter Unterricht im mehrst. Gesange nach Ziffern. 4. Breslau 838. Graß, Barth u. Comp. 5/12 ℔

Singet dem Herrn. Sechs (chromolithogr.) Blumenkarten mit Liedern und Melodien. 16. (4 S.) Hermannsburg 877, Missionshausdruckerei. **

Singet dem Herrn! Bundesharfe für evang. Jünglings- und Männervereine. Hrsg. vom Comité des Rheinisch-Westfäl. [Westdeutschen] Jünglingsbundes. 8. (VIII, 380 S.) Gütersloh 880, (Bertelsmann.) geb. *

—— dass. — Kleine Liedersammlung für Kindergottesdienste von A. 8. (16 S.) Halle 882, Buchh. des Waisenhauses. *

Singet dem Herrn! Bundesharfe für evangel. Jünglings- und Männervereine. Hrsg. vom Komitee des rheinisch-westfäl. [westdeutschen] Jünglingsbundes. 2. unveränd. Aufl. 8. (VIII, 380 S.) Gütersloh 885, Bertelsmann. *

Singet dem Herrn, 3. Aufl., s. a. Liederbüchlein f. den evangelischen Kindergottesdienst.

— dem Herrn! Kleine Liedersammlg. f. Kindergottesdienste v. A. 3. Aufl. 8. (16 S.) Halle 887. Buchhandlg. d. Waisenhauses. n.n. — 10

Singet dem Herrn! Bundesharfe f. evangel. Jünglings- u. Männervereine. Hrsg. v. Komitee des Westdeutschen Jünglingsbundes. 3. u. 4. Aufl. 8. (VIII, 380 S.) Elberf. 889,92, Schriftenverlag d. Westdeutschen Jünglingsbundes. geb. * 2 —

—— dem Herrn. Ein Liederbüchlein f. evangel. Feste u. Vereine. Mit e. Anh.: Ordnung d. Kindergottesdienstes. gr. 16. (47 S.) [Würzb. 892.] Dresd., Hertz. cart. * — 30

— dasselbe. Kleine Liedersammlung f. Kindergottesdienste v. A. 5. Aufl. 8. (16 S.) Halle 893. Buchh. des Waisenhauses. n.n. — 10

— dasselbe (ohne Noten). Eine Auswahl d. beliebtesten Gemeinschaftslieder. Hrsg. v. d. Evang. Gesellschaft f. Deutschland. gr. 16. (161 S.) Ebd. 894. n. — 30

Singet dem Herrn! Mit Anh. aus „Kinder-Hosianna". Noten-Ausg. E. Auswahl d. beliebtesten Gemeinschafts- u. Sonntagsschullieder. Hrsg. v. d. Evang. Gesellschaft f. Deutschland. 8. (V, 379 S.) Elberfeld 897. Buchh. d. Evang. Gesellschaft. n. 1.50; geb. in Leinw. n. 2.—

— dem Herrn! Organ d. evangel. Sängerbundes. Red.: W. Kniepkamp. 1. Jahrg. 1899. 12 Nrn. (à Nr. ca. 8 S. m. 1 Bildn. u. 3 Musikbeilagen in qu. gr. 8. à 4 S.) gr. 4. Düsseldorf, C. Schaffnit. 1.50

Singet dem Herrn! Organ des evangel. Sängerbundes. Red.: E. Brecher u. W. Kniepkamp. 2.—4. Jahrg. 1900—1902. à 12 Nrn. Mit 9 Notenbeilagen. hoch 4. (à ca. 8 S.) Elberfeld, Buchh. der ev. Gesellschaft. à Jahrg. 1.50
Der 2. Jahrg. ist v. W. Kniepkamp allein redigiert.

Singet dem Herrn! Bundesharfe für evangelische Jünglings- und Männervereine. Hrsg. v. Komitee d. Westdeutschen Jünglingsbundes. Bd [1.] 2. Elberfeld: Jünglingsbund 1900–03. 2 Bde 8° [F.]
[1.] 7. Aufl. 1900. 2. 2. Aufl. 1903. [03. 7978

Singot dem Herrn! Mit Anh. aus 'Kinder-Hosianna'. ⟨Ausg. B.⟩ Eine Auswahl d. beliebtesten Gemeinschafts- u. Sonntagsschullieder. Hrsg. von d. Ev. Gesellsch. f. Deutschl. 2. Aufl. *Elberfeld: Ev. Gesellsch. 1901.* (218 S.) 8° [F.] [01. 8018 B

Singet dem Herrn! Ausg. A (ohne Anh. aus „Kinder-Hosianna"). Eine Auswahl der beliebtesten Gemeinschaftslieder. Hrsg. v. der Evang. Gesellschaft f. Deutschland. 4. Aufl. 12. (162 S.) Elberfeld 902. Buchh. der ev. Gesellschaft. n. — 30

— dasselbe. Organ des evangel. Sängerbundes. Red.: E. Brecher u. W. Kniepkamp. 5.—8. Jahrg. 1903—1906. à 12 Nrn. Mit je 9 Notenbeilagen. (à ca. 8 S.) hoch 4. Elberfeld, Buchh. der ev. Gesellschaft f. Deutschland. à Jhrg. 1. 50

Singet dem Herrn! Mit Anh. aus 'Kinder-Hosianna'. ⟨Ausg. B.⟩ Eine Auswahl d. beliebtesten Gemeinschafts- u. Sonntagsschullieder. Hrsg. von d. Evang. Gesellsch. f. Deutschland. 5. ⟨Ster.-⟩ Aufl. d. Ausg. B. Elberfeld: Evang. Gesellsch. f. Deutschland 1905. (197 S.) 8° [F.] [05. 3386

— dem Herrn! Organ des evangel. Sängerbundes. Im Auftrag des evangel. Sängerbundes hrsg. v. Keeser, Brecher u. Kniepkamp. 9.—12. Jahrg. 1907—1910. à 12 Nrn. Mit 9 Notenbeilag. (à ca. 16 S.) 8. Elberfeld, Buchh. d. ev. Gesellsch. f. Deutschland. 1.50

Singet dem Herrn! Mit Anh. aus: „Kinder-Hosianna". (Ausg. B.) Eine Auswahl d. beliebtesten Gemeinschafts- u. Sonntagsschullieder. Hrsg. v. der evang. Gesellschaft f. Deutschland. 7. (Ster.-)Aufl. der Ausg. B. (206 S.) kl. 8. Elberfeld 909. Buchh. der ev. Gesellsch. f. Deutschland. In Leinw. kart. — 40

Singeübungen, herausgg. von d. Conservatorium d. Musik zu Paris. 4 Hefte. Leipz., Breitkopf u. H. 4 ℔ 4 ℊ

Singewald, Herm., der agent provocatour, s. a. Abhandlungen, strafrechtliche.

Der agent provocateur. Ein Beitrag z. Theorie d. Teilnahme am Verbrechen. Von Hermann **Singewald**, Ref. Breslau: Schletter 1908. (IX, 123 S.) 8°
— **Abhandlungen**, Strafrechtliche. H. 83. 108. 6102 6

Singgedicht zum feyerlichen Andenken des weiland Hochw. Provincial-Grossmeisters der vereinigten Freymäurer-Logen [!] in Deutschland und den königlichen dänischen Reichen und Ländern musicalisch aufgeführt in der Loge Zorobabel zum Nordstern in Kopenhagen. [Kopenhagen] 1777: [N. Möller]. 4 Bl. 8°
in: **Abrahamson, W. H. F.: Trauerrede z.** feyerl. Andenken **d. weiland Hochw. Prov.-Grmstrs d. vereinigten Frmr-Logen in** Deutschland. **1777 Anh.**
Kl. 1336. Ohne Noten: **„In diese Klag' und** Trauertöne, . . ."

Singgedicht auf die feyerliche Einweihung des Hochfürstl. Lustschlosses Würzau . . . Mitau 1783. V: *Kütner, Carl August.* (R-N)

Singgedicht dem hohen Geburtsfeste Ihro Hochfürstlichen Durchlaucht, der Herzogin geweihet . . . Mitau 1788. V: *Kütner, Carl August.* (R-N)

Singgedicht auf den Geburtstag Sr. Kön. Hoh. des Kronprinzen Christian. Kopenh. 1761. V: *Cramer, Johann Andr.* (Bruun, Bibl. Danica III, 467.)

Singgedicht auf Seiner Majestät des Königes Geburtstag. Kopenh. 1761. V: *Klopstock, Frdr. Gottlieb.* (Bruun, Bibl. Danica III, 425.) (Collin, Anonymer. Kiobenh. 1869.)

Singgedicht auf die Rückkehr . . . des Kronprinzen von Preussen aus Russland . . . Mitau 1780. V: *Kütner, Carl August.* (R-N)

Singgedicht, welches an dem von Seiner Kgl. Maj. angeordneten Jubel-Feste wegen der . . . vor hundert Jahren eingeführten Souveränität des mildesten Regiments bey der feyerlichen Jubel-Predigt am 16. Oct. 1760 in der ev.-luth. Hauptkirche in Altona nach Telemannischer Composition harmonisch aufgeführet wurde. — Altona (1760): Schade. 16 S. 8° (4°)

Bey der den 2. Aug. 1747 auf dem Collegio Carolino angestellten Feyer des . . . Geburtsfestes des . . . Herrn Carl, regierenden Herzogs zu Braunschweig und Lüneburg &c. &c. wurde nachstehendes **Singgedichte** aufgeführet. 2 Bl. 8°

Singheimer, L., Arbeiterwohnungsfrage, s. Volksbücher d. Rechtskde.

Singhof, Gottfried, a. Erlangen: Der Mannheimer Kohlen-Großhandel. Entwicklung, seitherige Gestaltung und künftige Organisation desselben. Heidelberg 1905: Heidelberger Verlagsanstalt. (97 S.) 8° [F.]
Heidelberg, Phil. Fak., Ref. Rathgen, Diss. v. 21. Juni 1905
[Geb. 1. Dez. 80 Erlangen; Wohnort: Heidelberg; Staatsangeh.: Preußen; Vorbildung: Gymn. Heidelberg Reife M. 99; Studium: Heidelberg 7 S.; Rig. 28. Febr. 05.]

Singhof, Gottfr., der Mannheimer Kohlen-Großhandel. Entwicklung, seither. Gestaltg. u. künft. Organisation desselben. Diss. (97 S.) gr. 8. Heidelberg 905. Heidelberger Verlagsanstalt u. Druckerei. n. 1.50

Singhof, Ludwig, aus Bensheim a. d. B.: Über den **Gefäßbündelverlauf** in den Blumenblättern der Iridaceen. *Jena: G. Fischer 1903.* (36 S.) 8°
Heidelberg, Naturw.-math. Diss. v. 1903

Singhof, Wilhelm [aus Langenschwalbach]: I. Zur Kenntnis der Diäthyl- und Dimethylglutarsäuren. II. Verhalten der Anhydride bromierter Bernsteinsäuren und Glutarsäuren gegen organische Basen . . . Heidelberg, Univ.-Buchdr. v. J. Hörning, 1896; 39 S., 1 Bl. 8.
Heidelberg, Naturw.-math. Fac., Inaug.-Diss. v. [11. Aug.] 1896

Singhof, Wilh., I. Zur Kenntnis d. Diäthyl- u. Dimethylglutarsäuren. – II. Verhalten d. Anhydride bromierter Bernsteinsäuren u. Glutarsäuren gegen organische Basen. Diss. gr. 8. (39 S.) Heidelberg 898. (J. Hörning.) n. — 80

Singlair, Julie, s. Sinclair.

Single, Chrn., Abbildungen der vorzüglichsten und hauptsächlichsten Traubensorten Württembergs. Im Auftrag der Königl. Württembergischen Centralstelle für die Landwirthschaft herausg. 19 (lith.) Taf. in Farbendr. (in 4. u. Fol.), größtentheils nach Orig.-Zeichngn. Stuttgart 860. Ebner & Seubert. gr. 4. (VI, 96 S. m. Holzschn.) n. 3 ℔ 10 ngr.

Single, Johs., die glorreich würdigste Zukunft unseres Herrn und Heilandes Jesu Christi, angezeigt zu welcher Zeit die Zukunft geschehen wird und der Welt Ende. Verbunden mit der ersten Auferstehung und mit dem tausendjährigen Reich, sammt dem jüngsten Gericht. Nagold 853. Zaiser in Comm. 8. (16 S.) 1 ngr.

Singlieder, Hundert, für die Landjugend. Hermannstadt 1844. H: *Schoger, Johann.* (Trausch)

Sing- u. Spiellieder für die Elementarschule. Eine Beigabe zu „Lebensbilder I., Lese- u. Schreibefibel für Elementarklassen von Berthelt, Jäkel, Petermann, Thomas". Hrsg. von einem prakt. Schulmanne. 8. (VIII u. 31 S.) Leipzig 852, Klinkhardt. 3 ngr

Singmeister, der. gr. 4. Braunschweig 835. Busse. 3/4 ₰ — 3e Aufl. gr. 4. Leipzig 839. Graven. 3/4 ₰

Singmesse, lateinische, f. das Seelen-Amt. Zusammengestellt nach dem Handbuche d. röm. Rituals f. die Diöcese Paderborn. gr. 16. (8 S.) Lippstadt 872. Kempel. — 10

Sing-Sang, allerlei. Gedichte eines Verschollenen. München 870. Wagner. 8. (V, 217 S.) 25 ngr.

Singschule, die,. Operette v. Baczko. 8. Königsb. Unzer. 794.

Singschule. Eine Sammlung 2- u. 3stimm. Lieder f. Schule, Haus u. Leben (von Bach.) 1—4. Hft. 16. Coblenz, Hölscher. *

Hft. 1. 50 Lieder, wovon 39 zwei- u. 11 dreistimmig sind nebst einleit. Uebungen. 1. Aufl. (2¼ B.) 844. 2½ Ngr. 2. Stereot.-Aufl. (2¼ B.) 846. * 2 Ngr.
Hft. 2. 50 Lieder nebst einleit. Uebungen. (2 B.) 845. 2 Ngr.
" 3. 50 zweistimm. Lieder nebst einleit. Uebungen. (2¼ B.) 846. * 2 Ngr.
" 4. 50 dreistimm. Lieder. (3¼ B.) 846. * 3½ Ngr.

Singschule, Zu dem Lobe Gottes angestellte Geistliche, in 2 Theile abgefasset . . . Nürnberg 1701. V: *Nerreter, David.* (Adel) (Will)

Singschule von verschied. Componisten. 4. Wien 789. Hofmeister. 2 ₰ 16 gr.

— d. Conservatoriums d. Musik in Paris, m. franz. u. deutsch. Texte. 3 Abth. Fol. Leipz. Breitkopf und Härtel. (à 2 Rthlr.)

— — dasselb., s. auch Gesanglehre.

Singspiel

— das,. Singsp. in 1 Aufz. neu bearb. v. Hiemer. 8. Stuttg. Magaz. f. Lit. 801.

Singspiel, das,. Singsp. in 1 A. frey n. d. Frz. bearb. v. G. F. Treitschke. gr. 8. Wien, Wallishäußer. (Hinrichs in Lpz.) 803.

Singspiel, das, ein Singspiel in einem Aufz. Nach d. Franz. v. G. F. Treitschke, in Musik gesetzt von Dom. Della Maria. 8. Halle 810, ist Verl. v. Reinicke u. C.

* Singspiel, das, Singsp. in 1 Aufz. nach d. Franz. frei bearb. von G. F. Treitschke. In Musik gesetzt von Donna della Maria. 8. Leipz. Hinrichs. 810.

— das, auf dem Dache. Oper in 1 Aufz. v. Treitschke. gr. 8. Ebend. 803.

— das, am Fenster. Oper in 1 Aufz. v. Treitschke. gr. 8. Wien. Wallishaußer. 803.

Singspiel, Ein, in zwoen Handlungen betitelt Abels Tod auf dem grossen Hauptheater . . . zu Salzburg . . . 1778 vorgestellet. Salzburg [1778]. V: *Patzke, Johann Samuel.* (EB)

Singspiel, Ein neues pantomimisches, in einem Aufzuge, genannt: Die Herrschaftskuchel auf dem Lande, mit Bernardon dem dicken Mundkoch; oder: Die versoffenen Köche und die verliebten Stubenmädel. Wien 1770. V: *Kurz, Joseph Felix von.* (CLZür Forts. II)

Singspiel, Ein, zur hl. Weihnacht. Aachen 1860. V: *Debey, Matthias Hubert Dominik Maria.* (Kn)

Singspiel, ein, zur heiligen Weihnacht. Aachen 860. Benrath & Vogelgesang. 12. (60 S.) n. 10 ngr.

Singspiele, v. F. W. Gotter. Lpz. Dyk. 779. (16 u. 36 Stuck à 5 gr. 26 6 gr.)

— v. G. F. W. Großmann. 1r Bd. 8. Frkft. Hermann. 783.

— nach dem Franz. von G. F. Treitschke. 5 Bde. gr. 8. Wien, Wallishauser. 808.

Singspiele von C. F. Bretzner. Neue Ausgabe. 8. Leipzig, Jacobäer. 820.

Singspiele. Nr. 1. 8. Leipzig (908). R. Gleißenberg. 2.—
Unser Goldjunge od. Die Hunnenschlacht. Volksstück m. Gesang in 2 Aufzügen. Von Max Koch. Musik v. Rich. Köhler. (49 S.)

Singstock, G. C., neuestes vollständiges Handbuch der feinen Kochkunst. Mit Vorrede von S. F. Hermbstädt. 3 Thle. 2te Aufl. 8. Berlin, Amelang. 819. 2 —

Singstock, G. C., gründl. Unterricht in d. Kochkunst f. alle Stände, od. vollständ. Anleit. z. Zubereit. aller, sowohl gewöhnl. als Fastenspeisen u. Backwerke; nebst e. Anweis. zum Einmachen u. Aufbewahren d. Früchte ꝛc. Mit e. Vorrede v. S. F. Hermbstädt. 3 Bde. Mit 2 Kpf. gr. 8. Berl. 813. 2e verm. Aufl. 819. Amelung. 2 ₰

Singstücke, 20, als Uebungsbeispiele z. Rotwellischen Gesanglehre. 4. Freiburg 811. Herder. 8 gr.

Singstunden, Geistliche. O. O. 172? H: *Gersdorf, Henriette Catharina Freifrau von.* (OL)

Singt alle mit, revolutionäre Kampflieder, deutsche Volks- und populäre Sowjetlieder. — Republik-Verlag „Kasachstan"

Singt mit! Gesellschafts-, Vereins-, Ausflugs-Commers-Buch. *Berlin: [Thormann & Goetsch 1900].* (64 S.) 8° [Umschlagt.] (00. 12,6)

Sington, Max, der Confections-Zeichner. Pract. Anleitg. zum Selbstunterricht im Entwerfen u. Skizziren v. Costümen, Mänteln etc. nach e. neuen Methode f. Confectionäre, Modisten, Schneider, Confectionssticker etc. (10 Taf. m. III S. Text.) 4. Berlin (SW., Schönebergerstr. 5) (905). Zeichenschuldirekt. Sington. n. 3.—

Der Confections-Zeichner. Prakt. Anleitung z. Selbstunterr. im Entwerfen u. Skizziren von Costümen, Mänteln etc. nach e. neuen Methode f. Confectionäre, Modisten ... Hrsg. von Max **Sington**. Berlin: Selbstverl. [1906]. (12 Bl.) 4° [Umschlagt. F. u. Ant.] (06. 20978

Singularia Historiae Gallicae oder merckw. französ. Historie worinnen alle französische Könige u. deren Thaten vom Anfange bis auf gegenwärtige Zeit ausführlich u. curieus beschrieben u. absonderlich des jetzigen Königs in Franckreich Ludovici XIV. Leben u. Thaten vollständig abgehandelt werden. Franckf. 1703. 8°. 954 S. (12 Mk. Hugo Streisand, Berlin, 1906.)

Singularia historico-litteraria Lusatica, oder Historische und Gelehrte auch andere Merckwürdigkeiten derer beyden Marggraffthümer Ober- und Nieder-Lausitz . . . Budissin (2 ff: Leipzig u. Budissin): David Richter 1732–44. 8°
[Hrsg.: Joh. Chr. Gotth. Budaeus.] T. 1–28.

Singularia Norimbergensia, oder aus geistlichen und weltlichen Rechten und Geschichten . . . erläuterte Nürnbergische Alterthümer . . . Nürnberg 1739. V: *Wölkern, Lazarus Carl.* (CBH) (Holz)

Singunterricht, der, auf der Unter- u. Mittelstufe. gr. 8. (VI, 113 S.) Wolfenbüttel 880. Zwißler. cart. n. 1. —

Singvögerle, a. Aus der Schläsing. Von Philo vom Walde. 12. (XVI, 116 S.) Großenhain 886. Baumert & Ronge. n. 1. 50; geb. n. 2. 50

Singvögel, die am häufigsten vorkommenden einheimischen, s. a. Mück's praktische Taschenbücher. 15.

Die am häufigsten vorkommenden einheimischen Singvögel. [Mücks praktische Taschenbücher. Bd. 15.] 8°. K —.80
Wien: Szelinski 1906.

Sing- od. Stuben-Vögel, die vorzüglichsten, Deutschlands. Naturgeschichte u. Fang der Vögel. Behandlung derselben, wenn sie kaum eingefangen u. noch wild sind. Wartung, Pflege, Fütterung, Abrichtung u. Zähmung bereits eingewohnter Vögel 2c. Nebst Anleitung, eine Canarienvogel-Hecke einzurichten. 12. (6½ B.) Erfurt 843, Hennings u. Hopf. Thlr.

Singvögel, die vorzüglichsten, im Zimmer, oder Unterricht, wie solche Vögel zu behandeln sind 2c. Nebst e. Anweisung, wie junge Vögel am leichtesten zur Erlernung eines beliebigen Gesanges abgerichtet werden können 2c. 8. Ulm 825, Ebner.

Singvögelchen u. andere Erzählungen, s.: O du fröhliche usw. Weihnachtszeit. 17. Hft.

Sing-Vögelein. Liederbuch f. Kinder v. 4—9. Jahre. 8. (4 B.) Hanau 841, (König.)
Melodieen-Buch hierzu. gr. 8. (2 lith. B.) 841. Ebds. •

Singvögelein. 12. (12 S. m. z. Tl. farb. Abbildgn.) Stuttgart 893. W. Nitzschke. — 40

Singweisen zum Liederbuch für deutsche Turner. Hrsg. vom berliner Turnrath. 2., verb. Aufl. qu. 8. (129 S.) Berlin 861, (Schroeder's Verlag.) **

Singweisen zum Liederbuch für deutsche Turner. Hrsg. vom Berliner Turnrath. 3., verb. Aufl. qu. 8. (128 S.) Zwickau 862, Bär. *

Sing-Xang, s. Sing.

von Sinjawsky, Alexander *L.* [aus Smolensk '(Russl.)']: Über die Permeabilität der Haut des Kaninchens für die wässrigen Lösungen von Jodkali bei verschiedenen Temperaturen und Schwankungen der Temperatur . . . Berlin, Buchdr. v. G. Schade, *1897;* 38 S., 1 Bl. 8.
Berlin, Med. Fak., Inaug.-Diss. v. 10. Aug. 1897

Sinjen, C., einige Worte A. Zur Abwehr fernerer Belastung der bäuerl. Hufenländereien, 1. durch den Staat, 2. durch den Arbeiter. B. zur Herausstellung des Einkommens eines Hufners behufs der Einkommensteuer. C. Zur Beherzigung 1. für die Hufenbesitzer, 2. für die ländlichen Arbeiter, in den Aemtern u. Landschaften der Herzogth. Schleswig-Holstein. gr. 8. (39 S.) Kiel 849, Schröder & Co. n. ⅙ ß

Siniscalchi, Liborio

Siniscalchi, L. Sacramentalisches Abendmahl. Augsburg 1757. Ü: *Obladen, Peter.* (MGT)

Siniscalchi, Libori, sakramental. Abendmahl. 8. Augsb. 772. (Rieger). 8 kr

Siniscalchi, Liborius, sakramental. Abendmahl. Od.: trostvolle Betrachtungen v. d. allerheiligsten Altarssakramente. Zum Unterr. f. d. kathol. Christenvolk. Neu hrsg. v. d. Verf. der „Schritte zur vollkomm. Liebe Gottes, 2c." gr. 12. (11 B. u. 1 Stahlst.) Regensburg 841, Manz.

Siniscalchi, L. Vollständiges Bät- und Lesebuch. Augsburg 1767. Ü: *Obladen, Peter.* (MGT)

Siniscalchi, Liborio. Ehren-Lob- Dank- und Leichenreden. Augsburg 1757. Ü: *Obladen, Peter.* (MGT)

— Ehren-, Lob-, Dank- u. Leichen-Reden. 4. Augsb. 757. Wolf. 22 kr

— Fasten- u. Buß-Predigten; aus d. Italien. v. B. Hyper. 4. Augsb. 2e A. 765. Rieger. 1 fl 8 kr

Siniscalchi, L. Zartes Geheimnis der Menschwerdung J. Ch. Augsburg 1757. Ü: *Obladen, Peter.* (MGT)

— zartes Geheimniß von der Menschwerdung Jesu Christi. 8. Augsb. 757. Wolf. 16 kr

Siniscalchi, L. Göttliches Liebesfeuer . . . Augsburg 1753. Ü: *Obladen, Peter.* (MGT)

— göttl. Liebesfeuer, od. Betrachtt. u. Gebete 2c. 8. Augsb. 763. Rieger. 8 kr

— das betrachtende u. wachsame Menschenherz, od. Andachtsübung f. die heil. Fasten u. Charwoche. 8. Augsb. 787. Rieger. 6 kr

Siniscalchi, L. Sechs Predigten von dem Leiden und Sterben J. Ch. Augsburg 1754. Ü: *Obladen, Peter.* (MGT)

— Predigten von d. Leiden u. Sterben Jesu Christi. 8. Augsb. 782. M. Rieger. 5 kr

Siniscalchi, L. Marianisches Schmerzensbuch ... O. O. 17?? 2. Aufl. Augsburg u. Constanz 1753. Ü: *Obladen, Peter.* (MGT)

— Marian. Schmerzensbuch. 8. Augsb. 770. Rieger. 10 ℊ

Siniscalchi, L. Vollkommene Wissenschaft des ewigen Heils. Augsburg 1753. Ü: *Obladen, Peter.* (MGT)

— vollkommene Wissenschaft des ewigen Heils ꝛc. 8. Augsb. 753. Rieger. 12 ℊ

Sinius, Echo von dem Hochgebirge. Den Freunden des Liedes. gr. 8. (93 S.) Innsbruck 850. (Pfaundler.) n. ⅓ ₰

„**Sink, burn, destroy**". Der Schlag gegen Deutschland! Skizze v. S. (27 S.) gr. 8. Darmstadt (905). L. Vogelsberger. n. — 75

Sinkay, Geo., elementa linguae Daco-romanae sive Valachicae. 8. Ofen 805. (Eggenberger, Pesth). 9 ℊ

SINKO, Stephanus: De ordine supernaturali a Deo primitus instituto et a Christo Domino reparato. — (1880) 177 S. 4° (Handschr.) Diss. 383
Diss. Wien, Univ.

Sinko, Thaddaeus, de Apulei et Albini doctrinae Platonicae adumbratione. (50 S.) Lex.-8. Krakau 905. (Akademie der Wissenschaften.) (Nur direkt.) n. — 85
Sonderabdr. aus „Dissertat. philol. classis Acad. litt. Cracov."

— Sententiae Platonicae de philosophis regnantibus fata quae fuerint. Progr. (56 S.) gr. 8. Kraków 901. Podgórze, k. k. Gymnasium. n.n. 1. 30

— de Romanorum viro bono. (52 S.) gr. 8. Krakau 903. Buchh. der poln. Verlags-Gesellschaft. n. 1. —
Sonderabdr. a.: „Dissertat. philol. classis Acad. litt. Cracov."

Sinn u. Witz, deutscher, od. Züge v. Geist, Witz, Kraft u. moral. Größe d. Deutschen. Mit e. kleinen Biographie d. berühmten Zinkgref. Von d. Verf. d. „rühr. u. lehrreichen Erzählungen f. d. Jugend." gr. 12. (8 B.) Passau 828, Ambrosi.

Sinn, ernster, im heiteren Wort. Deutsche Preis-Feuilletons des Literar. Centralbureau's. Mit den (Holzschn.-) Porträts des Preisrichter-Collegiums u. der preisgekrönten Schriftsteller. 8. (XI, 124 S.) Berlin 878. (Leipzig, Heitmann.) n. 1. 75

Sinn, Gemeiner, und wahre Grösse: A. Kuhns »Hortensia« auf 1811, S. 143/64. V: *Clauren, H.* (für *Carl Gottlieb Samuel Heun*), auch in dessen »Scherz und Ernst«, 1. Bd. Dresden 1818. (DARP)

Sinn, gerader. u. Hinterlist. Lustsp. v. Stephani d. jüng. 8. Lpz. Jacobäer. 791.

Der gesunde Sinn der Arbeiter oder eine Stimme aus den Rehbergen. Druck von F. Reichardt. 1 Bl. Fol.
Flugblatt. Berlin, 27. Juni 1848.

Sinn, Der historische. Wien 1890. V: *Ilg, Albert.* (EB)

Sinn, über den, u. die Kraft des 34. Artikels der Rheinbundakte während u. nach dem Rheinbunde; ein Wort bei Gelegenheit einer an d. Bundestag gedieh. Erbschafts-Irrung zwischen Sachs.-Coburg u. S.-Meiningen. gr. 8. Meiningen 822, Keyßner.

— leichter. Lustsp. v. A. W. Iffland. 8. Lpz. Göschen. 799.

— üb. den, f. histor. Wahrheit, u. üb. den Aufsatz in Fr. Genz histor. Journal, den französ. Gesandtenmord betreff. 8. Gotha 799. Perthes. 10 ℊ

Sinn, Carl, s. Sinn, Karl

Sinn, Christ., d. Lackirer auf d. höchsten Stufe jetziger Vervollkommnung, od. leichtfaßl. u. gründl. Anleitung, Holz, Blech, Eisen, Stein ꝛc. zu lackiren, od. diesen Artikeln allen den schönsten, feinsten u. dauerhaftesten Lack jeder Art zu geben. Gegründ. auf 20jähr. prakt. Erfahrung. 1—3. Aufl. 843—45. u. 4. Aufl. 8. (à 3¼ B.) Heilbronn 846, Landherr. à

Sinn, Chr., der Lackirer auf der höchsten Stufe jetziger Vervollkommnung, oder leichtfaßl. u. gründl. Anleitung, Holz, Blech, Eisen, Stein, Gyps, Pappe, Leder ꝛc. zu lackiren ꝛc. Gegründet auf 25jährige prakt. Erfahrung. 5. Aufl. 8. (50 S.) Heilbronn 847, Landherr. n. ⅓ ₰

—— d. Maler, od. bündige, leichtfaßl. u. gründl. Beschreibung d. Kunstmalerei in allen ihren Theilen. Für Anfänger u. Geübtere, besond. aber f. Solche, welche gar nicht zeichnen können, u. d. Malen von selbst richtig erlernen wollen. Sammt d. Bereitung vortrefflicher Lackfirnisse zu allen Gemälden u. e. vollständ. Farbenlehre üb. sämmtl. Arten d. Malerei. 8. (3¾ B.) Heilbronn 846, Landherr.

—— der Maler, oder bündige, leichtfaßl. und gründl. Beschreibung der Kunstmalerei in allen ihren Theilen. Für Anfänger und Geübtere, besond. aber für Solche, welche gar nicht zeichnen können und das Malen von selbst richtig erlernen wollen ꝛc. sammt der Bereitung vortreffl. Lackfirnisse zu allen Gemälden ꝛc. 2. Aufl. 8. (59 S.) Heilbronn 847, Landherr. *

—— der Vergolder auf Holz, Gyps, Zinn, Eisen, Blech, Papier u. Glas, oder gründl., auf 20jähr. prakt. Erfahrung beruhende Anleitung, um diese Artikel alle fein glanz u. matt zu vergolden, sowie überhaupt die Kunst des Vergoldens in ihrem ganzen Umfange genau u. richtig erlernen zu können. 1—3. Aufl. 843—45. u. 4. Aufl. 8. (à 2½ B.) Heilbronn 846, Landherr. à

—— der Vergolder auf Holz, Gyps, Zinn, Eisen, Blech, Papier und Glas, oder gründl. auf 20jährige prakt. Erfahrung beruhende Anleitung um diese Artikel alle fein, glanz und matt zu vergolden, sowie überhaupt die Kunst des Vergoldens in ihrem ganzen Umfange genau und richtig erlernen zu können ꝛc. 5. Aufl. 8. (38 S.) Heilbronn 847, Landherr. *

Sinn, F., Schreibhefte f. Schulen. Steilschrift. Deutsch. 9 Hfte. 4. (24, 24, 24, 32, 24, 24, 24, 28 u. 28 S.) Hamburg 895. 96. G. W. Niemeyer Nachf. à Hft. n. — 20

— dasselbe. Steilschrift. Lateinisch. 8 Hfte. 4. (24, 24, 28, 24, 24, 32, 32 u. 28 S.) Ebd. 895. 96. à Hft. n. — 20

Sinn, F., Vorschriften. 1. und 2. Heft. qu. 4. Hamburg 869, Niemeyer. geb. à Heft *

Inhalt:
Heft 1. Deutsch. (20 Stnt.)
„ 2. Lateinisch. (17 Stnt.)

Sinn, F., Vorschriften. 1.—3. Hft. qu. gr. 8. Hamburg 894. G. W. Niemeyer Nachf. Kart. à n. 1. 50
1. 3. (à 24 lith. Taf.) — 2. (20 lith. Taf.)

Sinn, Karl

Sinn, Carl, a. Amöneburg: Aus der Medizinischen Klinik in Marburg. Der Einfluß experimenteller Pankreasgangunterbindungen auf die Nahrungsresorption. Marburg 1907: H. Bauer. (29 S.) 8°
Marburg, Med. Fak., Ref. Mannkopff, Diss. v. 31. Mai 1907
[Geb. 26. Juni 83 Amöneburg, Reg.-Bez. Cassel; Wohnort: Marburg; Staatsangeh.: Preußen; Vorbildung: Gymn. Salzwedel Reife M. 00; Studium: Marburg 7, München 3 S.; Coll. 14. Mai 07; Approb. 15. Apr. 07.]

Sinn, Richard, aus Aachen: Aus d. chirurg. Klinik d. Universität Bonn. Ueber Gelenkmäuse. *Bonn 1899: K. Drobnig.* (42 S.) 8°
Bonn, Med. Diss. v. [2. Mai] 1900

Sinnacher, Franz Anton, s.a. Sinacher.

— — Beyträge zur Geschichte der bischöflichen Kirche Säben und Brixen in Tyrol. I Bd. 2 Hefte. 8. Brixen. Innsbruck, Wagner. 821. — 20

Sinnacher, (Fr. Ant.,) Beitr. z. Geschichte d. bischöfl. Kirche Säben u. Brixen in Tyrol. 1r u. 2r Bd. in 6 Heften u. 3r Bd. 13 Hft. 8. Insbruck 821 — 24, Wagner.

Sinnacher, F. A., Beiträge zur Geschichte der bischöfl. Kirche Seben und Brixen in Tirol. 1r Bd. 16—36 Heft. 1821. 2r—9r Bd. 8. Innsbruck 822—34. (Wagner.) (Jeder Band aus 3 Heften bestehend.) 11½ ℳ

Sinnacher, Fr. Ant., kurzgefaßte Nachrichten von der Kirche Säben und Brixen. 16 Heft. 8. Innsbruck, Wagner. 820. — 4

Sinnbild, über das. der Loge z. Beständigkeit zu W(ien). Von F . . . . l, I. Aufseher in dieser Loge. 1782. 8. 4 Bl. Kloss 1048.

Sinnbilder und deren Beyschrifften auf den Pyramiden, welche bey der an dem höchsterfreulichen Geburts-Fest Ihro Kön. Hoheit, unsers gnädigsten Landes-Fürsten und Kielischen Hohen Schule Rectoris Magnificentissimi den 30. 4. 1734 von dem gesamten Chor der in Kiel Studierenden dargebrachten Abend-Musik aufgestellet worden. Kiel. (1734.) Fol.

Sinnbilder der Christen erklärt . . . Leipzig 1818. V: *Nostitz und Jänkendorf, Gottlob Adolph Ernst von.* (MGT)

Sinnbilder der Christen, erklärt von Arthur von Nordstern. Mit 21 Holzstichen (von Nisbit, Branston, Clennel und Hole in London. gr. 4. Leipzig, Brockhaus. 818. Rthlr. 9 --

Sinnbilder, erbauliche. 56 Bilder mit Reimdeutungen und Bibelsprüchen entnommen den alten Ausg. von Joh. Arnd's wahrem Christenthum. (Neu gez. von J. Schnorr, gest. von Allgaier u. Siegle.) Stuttgart 855. J. F. Steinkopf. 8. (58 Bl. mit 57 Holzschn.) 9 ngr

Sinnbilder, erbauliche. 56 Bilder (in Holzschn.) m. Reimdeutgn. u. Bibelsprüchen, entnommen den alten Ausgaben v. Johs. Arnd's wahren Christenthum. [Neu gezeichnet v. J. Schnorr, gestochen v. Allgaier u. Siegle.] 2. Aufl. 8. (56 S.) Stuttgart 876. J. F. Steinkopf. n. 1. —

Sinnbilder und Innschriften, welche bey Gelegenheit der Friedensfeyer am 12. July 1814 in Klgtt. transparent angebracht waren. Klgft., ?, 1814. Quart. 18 S.

Sinnbilder fur die Jugendwelt. Eine große Bilderschau für fleißige u. lernbegierige Kinder. Mit 12 illum. Kpfrtaf. gr. Fol. Nürnberg ... Renner u. Comp. 2 ℳ

Sinnbilderkabinet, in 1000 emblemat. Fig. mit in 4 Sprachen gesetzten Beischriften. 4. Nürnb. 782. Schneider u. W. 1 ℳ

Sinnbilderkunde, od. Anleit. zu d. Darstellung in allegor. Bildern. Für angeh. Zeichner, Maler, Bildhauer, Stucateurs rc. u. überh. f. Künstler, welche in deutbaren Sinnbildern darstellen u. verzieren wollen. Neue Ausg. 8. (10 B.) Leipzig 834, Magazin f. Indust. — 10

Sinnbildkunst, od. hieroglyph. Figuren, vorstell. Tugend, Laster, Gemüthsbeweg., Künste und Wissensch. in 300 emblemat. Fig. in 3 Sprach. Ebend.

Sinnbildkunst, allgem. nützliche, zur leichten Entwerfung u. Darstell. vieler im menschl. Leben vorkomm. Gegenstände aus allen Fächern d. Wissenschaft u. Kunst, in deutscher, latein. u. französ. Sprache erklärt. Mit 24 Kpftaf. 4. Nürnb. 800. Schneider u. W. 20 gr

Viel nützende und erfindungen reichende Sinnbild-Kunst oder Hieroglyphische Bildervorstellung der Tugenden, Laster, Gemüths-Bewegungen, Künste und Wissenschaften etc. Nürnberg. 4°.

Sinne, die fünf, s. Sonntagsfreude.

Sinne, die fünf, in bildlicher Anschauung für die Jugend. Mit 9 lithogr. und gemalten Abbildungen. qu. 4. Nürnberg 849, [Renner's Erbe.]

— die, des Menschen, s.a. Engelhorn's, J., illustrirte Volksbücher.

Sinne, die, des Menschen, in Bildern und Versen. Fürth (858.) Löwensohn. gr. 8. (8 lith. u. color. Bl.) nn 2⅓ ngr

Sinnemann, Johann Adam (Lippstadt) A. S. 595/48

Synoptica commentatio de desponsatione conditionata ad cap. final. X. de condit. appos. loco inauguralis disputationis.
Giessen (Vulpius) 27. IV. 1707. 51 S.

Gew.: Johann Leonhard und Konrad Lambert Sinnemann (Onkel). 32702

SINNENLUST, Die, und ihre Opfer der (oder?) Geschlechtsausschweifung der alten und neuen Welt. Berlin, Bernhardi.
Verboten v. Kr.-G. Neutitschein, 13. III. 1901. § 516.
— Titel correct?

Sinnenlust, die, und ihre Opfer. Geschichte der Prostitution aller Zeiten und Völker mit genauer Darlegung ihrer gegenwärt. Form und ihrer Ursachen in Berlin, Hamburg, Wien, Paris, London und den anderen Großstädten, nebst zeitgemäßen Vorschlägen zu ihrer Verminderung und Regelung. Hrsg. von einem philanthrop. Verein. gr. 8. (VII, 324 S.) Berlin 870, Langmann und Comp. [Allgem. Deutsches Verlags-Institut.]

SINNENLUST, Die, und ihre Opfer. Geschichte der Prostitution aller Zeiten und Völker, mit genauer Darlegung ihrer gegenwärtigen Form und ihrer Ursachen in Berlin, Hamburg, Wien, Paris, London und andern Großstädten, und Vorschlägen zur Regelung. Herausgeg. von einem philantropischen Verein. Berlin, Dr. Langmann & Co., 1870. Gr. 8°. (In Amsterdam, Bibl. Gerritsen.) II, 1 Bl. u. 324 S. (2 Mk. Theod. Ackermann, München, 1883; 5 Mk. Max Harrwitz, Berlin, 1891; 6 Mk. 50 Pfg., Jos. Jalowicz, Posen, 1907.)

SINNENLUST, Die, und ihre Opfer. Geschichte der Prostitution aller Zeiten und Völker mit genauer Darlegung ihrer gegenwärtigen Form und ihrer Ursachen in Berlin, Hamburg, Wien, Paris, London und den anderen Grossstädten, nebst zeitgemäßen Vorschlägen zu ihrer Verminderung und Regelung. Herausg. von einem philantropischen Verein. Berlin 1870. Gr. 8°. (In Dresden: Bibl. d. Gehe-Stiftg.) VI—324 S. (6 Mk. H. R. Dohrn, Dresden, c. 1902; 4 Mk. 50 Pfg. E. Frensdorff, c. 1903; 6 Mk. 50 Pfg. J. Jolowiz, Posen, 1907.)

Sinner, A. v. Neues vollständiges Lehrbuch der Ballistik für Mathematik Studierende und besonders Artillerie-Offiziere. T. 1. Mit Taf. Bern 1834. 135 S. 4°

Sinner, Arthur, a. Düsseldorf: Die Düsseldorfer Straßenbahnen. Borna-Leipzig 1906: R. Noske. (125 S.) 8° [F.]
Tübingen, Staatsw. Fak., Ref. v. Schönberg, Diss. v. 18. Juni 1906
[Geb. 1. April 81 Elberfeld; Wohnort: Düsseldorf; Staatsangeh.: Preußen; Vorbildung: Oberrealsch. Düsseldorf Reife O. 00; Studium: Marburg 2, Tübingen 2 S.; Rig. 13. März 06.]
(Nicht für den Austausch)

Sinner, Basil., Abhandl. ub. die prakt.-geometr. Aufgabe: aus zween Winkeln die Entfernung des Standortes von einer jeden Ecke eines bekannten Dreieckes zu finden. Nebst e. Anh. 8. Ottobeuren 791. Der Anh. apart: Lehrsätze aus d. Stereometrie u. Trigonometrie. 4. Ebd.

— Beschreib. des Telegraphen, welchen Bas. Sinner in d. Bibliothek in Fuessen aufgestellt hat. 4. Fuessen 795.

Sinner, Basilius, Conspectus monumentorum et documentorum, quibus religionis christiano-catholicae veritas innititur. Fussae 1792. in 8°.

Sinner, Stud. philolog. C., die Stereometrie nach Legendre. Mit 5 Steintaf. in gr. 4, u. Titelvign. gr. 8. Bern 831. Jenni. (Frankf., Streng). 20 gr

Sinner, Carl Ludwig v., s. Sinner, Karl Ludwig v.

Sinner, Erwin, Intelligenz. Ihr Wesen u. ihr Erkennen. Ein Versuch. 8. (48 S.) Graz 902. O. Erber. n. — 75

a **Sinner**, Frid. (geb. Bern 1. 9. 1831): De auxiliatoribus et sociis principalibus in delinquendi conatu. Berolini (1853). (67 S.) 8°
Berlin, Jur. Diss. v. 16. Aug. 1853

Sinner, Gabriel Rudolf Ludwig v., s. Sinner, Ludwig v.

Sinner, Johann

* *J. Sinner's* Anfangsgründe der Rechenkunst für die akadem. Schulen zu Würzburg, m. Tab. Würzburg, Rienner. 8. (8 gr.) 1790.

Sinner, Jb., Anfangsgründe d. Rechnenkunst für die akadem. Schulen zu Würzburg. 8. Würzb. 790. 2e A. 807. Stahel. 9 gr

— Exempla stili latini in usum studiosae juventutis. II Tmi. 8. Würzb. 788.

— Gebete, Betrachtt. u. Lieder z. Gebr. d. Junggesellen-Sodalität in Würzburg. 8. Würzb. 788.

— Lehrbuch d. pros. und poet. Schreibart. 8. Würzburg, Rienner. 792.

Sinner, J., Lehrbuch der prosaischen und poetischen Schreibart. 8. Würzburg. 792. Hat jetzt Göbhardt.

— Lehrbuch der prosaischen u. poet. Schreibart. 8. Würzb. 792. (Wesché in Frankf.) 16 gr

— Lieder u. Gebete bei d. Geistesübungen d. Junggesellen-Sodalität. 8. Würzb. 783.

Sinner, Jh. Eph. On., († d. 19. Juli 1819.)

— s. *Manuel de* la langue franç.

— s. *Marmontel*, Belisar et contes moraux.

— s. Meidinger d. Jüng., Briefe.

— s. Samml. v. Erfahr. aus d. Haus- u. Landwirthschaft.

— s. G. S. Schubert.

Sinner, Jh. Eph. On., s. Stephanor, od. d. Abentheuer.

Sinner, Johann Rudolf v.

Sinner, anecdotes des Bramins, la philosophie indienne. 8. Berne, Typ. 797.

— Bibliothecae Bernensis librorum T. I., II. 8. Bern 764.

Sinneri, J. R., Catalogus codd. mss. bibl. Bernensis. Bern. 760 sq. 3 Vol. 8. 2 rthl. 12 gr.

— essai sur l'éducation publique. 8. Bern 765.

Sinner von Ballaigues, J[ohann] R[udolf von]. Berne au XVIIIe siècle, par J.-R. S' de B'. Extrait d'un volume inédit du Voyage dans la Suisse occidentale ⟨1781⟩. [Publié, avec une notice biographique, par Félix Bovet. F.] 8. Berne, Neuchâtel 1853.

Sinner, Jh. Rud., Herr zu Ballaigne. († d. 28. Febr. 1787.) extraits de quelques poësies du XII., XIII. et XIV. Siecle. kl. 8. Lausanne 759.

— s. Ist es denn auch möglich, eine gute Unterweisung in d. Schulen zu erhalten.

Sinner, Johann Rudolph. Über die Lehren der Seelenwanderung der Braminen von Indostan; a. d. Franz. O. O. 1772. Ü: *Bremer, Johann Gfr.* (MGT) (Kordes, Schlesw.-holst. u. eutin. Schriftst. Schleswig 1797.)

— s. A. Fl. Persii, les Satyres.

— histor. u. literar. Reise durch das abendländ. Helvetien; aus d. Französ. 2 Thle. gr. Leipz. 782. (Brockhaus). 1 Rthl 8 gr

Sinner, histor. und litter. Reise d. d. abendländ. Helvetien, a. d. Franz. 2 Thle. gr. 8. Leipzig, Junius. (Gleditsch.) 782.

— syllabus bibliothecae Bernensis codicum MStorum. 8maj. Bern 773. Typogr. Soc. 10 gr (Bildet auch d. 3n Thl. von: Catalogus codicum MSS. bibliothecae Bernens., s. *Catalogus*).

— Versuch üb. die Lehre d. Seelenwanderung u. des Fegfeuers der Braminen in Indostan; aus d. Französ. (von Jh. Gf. Bremer). 8. Leipz. 772. Hilscher. 7 gr — Dass. französ., s. *Essai* sur les dogmes etc. par les Bramines de l'Indostan.

— Versuch über die Lehre d. Seelenwander. u. d. Fegfeuers d. Braminen in Indostan. 8. Leipz. Hilscher. 775.

— Verzeichn. aller geschr. Werke in d. Biblioth. zu Bern, welche d. Schweizergeschichte angehen. 8 Ebend. 770.

Sinner, Jh. Rud., Herr zu Ballaigue, Verzeichniß aller geschrieb. Werke in d. Bibliothek zu Bern, welche die schweizer. Geschichte betreffen. 8. Bern 770. Typ. Soc. 6 gr

— voyage historique et litteraire de la Suisse occidentale. Tom. I. et II. gr. 8. Neuchatel 781. Nouv. Edit. augmentée. II Voll. gr. 8. Bern 788. Typ. Soc. 1 ♯ 8 gr

— Voyage historique et littéraire dans la Suisse occidentale. 2 Vol. gr. 8. Bas. Serini. 787.

Sinner, Jos. Mich., Darstell. e. rheumat. Schweißfiebers welches 1802 in Röttingen herrschte. 8. Würzb. 803. (Wesché in Frankf.) 3 gr

— Diss. inaug. medica sistens historiam morbi variis in locis circa Herbipolim epidemice grassantis a. 1785, 86 u. 87. 4. Würzb. 787.

Sinner, Julius [aus Grünwinkel in Baden]: Ueber m-Ditolyl-di-p-di-cyanid und einige Derivate desselben . . . Freiburg i. B.: Buchdr. v. Chr. Ströcker 1890. 49 S., 1 Bl. 8°
Freiburg i. B., Phil. Fak., Inaug.-Diss. v. 1890.

Sinner, Karl: Vergleichende Lactylierung primärer aromatischer Amine. Amorbach 1909: Volkhardt. 28 S. 8°
Gießen, Phil. Diss. v. 23. Sept. 1909, Ref. Elbs
[Geb. 26. April 81 Grünwinkel; Wohnort: Gießen; Staatsangeh.: Baden; Vorbildung: Realgymn. Mannheim Reife Juli 00; Studium: Freiburg i. B. 2, München 4, Gießen 8 S.; Rig. 4. Dez. 08.] [U 10. 1305

Sinner, Karl Ludwig v.

[Sinner, Carl Ludwig von.] Versuch einer diplomatischen Geschichte der Edlen von Scharnachthal. [Mit 2 Stammtafeln. SA.] 8. Bern 1823.

Sinner, Ludwig v.

Sinner, G. R. Ludw. v., Bibliographie der Schweizergeschichte, oder systemat. und theilweise beurtheilendes Verzeichniss der seit 1786 bis 1851 über die Geschichte der Schweiz, von ihren Anfängen an bis 1798, erschienenen Bücher. Ein Versuch. gr. 8. (XXII und 292 S.) Bern 851. Zürich, Schuthess. *

Sinner, L[udwig] von. Die drei historischen Denkschriften zur fünfhundertjährigen Jubelfeier des Beitritts von drei Ständen zur Eidgenossenschaft. Angezeigt und beurtheilt durch Dr. L. von S'. 8. Bern 1852.

Sinner, Ludwig von. Erinnerung an Johann Caspar von Orelli (1787–[1849]). ⟨SA.⟩ 8. Bern 1849.

Sinner, Ludw. v., üb. d. Leben u. d. Schriften v. Diamant. Coray. A. d. Franz., mit Zusätzen v. Conr. Ott. 8. (3⅛ B.) Zürich 837, Orell, Füßli u. Comp.

de Sinner, G. R. Ldw., s. *Thesaurus* Graecae linguae.

Sinner, Paul

Sinner P, Klosterkirche Alpirsbach. (6 Bl Phot.) grfol In Mappe. Tübingen 1881

Sinner, Paul: Sammlung schwäbischer Baudenkmale und Ansichten. 6 Bde Photographien aus P. Sinners Phot. Verlag in Tübingen (r. 1890–1905). 4°.

***Sinner**, Paul: Sammlung schwäbischer Baudenkmale und Kunstarbeiten. Fortsetzung (Orig.-Aufnahmen von 1907/10). Tübingen: P. Sinners photogr. Verlag. 4°.

Sinner, P., 12 mustergiltige (photogr.) Vorlagen f. Kunstschmiede-(Schlosser-)Arbeiten der romanischen, gothischen u. Renaissance-Zeit (einschliesslich Barock u. Rokoko). Gesammelt u. aufgenommen v. P. S. gr. 4. (1 Bl. Text.) Stuttgart 893. W. Kohlhammer. In Mappe. 13. 50

Sinner, Reinhold, s. Bossuet, J. B., die Grundlehren der Religion Jesu Christi.

Sinner, Vikt. Albr. v., neues vollständ. Lehrbuch d. Ballistik, f. Mathematik Studierende u. besond. Artillerie-Offiziere. 1. Thl., welcher d. Theorie d. Bewegung geworf. Körper im luftleeren Raume enthält. gr. 4. (17 B. u. 18 Stnt.) Bern 834, Dalp.

– s.a. Unterricht, prakt., in der Bajonnettfechtkunst.

(Sinner, V. A. v.,) pract. Unterr. in d. Bajonnetfechtkunst. gr. 8. (3½ B. u. 52 Figur.) Bern 835, Dalp.

Sinner von Ballaigues, Johann Rudolf v., s. Sinner, Johann Rudolf v.

Sinnett, A. P., die esoterische Lehre oder Geheimbuddhismus. Übersetzung aus dem Englischen. gr. 8. (XX, 260 S.) Leipzig 884, (Hinrichs'sche Buchh.) *M 3,60.; geb. *

Sinnett, A. P., die esoterische Lehre od. Geheimbuddhismus. Uebersetzg. aus dem Engl. 2., verm. u. verb. Aufl. gr. 8. (XXVII, 295 S.) Leipzig 899. Th. Grieben. n. 4. —; geb. in Leinw. n. 5. —

Sinnett, A. P., d. Wachstum d. Seele. Mit e. Biographie des Verf. v. A. Besant. Autoris. Übersetzg. v. Elsb. Heinecke. Mit Titelzeichng. v. Fidus. (VIII, VIII, 382 S.) Lex. 8. Leipzig (909). Theosoph. Verlagshaus. 6.—; geb. 7.—

Sinnett, A. P., d. okkulte Welt. Aus d. Engl. übers. v. Ed. Herrmann. 8. (XII, 200 S.) Leipzig 896. W. Friedrich. n. 3. —

Sinnett, C. W. P., Elementar-Buch d. engl. Sprache. Leichte Lese-Uebungen mit Wort-Erklärn. u. e. Einleit., in welcher die unentbehrlichsten Regeln d. Grammatik enth. sind. 8. (18 B.) Hamburg 836, Hoffmann u. Campe.

Sinnett, C. W. P., Elementar-Buch der Engl. Sprache. Leichte Lese-Uebungen mit Wort-Erklärungen u. Einleitung, in welcher die unentbehrlichsten Regeln der Grammatik enthalten sind. Stereotyp-Ausg. 8. Hamburg 843, Hoffmann u. Campe. ½ ♯

Sinnett, E. W. P., Elementar-Buch der englischen Sprache. Leichte Lese-Uebungen mit Wort-Erklärungen u. einer Einleitung, in welcher die unentbehrlichsten Regeln der Grammatik enthalten sind. 3. Ster.-Ausg. 8. (XII u. 273 S.) Hamburg 852, Hoffmann & Campe. 1/2 ₰

Sinnett, E. W. P., the Family Drama. A selection from the best english plays, adapted for family reading. 8. (22 1/2 B.) Hamburg 834, [Perthes-Besser and Mauke.]

—— the Hamburg Reporter, s. Reporter.

—— biographical Sketches; chiefly illustrative of english history. — A. u. d. T.: Neues engl. Lesebuch. Kurze Lebensbeschreibungen, zum Unterr. in d. engl. Sprache u. Geschichte. Für Schulen bearb. gr. 12. (12 B.) Hamburg 832, Hoffmann u. Campe. — 16

—— kurzgefaßte engl. Sprachlehre f. Anfänger. gr. 12. (7 B.) Hamburg 831, Hoffmann u. Campe.

—— kurzgefaßte englische Sprachlehre f. Anfänger. 2. Aufl. 8. (10 5/8 B.) Hamburg 846, Hoffmann u. Campe.

—— engl. Uebersetzungsbuch. Uebungsstücke z. Uebersetzen a. d. Deutschen ins Englische. 8. (10 1/8 B.) Hamburg 838, Hoffmann u. Campe.

Sinnett, E. W. P., englisches Uebersetzungsbuch. Uebungsstücke zum Uebersetzen aus dem Deutschen in das Englische. 2. Aufl. Hamburg 853. Hoffmann u. Campe. 8. (VIII, 251 S.) 15 ngr.

Sinnett, F. W. P., s. Sinnett, E. W. P.

Schröder, Friedr. Ludw.: **Sinngedicht**; Schröder zur Feyer seines Geburtstages gewidmet von einer freundschaftlichen Gesellschaft. Hamburg, den 3ten Nov. 1774. [Hamburg 1774]: Bode. 2 Bl. 4⁰ [Umschlagtit.]

Kl. 1732. Ohne Noten: „Nicht taumelnder Jubel und rauschende Sayten . . .“ Üb. Schröder s. Allgem. Deutsche Biographie Bd 32 1891 S. 506–512 (Litzmann).

Sinn-Gedicht über die glückliche Zurückkunfft . . . unsers königlichen Printzen. [1726.] V: *König, Johann Ulrich.* (Bem I, 1, S. 385)

Sinngedichte. Halberstadt 1771. V: *Heinse, Joh. Jac. Wilhelm.* (Ky) (MGT)

Sinngedichte, (v. Wlh. Heinse). 8. Halberst. 771.

Sinngedichte. Erstes und zweites Hundert. Halberst. 1772. V: *Göckingk, Leop. Frdr. Günther von.* (Jl.) (GGr)

Sinngedichte. O. O. [Berl.] 1776. V: *Gleim, Johann Wilhelm Ludwig.* (MGT)

—(v. J. W. L. Gleim). 8. Halberst. 776.

Sinngedichte. Leipzig 1788. V: *Perinet, Joach.* (Kn) (WBl.) »Wien« (Ky) (MGT)

—(v. Jos. Perinet). 8. (Wien) 788. Wallishausser. 3 gr.

—v. Fr. H(aug). 8. Tübing. 791. v. Cotta. 9 gr.

SINNGEDICHTE (5 Bücher, stellenweise frei). Leipzig, gedr. in der Sommerschen Buchdruckerei. 1807. 8⁰. (In Dresden.)

239 S. (incl. Tit., 1 Bl. Widm. [an Oberhofger. Advokat Dr. d. Rechte Chrn. Friedr. Eberhard in Leipzig], u. Inh.-Verz. S. 225 ff.), 1 S. Druckf. Lat. Lettern. — Verfasser wahrlich kein zweiter Logau!

— — Dasselbe. Leipzig, Sommer, 1809. 8⁰. 240 S. (50 Pfg. Kössling, Lpz., c. 1872; jetzt höher!)

Sinngedichte in drey Büchern. Leipzig 1778. V: *Göckingk, Leop. Frdr. Günther von.* (GGr)

Sinngedichte in zwey Büchern. Berlin 1755. V: *Ewald, Joh. Joach.* (Mn)

Sinngedichte der Teutschen. Leipzig 1780. V: *Brumbey, Carl Wilhelm.* (BrMin) (MGT)

SINNGEDICHTE der Deutschen (8 Bücher, hrsg. von Carl Wilh. Brumbey). Mit reizender Titelvignette nach Stieghahn u. 3 Vignetten von Rosmaesler. Leipzig verlegts Johann Gottlob Immanuel Breitkopf. 1780. 8⁰. Selten! (Im British Museum.) (5 Mk. A. Buchholz, München, 1908.)

4 Bll., 446 S., 1 Bl. Darin Epigramme von Opitz, Pfeffel, Kastner, Kleist, Karschin, Heinse, Gellert, Lessing u. Andern. — Anon.-Lex. IV. p. 87 (nach Meusel).

* **SINNGEDICHTE** der Deutschen. Nebst einem Anhange deutscher Übersetzungen aus der griechischen Anthologie und dem *Martialis*. (Hrsg. von Hans Heinr. Füssli.) Zurich, Orell . . . . 1788. 8⁰. (In Berlin: Yf 5219.)

Vorrede, Inh. u. 475 Seiten. — Anon.-Lex. IV. p. 87 (nach W. v. Maltzahn u. Meusel): Kayser hat „1785“ (?).

—der Deutschen; nebst e. Anh. deutscher Uebersetzungen aus d. griech. Anthologie u. d. Martial. 8. Zürich 788. Orell. 20 gr. (Vergl. deutsche Blumenlese, 6r Bd.)

—einhundert, v. Gr. 8. Erfurt 828. Uckermann. (54 S.)

Sinngedichte von F. H. Leipzig 1791. V: *Haug, Joh. Christoph Friedrich.* (GGr) (MGT) (Ky) (Cat. d. Stadtbibl. Zürich. Zürich 1864—97.)

SINNGEDICHTE von *J. C. S.* Frankfurt und Leipzig, 1783. 8⁰.

W. v. Maltzahn p. 448 no. 1084. — Rar!

Sinngedichte auf Joseph den Zweyten Römischen Kayser, aus dessen Reise in Siebenbürgen von D. F. Hermannstadt 1773. V: *Filtsch, Daniel.* (Bespr. K. K. Anzeiger, III. Jg., 45. Stück, S. 356/8) (Széchenyi 1/336) (GGr VII/141, Nr. 3/6) (BiblPort)

Sinngedichte und Lieder, gesungen an der Böhmischen Gränze. Leipz. 1776. H: *Küttner, Carl Gottfried* (JL) oder *Fehre, Chn August* [?]. (ML) (Ky) (MGT)

SINNGEDICHTE und Lieder. Gesungen an der Böhmischen Gränze (hrsg. von Carl Gottfr. Küttner, oder von Chrn. August Fehre?). Mit Titelvignette. Leipzig 1776. 8°. 206 S. (1 Mk. 20 Pfg. „208 S.", W. H. Kühl, Berlin, c. 1882; 4 Mk. 50 Pfg. O. Rauthe, Friedenau-Berlin, 1907:)
Enth.: Vorwürfe der Untreue. Galathee. An die Stadt Leipzig 1769. Die Milchcur. Das zur Gräfinn gewordne Gärtnermädchen. — Anon.-Lex. IV. p. 87 (nach Goedeke, Meusel, Kayser).

— u. Lieder, an der böhm. Gränze gesungen, (v. C. A. Fehre). 8. Leipz. 776. (Aue in Altona). 12 gr

— und Lieder an d. böhm. Grenze gesungen. 8. Leipz. Jacobäer. 776.

Sinngedichte, Moralische, eines siebenzigjährigen Musen-Zöglings zu Jedermann nützlicher Unterhaltung ... Wien 1802. H: *Hödel, Joachim.* (Jes)

SINNGEDICHTE und Uebersetzungen .... Berlin, gedruckt bey C. M. Vogel, 1761. 8°.
W. v. Maltzahn p. 443 no. 997.

— und Uebersetzungen. 8. Berlin, Weyer. 763.

Sinngrün, e. Folge romant. Erzählungen, mit Theilnahme Jean Paul Fr. Richters u. A., herausgg. v. J. K. W. Uhe-Spazier. 8. Berl. 819. Th. Enslin. 1 ß 20 gr

Sinnhold, A., der Archivar u. das Archivwesen, sowie deren Verbindung mit den Kanzleiexpeditionen 2c., mit den dazu nöthigen Register- u. Rechnungs-Schema's. gr. 8. (Mit Tabellen.) Weimar 842, Voigt. 1½ ß

Sinnhold, Hugo: I. Über den Nikotingehalt dem Detailhandel entnommener Cigarren und Rauchtabake. II. Über Lichesterinsäure. *Leipzig 1898: Metzger & Wittig.* (40 S.) 8°
Leipzig, Phil. Diss. v. [5. Aug.] 1898

Sinnhold, Joh. Nic., Erfordia literata 18 Stck. oder Motschmann 2c. 3r Bd. 18 Stck. 8. Erfurt, Nonne. 748.

— Historie d. Wertheim. Bibel. 5 Stck. 4. Ebendaselbst. 739.

Sinnhold, Karl, Karlmanns Bubenstreiche. Für Jung u. Alt. Gezeichn. v. Karl Hapke. (27 S.) gr. 8. Kronach (909). Gebr. Bleyer. (Nur direkt.) 1.20

Sinnhold, Paul, neuester Abriß e. Geographie d. k. preuß. Staates. Aus statist. Gesichtspunkte f. Schul- u. Selbst-Unterr. tabellar. entworfen. gr. 4. (10 B.) Liegnitz 835, Reisner.

Sinnhold, Paul, Amtsblattsgesetzgebung, s. Amtsblattsgesetzgebung.

— Darstell. d. preuß. Staats, s. J. D. F. Rumpf.

Sinnhold, Paul, s. Gewerbeordnung, allgemeine, d. d. Berlin, 17. Jan. 1845.

(Sinnhold, Paul,) die preuß. Gewerbesteuerverfassung, s. Gewerbsteuerverfassung.

(P. Sinnhold), Die Gewerbesteuer-Verfassung des Preuß. Staats. Eine alphabet. Zusammenstellung der über die Gewerbesteuer ergangenen gesetzlichen u. erläuternden Bestimmungen, sowie der damit in Verbindung stehenden gewerbpolizeilichen Vorschriften. Zum Gebrauch der Gewerbesteuer-Verwaltungsbeamten und der Gewerbetreibenden des In- u. Auslandes. Liegnitz 1831. 4. (22 B.)

— die Klassensteuerverfassung d. preuß. Staates. Eine alphabet. Zusammenstell. der üb. d. Klassensteuer ergang. gesetzl. u. erläut. Bestimmn. Zum Gebr. d. Klassensteuerverwaltungsbeamten u. d. Klassensteuerpflichtigen. 4. (11 B.) Liegnitz 831, (Kronecker.)

— Meilenzeiger sämmtl. Städte, Flecken, Poststationen d. Preuß. Staats, nach den neuesten Vermessungen u. kürzesten Entfernungen. 8 Blatt. Roy.-Fol. Liegnitz 833. Kuhlmey. 1 ß

Sinnhold, Philippine, der Rathgeber bei Festlichkeiten, enth. 21 Geburtstags-, 16 Neujahrs-, 24 Weihnachts- und 24 Jubelfestgedichte, nebst einer kleinen Sammlung von Stammbuchversen. Ein Noth- und Hilfsbüchlein für die Jugend und ihre Erzieher. 8. (68 S.) Breslau 851, (Scholz.) *

Sinnhold, Philippine, der Rathgeber bei Festlichkeiten, enthaltend 21 Geburtstags-, 16 Neujahrs-, 24 Weihnachts- u. 24 Jubelfestgedichte, nebst einer kleinen Sammlung von Stammbuchversen. Ein Noth- u. Hilfsbüchlein f. die Jugend u. ihre Erzieher. 8. (68 S.) Breslau 852, Scholz in Comm. n. 4 ngr

Sinnhold, Philippine, der Rathgeber bei Festlichkeiten. Ein Noth- u. Hilfsbüchlein für Jung u. Alt in Stadt u. Land, namentlich für die Jugend u. ihre Erzieher. Enthaltend 60 Geburtstags-, 10 Polterabend-, 4 Hochzeits- 2c. Gedichte, 19 Stammbuchverse, 2 Gesellschaftslieder 2c. 2. verm. Aufl. Breslau 860. Trewendt. 8. (VIII, 207 S.) 10 ngr

Sinnhuber, Franz [pr. Arzt]: Die keimtötende Kraft der Erde in unvermischtem und mit Kalk versetztem Zustande m. Rücks. auf d. prakt. Verwendbarkeit zu Erdstreuklosets ... Königsberg i. Pr., Druck v. M. Liedtke, 1896; 2 Bl., 31 S., 2 Bl. 8.
Königsberg, Med. Fak., Inaug.-Diss. v. 20. März 1896

Sinnhuber, Frz., die keimtötende Kraft der Erde in unvermischtem u. mit Kalk vers. Zustande mit Rücksicht auf d. prakt. Verwendbarkeit zu Erdstreuklosets. Diss. gr. 8. (31 S.) Königsberg 896. (W. Koch.) n. — 80

Sinnig, W., Sammlung schönblühender Gewächse etc., s. Nees v. Esenbeck, Th. Fr. L.

Sinnigen, Anton (geb. Abaus in Westf. 12. 4. 1848): Ueber Luxatio sub talo. Berlin (1872). (31 S.) 8°
Berlin, Med. Diss. v. 10. Aug. 1872

Sinning, Arnold: Die Entwickelung der Landwirtschaft in der Umgegend von Cassel in den letzten 50 Jahren unter besonderer Berücksichtigung des Landkreises Cassel. Kap. 1. 2. o. O. (1908). IV, 88 S. 8° ¶ (Ersch. vollst. b. Röttger, Cassel 1909.)
Berlin, Phil. Diss. v. 12. Okt. 1908, Ref. Orth
[Geb. 8. Jan. 78 Dörnhagen; Wohnort: Prenzlau; Staatsangeh.: Preußen; Vorbildung: Friedrichs-Werdersche Oberrealsch. Berlin Reife M. 05; Studium: Bonn 4, Berlin Landw. Hochsch. 2, Univ. 5 S.; Rig. 20. Juli 08.] [U 09. 236

Sinning, Heinrich, a. Cassel: Cupid's Revenge von Beaumont und Fletscher und Sidney's Arcadia. Halle a. S. 1905: (Gebr. Schönhoven, Cassel.) (68 S.) 8°
Halle, Phil. Fak., Ref. Wagner, Diss. v. 10. März 1905
[Geb. 23. Okt. 81 Cassel; Wohnort: Cassel; Staatsangeh.: Preußen; Vorbildung: Gymn. Cassel Reife O, 00; Studium Marburg 3, Halle 8 S.; Rig. 20. Dez. 04.]

Sinning, W., animadvers. ad culturam harum plantarum etc. s. Chr. Gf. *Nees* v. Esenbeck, Plantarum.

— Samml. schön blühender Gewächse rc., s. Th. F. L. Nees v. Esenbeck.

SINNLICHKEIT ist nicht Liebe, oder Der Mann ohne vesten Charakter. Ein Schauspiel in drey Akten. Er war sinnlich, und beredete sich, dass er liebe. Schüller (sol). Frankfurt und Leipzig. 1791. 8°. 116 SS. (7 Mk. Auction Deneke no. 830:)
Den Bibliographen unbekannt.

Sinnlichkeit ist nicht Liebe; Schspl. 8. Klagenf. 791. Walliser. (W. Vogel in Leipz.) 10 Gr

Sinnlichkeit u. Vernunft, od. üb. die Principien des menschl. Wissens. 8. Leipz. 800. Junius. 1 Thlr 4 Gr

Sinn- und Herzmann, oder wer herrscht nun in Oesterreich. [Wien] 1809. V: *Reilly, Frz Joh. Jos. v.* & *J. G. Oehler.* (Karajan)

SINNREICH, Ignaz, Vom deutschen Naturalismus. Druck von J. Oellacher & Co. in Salzburg, Selbstverlag.
Verboten v. L.-G. Salzburg, 28. März 1890. §§ 122 a, 516.

Sinnreich, Josef

Sinnreich, J., der transcendentale Realismus od. Correlativismus unserer Tage, s.a. Studien, Berner, zur Philosophie u. ihrer Geschichte. 10. Bd.

Sinnreich, J[oseph]: Der transcendentale Realismus oder Correlativismus unserer Tage. Bern 1905. IV + 72 S. 8°. [14. I. 03.]
Bern. Phil. Diss. 1905/1906.

Sinnreich, J[oseph]. Der transcendentale Realismus oder Correlativismus unserer Tage. 8. Bern, Scheitlin, Spring & Cie., 1905.
Ausg. A: Diss. Phil. Bern. IV + 72 + *Corrigenda* 1 S.
Ausg. B. IV + 72 S. (fr. 1.50.) — Berner Studien zur Philosophie und ihrer Geschichte. Hrg. von Dr. Ludwig Stein.... Band 40.

Sinn- und Schlussreime, Geistreiche, aus dem cherubinischen Wandersmann ... Berlin 1820. Hamburg 1822. II: *Varnhagen von Ense, Carl August Ludwig Philipp.* (Koner) V: *Scheffler, Joh.*

Sinnschechli's, e. Indianers Schicksale in Frankreich. Eine satyr. Geschichte. 8. Leipz., (Rauck). 10 Gr
s.a. Sinschechli

Sinnsprüche, christliche. 8 Blumenkarten mit religiösen Versen. 24. Leipzig 883, Böhme. *

Sinnsprüche, christliche, in Alpenblumen-Kränzen. 16. (4 Chromolith.) Leipzig 879. Böhme. n. — 50

Sinn- u. Denksprüche zu Freundschaftsdenkmälern f. Jünglinge u. Jungfrauen. (432 Stammbuchsaufsätze.) 8. (5 B. u. Titvign.) Eisleben 842, Reichardt. *

Sinnsprüche Sr. Maj. Kaiser Wilhelm II. (im Jagdschloß Rominten). Plakat. Fol. Königsberg (906). (Ev. Buchh. des ostpr. Prov.-Vereins f. innere Mission.) — 75

Sinnsprüche, 20, f. Feuerwehren. Fol. Hof 887. Lion. n. 3. —

Sinob [Schlagwort]

Sinob. s.: **Asien. Kiepert, Kleinasien.**

Sinob, s.: Kleinasien.

Sinogowitz, Heinrich Sigismund

Sinogowitz, H. S., Anleitung zu e. zweckmäss. Manualhülfe bei eingeklemmten Leisten- u. Schenkelbrüchen, auf herniolog. Untersuchn. u. Beobachtn. gegründet. gr. 8. (6 B.) Danzig 830, Gerhard.

—— de Cholera epidemica, MDCCCXXXI anno Dantisci et Berolini observata, tractatus patholog.-therapeut. 8 maj. (4¼ B.) Gedani 831, Gerhard.

Sinogowitz, Heinr. Sigism., die Geistesstörungen in ihren organischen Beziehungen als Gegenstand der Heilkunde betrachtet. gr. 8. (31½ B.) Berlin 843, Hayn.

—— Geschäfts-Tagebuch f. prakt. Aerzte, s. Geschäfts-Tagebuch f. prakt. Heilkünstler, Jahrg. 1833—35.

Sinogowitz, Henr. Sigism. (geb. Drengfurt 2. 1. 1796): De hydrophobia. Berolini (1822). (32 S.) 8°
Berlin, Med. Diss. v. 24. Aug. 1822

—— das Kindbettfiber physiologisch u. therapeutisch erläutert. gr. 8. (13 B.) Berlin 845, Aug. Hirschwald, Verl.

—— die Wirkungen d. kalten Wassers auf d. menschl. Körper heilwissenschaftl. beurtheilt. gr. 8. (9¼ B.) Berlin 840, Hayn.

Sinoja, J. E. de, im Beichtstuhl. Trauerspiel in 2 Abthlgn. (III, 43 S.) 8. Dresden 903. E. Pierson. n. 1.—

— „Die Ehre der Zeitung". Wahrheit ohne Dichtg. (III, 112 S.) 8. Ebd. 904. n. 1.50; geb. n. 2.50

Sinoja, J. E. de, der Kabbalist. Trauerspiel in 3 Aufzügen. (XI, 80 S.) 8. Dresden 909. E. Pierson. 2.—

Sinoja, J. E. de, die Marranen. Tragödie in 5 Aufzügen u. e. Vorspiele. 8. (186 S.) Dresden 900. E. Pierson. n. 2.—

Sinold, s. Eph. Ph. v. Schütz.

Sinold, Ph. B. [wirkl. Name], s. Creutzberg, Amadeus [Pseud.]

Sinold, Philipp Balthasar, genannt von Schütz,
siehe von Schütz.

***Sinologus* Berolinensis, (Ant. Montucci), remarques philologiques sur les voyages en Chine de M. de Guignes. gr. 8. Berl. 809. (Dümmler). 1 Thlr 12 Gr**

Sinologus Berolinensis, Remarques philologiques sur les Voyages en Chine de M. de Guignes. gr. 8. Berl. Hitzig. 809.

Sinopaeus, Dam., meditat. academ. de cognitione humana. 8. Jenae, Schulze. 738.

— Parerga medica. 8. Petersb. Acad. (Hartknoch, Lips.) 734.

Sinowitz, Mich. Wladeni Beweise zu dem Schlüssel zu Dantes Alighieris Werken. (49 S.) 8. Zürich 905. D. Cleener. (Nur direkt.) n. 1. 50; weitere Beweise. (36 S.) 906. n. 1. 50

Sinowitz, Michael [Wladeni]. Weitere Beweise zum Schlüssel zu Dante Alighieris Werken. 36 S. 8. Zürich, D. Cleener, 1906 (**Umschlag:* Z', Schweizer Druck- und Verlagshaus, 1910). [fr. 2. 50]

— Diskurs zwischen e. Bischof u. Rabbiner. Ein kurzer Auszug aus Licht u. Wahrheit. I. u. II. Tl. üb. Jesus Christus u. die Unterschiebg. des Neuen Testaments u. der Kirchengeschichten durch die Schriftgelehrten des Talmud. (48 S.) gr. 16. Ebd. 902. n.n. — 30

Sinowitz, Michael [Wladeni]. Kommentar zu Dante Alighieris Göttliche Komödie. 188 S. 8. Zürich, D. Cleener, 1908 (**Umschlag:* Z', Schweizer Druck- & Verlagshaus, 1910). [fr. 6. —]

Sinowitz, Michael Wladeni. Licht und Wahrheit über Jesus Christus. Eine Offenbarung über die Unterschiebung des Neuen Testaments und der Kirchengeschichten durch die Schriftgelehrten des Talmud. Theil 1. IV + 167 S. 8. Zürich, Komm. Caesar Schmidt, 1901. fr. 3. —

— Licht u. Wahrheit. 2. Tl. (Ueber die Unterschiebungen durch die Rabbiner, Verfasser des Talmuds, e. großen Teiles des Alten Testamentes sowie des ganzen Neuen Testamentes samt den Kirchengeschichten; der Bücher der Kirchenväter, ebenso der alten röm. u. griech. Klassiker, wie auch der Bücher des Josephus Flavius, Philo u. der alten röm. Geschichte u. s. w.) (III, 79 S.) 8. Ebd. 903. n. 1. 50

— der Psycholog. Neue Entdeckgn. auf hypnot. Gebiete wie in der gesamten Psychologie. (64 S.) kl. 8. Ebd. 904. n. — 60

Sinowitz, Michael [Wladeni]. Schlüssel zu Dante Alighieris Werke Das neue Leben. Eine Komödie in 5 Abteilungen verfasst von M' S' (pseudonym). 94 S. 8. Zürich, D. Cleener, 1905. [fr. 3. 75]

Sinowitz, M(ichael Wladini). Viel-Weiberei als Einziges Mittel zur Lösung (**Umschlag:* als einzige Lösung) der sozialen Frage. 48 S. 8. Zürich, Caesar Schmidt, 1904. [fr. 1. —]

Sinram, A., Fragmente z. kosmischen Bewegungsgesetz (Incitations-Theorie) u. zur Mechanik des Himmels. gr. 8. (32 S.) Hamburg 897. L. Gräfe & Sillem. n. 1. —

— dasselbe. Fragmente II. (Berichtiggn. u. Ergänzgn. der Fragmente v. 1. V. 1897.) gr. 8. (14 S.) Ebd. 897. n. — 40

— Kritik d. Formel d. Newton'schen Gravitations-Theorie. gr. 8. (44 S.) Ebd. 896. n. 1. —

Sinram, A., ein Vorwort zum Werke „Die Welt der höheren Erkenntnis u. der Ueberzeugung". (20 S.) gr. 8. Hamburg (Bundespassage 3) 906. Selbstverlag.

Sinram, Thdr., Aufgaben aus der Arithmetik u. Algebra. 1. u. 2. Thl. gr. 8. Hamburg 873. 76. O. Meißner. n. 5. 80

1. (IV, 151 S.) n. 1. 80. — 2. (334 S.) n. 4. —

— dasselbe. Antworten. 1. u. 2. Thl. gr. 8. Ebend. 873. 76. n. 2. 60

1. (71 S.) n. — 60. — 2. (212 S.) n. 2. —

Sinram, Thdr., Aufgaben aus der Arithmetik und Algebra. Methodisch geordnete Sammlung von mehr als 12500 Aufgaben für Gymnasien, Realschulen, höhere Bürgerschulen und techn. Lehranstalten. Nebst Auflösungen. 3. Tl. gr. 8. (VII, 255 S.) Hamburg 881, O. Meißner. *

Sinschechli, eines Indianers, Schicksale in Frankreich. 8. Altona, Kaven. (Sommer in Leipz.) 788.

s.a. Sinnschechli

Sinsel, G. M., alphabetisches Ortsverzeichniß von Mittelfranken, enthaltend ein Verzeichniß sämmtlicher Städte, Märkte, Dörfer rc. mit Angabe der Bezirksämter u. Gerichte, zu welchen sie gehören, sowie der Entfernung jeden einzelnen Ortes vom einschlägigen Bezirksamte, Stadt-, Land-, Bezirks-, Appellations-Gerichte u. Schwurgerichtshofe. Nach dem Stande vom Janr. 1863 bearb. 2. verm. Aufl. Ansbach 863. Junge. gr. 8. (96 S.) n. 12 ngr.

— — Nach dem Stande vom Janr. 1864 bearb. Ebend. 864. gr. 8. (111 S.) 12½ ngr.

Sinsheim [Schlagwort]

Sinsheim, s.: Deutschland. Kürschner-Pelp.

Sinsheim, s.: Geologische Karten, Spezialkarte (Baden).

Sinsheim [Verfasser]

Sinsheim, (M.,) die Geheimnisse der sämmtl. Rauch- u. Schnupftabaksfabrikatien (nach beinahe 50jähr. Erfahrung.) 12. Frankf. 825, Sauerländer.

Sinsheim, M., die Geheimnisse der sämmtl. Rauch- u. Schnupftabaksfabrikation (nach beinahe 50jähr. Erfahr.) 12. Frankf. 826. (Sauerländer). 12 gr

Sinsheimer, Karl

Sinsheimer, Carl, u. Herm. Sinsheimer, Gemeenerotswahl in Lochlinge. Posse in 1 Akt. (35 S.) 8. Neustadt a/H. (910). D. Meininger. 1. 20

— — Die Reblaus. Schwank aus der Rheinpfalz in 3 Akten. (138 S.) kl. 8. Kaiserslautern 909. E. Crusius. 1. 25

Sinsheimer, L., dr Derkemer Worschdmark. Das Leben u. Treiben auf d. pfälz. Volksfeste. (V, 38 S.) kl. 8. Neustadt a/H. (910). D. Meininger. — 60

Sinsheimer, Ludwig: Das Gesetz, betreffend den Verkehr mit Wein, weinhaltigen und weinähnlichen Getränken vom 7. April 1909, das Weingesetz des Grossherzogtums Luxemburg nebst Ausführungsbestimmungen und Weinzollordnung der beiden Staaten. Vollzugsvorschriften der weinbautreibenden Staaten Deutschlands und unlauterem Wettbewerbs-Gesetze. Trier: Verl. Weinmarkt 1909. 255 S. -- Gei 1*

Sinsteden, Guil. Joseph. (geb. Cleve 6. 5. 1803): Dissertatio physico-medica sistens rationem gravitatem inter et vim vitalem. Berolini (1828). (23 S.) 8°

Berlin, Med. Diss. v. 27. Okt. 1828

Sintemal, Der, eine eidgenössische Wochenschrift auf das Jahr 1759. Basel 1759. H: *Spreng, Joh. Jac.* (Bibliogr. d. Schweiz. Landeskunde. Bern 1892 ff. I. b.)

Sintemal: Der Sintemal
① Eine eidgenössische Wochenschrift auf das Jahr 1759 (auf dem Jahrestitelblatt) ⑤ 1. 1. 1759–31. 12. 1759 ⑥ 8° ⑦ Wochenblatt ⑧ Basel: Johann Conrad von Mechel sel. Witwe ⑩ Johann Jakob Spreng (Fideliß Sintemal), Basel ⑫ gegen die Pietisten ⑬ BGSZ: 99 ⑭ Be: L; Bs: U.

Sintenis: Das römische Landheer. 1. Von seiner Gründung bis zum Untergange der Republik. v. S. 17-26 –Bistritz, Progr. 1856

Sintenis, Armin. Aug., de societate quaestuaria quae dicitur: „Actien-Gesellschaft." Dissertat. inaug. Et: Guil. Ferd. Steinacker, brevis Disputatio: De vi et indole praescriptionis rerum immobilium Saxonicae, quae XXXI annor. VI. hebd. III. dier. lapsu finitur. 4maj. Lipsiae 837. (Göthe.) n. 1/4 ß

Sintenis, Armin. Aug., de societate quaestuaria quae dicitur: „Actien-Gesellschaft." Dissertat. inaug. Et: Guil. Ferd. Steinacker, brevis Disputatio: De vi et indole praescriptionis rerum immobilium Saxonicae, quae XXXI annor. VI. hebd. III. dier. lapsu finitur. 4maj. (8½ B.) Lipsiae 837, T. O. Weigel. *

Sintenis, C., Emendationum Dionysiacarum specimen. Pr. 1856. 81 S. 4°.
— — II. Pr. 1862. 86 S. 4°. Zerbst
— — III. Pr. 1865. 29 S. 4°.
Schul-/Univ.-Schrift

Sintenis, C., De hiatu in Plutarchi vitis parallelis epistola ad H. Sauppium. Pr. 1845. 84 S. 4°. 1.20

Sintenis, Carl Friedrich Ferdinand, s. Sintenis, Karl Friedrich Ferdinand

Sintenis, Christian Friedrich

Sintenis, Chr. Fr., († d. 31. Jan. 1820.) Agende, od. Anleit. wie die Prediger ihren kirchl. Amtshandll. eine würdigere Form geben mögen. gr. 8. Leipz. 808. Fr. Fleischer. 1 ß 8 gl

– s. Begebenheiten d. Familie Reinfeld.

— Beyträge z. Verwand. d. Moral d. Urchristenthums in e. Moral f. unser Zeitalter. 8. Zerbst, Füchsel. 795.

— Beitr. z. Verwandl. der Moral d. Urchristenthums in eine Moral f. unser Zeitalter. 8. Zerbst 795. (Kummer). 16 gl

– s.a. Briefe üb. Gegenstände d. Menschheit.

BRIEFE über die wichtigsten Gegenstände der Menschheit. Geschrieben von *R.* und hrsg. von S. T. U. (verfasst von *Chrn. Friedr. Sintenis*). 4. Bde. Leipzig 1794 bis 1798. 8°. 376, 356, 348, 346 S. (7 Mk. 50 Pfg. Friedr. Klüber, München, 1904.)

— Briefe üb. d. wicht. Gegenstände d. Menschheit. 4 Thle. 8. Ebend. 809—98. (à 1 Rthlr.)

— theolog. Briefe. 1r Thl. 8. (Zerbst) 800. N. A. 803. (Kummer). 1 ß

Sintenis, Chr. Fr., theologische Briefe. 1r Th. 8. Zerbst, Füchsel. 803. Rthlr.

— das Buch fürs Herz, aufs ganze Jahr. 4 Bde. gr. 8. Leipz. 806—8. 2e A. 809. Fr. Fleischer. 4 ß

— d. Buch f. Traurige. 2 Thle. 8. Wittenberg, Zimmermann. 781—82.

– s. Contingent z. Modelektüre.

— authent. und actenmäß. Darstellung ganz sonderb. u. originneller Rechtshändel, welche er v. d. Consistor. in Zerbst 1790. gehabt hat. 8. Leipzig, Crusius. (F. C. W. Vogel.) 790.

– s. Dialogen d. Dichters Ehrentraut.

Sintenis, (C. F.,) Elpizon, s.a. Elpizon.

(Ch. F. **Sintenis**): Elpizon, od. üb. meine Fortdauer im Tode. 1r Th. *Danzig*, Troschel, u. *Lpz.*, Fleischer d. j. (795. 800.) 804. gr8° 1 ß 4 gl 2-3r Th. (804-6.) 806. 4 ß 3r Th. 3e A. 811. 2 ß 12 gl Anh. Pistevon: üb. d. Daseyn Gottes. 806. 1 ß 4 gl

— Elpizon, oder über meine Fortdauer im Tode. 1r Thl. 8. Danzig, Troschel. 803.

— — dess. 2r Th. 8. Leipz. Gerh. Fleischer. 810.

— — dess. 3r Th. 1ste 2te Abth. (a. u. d. Tit.: was steht vom Zustande nach d. Tode in d. Bibel? 2 Thle.) 8. Ebendas. 806; 7. (1ste 1 Rthlr. 8 gr. 2te 1 Rthlr. 4 gr.)

(*Eb.*) Elpizon an se. Freunde vor u. nach d. wichtigsten Epoche seines Lebens. *Eb.* (808.) 810. 8° 1 ß 8 gl

— — dess. 1r Anhang, (a. u. d. Tit.: Pisteron, od. üb. d. Daseyn Gottes.) 8. Ebend. 809.

— — dess. 2r Anhang, (a. u. d. Tit.: Elpizon an s. Freunde von und nach d. wicht. Epoche s. Lebens.) 8. Ebend. 810.

– s. Flemmings Geschichte.

— Fragmente v. Briefen gemeinnütz. Inhalts, s.a. Briefe üb. die wicht. Gegenstände ꝛc.

— Fragmente v. Briefen gemeinnütz. Inhalts als 5r Th. d. vorherg. 8. Ebend. 800.

Sintenis, Ch. F. Geschichte des Armenwesens in *Zerbst*, von der Zeit an, als er selbst freiwillig dazu trat, bis jetzt. *Leipzig, Fleischer d. I.* 1803

— Geschichte Flemmings, s. Flemmings Geschichte.

– s. Glauben an Offenbarung.

– s.a. Rich. Grimm.

GRIMM, Richard, mit dem Beinahmen Avtodidaktos; ansässig zu Grimsthal, wo die Sonderlinge zu Hause sind (von *Christian Friedr. Sintenis*). 2 Thle. Zerbst, bei Andreas Füchsel. 1795. 8°. (2 Rthl.) (4 Mk. Leo Liepmannssohn, 1907.)
I: Tit. u. 374 S. II: Tit. u. 366 S. — Ziemlich zahm.

GUTMANN und Wilhelmine, oder Geschichte zweyer sich liebenden Seelen. Eine Geschichte für Geist und Herz. (Vom Vf. des „Waldro", d. i. *Chrn. Friedr. Sintenis.*) Mit Titelkpfr. Halle, Hendel, 1800. 8°. (16 ggr.)
Anzeige des Verlegers. — Zuerst gedr. ebd. 1782. (Anon.-Lex. II. p. 250, nach Kayser u. Meusel).

– s. Hallo der Zweite

s. Hallo's glücklicher Abend.

s.a. El. Klaprose.

KLAPROSE, Elias, Exmagister. Eine Geschichte, in welcher beyzu viel heilsame Wahrheit gesagt wird (von *Christian Friedr. Sintenis*, 1750—1820), Berlin, Maurer. 1785. 8°. (1 1/3 Rthl.)

544 S. (incl. Tit. m. Vign.). Einiges etwas frei.

— Communionbuch. 8. Zerbst 801. (Kummer). 12 gl

— Philidors Kritik d. Immanuels eines (vorgeblichen) Buches f. Christen u. Juden, od. d. letzte u. höchste Triumph d. Vernunft üb. d. Glauben an Offenbarung. gr. 8. Zerbst. (Fr. Bruder, Leipz.) 806.

— Philidors Kritik des Immanuels, eines (vorgeblichen) Buches f. Christen u. Juden, od. der letzte u. höchste Triumph d. Vernunft üb. d. Glauben an Offenbarung. gr. 8. Zerbst 806. (Joachim in Leipz.) 16 gl

Sintenis, C. F., Leben und Wirken. s. Schütz, F. W. v.

Ch. F. Sintenis: d. Mensch im Umkreise sr. Pflichten. *Lpz.*, Crusius. 804-6. 8° 3 Thle. in 2 Bden. 6 ß

— der Mensch im Umkreise seiner Pflichten. 1r u. 2r Bd. 1e u. 2e Abtheil. gr. 8. Leipz. 804—7. (W. Vogel). 6 ß Schrbp. 7 ß Velinp. 9 ß (1r Thl. Der isolirte Mensch. 2 ß Schrbp. 2 ß 8 gl Velinp. 3 ß 2r Thl. 1e u. 2e Abtheil. Der Familienmensch. 1r u. 2r 2 ß Schreibp. 2 ß 8 gl Velinp. 3 ß 2r Thl. 1e u. 2e Abtheil. A. u. d. T.: Das größere Buch für Familien. 1r u. 2r Bd.)

s.a. Menschenfreuden, u. neue Menschenfreuden.

(Sintenis), Neue Menschenfreuden. 2 Bde. Lpz. 8°. 1797

— Menschenwürde. In Selbstgesprächen. Eine Schrift, die man vorzüglich jungen Leuten am Ende ihrer Erziehung, in die Welt mitgeben kann. 8. Leipz. 817. Gr. Fleischer. 12 gl

s. Mittel, üb. die, des Selbstmords.

— Theodors glückl. Morgen, s. Theodor, od. üb. Bildung.

s. Nikolaus Grimm.

SINTENIS (Chrn. Friedr., 1750—1820), Nonnenlied auf Kaiser Joseph II. Budissin, 1782, bey Deinzern in Commiss. 8°.

Magaz. d. Buch- u. Kunst-Handels. Jahrg. 1782. (Lpz.) S. 523; Gilhofer & Ranschburg, Wien, 1889, Anz. 4, no. 1122: Beibd.

— Oswald, d. Greis; od. mein letzter Glaube, als Nachlaß zugleich f. meine Freunde. 8. Leipz. 813. 2e A. 815. 3e A. 820. Gr. Fleischer. 1 ß 4 gl

s.a. Pistevon.

Ch. F. Sintenis: Pistevon, od. üb. das Daseyn Gottes; Seitenst. z. Elpizon. (s. N. 2604.) *Lpz.*, Fleischer. (800. ....) 807. 1 ß 4 gl

— Postille. 4 Thle. gr. 8. Zerbst, Füchsel. (1r B. ehemals auch d. Tit.: Predigtbuch.) 798. 99. (à 1 Rthlr. 4 gr.)

— erste Postille. 4 Thle. gr. 8. Zerbst 798, 99. (Gr. Fleischer in Leipz.) (1r Thl. erschien 1798 unt. d. T.: Predigtbuch). 4 ß 16 gl

— zweite Postille. 4 Thle. gr. 8. Zerbst 799, 800. (Gr. Fleischer in Leipz.) 4 ß 16 gl

— Predigt b. Einführ. d. allgem. Beichte in Zerbst ꝛc. 8. Leipz. Crusius. (F. C. W. Vogel.) 787.

— Predigt bei Einführ. der allgem. Beichte in Zerbst ꝛc. 8. Leipz. 789. (W. Vogel). 5 gl

— Predigt zum Regierungsjubiläum Herzog Franz zu Anhalt, am 28. Oct. 1808. gr. 8. Zerbst 808. (Kummer).

— Predigten. 2 Thle. gr. 8. Leipz. 786. (W. Vogel). 2 ß 8 gl

— neue Predigten. 2 Thle. gr. 8. Leipz. 793. Crusius. (W. Vogel). 1 ß 16 gl

— Predigten üb. die Texte, welche statt der gewöhnl. Evangelien f. d. Jahr 1811 in d. königl. sächs. Landen verordnet worden sind. 1r Thl. 1—3. 2r Thl. 1. gr. 8. Leipz. 811. Gr. Fleischer. 1 ß 2 gl

— Predigten üb. die Texte, welche statt d. gewöhnlichen Evangelien f. das J. 1811 in den königl. sächs. Landen verordnet worden sind. I. 1—3. II. 1. gr. 8. Ebendas. 814.

s.a. Privatandachten.

— Privatandachten unter freyem Himmel, für die, welche reine Herzens sind. 8. Wittenb. Zimmermann. 780.

Sintenis. Rede über unsere Pflichten in Beziehung auf Armenpflege. *Zerbst.* 1783

s.a. Reden im Augenblicke d. Veranlassung.

— Reden, im Augenblick d. Veranlassung. 8. Ebd. 779.

s.a. Reden im Menschenton.

REDEN im Menschenton. Vom Verfasser der Menschenfreuden. Mit 3 Vignetten von J. W. Meil. Berlin, Decker, 1779/80. 3 Teile über 900 S. in 1 Bd.

Goedeke IV, 1, 597, 54, 6. Enthält u. a.: Über den Genuß des Lebens — Rückkehr zur Tugend — Glück im ehelichen Leben — Einsamkeit — Verführen und Verführtwerden — Genuß sinnlicher Vergnügungen. [Verfasser: Chrn. Fr. Sintenis.]

— christl. Religionsunterricht f. die Jugend. 8. Leipz. 798. Gr. Fleischer. 8 gl

— letzte Revision d. Kirchenglaubens, s.a. Gf. Denker.

— Gottlieb Denkers letzte Revision d. Kirchenglaubens. 8. Ebend. 805.

s.a. Robert u. Elise.

ROBERT und Elise; oder die Freuden der höheren Liebe. (!) vom Verf. des Hallo (zahmer Roman von *Chrn. Friedr. Sintenis*). 2 Thle. Mit 1 Kpfr. Leipzig, Fleischer, 1786. 8°.

Schlesinger's (Berlin) Leihbibl.-Cat. 1825, S. 202.

— — Dasselbe. Ebd. 1796. 8°. (2⅙ Rthl.)
368 u. 368 Seiten. — Das Anon.-Lex. III. p. 387 (nach Kayser, Meusel, Engelmann u. A. G. Schmidt), aber unrichtig „Elisa".

— Vater Roderich unter seinen Kindern; e. Volksbuch. 8. Wittenb. 783. (anonym). 2e A. 802. 3e A. 8. Leipz. 810. 4e A. 817. Gr. Fleischer. 1 ℛ 8 gl

– s. Veit Rosenstock.

— Sonntagsbuch, z. Beförd. wahrer Erbauung zu Hause. 3 Thle. gr. 8. Leipzig, Gerh. Fleischer. 801—3. (I. II. à 20 gr. III. 1 Rthlr.)

— Sonntagsbuch, z. Beförderung wahrer Erbauung zu Hause. 3 Thle. 2te wohlf. Aufl. gr. 8. Ebend. 813. (à 12 gr.)

– s.a. Stunden f. die Ewigkeit.

(Ch. F. Sintenis): Stunden f. d. Ewigkeit gelebt. *Berl.*, Maurer. 791-92. 2 Thle. 8° 1 ℛ 12 gl

— Stunden des einsamen Nachdenkens im Schooße der schönen Natur. 3 Thle. Mit 1 Kpf. 8. Leipz. 810 u. 11. (Gr. Fleischer). 4 ℛ

– s. Stunden d. Wahrheit.

— Syllegon, od. d. Sammler edler Charakterzüge, großer Handlungen, witziger Einfälle u. wichtiger Anekdoten. 2 Thle. 8. Leipz. 801. Gr. Fleischer. 1 ℛ 16 gl

— Scenen a. d. Leben Jesu, ein Buch z. Bildung e. großen und edlen Charakters. 2 Thle. 8. Zerbst, Füchsel. 801.

– s.a. Taufe, üb. die.

– s. Trakimor, od. d. goldene Land.

— üb. d. Unheil, welches die öffentl. Bettelei anrichtet. 8. Zerbst 783.

— Werners moral. Unterhaltungen mit Wilhelm u. Wagnern. 8. Wittenberg, Zimmermann. 781. Rthlr. — 18

– s.a. Wahlmann, od. durch das eine wird er böse.

WAHLMANN, oder durch die eine ward er böse und durch die andere ward er gut. Schriebs *C. F. S. (Chrn. Friedr. Sintenis)* und widmets allen seinen jungen Menschenbrüdern, welche auch C. F. S. oder S. F. C. oder S. C. F. oder keins von allen diesen heißen. 2 Thle. Franckfurt u. Leipzig (Wittenb., Zimmermann) 1778. 8°. (1⅓ Rthl.) Selten!
Critik der Titel. Halle 1804. 8°. S. 167; K. F. v. Klöden's Bibl. Berl. 1859. p. 80. — Fehlt bei Engelmann unter Sintenis.

– s. Werner's moral. Unterhaltungen.

– s.a. Max. Wind u. Consorten.

WIND, Max, und Konsorten, oder, am Ende werden sie vielleicht noch alle klug. Ein Beitrag zur Geschichte der Narren (von *Chrn. Friedr. Sintenis*). Frankfurt und Leipzig (Wittenberg, Zimmermann) 1780. 8°. (In Oettingen, Fürstl. Bibl., laut Doubl.-Cat. p. 88.) (1 Mk. 20 Pfg. Scheible, vor 1885; 5 Mk. E. Frensdorff, 1908.)
672 SS. Stellenw. derb. *Am Schluss:* Ende des ersten (einz.) Theils. — Das Anon.-Lex. IV. p. 403 hat „Leipzig 1780" (nach Goedeke, Kayser, Meusel).

— Zeitschrift f. d. Protestantismus, s. Zeitschrift.

Sintenis, C., prakt. Erziehungshandbuch, für alle, welchen Kindererziehung anvertraut ist. 8. Heilbr. 799. Claß. 12 gl

Sintenis, Frau Elsb., s.: Fabrow, E.

Sintenis, Emil, für Rußland ⟨1895⟩ u. für Deutschland ⟨1907⟩ appr. Arzt: Perityphlitis und Gravidität. Freiburg i. B. 1907: E. Kuttruff. (35 S.) 8°
Freiburg i. B., Med. Fak., Ref. Krönig, Diss. v. 1907
[Geb. 12./24. Jan. 71 Dorpat; Wohnort: Villingen in Baden; Staatsangeh.: Rußland; Vorbildung: Gymn. Dorpat Reife Juni 89; Studium: Dorpat 12 S.; Coll. 1. März 07; Approb. 5. Febr. 07.]

Sintenis, Frz., literarische Ansichten in Vorträgen. H. Sudermann. H. Seidel. Bret Harte. Mark Twain. E. Bellamy. gr. 8. (80 S.) Jurjew (Dorpat) 894. E. J. Karow. n. 2. —

—— s. Briefe von Goethe, Schiller, Wieland ꝛc.

Sintenis, F., **Forstinsecten** der Ostseeprovinzen. gr. 8. (S. 178—199.) Jurjew (Dorpat) 899. (Riga, J. Deubner.) n.n. — 75
Sonderabdruck aus: „Sitzungsber. d. Naturforscher-Gesellschaft bei d. Univ. Jurjew".

Sintenis, F., üb. Frauenlitteratur. I. Warum dichten Frauen? II. Was schreiben Frauen? [Aus: „Balt. Monatsschr."] gr. 8. (51 S.) Riga 897. (Jonck & Poliewsky.) n. 1. 20

Sintenis, F., über Gustav Freytag. Ein Vortrag, geh. den 14. Febr. 1881. 1. u. 2. Aufl. gr. 8. (31 S.) Dorpat 881. Karow. n. — 80

— Goethe vor 100 Jahren. Zur Feier des 28./16. VIII. 1899. gr. 8. (15 S.) Riga (900). J. Deubner. n. — 50

Sintenis, F., H. Heine. Ein Vortrag. gr. 8. (31 S.) Dorpat 877. Schnakenburg. n. — 80

Sintenis, Frz., Leichenrede am Grabe des verewigten Pfarrers Ed. Hoppe, s. Hoppe, Ed., 6 Predigten.

— Nicolaus Lenau, s.a. Sammlung gemeinverständl. wissenschaftlicher Vorträge.

Sintenis, Franz: Nicolaus Lenau. Vortrag geh. in d. Aula d. Univ. Dorpat am 29. Jan. 1892. Von F[ranz] Sintenis, Staatsrath in Dorpat. Hamburg: Verlagsanst. u. Dr. A.-G. 1899. (28 S.) 8°
Sammlung gemeinverständlicher wiss. Vorträge. N.F. Ser. 14. H. 321.

— Märchenkranz, s.a. Bloch's, Ludw., Kinder-Theater.

— Märchenkranz, s.a. Mädchenbühne, 6 Bdchn.

Sintenis, Franz: Märchenkranz. Dram. Scene von —. Frankfurt a. M.: W. Rommel; [übergestemp.: Berlin: E. Bloch] 1895. (21 S.) 8°
Mädchen-Bühne. Bdch. 6.

Sintenis, F., üb. Immermann's Münchhausen, e. Vortrag, u. Goethe u. Fürst Pückler-Muskau, e. Studie. 8. (34 S.) Dorpat 875. Schnakenburg. n. — 80

— die Pseudonyme der neueren deutschen Litteratur, s.a. Sammlung gemeinverständl. wissenschaftlicher Vorträge.

Sintenis, Franz: Die Pseudonyme der neueren deutschen Litteratur. Vortr., geh. zu Dorpat am 29. Nov. 1896. Von F[ranz] Sintenis in Dorpat. Hamburg: Verlagsanst. u. Dr. A.-G. 1899. (31 S.) 8°
Sammlung gemeinverständl. wiss. Vorträge. N.F. Ser. 13. H. 310.

Sintenis, F., Sylvesterräthsel. (48 S.) kl. 8. Dorpat 907. F. Bergmann. 1.20

—— neues Verzeichniss der in Estland, Livland, Curland und auf Oesel bisher aufgefundenen Schmetterlinge. gr. 8. (VIII, 60 S.) Dorpat 876. (Leipzig, Köhler.) *

— neues Verzeichniss der in Estland, Livland, Curland u. auf Oesel bisher aufgefundenen Schmetterlinge. 1. Nachtrag. [Aus: „Archiv f. d. Naturkde. Liv-, Est- u. Kurlands".] gr. 8. (4 S.) Dorpat 880. (Leipzig, K. F. Köhler.) n. — 20 (Hauptwerk u. 1. Nachtrag: n. 1. 20)

Sintenis, Friedrich

Sintenis, Fr., Auswahl deutscher Gedichte, zum Vortrag für das reifere Jugendalter. gr. 8. Zerbst 839. Kummer. 3/4 Thlr.

Sintenis, Friedr., Auswahl deutscher Gedichte, zum Vortrag f. d. reif. Jugendalter. gr. 8. (17 B.) Zerbst 839. [Berlin, Trautwein u. Comp.]

Sintenis, Friedrich (geb. am 4 Mai 1847 in Zerbst): Beiträge zur Kenntniss der Benzyläther ... Bonn, Druck v. C. Georgi 1871. 29 S., 1 Bl. 8. ¶ In neuer erw. Bearb. in d. Annalen d. Chem. u. Pharm. CLXI 1872 S. 329 ff.
Bonn, Phil. Fak., Diss. v. 7 Aug. 1871

Sintenis, Friedr., zur Geschichte des Zerbster Schulwesens. Einladungsschrift zur Feier des 50jähr. Bestehens des Herzogl. Francisceums zu Zerbst am 18. u. 19. Mai 1853. Zerbst 853. (Leipzig, Hunger.) gr. 4. (66 S. u. 1 lith. Plan, u. Beilage: Die 50jähr. Jubelfeier des Herzogl. Francisceums. Zerbst, am 18. u. 19. Mai 1853. Ein Gedächtnißblatt für die Festgenossen. 3 Bl.) 15 ngr.

Sintenis, F. Zur Geschichte d. Stadt Zerbst u. d. Anhalt. Lande a. d. recht. Elbufer. (51) 4. Zerbst 1847.

Sintenis, Fr(id.) August(us) Eduard. (geb. Zittau 4. 3. 1813): De abscessibus visceralibus post laesiones magnas operationesque chirurgicas. Berolini (1838). (48 S.) 8°
Berlin, Med. Diss. v. 8. März 1838

Sintenis, Friedr. Wilh., der Anfang der deutschen Kirchenreformation im 16. Jahrhundert, oder Dr. M. Luther's 95 Sätze, die vom Ablaß handeln, nebst drei Sendschreiben desselben. 8. (3 B.) Zerbst 845, Kummer'sche Buchh. *

—— Denkschrift zur frommen Feier des 18. Februar 1846, des 300 jähr. Todestages Dr. M. Luther's. gr. 8. (3 B. u. 1 Facsimile.) Zerbst, Kummer'sche Buchh.

— Gedichte. 1s Bdchen. Mit 1 Kpf. 12. Leipz. 811. W. Vogel. 16 gGr. Velinp. 1 Thlr.

Sintenis, Fr. Wlh., die Union d. beiden protestant. Confessionen in Anhalt-Dessau zu einer evangel. Kirchengemeinschaft. gr. 8. Zerbst 827. Kummer. 4 gGr.

Sintenis, Gustav, Referendar bei d. Kgl. Staatsanwaltsch. zu Breslau: Der simulirte Prozess. *Berlin: C. Heymann 1902.* (VI, 65 S.) 8° ¶ (Aus: Zeitschrift f. deutschen Civilprozess.) *)
Breslau, Jur. Diss. v. 28. Mai 1902

Sintenis, Gust.: Das Recht der Handelsgeschäfte ..., s. Lewinski, Karl v.

Sintenis, Gust., das Recht der Handelsgeschäfte u. Handelsgesellschaften, s.: Sammlung kaufmänn. Unterrichtswerke. (Lewinski, Carl v.)

Sintenis, Henr., Capita selecta ex jure civili. Dissert. inaug. 8maj. (6 1/4 B.) Gissae 840, [Heyer's Verl.]

Sintenis, Jh. Chr. Siegm., s. Gutmann u. Wilhelmine. Gutsmuths Wanderung.

Sintenis, Jh. Chr. Sigm., öffentl. katechet. Prüfungen, nebst Schlußreden an Aeltern u. Kinder. 3 Bde. gr. 8. Halle 803—806. Gebauer. 1 Thlr. 18 gGr.

— s. Rath, mütterlicher.

— Unterredung mit Aeltern u. Kindern am Tage fr. völligen Hingebung an letztere. 8. Dornb. 786.

Sintenis, Joh. Gtfr. Theod., lutherische Anthologie, s.a. Anthologie.

Sintenis, Jh. Gttfr. Thdr., lutherische Anthologie ꝛc. 8. Nürnberg 830. (Berlin, Bade.) 1 Thlr.

Sintenis, Jh. Gf. Thdr., luther. Anthologie, d. i.: Samml. vorzügl. Aussprüche Dr. M. Luthers, Gott, Natur- u. Menschenleben betreff. Aus seinen hinterlass. Schriften entlehnt. 8. Nürnb. 830. Haubenstricker. 1 Thlr. (Das unter Ansichten, lutherische ꝛc., aufgeführte, wäre demnach falsch u. zu streichen.)

Sintenis, Johann Gottfried Theodor (Hrsg.). s. Arnd, Johann: Gebetbuch, bekannt unter dem Namen: Paradiesgärtlein.

— christl. Handbuch zur Erwärmung des Herzens für Gott, Religion u. Tugend in d. Stunden häusl. Andacht. In Morgen- u. Abendbetrachtt. auf alle Tage des Jahres. 2 Bde in 4 Abtheill. gr. 8. Liegnitz 819. Kuhlmey. 3 Thlr. 16 gGr. 2e wohlf. Ausg. 824. 1 Thlr. 12 gGr.

— Jahresweihe; e. Samml. kindl. Lieder. 12. Liegn. 818. Kuhlmey. 12 gGr. Neue Samml. gr. 12. Ebd. 825. Ebd. 12 gGr.

— Luther's Leben. 2e Aufl. 8. Ebd. 830. (Ebd.) 7/8 Thlr.

— Luthers Leben u. unsterbl. Verdienste; e. Jubelschrift. 8. Liegnitz 818. 2e Aufl. verbunden mit den vorzügl. Denkwürdigkk. aus d. Geschichte des auf d. Reichstage zu Augsburg im Jahre 1530 übergeb. Glaubensbekenntnisses. Mit 1 Kpf. 8. Nürnb. 830. Haubenstricker. 21 gGr.

——, D. M. Luthers Leben u. unsterbl. Verdienst, verbunden mit d. vorzügl. Denkwürdigkeiten aus d. Geschichte des auf d. Reichstage zu Augsburg im J. 1530 übergeb. Glaubensbekenntnisses, e. Beitr. zur Würdigung d. 3. Säcularfeier d. evangel. Kirche. 2., veränd. u. erweit. Aufl. 8. (20 B. u. 1 Kpfr.) Nürnberg 830. [Berlin, Bade.]

Sintenis, J. G. T., Dr. Mart. Luther's Leben u. unsterbl. Verdienste rc. 2. Aufl. 8. 830. ist jetzt Verlag von Hentze in Leipzig. ⅛ Thlr

— Losungsworte u. Stimmen der Andacht; e. christl. Taschenbuch f. alle Tage des Jahres, für denkende Verehrer Jesu. Mit 1 Kpf. 8. Nürnb. 826. (v. Ebner). 1 Thlr 12 gr

Sintenis, (J. G. Th.,) Losungsworte u. Stimmen d. Andacht, ein christl. Taschenbuch f. alle Tage d. Jahres, f. denkende Verehrer Jesu. Mit 1 Kupfer. 8. Nürnberg 826, Haubenstricker.

Sintenis, J. G. T., die Ober-Lausitz, ein belehrendes u. unterhalt. Lesebuch. 2 Thle. gr. 8. Zittau, Schöps. (in Comm.) 812.
fein Druckp.

Sintenis, Joh. Gtfr. Theod., der Tag d. Herrn, e. Andachtsgabe evangel. Sinnes f. Freunde häusl. Erbauung. gr. 12. (18 B. u. 1 Abbild.) Liegnitz 828, Kuhlmey.
1 Thlr. 8 Gr., Vlnp. Thlr.

— der so wichtige Verein, in welchem Eltern u. Lehrer mit einander stehen; e. Predigt. 8. Görlitz. 812.

(SINTENIS, K. F.?): Versuch e. Oberlausitz. Kirchenrechts f. Predigtamts-Candidaten n. angeh. Landgeistl. *Frankf. a. M. u. Leipzig.* (*Zittau*, Schöps.) 796. 8. (1 Thl.)

Sintenis, Karl

Sintenis, Car., Observationes crit. in Diodorum Siculum. 4maj. (2¼ B.) Servestae 829, (Kummer.)

– s. Plutarch, Aristides et Cato major.

Sintenis, Karl, s. Plutarchi Pericles.

– s. Plutarch, Themistocles.

Sintenis, Car., s. Plutarchi vitae parallelae.

Sintenis, Karl Friedrich Ferdinand

Sintenis, C. F. F., Anleitung zum Studium des bürgerlichen Gesetzbuches für das Königr. Sachsen. Mit alphabet. Register. Lex.-8. (XIV und 626 S.) Leipzig 864, B. Tauchnitz.

— s. Corpus juris canonici. — Corpus juris civilis.

Sintenis, (K. Fr. F.,) de delictis et poenis universitatum. 8maj. Zerbst 825, Kummer.

Sintenis, Karl Friedr. Ferd., Erläuterungen üb. versch. Lehren d. Civilprozesses nach Linde's Lehrb., in einzelnen Abhandln. 1. Bd. 1—3. Hft. gr. 8. (41½ B.) Gießen 839, 40, [Heyer's Verl.]

Sintenis, Carl Friedr. Ferd., zur Frage von den Civilgesetzbüchern. Ein Votum in Veranlassung des Entwurfs eines bürgerlichen Gesetzbuchs für das Königreich Sachsen. Leipzig 853. Fr. Fleischer. 8. (VII, 173 S.) n. 24 ngr

—— Handbuch d. gemeinen Pfandrechts. gr. 8. (45 B.) Halle 836, Schwetschke u. Sohn.

SINTENIS, C. Fr. Ferd.: Von den Majestätsverbrechen. Eine criminalist. Abhandl. *Zerbst*, Kummer. 825. gr. 8. (8 Gr.)

—— pfandrechtliche Streitfragen. 1. Hft. gr. 8. (9 B.) Zerbst 835, Römer. (Leipzig, Hunger.)

Sintenis, C. Fr. F., der Ungehorsam d. Parteien im bürgerl. Process, in seinen rechtsnachtheil. Folgen. Eine processual. Abhandl., als Versuch e. theoret. u. prakt. Erörterung dies. Lehre. gr. 8. (9 B.) Zerbst 828, Kummer.

Sintenis, Karl Fr. Fd., das practische gemeine Civilrecht. 1. Bd.: Die allgem. Lehren u. das Sachenrecht. gr. Lex.-8. Leipzig 844, Focke. 4½ Thlr

— dass. 2. Bd.: Das Obligationenrecht. 1. Abthl. Cap. I. Wesen u. Inhalt der Obligationen. II. Entstehung d. Obligationen. gr. Lex.-8. Ebend. 845. 2⅔ Thlr (I. II. 1: 7⅙ Thlr)

Sintenis, Carl Friedr. Ferd., das practische gemeine Civilrecht. 2. Bd. Das Obligationenrecht. (2. Abthlg.) Lex. 8. (XII S. u. S. 385—848.) Leipzig 847, Focke. — III. Bd. Das Familien- u. Erbrecht. 2 Abthlgn. Lex. 8. (XVI u. 794 S.) Ebd. 849. 51. II, 2: 3⅓ Thlr III, 1: 2 Thlr III, 2: 4 Thlr (cplt. 12½ Thlr)

Sintenis, Carl Friedr. Ferd., das practische gemeine Civilrecht. 2., verb. Aufl. 13 Lfgn. Lex.-8. Leipzig 860. 61, B. Tauchnitz. [1. Bd. (XX und 664 S.) 2. Bd. (X und 845 S.) 3. Bd. (XII und 776 S.)] à Lfg. * 1 Thlr. *

Sintenis, Carl Frdr. Ferd., das practische gemeine Civilrecht. 3. verb. Aufl. Leipzig 868, 69. B. Tauchnitz. Lex.-8. (1. Bd. XV. 678 S., 2. Bd. X, 720 S. u. 3. Bd. XII, 779 S.) n. 13 Thlr

Sintenis, Karl Heinrich

— Theodor Gutmanns philos. Abhandlungen üb. d. jetzige Irreligiosität und e. vernünft. relig. Erzieh. 8. Zerbst, Füchsel. 800. 1 —

— Theodor Gutmanns philosoph. Abhandll. üb. die jetzige Irreligiosität u. eine vernünftig-religiöse Erziehung. 8. Zerbst 800. (Kummer). 1 Thlr

Sintenis, (K. H.,) Ahnenstolz u. Bürgerglück oder die beiden Herminen. Ein Familienspiel. 2 Bde. Neue Aufl. 8. Leipz. 825, Centr.-Cptr.

— prakt. Anleit. zu Ciceros Schreibart. gr. 8. Leipzig, Baumgärtner. 794.

— Ciceronische Anthologie, od. Samml. interess. Stellen a. d. Schr. d. Cicero f. d. mittl. Classen in d. gelehrt. Schulen. 2 Thle. 8. Züllichau, Darnmann. 808, 9. (I. 22 gr. II. 20 gr.)

Sintenis, K. H., Ciceronische Anthologie, od. Samml. interessant. Stellen aus den Schriften d. Cicero, f. die mittl. Classen in den gelehrten Schulen. 3r Thl. 8. Züllichau, Darnmann. 811.

— freimüth. Briefe üb. polit. u. andere Gegenstände, s. Briefe.

Sintenis, K. Hnr., (✝ d. 14. Juni 1816.) Briefe einer Gräfin, ein Buch f. die gänzl. Zufriedenheit mit Gott im Leiden. 8. Hamburg 803. Rößler. (Petersen in Altenb.) 20 gr

— castigatio crit. element. barbar. Basedow. 8. Leipz. (Altona) 777. (Aue). 6 gr

— commentat. III de causis et vitiis mechanismi scholast. 4. Wittenb. 773—75.

– s. Ciceronische Anthologie.

—de nimia sermonis patrii cultura hodiernae barbariae causa. 4. Wittenb. 780.

—de educatione aesthetica. 4. Wittenb. 779.

—de educatione cavente. 4. Wittenb. 779.

—Specimen I. et II. de elementis Basedovii, elementis barbariae. 4. Wittenb. 776.

— theolog. und jurist. Encyklopädie. gr. 8. Ebendaselbst. 794.

— Eudämon üb. d. Geist d. Zeitalters. 8. Leipzig, Joachim. 805.

— Geron u. Palämon, od. Gespräche zweier Greise üb. die Gewißheit ihrer Hoffnungen auf Jenseits. (A. u. d. T.: Eudämon üb. d. Geist d. Zeitalters.) 8. Zerbst 803. N. A. 8. Leipz. (805.) Joachim. 1 Thlr. 12 gr.

K. H. **Sintenis**: Geron u. Palämon, od. Gesprr. zweyer Greise üb. d. Gewissheit ihrer Hoffnungen auf Jenseits. *Zerbst*, Kramer. 803. 8° 1 Thlr.

—— et O. M. Müller, Gradus ad Parnassum, s.a. Gradus.

Sintenis, M. C. H., Gradus ad Parnassum s. Promtuarium prosodicum. Tom. I. 8. ibid. 815.

Sintenis, C. H., Gradus ad Parnassum sive promptuarium prosodicum, syllabarum latinarum quantitatem, hujusque regulas praecipuas, et synonymorum, epithetorum, phrasium, descriptionum ac comparationum poëticarum copiam continens. 2 tomi. 8. Züllich.viae, Darnmann. 816. 1 12

Sintenis, (C. H.,) Gradus ad Parnassum, sive Promtuarium prosodicum, syllabarum latin. quantitatem, et synonymorum, epithetorum, phrasium, descriptionum ac comparationum poëticarum copiam continens, et in usum juvent. scholast. ed.; correctum et auctum a D. O. M. Müller. II. Partes. 8. Züllich. 822, Darnmann.

— dass. im Auszuge, s.a. Gradus.

— Grundriß e. theolog. u. jurist. Encyklopädie. gr. 8. Leipz. 794. Baumgärtner. 4 gr.

— kl. Handbuch f. Deutschlands edle Töchter, welchen die Vorsehung die Freuden d. Ehe versagt gehabt hat. 8. Leipz., Joachim. 1 Thlr. (Vergl. unten: Trost u. Rath rc.)

— Handbuch der Materialien zu deutschen u. latein. Abhandll. aus d. klass. Philologie in einer ihrer Hauptwissenschaften für geübte Jünglinge in gelehrten Schulen. gr. 8. Züllichau 807. (Baumgärtner in Leipz.) 1 Thlr. 8 gr. Hbg. Pr. 16 gr.

— Handbuch d. Materialien z. deutsch. und latein. Abhandl. a. d. class. Philologie in e. ihr. Hauptwissenschaften f. geübte Jünglinge in gelehrten Schulen. gr. 8. Zullichau, Darnmann. 807.

Sintenis, K. H., Handbuch der Materialien zu deutschen und lateinischen Abhandlungen aus der klassischen Philologie und einigen ihrer Hauptwissenschaften, für geübte Jünglinge. Züllichau 808. 8. 1 rthl. 8 gr.

— Hülfsbuch zu latein. Stylübungen nach Ciceros Schreibart f. obere Classen a. gelehrt. Schulen. 8. Ebend. 805.

Sintenis, K. Hnr., größeres Hülfsbuch zu Stylübungen nach Ciceros Schreibart für obere Klassen auf gelehrten Schulen. (als 2r Thl. des Vorherigen). 8. Züllichau 806. 2e Aufl. 818. (Baumgärtner in Leipz.) 1 Thlr. 4 gr. Hbg. Pr. 12 gr.

Sintenis, Carl Heinrich. Hülfsbuch zu lateinischen Stylübungen ... 2. Aufl. Leipzig 1832. II: *Dietrich, Carl Wilhelm.* (Ky)

Sintenis, Karl Heinr., Hülfsbuch zu Stylübungen nach Cicero's Schreibart, für d. obern Classen auf gelehrten Schulen. 2., verb. Ausg. v. Karl Wilh. Dietrich. gr. 8. (15 B.) Leipzig 832, Focke.

—de humilitate praeceptorum, praecipuo rei scholasticae impedimento. 4. Wittenb. 778

— größeres Lehrbuch der moral. Vernunftreligion zur Vorbereit. auf das Christenthum. gr. 8. Altenb. 802. Literar. Compt. 1 Thlr. (Leipz. 816. Brockhaus). 20 gr.

— kleines Lehrbuch d. moral. Vernunftreligion z. Vorbereit. a. d. Christenth. 8. Zerbst, Füchsel. 801.

— kleines Lehrbuch der moral. Vernunftreligion zur Vorbereit. auf das Christenthum. 8. Zerbst 801. (Kummer). 6 gr.

— — Lehrbuch der moralischen Vernunft-Religion. gr. 8. Altenburg. 802. Jetzt Brockhaus in Leipzig. 816. und der Preis — 20

—mechanismus in humanitate scholasticus in usum veri Philantropini. 8. Wittenb. 778. contin. ibid. 779.

—von der Nothwendigkeit des frühzeit. Unterrichts in der Geschichte rc. 4. Wittenb. 771.

—de certaminum scholasticorum pretio. 4. Wittenb. 778.

—septem prolusiones scholasticae, quas publice quondam scripsit, nunc vero in otio denuo recognovit. 8maj. Camburg 803. Rössler. 20 gr.

—prolusiones scholasticae, publice olim scriptae, nunc denuo recognitae. 8. Zerbst 800. (Kummer). 1 Thlr.

—Praeceptor Socraticus in usum futurorum scholae magistrorum descriptus. 4. Wittenb. 777. (Aue in Alt.) 3 gr.

Die Rose der Johannisfeier. Vortrag, in der Loge F[erdinand] z[ur] G[lückseligkeit] zu Magdeburg bei der Tafel am Johannistage 1838 gehalten von W. F. **Sintenis.** [Magdeburg: 1838.] 2 Bl. 8° [Kopftit.]
Gedicht: „Es prangt bei dieser Tafellust . . .“

K. H. **Sintenis**: Theophron, od.: es muss durchaus e. Gott seyn, — u. zwar was für einer. *Zerbst*, Füchsel. 800. 8° 18 gr.

— Theophron, od. es muß durchaus ein Gott sein! u. zwar was für einer? od. Beweis d. Glaubens an Gott rc. 8. Zerbst 800. 2e verb. u. verm. Aufl. 803. (Kummer). 1 Thlr.

— Theophron, od. Beweis d. Glaubens an Gott rc. 8. Zerbst, Füchsel. 803.

— Trost u. Rath f. das weibl. Geschlecht. Ein Handbuch, besonders f. Unverehelichte. N. Aufl. (A. u. d. T.: Worte eines Vaters an gute Mädchen). 8. Leipz., Centr.-Compt. 1 ⁊ (Ist wahrscheinlich nur ein neuer Titel zu dessen „Handbuch für Deutschlands edle Töchter rc.)

— — Trost und Rath f. d. weibl. Geschlecht. 8. Leipzig, Joachim. 817. I 8

— de varietate lectionis, elegantiae inimica. 8. Leipz. 781.

Sintenis, K. H., Versuch einer praktischen Anleitung zu Cicero's Schreibart. Leipzig 794. 8. 12 gr.

—— Versuch e. prakt. Anleit. zu Cicero's Schreibart. 2., verb. Ausg. v. R. Klotz. gr. 8. (12 B.) Leipzig 832, Baumgärtner.

— von d. Vortrefflichkeit d. Religion z. Bildung eines edlen Herzens in d. Jugend. 4. Wittenb. 771.

— Widerlegung d. Tellerschen u. Richterschen Erinnerr. wider d. Hannöv. Katechismus. 8. Wittenb. 794.

— wie sind Jünglinge in den öffentl. Schulen nach d. Geschmack d. Zeitalters zu bilden? 4. Wittenb. 771.

Sintenis, S., mütterlichen Rath an meine Tochter. 8. Halle, Hendel. 794.

Sintenis, S., mütterlicher Rath an meine Tochter, wie sie die glücklichste Gattin, Mutter u. Hausfrau werden könne. 3., umgearb. Aufl. 8. (VIII, 267 S.) Halle 879. Hendel. 3. —; geb. 4. —

Sintenis, Th.

Sintenis, T., christliches Handbuch zur Erwärmung des Herzens für Gott, Religion und Tugend in d. Stunden häusl. Andacht. In Morgen- und Abendbetrachtungen auf alle Tage d. Jahrs. 2 Bde in 4 Abtheil. gr. 8. Liegnitz, Kuhlmey. 819. à 22 Gr.

Sintenis, (Th.) christl. Handbuch z. Erwärmung d. Herzens f. Gott, Religion u. Tugend in d. Stunden häusl. Andacht. 2 Bde. in 4 Abthlgen. 2e wohlf. Ausg. gr. 8. Liegnitz 824, Kuhlmey. I 12

— — Jahresweihe, eine Sammlung kindlicher Lieder. 12. Ebend. 818.

— Jahresweihe. Eine Sammlung Kinder-Lieder, der Aelternliebe gewidmet. Neue Sammlung. gr. 12. Liegnitz 825, Kuhlmey. — 12

Sintenis, Wilh. Frz., freundliche Belehrung über das evang. Bisthum in Jerusalem, dargelegt in einer am 22. Jan. 1843 zu Magdeburg gehaltenen Predigt. 8. (1½ B.) Magdeburg, Baensch.

Sintenis, Wilh. Frz., daß es besser sei, die Gaben der Milde einer öffentlichen, wohlgeordneten Armenverwaltung zur Vertheilung anzuvertrauen, als solche den einzelnen Bettelnden selbst zu reichen. Predigt, rc. am 10. Septbr. 1843 gehalten. gr. 8. (1¼ B.) Magdeburg, Baensch. Thlr.

—— über die Denkweise: „Laß Alles gehen, wie's geht!" Predigt am 5. Febr. 1843 zu Magdeburg gehalten. 8. (1 B.) Magdeburg, Baensch.

—— Es ward eine Finsterniß über das ganze Land. Predigt am Charfreitage, 25. März 1842 gehalten. 2. Aufl. gr. 8. (1 B.) Magdeburg, Baensch.

Sintenis, Wilh. Frz., freundl. Gabe an die in d. Heil. Geist-Kirche zu Magdeburg am 15. April 1832 Confirmirten. Enthalt. die an dies. gesproch. Confirmationsrede. 8. (2 B.) Magdeburg, Rubach.

—— freundl. Gabe an die in d. Heil. Geist-Kirche zu Magdeburg am 23. März 1834 Confirmirten. Enthalt. die an dies. gesproch. Confirmationsrede. 8. (2¼ B.) Magdeburg, Rubach.

Sintenis, Wilh. Frz., freundl. Gabe an die in der Heil.-Geist-Kirche zu Magdeburg am 8. April 1838 Confirmirten. IV. Enth. die an dies. gespr. Confirmationsrede. 8. (2 B.) Magdeburg, [Fabricius u. Schäfer.]

—— freundliche Gabe an die in der heil. Geist-Kirche zu Magdeburg am 20. März 1842 Confirmirten. VI. Enthaltend die an dieselbe gesprochene Confirmationsrede. gr. 8. (2 B.) Magdeburg, Baensch.

—— Luthers Geburts- u. Sterbetag gefeiert in zwei Predigten. gr. 8. (2 B.) Magdeburg 845, Baensch.

—— ist es auch recht, daß sich ein Mann von seinem Weibe, ein Weib von ihrem Manne scheide? Oder: Ueber die in jetzigen Tagen vielberegte Angelegenheit der Ehescheidung. Eine Predigt. 2. Aufl. gr. 8. (1 B.) Magdeburg 842, Baensch.

—— Herr Prediger Gustav Adolph Kämpfe in Magdeburg u. die Kirchenlehre od. die kirchl. Rechtgläubigkeit des „Antwort" Gebers auf Uhlich's Bekenntnisse, dargestellt in Briefen an den Hrn. Pastor Carl Bernhard König. gr. 8. (4 B.) Leipzig 846, Otto Wigand. *

—— Landesjubel u. Landestrauer. Zwei Pred. z. kirchl. Säcularfeier d. Thronbesteig. Friedrichs d. Gr. u. z. kirchl. Trauerfeier wegen d. Dahinscheidens Sr. Maj. Friedrich Wilhelms III. 2. Aufl. gr. 8. (2½ B.) Magdeburg 840, [Fabricius u. Schäfer.]

—— Leichenrede am Grabe des Pfarrers Ed. Hoppe, s Hoppe, E., sechs Predigten.

—— Luther lebt noch! Predigt am 300jährigen Todestage Luthers gehalten. Nebst dem Altargebete zu derselben Gedächtnißfeier v. Fr. Aug. Klusemann. 3. Aufl. 8. (1½ B.) Magdeburg 846, Baensch. *

—— die Mahnungen d. 25jähr. Jubelfeier d. Deutschland erlösenden Völkerschlacht bei Leipzig. Eine Pred. gr. 8. (1¼ B.) Magdeburg 838, [Fabricius u. Schäfer.] *

—— vier Predigten, in der Kirche zum heil. Geist in Magdeburg am 16. u. 23. Febr., 1. u. 8. März 1840 gehalten. Als nothwendige Documente zu dessen Streitsache dem Publicum besonders übergeben. gr. 8. (3 B.) Neustadt a. d. O. 842, Wagner. *

—— die Sache der Gustav-Adolphs-Vereine, nach ihrem Ursprunge u. Zwecke u. nach ihrer Nothwendigkeit u. Rühmlichkeit dargestellt. Ein Volksbüchlein. gr. 8. (2½ B.) Magdeburg 844, Baensch.

—— die zweite Säcular-Feier d. Zerstörung Magdeburgs durch Tilly am 10. Mai 1631, s. Säcular-Feier.

—— sehet zu, ob sich's also verhalte! Drei Predigten, gehalten in der Kirche zum heil. Geist in Magdeburg. 8. (3¼ B.) Magdeburg 844, Baensch.

—— suchet der Stadt Bestes! Predigt, zur vorgeschrieb. kirchl. Vorbereit. auf d. Wahl d. Abgeordneten in Magdeburg, üb. Jeremias Cap. 29. V. 7. gehalt. gr. 8. (1 B.) Magdeburg 832, (Rubach.)

Ms. f. Mr-Brr. Ursprung des Johannis-Festes, des Gebrauchs der Rose dabei und des Kettenschlusses. Nach einem Bruchstücke aus einem Legendenbuche. Vortrag, am Johannis-Feste 1846 in der Loge F[erdinand] z[ur] G[lückseligkeit] in Magdeburg gehalten vom Br W. F. Sintenis. Auf Verlangen gedruckt. [Magdeburg 1846: Baensch.] 2 Bl. 8⁰ [Kopftit.].
In Versen.

—— von den Vereinen gegen den unnützen Aufwand bei Begräbnissen. Eine Predigt. 2. Aufl. gr. 8. (1 B.) Magdeburg 846, Baensch.

— von den Vereinen gegen den unnützen Aufwand bei Begräbnissen. Eine Predigt. 2. Aufl. gr. 8. (16 S.) Magdeburg 847, Baensch. 3 ngl

Ms. f. Mr.-Brr. Vortrag, bei dem Brudermahle am Johannis-Feste 1844 in der Loge F[erdinand] z[ur] G[lückseligkeit] in Magdeburg gehalten vom Br. W. F. Sintenis. [Magdeburg 1844.] 2 Bl. 8⁰ [Kopftit.]
Gedicht: „Für Arbeitslogen hört' wohl schon . . .“

—— das Waisen-Fest in Magdeburg am 3. Aug. 1844, besprochen in einer am 4. August 9. p. Trin., in der Kirche zum heil. Geist daselbst gehaltenen Predigt. 2. Aufl. gr. 8. (1 B.) Magdeburg 844, Baensch.

—— was die Todten zu uns reden. Eine Pred. 4. Aufl. gr. 8. (1 B.) Magdeburg 837, [Fabricius u. Schäfer.]

—— Weihe-Fest-Predigt, s. Denkmal.

Sintenis, Wilh. Frz., Dr. J. J. Möller's Wirken im Consistorium und in der General-Superintendentur der Provinz Sachsen. Eine Denkschrift an das Cultus-Ministerium. gr. 8. (XIV und 128 S.) Leipzig 840, O. Klemm. *

Sintenis, (W. Frz.,) Wo gehen die Sterbenden hin? Eine Predigt. gr. 8. Magdeb. 826, (Creutz.)

—— woher kommt es, daß in uns. Tagen Personen, die anderweit zu den Gebildeten u. Aufgeklärten gehören, doch in Sachen d. Religion dem offenbarsten Aberglauben huldigen? Eine Pred. 2. Aufl. 8. (1 B.) Magdeburg 837, [Fabricius u. Schäfer.]

— woher kommt es, daß in unsern Tagen Personen, die anderweit zu den Gebildeten und Aufgeklärten gehören, doch in Sachen d. Religion dem offenbarsten Aberglauben huldigen? Eine Predigt. 2e Aufl. 8. Magdeburg 837. Rubach. 1/8 ℛ

Sinthern, Pet., S. J., Buddhismus u. buddhistische Strömungen in der Gegenwart. Eine apologet. Studie. (XII, 129 S.) 8. Münster (905). Alphonsus-Buchh. n. 2. —

Buddhismus und Buddhistische Strömungen in der Gegenwart. Eine apologet. Studie von Peter Sinthern, Priester d. Ges. Jesu. Münster i. W.: Alphonsus-Buchh. [1906]. (XII, 129 S.) 8° [J.] [06. 10233]

SINTZEL, Gallus Michael (Weiden): De blennorrhoea syphilitica.- Landishuti 1819.
30.8.1819 - Pe 372; F 57
Diss. Ingolst.-Landsh.-Mchn.

Sintzel, Josef

— gründl. Anleit. z. Messung u. Reducirung der schiefgeneigten Linien, dann zur Berechnung der Höhen-Abstände bei Forst- u. Feld-Messung ꝛc. Mit 1 Kupfrt. gr. 8. Augsburg 822, v. Jenisch u. St.

Sintzel, Jos., praktische Anleitung zum rationellen Holzbau in und außer dem Walde. Ein Lehr- und Handbuch für Förster, Waldbesitzer und Landwirthe. Nach mehrjähr. eigenen Erfahrungen bearb. 1. Aufl. 1863. * 1 Thlr. 10 Ngr. und 2. (Titel-)Aufl. gr. 8. (XIX und 240 S. mit 1 Tab. in 4.) Berlin 866, Schotte und Comp. [Stuttgart, Johannssen's Verlag.] *

SINTZEL, Josef: Gründliche Anweisung zur Messung und Reducirung der schief geneigten Linien, dann zur Berechnung der Höhenabstände bei Forst- und Feldmessungen. - Augsburg 1821

Sintzel, Jos., Bemerkungen auf einer Forst-Reise durch Böhmen u. Sachsen, unt. besond. Berücksichtigung d. Verbandes d. Forstwirthschaft mit d. Landwirthschaft. 8. (9¾ B.) Nürnberg 835, (Riegel u. Wießner.) *

Sintzel, Joseph (kgl. Forstmeister) „Ueber das Ernähren, Wachsen und Gedeihen der Pflanzen, mit besonderer Rücksicht auf die Land- und Forstwirthschaft“. pg. 1—18. 4°. Jos. Thomann'sche Buchd. (J. B. v. Z.). Landshut, Progr. 1855/56

Sintzel, (J.,) die Lehre von den Decimalbrüchen, mit vielen zunächst für Forstmänner, Geometer u. Baumeister prakt. Beispielen darüber. gr. 8. Augsb. 823, v. Jenisch u. St.

Sintzel, J., Taschenbuch f. Forstwirthe u. Forsttaxatoren. 4. (12¼ B.) Nürnberg 828, Riegel u. Wießner.

Sintzel, Michael

- s. Abelly, M. Lud., sacerdos christianus.

s. Alcantarae, Petri, de Meditatione etc.

Sintzel, Mich., Andacht zur Ehre der heil. Kindheit unsers Herrn u. Heilandes Jesu Christi. 3. Aufl. (7 B.) 843. u. 4., mit Morgen-, Abend-, Meß- u. verschied. anderen Gebeten verm. Aufl. 12. (9 B. u. 1 Stahlst.) Regensburg 846, Manz.

— Andacht zur heil. Mutter Gottes Maria, auf jeden Tag der Woche, um eine glückselige Sterbstunde zu erlangen. Neue, mit Meß-, Beicht-, Kommunion- u. verschied. andern nützl. Gebeten verm. Ausg. (Mit 2 Lithogr.) gr. 12. Einsiedeln 841, Gebr. Benziger. (Regensburg, Manz.) 7 ngl Velinp. mit 8 Kupf. 1/3 ℛ

Sintzel, Mich., Andacht zur heil. Mutter Gottes Maria, auf jeden Tag d. Woche, um e. glückseel. Sterbestunde zu erlangen. Neue, mit Meß-, Beicht-, Kommunion- u. verschied. and. nützl. Gebeten verm. Ausg. gr. 12. (8 B. u. 2 Stnt.) Einsiedeln 841. (St. Gallen, Scheitlin u. Zollikofer; Regensburg, Manz.) ¼ Thlr., Vlnp. Thlr.

Sintzel, Mich., die Andacht zum heil. Scapulier, s. Sambucy.

—— die Andacht zu den 7 Zufluchten, s. Andacht.

—— Andachtsbuch z. allerheil. Herzen Jesu, s. a. Andachtsbuch.

Sintzel, Mich., Andachtsbuch zum allerheiligsten Herzen Jesu. 2., verm. und verb. Aufl. 8. (XIV und 594 S. mit Titelkpfr.) Regensburg 853, Manz.

—— Andachtsbuch zur Jungfrau Maria, s. Andachtsbuch.

—— vollständiges Andachtsbuch, s. Andachtsbuch.

—— Andachtsbüchlein zur Ehre des heil. Franziskus Xaverius, des Apostels von Indien u. Japan. Nebst einer kurzen Lebensgeschichte dieses großen Heiligen. 1. Aufl. 12. (11½ B.) 842., 2. Aufl. 18. (7⅓ B. u. 1 Stahlst.) 843. à * 5 Ngr. u. 3., verm. Aufl. 12. (10⅓ B. u. 1 Stahlst.) Stadtamhof 846. (Regensburg, Manz.)

– s. Andachtsbüchlein zum heil. Herzen Mariä.

—— Andachtsbüchlein zur Verehrung des heil. Antonius von Padua. Nebst Morgen-, Abend-, Meß-, Beicht- u. Kommunion-Gebeten. gr. 12. (7½ B. u. 1 Stahlstich.) Regensburg 846, Manz.

Sintzel, Mich., Andachtsbüchlein zur Verehrung des heil. Antonius v. Padua. Mit Stahlst. 12. (178 S.) Regensburg 847, Manz. 6¼ ngr

—— Andachtsbüchlein zur Verehrung des großen heil. Martyrers Johannes von Nepomuk. gr. 18. (198 S.) Stadtamhof 842. (Regensburg, Pustet.)

Sintzel, Mich., Andenken an das Herz-Jesu-Jubiläum, welches am 16. Juni 1875 in der ganzen kathol. Kirche gefeiert wurde. Ein vollständ. Lehr- u. Gebetbuch zum allerheiligsten Herzen Jesu. Mit einem Titelbilde (in Stahlst.). 16. (665 S.) Regensburg 878. Manz. 1. 65

—— vollständ. Anleitung z. christl. Vollkommenheit. Od.: Ausführl. Unterricht üb. alle christl. Tugenden, ihre Hindernisse u. Mittel. Ein Handb. f. christl. Seelen in u. außer d. Ordensstande, besond. bei Exercitien. Aus d. Schriften d. heil. Väter u. Geisteslehrer d. kathol. Kirche zusammengestellt. 1. u. 2. Bd. gr. 8. Straubing 839, Schorner. [1. (44 B. u. 1 Stahlst.) 1⅔ Thlr., 2. (55½ B. u. 1 Stahlst.) 2 Thlr.]

Sintzel, Mich., vollständ. Anleitung zur christl. Vollkommenheit. Oder: Ausführlicher Unterricht über alle christl. Tugenden. 3. Bd. (2 Abthlgn.) gr. 8. (58 B. u. 1 Ttlkpfr.) Straubing 843, 45, Schorner. Thlr.

—— dass. 4. Bd. (2 Abthlgn.) gr. 8. (69 B. u. 1 Ttlkpfr.) Ebds. 846, 47.

—— vollständige Anleitung zur christl. Vollkommenheit. Aus den Schriften der heil. Väter und Geisteslehrer der kathol. Kirche zusammengestellt. 5. und 6. (letzter) Bd. gr. 8. Straubing, Schorner. [5. (992 S. und 2 Kpfrt.) 850. 2 Thlr. 4 Ngr., 6. (1524 S. und 1 Kpfrt.) 851. 3 Thlr. 13 Ngr.]

—— vollständige Anleitung zur christlichen Vollkommenheit. Aus den Schriften der heiligen Väter und Geisteslehrer der kathol. Kirche zusammengestellt. Neue Ausg. in 6 Bdn. und Registerbd. gr. 8. (3100 S. mit 7 Titelbildern.) Freiburg i. Br. 867, Herder'sche Verlagsh.

– s. Annalen der Erzbruderschaft.

– s. Ansart, M., der Geist des heil. Vincenz von Paul.

—— Anweisung zu ein. wahrhaft christl. Leben. Nebst d. gewöhnl. Andachtsübungen e. kathol. Christen. Ein Belehrungs- u. Erbauungsb. gr. 12. (26½ B. u. 1 Stahlst.) Augsburg 841, Kollmann'sche Buchh.

– s. Anweis. zu e. frommen Lebenswandel.

—— Art u. Weise eine gute Generalbeicht abzulegen. 2. Aufl. 8. (1 B.) Gratz 843, (Kienreich's Vrlgs.-Comptoir.)

Sintzel, Michael — Art und Weise, wie Minderunterrichtete eine gute Generalbeichte ablegen können. Von — —. Vervollständigt und durchwegs umgearbeitete von einem Weltpriester der Sekauer Diözese. 3te Auflage. Mit Genehmigung des fürstbischöflichen Sekauer Ordinariats. Gratz, 1857. Gedr. bei C. Tanzer. Bei Josef Sirolla. (24 S. 8.)

Sintzel, Mich., der Monat August, dem reinsten Herzen Marias geweiht, s.: Monate, die 12, des Jahres.

– s. Bachner, A., das Licht u. die Liebe d. Welt Jesus Christus.

– s. Beaudran, B., die Seele auf d. Kalvarienberge.

– s. Bellarmin, R., gründliche Beweise für die Wahrheit d. kathol. allein selig mach. Kirche.

—— Bibliotheca ascetica, s. Bibliotheca.

— Bilder-Legende für das christkathol. Volk. Mit erklär. Texte. N. A. 1. Heft. gr. 8. München 846, Braun u. Schneider. ⅓ ℛ Vergl. Bilder-Legende.

Sintzel, Mich., Bilder-Legende für das christkatholische Volk. Mit erklär. Texte. Neue Ausg. 2. Hft. gr. 8. (S. 129—256.) München 847, Braun & Schneider. ⅓ ℛ (2 Hfte. ⅔ ℛ)

– s. v. Blosius, L., Regeln des geistl. Lebens.

– s. Blume, unverwelkliche, od. auserlesene Andachtsübungen.

– s. Boissieu, A., Weg d. Vollkommenheit.

– s. dess. Betrachtungen üb. das Evangelium Jesu Christi.

– s. Bona, J., de sacrificio Missae tractatus asceticus.

– s. v. Büssière, Thdr., Bericht üb. die Bekehrung d. Hrn. Alph. Mar. Ratisbonne.

– s. Clotten, Anan., thymiama devotionis.

– s. v. Cochem, Mt., Leben u. Leiden unsers Hrn. Jesu Christi.

– s. Cogitationes christianae in singulos dies mensis etc.

– s. Depont, Abbé, d. betrachtete Rosenkranz.

(Sintzel, Mich.,) Erinnerung, s. Erinnerung.

—— Erinnerung an Bischof Geo. Mich. Wittmann. Eine biograph. Skizze. 3., verm. Aufl. Mit einigen Beiln. gr. 8. (3¾ B. u. 1 Stahlst.) Regensburg 841, Pustet.

—— Erinnerung an Bischof G. Michael Wittmann. Eine biograph. Skizze. 4., verm. Aufl. gr. 8. (2⅓ B. u. 1 Stahlst.) Regensburg 844, Manz.

Sintzel, Mich., Erinnerung an Bischof G. Michael Wittmann. Eine biograph. Skizze. 5. verm. Aufl. Mit 1 Titelbilde (Holzschntaf.) 16. (96 S.) Regensburg 875. Manz. – 30

– s. Erinnerungen an Georg Mich. Wittmann.

—— Erinnerungen an das Leben und die Tugenden der gottsel. Crescentia von Kaufbeuren. Erbauung suchenden Seelen gewidmet. Mit einem christkathol. Gebetbüchlein. 18. (275 S.) Neuburg 847, Prechter.

— s. Erinnerungen aus dem Ordensleben des Dieners Gottes Karl Odescalchi.

—— das christl. Frauengeschlecht in seinem Wandel u. Gebete. Ein Lehr- u. Gebetb. 4., verm. Aufl. (29⅔ B. u. 1 Stahlst.) 838., 5., verm. u. verb. A. 2 Thle. gr. 12. (32½ B. u. 1 Stahlst.) Augsburg 840, Kollmann'sche Buchh. à 18 Gr., Vlnp.
Hatte früher den Ttl.: Die christl. Jungfrau.

—— das christl. Frauengeschlecht in seinem Wandel u. Gebete. Ein Lehr- u. Gebetbuch. 6. Aufl. (32 B.) 843. u. 7., auf's neue durchges. u. m. den österr. Kirchengesängen verm. Aufl. 2 Thle. (in 1 Bde.) 12. (31 B. u. 1 Stahlst.) Augsburg 846, Kollmann'sche Bh. à 22½ Ngr., Velinp. m. 2 Stahlst. 1 Thlr., Velinp. m. 2 Stahlst. u. Ttl. in Farbendr.

— das christliche Frauengeschlecht in seinem Wandel u. Gebete. Ein Lehr- u. Gebetbuch. 8. auf's neue verm. Aufl., mit den österreich. Kirchengesängen. Mit 1 Stahlst. 2 Thle. gr. 12. (XXVIII u. 692 S. m. gest. Titel.) Augsburg 852, Kollmann. ¾ ℛ

— das christliche Frauengeschlecht in seinem Wandel und Gebete. Ein Lehr- u. Gebetbuch. 9. auf's neue verm. Aufl. rc. 2 Thle. Mit 2 Stahlst. Augsburg 856. Kollmann. 12. (XII, 332; XVI, 364 S.) 22½ ngr.
Inhalt. 1. Thl.: Das christliche Frauengeschlecht in seinem Wandel. — 2. Thl.: Das christliche Frauengeschlecht in seinem Gebete.

Sintzel, Mich., das christliche Frauengeschlecht in seinem Wandel und Gebete. Ein Lehr- und Gebetbuch. 8. Aufl. Mit 2 Stahlst. 2 Thle. in 1 Bde. 8. (XVI, 354; XX, 372 S.) Regensburg 881, Manz.

—— Gebet, das nothwendigste Geschäft des Christen! Ein kathol. Gebetbuch. gr. 12. (23 B. u. 1 Stahlst.) München 842, Fleischmann.

Sintzel, a. Sinzl, Mich., das innerliche Gebet, od. die Betrachtung; nebst e. Abhandl. üb. die heil. Communion. Ein Geschenk für Alle, denen ihr Seelenheil am Herzen liegt. 8. (Regensb., Pustet). 16 gr

— das innerliche Gebet u. die hochheil. Communion. Die vorzügl. Mittel zu einem christlich-frommen Leben. Mit 1 Titelkpf. 8. Stadtamhof 833. (832.) Landsh., Krüll. 20 gr

(——) das innerl. Gebeth u. d. hochheil. Kommunion. Die vorzügl. Mittel zu e. christl.-frommen Leben. 8. (27½ B. u. Ttlkpfr.) Stadtamhof 833. (Regensburg, Manz.)

—— das innerl. Gebet u. d. hochheil. Kommunion. Die vorzügl. Mittel zu e. wahrhaft christl. Leben. Aus d. Schriften d. heil. Väter u. Geisteslehrer d. kathol. Kirche dargestellt. 2 Thle. 2., sehr verm. Aufl. gr. 12. (50½ B. u. 2 Stahlst.) Regensburg 838, Manz.

—— das innerliche Gebet und die hochheilige Kommunion. Die vorzüglichsten Mittel zu einem wahrhaft christl. Leben. Aus den Schriften der heil. Väter und Geisteslehrer der kathol. Kirche dargestellt. 3., verm. und verb. Aufl. 2 Thle. (Von dem innerlichen Gebete. — Von der hochheil. Kommunion.) 8. (XXXVI und 1080 S. mit 2 Stahlst.) Regensburg 855(56,) Manz.

—— Gebetbuch für kathol. Dienstboten. 12. (18⅓ B. u. 1 Ttlkpfr.) Einsiedeln 842, Gebr. Benziger. —

—— Gebetbuch zu d. allerheil. Herzen Jesu u. Mariä. gr. 12. (23⅓ B. u. 1 Stahlst.) Augsburg 841, Rieger'sche Buchh.

—— Gebetbuch f. kathol. Kranke. 12. (10⅓ B. u. 1 Kpfr.) Regensburg 843, (Pustet.) —

—— vollständ. christkathol. Gebetbuch. gr. 12. (27⅚ B. u. 1 Stahlst.) Regensburg 840, Manz.

—— Gebetbüchlein f. kathol. Kinder. 1—3., verm. Aufl. 12. (à 7¾ u. 5⅔ B. m. 1 Stahlst.) Regensburg 838—40, Pustet. à
Aus: Dess., das Kind in sein. Wandel rc., besond. abgedruckt.

—— Gebetbüchlein für kathol. Kinder. 5. Aufl. 18. (180 S. u. 1 Kpfr.) Einsiedeln 843, Gebr. Benziger. -

— Gebetbüchlein für kathol. Kinder. 5. Aufl. 18. (Mit 1 Kupf.) Regensburg 843. (Pustet.) ⅓ ℛ

— Gebetbüchlein f. katholische Kinder. 9. verm. Aufl. Mit 1 Stahl- u. 12 feinen Holzst. gr. 12. (178 S.) Regensburg 850, Pustet. ⅙ ℛ

—— Gebetbüchlein für Verehrer der heil. Mutter Anna. Neue u. verm. Ausg. 12. (... B.) Sulzbach 842, v. Seidel'sche Buchh.

—— Gebetbüchlein zur Verehrung des heil. Joseph, Nährvaters Jesu Christi u. Bräutigams Mariä. Nebst kurzer Lebensgeschichte u. Anhang: Tagzeiten zu Jesus, Maria u. Josephh. 12. (10⅓ B.) Stadtamhof 842. (Regensburg, Manz.) *

— die allerbesten Gebete, erklärt und ausgelegt von Papst Gregor XVI. ... Regensburg ... Pustet. ¼ ℛ

— s.a. Gebete, die allerbesten, erklärt u. ausgelegt von Pius VI.

Sintzel, Michael — Die allerliebsten Gebete, erklärt und ausgelegt von Sr. päpstlichen Heiligkeit Pius VI. Nebst einem vollständigen Gebetbuche für katholische Christen. Herausgegeben von — —. Sechste Auflage. Gratz, 1856. Druck und Papier von A. Leykams Erben. Verlag von Josef Sirolla. (454 S. 8. Mit einem Titelkupfer.)

— die allerbesten Gebethe, erklärt und ausgelegt von Sr. päpstlichen Heiligkeit Pius VI. Nebst einem vollständigen Gebethbuche für katholische Christen. 6. Aufl. Gratz 856. (Wien, Wendelin.) 12. (154 S. u. 1 Stahlst.) n. 14 ngr.

—— s. Gebete, nützliche und trostreiche.

Sintzel, Michael, gehet Alle zu Joseph! Lehr- und Gebetbüchlein zum heiligen Vater Joseph. kl. 8. (288 S.) Stadtamhof 888, J. und K. Mayr. *

Sintzel, Mich., Gertrudenbuch, s.a. Gertrudenbuch.

— Gertrudenbuch oder geistreiches Gebetbuch, größtentheils aus den Offenbarungen der heil. Gertrud u. Mechtild gezogen. Nebst einem sehr nützlichen u. trostvollen Unterrichte über das Gebet, das allerheiligste Meßopfer, die hochheil. Kommunion u. die Vorbereitung zum Tode. Nach der alten Orig.-Ausg. neu hrsg. 19., durchaus verm. u. verb. Aufl. Mit Illustr. (1 Stahlst. u. Stahlst.-Titel). 8. (524 S.) Ebend. 880. 2. —

Sintzel, Mich., Geschichte der Entstehung, Verbreitung und Wirksamkeit des Ordens der barmherz. Schwestern. gr. 8. (576 S. und 1 Stahlst.) Regensburg 847, Manz. Thlr.

(——) von dem allein seligmachenden Glauben u. der allein seligmachenden Kirche u. von den wichtigsten Glaubensstreitigkeiten rc. 12. (9 B. u. Ttlbld.) Einsiedeln 843, Gebr. Benziger. -

Sintzel, Mich., Von dem alleinseligmachenden Glauben u. der alleinseligmachenden Kirche u. von den wichtigsten Glaubensstreitigkeiten. Nebst kurzem Unterricht über das Gebet u. die Betrachtung. Regensburg, Manz (Einsiedeln, Benziger), 1844. 12°. 3. verm. Aufl., 1 Mk.

—— christl. Glückwunsch zum Geburts u. Namensfeste. Ein Lehr- u. Gebetbüchlein. 12. (5⅓ B. u. 1 Ttlkpfr.) Stadtamhof 845. (Neuburg a. D., Prechter.) —

– s. Gobillon, Leben und Geist der Louise v. Marillac.

—— Gott ist unser lieber Vater. Ein vollständ. Gebetbuch für die christkathol. Jugend. 1. Aufl. (IV und 188 S.) 1850. und 4., verb. Aufl. 16. (IV und 220 S. mit 1 Stahlst.) Würzburg 851, Etlinger'sche Vrlgsh.
Wurde auch u. d. T.: Der Schutzgeist der Jugend, ausgegeben.

– s. Hals-Zierde, königliche.

– Handbüchlein zur Verehrung der heiligsten Kindheit Jesu Christi, besonders f. die Mitglieder des Kindheit-Jesu-Vereins. 5. Aufl., neu bearb. u. verm. v. M. Gruber. 12. (XI, 254 S. m. Illustr. u. 1 Stahlst.) Regensburg 890. Verlags-Anstalt. 1. 50; geb. n. 2. —

—— die Hauptkennzeichen eines wahren Christen. 12. (6⅓ B.) Regensburg 835, Manz.

—— christkathol. Hausbuch. 1. Ausg. 842. 1 Thlr. 7½ Ngr. u. neue wohlf. Ausg. Lex.-8. (à 52½ B. u. 1 Stahlst.) Regensburg 844, Manz. * —

– s. Heiligung des Priesters &c.

—— Jesus die himmlische Gnadenquelle. Andachtsübungen zu Ehren der 33 Lebensjahre des Heilandes nebst einem vollständ. Gebetbuch für kathol. Christen. 3. Aufl. gr. 16. (365 S. mit 1 Stahlst.) Passau 873, Bucher'sche Buchh. *

Imago virtutum Rob. Bellarmini, s. Imago.

Sintzel, Mich., der heilige Josef, Nährvater Jesu Christi u. Bräutigam Mariä. Ein Lehr- u. Gebetbuch. Hrsg. von der Marianischen Gesellschaft zur Verbreitung guter Schriften. 5. unveränd. Aufl. Innsbruck 868. Vereins-Buchh. 16. (IV, 349 S. mit 1 Stahlst.) 7½ ngr.

—— der heilige Josef, Nährvater Jesu Christi und Bräutigam Mariä. Ein Lehr- und Gebetbuch. Hrsg. von der Marian. Gesellschaft zur Verbreitung guter Schriften. 5. unveränd. Aufl. 16. (IV, 349 S. mit 1 Stahlst.) Innsbruck 869, Vereins-Buchh.

——, Isidor, der heil. Landmann &c., s. Isidor.

– Jubiläumsbüchlein für das Jubeljahr 1879. Oder: Vollständiges Lehr- u. Gebetbüchlein für alle Christen, denen ihr Seelenheil am Herzen liegt in dem Jubeljahr 1879 u. zu allen Zeiten. 16. (391 S.) München 879. Stahl. — 30; geb. — 45

—— Jubiläumsbüchlein für das Jubelj. 1881, oder vollständ. Lehr- und Gebetbüchlein für alle Christen, denen ihr Seelenheil am Herzen liegt in dem Jubelj. 1881 und zu allen Zeiten. 32. (272 S.) München 881, Stahl. *
In Pappbd. *

—— der Monat Julius, dem allerheiligsten Herzen Jesu geweiht durch Betrachtungen, Gebete und Uebungen auf alle Tage dieses Monats. Nach dem Französ. bearb., und mit Morgen-, Abend-, Meß-, Beicht-, Kommunion- und verschied. andern Gebeten vermehrt. 8. (233 S. mit 1 Ttlkpfr.) München 849. (Regensburg, Manz.) * –

—— die christl. Jungfrau in ihrem Wandel u. Gebete. Ein Lehr- u. Gebetbuch. 8. (30⅛ B.) Stadtamhof 835. (Regensburg, Pustet.)

—— der christl. Jüngling in seinem Wandel u. Gebete. Ein Lehr- u. Gebetbuch. 2 Thle. gr. 12. (27½, 28 B. u. 2 Stahlst.) Regensburg 840, 41, Manz. à ⅚ Thlr. 1⅔ Thlr., Vlnp. à 1¼ Thlr.

– der Monat Juni, dem allerkostbarsten Blute Jesu Christi geweiht, s.: Monate, die zwölf, d. Jahres, geheiligt durch Belehrungen, Betrachtungen u. Gebete.

—— der betende Katholik, s. a. Katholik.

—— der betende Katholik. Ein vollständ. Gebetbuch, aus d. besten kathol. Andachtsbüchern zusammengestellt. gr. 12. (34 B. u. 2 Stahlst.) Regensburg 841, Pustet. ½ Thlr., m. 5 Stahlst., Vlnp.

—— der betende Katholik. Ein vollständ. Gebetbuch, aus den besten kathol. Andachtsbüchern zusammengestellt. 2. Aufl. gr. 12. (33 B. u. 1 Stahlst.) 844., 3. Aufl. (30 B. u. 1 Stahlst.) 845. u. 4. Aufl. gr. 8. (45 B., 1 Stahlst. u. gestoch. Ttl.) Regensburg 846, Pustet. à

—— Kern d. sämmtl. Schriften d. ehrwürd. Thomas v. Kempen. 1. u. 2. Thl. 8. Straubing 838, Schorner. [1. (22 B. u. Thomas v. Kempen Bildn.), 2. (24½ B.) à ¾ Thlr.]

—— das Kind in seinem Wandel u. Gebete. Ein Lehr- u. Gebet-Büchlein f. d. kathol. Schuljugend. 1., u. 2., verm. Aufl. 12. (15⅔ B., u. 10 B. u. 1 Stahlst.) Regensburg 838, 40, Pustet. à

-- dass. mit Anhang: Sämmtl. in den k. k österreich. Staaten vorgeschriebene Kirchengesänge u. Litaneien. 12. Ebd. 840. 7/12 ₰

—— das Kind in seinem Wandel u. Gebete. Ein Lehr- u. Gebet-Büchlein f. die kathol. Schuljugend. 3. Aufl. 18. (360 Seit. u. 1 Kpfr.) 842. u. 4. Aufl. 12. (15 B. u. 1 Stahlst.) Regensburg 844, Pustet. à –

—— das Kind in seinem Wandel und Gebete. Ein Lehr- und Gebetbüchlein für die kathol. Schuljugend. 6. Aufl. gr. 12. (LXII und 178 S. mit 1 Stahlst. und Holzschn.) Regensburg 850, Pustet.

– s. Kirchhueber, Barn., Leben des heil. Johannes v. Kapistran u. des heil. Paschalis Baylon.

—— laßt uns beten! Ein Gebetb. f. kathol. Christen. gr. 12. (26 B.) Einsiedeln 842, 41. (St. Gallen, Scheitlin u. Zollikofer.) * 18 Gr., Drckvlnp. *

– s. Leben des Jünglings Joh. Berchmans.

—— Leben des Heil. Franciscus von Hieronymo &c., s. Leben.

– das geistliche Leben in der Welt. Oder: Der dritte Orden des heil. seraph. Vaters Franziskus v. Assisi. Mit einem vollständ. Lehr- u. Gebetbuch f. alle kathol. Christen, besonders f. die Mitglieder des dritten Ordens. 3. verb. u. sehr verm. Aufl. gr. 12. (XXXVI u. 779 S. m. 1 Stahlst.) Stadtamhof 849. (Regensburg, Manz. — Pustet.) 1 ₰

—— das geistliche Leben in der Welt, oder: Der dritte Orden des heil. seraph. Vaters Franciskus von Assisi. 2 Thle. (Die Darstellung und Erklärung des dritten Ordens. — Andachts-Buch für alle kathol. Christen.) 4., verb. Aufl. 8. (752 S. mit 1 Stahlst.) Regensburg 853, Pustet.

—— das geistliche Leben in der Welt, oder: Der dritte Orden des heil. seraph. Vaters Franciscus v. Assisi. Mit einem vollständigen Gebetbuche für alle kathol. Christen, besonders für die Mitglieder des dritten Ordens. 3. Aufl. 12. (504 S. mit 1 Stahlst.) Gratz 858. (Wien, Mayer und Comp.) *

— das geistliche Leben in der Welt, oder: Der dritte Orden des heil. seraphischen Vaters Franciscus von Assisi. Mit e. vollständ. Gebetbuche für alle kathol. Christen, besonders für die Mitglieder des dritten Ordens. 3. Aufl. Gratz 858. (Wien, Wendelin.) 24. (504 S. u. 1 Stahlst.) n. 14 ngr.

—— Leben des heil. Johannes von Kapistran und des heil. Paschalis Baylon, s. Kirchhueber.

—— das Leben und Leiden unsers lieben Herrn und Heilandes Jesu Christi und seiner göttlichen jungfräulichen Mutter Maria. Nach einem berühmten Asceten neu bearb. 2. Aufl. 1—4. Lfg. gr. 4. (S. 1—320 mit 1 Stahlst. und vielen eingedr. Holzschn.) Regensburg 856, Pustet. à Lfg. 9 Ngr.

—— das Leben und Leiden unsers lieben Herrn und Heilandes Jesu Christi und seiner göttlichen jungfräulichen Mutter Maria. Nach einem berühmten Asceten neu bearb. Mit 1 Stahlst. und vielen (eingedr.) Holzschn. 2. Aufl. 5—10. (Schluß-)Lfg. gr. 4. (S. 321—780.) Regensburg 857, Pustet. à Lfg. 9 Ngr.

— s. Leben der ehrwürd. Dienerin Gottes Marie Clotilde von Frankreich.

—— Leben der heil. Angela Merici, s. Bibliothek guter kathol. Bücher

—— Leben der heil. Angela Merici, s. Leben.

—— Leben des Alphons Rodriguez, s. Leben.

—— Leben u. Thaten d. Heiligen, s. Leben.

—— Leben u. Wirken des heil. Antonius v. Padua. Mit Betrachtungen u. Andachtsübungen. Neu bearb. 8. (18½ B. mit Stahlst.) Regensburg 846, Manz. —

— kurze Lebensgeschichte des heil. Lorenz v. Brundus [Laurentius v. Brindisi], General des Kapuziner-Ordens. Als Andenken an die Feier seiner Heiligsprechung. Nebst der wahren Abbildung des großen Heiligen. 16. (44 S.) Amberg 882. Habbel. — 30

—— Lehr- u. Gebetbuch vom Blute Christi, s. Lehr- u. Gebetbuch.

—— Lehr- u. Gebetbuch für kathol. Christen. Mit e. Anhange. 12. (28 B. u. Titlkpfr.) Sulzbach 843, v. Seidelsche Bh. —

— Lehr- u. Gebetbuch zur Verehrung des heil. seraph. Vaters Franziskus v. Assisi, besonders f. Mitglieder seines dritten Ordens. Mit (1) Stahlst. gr. 16. (520 S.) Regensburg 848, Manz. ⅓ ℛ

— Lehr- und Gebetbuch zur Verehrung des heiligen Joseph, des Nährvaters Jesu Christi und Bräutigams Mariä. Nebst der Lebensgeschichte dieses großen Heiligen. 2. verb. u. verm. Aufl. Innsbruck 853. Witting. 16. (232 S. u. Tagzeiten zu Jesus, Maria u. Joseph, 44 S. u. 1 Lithogr.) n. 7½ ngr.

—— Lehr- u. Gebetbuch zur Verehrung der allerseligsten Jungfrau u. Mutter Gottes Maria, besonders bei Wallfahrten. 18. (21 B. u. 1 Stahlst.) München 843, Giel. Augsburg, Rieger'sche Buchh. *

—— Lehr- und Gebetbuch zur Verehrung der allerseligsten Jungfrau und Mutter Gottes Maria. 1. Aufl. (520 S. und 1 Stahlst.) 1848. 15 Ngr. und 2., verb. und verm. Aufl. Mit Illustrationen. 8. (XVI und 600 S. mit 1 Stahlst. und 4 Holzschn.) Regensburg 850, Manz. -

Sintzel, Mich., vollständ. Lehr- u. Gebetbuch von den allerheil. Herzen Jesu u. Mariä. 2., verm. Aufl. 12. (40 B. u. 1 Stahlst.) Augsburg 843, Rieger'sche Buchh. Thlr. Velinp.

Sintzel, Mich., vollständiges Lehr- und Gebetbuch für unsere Zeit. 2. Aufl. Mit 1 Stahlst. Regensburg 860. Manz. 16. (960 S.) 22½ ngr.

Sintzel, Mich., Lehr- u. Gebetbüchlein f. alle Christen, denen ihr Seelenheil am Herzen liegt, in dem Jubelj. 1875 u. zu allen Zeiten. 16. (391 S. m. 1 Stahlst.) München 875. Stahl. — 60

Sintzel, Mich., Lehr- und Gebetbüchlein für die Mitglieder der Erzbruderschaft des hochheiligen und unbefleckten Herzens Mariä. 2. Aufl. 16. (192 S.) Ingolstadt 866, Krüll'sche Buchh.

Sintzel, Michael, Die Lehre von dem alleinseligmachenden Glauben und der alleinseligmachenden Kirche und von den wichtigsten Glaubensstreitigkeiten. Regensburg, Manz, jetzt Verlagsanst., 1843. 12°. 3. Aufl., 1 Mk.

(Sietzel, M.,) Lehren u. Denksprüche d. Heiligen, s. Lehren.

Sientzel, P. G. M. — Des Heilands Leiden und Tod. Eine Passions-Kantate, nach einem älteren Gedicht bearbeitet von — —, in Musik gesetzt von Robert Führer. 8. (4 Blätter.) Gmunden, Johann Habachers Buchdruckerei. 1854.

— s. Leitsterne 16r Bd.

— s. Liguori, A., Andachtsübungen.

(——) geistl. Lotterie, s. Lotterie.

— s. v. Loyola, Ign., Geistesübungen.

Sintzel, Mich., der Monat Mai, der allerseligsten Jungfrau u. Mutter Gottes Maria geweiht, s.: Monate, die zwölf, d. Jahres, geheiligt durch Belehrungen, Betrachtungen u. Gebete.

— s. Maria von Jesu, von der unbefleckten Empfängniß zu Agreda.

—— Maria, meine Zuflucht u. mein Trost! Ein Lehr- u. Gebetbuch f. Verehrer der allersel. Jungfrau Maria. 12. (24⅓ B. u. 1 Stahlst.) Regensburg 843, Pustet. 15 Ngr., mit 5 Stahlst. 20 Ngr., in Lederbd. m. Goldschn.

—— dass. 2., verm. Aufl. 12. (28 B. m. Holzschn. u. 1 Stahlst.) Ebds. 846.

—— Maria, meine Zuflucht und mein Trost. Ein vollständ. Lehr- und Gebetbuch für Verehrer der allerseligsten Jungfrau und Mutter Gottes Maria. Im Anhange den Monat Mariä (Mai) enthaltend. 4. Aufl. 8. (672 S. mit 1 Stahlst. und 15 Holzschn.) Regensburg 850, Pustet.

—— Maria, meine Zuflucht u. mein Trost! Ein vollständ. Lehr- und Gebetbuch f. Verehrer der allerseligsten Jungfrau u. Mutter Gottes Maria. Nebst e. ausführl. Maiandacht. Neue verb. Aufl. 12. (672 S. m. 1 Stahlst.) Regensb. 891, F. Pustet. 2 —; geb. * 2 60; in Ldr. m. Goldschn. * 3 60

—— der Monat Mariä, s. Monat.

—— Maximilians-Büchlein. Das Leben des heil. Maximilian u. die vorzügl. Andachtsübungen des kathol. Christen, den jugendl. Täuflingen u. Verehrern des heil. Maximilian gewidmet. 12. (12 B. m. Stahlst.) Regensburg 846, Manz.

– s. Menne, E., katechet. Reden.

—— das allerheil. Meßopfer. Eine Primizfeier-Pred. gr. 8. (2 B.) Stadtamhof 831. (Regensburg, Manz.) *

— neues christkatholisches Missionsbuch. Das vollständigste Lehr- u. Gebetbuch für jeden kathol. Christen. Mit 1 Stahlst. gr. 12. (XVI u. 1088 S.) Sulzbach 852. (Münster, Deiters.) n. 1⅓ ℛ

—— Mitleid der christlichen Seele mit ihrem göttlichen Erlöser. Oder: Andächtige Betrachtungen des bittern Leidens und Sterbens Jesu Christi auf alle Tage der Woche. 4., verb. und mit Morgen-, Abend-, Meß- ꝛc. Gebeten verm. Aufl. 12. (192 S.) Regensburg 859, Manz.

— s.a. Monate, die 12, d. Jahres.

—— die zwölf Monate des Jahres, geheiligt durch Belehrungen, Betrachtungen und Gebete. Oder: Lehr-, Betrachtungs- und Gebetbuch für alle Monate des Jahres. 4 — 8. und 11. Bdchn. gr. 16. Regensburg, Manz.

Inhalt:

Bdchn. 4. Der Monat April, dem bitteren Leiden und Sterben unsers Herrn und Heilandes Jesu Christi geweiht durch Betrachtungen und Gebete auf alle Tage dieses Monats. Mit Morgen-, Abend-, Meß- und verschied. andern Gebeten. (372 S. mit 1 Stlkpfr.) 855. 10 Ngr.

" 5. Der Monat Mai. Oder: Marianischer Dreißiger in Betrachtungen, Gebeten, Beispielen ꝛc. zur Verehrung der allerseligsten Jungfrau und Mutter Gottes Maria. Nebst Morgen-, Abend-, Meß- und andern Gebeten. Nach dem Französ. bearb. 3. und neue, verb. und verm. Aufl. (454 S. mit 1 Stlkpfr.) 854(55.) 12 Ngr.

" 6. Der Monat Junius, dem allerkostbarsten Blute Jesu Christi geweiht. Aus dem Italien. übers. und mit Morgen-, Abend- ꝛc. und verschied. andern Gebeten verm. (383 S. mit 1 Stlkpfr.) 853. 8¾ Ngr.

" 7. Der Monat Julius, dem allerheiligsten Herzen Jesu geweiht. Nach dem Französ. bearb. und verm. (308 S. mit 1 Stlkpfr.) 853. 6¼ Ngr.

" 8. Der Monat August, dem hochheil. und unbefleckten Herzen Mariä geweiht durch Betrachtungen und Gebete auf alle Tage dieses Monats. Nach dem Französ. bearb., und mit Morgen-, Abend-, Meß- und andern Gebeten verm. (471 S. mit 1 Stlkpfr.) 855. 12 Ngr.

" 11. Der Monat November. Dem Troste der armen Seelen geweiht. (284 S. mit 1 Stlkpfr.) 853. 6¼ Ngr.

—— die zwölf Monate des Jahres, geheiligt durch Belehrungen, Betrachtungen und Gebete. Oder: Lehr-, Betrachtungs- und Gebetbuch für alle Monate des Jahres. 7. Bdchn.: Der Monat Julius, dem allerheiligsten Herzen Jesu geweiht durch Betrachtungen, Gebete und Uebungen auf alle Tage dieses Monats. Nach dem Französ. bearb. und mit Morgen-, Abend-, Meß-, Beicht-, Kommunion- und verschiedenen anderen Gebeten vermehrt. 2. mit den neuesten und schönsten Andachtsübungen zum allerheiligsten Herzen Jesu und mit einem prophet. Worte von dem gottsel., im Rufe der Heiligkeit gestorbenen Bischofe G. M. Wittmann zu Regensburg verm. Aufl. gr. 16. (405 S. mit 1 Titelbilde in Holzschn.) Regensburg 875, Manz.

— die zwölf Monate d. Jahres, geheiligt durch Belehrgn., Betrachtgn. u. Gebete. Oder: Lehr-, Betrachtungs- u. Gebetbuch f. alle Monate d. Jahres. 5. u. 11. Bd. 8. Regensburg, Verlags-Anstalt. 1.85

5. Der Monat Mai, der allerseligsten Jungfrau u. Mutter Gottes Maria geweiht durch Betrachtgn., Gebete, Beispiele u. Übgn. auf alle Tage dieses Monats. Mit Morgen-, Abend-, Meß-, Vesper-, Beicht-, Kommunion- u. verschiedenen anderen Gebeten. 5. Aufl. (468 S. m. 1 Titelbild.) 886. 1.20

11. Monat November. Dem Troste der armen Seelen geweiht. Mit 1 Titelbilde. Neue Aufl. (279 S.) 887. — 65

– s. Nachfolge, die, des heil. Aloysius v. Gonzaga.

– s. Pastrovicchi, A., Lebensgesch. des heil. Joseph v. Copertino.

– s. Pergmayr, J., Betrachtungen in der geistl. Einsamkeit.

—— fünf Perlen in der Krone der kathol. Kirche, der Braut Jesu Christi. (1. Bdchn.) Leben der heil. Katharina von Genua. Nach den Bollandisten bearb. 8. (8 B. u. d. Bildn. d. heil. K.) Augsburg 841, Rieger'sche Buchh.

– s. Protestantismus, der enthüllte.

– s. Ratisbonne, M. Th., Geschichte des heil. Bernhard.

– s. Reden (Christenlehren) eines Dorfpfarrers.

— geistige Reliquien des gottseligen Bischofs Gg. Michael Wittmann zu Regensburg. Ein kostbarer, unverwelklicher Blumenkranz auf sein Grab an seinem Sterbetage, den 8. März. 16. (287 S. m. 1 Stahlst.) Ebend. 880. — 75

— himmlischer Rosengarten. Ein vollständ. Lehr- u. Gebetbuch für kathol. Christen. Innsbruck 864. F. Rauch. 12. (VIII, 638 S. mit 1 Stahlst.) 22½ ngr.

(——) der lebendige Rosenkranz, s.a. Rosenkranz.

Sintzel, Mich., der lebend. Rosenkranz, s.a. Tschümperlin, Joh.

— der lebendige Rosenkranz. ... Regensb. ... Pustet. ⅛ ℛ

— der lebendige Rosenkranz. Ein vor Gott besonders wohlgefälliges Gebet. Nebst e. Anhange von Morgen-, Abend-, Meß-, Beicht-, Kommunion- u. verschied. andern trostreichen und nützlichen Gebeten. 10. verm. Aufl. (Mit 2 Lithogr.) gr. 18. Einsiedeln 841, Gebr. Benziger. ¼ ℛ Mit 15 Kupf. ⅜ ℛ Velp. mit 15 Kupf. 5/12 ℛ

—— der lebendige Rosenkranz. Ein vor Gott besonders wohlgefälliges u. wirksames gemeinschaftl. Gebet. Nebst e. Anhange von Morgen-, Abend-, Meß- ꝛc. Gebeten. 3., verm. Aufl. 18. (261 S.) Einsiedeln 844, Gebr. Benziger. Mit 1 Stnt. 6¼ Ngr., mit 15 Stnt.

— der lebendige Rosenkranz. Ein vor Gott besonders wohlgefälliges u. wirksames gemeinschaftl. Gebet. Nebst einem Anhang von Morgen-, Abend- ꝛc. u. verschiedenen andern trostreichen u. nützlichen Gebeten. 9. verm. Aufl. 12. (252 S. m. 1 Lith., Titel in Golddr. u. Vignetten in Holzschn.) Einsiedeln 849, Gebr. Benziger. ⅙ ℛ; mit 15 Lithogr. 8 ngl Velinpap. ⅓ ℛ — 11. verm. Aufl. 12. (252 S. m. 16 Lith., lith. Titel u. eingedr. Holzschn.) Ebd. 851. 8 ngl

—— der lebendige Rosenkranz, ein vor Gott besonders wohlgefälliges und wirksames gemeinschaftl. Gebet. Nebst einem Anh. von Morgen-, Abend-, Meß- ꝛc. Gebeten. Größere Ausg. Nr. 1. 25. Aufl. gr. 16. (256 S. mit eingedr. Holzschn. und 2 Stnt.) Einsiedeln 867, Gebr. Benziger.

Mit 15 feinen Bildern, die Geheimnisse des heil. Rosenkranzes vorstellend.

—— dass. — Ausg. Nr. 2. 26. Aufl. 16. (287 S. mit eingedr. Holzschn. und 2 Stnt.) Ebendas. 867.

—— der lebendige Rosenkranz. Ein vor Gott besonders wohlgefäll. und wirksames gemeinschaftl. Gebet. Nebst einem Anh. von Morgen-, Abend-, Meß- ꝛc. Andachten. 22., sehr verm. Orig.-Ausg. 8. (254 S. mit Titelbild in Holzschn. und Vignetten.) Regensburg 869, Manz.

—— der lebendige Rosenkranz. Ein vor Gott besonders wohlgefäll. und wirksames gemeinschaftl. Gebet. Nebst einem Anhang von Morgen-, Abend-, Meß-, Beicht-, Kommunion-, Kreuzweg- und verschiedenen anderen trostreichen und nützl. Andachten. 23. mit dem Rundschreiben Leo XIII. über das Rosenkranzgebet verm. Orig.-Ausg. 12. (254 S. mit Titelbild und Vignetten.) Ebendas. 888. *

— der lebendige Rosenkranz. Unterrichts- u. Erbauungsbuch f. kathol. Christen. 24., umgearb. Aufl., besorgt v. e. Priester der Diöcese Regensburg. 12. (XX, 251 S. m. 1 Stahlst.) Regensburg 903. Verlagsanstalt vorm. G. J. Manz. n. 1. —; geb. n. 1. 50

– s. Rosweid, H., Leben der Väter.

– s. Frz. v. Sales, dreitägige Einsamkeit.

– s. v. Sales, Frz., Philothea.

– s. dess. sämmtl. Werke.

– s. Salvatori, Ph. M., Leben d. heil. Jungfrau Veronika Giuliani.

– s. de Sambucy, die Andacht zum heil. Scapulier.

— der Schutzgeist der Jugend. Ein christkathol. Gebetbuch f. Jünglinge u. Jungfrauen. Mit 1 Stahlst. 16. (IV u. 188 S.) Würzburg 850, Etlinger. 6 ngr (Gleichen Inhalts mit des Verf. „Gott ist unser lieber Vater.")

(——) Skizze d. Pastoral-Unterrichtes üb. d. heil. Sakrament d. Buße. Ein Leitfaden f. Kandidaten d. Theologie u. angeh. Seelsorger. gr. 8. (3⅛ B.) Regensburg 841, Pustet. Thlr.

– s. Thesaurus Precum ac Meditationum.

– s. Thesaurus spiritualis.

– s. Uebung, fromme, zur Anbetung ꝛc. des Herzens Jesu.

– s. Unterweisung, leichtfaßl., in der Betrachtung.

– s. Vademecum piorum sacerdotum.

Sinzel, Mich., die Verehrung d. heil. Aloysius v. Gonzaga. Ein Lehr- u. Gebetbüchl. f. alle kathol. Christen. 12. (12 B. u. Bildn.) Regensburg 841, Pustet.

—— die Verehrung des heil. Aloysius von Gonzaga aus d. Gesellsch. Jesu. Ein Gebetbüchlein. 2. Aufl. 18. (324 S. u. 1 Stahlst.) 842. u. 3. Aufl. 12. (14 B.) Regensburg 846, Pustet. à

—— dass. mit e. Anhang: Kurze Anweisung zu einem wahrhaft christl. Leben. 18. (422 S.) Ebds. 842.

—— die Verehrung des heil. Aloysius von Gonzaga, aus der Gesellschaft Jesu. Ein Gebetbüchlein für alle kathol. Christen. 4. Aufl. 24. (336 S. und 1 Holzschn.) Regensburg 849, Pustet.

Sintzel, Mich., die Verehrung des heil. Aloysius v. Gonzaga, aus der Gesellschaft Jesu. Ein Gebetbüchlein für katholische Christen. Neueste Ausg. Regensburg (856.) Pustet. 18. (216 S. u. 1 Holzschn.) 4 ngr

Sinzel, Mich., die Verehrung des heiligen Aloysius von Gonzaga aus der Gesellschaft Jesu. Ein Gebetbüchlein für alle kathol. Christen. Neue Ster.-Ausg. 16. (224 S.) Regensburg 871, Pustet.

— die Verehrung d. hl. Aloysius v. Gonzaga, aus der Gesellschaft Jesu. Ein Gebetbüchlein f. alle kathol. Christen. Ster.-Ausg. gr. 16. (224 S. m. 1 Stahlst.) Regensburg 895. F. Pustet. — 40; geb. in Leinw. n. — 60

— die Verehrung des hl. Aloysius v. Gonzaga, aus der Gesellschaft Jesu. Ein Gebetbüchlein f. alle kathol. Christen. (Ausg. 1902.) gr. 16. (239 S. m. 1 Stahlst.) Regensburg 902. F. Pustet. — 40; geb. in Leinw. n. — 60

— Die Verehrung des hl. Aloysius v. Gonzaga, aus der Gesellschaft Jesu. Ein Gebetbüchlein f. alle kath. Christen. (239 S. m. 1 Stahlst.) kl. 8. Regensburg 908. F. Pustet. — 40; geb. in Leinw. — 60

—— die Verehrung der heiligen Jungfrau u. Martyrin Filomena. Ein Lehr- u. Gebetbüchlein, besonders für christliche Jünglinge u. Jungfrauen. Nebst e. kurzen Lebensgeschichte dieser Heiligen u. deren Bildn. 12. (13⅓ B.) München 844, Giel. Regensburg, Pustet. —

—— die Verehrung des heil. Jünglings Stanislaus Kostka aus der Gesellschaft Jesu. Ein Lehr- u. Gebetbüchlein für alle kathol. Christen, besonders für die liebe Jugend. 8. (21 B. u. 1 Stahlst.) Regensburg 844, Manz. —
Vgl.: Bibliothek guter kathol. Bücher. Neue Reihenfolge 1. Samml.

— die stete Vereinigung mit Gott. Ein Andachtsbüchlein. Mit 1 Kupf. 12. Augsburg 844. (Kreuzer u. Co.) 14 ngr

—— geistliches Vergißmeinnicht, s.a. Vergißmeinnicht.

(SINTZEL, MICHAEL:) Geistliches Vergiss mein nicht, das ist auserlesene ... Gebeter ... einer Frommen Seelen ... Mit beygefügten Mess-, Beicht-, Communion-, Morgen-, Abend- und anderen andächtigen Gebetern: sammt Tag-Zeiten von der unbefleckten Empfängnuss Mariä, sieben Buss-Psalmen, und Litaney von allen Heiligen vermehrt. Tyrnau 1751: Academ. Buchdruck. 458 (,6) S. 1 t. - 160 mm OSZK
- Dass. u. d. T.: Geistliches Vergiss mein nicht, das ist Auserlesene Seufzer, Gebethe und Verbindnisse einer frommen Selle, um eine stete Vereinigung mit dem Willen Gottes und süsse Herzens-Ruhe zu erlangen. Ofen 1812: Druck. Univ. 457, 6 S. 8 t. - 170 mm
- Vgl. Geistliches Vergiß-mein nicht. J. 1766. T. 0476

—— geistliches Vergißmeinnicht. Ein katholisches Gebetbuch. 4. Aufl. (180 Seit.) 842. 5 Ngr. u. 5., verm. Aufl. 32. (448 S.) Gratz 845, Kienreich's Vrlgscomt.

— geistliches Vergißmeinnicht. 5. verm. Aufl. 32. (160 S. m. 1 Holzschn.) Regensburg 852, Manz. 1/12 ℛ

— — geistliches Vergißmeinnicht. 6., verm. Aufl. Ebend. 870. 32. (159 S. mit 1 Holzschntaf.) 2½ ngr

—— Vita Divi Aur. Augustini Episcopi Hipponensis auctore incerto. Ex antiquo codice. 12. (3¼ B. u. A's. Bildn.) Solisbaci 845, libr. de Seidel.

– s. Von dem allein seligmach. Glauben.

– s. Wahrheit, die, d. christl. Religion.

– s. Wittmann, G. M., (u. Jh. Seb.,) Erklärung der heil. Evangelien.

– s. dess. Exercitien f. Priester.

– s. dess. das Gott zugeeignete Herz.

– s. dess. Uebersetzung ꝛc. d. Psalmen.

Sinues de Marco, Maria del Pilar, Amor y Llanto, s. Coleccion de autores españoles.

Sinuthii, archimandritae, vita et opera omnia, ed. Johs. Leipoldt, s.: Corpus scriptorum christianorum orientalium.

Sinwel, Rud., die Belagerung Kufsteins im J. 1504. Im Anh. zwei gleichzeit. Volkslieder u. die Romanze v. Anastasius Grün. (31 S.) 8. Kufstein 889. E. Lippott.
Erweit. Sep.-Abdr. aus dem: „Tiroler Grenzboten". n. — 30

— Dr. theol. Math. Hoerfarter. Gedenkschrift zur Enthüllg. des Hoerfarter-Denkmales in Kufstein am 10. IX. 1899. Mit Unterstützg. v. Freunden u. Verehrern Dr. M. Hoerfarters hrsg. (88 S. m. Abbildgn. u. 2 Taf.) gr. 8. Ebd 899. n. — 60

— Kufstein, Kopfstein; Geroldseck. Onomatologische Studien. (32 S. m. 1 Tab.) 8. Ebd. 895. n. — 36
Erweit. Sep.-Abdr. aus dem: „Tiroler Grenzboten".

Sinwel, Rud., Lehrbuch der Geschichte f. höh. Handelsschulen (Handels-Akademien) u. verwandte Lehranstalten. I. Tl.: Das Alterthum. gr. 8. (IV, 237 S.) Wien 901. A. Hölder. Geb. in Leinw. n. 2. 80

— Lehrbuch der Geschichte f. höhere Handelsschulen (Handelsakademien) u. verwandte Lehranstalten. II. Tl.: Das Mittelalter. (In neuer Rechtschreibg.) (IV, 243 S.) gr. 8. Wien 903. A. Hölder. Geb. in Leinw. n. 2. 60

Sinwel, Rud., Lehrbuch der Geschichte f. höhere Handelsschulen (Handelsakademien) u. verwandte Lehranstalten. III. u. IV. Tl. Bearb. v. Frz. Herm. Eichler. gr. 8. Wien, A. Hölder. Geb. 5.50
III. Die neue Zeit. (VIII, 258 S.) 907. Geb. 2. 80
IV. Die neueste Zeit. (VII, 208 S.) 908. Geb. 2. 70

— u. Eichler, Lehrbuch der Geschichte f. höhere Handelsschulen (Handelsakademien) u. verwandte Lehranstalten. II. Tl.: Das Mittelalter. Von S. 2., umgearb. Aufl. (IX, 253 S.) gr. 8. Ebd. 910. Geb. in Leinw. 2. 60

Sinwel, Rud., Hans v. Pienzenau, der Schloßhauptmann v. Kufstein im J. 1504. (27 S. m. 1 Abbildg.) kl. 8. Kufstein 905. E. Lippott. — 30
Erweit. Sep.-Abdr. aus dem: „Tiroler Grenzboten".

Sinz, Anton, approb. Arzt aus Feldkirch ⟨Vorarlberg⟩: Ein Fall von Osteomyelitis albuminosa. *Freiburg i. B. 1903: Ch. Lehmann's Nachf.* (47 S.) 8°
Freiburg i. B., Med. Diss. v. 1903

Sinz, C., de elephantiasi Arabum. Dissertatio inaug. anatomico-pathologica. Imp.-4. (Mit 2 Steintaf.) Turici 842. (Hoehr.) n. 2/3 ₰

Sinz, Carl Rudolf, s. Sinz, Karl Rudolf

Sinz, Frz. Jos., der Dienst u. der Lohn des Priesters. Eine Primizpredigt, gehalten den 6. Mai 1844. 8. (1⅛ B.) Lindau. Augsburg, Rieger'sche Buchh.

Sinz, Karl Rudolf

Sinz, C[arl Rudolf], med. et chir. doct. [von St. Gallen]: De elephantiasi Arabum. Tur. ex offic. Zürch. et Furr. 1842. 2 Bl., II, 3–27, 2 Taf. 4°.
[Zürich], Diss. med. [v. 20. Aug. 1842].

Sinzel, (G. M.,) de blenorrhoeae syphiliticae. 8. Landishutae 819, Weber.

Sinzenich, Kupfertafeln, s. a. J. Fratrel.

Sinzenich, Kupfertafeln, beurtheilt v. J. Fratrel, deutsch und franz. 8. Mannheim, Akadem. Buchh. 782.

Sinzerus der Reformator. Frankfurt u. Leipzig 1787. V: *Pezzl, Johann.* (WBL) Dagegen: V: *Winkopp, Pet. Ad.* (Jahrbuch der Grillparzer-Gesellschaft XVI [1906], S. 183)

Sinzerus der Reformator, mit 1 Kupf. 8. Frankfurt, (Zürich) 787. (Orell) Schreibp. 1 Rthl.
Dasselbe Buch. Druckp. 20 sgl.

Sinzheimer, H. L., Darstell. der Decimalrechnung. 1r Thl. gr. 8. Manh. 813. Schwan u. G. 18 gr.

Der korporative Arbeitsnormenvertrag. Eine privatrechtl. Untersuchung von Dr. Hugo **Sinzheimer**, Rechtsanw. T. 1. 2. Leipzig: Duncker & Humblot 1907–08. 2 Bde 8°
[illegible]

— Arbeitstarifverträge, s. Sammlung v. Vorträgen.

— Arbeits-Tarifverträge, s. Zimmermann, Waldem.

Sinzheimer, Hugo, Lohn u. Aufrechnung. Ein Beitrag zur Lehre vom gewerbl. Arbeitsvertrag auf reichsrechtl. Grundlage. gr. 8. (VIII, 127 S.) Berlin 902. C. Heymann. n. 2. —

— Die soziologische Methode in der Privatrechtswissenschaft, s. a. Schriften des sozialwissenschaftlichen Vereins der Universität München. 3. Heft.

Sinzheimer, Hugo: Die soziologische Methode in der Privatrechtswissenschaft. Vortrag geh. 1909 von Dr. Hugo Sinzheimer, Frankfurt a. M. München: Rieger 1909. 29 S. 8°
(Schriften d. Sozialwissenschaftl. Vereins d. Univ. München. 1909, H. 3.)

Sinzheimer, Ludw., die Arbeiterwohnungsfrage, s. a. Volksbücher der Rechts- u. Staatskunde. Bd. 2. 3.

Sinzheimer, Ludw., Die Arbeiterwohnungsfrage. 8°. Stuttgart, E. H. Moritz, 1902. (Volksbücher der Rechts- und Staatskunde, Bd. 2 und 3.)

Sinzheimer, Ludwig [aus Worms]: Der volkswirthschaftliche Charakter der technischen Entwicklung des deutschen Eisenhüttengewerbes 1865–1879 ... München, kgl. Hof- u. Univ.-Buchdr. v. Dr. C. Wolf & Sohn, 1892; 73 S., 1 Bl. 8.
München, Staatswirtsch. Fak., Inaug.-Diss. v. 1893

Sinzheimer, Ludwig, Dr.: Der Londoner **Grafschaftsrat.** Ein Beitrag zur städt. Sozialreform. Bd 1: Die Schlussperiode der Herrschaft der Mittelklasse in der Londoner Stadtverwaltung. *Stuttgart: J. G. Cotta Nachf. 1900.* (VIII, 512 S.) 8°
München, Staatswirtsch. Hab.-Schr. v. 1900
(Nicht für den Austausch)

— der Londoner Grafschaftsrat. Ein Beitrag zur städt. Sozialreform. 1. Bd. Die Schlussperiode der Herrschaft der Mittelklasse in der Londoner Stadtverwaltung. gr. 8. (VIII, 512 S.) Stuttgart 900. J. G. Cotta Nachf. n. 10. —

Sinzheimer, Ludw., üb. die Grenzen der Weiterbildung des fabrikmässigen Grossbetriebes in Deutschland, s. a. Studien, Münchener volkswirthschaftliche.

Sinzheimer, Dr. Ludw., Ueber die Grenzen der Weiterbildung des fabrikmässigen Grossbetriebes in Deutschland. (München. volkswirtsch. Studien, Heft 3.) gr. 8°. Stuttgart 1893.

Sinzheimer, Ludw., s.: Monographien, technisch-volkswirtschaftliche.

— die Stellung der oberen Klassen u. der Wissenschaft zu d. Gewerkschaften, s.: Timm, Johs., aus d. Entwicklungsgang der deutschen Gewerkschaftsbewegung.

Sinzheimer, Siegfried [aus Worms]: G o e t h e und Byron. E. Darstellg des persönl. u. litterar. Verhältn. m. bes. Berücks. d. „Faust" u. „Manfred" . . . München: Kgl. Hof- u. Univ.-Buchdr. v. Dr. C. Wohl & Sohn 1894. 84 S. 8°
Heidelberg, Phil. Fak., Inaug.-Diss. v. [16. Juli] 1894.

Sinzig, Pedro, O. F. M., Benedioite. Manual de cánticos sacros em português e em latim, com um appéndice de orações. 2. ed. correcta e augmentada. gr. 16. (XVI, 336 S. m. 1 Farbdr.) Freiburg i/B. (902). Herder. Geb. in Leinw. n. 1.80

— Canoioneiro de modinhas populares. gr. 16. (VIII, 80 S.) Ebd. (902). Kart. — 60

S. Franciscus Seraphicus. Kantate m. Deklamationen u. lebenden Bild. komp. f. Soli u. Chor ⟨drei gleiche Stimmen⟩ m. Klavierbegleitung von P. Petrus **Sinzig**, O. F. M. Opus 25. Text von S. P., Franziskanerin. Textbuch. Düsseldorf: Schwann [1909]. 20 S. 8° III. 11319

SINZINGER, Franz Xaver (Sandbach): De morborum charactere epidemico stationario.- Monachii 1834. 4.7.1833 - Urk; F 61
Diss. Ingolst.-Landsh.-Mchn.

Sinzl, s. Singel.

Sinzow, J., üb. das Auftreten d. Foraminiferen-Genus Nubecularia im sarmatischen Sande v. Kischenew, s.: Karrer, F.

Sjöberg, Carl Gustav, s. S j ö b e r g , Karl Gustav

Sjöberg, Erik, (Vitalis,) Gedichte, s. **Bibliothek** der Classiker des Ausl. 19. Bd.

Sjöberg, Fredrik, Referendar in Altona: Rechtliche Natur und rechtliche Behandlung der Anstands- und Pflichtschenkungen. Borna-Leipzig 1907: R. Noske. (VIII, 41 S.) 8° [F.]
Leipzig, Jur. Fak., Diss. v. 5. Dez. 1907
[Geb. 18. Juli 83 Hamburg; Wohnort: Altona; Staatsangeh.: Preußen; Vorbildung: Realgymn. Altona Reife O. 03; Studium: München 1, Genf 1, Bonn 2, Kiel 2 S.; Rig. 7. Juli 06.]

Sjöberg, Karl Gustav

Höchst wichtige Beiträge zur Geschichte der leidenden Menschheit. enthaltend die Acten fünf merkwürdiger Rechtsfälle, als Warnung vor ähnlichen herben Schicksalen allen denen gewidmet, welchen Moral und Recht noch Heiligthümer sind v. Carl Gustav Sjöberg. 2. Aufl. Hamburg. 1840. 8°.

Sjöberg, Carl Gust., der Kaufmann u. sein Buchführer, oder die italienische Buchführung in ihrem ganzen Umfange. Ein Lehrbuch für Lehrer u. zum Selbstunterrichte. Lex.-8. (9 B.) Hamburg 843. Altona, Heilbutt.

Sjöborg, Gust., schwed. Sprachlehre f. Deutsche. gr. 8. Stralf. 810. 2e A. 812. 3e A. 829. Löffler. 12 gr

Sjöborg, Gust., schwedische Sprachlehre f. Deutsche. 4. u. 5., bericht. Aufl. gr. 8. (à 12 B.) Stralsund 838, 41, Löffler'sche Buchh. ä

Sjöborg, Gust., Schwedische Sprachlehre f. Deutsche. 6. Aufl., verm. u. sorgfältig bericht. von Kempe. 8. (IV u. 208 S.) Stralsund 848, Löffler. 2/3 Thlr

Sjöborg, Gustaf. Über Volksdespotismus; a. d. Lat. . . . Leipzig 1793. Ü: *Hahn, Joh. Zach. Herm.* (Ky) (MGT)

— üb. Volksdespotismus; aus d. Latein. mit Anmerkk. (v. J. Z. H. Hahn). Nebst e. Vorrede v. Karl Ad. Cäsar. 8. Leipz. 793. Grieshammer. 12 gr

Sloda, A., De Pisistrati cura Homerica. Pr. 1875. 12 S. 4°. 2.—

Sioda, A., kurzgefaßte lateinische Formenlehre für die unteren Klassen höherer Lehranstalten [mit Berücksicht. der Grammatik von Ellendt-Seyffert]. gr. 8. (70 S.) Deutsch-Krone 884, Ziebarth. cart. *

Sjögren, Andreas Johann

— ΙΡΟΗ ÆΒ3ΑΓΑΧΥΡ das ist Ossetische Sprachlehre, nebst kurzem Ossetisch-Deutschen u. Deutsch-Ossetischen Wörterbuche. gr. 4. (Mit 1 lith. Taf. u. 2 Tabellen.) Ebend. 844. baar 3 Thlr

Sjögren, A. J., Ueber den grammatischen Bau der surjänischen Sprache mit Rücksicht auf die finnische. [A. aus den MAP. VIme Série. T. I.] 4°

Sjögren, Andr. Joh., über die Finnische Bevölkerung des St. Petersburgischen Gouvernements, und über den Ursprung des Namens Ingermannland. Aus den Mémoires de l'Académie Impér. des Sciences de St. Petersbourg. VI. Série. Sciences politique, Histoire et Philologie Tome II. abgedruckt. gr. 4. St. Petersburg 833. (Leipzig, Voß.) n. 2 1/6 Thlr

Sjögren's, Joh. Andr., gesammelte Schriften. 1. Bd. und 2. Bd. 2 Thle. gr. 4. St. Petersburg 861. Leipzig, Voss. Thlr. * *

Inhalt:

Bd. 1.	Historisch-ethnographische Abhandlungen über den finnisch-russischen Norden. (VII und 679 S. mit 1 Stnt. ** 5 Thlr. 26 Ngr.
» 2. Thl. 1.	Livische Grammatik nebst Sprachproben. Im Auftrage der kaiserl. Akademie der Wissenschaften bearb. und mit einer historisch-ethnograph. Einleitung versehen von Ferd Joh. Wiedemann. (CIV und 480 S.) ** 4 Thlr. 28 Ngr
» 2. » 2.	Livisch-deutsches und deutsch-livisches Wörterbuch. Im Auftrage der kaiserl. Akademie der Wissenschaften bearb von Ferd. Joh. Wiedemann. (398 S.) ** 3 Thlr. 12 Ngr.

Sjögren, (And. Joh.,) über die finnische Sprache u. ihre Literatur. gr. 8. St. Petersburg. (821) (Leipz., Cnobloch.) Rthlr. — 15

— über die Finnische Sprache und Literatur. gr. 8. Ebd. (821). (Leipzig, Voß.) n. 1/2 Thlr

Sjögren, And. Jh., üb. die finnische Sprache u. ihre Literatur. gr. 8. St. Petersb. (831.) (Leipz., Cnobloch). 12 gr

— Ossetische Studien mit besonderer Rücksicht auf die indo-europäischen Sprachen. 1. Lieferung. Die Selbstlaute. Aus den MAP. T. VII besonders abgedruckt. [Ein zweites Exemplar in Fa 816. 4°.] St. Petersburg 1848. 4°.

Sjögren, A. J., Was bedeutet das in den russischen Chroniken unter dem Jahr 1024 vorkommende Wort лузъ? Eine antiquarische Abhandlung. [MAP. VI. Série. II, 563 ff.] St. Petersbourg 1834. 4°.

—— über das Werk des kgl. dänischen Etatsrathes u. Prof. Finn Magnusen, Runamo og Runerne betitelt. Bericht an die kaiserl. Akademie der Wissenschaften auf Verlangen Sr. Excell. des Hn. Ministers der Volksaufklärung, Sergej von Uwarov erstattet. gr. 8. (9 1/2 B. u. 1 Kpfrt. in 1/2 Fol.) St. Petersburg 842. (Leipzig, Voss.) Thlr. * *

Sjögren, A. J.: Über die älteren W o h n s i t z e der Jemen. Ein Beitrag zur Geschichte der Tschudischen Völker in Russland. Abtheilung I. II. [= MAP. VI. Série. T. I. p. 263 ff. p. 311 ff.] St.-Pétersbourg 1831. 1832. 4°

—— über die Wohnsitze und die Verhältnisse der Jatwägen. Ein Beitrag zur Geschichte Osteuropas um die Mitte des 13. Jahrhunderts. Imp.-4. (197 S.) St. Petersburg 858. Leipzig, Voss. * *
Aus: Mémoires de l'académie impériale des sciences de St.-Pétersbourg besonders abgedruckt.

Sjögren, Håkan

Commentationes Tullianae. De Ciceronis epistulis ad Brutum, ad Quintum fratrem, ad Atticum quaestiones. Scripsit H[åkan] **Sjögren**. Acc. 2 tab. Uppsala: Almquist & Wiksell; Leipzig: Haupt (1910). 169 S. 8°
(Arbeten utg. med understöd af Vilhelm Ekmans Universitetsfond, Uppsala. 8.)
[10. 9437 3

Zum Gebrauch des Futurums im Altlateinischen. Von H. **Sjögren**. Uppsala: ⟨C. J. Lundström⟩; Leipzig: O. Harrassowitz (1906). (VII, 241 S.) 8°
= **Skrifter** utg. af Humanist. Vetenskaps-Samfundet i Uppsala. 9, 5. [06, 10986 9

Sjögren, H., zum Gebrauch des Futurums im Altlateinischen. (Skrifter utgifna af k. humanistiska vetenskapssamfundet i Uppsala. IX. 5.) (VII, 243 S.) gr. 8. Uppsala (906). Akadem. Buch. — Leipzig, O. Harrassowitz. n.n. 4. 50

— Carl v. Linné als Mineralog, s.: Linné's, Carl v., Bedeutung als Naturforscher u. Arzt.

Sjögren, Johann Andr., s. Sjögren, Andreas Johann

Sjögren, Wilh., üb. die römische Conventionalstrafe u. d. Strafklauseln d. fränk. Urkunden. gr. 8. (VIII, 152 S.) Berlin 896. C. Heymann's Verl. n. 3. —

Siola, A. Marienbader Schlenbertage. Erinnerungsblätter an Marienbad. 16. (61 S.) Lpz. 892, C. A. Koch. * 1 —

Siola, V., der Leutnant. Ein militär. Leidensweg. In ziorl. Reime gebracht. Illustriert v. K. Roland. (89 S.) gr. 8. Wien 906. C. W. Stern. n. 1. —

Sioli, Emil: Vergleichende Untersuchungen über die Zwischenrippen- und Bauch-Muskulatur der Wirbelthiere. Halle 1875: Hendel. 44 S. 8°
Halle-Wittenberg, Med. Diss. v. 30. Juli 1875
Geb. Lieskau bei Halle a. d. S. 29. 7. 1852. V.

Sioli, Franz, appr. Arzt a. Leubus: Über die Spirochaete pallida bei Syphilis. Halle a. S. 1906: C. A. Kaemmerer. (22 S.) 8°
Halle, Med. Fak., Ref. v. Mering, Diss. v. 15. März 1906
[Geb. 13. März 82 Leubus, Schles.; Wohnort: Halle a. S.; Staatsangeh.: Preußen; Vorbildung: Lessing-Gymn. Frankfurt a. M. Reife O. 00; Studium: Phil. Halle 1, Med. Halle 4, München 2, Berlin 1, Halle 2 S.; Coll. 9. März 06; Approb. 10. Jan. 06.]

Sjollema, *Bonne* [aus Utrecht]: Ueber die Einwirkung von Benzoylacetessigester und Benzoylaceton auf Hydrazinhydrat ... Jena, Druck v. A. Kämpfe, 1893; 32 S., 1 Bl. 8.
Jena, Phil. Fak., Inaug.-Diss. v. [Juli] 1893

Si-Omong, die Malaria. Erlebnisse u. Beobachtgn. e. Patienten. (62 S. m. 2 Karten.) 8. Leipzig-Gohlis 909. Raschwitz. B. Volger. 1. —

Sion. Cerkov i škola. (Kirche und Schule.) I. Jhrg. *Basil Zborovski.* Dr. v. *J. B. Wallishausser.*
Erscheint in **Wien**, zwanglos als Beil. des „Wjestnik," ½ Bog. 8°. —

Sion. Eine Stimme in der Kirche für unsere Zeit. Augsburg 1832—48. H (1): *Lechner, August.* (2—7/1): *Brugg, Frdr. Wilh.* (7/2—9): *Herbst, Ferd.* (10): *Herbst, Ferd.* & *Frz Sausen.* (11, 12): *Wittmann, Patrit.* & *Ferd. Herbst.* (13): *Haas, Carl* & *Ferd. Herbst.* (14—17): *Wiser, Johann Thomas.* (winer) (Th)

Sion. Die Stimme der Kirche in uns. Zeit. Eine religiöse Zeitschr., im Vereine mit mehr. kathol. Geistlichen hrsg. v. A. Lechner u. Fr. X. Schmid. 1—4. Jahrg. 1832—35. à 12 Hfte. gr. 4. Augsburg, Kollmann. [832, 33. à 3 Thlr. 12 Gr., 34., 35. à 4 Thlr.]

Sion. Eine Stimme in d. Kirche f. uns. Zeit. Eine religiöse Zeitschr., hrsg. durch e. Verein v. Katholiken. 5—11. Jahrg. 1836—42. gr. 4. Augsburg, Kollmann'sche Buchh. [5—9. J. à 12 Hfte. ohne genannte Herausgeb., 10. J. hrsg. v. Ferd. Herbst u. Frz. Sausen, 11. J. à 24 Hfte., hrsg. v. Ferd. Herbst u. Petriz Wittmann.] à J.

— Sach- u. Namen-Register, alphabet., zum 1n—6n Jahrg., 1832—1837. gr. 4. Ebd. 838. ⅜ ℳ

—— dass. Alphabet. Sach- u. Namen-Register zum 7—11. Jahrg. 1838—1842. gr. 4. (6 B.) Augsburg 843, Kollmann'sche Bh.

Sion. Eine Stimme in der Kirche f. unsere Zeit. Hrsg. durch e. Verein von Katholiken. 12—16. Jahrg. 1843—47. à 24 Lfgn. gr. 4. Augsburg, Kollmann'sche Buchh. à J. *
12. Jahrg. redig. v. Ferd. Herbst u. Patriz Wittmann. 13. redig. v. Herbst u. Carl Haas. 14. u. 15. v. Th. Wiser. 16. von Dems. u. W. Reithmeier.

Sion. Eine Stimme in der Kirche für unsere Zeit. Redig. von Th. Wiser ꝛc. 17. und 18. Jahrg. 1848 und 1849. à Jahrg. 156 Nrn. (½ Bog.) Mit Beilagen. Augsburg, Kollmann'sche Buchh. à Jahrg. *

—— dass. — Redig. von J. N. Ginal und Jos. Zinsler. 19. Jahrg. 1850. 156 Nrn. (½ Bog.) Mit Beilagen und: Katholische Literaturblätter. 24 Nrn. (½ Bog.) In 24 Heften. gr. 4. Ebds. *

—— dass. — Eine religiöse Zeitschrift, hrsg. durch einen Verein von Katholiken und redig. von J. N. Ginal ꝛc. 20. und 21. Jahrg. 1851 und 1852. à Jahrg. 156 Nrn. (½ Bog.) oder 24 Hefte. gr. 4. Mit: Send-Bote für Pius-Vereine und Freunde der Kirche überhaupt. Redig. von P. Wittmann. Jahrg. 851 und 1852. à Jahrg. 24 Nrn. (Bog.) 4. Augsburg, Kollmann'sche Buchh. à Jahrg. Thlr. *
Mit Beigabe: Historisch-kirchliche Blätter für theolog. und philosoph. Wissenschaft, Kunst und Literatur. (Vormals „Siloah".) Jahrg. 1851 und 1852. à Jahrg. 52 Nrn. (½ Bog.) Mit Extrabeilagen. gr. 4. à Jahrg. *

Sion. Eine Stimme in der Kirche für unsere Zeit. Eine religiöse Zeitschrift, hrsg. durch einen Verein von Katholiken, und redig. von J. N. Ginal und L. Lang. 22—25. Jahrg. 1853—55. à Jahrg. 156 Nrn. (½ Bog.) oder 12 Hefte. gr. 4. Mit: Katholische Literaturblätter. 24 Nrn. (½ Bog.) gr. 4. und: Send-Bote für Pius-Vereine und Freunde der Kirche überhaupt. Redig. von P. Wittmann. 4—7. Jahrg. 1853—56. à Jahrg. 24 Nrn. (Bog.) 4. Augsburg, Kollmann'sche Buchh. à Jahrg. Thlr. *
Mit Beigabe: Katholische Blätter für Literatur. Jahrg. 1853—56. à Jahrg. 52 Nrn. (Bog.) gr. 4. à Jahrg. *
Die Blätter für Literatur allein à Jahrg. *

Sion. Eine Stimme in der Kirche für unsere Zeit. Eine religiöse Zeitschrift, hrsg. durch einen Verein von Katholiken und redig. von Joh. Ev. Boll. 26. Jahrg. 1857. 156 Nrn. (½ Bog.) oder 12 Hefte. gr. 4. Mit: Katholische Blätter für Literatur. 24 Nrn. (à ½—1 Bog.) gr. 4. und: Send-Bote für Pius-Vereine und Freunde der Kirche überhaupt. Redig. von P. Wittmann. 8. Jahrg. 1857. 24 Nrn. (Bog.) 4. Augsburg, Kollmann'sche Buchh.
Ohne die Blätter für Literatur *
Die Blätter für Literatur allein *

—— dass. — 27—30. Jahrg. 1858—61. à Jahrg. 156 Nrn. (½ Bog.) oder 24 Hefte. gr. 4. Mit: Pastoralblatt für die Diöcese Augsburg. In Verbindung mit mehreren kathol. Geistlichen hrsg. 1—4. Jahrg. 1858—61. [1. Jahrg. 1858. 24 Nrn. (à ½—1 Bog.), 2—4. Jahrg. 1859—61. à Jahrg. 52 Nrn. (½ Bog.)] gr. 4. — Katholische Literaturblätter. 24 Nrn. (½ Bog.) gr. 4. und: Sendbote für Pius-Vereine und Freunde der Kirche überhaupt. Redig. von P. Wittmann. 9—12. Jahrg. 1858—61. à Jahrg. 26 Nrn. (Bog.) Mit 4 Stahlst. 4. Ebendas. à Jahrg. *
Pastoralblatt mit katholische Literaturblätter allein à Jahrg. *

Der 27. Jahrg. der „Sion" wurde von Joh. Geo. Dreer, der 28—30. von Joh. Gg. Fußeneder; der 1. und 2. Jahrg. des „Pastoralblattes" von Joh Geo. Dreer, der 3. und 4. Jahrg. von Valent. Thalhofer redigirt.

Sion. Eine Stimme in der Kirche für unsere Zeit. Eine religiöse Zeitschrift, hrsg. durch einen Verein von Katholiken und redig. von Joh. Gg. Fußenecker. 31.—36. Jahrg. 1862—67. à Jahrg. 104 Nrn. (à ½—1 Bog.) oder 24 Hefte. Mit: Pastoralblatt für die Diöcese Augsburg. In Verbindung mit mehreren kathol. Geistlichen hrsg. von M. Merkle. 5.—10. Jahrg. à Jahrg. 52 Nrn. (½ Bog.) — Katholische Literaturblätter à Jahrg. 24 Nrn. (½ Bog.) und Sendbote für Pius-Vereine und Freunde der Kirche überhaupt. Redact.: P. Wittmann. 13.—18. Jahrg. à Jahrg. 26 Nrn. (Bog.) Mit 4 Stahlst.) gr. 4. Augsburg, Kollmann'sche Buchh. à Jahrg. *
Pastoralblatt allein à Jahrg. *

Der 5. und 6. Jahrg. des Pastoralblattes wurden von Valent. Thalhofer herausgegeben.

Sion. Eine Stimme in der Kirche für unsere Zeit. Katholische Kirchen-Zeitschrift. Unter Mitwirkung namhafter kathol. Fachmänner und Gelehrten redig. von Joh. Gg. Fußenecker. 37.—42. Jahrg. 1868—1873. à Jahrg. 104 Nrn. (à ½—1 Bog.) oder 24 Hefte. Mit Pastoralblatt für die Diöcese Augsburg. Hrsg. von M. Merkle. 11.—16. Jahrg. 1868—1873. à Jahrg. 52 Nrn. (à ½ Bog.) — Katholische Literaturblätter der Sion. 24 Nrn. (à ½ Bog.) und Sendbote für Pius-Vereine und Freunde der Kirche überhaupt. Redact.: P. Wittmann. 19.—24. Jahrg. à Jahrg. 26 Nrn. gr. 4. Augsburg, Kollmann'sche Buchh. [Regensburg, Manz.] à Jahrg. *
Pastoralblatt allein à Jahrg. *

23. und 24. Jahrg. der Literaturblätter wurden redig. von Frz. Jos. Heine.

—— dass. — redig. von Joh. Gg. Fußenecker. 43. Jahrg. 1874. 104 Nrn. (à ½—1 Bog.) oder 24 Hefte. gr. 4. Ebendas. *
Mit Pastoralblatt für die Diöcese Augsburg. Hrsg. von M. Merkle. 17. Jahrg. 1874. 52 Nrn. (à ½ Bog.) *

Sion et ses environs. [Avec 1 vignette et couverture illustrée.] 8. Sion *s. d.* [1870 80].

Sion et ses environs. Excursions en Valais. 8. Sion *s. d.* [1870 80].

Sion in Jerusalem, was es war, und wo es lag. Nach den Angaben der alten Urkunden mit Bezug auf die diesbezüglichen Ansichten der Gelehrten. Herausgegeben mit Unterstützung des Palästina-Pilgervereins der Diöcese Brixen und des Deutschen Vereins vom hl. Lande in Köln von Georg Gatt. Mit dem Bilde des Verfassers, einem Anhang und zwei Plänen. Brixen. 1900. In Comm. Pressverein. Gr.-8°. 141 S. mit 3 Tafel K 3.—

Sion, Lauda, von K. Simrock, s. Lauda Sion.

Sion

—— neue. Eine Zeitschrift f. kathol. Leben u. Wissen. 1—3. Jahrg. 1845—47. à 156 Nrn. (½ B.) Mit Beilagen u. Literaturblättern, oder à 24 Hft. hoch 4. Augsburg 845, (Rieger'sche Buchh.) à J. *

1. Jahrg. redig. v. Bernard Fuchs, 2. u. 3. v. Carl Haas.

Sion, neue. Eine Zeitschrift für kathol. Leben und Wissen. Redig. von Carl Haas. 4—8. Jahrg. 1848—52. à Jahrg. 24 Hefte. (4. Jahrg. 106 Nrn., 5—8. Jahrg. à Jahrg. 156 Nrn. ½ Bog.) Mit Beilagen. gr. 4. Augsburg, Expedition. à Jahrg. *

—— neue. Eine Zeitschrift für kathol. Leben und Wissen. Unter Mitwirkung mehrerer Gelehrten des In- und Auslandes redig. von Carl Haas. 9. Jahrg. 1853. 24 Hefte oder 156 Nrn. (½ Bog.) Mit Literaturblatt und Beilagen. gr. 4. Augsburg, Expedition. *

Vgl. II. Bd. 2. Abthl. S. 296.

Sion, ungarica — a rediviva in regno mariano Societate Jesu die XXXI augusti Dominica XVI. p. Pent. celebrata, quo de peculiari Dei munere gloria consecrationis Basilicæ M. Eminentissimo ac Reverendissimo Domino S. R. Ecclesiæ Cardinali Joanni, Principi Primati, Archi-Episcopo Strigoniensis etc. etc. obtigit. *Lincii, 1856. Ex accademica* typogr. Huemer viduæ et Danner. (5 Bl. 4.)

Sion, V., die Pellagra, s.: Babes, Vict.

Siona, encyclopädisches Wochenblatt für Israeliten. Herausgegeben von Ignaz und Aloys Jeitteles. 1r Jahrg. July bis Decbr. Wien, Gerold. 1819.

Siona, Taschenbuch f. Gebildete. Enthalt. eine Samml. geistl. Gesänge aus d. Werken der vorzügl. deutschen Classiker. Mit 6 Kpf. 16. Wien 826. Pfautsch. (Leipz., Liebeskind). 2 ₰ 2r Jahrg. Neue Folge f. 1830. Enthaltend: Eine Samml. religiöser Gedichte aus d. Werken der vorzügl. deutschen Classiker. Mit 6 Kpf. 16. Ebd. 829. 1 ₰ 14 ℊ 3r Jahrg. Neuere Folge. Enthalt. Originalien der religiösen Poesie. Mit 6 Kpf. 12. Ebd. 832. 1 ₰ 14 ℊ (Bei Liebeskind in Leipzig ist der Preis von jedem Jahrg. 2 ₰ 6 ℊ)

—— Taschenbuch f. Gebildete. 1—4. Jahrg. 1827, 31, 33, u. 34. Enthalt. relig. Gedichte. Mit Orig.-Beyträgen v. mehr. Schriftstellern, nebst e. Samml. relig. Gesänge aus d. Werken d. vorzügl. deutschen Classiker. (Jed. Jahrg. m. 6 Kpfr.) 16. (17, 18, 15 u. 20 B.) Wien, Pfautsch.
à 2 Thlr. 6 Gr., hrbgs. Pr. à

Siona. Auswahl christl. Lieder zur Erhebung d. Geistes u. Herzens f. alle Morgen u. Abende d. Jahres. Hrsg. v. mehr. Religionsfreunden. 12 Hfte. (Jan.—Dec. u. Register.) 8. (73½ B.) Stuttgart 834, 35, Erhard.

— Taschenbuch für Gebildete. 4r u. 5r Jahrg. 1834 u. 1837. Enthaltend religiöse Gedichte. Mit Original-Beiträgen von mehreren Schriftstellern, nebst einer Sammlung religiöser Gesänge aus den Werken der vorzügl. deutschen Classiker. (Mit 6 Kpfrn.) 16. Wien 834 u. 36. Pfautsch. n. 2 ₰, Pracht-Ausg. à n. 3⅔ ₰

Siona. Taschenbuch religiöser Dichtungen. 5. u. 6. Jahrg. Im Vereine mit Mehreren hrsg. v. Herm. Waldow. 12. Wien, [Pfautsch u. Voß.] [5. J. 1837. (18 B. u. 6 Stahlst.) * 2 Thlr., 6. J. 1841. (17½ B. u. 2 Stahlst.) * 1⅔ Thlr.] *

Siona. Stimmen aus d. Gemeine f. christl. Erbauung. 1. od. Wintertheil. gr. 8. (43½ B.) Gütersloh 840, Bertelsmann.

— Taschenbuch religiöser Dichtungen. 7. Jahrg. Im Vereine m. Mehreren hrsg. von Herm. Waldow. gr. 16. (VIII u. 309 S. m. 2 Stahlst.) Wien 850, Pfautsch & Voß. geb. m. Goldschn. n. 1⅔ ₰

Siona. Eine Sammlung von leicht ausführbaren Motetten, Hymnen, Cantaten und andern geistl. Gesängen zu den Festen, Weihnachten, Neujahr, Charfreitag ꝛc. so wie zu allen anderen kirchl. Gelegenheiten für deutsche Männerchöre. Zum Gebrauche für kirchl. Sängerchöre, Liedertafeln, Seminarien ꝛc. hrsg. von F. G. Klauer. 1—4. Heft. qu. 4. (à Heft 40 S.) Eisleben 851—52, Kuhnt. à Heft 7½ Ngr.

Siona. Monatsschrift f. Liturgie u. Kirchenmusik zur Hebg. d. gottesdienstl. Lebens. In Verbindg. m. L. Schoeberlein u. unter zahlreicher Mitwirkg. v. Gelehrten u. Geistlichen, Cantoren u. Lehrern hrsg. v. M. Herold u. E. Krüger. 1. Jahrg. 1876. 12 Nrn. (B.) gr. 8. Gütersloh, Bertelsmann. n. 4. —

Siona. Monatsschrift für Liturgie u. Kirchenmusik zur Hebung des gottesdienstlichen Lebens. In Verbindung mit L. Schoeberlein u. unter zahlreicher Mitwirkung von Gelehrten u. Geistlichen, Cantoren u. Lehrern hrsg. von M. Herold u. E. Krüger 2—5. Jahrg. 1877—1880. à 12 Nrn. (B.) gr. 8. Gütersloh, Bertelsmann.
à Jahrg. n. 4. —

— dasselbe. 6. u. 7. Jahrg. 1881 u. 1882. à 12 Nrn. (B.) gr. 8. Ebend. à Jahrg. n. 5. —

Siona. Monatsschrift f. Liturgie u. Kirchenmusik zur Hebg. d. gottesdienstl. Lebens. In Verbindg. m. L. Schoeberlein begründet u. unter Mitwirkg. v. Gelehrten u. Geistlichen, Cantoren u. Lehrern hrsg. v. M. Herold u. E. Krüger. 8—11. Jahrg. 1883—1886. à 12 Nrn. (B.) gr. 8. Gütersloh, Bertelsmann. à Jahrg. n. 5. —

Siona. Monatsschrift f. Liturgie u. Kirchenmusik zur Hebg. d. gottesdienstl. Lebens. In Verbindg. m. L. Schöberlein begründet u. unter Mitwirkung v. Gelehrten u. Geistlichen, Kantoren u. Lehrern hrsg. v. M. Herold. 12. —14. Jahrg. 1887—1889. à 12 Nrn. (à 1—1¼ B.) gr. 8. Gütersloh, Bertelsmann. à Jahrg. n. 5. —

— dasselbe. 15. Jahrg. 1890. 12 Nrn. (à 1—1¼ B.) gr. 8. Ebd. n. 5. —; m. Beiblatt: Korrespondenzblatt der Kirchengesangvereine Deutschlands n.n. 6. —

Siona. Monatsschrift f. Liturgie, Hymnologie u. Kirchenmusik. In Verbindg. m. L. Schoeberlein begründet u. unter Mitwirkg. v. Gelehrten u. Fachmännern hrsg. v. Max Herold. Im hymnolog. Teile besorgt durch A. Fischer. 16.—18. Jahrg. 1891—1893. à 12 Nrn. (à ca. 1 Bog.) gr. 8. Gütersloh, C. Bertelsmann. à Jahrg. n. 5. —; m. Beiblatt: Korrespondenzblatt der Kirchengesangvereine Deutschlands n.n. 6. —

— Monatsschrift f. Liturgie u. Kirchenmusik. Hrsg. v. Max Herold. 19. Jahrg. 1894. 12 Nrn. (à ca. 1 Bog.) gr. 8. Ebd. n. 5. —; m. Beiblatt: Korrespondenzblatt des Ev. Kirchengesangvereins f. Deutschland. n.n. 6. —

Siona. Monatsschrift f. Liturgie u. Kirchenmusik. In Verbindg. m. L. Schoeberlein begründ. u. unt. Mitwirkg. v. Gelehrten u. Fachmännern hrsg. v. Max Herold. 20.—23. Jahrg. 1895—1898. à 12 Nrn. (à ca. 20 S.) gr. 8. Gütersloh, C. Bertelsmann. à Jahrg. n. 5. —; m. Beiblatt: Correspondenzblatt des Ev. Kirchengesangvereins f. Deutschland, à Jahrg. n.n. 6. —; Beiblatt allein, à Jahrg. n.n. 2. —

Siona. Monatsschrift f. Liturgie u. Kirchenmusik. Zur Hebg. des kirchl. Gottesdienstes begründet m. L. Schoeberlein u. unter Mitwirkg. v. Gelehrten u. Fachmännern hrsg. v. Max Herold. 24.—27. Jahrg. 1899—1902. à 12 Nrn. gr. 8. (IV, 240; IV, 240; IV, 240 u. IV, 236 S.) Gütersloh, C. Bertelsmann. à Jahrg. n. 5. —; m. Beiblatt: Korrespondenzblatt des ev. Kirchengesangvereins f. Deutschland. à Jahrg. n.n. 6. —

Siona. Monatsschrift f. Liturgie u. Kirchenmusik. Zur Hebg. des kirchl. Gottesdienstes begründet m. L. Schoeberlein u. unter Mitwirkung v. Gelehrten u. Fachmännern hrsg. von Max Herold. 28.—31. Jahrg. 1903—1906. à 12 Nrn. (IV, 236; IV, 240; IV, 240 u. IV, 240 S. u. Musikbeilagen.) gr. 8. Gütersloh, C. Bertelsmann. à Jhrg. n. 5. —; m. Beiblatt: Korrespondenzbl. des Ev. Kirchengesangvereins f. Deutschland à Jhrg. n.n. 6. —

Siona. Monatsschrift f. Liturgie u. Kirchenmusik. Zur Hebg. des kirchl. Gottesdienstes begründet m. L. Schoeberlein u. unter Mitwirkg. v. Gelehrten u. Fachmännern hrsg. v. Max Herold. 32.—35. Jahrg. 1907—1910. à 12 Nrn. (à Jahrg. IV, 240 S. u. Musikbeilagen.) gr. 8. Gütersloh, C. Bertelsmann. à Jahrg. 5. —; m. Beiblatt: Korrespondenzblatt des ev. Kirchengesangvereins f. Deutschland nn 6. —

Siona, drei Brautgeschichten u. „Sonne, stehe still!" 4 Erzählgn. gr. 8. (V, 96 S.) Kissingen 894. (F. Weinberger.) n. 1. —

Siona, s. Gleichnisse, die sieben, des Herrn.

Siona, das deutsche Poem. 12. (8 S.) Kissingen 896. (F. Weinberger.) — 50

Siona, s. Reichsplan, der, Gottes mit den Menschen.

— s.: Schloß, das versunkene, im Pipurger See.

— s.: Wege Gottes.

Sionio der Greis des Gebirges. Eine abentheuerliche Geschichte . . . Leipzig 1812. 2. Aufl. 1813. V: *Kerndörffer, Hnr. August.* (MGT) (Ky) (GGr) »1802« (NN)

Sionio, der Greis des Gebirges; eine abenteuerl. Geschichte, vom Verf. des Lorenzo, mit K. 2 Bde. 8. Leipz. H. Richter. 812.

Sionio, der Greis des Gebürges. 2 Thle. 8. Leipzig, Richter. 813. (Lauffer.)

Sionsgrüße. Eine Auswahl altchristlicher Hymnen und Lieder aus dem Latein. übers. von Heinr. Stadelmann. Halle 864. Buchhdlg. des Waisenhauses. 16. (VI, 74 S.) n. 10 ngr.

Sionsharfe. Monatsblätter für katholische Poesie. Redact.: J. M. Schleyer. 1.—4. Jahrg. Juli 1876—Juni 1880. à Jahrg. 12 Nrn. (à ½—¾ Bog.) gr. 8. Sigmaringen, (Tappen.) à Jahrg. *

Sionsharfe, deutsche. Von Carl Simrock. 16. (VIII und 283 S.) Elberfeld 857, Friderichs.

Sionsharfe, neue. Red.: Grunau-Görres. Jahrg. 1886. 12 Nrn. (B.) 4. Ueberlingen, (Schoy). n. 3. —

Sior, Ludwig [app. Arzt]: Hypertrophische Lebercirrhose. . . . München, Buchdr. v. M. Ernst, 1888; 32 S. 8°
München, Med. Fak., Inaug.-Diss. v. 1889

Sjöstedt, Bror Yngve, s. Sjöstedt, Yngve

Sjöstedt, Yngve: Locustodeen aus Kamerun u. Kongo von Dr. –. Mit 4 Taf. Stockholm 1902: P. A. Norstedt & Söner. (45 S.) 8°
Beiträge z. Kenntnis d. Insektenfauna v. Kamerun. No 8.
Handlingar, Svenska Vetenskaps-Akademiens. Bihang. Bd 27, Afd. 4, No 3.

Über das alte Männchen des macroglossen Chiropters Megaloglossus Woermanni Pagenstecher v. Yngve Sjöstedt. M. 1 Taf. *Stockholm: Boktr. P. A. Norstedt & söner 1895.* (7 S., 1 Taf.) 8.
= Bihang till K. Svenska Vet.-Akad. Handlingar. Bd 21. Afd. IV. No 1.
[97. 3655

Sjöstedt, Bror Yngve, Zur Ornithologie Kameruns nebst einigen Angaben über die Säugetiere des Landes. Stockholm 1896. 4:o. 1 bl., 120 s., 10 pl. (Ur: K. Sv. Vet. Akad:s Handl. Bd 27.)
Diss. Upsal. phil.

Zur Ornithologie Kameruns nebst einigen Angaben üb. die Säugetiere d. Landes v. Yngve Sjöstedt. M. 10 kolor. Taf. . . . *Stockholm: Boktr. P. A. Norstedt & söner 1895.* (120 S., 10 Taf.) 4.
= Handlingar, K. Svenska Vetenskaps-Akademiens. N.F. Bd 27. No 1.
[97. 1351

Sjöstedt, Yngve: Reptilien aus Kamerun, West-Afrika. Von –. M. 3 Taf. Stockholm: Kgl. Boktr. P. A. Norstedt & söner 1897. (35 S., 1 kl. Bl., 3 Taf.) 8⁰
Bihang till K. Svenska Vet.-Akad. Handlingar. Bd 23. Afd. IV. No 2.

Sjöstedt, Yngve: Säugetiere aus Kamerun, West-Afrika. Von Dr. –. M 1. Taf. ... Stockholm: Kgl. Bogtr. P. A. Norstedt & söner 1897. (50 S., 1 Taf.) 8⁰
Bihang till K. Svenska Vet.-Akad. Handlingar. Bd 23. Afd. IV. No 1.

Sjösteen, Gust., das moderne Belgien. Mit 148 Illustr. u. 19 Vollbildern. (V, 402 S.) Lex. 8. Berlin 908. 09. Wilmersdorf, H. Paetel. 10.—; geb. 11.—

Sjöstrand, J. A., Periclis oratio funebris. (Thuc. II, 35—46) L. Latine redd. et annot. instr. Diss. 1872. 36 S.

Sjöstrand, Nils

—— Loci nonnulli grammaticae latinae examinati. Ed. II. auctior emendatior. gr. 8. (29 S.) Ebd. 892. * — 80

— in Syntaxin Draegerianam notationes nonnullae. gr. 8. (40 S.) Ebd. 892. n. 1. -

Sjöstrand, Nils, de futuri infinitivi usu Latinorum quaestiones duae. gr. 8 (55 S.) Lund 892. Hj. Möller's Univ.-Buchh. n. 1. 10

—— Quibus temporibus modisque quamvis, nescio an, forsitan, similes voces utantur? gr. 8. (IV, 42 S.) Ebd. 891. * — 80

Sjöstrand, N., De oratorum Atticorum in oratione obliqua temporum et modorum usu. Diss. 1889. 108 S. 4⁰. 2.—

Sjöstrand, Nils, de perfecti et plusquamperfecti usu coniugationis periphrasticae Latinorum. [Aus: „Acta univ. Lund."] gr. 4. (37 S.) Lund 892. Hj. Möller's Univ.-Buchh. n. 1. 40

—— De vi et usu supini secundi Latinorum. gr. 8. (III, 54 S.) Ebd. 891. * 1 10

Der Hypnotismus '(Suggestions-Therapie)' und der sogenannte Heil-Magnetismus. Von Dr. med. Axel **Sjöström** in Köln a. Rh. *Köln: Hübscher & Teufel [1897].* (1 Bl., 23 S.) 1 Bd 8. [98. 9173 Bo

Sjöström (O.). Die chemische Untersuchung der Meteoreisen. (Sep.-Abdr. a. d. Mitt. d. naturw. Ver. für Neu-Vorpommern und Rügen. 30. Jahrg. 1898.) 8.

Sioux City Courier: 1870—1918?
Weekly. Democratic, 1880—95; Independent Democratic, 1896—1918. Circulation: 1880, 770; 1890, 1000; 1900, 1400; 1910, 1550; 1915, 1550. Edited & published by Wetter & Danquard, 1870—76?; by Hermann Schorning, 1877?—78; by F. Barth, 1878—85; by C. Ranke, 1886; edited by E. Landmann, 1888—89; by August Hilmer, 1890; published by Mrs. Frederick Barth, 1886—90; edited & published by William Nieper, 1891; edited by A. C. Lutze, & published by Courier Publishing Co., 1892—95; edited & published by A. C. Lutze, 1896—1918.
Sioux City, IA

Unterhaltungsblätter zum Sioux City Courier. Sioux City, IA
GyAIZ: 2. 9. VII. 1886; 10. IX. 1886. 13 issues undated.

Sioux City Volksfreund: May 7, 1885—1936?
Weekly; published in English and German, 1935—36. Democratic, 1886—1923; Independent, 1924—36. Circulation: 1890, 1200; 1900, 1450; 1910, 1630; 1914, *1627*; 1920, 1200; 1930, 1500. Edited & published by Oscar Arthur Hoffmann, 1885—1936.
Sioux City, IA

Sipek, s.: Balás v. Sipok.

Sipma, P.: Entwurf einer einheitlichen Rechtschreibung sämtlicher Inselnordfriesischen Mundarten, zum Zwecke e. gemeinsamen Schriftsprache f. dieselben, soviel wie möglich in Uebereinstimmung mit d. Mungardschen Wörterbuche von –. Warffum (1908). 2 Bl. 4⁰ [Kopft.]

Sipman, Angelus Conrad Daniel (Camerae imp. practicus)
Commentatio juris naturalis de testamento in statu naturali valido, quod ex genuinis jurisprudentiae naturalis principiis deducit.
Wetzlariae 1754: Winckler. 40 S. 4⁰

Globus-Karte. Weltkarte in Teilkarten in einheitlichem Flächenmassst. mit e. Statist. Tab. d. selbständ. Staaten u. d. deutschen Kolonien entworfen u. hrsg. von [Friedrich] **Sipman**, Hauptm. (Massst. f. d. Parallelkreise u. d. gradlinigen Meridiane: 1 : 74,000,000.) Berlin: D. Reimer 1907. (2 Bl. Tab., 1 Kartenbl. Blattgr. 70×58 cm.) 4⁰ [Umschlagt. lith.] [kol.] [07. 1740

Sipmann, Aug. Conr. Dan., systema iurisdict. supremae cameralis. 8. Frcf. Brönner, 758.

Sipmann, G.

— Köpfe aus Münchner Kunstwerken, als Anhang zur allgemeinen Zeichnungs-Schule. Heft 1. Roy.-Fol. (12 sauber lith. Blätter.) Ebend. 842. n. 2⅚ ₰

Sipmann, G., allgem. Zeichnungsschule. Lith. v. Freymann u. a. I—III. Hft. Roy.-Fol. (Bl. 1—60. u. 4 Bl. Text.) München 839—41, Literar.-artist. Anstalt. à H. *

SIPOECZ, Ludwig: Zehn kleine gedr. Abhandlungen aus dem Gebiete der Mineralchemie. — 1880. Getr. Pag. Diss. Graz, Univ.

Sipöcz, L., Beitrag zur Kenntniss des Zoisits, s. Tschermak, K.

Sipöcz, L., über die Bestimmung des Wassers in Silicaten durch Aufschliessung mit kohlensaurem Alkali. [Mitgetheilt aus dem Laboratorium für angewandte medicin. Chemie des Prof. E. Ludwig in Wien. Lex.-8. (12 S.) Wien 877, (Gerold's Sohn.) **
Aus: Sitzungsberichte der k. Akademie der Wissenschaften, besonders abgedruckt.

—— die Clintonitgruppe, s. Tschermak, G.

Sipp, Karl, Central-Sudan. Ein Vortrag. 8. (15 S.) Meissen 888, Schlimpert.

SIPOS, STEFAN: Über Bedeutung und Nutzen des Anschauungsunterrichts für die katholische Religionslehre. Wien 1903. Theol. Diss. Handschr. 39 f. - 8⁰

Sippel, s.: Verhandlungsbericht der mittelrheinischen Gesellschaft f. Geburtshülfe u. Gynaekologie.

Sippel, Alb., über Eklampsie u. die Bedeutung der Harnleiterkompression, s.a. **Sammlung zwangl. Abhandlgn. aus d. Gebiete d. Frauenheilkunde u. Geburtshilfe. IV. 8a.**

Sippel, Albert: Ueber Eklampsie und die Bedeutung der Harnleiterkompression. Von –. Halle a. S.: C. Marhold 1902. (23 S.) 8⁰
Sammlung zwangloser Abhandlungen aus d. Geb. d. Frauenheilkunde u. Geburtshilfe. Bd 4, H. 8, 1.

Sippel, Alb., zur Hebammenfrage. Vortrag, geh. am 6. II. 1899 im ärztl. Verein zu Frankfurt a/M. gr. 8. (12 S.) Frankfurt a/M. 899. J. Alt n. — 50

— die Kastration bei Myom, s.a. Sammlung klin. Vorträge.

Sippel, Albert: Die Kastration bei Myom von –. Leipzig: Breitkopf & Härtel 1899. (17 S.) 8⁰
Sammlung klinischer Vorträge. N.F. No 259.

Sippel, Fridolin, aus Braidbach: Die Stadt Würzburg im Bauernkriege. Eine Studie zur Geschichte d. Bauernkrieges in Franken. Würzburg 1903: C. J. Becker. (76 S.) 8⁰
Würzburg, Phil. Diss. v. 1903.

Sippel, Fritz, über die **Berechtigung** der Vernichtung des kindlichen Lebens zur Rettung der Mutter vom geburtshilflichen, gerichtlich-medizinischen und ethischen Standpunkt. Gekrönte Preisschrift. gr. 8. (III, 223 S.) Tübingen 902. F. Pietzcker. n. 6. —

Sippel, Fritz, approb. Arzt aus Stuttgart: Aus d. Tübinger Universitäts-Augenklinik. Georg Friedrich S i g w a r t . Eine biographisch-hist. Skizze. Tübingen: F. Pietzeker 1900. (26 S.) 8°
Tübingen, Med. Diss. v. 1900.

Sippel, G. W., Theorie der Parallelen. gr. 8. (II und 29 S. mit 2 Stnt. in 4.) Marburg 855, Elwert'sche Universitäts-Buchh.

Sippel, Georg, approb. Arzt aus Stuttgart: Über ein eigentümliches Carcinom des Uterus, der linken Tube und des rechten Parametriums. *Tübingen: F. Pietzcker 1900.* (24 S.) 8°
Tübingen, Med. Diss. v. 1900

Sippel, Heinr., Beiträge zur medizinischen Statistik der Stadt Bamberg f. die J. 1883 u. 1884 m. besond. Berücksicht. d. Jahrfünfts 1880—1884. gr. 8. (V, 96 S. m. Tab. u. 6 Taf.) Bamberg 885. (Hübscher.) n. 2. —

Sippel, Otto: Zur A e t i o l o g i e der Exostosen und Oesteome am Schädel. Würzburg 1909: Verlagsdr. 31 S. 8°
Würzburg, Med. Diss. v. 4. Sept. 1909, Ref. Rieger.
[Geb. 8. April 84 Würzburg; Wohnort: Würzburg; Staatsangeh.: Bayern; Vorbildung: Gymn. Würzburg Reife Juli 02; Studium: Berlin 1, Würzburg 9 S.; Coll. 12. Mai 09; Approb. 17. März 09.]

Sippel, Paul, appr. Arzt: Das T r a c h o m und seine Verbreitung in Hessen und Waldeck auf Grund des Materials der Marburger Augenklinik. 1. April 1904 bis 31. März 1909. Marburg 1909: Hamel. 29 S. 8°
Marburg, Med. Diss. v. 6. April 1910, Ref. Bach.
[Geb. 3. Juli 82 Frankfurt a. M.; Wohnort: Frankfurt; Staatsangeh. Preußen; Vorbildung: Gymn. Dillenburg Reife O. 02; Studium: Marburg 1, München 1, Marburg 5, Freiburg i. B. 3, Marburg 3 S.; Coll. 24. Juli 09; Approb. 3. März 10.]

Sippel, Wilhelm, a. Zell: Das Munddach der Vögel und Säuger. Leipzig 1907: W. Engelmann. (37 S.) 8° ¶ (Aus: Morphol. Jahrbuch Bd 37 H. 2 u. 3.)
Erlangen, Phil. Fak., Ref. Fleischmann-Solereder, Diss. v. 28. Okt. 1907
[Geb. 17. März 69 Zell; Wohnort: München; Staatsangeh.: Bayern; Vorbildung: Ludwigs-Gymn. München Reife f. 3. Klasse 87; Studium: Tierärztl. Hochsch. München 7, Univ. Erlangen 3 S.; Rig. 22. Mai 06.]

Sippell, Sooden a. d. Werra u. seine heilkräftigen Soolbäder. Nebst e. Führer durch Soodens Umgebg. v. A v e n a r i u s. Mit 2 Karten u. 7 Illustr. 12. (76 S.) Sooden 886. (Colle, Schulze.) n. 1. —

Sippell, Carl, s. S i p p e l l , Karl

Sippell, G. Wilhelm

— ist eine Vereinigung u. Wiedervereinigung aller Völker d. Erde in eine christl. Gemeinschaft zu hoffen, und unter welcher Bedingung? Ein Wort des Friedens u. der Versöhnung in d. Streite über die Verpflichtung der Prediger auf d. symbolischen Bücher. Zum Anhange zwei Predigten über Luk. 15, 11—24. 8. Ebd. 840. 1/6 ℛ
vgl. Sippell S. Wilhelm

Sippell, G. Wilh., der verlorne Sohn, oder d. Gang zur Sünde u. die Rückkehr zu Gott. 2 Predigten ꝛc. 8. Fulda 840. Müller'sche Buchh. 1/8 ℛ

Sippell, Karl

Sippell, Carl, Johann Georg Estor, Kanzler der Universität Marburg. Zur Erneuerg. seines Gedächtnisses bei der 100jähr. Wiederkehr seines Todestages. Mit e. Anh. enth.: rechtsgeschichtl. Mittheilgn. u. Idiotismen aus Estor's Heimat. [Ein Supplement zu Vilmars Idiotikon.] gr. 8. (IV, 32 S.) Marburg 874. Braun n. — 60

Sippell, S. Wilh., ist eine Vereinigung u. Wiedervereinigung aller Völker d. Erde in Eine christl. Gemeinschaft zu hoffen, u. unt. welcher Bedingung? Ein Wort d. Friedens u. d. Versöhn. in d. Streite üb. d. Verpflichtung d. Prediger auf d. symbol. Bücher. Zum Anh. zwei Pred. üb. Luk. 15, 11—24. 8. (4 B.) Fulda 840, Müller'sche Buchh.
vgl. Sippell, G. Wilh.

Sippmann, Aug. Konr. Dn., († 1799.) systema jurisdictionis supremae in Imperio R. G., praecipue illius, quae a Camerae Imp. Judicio exercetur. 8. Frankf. a. M. 758. Brönner. 8 ℛ

Sippschaft, kleine. Ein neues Bilderbuch f. die lieben Kleinen. (Mit 16 Buntbildern u. Text in Versen für Kinder im Alter von 3—6 Jahren.) (16 Bl.) 17,5×23 cm. gr. 8. Stuttgart (909). Loewe. Geb. 1.50; unzerreißbare Ausg., geb. 2.50; als Leporello-Album 2.50

Sippurim. Sammlung jüd. Volkssagen ꝛc., s. a. U n i v e r s a l - B i b l i o t h e k, jüdische.

Sippurim, eine Sammlung jüdischer Volkssagen, Mythen, Legenden, Chroniken, Denkwürdigkeiten u. Biographien berühmter Juden aller Jahrhunderte, insbesondere des Mittelalters. Unter Mitwirkung rühmlichst bekannter Schriftsteller red. von W i l h. W i e n e r. 1. Bd. 5—7. Lfg. gr. 8. (S. 129—224 m. 1 lith. Portr.) Prag 848. 49. (Leipzig, C. L. Fritzsche.) à n. 3 ngr (1—4. Hft. siehe: G a l l e r i e der Sipurim.)

—— dass. — Hrsg. von Dems. 3 Samml. 8 Lfgn. gr. 8. (256 S.) Ebds. 854—55. **

Sippurim ꝛc., herausg. von W. P a s c h e l e s, s. a. P a s c h e l e s.

Sippurim, eine Sammlung jüdischer Volkssagen, Erzählungen, Mythen, Chroniken, Denkwürdigkeiten und Biographien berühmter Juden aller Jahrhunderte, insbesondere des Mittelalters. Unter Mitwirkung rühmlichst bekannter Schriftsteller hrsg. von Wolf Pascheles. 2. Sammlung. 8 Lfgn. gr. 8. (253 S.) Prag 855. (Leipzig, Hunger.) ** — 24

Sippurim. Eine Sammlung jüdischer Volkssagen, Legenden, Chroniken, Denkwürdigkeiten und Biographien berühmter Juden aller Jahrhunderte, insbesondere des Mittelalters. Unter Mitwirkung rühmlichst bekannter Schriftsteller, herausgegeben von Wolf Pascheles. Prag. 8. Druck von J. M. Landau. (Zwanglos.) 1855.

Sippurim; eine Sammlung jüdischer Volkssagen, Erzählungen, Mythen, Chroniken, Denkwürdigkeiten und Biographien berühmter Juden aller Jahrhunderte, besonders des Mittelalters. Unter Mitwirkung rühmlichst bekannter Schriftsteller hrsg. von Wolf Pascheles. 4. Sammlung. 15 Lfgn. Lex.-8. (IV und 364 S.) Prag 857. 58. (Leipzig, C. L. Fritzsche.) à Lfg. * 3 Ngr. *
1. Samml. (7 Lfgn.) und 2. und 3. Samml. à 8 Lfgn. Ebendas. 1847—55. (Leipzig, Hunger.) * 2 Thlr. 9 Ngr.

—— dass. — hrsg. von Demselben. 1. Sammlung. 3. Aufl. Lex.-8. (224 S.) Prag 858. Leipzig, Hunger. **.

Sippurim. Eine Sammlung jüdischer Volkssagen, Erzählungen, Mythen, Chroniken, Denkwürdigkeiten u. Biographien berühmter Juden aller Jahrhunderte, insbesond. des Mittelalters. Unter Mitwirkung rühmlichst bekannter Schriftsteller herg. von Wolf Pascheles. 1—3. Sammlung. Wien 864. Herzfeld & Bauer. 8. (224 S., 252 S. u. 254 S.) Jede Sammlung n. 1 ℛ
— — 4. Sammlung. Ebend. 864. 8. (IV, 360 S.) n. 1 ℛ 16 ngr.
Die 1—4. Sammlung zusammengenommen n. 2 ℛ 16 ngr.
— — 5. Sammlung. 12 Hefte. Ebend. 864. 8. Jedes Heft n. 4 ngr.

Sippurim. Sammlung jüdischer Volkssagen, Erzählungen, Mythen, Chroniken, Denkwürdigkeiten u. Biographien berühmter Juden aller Jahrhunderte, besonders des Mittelalters. 5 Bde. 6. Aufl. gr. 8. (224, 253, 254, 362 u. 383 S.) Prag 883. Brandeis. n. 10. —

Sippurim. Ghettosagen, jüd. Mythen u. Legenden. Volksausg. Hrsg., rev. u. geordnet v. J. Brandeis. 8. (IV, 467 S.) Prag 888. Brandeis. n. 2. 50; geb. n. 3. 50

Sippurim. Ghettosagen, jüd. Mythen u. Legenden. Volksausg. Hrsg., rev. u. geordnet v. J. Brandeis. 3. Aufl. (IV, 465 S.) 8. Prag 909. J. B. Brandeis. 2.50; geb. in Leinw. n 3. 50

Siquet, Eduard [Referendar zu Strassburg i. E.]: Die Liquidation der offenen Handelsgesellschaft ... Strassburg i. E., Buchdr. C. & J. Gœller, 1896; 1 Bl., 94 S. 8.
Strassburg, Rechts- u. staatswiss. Fak., Inaug.-Diss. v. 1896

Siquet, Ed., die Liquidation der offenen Handelsgesellschaft. gr. 8. (94 S.) Strassburg 896. Schlesier & Schweikhardt. n. 1. —

Sir, Unsere Forderungen an die moderne Gesellschaft. Populäre Vorträge. 8°. Zürich 1894.

Sirach

— vergl. Syrach.

Sirach oder ein Wort der Wahrheit über die Frage: Haben die französischen Direktoren oder der Kaiser den Frieden Deutschlands gehindert? Deutschland [Kempten] 1799. V: *Weissegger von Weissenegg, Joseph Maria.* (Kn) (MGT)

— u. d. König Salomo. Ein Spiegel für alle Stände, f. Christen, Juden u. Heiden. Oder Stimmen aus d. Morgenlande f. alle Zeiten u. Völker. 8. Kreuznach 829. Kehr. 8 gr.

Sirach der Sohn, Weltbürger, an Deutschlands Reichsversammlung. A. d. Franz. Sarmatien 1795. V: *Piattoli, Scip. de.* . (Wr)

Sirach, Jesus, s. Jesus.

Siracidis alphabetum utrumque, cum expositione antiquâ [narrationes et fabulas continente]. In integrum restitutum et emendatum e cod. m.-s. biblioth. Leydensis a M. Steinschneider. Berlin 858. (Asher & Co.) 16. (VI, 73 S.) n. 10 ngr.

— des Sohns, Denksprüche, übers. von Zange. 8. Arnst. 797. (Keyser in Erfurt). 8 gr.

— — dasselbe, e. and. Uebers., s. Linde.

— — dass. deutsch u. wendisch übers. 8. Bautzen. 719. — 5

— Denksprüche, ein Lehr- u. Lesebuch für Leser aus allen Ständen, besond. f. Schulen. Aufs neue übersetzt u. mit erklär. Anmerkk. begleitet, v. F. C. Zange. N. Ausg. Auch mit d. Umschlagstitel: Taschenbuch moral. Lebensweisheit rc. 8. Arnst. 827. Mirus. 6 gr.

— Jesu, sententiae, graece, ad fidem codicum et versione emend. et illustr. Jh. Wilh. Linde. 8. Danzig 795. Troschel. 18 gr.

— Ben Sira. Sirach aus d. Syrischen ins Hebr. u. Deutsche übersetzt, nebst e. hebr. Commentar v. J. L. Bensew. 8. Berl. 798. 2e A. Wien 807.

Sirach. Das Buch des gefeierten Weisen in metrischen Formen. Ein Fest- und Weihgeschenk für Jung und Alt. 16. (XVI und 223 S. mit 1 Stahlst.) Leipzig 851 (52,) Baumgärtners Buchh.

Sirach. Das Buch des gefeierten Weisen in metrischen Formen. Ein Fest- und Weihgeschenk ... Leipzig 1852. H: *Oelckers, Theodor.* (Zu)

Sirach, Buch. Aus der Vulgata übers. u. m. Anmerkgn. versehen v. Wilh. Müller. (VIII, 216 S.) 16. Regensburg 906. Verlagsanstalt vorm. G. J. Manz. n. — 60; geb. in Leinw. n. 1. — ; in Ldr. m. Goldschn. n.n. 1. 80

– Jesus Sirach.

— das Buch; mit Vorr. u. Anmerkk. z. Gebr. d. kleinen Schulen hrsgg. v. J. K. Koken. 12. Hildesh. 756.

Sirach, das Buch Jesus, z. Gebrauch d. Schulen. 8. Braunschweig 804. Schulbuchhandl. 2 gr.

— das Buch Jesus, ins Deutsche übers. v. Dr. M. Luther. 12. Leipz. 815. Dürr. Mit Anmerkk. aufs Neue herausgg. 12. Ebd. 816. 2 gr.

— Jesus, zum Vorlesen, s. Bücher d. heil. Schrift.

Sirach, (Jesus.) Zum Vorlesen u. z. häuslichen Erbauung bearbeitet. A. u. d. T.: die Bücher d. heil. Schrift bearbeitet, f. Kirche, Schule u. Haus. Altes Test. 2r Thl. gr. 8. Leipzig 827, Barth.
(Der 1e Thl. erschien 1816 unter d. T.: Salomo's Sprüche rc.)

Sirach, Jesus. Ein Volksbuch für Jedermann. gr. 12. Leipzig 844, W. Vogel. 1/6 ℛ

— Jesus, f. Kinder, neu übers. v. Jak. Fr. Feddersen. Mit ill. Kpf. 8. Nürnb. 786. Schneider u. W. 8 gr.

— der neue Jesus, ein Buch d. Weisheit in Lehren rc. 8. Leipz. 798. Weygand. 10 gr.

Siracidae liber, gr., ad fid. cod. et vers. emend. et perpet. annotat. illustr. K. G. Bretschneider. 8maj. Regensb. 806. Montag u. W. 4 ℛ

— des Sohnes, Sittenlehre, neu übers., mit erläut. u. krit. Anmerkk. herausgg. v. Jh. W. Linde u. mit e. Abhandl. üb. die Moral rc. begleitet (v. A. H. Niemeyer). 8. Leipz. 782. 2e A. 795. Weidmann. 16 gr.

Sirach, Sittenlehrer f. d. mittl. Jugendalter, s. **Schwarz** Erdenglück.

— Sittensprüche, f. Kinder, mit Bild. 8. Nürnb, 784. Schneider u. W, 8 gr

— die Weisheit; aus d. Griech. mit Anmerkk. v. A. J. Onymus. 2 Thle. 8. Würzb. 786, 88. Stahel. 1 rthl 20 gr

Jesus Sirach: Kritik über die Städte-Ordnung. E. Nachtr. zu Perschke's Metakritik der Städte-Ordnung. Leipzig 1829.

Sirachs, des alten Meister, kurzer Lebensweg, für's Christenvolk im Reigen der kleinen Propheten und was derselbe noch zur Harfe spielt; ihm abgelauscht von einem seiner Gesellen. Stendal 857. Franzen u. Große in Comm. 16. (92 S.) n. 8 ngr

Siraud, M., praktisch Französisch, s.: **Diete**, Paul.

Sirano, Paul, Cesare **Borgia**. Trauerspiel in 5 Aufzügen. gr. 8. (91 S.) Danzig 875. Saunier in Comm. n. 2. —

Sirano, Paul, Darnley. Trauerspiel in 5 Aufzügen. 8. (103 S.) Trier 870, Lintz' Verlag. *

—— Clémence v. Montbard, s. **Reiselectüre.**

Siraudin et **Thiboust**, les femmes, qui pleurent. Comédie en 1 acte en prose. Berlin 859. Lassar. 16. (2 Bl., 31 S.) n. 5 ngr

Siraudin. Drei Frauenhüte, s. **Universal-Bibliothek** Nr. 2755.

Siraudin, le mobilier de Rosine, s.: **Répertoire** du théâtre Français. Nr. 379.

Siraudin et Dumanoir, la Vendetta, s. **Omnibus**. — **Théâtre français.**

Siraudin, vier Uhr Morgens, s.: **Universal-Bibliothek.**

Siraudin, wenn Frauen weinen, s. **Universal-Bibliothek.**

Sirbu Johann: Mateiu Voda Basarabas auswärtige Beziehungen. 1632—1654.
1896 PN 970 Diss. Wien, Univ. 779

Sirbu, Ion, Mateiŭ-Vodă Băsărabăs auswärtige Beziehungen. 1682—1654. (Zur Geschichte des europ. Orients.) gr. 8. (XI, 356 S.) Leipzig 899. [W. Friedrich.] W. Altmann. n. 12. —

Sirch, Meinrad, Prof.: Die Quellen des Palladius in seinem Werke über die Landwirtschaft. Freising 1904: A. Fellerers Wtw. (55 S.) 8°
Freising, k. humanist. G P 1904*

Sire rassurez-nous. Réponse à l'Empereur Napoléon III. Leipzig 859. Gerhard. gr. 8. (12 S.) n. 5 ngr

Širê šachar leîs aškenazi ŏšer šâr libnê jisraêl. Berlin 1847. V: *Schlottmann, Constantin.* (ADB)

[Hebr. u. Ant.] **Širê** Şijjôn. Jüdisches Liederbuch. Deutsch-Polnisch-Jargon-Hebräisch. 2. vergrösserte Aufl. Nadwórna: 'Zion' 1906. (107 S.) 8°
(Jüdische Volksbüchlein. No 3.) [of. 13450]

Širê Tepheret. Berlin 1788. V: *Wessely, Naphtali Hartwig.* (MGT)

Sirelius, U. T., die Handarbeiten der Ostjaken u. Wogulen. (75 S. m. Abbildgn.) gr. 8. Helsingfors 903. (Leipzig, O. Harrassowitz.) n.n. 2. —
Sonderabdruck aus: „Journal de la société finno-ougrienne".

— **Ornamente** auf Birkenrinde u. Fell bei den Ostjaken u. Wogulen. (In finn u. deutscher Sprache.) (49 [1 farb.] Taf. m. XVI S. illustr. Text.) Fol. Helsingissä 904. (Leipzig, O. Harrassowitz.) n.n. 8. —

— üb. die **Sperrfischerei** bei den finnisch-ugrischen Völkern. Eine vergleich. ethnograph. Untersuchung. (IV, 486 S. m. 607 Fig.) 4. Helsingfors 906. (Leipzig, O. Harrassowitz.) n.n. 24. —
Sonderabdruck aus: „Matériaux et recherches ethnogr. de la société finno-ougrienne".

Sirén, Oswald, Giottino u. seine Stellung in der gleichzeitigen florentinischen Malerei, s.a. **Studien**, kunstwissenschaftliche. I.

Giottino und seine Stellung in der gleichzeitigen Florentinischen Malerei. Von Osvald **Sirén**. Leipzig: Klinkhardt & Biermann 1908. (108 S., 26 Taf.) 8°
— **Studien**, Kunstwissenschaftliche. Bd 1. [c8. 10657]

Sirén, Osvald, Don Lorenzo Monaco, s.a. **Zur** Kunstgeschichte des Auslandes. 33. Hft.

Don Lorenzo Monaco von Osvald **Sirén**. Mit 54 Lichtdrucktaf. Straßburg: J. H. E. Heitz 1905. (198 S.) 4°(8°)
— **Kunstgeschichte**, Zur, d. Auslandes. H. 33. [o5. 5639]

Siret, élémens de la langue angloise. gr. 8. Hamb. Fauche. 796.

— — le même. 12. Berne. Soc. Typ.

Siret, Ad., dictionnaire historique des peintres de toutes les écoles, depuis l'origine de la peinture jusqu'à nos jours; précédé d'une introduction cont.: l'abrégé de l'histoire de la peinture, singularité artist. etc. 1. Livr. gr. 4. Bruxelles et Leipzig 846, Muquardt. (à) n. 1 rthl

Siret, Adolphe, dictionnaire historique des peintres de toutes les écoles depuis les temps les plus reculés jusqu'à nos jours. Précédé d'un abrégé de l'histoire de la peinture, suivi de la nomenclature des peintres modernes, et d'une collection complète des monogrammes. Livr. 2—6. gr. 4. (XII S. u. S. 89—527 m. 5 lith. Taf.) Bruxelles 846—48, Muquardt. à n. 1 rthl (6 livrs. cmpl. n. 6 rthl)

Sirey, siehe: **Codes**, les, annotés.

Siri Brahe; oder d. Neugierigen. Schausp. v. Gustav III. König v. Schweden, a. d. Schw. gr. 8. Berl. Unger. 794.
Schreibp.
Velinpap.

Siri-Normann, das Meergold. (119 S.) kl. 8. Metz 905. R. Lupus. Geb. in Leinw. n. 1. 80

(B) **Siri-Normann**, d. Meergold. 905. (KVL 34.)
Aus dem Buchhandel zurückgezogen.

Siricius, Gustav Adolph (Güstrow) A. S. 1177/12

Dissertatio inauguralis medica de angina.
Präs. Johann Gerdes. Rec.
Frankfurt/O. (Zeitler) 1706. 31 S.

Diss. Greifswald 12. I. 1700.
Gew.: Johann Ernst Schaper.
W. v.: Thomas von Quicmann, Benedikt Ludwig von Quicmann, Nikolaus Dassov, Heinrich Rhode.
32714

Siricius, Gustav Adolph (Güstrow) A. S. 1191/1

Dissertatio de emeticis antimonialibus.
Präs. Johann Ernst Schaper.
Rostock (Weppling) 29. III. 1713. 18 Bl.

W. v.: Jo. Fecht, Präs., Jakob Bartholomaei.
32713

Johann Siricius
Joannis Siricii [Siricius] Kurtze Beantwortung derer von Dr. W[ilhelm] U[lrich] W[aldschmidt] Prof. med. sehr ungereimten, nichtswürdigen und injurieusen Imputationen, wider seine hrsg. Beschreibung derer im Gottorpschen Garten verwichenes Jahr 1705 blühenden Aloen... (Kiel) 1706. 68 S. 8°

Historische, physische und medicinische Beschreibung derer im hoch-fürstlichen Gottorpischen prächtigen Garten, das neue-Werck genent, dreyen sehr rar blühenden Aloen... mit Beyfügung einer kurtzen Beschreibung der... yucca gloriosa. Von Joanne Siricio [Siricius]. Schleßwig 1705: Holwein. 64 S. 8°

Sirindor, Jul., romant. Sagen aus d. Vorzeit, s.a. Sagen.

SIRINDOR, Julius (ps.), Romantische Sagen aus der Vorzeit. 1826.

— — Dasselbe. 1828.
Weller, Lex. Ps. p. 527.

Sirisa, vollständ. Charakteristik d. Gartennelke od. Grasblume, Dianthus caryophyllus hortensis genannt. Nebst Vorschlägen z. e. verbesserten Systeme u. zweckmässigeren Benennungen. Hrsg. v. Karl Jos. Hübner. 1. Hft. Mit ill. Kpf. gr. 8. Reichenbach, 1804. (Breslau, Korn.) — 25

Sirisa, Polens Ende, histor.-statist.-geograph. Beschreib. Mit 4 Kpf. u. 1 Karte. gr. 8. Leipz. 797. Dyck. 2 ℛ 12 g Schrbp. 3 ℛ

Sirisa. Polens Ende (548.) 8. m. K. Warschau, 1797. 7 50

Sirisa, s.a. Polens Ende.

Sirius, od. Schwärmereien durch die Thäler der Jugend. 8. Hamb., (Herold jun.) 1 ℛ 18 g

— Schwärmereyen durch die Thäler der Jugend u. Amaranthenhaine d. Liebe, im Augustmonat d. Fantasie. 2 Thle. 8. Hamb. Vollmer. 802—3. 1 18

Sirius oder Schwärmereyen durch die Thäler der Jugend und Amaranthenhaine der Liebe im Augustmonat der Fantasie. Seitenstück zu Lindor und der Formona. Hamburg 1802—1863. V: *Arnold, Ignaz Ferdinand* (*Ferd. Theodor Cajetan*). (wolfstieg II, 884/5)

Sirius oder die Hundspost von Spandau nach Berlin. Osterholz [Berlin] 1808. V: *Dittmar, Sgm. Gfr.* (MGT) (Ky) (Wr)

Sirius, od. Hundspost v. Spandau nach Berlin, (von S. G. Dittmar). 2 Thle. 16. Osterholz 808. (Braunes in Berl.) 1 ℛ 18 g

Sirius. Zeitschrift für populäre Astronomie. Hrsg. von Rud. Falb. 1.—5. Jahrg. 1868—1872. à Jahrg. 26 Nrn. (à ½ Bog.) Mit Stnt. gr. 8. Graz, Verlag Leykam-Josefsthal. 1.—4. Jahrg. à *
5. Jahrg. *
— dass. — Hrsg. von Rud. Falb. 6. und 7. Bd. Jahrg. 1873 und 1874. à Jahrg. 12 Hefte. (à 1—2 Bog.) Mit Stnt. gr. 8. Graz, Cieslar. à Quartal *ℳ 3.; à Semester * à Jahrg. *

Sirius. Zeitschrift für populäre Astronomie. Hrsg. von Rud. Falb. 8.—10. Bd. oder Neue Folge 3.—5. Bd. 1875—1877. à Bd. 12 Hefte. (à 1—2 Bog. mit Stnt.) gr. 8. Graz, Cieslar. à Bd.
— dass. — Centralorgan für alle Freunde und Förderer der Himmelskunde. Hrsg. unter Mitwirkung hervorragender Fachmänner und astronom. Schriftsteller. Redact.: Herm. J. Klein. 11. und 12. Bd. oder Neue Folge 6. und 7. Bd. Jahrg. 1878 und 1879. à Jahrg. 12 Hefte. (à 1—1½ Bog. mit Stnt.) gr. 8. Leipzig, Scholtze. à Jahrg. *

Sirius. Zeitschrift für populäre Astronomie. Zentralorgan für alle Freunde und Förderer der Himmelskunde. Hrsg. unter Mitwirkung hervorragender Fachmänner und astronom. Schriftsteller von Herm. J. Klein. 13.—17. Bd. oder neue Folge 8.—12. Bd. Jahrg. 1880—1884. à Jahrg. 12 Hefte. (à Heft 1—1½ Bog. mit Taf.) gr. 8. Leipzig, Scholtze. à Jahrg. *

Sirius. Zeitschrift für populäre Astronomie. Zentralorgan für alle Freunde und Förderer der Himmelskunde. Hrsg. unter Mitwirkung hervorragender Fachmänner und astronom. Schriftsteller von Herm. J. Klein. 18.—21. Bd. oder Neue Folge 13.—16. Bd. Jahrg. 1885—1888. à Jahrg. 12 Hefte. (à Heft 1—1½ Bog. mit Taf.) gr. 8. Leipzig, Scholtze.
19. und 20. Bd. à *
20. und 21. Bd. à *

— dass. — General-Register. [Neue Folge.] I.—XV. Bd. [Jahrg. 1873—1887.] gr. 8. (32 S.) Ebendas. 888. *

Sirius. Zeitschrift f. populäre Astronomie. Zentralorgan für alle Freunde u. Förderer der Himmelskunde. Hrsg. v. Herm. J. Klein. 22.—25. Bd. od. neue Folge 17.—20. Bd. Jahrg. 1889—1892. à Jahrg. 12 Hefte. (à Heft 1—1½ Bog. m. Taf.) gr. 8. Lpz., Scholtze. à Jahrg. * 12 —

Sirius. Zeitschrift f. populäre Astronomie. Zentralorgan f. alle Freunde u. Förderer der Himmelskunde. Hrsg. unter Mitwirkg. hervorrag. Fachmänner u. astronom. Schriftsteller v. Herm. J. Klein. 24.—27. Bd. od. neue Folge 19.—22. Bd. Jahrg. 1891—1894. à 12 Hfte. (à ca. 2 Bog. m. Abbildgn.) gr. 8. Leipzig, K. Scholtze. à Jahrg. n. 12. —

Sirius. Zeitschrift f. populäre Astronomie. Zentralorgan f. alle Freunde u. Förderer d. Himmelskunde. Begründ. v. Rud. Falb. Hrsg. unt. Mitwirkg. hervorrag. Fachmänner u. astronom. Schriftsteller v. Herm. Klein. 28.-30. Bd. oder neue Folge 23.—25. Bd. Jahrg. 1895—1897. à 12 Hfte. (à ca. 24 S. m. Abb. u. Taf.) gr. 8. Leipzig, K. Scholtze.
à Jahrg. n. 12. —; einz. Hfte. n. 2. —

— dasselbe. 31. Bd. od. neue Folge 26. Bd. Jahrg. 1898. 12 Hfte. (à ca. 24 S. m. Abb. u. Taf.) gr. 8. Leipzig, E. H. Mayer. n. 12. —; einz. Hfte. n. 2. —

Sirius. **Zeitschrift f. populäre Astronomie.** Centralorgan f. alle Freunde u. Förderer der Himmelskunde. Hrsg. unter Mitwirkg. hervorrag. Fachmänner u. astronom. Schriftsteller v. Herm. J. Klein. 32.—35. Jahrg. 1899—1902. à 12 Hfte. gr. 8. (VII, 288; VII, 288; VII, 288 u. VIII, 288 S. m. Abbildgn. u. 12, bezw. 13, 17 u. 11 Taf.) Leipzig, E. H. Mayer. à Jahrg. n. 12. —

Sirius. Zeitschrift f. populäre Astronomie. Zentralorgan f. alle Freunde u. Förderer der Himmelskunde. Hrsg unter Mitwirkg. hervorrag. Fachmänner u. astronom. Schriftsteller von Herm. J. Klein. 36.—39. Jhrg. 1903—1906. à 12 Hefte. (à Jhrg. VII, 288 S. m. Abbildgn. u. 14, 16, 13 u. 13 Taf.) gr. 8. Leipzig, E. H. Mayer à Jhrg. n. 12. —

Sirius. Zeitschrift f. populäre Astronomie. Zentralorgan f. alle Freunde u. Förderer der Himmelskunde. Hrsg. unter Mitwirkg. hervorrag. Fachmänner u. astronom. Schriftsteller v. Herm. J. Klein. 40.—43. Bd. Jahrg. 1907—1910. à 12 Hefte. (à Jahrg. VII, 288 S. m. Abbildgn. u. je 13 Taf.) gr. 8. Leipzig, E. H. Mayer. à Jahrg. 12. —

Sirius, Peter

— 1001 Gedanken. 8. (VIII, 183 S.) München 899. C. Andelfinger & Co. Geb. in Leinw. n. 3. —

Sirius, Pet. (Otto Kimmig), Glocken u. Saiten. Ein lyr. Buch. (VII, 152 S.) 8. Karlsruhe (905). F. Gutsch. Kart. n. 2. 50; geb. n. 3. --

Sirius, Pet., kennst du das Land? Wander- u. Wundertage in Italien u. Sicilien. 2. [Titel-] Aufl. gr. 8. (XV, 372 S.) Zürich (896) 897. Th. Schröter. n. 4. —; geb. n. 6. —

eine Liebe. Buchschmuck v. Th. Walther. (83 S.) 8. Ebd. 904. Kart. n. 1. 50; geb. n. 2. —

Sirius-Schwärmereien durch die Thäler der Jugend und Amaranthenhaine der Liebe . . . Hamb. 1802—3. V: *Arnold, Ferdinand Theodor Cajetan.* (BGE)

Sirk, Hugo

Sirk, H., Beitrag zur Radioaktivität der Minerale, s.: Doelter, C.

Sirk H., Über die Beziehung zwischen mittlerer freier molekularer Weglänge und dem Brechungsexponenten eines Gases. S. 117. Ha. [illegible] . . . . K —.30
Separatabdruck

— Uber die Beziehung zwischen mittlerer freier molekularer Weglänge u. dem Brechungsexponenten e. Gases. (6 S.) gr. 8. Wien 908. A. Hölder. — 30

— Über den verschiedenen Einfluss der α-, β- u. γ-Strahlen auf die Farben fester Körper, s.: Doelter, C.

— [illegible] Mitteilungen aus dem Institut für Radiumforschung. 10. Zur Frage nach der Existenz eines aktiven [illegible] zwischen [illegible] und [illegible] N. S. 120. Ha. [illegible] . —.40
— [illegible] 37. Ein [illegible] im Glimmstrom bei Einwirkung eines transversalen Magnetfeldes. [illegible] S. 122. Ha. [illegible] 2.20
Separatabdruck

SIRK, Hugo: Über die Molekulargröße der löslichen Stärke. — 1904. 63 Bl. Diss. Graz, Univ.

— Versuche über die kathodische Abscheidung radioaktiver Substanzen aus einer Lösung der Radiumrestaktivität. S. 120. Ha. [illegible] . . . . —.40
Separatabdruck

— **Versuche üb. die kathodische Abscheidung radioaktiver Substanzen aus e. Lösung der Radiumrestaktivität. (12 S.) gr. 8. Ebd. 910. — 40**

— Versuche über die kathodische Ausfällung der Thoriuminduktion aus ihren salzsauren Lösungen. S. 118. Ha. [illegible] . . . . —.35
Separatabdruck

— **Versuche üb. die kathodische Ausfällung der Thoriuminduktion aus ihren salzsauren Lösungen. (9 S.) gr. 8. Ebd. 909. — 35**

— Über den Zusammenhang zwischen dem Brechungsindex eines Gases, der mittleren freien Weglänge seiner Molekeln und den zwischen ihnen wirkenden Kräften. S. 119. Ha. [illegible] . . . . —.35
Separatabdruck

— **Über den Zusammenhang zwischen dem Brechungsindex e. Gases, der mittleren freien Weglänge seiner Molekeln u. den zwischen ihnen wirkenden Kräften. (10 S.) gr. 8. Ebd. 910. — 35**
4 Sonderabdr. aus: „Sitzungsber. d. k. Akad. d. Wiss."

Sirk, Vict. H., der Betrieb v. Schiffs-Dampfkesseln u. Maschinen. gr. 8. (VI, 232 S.) Wien 875. Gerold's Sohn in Comm. n. 4. 80

Sirker, Karl

Sirker, C., Abhandlungen zur Grammatik, Lexicographie u. Literatur der alten Sprachen. 1. Hft. Taciteische Formenlehre. gr. 8. (64 S.) Berlin 871. Leipzig, Teubner. n. 2. —

Sirker, Carol., Animadversiones in Taciti annales. Dissertatio philologica. Augustae Trevirorum 860. (Berlin, Calvary & Co.) gr. 8. (V, 55 S.) n. 10 *ngr.*

—— **kritische Bemerkungen zu den Annalen des Tacitus. gr. 8. (13 S.) Neuwied 867. (Berlin, Calvary und Comp.)** *

Sirker, C., Taciteische Formenlehre, s. Abhandlungen zur Grammatik.

Sirkis, Terzia. «Ein Fall von Diathesis haemorrhagica bei Diphtheria septica.» Diss. Med. Univ. Zürich. *Kopftitel:* Aus dem pathologischen Institut der Universität Zürich. 38 + III S. 8. Zürich, Gebr. Leemann & Co., 1907.

Sirmiensis, **Lad., status publicus regni Hungariae et ejus regiminis forma. 8. Wien 784. (Heubner). 6 gl**

Sirminde oder die Afrikaner, ein christliches Trauerspiel . . . Innsbruck 1774. V: *Roschmann, Kassian Anton von.* (Margr)

Sirmisiens, Lad., Status publicus regni Hungariae et eius regiminis forma. 8. Vien. Camesina. 784.

Sirmundus, Iac., de constitutionibus. Dissert. Paris. a. MDCXXXI. Ed. Gust. Haenel. 4maj. (3¾ B. u. 1 lith. Schrifttaf.) Lipsiae 840, (libr. Hinrichs.) •

Siroki Josef: Die Polemik Joh. Jakob Engels gegen George Berkeley über die Existenz allgemeiner Begriffe.
II. 1906 PN 2136 **Diss.** Wien, Univ. 114

Sirolin. Das S' «Roche». Literatur-Auszüge. [Hrg. von] F. Hoffmann-La Roche & Co., Fabrik chemisch-pharmazeutischer Produkte, Basel ... [und] Grenzach.... 84 S. 8. [Basel, Schweizer. Verlags-Druckerei G. Böhm, 1907.]

Sirona-Bad, das, bei Nierstein, u. seine Heilquellen. Mit lithogr. Abbildd. gr. 8. Mainz 817. Kupferberg. 10 gr.

Sirona-Bad, Das, bei Nierstein und seine Mineralquellen. Mainz 1827. V (Geschichte): *Lehne, Joh. Frdr. Franz.* (Botan. Beschreib.): *Ziz, Joh. Bapt.* (Topogr. Schilderung u. Therapeut. Beschreib.): *Weinsheimer.* (Chem. Analyse v. 1803): *Ockermann.* (Neuere Analyse): *Buchner, Joh. Andr.* (Call)

Sirona-Bad, das, bei Nierstein u. seine Heilquellen. Mit lithogr. Abbildd. gr. 8. Mainz 827, Kupferberg.

Sironval, Paul (Aachen) A. S. 168/22

Dissertatio juridica canonico-civilis, de bona fide in praescriptionibus non necessaria.
Präs. Tobias Jakob Reinharth.
Erfurt (Grosch) 4. I. 1712. 12 Bl. 32718

Sirocs. Singsp. 8. Dresd. Richter. 763.

Sirowatky, Ernst, Schaafwollkunde und Naturgeschichte des Schaafes. Zum Gebrauche für Tuchfabrikanten, Wollhändler u. Schaafzüchter. gr. 8. Görlitz 836. (Grüson.) n. 1/16 Thlr.

Sirowatky, Ernst, Schaafwollkunde u. Naturgeschichte d. Schaafes. gr. 8. (2½ B.) Görlitz 836. (Leipzig, Hentze.) •

Sirowy, Ant., Servierkunde, s.: Heß, Abf. Fr.

Sirowy, Joh., Erzählungen aus dem oberösterreich. Landleben. Für Stadt u. Land von gleich großem Nutzen. 8. (IV u. 137 S.) Linz 850, Ebenhöch. ½ Thlr.

— Fräulein Rosa u. Jungfer Rosel. Eine Geschichte aus dem Leben. 8. (80 S.) Linz 850. (Eurich & Sohn.) n. 4 ngr.

— das Stiefkind. Eine Geschichte aus dem Leben. 8. (64 S.) Linz 850. (Eurich & Sohn.) n. 3 ngr.

Sirowy, Johann. — Weihnachtsgeschichten von — —. 1. Christbaum. 2. Wie das Jesukind ins Heimsuchen gegangen ist. 3. Die Krippelbauer. Ein Geschenk für die Jugend. 8. (152 S.) Linz, Druck und Verlag von Johann Huemers Witwe. 1853.

Sirowy, Joh., Weihnachtsgeschichten. Ein Geschenk für die Jugend. Linz 856. Huemer. 8. (152 S. u. 3 Lithogr.) 7½ *ngr.*

— der Glocke Wort. 8. (92 S.) Steyer 849. (Leipzig, Hübner.) n. 12 ngr.

Sirsch, Fl., die häutige Bräune leicht u. sicher heilbar. Ein Mahnruf an alle Mütter, welche als schützende Engel an dem Krankenbette ihrer Kinder u. an der Wiege ihrer Säuglinge stehen wollen. Olmütz 862. Hölzel. gr. 8. (23 S.) n. 6 *ngr.*

Sirscher, F., Genealogia der Stentsch-Prittagischen Familie von 1436. Züllichau 1735. 4.

Sirta, Prinzessin; ein abentheuerliches Mährchen ... Leipzig 1793. V: *Müller, Ernst.* (Ky)

Sirta, Prinzessin, ein abentheuerliches Mährchen der grausten Vorzeit, (von E. Müller) mit 1 Kupf. gr. 8. Leipzig, 793. Voß. Holländisch-Papier. 25 sgl.
Dasselbe Buch. Schreib-Pap. 23 sgl.

Sirtkow, Sigismund v. Sultan-
s. Sultan-Sirtkow.

A 12.6723

Sirven, Alfr., la Bigame. Zeit-Roman. Autoris. deutsche Uebertragung von Hugo Marone. 8. (348 S.) Großenhain 884, Baumert und Ronge. *

Sirven, Alfred u. H. Leverdier, Die Tochter Nana's. Roman aus dem Franz. übers. v. E. Somogyi. 8. Lief. 1—3. (S. 1—144) geh. à 30 kr. Budapest: Mach 1881.

Sirven, Alfred u. H. Leverdier, Die Tochter Nana's. Roman aus dem Franz. übers. v. E. Somogyi. 8. Lief. 4 u. 5. (S. 145 bis 240) geh. à 30 kr. Budapest: Mach 1881.

Sirven, Alfred u. H. Leverdier, Die Tochter Nana's. Roman aus dem Franz. übers. v. E. Somogyi. 8. Lief. 6. (S. 241—288) geh. 30 kr. Budapest: Mach 1881.

Sirven, Alfred u. H. Leverdier, Die Tochter Nana's. Roman aus dem Franz. übers. v. E. Somogyi. 8. Lief. 7. (S. 289—336) geh. 30 kr. Budapest: Mach 1881.

Sirven, Alfred u. H. Leverdier, Die Tochter Nana's. Roman aus dem Franz. übers. v. E. Somogyi. 8. Lief. 7—15. (S. 337—351 u. II. Bd. S. 1—338) geh. à 30 kr. Budapest: Mach 1881.
— — billige Ausg. complet. 2 Bde. 8. (I. Bd. 351 S., II. Bd. 338 S) geh. à 1 fl. 80 kr.

Sirves; Sgspl. 8. Dresd. 763. Richter. 4 gr.

SISAK, MICHAEL: Rede, da eine wohlehr. in Gott geistliche Frau Johanna von der H. Wallburga, gebohrne von Zurawsky, aus der Gesellschaft der H. Ursula, nach überlebten 50 Jahren in ihrem heiligen Orden zum zweitenmal bey öffentlicher Feyerlichkeit die geistlichen Gelübde abgelegt hat; welche in der Kirche eben dieser Gesellschaft im Jahre 1777. von Michael Sisak, Seelsorger der Kronwache in Preßburg gehalten wurde. Preßburg 1777. Gedr. bey Franz Augustin Patzko. (14 f.) - 4°

Si-siang-ki ou l'histoire du pavillon d'occident, s.a. Atsume Gusa.

Si-Siang-Ki ou l'histoire du pavillon d'occident. Comédie en seize actes. Traduit du chinois par *Stanislas Julien.* In-4°, 333 p. Genève, Bâle et Lyon, H. Georg.
*** Extrait de l'Atsume Gusa.

Šišic, Ferd. v., nach der Annexion. Erörterungen geograph., ethnograph., histor. u. staatsrechtl. Fragen Herzeg.-Bosnien betr. Ein Vortrag, zu Laibach am 14. XI. 1908 geh. (41 S.) 8. Zagreb (Agram) 909. (M. Breyer.) — 50

Šišić, Ferd. v., die Schlacht bei Nicopolis (25. IX. 1396), s.a. **Mitteilungen, wissensch. aus Bosnien u.** der Hercegovina. VI.

ŠIŠIĆ, Ferdinand von.
Die Schlacht bei Nicopolis (25. September 1396.) Von Ferdinand von Šišić. (Separat-Abdruck aus Wissenschaftliche Mittheilungen aus Bosnien und der Hercegovina. VI. Bd. 1899.) Wien. 1899. In Comm. Gerold's Sohn. Lex.-8°. 37 S. fl. —.30

[Bulg. u. Ant.] Túrgovskoto-, ménitelnično-konkursno-i morsko pravo na Búlgarija obraboteno i prived. na némski ot Dr. Milan St. Šišmanov s súdéjstvieto na Dr. Petr A. Zábov. Das Handels-, Wechsel-, Konkurs- und Seerecht Bulgariens. Bearb. u. ins Deutsche übertr. von Dr. Milan St. Schischmanow unter Mitw. von Dr. Peter A. Subow. Berlin: R. v. Decker 1906. (148, 153 S.) 4°(8°)

— **Handelsgesetze**, Die, d. Erdballs. Ausg. D. Bulgarien. (07. 1378)

Sismondi, s.a. **Simonde.**

Sismondi, Jean Charl. Leonh. Simonde de, Etudes sur les constitutions des peuples libres. Lex.-8. (19¾ B.) Cologne 837, Kohnen. *

—— **Forschungen üb. d. Verfassungen d. freien Völker. Uebers. u. m. Anmerkn. v. Aug. Schäfer. gr. 8. (30 B.) Frankfurt a. M. 837, Kuchler.**

v. Sismondi, J. C. L. Simonde, († d. 25. Juni 1842), Forschungen üb. die Verfassungen der freien Völker. Neue (Titel-) Ausg. gr. 8. (XVI u. 464 S.) Frankfurt a. M. (837) 848, Meidinger. 2 ℳ

Sismondi, [Jean-Charles-Léonard] Simonde [de]. S' S' über die Freyheit der Italiäner während der Dauer ihrer Republiken, und über die Ursachen, welche den Charakter der Italiäner seit dem Untergange ihrer Freystaaten verändert haben. Ein Beytrag zur Geschichte der Menschheit. (Aus dem sechszehnten Bande der Geschichte der italiänischen Freystaaten ... besonders abgedruckt.) 8. Zürich 1824.

Sismondi, J. C. L. Simonde, Gemälde d. toskanischen Landwirthschaft, a. d. Franz. m. Anmerk. v. J. Burger. gr. 8. Tübing. Cotta. 805.

—— **Geschichte d. Auflösung d. röm. Reiches u. d. Verfalls d. Civilisation d. alten Welt. Verdeutscht v. Wilh. Ad. Lindau. (5 Lfgn.) gr. 8. (35½ B.) Leipzig 836—38, Barth.**

—— **Geschichte d. italien. Freistaaten. Ihr Ursprung, Fortschritt u. Fall. A. d. Engl. v. Friedr. Wilh. Bruckbräu. gr. 8. (43 B.) Augsburg 840, v. Jenisch u. Stage'sche Buchh.**

— **Geschichte der italienischen Freystaaten im Mittelalter, a. d. Franz. 6 Thle. gr. 8. Zürich, Geßner. 807—11. (I. 1 Rthlr. 12 gr. II. 1 Rthlr. 16 gr. III. 1 Rthlr. 8 gr. IV. 1 Rthl. 21 gr. V. VI. à 1 Rthl. 18 gr. VII. 1 Rthl. 19 gr.)**

Sismondi, J. C. L. Simonde, Geschichte d. italien. Freistaaten im Mittelalter. Aus dem Franz. 8r Thl. 8. Zürich, Geßner. 811.

— — **Geschichte d. italienischen Freystaaten im Mittelalter. Aus dem Franz. 9r, 10r, 11r u. 12r Theil. 8. Zürich, Geßner. 819 — 820. à 1 Rthlr. 16 Gr.** 6 16

Sismondi, J. C. L. **Simonde de, neue Grundsätze der politischen Ökonomie,** s.a. **Bibliothek der Volkswirtschaftslehre.** IX. X.

Sismondi, Jean Charles Léonard Simonde de: Neue Grundsätze der Politischen Ökonomie oder Der Reichtum in s. Beziehungen zu de. Bevölkerung von J(ean) C(harles) L(éonard) Simonde de Sismondi. Nach d. 2. Ausg. von 1827 übertr. von Robert Prager. 1. 2. Berlin: A. L. Prager 1901—02. 2 Bde 8°
Bibliothek d. Volkswirtschaftslehre u. Gesellschaftswissenschaft. 9. 10.

—— **Histoire des Français. Tome I—XVIII. Lex.-8. (60¼ B.) Cologne 836—42, Kohnen.** à *

Sismondi, Jean Charl. Leonh. Simonde de, Histoire des Français. Continuée depuis l'avénement de Louis XVI. jusqu'à la convocation des états généraux de 1789, par Amédée Renée. Tome XIX—XXI. Lex.-8. Aix-la-Chapelle, Kohnen. [XIX. (27¾ B.) 843., XX. (31 B.) XXI. (20¼ B.) 44. à 2 Thlr. 15 Ngr.] * *

— **Histoire des républiques Italiennes du moyen âge. 4 Vol. gr. 8. ibid. 807. 8. (I. et III. à 1 Rthlr. 6 gr. II. et IV. à 1 Rthlr. 12 gr.)**

— — **le même Livre. T. 5—8. gr. 8. Paris. 809.**

— — **Vol. IX à XVI. 8. les mêmes. 815 à 18.**

— — **Vol. 1 à XVI. compl. Pap. vélin.**

Sismondi, J. C. L., Simonde de, Histoires de républiques italiennes, du moyen âge. Vol. 1 à 8. IIde édit. in 8. Paris, Treuttel et Würtz. 818.

— **de l'intérêt de la france à l'égard de la traité des nègres. gr. 8. Génève. (Berl. Nicolai.) 815.**

Sismondi, Jean Charl. Leonh. Simonde v., die Kreuzzüge geg. d. Albigenser im 13. Jahrh. A. d. Franz. Mit e. Einleit. v. *r. (G. W. Becker.) gr. 12. (14½ B.) Leipzig 829, Voß.

— **üb. die Literatur des südl. Europas. Deutsch bearbeitet von L. Hain. 1r Bd. gr. 8. Leipzig, Brockhaus. 814.**

— — **die Literatur des südlichen Europa, deutsch bearbeitet von L. Hain. In 2 Bänden. gr. 8. Leipzig, Brockhaus. 816 — 819. à Band 3 Rthlr.** 6 —

— — **de la Littérature du midi de l'Europe. Nouvelle Edition. 4 Vol. 8. (Strasburg et Paris, Treuttel et W.) 819.** 9 12

— **du papier-monnoie, et des moyens de le supprimer. gr. 8. Weim. Land. Ind. Comt. 810.**

— **die zwei Systeme d. polit. Oekonomie, od. die Theorie Physiokraten od. Oekonomisten: üb. den Nationalreichthum gegen einander gestellt mit d. Theorie von Adam Smith. Aus d. Franz. 8. Wien, Geistinger. (Leipzig, Weygand.) 811.**

Sison, Clem., norddeutsches Telegraphen-Cours-Buch zum allgemeinen Gebrauch für Geschäftsleute, Reisende etc. Nach officiellen Quellen bearb. 16. (VII, 89 S. mit 1 lithogr. Telegraphen-Cours-Karte und 1 Tax-Quadrat.) Gera 870, Issleib und Rietzschel. *

Sison, Rob., Leinbau u. Flachsbereitung. Beantwortung der v. dem Präsidium der Wiener Weltausstellg. gestellten Fragen zur Berathung d. internationalen Congresses der Lein- u. Flachsproduktion im August 1873 in Wien. 8. (27 S.) Leipzig 873. Schmidt & Günther. — 30

—— über die Production der Landwirthschaft in den letzten 200 Jahren, s.a. Sammlung landwirthschaftlicher Vorträge.

Sison R.: Ueber die Production d. Landwirthschaft d. letzen 200 Jahre gegründet auf die officiellen Rechnungen d. Domaine Lohmen (in Sachsen). Vortr. Wurzen [1874]. 36 S. P.
(= Sammlung landw. Vorträge. Ser. 1 H. 3).

Sison, R., die Schafzucht u. ihre Erträge im 19. Jahrh., s.: Volksbücher, landwirthschaftliche.

Sissacher-Zeitung

② Sissacher Zeitung (7. 1. 1872—10. 4. 1872) ③ Wochenzeitung aus Baselland (?). Der Demokrat aus Baselland (Fusion 9. 6. 1871) ④ Baselbieter (I) (Fusion) ⑤ 1868—10. 4. 1872 ⑥ 4° ⑦ wöchentlich 3× ⑨ Sissach: Johann Rudolf Förster (1868—7. 6. 1871), J. Friedrich Köchlin (9. 6. 1871—10. 4. 1872) ⑩ die Drucker ⑪ die Drucker ⑫ freisinnig ⑭ Be: L.

SISSECK, J. J.: Umrechnungstabellen französischer Faßdauben. - Wien 1902

Sisseker-Bahn, Die, im Bereiche der Steiermark. Ein Vademecum für Reisende . . . Cilli 1863. V: *Hofrichter, Jos. Carl.* (JoanStyrA)

Sissgauer
(5) 1. 1. 1875—? (8) Sissach: J. Martin Gysin (10) J. Martin Gysin (11) J. Martin Gysin (12) freisinnig (13) Ankündigung in der Basellandschaftlichen Zeitung vom 30. 10. 1874, Nr. 130.

Sissingh, C. H. [Arzt, geb. in Groningen]: Die sacrale Operation nach Kraske bei Carcinoma recti. . . . Apeldoorn, J. H. Steghgers H.J.zn., *1891;* 3 Bl., 40 S. 8°
, Heidelberg, Med. Fak., Inaug.-Diss. v. 14. Jun. 1890

Sissmann, Alexander, a. Rußland: Über die Indikationsstellung zur chirurgischen Behandlung der benignen Gastrektasie. Charlottenburg 1904: J. Zalachowski. (36 S.) 8°
Berlin, Med. Fak., Ref. v. Bergmann, Diss. v. 5. Dez. 1904
[Geb. 1. (14.) März 79 Irkutsk, Ost-Sibirien; Heimatsort: Irkutsk; Staatsangeb.: Rußland; Vorbildung: Hum. Gymn. Irkutsk Reife O. 98; Studium: Tomsk 3, Berlin 7 S.; Rig. 21. Nov. 04.]

Sisson, E., Glauben, Fasten u. Beten. 12. (8 S.) Lichtenthal bei Baden-Baden 900. Christl. Kolportage-Verein. —02

Sistig, Josef, a. Krefeld: Über die Reduktion von Dinitro-di-p-tolylmethan und über die Konstitution der Diamido-di-p-tolylmethane. Weida i. Thür. 1906: Thomas & Hubert. (49 S.) 8°
Leipzig, Phil. Fak., Ref. Hantzsch, Beckmann, Diss. v. 14. Febr. 1906
[Geb. 11. Juli 81 Crefeld; Wohnort: Crefeld; Staatsangeb.: Preußen; Vorbildung: Realgymn. Crefeld Primareife O. 98; Studium: Leipzig 10 S.; Rig. 27. Juli 05.]

Sisyphusarbeit o d e r positive Erfolge? Beiträge z. Wertschätzung d. Tätigkeit d. deutschen Gewerkschaften. Berlin: Generalkomm. d. Gewerkschaften Deutschlands 1910. 112 S. 8°

Sitah Mani oder Karl XII. bei Bender. Ein histor. Schauspiel. Wien 1797 (Exemplar in der Wiener Stadtbibl.); 1809. V: *Vulpius, Chn. Aug.* Identisch mit I, 8781 (einem späteren Druck des 1797 erstmals in Wien aufgeführten Schauspiels).

Sitah Mani, oder Karl XII. bei Bender. Schspl. in 5 A. 8. Wien 809. Wallishausser. 8 K

Siteffen, Hans: Beiträge zur Topographie und Geologie der andinen Region von Llanquihue. Mit einem petrographischen Anhang von R. Pohlmann und zwei Karten.
in: Festschrift für Ferd. Frhr. v. Richthofen. S. 307—344. Berlin 1893. 36 S. 4°.

Sitenský, Frz., Beiträge zur Geologie der Umgebung v. Tábor. [Aus: „Sitzungsber. d. k. böhm. Gesellsch. d. Wiss."] gr. 8. (17 S.) Prag 893. (F. Řivnáč.) n. — 40

—— Ueber die Torfmoore Böhmens, s.a. Archiv für naturwissenschaftl. Landesdurchforschung v. Böhmen.

Sitenský (Fr.), Über die Torfmoore Böhmens in naturwiss. u. nationalökonomischer Beziehung m. Berücks. der Moore der Nachbarländer. Abt. 1. 1891. *s. Zeit- u. Gesellsch.-Schriften: Archiv f. d. naturwiss. Landesdurchforsch. von Böhmen. Bd 6, No 1.*

Sitensky, F., wie lassen sich Hochmoore am besten ausbeuten? (Internationaler land- u. forstwirthschaftl. Congress zu Wien 1890, 122. Hft.) gr. 8. (11 S.) Wien 890. (Frick.) n. — 60

Sitt, Hans. Praktische Bratschen-Schule. Practical Tenor (Viola) School. Leipzig.

Sitt, Hans: H o h e n z o l l e r n und Oranien. Ein vaterländ. Zyklus. Szenen aus d. niederländ. Freiheitskriegen nach Volks- u. Heldenliedern aus d. 'Antwerpsch Liedeboek' v. J. 1602 . . . f. Männerchor, Bariton-Solo u. Orchester- oder Klavierbegleit. bearb. von Hans Sitt. Verbindende Dichtung von Karl Bieber. Deutsche Text-Übertr. von Albert Schwieck. Text d. Lieder. Leipzig: Schwieck [1908]. 16 S. 8°

Hohenzollern und Oranien. Szenen aus d. niederländ. Freiheitskriegen nach Volks- u. Heldenliedern aus d. 'Antwerpsch Liedeboek' v. J. 1602 u. d. 'Nederlandtschen Gedenck-Clanck' v. J. 1626 f. Männerchor, Bariton-Solo u. Orchester- oder Klavierbegleitung von Hans **Sitt.** Verbindende Dichtung von Karl Bieber. Deutsche Text-Übertr. von Albert Schwieck. (Verbindende Dichtung.) Leipzig: A. Schwieck [1908]. (24 S.) 4° 1o8. 16539

Sittard, Josef

— s.: Beethoven's Symphonien.

Bericht über das gemeinschaftliche Johannisfest der sechs schwäbischen Logen, gefeiert am 12. Juni 1881 in der Liederhalle [in Stuttgart]. [Unterz.:] Jos. Sittard. Stuttgart 1881: Metzler. 30 S. 8°
cf. Bh. 24 (1881) S. 211—213.
Tt. 1957.

— s.: Brahms, Johannes.

Sittard, J. Kritische Briefe üb. die Wiener internationale Musik- u. Theater-Ausstellung. gr. 8. (IV, 88 S.) Hamb. 892, C. Boysen. * 1 50

— L. van Beethoven's C-dur Messe, } s.: Musikführer, der.

— s.: Chorwerke, die beliebtesten.

Sittard, Jos., zur Einführung in die Aesthetik u. Geschichte der Musik. Zwei Vorträge. gr. 8. (32 S.) Stuttgart 885. Zumsteeg. n. 1. —

— Johannes Brahms' akademische Fest-Ouvertüre, op. 80; d. tragische Ouvertüre, op. 81, } s.: Musikführer, der.

—— Zur Geschichte der Musik u. d. Theaters am Württembergischen Hofe. Nach Orig.-Quellen. 2 Bde. gr. 8. Stuttg., Kohlhammer. * 8 —
1. 1458—1733. (X, 354 S.) 890. * 5 —.
2. 1733—1793. (VIII, 220 S.) 891. * 3 —.

Sittard, J., Geschichte des Musik- u. Concertwesens in Hamburg vom 14. Jahrh. bis auf die Gegenwart. gr. 8. (XI, 392 S.) Altona 890. Reher. n. 6. —; in Halbfrzbd. n. 8. —

Sittard, J., Joh. Seb. Bach's H-moll Messe, } s.: Musikführer, der.

Sittard, Jos., Compendium der Geschichte der Kirchenmusik, mit besonderer Berücksichtigung des kirchlichen Gesanges. Von Ambrosius zur Neuzeit. gr. 8. (VIII, 237 S.) Stuttgart 881. Levy & Müller. n. 4. —; geb. n. 5. —

Sittard, J., s.: Meisterführer Nr. 1. (Beethoven's, Ludw. van, Symphonien.)

— s.: Meisterführer Nr. 3. (Brahms', Johannes, Symphonien.)

Sittard, Josef. Felix Mendelssohn-Bartholdy.
s. Sammlung musikalischer Vorträge (Waldersee). Ser. III, 88.

Sittard, J., G. F. Händel's Messias, s.: Musikführer, der.

— L. van Beethoven's Missa solemnis (D-dur, op. 123), } s.: Musikführer, der.

— das 1. Stuttgarter Musikfest am 17., 18. u. 19. Juni 1885. Eine krit. Rückschau. gr. 8. (32 S.) Stuttgart 885. Metzler's Verl. n. — 50

— die Musik-Instrumente auf der Hamburgischen Gewerbe- u. Industrie-Ausstellung 1889. [Erweit. Abdr. aus d. Ausstellungs-Zeitg.] gr. 8. (III, 49 S.) Altona 889. Reher. n. — 60

Rom und der Freimaurerbund. [Von Jos. Sittard.] Leipzig: Findel 1883. 15 S. 8° [Umschlagtit.]
Aus: Bh. 25 (1882) S. 401—404.
Abgedr. in: M. 1 (1882—1883) S. 53—54, 57—58.
Tt. 1792. Entgegnung auf Angriffe des ultramontanen Stuttgarter Volksblattes, die sich gegen den 1882 im Stuttgarter Bürgermuseum von E. Rittershaus gehaltenen Vortrag üb. Geschichte u. Wesen der Frmrei richteten. Vgl. Bd 1 Nr 4026.

Sittard, Josef. Gioachimo Antonio Rossini.
s. Sammlung musikalischer Vorträge (Waldersee). Ser. IV, 47/48.

— Brahms' Schicksalslied, op. 54 u. Gesang der Parzen, op. 89. } s.: Musikführer, der.

—— Studien u. Charakteristiken. 1.—3. Bd. gr. 8. Hamb. 889. Voß. geb. à Bd. * 4 —
1. Bunte Blätter. (XI, 223 S.)
2. Alte u. neue Opern. Musikalische Gedenktage. Aphorismen. (V, 165 S.)
3. Künstler-Charakteristiken. Aus dem Konzertsaal. (V, 158 S.)

— L. van Beethoven's 9. Symphonie in D-moll, } s.: Musikführer, der.

Sittart, H., s.: Lehrer-Zeitung, westdeutsche.

Sittart, P. Hubert J.

Sittart, P. H. J., der deutsche Reichstag von 1898 bis 1903, s.: Müller-Fulda, Rich.

Sozialpolitik des Zentrums. Von P. H[ubert] J. Sittart, Mitgl. d. Hauses d. Abgeordn. u. d. Reichstags. *Trier: Paulinus-Dr. 1902.* (82 S.) 8° [G.]

— Sozialpolitik des Zentrums. (82 S.) 8. Trier 903. Paulinus-Druckerei. n. — 60

Sitte, die, ist besser als das Gesetz. Eine Verwahrung gegen ein neues Ehescheidungsgesetz. gr. 8. (1½ B.) Berlin 842, (Adolf u. Comp.)

Sitte, die, ist besser als das Gesetz. Eine Verwahrung gegen ein neues Ehescheidungsgesetz. gr. 8. Berlin 842, Berliner Lesekabinet. n. ⅙ ₰

Sitte, Alfr., kunsthistorische Regesten aus den Haushaltungsbüchern der Gütergemeinschaft der Geizkofler u. des Reichspfeningmeisters Zacharias Geizkofler 1576—1610, s.a. Studien zur deutschen Kunstgeschichte.

Sitte, Alfred: Kunsthistorische Regesten aus den Haushaltungsbüchern der Gütergemeinschaft der Geizkofler und des Reichspfenningmeisters Zacharias Geizkofler 1576–1610. (Ein Beitrag z. Kunstgeschichte Augsburgs.) Von –. Strassburg: J. H. E. Heitz 1908. (58 S.) 8°
Studien z. deutschen Kunstgeschichte. H. 101.

Sitte, Arthur, Referendar am Kgl. Landgericht Leipzig: Der Nachsichtwechsel. Leipzig 1907: B. Georgi. (VIII, 39 S.) 8°
Leipzig, Jur. Fak., Diss. v. 11. März 1907
[Geb. 30. Nov. 81 Möckern b. Leipzig; Wohnort: Möckern; Staatsangeh.: Sachsen; Vorbildung: König-Albert-Gymn. Leipzig Reife O. 01; Studium: Leipzig 7 S.; Rig. 27. Juni 05.]

Sitte, Camillo, s.a. **Ergebnisse, die, der Vorconcurrenz zu dem Baue des Kaiser Franz-Joseph-Museums.**

Sitte, Camillo: Die Ergebnisse der Vorconcurrenz zu dem Baue des Kaiser Franz Joseph-Museums der Stadt Wien. (Verf.: Camillo Sitte.) Wien: R. v. Waldheim 1902. (22 S.) 8°

Sitte, Camillo, über Farbenharmonie. (32 S.) gr. 8. Wien 900. (München, Th. Ackermann.) 1. —
Sonderabdruck aus: „Centralbl. f. d. gewerbl. Unterrichtswesen in Österr."

Sitte, Camillo, die Initialen der Renaissance. Nach den Constructionen von Albrecht Dürer hrsg. unter Mitwirkung von Jos. Salb. gr. Fol. (24 S. m. eingedr. Holzschn. u. 26 Steintaf.) Wien 882. Hof- u. Staatsdruckerei. n. 12. —

Sitte, Camillo, s.a. Städtebau, der.

Sitte, Camillo, der Städte-Bau nach seinen künstlerischen Grundsätzen. Ein Beitrag zur Lösg. modernster Fragen der Architektur u. monumentaler Plastik unter besond. Beziehg. auf Wien. Mit 4 Heliogravüren u. 109 Illustr. u. Detailplänen. 1. u. 2. Aufl. gr. 8. (IV, 180 S.) Wien 889. Graeser. n. 5. —

— der Städte-Bau nach seinen künstlerischen Grundsätzen. Ein Beitrag zur Lösg. moderner Fragen der Architektur u. monumentalen Plastik unter besond. Beziehg. auf Wien. Mit 4 Heliograv. v. 109 Illustr. u. Detailplänen. 3. Aufl. gr. 8. (VII, 184 S.) Wien 901. C. Graeser & Co. — Leipzig, B. G. Teubner. n. 5. 60; geb. in Leinw. n. 7. —

— Der Städtebau nach seinen künstlerischen Grundsätzen. Ein Beitrag zur Lösg. moderner Fragen der Architektur u. monumentalen Plastik unter besond. Beziehg. auf Wien. 4. Aufl., vermehrt um „Grossstadtgrün". Mit 1 Heliograv., 114 Illustr. u. Detailplänen. (VII, 216 S.) gr. 8. Wien 909. K. Graeser & Co. — Leipzig, B. G. Teubner. 6.—; geb. 7. 40

Sitte, Camillo, üb. Zweck u. Nutzen d. Gewerbeschulwesens. Ein Vortrag, geh. im Arbeiter-Bildungsvereine v. Salzburg am 4. April 1875. gr. 8. (20 S.) Salzburg 875. Dieter. n. — 50

Sitte, Heinr., die Denkmale des politischen Bez. Melk, s.: Kunsttopographie, österreich. (Tietze, Hans.)

— Die Denkmale des politischen Bez. Pöggstall, s.: Kunsttopographie, österreich. (Plesser, Alois.)

— Die Denkmale der Stadt Wien, s.: Kunsttopographie, österreich. (Tietze, Hans.)

– Die Denkmale der Stadt Wien, s. Tietze, Hans

Sitte Heinrich: Entwurf zu einer Geschichte der altgriechischen Sitzgeräte und Lager.
1902 PN 1543 **Diss.** Wien, Univ. 2591

Sitte, M. Unser Krieg v. 1870/71. (Lesebuch f. die reifere Jugend.) gr. 8. (III, 192 S.) Berl. W 891, Magdeburgerstr. 12, Selbstverlag. geb. * 3 —

Sittel, Jh. Math., s.a. Sammlung der Provinzial- u. Partikular-Gesetze ꝛc.

Sittel, Joh. Math.: Sammlung der Provinzial- und Partikular-Gesetze und Verordnungen, welche für einzelne ... an die Krone Preußen gefallene Territorien des linken Rheinufers über Gegenstände der Landeshoheit, Verfassung, Verwaltung, Rechtspflege und des Rechtszustandes erlassen worden sind. Trier 1843. 2 Bde

Bd 1. Für die Grafschaften Nassau-Saarbrücken u. Ottweiler u. d. Reichsherrschaft Illingen.
„ 2. Für das Herzogthum Lothringen u. die Herrschaften Wadgassen, Saarwellingen, Hüttersdorf, Schwarzenholz u. Labach, Nalbacher Thal, Lebach u. Theley.

Sittel, Theodor. Korpulenz. Vortr. Cinci, 1886.

--Organische Zelle. Auszug aus zwei Vorträgen ... Cinci, 1883.

Sittel, Vict., Reform der Armenpflege in Elsaß-Lothringen. gr. 8. (VIII, 89 S.) Freiburg i/B. 893. Herder. n. 1. 40

Sittel, Reform d. Armenpflege i. Elsass-Lothringen. Freiburg i/B. 894.

Sittel, Vict. Vorschläge zur Abänderung der elsaß-lothringischen Gemeindeverfassung. gr. 8. (IV, 142 S.) Straßb. 889, Schmidt. * 2 —

Sittel, Vict., Vorschläge zur Beseitigg. d. Klebesystems in d. Invaliditäts- u. Altersversicherg. gr. 8. (47 S.) Düsseldorf 895. L. Schwann. n. — 60

Sitten

Sitten, Die. Respicere exemplar morumque. Aus d. Frantzös. übersetzt. Franckfurt u. Leipzig 1749. 1751. 1754. 1773. V: *Toussaint-Panage, François Vincent.* (BGE VII[2], 323/4)

SITTEN, Die alten und neuen deutschen: Wie wenig gleichen wir den Alten! Wien, o. J. (Ende XVIII. Jh.). 8°. 2 Bll. (Besaß Haydinger in Wien.)

Sitten, Die, und Gebräuche der alten Deutschen in Liebeshändeln. (Hochzeit-Gratulation an Joh. Dan. Stipper.) Leipzig 1730. Fol.

Sitten und Gebräuche im Landgericht Erding. [München 1790.] V: *Aretin, Johann Georg Freih. von.* (MS) (MGT)

Sitten, Gebräuche u. Gewohnheiten, über, 4 Schreiben an e. Freund in Berlin. (v. A. F. Cranz). 8. Hamb. 785.

— Gebräuche und Gewohnheiten d. alt. Völker n. d. Franz. d. Sabbatier, mit Zusätzen. 2 Bde. gr. 8. Prag, Gerle. 777—81.

— Gebräuche und Kleidung d. Russen in St. Petersb., dargestellt in Gemälden v. Ch. G. H. Geißler, beschr. v. J. G. Gruber Franz. und Deutsch, m. 40 illum. K. 8 Hefte, gr. 4. Leipzig, Ind. Compt.

Sitten, Gebräuche und Kleidung der Russen in St. Petersburg ... mit Beschreibungen ... Leipzig [1801—3]. V (Text): *Gruber, Johann Gottfried.* (BrMm)

— Gebräuche und Kleidung der Russen a. d. nied. Ständen, m. illum. K. 2 Hefte. gr. 4. Ebend.

— Gebräuche u. Narrheiten alter u. neuer Zeit, ein Lesebuch für alle Stände. 8. Berl. 806. (Dümmler). 1 ₰ 6 gl

SITTEN, Gebräuche u. Narrheiten alter u. neuer Zeit. Ein Lesebuch für alle Stände. Mit TKpf. („die Maien-Königin", gest. von J. C. Richter). Berlin, in der Buchh. des Commerzienraths Matzdorff. 1806. 8°. (4 Mk. Scheible, vor 1885; 8 Mk. O. Rauthe, Friedenau-Berlin, 1908.)
VI—366 S. Interessante Aufsätze, u. a.: Gerichtshof der Liebe, Heiraths-Gebräuche, Modebräuche, Moden, Toiletten-Gebräuche der alten Römerinnen, Wochenbett der Männer etc.

Sitten, Gebräuche u. Narrheiten alt. u. neuer Zeit, ein Lesebuch f. alle Stände. 8. Berlin, Matzdorff. (Hitzig.) 806. Rthlr.

Sitten und Gebräuche der merkwürdigsten Nationen ... Leipzig 1803. V: *Gruber, Joh. Gfr.* (Ky) (MGT) (EngG) (NN)

— u. Gebräuche d. merkwürd. Nationen; ein Lesebuch für die Jugend. 1r u. 2r Bd. die außereurop. Nationen enthaltend, (v. J. G. Gruber). 8. Leipz. 803., N. A. 810. Mit 18 illum. Kpf. Seeger. 1 ₰ 12 gl

Sitten und Gebräuche der Römer. Breslau 772. 8. 20 gr.

— Gebräuche u. Trachten der vorzüglichsten Völkerschaften Europa's. 1s Hft. Mit Kpf. 8. Hamb. 804. (Herold jun.) 1 ₰ 8 gl

— Gebräuche und Trachten der vorzügl. Völkerschaften Europa's, m. K. 1s Heft. 8. Hamburg, Vollmer. 804.

— von den, u. Gebräuchen der Römer. 8. Bresl. 772. J. F. Korn. 20 gl

Sitten in Gedichten u. Liedern. 8. Braunschw. 753. Schröder. 2 gl

— der Gelehrten. 8. Berl. 751. Wever. (Sander). 4 gl

Sitten, Die, der Gelehrten. Aus dem Lateinischen übersetzt. Berlin 1761. V: *Klotz, Christian Adolph.* (Erman & Horn, Bibliogr. d. dtsch. Universitäten. 1. Leipz. u. Berl. 1904.)

Sitten und natürliche Geschichte von Tunkin. A. d. Franz. ... Leipz. 1779. V: *Richard, Hieron.* (EngG)

— des 18n Jahrhund., in Geschichten u. Erzähll.; aus d. Französ. 8. Schleitz 778. Mauke. 5 gl

SITTEN, Die, des achtzehnten Jahrhunderts. In Geschichten und Erzählungen. Aus dem Französischen. Leipzig und Schleiz, bey J. G. Mauken. 1778. 8°. (24 xr.) (In Warmbrunn.) (12 xr. Beck, Nördl., Cat. 1. [1829]. p. 200.)

SITTEN, Die lächerlichen; nebst den Anmerkungen über das Betragen der Menschen, am Ende des achtzehnten Jahrhunderts. Klagenfurt, gedr. bey Aloys Kleinmayer, landschaftlichen Buchdrucker. 1781. 8°.

Titel mit Bordüre, 3 Bll. Vorber., 406 S. — Ganz unbekanntes Buch, dessen Text-Ueberschrift (S. 1) lautet: „Betrachtungen über das Lächerliche der Welt u. über die Mittel solches zu vermeiden."

Sitten und Launen der Grossen. Ein Kabinet von Familienbildern. Leipzig 1794. V: *Naubert, Christiane Benedicte Eugenie geb. Hebenstreit.* (FE) (Ky) (MGT)

Sitten u. Launen der Großen, (v. B. Naubert). 8. Leipz. 794. Weygand. 1 Thlr. 4 Gr.

Sitten und Meinungen der Wilden in Amerika . . . Frankfurt 1777—81. V: *Purmann, Johann Georg.* (Stri) (BrMm) (Ky) (Adel) »1778-79« (MGT) »1777-79« (CBH)

— u. Meinungen d. Wilden in Amerika, (v. J. G. Purmann). 4 Thle. Mit Kpf. 8. Frankf. a. M. 777—81. Gärbe. (Gebhardt u. K., Hermannsche B. Hbg. Pr. 1 Thlr. 16 Gr.; auch Brönner). 5 Thlr. 8 Gr.

Sitten und Meinungen der Wilden in America. Zweyter Theil. Frankfurth am Mayn 1778.

Sitten und Meinungen der Wilden in Amerika. 4v. Vienna, 1790.

Sitten, Die, nach der Mode, ein Lustspiel in einem Aufzuge von den französischen Comödianten zu Paris im J. 1761 vorgestellet. Aus d. Französ. übersetzt. Leipzig 1762. V: *Saurin, Bernard Joseph.* (BGE VII[8], 324)

Sitten, die, nach d. Mode. Lstspl. 8. Leipz. 762. Gleditsch. 2 Gr.

Sitten, die, nach der Mode. Lustsp. 8. Lpz. Junius. (Gleditsch.) 762.

SITTEN, Die, nach der Mode, ein Lustspiel in einem Aufzuge, von den französischen Comödianten zu Paris im J. 1761 vorgestellet. Aus d. Französ. (des *Bernard Joseph Saurin*) übersetzt. Leipzig, in Lankischens Buchhdlg. 1762. 8°. (In Warmbrunn.) (3 Mk. 75 Pfg. Edm. Meyer, Berlin, 1909.)

W. v. Maltzahn, S. 542, Nr. 2379. — Fehlt im Anon.-Lexicon.

Orig.: Les Moeurs du temps, comédie en 1 acte en prose. Paris. Prault. 1761. 12°.

Sitten, moderne. Illustrierte Zeitromane. Nr. 1. 8. Wien, Verlag „Moderne Sitten". — 20

Die Jagd auf Mädchen. Roman. Von Hans Kühne. Illustriert v. Ch. Scolik. (48 S.) (90x.)

Sitten, Die, der Morlacken a. d. Ital. . . . Bern 1775. V: *Fortis, Alberto.* Ü: *Werthes, Friedrich August Clemens.* (Herold, Werthes. Münster i. W. 1898. S. 36, 174.) (Ky) (Pk)

— der Morlacken; aus d. Italien. (v. F. A. K. Werthes). Mit Kpf. gr. 8. Bern 775. Typ. Soc. 10 Gr.

— d. v. Panage; aus d. Französ. neu übers. mit Anmerkk. v. J. F. L. (G. B. Lehnert). 8. Glogau 801. N. Günter'sche B. 1 Thlr. 4 Gr.

Sitten, Die, von Paris moralisch und satirisch beschrieben. Aus dem Französ. übersetzt. Gotha 1750. V: *La Peyre.* (Baer 737/554) (BGE VI[8], 105)

— von Paris. 8. Gotha 750. Meolus, 3 Gr.

— über Temperament, Alterthümer, Handel, Theater und Gerichtshöfe Spaniens. 2 Bde. gr. 8. Leipz. Weygand. 781.

— über, Temperament, Alterthümer, Handel, Theater, u. Gerichtshöfe Spaniens. 2 Bde. gr. 8. Leipz. 782. Weygand. 1 Thlr. 17 Gr.

— Toussaints, s. Toussaint.

— und Unterhaltungsschriften f. Kinder. 8. Lüneb. Lemke. (Herold und W.) 797.

* **SITTEN**. Die verdorbenen. An den Verfasser des Stükes (sic!): Die vier Stufen des menschlichen Alters. — Foecunda culpae Secula &c. Horat. — Zürich, bei Conr. Orell, und Comp. 1754. 4°. (In Berlin: Yl 2271.)

16 S. incl. Tit. Enth. 4 pros. satyr.-moral. Aufsätze: Der Knabe. Der Jüngling. Der Mann. Der Alte.

In Bezug auf *Joh. Rudolf Werdmüller's* auf dem Titel erwähnte Prosa-Dichtung.

Sitten, Die, der heutigen Welt auf scharfsinnige Art durchgehechelt. Cöln [Hamburg] 1711. V: *Moscherosch, Hans Michael.* (Wr)

— der Zeit, od. Karrikaturen aus d. gemeinen Leben, 3 Hefte. Mit 19 ill. Kpf. 4. Leipz., Magazin f. Ind. (à 12 Gr.) 3 Thlr. Hbg. Pr. 1 Thlr. 12 Gr.

Sitten, Die, der Zeit; ein Nachspiel, a. d. Franz. O. O. 1769. Ü: *Bertheramb, Jacob Edm.* (Ky)

Sitten, Die, der Zeit. Lustspiel . . . [Wien] 1770. V: *Bergobzoom(er), Joh. Baptist.* (GGr)

Sitten und Zeit; ein Memorial an Lief- und Estlands Väter. Riga 1781. V: *Jannau, Hnr. Joh. von.* (R-N) (Ky) (MGT)

— u. Zeit, ein Memorial an Lief- u. Esthlands Väter. (Von H. J. v. Jannau). 8. Riga 781. (Hartknoch in Leipz.) 18 Gr.

SITTEN der Zeit. Bildlich dargestellt. 3 Hfte. Leipzig. Heinr. Hunger (c. (c. 1830). (3/4 Rthl.)
Anzeige des Verlegers. — Sehr rar!

Sitten, Die, der jetzigen Zeit. Nach dem Französischen. Im Jahre 1768 Wien. Aufgeführt auf der kk. Schaubühne im Jahre 1770. Wien. O. O. [München] 1776. V: *Bergobzoomer* (*Bergopzoomer*), *Joh. Baptist.* (GGr V/311, Nr. 11/3) (WBL 1/317) (BiblPort)

— die, der jetzigen Zeit. Schspl. 8. Wien 770. Trattner. 3 K

§ **SITTEN,** Die, jetziger Zeit. Nach d. Französ. Aufgeführt auf dem Churfürstl. Theater zu München. Mit Genehmhaltung des Churfürstl. Büchercensurcollegiums. (Augsburg, Jenisch u. Stage) 1776. 8°. 40 S. Zahm.
Zuerst gedr. Wien, Trattner, 1770. 8°. (Kayser 223.)

— unserer Zeit; ein Mode-Roman, von J. F. Schütze, s.a. Begebenheiten, wahre, im romant. Gewandte, von Jäger 4r.

Sittenberger, Hans, Einführung in die Geschichte der deutschen Literatur m. besond. Berücksicht. der neueren Zeit. (VII, 307 S.) 8. Wien 909. F. Deuticke.
Geb. in Leinw. 3.60

Sittenberger, Hans, Scholastica Bergamin. schmal 16. (145 S.) Berlin 898. Vita, Deutsches Verlagshaus. n. 2.—; geb. n. 3.—

Sittenberger, Hans, Grillparzer, s.a. Geisteshelden. 46. Bd.

Grillparzer. Sein Leben u. Wirken. Von **Hans Sittenberger.** Mit Bildn. u. Handschr. *Berlin: E. Hofmann & Co. 1904.* (229 S.) 8° [F.]
= **Geisteshelden.** Bd 46. (03. 6819, 6

[F.] Das dramatische Schaffen in Österreich v. **Hans Sittenberger.** *München: C. H. Beck 1898.* (XII, 433 S.) 1 Bd 8.
= **Sittenberger,** H.: Studien z. Dramaturgie d. Gegenwart. Reihe 1. (98. 5680

— Studien zur Dramaturgie d. Gegenwart. 1. Reihe. D. dramat. Schaffen in Oesterreich. gr. 8. (XII, 433 S.) München 898. C. H. Beck. n. 7.—; geb. n.n. 8.—

— Der geheilte Vitus. Roman. 1.—3. Tausend. (286 S.) 8. Berlin-Ch. (910). Vita. nn 3.50

Sittenberger, Hans, die Wahrheit auf der Bühne. Eine Studie. gr. 8. (34 S.) Wien 893. A. Bauer. —75

Sitten-Bilder der Nationen und Jahrhunderte dargestellt in Memoiren und Selbstbiographien. I. A. u. d. T.: Memoiren des Herzogs v. Richelieu. Aus dem Französ. 2. Aufl. gr. 16. (VI und 189 S.) Berlin 860, Schlingmann. Thlr. *

Sitten-Bilder der Nationen und Jahrhunderte dargestellt in Memoiren und Selbstbiographien. 2.—8. Bd. gr. 16. Berlin 862—64, Schlingmann. *

Inhalt:

Bd. 2. Memoiren August des Starken. Nach dem Französ. (195 S.) * 1 Thlr.
" 3. Memoiren Jérôme Bonaparte's. Eine geheime Geschichte des Westphäl. Hofes in Cassel. (180 S.) * 1 Thlr.
" 4. Memoiren des Baron von Pöllnitz. (184 S.) * 1 Thlr.
" 5. 6. Die Regentschaft. Von J. Michelet. 2 Bde. (XX und 396 S.) * 1 Thlr. 10 Ngr.
" 7. Memoiren Katharina II. Kaiserin von Rußland. (192 S.) * 1 Thlr.
" 8. Die Bachantinnen und die jungen Patricier Rom's unter den Cäsaren. (200 S.) * 1 Thlr.

SITTENBILDER der Nationen u. Jahrhunderte, **Bd. XII:** Memoiren der Gräfin v. Lichtenau. **Berlin 1869. 8°.**
Gmähle's Leihbibl. in München, no. 28325.

Das **Sittenblatt,** eine Wochenschrift. H. 1. 2 (= St. 1–52). München: Vötter 1784. 8°
[Hrsg.: Karl v. Eckartshausen.]

Sittenblatt, das, eine belehrende Volksschrift für Eltern, Erzieher u. gut gesinnte Jünglinge u. Mädchen. 16–4s Hft. gr. 8. Siegen, Müller. 808–9. (à 18 gr.)

Sittenbuch in Beispielen und Erzählungen, ein Lesebuch ... Torgau 1799. V: *Haan*, *Friedrich Gottlob.* (Ky)

Sittenbuch in Beispielen u. Erzähll., ein Lesebuch f. Kinder, Eltern u. Lehrer rc. (v. Fr. Glo. Haan). 8. Torgau 799. 2e Aufl. 801. (Fr. Fleischer in Leipz.) 5 K

— christliches, f. d. Bürger u. Landmann. 8. Prag, Schönfeld. 793.

— christliches für das Gesinde. 8. Wien, Wucherer.

Sittenbuch, Christliches, fürs Gesinde, worin demselben eine Anleitung gegeben wird, sich ... glücklich zu machen ... Berlin 1786. Neue Aufl. 1789. V: *Bahrdt*, *Carl Friedrich.* (GGr) H: *Rudolph.* (MGT) (Ky)

— christliches, für's Gesinde rc. (von K. Fr. Bahrdt). 8. Berl. 786. N. Aufl. (v. Pred. Rudolph). 789. (Vieweg in Braunschweig). 3 K

— christliches f. das Gesinde. 8. München, Fleischmann. 787.

— christl. f. Gesinde rc. (v. K. Fr. Bahrdt.) 8. Berlin. (Vieweg in Braunsch.) 789.

Sittenbuch der englischen Gesellschaft aus den Papieren Gunters. Stuttgart 1839. V: *Grund*, *Francis J.* (Hauptkat. d. Univ.-Bibl. Tübingen. F. S. 174.)

Sittenbuch der englischen Gesellschaft aus den Papieren Gunter's von B. O. D. 2. (Titel-) Aufl. gr. 8. (IV u. 399 S. m. 2 Holzschn.) Stuttgart (839) 851, Hallberger'sche Verlagshandlung. 2 1/2 ß

— f. junge Handwerker. 8. Münch. 821. (Landsh., Krüll). 6 K

— kleines lateinisches. 8. Naumb. Wild.

Sittenbuch, Dr. Martin Luthers, für den Bürger und Landmann. Leipz. 1794. B: *Tischer*, *Johann Friedrich Wilhelm.* (NN XX, 361)

Sittenbüchlein. Eine Festgabe für die Jugend. 12. (7/16 B.) Bonn 844, Habicht.

Sittenbüchlein für das Gesinde. Homburg 1773. V: *Lavater, Johann Kaspar.* (schstr S. 103)

Sitten-Büchlein für Kinder mit Bildern von H. Z. Stuttgart (853.) Schreiber u. Schill. gr. 4. (2 Bl. u. 24 lith. u. color. S.) 1 ₰.

SITTENBUECHLEIN. – für die Kinder auf dem Lande ... Deutsche Schulanstalt bei St. Anna, Wien 1785. 1 vol. 91 S.

Sittenbüchlein für die Kinder des Landvolks. Homburg 1773. V: *Lavater, Johann Kaspar.* (schstr S. 102)

Sittenbüchlein, kleines, f. Kinder ꝛc. mit 1 K. 8. Quedlinb. Basse. 812. Rthlr.

Sittencalender zur Verbreitung der Tugend auf das Jahr 1789. Linz [1788]. V: *Cremeri, Benedict Dominicus Ant.* (ML)

Sittenfeld, Konrad

Sittenfeld, J: Buchdruckerei, Buchbinderei, Stereotypie, Galvanoplastik 1832–1890. Berlin 1891

Sittenfeld, Julius. Buchdruckerei — Stereotypie — Galvanoplastik. W. Mauerstr. 44. Berlin 1832—1890. gr. 8. (219 S. m. Satz- u. Druckproben u. Abbildgn.) Berl. 892, (C. Heymann). geb. * 10 —

Sittenfeld, Konrad [wirkl. Name], s.a. Alberti, Conrad [Pseud.]

[Ant. u. F.] Conrad Alberti [d. i. Conrad **Sittenfeld**]. Harmlose Geschichten. 2. Aufl. des 'Federspiel'. *Berlin: H. Steinitz [1896].* (3 Bl., 367 S.) 1 Bd 8. [96. 7611

Maschinen. Roman von Conrad Alberti [d. i. **Sittenfeld**]. *Leipzig: W. Friedrich 1895.* (429 S.) 8° [F.]
= **Sittenfeld**: Der Kampf ums Dasein. 6. [01. 5037

Sittenfeld, Konrad

Mode. Roman. Von Conrad Alberti [d.i. Konrad Sittenfeld]. 2. Aufl.
Berlin: Bong (um 1895). 380 S. 8°

[Ant. u. F.] Conrad Alberti [d. i. Conrad **Sittenfeld**]. Plebs. Novellen a. d. Volke ... 2. Aufl. *Berlin: H. Steinitz [1896].* (XVI, 324 S.) 1 Bd 8. [96. 7610

[Ant. u. F.] Conrad Alberti [d. i. Conrad **Sittenfeld**]. Das Recht auf Liebe. Roman. 3. Aufl. *Berlin: H. Steinitz [1896].* (1 Bl., 341 S.) 1 Bd 8. [96. 7613

[Ant. u. F.] Conrad Alberti [d. i. Conrad **Sittenfeld**]. Riesen und Zwerge. 2. Aufl. *Berlin: H. Steinitz [1896].* (1 Bl., 270 S.) 1 Bd 8. [96. 7614

[F.] Die Rose von Hildesheim. Roman v. Conrad Alberti [d. i. **Sittenfeld**]. *Berlin: Ver. f. Deutsch. Schriftthum [1896].* (287 S.) 1 Bd 8.
= [**Veröffentlichungen** d. Vereins f. Dtsch. Schriftthum. Jg. II. Bd 5.] [97. 5940

[Ant. u. F.] Conrad Alberti [d. i. Conrad **Sittenfeld**]. Schröter & Co. Roman. 2. Aufl. *Berlin: H. Steinitz [1896].* (1 Bl., 422 S.) 1 Bd 8. [96. 7615

Sittenfeld, Konrad: Die schöne Theotaki. Roman v. Conrad Alberti [d.i. Conrad Sittenfeld]. Berlin, Leipzig, Wien, Stuttgart: Bong & Co. [1899]. (305 S.) 8°

Sittenfeld, Konrad

Wer ist der Stärkere? Socialer Roman. Aus dem modernen Berlin. 2. Aufl. Th. 1.
Berlin: Steinitz (1888). 270 S. 8°

[Ant. u. F.] Conrad Alberti [d. i. Conrad **Sittenfeld**]. Wer ist der Stärkere? E. socialer Roman a. d. modernen Berlin. 2. Aufl. *Berlin: H. Steinitz [1897].* (2 Bl., 361 S.) 1 Bd 8. [97. 3630

Sittenfeld, L., Donnerstag, s.: Kühling's, A., Album f. Liebhaberbühnen.

Sittenfeld, Ludw., Geschichte des Breslauer Theaters von 1841 bis 1900. (IX, 878 S.) gr. 8. Breslau 909. Preuss & Jünger. Geb. 6. —

Sittenfeld, Ludw., eim alen Bleeſe. — 's Julerle vom Priezelte. — Nele Katuffeln. 3 Einakter in schles. Mundart. (64 S.) gr. 8. Breslau 903. Koebner. n. 1. 20

Sittenfeld, Ludw., Johanne. Charakterbild in 1 Act. 8. (22 S.) Breslau 900. Görlitz, R. Dülfer. n. — 50

Sittenfeld, Ludwig: Schlä'sches Quellbürndel. Eine Auslese schles. Dialectdichtungen ... von –. Breslau: Schatzky (1901). 144 S. 8°

Ludwig **Sittenfeld**. Schlä'sches Quellbürndel. Eine Auslese schles. Dichtungen. 2. verm. u. veränd. Aufl. [Breslau]: H. Fleischmann [1908]. (II, 103 S.) 8° [F.] [08. 8677 2

Sittenfeld, Salomo (geb. Grottkau 1801): Nonnulla ad febris intermittentis historiam. Berolini (1830). (49 S.) 8°
Berlin, Med. Diss. v. 22. März 1830

Sittenfreund, Der ächte nordische. Kopenhagen 1767. V: *Sturtz, Helf. Pet.* (Collin, Anonymer. Kiobenh. 1869.)

Sittenfreund. – Der nordische Sitten-Freund, eine moralische Wochenschrift auf d. Jahr 1767. St. 1–52. Kopenhagen 1767. 8°
[Hrsg.: Nikolaus Breding.]

Sittenfreund, Hilarius [Pseud.], s.a. Praetorius, Johann Philipp

Sittenfreund, Kunst zu leben. 8. Leipz. 785.

Sittengemälde. 8. Leipz. Gerh. Fleischer. 798.

Sittengemälde. 8. Oschatz 798. (Fr. Fleischer in Lpz.) 10 gr

— Chinesische, u. Criminalgeschichten, a. d. Nachr. d. Mission du Halde geschöpft u. f. d. deutsche Lesewelt bearbeitet. 8. Mannh. Schwan u. G. 803.

— in rührenden Erzähll. u. Geschichten f. Herz u. Gemüth der Kindheit u. Jugend. Mit 4 ill. Kpf. Augsb., Schlosser. 6 gr Velinp. 8 gr

— der Franzosen, aufgestellt in der Geschichte eines Dörfers. 3 Bde. 8. Zeitz 814. Webel. 3 ₰ 12 gr

Sittengemälde eines philosoph. Jahrhunderts in d. Gesch. Justinens v. Saint Val, a. d. Franz. m. Kpf. 8. Frankf. (Göbhard in Bamb.) 787. Rthlr. — 16

Sittengemälde eines philosoph. Jahrhunderts in d. Geschichte Justinus v. Saint-Val; aus d. Französ. 8. Frankf. 787. (Wesché). 16 gr

Sittengemälde für Kinder. Wien o. J. 12°. V: *Armbruster, Joh. Michael.* (GGr V/404, Nr. 404, Nr. 13) (BiblPort)

Sitten-Gemälde für Kinder. 2. Ausg. 16. (10⅓ B. u. ill. Ttlbld.) Wien 842, Mayer u. Comp.

Sittengemälde, Kleine, nach englischen Urbildern entworfen. Lief. I. Schwab. 1791. V: *Meyer, Heinrich Christoph.* (Fiker) (MGT) »1792« (Ky)

— kleine, nach engl. Urbildern entworfen, (v. H. Cph. Meyer). 1e Lieferg. 8. Schwabach 792. Mitzler. 16 gr.

Sittengemälde, Kleine, für Kinder. St. Gallen 1799. St. Gallen 1815. Wien 1816. Wien 1821. V: *Armbruster, Joh. Michael.* (Ky 1/106) (GGr VI/419, Nr. 1/19) (BiblPort)

Sitten- und Culturgemälde von Europa. Gotha 1803. V: *Fernow, Carl Ludwig.* (Jl.) »1802« (EngG)

Sitten- u. Cultur-Gemälde v. Rom, s.a. Gemälde d. merkwürd. Hauptstädte von Europa.

Sitten- und Culturgemaelde von Rom. Gotha 1802. V: *Böttiger, Carl Aug.* (BGE VI³, 517) V: *Fernow, Carl Ludwig.* H: *Böttiger, Carl August.* (MMBibl 101)

Sitten- u. Cultur-Gemälde v. Rom, m. K. 8. Gotha, Perthes. 802.

Sittengemälde aus dem gemeinen Leben zum belehrenden Unterricht ... Gotha 1796—1801. V: *Lossius, Caspar Friedrich.* (MGT) (Adel) (Ky)

— aus dem gemeinen Leben zum Unterricht f. Kinder, s.a. K. F. Lossius.

— a. d. gemeinen Leben z. Unterricht f. Kinder. 8. Gotha, Perthes. 796.

— von London, s.a. Gemälde der merkwürd. Hauptstädte Europas ꝛc.

Sittengemälde von London, s.a. Hüttner, Joh. Christian.

— v. London, m. K. 8. Ebend. 801.

Sittengemälde von London, nebst einer vergleichenden Charakteristik seiner Bewohner ... Gotha 1802. V: *Fernow, Carl Ludwig.* (Ky)

Sittengemälde von London ... Gotha 1821. V: *Will, Peter.* (MGT) (Ky)

Sittengemälde von London. Nebst einer vergleichenden Charakteristik seiner Bewohner von H*** in London. Gotha 1831. V: *Hüttner, Johann Christian von.* (BGE IV³, 252)

— neuestes v. Wien, m. K. 2 Bde. 8. Wien, Pichler. 801. (à 16 gr.)

— Pariser, u. Liebschaften, od. Geschich[…] schönen Zoe. 2 Thle 8. Goslar 810. Lohmann. 1 Thlr.

Sittengemälde unsers Zeitalters. Leipzig 1795. V: *Käppel, Gfr.* (Ky)

— unsers Zeitalter, (v. Gf. Käppel). 1r Bd. 8. Leipz. 795. (W. Nauck). 8 gr.

— unsers Zeitalters, 1r Theil, 8. Leipzig, 795. Sommer. 10 sgl.

Sittengericht, Das heimliche. [Stuttg. 1810.] V: *Reinbeck, Gg.* (MGT)

Sittengesetz, üb. das, in Bezug auf Staat ꝛc. gr. 8. Meißen 795. (Soedsche). 10 gr.

Sittengesetz, das, u. die Freimaurerei „nach den Grundsätzen des Christenthums". Vom Verf. von „Christenthum, Humanität u. Freimaurerei". gr. 8. (27 S.) Berlin 902. P. Stankiewicz. —50

Sittenkalender, s. Sittencalender.

Sittenlehre in Beyspielen; ein Lesebuch für Mädchenschulen. Giessen 1801. V: *Weyland, Joh. Adam.* (ErschDl.) (Winer)

— der Braminen, s. *Ezour-Vedam.*

— des Christenthums, (v. J. J. Gradmann). 4 Thle, s.a. Handbibel f. Christen.

Sittenlehre des Christenthums. Nürnberg 1796—1800. V: *Gradmann, Joh. Jacob.* (Ky)

— christliche. 8. Freiburg Wagner. 1 gr.

Sittenlehre, die christliche. In kurze Verslein für die Kinder gebracht von einem Landpfarrer. 4. Aufl. Wien 858. Pichler. 16. (47 S.) 2 ngr.

— d. christliche, d. Würzburg. Lesebuchs. 8. Würzburg. (Göbhard in Bamb.) 775.

— die christl., d. Würzburg. Lesebuchs. 8. Würzb. 775. (Wesché in Frankf. a. M.) 6 gr.

— christl. d. Studenten. 8. Bautzen, Richter. 720.

Sittenlehre, christl., in bibl. Texten u. Reimversen f. Kinder u. Erwachsene; gesammelt von e. Jugendfreunde. 12. (4 B.) Straubing 835, Schorner.

— die gereinigte, der Christen, nach d. Schrift u. Vernunft. 8. Frankf. a. M. 768. Keßler. 14 gr

— d. Heiden, verglichen mit derjen. so d. Jesuiten haben. 8. Cöln. 728.

Sittenlehre, Die, Jesu. Hsg. v. Otto Flügel. 3. Aufl. Langensalza 1892. 4. Aufl. 1897. V: *Allihn, Frdr. Hnr. Theod.* (Berl)

— f. d. Jugend. 8. Bamberg, Dederich. (Göbhard.) 784.

Sittenlehre für die Jugend. 8. Bamb. 784. Dederich; (auch Wesché in Frankf. a. M.); (a. Storno in Landsh.) 3 gr

Sittenlehre, Katholische. Systematisch geordnet für höhere Lehranstalten. Wien 1849. V: *Gruscha, Anton Joseph.* (Ky)

Sittenlehre, Katholische. Systematisch geordnet. Für höhere Lehranstalten. Wien 1851. V: *Gruscha, Anton Joseph.* (EB)

Sittenlehre, die katholische. Zum Gebrauche für die Zöglinge des k. Schullehrer-Seminars in Freising. Als Mskr. gedr. gr. 8. (34 S.) Freising 881. Datterer. n. — 60

Sittenlehre für Kinder; nach Gellerts Grundsätzen der Moral ... Halberstadt 1778—79. V: *Brumbey, Carl Wilhelm.* (Ky) (MGT)

— für Kinder, nach Gellerts Grundsätzen d. Moral (v. K. W. Brumbey). 2 Thle. (Hat auch d. Tit.: Tugendfreuden; ein Lesebuch). 8. Halberst. 778, 79. Groß. (W. Nauck in Leipz.) 1 ₰ 4 gr

— f. Kinder, nach Gellerts Grundsätzen d. Moral. 2 Thle. (hat auch den Tit.: Tugendfreuden, e. Lesebuch.) 8. Halberst. Groß. (Sommer in Leipz.) 778.

Sittenlehre, kleine, in kurzen Aussprüchen auf alle Tage des Jahres, deutsch u. französisch. 8. Berl. 806. 2e Aufl. 819. Schlesinger. 20 gr

Sitten- u. Klugheitslehre in Beispielen f. die Jugend. 12. Nürnb. 821. Campe. 4 gr

— der Liebe u. Ehe, s. a. L. Meister, Souvenier.

Sittenlehre der Liebe und Ehe; nebst einer Beylage über die helvetische Galanterie. Winterthur 1785. V: *Meister, Leonhard.* (ErGr) (MGT) »1779« (ErschDL) (Adel) (Winer)

Sittenlehre nach der Ordnung der 10 Gebote ... Neue Aufl. ... Landshut 1832. V: *Galura, Bernh.* (Schmal) (Th)

— eines christl. Philosophen, v. M. D. 8. Straßb. 785. Akadem. Buchh. (Hinrichs in Leipz.) 10 gr

PHILOSOPHEN, Der, zu Sanssouci gegründete Sittenlehre des Teufels zum Entwurf einer reinern Moral ans Licht gestellet. Mit gestochenem Titel. O. O. 1762. 8 Bl., 208 S. 8°. Selten!

Max Perl's Berliner April-Auction 1911, no. 277.

— u. Politik d. Jesuiten. 8. Frankf. 745.

— praktische. 8. Lauban. 734.

Sittenlehre, Praktische, für die Jugend in ausgewählten Fabeln und Erzählungen ... Stuttg. 1821. V: *Lotter, Tob. Hnr.* (ErGr) V: *Steudel, Joh. Chn Frdr.* (Ky)

— prakt., f. die Jugend, in ausgewählten Fabeln u. Erzähll. v. dem Herausg. der „Beispiele des Guten" (J. C. F. Steudel). 2 Thle. 8. Stuttg. 821. Steinkopf. 1 ₰

Sittenlehre, Practische, welche nach Anleitung der Fest-Evangelien in gebundener Rede vor Augen gelegt wird. Franckf. u. Leipz. 1734. V: *Fuhrmann, Gottfried* (??). (Baer 737/409)

Sittenlehre, Die, Salmo in Vergleichung mit der Lehre Christi ... Stuttg. 1758. V: *Oetinger, Frdr. Chph.* (ML)

Sittenlehre für Schule und Haus: 1874?–?

Organ of Die Deutsche Freie Gemeinde von Philadelphia. Edited by Alexander Loos, 1874–?

Philadelphia, PA

Sittenlehre, die, des Talmud und der zerstörende Einfluß des Judenthums im deutschen Reich. (III, 138 S.) 1875; 2. Aufl. gr. 8. (138 S.) Berlin 876, Niendorf's Verlagsh.

—— dass. — 3. mit Citaten und Belägen stark verm. Aufl. gr. 8. (III, 230 S.) Berlin 876, [Niendorf's Verlagsh.] Verlagsh. F. Graf Behr.

— für Volksschulen, od. Lesebuch f. Unstudirte ꝛc. 8. Augsb. 808. Daisenberger. 12 gr 2e A. 812. 8. Stadtamhof. (Gundelach in Kitzing.) 9 gr

— vollständige, nach d. Ordnung der zehn Gebote Gottes, in 29 Christenlehren, (v. Galura). Landsh. 825. 2e verb. v. Weihbischof G. Mich. Wittmann revid. Aufl. gr. 12. Landsh. 832. Thomann. 4 gr

Sittenlehren in Beyspielen; ein Lesebuch für Mädchenschulen. Giessen 1801. V: *Weyland, Joh. Adam.* (ErGr) (Ky)

Sittenlehren in Beispielen, ein Lesebuch f. Mädchen, (v. Jh. Adm. Weyland). 8. Gießen 801. Heyer. 16 gr 2e ganz umgearb. Aufl. v. J. F. Schlez, s. J. F. Schlez.

Sittenlehren in Beispielen. Ein Lesebuch f. Mädchenschulen, ganz umgearb. von J. F. Schlez. Mit Kupf. 8. Gießen, Heyer. 815.

Schreibp.

— d. Braminen. (h. sonst d. Titel: Ezour Vedam.) 8. Bern, Typ. Soc. 794.

— in Fabeln u. Erzählungen f. d. Jugend, m. K. 8. Winterthur, Steiner. 794.

— f. die Jugend. 8. Kitzing., (Gundelach). 3 gr

Sittenlehren, die, der heiligen christkatholischen Kirche in der Form des Katechismus. Dargestellt von einem Weltpriester. Wien 864. (Mechitharisten-Congregations-Buchh.) 8. (262 S.) 20 ngr.

Sitten- u. Klugheitslehren mit Sprüchwörtern. Ein Geschenk für die Jugend. ... Mainz 837. Wirth. 1 gr

— u. Klugheitsregeln, kurzgefaßte, vorzügl. f. das weibl. Geschlecht. 8. Neuburg (802.) (Joachim in Leipz.) 4 gr

Sittenlehren u. Gebete, kurze gereimte, zum Auswendiglernen f. Kinder beim ersten Religionsunterricht. 6. Aufl. 32. (½ B.) Stuttgart 843, J. F. Steinkopf. 25 Expl. 12½ Ngr., 100 Expl.
Aus: Denzels bibl. Sprüchen u. Sittenlehren, besond. abgedruckt.

— a. d. alten Testament. 8. Cöln, Haas u. Sohn. (Fabricius.)

Sittenlehren d. griech. Weisen, besonders aus Xenophons Schriften. Griechisch u. durch e. vollst. griech.-deutsches Wörterverzeichniß erläutert v. J. Ch. F. Wetzel. Wohlfeile Ausg. 8. Leipz. 823. Hinrichs.

Sittenlehrer

— die, oder Erzählungen philos. Gespräche, d. d. Natur u. Tugend betreff. a. d. Engl. 8. Berlin. 745.

— der, ein gemeinnütz. Neujahrsgeschenk f. Kinder von allen Ständen. 8. Weißenf. Böse. 785.

Sittenlehrer. – Der anmuthige Sitten-Lehrer. St. 1–26. Hamburg 1751. 8°

Sittenlehrer, Der christliche, als Beitrag zum praktischen Christenthum. Landshut 1801. V: *Träger, Johann Andreas.* (Schmal) (Th) (Ky)

Sittenlehrer, der christl., e. Abhandl. (v. J. A. Träger). 8. Landsh. 801. Krüll. 8 gr

Sittenlitaneyen, bibl., welche d. Glaubens- u. Sittenlehren d. christl. Religion wesentlich enthalten. 8. Andernach, Lassaulx u. H. 803. Oitblr.

Sittenlosigkeit, Die öffentliche. Entgegnung auf die gleichnamige Schrift des Zentral-Ausschusses für die innere Mission. 1.—5. Aufl. Hamburg 1870. V: *Duboc, Carl Julius.* (Biogr. Jahrb. 8, 67.) (Kat. d. stat. Bureaus. Dresden 1890.)

— — Entgegnung auf die gleichnam. Schrift des Central-Ausschusses für die innere Mission. 1—4. Aufl. Hamburg 870. Grüning. gr. 8. (34 S.) n. 3 ngr.

— — 5. u. 6. mit einem Vorwort verm. Aufl. Ebend. 870. gr. 8. (VI, 32 S.) n. 5 ngr.

Sittenlosigkeit, die öffentliche, mit besonderer Beziehung auf Berlin, Hamburg u. die andern großen Städte des nördlichen u. mittleren Deutschlands. Petition u. Denkschrift des Central-Ausschusses für die innere Mission der deutschen evangelischen Kirche überreicht dem Reichstage des norddeutschen Bundes nebst dem betr. Reichstags-Beschlusse u. e. Anh. 1—5. Aufl. Berlin 868,69. Th. Enslin. gr. 8. (40 S.) n. 3 ngr.

Sittenlosigkeit, die öffentliche, u. die Praxis des Reichsgerichts. gr. 8. (34 S.) Leipzig 900. J. C. Hinrichs' Verl. n. — 30

Sittenpflege, die geschlechtliche, erörtert in Briefen e. Arztes an e. jungen Freund. Wegweiser f. die mannbare Jugend zu e. sittl. u. vernünft. Lebenswandel. Nach Seved Ribbing's Schrift: „Die sexuelle Hygiene u. ihre eth. Konsequenzen". 12. Aufl. 1894. 1. Taus. 8. (IV, 70 S.) Leipzig, P. Hobbing. n. — 75; geb. in Leinw. n. 1. 20

Sitten-Polizei. Abdr. aus d. z. Verwaltungs-Ber. d. Königl. Polizei-Präs. von Berlin f. d. Jahre 1881 bis 1890. Mit Anm. u. e. Anh. versehen von Pastor [Wilhelm] Philipps-Berlin. *Berlin: Deutsche Sittlichkeitsvereine 1892.* (56 S.) 8° [F.]
= Streitfragen. Wiss. Fachorgan d. dtsch. Sittlichkeitsvereine. H. 6.

Sittenreden, Franz Falcks kurze, von der göttlichen Vorsicht und ihren heiligsten Anordnungen ... Augsburg 1789. V: *Reiss, Ulrich.* (ML)

Sittenreden, Kurze praktische, am Grabe von J. L. R. Ulm 1817. V: *Rueff, Jos. Leonhard.* (MGT) (Schmal) »1818« (Ky)

Sittenreden, kurze prakt., am Grabe, von J. L. R. (Rueff). 8. Ulm 818. Stettin. 8 gr

Sittenreich, Jairus [Pseud.], s. Schorn, Jakob

Sittenrichter. Der. Frankfurt a. O. 1742.

Sittenscenen für die Jugend beiderlei Geschlechts. 8. Münster 786. Perrenon. (Coppenrath). 16 gr

— zwei, zur Bildung d. Jugend beiderlei Geschlechts; aus d. Engl. Mit Kpf. 8. Altona 787. Kaven. (Bechtold). 20 gr

Sittenschrift für das Jahr 1800. 2 Bde. 8. Salzb. 800 Duyle. 1 ℛ

Neue Alamodische **Sitten-Schul** Oder Lustig und Sinn-reicher Discurs zweyer wolgereister vornehmer Personen: Worinnen sie die groben Unarten Eigen-Ehr falsch gemeynte Complimenten / eingerissene Mißbrauch in Gesellschafften / Bücher-Lesen Kinderzucht / Kleidern / etc so heutiges Tages bey vielen ungewanderten Frantzösisch Teutschen im vollen Schwang gehen zimlich corrigiren Ans Licht gebracht durch Expertum Rupertum. o. O. Anno 1713.
360 S. 8°.
Wenig veränderter Nachdruck der „Alamodischen Hobelbank"

Christliche Sittenschule: 1867 Cincinnati, OH

Sittenschule zur Erziehung für Gott und Vaterland. München 182? V: *Hauber, Joh. Mich.* (MGT)

Sittenschule, die, die Folgen des ausschweifenden Lebens. Schspl. in 5 Aufz. 8. Augsb. 778. v. Jenisch u. St. 4 gr

Sittenschule f. die Jugend, zur Beförder. eines edlen Charakters. 8. Augsb. 801. Kranzfelder. 10 gr

Sittenschule, lust- u. lehrreiche, nach Anleit. d. auserles. Aesop. Fabeln, m. K. 3 Thle. 8. Ulm, Wohler. 765.

Sittenspiegel

— oder kleine Erzählungen f. gute Kinder. 12. Strasburg, Heitz.

Sittenspiegel, Der, oder die Folgen eines üblen Beispiels. Ein Drama in fünf Aufzügen. Nach dem Französischen des Herrn Falbaire. Wien 1780. V: *Wieland, Joh. Andreas.* (BiblPort)

Sittenspiegel, der, oder d. Folgen e. übeln Beispiels. Drama. 8. Wien 781. Kurzböck. 4 gr.

Sittenspiegel, der, ein Lesebuch für dienende Mädchen. 8. München 820. (Landsh., Krüll.)

Sittenspiegel, der. Ein Lesebuch für dienende Mädchen. 8. München 834. (Landshut, Thomann.) 1/8 Thlr.

Sittenspiegel für das weibl. Geschlecht, v. Aug. Lafontaine. 5 Thle. 8. Görlitz. (Renger in Halle.) 804–7. (1r 2r 3 Thlr. 12 gr. 3r 4r 3 Thlr. 5r 1 Thlr. 12 gr.) 8 —
Velinpap. 11 20
(der 4te u. 5te Band a. unt. d. Titel: Erzählung. aus d. häusl. Leben. 3 Thlr.)
(der 5te Bd. apart auch noch unt. d. Titel: der Familienehrgeitz. 1 Thlr. 12 gr.)

— — desselb. 6r Bd. (a. unt. d. Titel: Natur u. Kunst 2c.) 8. Halle, Renger. 811.

Sittenspiegel für die Jugend. Berlin 1800. N. A. 1805. H: *Marées, Hnr. Ludwig de.* (Ky) (MGT)

Sittenspiegel f. junge Kaufleute, in biograph. Gemälden edler u. berühmt geword. Geschäftsmänner. 8. Elberf. Büschler. 812. –

Sittenspiegel für junge Kaufleute, in biograph. Gemälden edler u. berühmt geword. Geschäftsmänner. 8. Elberf. 812. (Schönian). 10 gr

— f. Kinder. Mit Kpf. 8. Altona 798. (Bechtold). 12 gr illum. 18 gr

Sittenspiegel f. Kinder, m. K. 8. Altona, Kaven. (Gräff in Leipz.) 798.
illum.

— f. das Landvolk in Beispielen u. Erzähll. 8. Münch., Fleischmann. 3 gr

— f. Mädchen u. Frauen, n. d. Engl. d. Gisborne v. H. L. Bonath. 8. Altona, Hammerich. 800.

Sittensprüche d. Buchs Jesus Sirach, f. Kinder, mit Bild. 8. Nürnb. Weigel. 784.

— eines persischen Weisen, a. d. Persischen übers. 8. Wien, Pichler. 799.

Sittenszenen, s. Sittenscenen.

Sitten- u. Lebens-Unterricht, christl., für d. Bürger u. Landmann 2c. Aus d. Holländ. (des E. Wolkers), übers. von Karl Fr. Bahrdt. 8. Brünn 791. (v. Schönfeld). 12 gr (Fleischmann in Münch.) 9 gr

Sitten- u. Lebensunterricht, christlicher, f. d. Bürger u. Landmann. gr. 8. München, Strobl. (Fleischmann.) 791.

SITTENVERDERBNISS, Die, unserer Zeit und ihre Opfer in ihren Beziehungen zum Staat, zur Familie und zur Moral. Mit Berücksichtigung der Prostitutionsverhältnisse in Leipzig (von *Carl Wilh. Streubel*). O. O. (Leipzig) 1854. 8°. (18 Sgr. Fischhaber, vor 1875.)
Anon.-Lex. V. p. 270 (nach Cat. Hiersemann-Leipzig 304).

SITTENVERDERBNISS, Die, unserer Zeit und ihre Opfer, in ihren Beziehungen zum Staate, zur Familie und zur Moral. (2 Mottis, aus Julie Burow u. Ludw. Börne.) (Vf.: *Streubel.*) Zweite unveränderte Auflage. Leipzig 1855. Verlag der Roßberg'schen Buchhandlung. (Umschlagtitel mit d. Zusatz: „Mit Berücksichtigung der Prostitutionsverhältnisse in Leipzig.") 8°. (5 Mk., Expl. im Orig.-Umschl., Adolf Weigel, c. 1907.) Vergriffen!

SITTENWALD, Philander v. (ps.), Joco-Seria, oder Ein Hundert Lehr- und Sinnenreiche wie auch laecherliche Begebenheiten etc. 1710.
Weller, Lex. Ps. p. 527. — Höchst selten!

SITTENWESEN, Das öffentliche, in Berlin. Berlin 1851. 8°. 16 S.

Sitter, Karl, Leben und Lieben in Wien. Humoristischer Roman in 3 Bdn. Wien 856. Stöckholzer v. Hirschfeld. 16. (224; 224; 200 S.) 1 Thlr. 15 ngr.

SITTER, Karl, Leben und Lieben in Wien. Humoristischer Roman. (vor 1885.)
W. Peuser's (Hamburg) Leihbibl.-Cat. no. 8243, ohne nähere Angabe.

Sitter, Carl, modernes Wien. Humoristische Federzeichnungen. Illustrirt von Ferd. Laufberger. 1. und 2. Lfg. 16. (68, 126 S.) Wien 860, v. Waldheim's xylographische Anstalt. à Lfg. * 5 Ngr. *

Sittersperger, J. N., Geschichte des Klosters Osterhofen-Damenstift. 2. Aufl. 8. (IV, 270 S.) Passau 884, Waldbauer's Buchh. *
1. Aufl. erschien im Selbstverlage des Verfassers.

Sittewald, Just., unser Hausgesinde, s.a. Hausgesinde.

Unser Hausgesinde, e. Aufruf an gebild. deutsche Hausväter u. Hausmütter, v. *Justus Sittewald.* *Lpz.*, Barth. 832. gr 8° 7½ gr

Sittewald, Philander von [Pseud.], s.a. Moscherosch, Johann Michael

Sittewald d. J., Philander v., die modernen Frösche, e. Parodie der Frösche d. Aristophanes. 12. (3 B.) Braunschweig 829, [Horneyer.]

Sittewald d. Jüng., Philander, (psdn.) die modernen Frösche, e. Parodie d. Frösche des Aristophanes. 12. Braunschw. 829. Verlags-Compt. 6 gr

v. Sittewald, Philand., (Jh. Mch. Moscherosch, eigentl. Kalbskopf,) († d. 4. April 1669.) Visiones de Don Quevedo, wunderliche u. wahrhafte Geschichte, d. i., Strafschriften, in welchen aller Welt Wesen, aller Menschen Händel mit ihren natürl. Farben d. Eitelkeit, Gewalt, Heuchelei u. Thorheit bekleidet, öffentl. auf die Schau geführt, als in e. Spiegel dargestellt u. gesehen werden. 2 Thle. Straßb. 650. N. Aufl. s. Bibliothek d. deutschen Satyriker.

SITTEWALDT, Smelfuncus von, Ausführliche Nachricht von seiner Wanderschaft ins Exilium. Frankfurt 1782. 8⁰. 238 S. (3 Mk. J. Taussig, Prag, 1903; jetzt theurer!)
Weller, Lex. Ps. hat ohne Orts- u. Formatsang.: „Wanderung" (?). — Sehr selten! S. 93 u. ff. handeln über „die Soldaten die nach Amerika geschafft werden."

Sittig, E., über e. stickstoffhaltiges Kohlenhydrat in der Leber, s.: Seegen, J.

Sittig, Elias Steph. Friedr., offene Antwort auf den offnen Sendbrief des Hrn. Dr. Friedr. Läpriz, an die protestant. Geistlichkeit Bayerns diesseits des Rheins, eine Gesangbuchsreform betreffend. gr. 8. (1¼ B.) Nürnberg 844, Friedr. Campe.

Sittich, Elias Steph. Fr., Apologie d. Verpflichtung der protestant. Geistlichen auf d. symbol. Bücher. Im Geiste d. Rationalismus zur 3. Säcularfeier d. evangel. Kirche im J. 1830. 8. (2¼ B.) Nürnberg, Stein. Thlr.

—— über protestantische kirchl. Entschiedenheit überhaupt u. in besond. Beziehung auf den Grundton der geistl. Lieder. gr. 8. (3 B.) Nürnberg 845, Friedr. Campe.

—— Glaube, Hoffnung, Liebe. Ein systemat. Handbuch der reinen christl. Religionslehre 2c. Mit vollständ. Register. gr. 8. (12 B.) Nürnberg 846, (47,) Friedr. Campe.

Sittig, Elias Steph. Fr., Katechismus des Naturrechts nach J. G. Fichte's Grundlage. 8. Bamberg 817, jetzt Dresch. ⅓ ₰

Sittig, Elias Steph. Fr., Katechismus d. Naturrechts nach J. G. Fichte's Grundlage. 8. Bamb. 817. Kunz. 8 ℊ

Sittig, (E. S. F.,) Lehrbuch der Religion, im Geiste, nach den Aussprüchen u. Vorschriften des Christenthums, f. Gebildete. gr. 8. Erlang 822, Palm u. Enke.

— die Messiasidee ihrer Entwickelung. Ein Versuch, das Verhältniß des Messiasbegriffs der Dogmatik zur Messiasidee der Vernunft darzustellen, u. hiernach die Frage kritisch u. wissenschaftl. zu entscheiden: „War Jesus der, der da kommen sollte!" 8. Bamberg 816, jetzt Dresch. 7 ℊ

— die Messiasidee in ihrer Entwickelung. Ein Versuch, das Verhältniß d. Messiasbegriffs d. Dogmatik z. Messiasidee d. Vernunft darzustellen 2c. 8. Bamb. 816. Kunz. 7 ℊ

— kurzgefaßter, jedoch vollständ. u. systematisch geordneter Unterricht in der reinen christl. Religionslehre. 8. Bamberg 816, jetzt Dresch. ⅔ ₰

Sittig, E. St. Fr., kurzgefaßt. jedoch vollständ. u. systemat. geordn. Unterricht in d. reinen christl. Religionslehre f. alle Stände. 8. Bamb. Kunz. 816.

Sittig, Emil, Clown-Reigen, s.: Kostüm-Reigen Nr. 24.

— Fahnen-Reigen, s.: Reigensammlung.

— Freiübungs-Reigen, s.a. Reigensammlung.

Sittig, Emil, Freiübungsreigen für 12 Turner, Leipzig, 11 S., 1 Taf., 16°.

Sittig, Emil, turnerische Gruppenbilder in reigenartiger Ausführung, s.: Reigensammlung. III. 3.

Sittig, Emil. Über die Konstitution des 3:5 Dinitro2:4 dichlortoluols und seine Kondensationen mit Aminen und Phenolen. Diss. Phil. Basel. 29 S. 8. Basel, Walz & Miéville, 1902.

— Stabübungs-Reigen, s.: Reigensammlung.

Sittig, G. S., e. evangel. Beichtvaters vollständ. geistlich. Handbuch. 8. Merseburg, Schubert. 716.

Sittig, H., über das adversative Verhältniss der hypothetischen Sätze bei Homer. Teschen 861. (Prochaska.) gr. 4. (17 S.) 15 ngr.

Sittig, Heinrich: Geschichte des k. u. k. Feldjäger-Bataillons Nr. 1. Verf. von Heinrich Sittig, Oberlt. 1808. 1908. Hrsg. v. Offizierskorps. Reichenberg i. B.: Offizierskorps 1908. 375 S. 4⁰ (8⁰)

Sittig, J. C., de lapidibus Dei positis. Lips. 1729. 4.

Sittig, Joh. Conr., Jesus d. Gekreuzigte üb. alle Sonn- u. Festtagsevangel. vorgestellt. 4. Leipz. 705.

— Miscellanpredigten. 2 Thle. 8. Merseburg. 702—712.

Sittig, (Otto), Dr.: Über die Ableitung der sin. und cos. Funktion der Summe und der Differenz zweier Winkel aus der sin. und cos. Funktion der einzelnen Winkel am Dreieck. Coburg 1904: E. Dorn. (S. 1—10.) 4° [F.]
Coburg, G Casimirianum OP 1904 (817)

Sittig, Otto: Über unfreiwillige Wanderungen im Grossen Ozean. ... (Aus: Petermanns Mittheil. Jhrg. 1890.) Gotha, Druck d. Engelhard-Reyherschen Hofbuchdr. (1890); 12 S. u. 1 Kart. 4°
Leipzig, Phil. Fak., Inaug.-Diss. v. 1. Aug. 1890

Sittig, Valent., eröffn. Heiligthum z. Buße, Beichte, Communion u. Abendmahl, m. K. 12. Ebend. 737.

Sittig, Valentin Sigismund (Lissa über Delitzsch)
A. S. 61/8

Utrum liberi actione quasi Calvisiana venditiones parentum inofficiosas revocare possint ad leg. ult. D. de rebus in fraud. patron.
Präs. Christoph Ludwig Krell.
Wittenberg (Scheffler) 21. III. 1739. 32 S. 32721

Sitting Bull, der letzte Häuptling der Sioux-Indianer. (40ff.: Berühmte Indianer-Häuptlinge). 1—180. (Berlin: Verlagshaus f. Volkslit. u. Kunst 1906–09.) 8° [10. 14:14]

Sittl, Karl, der Adler und die Weltkugel als Attribute des Zeus in der griechischen und römischen Kunst. gr. 8. (51 S.) Leipzig 884, Teubner. *
Aus: Jahrbücher für classische Philologie, besonders abgedruckt.

Sittl, Karl, d. Anschauungsmethode in d. Altertumswissenschaft. gr. 8. (III, 41 S.) Gotha 896. F. A. Perthes. n. — 60

XXIII. Programm des von Wagner'schen Kunstinstitutes der Universität Würzburg. — Würzburger Antiken erläutert von Karl Sittl. . . . Würzburg, in Comm. d. Stahel'schen k. Hof- u. Univ.-Buch- u. Kunsth., 1890; 2 Bl., 30 S., 1 Bl., 15 Taf. fol.
(Nur in beschränkter Zahl für den Austausch

Sittl, Karl. Würzburger Antiken, erläutert. [23. Programm d. v. Wagner'schen Kunstinstitutes der Universität Würzburg.] Fol. (III, 21 S. m. 15 Kpfr.-Taf.) Würzb. 890, (Stahel). * 4 —

Sittl, Karl, und die homerischen Äolismen, s. Hinrichs, Gust.

— Archäologie d. Kunst, Atlas, s. a. Handbuch d. klassischen Altertums-Wissenschaft.

Archaeologie der Kunst. Nebst e. Anh. üb. die antike Numismatik. Von Dr. Karl Sittl, o. Prof. ... in Würzburg. M. e. Atlas v. 450 Abb. [Text.] Atlas. *München: C. H. Beck 1895—97.* 1 Bd 8. 1 Bd quer-4.
[Text.] 1895. (XX, 953 S.)
Atlas. 64 [vielm. 66] Taf. m. 1000 Abb. Nebst Inhaltsverz. u. alphab. Reg. 1897. (28 S., 1 kl. Bl., 66 Taf.)
= Handbuch d. klassischen Altertums-Wissenschaft. Bd 6. [97. 463

Sittl, Carl, die Gebärden der Griechen u. Römer. gr. 8. (VI, 386 S. m. zahlreichen Abbildgn. u. 4 Taf.) Leipzig 890. Teubner. n. 10. —

Sittl, Carl, General-Anzeiger zu den Verordnungs-Blättern der k. bayer. Verkehrs-Anstalten, zum deutschen Postvereinsvertrage, zur ausländ. Fahrpost, zu den Brieftarifen, zum Eisenbahnreglement u. zum direkten Eisenbahn-Verkehre. Zusammengestellt u. mit Erlaubniß der hohen General-Direktion der k. bayer. Verkehrs-Anstalten veröffentlicht. 2., verm. Aufl. Passau 865. (Waldbauer's Buchh.) 8. (IV, 84 S.) n. 14 ngr.

— Geschichte der griechischen Literatur bis auf Alexander den Grossen. 1. u. 2. Tl. gr. 8. München, Th. Ackermann. n. 11. 30
1. (VI, 350 S.) 884. n. 4. 80. — 2. (X, 494 S.) 886. n. 6. 50

— Geschichte der griechischen Literatur bis auf Alexander den Grossen. 3. Tl. Mit Generalregister. gr. 8. (VI, 521 S.) München 887. Th. Ackermann's Verl. n. 6. 50 (cplt.: n. 17. 80)

— Die Glaubwürdigkeit der Hesiodfragmente. S.-A. 1890. 24 S.

III. Jahresbericht des kunstgeschichtlichen Museums '(v. Wagner-Stiftung)' der kgl. Universität Würzburg. M. 4 Taf. — Programm '(XXVII.)': Die Grenzbezeichnung der Römer. E. Beitr. z. Limes-Frage. Mit Anh.: Nachträge zu den „Parerga" [= II. Jahresber. 1893]. Von Carl Sittl. Würzburg, Comm.-V. d. Stahel'schen k. Hof- u. Univ.-Buch- u. Kunst-Handl., 1894; 24 S., 1 Bl., 4 Taf. 4.

Sittl, Karl, die Grenzbezeichnung der Römer. Ein Beitrag zur Limes-Frage. Mit Anh.: Nachträge zu den „Parerga". III. Jahresbericht des kunstgeschichtl. Museums (v. Wagner-Stiftg.) der kgl. Universität Würzburg. XXVII. Progr. gr. 4. (25 S. m. 4 Taf.) Würzburg 894. (Stahel.) n. 1. 50

Sittl, K., Zur ältesten Hesiodüberlieferung. Ak. 1889. 24 S.

Sittl, K., Jahresbericht üb. das Vulgär- und Spätlatein v. 1877—1883. S.-A. 1884. 40 S.
— — v. 1879—1884. 3 Tle. I. S.-A. 1885. 51 S.
— — II. S.-A. 1888. 49 S.
— — III. S.-A. 1889. 106 S.
— — v. 1881—1890. 61 S.

— klassische Kunstarchäologie nebst e. Anh. üb. die antike Numismatik, s.: Handbuch der klassischen Altertums-Wissenschaft.

— Mitteilungen üb. e. Iliashandschrift d. röm. Nationalbibliothek. Ak. 1888. 24 S.

II. Jahresbericht des kunstgeschichtlichen Museums '(v. Wagner-Stiftung)' der kgl. Universität Würzburg. Mit Programm '(XXVI.)': Parerga zur alten Kunstgeschichte. I. Was ist Schliemanns Troja? II. Die Kypseloslade. III. Der Talo incessens des Polyklet. IV. Zum Myronischen Marsyas. Von Carl Sittl. Würzburg, Comm.-V. d. Stahel'schen k. Hof- u. Univ.-Buch- u. Kunsth., 1893; 30 S., 4 Taf. 4.

— Parerga zur alten Kunstgeschichte. I. Was ist Schliemanns Troja? II. Die Kypseloslade. III. Der Talo incessens des Polyklet. IV. Zum Myronischen Marsyas. (XXVI. Programm des kunstgeschichtl. Museums [v. Wagner-Stiftg.] der kgl. Universität Würzburg, nebst II. Jahresbericht.) gr. 4. (30 S. m. 4 Taf.) Würzburg 893. (Stahel.) n. 1. 50

XXIV. Programm des von Wagner'schen Kunst-Institutes ... — Die Patrizierzeit der griechischen Kunst. Von Karl Sittl. ... Würzburg, in Comm. d. Stahel'schen k. Hof- u. Univ.-Buch- u. Kunsth., 1891; IV S., 1 Bl., 37 S., 3 Taf. 4°
(Nur in beschränkter Zahl für den Austausch)

— Die Patrizierzeit der griechischen Kunst. 24. Programm d. v. Wagner'schen Kunst-Institutes d. Universität Würzburg. hoch 4. (V, 37 S. m. 3 Taf.) Würzb. 891, (Stahel). * 3 —

I. Jahresbericht des von Wagner'schen Kunst-Institutes der kgl. Universität Würzburg. Mit Programm '(XXV.)': Die Phineusschale und ähnliche Vasen mit bemalten Flachreliefs von Carl Sittl. Würzburg, in Comm. d. Stahel'schen k. Hof- u. Univ.-Buch- u. Kunsth., 1892; 23 S. 4.

— Die Phineusschale u. ähnliche Vasen m. bemalten Flachreliefs. (1. Jahresbericht d. v. Wagner'schen Kunst-Institutes der kgl. Universität Würzburg. Mit Programm 25.) gr. 4. (24 S.) (Ebd.) 892. * 1 —

— empirische Studien über die Laokoongruppe. IV. Jahresbericht des kunstgeschichtlichen Museums (v. Wagner'sche Stiftung) d. kgl. Universität Würzburg. XXVIII. Progr. gr. 8. (VIII, 49 S. m. 3 Taf.) Würzburg 895. (Stahel'sche Verlagsanstalt.) n. 2. —

Sittl, Karl, Dionysisches Treiben u. Dichten im 7. u. 6. Jahrh. v. Chr. V.—VII. Jahresbericht des kunstgeschichtl. Museums (v. Wagner'sche Stiftg.) der Universität Würzburg. XXIX. Progr. gr. 4. (46 S. m. 12 Abbildgn. u. 3 Kpfr.-Taf.) Würzburg 898. (Stahel's Verl.) n. 2. 50

Sittl, K. XXXIX. Versammlung deutscher Philologen und Schulmänner in Zürich.
*** „Berliner philologische Wochenschrift", 7. Jahrg. N° 45—48. 1887.

Sittl, Karl, die lokalen Verschiedenheiten der lateinischen Sprache mit besonderer Berücksichtigung des afrikanischen Lateins. gr. 8. (IV, 163 S.) Erlangen 882. Deichert. n. 2. 80

— Was ist Vulgärlatein? S.-A. 1889. 8 S. 4°.

— die Wiederholungen in der Odyssee. Ein Beitrag zur homerischen Frage. Gekrönte Preisschrift. gr. 8. (191 S.) München 882. Th. Ackermann. n. 4. —

Sittl, Carl, die Wunder der Handschrift. Die Handschriften-Beurtheilungskunst. gr. 8. (III, 163 S.) Zürich 881. Schröter. n. 4. —

Sittl, Carl, die Wunder der Handschrift. Die Handschriften-Beurtheilung. gr. 8. (III, 163 S.) Zürich 881, Trüb'sche Buchh. *

Sittler, Ed., der Domschatz in Prag, s.: Podlaha, Ant.

Sittler, Ed., Topographie d. histor. u. Kunst-Denkmale im polit. Bez. Mühlhausen, bezw. Selčan, s.: Podlaha, Ant.

Sittler, Joh. Bapt., eine Jubiläumswallfahrt nach Lourdes im August 1904. (59 S.) 8. Wörishofen (905). Buchdr. u. Verlagsanstalt Wörishofen. n. — 40

Sittler, N., sechs lehrreiche Erzählungen f. d. Jugend. 8. (III, 144 S. m. Titelbild.) Regensburg 896. A. Coppenrath's Verl. n. 1. 20; geb. in Leinw. n.n. 1. 60

Sittler, N., in Freud u. Leid. Erzählgn. f. die Jugend. (II, 86 S.) 8. Regensburg 907. A. Coppenrath's Verl. —80; geb. n 1. 20

Sittler, N., Handwerk hat goldenen Boden. Erzählung f. Fortbildungsschüler u. junge Handwerker. Nach dem Französ. bearb. (III, 52 S.) 8. Regensburg 905. A. Coppenrath's Verl. n. — 40; geb. in Leinw. n.n. — 60

— die Sage vom heil. Gral. Bearb. f. die Jugend (für Schüler vom 10. Jahre an). (48 S.) 8. Ebd. 904. n. — 40; geb. in Leinw. n.n. — 60

— Die Sage vom hl. Gral. Bearb. f. die Jugend. 2., verm. u. verb. Aufl. (116 S.) 8. Ebd. 911. 1. —; geb. in Leinw. 1. 40

— Sagen u. Legenden der Oberpfalz. Für die Jugend bearb. 2. verm. u. verb. Aufl. (XII, 187 S. m. Abbildgn.) kl. 8. Ebd. 906. n. 1. 50; geb. in Leinw. n. 2. —

Sittler, Paul, neuere Arbeiten üb. Rachitis. II. Sammelreferat. (7 S.) gr. 8. Leipzig 909. B. Konegen. 1. —
Sonderabdruck aus: „Der Kinderarzt".

Sittler, Paul, Dr., Assist. an d. Säuglingsabt. d. med. Klinik zu Marburg: Aus d. med. Universitätsklinik Marburg. (Dir.: L. Brauer.) Die wichtigsten Bakterientypen der Darmflora beim Säugling, ihre gegenseitigen Beziehungen und ihre Abhängigkeit von äusseren Einflüssen. Würzburg: Kabitzsch 1909. 70 S. 8⁰ (Ersch. auch als Buch ebd.)
Marburg, Med. Hab.-Schr. v. 1909.

Sittler, Paul, klinische Betrachtungen üb. Skrofulose, s.: Abhandlungen, Würzburger, aus dem Gesamtgebiet der praktischen Medizin. IX, 11.

— Ernährungsstörungen des Säuglings. (12 S.) gr. 8. Ebd. 908. 1. —

— dasselbe. II. Sammelreferat. (12 S.) gr. 8. Ebd. 909. 1. —
8 Sonderabdrucke aus: „Der Kinder-Arzt".

— Biologische Fragen bei der natürlichen u. künstlichen Säuglingsernährung. (8 S.) gr. 8. Leipzig 909. B. Konegen. 1. —

Sittler, Paul, a. Colmar: Die Sterilisation elastischer Katheter. Jena 1905: G. Fischer. (52 S.) 8°
Straßburg, Med. Fak., Ref. Forster, Diss. v. 22. Juni 1905
[Geb. 13. März 80 Nancy, Frankreich; Wohnort: Colmar; Staatsangeh.: Elsaß-Lothringen; Vorbildung: Lyz. Colmar i. E. Reife M. 99; Studium: München I. H. 1, Univ. 2, Freiburg i. B. 1, Straßburg 6 S.; Coll. 2. März 05; Approb. 17. Jan. 05.]

Sittlichkeit, die christliche, s.: Volksbibliothek, apologetische.

Sittlichkeit, katholische u. protestantische. Mit besond. Rücksicht auf Luthers Lehre v. Ehestande, s.a. Flugschriften, kathol., z. Wehr u. Lehr'.

Katholische u. protestantische Sittlichkeit. Mit besonderer Rücksicht auf Luthers Lehre vom Ehestande. Berlin, Germania, 1892. 16°. 56 S. (Kath. Flugschr. &c. Nr. 55.)

Sittlichkeit, Die, der Masqueraden und des Carnevals ... Hildesh. 1768. 2. A. 1769. V: *Koken, Joh. Carl.* (Rotermund, Gel. Hannover. Bremen 1823.) (ML)

Sittlichkeit, die öffentliche. 1.—8. Heft. gr. 8. Berlin, Dolfuß. *

Inhalt:
Heft 1. Guillaume-Schack, Gertrud, ein Wort zur Sittlichkeitsfrage. Vortrag, gehalten im Rathhause zu Berlin am 14. Mai 1880. 5. Aufl. (14 S.) 881. * 50 Pf.
„ 2. Dyer, Alfr. S., der Handel mit englischen Mädchen. Ein Bericht von Thatsachen. Aus dem Englischen. 3. Aufl. (36 S.) 881. 75 Pf.
„ 3. Die Organisation der weißen Sclaverei in Brüssel. Von einem Belgier. Aus dem Engl. übers. durch das Central-Comité des Deutschen Kulturbundes. (32 S.) 882. * 50 Pf.
„ 4. Die Abschaffung der weißen Sclaverei in Brüssel. Vom Verf. „der Organisation der weißen Sclaverei in Brüssel". (26 S.) 882. * 50 Pf.
„ 5. Guillaume-Schack, Gertrud, über unsere sittlichen Verhältnisse und die Bestrebungen und Arbeiten des Britisch-Continentalen und Allgem. Bundes. Vortrag am 23. März 1882 in Darmstadt gehalten und von der Polizeibehörde daselbst verboten. Anhang: Der Prozeß zu Darmstadt gegen Frau Guillaume-Schack. Stenographischer Bericht. (47 S.) 882. * 75 Pf.
„ 6. Sautter de Blonay, D., der Staat und die öffentliche Moralität. (32 S.) 882. * 50 Pf.
„ 7. Butler, Jos., eine Stimme in der Wüste. (24 S.) 883. * 50 Pf.
„ 8. Schlumberger, C., die Aufhebung der öffentlichen Häuser zu Colmar im J. 1881. Mit amtlichen Dokumenten. (24 S.) 884. * 30 Pf.

Sittlichkeitsapostel, Ein, oder Heinrich Schweizer, der Zeit Pfarrer in Wollish. O. O. 1869. V: *Haupt, Martin.* (Cat. d. Stadtbibl. Zürich. Zürich 1864—97.)

Sittlichkeits-Blätter. Organ d. Sittlichkeitsbewegg. f. die deutsche Frauenwelt. Hrsg. v. S. Keller. 1. Jahrg. April—Dezbr. 1892. 9 Nrn. (à Nr. ½ Bog.) gr. 8. Berl. 892. (Evang. Vereins-Buchh.). * — 75
Nr. 1 erschien u. d. T.: Frauen-Blätter.

— dasselbe. Hrsg. unter Red. v. F. Patzschke v. der allgemeinen Konferenz der deutschen Sittlichkeitsvereine. 2. Jahrg. 1893. 12 Nrn. (½ Bog.) gr. 8. Ebd. n. 1. —
Fortsetzung s.: Frauen-Blätter.

Sittlichkeitsideal, das christliche, u. der Goethebund. I. Referat, geh. v. Stöcker in öffentl. Versammlg. des Vereins zur Hebg. der öffentl. Sittlichkeit in Hamburg am 8. XI. 1900. II. Diskussion. III. Anh.: Goethe u. der Goethebund. gr. 8. (46 S.) Hamburg 901. Herold. n. — 60
Sonderabdruck aus: „Die Grenzboten".

Sittlichkeitslehre, die, als Naturlehre. gr. 8. (IX, 116 S.) Leipzig 894. Duncker & Humblot. n. 2. —

Sittlichkeits-Verbrechen, die, e. Breslauer Zeitungs-Redakteurs. Von Soneca. Mit e. Einleitg. v. Alex. Berg. gr. 8. (16 S.) Berlin 894. G. A. Dewald. n. 20

SITTLICHKEITS-VERBRECHEN, Die, vor dem Gesetz. (190*.) (2 Mk. W. A. Gabriel, Berlin, ca. 1905, ohne Angabe von Ort u. Jahr.)
Aus dem Inhalt: Ursprung der Ehe. — Der außereheliche Verkehr. — Reichsgesetze. — Gewerbsmäßige Unzucht. — Vergehen in der Ehe. — Doppel-Ehe. — Blutschande etc.

[Kopft.:] **Sittmann,** Georg [Dr., Assist. d. Inst.]: Bacterioskopische Blutuntersuchungen. Nebst experimentellen Untersuchgn über d. Ausscheidg d. Staphylokokken durch d. Nieren. Aus d. medicin.-klin. Institut zu München. (Aus d. Deutsch. Arch. f. klin. Med.) *Leipzig, Druck v. J. B. Hirschfeld, 1894;* 54 S. 8.
München, Med. Fak., Hab.-Schr. v. 1894
(Nicht für den Austausch)

Sittmann, Georg [app. Arzt aus Mainz]: Über den bacterientötenden Einfluss des zellenfreien Blutserums ... München, kgl. Hof- u. Univ.-Buchdr. v. Dr. C. Wolf & Sohn, *1894;* 27 S. 8.
München, Med. Fak., Inaug.-Diss. v. 1894

Sittmann, (Georg), physikalische Therapie der Erkrankgn. des Herzens u. der Gefässe, s.a. Therapie, physikalische, in Einzeldarstellungen.

Physikalische Therapie der Erkrankungen des Herzens und der Gefäße. Bearb. von Prof. Dr. G[eorg] **Sittmann**. Stuttgart: F. Enke 1907. (92 S.) 8°
— **Therapie**, Physikalische, in Einzeldarstellungen. H. 10. [07. 17679

Sittner, Arthur

Sittner, A., zur Ausräumung des Uterus beim Abort, s.a. Sammlung klinischer Vorträge Nr. 402.

Zur Ausräumung des Uterus beim Abort. Von Dr. A[rthur] **Sittner,** Brandenburg a. H. Leipzig: Breitkopf & Härtel 1905. (38 S.) 4°(8°) = **Sammlung** klinischer Vorträge. No 402. 105. 13160

Sittner, Arthur [pr. Arzt aus Beneschau O./S.]: Das Ekzem, seine Ursachen und seine Verhütung. . . . Jena, Frommannsche Buchdr. (Hermann Pohle), 1889; 1 Bl. + 46 S. 8°
Jena, Med. Fak., Inaug.-Diss. v. [6. Okt.] 1889

Sittner, Johann Gottfried (Wiederau) A. S. 160/16a

Dissertatio posterior de imperio peregrinorum principum maxime in Germania. Präs. Elias Gottlieb Dieterich.
Wittenberg (Gerdes) 7. XII. 1726. 16 S. 32722

Situation, die. Uebers. nach der in Constantinopel erschienenen Broschüre. gr. 8. (35 S.) Wien 877. Bloch & Hasbach. n. — 80

Situation de l'église catholique dans le Canton de St. Gall sous l'empire du prétendu droit de l'état en matière ecclésiastique. Mémoire du révérendissime Évêque de St. Gall adressé au Grand Conseil du Canton contre la loi confessionnelle du 16 Juin 1855. (Traduit de l'original allemand.) Einsiedeln 858. Benziger. 12. (72 S.) 6½ *ngr.*

Situation de l'église catholique dans le canton de St. Gall sous l'empire du prétendu droit de l'état en matière ecclésiastique. Mémoire du révérendissime évèque de St. Gall adressé au grand conseil du canton contre la loi confessionnelle du 16. Juin 1855. (Traduit de l'original allemand.) gr. 8. (72 S.) Einsiedeln 859, Gebr. Benziger.

Situation, die, Kurhessens gegenüber der rechtsungilltigen Verfassung vom 30. Mai 1860. Heidelberg 860. C. Mohr. gr. 8. (38 S.) n. 5 *ngr.*

Situation aus Fausts Leben vom Mahler Müller, 8. Manheim, 776. Schwan. 4 sgl.

Situation von Mayntz nebst denen Teutschen und Französischen Feld-Lägern, welche Anno 1735 bey dieser Stadt und hinter der Seltz geschlagen worden. Frankfurt am Mayn bey Heinrich Ludwig Brönner 1735. O. M. 1 Bl.

Situation politique actuelle de l'Europe . . . Augsbourg 1781. V: *Serionne, Joseph Accarias von.* (MGT)

Situation politique de la France. Principes d'une Alliance politique ayant pour but de mettre fin à la lutte révolutionnaire par l'initiative du progrès social. Lex.-8. Paris 834. (Stuttgart, Neff.) 3/8 rf

— u. **Reconstruction** der Nord-Ost-Bahn. Bericht der von einer Actionär-Versammlung gewählten Kommission. Mit 8 graph. Tab. in Farbendr. (in gr. 4.). gr. 8. (III, 44 S.) Zürich 877. Orell, Füßli & Co. Verl. n. 2. —

Situation — Wahrhafftige — aller Städt und Vestungen, So von der Kayserl. Residenzstadt Wien, biss an die Essecker Brücken, sowol an der Donau, als andern Flüssen etc. sich befinden. Nürnberg bey Joh. Hoffmann. Ohne M. 1 Bl.

Situation, die, in Württemberg im Zusammenhang mit dem Militärdienstgesetz u. der Präsenzfrage von einem süddeutschen Wehrmann. Stuttgart 870. Aue. gr. 8. (43 S.) n.n. 9 *ngr.*

Situationen, s. K. A. Friedrich.

Situationen, oder Geschichte Ottliens von Stromau, Gemählde einer modischen Erziehung, von der Verf. der Familie Walberg, (Fr. von Gersdorf) 2 Theile, 8. Weißenfels, 794, Severin. 1 Rthl.

Situationen oder Geschichte Ottiliens von Stromau . . . Weissenfels 1811. V: *Gersdorf, Charlotte Eleonore Wilhelmine von.* (MGT) (OL) (Schl) »1794« (Ky)

Situationen, od. Gesch. Ottiliens von Stromau; Gemälde e. modischen Erziehung, von d. Verfasserin der Familie Walberg. 2 Thle. 8. Weißenf. (Hinrichs, Lpz.) 811.

SITUATIONEN aus dem Blüthenalter eines Mannes von Gefühl. Berlin 1810. 8°.
Goedeke VI, 21, 20, l. — Selten!

Situationen von C. A. R*****y. Stendal 1794. V: *Ragotzky, Carl August.* (EE) (Ky) (GGr) (MGT)

Situationen von C. A. R***y (K. A. Ragotzky). 2 Bde. 8. Stendal 794, 95. N. A. 804. Franzen u. Gr. 1 ₰ 12 gr**

SITUATIONEN, Romantische. (2 Romane.) Neu-Ruppin, J. B. Kühn, 1796. 8°. (1 Rthlr.)
1. Verirrungen menschlicher Leidenschaften. 2. Leonore de Montaldo.
Anz. d. Verlegers: „Dies Werk ist ganz in dem Styl des beliebten Schriftstellers Fr. Schulz geschrieben."

Situationsbild, ein politisches, in Momentaufnahme v. ? ? ? gr. 8. (16 S.) Wien 895. Verl.-Buchh. „Austria". - 21

Situationscharte, s. Situationskarte.

Situations-Karte der Gegend um Gräfenberg und Karlsbrunn. 1 : 100000. Neisse. 1 Bl. l.

Situationskarte der Gegend bei Landau, Weissenburg, Lauterburg etc. 1793.

Laendern, zwischen dem Rhein, Mayn und Nekar — Militärische Situationskarte in XXIV. Blättern von den — nebst den angränzenden Gegenden, geographisch aufgenommen und herausgegeben von Haas, Obristlieut. im Grossherzogl. Hessischen Artilleriecorps, gezeichnet von Emmerich, grossh. hess. Geographen. Verlegt von Heinr. Ludw. Brönner in Frankfurt a. M. 1807. 1 : 31,000. 24 Bl.

Situationscharte, milit., üb. d. Feldzüge d. 7jährigen Krieges in Sachsen u. Schlesien, mit, auch ohne Position., s. Fr. H. Backenberg

Militairische Situations-Karte von der Gegend um Berlin, Potsdam und Spandau. Berlin 1810. 1 Bl. c. K. Ff.

Situationscharte d. Operationen d. Prinzen Heinrich v. Preussen in Böhmen u. Sachsen 1778. 1780—82.

Situations-Karte der Excellenz gräflich Nostitz'schen Domaine Pakoměřitz in Böhmen 1856. K. k. Hofbuchdruckerei von Gottlieb Haase Söhne in Prag. 1 Bl. 16" hoch, 26½" breit. Maßstab: 1" = 260°.

Situations-Karte von den Teutschen und Französischen Positionen in der Gegend um Trier und Saarburg im Jahre 1793 und 1794 von einem Officier von der Teutschen Armee. Gest. u. herausgegeb. von C. Felsing zu Darmstadt. 1 : 43,200. 1 Bl.

Situationscharte von einem Theile des Churfürstenthums Sachsen der Ober-Nieder-Lausitz und Schlesiens nebst denen Stellungen, Bataillen und Gefechten die zwischen den Kaiserlichen Kön. und Königl. preussischen Arméen, besonders in den letzten Jahren des siebenjährigen Krieges in diesen Gegenden vorgefallen sind. Gez. von E. H. Backenberg Hauptm. Dresd. 1 : 80,000. 10 Bl.

Situations-Plan von Airolo und der Installationen des Werkplatzes am Süd-Eingange des grossen Gotthard-Tunnels. 1:1000. 2 Bl. Chromolithogr. Imp.-Fol. Zürich 876, Orell, Füssli und Comp. *

Situationsplan der Engl. Armee vor und um Boston nebst der Stellung der Amerikaner. Frankfurt (1776).

Situationsplan von **Aschersleben**. Magdeburg. 1 Bl. c. L.

Situations-Plan von **Barby**. Magdeburg 1861. 1 Bl. c. L.

Belfort — Situationsplan der Belagerungsarbeiten von — 1870—71. 10,000. Aufgen. durch das Personal des Grossh. mil. top. Bureau. 1 Bl.

Situations-Plan der **Neu-, Alt- und Bergstadt Bernburg**. Magdeburg 1861. 1 Bl. c. L. Ff.

Situations-Plan von Blasewitz. Nebst der Villen-Anlage Waldpark, dem Bau-Terrain Prinzenaue und der Striessner Fluren. Fol. Mit alphabet. Einwohner-Verzeichniss. gr. 8. (19 S.) Dresden 875, Meinhold und Söhne. In Carton * 2 50

Situations-Plan der königl. Landeshauptstadt Brünn, mit specieller Bezeichnung der öffentl. Gebäude und Anstalten, Chromolithogr. Imp.-Fol. Nebst Strassenverzeichniss. gr. 16. (7 S.) Brünn 879, Winkler's Buchh. cart. *

Situations-Plan der Landeshauptstadt Brünn mit Vororten. Maßst. 1:11,520. Brünn: F. Irrgang [1906]. (1 Kartenbl. 65×54 cm.) 8° [lith.] [kol.] (c6.8474

Situationsplan der Landeshauptstadt Brünn mit Vororten. 82 × 57 *cm*. Gefalzt in Umschlag Brünn: Irrgang 1906. K 1.—

Situationsplan von Dar-es-Salaam. — Plan der Tanga-Bucht. — Bagamoyo. — Umgebung von Pangani. 4 Kartenskizzen c. L. auf 1 Bl.

Situationsplan der in Ausführung begriffenen Berlin-Frankfurter Eisenbahn von Zimpel. Berlin. 1842.

Situations-Plan der Cöln-Mindener Eisenbahn. 1 : 300 000. 1 Bl. L. Ff.

Situations-Plan der Eisenbahn von Weissenfels nach Gera. 1 Bl. L. Ff.

Situations-Plan der in Wien einmündenden Eisenbahnen, nebst Darstellung des Stadtbahnbetriebes nach dem Project von Siemens und Halske. 1 : 30,000. Chromolithogr. gr. Fol. Wien 886, (Lechner's Sortiment.) * 1 —

Situationsplan von Ems. Lithogr. gr. Fol. Ebendas. 889. * — 30

Situations-Plan über die Erweiterung der k. Hauptstadt Prag in Folge der Auflassung der Schanzen vom poříčer zum blinden Thore, hrsg. vom Oekonomie-Amt der k. Hauptstadt Prag. 2 Bl. Fol. Prag 875, Verlag der Bohemia. 8 —

Situations-Plan über den Exercir- und Versuchs-Platz auf dem Steinfelde für die Schiessübungen der k. k. Artillerie. Massstab 1 w. Zoll = 200 Klftr. (Lithographiert.) (Donation Liechtenstein.) Fol. Wien (zirka 1858).

Situations-Plan der vormaligen Festungswerke von Breslau nach deren Beschaffenheit im J. 1806. Lithogr. Fol. Breslau 862, Kern's Verlag. In gr. 16.-Carton. *

Situations-Plan des Gefechtsfeldes bei **Weissenburg** und **Geissberg** am 4ten August 1870. 1 : 40000. o. O. u. J. Lithographie. 1 Bl. Fol., 29,5/39 cm.

Situationsplan der Gegend von Stein am Anger, wo das Hungarische Insurgenten-Corps unter Erzherzog Joseph, Palatinus, v. 6. Aug. bis 13. Sept. 1797 im Lager gestanden u. geübt worden.

Situations-Plan des Curortes Gleichenberg. *Graz.* Lith. Anst. v. *F. Schneider.* 1 Blatt. H. 11″. Br. 11¼″. Massstab 1 Wr.-Zoll gleich 40 Kl. Bildet einen Bestandtheil des Werkchens: Der Curort Gleichenberg in Steiermark. *Gratz. J. A. Kienreich.* 16 S., kl. 8°.

Gotthardbahn. Situationsplan von Göschenen und der Installationen des **Werkplatzes** am Nord-Eingang des grossen Gotthardtunnels. 1 : 1000, Chromolith. Fol. Zürich, Orell Füssli & Co. In Umschlag 1. 50

Situations-Plan von **Gross-Oschersleben**. Magdeburg 1861. 1 Bl. c. L.

Situations-Plan der Stadt **Gross-Salze**, der Dorflage Alt-Salze, der Burg Schadeleben und dem Bad Elmen. Magdeburg 1862. 1 Bl. c. L.

Hirschberg. — Situations-Plan von Hirschberg in Schlesien. Nach amtl. Quellen bearb. 1 : 7500. Lithogr. qu. Fol. Mit einer kurzgefassten Beschreibung der Stadt und ihrer Umgebung. 8. (16 S.) Hirschberg 885, Heilig. * 1 —

Situationsplan von Karlsbad, seinen Quellen, Promenaden und Fahrpartien. Fol. Karlsbad 874, Feller. * — 80

Situations-Plan des Kriegs-Schauplatzes allernächst Zürich und der Kette des Albisbergs, in welchem die Vorposten- und Reserve-Lager etc. bezeichnet sind (1799). J. H. Meyer del. et sculps. Sept. 1799. Ohne Maasstab. 1 Bl.

Situationsplan der bayerischen Landes-Ausstellung zu Nürnberg 1882. Chromolithogr. qu. 4. Nürnberg, Korn'sche Buchh. — 25

Situationsplan zur Würt. Landesgewerbe-Ausstell. Stuttgart 1881. Stuttgart 1881

Situations-Plan der allgemeinen Landes-Industrie-Ausstellung und des Stadtwäldchens von Budapest. Chromolithogr. gr. Fol. Budapest 885, Lampel. * — 80

Situationsplan der bayrischen Landes-Industrie-, Gewerbe- und Kunst-Ausstellung zu Nürnberg 1882. Lithogr. und color. qu. Fol. Mit erläuterndem Texte. 12. (10 S.) Nürnberg, v. Ebner'sche Buchh. * — 75

Situations-Plan der fränkischen verschanzten Linie auf den Anhöhen bey Zürich, welche den 2, 3, 4. u. 5. Juny 1799 etc. J. H. Meyer sc. Jun. 1799. Ohne M. 1 Bl.

Situations-Plan der Rhein-Main-Bahn-Strecke Mainz-(Gustavsburg-) Darmstadt. 1 : 50 000. Darmstadt. 1 Bl. L. Ff.

Situations-Plan vom **Mittel-Oderbruche** und von den anliegenden Ortschaften nach den Original-Aufnahmen des Königl. Generalstabes im Massstabe 1 : 25 000. Berlin. o. J. Lithographie. 8 Bl. Fol., 56,2/65 cm.

Situations-Plan vom Mittel-Oderbruche u. von den anliegenden Ortschaften nach den Orig.-Aufnahmen des Königl. Generalstabes im Maasstabe 1 : 25000. 8 lith. Bl. in gr. Fol. Berlin 851, Schropp & Co. 6 ℔

Situations-Plan, neuester, von Berlin mit nächster Umgebung und Angabe des Weichbilds und Polizei-Bezirksgrenzen. 1 : 12,500. Ausg. 1870. 4 Bl. Fol. Berlin, Schropp'sche Landkartenh. * 2 —

Situations-Plan, neuester, der königl. Landeshauptstadt Brünn. Mit specieller Bezeichnung der öffentl. Gebäude und der bedeutendsten Fabriken. Fol. Brünn 872, Nitsch. * — 80

Situations-Plan, neuester, von Danzig. Mit numerirtem Strassenverzeichniss. Chromolithogr. qu. Fol. Ebendas. 887. 1 50

Neuester Situationsplan von Danzig (mit numerirtem Strassenverzeichniss). [Maasst. ca. 1:5000.] *Danzig: L. Saunier [1893].* (1 Kartenbl. 52×43 cm.) 8° [kol.] [02. 3,93

Situationsplan, neuester, u. Droschken-Wegemesser der Stadt Düsseldorf. Mit Text an den Seiten. Farbendr. 61,5×69,5 cm. [Düsseld. 891, F. Bagel.] Frankf. a. M., Jaeger. * 2 50

Situationsplan von **Neuhaldensleben**. Magdeburg 1861. 1 Bl. c. L.

Situationsplan der Bahnstrecke Neumünster—Heide—Tönning, eröffnet am 22. August 1877. 1 : 240000. o. O. u. J. 1 Bl. Quer-Fol. 32/46 cm.

Situationsplan von dem Seebade-Orte **Norderney**. 1837. 1 Bl. l

Situationsplan, Offizieller, der Seequai-Anlagen. In Farbendruck. Zürich, J. J. Hofer. 1881.

Situationsplan der kgl. Hauptstadt Olmütz und ihrer Umgebung. Maßstab 1 : 14.400. Gefalzt in Umschlag Olmütz: Hölzel 1895. —.20

Situationsplan der Stadt Parchim. Parchim; H. Wehdemann [1901]. (1 Kartenbl. 27x20 cm.) quer-4°

Situationsplan der Plätze im königl. Hoftheater zu Altstadt-Dresden. Lith. qu. gr. Fol. Dresden 878. Bleyl & Kaemmerer. — 30

Situations-Plan von Prag. Fol. Prag 872, Reinitzer und Comp. — 60

Situationsplan der königl. Freistadt Pressburg. 1882. Hrsg. unter der Aufsicht von Ant. Sendlein. Gezeichnet von Jul. Laubner. 1 : 3600. 2 Bl. Chromolithogr. Imp.-Fol. Pressburg 881, Steiner's Buchh. * 8 —

Situationsplan der projectirten Quaianlagen in Zürich. 1 : 5000. Chromolithogr. qu. gr. Fol. Zürich 881, Hofer. 1 —

Situationsplan der Quaianlagen v. Zürich. 1 : 5000. Farbendr. qu. gr. Fol. Zür. 889, Hofer u. Burger. * 1 20

Situations-Plan der Stadt **Ratibor**. 1 : 2 500. Ratibor. 1 Bl. L.

Situations-Plan der Stadt **Reichenbach i. Schl.** und Umgebung. 1 : 2 500. 1868. 1 Bl. c. Hz.

Situationsplan der Stadt Reval, ausgearb. im techn. Bureau des Revalschen Stadtamtes. 1 : 4200. 4 Bl. Fol. Reval 885, Wassermann. * 14 —

Situations-Plan von **Saarlouis** und Fraulautern. 1 Bl. c. Hz.

Situations-Plan des Schlachtfeldes bei **Metz** für die Gefechte am 14, 16. u. 18ten August 1870. Kaupert fec. 1 : 40000. o. O. u. J. Metallographie. 2 Bl. Fol.; das westliche (Bl. 6) 57,8/66 cm, schwarz, das östliche (Bl. 5) 57,8/58,2 cm, koloriert.

Situations-Plan des Schlachtfeldes bei **Saarbrücken—Forbach** am 6ten August 1870. A. Kaupert fec. 1 : 40000. o. O. u. J. Metallographie. 1 Bl. Imp.-Fol., 58,2/58 cm.
Als Bl. 4 bezeichnet.

Situations-Plan des Schlachtfeldes bei **Wörth—Reichshofen** am 6ten August 1870. A. Kaupert fec. 1 : 40000. o. O. u. J. Metallographie. 1 Bl. Fol., 48,8/42 cm.
Als Bl. 3 bezeichnet.

Situations-plan von dem **Schlossgarten** (zu Kiel). 1 : 1000. o. O. u. J. (vor 1870). Lithogr. 1 Bl. Imp.-Fol., 49/61 cm.

Situations-Plan von **Torgau**. Magdeburg 1862. 1 Bl. c. L.

—— vollständiger und übersichtlicher, der Wiener Weltausstellung 1873, mit allen Haupt- und Nebengebäuden, einschliesslich des Volks-, Nobel- und wilden Praters sammt allen in demselben befindl. Gebäuden, Alleen, Gewässern, Wald- und Wiesenpartieen, Wegen und Stegen vom Praterstern bis zur Freudenau sowie aller Communications-Wege die aus der Stadt in den Prater führen. Fol. Pest 873. (Leipzig, Haessel.) * — 80

Situations-Plan der Wiener Welt-Ausstellung 1873. [Nach dem officiellen Plane. qu. gr. 4. Wien 872, Gronemeyer. * **Chromolithogr.** *

—— dass. — Mit vollständ. Verzeichniss aller Baulichkeiten und Separat-Ausstellungen nebst Angabe ihrer Lage. Fol. Teschen 878, Prochaska. * **40 Pf.; Chromolithogr.** *

— vom königl. Wildpark v. Sans-Souci bei Potsdam. Imp. Fol. Lithochrom. Berlin 848. (Schropp & Co.) n. 2 ₰

Situations-Plan von **Wittenberg**. Magdeburg 1862. 1 Bl. c. L.

Situations-Plan von Zeitz und nächster Umgebung. 1 : 8000. Lithogr. qu. Fol. [Zeitz 877.] Halle, Strien Verlag. Auf Pappe gezogen ** **50 Pf.; color.** ** — 70

Situations-Zeichenschlüssel, neuer. 23 (lith.) Blätter, m. kurzer Beschreibg. (3 S.) zum Gebrauche f. alle Militärs. 3. Aufl. 16. Wien 876. Seidel & Sohn. n. — 80

Situations-Zeichenschlüssel, neuer. 24 (lithogr.) Bl. mit kurzer Beschreibung. Zum Gebrauch für alle Militärs. 4. und 5. revid. Aufl. 16. (4 S.) Wien 881,83, Seidel und Sohn. *

Situations-Zeichenschlüssel, neuer. 24 Blätter mit kurzer Beschreibung zum Gebrauche für alle Militärs. 6. Aufl. 16°. Wien, Seidel & Sohn. fl. —.30. 1886.

Situationszeichner, s. Berggold.

Situationszeichner, d., f. Ingenieurs, Artilleristen ꝛc. m. Planen. Leipz. Ind. Comt.

Situationszeichnungs-Schule der k. k. Ingenieurs-Academie, gezeichnet von den Zöglingen derselben. (1 Schuber mit 10 Tafeln, [Nr. 8 fehlt] ohne Jahreszahl. 1 Schuber mit 20 Tafeln. [Nr. 19 u. 20 fehlen.] 1827.) (2 Bde.) (Donation Liechtenstein.)
4. (ohne Druckort) 1821.

Situs viscerum, oder Angabe der Lageverhältnisse der in den drei Höhlen des menschl. Körpers enthaltenen Organe. Zum Gebrauche bei Repetitionen über Anatomie, bei Sektionen ꝛc. 16. Berlin 839. Enslin'sche Buchh. 1/3 ₰

Situs Viscerum, od. Angabe d. Lageverhältnisse der in den drei Höhlen d. menschl. Körpers enth. Organe. Zum Gebr. bei Repetitionen üb. Anatomie, bei Sektionen etc. 16. (4½ B.) Berlin 839, [G. W. T. Müller's Verl.] *

Situs viscerum. Für Cursisten bearb. mit Benutzung der Werke von Bock, Wilson u. A. 32. (58 S.) Berlin 853, Adolf und Comp. *

—— dass. — oder Angabe der Lagenverhältnisse der in den drei Höhlen des menschl. Körpers enthalt. Organe. Zum Gebrauche bei Wiederholungen über Anatomie und über Leichenöffnungen. 2., gänzlich umgearb. Aufl. 16. (IV und 64 S.) Berlin 855, G. W. F. Müller. *

Situs viscerum. Für Cursisten bearb. 2. verb. u. verm. Aufl. Berlin 860. Adolf & Co. 32. (70 S.) n. 10 *ngr.*

Situs viscerum. Für Cursisten bearb. 3. Aufl. Berlin 869. Cohn. 32. (70 S.) n. 10 *ngr.*

Sitwell, E., das kleine Haus, s.: Kleinkindergarten.

Das kleine Haus [The little house]. Erzählung von J. **Sitwell.** Berlin: Christl. Zeitschriftenver. 1896. (16 S.) 8° [F.]
— **Kleinkindergarten.** No 15. [03. 6263

Sitz, Der, der Schweizerischen Nationalbank gehört in die Bundesstadt. Eine Studie von einem Bankfachmann. Bern 1905. V: *Altherr, Hans.* (BBullSchw 5, 1905)

SITZBERGER, Alois (Griesbach): Ein Beitrag zur Casuistik der Schädelverletzungen.- München: Krämer 1886. 22 S.
7.7.1886 - Chr 1886/87,10; Jv 1885/86,168
Diss. Ingolst.-Landsh.-Mchn.

Sitzberger, Alois, ein Beitrag zur Casuistik der Schädelverletzungen. Diss. München 1886, A. Buchholz. 8⁰. 22 S.

Sitze. 20 (lith.) Blatt moderner Vorlagen für Tapezierer. Berlin 863. A. Jonas. Fol. n. 25 *ngr.*

Sitzenberger, E. Uebersicht der Versteinerungen des Grossherzogthums Baden. (Inaug. Dissert.) Freiburg i. B. 1851. 8.

Sitzenfrey, Anton, Dr., Assist. d. Univ.-Frauenklinik in Giessen: Die Lehre von der kongenitalen Tuberkulose mit besonderer Berücksichtigung der Placentartuberkulose. Mit 28 in d. Text gedr. Abb. Berlin: Karger 1908. 150 S. 4°(8°) * (Ersch. auch als Buch ebd.)
Gießen, Med. Hab.-Schr. v. 1908 [U 09. 1250

— **Die Lehre v. der kongenitalen Tuberkulose m. besond. Berücksicht. der Placentartuberkulose. (Aus der k. k. deutschen geburtshilflich-gynäkolog. Universitätsklinik in Prag u. der grossherzl. Universitätsfrauenklinik in Giessen. [Direktor: v. Franqué.]) (III, 156 S. m. 28 Abbildgn.) Lex. 8. Berlin 909. S. Karger. 5. 60**

Sitzenfrey, Ant., über Plazentartuberkulose u. ihre Beziehungen zur kongenitalen Tuberkulose. (Aus der grossherzogl. Universitäts-Frauenklinik in Giessen.) (8 S.) Lex. 8. Leipzig 910. B. Konegen. 1. —
Sonderabdruck aus: „Reichs-Medizinal-Anzeiger".

Sitzer, Samson. Todesursachen der Kinder unter der Geburt. Diss. Med. Basel. [Mit 2 Tabellen.] 24 S. 8. Basel, Friedrich Reinhardt, 1907.

Sitzer, Uscher-Sellik. Einiges über die anatomischen Verhältnisse des Processus vermiformis, auf Grund der makroskopischen Befunde bei 1500 Sektionen der path.-anat. Anstalt Basel. (Vorsteher: Prof. E[duard] Kaufmann.) Diss. Med. Basel. 35 S. 8. Basel, Friedrich Reinhardt, 1907.

[Umschlagt.:] Archäologische Karte von Liv-, Est- und Kurland, im Auftr. d. Gel. Estn. Ges. entw. v. J. **Sitzka.** Bl. 1. 2. Verzeichniss. *Jurjew: Dr. v. H. Laakmann 1896.* 1 Bd 8.
Bl. 1. Ältere Zeit bis z. 8. Jh. n. Chr. (1 Ktnbl. ;;)
Bl. 2. Spätere Zeit seit d. 8. Jh. n. Chr. (1 Ktnbl. ;;)
Verzeichniss archäolog. Fundorte in Liv-, Est- u. Kurland ... zsgest. v. ... Sitzka ... (40 S.) [97. 703

Sitzler, Fritz, Regierungsass.: Die relativen Antragsdelikte des Reichsstrafgesetzbuches. Borna-Leipzig 1909: Noske. VIII, 38 S. 8⁰
Heidelberg, Jur. Diss. v. 10. Aug. 1909, Ref. v. Lilienthal.
[Geb. 10. Dez. 81 Tauberbischofsheim; Wohnort: Freiburg i. B.; Staatsangeh.: Baden; Vorbildung: Gymn. Tauberbischofsheim Reife M. 00; Studium: Straßburg 4, Heidelberg 3, Berlin 1, Freiburg i. B. 1 S.; Rig. 14. Juli 09.]

Sitzler, Hans, a. Münchberg: Die Arbeiterversicherung in ihrem inneren Zusammenhang. Erlangen 1905: Junge & Sohn. (71 S.) 8°
Würzburg, Jur. Fak., Ref. Piloty, Diss. v. 1. Aug. 1905
[Geb. 6. Apr. 76 Münchberg; Wohnort: Erlangen; Staatsangeh.: Bayern; Vorbildung: Gymn. Augsburg u. Erlangen; Studium: Erlangen 4, Würzburg 4 S.]

Sitzler, H., Die Arbeiterversicherung in ihrem inneren Zusammenhang. Diss. 8⁰. Würzburg 1905.

Dr. J. Sitzler. De Xenophonteo qui fertur Hierone. 31 S. Tauberbischofsheim, P 1874

Dr. J. Sitzler. Solon als Dichter. 35 S. Tauberbischofsheim, P1880

Sitzler, Jak., Abriss der griechischen Litteraturgeschichte, s. a. Encyklopädie der klassischen Altertumskunde f. Gymnasien.

Sitzler, J., Abriss d. griechischen Litteraturgeschichte zum Selbstunterricht für Schüler u. weitere Kreise. 1. Bd. Die nationale klass. Litteratur v. der ältesten Zeit bis zum Tode Alexander's d. Grossen. [Encyklopädie der klass. Altertumskunde f. Gymnasien, II. Tl.] 8. (VIII, 546 S.) Leipzig 890. Teubner. n. 4. —

Sitzler, Jak., Anthologie aus den Lyrikern der Griechen, s.: Buchholz, E.

Dr. Jakob Sitzler. Emendationes Theognideae. 20 S. Baden, P 1878

Sitzler, *Jakob* Die Lyriker Eumelus, Terpander und Alkman in ihrem Verhältnis zu Homer. 4 (S. 37—60).
In: Festschrift der Badischen Gymnasien zum 500jähr. Jubil. der Universität Heidelberg. *Karlsruhe* 1886.
Progr.

Derselbe. Die Lyriker Eumelos, Terpander und Alkman in ihrem Verhältnis zu Homer. (Festschrift der badischen Gymnasien, der Universität Heidelberg zur Feier ihres 500jährigen Jubiläums geweiht. S. 37—61.) Tauberbischofsheim, P 1886

— Jahresbericht üb. die griechischen Lyriker (mit Ausnahme Pindars), Bukoliker, d. Anthologia Palatina u. die Epigrammensammlungen f. 1891—1894. [Aus: „Jahresber. üb. die Fortschritte d. class. Altertumswiss."] gr. 8. (204 S.) Berlin 898. Leipzig, O. R. Reisland. n.n. 7. 80

Sitzler, J., Jahresbericht üb. Herodot, f. 1884—1888. S.-A. 1889. 86 S.

— — f. 1888—1891. S.-A. 1892. 46 S.

— — f. 1895—1897. S.-A. 1899. 32 S.

Sitzler, Jak., ein ästhetischer Kommentar zu Homers Odyssee. gr. 8. (VIII, 201 S.) Paderborn 902. F. Schöningh. n. 2. 60

Sitzler, Jak., ein ästhetischer Kommentar zu Homers Odyssee. 2., verb. Aufl. (VIII, 257 S. m. 1 Karte.) 8. Paderborn 906. F. Schöningh. n. 3. 20

— Materialien f. den Unterricht im Deutschen u. Rechnen in Mädchen-Sonntags- u. Fortbildungsschulen. gr. 8. (VIII, 94 S.) Nürnberg 895. F. Korn. Kart. n. — 80

— Präparation zu Herodot Buch VI. Für die Hand der Schüler bearb. 2 Hfte. 8. Gotha 894. F. A. Perthes. à n. — 50
1. Vorwort. Einleitung u. Kapitel 1—59. (48 S.) — 2. Kapitel 60—140. (59 S.)

— Präparation zu Herodot Buch VII. Für die Hand der Schüler bearb. 2 Hälften. (Je 72 S.) 8. Gotha 903. F. A. Perthes. à n. — 80
1. Kapitel 1—123. — 2. Kapitel 124—239.

—— Präparation zu Herodot Buch VIII. Für die Hand d. Schüler bearb. 8. (IV, 72 S.) Gotha 892, F. A. Perthes. * — 80

Jakob Sitzler. Studien zu dem Elegiker Theognis. I. Teil. 17 S. Tauberbischofsheim, P 1885

— griechisches Uebungsbuch f. Sekunda, s.: Fecht, Kuno.

Sitzler, Johann [Lehramtspraktikant]: Über den Kasusgebrauch bei Varro. I. Teil. Genitiv und Dativ. Tauberbischofsheim, Druck d. J. Lang'schen Buchdr., 1889; 12 S. 4°
Tauberbischofsheim, grossh. G, P 1889 (583)

Sitzler, Karl: Aus d. Universitätsklinik f. Ohren-, Nasen- u. Kehlkopfkranke in Erlangen. Zur Kasuistik der otogenen Grosshirnabszesse. Bamberg 1910: Gärtner. 20 S. 8°
Erlangen, Med. Diss. v. 21. April 1910, Ref. Denker
[Geb. 27. Aug. 82 Kronach; Wohnort: Biberach a. Rh.; Staatsangeh.: Bayern; Vorbildung: Gymn. Wertheim a. M. Reife 01; Studium: Erlangen 10 S.; Coll. 25. Febr. 10; Approb. 14. Jan. 09.] [U 10. 825

Sitzler, Max, Referendar: Die notwendige Streitgenossenschaft im Sinne des § 62 der Civilprozessordnung. *Greifswald 1901: J. Abel.* (53 S.) 8° [F.]
Greifswald, Jur. Diss. v. [17. Sept.] 1901

Sitzmann, E., die vier Evangelien in chronologisch-synoptischer Zusammenstellung mit chronologischen u. historischen Erläuterungen. (In 4 Lfgn.) 1. Lfg. gr. 8. (80 S.) Reading, Pa. 878. Pilgerbuchhandlung. 2. —

Sitzmann, Fr. Edouard, Dictionnaire de biographie des hommes célèbres de l'Alsace depuis les temps les plus reculés jusqu'à nos jours. 2 tomes. Avec additions et rectifications recueillies pendant l'impression. (VIII, 874, 1107 u. 2 S.) Lex. 8. Rixheim 909. 10. (Colmar, H. Hüffel.) 20. —

Sitzmann, Th., († d. 4. Sept. 1799.) s. Landes- u. Oberherrlichkeit.

Deutsche **Sitzmöbel-Industrie.** Zentralblatt f. d. Sitzmöbel-... u. Luxusmöbel-Fabrikation. Offiz. Organ d. Verbandes deutscher Stuhlfabrikanten ... Hrsg. unter Mitarbeitersch. namhafter Fachmänner Red.: Friedr. Hermann Wechsung. Jg. 1, Nr 1—4. [Mehr nicht ersch.] Berlin: Wechsung 1908. 4° [Kopft.] [10. 11232

Sitzmöbel-Industrie, deutsche. Zentralblatt f. d. Sitzmöbel-, Gestell-, Tisch-, Klein- u. Luxusmöbel-Fabrikation. Offizielles Organ des Verbandes deutscher Stuhlfabrikanten. Fachzeitschrift für Fabrikanten, Grossisten und Händler. Hrsg. unter Mitarbeiterschaft namhafter Fachmänner. Red.: Frdr. Herm. Wechsung. Jahrg. 1908. 36 Nrn. (à ca. 16 S.) 32,5×24,5 cm. Berlin, System-Verlag F. H. Wechsung. 6.—

Sitzordnung der Mitglieder des Abgeordnetenhauses nebst Angabe der politischen Parteistellung (auf der Rückseite). XVIII. Session 1907. 35,5×49 cm. Farbdr. Wien (907). G. Freytag & Berndt. — 50

SITZUNG DES AUSSCHUSSES DES CENTRALVERBANDES DEUTSCHER INDUSTRIELLER. Verhandelt in Frankfurt a. M. am 15. und 16. Februar 1877. (Berlin 1877.) 4°.

Sitzung, Ausserordentl., der *kgl. Bayer. Akademie d. Wissensch.*, am 5. Jan. 1828 . . ., zur Erinnerung an die 50jähr. ruhmvolle Thätigkeit ihres ältesten Mitgliedes . . . Lorenz v. Westenrieder . . . München: Lentner 1828. 4° Beibd.
4 Bll. Lat. Lett.

AUSSERORDENTLICHE SITZUNG zur Feier des sechzigjährigen Bestehens der Gesellschaft am 21. April 1888. [Verhandlungen der Gesellschaft für Erdkunde zu Berlin. 1888. No. 4 und 5.] (Berlin 1888.)

Sitzung, erste öffentliche, der Akademie d. Wissenschaften in München, gehalten am 28. Sept. 1807. gr. 8. Münch. 808. Lentner. 16 gr.

Kaiserliche Akademie der Wissenschaften in Wien.

Die feierliche Sitzung. 8°.

Die feierliche Eröffnungssitzung vom 2. Februar 1848. 2. unveränderte Auflage 1852 K 1.—

Die feierliche Sitzung		Die feierliche Sitzung	
vom 29. Mai 1852[1]	K 1.32	vom 30. Mai 1854[2]	K 1.50
„ 30. „ 1853	„ 1.20	„ 30. „ 1855	„ 2.40

[1] 1849, 1850 und 1851 fand wegen der politischen Ereignisse keine „Feierliche Sitzung" statt.
[2] Vom Jahre 1854 ab erscheint die „Feierliche Sitzung" auch im „Almanach" abgedruckt.

Die feierliche Sitzung		Die feierliche Sitzung	
vom 30. Mai 1856	K 2.—	vom 31. Mai 1861	K 1.60
„ 30. „ 1857	„ 2.—	„ 30. „ 1862	vgr.
„ 31. „ 1858	„ 1.50	„ 30. „ 1863	vgr.
„ 30. „ 1859	„ 2.—	„ 30. „ 1864	„ 2.30
„ 30. „ 1860	„ 2.—	„ 30. „ 1865	vgr.

Jahresbericht über die Wirksamkeit der Kaiserlichen Akademie der Wissenschaften und die in derselben im Zeitraume vom 30. Mai 1865 bis 30. Mai 1866 eingetretenen Veränderungen nebst den für die feierliche Sitzung im Jahre 1866 bestimmt gewesenen Vorträgen[1]. K 2.—

Die feierliche Sitzung		Die feierliche Sitzung	
vom 30. Mai 1867	K 2.—	vom 30. Mai 1883	K 1.10
„ 30. „ 1868	„ 1.50	„ 29. „ 1884	„ 1.20
„ 31. „ 1869	„ 2.50	„ 21. „ 1885	„ 1.40
„ 30. „ 1870	„ 2.—	„ 10. März 1886[3]	vgr.
„ 30. „ 1871	„ 2.—	„ 29. Mai 1886	„ 1.40
„ 15. Juni 1872	„ 2.—	„ 26. „ 1887	„ 1.20
„ 30. Mai 1873	„ 1.40	„ 30. „ 1888	„ 1.40
„ 30. „ 1874	„ 1.80	„ 29. „ 1889	„ 1.50
„ 29. „ 1875	„ 2.—	„ 21. „ 1890	„ 1.10
„ 30. „ 1876	„ 1.50	„ 30. „ 1891	„ 1.20
„ 30. „ 1877	„ 1.20	„ 30. „ 1892	„ 1.30
„ 29. „ 1878	„ 1.40	„ 31. „ 1893	„ 1.60
„ 29. „ 1879	„ 1.50	„ 30. „ 1894	„ 1.60
„ 29. „ 1880	„ 1.30	„ 30. „ 1895	„ 1.80
„ 30. „ 1881	„ 1.—	„ 3. Juni 1896	„ 2.—
„ 25. „ 1882	„ 1.80	„ 30. Mai 1897	„ 1.10

Jahresbericht über die Wirksamkeit der Kaiserlichen Akademie der Wissenschaften und die in derselben im Zeitraume vom 30. Mai 1897 bis 30. Mai 1898 eingetretenen Veränderungen nebst den für die feierliche Sitzung im Jahre 1898 bestimmt gewesenen Vorträgen.[2])
Die feierliche Sitzung am 31. Mai 1899 . . . K 2.30
Von 1900 an ist die „Feierliche Sitzung" nicht mehr separat erschienen.
Eine Ausnahme bildet die:
Feierliche Sitzung der Kaiserlichen Akademie der Wissenschaften aus Anlaß des 50jährigen Bestandes der k. k. Zentralanstalt für Meteorologie und Erdmagnetismus in Wien am 26. Oktober 1901 . . . K —.60

[1] Im Jahre 1866 fand wegen der politischen Ereignisse keine „Feierliche Sitzung" statt und wurden die für dieselbe bestimmt gewesenen Vorträge sowie der übliche Bericht des Generalsekretärs unter dem Titel „Jahresbericht" herausgegeben.
[2] Zur Feier des 50jährigen Jubiläums Seiner k. u. k. Hoheit des Erzherzog Kurators Rainer.
[3] 1886 fand wegen des Ablebens Seiner k. u. k. Hoheit Erzherzogs Leopold, des Bruders Seiner k. u. k. Hoheit Erzherzog-Kurators Rainer, keine „Feierliche Sitzung" statt. Es wurde wieder nur ein „Jahresbericht" herausgegeben, der aber nicht im Buchhandel erschien.

Sitzung, die feierliche, der kaiserl. Akademie d. Wissenschaften am 29. Mai 1852. Lex. 8. (VI u. 100 S.) Wien 852, Braumüller in Comm. n. 1/3 ₰

Sitzung, die feierliche, der kaiserl. Akademie der Wissenschaften im Mai 1852 — 55. Lex. - 8. Wien, (Gerold's Sohn.) [1852. (V und 100 S.) 1853. (139 S.) à * 15 Ngr., 1854. (105 S.) * 12 Ngr., 1855. (223 S.) * 24 Ngr.] *

Sitzung, Die feierliche — der kais. Akademie der Wissenschaften am 30. Mai 1854. 8. (106 S.) Wien. Aus der k. k. Hof- und Staatsdruckerei. 1854.

Sitzung, die feierliche — der kais. Akademie der Wissenschaften am 30. Mai 1855. Wien. 1855. Aus der k. k. Hof- und Staatsdruckerei. In Commission bei W. Braumüller. (224 S. 8.)

— dass. — am 30. Mai 1856. 8. (220 S.) Wien 856, (Gerold's Sohn.) *

Sitzung Die feierliche — der kaiserl. Akademie der Wissenschaften am 30. Mai 1856. Wien. Aus der k. k. Hof- und Staatsdruckerei. In Kommission bei W. Braumüller. (220 S. 8.)

Sitzung, die feierliche, der kaiserl. Akademie der Wissenschaften am 30. Mai 1857, am 31. Mai 1858, am 30. Mai 1859, am 30. Mai 1860, am 31. Mai 1861. gr. 8. Wien, (Gerold's Sohn.) [1857. 2., verm. Abzug. (250 S.) * 20 Ngr., 1858. 2., verm. Aufl. (192 S.) * 15 Ngr., 1859. (IV und 238 S.) * 20 Ngr., 1860. (IV und 231 S.) * 20 Ngr., 1861. (IV und 150 S.) * 16 Ngr.] *

Sitzung, die feierliche — der kaiserlichen Akademie der Wissenschaften am 30. Mai 1857. Zweiter verm. Abzug. *Wien* 1857, aus der *k. k. Hof- und Staatsdruckerei.* In Commission bei *Carl Gerold's Sohn.* 250 S. 8°.

Sitzung, die feierliche — der kais. Akademie der Wissenschaften am 31. Mai 1858. (Zweite verm. Aufl.) *Wien,* k. k. Hof- u. Staatsdr. 192 S. 8°.

INHALT. 1. Der Curator der kais. Akad. Sc. Exc. Dr. Al. Freih. v. Bach eröffnet die Sitzung mit einer kurzen Ansprache (p. 5). — 2. Vortrag des Präsidenten der kais. Akad. Sr. Exc. Dr. Andr. Freih. v. Baumgartner: Ueber den Geist der Naturforschung unserer Zeit und ihre Resultate (p. 11). — 3. Bericht des General-Secretärs der kais. Akad. Herrn Dr. Anton Schrötter: Ueber die Leistungen der kais. Akademie der Wissenschaften und die in derselben seit dem 30. Mai 1857 vor sich gegangenen Veränderungen (p. 47). — Die philosophisch-historische Classe (mit den Nekrologen Beda Weber [geb. 1798, † 1858], und Friedr. Creuzer [geb. 1771, † 1858]) (p. 71). — Die mathematisch-naturwissenschaftliche Classe (p. 93). — 4. Vortrag des wirklichen Mitgliedes, Professor Dr. K. Rokitansky: Zur Orientirung über Medicin und deren Praxis (p. 123). — 5. Vortrag des wirklichen Mitgliedes Ernst Birk: Ueber D. Leonor von Portugal, Gemahlin Kaiser Friedrich des Dritten (p. 157).

Sitzung, die feierliche, der kaiserl. Akademie der Wissenschaften am 30. Mai 1862—65. und 31. Mai 1867. gr. 8. Wien, (Gerold's Sohn.) [1862. (137 S.) * * 14 Ngr., 1863. (181 S.) * 20 Ngr., 1864. (225 S.) * 21 Ngr., 1865. (204 S.) * 20 Ngr., 1867. (211 S.) * 20 Ngr.] *

Jahrg. 1866 ist nicht erschienen; dafür wurde herausgegeben: Jahresbericht über die Wirksamkeit der kaiserl. Akademie der Wissenschaften.

Sitzung, die feierliche, der kaiserlichen Akademie der Wissenschaften am 30. Mai 1868. gr. 8. (144 S.) Wien 868, (Gerold's Sohn.) * 1 50

— dass. — am 31. Mai 1869. 8. (223 S.) (Ebendas.) 869. * 2 25

— dass. — am 30. Mai 1870 — 30. Mai 1871 — 15. Juni 1872. 8. (194; 199; 176 S.) (Ebendas.) 870—72. à * 2 —

— dass. — am 30. Mai 1873. 8. (127 S.) (Ebendas.) 873. * 1 50

— dass. — am 30. Mai 1874. gr. 8. (168 S.) (Ebendas.) 874. * 1 80

— dass. — am 29. Mai 1875. gr. 8. (167 S.) (Ebendas.) 875. * 2 —

Sitzung, die feierliche, der kaiserl. Akademie der Wissenschaften am 30. Mai 1876. gr. 8. (151 S.) Wien 876, (Gerold's Sohn.) *

— dass. — am 30. Mai 1877. 8. (113 S.) (Ebendas.) 877. *

— dass. — am 29. Mai 1878. 8. (136 S.) (Ebendas.) 878. *

— dass. — am 29. Mai 1879. 8. (188 S.) (Ebendas.) 879. *

Sitzung, die feierliche, der kaiserl. Akademie der Wissenschaften am 29. Mai 1880. 8. (129 S.) Wien 880, (Gerold's Sohn.) *

— dass. — am 30. Mai 1881. gr. 8. (89 S.) (Ebendas.) 881. *

— dass. — am 25. Mai 1882. gr. 8. (183 S.) (Ebendas.) 882. *

Sitzung, die feierliche, der kaiserl. Akademie der Wissenschaften am 30. Mai 1883. gr. 8. (140 S.) Wien 883. (Gerold's Sohn.) n. 1. 40

Sitzung, die feierliche, der kaiserl. Akademie der Wissenschaften am 21. Mai 1885. 8. (115 S.) Wien 885. (Tempsky.) *

— dass. — am 29. Mai 1886. gr. 8. (119 S.) (Ebendas.) 886. *

— dass. — am 26. Mai 1887. 8. (122 S.) (Ebendas.) 887. *

— dass. — am 30. Mai 1888. 8. (112 S.) (Ebendas.) 888. *

Sitzung, die feierliche, der kaiserl. Akademie der Wissenschaften am 29. Mai 1889. 8. (116 S.) Wien 889, (Tempsky). * 1 50

— dieselbe am 21. Mai 1890. 8. (108 S.) Ebd. 890. n. 1. 40

Sitzung, die feierliche, der kaiserl. Akademie der Wissenschaften am 30. Mai 1891. 8. (106 S.) Wien 891. (F. Tempsky.) n. 1. 20

— dieselbe am 30. Mai 1892. 8. (111 S.) Ebd. 892. n. 1. 30

— dieselbe am 31. Mai 1893. 8. (121 S.) Ebd. 893. n. 1. 60

— dieselbe am 30. Mai 1894. 8. (100 S.) Ebd. 894. n. 1. 60

Sitzung, die feierliche, der kaiserl. Akademie der Wissenschaften am 30. Mai 1895. 8. (127 S.) Wien 895. (C. Gerold's Sohn.) n. 1. 80

— dasselbe am 8. Juni 1896. 8. (153 S.) Ebd. 896. n. 2. —

— dasselbe. 30. V. 1897. 8. (102 S.) Ebd. 897. n. 1. 40

Sitzung, die feierliche, der kaiserl. Akademie der Wissenschaften am 31. V. 1899. 8. (212 S.) Wien 899. (C. Gerold's Sohn.) n. 2. 30

— dasselbe aus Anlass des 50jährigen Bestandes der k. k. Central-Anstalt f. Meteorologie u. Erdmagnetismus in Wien am 26. X. 1901. 8. (32 S.) Ebd. 901. n. — 60

Zur 500. **Sitzung** des Mittwoch-Kränzchens. 1873–1907. Göttingen 1907: W. F. Kästner. (38 S.) 8° [S.] [07. 10886 7

— die erste, der volkswirthschaftlichen Gesellschaft für die sächsischen Lande am 8. Octbr. 1860 zu Dresden. Auszug aus den stenograph. Berichten. Imp.-4. (22 S.) Dresden 860, (am Ende.) *

DIE 1. SITZUNG DER VOLKSWIRTHSCHAFTLICHEN GESELLSCHAFT FÜR DIE SÄCHSISCHEN LANDE am 8. October 1860 zu Dresden. Auszug aus den stenographischen Berichten. Dresden, Comm. bei Ernst am Ende. fol.

SITZUNG DER VOLKSWIRTHSCHAFTLICHEN GESELLSCHAFT FÜR MITTEL-DEUTSCHLAND.

2. am 6. und 7. Juni 1861 in Leipzig. Auszug aus den stenographischen Berichten. ib. 1861. Ch. H. Ernst am Ende.

3. am 20. Oktober 1861 in Weimar. Auszug aus den stenographischen Berichten. Weimar 1862. Hermann Böhlau.

—— zweite, der volkswirthschaftlichen Gesellschaft für Mittel-Deutschland am 6. und 7. Juni 1861 in Leipzig. Auszug aus den stenograph. Berichten. hoch 4. (80 S.) Dresden 861, am Ende. *

— dritte, der volkswirthschaftlichen Gesellschaft für Mittel-Deutschland am 20. Oktbr. 1861 in Weimar. Auszug aus den stenographischen Berichten. Weimar, Böhlau. gr. 4. (10 S.) n. 4 ngr.

— der Kammer jagdbarer u. anderer Thiere. Vortrag geh. bei e. Festmahle am 17. Mai 1876. 16. (19 S.) Pirna 876. Diller & Sohn. — 50

Die Sitzung der zweiten preußischen Kammer am 10. März 1855. 52 S. 8.

Sitzung des Kreisausschusses VI. Turnkreis (Hannover-Braunschweig), 23. 4. 1904, 8°.

Sitzung, Die letzte, des Gemeinderaths zu Dessau. Jena 1852. V: *Fritsche, Julius.* (HIIBD Anhaltina 158)

—— die letzte, des Gemeinderaths zu Dessau. gr. 8. (16 S.) Jena 852. (Dessau, Fritsche.)

Sitzung der schweizerischen Mitglieder des internationalen Verbandes f. die Materialprüfungen der Technik. Nr. 1—4. (25, 31, 19 u. 30 S. m. Fig.) 8. Zürich (909. 10). (E. Speidel.) à 1.—

Sitzung, öffentl., d. k. Akad. d. Wissenschaften zur Feier d. 76. Jahrestages ihrer Stiftung am 28. März 1835. gr. 8. (1 B.) München 835, (Franz.)

— öffentl., der königl. Akademie d. Wissenschaften zu München, zur Feier d. Namenstages Sr. Maj. d. Königs, d. 12. Oct. 1811. Enth. a) v. Schlichtegroll, Rede üb. die Geschichte des Studiums d. alten Münzkunde 2c. b) Hofr. Breyer, Darstell. d. Inhalts der gekrönten Biographie Kaiser Ludwig d. Baiern. gr. 4. Münch., (Finsterlin). 10 kr (Franz das.) 10 kr

Sitzung, öffentliche, der königl. Akademie der Wissenschaften zu München, zur Feyer des Namenstages Sr. Maj. des Königs; den 12. Oct. 1811. gr. 4. München, Thienemann. — 16

— öffentliche, am 12. Febr. 1824 zur Feier der 25jähr. glorreichen Regierung Sr. Maj. d. Königs, enthält: 1) v. Weiler, üb. die Natur u. Möglichkeit metaphysischer Forschung. 9 kr 2) v. Martius, üb. die Physionomie des Pflanzenreichs in Brasilien. 4 kr 3) Scherer, Rückblick auf die 25jähr. Regierung Sr. Majestät d. Königs. 6 kr Münch., (Franz). 19 kr

Sitzung, öffentliche, des Schwurgerichtshofes von Oberbayern am 23. Juni 1849. Anklage gegen den Redakteur Aug. Napoleon Vecchioni von München, wegen Majestätsbeleidigung. gr. 8. (60 S.) (München 849, Kaiser.)

Aus der Sitzung der Stadtverordneten-Versammlung vom 14. September 1904. (*Stolp i. P. 1904: W. Delmanzo.*) (2 Bl.) 4° [Kopft. F.] 1-4-91,40

GREIFSWALDER MEDICINISCHER VEREIN. Sitzung am 24. Oktober 1899. [1]) Greifswald (1899). (Druck von) Julius Abel. 8°.

[1]) Enthält nur Festlieder.

Sitzung der constituirenden Versammlung zur Gründung des allgemeinen maurerischen Wittwen- und Waisen-Pensionsfond. [Dat.:] Heidelberg 1858. 2 Bl. 4° [Kopftit.]
Tt. 1251. Protokoll.

Sitzungsanzeiger der kaiserl. Akademie der Wissenschaften. Mathematisch-naturwissenschaftl. Classe. 1.—4. Jahrg. 1864—67. à Jahrg. ca. 28—30 Nrn. (1/2 Bog.) gr. 8. Wien, (Gerold's Sohn.) à Jahrg. * *

Sitzungsanzeiger der kaiserlichen Akademie der Wissenschaften. Mathematisch-naturwissenschaftliche Classe. 1868—1874. à Jahrg. ca. 30 Nrn. (à 1/2 Bog.) Lex.-8. Wien, (Gerold's Sohn.) à Jahrg. * 3 —

Sitzungsanzeiger der kaiserl. Akademie der Wissenschaften. Mathematisch-naturwissenschaftl. Classe. Jahrg. 1875—1879. à Jahrg. ca. 30 Nrn. Lex.-8. (XXVI, 231; XIX, 212; XXII, 261; XX, 231; XXII, 300 S.) Wien, (Gerold's Sohn.) à Jahrg. *

Sitzungsanzeiger der kaiserl. Akademie der Wissenschaften. Mathematisch-naturwissenschaftl. Classe. 17.—21. Jahrg. 1880—1884. à Jahrg. 28 Nrn. Lex.-8. (XXII, 263; XXII, 276; XXIII, 272; XXI, 242; XXIII, 250 S.) Wien, (Gerold's Sohn.) à Jahrg. *

Sitzungsanzeiger der kaiserl. Akademie der Wissenschaften. Mathematisch-naturwissenschaftl. Classe. Jahrg. 1885 und 1886. à Jahrg. 27 Nrn. Lex.-8. Wien, (Tempsky.) à Jahrg. *

Sitzungsanzeiger der kaiserl. Akademie d. Wissenschaften. Mathematisch-naturwissenschaftliche Classe. Jahrg. 1887—1890. à ca. 30 Nrn. Lex.-8. (1/2 B.) Wien, Tempsky. à Jahrg. n. 3.—

Sitzungsanzeiger der kaiserl. Akademie der Wissenschaften. Mathematisch-naturwissenschaftl. Classe. Jahrg. 1891—1894. à ca. 30 Nrn. (à ca. 1/4 Bog.) Lex.-8. Wien, (F. Tempsky). à Jahrg. n. 3.—

Sitzungsanzeiger d. kaiserl. Akademie d. Wissenschaften. Mathematisch-naturwissenschaftl. Classe. Jahrg. 1895 u. 1896. à ca. 30 Nrn. (à ca. 1 Bog.) Lex.-8. Ebd. à Jahrg. n. 3.—

—— dass. — Philosophisch-historische Classe. 1.—4. Jahrg. 1864—67. à Jahrg. ca. 30 Nrn. gr. 8. (à 1 Bog.) (Ebendas.) à Jahrg. * *

Sitzungsanzeiger der kaiserlichen Akademie der Wissenschaften. Philosophisch-historische Classe. 1868—1874. à Jahrg. ca. 30 Nrn. (à 1/8—1 Bog.) Lex.-8. Wien, (Gerold's Sohn.) 1868 * 3 —
1869—1874 à * 2 —

—— dass. — Philosophisch-histor. Classe. Jahrg. 1875—1879. à Jahrg. ca. 30 Nrn. Lex.-8. (XVII, 89; X, 91; XII, 96; XII, 117; XII, 110 S.) (Ebendas.) à Jahrg. *

—— dass. — Philosophisch-histor. Classe. 17.—19. Jahrg. 1880—1882. à Jahrg. 28 Nrn. Lex.-8. (X, 84; XI, 76; X, 87 S.) (Ebendas.) à Jahrg. *

—— dass. — 20. Jahrg. 1883. 27 Nrn. Lex.-8. (XI, 76 S.) (Ebendas.) *

—— dass. — 21. Jahrg. 1884. 28 Nrn. Lex.-8. (XI, 88 S.) (Ebendas.) *

—— dass. — Philosophisch-historische Classe. Jahrg. 1885 und 1886. à Jahrg. 27 Nrn. Lex.-8. (Ebendas.) à Jahrg. *

— dasselbe. Philosophisch-histor. Classe. Jahrg. 1887—1890. à ca. 30 Nrn. Lex.-8. (1/2 B.) Ebd. à Jahrg. n. 2. —

— dasselbe. Philosophisch-histor. Classe. Jahrg. 1891—1894. à ca. 30 Nrn. (à ca. 1/4 Bog.) Lex.-8. Ebd. à Jahrg. n. 2. —

— dasselbe. Philosophisch-histor. Classe. Jahrg. 1895 u. 1896. à ca. 30 Nrn. (à ca. 6 S.) Lex.-8. à Jahrg. n. 3. —

— dasselbe. Fortsetzg., s.: Anzeiger.

Sitzungs=Bericht der I. General=Versammlung des Central=Vereines der Stenografen des österreichischen Kaiserstaates zu Wien. Wien. 1855. Gedruckt bei M. Auer. (16 S. 8.)

Sitzungsbericht der am 9. Februar 1856 abgehaltenen 2ten Generalversammlung des Central=Vereines der Stenographen des österr. Kaiserstaates zu Wien. Wien, 1856. Gedruckt bei Karl Gerolds Sohn. (16 S. 8.)

Sitzungs-Bericht der Gesellschaft naturforschender Freunde zu Berlin vom 20. Dec. 1892.

[Felix] Wahnschaffe sprach über die Entstehung und Altersstellung des Klinger Torflagers.

H. Pontonié sprach über die „Räthselfrucht“ (Paradoxocarpus carinatus A. Nehring) aus dem diluvialen Torflager von Klinge bei Kottbus.

[Alfred] Nehring sprach über die Vertheilung der Pflanzenreste innerhalb des diluvialen Torflagers von Klinge.

(Berlin. 1892.) 8°. Ausschnitt.

SITZUNGSBERICHT DER OPHTHALMOLOGISCHEN GESELLSCHAFT.

Im Jahre 1864. Im Jahre 1865. Im Jahre 1868.*): Redigirt durch A. v. GRÄFE, W. HESS und W. ZEHENDER. Erlangen. 1864. 1865. 1868. Ferdinand Enke. 8°.

Im Jahre 1869. Redigirt durch FR. HORNER, W. HESS und W. ZEHENDER. ib. 1869. —

Im Jahre 1871.*) Im Jahre 1873.*) (Im Jahre) 1874.: Redigirt durch F. C. DONDERS, W. HESS, FR. HORNER u. W. ZEHENDER. ib. 1871. 1873. 1874.**) —

Sitzungsbericht der ophthalmologischen Gesellschaft im J. 1864 und 1865. Redig. durch A. v. Gräfe, W. Hess und W. Zehender. gr. 8. Erlangen, Enke's Verlag. [1864. (IV und 147 S.) * 22½ Ngr., 1865. (VIII und 110 S. mit eingedr. Holzschn.) * 20 Ngr.] *

Sitzungsbericht der Ophthalmologischen Gesellschaft. Red. durch Albrecht von Gräfe, W. Hess und W. Zehender im Jahre 1868. Erlangen. 1868. Siehe in: Klinische Monatsblätter für Augenheilkunde. Jg. 6. 8°.

Sitzungsbericht der österreichischen otologischen Gesellschaft v. 25. Juni 1895. [Aus: „Monatsschr. f. Ohrenheilkunde.“] gr. 8. (5 S.) Berlin 895. O. Coblentz. n. 1. —

Sitzungsbericht d. k. k. geologischen Reichsanstalt vom 16. Nov. 1858. *Wien. K. k. Hof- u. Staatsdr.* 21 S. gr. 8°.
Aus dem Jahrbuche der k. k. geol. Reichsanst. 9. Jahrg. 1858. Verhandl. S. 125.

— — d. k. k. geologischen Reichsanstalt vom 30. Nov. 1858. *Wien. K. k. Hof- u. Staatsdr.* 8 S. gr. 8°.
Aus dem Jahrbuche der k. k. geol. Reichsanst. 9. Jhrg. 1858. Verhandl. S. 145.

Sitzungsbericht des V. C. zu Gotha 1897 und zu Jena 1909, Leipzig 1897, 1909, 8°. 2 Bde.

Sitzungs-Bericht über den 31. ff. Verbandstag des Zentralverbandes der städtischen Haus- und Grundbesitzer-Vereine Deutschlands . . . nebst Tagesordn. u. Übersicht über d. Besuch d. Verbandstages. Berlin 1910 ff. 8°

Sitzungsbericht des Vereins für Heimathskunde in Müncheberg, s.a. Sitzungsberichte . . .

SITZUNGS-BERICHT DES VEREINS FÜR HEIMATHSKUNDE IN MÜNCHEBERG.

Sitzung am 3. Oktober 1882.; am 7. November 1882.; am 5. December 1882.; am 2. Januar 1882 (sic! pro 1883). (Ohne bes. Titelblatt. Müncheberg. Druck von A. Dübuy.) fol.

Vom 6. Februar 1883.; vom 6. März 1883.; vom 3. April 1883.; vom 2. October 1883.; vom 6. November 1883.; vom 4. December 1883.; vom 8. Januar 1884.; vom 12. Februar 1884.; vom 4. März 1884.; vom 8. April 1884.; vom 7. October 1884.; vom 4. November 1884. (Ohne bes. Titelblatt.) ib. —)

SITZUNGS-BERICHT DES VEREINS FÜR HEIMATHSKUNDE IN MÜNCHEBERG
vom 4. December 1884.; vom 5. Januar 1885.; vom 3. Februar und 3. März 1885.; vom 14. April 1885.; vom 6. October 1885.; vom 3. November 1885.; vom 8. December 1885.; vom 5. Januar 1886.; vom 2. Februar 1886.; vom 2. März 1886.; vom 6. April 1886.; vom 5. October 1868 (sic! pro 1886).; vom 2. November 1886.; vom 7. December 1886. (Ohne bes. Titelblatt. — Druck von A. Dübuy in Müncheberg.) 4°.

SITZUNGS-BERICHT DES VEREINS FÜR HEIMATHSKUNDE IN MÜNCHEBERG
vom 11. Januar 1887; fol. — vom 8. Februar 1887; vom 8. März 1887; vom 5. April 1887; vom 4. October 1887; vom 8. November 1887; vom 6. December 1887; vom 10. Januar 1888; vom 7. Februar 1888; vom 6. März 1888; vom 10. April 1888; vom 2. Oktober 1888; vom 6. Nov. u. 11. Dec. 1888; vom 8. Januar 1889; vom 5. Februar 1889; vom 5. März 1889; vom 2. April 1889; vom 8. October 1889; vom 5. November 1889; vom 3. Dezember 1889 und 7. Januar 1890; vom 4. Februar 1890; vom 4. März 1890; vom 1. April 1890; vom 7. Oktober 1890; vom 4. November 1890; vom 4. December 1890; vom 6. Januar 1891; vom 3. Februar 1891; vom 3. März 1891; vom 7. April 1891; vom 13. October 1891; vom 3. November 1891; vom 8. Dezember 1891; vom 5. Januar 1892; vom 5. April 1892. (Ohne bes. Titelbl. Druck von A. Dübuy in Müncheberg.) 4°. vom 4. October 1892.; vom 8. November 1892.

SITZUNGS-BERICHTE DES VEREINS FÜR HEIMATHSKUNDE IN MÜNCHEBERG.
Bericht vom 6. Dezember 1892; Bericht vom 7. Februar 1893 (und) Bericht vom 7. März 1893; Bericht vom 3. October; Bericht vom 7. November 1893; Bericht vom 5. Dezember 1893 (und) Bericht vom 8. Januar 1894; Bericht vom 6. Februar 1894, (und) Bericht vom 6. März 1894, Bericht vom 2. Oktober 1894 (und) Bericht vom 6. November 1894 (und) Bericht vom 4. Dezember 1894 (und) Bericht vom 8. Januar 1895; Bericht vom 5. Februar 1895 und Bericht vom 5. März 1895 (und) Bericht vom 13. Oktober 1896 (und) Bericht vom 3. November 1896; Bericht vom 2. Oktober 1895 (und) Bericht vom 5. November 1895 (und) Bericht vom 3. Dezember 1895 (und) Bericht vom 4. Februar 1896 (und) Bericht vom 10. März 1896; Bericht vom 8. Dezember 1896. Bericht vom 5. Januar 1897. Bericht vom 2. Februar 1897. Bericht vom 2. März 1897. — Sitzung vom 5. Oktober 1897. Sitzung vom 2. November 1897. Sitzung vom 7. December 1897. Sitzung vom 4. Januar 1898. Sitzung vom 15. Februar 1898. Sitzung vom 8. März 1898. Sitzung vom 4. October 1898. Sitzung vom 8. November 1898. Sitzung vom 6. December 1898. Sitzung vom 3. Januar 1899. Sitzung vom 14. Februar 1899. Sitzung vom 7. März 1899. Sitzung vom 3. October 1899. Sitzung vom 7. November 1899. Sitzung vom 5. December 1899. ib. (—) [1])

Sitzungsberichte

— u. Abhandlungen d. Genossenschaft „Flora", Gesellschaft f. Botanik u. Gartenbau zu Dresden. 1. Jahrg. d. neuen Folge 1896—97. Im Auftr. d. Gesellschaft red. u. hrsg. v. d. Bücherwart derselben Frz. Ledien. gr. 8. (116 S. m. 2 Tab.) Dresden 897. H. Burdach. n. 3.40

— — dasselbe. 2. Jahrg. d. neuen Folge 1897—98. gr. 8. (141 S. m. 1 Taf.) Ebd. 898. n.n. 3.—

— — Dasselbe, s.a. Mitteilungen üb. Flora . . .

— u. Abhandlungen der „Flora", Gesellschaft f. Botanik u. Gartenbau zu Dresden. 3.—6. Jahrg. der neuen Folge. 1898/99—1901/1902. Im Auftrage d. Gesellschaft red. u. hrsg. v. dem Bücherwart derselben Frz. Ledien. gr. 8. Dresden (H. Burdach). n.n. 12.—
3. (135 S. m. 1 Karte u. 10 Taf.) 899. n.n. 3.50
4. (69 S. m. 1 Taf.) 900. n.n. 2.50
5. (99 S. m. 4 Taf.) 901. n.n. 3.—. — 6. (69 S.) 902. n.n. 3.—

— u. Abhandlungen der „Flora", königl. sächs. Gesellschaft f. Botanik u. Gartenbau zu Dresden. 7. bis 9. Jahrg. der neuen Folge 1902/03—1904/05. Im Auftrage der Gesellschaft red. u. hrsg. v. dem Bücherwart derselben Frz. Ledien. 8. Dresden 904—906. (H. Burdach.) n.n. 10.40
7. (119 S. m. 8 Taf.) 4.—. 8. (84 S. m. 4 Taf.) 3.40.
9. (87 S. m. 6 Taf.) 3.—.

— u. Abhandlungen der „Flora", kgl. sächs. Gesellschaft f. Botanik u. Gartenbau zu Dresden. 10. u. 11., 12. u. 13. u. 14. Jahrg. der neuen Folge 1905—1907, 1907—1909 u. 1909 - 1910. 8. Dresden, (H. Burdach). 13.80
1905—07. Im Auftrage der Gesellschaft red. u. hrsg. v. dem Bücherwart derselben Frz. Ledien. (75 S. m. 19 Taf.) 909. 5.40
1907—09. Im Auftrage der Gesellschaft red. u. hrsg. v. dem Bücherwart derselben Max Löbner. (148 S. m. 12 Taf.) 909. 5.40
1909.10. Im Auftrage der Gesellschaft red. u. hrsg. v. dem Bücherwart derselben Max Löbner. (95 S. m. 6 [1 farb.] Taf.) 910. nn 3.—

Sitzungsberichte und Abhandlungen der Naturforschenden Gesellschaft zu Rostock, s.a. Sitzungsberichte der Naturforschenden Gesellschaft zu Rostock.

Sitzungsberichte und Abhandlungen der Naturforschenden Gesellschaft zu Rostock. Red. von Prof. Johannes Müller. N. F. Bd 1. Rostock: Warkentien in Komm. 1909. 8°
Früheres in: Archiv d. Vereins d. Freunde d. Naturgeschichte in Mecklenburg. A 12.3419

— — der naturforschenden Gesellschaft zu Rostock. Neue Folge. I. Bd. Red. v. Johs. Müller. (III, 275 S. m. Abb. u. 3 Taf.) gr. 8. Rostock 909. H. Warkentien. 8.—

SITZUNGSBERICHTE UND ABHANDLUNGEN DER NATURFORSCHENDEN GESELLSCHAFT ZU ROSTOCK.
Redigiert von Professor JOHANNES MÜLLER.
Neue Folge. Bd. I.[1]) (Mit Tafeln.) Rostock 1909. Kommissionsverlag von H. Warkentin. 8°.
Im Auftrage des Vorstandes herausgegeben von Professor LUDWIG WILL.
Neue Folge. Bd. II. (Mit Tafeln.) ib. 1910. —
Neue Folge. Bd. III. (Mit Tafeln.) ib. 1911. —
Neue Folge. Bd. IV. Mit 7 Tafeln. ib. 1912. —
Neue Folge. Bd. V. Mit 25 Tafeln. ib. 1913. —
Neue Folge. Bd. VI. (1914/15.) Mit 14 Tafeln. ib. 1916.

[1]) AUTORENREGISTER zu den Sitzungsberichten der Naturforschenden Gesellschaft zu Rostock siehe S. 742: systematisches Inhaltsverzeichnis und alphabetisches Register zu den Jahrgängen XXXI—L des Archivs des Vereins der Freunde der Naturgeschichte in Mecklenburg.

SITZUNGSBERICHTE UND ABHANDLUNGEN DER NATURWISSENSCHAFTLICHEN GESELLSCHAFT ISIS ZU BAUTZEN.
1896 und 1897. (Mit 3 Tafeln.) Bautzen. (o. J.) Druck von E. M. Monse. 8°.
1898 bis 1901. ib. 1902. Druck von E. M. Monse. — 1902 bis 1905. (Mit 1 Tafel.) ib. 1906. Gedruckt bei E. M. Monse.

Sitzungsberichte und Abhandlungen der naturwissenschaftlichen Gesellschaft Isis in Dresden, s.a. Sitzungsberichte der naturwissenschaftlichen Gesellschaft Isis zu Dresden.

SITZUNGSBERICHTE UND ABHANDLUNGEN DER NATURWISSENSCHAFTLICHEN GESELLSCHAFT ISIS IN DRESDEN.
Herausgegeben unter Mitwirkung des Redactions-Comité von CARL BLEY.:
Jahrg. 1881. (Mit 12 Holzschnitten und 1 Tafel.) ib. 1882. —
Herausgegeben von dem Redactions-Comité.:
Jahrg. 1882—1883. Januar bis Juni. (Mit Tafeln und Holzschnitten.) ib. 1882 — 1883. —

SITZUNGSBERICHTE UND ABHANDLUNGEN DER NATURWISSENSCHAFTLICHEN GESELLSCHAFT ISIS IN DRESDEN. Herausgegeben von dem Redactions-Comité.
Jahrg. 1883. (Mit 5 Tafeln und 1 Holzschnitt.) Dresden. 1884. In Comm. der Königlichen Hofbuchhandlung von Hermann Burdach. (Warnatz & Lehmann.) 8°.
Jahrg. 1884 — Jahrg. 1885. (Mit 8 Tafeln.) ib. 1885—1886. In Comm. von Warnatz & Lehmann.

SITZUNGSBERICHTE UND ABHANDLUNGEN DER NATURWISSENSCHAFTLICHEN GESELLSCHAFT ISIS IN DRESDEN.
Herausgegeben von dem Redactions-Comité (später: von dem Redaktionskomitee).
Jahrg. 1886. (Mit 3 Tafeln und 6 Holzschnitten.) Dresden 1887. In Comm. (später: In Komm.) von Warnatz & Lehmann. — Darin mit bes. Titelblatt: Verzeichniss der Mitglieder der Gesellschaft Isis in Dresden im Juni 1886. ib. 1886. Druck von E. Blochmann & Sohn. 8°. — 1887. (Mit 1 Tafel und 1 Holzschnitt.) ib. 1888. In Comm. von Warnatz & Lehmann. — 1888. (Mit 3 Tafeln und 1 Holzschnitt.) ib. 1889. — 1889. ib. 1890. — 1890. (Mit 3 Tafeln.) ib. 1891. — 1891. (Mit 2 Tafeln.) ib. 1892. — 1892. (Mit 4 Tafeln und 3 Abbildungen im Text.) ib. 1893. — 1893. (Mit Abbildungen im Text.) ib. 1894. — 1894. Mit 2 Tafeln und 4 Abbildungen im Text. ib. 1895. — 1895. Mit 2 Tafeln. ib. 1896. — 1896. Mit 1 Tafel und 8 Abbildungen. ib. 1897. — 1897. Mit 3 Tafeln und 3 Abbildungen im Text. ib. 1898. — 1898. Mit 1 Tafel und 32 Abbildungen im Text. ib. 1899. In Comm. der K. Sächs. Hofbuchhandlung H. Burdach. — 1899. Mit Abbildungen im Text. ib. 1900. — 1900. Mit 6 Tafeln und 12 Abbildungen im Text. ib. 1901. — 1901. Mit 1 Karte, 3 Tafeln und 3 Abbildungen im Text. ib. 1902. — 1902. Mit 2 Tafeln und 1 Abbildung im Text. ib. 1903. —
Herausgegeben von dem Redaktions-Komitee (später: Redaktionskomitee):
Jahrg. 1903. Mit 2 Tafeln und 1 Abbildung im Text. ib. 1904. —
Jahrg. 1904. Mit 1 Bildnis, 1 Karte und 19 Abbildungen im Text. ib. 1905. —
Jahrg. 1905. Mit 3 Tafeln. ib. 1906. —
Jahrg. 1906. Mit 3 Tafeln und 8 Abbildungen im Text. ib. 1907. —
Jahrg. 1907. Mit 5 Abbildungen im Text. ib. 1908. —
Jahrg. 1908. Mit 2 Tafeln und 5 Abbildungen im Text. ib. 1909. —
Jahrg. 1909. Mit 3 Tafeln und 14 Abbildungen im Text. ib. 1910. —
Jahrg. 1910. Mit 1 Tafel und 10 Abbildungen im Text. ib. 1911. —
Jahrg. 1911. Mit 3 Tafeln. ib. 1912. —
Jahrg. 1912. Mit 1 Tafel und 14 Abbildungen im Text. ib. 1913. —

—— und Abhandlungen der naturwissenschaftlichen Gesellschaft Isis in Dresden. Hrsg. unter Mitwirkung des Redact.-Comité von Carl Bley. Jahrg. 1881. gr. 8. Dresden, (Burdach.) [Jan. bis Juni. (S. 1—34 und S. 1—56 mit 6 eingedr. Holzschn.) **ℳ 3.; Juli bis Decbr. (IV, S. 35—76 und S. 59—108 mit 6 eingedr. Holzschn. und 1 Lichtdr.) **ℳ 3.] **

Sitzungsberichte und Abhandlungen der naturwissenschaftlichen Gesellschaft Isis in Dresden. Hrsg. von dem Redact.-Comité. Jahrg. 1882. gr. 8. (Ebendas.) [Jan. bis Juni. (S. 1—97 mit 2 eingedr. Holzschn. und 2 [1 autogr. und 1 Lichtdr.-]Taf.) **ℳ 3.; Juli bis Decbr. (IV, S. 51—146 mit 3 lithogr. Taf.) 883. **ℳ 3.] **

—— —— dass. — Jahrg. 1883. gr. 8. (Ebendas.) [Jan. bis Juni. (S. 1—131 mit 3 lithogr. Taf.) **ℳ 3.; Juli bis Decbr. (XV, S. 63—114 mit 1 eingedr. Holzschn. und 2 [1 lithogr. und 1 Lichtdr.-]Taf.) 884. **ℳ 3.] **

—— —— Jahrg. 1884. gr. 8. (Ebendas.) [Jan. bis Juni. (S. 1—92.) **ℳ 3.; Juli bis Decbr. (IV, S. 51—155 mit 3 Taf.]. **ℳ 3.] **

—— und Abhandlungen der naturwissenschaftlichen Gesellschaft Isis in Dresden. Hrsg. von dem Redactions-Comité. Jahrg. 1885. gr. 8. (110 S.). Dresden, (Warnatz und Lehmann.) **

Sitzungsberichte und Abhandlungen der naturwissenschaftlichen Gesellschaft Isis in Dresden. Hrsg. von dem Redactions-Comité. Jahrg. 1886. gr. 8. Dresden, (Warnatz und Lehmann.) [Jan.—Juni. (XII, S. 1—42; 1—40 mit 3 Taf.) **ℳ 3.—.; Juli—Decbr. (IV, S. 45—70; 43—90 mit 6 Holzschn.) **ℳ 3.—.] **

—— —— dass. — Jahrg. 1887. gr. 8. (Ebendas.) [Jan.—Juni. (S. 1—32; 1—32 mit 1 Holzschn. und 4 Tab.) **ℳ 3.—.; Juli—Decbr. (IV, S. 33—56; 33—80 mit 1 Taf.) **ℳ 3.—.] **

—— —— dass. — Jahrg. 1888. gr. 8. (Ebendas.) [Jan.—Juni. (S. 1—21; 1—52 mit 1 Taf. und 1 Holzschn.) **ℳ 3.—.; Juli—Decbr. (IV, S. 25—57; 55—92 mit 2 Taf.) **ℳ 3.—.] **

—— u. Abhandlungen d. naturwissenschaftlichen Gesellschaft Isis in Dresden. Hrsg. vom Redaktions-Comité. Jahrg. 1889—1892. à Jahrg. 2 Hälften: Januar—Juni, und Juli—Decbr. gr. 8. (1889: IV, 50, 92 S. m. 2 Taf.; 1890: IV, 48, 116 S. m. 1 Taf.; 1891: IV, 52, XI, 75 S. m. 3 Taf.; 1892: IV, 51, 124 S. m. 4 Taf.) Dresd., (Warnatz u. Lehmann). à Halbj. ** 3 —; à Jahrg. ** 6 —

— — dasselbe. Jahrg. 1893. gr. 8. (IV, 53, 136 S. m. Abbildgn.) Ebd. n.n. 6. —

— — dasselbe. Jahrg. 1894. Jan. bis Juni. gr. 8. (20 u. 82 S. m. 3 Abbildgn. u. 1 Taf.) Ebd. n.n. 3. —

— — d. naturwissenschaftl. Gesellschaft Isis in Dresden. Hrsg. v. d. Red.-Comité. Jahrg. 1894. Juli—Decbr. gr. 8. (XV, S. 21—54 u. 33—73 m. 1 Abb. u. 1 Taf.) Dresden 895. H. Burdach. n.n. 3. —

— dasselbe. Jahrg. 1895. gr. 8. (IV, 53 u. 94 S. m. 1 Karte u. 1 Taf.) Ebd. 896. n.n. 6. —

— — dasselbe. Jahrg. 1896. gr. 8. (XIV, 59 u. 82 S. m. 6 Fig. u. 1 Taf.) Ebd. 897. n.n. 6. —

— — dasselbe. Jahrg. 1897. 2 Hfte. gr. 8. (IV, 43 u. 103 S. m. Fig. u. 2 Taf.) Ebd. 897. 98. à n.n. 3. —

— — dasselbe. Jahrg. 1898. Jan.—Juni. gr. 8. (45 S. m. Fig. u. 1 Taf.) Ebd. 898. n.n. 3. —

— — der naturwissenschaftlichen Gesellschaft Isis in Dresden. Hrsg. v. dem Red.-Comité. Jahrg. 1898. Juli—Decbr. gr. 8. (IV u. S. 19—103 m. 3 Abbildgn.) Ebd. n.n. 3. —

— — dasselbe. Jahrg 1899—1902. gr. 8. Ebd. à Jahrg. n.n. 6. —
1899. (X, 28 u. VIII, 92 S. m. Abb.) — 1900. (XIII, 46 u. S. 21—121 m. Abb. u. 6 Taf.) — 1901. (XVI, S. 16—42 u. 112 S. m. Abb. u. 4 Taf.) — 1902. (12, 40 u. 145 S. m. 1 Abb. u. 2 Taf.)

— — der naturwissenschaftlichen Gesellschaft Isis in Dresden. Hrsg. von dem Red.-Komitee. Jahrg. 1903 bis 1905. à 2 Hefte u. 1906. Jan.—Juni. gr. 8. Ebd. n.n. 21. —
1903. (IV, XVIII, 93 u. 32 S. m. Abbildgn., 2 Taf. u. 2 Bl. Erklärungen.) 903. 904. n.n. 6. —
1904. (XVI, 46 u. 120 S. m. Abbildgn., 1 Karte u. 1 Bildnis.) 904. 905. n.n. 6. —
1905. (IV, XVII, 41 u. 115 S. m. 3 Taf.) 905. 906. n.n. 6. —
1906. Jan. bis Juni. (12 u. 51 S. m. 2 Taf.) 906. n.n. 3. —

— — d. naturwissenschaftl. Gesellsch. Isis in Dresden. Hrsg. v. d. Redaktionskomitee. Jahrg. 1906. Juli—Dezbr. — Jahrg. 1910. Jan.—Juli. gr. 8. Ebd. nn 24. —
1906. II. Sem. (IV, S. 13—39 u. 53—120 m. 7 Abb. u. 1 Taf.) nn 3. —
1907. I. Sem. (V—XIV u. 44 S. m. 5 Abb.) nn 3. —
II. Sem. (IV u. S. 19—91.) nn 3. —
1908. I. Sem. (16 u. 24 S. m. 1 Abb. u. 1 Taf.) nn 3. —
II. Sem. (IV u. S. 17—73 m. 4 Abb. u. 1 Taf.) nn 3. —
1909. I. Sem. (XIX, 75 S. m. 8 Abb. u. 2 [1 farb.] Taf.) nn 3. —
II. Sem. (IV, S. 19—47 u. 77—115 m. 6 Abb. u. 1 Taf.) nn 3. —
1910. I. Sem. (22 u. 80 S. m. 4 Abb.) nn 3. —

SITZUNGSBERICHTE DER BIOLOGISCHEN ABTHEILUNG DES AERZTLICHEN VEREINS HAMBURG. Sonderabdruck aus der Münchener Medizin. Wochenschrift.
1895/96. München 1897. J. F. Lehmann. 8°. — 1897—1901. ib. 1898—1902. —

SITZUNGSBERICHTE DER BIOLOGISCHEN ABTHEILUNG DES ÄRZTLICHEN VEREINS HAMBURG. Sonder-Abdruck aus der Münchener Medizin. Wochenschrift.
1902. ib. 1903. —

— d. biologischen Abtheilung d. ärztlichen Vereins Hamburg. 1895/96. [Aus: „Münch. med. Wochenschr.“] gr. 8. (IV u. S. 15—164.) Ebd. 897. n. 4. —

— dasselbe. 1897. Vorsitzende: Lenhartz, Unna. Schriftführer: Delbanco, Lochte, Werner. [Aus: „Münch. med. Wochenschr.“] gr. 8. (IV, 159 S.) Ebd. 898. n. 4. —

— der biologischen Abtheilung des ärztlichen Vereins Hamburg. 1898—1901. gr. 8. Ebd. n. 12.40
1898. Vorsitzende: E. Fraenkel, Urban. Schriftführer: Kister, Lochte, Justi. (IV, 157 S.) 899. n. 4. —
1899. Vorsitzende: Simmonds, Sick. Schriftführer: Justi, Henkel. (III, 117 S.) 900. n. 3. —
1900. Vorsitzende: Dunbar, Wiesinger. Schriftführer: Dreyer, Härting, Kuns, Stachow. (IV, 127 S.) 901. n. 2.40
1901. Vorsitzende: Edlefsen, Lauenstein. Schriftführer: Haftner, Justi. (IV, 117 S.) 902. n. 3. —
Sonderabdrucke aus: „Münch. med. Wochenschrift“.

— der biologischen Abtheilung des ärztlichen Vereins Hamburg. 1902—1905. gr. 8. Ebd. n. 16.60
1902. Vorsitzende: Fraenkel, Nocht. Schriftführer: Moltrecht, Otto. (IV, 180 S.) 903. n. 5. —
1903. Vorsitzende: Unna, Simmonds. Schriftführer: Pappenheim, Fahr. (IV, 145 S.) 904. n. 4. —
1904. Vorsitzende: Reiche, Saenger. Schriftführer: Henneberg, Heynemann. (V, 141 S.) 905. n. 3.60
1905. Vorsitzende: Jolasse, Lochte. Schriftführer: Reinecke, Revenstorf. (V, 168 S.) 906. n. 4. —
Sonderabdrucke aus: „Münch. med. Wochenschr.“

— der biologischen Abteilung des ärztlichen Vereins Hamburg. 1906—1909. gr. 8. Ebd. 10.80
1906. Vorsitzende: Nonne, Paschen. Schriftführer: Stertz, Haars. (IV, 108 S.) 2.40
1907. Vorsitzende: Sudeck, Umber. Schriftführer: Koerber, Campbell. (IV, 90 S. m. Abb.) 908. 2.40
1908. Vorsitzende: Deycke, Schottmüller. Schriftführer: Lorey, Wohlwill. (IV, 140 S. m. Abb.) 908. 3.60
1909. Vorsitzende: Fahr u. König. Schriftführer: Krüger. (IV, 89 S.) 910. 2.40
Sonderabdrucke aus: „Münch. med. Wochenschr.“

— der medizinischen Abteilung des medizinisch-naturwissensch. Vereines zu Tübingen. Vereinsj. 1904/5. (IV, 22 S. m. Abbildgn.) gr. 8. Ebd. 906. n. — 80
Sonderabdruck aus: „Münch. med. Wochenschr.“

— der medizinischen Abteilung des medizinisch-naturwissenschaftl. Vereines zu Tübingen. Vereinsj. 1905/06—1906/07 u. 1907/08. gr. 8. Ebd. 4.60
1905/06. (IV, 55 S. m. Abbildg.) 906. 1.60
1906/07. (IV, 45 S.) 908. 1. —
1907/08. (VI, 81 S. m. 1 Abbildg.) 909. 2. —
Sonderabdrucke aus: „Münch. med. Wochenschr.“

—— der königl. bayerischen Akademie der Wissenschaften zu München. Jahrg. 1860. 5 Hefte. gr. 8. (VII und 696 S. mit 1 Stnt. in qu. 4.) München 860, (Franz.) à Heft * 16 Ngr. *

—— dass. — Jahrg. 1861. 5 Hefte. gr. 8. (VII und 618 S. mit 2 Kpfrt. in qu. 4.) (Ebendas.) 861. à Heft * 16 Ngr. *

—— der königl. bayer. Akademie der Wissenschaften zu München. Jahrg. 1861. 2. Bd. 3 Hefte, Jahrg. 1862 und 1863. à 2 Bde. à 4 Hefte, Jahrg. 1864. 1. Bd. 5 Hefte, 2. Bd. 4 Hefte, Jahrg. 1865—67. à 2 Bde. à 4 Hefte. gr. 8. [1861. 2. Bd. (VI und 436 S. mit 3 Stnt. in gr. 8. und 4.) 1862. 1. Bd. (VI und 333 S. mit 7 Stnt. in gr. 8., 4. und Fol.) 2. Bd. (343 S. mit 2 Stnt.) 1863. 1. Bd. (VII und 588 S. mit 4 Stnt. in gr. 8. und 4.) 2. Bd. (VII und 445 S. mit 2 Stnt.) 1864. 1. Bd. (VIII und 490 S. mit 3 Stnt. in gr. 4. und qu. Fol.) 2. Bd. (VII und 394 S. mit eingedr. Holzschn., 10 Stnt. in gr. 8., 4. und 1 Tab. in qu. Fol.) 1865. 1. Bd. (VI und 366 S. mit 4 Stnt. in 4.) 2. Bd. (VII und 458 S. mit 3 Stnt. in gr. 8. und Fol.) 1866. 1. Bd. (VIII und 644 S. mit 7 Stnt., wovon 2 in Farbendr., in gr. 8. und 4.) 2. Bd. (VII und 568 S. mit 5 Stnt. in qu. 4.) 1867. 1. Bd. (VII und 580 S. mit 2 Stnt. und 1 Tab. in 4.) 2. Bd. (VIII und 644 S. mit 2 Stnt.)] München, (Franz'sche Buchh.) à Heft * 16 Ngr. *

Sitzungsberichte der königl. bayer. Akademie der Wissenschaften in München. Jahrg. 1868—1870. à Jahrg. 2 Bde. à 4 Hefte. gr. 8. München, (Franz'sche Buchh.) [1868. (VII, 540 S. mit 1 Stnt. und 1 Chromolithogr. in gr. 4.; VII, 576 S.); 1869. (578 S. mit 3 Stnt. und 1 Karte in Stahlst.; VIII, 612 S. mit 3 Stnt., wovon 2 in Buntdr., in 8. und 4.); 1870. (VIII, 608 S. mit eingedr. Holzschn., 1 color. Kpfrt. und 3 Stnt.; VIII, 408 S., Beilage 140 S. mit eingedr. Holzschn. und 2 Stnt. in Tondr. in qu. 4. und Fol.)] à Heft *ℳ 1,60.; à Bd. *

—— dass. — Inhaltsverzeichniss zu Jahrg. 1860—1870. gr. 8. (72 S.) (Ebendas.) 872. *

—— der mathematisch-physikalischen Classe der königl. bayer. Akademie der Wissenschaften zu München. Jahrg. 1871—1874. à Jahrg. 3 Hefte. gr. 8. (879 S. mit eingedr. Holzschn. und 1 Stnt.; IV, 324 S. mit 5 Stnt. und 1 Photogr.; VI, 365; IV, 365 S.) Ebendas. à Heft *ℳ 1,20.; à Jahrg. *

—— der mathematisch-physikalischen Classe der königl. bayer. Akademie der Wissenschaften zu München. 1875. 3 Hefte. gr. 8. (III, 344 S. mit 2 Stnt.) München, (Franz'sche Buchh.) à Heft *ℳ 1,20. * 3 60

—— dass. — 1876. 3 Hefte. gr. 8. (V, 312 S. mit 5 Stnt. und eingedr. Holzschn.) (Ebendas.) à Heft *ℳ 1,20. * 3 60

—— dass. — 1877. 3 Hefte. gr. 8. (IV, 398 S. mit 4 Stnt.) (Ebendas.) à Heft *ℳ 1,20. * 3 60

—— dass. — 1878. 4 Hefte. gr. 8. (IV, 556 S. mit 2 Stnt.) (Ebendas.) à Heft *ℳ 1,20. * 4 80

—— dass. — 1879. 4 Hefte. gr. 8. (IV, 694 S. mit 1 Stnt.) (Ebendas.) à Heft *ℳ 1,20. * 4 80

—— der mathematisch-physikalischen Classe der königl. bayer. Akademie der Wissenschaften zu München. 1880. 4 Hefte. gr. 8. (IV, 650 S.) München, (Franz'sche Buchh.) à Heft *ℳ 1,20. * 4 80

—— dass. — 1881. 4 Hefte. gr. 8. (IV, 488 S.) (Ebendas.) à Heft *ℳ 1,20. * 4 80

—— dass. — 1882. 5 Hefte. gr. 8. (V, 672 S. mit 13 Stnt. und 2 Lichtdr.) (Ebendas.) à Heft *ℳ 1,20. * 6 —

—— dass. — 1883. 3 Hefte. gr. 8. (V, 500 S. mit 4 Stnt.) (Ebendas.) à Heft *ℳ 1,20. * 3 60

—— dass. — 1884. 4 Hefte. gr. 8. (VI, 654 S. mit 7 Taf.) (Ebendas.) à Heft *ℳ 1,20. * 4 80

—— der mathematisch-physikalischen Classe der k. b. Akademie der Wissenschaften zu München. 1885. 4 Hefte. gr. 8. (V, 494 S. mit 5 Taf.) München, (Franz' Verlag.) à Heft *ℳ 1.20. * 4 80

—— dass. — Inhaltsverzeichniss zu den Jahrg. 1871—1885. gr. 8. (57 S.) (Ebendas.) 886. ** 1 20

—— dass. — 1886. 3 Hefte. gr. 8. (V, 472 S. mit eingedr. Fig. und 5 Taf.) (Ebendas.) à Heft *ℳ 1.20. * 3 60

—— dass. — 1887. 3 Hefte. gr. 8. (V, 500 S. mit 2 Taf.) (Ebendas.) à Heft *ℳ 1.20. * 3 60

—— dass. — 1888. 3 Hefte. gr. 8. (IV, 525 S. mit 4 Taf.) (Ebendas.) à Heft *ℳ 1.20. * 3 60

—— der mathematisch-physikalischen Classe der k. b. Akademie der Wissenschaften zu München. 1889, 3 Hefte; 1890, 4 Hefte; 1891 u. 1892, à 3 Hefte. gr. 8. Münch., (Franz' Verlag). [1889. (V, 458 S. m. 9 Taf.) * 3 60; 1890. (V, 540 S. m. Fig. u. 2 Taf.) * 4 80; 1891. (IV, 338 S. m. 5 Taf.) * 3 60; 1892. (V, 398 S. m. 7 Taf.) * 3 60.] à Heft * 1 20; * 15 60

— dasselbe. 1893. 3 Hfte. gr. 8. (V, 356 S. m. 3 Fig.) Ebd. 893. 894. à Hft. n. 1. 20

— dasselbe. 1894. 1.—3. Hft. gr. 8. (382 S. m. 2 Fig.) Ebd. 894. à Hft. n. 1. 20

Sitzungsberichte d. k. b. Akademie d. Wissenschaften zu München. Mathematisch-physikal. Classe. 1894. 4. (Schluss-) Hft. gr. 8. (V u. S. 383—464.) München 895. (G. Franz' Verl.) n. 1. 20 (kplt. n. 4. 80)

— dasselbe. 1895. 3 Hfte. gr. 8. (V, 528 S.) Ebd. 895. 96. à Hft. n. 1. 20

— dasselbe. 1896. 4 Hfte. gr. 8. (V, 783 S. m. 9 Taf.) Ebd. 896. 97. à Hft. n. 1. 20

— dasselbe. 1897. 3 Hfte. gr. 8. (V, 520 S.) Ebd. 897. 98. à Hft. n. 1. 20

— dasselbe. 1898. I.—III. Hft. gr. 8. (S. 1—494 m. 1 Taf.) Ebd. 898. à Hft. n. 1. 20

Sitzungsberichte d. k. b. Akademie d. Wissenschaften zu München. Mathematisch-physikal. Classe. 1898. IV. Hft. gr. 8. (V u. S. 495—602 m. Fig.) München (G. Franz' Verl.). n. 1. 20; (1898 kplt. n. 4. 80)

— dasselbe. 29. Bd. Jahrg. 1899. 3 Hfte. gr. 8. (V, 482 S. m. Abb. u. 3 Taf.) Ebd. n. 3. 60

— dasselbe. Inhaltsverzeichniss. Jahrg. 1886—1899. gr. 8. (80 S.) Ebd. 900. n. — 60

— dasselbe. 30. Bd. Jahrg. 1900. 3 Hfte. gr. 8. (V, 574 u. 51 S. m. Abb. u. 1 Taf.) Ebd. n. 3. 60

— dasselbe. Jahrg. 1901. 4 Hfte. gr. 8. (V, 527 u. 52 S. m. 2 Taf.) Ebd. n. 4. 80

— dasselbe. Jahrg. 1902. I.—IV. Hft. gr. 8. (V, 500 u. 53 S. Abb. u. 8 Taf.) Ebd. 902. 903. à Hft. n. 1. 20

Sitzungsberichte der k. b. Akademie der Wissenschaften zu München. Mathematisch-physikal. Klasse. 33.—35. Bd. Jahrg. 1903—1905 u. 36. Bd. Jahrg. 1906. I. u. II. Heft. gr. 8. München (G. Franz' Verl.) n. 15.60
33. (5 Hefte.) (V, 834, 26 u. 50 S. m 1 Karte u. 2 [1 farb.] Taf.) 903. 904. n. 6. —
34. (3 Hefte.) (V, 496 u. 54 S. m. Abb. u. 2 Taf.) 904. 905. n. 3. 60
35. (3 Hefte.) (V, 508, 26 u. 26 S. m. Abb. u. 3 Taf.) 905. 906. n. 3. 60
36. (1. u. 2. Heft.) (S. 1—482 m. 2 Taf. u. 1 Karte.) 906. n. 2. 40

Sitzungsberichte der k. b. Akademie der Wissenschaften zu München. Mathematisch-physikal. Klasse. Jahrg. 1906. III. (Schluss-)Heft. Jahrg. 1907 u. 1908. gr. 8. München, G. Franz' Verl. 7. 20
1906. III. (V u. S. 483—626 u. 39 S. m. 4 Taf.) 907. 1. 20
1907. (3 Hefte.) (V, 524 u. 40 S. m. Fig. u. 2 Taf.) 907. 08. 3. 60
1908. (2 Hefte.) (V, 242 u. 51 S. m. Fig. u. 1 Taf.) 908. 09. 2. 40

— **dasselbe.** Jahrg. 1909. 19 Abhandlgn. u. Schlussheft. gr. 8. Ebd. 12. 60

Behrmann, Walt., zur Kritik der flächentreuen Projektionen der ganzen Erde u. e. Halbkugel. Mit 3 Taf. (48 S.) 909. (13. Abh.) 1. 80
Berwald, Ludw., vereinfachte Herleitung unharmonischer trigonometrischer Reihen. (19 S.) 909. (5. Abh.) — 40
Burkhardt, Heinr., zur Theorie der trigonometrischen Reihen u. der Entwicklungen nach Kugelfunktionen. (23 S.) 909. (10. Abh.) — 50
Burmester, Ludw., dioptrische Erscheinungen bei einäugigem Sehen u. beschränktem Sehfeld. (14 S. m. Fig.) 909. (9. Abh.) — 40
Dumas, G., elementare Herleitung des Weierstrass'schen „Vorbereitungssatzes". (9 S.) 910. (18. Abh.) — 20
Dyck, Walth. v., über die singulären Stellen e. Systems v. Differentialgleichungen erster Ordnung. (19 S.) 909. (15. Abh.) — 40
Egger, Jos. Geo., Foraminiferen der Seewener Kreideschichten. Mit 6 Taf. (52 S.) 909. (11. Abh.) 1. 60
Günther, Siegm., Untersuchungen üb. Wackelsteine u. damit zusammenhängende Denudationserscheingn. (17 S. m. 1 Taf.) 909. (8. Abh.) — 40
Hartogs, F., über die elementare Herleitung des Weierstrass'schen „Vorbereitungssatzes". (12 S.) 909. (3. Abh.) — 30
Lagally, M., geodätische Netze auf Rotationsflächen. (18 S. m. Fig.) 909. (6. Abh.) — 40
Lüroth, J., eine Bemerkung zum Michelsonschen Versuch. (10 S.) 909. (7. Abh.) — 30
Lutz, C. W., eine neue Form des Ebertschen Aspirations-Apparates. Mit 1 Taf. (17 S.) 909. (14. Abh.) — 40
Messerschmitt, J. B., Registrierungen einiger südeuropäischer Erdbeben auf der Münchener Erdbebenstation. (10 S. m. 3 Fig. [auf 1 Taf.].) 909. (16. Abh.) — 30
Schuster, Jul., ein Beitrag zur Pithecanthropus-Frage. (Die paläobotan. Ergebnisse der Selenka'schen Trinil-Expeditionen.) (30 S. m. 1 Profil u. 1 Taf.) 910. (17. Abh.) — 60
Seeliger, H., über die Anwendung der Naturgesetze auf das Universum. (25 S.) 909. (4. Abh.) — 50
Sommerfeld, Arnold, über die Ausbreitung der Wellen in der drahtlosen Telegraphie. (19 S.) 909. (2. Abh.) — 40
Vogel, Emil, über die Temperaturveränderungen v. Luft beim Strömen durch e. Drosselstelle. Vorläufige Mitteilg. (11 S. m 1 eingedr. Kurve.) 909. (1. Abh.) — 30
Voss, A., über Kurvenpaare im Raume. (106 S.) 910. (19. Abh.) 2. —
Wien, W., über positive Strahlen. (18 S.) 909. (12. Abh.) — 40
Schlussheft. Inhaltsübersicht. Berichte üb. die Sitzgn. m. Inhaltsangaben der Vorträge. Verzeichnis der eingelaufenen Druckschriften. (IV, 93 S.) 910. 1. —

— **dasselbe.** Jahrg. 1910. 1.—9. Abhandlg. gr. 8. Ebd. 6. —

Debye, P., semikonvergente Entwickelungen f. die Zylinderfunktionen u. ihre Ausdehnung im Komplexe. (20 S.) 910. (5. Abh.) — 60
Dieckmann, Max, funkentelegraphische Empfangsstörung. (6 S.) 910. (7. Abh.) — 20
Drygalski, Erich v., das Schelfeis der Antarktis am Gaussberg. (44 S. m. 1 Kartenskizze.) 910. (9. Abh.) 1. —
Fejér, Leop., über gewisse Potenzreihen an der Konvergenzgrenze. (17 S.) 910. (3. Abh.) — 40
Günther, Siegm., ein Beitrag zur Vorgeschichte der modernen Gewitterkunde. (22 S.) 910. (4. Abh.) — 40
Knoblauch, Osc., u. Hilde Mollier, über die spezifische Wärme c_p des überhitzten Wasserdampfes f. Drucke bis 8 Atmosphären u. Temperaturen von 350° C. bis 550° C. (6 S. m. 1 Taf.) 910. (1. Abh.) — 20
Kutta, W. M., über e. m. den Grundlagen des Flugproblems in Beziehung stehende zweidimensionale Strömung. (58 S. m. Fig.) 910. (2. Abh.) 1. 20
Pringsheim, Alfr., über Konvergenz u. funktionentheoretischen Charakter gewisser limitär-periodischer Kettenbrüche. (52 S.) 910. (6. Abh.) 1. —
Rothpletz, A., über die Ursachen des kalifornischen Erdbebens v. 1906. (32 S. m. 2 farb. Taf.) 910. (8. Abh.) 1. —

—— der philosophisch-philologischen und historischen Classe der königl. bayer. Akademie der Wissenschaften zu München. Jahrg. 1871, 6 Hefte, 1872, 5 Hefte, 1873, 6 Hefte und 1874, 1. Bd. 4 Hefte und 2. Bd. 2 Hefte. gr. 8. (VI, 766; 756 S. mit 1 Stnt. in qu. Fol.; V, 912; 528 S. mit 1 Stnt.; II, 282 S.) Ebendas. à Heft *

—— der philosophisch-philologischen und historischen Classe der königl. bayer. Akademie der Wissenschaften zu München. 1875. 1. Bd. 3 Hefte, 2. Bd. 4 Hefte und 3. Suppl.-Heft. gr. 8. (366; 532, 88 S. mit 8 lithogr. und photogr. Taf. in gr. 4.) (Ebendas.) à Heft * ℳ 1,20. * 9 60

—— dass. — 1876. 5 Hefte. gr. 8. (V, 682 S.) (Ebendas.) à Heft * ℳ 1,20. * 6 —

—— dass. — 1877. 4 Hefte. gr. 8. (V, 410 S.) (Ebendas.) à Heft * ℳ 1,20. * 4 80

—— dass. — 1878. 1. Bd. 4 Hefte und 2. Bd. 3 Hefte. gr. 8. (IV, 480; 428 S.) (Ebendas.) à Heft * ℳ 1,20. * 8 40

—— dass. — 1879. 1. Bd. 4 Hefte und 2. Bd. 3 Hefte. gr. 8. (à IV, 438 S.) (Ebendas.) à Heft * ℳ 1,20. * 8 40

—— der philosophisch-philologischen und historischen Classe der königl. bayer. Akademie der Wissenschaften zu München. 1880. 5 Hefte. gr. 8. (VI, 644 S. mit 2 Stnt.) (Ebendas.) à Heft * ℳ 1,20. * 6 —

—— dass. — 1881. 1. Bd. 3 Hefte und 2. Bd. 5 Hefte. gr. 8. (IV, 535 S.) (Ebendas.) à Heft * ℳ 1,20. * 9 60

Sitzungsberichte der philosophisch-philologischen und historischen Classe der königl. bayer. Akademie der Wissenschaften zu München. 1882. 2 Bde. à Bd. 3 Hefte. gr. 8. (IV, 500; V, 420 S.) München, (Franz'sche Buchh.) à Heft * ℳ 1,20. *

—— dass. — 1883. 4 Hefte. gr. 8. (V, 652 S.) (Ebendas.) à Heft * ℳ 1,20. *

—— dass. — 1884. 6 Hefte. gr. 8. (VI, 1102 S. mit 2 Taf.) (Ebendas.) à Heft * ℳ 1,20. *

—— der philosophisch-philologischen und historischen Classe der k. b. Akademie der Wissenschaften zu München. 1885. 4 Hefte. gr. 8. (VI, 458 S. mit 1 Taf.) (Ebendas.) à Heft * ℳ 1.20. * 4 80

—— dass. — Inhaltsverzeichniss zum Jahrg. 1871—1885. gr. 8. (63 S.) (Ebendas.) 886. ** 1 20

—— dass. — 1886. 3 Hefte. gr. 8. (470 S. mit 3 Taf.) (Ebendas.) à Heft * ℳ 1.20. * 3 60

—— dass. — 1887. 2 Bde. à 3 Hefte. gr. 8. (IV, 426; IV, 440 S.) (Ebendas.) à Heft * ℳ 1.20.; à Bd. * 3 60

—— dass. — 1888. 2 Bde. à 3 Hefte. gr. 8. (IV, 528; IV, 414 S.) (Ebendas.) à Heft * ℳ 1.20.; à Bd. * 3 60

—— der philosophisch-philologischen u. historischen Classe der k. b. Akademie d. Wissenschaften zu München. 1889. 1. Bd. 3 Hefte; 2. Bd. 2 Hefte; 1890. 2 Bde. à 3 Hefte; 1891. 5 Hefte; 1892. 4 Hefte. gr. 8. (Ebd.) [1889. I. (IV, 484; IV, 328 S.) * 6 —; 1890. (IV, 513; V, 567 S.) * 7 20; 1891. (VI, 906 S. m. Abbildgn.) * 6 —; 1892. (V, 806 S.) * 4 80.] à Heft * 1 20; * 24 —

— dasselbe. 1893. 1. Bd. 3 Hfte. u. 2. Bd. 4 Hfte. gr. 8. (1. Bd. IV, 397 S.; 2. Bd. IV, 566 S.) Ebd. 893. 894. à Hft. n. 1. 20

— dasselbe. 1894. 1. u. 2. Hft. gr. 8. (378 S. m. 2 Taf.) 894. à Hft. n. 1. 20

— **dasselbe. Philosophisch-philolog. u. histor. Classe. 1894. 3. (Schluss-)Hft. gr. 8. (V u. S. 379—586.) Ebd. 895. 1. 20 (kplt. n. 3. 60)**

— **dasselbe. 1895. 4 Hfte. gr. 8. (V, 676 S.) Ebd. 895. 96. à Hft. n. 1. 20**

— **dasselbe. 1896. 4 Hfte. gr. 8. (V, 738 S. m. 1 Taf.) Ebd. 896. 97. à Hft. n. 1. 20**

— **dasselbe. 1897. 2 Bde. à 3 Hfte. gr. 8. (III, 518 S. m. 2 Taf. u. III, 562 S. m. Abb. u. 12 Lichtdr.) Ebd. 897. 98. à Hft. n. 1. 20**

Sitzungsberichte d. k. b. Akademie d. Wissenschaften zu München. Philosophisch-philolog. u. histor. Classe. 1898. 1. Bd. 3 Hfte. gr. 8. (III, 624 S. m. 2 Taf.) München 898. (G. Franz' Verl.) à Hft. n. 1. 20

— **dasselbe. Philosophisch-philolog. u. histor. Classe. 1898. 2. Bd. 3 Hfte. gr. 8. (III, 575 S. m. Abbildgn. u. 1 Taf.) Ebd. n. 3. 60**

— **dasselbe. Philosophisch-philolog. u. histor. Classe. 1899. 1. Bd. 3 Hfte. u. 2. Bd. 4 Hfte. gr. 8. (III, 447 S. m. Abb. u. 1 Taf. u. 684 S. m. 2 Taf.) Ebd. à Hft. n. 1. 20**

— **dasselbe. Inhaltsverzeichniss. Jahrg. 1886—1899. gr. 8. (26 S.) Ebd. 900. n. — 60**

— **dasselbe. 1900. 5 Hfte. gr. 8. (IV, 716 u. 51 S. m. 9 Taf.) Ebd. n. 6. —**

— **dasselbe. Jahrg. 1901. 5 Hfte. gr. 8. (IV, 788 u. 52 S. m. 5 Taf.) Ebd. n. 6. —**

— **dasselbe. Jahrg. 1902. 4 Hfte. gr. 8. (IV, 570 u. 53 S. m. 3 Taf.) Ebd. 902. 903. à Hft. n. 1. 20**

— dasselbe. Philosophisch-philolog. u. histor. Klasse. Jahrg. 1903—1905 u. 1906. I. u. II. Heft. gr. 8. Ebd. n. 18. —

1903. (4 Hefte) (IV, 691, 13 u. 50 S. m. 10 Taf.) 903. 904. n. 4. 80
1904. (4 Hefte.) (IV, 602 u. 54 S. m. 7 Taf.) 904. 905. n. 4. 80
1905. (5 Hefte.) (IV, 802, 26 u. 26 S. m. Abb. u. 14 Taf.) 905. n. 6. —
1906. (1. u. 2. Hft.) (S. 1—356.) 906. n. 2. 40

— **dasselbe.** Philosophisch-philolog. u. histor. Klasse. Jahrg. 1906. III. (Schluss-)Heft u. Jahrg. 1907. gr. 8. Ebd. 4. 80

1906. III. (IV u. S. 357—484 u. 39 S. m. 1 Taf.) 907. 1. 20
1907. (3 Hefte.) (IV, 553 u. 40 S. m. Abb. u. 19 Taf.) 907. 08. 3. 60

— **dasselbe.** Jahrg. 1908. 11 Abhandlgn. u. Register. gr. 8. Ebd. 13. —

Brentano, Lujo, die Entwicklg. der Weltlehre. (84 S.) 908. (3. Abh.) 1. —
— Versuch e. Theorie der Bedürfnisse. (79 S.) 908. (10. Abh.) 1. 50
Jolly, Jul., über e. Handschrift des Dattärka. (33 S.) 908. (9. Abh.) — 70
Lehmann, Paul, neue Bruchstücke aus „Weingartener" Itala-Handschriften, m. 3 Taf. (66 S.) 908. (4. Abh.) 1. 60
Meiser, Karl, Studien zu Arnobius. (40 S.) 908. (5. Abh.) — 80
Muncker, Frz., über einige Vorbilder f. Klopstocks Dichtungen. (51 S.) 908. (6. Abh.) 1. —
Prutz, Hans, die Anfänge der Hospitaliter auf Rhodos 1310—1355. (57 S.) 908. (1. Abh.) 1. —
Simonsfeld, Henry, Urkunden Friedrich Rotbarts in Italien. 4. Folge. (48 S.) 908. (8. Abh.) — 90 (1—4: 2. 50)
Vollmer, Frdr., P. Virgilii Maronis invenalis ludi libellus. (82 S.) 908. (11. Abh.) 1. 80
Wecklein, Nikol., über die Methode der Textkritik u. die handschriftliche Überlieferg. des Homer. (79 S.) 908. (2. Abh.) 1. —
Welters, Paul, der Westgiebel des olympischen Zeustempels. (20 S. m. 1 Taf.) 908. (7. Abh.) — 50
Inhaltsübersicht. Berichte üb. die Sitzgn. u. Protokolle. Verzeichnis der Druckschriften. (124 S.) 909. 1. 20

Sitzungsberichte der k. b. Akademie der Wissenschaften zu München. Philosophisch-philologische u. histor. Klasse. Jahrg. 1909. 9 Abhandlgn. u. Schlussheft. gr. 8. München, G. Franz' Verl. 8. 80.

Lehmann, Paul, Haushaltungsaufzeichnungen eines Münchener Arztes aus dem XV. Jahrh. (47 S.) 909. (5. Abh.) — 90
Meiser, Karl, Studien zu Maximos Tyrios. (67 S.) 909. (6. Abh.) 1. 40
Prutz, Hans, kritische Studien zur Geschichte Jacques Coeurs, des Kaufmanns v. Bourges. (76 S.) 909. (3. Abh.) 1. 60
Riezler, Sigm., die bayerischen u. schwäbischen Ortsnamen auf -ing u. -ingen als historische Zeugnisse. (60 S.) 909. (2. Abh.) 1. 20
Simonsfeld, Henry, zur Geschichte Friedrich Rotbarts. (29 S.) 909. (4. Abh.) — 60
— Urkunden Friedrich Rotbarts in Italien. 5. Folge. (29 S.) 909. (7. Abh.) — 50
Vollmer, Frdr., Lesungen u. Deutungen. (20 S.) 909. (9. Abh.) — 50
Wecklein, Nikol., über die dramatische Behandlung des Telephosmythus u. üb. die Dramen *Ὀστολόγοι, Κάβιροι, Σύνδειπνοι*. (22 S.) 909. (1. Abh.) — 50
— Über die Hypsipyle des Euripides. (31 S.) 909. (8. Abh.) — 60
Schlussheft. Inhaltsübersicht. Berichte üb. die Sitzgn. m. Inhaltsangaben der Vorträge. Verzeichnis der eingelaufenen Druckschriften. (123 S.) 910. 1. —

— dasselbe. Jahrg. 1910. 1.—8. Abhandlg. gr. 8. Ebd. 12. 80

Bissing, Fr. W. v., eine koptische Darstellung des triumphierenden Christentums. (8 S. m. 1 Taf.) 910. (3. Abh.) — 40
Crusius, Otto, Paroemiographica. Textgeschichtliches. Zur alten Dichtg. u. Religion. Mit e. Untersuchg. üb. den Athenienais 1083 v. S. Kugéas. (120 S.) 910. (4. Abh.) 2. 40
Habich, Geo., das Gebetbuch des Matthäus Schwarz. (28 S. m. 22 Taf.) 910. (8. Abh.) 4. —
Leidinger, Geo., Annales Caesarienses. (Kaisheimer Jahrbücher.) (37 S.) 910. (7. Abh.) — 80
Meiser, Karl, zu den Deklamationen des Libanios üb. Sokrates. (26 S.) 910. (6. Abh.) — 60
Pöhlmann, Rob. v., die Weltanschauung des Tacitus. (90 S.) 910. (1. Abh.) 2. —
Prutz, Hans, Jacques Coeur's Beziehungen zur röm. Kurie. (66 S.) 910. (2. Abh.) 1. 60
Simonsfeld, Henry, aus bayer. Schlossinventaren v. 1603, 1604 u. 1680. (48 S.) 910. (5. Abh.) 1. —

— der Heidelberger Akademie der Wissenschaften. Stiftung Heinrich Lanz. Jahresheft Juni 1909—Juni 1910. (LXXVI S.) gr. 8. Heidelberg 910. Carl Winter. 2. 50

— **dasselbe. Mathematisch-naturwissenschaftl. Klasse. Jahrg. 1909. 6 Abhandlgn. gr. 8. Ebd. 7. 10**

Arnold, Jul., über feinere Strukturen u. d. Anordnung des Glykogens in den Muskelfaserarten des Warmblüterherzens. (34 S. m. 2 [1 farb.] Taf.) 909. (1. Abh.) 2. —
Becker, A., u. H. Baerwald, zur Kenntnis der Elektrizitätsträger in Gasen: Über die durch Kathodenstrahlen erzeugten Elektrizitätsträger. (Aus d. radiol. Institut der Universität Heidelberg.) Vorgelegt von Paul Lenard. (27 S. m. 8 Fig.) 909. (4. Abh.) 1. —
Klebs, Geo., über die Nachkommen künstlich veränderter Blüten v. Sempervivum. (32 S. m. 1 farb. Taf.) 909. (5. Abh.) 1. 50
Koenigsberger, Leo, über e. Eigenschaft unendlicher Funktionalreihen. (21 S.) 909. (2. Abh.) — 80
Laub, J., zur Theorie der longitudinalen magnetooptischen Effekte in leuchtenden Gasen u. Dämpfen. (20 S.) 909. (6. Abh.) — 60
Lenard, P., über Lichtemission u. deren Erregung. (37 S.) 909. (3. Abh.) 1. 20

Sitzungsberichte der Heidelberger Akademie der Wissenschaften. Stiftung Heinrich Lanz. Mathematisch-naturwissenschaftl. Klasse. Jahrg. 1910. 1.—28. Abhandl. gr. 8. Heidelberg 910. Carl Winter. 18.65

Arnold, Jul., über Nierenstruktur u. Nierenglykogen. (24 S. m. 1 farb. Taf.) 910. (10. Abh.) 1.20

Becker, A., über die Abhängigkeit der Kathodenstrahlabsorption v. der Strahlgeschwindigkeit. (Aus dem radiolog. Institut der Universität Heidelberg.) (16 S.) 910. (19. Abh.) — 60

Best, Frz., u. O. Cohnheim, zur Physiologie der Magenverdauung. 4 Arbeiten. (12 S.) 910. (23 Abh.) — 50

Cantor, Mor., Karl Wilhelm Feuerbach. (18 S.) 910. (25. Abh.) — 75

Cohnheim, Otto, Dimitri Pletnew, über den Gaswechsel der glatten Muskeln. (18 S.) 910. (22. Abh.) — 70

Curtius, Thdr., u. Hartwig Franzen, Aldehyde aus grünen Pflanzenteilen. I. Mitteilg.: Über α, β-Hexylenaldehyd. (13 S.) 910. (20. Abh.) — 60

Dechend, H. v., u. W. Hammer, über Kanalstrahlen. (Mitteilung aus dem physik. Institut der Universität Freiburg i. B.) (30 S. m. Abbildgn.) 910. (21. Abh.) 1.20

Engler, C., u. W. Becker, die Bildung der Erdalkaliperoxyde. (11 S.) 910. (15. Abh.) — 50

Franzen, Hartwig, über die Bildung der Aminosäuren in den Pflanzen u. üb. die Einwirkung v. Formaldehyd auf Cyankalium. I. Theoretischer Tl. (Mitteilg. aus dem chem. Institut der Universität Heidelberg.) (54 S.) 910. (9. Abh.) 1.80

Gattermann, Ludw., d. Merkaptane des Anthrachinons u. e. neue Klasse schwefelhaltiger Farbstoffe (Disulfidfarbstoffe). (18 S.) 910. (5. Abh.) — 90

Koenigsberger, Joh., u. Jos. Kutschewsky, Beobachtungen an Kanalstrahlen. (2. Mitteilung.) (12 S. m. 8 Fig.) 910. (13. Abh.) — 50

— — Beobachtungen üb. Lichtemission u. Kanalstrahlen. (23 S.) 910. (4. Abh.) — 80

Koenigsberger, Leo, über Beziehungen zwischen d. Integralen linealer Differentialgleichungen. (13 S.) 910. (1. Abh.) — 50

— Über Helmholtz's Bruchstück e. Entwurfes betitelt „Naturforscher-Rede". (8 S.) 910. (14. Abh.) — 40

Kossel, Albr., über e. neue Base aus dem Tierkörper. (5 S.) 910. (11. Abh.) — 40

— Synthese des Agmatins. (4 S.) 910. (12. Abh.) — 30

Lenard, P., über Äther u. Materie. (Vortrag, geh. in der Sitzg. der Gesamtakademie am 4. VI. 1910.) (37 S.) 910. (16. Abh.) 1.25

— Über die Spannung frischer Wasseroberflächen u. üb. die Messung derselben durch schwingende Tropfen. (13 S. m. 2 Abbildgn.) 910. (18. Abh.) — 60

— Über die Strahlen der Nordlichter. (9 S. m. 1 Abbildg.) 910. (17. Abh.) — 50

— u. C. Ramsauer, über die Wirkungen sehr kurzwelligen ultravioletten Lichtes auf Gas u. üb. eine sehr reiche Quelle dieses Lichtes. Einleitg. u. I. Tl. Lichtquelle. (Aus d. radiolog. Institut d. Universität Heidelberg.) (20 S. m. 1 Abbildg.) 910. (28. Abh.) — 75

Reinganum, Max, Veränderung der Reichweite v. α-Strahlen durch elektrische Potentiale. (13 S. m. Fig.) 910. (8. Abh.) — 50

Schröder, O., eine neue Mesozoenart (Buddenbrockia Plumatellae n. g. n. sp.) aus Plumatella repens L. u. Pl. fungosa Pall. (8 S. m. 15 Fig.) 910. (6. Abh.) — 40

Windaus, A., Untersuchungen üb. Colchicin. I. (7 S.) 910. (2. Abh.) — 40

Wolf, Max, die nördliche Fortsetzung der Orion-Nebel. (7 S. m. 2 Taf.) 910. (8. Abh.) — 80

— Zur Ortsbestimmung im Luftschiff.) (6 S. m. 1 Fig.) 910. (26. Abh.) — 40

— Das Spektrum d. Amerika-Nebels. (9 S.) 910. (27 Abh.) — 40

— Das Spektrum des Halleyschen Kometen vor seiner oberen Konjunktion. (7 S.) 910. (7. Abh.) — 40

Wülfing, E. A., über die empfindlichen Farben u. üb. ihre Anwendung bei der Erkennung schwach doppelbrechender Medien. (16 S.) 910. (24. Abh.) — 60

— dasselbe. Philosophisch-historische Klasse. Jahrg. 1910. 1.—12. u. 14 Abh. gr. 8. Ebd. 13.50

Bartholomae, Chr., der Dat.-Sing.-Ausgang d. o-Deklination im Lateinischen. (14 S.) 910. (5. Abh.) — 75

— Über e. sasanidisches Rechtsbuch. (25 S.) 910. (11. Abh.) 1.—

Bezold, Carl, Verbalsuffixformen als Alterskriterien babylonisch-assyrischer Inschriften. (28 S.) 910. (9. Abh.) 1.—

Boll, Frz., griechischer Liebeszauber aus Ägypten auf 2 Bleitafeln d. Heidelberger archäologischen Instituts. (11 S. m. 2 Taf.) 910. (2. Abh.) 1.20

Domaszewski, Alfr. v., 2 römische Reliefs. (10 S. m. 4 Taf.) 910. (4. Abh.) 1.—

Duhn, F. v., der Dioskurentempel in Neapel. (20 S. m. 8 Fig.) 910. (1. Abh.) — 80

Gradenwitz, Otto, Plan f. e. Index zum Theodosianus. (8 S.) 910. (3. Abh.) — 25

Hampe, K., über e. Ausgabe der Capuaner Briefsammlung des Cod. lat. 11867 der Pariser Nationalbibliothek. (16 S.) 910. (8. Abh.) — 60

Pagenstecher, Rud., Niobiden. (31 S. m. 15 Abbildgn. u. 4 Taf.) 910. (6. Abh.) 1.40

Stein, der Frhr. vom, an Fritz Schlosser auf Stift Neuburg bei Heidelberg. 29 Briefe u. e. Skizze. Nebst e. Anh. Von Otto Gradenwitz. (53 S. m. 3 Fksms.) 910. (12 Abh.) 2.20

Weber, Wilh., ein Hermes-Tempel d. Kaisers Marcus. (43 S. m. 6 Abbildgn. u. 1 Taf.) 910. (7. Abh.) 1.80

Windelband, Wilh., die Erneuerung d. Hegelianismus. Festrede in der Sitzg. der Gesamtakademie am 25. IV. 1910. (15 S.) 910. (10 Abh.) — 60

— Über Gleichheit u. Identität. (24 S.) 910. (14. Abh.) — 90

Die 13. Abhandlung ist noch nicht erschienen.

Sitzungsberichte der kaiserl. Akademie der Wissenschaften. (Jahrg. 1848.) 5 Hefte. Lex.-8. Wien, (Braumüller.) [1. (168 S.) * 16 Ngr., 2. (249 S. und 3 Stnt.) * 28 Ngr., 3. (204 S. und 6 Stnt.) * 1 Thlr. 5 Ngr., 4. (185 S. und 1 Stnt.) * 28 Ngr., 5. (160 S.) * 20 Ngr.] *

— dies. Mathematisch-naturwissenschaftliche Classe. Jahrgang 1849. 2 Abtheilgn. 10 Hfte. Lex. 8. (1. Abthl. X u. 365 S. m. 4 lith. Taf. in qu. 4. 2. Abthl. 341 S. m. 10 lith. z. Theil color. Taf. in 4. u. Fol.) Ebd. 849. (1—5. Hft. à n. 1/3 ₰ 6—10 Hft. à n. 1/2 ₰) n. 4 1/6 ₰

Sitzungsberichte der kaiserl. Akademie der Wissenschaften. Mathematisch-naturwissenschaftliche Classe. Jahrg. 1850. 10 Hefte. (2 Abthlgn.) Lex.-8. Wien, (Braumüller.) [Abthl. I. (594 S. mit 7 Stnt. in 4. und Fol.) * 1 Thlr. 25 Ngr., 2. (508 S., 78 S. Anhang und 42 S. Beilage mit 18 Stnt. und 4 lithochrom. Taf., 3 Tab in Imp.-4. und Fol. und eingedr. Holzschn.) * 4 Thlr 10 Ngr.] Thlr. *

—— dass. — (Jahrg. 1851.) 6. und 7. Bd. à 5 Hefte. Lex.-8. Ebds. 851—52. [6. Bd. (VIII, 694 und 18 S. Beilage mit 21 Stnt. und 1 Tab. in qu. gr. Fol.) * 3 Thlr. 24 Ngr. 7. (854 S. und 43 Stnt., wovon 13 in Tondr. und 4 Tab. in gr. 8., qu. gr. 4. und Fol.) * 6 Thlr. 15 Ngr.] *

Sitzungsberichte der kaiserl. Akademie der Wissenschaften. Mathematisch-naturwissenschaftliche Classe. 8. und 9. Bd. (Jahrg. 1852. à Bd. 5 Hefte.) Lex.-8. Wien, (Gerold's Sohn.) [8. (VIII und 599 S. mit 27 Stnt. in gr. 8., qu. gr. 4. und Fol., 1 Tab. in qu. gr. 4. und eingedr. Holzschn.) 852—53. * 4 Thlr. 21 Ngr., 9. (VIII und 953 S. mit 60 Stn.- und Kpfrt. in 8. und 4.) 853. * 7 Thlr. 2 Ngr.] *

Sitzungsberichte der kaiserl. Academie der Wissenschaften. Mathematisch-naturwissenschaftliche Classe. 10. und 11. Bd. (Jahrg. 1853. à Bd. 5 Hefte.) Lex.-8. Wien, (Gerold's Sohn.) [10. (VIII und 764 S. mit 28 Stnt. in gr. 8. und gr. 4. und 4 Tab. in qu. gr. 4.) * 4 Thlr. 18 Ngr., 11. (VIII und 1091 S. mit 54 Stnt. in gr. 8., qu. gr. 4. und Fol. und 7 Tab. in qu. gr. 4.) 853—54. * 7 Thlr. 10 Ngr.] Thlr. *

—— dass. — 12. Bd. (5 Hefte.), 13. Bd. 2 Hefte und 14. Bd. 3 Hefte. (Jahrg. 1854.) Lex.-8. Ebds. [12. (VIII und 1096 S. mit 57 Stnt. in gr. 8. und Fol. und 8 Tab. in Fol.) 854. * 7 Thlr. 23 Ngr., 13. (VI und 684 S. mit 22 Stnt. in gr. 8., gr. 4. und Fol. und 2 Tab. in qu. gr. 4.) 854. * 4 Thlr. 8 Ngr., 14. (VI und 424 S. mit 33 Stnt. in gr. 8. und gr. 4. und 5 Tab. in qu. gr. 4.) 854. * 3 Thlr. 26 Ngr.] *

—— dass. — 15. Bd. 3 Hefte, 16. Bd. 2 Hefte, 17. Bd. 3 Hefte, 18. Bd. 2 Hefte, 19. Bd. 2 Hefte, 20. Bd. 3 Hefte und 21. und 22. Bd. à 2 Hefte. (Jahrg. 1855—56.) Lex.-8. Ebds. [15. (VII und 543 S. mit 32 Stnt. in gr. 8., gr. 4. und Fol. und 6 Tab. in qu. gr. 4. und Fol.) 855. * 4 Thlr. 25 Ngr., 16. (VI und 576 S. mit 30 Stnt. in gr. 8. und gr. 4. und 2 Tab. in qu. gr. 4.) 855. * 4 Thlr., 17. (VII und 625 S. mit 1 lithogr. Karte, 43 Stnt. in gr. 8. und gr. 4. und 4 Tab. in gr. 4.) * 4 Thlr. 28 Ngr., 18. (VI und 401 S. mit 5 Tab. und 17 Stnt. in Lex.-8., 4. und qu. gr. 4.) 856. * 4 Thlr. 2 Ngr., 19. (VII und 386 S. mit 2 Tab. in qu. gr. 4.) 856. * 3 Thlr. 20 Ngr., 20. (VI und 577 S. mit 38 lithogr. und in Holz geschn. Taf., wovon 2 ill. und 2 Tab. in qu. gr. 4.) 856. * 5 Thlr. 10 Ngr., 21. (VI und 592 S. mit 12 Tab. in qu. gr. 4.) 856. * 4 Thlr. 15 Ngr., 22. (627 S. mit 19 Stnt. in Lex.-8., 4. und qu. gr. 4. und 15 Tab. in qu. gr. 4.) 856. * 3 Thlr. 20 Ngr.] *

—— dass. — Register zu den ersten 10 Bdn. der mathematisch-naturwissenschaftlichen Classe. Lex.-8. (IV und 55 S.) Ebds. 854. *

—— dass. — Register zu den zweiten 10 Bdn. (Bd. 11—20.) Lex.-8. (58 S.) Ebds. 856. *

Sitzungsberichte der kaiserl. Akademie der Wissenschaften. Mathematisch-naturwissenschaftliche Classe. 22. Bd. 3. Heft, 23. Bd. 2 Hefte, 24. Bd. 3 Hefte, 25. Bd. 2 Hefte, 26. Bd. und 27. Bd. (Jahrg. 1856. 3. Heft und 1857.) Lex.-8. Wien, (Gerold's Sohn.) [22. Bd. 3. Heft. (VII und 124 S. mit 4 Stnt. und 5 Tab.) 857. * 24 Ngr., 23. Bd. (VI und 493 S. mit 3 lithogr. Karten, 25 Stnt., wovon 14 ill., in Lex.-8., qu. 4., qu. Fol. und qu. gr. Fol., eingedr. Holzschn. und 3 Tab.) 857. * 4 Thlr., 24. Bd. (VII und 587 S. mit 1 lithogr. Karte, 27 Stnt. in Lex.-8., qu. 4 und qu. gr. Fol., eingedr. Holzschn. und 48 Tab. in qu. gr. 4 und qu. Imp.-Fol.) 857. * 3 Thlr. 29 Ngr., 25. Bd. (VI und 604 S. mit 1 lithogr. Karte, 19 Stnt., wovon 9 ill., in Lex.-8., gr. 4., qu. gr. 4., qu. Fol. und qu. Imp.-Fol. und 7 Tab. in qu. gr. 4.) 857. * 3 Thlr. 18 Ngr., 26. Bd. (V und 517 S. mit 3 chromolithogr. Karten, 26 Stnt. in Lex.-8., gr. 4. und qu. gr. 4., eingedr. Holzschn. und 9 S. in qu. gr. 4.) 858. * 3 Thlr. 17 Ngr., 27. Bd. (536 S. mit 11 Stnt. in qu. gr. 4. und qu. Fol., eingedr. Holzschn., 56 S. in qu. gr. 4., 3 lithogr. Tab. in gr. 4. und 1 lithogr. Karte in Fol.) 858. * 4 Thlr. 1 Ngr.] *

—— dass. — Jahrg. 1858—60. à Jahrg. 29 und 28 Nrn. Lex.-8. (à Nr. 80—100 S. mit eingedr. Holzschn., Stnt. und Tabellen in Lex.-8., gr. 4. und Fol.) (Ebendas.) à Jahrg. * Einzelne Hefte * 20 Ngr. und *

—— dass. — (III.) Register zu den Bdn. 21—30. Lex.-8. (98 S.) (Ebendas.) 859. **

—— dass. — Jahrg. 1861. 10 Hefte. Lex.-8. (1—8. Heft. 760 S. mit eingedr. Holzschn., 19 Stnt., wovon 2 in Farbendr., und 1 Holzschnt. in Lex.-8., gr. 4. und Fol.) (Ebendas.) *

Sitzungsberichte der kaiserl. Akademie der Wissenschaften. Mathematisch-naturwissenschaftliche Classe. (IV.) Register zu den Bdn. 31—42. Lex.-8. (107 S.) Wien 862, (Gerold's Sohn.) *

Sitzungsberichte der kaiserl. Akademie der Wissenschaften. Mathematisch-naturwissenschaftliche Classe. Jahrg. 1862. 45. und 46. Bd. à 2 Abthlgn. à 5 Hefte. Lex.-8. Wien, (Gerold's Sohn.) [45. Bd. 1. Abthl. (VI und 498 S.) 1. Heft mit 7 Stnt. * 28 Ngr., 2. Heft mit 1 Stnt. * 20 Ngr., 3. Heft mit 10 Stnt. * 26 Ngr., 4. und 5. Heft mit 12 Stnt. * 1 Thlr. 6 Ngr.; 2. Abthl. (VII und 800 S.) 1. Heft mit 7 Stnt. und 1 Karte. * 1 Thlr., 2. Heft mit 4 Stnt. * 28 Ngr., 3. Heft. * 10 Ngr., 4. Heft mit 4 Stnt. * 25 Ngr., 5. Heft mit 1 Stnt. * 24 Ngr. — 46. Bd. 1. Abthl. (V und 481 S.) 1. und 2. Heft mit 18 Stnt. * 2 Thlr. 5 Ngr., 3.—5. Heft mit 14 Stnt. * 1 Thlr. 10 Ngr.; 2. Abthl. (VI und 584 S.) 1. Heft mit 1 Stnt. * 20 Ngr., 2. Heft mit 7 Stnt. * 1 Thlr. 4 Ngr., 3. Heft mit 1 Stnt. * 20 Ngr., 4. und 5. Heft mit 6 Stnt. * 1 Thlr. 10 Ngr.] à Bd. * 8 Thlr. *

—— dass. — Jahrg. 1863. 47. und 48. Bd. à 2 Abthlgn. à 5 Hefte. Lex.-8. (Ebendas.) [47. Bd. 1. Abthl. (354 S.) 1.—3. Heft mit 9 Stnt. und 1 Karte. * 1 Thlr. 22 Ngr., 4. und 5. Heft mit 4 Stnt. * 15 Ngr.; 2. Abthl. (468 S.) 1. und 2. Heft mit 6 Stnt. * 1 Thlr., 3. und 4. Heft mit 2 Stnt. * 1 Thlr., 5. Heft mit 1 Stnt. * 10 Ngr. — 48. Bd. 1. Abthl. (467 S.) 1. und 2. Heft mit 10 Stnt. und 1 Uebersichtstab. * 1 Thlr., 3. Heft mit 8 Stnt. * 1 Thlr., 4. und 5. Heft mit 6 Stnt. und 1 Plane. * 1 Thlr. 18 Ngr.; 2. Abthl. (VII und 735 S.) 1. und 2. Heft mit 3 Stnt. * 1 Thlr. 2 Ngr., 3. Heft mit 6 Stnt. * 28 Ngr., 4. Heft mit 2 Stnt. * 1 Thlr., 5. Heft mit 9 Stnt. * 1 Thlr. 20 Ngr.] à Bd. * 8 Thlr. *

Sitzungsberichte der kaiserl. Akademie der Wissenschaften. Mathematisch-naturwissenschaftliche Classe. Jahrg. 1864. 49. und 50. Bd. à 2 Abthlgn. à 5 Hefte. Lex.-8. Wien, (Gerold's Sohn.) [49. Bd. 1. Abthl. (VI und 492 S.) 1. Heft mit 16 Stnt. * 1 Thlr. 20 Ngr., 2. und 3. Heft mit 10 Stnt. * 1 Thlr. 5 Ngr., 4. und 5. Heft mit 1 Stnt. * 20 Ngr.; 2. Abthl. (VIII und 501 S.) 1. Heft mit 4 Stnt. * 24 Ngr., 2. Heft mit 1 Stnt. * 14 Ngr., 3. Heft. * 12 Ngr., 4. und 5 Heft mit 6 Stnt. * 1 Thlr. — 50. Bd. 1. Abthl. (VII und 721 S.) 1. Heft mit 7 Stnt. * 1 Thlr. 2 Ngr., 2. Heft mit 10 Stnt. * 1 Thlr., 3. Heft mit 5 Stnt. * 27 Ngr., 4. Heft mit 11 Stnt. * 1 Thlr. 10 Ngr., 5. Heft mit 16 Stnt. * 1 Thlr. 20 Ngr.; 2. Abthl. (VII und 564 S.) 1. Heft mit 1 Stnt. * 15 Ngr., 2. Heft mit 2 Stnt. * 26 Ngr., 3. und 4. Heft mit 6 Stnt. * 1 Thlr. 2 Ngr., 5. Heft. * 12 Ngr.] à Bd. * 8 Thlr. *

—— dass. — (V.) Register zu den Bdn. 43—50. Lex.-8. (157 S.) (Ebendas.) 865. *

—— dass. — Jahrg. 1865. 51. und 52. Bd. à 2 Abthlgn. à 5 Hefte. Lex.-8. (Ebendas.) [51. Bd. 1. Abthl. (VI und 504 S.) 1. und 2. Heft mit 2 Stnt. * 25 Ngr., 3. Heft mit 4 Stnt. * 16 Ngr., 4. und 5. Heft mit 22 Stnt. * 2 Thlr. 10 Ngr.; 2. Abthl. (VII und 554 S.) 1. und 2. Heft mit 6 Stnt. * 1 Thlr. 4 Ngr., 3. Heft mit 3 Stnt. * 18 Ngr., 4. und 5. Heft mit 12 Stnt. * 1 Thlr. 20 Ngr. — 52. Bd. 1. Abthl. (VII und 668 S.) 1. und 2. Heft mit 10 Stnt. * 1 Thlr. 15 Ngr., 3. Heft mit 8 Stnt. * 1 Thlr. 5 Ngr., 4. und 5. Heft mit 8 Stnt. * 1 Thlr. 2 Ngr.; 2. Abthl. (VII und 667 S.) 1. Heft mit 4 Stnt. * 27 Ngr., 2. Heft mit 2 Stnt. * 16 Ngr., 3. Heft mit 5 Stnt. * 1 Thlr., 4. Heft mit 6 Stnt. * 24 Ngr., 5. Heft mit 6 Stnt. * 1 Thlr.] à Bd. * 8 Thlr. *

—— dass. — Jahrg 1866. 53. und 54. Bd. à 2 Abthlgn. à 5 Hefte. Lex.-8. (Ebendas.) [53. Bd. 1. Abthl. (VI und 563 S.) 1. und 2. Heft mit 8 Stnt. * 1 Thlr. 10 Ngr., 3. und 4. Heft mit 10 Stnt. * 1 Thlr. 10 Ngr., 5. Heft mit 16 Stnt. * 2 Thlr.; 2. Abthl. (VII und 727 S.) 1. Heft mit 1 Stnt. * 18 Ngr., 2. Heft mit 1 Stnt. * 18 Ngr., 3. Heft mit 3 Stnt. * 26 Ngr., 4. Heft mit 2. Stnt. * 18 Ngr., 5. Heft mit 10 Stnt. * 1 Thlr. 20 Ngr. — 54. Bd. 1. Abthl. (VI und 611 S.) 1. Heft mit 11 Stnt. * 1 Thlr. 15 Ngr., 2. Heft mit 18 Stnt. * 2 Thlr. 10 Ngr., 3. Heft mit 5 Stnt. * 20 Ngr., 4. und 5. Heft mit 3 Stnt. * 26 Ngr.; 2. Abthl. (VII und 810 S.) 1. Heft mit 5 Stnt. * 28 Ngr., 2. Heft mit 6 Stnt. * 1 Thlr. 5 Ngr., 3. und 4. Heft mit 4 Stnt. * 1 Thlr. 22 Ngr., 5. Heft mit 1 Stnt. und 2 Karten. * 23 Ngr.] à Bd. * 8 Thlr. *

—— dass. — Jahrg. 1867. 55. und 56. Bd. à 2 Abthlgn. à 5 Hefte. Lex.-8. (Ebendas.) [55. Bd. 1. Abthl. (VI und 731 S.) 1. Heft mit 11 Stnt. * 1 Thlr. 10 Ngr., 2. Heft mit 15 Stnt. * 1 Thlr. 10 Ngr., 3. Heft mit 15 Stnt. * 1 Thlr. 20 Ngr., 4. und 5. Heft mit 25 Stnt. * 3 Thlr.; 2. Abthl. (VII und 950 S.) 1. Heft mit 1 Tab. * 20 Ngr., 2. Heft mit 1 Stnt. und 1 Tab. * 26 Ngr., 3. Heft mit 6 Stnt. * 1 Thlr. 2 Ngr., 4. Heft mit 3 Stnt. * 20 Ngr., 5. Heft mit 7 Stnt. * 1 Thlr. 20 Ngr. — 56. Bd. 1. Abthl. (VI und 941 S.) 1. Heft mit 5 Stnt. * 1 Thlr. 6 Ngr., 2. Heft mit 5 Stnt. * 1 Thlr. 10 Ngr., 3. Heft mit 15 Stnt. * 2 Thlr., 4. und 5. Heft mit 4 Stnt. * 25 Ngr.; 2. Abthl. (VII und 729 S.) 1. und 2. Heft mit 11 Stnt. und 1 Zinkographie. * 1 Thlr. 20 Ngr., 3. Heft mit 4 Stnt. und 4 Karten. * 1 Thlr. 26 Ngr., 4. und 5. Heft mit 1 Stnt. * 16 Ngr.] à Bd. * 8 Thlr. *

Sitzungsberichte der kaiserlichen Akademie der Wissenschaften. Mathematisch-naturwissenschaftliche Classe. 57.—64. Bd. Jahrg. 1868—1871. à Jahrg. 2 Abthlgn. à 10 Hefte. Mit eingedr. Holzschn. und Stnt. Lex.-8. Wien, (Gerold's Sohn.) à Abthl. * ℳ 24.; à Jahrg. * 48 —

—— dass. — Register zu den Bdn. 51—60. (IV.) Lex.-8. (199 S.) (Ebendas.) 870. * 2 —

—— dass. — zu den Bdn. 61—64. Lex.-8. (98 S.) (Ebendas.) 872. * 1 20

—— dass. — 65.—70. Bd. Jahrg. 1872—1874. à Jahrg. 3 Abthlgn. à 10 Hefte. Mit eingedr. Holzschn. und Stnt. Lex.-8. (Ebendas.) à Jahrg. * 48 —

Inhalt:

Abthl. 1. Abhandlungen aus dem Gebiete der Mineralogie, Botanik, Zoologie, Geologie und Palaeontologie. * ℳ 20.

" 2. Abhandlungen aus dem Gebiete der Mathematik, Physik, Chemie, Mechanik, Meteorologie und Astronomie. * ℳ 16.

" 3. Abhandlungen aus dem Gebiete der Physiologie, Anatomie und therapeut. Medicin. * ℳ 12.

Sitzungsberichte der kaiserl. Akademie der Wissenschaften. Mathematisch-naturwissenschaftl. Classe. 71. und 72. Bd. Jahrg. 1875. 3 Abthlgn. à 10 Hefte. Mit eingedr. Holzschn. und Stnt. Lex.-8. Wien, (Gerold's Sohn.) *
Inhalt:
Abthl. 1. Abhandlungen aus dem Gebiete der Mineralogie, Botanik, Zoologie, Geologie und Paläontologie. (VI, 736 S. mit 1 eingedr. Holzschn. und 31 Stnt.; VI, 620 S. mit 2 eingedr. Holzschn. und 45 Stnt.) *ℳ 20.
» 2. Abhandlungen aus dem Gebiete der Mathematik, Physik, Chemie, Mechanik, Meteorologie und Astronomie. (VII, 845 S. mit 12 eingedr. Holzschn. und 18 Stnt., VIII, 825 S. mit 26 eingedr. Holzschn. und 9 Stnt.) *ℳ 16.
» 3. Abhandlungen aus dem Gebiete der Physiologie, Anatomie und theoretischen Medicin. (VI, 431 S. mit 3 eingedr. Holzschn. und 15 Stnt., VI, 426 S. mit 4 eingedr. Holzschn. und 16 Stnt.) *ℳ 12.

—— dass. — 73. Bd. 3 Abthlgn. Jahrg. 1876. Lex.-8. (Ebendas.) *
Inhalt:
Abthl. 1. Abhandlungen aus dem Gebiete der Mineralogie, Botanik, Zoologie, Geologie und Paläontologie. 5 Hefte. (VI, 401 S. mit 4 eingedr. Holzschn. und 15 Stnt.) *ℳ 8.
» 2. Abhandlungen aus dem Gebiete der Mathematik, Physik, Chemie, Mechanik, Meteorologie und Astronomie. 5 Hefte. (VI, 605 S. mit eingedr. Holzschn. und 19 Stnt.) *ℳ 12,30.
» 3. Abhandlungen aus dem Gebiete der Physiologie, Anatomie und theoretischen Medicin. 5 Hefte. (VI, 185 S. mit 1 eingedr. Holzschn. und 11 Stnt.) *ℳ 5,20.

—— dass. — 74. Bd. 3 Abthlgn. Lex.-8. (Ebendas.) *
Inhalt:
Abthl. 1. Abhandlungen aus dem Gebiete der Mineralogie, Botanik, Zoologie, Geologie und Paläontologie. 5 Hefte. [1.—3. Heft. (S. 1—462 mit 25 Stnt. und 1 eingedr. Holzschn.) 876,77. *ℳ 10,40.; 4. und 5. Heft. (S. 463—883 mit 26 Stnt. und eingedr. Holzschn.) 877. *ℳ 10,40.] *ℳ 20,80.
» 2. Abhandlungen aus dem Gebiete der Mathematik, Physik, Chemie, Mechanik, Meteorologie und Astronomie. 5 Hefte. [1. und 2. Heft. (S. 1—302 mit 1 Stnt.) 876. à Heft *ℳ 2.; 3.—5. Heft. (S. 303—570 mit 1 Stnt. und 1 eingedr. Holzschn.) 877. *ℳ 3,40.] *ℳ 7,40.
» 3. Abhandlungen aus dem Gebiete der Physiologie, Anatomie und theoretischen Medicin. 5 Hefte. [1. und 2. Heft. (S. 1—185 mit 11 lithogr. und chromolithogr. Taf.) 877. *ℳ 5,50.; 3.—5. Heft. (VI, S. 187—562 mit 21 Stnt. und 59 eingedr. Holzschn.) 877. *ℳ 10.] *ℳ 15,50.

—— dass. — 75. Bd. 3 Abthlgn. Lex.-8. (Ebendas.) *
Inhalt:
Abthl. 1. Abhandlungen aus dem Gebiete der Mineralogie, Botanik, Zoologie und Paläontologie. 5 Hefte. [1.—3. Heft. (S. 1—302 mit eingedr. Holzschn. und 12 Stnt.) 877. *ℳ 5,20.; 4. und 5. Heft. (S. 303—645 mit 13 eingedr. Holzschn., 25 Stnt. und 1 geolog. chromolithogr. Kartenskizze.) 877,78. *ℳ 10,40.] *ℳ 15,60.
» 2. Abhandlungen aus dem Gebiete der Mathematik, Physik, Chemie, Mechanik, Meteorologie und Astronomie. 5 Hefte. (940 S. mit eingedr. Holzschn. und 12 Stnt.) 877. *ℳ 15.
» 3. Abhandlungen aus dem Gebiete der Physiologie, Anatomie und theoretischen Medicin. 5 Hefte. (VI, 272 S. mit eingedr. Holzschn. und 13 Stnt.) 877. *ℳ 6,40.

—— dass. — Register zu den Bdn. 65 bis 75. VIII. Lex.-8. (107 S.) Ebendas. 878. *

—— dass. — 76. Bd. 3 Abthlgn. Lex.-8. (Ebendas.) *
Inhalt:
Abthl. 1. Abhandlungen aus dem Gebiete der Mathematik, Botanik, Zoologie, Geologie und Paläontologie. 5 Hefte. [1. und 2. Heft. (S. 1—320 mit 18 Stnt. und 9 eingedr. Holzschn.) 878. *ℳ 7,40.; 3.—5. Heft. (VI, S. 321—863 mit 12 Stnt.) 878. *ℳ 8,90.] *ℳ 16,30.
Abthl. 2. Abhandlungen aus dem Gebiete der Mathematik, Physik, Chemie, Mechanik, Meteorologie und Astronomie. 5 Hefte. [1. und 2. Heft. (S. 1—355 mit 3 Stnt. und 5 eingedr. Holzschn.) 877,78. *ℳ 5,40.; 3.—5. Heft. (VIII, S. 357—962 mit 15 eingedr. Holzschn. und 13 Stnt.) 878. *ℳ 11.] *ℳ 16,40.
» 3. Abhandlungen aus dem Gebiete der Physiologie, Anatomie und theoretischen Medicin. 5 Hefte. [1. und 2. Heft. (S. 1—162 mit 8 Stnt. und 7 eingedr. Holzschn.) 878. *ℳ 4.; 3.—5. Heft. (VI, S. 163—326 mit 8 Stnt. und 1 eingedr. Holzschn.) 878. *ℳ 4.] *ℳ 8.

—— dass. — Mathematisch-naturwissenschaftl. Classe. 77. Bd. 3 Abthlgn. Lex.-8. Wien, (Gerold's Sohn.) *
Inhalt:
Abthl. 1. Abhandlungen aus dem Gebiete der Mathematik, Botanik, Zoologie, Geologie und Paläontologie. 5 Hefte. [1.—4. Heft. (S. 1—402 mit 6 eingedr. Holzschn. und 1 lithogr. und chromolithogr. Taf.) 878. *ℳ 10.; 5. Heft. (VI, S. 403—615 mit 6 eingedr. Holzschn. und 15 Stnt.) 878. *ℳ 6,80.] *ℳ 16,80.
» 2. Abhandlungen aus dem Gebiete der Mathematik, Physik, Chemie, Mechanik, Meteorologie und Astronomie. 5 Hefte. [1.—3. Heft. (S. 1—420 mit 18 eingedr. Holzschn. und 3 Stnt.) 878. *ℳ 6.; 4. und 5. Heft. (VIII, S. 421—841 mit 24 eingedr. Holzschn. und 2 Stnt.) 878. *ℳ 5,60.] *ℳ 11,60.
» 3. Abhandlungen aus dem Gebiete der Physiologie, Anatomie und theoretischen Medicin. 5 Hefte. (V, 304 S. mit 8 Stnt. und 1 eingedr. Holzschn.) 878. *ℳ 5,50.

—— dass. — 78. Bd. 3 Abthlgn. Lex.-8. (Ebendas.) *
Inhalt:
Abthl. 1. Abhandlungen aus dem Gebiete der Mineralogie, Botanik, Zoologie, Geologie und Paläontologie. 5 Hefte. [1. und 2. Heft. (S. 1—430 mit eingedr. Holzschn. und 11 Stnt.) 879. *ℳ 8,20.; 3.—5. Heft. (VI, S. 431—637 mit 7 Stnt.) 879. *ℳ 3,20.] *ℳ 11,40.
» 2. Abhandlungen aus dem Gebiete der Mathematik, Physik, Chemie, Mechanik, Meteorologie und Astronomie. 5 Hefte. [1.—3. Heft. (S. 1—898 mit 36 eingedr. Holzschn. und 17 Stnt.) 879. *ℳ 15.; 4. und 5. Heft. (VIII, S. 899—1054 mit 2 Stnt.) 879. *ℳ 2,50.] *ℳ 17,50.
» 3. Abhandlungen aus dem Gebiete der Physiologie, Anatomie und theoretischen Medicin. 5 Hefte. (V, 289 S. mit 15 Stnt. und 8 eingedr. Holzschn.) 879. *ℳ 8.

—— dass. — 79. Bd. 3 Abthlgn. Lex.-8. (Ebendas.) *
Inhalt:
Abthl. 1. Abhandlungen aus dem Gebiete der Mineralogie, Botanik, Zoologie, Geologie und Paläontologie. 5 Hefte. [1.—3. Heft. (S. 1—254 mit 1 eingedr. Holzschn. und 9 Stnt.) 879. *ℳ 5,40.; 4. und 5. Heft. (VI, S. 255—490 mit 2 Kartenskizzen und 7 Stnt.) 879. *ℳ 4,40.] *ℳ 9,80.
» 2. Abhandlungen aus dem Gebiete der Mathematik, Physik, Chemie, Mechanik, Meteorologie und Astronomie. 5 Hefte. [1.—4. Heft. (S. 1—704 mit eingedr. Holzschn. und 6 Stnt.) 879. *ℳ 10.; 5. Heft. (VIII, S. 705—881 mit 16 eingedr. Holzschn. und 1 Stnt.) 879. *ℳ 2,60.] *ℳ 12,60.
» 3. Abhandlungen aus dem Gebiete der Physiologie, Anatomie und theoretischen Medicin. 5 Hefte. (VI, 327 S. mit eingedr. Holzschn. und 6 Stnt.) 879. *ℳ 5,50.

Sitzungsberichte der kaiserl. Akademie der Wissenschaften. Mathematisch-naturwissenschaftl. Classe. 80. Bd. 3 Abthlgn. Lex.-8. Wien, (Gerold's Sohn.) *
Inhalt:
Abthl. 1. Abhandlungen aus dem Gebiete der Mineralogie, Botanik, Zoologie, Geologie und Paläontologie. 5 Hefte. (VI, 391 S. mit 5 eingedr. Holzschn. und 29 Stnt.) 880. *ℳ 13,60.
» 2. Abhandlungen aus dem Gebiete der Mathematik, Physik, Chemie, Mechanik, Meteorologie und Astronomie. 5 Hefte. (VIII, 1101 S. mit 51 eingedr. Holzschn. und 11 Stnt.) 880. *ℳ 16,50.
» 3. Abhandlungen aus dem Gebiete der Physiologie, Anatomie und theoretischen Medicin. 5 Hefte. (VI, 410 S. mit 14 eingedr. Holzschn. und 9 Stnt.) 880. *ℳ 6,90.

—— dass. — Register IX, zu den Bdn. 76—80. Lex.-8. (63 S.) Wien 880, (Gerold's Sohn.) ** — 90

—— dass. — 81. Bd. 3 Abthlgn. Lex.-8. (Ebendas.) *
Inhalt:
Abthl. 1. Abhandlungen aus dem Gebiete der Mineralogie, Botanik, Zoologie, Geologie und Paläontologie. 5 Hefte. (VI, 329 S. mit 17 eingedr. Holzschn., 14 Stnt. und 1 chromolithogr. Karte.) 880. *ℳ 8,60.
» 2. Abhandlungen aus dem Gebiete der Mathematik, Physik, Chemie, Mechanik, Meteorologie und Astronomie. 5 Hefte. (VIII, 1277 S. mit 99 eingedr. Holzschn. und 13 Stnt.) 880 *ℳ 19,80.
» 3. Abhandlungen aus dem Gebiete der Physiologie, Anatomie und theoretischen Medicin. 5 Hefte. (V, 186 S. mit 6 Stnt.) 880. *ℳ 4.

—— dass. — 82. Bd. 3 Abthlgn. Lex.-8. (Ebendas.) *
Inhalt:
Abthl. 1. Abhandlungen aus dem Gebiete der Mineralogie, Botanik, Zoologie, Geologie und Paläontologie. 5 Hefte. (VI, 446 S. mit 8 eingedr. Holzschn. und 24 Stnt.) 880,81. *ℳ 9.
» 2. Abhandlungen aus dem Gebiete der Mathematik, Physik, Chemie, Mechanik und Astronomie. 5 Hefte. (IX, 1316 S. mit 81 eingedr. Holzschn., 13 Stnt. und 1 Tab.) 880,81. *ℳ 19.
» 3. Abhandlungen aus dem Gebiete der Physiologie, Anatomie und theoretischen Medicin. 5 Hefte. (V, 290 S. mit 12 eingedr. Holzschn. und 14 Stnt.) 880,81. *ℳ 8,40.

—— dass. — 83. Bd. 3 Abthlgn. Lex.-8. (Ebendas.) *
Inhalt:
Abthl. 1. Abhandlungen aus dem Gebiete der Mineralogie, Botanik, Zoologie, Geologie und Paläontologie. 5 Hefte. (VI, 549 S. mit 15 eingedr. Holzschn. und 27 Stnt.) 881. *ℳ 13,90.
» 2. Abhandlungen aus dem Gebiete der Mathematik, Physik, Chemie, Mechanik, Meteorologie und Astronomie. 5 Hefte. (VIII, 1179 S. mit 6 eingedr. Holzschn. und 4 Stnt.) 881. *ℳ 16.
» 3. Abhandlungen aus dem Gebiete der Physiologie, Anatomie und theoretischen Medicin. 5 Hefte. (VI, 372 S. mit 9 Stnt.) 881. *ℳ 7,80.

Sitzungsberichte der kaiserl. Akademie der Wissenschaften. Mathematisch-naturwissenschaftl. Classe. 84. Bd. 3 Abthlgn. Lex.-8. Wien, (Gerold's Sohn.) * 50 50
Inhalt:
Abthl. 1. Abhandlungen aus dem Gebiete der Mathematik, Botanik, Zoologie, Geologie und Paläontologie. 5 Hefte. (VI, 667 S. mit 8 eingedr. Holzschn. und 40 lithogr. und photolithogr. Taf.) 881,82. *ℳ 17,80.
» 2. Abhandlungen aus dem Gebiete der Mathematik, Physik, Chemie, Mechanik, Meteorologie und Astronomie. 5 Hefte. (VIII, 1335 S. mit 43 eingedr. Holzschn. und 21 Stnt.) 881,82. *ℳ 19,60.
» 3. Abhandlungen aus dem Gebiete der Physiologie, Anatomie und theoretischen Medicin. 5 Hefte. (VI, 564 S. mit 19 Stnt.) 881. *ℳ 13,10.

—— dass. — 85. Bd. 3 Abthlgn. Lex.-8. (Ebendas.) * 40 —

Inhalt:

Abthl. 1. Abhandlungen aus dem Gebiete der Mathematik, Botanik, Zoologie, Geologie und Paläontologie. 5 Hefte. (VI, 522 S. mit 7 eingedr. Holzschn. und 27 lithogr. und photolithogr. Taf.) 882. *ℳ 11,60.

» 2. Abhandlungen aus dem Gebiete der Mathematik, Physik, Chemie, Mechanik, Meteorologie und Astronomie. 5 Hefte. (VIII, 1067 S. mit 32 eingedr. Holzschn. und 13 Stnt.) 882. *ℳ 16,90.

» 3. Abhandlungen aus dem Gebiete der Physiologie, Anatomie und theoretischen Medicin. 5 Hefte. (VI, 338 S. mit 5 eingedr. Holzschn. und 19 Stnt.) 882. *ℳ 11,50.

—— dass. — Register X, zu den Bdn. 81—85. Lex.-8. (90 S.) (Ebendas.) 882. * 1 —

—— dass. — 86. Bd. 3 Abthlgn. Lex.-8. (Ebendas.) * 34 —

Inhalt:

Abthl. 1. Abhandlungen aus dem Gebiete der Mineralogie, Botanik, Zoologie, Geologie und Paläontologie. 5 Hefte. (VI, 409 S. mit 1 eingedr. Holzschn. und 16 Stnt.) 882,83. *ℳ 8,50.

» 2. Abhandlungen aus dem Gebiete der Mathematik, Physik, Chemie, Mechanik, Meteorologie und Astronomie. 5 Hefte. (VIII, 1129 S. mit 30 eingedr. Holzschn. und 4 Stnt.) 882. *ℳ 16,50.

» 3. Abhandlungen aus dem Gebiete der Physiologie, Anatomie und theoretischen Medicin. 5 Hefte. (VI, 247 S. mit 1 eingedr. Holzschn. und 16 Stnt.) 882,83. *ℳ 9.

—— dass. — 87. Bd. 3 Abthlgn. Lex.-8. (Ebendas.) * 35 10

Inhalt:

Abthl. 1. Abhandlungen aus dem Gebiete der Mineralogie, Botanik, Zoologie, Geologie und Paläontologie. 5 Hefte. (VI, 426 mit 3 eingedr. Holzschn. und 18 Stnt.) 883. *ℳ 9,80.

» 2. Abhandlungen aus dem Gebiete der Mathematik, Physik, Chemie, Mechanik, Meteorologie, und Astronomie. 5 Hefte. (1235 S. mit 19 eingedr. Holzschn. und 17 Stnt. 883. *ℳ 18,80.

» 3. Abhandlungen aus dem Gebiete der Physiologie, Anatomie und theoretischen Medicin. 5 Hefte. (VI, 256 S. mit 9 lithogr. und chromolithogr. Taf.) 882. *ℳ 6,50.

—— dass. — 88. Bd. 3 Abthlgn. Lex.-8. (Ebendas.) * 67 20

Inhalt:

Abthl. 1. Abhandlungen aus dem Gebiete der Mineralogie, Botanik, Zoologie, Mechanik, Meteorologie und Astronomie. 5 Hefte. (VI, 1394 S. mit 74 eingedr. Holzschn., 49 Stnt. und 4 Karten.) 883,84. *ℳ 32,20.

» 2. Abhandlungen aus dem Gebiete der Mathematik, Physik, Chemie, Mechanik, Meteorologie und Astronomie. 5 Hefte. (VIII, 1267 S. mit 16 eingedr. Holzschn., 10 Stnt. und 4 lithogr. Karten.) 883,84. *ℳ 20.

» 3. Abhandlungen aus dem Gebiete der Physiologie, Anatomie und theoretischen Medicin. 5 Hefte. (VI, 571 S. mit 26 eingedr. Holzschn. und 19 Stnt.) 884. *ℳ 15.

—— dass. — 89. Bd. 3 Abthlgn. Lex.-8. (Ebendas.) * 35 —

Inhalt:

Abthl. 1. Abhandlungen aus dem Gebiete der Mineralogie, Botanik, Zoologie, Mechanik, Meteorologie und Astronomie. 5 Hefte. (VI, 430 S. mit 16 eingedr. Holzschn. und 11 Stnt.) 884. *ℳ 8,40.

» 2. Abhandlungen aus dem Gebiete der Mathematik, Physik, Chemie, Mechanik, Meteorologie und Astronomie. 5 Hefte. (VI, 892 S. mit 17 eingedr. Holzschn., 9 Stnt. und 1 Karte.) 884. *ℳ 16,40.

» 3. Abhandlungen aus dem Gebiete der Physiologie, Anatomie und theoretischen Medicin. 5 Hefte. (VI, 357 S. mit 11 Stnt.) 884. *ℳ 10,20.

—— dass. — 90. Bd. 3 Abthlgn. Lex.-8. (Ebendas.) * 40 90

Inhalt:

Abthl. 1. Abhandlungen aus dem Gebiete der Mineralogie, Botanik, Zoologie, Mechanik, Meteorologie und Astronomie. 5 Hefte. (VI, 428 S. mit 26 Stnt. und 1 Routenkarte.) 884,85. *ℳ 12,80.

» 2. Abhandlungen aus dem Gebiete der Mathematik, Physik, Chemie, Mechanik, Meteorologie und Astronomie. 5 Hefte. (VIII, 1185 S. mit 52 eingedr. Holzschn. und 3 Stnt.) 884,85. *ℳ 18,60.

Abthl. 3. Abhandlungen aus dem Gebiete der Physiologie, Anatomie und theoretischen Medicin. 5 Hefte. (VI, 350 S. mit 2 eingedr. Holzschn. und 13 Stnt.) 884,85. *ℳ 9,50.

—— dass. — Register XI, zu den Bdn. 86—90. Lex.-8. (81 S.) (Ebendas.) 885. * 1 20

Sitzungsberichte der k. Akademie der Wissenschaften. Mathematisch-naturwissenschaftl. Classe. 91. Bd. 3 Abthlgn. à 5 Hefte. Lex.-8. Wien 885, (Tempsky.) *

Inhalt:

Abthl. 1. Abhandlungen aus dem Gebiete der Mineralogie, Botanik, Zoologie, Geologie und Paläontologie. (VI, 447 S. mit 9 Holzschn. und 11 Taf.) *ℳ 9.80.

» 2. Abhandlungen aus dem Gebiete der Mathematik, Physik, Chemie, Mechanik, Meteorologie und Astronomie. (VIII, 1201 S. mit 12 Holzschn., 19 Taf. und 1 Karte.) *ℳ 23.50.

Abthl. 3. Abhandlungen aus dem Gebiete der Physiologie, Anatomie und theoretischen Medicin. (VI, 349 S. mit 2 Holzschn. und 17 Taf.) *ℳ 12.50.

—— dass. — 92. Bd. 3 Abthlgn. à 5 Hefte. Lex.-8. Wien 885, (Tempsky.) * 58 70

Inhalt:

Abthl. 1. Abhandlungen aus dem Gebiete der Mineralogie, Botanik, Zoologie, Geologie und Paläontologie. (VI, 673 S. mit 3 Holzschn. und 14 Taf.) *ℳ 13.—.

» 2. Abhandlungen aus dem Gebiete der Mathematik, Physik, Chemie, Mechanik, Meteorologie und Astronomie. (IX, 1477 S. mit 64 Holzschn. und 10 Taf.) *ℳ 23.50.

» 3. Abhandlungen aus dem Gebiete der Physiologie, Anatomie und theoretischen Medicin. (VI, 460 S. mit 4 Holzschn. und 28 Taf.) *ℳ 17.20.

—— dass. — 93. Bd. 3 Abthlgn. à 5 Hefte. Lex.-8. (Ebendas.) 886. * 31 60

Inhalt:

Abthl. 1. Abhandlungen aus dem Gebiete der Mineralogie, Botanik, Zoologie, Geologie und Paläontologie. (VI, 375 S. mit 7 Holzschn. und 11 Taf.) *ℳ 8.—.

» 2. Abhandlungen aus dem Gebiete der Mathematik, Physik, Chemie, Mechanik, Meteorologie und Astronomie. (VIII, 1067 S. mit 18 Holzschn. und 1 Taf.) *ℳ 17.60.

» 3. Abhandlungen aus dem Gebiete der Physiologie, Anatomie und theoretischen Medicin. (VI, 261 S.) *ℳ 6.—.

—— dass. — 94. Bd. 3 Abthlgn. à 5 Hefte. Lex.-8. (Ebendas.) 886. * 30 40

Inhalt:

Abthl. 1. Abhandlungen aus dem Gebiete der Mineralogie, Botanik, Zoologie, Geologie und Paläontologie. (V, 168 S. mit 2 Holzschn. und 5 Taf.) *ℳ 3.40.

» 2. Abhandlungen aus dem Gebiete der Mathematik, Physik, Chemie, Mechanik, Meteorologie und Astronomie. (VIII, 969 S. mit 43 Holzschn. und 9 Taf.) *ℳ 18.60.

» 3. Abhandlungen aus dem Gebiete der Physiologie, Anatomie und theoretischen Medicin. (V, 301 S. mit 39 Holzschn. und 9 Taf.) *ℳ 8.40.

—— dass. — 95. Bd. 3 Abthlgn. à 5 Hefte. Lex.-8. (Ebendas.) 887. * 38 20

Inhalt:

Abthl. 1. Abhandlungen aus dem Gebiete der Mineralogie, Botanik, Zoologie, Geologie und Paläontologie. (VI, 435 S. mit 5 Taf. und 1 Tab.) *ℳ 9.—.

» 2. Abhandlungen aus dem Gebiete der Mathematik, Physik, Chemie, Mechanik, Meteorologie und Astronomie. (VIII, 1120 S. mit 47 Holzschn., 8 Taf. und 1 Tab.) *ℳ 21.20.

» 3. Abhandlungen aus dem Gebiete der Physiologie, Anatomie und theoretischen Medicin. (VI, 263 S. mit 1 Holzschn. und 12 Taf.) *ℳ 8.—.

—— dass. — 96. Bd. 3 Abthlgn. à 5 Hefte. Lex.-8. (Ebendas.) 887. * 41 90

Inhalt:

Abthl. 1. Abhandlungen aus dem Gebiete der Mineralogie, Botanik, Zoologie, Geologie und Paläontologie. (VI, 381 S. mit 16 Taf.) *ℳ 8.50.

» 2. Abhandlungen aus dem Gebiete der Mathematik, Physik, Chemie, Mechanik, Meteorologie und Astronomie. (IX, 1379 S. mit 45 Holzschn. und 11 Taf.) *ℳ 26.40.

» 3. Abhandlungen aus dem Gebiete der Physiologie, Anatomie und theoretischen Medicin. (VI, 220 S. mit 12 Taf.) *ℳ 7.—.

—— dass. — Register zu den Bdn. 91—96. XII. Lex.-8. (88 S.) (Ebendas.) 888. * 1 40

—— dass. — 97. Bd. 4 Abthlgn. à 10 Hefte. Lex.-8. (Ebendas.) 888. * 72 10

Inhalt:

Abthl. 1. Abhandlungen aus dem Gebiete der Mineralogie, Krystallographie, Botanik, Physiologie der Pflanzen, Zoologie, Paläontologie, Geologie, physischen Geographie und Reisen. (IV, 703 S. mit 2 Textfig., 24 Taf. und 1 Tab.) *ℳ 14.90.

» 2a. Abhandlungen aus dem Gebiete der Mathematik, Astronomie, Physik, Meteorologie und der Mechanik. (IX, 1634 S. mit 73 Holzschn. und 21 Taf.) *ℳ 32.20.

» 2b. Abhandlungen aus dem Gebiete der Chemie. (VIII, 1002 S. mit 15 Holzschn., 7 Taf. und 1 Tab.) *ℳ 16.10.

» 3. Abhandlungen aus dem Gebiete der Anatomie und Physiologie des Menschen und der Thiere; sowie aus jenem der theoretischen Medicin. (VII, 245 S. mit 1 Textfig. und 14 Taf.) *ℳ 8.90.

— dasselbe. 98. Bd. 3 Abthlgn. à 10 Hfte. Lex.-8. Ebd. 889. 890. n. 77. 20

1. Abth. Abhandlungen aus dem Gebiete der Mineralogie, Krystallographie, Botanik, Physiologie der Pflanzen, Zoologie, Paläontologie, Geologie, physischen Geographie u. Reisen. (VII, 774 S. m. 9 Fig., 34 Taf., 1 geolog. Karte u. 2 Kartenskizzen.) n. 19. —

2. Abth. a. Abhandlungen aus dem Gebiete der Mathematik, Astronomie, Physik, Meteorologie u. der Mechanik. (IX, 1572 S. m. 54 Textfig., 24 Taf. u. 1 Tab.) n. 33. 60

2. Abth. b. Abhandlungen aus dem Gebiete der Chemie. (VIII, 880 S. m. 9 Textfig. u. 1 Taf.) n. 12. 40

3. Abth. Abhandlungen aus d. Gebiete der Anatomie u. Physiologie d. Menschen u. der Thiere, sowie aus jenem der theoret. Medicin. (VI, 496 S. m. 21 Texfig. u. 17 Taf.) n. 12. 20

— dasselbe. 99. Bd. I. Abth., 1.—7. Hft.; II. Abth. a, 1.—6. Hft.; II. Abth. b, 1.—7. Hft.; III. Abth., 1.—7. Hft. Lex.-8. Ebd. 890. n. 41. 70

1. Abth. Abhandlungen aus dem Gebiete der Mineralogie, Krystallographie, Botanik, Physiologie der Pflanzen, Zoologie, Paläontologie, Geologie, physischen Geographie u. Reisen. 1.—7. Hft. (465 S. m. 24 Textfig. u. 20 Taf.) n. 11. 70

2. Abth. a. Abhandlungen aus dem Gebiete der Mathematik, Astronomie, Physik, Meteorologie u. der Mechanik. 1.—6. Hft. (570 S. m. 15 Textfig. u. 5 Taf.) n. 11. 90

2. Abth. b. Abhandlungen aus dem Gebiete der Chemie. 1.—7. Hft. (455 S. m. 9 Textfig.) n. 6. 60

3. Abth. Abhandlungen aus d. Gebiete der Anatomie u. Physiologie d. Menschen u. der Thiere, sowie aus jenem der theoret. Medicin. 1.—7. Hft. (382 S. m. 20 Taf.) n. 11. 50

— der kaiserl. Akademie der Wissenschaften. Mathematisch-naturwissenschaftl. Classe. 99. Bd. 1. Abth. 8.—10. Hft., 2. Abth. a. 7.—10. Hft., 2. Abth. b. 8.—10. Hft., 3. Abth. 8—10. Hft. Lex.-8. Wien 890. 891. (F. Tempsky.) n. 21. 20 (99. Bd. kplt.: n. 62. 90)

1. Abth. Abhandlungen aus dem Gebiete der Mineralogie, Krystallographie, Botanik, Physiologie der Pflanzen, Zoologie, Paläontologie, Geologie, phys. Geographie u. Reisen. 8.—10. Hft. (VI u. S. 467—568 m. 8 Taf.) n. 3. 60 (kplt.: n. 15. 30)

2. Abth. a. Abhandlungen aus dem Gebiete der Mathematik, Astronomie, Physik, Meteorologie u. der Mechanik. 7.—10. Hft. (VIII u. S. 571—1103 m. 37 Fig. u. 4 Taf.) n. 11. 20 (kplt.: n. 23. 10)

2. Abth. b. Abhandlungen aus dem Gebiete der Chemie. 8.—10. Hft. (VII u. S. 457—604 m. 1 Taf.) n. 2. 40 (kplt.: n. 9. —)

3. Abth. Abhandlungen aus dem Gebiete der Anatomie u. Physiologie d. Menschen u. der Thiere, sowie aus jenem der theoret. Medicin. 8.—10. Hft. (VI u. S. 383—486 m. 7 Taf.) n. 4. — (kplt.: n. 15. 50)

— dasselbe. 100. Bd. 3 Abthlgn. Lex.-8. Ebd. 891. n. 58. 20

1. Abth. Abhandlungen aus dem Gebiete der Mineralogie, Krystallographie, Botanik, Physiologie der Pflanzen, Zoologie, Paläontologie, Geologie, phys. Geographie u. Reisen. 10 Hfte. (VI, 463 S. m. 17 Taf.) n. 10. 90

2. Abth. a. Abhandlungen aus dem Gebiete der Mathematik, Astronomie, Physik, Meteorologie u. der Mechanik. 10 Hfte. (VIII, 1395 S. m. 1 Kartenskizze, 11 Taf. u. 33 Textfig.) n. 27. 20

2. Abth. b. Abhandlungen aus dem Gebiete der Chemie. 10 Hfte. (VII, 666 S. m. 3 Taf. u. 6 Textfig.) n. 9. 70

3. Abth. Abhandlungen aus dem Gebiete der Anatomie u. Physiologie d. Menschen u. der Thiere, sowie aus jenem der theoret. Medicin. 10 Hfte. (VI, 481 S. m. 12 Taf. u. 22 Textfig.) n. 10. 40

— dasselbe. Register zu den Bdn. 97—100. XIII. Lex.-8. (110 S.) Ebd. 892. n. 1. 70

Sitzungsberichte der kaiserl. Akademie der Wissenschaften. Mathematisch-naturwissenschaftl. Classe. 101. Bd. 3 Abthlgn. Lex.-8. Wien 892. (F. Tempsky.) n. 84. 80

1. Abth. Abhandlungen aus dem Gebiete der Mineralogie, Krystallographie, Botanik, Physiologie der Pflanzen, Zoologie, Paläontologie, Geologie, phys. Geographie u. Reisen. 10 Hfte. (VII, 1000 S. m. 2 Kartenskizzen. 32 Taf. u. 4 Textfig.) n. 24. 70

2. Abth. a. Abhandlungen aus dem Gebiete der Mathematik, Astronomie, Physik, Meteorologie u. der Mechanik. 10 Hfte. (VIII, 1741 S. m. 12 Taf. u. 109 Textfig.) n. 34. 70

2. Abth. b. Abhandlungen aus dem Gebiete der Chemie. 10 Hfte. (VII, 682 S. m. 18 Textfig.) n. 10. 20

3. Abth. Abhandlungen aus dem Gebiete der Anatomie u. Physiologie d. Menschen u. der Thiere, sowie aus jenem der theoret. Medicin. 10 Hfte. (VI, 561 S. m. 25 Taf. u. 2 Textfig.) n. 15. 20

— dasselbe. 102. Bd. 3 Abthlgn. Lex.-8. Ebd. 893. n. 72. 60

1. Abth. Abhandlungen aus dem Gebiete der Mineralogie, Krystallographie, Botanik, Physiologie der Pflanzen, Zoologie, Paläontologie, Geologie, phys. Geographie u. Reisen. 10 Hfte. (VII, 942 S. m. 1 Karte, 28 Taf. u. 12 Textfig.) n. 19. 80

2. Abth. a. Abhandlungen aus dem Gebiete der Mathematik, Astronomie, Physik, Meteorologie u. der Mechanik. 10 Hfte. (IX, 1421 S. m. 18 Taf. u. 135 Textfig.) n. 28. 90

2. Abth. b. Abhandlungen aus dem Gebiete der Chemie. 10 Hfte. (VIII, 803 S. m. 9 Taf., 15 Textfig. u. 1 Tab.) n. 12. 10

3. Abth. Abhandlungen aus dem Gebiete der Anatomie u. Physiologie der Menschen u. der Thiere, sowie aus jenem der theoret. Medicin. 10 Hfte. (VI, 436 S. m. 18 Taf. u. 18 Textfig.) n. 11. 80

— dasselbe. 103. Bd. 1. Abth. 1.—7. Hft., 2. Abth. a. 1.—7. Hft., 2. Abth. b. 1.—7. Hft., 3. Abth. 1.—7. Hft., Lex.-8. Ebd. 894. n. 38. 60

1. Abth. Abhandlungen aus dem Gebiete der Mineralogie, Krystallographie, Botanik, Physiologie der Pflanzen, Zoologie, Paläontologie, Geologie, phys. Geographie u. Reisen. 1.—7. Hft. (S. 1—545 m. 27 Taf. u. 11 Textfig.) n. 12. 70

2. Abth. a. Abhandlungen aus dem Gebiete der Mathematik, Astronomie, Physik, Meteorologie u. der Mechanik. 1.—7. Hft. (S. 1—775 m. 5 Taf. u. 32 Textfig.) n. 13. 50

2. Abth. b. Abhandlungen aus dem Gebiete der Chemie. 1.—7. Hft. (S. 1—469 m. 5 Taf. u. 7 Textfig.) n. 7. —

3. Abth. Abhandlungen aus dem Gebiete der Anatomie u. Physiologie der Menschen u. der Thiere, sowie aus jenem der theoret. Medicin. 1.—7. Hft. (S. 1—197 m. 7 Taf. u. 6 Textfig.) n. 5. 40

— der kaiserl. Akademie d. Wissenschaften. Mathematisch-naturwissensch. Classe. 103. Bd. 1. Abth. 8.—10. Hft., 2. Abth. a. 8.—10. Hft., 2. Abth. b. 8.—10. Hft., 3. Abth. 8.—10. Hft. Lex.-8. Wien (C. Gerold's Sohn.) n. 17. 20 (103. Bd. kplt. n. 55. 80)

1. Abth. Abhandlgn. aus dem Gebiete der Mineralogie, Krystallographie, Botanik, Physiologie der Pflanzen, Zoologie, Paläontologie, Geologie, phys. Geographie u. Reisen. 8.—10. Hft. (VII u. S. 547—688 m. 5 Taf. u. 12 Fig.) 894. n. 3. 20 (kplt. n. 15. 90)

2. Abth. a. Abhandlgn. aus d. Gebiete d. Mathematik, Astronomie, Physik, Meteorologie u. d. Mechanik. 8.—10. Hft. (VIII u. S. 777—1144 m. 40 Fig. u. 3 Taf.) 894. n. 7. 40 (kplt. n. 20. 90)

2. Abth. b. Abhandlgn. aus d. Gebiete d. Chemie. 8.—10. Hft. (VIII u. S. 471—710 m. 5 Fig.) 895. n. 3. 20 (kplt. n. 10. 20)

3. Abth. Abhandlgn. aus d. Gebiete d. Anatomie u. Physiologie d. Menschen u. d. Thiere, sow. aus jenem d. theoret. Medicin. 8.—10. Hft. (VI u. S. 199—326 m. 2 Fig. u. 11 Taf.) 895. n. 3. 40 (kplt. n. 8. 80)

— dasselbe. 104. Bd. 3 Abthlgn. Lex.-8. Ebd. 895. n. 70. 80

1. Abth. Abhandlgn. aus d. Gebiete d. Mineralogie, Krystallographie, Botanik, Physiologie d. Pflanzen, Zoologie, Paläontologie, Geologie, phys. Geographie u. Reisen. 10 Hfte. (VII, 1434 S. m. 34 Taf., 1 Kartenskizze u. 23 Fig.) n. 28. 50

2. Abth. a. Abhandlgn. aus d. Gebiete d. Mathematik, Astronomie, Physik, Meteorologie u. d. Mechanik. 10 Hfte. (VIII, 1278 S. m. 81 Fig. u. 7 Taf.) n. 23. 50

2. Abth. II b. Abhandlgn. aus d. Gebiete d. Chemie. 10 Hfte. (VII, 855 S. m. 5 Fig.) n. 11. 60

3. Abth. Abhandlgn. aus d. Gebiete d. Anatomie u. Physiologie d. Menschen u. d. Thiere, sow. aus jenem der theoret. Medicin. 10 Hfte. gr. 8. (VI, 244 S. m. 11 Fig. u. 14 Taf.) n. 7. 20

— dasselbe. 105. Bd. 3 Abthlgn. Lex.-8. Ebd. n. 67. 80

1. Abth. Abhandlgn. aus d. Gebiete d. Mineralogie, Krystallographie, Botanik, Physiologie d. Pflanzen, Zoologie, Paläontologie, Geologie, phys. Geographie u. Reisen. 10 Hfte. (VII, 750 S. m. 45 Fig., 4 Kartenskizzen u. 28 Taf.) 895. 96. n. 17. 70

2. Abth. a. Abhandlgn. aus d. Gebiete d. Mathematik, Astronomie, Physik, Meteorologie u. d. Mechanik. 10 Hfte. (VIII, 1070 S. m. 104 Fig. u. 34 Taf.) Ebd. 895—897. n. 26. 80

2. Abth. b. Abhandlgn. aus d. Gebiete d. Chemie. 10 Hfte. (VII, 737 S.) Ebd. 895—897. n. 10. 50

3. Abth. Abhandlgn. aus d. Gebiete d. Anatomie u. Physiologie d. Menschen u. d. Thiere, sow. aus jenem d. theoret. Medicin. 10 Hfte. (VI, 512 S. m. 13 Fig. u. 22 Taf.) 896. 12. 80

— dasselbe. Register zu d. Bdn. 101 bis 105. XIV. gr. 8. (III, 144 S.) Ebd. 897. n. 1. 90

— dasselbe. 106. Bd. 3 Abthlgn. gr. 8. Ebd. 897. n. 60. 90
1. Abth. Abhandlgn. aus d. Gebiete der Mineralogie, Krystallographie, Botanik, Physiologie d. Pflanzen, Zoologie, Paläontologie, Geologie, phys. Geographie, Erdbeben u. Reisen. 10 Hfte. (VI, 492 S. m. 2 Karten, 3 Kartenskizzen u. 12 Taf.) n. 9. 80
2. Abth. a. Abhandlgn. aus d. Gebiete d. Mathematik, Astronomie, Physik, Meteorologie u. d. Mechanik. 10 Hfte. (VIII, 1152 S. m. 119 Fig. u. 33 Taf.) n. 27. 60
2. Abth. b. Abhandlgn. aus d. Gebiete d. Chemie. 10 Hfte. (VII, 778 S. m. 14 Fig. u. 2 Taf.) n. 11. 40
3. Abth. Abhandlgn. aus d. Gebiete d. Anatomie u. Physiologie d. Menschen u. d. Thiere, sow. aus jenem d. theoret. Medicin. 10 Hfte. (VI, 468 S. m. 12 Fig. u. 20 Taf.) n. 12. 10

— dasselbe. 107. Bd. 1 Abth. Hft. 1—6, 2 Abth. a. Hft. 1—5. 2. Abth. b. Hft. 1—6, 3. Abth. Hft. 1—7. gr. 8. Ebd. 898. n. 36. 40
1. Abth. Abhandlgn. aus d. Gebiete d. Mineralogie, Krystallographie, Botanik, Physiologie d. Pflanzen, Zoologie, Paläontologie, Geologie, phys. Geographie, Erdbeben u. Reisen. 1.—6. Hft. gr. 8. (S. 1—701 u. 6 Bl. m. 6 Fig., 2 Kartenskizzen u. 19 Taf.) n. 13. 50
2. Abth. a. Abhandlgn. aus d. Gebiete d. Mathematik, Astronomie, Physik, Meteorologie u. d. Mechanik. 1.—5. Hft. (VIII u. S. 1—720 u. 12 Bl. m. 69 Fig. u. 11 Taf.) n. 14. 50
2. Abth. b. Abhandlgn. aus d. Gebiete der Chemie. 1.—6. Hft. (S. 1—339 u. 9 Bl. m. 1 Fig. u. 4 Taf.) n. 6. 40
3. Abth. Abhandlgn. aus d. Gebiete d. Anatomie u. Physiologie d. Menschen u. d. Thiere, sow. aus jenem d. theoret. Medicin. 1.—7. Hft. (VI u. S. 1—128 u. 2 Bl. m. 7 Fig. u. 2 Taf.) n. 2. —

Sitzungsberichte der kaiserl. Akademie der Wissenschaften. Mathematisch-naturwissenschaftl. Classe. I. Abth. Abhandlungen aus dem Gebiete der Mineralogie, Krystallographie, Botanik, Physiologie d. Pflanzen, Zoologie, Paläontologie, Geologie, phys. Geographie, Erdbeben u. Reisen. 107. Bd. Jahrg. 1898. 7.—10. Hft. gr. 8. (VII u. S. 703—1292 u. 2 Bl. m. 13 Fig., 8 Karten, 2 Kartenskizzen u. 18 Taf.) Ebd. n. 15. 50; (107. Bd. kplt. n. 29. —)

— dasselbe. 108. Bd. Jahrg. 1899. 10 Hfte. gr. 8. (VII, 803 S. m. 9 Fig., 15 Taf., 7 Karten u. 2 Kartenskizzen.) Ebd. n. 15. 50

— dasselbe. 109. Bd. Jahrg. 1900. 10 Hfte. gr. 8. (VII, 924 S. m. 38 Fig., 22 Taf. u. 6 Kartenskizzen.) Ebd. n. 19. 10

— dasselbe. 110. Bd. Jahrg. 1901. 10 Hfte. gr. 8. (VI, 591 S. m. 41 Fig., 2 Karten u. 24 Taf.) Ebd. n. 13. 50

— dasselbe, 111. Bd. Jahrg. 1902. 1.—5. Hft. (312 S. m. 25 Fig. u. 13 Taf.) Ebd. n. 7. 80; (1—3 n. 4. 20; 4, 5 n. 3. 10)

— dasselbe. Abth. IIa. Abhandlungen aus dem Gebiete der Mathematik, Astronomie, Physik, Meteorologie u. der Mechanik. 107. Bd. Jahrg. 1898. 6.—10. Hft. gr. 8. (VIII u. S. 731—1493 u. 10 Bl. m. 59 Fig. u. 10 Taf.) Ebd. n. 16. 10; (107. Bd. kplt. n. 30. 60)

— dasselbe. 108. Bd. Jahrg. 1899. 10 Hfte. gr. 8. (IX, 1693 S. m. 93 Fig., 20 Karten u. 36 Taf.) Ebd. n. 36. 48

— dasselbe. 109. Bd. Jahrg. 1900. 10 Hfte. gr. 8. (VIII, 1307 S. m. 41 Fig. u. 7 Taf.) Ebd. n. 24. —

— dasselbe. 110. Bd. Jahrg. 1901. 10 Hfte. gr. 8. (VIII, 1421 S. m. 67 Fig. u. 7 Taf.) Ebd. n. 27. 30

— dasselbe. 111. Bd. Jahrg. 1902. 1.—4. Hft. gr. 8. (554 S. m. 26 Fig. u. 1 Taf.) Ebd. n. 10. 10; (1, 2 n. 5. 50; 3, 4 n. 4. 60)

— dasselbe. Abth. IIb. Abhandlungen aus dem Gebiete der Chemie. 107. Bd. Jahrg. 1898. 7.—10. Hft. gr. 8. (VII u. S. 341—841 u. 10 Bl. m. 8 Fig.) Ebd. n. 7. 60; (107. Bd. kplt. n. 14. —)

— dasselbe. 108. Bd. Jahrg. 1899. 10 Hfte. gr. 8. (VII, 806 S. m. 9 Fig.) Ebd. n. 11. 70

— dasselbe. 109. Bd. Jahrg. 1900. 10 Hfte. gr. 8. (VIII, 1023 S. m. 13 Fig.) Ebd. n. 14. 65

— dasselbe. 110. Bd. Jahrg. 1901. 10 Hfte. (VIII, 1239 S. m. 26 Fig.) Ebd. n. 18. 10

— dasselbe. 111. Bd. Jahrg. 1902. 10 Hfte. (VIII, 1182 S. m. 27 Fig. u. 2 Taf.) Ebd. n. 17. 90

— dasselbe. III. Abth. Abhandlungen aus dem Gebiete der Anatomie u. Physiologie d. Menschen u. d. Thiere, sowie aus jenem der theoret. Medicin. 107. Bd. Jahrg. 1898. 8.—10. Hft. gr. 8. (VI u. S. 129—150.) Ebd. n. — 60; (107. Bd. kplt. n. 3. —)

— dasselbe. 108. Bd. Jahrg. 1899. 10 Hfte. gr. 8. (VI, 591 S. m. 10 Fig. u. 27 Taf.) Ebd. n. 10. 80

— dasselbe. 109. Bd. Jahrg. 1900. 10 Hfte. gr. 8. (VI, 747 S. m. 62 Fig. u. 28 Taf.) Ebd. n. 19. 30

— dasselbe. 110. Bd. Jahrg. 1901. 10 Hfte. gr. 8. (VI, 307 S. m. 3 Fig. u. 12 Taf.) Ebd. n. 7. 90

— dasselbe. Register zu den Bdn. 106—110 (1897 bis 1901). XV. (III, 144 S.) gr. 8. Ebd. 902. n. 2. 60

Sitzungsberichte d. kaiserl. Akademie der Wissenschaften. Mathematisch-naturwissenschaftl. Klasse. Abtlg. I. Abhandlungen aus dem Gebiete der Mineralogie, Kristallographie, Botanik, Physiologie der Pflanzen, Zoologie, Paläontologie, Geologie, phys. Geographie u. Reisen. 111. Bd. Jahrg. 1902. 6.—10. Heft; 112.—114. Bd. Jahrg. 1903—1905 à 10 Hefte u. 115. Bd. Jahrg. 1906. 1.—6. Heft. gr. 8. Wien (A. Hölder). n. 110. 45
111. 6.—10. Heft. (VIII u. S. 313—1207 m. 58 Fig. u. 41 Taf.) n. 21. 70 (111. Bd. vollst. n. 29. —)
112. (VII, 8?9 S. m. 27 Fig., 1 Kartenskizze u. 47 Taf.) n. 21. 40
113. (VI, 667 S. m. 30 Fig., 35 Taf., 1 Kartenskizze u. 2 Karten.) n. 17. 20
114. (VI, 822 S. m. 59 Fig. u. 18 Taf.) n. 18. 70
115. 1.—6. Heft. (S. 1—1094 m. 68 Fig., 1 Karte, 1 Kartenskizze u. 41 Taf.) n. 31. 45

— dasselbe. Abtlg. IIa. Abhandlungen aus dem Gebiete der Mathematik, Astronomie, Physik, Meteorologie u. der Mechanik. 111. Bd. Jahrg. 1902. 5.—10. Heft; 112.—114. Bd. Jahrg. 1903—1905 à 10 Hefte u. 115. Bd. Jahrg. 1906. 1.—6. Heft. gr. 8. Ebd. n. 137. 45
111. 5.—10. Heft. (X u. S. 555—1711 m. 148 Fig. u. 5 Taf.) n. 23. 80 (111. Bd. vollst. n. 33. 90)
112. (IX, 1777 S. m. 149 Fig. u. 9 Taf.) n. 30. 50
113. (VIII, 1515 S. m. 136 Fig. u. 10 Taf.) n. 31. 60
114. (VIII, 1735 S. m. 148 Fig. u. 24 Taf.) n. 28. 40
115. 1.—6. Heft. (S. 1—982 m. 103 Fig. u. 4 Taf.) n. 23. 15

— dasselbe. Abtlg. IIb. Abhandlungen aus dem Gebiete der Chemie. 112.—114. Bd. Jahrg. 1903—1905 u. 115. Bd. Jahrg. 1906. 1.—6. Heft. gr. 8. Ebd. n. 76. 30
112. (VIII, 1163 S. m. 6 Fig.) n. 16. 70
113. (VIII, 1292 S. m. 55 Fig.) n. 21. 80
114. (VII, 1289 S. m. 56 Fig.) n. 24. 80
115. 1.—6. Heft. (S. 1—630 m. 6 Fig.) n. 13. —

— dasselbe. Abtlg. III. Abhandlungen aus dem Gebiete der Anatomie u. Physiologie des Menschen u. der Tiere, sowie aus jenem der theoret. Medicin. 111.—114. Bd. Jahrg. 1902—1905 à 10 Hefte u. 115. Bd. Jahrg. 1906. 1.—5. Heft. gr. 8. Ebd. n. 71. 05
111. (VI, 336 S. m. 4 Fig. u. 6 Taf.) n. 6. 70
112. (VI, 824 S. m. 71 Fig. u. 20 Taf.) n. 16. 80
113. (VI, 726 S. m. 42 Fig. u. 16 Taf.) n. 16. 50
114. (VI, 862 S. m. 63 Fig. u. 13 Taf.) n. 21. 50
115. 1.—5. Heft. (S. 1—346 m. 21 Fig. u. 9 Taf.) n. 9. 55

— dasselbe. Mathematisch-naturwissenschaftl. Klasse. Abtlg. I. Abhandlungen a. d. Gebiete d. Mineralogie, Krystallographie, Botanik, Physiologie der Pflanzen, Zoologie, Paläontologie, Geologie, phys. Geographie u. Reisen. 115. Bd. Jahrg. 1906. 7.—10. Heft; 116. bis 118. Bd. Jahrg. 1907—1909 à 10 Hefte u. 119. Bd. Jahrg. 1910. 1.—5. Heft. gr. 8. Ebd. 174. 45

115. 7.—10. Heft. (VIII u. S. 1085—1769 m. 28 Fig., 1 Kartenskizze u. 16 Taf.) 908. 17.40; (115. Bd. vollst. 48. 85)
116. (VIII, 1963 S. m. 139 Fig., 56 Taf., 2 Karten und 3 Kartenskizzen.) 907. 53. 60
117. (VII, 1422 S. m. 144 Fig., 41 Taf., 6 Doppeltaf. und 5 Karten.) 908. 41. 45
118. (VII, 1650 S. m. 191 Fig., 40 Taf. u. 2 Tab.) 909. 45. 85
119. 1.—5. Heft. (S. 1—538 m. 50 Fig. u. 13 Taf.) 910. 16. 15

— dasselbe. Abtlg. IIa. Abhandlungen aus d. Gebiete der Mathematik, Astronomie, Physik, Meteorologie u. der Mechanik. 115. Bd. Jahrg. 1906. 7.—10. Heft; 116.—118. Bd. Jahrg. 1907—1909. à 10 Hefte u. 119. Bd. Jahrg. 1910. 1.—5. Heft. gr. 8. Ebd. 141. 75

115. 7.—10. Heft. (VIII u. S. 983—1719 m. 103 Fig. u. 6 Taf.) 908. 19.10 (115. Bd. vollst. 42. 25)
116. (VI, 1488 S. m. 84 Fig. u. 19. Taf.) 907. 34. 70
117. (VIII, 1331 S. m. 98 Fig., 11 Taf., 4 Doppeltaf. und 1 Karte.) 906. 31. 95
118. (VIII, 1656 S. m. 136 Fig. u. 1 Taf.) 909. 36. 65
119. 1.—5. Heft. (867 S. m. 42 Fig. u. 6 Taf.) 910. 19. 35

Sitzungsberichte d. kaiserl. Akademie der Wissenschaften. Mathematisch-naturwissenschaftl. Klasse. Abtlg. IIb. Abhandlungen aus d. Gebiete der Chemie. 115. Bd. Jahrg. 1906. 7.—10. Heft; 116. bis 118. Bd. Jahrg. 1907—1909 à 10 Hefte u. 119. Bd. Jahrg. 1910. 1.—6. Heft. gr. 8. Wien 907. A. Hölder. 95. 35

115. 7.—10. Heft. (VII u. S. 631—1154 m. 6 Fig.) 906. 10. 45 (115. Bd. vollst. 23. 45)
116. (VIII, 1475 S. m. 35 Fig. u. 3 Taf.) 907. 32. 15
117. (VII, 907 S. m. 17 Fig. u. 1 Taf.) 908. 19. 05
118. (XII, 759 S. m. 35 Fig.) 909. 17. 35
119. 1.—6. Heft. (VI, 746 S. m. 30 Fig.) 910. 16. 35

— dasselbe. Abtlg. III. Abhandlungen aus dem Gebiete der Anatomie u. Physiologie des Menschen und der Tiere, sowie aus jenem der theoret. Medizin. 115 Bd. Jahrg. 1906. 6.—10. Heft; 116.—118. Bd. Jahrg. 1907—1909. à 10 Hefte u. 119. Bd. Jahrg. 1910. 1.—5. Heft. gr. 8. Ebd. 90. 65

115. 6.—10. Heft. (V u. S. 347—712 m. 8 Fig. u. 9 Taf.) 906. 9.50 (115. Bd. vollst. 19. 05)
116. (V, 730 S. m. 55 Fig. u. 28 Taf.) 907. 24. 60
117. (V, 659 S. m. 111 Fig. u. 25 Taf.) 908. 23. 80
118. (V, 628 S. m. 49 Fig. u. 25 Taf.) 909. 20. 75
119. 1.—5. Heft. (S. 362 m. 1 Fig. u. 15 Taf.) 910. 12.—

Sitzungsberichte d. kaiserl. Akademie der Wissenschaften. Mathematisch-naturwissenschaftl. Klasse. Register zu den Bdn. 111 bis 115 (1902 bis 1906). XVI. (III, 166 S.) gr. 8. Wien 907. A. Hölder. 3. 25

Kaiserliche Akademie der Wissenschaften in Wien. Math.-naturwiss. Klasse.

Sitzungsberichte. 8°.

Diese erscheinen in Heften, welche in einer bezeichneten Anzahl je einen Band bilden. In einem und demselben Jahre erschienen zeitweise mehrere Bände. Die Hefte tragen, wo dies nicht anders angegeben erscheint, zweierlei Nummern. Die einen, in arabischen Ziffern, bezeichnen die Reihenfolge im Jahrgang, die andern, in römischen Ziffern, bezeichnen die Reihenfolge im Bande. Der Einfachheit halber sind nur die letzteren angegeben.

1. Band, Heft Nr. I—V, 1848 mit 10 Tafeln . . . K 8.66

Anhang: Entwurf eines meteorologischen Beobachtungs-Systems für die österreichische Monarchie. 1. Teil, von **Karl Kreil** (s. a. II. Abt. unter **Kreil**).

2. „	Heft Nr. I—V, 1849	mit 4 Tafeln	vgr.
	„ „ I		vgr.
	„ „ II		„ 1.—
	„ „ III		„ 1.—
	„ „ IV	mit 2 Tafeln	„ 1.—
	„ „ V	„ 2 „	„ 1.—
3. „	„ „ I—V, 1849	„ 10 „	vgr.
	„ „ I—II		„ 1.50
	„ „ III		„ 1.—
	„ „ IV—V	mit 10 Tafeln	vgr.
4. „	„ „ I—V, 1850	„ 7 „	„ 7.32

Anhang: Entwurf eines meteorologischen Beobachtungs-Systems für die österreichische Monarchie. 2. Teil (mit 15 Tafeln), von **Karl Kreil** (s. a. II. Abt. unter **Kreil**).

	Heft Nr. I	mit 3 Tafeln	„ 1.—
	„ „ II		„ 1.—
	„ „ III		„ 1.—
	„ „ IV	mit 3 Tafeln	„ 3.—
	„ „ V	„ 1 „	„ 1.32
5. „	„ „ I—V, 1850	„ 11 „	„ 11.52

Beilage zum II. Heft (beigebunden dem IV. Heft): Bericht an die kaiserliche Akademie der Wissenschaften über eine mit deren Unterstützung nach England und Frankreich unternommene wissenschaftliche Reise, von **Anton von Schrötter** (s. a. II. Abt. unter **Schrötter**).

Beilage zum IV. Heft: Beiträge zur Konstruktion selbstregistrierender meteorologischer Apparate (mit 9 Tafeln), von **Karl Jelinek** (s. a. II. Abt. unter **Jelinek**).

	Heft Nr. I	mit 1 Tafel	„ 1.20
	„ „ II	„ 5 Tafeln	„ 3.32
	„ „ III	„ 1 „	„ 2.20
	„ „ IV	„ 1 „	„ 3.20
	„ „ V	„ 3 „	„ 1.60
6. „	„ „ I—V, 1851	„ 21 „	„ 11.26
	„ „ I	„ 5 „	„ 2.—
	„ „ II	„ 2 „	„ 1.60
	„ „ III	„ 3 „	„ 2.—
	Heft Nr. IV	mit 7 Tafeln	K 3.—
	„ „ V	„ 4 „	„ 2.66
7. Band,	„ „ I—V, 1851	„ 38 „	„ 19.34

Beilage zum IV. Heft: Erläuterungen zur geologischen Karte der Umgebungen von Krems und vom Manhartsberg (mit 1 kolorierten Karte), von **Johann Čžjžek** (s. a. II. Abt. unter **Čžjžek**).

	Heft Nr. I	mit 7 Tafeln	„ 4.—
	„ „ II	„ 9 „	„ 4.34
	„ „ III	„ 7 „	„ 4.—
	„ „ IV—V	„ 15 „	„ 7.—
8. „	„ „ I—V, 1852	„ 31 „	„ 14.10

Beilage zum I. Heft: Kalender der Flora des Horizontes von Prag. Entworfen nach zehnjährigen Vegetationsbeobachtungen, von **Karl Fritsch** (s. a. II. Abt. unter **Fritsch**).

	Heft Nr. I	mit 2 Tafeln	„ 2.40
	„ „ II	„ 4 „	„ 3.50
	„ „ III	„ 16 „	„ 3.—
	„ „ IV	„ 6 „	„ 4.—
	„ „ V	„ 3 „	„ 1.20
9. „	„ „ I—V, 1852	„ 60 „	„ 21.06

Beilage zum V. Heft: Tafeln zu dem Vortrage: Der polygraphische Apparat der k. k. Hof- und Staatsdruckerei, von **Alois von Auer** (s. a. II. Abt. unter **Auer**).

	Heft Nr. I	mit 25 Tafeln	„ 7.—
	„ „ II	„ 10 „	„ 4.40
	„ „ III	„ 16 „	„ 4.—
	„ „ IV	„ 7 „	„ 2.16
	„ „ V	„ 2 „	„ 1.50
10. „	„ „ I—V, 1853	„ 29 „	„ 13.46
	„ „ I	„ 6 „	„ 2.40
	„ „ II	„ 9 „	„ 2.40
	„ „ III	„ 1 „	„ 2.66
	„ „ IV—V	„ 13 „	„ 6.—
Register I zu den Bänden 1—10			vgr.
11. Band	Heft Nr. I—V, 1853	mit 54 Tafeln	„ 22.—
	„ „ I	„ 12 „	„ 4.50
	„ „ II	„ 5 „	„ 4.—
	„ „ III	„ 11 „	„ 4.50
	„ „ IV	„ 8 „	„ 3.—
	„ „ V	„ 18 „	„ 6.—
12. „	„ „ I—V, 1854	„ 57 „	„ 23.18
	„ „ I	„ 9 „	„ 3.20
	„ „ II	„ 7 „	„ 3.—
	„ „ III	„ 5 „	„ 5.—
	„ „ IV	„ 28 „	„ 6.66
	„ „ V	„ 8 „	„ 5.32
13. „	„ „ I—II, 1854	„ 22 „	„ 12.64
	„ „ I	„ 13 „	„ 7.32
	„ „ II	„ 9 „	„ 5.32
14. „	„ „ I—III, 1854	„ 33 „	„ 11.32
	„ „ I	„ 10 „	„ 4.66
	„ „ II	„ 13 „	„ 4.—
	„ „ III	„ 10 „	„ 2.66
15. „	„ „ I—III, 1855	„ 32 „	„ 14.32
	„ „ I	„ 8 „	„ 2.66
	„ „ II	„ 15 „	„ 6.66
	„ „ III	„ 9 „	„ 5.—
16. „	„ „ I—II, 1855	„ 30 „	„ 12.—
	„ „ I	„ 17 „	„ 6.—
	„ „ II	„ 13 „	„ 6.—
17. Band	Heft Nr. I—III, 1855	mit 43 Tafeln und 1 Karte	K 14.66
	„ „ I	„ 10 „	„ 4.—
	„ „ II	„ 24 „	„ 6.—
	„ „ III	„ 9 „ und 1 Karte	„ 4.66
18. „	„ „ I—II, 1855	„ 39 „	„ 12.16
	„ „ I	„ 22 „	„ 6.66
	„ „ II	„ 17 „	„ 5.50
19. „	„ „ I—II, 1856	„ 30 „ und 3 Karten	„ 11.—
	„ „ I	„ 22 „ „ 3 „	„ 8.—
	„ „ II	„ 8 „	„ 3.—
20. „	„ „ I—III, 1856	„ 38 „	„ 16.—
	„ „ I	„ 9 „	„ 5.—
	„ „ II—III	„ 29 „	„ 11.—
Register II zu den Bänden 11—20			vgr.
21. Band	Heft Nr. I—II, 1856	mit 31 Tafeln	„ 13.32
	„ „ I	„ 18 „	„ 6.—
	„ „ II	„ 13 „	„ 7.32
22. „	„ „ I—III, 1856	„ 23 „	„ 13.40
	„ „ I	„ 7 „	„ 5.—
	„ „ II	„ 12 „	„ 6.—
	„ „ III	„ 4 „	„ 2.40
23. „	„ „ I—II, 1857	„ 25 „ und 3 Karten	„ 12.—
	„ „ I	„ 11 „ „ 2 „	„ 7.—
	„ „ II	„ 14 „ „ 1 „	„ 5.—
24. „	„ „ I—III, 1857	„ 25 „ 1 Karte und 2 Plänen	„ 11.82
	„ „ I	„ 4 „	„ 2.50
	„ „ II	„ 12 „ 1 Karte und 2 Plänen	„ 5.32
	„ „ III	„ 9 „	„ 4.—
25. „	„ „ I—II, 1857	„ 20 „ und 1 Karte	„ 10.64
	„ „ I	„ 14 „	„ 7.32
	„ „ II	„ 6 „ und 1 Karte	„ 3.32
26. „	1857	„ 26 „ „ 3 Karten	„ 10.66
27. „	„ „ I—II, 1857	„ 11 „	„ 12.06
	„ „ I	„ 10 „	„ 5.66
	„ „ II	„ 1 „	„ 6.40
28.[1] „	„ „ 1—6, 1858	„ 25 „	„ 12.—
	„ „ 1	„ 2 „	„ 2.—
	„ „ 2	„ 9 „	„ 2.—
	„ „ 3	„ 3 „	„ 2.—
	„ „ 4	„ 1 „	„ 2.—
	„ „ 5	„ 4 „	„ 2.—
	„ „ 6	„ 6 „	„ 2.—

[1] In den Jahren 1858—1860 erschien für jede Sitzung ein besonderes Heft, so daß sich die jährliche Anzahl dieser Hefte nach der Anzahl der Sitzungen richtete, welche während eines Jahres stattfanden (28—29).

Band	Heft Nr.	Tafeln	Beilagen	Preis
29. „	„ „ 7—12, 1858	„ 21 „		12.—
	„ „ 7			„ 2.—
	„ „ 8	„ 6 „		„ 2.—
	„ „ 9	„ 7 „		„ 2.—
	„ „ 10	„ 1 „		„ 2.—
	„ „ 11	„ 1 „		„ 2.—
	„ „ 12	„ 6 „		„ 2.—
30. „	„ „ 13—17, 1858	„ 12 „		„ 10.—
	„ „ 13	„ 5 „		„ 2.—
	„ „ 14			„ 2.—
	„ „ 15			„ 2.—
	„ „ 16	mit 6 Tafeln		„ 2.—
	„ „ 17	„ 1 „		„ 2.—
Register III zu den Bänden 21—30				vgr.
31. Band	**Heft** Nr. 18—20, 1858	mit 10 Tafeln		K 6.—
	„ „ 18	„ 5 „		„ 2.—
	„ „ 19			„ 2.—
	„ „ 20	mit 5 Tafeln		„ 2.—
32. „	„ „ 21—23, 1858	„ 16 „		„ 6.—
	Anhang: Anleitung zu den magnetischen Beobachtungen, von **Karl Kreil** (s. a. II. Abt. unter **Kreil**).			
	Heft Nr. 21	mit 8 Tafeln		„ 2.—
	„ „ 22	„ 4 „		„ 2.—
	„ „ 23	„ 4 „		„ 2.—
33. „	„ „ 24—29, 1858	„ 22 „		12.—
	„ „ 24	„ 8 „		„ 2.—
	„ „ 25	„ 8 „		„ 2.—
	„ „ 26	„ 1 „		„ 2.—
	„ „ 27			„ 2.—
	„ „ 28	mit 5 Tafeln		„ 2.—
	„ „ 29			„ 2.—
34. „	„ „ 1—6, 1859	mit 20 Tafeln		12.—
	„ „ 1	„ 1 „		„ 2.—
	„ „ 2	„ 3 „		„ 2.—
	„ „ 3	„ 6 „		„ 2.—
	„ „ 4	„ 4 „		„ 2.—
	„ „ 5			„ 2.—
	„ „ 6	mit 6 Tafeln		„ 2.—
35. „	„ „ 7—12, 1859	„ 19 „	und 1 Karte	12.—
	„ „ 7			„ 2.—
	„ „ 8	mit 3 Tafeln		„ 2.—
	„ „ 9	„ 8 „		„ 2.—
	„ „ 10	„ 5 „		„ 2.—
	„ „ 11	„ 1 „		„ 2.—
	„ „ 12	„ 2 „	und 1 Karte	„ 2.—
36. „	„ „ 13—16, 1859	„ 38 „	„ 1 „	8.—
	„ „ 13	„ 2 „		„ 2.—
	„ „ 14	„ 3 „	und 1 Karte	„ 2.—
	„ „ 15	„ 28 „		„ 2.—
	„ „ 16	„ 5 „		„ 2.—
37. „	„ „ 17—22, 1859	„ 30 „		12.—
	„ „ 17	„ 3 „		„ 2.—
	„ „ 18	„ 1 „		„ 2.—
	„ „ 19	„ 6 „		„ 2.—
	„ „ 20	„ 1 „		„ 2.—
	„ „ 21	„ 16 „		„ 2.—
	„ „ 22	„ 3 „		„ 2.—
38. „	„ „ 23—28, 1859	„ 32 „	und 1 Karte	12.—
	„ „ 23	„ 14 „		„ 2.—
	„ „ 24	„ 4 „	und 1 Karte	„ 2.—
	„ „ 25	„ 1 „		„ 2.—
	„ „ 26	„ 2 „		„ 2.—
	„ „ 27	„ 11 „		„ 2.—
	„ „ 28			„ 2.—
39. „	„ „ 1—6, 1860	mit 37 Tafeln		vgr.
	„ „ 1	„ 10 „		„ 3.—
	„ „ 2	„ 12 „		„ 3.—
	„ „ 3	„ 4 „		vgr.
	„ „ 4	„ 4 „		„ 3.—
	„ „ 5	„ 7 „		„ 3.—
	„ „ 6			vgr.
40. „	„ „ 7—12, 1860	mit 44 Tafeln	und 1 Karte	vgr.
	„ „ 7	„ 3 „		„ 3.—
	„ „ 8	„ 16 „		vgr.
	Heft Nr. 9	mit 10 Tafeln		K 3.—
	„ „ 10	„ 2 „		„ 3.—
	„ „ 11	„ 2 „	und 1 Karte	„ 3.—
	„ „ 12	„ 11 „		vgr.
41. Band,	„ „ 13—20, 1860	„ 24 „		vgr.
	„ „ 13	„ 6 „		„ 3.—
	„ „ 14	„ 5 „		vgr.
	„ „ 15	„ 5 „		vgr.
	„ „ 16	„ 2 „		„ 3.—
	„ „ 17	„ 3 „		vgr.
	„ „ 18	„ 1 „		„ 3.—
	„ „ 19			„ 3.—
	„ „ 20	mit 2 Tafeln		vgr.
42.	„ „ 21—29, 1860	„ 41 „		vgr.
	„ „ 21	„ 16 „		vgr.
	„ „ 22	„ 4 „		vgr.
	„ „ 23	„ 4 „		vgr.
	„ „ 24	„ 2 „		vgr.
	„ „ 25—26	„ 8 „		„ 3.—
	„ „ 27			„ 3.—
	„ „ 28	mit 2 Tafeln		vgr.
	„ „ 29	„ 5 „		vgr.
Register IV zu den Bänden 31—42				vgr.
43. Band[1]), Abt. I,	Heft Nr. I—V, 1861	mit 20 Tafeln	und 3 Karten	vgr.
	„ „ I	„ 2 „		vgr.
	„ „ II	„ 7 „		„ 1.80
	„ „ III	„ 7 „	und 1 Karte	„ 1.80
	„ „ IV	„ 3 „		vgr.
	„ „ V	„ 1 „	und 2 Karten	„ 2.40
„ II,	„ „ I—V	„ 11 „		vgr.
	„ „ I	„ 1 „		„ 2.60
	„ „ II	„ 1 „		„ 1.60
	„ „ III	„ 1 „		vgr.
	„ „ IV	„ 6 „		vgr.
	„ „ V	„ 2 „		„ 1.40

[1]) **Vom Jahre 1861 an erscheinen diese Sitzungsberichte in zwei gesonderten Abteilungen.**

Die erste Abteilung enthält die Abhandlungen aus dem Gebiete der Mineralogie, Botanik, Zoologie, Anatomie, Geologie und Palaeontologie; die zweite Abteilung die aus dem Gebiete der Mathematik, Physik, Chemie, Physiologie, Meteorologie, physischen Geographie und Astronomie.

Vom 43.—61. Bande beträgt der Preis einer jeden Abteilung per Jahrgang K 21.—.

Band	Heft Nr.	Tafeln	Beilagen	Preis
44. „ „ I,	„ „ VI—X, 1861	„ 29 „	1 Karte und 2 Tabellen	vgr.
	„ „ VI	„ 5 „		vgr.
	„ „ VII	„ 7 „		„ 2.50
	„ „ VIII	„ 8 „		vgr.
	„ „ IX	„ 6 „		vgr.
	„ „ X	„ 3 „	1 Karte und 2 Tabellen	„ 2.20
„ II,	„ „ VI—X	„ 11 „		vgr.
	„ „ VI			„ 1.20
	„ „ VII			„ 1.20
	„ „ VIII	mit 2 Tafeln		vgr.
	„ „ IX	„ 7 „		vgr.
	„ „ X	„ 2 „		„ 2.60
45. „ „ I,	„ „ I—V, 1862	„ 30 „		vgr.
	„ „ I	„ 7 „		vgr.
	„ „ II	„ 1 „		„ 2.—
	„ „ III	„ 10 „		„ 2.60
	„ „ IV—V	„ 12 „		vgr.
„ II,	„ „ I—V	„ 15 „	und 1 Karte	vgr.
	„ „ I	„ 6 „	„ 1 „	vgr.
	„ „ II	„ 4 „		vgr.
	Heft Nr. III			vgr.
	„ „ IV	mit 4 Tafeln		vgr.
	„ „ V	„ 1 „		vgr.
46. Band, Abt. I,	„ „ VI—X, 1862	„ 32 „		vgr.
	„ „ VI—VII	„ 18 „		vgr.
	„ „ VIII—X	„ 14 „		K 4.—
„ II,	„ „ VI—X	„ 15 „		vgr.
	„ „ VI	„ 1 „		vgr.
	„ „ VII	„ 7 „		„ 3.40
	„ „ VIII	„ 1 „		„ 2.—
	„ „ IX—X	„ 6 „		„ 4.—
47. „ „ I,	„ „ I—V, 1863	„ 13 „	und 1 Karte	vgr.
	„ „ I—III	„ 9 „	„ 1 „	vgr.
	„ „ IV—V	„ 4 „		vgr.
„ II,	„ „ I—V	„ 9 „		vgr.
	„ „ I—II	„ 6 „		vgr.
	„ „ III—IV	„ 2 „		vgr.
	„ „ V	„ 1 „		vgr.
48. „ „ I,	„ „ VI—X, 1863	„ 24 „	1 Plane und 1 Tabelle	vgr.
	„ „ VI—VII	„ 10 „	und 1 Tabelle	„ 3.—
	„ „ VIII	„ 8 „		vgr.
	„ „ IX—X	„ 6 „	und 1 Plane	vgr.
„ II,	„ „ VI—X	„ 20 „	„ 3 Textfiguren	vgr.
	„ „ VI—VII	„ 3 „	„ 3 „	„ 3.20
	„ „ VIII	„ 6 „		„ 2.80
	„ „ IX	„ 2 „		vgr.
	„ „ X	„ 9 „		„ 5.—
49. „ „ I,	„ „ I—V, 1864	„ 27 „		„ 10.50
	„ „ I	„ 16 „		„ 5.—
	„ „ II—III	„ 10 „		„ 3.50
	„ „ IV—V	„ 1 „		„ 2.—
„ II,	„ „ I—V	„ 11 „	und 1 Textfigur	„ 8.—
	„ „ I	„ 4 „		„ 2.40
	„ „ II	„ 1 „		„ 1.40
	„ „ III			„ 1.20
	„ „ IV—V	mit 6 Tafeln	und 1 Textfigur	„ 3.—
50. „ „ I,	„ „ I—V, 1864	„ 49 „		„ 17.90
	„ „ I	„ 7 „		„ 3.20
	„ „ II	„ 10 „		„ 2.70
	„ „ III	„ 5 „		vgr.
	„ „ IV	„ 11 „		„ 4.—
	„ „ V	„ 16 „		„ 5.—
„ II,	„ „ I—V	„ 9 „		„ 8.50
	„ „ I	„ 1 „		„ 1.50
	„ „ II	„ 2 „		vgr.
	„ „ III—IV	„ 6 „		„ 3.20
	„ „ V			„ 1.20
Register V zu den Bänden 43—50				vgr.
51. Band, Abt. I.	Heft Nr. I—V, 1865	mit 28 Tafeln		„ 11.10
	„ „ I—II	„ 2 „		vgr.
	„ „ III	„ 4 „		„ 1.60
	„ „ IV—V	„ 22 „		„ 7.—
„ II,	„ „ I—V	„ 21 „	und 5 Textfiguren	„ 10.20
	„ „ I—II	„ 6 „		„ 3.40
	„ „ III	„ 3 „		„ 1.80
	„ „ IV—V	„ 12 „	und 5 Textfiguren	vgr.
52. „ „ I,	„ „ VI—X, 1865	„ 26 „	und 1 Beilage	„ 11.20
	„ „ VI—VII	„ 10 „		vgr.
	„ „ VIII	„ 8 „	und 1 Beilage	„ 3.50
	„ „ IX—X	„ 8 „		vgr.
Abt. II,	Heft Nr. VI—X	mit 23 Tafeln		einz. vgr. K 12.70
	„ „ VI	„ 4 „		„ 2.70
	„ „ VII	„ 2 „		„ 1.60
	„ „ VIII	„ 5 „		„ 3.—
	„ „ IX	„ 6 „		„ 2.40
	„ „ X	„ 6 „		vgr.
53. Band, „ I,	„ „ I—V, 1866	„ 34 „		„ 14.—
	„ „ I—II	„ 8 „		vgr.
	„ „ III—IV	„ 10 „		„ 4.—
	„ „ V	„ 16 „		„ 6.—
„ II,	„ „ I—V	„ 17 „	und 4 Textfiguren	„ 13.—
	„ „ I	„ 1 „		„ 1.80
	„ „ II	„ 1 „		vgr.
	„ „ III	„ 3 „	und 4 Textfiguren	„ 2.60
	„ „ IV	„ 2 „		„ 1.80
	„ „ V	„ 10 „		„ 5.—
54. „ „ I,	„ „ VI—X, 1866	„ 37 „	einz. vgr.	„ 16.10
	„ „ VI	„ 11 „		vgr.
	„ „ VII	„ 18 „		„ 7.—
	„ „ VIII	„ 5 „		„ 2.—
	„ „ IX—X	„ 3 „		„ 2.60
„ II,	„ „ VI—X	„ 16 „	und 2 Karten	„ 13.80
	„ „ VI	„ 5 „		vgr.
	„ „ VII	„ 6 „		„ 3.50
	„ „ VIII—IX	„ 4 „		„ 5.20
	„ „ X	„ 1 „	und 2 Karten	„ 2.30
55. „ „ I,	„ „ I—V, 1867	„ 66 „	„ 2 Textfiguren	„ 22.—
	„ „ I	„ 11 „		vgr.
	„ „ II	„ 15 „		„ 4.—
	„ „ III	„ 15 „		„ 5.—
	„ „ IV—V	„ 25 „	und 2 Textfiguren	„ 9.—
„ II,	„ „ I—V	„ 18 „	1 Beilage und 1 Tabelle	vgr.
	„ „ I	„ 1 Beilage		„ 2.—
	„ „ II	„ 2 Tafeln	und 1 Tabelle	„ 2.60
	„ „ III	„ 6 „		„ 3.20
	„ „ IV	„ 3 „		„ 2.—
	„ „ V	„ 7 „		vgr.
56. „ „ I,	„ „ I—V, 1867	„ 29 „	und 2 Textfiguren	„ 16.50
	„ „ I	„ 5 „		„ 4.—
	„ „ II	„ 5 „		„ 4.—
	„ „ III	„ 15 „		„ 6.—
	„ „ IV—V	„ 4 „	und 2 Textfiguren	„ 2.50
„ II,	„ „ I—V	„ 16 „	4 Kart. u. 1 Textfig. einz. vgr.	„ 12.20
	„ „ I—II	„ 11 „	und 1 Textfigur	vgr.
	„ „ III	„ 4 „	„ 4 Karten	„ 5.60
	„ „ IV—V	„ 1 „		„ 1.60
57. „ „ I,	„ „ I—V, 1868	„ 56 „	und 1 Textfigur	„ 24.50
	„ „ I	„ 8 „		„ 4.—
	„ „ II	„ 14 „		„ 4.—
	„ „ III	„ 7 „		„ 3.50
	„ „ IV	„ 16 „	und 1 Textfigur	vgr.
	„ „ V	„ 11 „		„ 5.—
„ II,	„ „ I—V	„ 26 „	und 12 Textfiguren	„ 15.30
	„ „ I—II	„ 6 „	„ 7 „	„ 4.50
	„ „ III	„ 9 „	„ 5 „	„ 5.—
	„ „ IV	„ 7 „		vgr.
	„ „ V	„ 4 „		„ 1.80
58. „ „ I,	„ „ I—V, 1868	„ 26 „	und 3 Textfiguren	„ 12.30
	„ „ I—II	„ 11 „	„ 1 „	„ 5.—
	„ „ III—IV	„ 10 „	„ 2 „	„ 5.—

		Heft Nr. V	mit 5 Tafeln	K 2.90
	Abt. II,	„ „ I—V	„ 63 „ und 39 Textfiguren	„ 26.80
		„ „ I	„ 7 „ „ 12 „	vgr.
		„ „ II	„ 32 „	„ 10.—
		„ „ III	„ 9 „ und 13 Textfiguren	„ 5.60
		„ „ IV	„ 9 „ „ 6 „	„ 4.50
		„ „ V	„ 6 „ „ 8 „	„ 3.20
59. Band,	„ I,	„ „ I—V, 1869	„ 36 „	„ 14.10
		„ „ I	„ 9 „	„ 3.—
		„ „ II	„ 2 „	„ 2.30
		„ „ III	„ 11 „	„ 4.—
		„ „ IV—V	„ 14 „	„ 4.80
	„ II,	„ „ I—V	„ 23 „ und 25 Textfiguren einz. vgr.	„ 14.90
		„ „ I	„ 4 „ „ 6 „	„ 2.20
		„ „ II	„ 8 „ „ 5 „	„ 5.50
		„ „ III	„ 1 „ „ 1 „	vgr.
		„ „ IV—V	„ 10 „ „ 13 „	„ 6.—
60. „	„ I,	„ „ VI—X, 1869	„ 85 „ „ 8 „	„ 27.30
		„ „ VI	„ 19 „	vgr.
		„ „ VII	„ 16 „	„ 5.—
		„ „ VIII	„ 7 „	„ 3.80
		„ „ IX	„ 18 „ und 6 Textfiguren	„ 5.50
		„ „ X	„ 25 „ „ 2 „	„ 7.—
	„ II,	„ „ VI—X	„ 21 „ „ 15 „ und 3 Karten	vgr.
		„ „ VI	„ 7 „ „ 1 „	„ 3.—
		„ „ VII	„ 7 „ „ 6 „ und 3 Karten	„ 4.50
		„ „ VIII	„ 3 „ „ 8 „	vgr.
		„ „ IX—X	„ 7 „	„ 4.—
Register VI zu den Bänden 51—60				vgr.
61. Band,	Abt. I,	Heft Nr. I—V, 1870	mit 49 Tafeln und 3 Textfiguren	„ 20.60
		„ „ I	„ 11 „ „ 3 „	vgr.
		„ „ II—III	„ 9 „	„ 4.—
		„ „ IV	„ 12 „	„ 5.—
		„ „ V	„ 17 „	„ 7.60
	„ II,	„ „ I—V	„ 11 „ und 46 Textfiguren	vgr.
		„ „ I	„ 2 „ „ 12 „	„ 2.—
		„ „ II—III	„ 1 „ „ 18 „	„ 3.—
		„ „ IV	„ 4 „ „ 16 „	vgr.
		„ „ V	„ 4 „	„ 2.80
62. „	„ I,	„ „ VI—X, 1870	„ 24 „ und 5 Textfiguren	„ 12.20
		„ „ VI—VII	„ 4 „	vgr.
		„ „ VIII	„ 9 „ und 5 Textfiguren	„ 2.80
		„ „ IX—X	„ 11 „	„ 5.—
	„ II,	„ „ VI—X	„ 29 „ und 16 Textfiguren einz. vgr.	„ 17.40
		„ „ VI	„ 8 „ „ 2 „	„ 5.—
		„ „ VII	„ 2 „ „ 8 „	vgr.
		„ „ VIII	„ 8 „ „ 5 „	„ 3.60
		„ „ IX—X	„ 11 „ „ 1 „	„ 6.—
63. „	„ I,	„ „ I—V, 1871	„ 22 „ „ 1 „ einz. vgr.	„ 10.10
		„ „ I—II	„ 10 „	vgr.
		„ „ III	„ 8 „	„ 3.20
		„ „ IV—V	„ 4 „ und 1 Textfigur	„ 3.50
	„ II,	„ „ I—V	„ 18 „ „ 25 Textfiguren	vgr.
		„ „ I	„ 4 „ „ 1 „	„ 3.—
		„ „ II	„ 1 „ „ 2 „	„ 1.80
		„ „ III	„ 9 „ „ 6 „	vgr.
		„ „ IV	„ 3 „ „ 1 „	„ 2.40
		„ „ V	„ 1 „ „ 15 „	vgr.
64. „	„ I,	„ „ I—V, 1871	„ 20 „ „ 12 „	„ 12.80
		„ „ I—II	„ 11 „	„ 6.—
		Heft Nr. III	mit 4 Tafeln und 10 Textfiguren	K 3.20
		„ „ IV—V	„ 5 „ „ 2 „	vgr.
	Abt. II,	„ „ I—V	„ 13 „ „ 2 „	vgr.
		„ „ I—II	„ 4 „ „ 2 „	vgr.
		„ „ III	„ 4 „	„ 2.60
		„ „ IV—V	„ 5 „	„ 5.—
Register VII zu den Bänden 61—64				vgr.
65. Band [1]),	Abt. I,	Heft Nr. I—V, 1872	mit 24 Tafeln und 2 Textfiguren	„ 7.50
		„ „ I—II	„ 21 „ „ 2 „	„ 5.50
		„ „ III—V	„ 3 „	vgr.
	„ II,	„ „ I—V	„ 1 „ und 7 Textfiguren einz. vgr.	„ 5.—
		„ „ I—III	„ 4 Textfiguren	„ 1.50
		„ „ IV—V	„ 1 Tafel und 3 Textfiguren	vgr.
	„ III,	„ „ I—V	„ 9 Tafeln	„ 5.—

[1]) Mit dem 65. Bande (Jahrgang 1872) erscheinen die Sitzungsberichte dieser Klasse in drei abgesonderten Abteilungen, wovon die erste Abteilung die Abhandlungen aus dem Gebiete der Mineralogie, Botanik, Zoologie, Geologie und Paläontologie, die zweite die aus dem Gebiete der Mathematik, Physik, Chemie, Mechanik, Meteorologie und Astronomie und die dritte Abteilung jene aus dem Gebiete der Physiologie, Anatomie und theoretischen Medizin umfaßt.

66. „	„ I,	„ „ I—V, 1872	„ 14 „ und 2 Textfiguren	„ 6.—
	„ II,	„ „ I—V	„ 8 „ „ 19 „ einz. vgr.	„ 7.50
		„ „ I—II	„ 7 „ „ 8 „	vgr.
		„ „ III	„ 8 Textfiguren	vgr.
		„ „ IV—V	„ 1 Tafel und 3 Textfiguren	„ 1.50
	„ III,	„ „ I—V	„ 13 Tafeln „ 12 „	„ 8.80
		„ „ I—II	„ 12 „ „ 9 „	„ 6.80
		„ „ III—V	„ 1 „ „ 3 „	„ 2.—
67. „	„ I,	„ „ I—V, 1873	„ 9 „ „ 2 „ einz. vgr.	„ 6.50
		„ „ I—III	„ 5 „	vgr.
		„ „ IV—V	„ 4 „ und 2 Textfiguren	„ 3.50
	„ II,	„ „ I—V	„ 7 „ „ 20 „	„ 8.—
		„ „ I	„ 5 „ „ 15 „	vgr.
		„ „ II—III	„ 1 „ „ 1 „	vgr.
		„ „ IV—V	„ 1 „ „ 4 „	vgr.
	„ III,	„ „ I—V	„ 5 „ „ 7 „	„ 3.50
68. „	„ I,	„ „ I—V, 1873	„ 12 „ „ 12 „	„ 7.60
		„ „ I—II	„ 12 Textfiguren	„ 3.20
		„ „ III—V	„ 12 Tafeln	„ 4.40
	„ II,	„ „ I—V	„ 6 „ und 12 Textfiguren	„ 7.40
		„ „ I—II	„ 2 „ „ 5 „	„ 3.—
		„ „ III	„ 1 „ „ 3 „	„ 2.—
		„ „ IV—V	„ 3 „ „ 4 „	vgr.
	„ III,	„ „ I—V	„ 13 „	„ 8.40
		„ „ I—III	„ 7 „	„ 4.40
		„ „ IV—V	„ 6 „	„ 4.40
69. „	„ I,	„ „ I—V, 1874	„ 22 „	„ 12.60
		„ „ I—II	„ 7 „	„ 3.—
		„ „ III	„ 3 „	„ 2.40
		„ „ IV	„ 9 „	„ 4.40
		„ „ V	„ 3 „	„ 2.80
	„ II,	„ „ I—V	„ 16 „ und 28 Textfiguren	„ 13.80
		„ „ I	„ 1 „ „ 3 „	„ 1.60
		„ „ II	„ 6 „ „ 5 „	„ 3.—
		„ „ III	„ 2 „ „ 1 „	„ 2.40
		„ „ IV	„ 5 „ „ 11 „	„ 4.40
		„ „ V	„ 2 „ „ 8 „	„ 2.40
	„ III,	„ „ I—V	„ 10 „ „ 6 „	„ 6.—
70. „	„ I,	„ „ I—V, 1874	„ 17 „	„ 9.20
		„ „ I	„ 4 „	„ 3.—
		Heft Nr. II		K 1.80
		„ „ III—V	mit 13 Tafeln	„ 4.40
	Abt. II,	„ „ I—V	„ 1 Tafel und 18 Textfiguren	„ 8.—
		„ „ I		„ 1.40
		„ „ II		„ 2.—
		„ „ III	mit 10 Textfiguren	„ 2.—
		„ „ IV—V	„ 1 Tafel und 8 Textfiguren	„ 2.60
	„ III,	„ „ I—V	„ 13 Tafeln	„ 7.—
		„ „ I—II	„ 8 „	„ 4.—
		„ „ III—V	„ 5 „	„ 3.—
71. Band,	„ I,	„ „ I—V, 1875	„ 31 „	„ 14.70
		„ „ I—II	„ 15 „	„ 6.—
		„ „ III—IV	„ 10 „	„ 5.20
		„ „ V	„ 6 „	„ 3.50
	„ II,	„ „ I—V	„ 18 „ und 10 Textfiguren	„ 15.20
		„ „ I	„ 8 „	„ 5.—
		„ „ II	„ 2 „ und 10 Textfiguren	„ 3.—
		„ „ III—IV	„ 6 „	„ 4.80
		„ „ V	„ 2 „	„ 2.40
	„ III,	„ „ I—V	„ 15 „ und 3 Textfiguren	„ 9.—
		„ „ I—II	„ 5 „ „ 3 „	„ 4.—
		„ „ III—V	„ 10 „	„ 5.—
72. „	„ I,	„ „ I—V, 1875	„ 45 „ und 2 Textfiguren	„ 18.90
		„ „ I—II	„ 15 „	„ 4.50
		„ „ III	„ 8 „	„ 6.40
		„ „ IV—V	„ 22 „ und 2 Textfiguren	„ 8.—
	„ II,	„ „ I—V	„ 9 „ „ 26 „	„ 11.90
		„ „ I	„ 1 „ „ 8 „	„ 2.50
		„ „ II	„ 17 Textfiguren	„ 2.—
		„ „ III	„ 2 Tafeln und 1 Textfigur	„ 3.—
		„ „ IV—V	„ 6 „	„ 4.40
	„ III,	„ „ I—V	„ 16 „ und 4 Textfiguren	„ 9.40
		„ „ I—II	„ 5 „	„ 3.—
		„ „ III—V	„ 11 „ und 4 Textfiguren	„ 6.40
73. „	„ I,	„ „ I—V, 1876	„ 15 „	„ 8.—
		„ „ I—III	„ 6 „	„ 4.—
		„ „ IV—V	„ 9 „	„ 4.—
	„ II,	„ „ I—V	„ 19 „ und 23 Textfiguren	„ 12.30
		„ „ I	„ 15 „ „ 9 „	„ 5.50
		„ „ II—III	„ 2 Textfiguren	„ 2.—
		„ „ IV	„ 2 Tafeln und 6 Textfiguren	„ 3.—
		„ „ V	„ 2 „ „ 6 „	„ 1.80
	„ III,	„ „ I—V	„ 11 „ „ 1 „	„ 5.20
74. „	„ I,	„ „ I—V, 1876	„ 51 „ „ 3 „	„ 20.80
		„ „ I—II	„ 17 „ „ 1 „	„ 6.40
		„ „ III	„ 8 „	„ 4.—
		„ „ IV	„ 17 „	„ 6.—
		„ „ V	„ 9 „ und 2 Textfiguren	„ 4.40
	„ II,	„ „ I—V	„ 2 „ „ 2 „	„ 7.40
		„ „ I	„ 1 „	„ 2.—
		„ „ II		„ 2.—
		„ „ III		„ 1.60
		„ „ IV—V	mit 1 Tafel und 2 Textfiguren	„ 1.80
	„ III,	„ „ I—V	„ 32 Tafeln „ 59 „	„ 15.50
		„ „ I—II	„ 11 „	„ 5.50
		„ „ III—V	„ 21 „ und 59 Textfiguren	„ 4.—
75. „	„ I,	„ „ I—V, 1877	„ 37 „ 1 Karte und 9 Textfiguren	„ 15.60
		„ „ I—III	„ 12 „ und 5 Textfiguren	„ 5.20
		„ „ IV	„ 9 „ „ 4 „	„ 4.40
		„ „ V	„ 16 „ „ 1 Karte	„ 6.—
	Abt. II,	Heft Nr. I—V	mit 12 Tafeln und 32 Textfiguren	K 15.—
		„ „ I	„ 1 „ „ 10 „	„ 2.40
		„ „ II	„ 2 „ „ 9 „	„ 3.—
		„ „ III	„ 2 „ „ 1 „	„ 2.60
		„ „ IV	„ 2 „ „ 4 „	„ 3.—
		„ „ V	„ 5 „ „ 8 „	„ 4.—
	„ III,	„ „ I—V	„ 13 „ „ 5 „	„ 6.40
Register VIII zu den Bänden 65—75				„ 1.20
76. Band,	Abt. I,	Heft Nr. I—V, 1877	mit 30 Tafeln und 9 Textfiguren	„ 16.30
		„ „ I—II	„ 18 „ „ 9 „	„ 7.40
		„ „ III	„ 8 „	„ 4.40
		„ „ IV—V	„ 4 „	„ 4.50
	„ II,	„ „ I—V	„ 16 „ und 20 Textfiguren	„ 16.40
		„ „ I	„ 2 „ „ 4 „	„ 2.40
		„ „ II	„ 1 „ „ 1 „	„ 3.—
		„ „ III	„ 9 „ „ 3 „	„ 5.—
		„ „ IV	„ 3 „ „ 0 „	„ 3.—
		„ „ V	„ 1 „ „ 6 „	„ 3.—
	„ III,	„ „ I—V	„ 16 „ „ 8 „	„ 8.—
		„ „ I—II	„ 8 „ „ 7 „	„ 4.—
		„ „ III—V	„ 8 „ „ 1 „	„ 4.—
77. „	„ I,	„ „ I—V, 1878	„ 40 „ „ 12 „	„ 16.80
		„ „ I—II	„ 15 „	„ 3.40
		„ „ III—IV	„ 10 „ und 6 Textfiguren	„ 6.60
		„ „ V	„ 15 „ „ 6 „	„ 6.80
	„ II,	„ „ I—V	„ 5 „ „ 30 „	„ 11.60
		„ „ I—II	„ 2 „ „ 7 „	„ 3.—
		„ „ III	„ 1 „ „ 11 „	„ 3.—
		„ „ IV	„ 1 „ „ 1 „	„ 2.40
		„ „ V	„ 1 „ „ 11 „	„ 3.20
	„ III,	„ „ I—V	„ 8 „ „ 1 „	„ 5.50
78. „	„ I,	„ „ I—V, 1878	„ 18 „ „ 2 „	„ 11.40
		„ „ I	„ 5 „ „ 2 „	„ 4.60
		„ „ II	„ 6 „	„ 3.60
		„ „ III—V	„ 7 „	„ 3.20
	„ II,	„ „ I—V	„ 19 „ und 33 Textfiguren	„ 17.50
		„ „ I	„ 4 „ „ 8 „	„ 4.40
		„ „ II	„ 8 „ „ 18 „	„ 5.60
		„ „ III	„ 5 „ „ 7 „	„ 5.—
		„ „ IV—V	„ 2 „	„ 2.50
	„ III,	„ „ I—V	„ 15 „ und 8 Textfiguren	„ 8.—
79. „	„ I,	„ „ I—V, 1879	„ 16 „ 2 Kartenskizzen u. 1 Textfigur	„ 9.80
		„ „ I—III	„ 9 „ und 1 Textfigur	„ 5.40
		„ „ IV—V	„ 7 „ „ 2 Kartenskizzen	„ 4.40
	„ II,	„ „ I—V	„ 7 „ „ 25 Textfiguren	„ 12.60
		„ „ I	„ 3 „ „ 2 „	„ 4.—
		„ „ II—III	„ 3 „	„ 4.—
		„ „ IV	„ 7 Textfiguren	„ 2.—
		„ „ V	„ 1 Tafel und 16 Textfiguren	„ 2.60
	„ III,	„ „ I—V	„ 6 Tafeln „ 59 „	„ 5.50
		„ „ I—II	„ 51 Textfiguren	„ 2.—
		„ „ III—V	„ 6 Tafeln und 8 Textfiguren	„ 3.50
80. „	„ I,	„ „ I—V, 1879	„ 29 „ „ 5 „	„ 13.60
		„ „ I—II	„ 7 „ „ 4 „	„ 4.—
		„ „ III—IV	„ 20 „	„ 7.60
		„ „ V	„ 2 „ und 1 Textfigur	„ 2.—
	„ II,	„ „ I—V	„ 11 „ „ 51 Textfiguren	„ 16.50
		„ „ I	„ 3 „ „ 6 „	„ 2.50
		„ „ II	„ 3 „ „ 6 „	„ 3.—
		Heft Nr. III	mit 5 Tafeln und 13 Textfiguren	K 6.—
		„ „ IV	„ 16 Textfiguren	„ 3.—
		„ „ V	„ 10 „	„ 2.—
	Abt. III,	„ „ I—V	„ 9 Tafeln und 14 Textfiguren	„ 6.90
		„ „ I—II	„ 1 „ „ 8 „	„ 2.50
		„ „ III—V	„ 8 „ „ 6 „	„ 4.40

Register IX zu den Bänden 76—80				„ —.90
81. Band,	Abt. I.	Heft Nr. I—V, 1880	mit 14 Tafeln, 1 Karte und 9 Textfiguren	„ 8.60
	„	„ „ I—IV	„ 8 „ und 1 Karte	„ 5.40
	„	„ „ V	„ 6 „ „ 9 Textfiguren	„ 3.20
	„ II,	„ „ I—V	„ 13 „ „ 99 „	„ 19.80
		„ „ I	„ 27 Textfiguren	„ 2.80
		„ „ II—III	„ 3 Tafeln und 13 Textfiguren	„ 6.—
		„ „ IV	„ 4 „ „ 44 „	„ 6.40
		„ „ V	„ 6 „ „ 15 „	„ 4.60
	„ III,	„ „ I—V	„ 6 „	„ 1.—
		„ „ I—III	„ 3 „	„ 2.40
		„ „ IV—V	„ 3 „	„ 1.60
82. „	„ I.	„ „ I—V, 1880	„ 24 „ und 8 Textfiguren	„ 9.—
		„ „ I	„ 12 „	„ 3.40
		„ „ II	„ 9 „ und 4 Textfiguren	„ 3.60
		„ „ III—V	„ 3 „ „ 4 „	„ 2.—
	„ II,	„ „ I—V	„ 13 „ „ 81 „	„ 19.—
		„ „ I	„ 1 „ „ 6 „	„ 3.—
		„ „ II	„ 6 „ „ 15 „	„ 5.60
		„ „ III	„ 2 „ „ 11 „	„ 3.20
		„ „ IV	„ 3 „ „ 5 „	„ 4.—
		„ „ V	„ 1 „ „ 14 „	„ 3.20
	„ III.	„ „ I—V	„ 14 „ „ 12 „	„ 8.40
		„ „ I—II	„ 7 „ „ 12 „	„ 4.—
		„ „ III—V	„ 7 „	„ 4.40
83. „	„ I.	„ „ I—V, 1881	„ 29 „ und 33 Textfiguren	„ 13.90
		„ „ I—II	„ 12 „ „ 2 „	„ 4.—
		„ „ III—IV	„ 11 „ „ 13 „	„ 5.50
		„ „ V	„ 6 „ „ 18 „	„ 4.40
	„ II.	„ „ I—V	„ 4 „ „ 81 „	„ 16.—
		„ „ I	„ 2 Textfiguren	„ 2.—
		„ „ II	„ 1 Tafel und 22 Textfiguren	„ 4.—
		„ „ III	„ 2 Tafeln „ 21 „	„ 4.50
		„ „ IV	„ 1 „ „ 5 „	„ 2.—
		„ „ V	„ 31 Textfiguren	„ 3.50
	„ III,	„ „ I—V	„ 9 Tafeln	„ 7.80
		„ „ I—II	„ 3 „	„ 3.—
		„ „ III—V	„ 6 „	„ 4.80
84. „	„ I.	„ „ I—V, 1881	„ 40 „ und 8 Textfiguren	„ 17.80
		„ „ I—II	„ 20 „ „ 5 „	„ 9.40
		„ „ III—V	„ 20 „ „ 3 „	„ 8.40
	„ II,	„ „ I—V	„ 21 „ „ 38 „	„ 19.60
		„ „ I	„ 17 „ „ 5 „	„ 7.40
		„ „ II	„ 1 „ „ 8 „	„ 3.—
		„ „ III—IV	„ 1 „ „ 10 „	„ 3.20
		„ „ V	„ 2 „ „ 15 „	„ 6.—
	„ III.	„ „ I—V	„ 19 „ „ 24 „	„ 13.10
		„ „ I	„ 6 „ „ 15 „	„ 4.40
		„ „ II	„ 3 „ „ 7 „	„ 3.50
		„ „ III—V	„ 10 „ „ 2 „	„ 5.20
85. „	„ I.	„ „ I—V, 1882	„ 27 „ „ 7 „	„ 11.60
		„ „ I—III	„ 7 „ „ 4 „	„ 3.60
		„ „ IV—V	„ 20 „ „ 3 „	„ 8.—
	Abt. II,	Heft Nr. I—V	mit 13 Tafeln, 2 Karten und 32 Textfiguren	K 16.90
		„ „ I	„ 2 „ und 10 Textfiguren	„ 3.—
		„ „ II	„ 4 „ „ 1 „	„ 3.50
		„ „ III	„ 2 „ 2 Karten und 10 Textfiguren	„ 6.40
		„ „ IV—V	„ 5 „ und 11 Textfiguren	„ 4.—
	„ III,	„ „ I—V	„ 19 „ „ 5 „	„ 11.50
		„ „ I—II	„ 10 „ „ 1 „	„ 5.50
		„ „ III—V	„ 9 „ „ 4 „	„ 6.—
Register X zu den Bänden 81—85				„ 1.—
86. Band,	Abt. I,	Heft Nr. I—V, 1882	mit 16 Tafeln und 1 Textfigur	„ 8.50
		„ „ I—II	„ 9 „	„ 4.—
		„ „ III—V	„ 7 „ und 1 Textfigur	„ 4.50
	„ II,	„ „ I—V	„ 6 „ „ 29 Textfiguren	„ 16.50
		„ „ I	„ 15 Textfiguren	„ 2.40
		„ „ II	„ 2 Tafeln und 4 Textfiguren	„ 6.—
		„ „ III	„ 3 „	„ 3.90
		„ „ IV	„ 1 „ und 2 Textfiguren	„ 2.40
		„ „ V	„ 10 Textfiguren	„ 2.50
	„ III,	„ „ I—V	„ 16 Tafeln und 1 Textfigur	„ 9.—
		„ „ I—II	„ 9 „ „ 1 „	„ 5.—
		„ „ III—V	„ 7 „	„ 4.—
87. „	„ I,	„ „ I—V, 1883	„ 18 „ und 3 Textfiguren	„ 9.80
		„ „ I—III	„ 11 „ „ 3 „	„ 5.—
		„ „ IV—V	„ 7 „	„ 4.80
	„ II,	„ „ I—V	„ 5 „ und 20 Textfiguren	„ 18.80
		„ „ I	„ 1 „ „ 1 „	„ 6.—
		„ „ II—III	„ 2 „ „ 4 „	„ 5.—
		„ „ IV	„ 1 „ „ 13 „	„ 2.80
		„ „ V	„ 1 „ „ 2 „	„ 5.—
	„ III,	„ „ I—V	„ 9 „	„ 6.50
		„ „ I—III	„ 6 „	„ 3.50
		„ „ IV—V	„ 3 „	„ 3.—
88. „	„ I.	„ „ I—V, 1883	„ 47 „ 2 Karten und 74 Textfiguren	„ 32.20
		„ „ I	„ 2 „ 2 „ „ 17 „	„ 6.80
		„ „ II	„ 17 „ und 46 Textfiguren	„ 12.—
		„ „ III—V	„ 28 „ „ 11 „	„ 13.40
	„ II.	„ „ I—V	„ 16 „ „ 17 „	„ 20.40
		„ „ I	„ 4 „ „ 4 „	„ 3.60
		„ „ II	„ 2 „ „ 6 „	„ 8.80
		„ „ III—V	„ 10 „ „ 7 „	„ 8.—
	„ III.	„ „ I—V	„ 19 „ „ 26 „	„ 15.—
		„ „ I—II	„ 3 „ „ 14 „	„ 4.—
		„ „ III—V	„ 16 „ „ 12 „	„ 11.—
89. „	„ I.	„ „ I—V, 1884	„ 11 „ „ 16 „	„ 8.40
		„ „ I—III	„ 3 „	„ 4.80
		„ „ IV—V	„ 8 „ und 16 Textfiguren	„ 3.60
	„ II.	„ „ I—V	„ 9 „ 1 Karte und 17 Textfiguren	„ 16.40
		„ „ I—II	„ 2 „ und 2 Textfiguren	„ 5.—
		„ „ III	„ 4 „ 1 Karte und 1 Textfigur	„ 6.—
		„ „ IV—V	„ 3 „ und 14 Textfiguren	„ 5.40
	„ III,	„ „ I—V	„ 11 „	„ 10.20
		„ „ I—II	„ 4 „	„ 3.20
		„ „ III—V	„ 7 „	„ 7.—
90. „	„ I.	„ „ I—V, 1884	„ 26 „ und 1 Karte	„ 12.80
		„ „ I—II	„ 10 „	„ 5.80
		„ „ III—V	„ 16 „ und 1 Karte	„ 7.—
	„ II.	„ „ I—V	„ 3 „ „ 52 Textfiguren	„ 18.60
		„ „ I—II	„ 1 „ „ 3 „	„ 5.60
		„ „ III	„ 5 Textfiguren	„ 2.50
		Heft Nr. IV	mit 7 Textfiguren	K 3.50
		„ „ V	„ 2 Tafeln und 37 Textfiguren	„ 7.—
	Abt. III.	„ „ I—V	„ 13 „ „ 2 „	„ 9.50
		„ „ I—II	„ 5 „	„ 4.50
		„ „ III—V	„ 8 „ und 2 Textfiguren	„ 5.—
Register XI zu den Bänden 86—90				„ 1.20
91. Band.	Abt. I.	Heft Nr. I—V, 1885	mit 11 Tafeln und 9 Textfiguren	„ 9.80
		„ „ I—IV	„ 8 „ „ 9 „	„ 6.—
		„ „ V	„ 3 „	„ 3.80
	„ II.	„ „ I—V	„ 19 „ 1 Karte und 12 Textfiguren	„ 23.50
		„ „ I—II	„ 3 Textfiguren	„ 5.50
		„ „ III	„ 12 Tafeln und 2 Textfiguren	„ 10.—
		„ „ IV—V	„ 7 „ 1 Karte und 7 Textfiguren	„ 8.—
	„ III,	„ „ I—V	„ 17 „ und 2 Textfiguren	„ 12.50
		„ „ I—II	„ 9 „	„ 7.50
		„ „ III—V	„ 8 „ und 2 Textfiguren	„ 5.—
92. „	„ I.	„ „ I—V, 1885	„ 14 „ „ 3 „	„ 13.—
		„ „ I—II	„ 10 „ „ 3 „	„ 5.—
		„ „ III		„ 6.—
		„ „ IV—V	mit 4 Tafeln	„ 2.—
	„ II.	„ „ I—V	„ 7 „ und 64 Textfiguren	„ 23.50
		„ „ I	„ 2 „ „ 14 „	„ 5.50
		„ „ II	„ 2 „ „ 39 „	„ 8.—
		„ „ III		„ 3.—
		„ „ IV	mit 5 Textfiguren	„ 2.—
		„ „ V	„ 3 Tafeln und 6 Textfiguren	„ 5.—
	„ III,	„ „ I—V	„ 28 „ „ 4 „	„ 17.20
		„ „ I—II	„ 19 „ „ 4 „	„ 12.—
		„ „ III—V	„ 9 „	„ 5.20
93. „	„ I,	„ „ I—V, 1886	„ 11 „ und 7 Textfiguren	„ 8.—
		„ „ I—III	„ 6 „ „ 6 „	„ 4.—
		„ „ IV—V	„ 5 „ „ 1 „	„ 4.—
	„ II.	„ „ I—V	„ 1 „ 2 Karten und 18 Textfiguren	„ 17.60
		„ „ I—II	„ 1 „ und 3 Textfiguren	„ 6.—
		„ „ III—IV	„ 2 Karten „ 8 „	„ 5.20
		„ „ V	„ 7 Textfiguren	„ 6.40
	„ III,	„ „ I—V	„ 9 Tafeln	„ 6.—
94. „	„ I.	„ „ I—V, 1896	„ 5 „ und 2 Textfiguren	„ 3.40
	„ II.	„ „ I—V	„ 9 „ „ 43 „	„ 18.60
		„ „ I—II	„ 8 „ „ 20 „	„ 11.—
		„ „ III	„ 11 Textfiguren	„ 3.60
		„ „ IV—V	„ 1 Tafel und 12 Textfiguren	„ 4.—
	„ III,	„ „ I—V	„ 9 Tafeln „ 39 „	„ 8.40
		„ „ I—II	„ 1 „ „ 38 „	„ 4.40
		„ „ III—V	„ 8 „ „ 1 „	„ 4.—
95. „	„ I.	„ „ I—V, 1887	„ 12 „ „ 1 „	„ 9.—
	„ II,	„ „ I—V	„ 8 „ „ 47 „	„ 21.20
		„ „ I—II	„ 1 „ „ 15 „	„ 5.20
		„ „ III	„ 4 „ „ 13 „	„ 8.80
		„ „ IV—V	„ 3 „ „ 19 „	„ 7.20
	„ III.	„ „ I—V	„ 12 „ „ 1 „	„ 8.—
96. „	„ I.	„ „ I—V, 1887	„ 16 „	„ 8.50
	„ II.	„ „ I—V	„ 12 „ und 59 Textfiguren	„ 26.40
		„ „ I	„ 5 „ „ 6 „	„ 6.40
		„ „ II	„ 6 „ „ 32 „	„ 11.60
		„ „ III—IV	„ 7 Textfiguren	„ 4.—
		„ „ V	„ 1 Tafel und 14 Textfiguren	„ 4.40
	„ III,	„ „ I—V	„ 12 Tafeln	„ 7.—
Register XII zu den Bänden 91—96				„ 1.40
97. Band[1]).	Abt. I.	Heft Nr. I—X, 1888	mit 24 Tafeln, 1 Tabelle und 5 Textfiguren	K 14.90
		„ „ I—V	„ 10 „ und 2 Textfiguren	„ 5.—
		„ „ VI—VII	„ 8 „ „ 1 Tabelle	„ 6.50
		„ „ VIII—X	„ 6 „ „ 3 Textfiguren	„ 3.40
	„ IIa,	„ „ I—X	„ 21 „ „ 77 „	„ 32.20
		„ „ I—II	„ 2 „ „ 3 „	„ 4.—
		„ „ III—IV	„ 7 „ „ 17 „	„ 5.40
		„ „ V	„ 4 Textfiguren	„ 3.—
		„ „ VI—VII	„ 2 Tafeln und 41 Textfiguren	„ 6.40
		„ „ VIII	„ 3 „ „ 3 „	„ 5.40
		„ „ IX—X	„ 7 „ „ 9 „	„ 8.—
	„ IIb,	„ „ I—X	„ 7 „ 1 Tabelle und 15 Textfiguren	„ 16.10
		„ „ I—III	„ 3 „ und 3 Textfiguren	„ 4.40
		„ „ IV—V	„ 1 „ 1 Tabelle und 1 Textfigur	„ 2.60
		„ „ VI	„ 2 „	„ 2.50
		„ „ VII	„ 11 Textfiguren	„ 4.80
		„ „ VIII—X	„ 1 Tafel	„ 1.80
	„ III,	„ „ I—X	„ 14 Tafeln und 1 Textfigur	„ 8.90
		„ „ I—VI	„ 10 „ „ 1 „	„ 6.50
		„ „ VII—X	„ 4 „	„ 2.40

[1]) Die Sitzungsberichte der mathem.-naturw. Klasse erscheinen vom Jahre 1888 (Band 97) an in folgenden vier gesonderten Abteilungen:
Abteilung I. Enthält die Abhandlungen aus dem Gebiete der Mineralogie, Kristallographie, Botanik, Physiologie der Pflanzen, Zoologie, Paläontologie, Geologie, Physischen Geographie und Reisen.
Abteilung IIa. Die Abhandlungen aus dem Gebiete der Mathematik, Astronomie, Physik, Meteorologie und Mechanik.
Abteilung IIb. Die Abhandlungen aus dem Gebiete der Chemie.
Abteilung III. Die Abhandlungen aus dem Gebiete der Anatomie und Physiologie des Menschen und der Tiere sowie aus jenem der theoretischen Medizin.

98. „	„ I,	„ „ I—X, 1889	„ 34 „ 3 Karten und 9 Textfiguren	„ 19.—
		„ „ I—III	„ 21 „ 2 „ „ 1 „	„ 9.40
		„ „ IV—VII	„ 11 „ 1 „ „ 8 „	„ 8.40
		„ „ VIII—X	„ 2 „	„ 1.20
	„ IIa,	„ „ I—X	„ 24 „ 1 Tabelle und 54 Textfiguren	„ 33.60
		„ „ I	„ 5 „ und 15 Textfiguren	„ 3.50
		„ „ II—III	„ 4 „ „ 10 „	„ 7.50
		„ „ IV—V	„ 4 Textfiguren	„ 3.60
		„ „ VI	„ 2 Tafeln und 5 Textfiguren	„ 4.—
		„ „ VII	„ 7 „ 1 Tabelle und 6 Textfiguren	„ 7.60
		„ „ VIII—IX	„ 6 „ und 11 Textfiguren	„ 5.40
		„ „ X	„ 3 Textfiguren	„ 2.—
	„ IIb,	„ „ I—X	„ 1 Tafel und 9 Textfiguren	„ 12.40
		„ „ I—III	„ 1 Textfigur	„ 2.—
		„ „ IV—V	„ 1 Tafel und 3 Textfiguren	„ 5.40
		„ „ VI—VII	„ 3 Textfiguren	„ 3.—
		„ „ VIII—X	„ 2 „	„ 2.—
	„ III.	„ „ I—X	„ 17 Tafeln und 21 Textfiguren	„ 12.20
		„ „ I—IV	„ 4 „ „ 7 „	„ 3.40
		„ „ V—VII	„ 13 „ „ 8 „	„ 7.60
		„ „ VIII—X	„ 6 Textfiguren	„ 1.20
99. „	„ I.	„ „ I—X, 1890	„ 28 „ und 25 Textfiguren	„ 14.70
		„ „ I—III	„ 10 „ „ 2 „	„ 4.50
		„ „ IV—V	„ 7 „ „ 23 „	„ 4.—
		„ „ VI—VII	„ 3 „	„ 3.20
		„ „ VIII—X	„ 8 „	„ 3.—
	„ IIa.	„ „ I—X	„ 9 „ und 52 Textfiguren	vgr.
		„ „ I—III	„ 1 „ „ 1 „	„ 4.50
		„ „ IV—VI	„ 4 „ „ 14 „	„ 7.40
		„ „ VII	„ 1 „ „ 23 „	vgr.
		„ „ VIII—IX	„ 2 „ „ 1 „	„ 3.40
		„ „ X	„ 1 „ „ 13 „	„ 3.80
	Abt. IIb.	Heft Nr. I—X	mit 1 Tafel und 7 Textfiguren	K 9.—
		„ „ I—III	„ 6 Textfiguren	„ 1.80
		„ „ IV—VI		„ 2.40
		„ „ VII	mit 1 Textfigur	„ 2.40
		„ „ VIII—X	„ 1 Tafel	„ 2.40
	„ III.	„ „ I—X	„ 27 Tafeln	„ 15.50
		„ „ I—III	„ 17 „	„ 8.50
		„ „ IV—VII	„ 3 „	„ 3.—
		„ „ VIII—X	„ 7 „	„ 4.—
100. Band.	„ I.	„ „ I—X, 1891	„ 17 „	„ 10.30
		„ „ I—III	„ 2 „	vgr.
		„ „ IV	„ 7 „	vgr.
		„ „ V—VII	„ 3 „	vgr.
		„ „ VIII—X	„ 5 „	„ 3.40
	„ IIa.	„ „ I—X	„ 11 „ 33 Textfig. u. 1 Karte einz. vgr.	„ 27.20
		„ „ I—II	„ 3 „ und 8 Textfiguren	„ 4.40
		„ „ III	„ 4 Textfiguren	„ 2.10
		„ „ IV	„ 2 Tafeln und 2 Textfiguren	„ 3.40
		„ „ V	„ 4 „ „ 5 „	„ 5.20
		„ „ VI—VII	„ 4 Textfiguren	„ 3.20
		„ „ VIII	„ 3 „ und 1 Karte	„ 3.10
		„ „ IX—X	„ 2 Tafeln und 7 Textfiguren	„ 5.80
	„ IIb.	„ „ I—X	„ 3 „ „ 6 „	„ 9.70
		„ „ I—IV	„ 2 Textfiguren	„ 2.30
		„ „ V—VI		„ 1.40
		„ „ VII	mit 2 Tafeln und 2 Textfiguren	„ 3.20
		„ „ VIII—X	„ 1 „ „ 2 „	„ 2.80

	„ III. „	„ I—X	„ 18 „ „ 22 „	„ 13.40
	„	„ I—IV	„ 1 „	„ 2.10
	„	„ V	„ 3 „	„ 2.90
	„	„ VI—VII	„ 8 „	„ 5.—
	„	„ VIII—X	„ 6 „ und 22 Textfiguren	„ 3.40
Register XIII zu den Bänden 97—100				„ 1.70
101. Band,	Abt. I.	Heft Nr. I—X. 1892	mit 31 Tafeln, 4 Textfiguren und 3 Kartenskizzen	„ 24.70
	„	„ I—II	„ 6 „ 2 „ , 1 Kartenskizze	„ 5.60
	„	„ III—IV	„ 9 „ 2 „ , 1 Kartenskizze	„ 6.—
	„	„ V—VI	„ 3 „	„ 2.60
	„	„ VII	„ 4 „	„ 2.30
	„	„ VIII	„ 6 „ und 1 Kartenskizze	„ 4.60
	„	„ IX—X	„ 3 „	„ 3.60
	„ IIa. „	„ I—X	„ 12 „ und 110 Textfiguren einz. vgr.	„ 34.70
	„	„ I—II	„ 3 „ „ 24 „	„ 4.40
	„	„ III	„ 4 Textfiguren	„ 2.20
	„	„ IV—V	„ 8 „	„ 3.60
	„	„ VI	„ 2 Tafeln und 52 Textfiguren	„ 6.40
	„	„ VII	„ 2 „ „ 8 „	vgr.
	„	„ VIII	„ 1 „ „ 2 „	„ 7.60
	„	„ IX	„ 4 „ „ 7 „	„ 3.80
	„	„ X	„ 5 Textfiguren	„ 3.20
	„ IIb, „	„ I—X	„ 18 „	„ 10.20
	„	„ I—II	„ 6 „	„ 1.60
	„	„ III	„ 4 „	„ 3.—
	„	„ IV—V		„ 1.60
	„	„ VI—VII	mit 5 Textfiguren	„ 2.40
	„	„ VIII—X	„ 3 „	„ 1.60
	„ III. „	„ I—X	„ 25 Tafeln und 2 Textfiguren	„ 15.20
	„	„ I—II	„ 4 „	„ 4.60
		Heft Nr. III—V	mit 8 Tafeln	K 3.20
	„	„ VI—VII	„ 6 „ und 2 Textfiguren	„ 3.80
	„	„ VIII—X	„ 7 „	„ 3.60
102. Band.	Abt. I, „	„ I—X. 1893	„ 38 „ 12 Textfiguren und 1 Karte	„ 19.80
	„	„ I—III	„ 6 „	„ 2.80
	„	„ IV—V	„ 9 „	„ 3.50
	„	„ VI—VII	„ 5 „ und 3 Textfiguren	„ 4.—
	„	„ VIII—IX	„ 11 „ 9 Textfiguren und 1 Karte	„ 4.80
	„	„ X	„ 7 „	„ 4.70
	„ IIa. „	„ I—X	„ 18 „ und 135 Textfiguren	„ 28.90
	„	„ I—II	„ 6 „ „ 1 „	„ 4.50
	„	„ III—IV	„ 22 Textfiguren	„ 4.60
	„	„ V—VI	„ 5 Tafeln und 17 Textfiguren	„ 5.70
	„	„ VII	„ 53 Textfiguren	„ 4.20
	„	„ VIII	„ 2 Tafeln und 26 Textfiguren	„ 4.30
	„	„ IX—X	„ 5 „ „ 16 „	„ 5.60
	„ IIb, „	„ I—X	„ 9 „ „ 15 „	„ 12.10
	„	„ I—II	„ 1 „ „ 1 „	„ 1.40
	„	„ III—IV	„ 2 „ „ 7 „	„ 3.10
	„	„ V—VII	„ 1 „ „ 3 „	„ 3.20
	„	„ VIII	„ 2 „ „ 4 „	„ 2.40
	„	„ IX—X	„ 3 „	„ 2.—
	„ III. „	„ I—X	„ 18 „ und 18 Textfiguren	„ 11.80
	„	„ I—II	„ 9 „ „ 5 „	„ 5.—
	„	„ III—VII	„ 6 „ „ 13 „	„ 4.60
	„	„ VIII—X	„ 3 „	„ 2.20
103. „	„ I. „	„ I—X. 1894	„ 32 „ und 23 Textfiguren	vgr.
	„	„ I—III	„ 13 „ „ 4 „	„ 4.30
	„	„ IV—V	„ 5 „ „ 4 „	„ 4.40
	„	„ VI—VII	„ 9 „ „ 3 „	„ 4.—
	„	„ VIII—X	„ 5 „ „ 12 „	„ 3.20
	„ IIa. „	„ I—X	„ 8 „ „ 72 „	vgr.
	„	„ I—II	„ 4 Textfiguren	„ 3.20
	„	„ III—V	„ 5 „	„ 2.40
	„	„ VI	„ 7 „	„ 4.40
	„	„ VII	„ 5 Tafeln und 16 Textfiguren	„ 3.50
	„	„ VIII	„ 1 „ „ 36 „	vgr.
	„	„ IX—X	„ 2 „ „ 4 „	„ 3.—
	„ IIb, „	„ I—X	„ 5 „ „ 12 „	„ 10.20
	„	„ I—III	„ 5 Textfiguren	„ 2.20
	„	„ IV—V	„ 1 Textfigur	„ 2.20
	„	„ VI—VII	„ 5 Tafeln und 1 Textfigur	„ 2.60
	„	„ VIII—X	„ 5 Textfiguren	„ 3.20
	„ III. „	„ I—X	„ 25 Tafeln und 14 Textfiguren	„ 8.80
	„	„ I—IV	„ 6 „ „ 6 „	„ 4.20
	„	„ V—VII	„ 1 „	„ 1.20
	„	„ VIII—X	„ 18 „ und 8 Textfiguren	„ 3.40
104. „	„ I. „	„ I—X. 1895	„ 34 „ 23 Textfiguren und 1 Karte	„ 28.50
	„	„ I—II	„ 11 „	„ 5.80
	„	„ III—IV	„ 6 „ und 20 Textfiguren	„ 4.50
	„	„ V—VII	„ 9 „ „ 1 Karte	„ 6.—
	„	„ VIII	„ 2 „ „ 2 Textfiguren	„ 5.—
	„	„ IX	„ 6 „	„ 4.40
	„	„ X	„ 1 Textfigur	„ 2.80
	„ IIa. „	„ I—X	„ 7 Tafeln und 81 Textfiguren	„ 23.50
	„	„ I—II	„ 2 „ „ 16 „	„ 3.30
	„	„ III—IV	„ 6 Textfiguren	„ 3.40
	„	„ V—VI	„ 12 „	„ 3.40
	„	„ VII	„ 3 Tafeln und 15 Textfiguren	„ 5.20
	„	„ VIII	„ 21 Textfiguren	„ 4.—
		Heft Nr. IX—X	mit 2 Tafeln und 11 Textfiguren	K 4.20
	Abt. IIb. „	„ I—X	„ 5 Textfiguren	„ 11.60
	„	„ I—II		„ 3.—
	„	„ III—IV	mit 1 Textfigur	„ 2.10
	„	„ V—VII	„ 1 „	„ 3.20
	„	„ VIII	„ 2 Textfiguren	„ 1.90
	„	„ IX—X	„ 1 Textfigur	„ 1.40
	„ III. „	„ I—X	„ 14 Tafeln und 11 Textfiguren	„ 7.20
	„	„ I—V	„ 6 „ „ 8 „	„ 2.60
	„	„ VI—VII	„ 4 „ „ 3 „	„ 2.80
	„	„ VIII—X	„ 4 „	„ 1.80
105. Band.	„ I. „	„ I—X. 1896	„ 26 „ 35 Textfig. u. 4 Kartenskizzen	„ 17.70
	„	„ I—II	„ 4 „ und 39 Textfiguren	„ 3.70
	„	„ III—IV	„ 3 „ 1 Textfigur u. 2 Kartenskizzen	„ 3.50
	„	„ V—VII	„ 10 „ 4 Textfig. u. 2 Kartenskizzen	„ 5.50
	„	„ VIII—X	„ 9 „	„ 5.—
	„ IIa. „	„ I—X	„ 34 „ und 104 Textfiguren	„ 26.80
	„	„ I	„ 2 „ „ 10 „	„ 3.80
	„	„ II—IV	„ 4 „ „ 7 „	„ 3.60
	„	„ V—VI	„ 5 „ „ 29 „	„ 5.—
	„	„ VII	„ 13 „ „ 23 „	„ 7.40
	„	„ VIII—X	„ 10 „ „ 35 „	„ 7.—
	„ IIb, „	„ I—X	„ 2 „ „ 2 „	„ 10.50
	„	„ I—II		„ 1.50
	„	„ III—IV		„ 2.40
	„	„ V—VII	mit 2 Tafeln und 2 Textfiguren	„ 5.—
	„	„ VIII—X		„ 1.60
	„ III. „	„ I—X	mit 22 Tafeln und 13 Textfiguren	„ 12.80
	„	„ I—V	„ 11 „ „ 5 „	„ 5.30
	„	„ VI—VII	„ 9 „ „ 5 „	„ 4.50
	„	„ VIII—X	„ 2 „ „ 3 „	„ 3.—
Register XIV zu den Bänden 101—105				„ 1.90
106. Band,	Abt. I.	Heft Nr. I—X. 1897	mit 12 Tafeln, 2 Karten u. 3 Kartenskizzen	„ 9.80
	„	„ I—III	„ 4 „ und 2 Kartenskizzen	„ 3.40
	„	„ IV—VII	„ 8 „ 2 Karten und 1 Kartenskizze	„ 5.40
	„	„ VIII—X		„ 1.—
	„ IIa, „	„ I—X	mit 33 Tafeln und 119 Textfiguren	„ 27.20
	„	„ I—II	„ 6 „ „ 6 „	„ 3.70
	„	„ III—IV	„ 15 „ „ 1 „	„ 4.60
	„	„ V—VI	„ 2 „ „ 16 „	„ 3.20
	„	„ VII	„ 2 „ „ 64 „	„ 5.20
	„	„ VIII—IX	„ 4 Textfiguren	„ 2.80
	„	„ X	„ 8 Tafeln und 28 Textfiguren	„ 7.70
	„ IIb, „	„ I—X	„ 2 „ „ 14 „	„ 11.40
	„	„ I—III	„ 8 Textfiguren	„ 3.20
	„	„ IV—VI	„ 2 Tafeln und 1 Textfigur	„ 2.40
	„	„ VII	„ 2 Textfiguren	„ 2.80
	„	„ VIII—X	„ 3 „	„ 3.—
	„ III, „	„ I—X	„ 20 Tafeln und 12 Textfiguren	„ 13.20
	„	„ I—IV	„ 2 „ „ 1 „	„ 2.—
	„	„ V	„ 5 „ „ 9 „	„ 3.—
	„	„ VI—VII	„ 9 „ „ 2 „	„ 3.80
	„	„ VIII—X	„ 4 „	„ 4.40
107. „	„ I, „	„ I—X, 1898	„ 37 „ 19 Textfiguren, 8 Karten und 4 Kartenskizzen	„ 29.—
	„	„ I—IV	„ 1 „ und 1 Textfigur	„ 3.—
	„	„ V	„ 2 Textfiguren	„ 3.50
	„	„ VI	„ 18 Tafeln, 3 Textfiguren und 2 Kartenskizzen	„ 7.—
	„	„ VII	„ 5 „ 8 „ „ 8 Karten	„ 6.50
		Heft Nr. VIII—X	mit 13 Tafeln, 5 Textfiguren und 2 Kartenskizzen	K 9.—
	Abt. IIa, „	„ I—X	„ 21 „ und 128 Textfiguren	„ 30.60
	„	„ I—II	„ 6 „ „ 14 „	„ 4.60
	„	„ III	„ 5 „ „ 15 „	„ 5.70
	„	„ IV—V	„ 40 Textfiguren	„ 4.20
	„	„ VI—VII	„ 10 Tafeln und 21 Textfiguren	„ 5.80
	„	„ VIII	„ 36 „	„ 5.30
	„	„ IX—X	„ 2 Textfiguren	„ 5.—
	„ IIb, „	„ I—X	„ 4 Tafeln und 9 Textfiguren	„ 14.—
	„	„ I—III	„ 2 „	„ 2.80
	„	„ IV—VI	„ 2 „ und 1 Textfigur	„ 3.60
	„	„ VII	„ 8 Textfiguren	„ 3.60
	„	„ VIII—X		„ 4.—
	„ III, „	„ I—X	mit 2 Tafeln und 7 Textfiguren	„ 2.60
	„	„ I—VII	„ 2 „ „ 7 „	„ 2.—
	„	„ VIII—X		„ —.60
108. Band,	„ I. „	„ I—X. 1899	mit 15 Tafeln, 7 Karten, 2 Kartenskizzen und 9 Textfiguren	„ 15.50
	„	„ I—IV		„ 3.40
	„	„ V	mit 6 Tafeln, 4 Karten und 9 Textfiguren	„ 5.—
	„	„ VI—VII	„ 4 „	„ 2.60
	„	„ VIII—X	„ 5 „ 3 Karten und 2 Kartenskizzen	„ 4.50
	„ IIa, „	„ I—X	„ 34 „ 1 Karte und 93 Textfiguren	„ 36.48
	„	„ I—II	„ 1 „ und 11 Textfiguren	„ 3.10
	„	„ III	„ 3 „ „ 17 „	„ 5.60
	„	„ IV—V	„ 4 „ „ 10 „	„ 3.40
	„	„ VI—VII	„ 5 „ 1 Karte und 41 Textfiguren	„ 8.70
	„	„ VIII	„ 3 „ und 2 Textfiguren	„ 5.20
	„	„ IX	„ 16 „ „ 6 „	„ 7.20
	„	„ X	„ 2 „ „ 6 „	„ 3.28
	„ IIb, „	„ I—X	„ 9 Textfiguren	„ 11.70
	„	„ I—III	„ 2 „	„ 1.90
	„	„ IV—V	„ 4 „	„ 2.70
	„	„ VI—VII		„ 3.30
	„	„ VIII—X	mit 3 Textfiguren	„ 3.80
	„ III. „	„ I—X	„ 27 Tafeln und 10 Textfiguren	„ 15.20
	„	„ I—III	„ 4 „ „ 7 „	„ 4.40
	„	„ IV—VII	„ 9 „ „ 2 „	„ 4.70
	„	„ VIII—X	„ 14 „ „ 1 „	„ 6.10
109. „	„ I. „	„ I—X. 1900	„ 22 „ 6 Kartenskizzen u. 38 Textfig.	„ 19.10
	„	„ I—III	„ 3 „ 4 „ „ 10 „	„ 5.70
	„	„ IV—VI	„ 2 „ und 3 Textfiguren	„ 2.30
	„	„ VII	„ 5 „ 2 Kartenskizzen u. 5 Textfig.	„ 3.90
	„	„ VIII—X	„ 12 „ und 20 Textfiguren	„ 7.20
	„ IIa. „	„ I—X	„ 7 „ „ 41 „	„ 24.—
	„	„ I—III	„ 2 „ „ 10 „	„ 3.70
	„	„ IV—V	„ 10 Textfiguren	„ 6.80
	„	„ VI—VII	„ 3 Tafeln und 19 Textfiguren	„ 7.60
	„	„ VIII—IX	„ 2 „ „ 2 „	„ 2.40
	„	„ X		„ 4.—
	„ IIb, „	„ I—X	mit 13 Textfiguren	„ 14.62
	„	„ I—II	„ 2 „	„ 1.92
	„	„ III—IV		„ 3.40
	„	„ V—VI	mit 6 Textfiguren	„ 2.90
	„	„ VII	„ 4 „	„ 3.70
	„	„ VIII—X	„ 1 „	„ 2.70
	„ III „	„ I—X	„ 28 Tafeln und 62 Textfiguren	„ 19.30
	„	„ I—IV	„ 8 „ „ 25 „	„ 7.50
	„	„ V—VII	„ 7 „ „ 25 „	„ 5.50
		Heft Nr. VIII	mit 6 Tafeln und 12 Textfiguren	K 3.40
	„	„ IX—X	„ 7 „	„ 2.90
110. Band,	Abt. I. „	„ I—X. 1901	„ 24 „ 2 Karten und 41 Textfiguren	„ 13.50
	„	„ I—IV	„ 11 „ und 6 Textfiguren	„ 4.—
	„	„ V—VII	„ 3 „ „ 4 „	„ 3.10
	„	„ VIII—X	„ 10 „ 2 Karten und 31 Textfiguren	„ 6.40
	„ IIa. „	„ I—X	„ 7 „ und 67 Textfiguren	„ 27.30
	„	„ I—III	„ 1 „ „ 4 „	„ 3.90
	„	„ IV	„ 3 „ „ 26 „	„ 5.60
	„	„ V—VI	„ 4 Textfiguren	„ 4.80
	„	„ VII	„ 2 Tafeln und 19 Textfiguren	„ 4.80
	„	„ VIII—IX	„ 1 Tafel „ 9 „	„ 3.20
	„	„ X	„ 5 Textfiguren	„ 5.—
	„ IIb. „	„ I—X	„ 26 „	„ 18.10
	„	„ I	„ 2 „	„ 2.70
	„	„ II—IV	„ 3 „	„ 3.30
	„	„ V	„ 6 „	„ 2.80
	„	„ VI—VII	„ 7 „	„ 4.40
	„	„ VIII—IX	„ 4 „	„ 2.50
	„	„ X	„ 4 „	„ 2.40
	„ III, „	„ I—X	„ 12 Tafeln und 3 Textfiguren	„ 7.90
	„	„ I—VII	„ 2 „ „ 2 „	„ 3.90
	„	„ VIII—X	„ 10 „ „ 1 „	„ 4.—
Register XV zu den Bänden 106—110				„ 2.60
111. Band,	Abt. I.	Heft Nr. I—X. 1902	mit 54 Tafeln und 83 Textfiguren	„ 29.—
	„	„ I—III	„ 9 „ „ 6 „	„ 4.20
	„	„ IV—V	„ 4 „ „ 19 „	„ 3.10
	„	„ VI	„ 7 „ „ 11 „	„ 3.40
	„	„ VII	„ 14 „ „ 14 „	„ 6.—
	„	„ VIII—IX	„ 9 „ „ 20 „	„ 4.70
	„	„ X	„ 11 „ „ 13 „	„ 7.60
	„ IIa. „	„ I—X	„ 6 „ „ 174 „	„ 33.90
	„	„ I—II	„ 1 „ „ 5 „	„ 5.40
	„	„ III—IV	„ 21 Textfiguren	„ 4.60
	„	„ V—VI	„ 4 Tafeln und 42 Textfiguren	„ 7.40
	„	„ VII	„ 15 Textfiguren	„ 4.80
	„	„ VIII—IX	„ 1 Tafel und 88 Textfiguren	„ 8.80
	„	„ X	„ 3 Textfiguren	„ 2.80

	„ IIb, „	„ I–X	„ 2 Tafeln und 27 Textfiguren	„ 17.90
	„	„ I–III	„ 6 Textfiguren	„ 4.30
	„	„ IV–V	„ 2 Tafeln und 9 Textfiguren	„ 5.40
	„	„ VI–VII	„ 11 Textfiguren	„ 5.—
	„	„ VIII–X	„ 1 Textfigur	„ 3.20
	„ III, „	„ I–X	„ 6 Tafeln und 7 Textfiguren	„ 6.70
	„	„ I–VI	„ 4 Textfiguren	„ 1.80
	„	„ VII–X	„ 6 Tafeln und 3 Textfiguren	„ 4.90
112. „	„ I, „	„ I–X, 1903	„ 47 „ 27 Textfig. u. 1 Kartenskizze	„ 21.40
	„	„ I–III	„ 19 „ 13 „ 1 „	„ 8.50
	„	„ IV–VII	„ 17 „ und 11 Textfiguren	„ 8.40
	„	„ VIII–X	„ 11 „ „ 3 „	„ 4.50
	„ IIa, „	„ I–X	„ 9 „ „ 149 „	„ 30.50
	„	„ I–III	„ 7 Textfiguren	„ 4.30
	„	„ IV–VI	„ 30 „	„ 6.60
	„	„ VII	„ 3 Tafeln und 52 Textfiguren	„ 8.50
	„	„ VIII–IX	„ 1 „ „ 6 „	„ 2.10
	„	„ X	„ 5 „ „ 54 „	„ 9.—
	„ IIb, „	„ I–X	„ 6 Textfiguren	„ 16.70
	„	„ I–IV	„ 4 „	„ 2.60
	„	„ V–VI	„ 1 „	„ 3.70
	„	„ VII	„ 1 „	„ 5.—
		Heft Nr. VIII–IX		K 2.70
	„	„ X		„ 2.70
	Abt. III, „	„ I–X	mit 20 Tafeln und 71 Textfiguren	„ 16.80
	„	„ I–VII	„ 7 „	„ 4.10
	„	„ VIII–IX	„ 3 „ und 2 „	„ 3.70
	„	„ X	„ 10 „ „ 69 „	„ 9.—
113. Band,	„ I, „	„ I–X, 1904	„ 35 „ 30 Textfiguren, 2 Karten und 1 Kartenskizze	„ 17.20
	„	„ I–II	„ 5 „ 4 „ und 1 Karte	„ 3.30
	„	„ III–IV	„ 3 „ und 7 Textfiguren	„ 2.50
	„	„ V–VII	„ 12 „ 7 Textfig. u. 1 Kartenskizze	„ 5.20
	„	„ VIII–IX	„ 3 „ und 4 Textfiguren	„ 2.10
	„	„ X	„ 13 „ 8 Textfiguren und 1 Karte	„ 4.10
	„ IIa, „	„ I–X	„ 10 „ und 136 Textfiguren	„ 31.60
	„	„ I	„ 8 Textfiguren	„ 4.80
	„	„ II	„ 12 „	„ 3.—
	„	„ III–IV	„ 1 Tafel und 28 Textfiguren	„ 3.—
	„	„ V	„ 15 Textfiguren	„ 2.40
	„	„ VI	„ 4 Tafeln und 17 Textfiguren	„ 5.20
	„	„ VII	„ 22 Textfiguren	„ 4.40
	„	„ VIII	„ 18 „	„ 3.20
	„	„ IX	„ 1 Tafel und 8 Textfiguren	„ 2.80
	„	„ X	„ 4 Tafeln „ 8 „	„ 2.80
	„ IIb, „	„ I–X	„ 55 Textfiguren	„ 21.80
	„	„ I	„ 4 „	„ 2.30
	„	„ II–III		„ 1.70
	„	„ IV–V		„ 2.20
	„	„ VI	mit 4 Textfiguren	„ 4.—
	„	„ VII	„ 34 „	„ 5.70
	„	„ VIII	„ 2 „	„ 2.10
	„	„ IX	„ 7 „	„ 2.—
	„	„ X	„ 4 „	„ 1.80
	„ III, „	„ I–X	„ 16 Tafeln und 42 Textfiguren	„ 16.50
	„	„ I	„ 5 „	„ 2.50
	„	„ II–V	„ 4 „ und 1 Textfigur	„ 2.—
	„	„ VI–VII	„ 3 „	„ 2.30
	„	„ VIII–IX	„ 4 „	„ 4.70
	„	„ X	„ 41 Textfiguren	„ 5.—
114. „	„ I, „	„ I–X, 1905	„ 18 Tafeln und 59 Textfiguren	„ 18.70
	„	„ I–II	„ 5 „ „ 4 „	„ 3.60
	„	„ III–IV	„ 6 „ „ 17 „	„ 4.40
	„	„ V	„ 4 „ „ 6 „	„ 3.70
	„	„ VI–VII	„ 3 „ „ 24 „	„ 3.70
	„	„ VIII	„ 4 Textfiguren	„ 2.70
	„	„ IX–X	„ 4 „	„ –.60
	„ IIa, „	„ I–X	„ 24 Tafeln und 148 Textfiguren	„ 38.40
	„	„ I	„ 1 „	„ 2.80
	„	„ II	„ 6 „ und 2 Textfiguren	„ 4.10
	„	„ III–IV	„ 2 „ „ 14 „	„ 3.90
	„	„ V	„ 6 „ „ 24 „	„ 4.50
	„	„ VI	„ 33 Textfiguren	„ 4.30
	„	„ VII	„ 5 Tafeln und 33 Textfiguren	„ 7.90
	„	„ VIII	„ 1 „ „ 4 „	„ 2.60
	„	„ IX	„ 1 „ „ 24 „	„ 4.50
	„	„ X	„ 2 „ „ 14 „	„ 3.80
	„ IIb, „	„ I–X	„ 58 Textfiguren	„ 24.80
	„	„ I	„ 7 „	„ 3.20
	„	„ II–III	„ 8 „	„ 2.80
	„	„ IV–V	„ 3 „	„ 4.—
	„	„ VI	„ 3 „	„ 4.10
		Heft Nr. VII	mit 8 Textfiguren	K 5.40
	„	„ VIII–IX		„ 2.—
	„	„ X	mit 29 Textfiguren	„ 3.30
	Abt. III, „	„ I–X	„ 17 Tafeln und 80 Textfiguren	„ 21.50
	„	„ I–II	„ 1 Tafel	„ 2.20
	„	„ III–IV	„ 32 Textfiguren	„ 4.—
	„	„ V	„ 3 Tafeln und 18 Textfiguren	„ 3.90
	„	„ VI–VII	„ 7 „ „ 23 „	„ 6.30
	„	„ VIII–IX	„ 2 „ „ 7 „	„ 2.—
	„	„ X	„ 4 „	„ 3.10
115. Band,	„ I, „	„ I–X, 1906	„ 57 Tafeln, 1 Karte, 2 Kartenskizzen und 96 Textfiguren	„ 48.85
	„	„ I	„ 8 „ und 5 Textfiguren	„ 4.80
	„	„ II	„ 3 „ 1 Karte und 2 Textfiguren	„ 3.—
	„	„ III	„ 11 „ und 6 Textfiguren	„ 6.30
	„	„ IV	„ 3 „	„ 2.90
	„	„ V	„ 2 „ 1 Kartenskizze und 17 Textfiguren	„ 4.95
	„	„ VI	„ 14 „ und 38 Textfiguren	„ 9.50
	„	„ VII	„ 13 „ 1 Kartenskizze und 10 Textfiguren	„ 11.—
	„	„ VIII–IX	„ 1 „ und 18 Textfiguren	„ 3.80
	„	„ X	„ 2 „	„ 2.60
	„ IIa, „	„ I–X	„ 10 „ und 206 Textfiguren	„ 42.25
	„	„ I	„ 2 „ „ 12 „	„ 2.75
	„	„ II	„ 18 Textfiguren	„ 2.75
	„	„ III	„ 1 Tafel und 3 Textfiguren	„ 2.20
	„	„ IV	„ 3 Textfiguren	„ 3.15
	„	„ V	„ 1 Tafel und 37 Textfiguren	„ 7.30
	„	„ VI	„ 30 Textfiguren	„ 5.—
	„	„ VII	„ 2 Tafeln und 55 Textfiguren	„ 7.80
	„	„ VIII	„ 4 Textfiguren	„ 2.20
	„	„ IX	„ 28 „	„ 4.50
	„	„ X	„ 4 Tafeln und 16 Textfiguren	„ 4.60
	„ IIb, „	„ I–X	„ 12 Textfiguren	„ 23.45
	„	„ I–II		„ 2.60
	„	„ III–IV	mit 1 Textfigur	„ 2.40
	„	„ V		„ 3.20
	„	„ VI	mit 5 Textfiguren	„ 4.80
	„	„ VII	„ 3 „	„ 6.60
	„	„ VIII		„ 2.15
	„	„ IX–X	mit 3 Textfiguren	„ 1.70
	„ III, „	„ I–X	„ 18 Tafeln und 29 Textfiguren	„ 19.05
	„	„ I–II	„ 2 „ „ 17 „	„ 2.80
	„	„ III	„ 5 „	„ 2.75
	„	„ IV–V	„ 2 „ und 4 Textfiguren	„ 4.—
	„	„ VI–VII	„ 5 „	„ 5.90
	„	„ VIII–X	„ 4 „ und 8 Textfiguren	„ 3.60
Register XVI zu den Bänden 111–115				„ 3.25
116. Band,	Abt. I,	Heft Nr. I–X, 1907	mit 57 Tafeln, 2 Karten, 3 Kartenskizzen und 139 Textfiguren	„ 53.60
	„	„ I	„ 4 „ und 9 Textfiguren	„ 4.20
	„	„ II	„ 6 „ „ 1 Textfigur	„ 5.50
	„	„ III	„ 11 „ 2 Kartenskizzen und 28 Textfiguren	„ 7.20
	„	„ IV–V	„ 6 „ und 30 Textfiguren	„ 6.90
	„	„ VI	„ 4 „ 1 Karte und 36 Textfiguren	„ 7.—
	„	„ VII	„ 5 „ 1 Kartenskizze und 18 Textfiguren	„ 7.90
	„	„ VIII	„ 3 „ 1 Karte und 4 Textfiguren	„ 4.20
		Heft Nr. IX	mit 7 Tafeln und 12 Textfiguren	K 4.40
	„	„ X	„ 11 „ „ 6 „	„ 6.30
	Abt. IIa, „	„ I–X	„ 19 „ „ 93 „	„ 34.70
	„	„ I	„ 10 Textfiguren	„ 3.25
	„	„ II	„ 9 „	„ 4.15
	„	„ III	„ 4 Tafeln und 7 Textfiguren	„ 7.20
	„	„ IV	„ 5 „ „ 18 „	„ 5.60
	„	„ V	„ 1 „ „ 4 „	„ 2.60
	„	„ VI	„ 7 „ „ 16 „	„ 3.15
	„	„ VII	„ 2 „ „ 6 „	„ 1.90
	„	„ VIII	„ 9 Textfiguren	„ 2.35
	„	„ IX–X	„ 14 „	„ 4.50
	„ IIb, „	„ I–X	„ 3 Tafeln und 35 Textfiguren	„ 32.15
	„	„ I	„ 5 Textfiguren	„ 3.—
	„	„ II	„ 3 „	„ 2.80
	„	„ III		„ 3.30
	„	„ IV	mit 1 Textfigur	„ 4.50
	„	„ V	„ 14 Textfiguren	„ 4.30
	„	„ VI	„ 2 „	„ 2.25
	„	„ VII	„ 8 „	„ 5.20
	„	„ VIII	„ 2 „	„ 1.80
	„	„ IX–X	„ 3 Tafeln	„ 5.—
	„ III, „	„ I–X	„ 28 „ und 55 Textfiguren	„ 24.60
	„	„ I–II	„ 9 „ „ 2 „	„ 5.70
	„	„ III–IV	„ 4 „ „ 18 „	„ 3.95
	„	„ V–VI	„ 4 „ „ 2 „	„ 2.60
	„	„ VII	„ 5 „ „ 19 „	„ 3.35
	„	„ VIII–X	„ 6 „ „ 14 „	„ 9.—
117. Band,	„ I, „	„ I–X, 1908	„ 47 „ 5 Karten und 144 Textfiguren	„ 41.45
	„	„ I	„ 8 „ und 19 Textfiguren	„ 5.—
	„	„ II	„ 10 „ „ 7 „	„ 5.40
	„	„ III	„ 4 „ „ 12 „	„ 3.75
	„	„ IV	„ 2 „ 3 Karten und 12 Textfiguren	„ 3.60
	„	„ V–VI	„ 8 „ und 24 Textfiguren	„ 5.60
	„	„ VII	„ 1 Karte „ 31 „	„ 6.30
	„	„ VIII	„ 8 Tafeln „ 13 „	„ 5.20
	„	„ IX–X	„ 7 „ 1 Karte und 26 Textfiguren	„ 6.60
	„ IIa, „	„ I–X	„ 14 „ 1 „ „ 98 „	„ 31.95
	„	„ I	„ 1 „ und 17 Textfiguren	„ 4.90
	„	„ II	„ 3 „ „ 15 „	„ 3.20
	„	„ III–IV	„ 5 „ „ 2 „	„ 5.70
	„	„ V	„ 2 „ „ 11 „	„ 4.95
	„	„ VI	„ 1 „ „ 14 „	„ 3.10
	„	„ VII	„ 2 „ „ 3 „	„ 3.90
	„	„ VIII–IX	„ 22 Textfiguren	„ 3.90
	„	„ X	„ 14 „	„ 2.30
	„ IIb, „	„ I–X	„ 1 Tafel und 21 Textfiguren	„ 19.05
	„	„ I	„ 2 Textfiguren	„ 2.70
	„	„ II–III		„ 2.85
	„	„ IV–V	mit 2 Textfiguren	„ 3.80
	„	„ VI	„ 1 „	„ 2.10
	„	„ VII	„ 1 Tafel und 15 Textfiguren	„ 4.30
	„	„ VIII–IX	„ 1 Textfigur	„ 2.—
	„	„ X		„ 1.30
	„ III, „	„ I–X	mit 31 Tafeln und 111 Textfiguren	„ 23.80
	„	„ I–II	„ 6 „ „ 10 „	„ 2.60
	„	„ III–V	„ 5 „ „ 24 „	„ 3.80
	„	„ VI–VII	„ 14 „ „ 41 „	„ 9.80
	„	„ VIII–X	„ 6 „ „ 36 „	„ 6.60
118. „	„ I, „	„ I–X, 1909	„ 39 „ 2 Tabellen und 191 Textfiguren	„ 45.95
		Heft Nr. I–II	mit 7 Tafeln und 27 Textfiguren	K 5.50
	„	„ III	„ 9 „ „ 10 „	„ 3.60
	„	„ IV	„ 1 „ „ 53 „	„ 5.80
	„	„ V	„ 3 „ „ 20 „	„ 4.30
	„	„ VI	„ 2 „ „ 17 „	„ 6.45
	„	„ VII	„ 3 „ „ 9 „	„ 5.70
	„	„ VIII	„ 5 „ 2 Tabellen und 31 Textfiguren	„ 7.—
	„	„ IX	„ 6 „ und 17 Textfiguren	„ 4.75
	„	„ X	„ 3 „ „ 7 „	„ 2.90
	Abt. IIa, „	„ I–X	„ 1 „ „ 136 „	„ 36.65
	„	„ I	„ 9 Textfiguren	„ 2.70
	„	„ II	„ 1 „	„ 2.60
	„	„ III	„ 7 „	„ 2.65
	„	„ IV	„ 14 „	„ 3.70
	„	„ V	„ 27 „	„ 4.75
	„	„ VI	„ 2 „	„ 4.60
	„	„ VII	„ 1 Tafel und 23 Textfiguren	„ 4.—
	„	„ VIII	„ 27 Textfiguren	„ 3.60
	„	„ IX	„ 3 „	„ 2.80
	„	„ X	„ 23 „	„ 5.30
	„ IIb, „	„ I–X	„ 32 „	„ 17.35
	„	„ I–II	„ 2 „	„ 2.60
	„	„ III–IV		„ 2.25
	„	„ V	mit 1 Textfigur	„ 1.80
	„	„ VI	„ 1 „	„ 2.45
	„	„ VII		„ 1.30
	„	„ VIII	mit 14 Textfiguren	„ 3.—
	„	„ IX–X	„ 14 „	„ 4.—
	„ III, „	„ I–X	„ 25 Tafeln und 49 Textfiguren	„ 20.75
	„	„ I–II	„ 3 „ „ 25 „	„ 3.75
	„	„ III–IV	„ 4 „	„ 2.30
	„	„ V–VI	„ 4 „ und 12 Textfiguren	„ 5.10
	„	„ VII	„ 2 „ „ 7 „	„ 2.50
	„	„ VIII–X	„ 12 „ „ 5 „	„ 7.10
119. Band,	„ I, „	„ I–X, 1910	„ 28 „ „ 75 „	„ 34.35
	„	„ I	„ 3 „ „ 18 „	„ 3.15
	„	„ II	„ 1 „ „ 10 „	„ 3.70
	„	„ III–IV	„ 5 „ „ 5 „	„ 3.90
	„	„ V	„ 4 „ „ 17 „	„ 5.40
	„	„ VI	„ 3 „ „ 9 „	„ 5.50
	„	„ VII	„ 8 „ „ 6 „	„ 5.70
	„	„ VIII	„ 2 „ „ 4 „	„ 3.90
	„	„ IX–X	„ 2 „ „ 6 „	„ 3.10
	„ IIa, „	„ I–X	„ 16 „ 7 Karten und 95 Textfiguren	„ 44.05
	„	„ I	„ 1 Textfigur	„ 2.20
	„	„ II	„ 10 Textfiguren	„ 4.15
	„	„ III	„ 1 Tafel und 9 Textfiguren	„ 3.90
	„	„ IV	„ 5 Textfiguren	„ 1.30
	„	„ V	„ 3 Tafeln und 16 Textfiguren	„ 4.80
	„	„ VI	„ 4 „ „ 16 „	„ 5.20
	„	„ VII	„ 4 „ „ 15 „	„ 7.40
	„	„ VIII	„ 1 Textfigur	„ 3.50
	„	„ IX	„ 2 Tafeln und 5 Textfiguren	„ 2.60
	„	„ X	„ 2 „ 7 Karten und 17 Textfiguren	„ 6.—

	„ IIb,	„ „ I—X	„ 3 „ 2 Beilagen u. 56 „	„ 27.95
		„ „ I—II	„ 2 Textfiguren	„ 2.40
		„ „ III	„ 1 Beilage und 10 Textfiguren	„ 3.70
		„ „ IV		„ 4.15
		„ „ V	mit 4 Textfiguren	„ 2.80
		„ „ VI	„ 14 „	„ 3.30
		Heft Nr. VII	mit 1 Beilage und 18 Textfiguren	K 4.80
		„ „ VIII	„ 2 Tafeln „ 7 „	„ 4.—
		„ „ IX—X	„ 1 „ „ 1 „	„ 1.90
	Abt. III,	„ „ I—X	„ 29 „ „ 20 „	„ 22.80
		„ „ I—III	„ 5 „ „ 1 „	„ 7.10
		„ „ IV—V	„ 10 „	„ 4.90
		„ „ VI—IX	„ 11 „ und 19 Textfiguren	„ 6.20
		„ „ X	„ 3 „	„ 4.—
120. Band,	„ I,	„ „ I—X, 1911	„ 37 „ 1 Karte, 2 Kartenskizzen und 109 Textfiguren	„ 36.95
		„ „ I—II	„ 6 „ 1 „ und 7 Textfiguren	„ 4.—
		„ „ III	„ 5 „ und 2 Textfiguren	„ 5.25
		„ „ IV	„ 4 „ „ 14 „	„ 4.70
		„ „ V	„ 1 „ „ 30 „	„ 4.70
		„ „ VI	„ 5 „ „ 27 „	„ 4.60
		„ „ VII	„ 6 „ 1 Kartenskizze u. 17 Textfig.	„ 6.50
		„ „ VIII—X	„ 10 „ 1 „ „ 12 „	„ 7.20
	„ IIa,	„ „ I—X	„ 8 „ und 160 Textfiguren	„ 45.35
		„ „ I	„ 10 Textfiguren	„ 3.45
		„ „ II	„ 8 „	„ 2.50
		„ „ III	„ 15 „	„ 3.—
		„ „ IV	„ 35 „	„ 5.25
		„ „ V	„ 3 „	„ 2.25
		„ „ VI	„ 39 „	„ 7.—
		„ „ VII	„ 1 Tafel und 27 Textfiguren	„ 5.50
		„ „ VIII	„ 5 Textfiguren	„ 3.70
		„ „ IX	„ 2 „	„ 5.70
		„ „ X	„ 7 Tafeln und 16 Textfiguren	„ 7.—
	„ IIb,	„ „ I—X	„ 3 „ „ 49 „	„ 25.—
		„ „ I	„ 4 Textfiguren	„ 2.70
		„ „ II—III		„ 1.85
		„ „ IV	mit 1 Tafel und 17 Textfiguren	„ 3.70
		„ „ V	„ 7 Textfiguren	„ 2.90
		„ „ VI	„ 1 Textfigur	„ 3.45
		„ „ VII	„ 2 Tafeln und 7 Textfiguren	„ 3.10
		„ „ VIII—IX	„ 6 Textfiguren	„ 3.80
		„ „ X	„ 7 „	„ 3.50
	„ III,	„ „ I—X	„ 12 Tafeln und 101 Textfiguren	„ 12.85
		„ „ I—III	„ 4 „ „ 61 „	„ 5.50
		„ „ IV—VII	„ 7 „ „ 40 „	„ 6.35
		„ „ VIII—X	„ 1 „	„ 1.—
Register XVII zu den Bänden 116—120				„ 3.60
121. Band,	Abt. I,	Heft Nr. I—X, 1912	mit 40 Tafeln, 2 Karten u. 142 Textfiguren	„ 39.70
		„ „ I—III	„ 6 „ und 2 Textfiguren	„ 4.10
		„ „ IV—V	„ 5 „ „ 44 „	„ 6.30
		„ „ VI	„ 2 „ „ 11 „	„ 4.40
		„ „ VII	„ 3 „ „ 33 „	„ 6.60
		„ „ VIII	„ 16 „ 1 Karte und 11 Textfiguren	„ 8.70
		„ „ IX—X	„ 8 „ 1 „ „ 41 „	„ 9.60
	„ IIa,	„ „ I—X	„ 8 „ 1 „ „ 279 „	„ 67.80
		„ „ I	„ 13 Textfiguren	„ 4.40
		„ „ II	„ 17 „	„ 4.—
		„ „ III	„ 1 Tafel und 30 Textfiguren	„ 8.—
		„ „ IV	„ 6 Textfiguren	„ 3.50
		„ „ V	„ 26 „	„ 5.40
		„ „ VI	„ 9 „	„ 4.90
		„ „ VII	„ 1 Karte und 30 Textfiguren	„ 6.30
		„ „ VIII	„ 5 Tafeln und 29 Textfiguren	„ 8.70
		„ „ IX	„ 1 „ „ 15 „	„ 7.60
		„ „ X	„ 1 „ „ 104 „	„ 14.60
	Abt. IIb,	Heft Nr. I—X	mit 6 Tafeln und 72 Textfiguren	K 36.20
		„ „ I	„ 4 Textfiguren	„ 2.10
		„ „ II	„ 4 „	„ 3.20
		„ „ III—IV	„ 9 „	„ 2.90
		„ „ V	„ 1 „	„ 4.10
		„ „ VI	„ 12 „	„ 4.60
		„ „ VII	„ 31 „	„ 6.80
		„ „ VIII	„ 6 Tafeln und 8 Textfiguren	„ 7.10
		„ „ IX—X	„ 3 Textfiguren	„ 5.20
	„ III,	„ „ I—X	„ 5 Tafeln und 25 Textfiguren	„ 6.30
		„ „ I—III	„ 3 „ „ 20 „	„ 3.70
		„ „ IV—VII	„ 3 Textfiguren	„ 1.20
		„ „ VIII—X	„ 2 Tafeln und 2 Textfiguren	„ 1.40
122. Band,	„ I,	„ „ I—X, 1913	„ 1 Schema, 8 Karten, 1 Tabelle, 1 Profiltafel, 42 Tafeln und 86 Textfiguren	„ 40.40
		„ „ I	„ 9 Tafeln und 6 Textfiguren	„ 7.50
		„ „ II	„ 4 „ „ 28 „	„ 5.30
		„ „ III	„ 4 „ 1 Schema, 5 Kart. u. 10 Textfig.	„ 4.80
		„ „ IV	„ 6 „ 1 Profiltafel und 7 Textfiguren	„ 4.60
		„ „ V	„ 1 „ und 3 Karten	„ 6.—
		„ „ VI	„ 5 „ „ 8 Textfiguren	„ 4.50
		„ „ VII	„ 6 „ „ 1 Tabelle	„ 4.70
		„ „ VIII—X	„ 7 „ „ 27 Textfiguren	„ 3.—
	„ IIa,	„ „ I—X	„ 4 „ 1 Doppeltafel, 7 Karten, 1 Kartenskizze und 140 Textfiguren	„ 52.10
		„ „ I	„ 5 Textfiguren	„ 4.20
		„ „ II	„ 2 Tafeln, 1 Kartenskizze u. 15 Textfig.	„ 6.60
		„ „ III	„ 1 Tafel und 7 Textfiguren	„ 6.60
		„ „ IV	„ 1 Textfigur	„ 3.70
		„ „ V	„ 13 Textfiguren	„ 4.50
		„ „ VI	„ 5 Karten im Text und 36 Textfiguren	„ 6.30
		„ „ VII	„ 19 Textfiguren	„ 6.70
		„ „ VIII	„ 1 Karte im Text und 8 Textfiguren	„ 3.90
		„ „ IX	„ 1 Doppeltafel, 1 Tafel und 18 Textfiguren	„ 4.80
		„ „ X	„ 1 Karte und 18 Textfiguren	„ 4.80
	„ IIb,	„ „ I—X	„ 12 Tafeln und 100 Textfiguren	„ 41.80
		„ „ I—II	„ 1 Tafel „ 6 „	„ 3.20
		„ „ III	„ 8 Textfiguren	„ 4.20
		„ „ IV	„ 14 „	„ 3.30
		„ „ V	„ 33 „	„ 4.60
		„ „ VI	„ 7 „	„ 6.—
		„ „ VII	„ 6 Tafeln und 7 Textfiguren	„ 9.50
		„ „ VIII	„ 5 Textfiguren	„ 3.—
		„ „ IX	„ 5 Tafeln und 9 Textfiguren	„ 6.40
		„ „ X	„ 11 Textfiguren	„ 4.—
	„ III,	„ „ I—X	„ 8 Tafeln und 24 Textfiguren	„ 8.60
		„ „ I—III	„ 5 „	„ 1.90
		„ „ IV—VII	„ 3 „	„ 4.50
		„ „ VIII—X	„ 24 Textfiguren	„ 2.20
123. „	„ I,	„ „ I—X, 1914		Unter der Presse
		„ „ I	mit 1 Tafel und 33 Textfiguren	K 4.—
	„ IIa,	„ „ I—X		Unter der Presse
		„ „ I	mit 4 Tafeln, 1 Kartenskizze im Texte, 1 Skizze und 12 Textfiguren	K 5.—
		„ „ II	„ 10 Textfiguren	„ 5.—
		„ „ III	„ 6 „	„ 4.10
	„ IIb,	„ „ I—X		Unter der Presse
		„ „ I	mit 3 Tafeln und 22 Textfiguren	K 4.50
		„ „ II	„ 1 Tafel „ 13 „	„ 3.—

—— dass. — **Philosophisch-historische Classe. Jahrg. 1849. 10 Hefte. Lex.-8. (VII und 1013 S. mit 15 Stnt. in 8., 4. und Fol. und 2 Tab. in qu. 4.) Ebds. à Heft. * 10 Ngr.** *

—— dass. — **Jahrg. 1850. 10 Hefte. (2 Abthlgn.) Lex.-8. Ebds. [Abthl. 1. (346 S. und 5 Stnt. in 8., 4. und Fol.) * 1 Thlr. 15 Ngr., 2. (VII und 884 S. mit 3 Stnt. in 8. und 4.) * 2 Thlr.]** *

—— dass. — **(Jahrg. 1851.) 6. und 7. Bd. à 5 Hefte. Lex.-8. Ebds. 851—52. [6. Bd. (549 S. mit 2 Stnt. in 8. und qu. Fol.) * 2 Thlr. 7 Ngr., 7. (850 S. und 11 Stnt. in 8., qu. 4. und Fol.) * 4 Thlr.]** *

(siehe: Arneth, Jos.)

—— dass. — **Philosophisch-historische Classe. 8. und 9. Bd. à 5 Hefte. (Jahrg. 1852.) Lex.-8. Wien, (Gerold's Sohn.) [8. IV und 618 S. mit 3 Stnt.) 852—53. * 2 Thlr. 10 Ngr., 9. (VII und 942 S. mit 13 lithogr. und lithochrom. Taf. in Lex.-8. und qu. Fol.) 853. * 4 Thlr. 25 Ngr.]** *

—— dass. — **10. und 11. Bd. à 5 Hefte. (Jahrg. 1853.) Lex.-8. Ebds. [10. (VI und 653 S. mit 13 Stnt.) 853. * 3 Thlr. 5 Ngr., 11. (VI und 1007 S. mit 14 Stnt. in Lex.-8., qu. gr. 4. und Fol.) 854. * 4 Thlr. 27 Ngr.]** *

Sitzungsberichte der kaiserl. Academie der Wissenschaften. Philosophisch-historische Classe. Register zu den ersten 10 Bdn. der philosophisch-histor. Classe. Lex.-8. (28 S.) Wien 854, (Gerold's Sohn.) Thlr. *

—— dass. — **12. Bd. 5 Hefte, 13. Bd. 3 Hefte und 14. Bd. 2 Hefte. (Jahrg. 1854.) Lex.-8. Ebds. [12. (VI und 727 S. mit 8 Stnt. in Lex.-8. und Fol.) 854. * 3 Thlr. 27 Ngr., 13. (631 S. mit 9 Stnt. in gr. 4. und Fol.) 854. * 2 Thlr. 25 Ngr., 14. (V und 520 S. mit Beilage: Beiträge zu einem schlesischen Wörterbuche von C. Weinhold etc.) 855. * 2 Thlr. 12 Ngr.]** *

Vgl.: Weinhold, Carl.

—— dass. — **15. Bd. 3 Hefte, 16. Bd. 2 Hefte, 17. Bd. 3 Hefte, 18. und 19. Bd. à 2 Hefte, 20. Bd. 3 Hefte und 21. Bd. 3 Hefte. (Jahrg. 1855—56.) Lex.-8. Ebds. [15. (V und 555 S. mit 1 Stnt. in Fol. und 2 Kärtchen in Kpfrst. in 4.) 855. * 2 Thlr. 13 Ngr., 16. (V und 394 S. mit 3 Stnt. und 2 Tab. in Lex.-8. und qu. gr. Fol. und Beilage 54 S.) 855. * 2 Thlr., 17. (VI und 487 S.) 855—56. * 1 Thlr. 21 Ngr., 18. (V und 316 S.) 856. * 1 Thlr. 5 Ngr., 19. (V und 320 S.) 856. * 1 Thlr. 7 Ngr., 20. (V und 553 S. mit 1 Stnt.) 856. * 2 Thlr. 3 Ngr., 21. (V und 451 S. mit 2 Stnt. in Lex.-8. und gr. 4.) 856. * 1 Thlr. 24 Ngr.]** *

—— dass. — **Register zu den zweiten 10 Bdn. (Bd. 11—20.) Lex.-8. (25 S.) Ebds. 856.** *

—— dass. — **Philosophisch-historische Classe. 22. Bd. 2 Hefte, 23. Bd. 5 Hefte, 24. Bd. 2 Hefte, 25. Bd. 3 Hefte, 26. Bd. 2 Hefte, 27. Bd. 3 Hefte, 28. Bd. 3 Hefte, 29. Bd. 2 Hefte, 30. Bd. 3 Hefte, 31. Bd. 3 Hefte, 32. Bd. 4 Hefte, 33. Bd. 2 Hefte, 34. Bd. 3 Hefte, 35. Bd. 5 Hefte. (Jahrg. 1856—61.) Lex.-8. Wien, (Gerold's Sohn.)** [22. Bd. (V und 317 S.) 857. * 1 Thlr. 5 Ngr., 23. Bd. (678 S. mit 7 chromolithogr. Taf. in Lex.-8. und 4. und 1 Stnt. in 4.) 857. * 2 Thlr. 29 Ngr., 24. Bd. (V und 408 S. mit 1 Kpfr.- und Stnt.) 858. * 1 Thlr. 16 Ngr., 25. Bd. (417 S. mit 1 Tab. in qu. Fol. und 1 Stnt. in Tondr.) 858. * 1 Thlr. 15 Ngr., 26. Bd. (V und 363 S.) 858. * 1 Thlr. 5 Ngr., 27. Bd. (V und 409 S. mit 1 Stnt. in qu. gr. 4.) 858. * 1 Thlr. 20 Ngr., 28. Bd. (IV und 605 S.) 858. * 2 Thlr., 29. Bd. (336 S. mit 3 Stnt. und 2 Facs., wovon 1 lithogr. und 1 photogr., in gr. 8. und qu. gr. 4.) 859. * 1 Thlr. 14 Ngr., 30. Bd. (IV und 472 S. mit 11 Stnt. in Lex.-8. und qu. gr. 4.) 859. * 2 Thlr. 6 Ngr., 31. Bd. (519 S.) 859. * 1 Thlr. 20 Ngr., 32. Bd. (IV und 722 S. mit 3 Stnt. und 5 Tab in Lex.-8. und qu. gr. 4.) 860. * 2 Thlr. 19 Ngr., 33. Bd (V und 586 S.) 860. * 1 Thlr. 27 Ngr., 34. Bd. (VI und 547 S.) 860. * 1 Thlr. 12 Ngr., 35. Bd. (VI und 512 S.) 861. * 1 Thlr. 21 Ngr.] Thlr. *

—— dass. — (III.) Register zu den Bdn. 21—30. Lex.-8 (16 S.) (Ebendas.) 859.

Sitzungsberichte der kaiserl. Akademie der Wissenschaften. Philosophisch-historische Classe. (Jahrg. 1861.) 36. Bd. 3 Hefte und 37. Bd. 4 Hefte. Lex.-8. (Ebendas.) 861 [36. Bd. (404 S. mit 3 Stnt., wovon 1 in Buntdr., in Lex.-8. und qu. gr. 4.) * 1 Thlr. 14 Ngr., 37. Bd. (VI und 427 S. mit 2 Stnt., wovon 1 in Buntdr., in Lex.-8. und gr. 4.) * 1 Thlr. 19 Ngr.] *

—— der kaiserl. Akademie der Wissenschaften. Philosophisch-historische Classe. Jahrg. 1861. 38. Bd. 3 Hefte. Lex.-8. (III und 613 S.) Wien, (Gerold's Sohn.) [1. Heft * 20 Ngr., 2. Heft * 10 Ngr., 3. Heft * 1 Thlr.] *

—— dass. — Jahrg. 1862. 39. und 40. Bd. à 5 Hefte. Lex.-8. (39. Bd. 748 S., 40. Bd. VI und 723 S. mit eingedr. Holzschn. und 2 Stnt. in gr. 4.) (Ebendas.) [39. Bd. 1. Heft * 18 Ngr., 2. Heft * 20 Ngr., 3. und 4. Heft * 20 Ngr., 5. Heft * 20 Ngr. — 40. Bd. 1. Heft * 16 Ngr., 2. Heft * 20 Ngr., 3. Heft * 20 Ngr., 4. und 5. Heft * 1 Thlr. 2 Ngr.] *

—— dass. — (IV.) Register zu den Bdn. 31—40. Lex.-8. (79 S.) (Ebendas.) 863. *

—— dass. — Jahrg. 1863. 41.—44. Bd. Lex.-8. (Ebendas.) [41. Bd. (492 S.) 1. Heft * 15 Ngr., 2. Heft * 1 Thlr. 6 Ngr.; 42. Bd. (VI und 534 S. mit 1 Stnt. in Fol.) 1. Heft * 26 Ngr., 2. Heft * 15 Ngr., 3. Heft * 20 Ngr.; 43. Bd. (VII und 534 S.) 1. Heft * 20 Ngr., 2. Heft * 1 Thlr. 6 Ngr.; 44. Bd. (616 S. mit 1 Karte in Fol.) 1. Heft * 20 Ngr., 2. und 3. Heft * 1 Thlr. 20 Ngr.] *

—— dass. — Jahrg. 1864. 45.—48. Bd. Lex.-8. (Ebendas.) [45. Bd. (VI und 542 S. mit 2 Kpfrt.) 1. Heft. * 17 Ngr., 2. Heft * 25 Ngr., 3. Heft * 20 Ngr.; 46. Bd. (III und 563 S. mit 1 Stnt.) 1. und 2. Heft * 1 Thlr. 10 Ngr., 3. Heft * 26 Ngr.; 47. Bd. (III und 687 S.) 1. Heft * 1 Thlr. 10 Ngr., 2. Heft * 1 Thlr.; 48. Bd. (III und 509 S. mit eingedr. Holzschn. und 2 Stnt. in gr. 4.) 2 Hefte * 2 Thlr. 4 Ngr.] *

—— dass. — Jahrg. 1865. 49.—51. Bd. Lex.-8. (Ebendas.) [49. Bd. (IV und 791 S.) 1. Heft * 25 Ngr., 2. Heft * 1 Thlr. 2 Ngr., 3. Heft * 1 Thlr. 2 Ngr.; 50. Bd. (IV und 774 S. mit eingedr. Holzschn.) 1. und 2. Heft * 20 Ngr., 3. Heft * 20 Ngr., 4. Heft * 1 Thlr. 18 Ngr.; 51. Bd. (693 S. mit 2 Stnt. in Lex.-8. und qu. Fol.) 1. Heft * 18 Ngr., 2. Heft * 1 Thlr. 4 Ngr., 3. Heft * 20 Ngr.] *

—— dass. — (V.) Register zu den Bdn. 41—50. Lex.-8. (33 S.) (Ebendas.) 866. * *

—— dass. — Jahrg. 1866. 52.—54. Bd. Lex.-8. (Ebendas.) [52. Bd. (V und 566 S.) 1. Heft mit 1 Facs. * 20 Ngr., 2.—4. Heft * 1 Thlr. 10 Ngr.; 53. Bd. (II und 700 S.) 1. Heft * 1 Thlr. 6 Ngr., 2. und 3. Heft * 1 Thlr. 6 Ngr.; 54. Bd. (348 S.) 3 Hefte * 1 Thlr. 6 Ngr.] *

—— dass. — Jahrg. 1867. 55.—57. Bd. Lex.-8. (Ebendas.) [55. Bd. (V und 803 S. mit 1 Stnt.) 1. Heft * 1 Thlr., 2. Heft * 25 Ngr., 3. und 4. Heft * 1 Thlr.; 56. Bd. (V und 559 S.) 1. Heft * 14 Ngr., 2. Heft * 22 Ngr., 3. Heft * 23 Ngr.; 57. Bd. (V und 784 S. mit 1 Chromolithogr.) 1. Heft * 24 Ngr., 2. Heft * 1 Thlr. 2 Ngr., 3. Heft * 25 Ngr.] *

—— dass. — Philosophisch-historische Classe. [Jahrg. 1868.] 58. Bd. und 59. Bd. 4 Hefte. Lex.-8. (Ebendas.) [58. Bd. (V, 259 S.) * ℳ 2,70.; 59. Bd. 1. und 2. Heft. (S. 1—328.) * ℳ 3,50.; 3. und 4. Heft. (IV, S. 329—496 mit 4 Schrifttaf.) * ℳ 2,50.] * 8 70

— Jahrg. 1868. 58—60. Bd. (58. Bd. V, 259 S. n. 27 ngr; 59. Bd. IV, 496 S. mit 4 Schrifttaff. n. 2 ℛ; 60. Bd. 677 S. n. 2 ℛ 10 ngr) n. 5 ℛ 7 ngr

—— dass. — (VI.) Register zu den Bdn. 51—60. Lex.-8. (46 S.) (Ebendas.) 869. * — 60

—— dass. — [Jahrg. 1869.] 61.—63. Bd. Lex.-8. (Ebendas.) [61. Bd. (495 S.) * ℳ 5,25.; 62. Bd. (II, 277 S.) * ℳ 3.; 63. Bd. (VI, 753 S.) * ℳ 9,80.] * 18 5

—— dass. — [Jahrg. 1870.] 64.—66. Bd. Lex.-8. (Ebendas.) [64. Bd. 1. Heft. (S. 1—364.) * ℳ 3,60.; 2. Heft. (S. 365—537 mit 11 Stnt., wovon 1 in Buntdr.] * ℳ 3,60.; 3. Heft. (S. 538—773.) * ℳ 2,40.] * ℳ 9,60.; 65. Bd. 1. Heft. (S. 1—160.) * ℳ 1,60.; 2. Heft. (S. 161—512.) * ℳ 3,60.; 3. Heft. (S. 513—726.) * ℳ 2,30.; 4. Heft. (IV, S. 727—868.) * ℳ 1,60.] * ℳ 9,10.; 66. Bd. 1. Heft. (S. 1—232.) * ℳ 3.; 2. und 3. Heft. (II, S. 233—374.) * ℳ 1,50.] * ℳ 4,50. * 23 20

—— dass. — [Jahrg. 1871.] 67.—69. Bd. Lex.-8. (Ebendas.) [67. Bd. 1. Heft. (S. 1—251.) * ℳ 2,50.; 2. Heft. (S. 262—570 mit eingedr. Holzschn.) * ℳ 3,20.; 3. Heft. (III, S. 571—852.) * ℳ 3,40.] * ℳ 9,10.; 68. Bd. 1. Heft. (S. 1—127.) * ℳ 1,40.; 2. Heft. (S. 128—268.) * ℳ 1,50.; 3. Heft. (S. 269—708.) * ℳ 4,40.; 4. Heft. (VI, S. 709—864.) * ℳ 1,60.] * ℳ 8,90.; 69. Bd. 3 Hefte. (IV, 317 S.) * ℳ 3,40.] * 21 40

—— dass. — [Jahrg. 1872.] 70.—72. Bd. Lex.-8. Ebendas. [70. Bd. (IV, 326 S.) * ℳ 4.; 71. Bd. 1.—3. Heft. (S. 1—690 mit 2 Stnt.) * ℳ 8,10.; 4. Heft. (VI, S. 691—851.) * ℳ 1,80.; 72. Bd. 3 Hefte. (631 S.) * ℳ 8,50.] * 22 40

—— dass. — (VII.) Register zu den Bdn. 61—70. Lex.-8. (58 S.) Ebendas. 872. * — 80

—— dass. — [Jahrg. 1873.] 73.—75. Bd. Lex.-8. Ebendas. [73. Bd. 3 Hefte. (552 S.) * ℳ 7,80.; 74. Bd. 1. Heft. (S. 1—262.) * ℳ 3,60.; 2. Heft. (S. 263—495 mit 6 Stnt. in 4. und qu. gr. 4.) * ℳ 4,80.; 3. Heft. (S. 496—668.) * ℳ 4,50.; 75. Bd. 3 Hefte. (403 S.) * ℳ 5,50.] * 26 20

—— dass. — [Jahrg. 1874.] 76. und 77. Bd. Lex.-8. Ebendas. [76. Bd. 3 Hefte. (496 S.) * ℳ 6,80.; 77. Bd. 1. und 2. Heft. (S. 1—429 mit eingedr. Holzschn.) * ℳ 6.; 3. und 4. Heft. (S. 431—864.) * ℳ 6.] * 18 80

—— dass. — Register zu den Bdn. 1—70, zusammengestellt von Fr. Ser. Scharler. Lex.-8. (VIII, 224 S.) Ebendas. 874. * 3 —

—— dass. — Philosophisch-histor. Classe. 78. Bd. 3 Hefte. Jahrg. 1874. Lex.-8. (532 S.) (Ebendas.) *

—— dass. — 79. Bd. 3 Hefte. Jahrg. 1875. Lex.-8. (Ebendas.) [1. Heft. (S. 1—354.) * ℳ 4,80.; 2. und 3. Heft. (S. 355—550.) * ℳ 2,80.] *

—— dass. — 80. Bd. 4 Hefte. Jahrg. 1875. Lex.-8. (Ebendas.) [1. und 2. Heft. (S. 1—275.) * ℳ 3,60.; 3. und 4. Heft. (S. 277—846 mit 4 Stnt.) * ℳ 8,20.] *

—— dass. — 81. Bd. 3 Hefte. Jahrg. 1875. Lex.-8. (Ebendas.) [1. und 2. Heft. (S. 1—354.) * ℳ 5.; 3. Heft. (S. 355—616.) * ℳ 3,50.] *

—— dass. — 82. Bd. 3 Hefte. Jahrg. 1876. Lex.-8. (561 S.) (Ebendas.) *

—— dass. — 83. Bd. 4 Hefte. Jahrg. 1876. Lex.-8. (V, 598 S.) (Ebendas.) *

—— dass. — 84. Bd. 3 Hefte. Jahrg. 1876. Lex.-8. (Ebendas.) [1. und 2. Heft. (S. 1—382.) * ℳ 5.; 3. Heft. (V, S. 383—584.) * ℳ 3.] *

—— dass. — 85. Bd. 3 Hefte. Jahrg. 1877. Lex.-8. (V, 676 S. mit 4 phototyp. Taf.) (Ebendas.) *

Sitzungsberichte der kaiserl. **Akademie** der Wissenschaften. Philosophisch-histor. Classe. 86. Bd. 3 Hefte. Jahrg. 1877. Lex.-8. (416 S. mit 1 photolithogr. Taf.) Wien, (Gerold's Sohn.) * 7 —

—— dass. — 87. Bd. Lex.-8. (586 S.) (Ebendas.) 877. * 9 20

—— dass. — 88. Bd. 3 Hefte. Lex.-8. (Ebendas.) 878. [1. und 2. Heft. (S. 1—498.) * ℳ 6,60.; 3. Heft. (S. 499—874.) * ℳ 5.] * 11 60

—— dass. — 89. Bd. Lex.-8. (674 S.) (Ebendas.) 878. * 9 50

—— dass. — 90. Bd. Lex.-8. (717 S.) (Ebendas.) 878. * 9 80

—— dass. — Register VIII zu den Bdn. 71—80. Lex.-8. (44 S.) (Ebendas.) 878. * — 80

—— dass. — Register IX zu den Bdn. 81—90. Lex.-8. (IV, 47 S.) (Ebendas.) 879. * — 80

—— dass. — 91. Bd. 2 Hefte. Lex.-8. (Ebendas.) 878,79. [1. Heft. (S. 1—194.) * ℳ 2,60.; 2. Heft. (S. 195—892 mit 17 eingedr. Holzschn. und 1 Chromolithogr.) * ℳ 11.] * 13 60

—— dass. — 92. Bd. Lex.-8. (694 S.) (Ebendas.) 879. * 9 20

—— dass. — 93. Bd. Lex.-8. (740 S.) (Ebendas.) 879. * 9 90

—— dass. — 94. Bd. 2 Hefte. Lex.-8. (Ebendas.) 879. [1. Heft. (S. 1—423.) * ℳ 5,60.; 2. Heft. (V, S. 425—705.) * ℳ 4.] * 9 60

—— der kaiserl. Akademie der Wissenschaften. Philosophisch-histor. Classe. 95. Bd. 4 Hefte. Lex.-8. (978 S.) (Ebendas.) 879. * 13 —

—— dass. — 96. Bd. 3 Hefte. Lex.-8. (V, 900 S.) (Ebendas.) 880. * 12 10

—— dass. — 97. Bd. 3 Hefte. Lex.-8. (1050 S. mit 35 eingedr. Holzschn., 2 Stnt. und 1 Chromolithogr.) (Ebendas.) 880,81. * 15 80

—— dass. — 98. Bd. 3 Hefte. Lex.-8. (IV, 1062 mit 1 Stnt. und 16 Bl. Notenbeilagen.) (Ebendas.) 881. * 15 —

—— dass. — 99. Bd. 2 Hefte. Lex.-8. (III, 990 S. mit 22 eingedr. Holzschn., 1 Uebersichtstab. und 1 lithogr. Karte.) (Ebendas.) 882. * 15 —

—— dass. — 100. Bd. 2 Hefte. Lex.-8. (III, 1154 S. mit 2 Portr.) (Ebendas.) 882. * 16 —

—— dass. — 101. Bd. 2 Hefte. Lex.-8. (III, 917 S.) (Ebendas.) 882. * 12 40

—— dass. — Register X, zu den Bdn. 91—100. Lex.-8. (IV, 66 S.) (Ebendas.) 883. * 1 —

—— dass. — 102. Bd. 2 Hefte. Lex.-8. (III, 816 S. mit 2 lithogr. Karten.) (Ebendas.) 883. * 12 —

—— dass. — 103. Bd. 2 Hefte. Lex.-8. (III, 606 S.) (Ebendas.) 883. * 8 20

—— dass. — 104. Bd. 2 Hefte. Lex.-8. (III, 664 S.) (Ebendas.) 883. * 9 20

—— dass. — 105. Bd. 3 Hefte. Lex.-8. (IV, 904 S.) (Ebendas.) 884. * 13 —

—— dass. — 106. Bd. 2 Hefte. Lex.-8. (626 S.) (Ebendas.) 884. * 8 60

—— dass. — 107. Bd. 2 Hefte. Lex.-8. (III, 884 S. mit 6 eingedr. Holzschn. und 4 Taf.) (Ebendas.) 884. * 13 60

Sitzungsberichte der k. **Akademie** der Wissenschaften. Philosophisch-histor. Classe. 108. Bd. 3 Hefte. Lex.-8. (IV, 1104 S. mit 1 Taf.) Wien 885, (Tempsky.) * 16 80

—— dass. — 109. Bd. 2 Hefte. Lex.-8. (III, 860 S.) (Ebendas.) 885. * 11 70

—— dass. — 110. Bd. 2 Hefte. Lex.-8. (IV, 689 S.) (Ebendas.) 885. * 9 40

—— dass. — Register zu den Bdn. 101 bis 110. XI. Lex.-8. (59 S.) (Ebendas.) 886. * — 90

—— dass. — 111. Bd. 2 Hefte. Lex.-8. (III, 1056 S. mit 1 Taf.) (Ebendas.) 886. * 14 60

—— dass. — 112. Bd. 2 Hefte. Lex.-8. (IV, 805 S. mit 1 Karte.) (Ebendas.) 886. * 11 60

—— dass. — 113. Bd. 2 Hefte. Lex.-8. (IV, 1055 S.) (Ebendas.) 886. * 14 10

—— dass. — 114. Bd. 2 Hefte. Lex.-8. (IV, 826 S. mit 1 Taf.) (Ebendas.) 887. * 11 40

—— dass. — 115. Bd. Lex.-8. (III, 546 S.) (Ebendas.) 888. * 7 40

—— dass. — 116. Bd. Lex.-8. (IV, 923 S. mit 4 Taf., 1 Doppeltaf. in Lichtdr. und 5 Textabbild.) (Ebendas.) 888. * 14 —

—— dass. — 117. Bd. Lex.-8. (XXX, 814 S. mit 3 Taf. und 2 Kartenskizzen.) (Ebendas.) 889. * 12 80

—— desgl. — Philosophisch-histor. Classe. 118. Bd. Lex.-8. (XXIV, 34; 24, 26, 150, 26, 56, 136, 66, 98, 70 S. m. 4 Abbildgn.) (Ebd.) 889. * 9 60

—— dass. — 119. Bd. Lex.-8. (XVI, 70; 16, 98, 14, 94, 80, 58, 54, 66, 62, 44 S.) (Ebd.) 890. * 9 —

—— dass. — 120. Bd. Lex.-8. (XXIII, 12; 74, 60, 46, 42, 56, 70, 92, 196 S.) (Ebd.) 890. * 9 —

—— desgl. — Philosophisch-histor. Classe. Register zu den Bänden 111—120. XII. Lex.-8. (82 S.) (Ebd.) 890. * 1 20

—— dass. — 121. Bd. Lex.-8. (XX, 62; 84, 40, 8, 106, 88, 30, 88, 80, 58, 82, 40, 76, 90, 22 S. m. 1 Taf.) (Ebd.) 890. * 13 60

—— dass. — 122. Bd. Lex.-8. (XXIV, 8; 64, 80, 22, 112, 14, 90, 66, 40, 138, 98, 256, 54 S.) (Ebd.) 890. * 14 50

—— dass. — 123. Bd. Lex.-8. (XX, 136; 186, 74, 126, 64, 88, 266, 85 S. m. 2 Taf. u. 1 Tab.) (Ebd.) 891. * 15 —

—— dass. — 124. Bd. Lex.-8. (XXVIII, 142; 44, 48, 14, 182, 80, 16, 106, 72, 48, 30, 262, 12 S.) (Ebd.) 891. * 14 60

—— dass. — 125. Bd. Lex.-8. (XVI, 42, 54, 72, 40, 46, 138, 72, 118, 58, 38, 95 S.) (Ebd.) 892. * 11 —

—— dass. — 126. Bd. Lex.-8. (XX, 90, 60, 6, 18, 74, 80, 104, 12, 80, 38, 50, 46, 107, 28 S.) (Ebd.) 892. * 12 —

— dasselbe. 127. Bd. Lex.-8. (III, 18; 144, 20, 200, 48, 28, 100, 42, 78, 6, 18, 58, 68 u. 12 S. u. 2 Taf.) Ebd. 892. n. 13. 60

— dasselbe. 128. Bd. Lex.-8. (III, 96; 28, 74, 130, 28, 168, 80, 80, 48, 12, 24 u. 80 S. m. 1 Taf.) Ebd. 893. n. 12. —

— dasselbe. 129. Bd. Lex.-8. (XIII, 42; 72, 80, 80, 22, 70, 60, 176, 78, 38, 32, u. 18 S.) Ebd. 893. n. 10. 80

— dasselbe. 130. Bd. Lex.-8. (X, 114; 70, 34, 104, 104, 122 u. 80 S.) Ebd. 894. n. 6. 80

— dasselbe. Register zu den Bdn. 121–130. XIII. Lex.-8. (IV, 66 S.) Ebd. 894. n. 1. —

— dasselbe. Philosophisch-histor. Classe. 131. Bd. Lex.-8. (XVII, 103; 22, 44, 188, 12, 38, 80, 30, 25, 79 u. 81 S. m. 2 Taf.) Ebd. 895. n. 10. 40

Sitzungsberichte der kaiserl. Akademie d. Wissenschaften. Philosophisch-histor. Classe. 132. Bd. Lex.-8. (XVI, 8, 36, 84, 74, 91, 106, 95, 52, 36, 62, 38, 127 u. 15 S. m. 1. Taf.) Wien 896. (C. Gerold's Sohn.) n. 12. —

— dasselbe. 133. Bd. gr. 8. (XIII, 91; 8, 97, 44, 80, 82, 90, 24, 141, 36 u. 38 S. m. 3 Taf.) Ebd. 896. n. 11. —

— dasselbe. 134. Bd. gr. 8. (XIII, 7, 16, 54, 14, 134, 69, 106, 156, 36, 118 u. 54 S.) Ebd. 896. n. 11. 40

— dasselbe. 135. Bd. gr. 8. (XV, 35; 22, 142, 45, 26, 13, 32, 12, 21, 154, 8, 21, 60 u. 72 S. m. 4 Taf.) Ebd. 897. n. 11. —

— dasselbe. 136. Bd. Jahrg. 1897 gr. 8. (XX, 135; 55, 32, 40, 80, 25, 48, 25, 39, 12, 98, 114, 82 u. 12 S. m. 1 Karte.) Ebd. 897. n. 11. 80

— dasselbe. 137. Bd. gr. 8. (XI, 12, 14, 63, 126, 160, 84, 204 u. 82 S.) Ebd. 898. n. 10. 40

— dasselbe. 138. u. 139. Bd. gr. 8. Ebd. 898. n. 21. 20
138. (XIV, 82, 80, 34, 74, 81, 149, 13 u. 72 S. m. 3 Taf. u. 1 Karte.) n. 9. 20
139. (XV, 29, 10, 28, 72, 139, 142, 172, 74 u. 92 S.) n. 12. —

— dasselbe. Philosophisch-histor. Classe. 140. Bd. Jahrg. 1899. gr. 8. (XXVII; 91, 106, 122, 94, 56, 68, 84, 84, 84 u. 84 S. m. 3 Taf.) Ebd. 899. n. 12. —

— dasselbe. Register zu den Bdn. 131–140. XIV. gr. 8. (IV, 79 S.) Ebd. 900. n. 1. 80

— dasselbe. 141. Bd. Jahrg. 1900. gr. 8. (XVI, 50, 154, 222, 141, 54, 93, 11 u. 93 S. m. 1 Taf.) Ebd. 899. n. 12. 80

— dasselbe. 142. Bd. Jahrg. 1900. gr. 8. (XX, 41, 38, 119, 14, 94, 82, 156, 272, 40 u. 38 S.) Ebd. 900. n. 14.—

— dasselbe. 143. Bd. Jahrg. 1900. gr. 8. (XXXII, 15, 71, 22, 50, 40, 39, 15, 49, 60, 40, 27, 63, 14, 13, 12, 22 u. 230 S.) Ebd. 901. n. 12. —

— dasselbe. 144. Bd. (Jahrg. 1901.) gr. 8. (XXIV, 43, 77, 60, 70, 74, 118, 51, 68, 93 u. VIII, 340 S. m. 82 Abbildgn. u. 2 Plänen.) Ebd. 902. n. 17. —

— dasselbe. Philosophisch-histor. Klasse. 145.—151. u. 153. Bd. gr. 8. Ebd. n. 82. —
145. (Jahrg. 1902.) (XLI, 79, 64, 72, 58, 76, 92, 17, 44, 92, 64 u. 36 S. m. 3 Taf.) 903. n. 11. 60
146. (XXXVIII, 80; 21, 23, 176, 56, 15, 173, 56 u. 14 S.) 903. n. 11. 20
147. (XXIV, 11; 49, 30, 128, 151, 166 u. 6 S. m. 15 Abbildgn. u. 1 Taf.) 904. n. 9. —
148. (XXI, 199, 14, 14, 44, 116, 26 u. 90 S. m. 1 Taf.) 904. n. 8. —
149. (XV, 25, 102, 17, 84, 47 u. 225 S. m. 1 Abb.) 905. n. 7. 70
150. Jahrg. 1904/5. (XXXIII, 106, 129, 34, 50, 78 u. 146 S.) 905. n. 11. —
151. (Jahrg. 1905.) (XVI, 108; 184, 196, 93 u. 65 S. m. 5 Taf.) 906. n. 13. 50
153. Jahrg. 1906. (XIII, 92; 128, 48, 162, 14, 62 u. 21 S.) 906. n. 10. —

Bd. 152 ist noch nicht erschienen.

— dasselbe. Register zu den Bdn. 141—150. (V, 197 S.) gr. 8. Ebd. 906. n. 3. 90

— dasselbe. Philosophisch-histor. Klasse. 152. u. 154. Bd. (Jahrg. 1905/6 u. 1906.) gr. 8. Ebd. 20. 25
152. (XXXVI, 31, 27, 50, 16, 136, 172 u. 112 S.) 906. 11.—
154. (X, 142, 38, 88, 9 u. 199 S.) 907. 9. 25

— dasselbe. 155. u. 156. Bd. (Titel u. Register.) gr. 8. Ebd. 908. 1.—
155. (XIV S.) - 40. — 156. (XXIV S.) — 60.

— dasselbe. 157. Bd. V. u. VII. Abhandlg. nebst Titel u. Register. gr. 8. Ebd. 4. 65
V. De codicum Prudentianorum generibus et virtute. Auctore Joa. Bergman. (Adiectae sunt 8 tabulae.) (64 S.) 908. 1. 85
VII. Bibliotheca patrum latinorum britannica. Bearb. v. Heinr. Schenkl. III. Bds. 4. Abtlg. (Schluss der ganzen Publikation). Index. (89 S.) 908. 2.--
Titel u. Register. (XXX S.) 908. — 80

— dasselbe. 158. Bd. I., II. u. VI. Abhandlg. u. Titel-Register. gr. 8. Ebd. 9.75 (158. Bd. vollst. 12. 40)
I. Ein Sprachdenkmal des mittelägyptischen (baschmurischen) Dialekts. Von Karl Wessely. Mit 1 Taf. (46 S.) 908. 1. 35
II. Die Handschriften des Klosters Santa Maria de Ripoll. II. Von Rud. Beer. (117 S. m. 12 Taf.) 906. 5. 50
VI. Das Hildebrandslied. Von Thdr. v. Grienberger. (109 S.) 908. 2. 50
Titel u. Register (XIV S.) 908. — 40

— dasselbe. 159. Bd. III. u. V.—VII. Abhandlg. nebst Titel u. Register. 8. Ebd. 9. 65
III. Beiträge zur lateinischen Metrik. I. Accentus anima versus. II. Armáque u. ármentáque im Hexameter. III. Zu dem vierzehnsilb. Hexameter der sechszeil. Rätsel. Von Jul. Cornu. (81 S.) 908. 1. 90
V. Thomas Campanella und Ferdinand II. Von J. Kvačala. (48 S.) 908. 1. 10
VI. Beiträge zur Handschriftenkunde. I. (Die Bibliotheca Corvina.) Von Wilh. Weinberger. (89 S.) 908. 2.—
VII. Palimpseste, Wiener, hrsg. v. Jos. Bick. I. Tl.: Cod. Palat. Vindobonensis 16, olim Bobbiensis: Lucanus, Pelagonius, Acta Apostolorum, Epistulae Jacobi et Petri, Epistula apocrypha Apostolorum, Dioscurides, fragmentum medicum. (Mit 6 Taf.) (116 S.) 908. 4. 20
Titel u. Register. (XVI S.) 908. — 45

— dasselbe. 160. Bd. II.—VIII. Abhandlg. u. Titel u. Register. gr. 8. Ebd. 15. 05
Aptowitzer, V., das Schriftwort in der rabbinischen Literatur. II. Heft. (78 S.) 908. (VII. Abh.) 1. 85
Battisti, Carlo, die Nonsberger Mundart. (Lautlehre.) (Mit 2 Karten.) (180 S.) 908. (III. Abh.) 4. 40
Geiger, Bernh., Mahabhāṣya zu P. VI, 4, 22 u. 132 nebst Kaiyaṭa's Kommentar. Übers., erläutert u. m. e. Anh. (76 S.) 908. (VIII. Abh.) 1. 75
Loserth, J., die ältesten Streitschriften Wiclifs. Studien üb. die Anfänge der kirchenpolit. Tätigkeit Wiclifs und die Überlieferg. seiner Schriften. (74 S.) 908. (II. Abh.) 1. 70
Mell, Ant., Bericht über die Vorarbeiten zur Herausgabe des Ergänzungsbandes der Salzburgischen Taidinge. (43 S.) 908. (IV. Abh.) 1. 05
Schönbach, Ant. E., Mitteilungen aus altdeutschen Handschriften. 10. Stück. Die Regensburger Klarissenregel. (68 S.) 908. (VI. Abh.) 1. 60
Schorr, Moses, altbabylonische Rechtsurkunden aus der Zeit der I. babylonischen Dynastie. (Umschrift, Übersetzg. u. Kommentar.) 2. Heft. (92 S.) 909. (V. Abh.) 2. 10
Titel u. Register. (XXIII S.) 909. — 60

Sitzungsberichte d. kaiserl. Akademie der Wissenschaften. Philosophisch-historische Klasse. Register zu den Bdn. 151—160. XVI. (V, 244 S.) gr. 8. Wien 909. A. Hölder. 5. 80

— dasselbe. 161. Bd. 9 Abhandlgn. m. Titel u. Register. gr. 8. Ebd. 14. 05
Gollob, Eduard, die Bibliothek des Jesuitenkollegiums in Wien XIII. (Lainz) u. ihre Handschriften. (31 S.) 909. (VII. Abh.) —. 80
Karabacek, Jos. v., zur orientalischen Altertumskunde. II. Die arab. Papyrusprotokolle. (103 S. m. 20 Abbildgn. u. 5 Taf.) 908. (I. Abh.) 3.85 (I u. II: 4. 80)
Kaser, Kurt, Verzeichnis der in Wiener Archiven vorhandenen Urbarien. (52 S.) 908. (V. Abh.) 1. 20
Kelle, weil. Joh., die Bestimmungen im Kanon 19 des Legationis edictum vom J. 789. (16 S.) 909. (IX. Abh.) — 45
— Chori saecularium — Cantica puellarum. (10 S.) 908. (II. Abh.) — 85
Löw, Imman., der biblische 'ēzōb. (Mit 1 Taf.) (30 S.) 909. (III. Abh.) — 90
Mitteilung, XV., der Phonogramm-Archivs-Kommission. Deutsche Mundarten. II. Von Jos. Seemüller. (36 S.) 908. (VI. Abh.) — 90
Müller, Dav. Heinr., das Johannes-Evangelium im Lichte der Strophentheorie. (60 S.) 909. (VIII. Abh.) 1. 40
Weinberger, Wilh., Beiträge zur Handschriftenkunde. II. (150 S.) 909. (IV. Abh.) 3.50 (I u. II: 5. 50)
Titel u. Register. (XXVIII S.) 909. — 70

— dasselbe. 162. Bd. 6 Abhandlgn. nebst Titel u. Inhaltsverzeichnis. gr. 8. Ebd. 14. 90
Bauer, Adf., Beiträge zu Eusebios u. den byzantin. Chronographen. (52 S.) 909. (III. Abh.) 1. 40
Bittner, Max, Studien zur Laut- u. Formenlehre der Mehri-Sprache in Südarabien. I. Zum Nomen im engeren Sinne. (133 S.) 909. (V. Abh.) 3. 10
Feder, Alfr. Leonh., S. J., Studien zu Hilarius v. Poitiers. I. Die sogenannten 'Fragmenta historica' u. der sogenannte 'Liber I ad Constantium imperatorem' nach ihrer Überlieferg., inhaltl. Bedeutg. u. Entstehg. (188 S. m. 2 Taf.) 910. (IV. Abh.) 4. 90
Freund, L., zur Geschichte des Ehegüterrechtes bei den Semiten. (56 S.) 909. (I. Abh.) 1. 30
Schleifer, J., sahidische Bibel-Fragmente aus dem British Museum zu London. (38 S.) 909. (VI. Abh.) 1. —
Sieveking, Heinr., aus Genueser Rechnungs- u. Steuerbüchern. Ein Beitrag zur mittelalterl. Handels- u. Vermögensstatistik. (110 S.) 909. (II. Abh.) 2. 60
Titel u. Inhaltsverzeichnis. (XXII S.) 909. — 60

— dasselbe. 163. Bd. 6 Abhandlgn. u. Titel u. Register. gr. 8. Ebd. 12. 10
Aptowitzer, V., die syrischen Rechtsbücher u. das mosaisch-talmudische Recht. (108 S.) 909. (V. Abh.) 2. 50
Geyer, R., Beiträge zum Diwān des Ru'bah. (79 S.) 910. (III. Abh.) 2. —
Gottlieb, Thdr., die Weissenburger Handschriften in Wolfenbüttel. (24 S.) 910. (VI. Abh.) — 65
Hofmann, Karl B., Kenntnisse der klassischen Völker v. den physikal. Eigenschaften des Wassers. (79 S.) 909. (II. Abh.) 1. 90
Luschin v. Ebengreuth, Arnold, der Denar der Lex Salica. (90 S. m. 4 Abb., 1 Taf. u. 1 Karte.) 910. (IV. Abh.) 2. 40
Schönbach, Ant. E., Studien zur Erzählungsliteratur des Mittelalters. 8. Tl.: Über Caesarius v. Heisterbach. III. (90 S.) 909. (I. Abh.) 2. 05
Titel u. Register. (XXI S.) 909. — 60

— dasselbe. 164. Bd. I.—IV. Abhandlg. gr. 8. Ebd. 8. 80
Arnim, H. v., zum neuen Kallimachos. (26 S.) 910. (IV. Abh.) — 70
Gollob, Eduard, die griechische Literatur in den Handschriften der Rossiana in Wien. 1. Tl. (116 S.) 910. (III. Abh.) 2. 70
Hofmann, Karl B., Kenntnisse der klassischen Völker v. den physikal. Eigenschaften des Wassers. (III. Temperaturverhältnisse.) (69 S.) 910. (II. Abh.) 1. 70
Srbik, Heinr. Ritter v., Wilhelm v. Schröder. Ein Beitrag zur Geschichte der Staatswissenschaften. (161 S.) 910. (I. Abh.) 3. 70

— dasselbe. 165. Bd. I. u. III. Abhandlg. gr. 8. Ebd. 1. 75
I. Zur Formenlehre des Mehri. Von N. Rhodokanakis. (24 S.) 910. — 65
III. Kenntnisse der klassischen Völker v. den physikal. Eigenschaften des Wassers. Von Karl B. Hofmann. (IV. Geschmack u. Geruch.) (38 S.) 910. 1. 10

— dasselbe. 166. Bd. II. Abhandlg. gr. 8. Ebd. 2. 80
2. Die Wurzeln der Sage vom hl. Gral. Von Leop. v. Schroeder. (98 S.) 910. 2. 80
I ist noch nicht erschienen.

Kaiserliche Akademie der Wissenschaften in Wien.
Philos.- histor. Klasse.

Sitzungsberichte. 8°.

Diese erscheinen in Heften, welche in einer bezeichneten Anzahl je einen Band bilden. In einem und demselben Jahre erschienen zeitweise mehrere Bände. Die Hefte tragen, wo dies nicht anders angegeben erscheint, zweierlei Nummern. Die einen, in arabischen Ziffern, bezeichnen die Reihenfolge im Jahrgang, die anderen, in römischen Ziffern, bezeichnen die Reihenfolge im Bande. Der Einfachheit halber sind nur die letzteren angegeben.

1. Band,	Heft Nr. I—V, 1848		K 4.—
2. „	„ „ I—V, 1849	mit 6 Tafeln und 2 Tabellen	vgr.
	„ „ I		„ 1.—
	„ „ II	mit 4 Tafeln	„ 1.—
	„ „ III		vgr.
	„ „ IV	mit 2 Tafeln und 2 Tabellen	„ 1.—
	„ „ V		„ 1.—
3. „	„ „ VI—X, 1849	mit 9 Tafeln und 1 Textfigur	vgr.
	„ „ VI		vgr.
	„ „ VII	mit 1 Textfigur	vgr.
	„ „ VIII		„ 1.—
	„ „ IX	mit 9 Tafeln	„ 1.—
	„ „ X		„ 1.—
4. „	„ „ I—V, 1850	mit 6 Tafeln	„ 6.50

Beilage zum IV. und V. Heft: Die Altertümer vom Hallstätter Salzberg und dessen Umgebung. Mit kolorierten Tafeln. Quer-Folio, von Friedrich Simony (s. a. II. Abt. unter Simony).

	Heft Nr. I	mit 1 Tafel	„ 1.—
	„ „ II—III		„ 1.50
	„ „ IV—V	mit 5 Tafeln	„ 2.—
5. „	„ „ I—V, 1850	„ 2 „ und 1 Faksimile	„ 8.66
	„ „ I—II	„ 2 „	„ 2.—
	„ „ III		„ 3.—
	„ „ IV		„ 2.66
	„ „ V	mit 1 Faksimile	„ 1.—
6. „	„ „ I—V, 1851	„ 3 Tafeln	„ 19.24

Beilage zum I., II. und III. Heft: Archäologische Analekten. 20 Tafeln, von Dr. Josef Ritter von Arneth (s. a. II. Abt. unter Arneth).

	Heft Nr. I—III	(in zwei Heften) mit obiger Beilage	„ 15.92
	„ „ I	(ohne Tafeln)	„ 1.60
	„ „ II—III	„ „	„ 1.32
	„ „ IV—V	mit 3 Tafeln	„ 3.32
7. „	„ „ I—V, 1851	„ 9 „	„ 15.—

Beilage zum V. Heft: Kritische Durchsicht der von Dawidow verfaßten Wörtersammlung der Sprache der Aino's, von Dr. August Pfizmaier (s. a. II. Abt. unter Pfizmaier).

	Heft Nr. I	mit 1 Tafel	K 2.—
	„ „ II	„ 8 Tafeln	„ 4.—
	„ „ III		„ 1.—
	„ „ IV—V		„ 2.—
8. Band,	„ „ I—V, 1852	mit 3 Tafeln	„ 7.—
	„ „ I—II		„ 2.—
	„ „ III—IV	mit 3 Tafeln	„ 3.—
	„ „ V		„ 2.—
9. „	„ „ I—V, 1852	mit 13 Tafeln	„ 14.42
	„ „ I	„ 1 Tafel	„ 2.80
	„ „ II		„ 2.—
	„ „ III		„ 1.50
	„ „ IV	mit 10 Tafeln	„ 2.12
	„ „ V	„ 2 „	„ 6.—
10. „	„ „ I—V, 1853	„ 13 „ und 1 Textfigur	„ 11.50
	„ „ I	„ 9 „	„ 3.—
	„ „ II	„ 1 Textfigur	„ 2.—
	„ „ III		„ 1.50
	„ „ IV	mit 4 Tafeln	„ 2.—
	„ „ V		„ 1.—
Register I zu den Bänden 1—10			„ —.40
11. Band,	Heft Nr. I—V, 1853	mit 14 Tafeln	„ 11.66
	„ „ I		„ 2.—
	„ „ II	mit 9 Tafeln	„ 5.—
	„ „ III	„ 4 „	„ 3.66
	„ „ IV—V	„ 1 „	„ 4.—
12. „	„ „ I—V, 1854	„ 12 „	„ 11.66
	„ „ I	„ 6 „	„ 3.50
	„ „ II		„ 3.—
	„ „ III	mit 2 Tafeln	„ 1.66
	„ „ IV		„ 1.50
	„ „ V	mit 4 Tafeln	„ 2.—
13. „	„ „ I—III, 1854	„ 5 „	„ 8.30
	„ „ I	„ 2 „	„ 1.66
	„ „ II	„ 2 „	„ 3.32
	„ „ III	„ 1 „	„ 3.32
14. „	„ „ I—II, 1854	„ 3 „	„ 7.—

Beilage: Beiträge zu einem schlesischen Wörterbuche: 1. Abteilung A—L, von Dr. Karl Weinhold (s. a. II. Abt. unter Weinhold).

	Heft Nr. I	mit 3 Tafeln	„ 1.66
	„ „ II		„ 2.34
15. „	„ „ I—III, 1855	mit 1 Tafel und 2 Karten	„ 7.16
	„ „ I	„ 1 „ „ 2 „	„ 2.50
	„ „ II—III		„ 4.66
16. „	„ „ I—II, 1855	mit 3 Tafeln	„ 6.—

Beilage: Beiträge zu einem schlesischen Wörterbuche: 2. Abteilung M—Z, von Dr. Karl Weinhold (s. a. II. Abt. unter Weinhold).

	„ „ I	mit 3 Tafeln	„ 4.—
	„ „ II		„ 2.—
17. „	„ „ I—III, 1855		„ 5.10
	„ „ I		„ 1.60
	„ „ II		„ 1.—
	„ „ III		„ 2.50
18. „	„ „ I—II, 1855		„ 3.50
	„ „ I		„ 2.—
	„ „ II		„ 1.50
19. „	„ „ I—II, 1856		„ 3.66
	„ „ I		„ 1.66
	„ „ II		„ 2.—
20. Band,	Heft Nr. I—III, 1856	mit 1 Tafel	K 6.30
	„ „ I		„ 2.80
	„ „ II—III	mit 1 Tafel	„ 3.50
Register II zu den Bänden 11—20			„ —.40
21. Band,	Heft Nr. I—III, 1856	mit 2 Tafeln	„ 5.22
	„ „ I		„ 1.50
	„ „ II		„ 1.32
	„ „ III	mit 2 Tafeln	„ 2.40
22. „	„ „ I—II, 1856		„ 3.50
	„ „ I		„ 2.—
	„ „ II		„ 1.50

23. „ „ „	I—V, 1857	mit 7 Tafeln	„ 8.90
„ „	I		„ 1.20
„ „	II		„ 2.20
„ „	III—IV		„ 3.—
„ „	V	mit 7 Tafeln	„ 2.50
24. „ „ „	I—II, 1857	„ 2 „	„ 4.60
„ „	I		„ 1.60
„ „	II	mit 2 Tafeln	„ 3.—
25. „ „ „	I—III, 1857	„ 1 Tafel	„ 4.46
„ „	I		„ 1.60
„ „	II		„ 1.20
„ „	III	mit 1 Tafel	„ 1.66
26. „ „ „	I—II, 1858		„ 3.50
„ „	I		„ 2.—
„ „	II		„ 1.50
27. „ „ „	I—III, 1858	mit 4 Tafeln	„ 5.16
„ „	I	„ 3 „	„ 1.66
„ „	II	„ 1 „	„ 2.50
„ „	III		„ 1.—
28. „ „ „	I—III, 1858		„ 5.86
„ „	I		„ 1.66
„ „	II		„ 1.20
„ „	III		„ 3.—
29. „ „ „	I—II, 1858	mit 3 Tafeln und 2 Faksimile	„ 4.40
30. „ „ „	I—III, 1859	„ 10 „ „ 1 „	„ 6.50
„ „	I	„ 2 „	„ 1.70
„ „	II		„ 2.—
„ „	III	mit 8 Tafeln und 1 Faksimile	„ 2.80
Register III zu den Banden 21—30			„ —.30
31. Band, Heft Nr.	I—III, 1859		„ 5.—
„ „	I		„ 2.20
„ „	II		„ 1.50
„ „	III		„ 1.30
32. „ „ „	I—IV, 1859	mit 5 Tafeln	„ 7.90
„ „	I		„ 2.50
„ „	II	mit 2 Tafeln	„ 1.40
„ „	III—IV	„ 3 „	„ 4.—
33. „ „ „	I—II, 1860		vgr.
„ „	I		vgr.
„ „	II		„ 2.50
34. „ „ „	I—III, 1860		„ 4.20
„ „	I		vgr.
„ „	II		vgr.
„ „	III		„ —.80
35. „ „ „	I—V, 1860		vgr.
„ „	I		„ —.70
„ „	II		vgr.
„ „	III—IV		„ 2.—
„ „	V		„ 1.20
36. Band, Heft Nr.	I—III, 1861	mit 3 Tafeln	vgr.
„ „	I		K 1.20
„ „	II	mit 3 Tafeln	„ 1.20
„ „	III		vgr.
37. „ „ „	I—IV, 1861	mit 2 Tafeln	vgr.
„ „	I	„ 2 „	vgr.
„ „	II		vgr.
„ „	III		vgr.
„ „	IV		„ 1.50
38. „ „ „	I—III, 1861		vgr.
„ „	I		vgr.
„ „	II		„ 1.—
„ „	III		„ 3.—
39. Band, Heft Nr.	I—V, 1862		vgr.
„ „	I		vgr.
„ „	II		vgr.
„ „	III		vgr.
„ „	IV		vgr.
„ „	V		„ 2.—
40. „ „ „	I—V, 1862	mit 4 Tafeln	vgr.
„ „	I	„ 1 Tafel	vgr.
„ „	II	„ 2 Tafeln	vgr.
„ „	III		„ 2.—
„ „	IV		vgr.
„ „	V	mit 1 Tafel	vgr.
Register IV zu den Banden 31—40			vgr.
41. Band, Heft Nr.	I—II, 1863	mit 1 lithographierten Beilage	vgr.
„ „	I	„ 1 „ „	vgr.
„ „	II		„ 3.60
42. „ „ „	I—III, 1863	mit 1 lithographierten Beilage	vgr.
„ „	I	„ 1 „ „	vgr.
„ „	II		vgr.
„ „	III		„ 2.—
43. „ „ „	I—II, 1863	mit 1 Textfigur	vgr.
„ „	I		vgr.
„ „	II	mit 1 Textfigur	vgr.
44. „ „ „	I—III, 1863	„ 1 Tafel und 1 Karte	vgr.
„ „	I		vgr.
„ „	II—III	mit 1 Tafel und 1 Karte	„ 5
45. „ „ „	I—III, 1864	„ 2 Tafeln einz. vgr.	„ 6.20
„ „	I	„ 2 „	vgr.
„ „	II		„ 2.50
„ „	III		vgr.
46. „ „ „	I—III, 1864	mit 1 Tafel	vgr.
„ „	I		vgr.
„ „	II		vgr.
„ „	III	mit 1 Tafel	„ 2.60
47. „ „ „	I—II, 1864		vgr.
„ „	I		„ 4.
„ „	II		vgr.
48. „ „ „	I—II, 1864	mit 2 Tafeln	„ 6.40
„ „	I	„ 1 Tafel	vgr.
„ „	II	„ 1 „	vgr.
49. „ „ „	I—III, 1865	„ 1 „	vgr.
„ „	I		„ 2.50
„ „	II		vgr.
„ „	III	mit 1 Tafel	„ 3.20
50. „ „ „	I—IV, 1865	„ 1 „	„ 8.80
„ „	I—II	„ 1 „	„ 2.—
„ „	III		vgr.
Heft Nr.	IV		vgr.
Register V zu den Banden 41—50			K —.50
51. Band, Heft Nr.	I—III, 1865		„ 7.20
„ „	I		„ 1.80
„ „	II		vgr.
„ „	III		„ 2.
52. „ „ „	I—IV, 1866	mit 1 Tafel	„ 6.—
„ „	I	„ 1 „	„ 2.—
„ „	II		vgr.
„ „	III		vgr.
„ „	IV		vgr.
53. „ „ „	I—III, 1866		„ 7.20
„ „	I		„ 3.60
„ „	II		vgr.
„ „	III		vgr.
54. „ „ „	I—III, 1866		„ 3.60
55. „ „ „	I—IV, 1867	mit 1 Tafel	„ 8.50
„ „	I		vgr.
„ „	II		„ 2.50
„ „	III—IV	mit 1 Tafel	„ 3.—
56. „ „ „	I—III, 1867		„ 5.90
„ „	I		vgr.
„ „	II		„ 2.20
„ „	III		„ 2.30
57. „ „ „	I—III, 1867	mit 1 Tafel	„ 8.10
„ „	I		vgr.
„ „	II	mit 1 Tafel	„ 3.20
„ „	III		vgr.
58. „ „ „	I—III, 1868		„ 2.70
„ „	I—II		„ 1.20
„ „	III		„ 1.50
59. „ „ „	I—IV, 1868	mit 4 Tafeln	„ 6.
„ „	I		„ 1.50
„ „	II		„ 2.—
„ „	III—IV	mit 4 Tafeln	„ 2.50
60. „ „ „	I—III, 1868	„ 1 Karte	„ 7.—
„ „	I		„ 3
„ „	II	mit 1 Karte	„ 2.—
„ „	III		„ 2.
Register VI zu den Banden 51—60			„ —.60
61. Band, Heft Nr.	I—III, 1869		„ 5.20
„ „	I		„ 2.20
„ „	II		„ 1.50
„ „	III		„ 1.50
62. „ „ „	I—IV, 1869		„ 3.
„ „	I—III		„ 1.60
„ „	IV		„ 1.40
63. „ „ „	I—III, 1869		„ 7.60
„ „	I		„ 1.60
„ „	II		„ 2.—
„ „	III		„ 4.—
64. „ „ „	I—III, 1870	mit 11 Tafeln	„ 9.60
„ „	I		„ 3.60
„ „	II	mit 11 Tafeln	vgr.
„ „	III		„ 2.40
65. „ „ „	I—IV, 1870		„ 9.10
„ „	I		„ 1.60
„ „	II		„ 3.60
„ „	III		„ 2.30
„ „	IV		„ 1.60
66. Band, Heft Nr.	I—III, 1870		K 4.50
„ „	I		„ 3.—
„ „	II—III		„ 1.50
67. „ „ „	I—III, 1871	mit 1 Tafel und 35 Textfiguren	„ 9.40
„ „	I		„ 2.50
„ „	II	mit 19 Textfiguren	„ 3.20
„ „	III	„ 1 Tafel und 16 Textfiguren	„ 3.40
68. „ „ „	I—IV, 1871		„ 8.20
„ „	I		„ 1.40
„ „	II		„ 1.50
„ „	III		„ 1.40
„ „	IV		„ 1.60
69. „ „ „	I—III, 1871		„ 3.40
70. „ „ „	I—III, 1872		„ 4.—
Register VII zu den Banden 61—70			„ .80
Generalregister zu den Banden 1—70			„ 3
71. Band, Heft Nr.	I—IV, 1872	mit 2 Tafeln	„ 9.90
„ „	I		„ 3.60
„ „	II—III	mit 2 Tafeln	„ 4.50
„ „	IV		„ 1.80
72. „ „ „	I—III, 1872		„ 8.50
„ „	I		„ 5.—
„ „	II—III		„ 3.50
73. „ „ „	I—III, 1873	mit 1 Tafel einz. vgr.	„ 7.80
„ „	I	„ 1 „	vgr.
„ „	II—III		[illegible]
74. „ „ „	I—III, 1873	mit 10 Tafeln	„ 12.90
„ „	I		[illegible]
„ „	II	mit 6 Tafeln	„ 1.80
„ „	III	„ 4 „	„ 1.50
75. „ „ „	I—III, 1873		„ 5.70
76. „ „ „	I—III, 1874		vgr.
„ „	I—II		„ 4.10
„ „	III		vgr.
77. „ „ „	I—IV, 1874		„ 12.—
„ „	I—II		„ 6.—
„ „	III—IV		„ 6.—
78. „ „ „	I—III, 1874		„ 7.40
„ „	I		vgr.
„ „	II—III		„ 3.40
79. „ „ „	I—III, 1875		„ 7.00
„ „	I		„ 1.80
„ „	II—III		„ 2.80
80. „ „ „	I—IV, 1875	mit 4 Tafeln	„ 11.80
„ „	I—II		„ 3.60
„ „	III	mit 4 Tafeln	„ 5.20
„ „	IV		„ 3.
Register VIII zu den Banden 71—80			vgr.
81. Band, Heft Nr.	I—III, 1875		„ 8.50
„ „	I—II		„ 5.—
„ „	III		„ 3.50
82. „ „ „	I—III, 1876	mit 15 Textfiguren	„ 8.—
„ „	I—II	„ 15 „	„ 3.60
„ „	III		„ 1.40
83. „ „ „	I—IV, 1876		„ 8.20
„ „	I—II		„ 5.—
„ „	III—IV		„ 3.20
84. „ „ „	I—III, 1876	mit 1 Tafel	„ 8.—
„ „	I—II		„ 5.—
„ „	III	mit 1 Tafel	„ 3.—
85. Band, Heft Nr.	I—III, 1877	mit 4 Tafeln	K 12.—
„ „	I		„ 3.50
„ „	II	mit 4 Tafeln	„ 5.50
„ „	III		„ 3.—
86. „ „ „	I—III, 1877	mit 1 Tafel	„ 7.—
„ „	I		„ 3.—
„ „	II—III	mit 1 Tafel	„ 4.—
87. „ „ „	I, 1877	„ 3 Karten	„ 9.20
88. „ „ „	I—III, 1877		„ 11.60
„ „	I—II		„ 6.60
„ „	III		„ 5.—
89. „ „ „	I—II, 1878		„ 9.50
„ „	I		„ 6.—
„ „	II		„ 3.50
90. „ „ „	I—III, 1878		„ 9.80
„ „	I—II		„ 4.60
„ „	III		„ 5.20
Register IX zu den Banden 81—90			vgr.
91. Band, Heft Nr.	I—II, 1878	mit 1 Tafel und 17 Textfiguren	„ 13.60
„ „	I		„ 2.60
„ „	II	mit 1 Tafel und 17 Textfiguren	vgr.
92. „ „ „	I—III, 1878		„ 9.20
„ „	I		„ 4.—
„ „	II—III		„ 5.20
93. „ „ „	I—IV, 1879		„ 9.90
„ „	I—II		„ 5.50
„ „	III—IV		„ 4.10
94. „ „ „	I—II, 1879		„ 9.60
„ „	I		„ 5.60
„ „	II		„ 4.—

95. „ „ I—IV, 1879 . . . . . „ 13.—
„ „ I . . . . . „ 6.60
„ „ II—IV . . . . . „ 6.40
96. „ „ I—III, 1880 . . . . . „ 12.10
„ „ I . . . . . „ 4.—
„ „ II . . . . . „ 3.50
„ „ III . . . . . „ 4.60
97. „ „ I—III, 1880 mit 3 Tafeln und 35 Textfiguren . . . . . „ 15.80
„ „ I . . . . . vgr.
„ „ II mit 1 Tafel und 34 Textfiguren . . . . . „ 5.40
„ „ III „ 2 Tafeln „ 1 Textfigur . . . . . „ 6.40
98. „ „ I—III, 1881 „ 1 Tafel „ 16 Blättern Noten . . . . . „ 15.—
„ „ I . . . . . „ 5.
„ „ II mit 1 Tafel . . . . . vgr.
„ „ III „ 16 Blättern Noten . . . . . „ 6.60
99. „ „ I—II, 1881 „ 1 Tabelle, 1 Karte und 22 Textfiguren . . . . . „ 15.—
„ „ I . . . . . „ 6.—
„ „ II mit 1 Tabelle, 1 Karte und 22 Textfiguren . . . . . vgr.
100. „ „ I—II, 1882 „ 2 Porträts . . . . . „ 16.
„ „ I „ 2 „ . . . . . „ 8.—
„ „ II . . . . . „ 8.—
Register X zu den Bänden 91—100 . . . . . „ 1.
101. Band, Heft Nr. I—II, 1882 . . . . . „ 12.40
„ „ I . . . . . „ 7.40
„ „ II . . . . . „ 5.—
102. „ „ I—II, 1883 mit 2 Karten . . . . . „ 12.—
„ „ I . . . . . „ 4.—
„ „ II . . . . . „ 8.—
103. „ „ I—II, 1883 . . . . . „ 8.20
„ „ I . . . . . vgr.
Heft Nr. II . . . . . K 3.80
104. Band, „ „ I—II, 1883 . . . . . „ 9.20
„ „ I . . . . . „ 6.—
„ „ II . . . . . „ 3.20
105. „ „ I—III, 1884 mit 2 Tabellen . . . . . „ 13.—
„ „ I . . . . . „ 3.20
„ „ II . . . . . „ 7.
„ „ III mit 2 Tabellen . . . . . „ 2.80
106. „ „ I—II, 1884 . . . . . „ 8.60
„ „ I . . . . . „ 6.—
„ „ II . . . . . „ 2.60
107. „ „ I—II, 1884 mit 4 Tafeln und 6 Textfiguren . . . . . „ 13.60
„ „ I „ 1 Tafel „ 6 „ . . . . . „ 6.40
„ „ II „ 3 Tafeln . . . . . „ 6.80
108. „ „ I—III, 1885 „ 3 „ 1 Karte und 5 Textfiguren . . . . . „ 16.20
„ „ I „ 1 Tafel und 5 Textfiguren . . . . . „ 6.
„ „ II „ 1 „ „ 1 Karte . . . . . „ 6.80
„ „ III „ 1 „ . . . . . „ 4.—
109. „ „ I—II, 1885 . . . . . „ 11.70
„ „ I . . . . . „ 7.50
„ „ II . . . . . „ 4.20
110. „ „ I—II, 1885 . . . . . „ 9.20
„ „ I . . . . . „ 3.
„ „ II . . . . . „ 6.40
Register XI zu den Bänden 101—110 . . . . . „ —.90
111. Band, Heft Nr. I—II, 1886 mit 1 Tafel . . . . . „ 14.60
„ „ I . . . . . „ 8.60
„ „ II mit 1 Tafel . . . . . „ 6.
112. „ „ I—II, 1886 „ 1 Karte . . . . . „ 11.60
„ „ I . . . . . „ 6.40
„ „ II mit 1 Karte . . . . . „ 5.20
113. „ „ I—II, 1886 . . . . . „ 14.10
„ „ I . . . . . „ 7.60
„ „ II . . . . . „ 6.50
114. „ „ I—II, 1887 mit 1 Tafel . . . . . „ 11.30
„ „ I „ 1 „ . . . . . „ 3.
„ „ II . . . . . „ 8.40
115.[1] „ 1888 . . . . . „ 7.50
116.[1] „ 1888 mit 5 Tafeln und 5 Textfiguren . . . . . einz. vgr. „ 11.
117.[2] „ 1889 „ 3 „ „ 2 Kartenskizzen . . . . . einz. vgr. „ 12.80

[1] Nur 1 Heft.
[2] Vom 117. Bande an sind die darin vorkommenden Abhandlungen in der Reihenfolge ihres Erscheinens mit römischen Ziffern in fortlaufender Bezeichnung versehen. [illegible]

118. „ 1889 „ 4 Textfiguren . . . . . einz. vgr. „ 9.60
119. „ 1889 . . . . . „ 9.
120. „ 1890 . . . . . „ 9
Register XII zu den Bänden 111—120 . . . . . „ 1.20
121. Band, 1890 mit 1 Tafel . . . . . „ 13.60
122. „ 1891 . . . . . „ 14.50
123. „ 1891 mit 2 Tafeln . . . . . „ 15
124. „ 1891 . . . . . „ 11.60
125. „ 1892 . . . . . „ 11
126. „ 1892 . . . . . einz. vgr. „ 12.
127. „ 1892 mit 2 Tafeln . . . . . einz. vgr. „ 13.60
128. „ 1893 „ 1 Tafel . . . . . vgr.
129. „ 1893 „ 1 Textfigur . . . . . einz. vgr. „ 10.80
130. „ 1893 . . . . . vgr.
Register XIII zu den Bänden 121—130 . . . . . „ 1.
131. Band, 1894 mit 2 Tafeln . . . . . einz. vgr. „ 10.40
132. „ 1895 „ 1 Tafel . . . . . „ 12.—
133. Band, 1896 mit 3 Tafeln . . . . . K 11.—
134. „ 1896 . . . . . „ 11.40
135. „ 1896 mit 4 Tafeln . . . . . „ 10.
136. „ 1897 „ 1 Karte . . . . . „ 11.80
137. „ 1898 . . . . . „ 10.40
138. „ 1898 mit 3 Tafeln und 1 Karte . . . . . „ 9.20
139. „ 1898 . . . . . „ 12.
140. „ 1899 mit 3 Tafeln . . . . . „ 12.—
Register XIV zu den Bänden 131—140 . . . . . „ 1.80
141. Band, 1899 mit 1 Tafel . . . . . „ 12.80
142. „ 1900 . . . . . „ 14.
143. „ 1901 . . . . . „ 12.
144. „ 1902 mit 82 Textfiguren und 2 Plänen . . . . . „ 17.
145. „ 1903 „ 3 Tafeln . . . . . „ 11.60
146. „ 1903 „ 11 „ . . . . . „ 11.20
147. „ 1904 „ 1 Tafel und 15 Textfiguren . . . . . „ 9.—
148. „ 1904 „ 1 „ . . . . . „ 8.—
149. „ 1905 „ 1 Textfigur . . . . . „ 7.70
150. „ 1905 . . . . . „ 11.
Register XV zu den Bänden 141—150 . . . . . „ 3.90
151. Band, 1906 mit 5 Tafeln . . . . . vgr.
152. „ 1906 . . . . . einz. vgr. „ 11.—
153. „ 1906 . . . . . einz. vgr. „ 10.—
154. „ 1907 . . . . . einz. vgr. „ 9.25

Vom 155. Bande an erscheinen die Abhandlungen nur in Einzel-Ausgaben mit eigener Paginierung, welche nach Bedarf in Bänden zusammengestellt werden können, wozu Umschlag, Titel und Register separat herausgegeben erscheinen.

155. Band. 1. Abhandlung. Dr. **Karl Wessely**: Schädlich griechische Pedimentfragmente (mit 2 Tafeln) . . . . . K 1.90
2. Abhandlung. Dr. **Moses Schorr**: Altbabylonische Rechtsurkunden aus der Zeit der I. babylonischen Dynastie (ca. 2300—2100 v. Chr.). I. Heft . . . . . vgr.
3. Abhandlung. Dr. **Rudolf Beer**: Die Handschriften des Klosters Santa Maria de **Ripoll**. I. (mit 1 Lichtdrucken im Text und 12 Schrifttafeln) . . . . . „ 4.70
4. Abhandlung. Moritz **Steinschneider**: Karaitische Literatur. Ein Beitrag zur vergleichenden Literatur- und Kulturgeschichte . . . . . „ 2.—
5. Abhandlung. Dr. Anton Emanuel **Schönbach**: Studien zur Geschichte der altdeutschen Predigt. Achtes Stück: Über Leben, Bildung und Persönlichkeit Bertholds von Regensburg. II. . . . . . „ 2.40
Band-Umschlag, Titel und Register . . . . . „ —.60
1.—5. Abhandlung komplett . . . . . vgr.

156. „ 1. Abhandlung. Dr. Anton Emanuel **Schönbach**: Studien zur Erzählungsliteratur des Mittelalters. Sechster Teil: Des Nikolaus **Schlegel** Beschreibung des Hostienwunders zu Münster in Graubünden . . . . . „ 1.65
2. Abhandlung. Dr. Anton Emanuel **Schönbach**: Mitteilungen aus altdeutschen Handschriften. Neuntes Stück: Bruder **Dietrich**, Erbauliches in Prosa und Versen . . . . . „ —.70
3. Abhandlung. Alois **Rzach**: Analekta zur Kritik und Exegese der Sibyllinischen Orakel . . . . . „ 1.40
4. Abhandlung. Dr. Bernhard **Wachstein**: Wiener hebräische Epitaphien (mit 3 Tafeln) . . . . . vgr.
5. Abhandlung. Dr. Elise **Richter**: Die Bedeutungsgeschichte der romanischen Wortsippe bur (d) (mit 1 Stammbaume) . . . . . „ 3.40
6. Abhandlung. Dr. Johann **Loserth**: Studien zur Kirchenpolitik Englands. II. Teil. Die Genesis von Wiclifs *Summa Theologiae* und seine Lehre vom wahren und falschen Papsttum . . . . . „ 2.70
Band-Umschlag, Titel und Register . . . . . „ —.40
1.—6. Abhandlung komplett . . . . . einz. vgr. „ 11.65
157. „ 1. Abhandlung. Dr. Josef Ritter von **Karabacek**: Zur orientalischen Altertumskunde. I. Sarazenische Wappen (mit 8 Abbildungen im Texte) . . . . . „ —.95
2. Abhandlung. Dr. Hugo **Schuchardt**: Die iberische Deklination . . . . . „ 1.90
3. Abhandlung. Dr. Anton **Zingerle**: Zum 45. Buche des Livius . . . . . K —.35
4. Abhandlung. Dr. Viktor **Aptowitzer**: Beiträge zur mosaischen Rezeption im armenischen Recht . . . . . „ 1.—
5. Abhandlung. Johann **Bergman**: *De codicum Prudentianorum generibus et virtute (adiectae sunt tres tabulae)* . . . . . „ 1.85
6. Abhandlung. Eduard **Gollob**: Die griechischen Handschriften in der öffentlichen Bibliothek in Besançon . . . . . „ —.60
7. Abhandlung. Dr. Heinrich **Schenkl**: *Bibliotheca patrum latinorum Britannica*. XIII. Dritten Bandes vierte Abteilung (Schluß der ganzen Publikation) Index . . . . . „ 2.—
Band-Umschlag, Titel und Register . . . . . vgr.
1.—7. Abhandlung komplett . . . . . einz. vgr. „ 9.35
158. Band 1. Abhandlung. Dr. Karl **Wessely**: Ein Sprachdenkmal des mittelägyptischen (faijumischen) Dialekts . . . . . „ 1.35
2. Abhandlung. Dr. Rudolf **Beer**: Die Handschriften des Klosters Santa Maria de Ripoll. II. (mit 12 Tafeln) . . . . . „ 5.50
3. Abhandlung. Dr. Friedrich von **Kraelitz-Greifenhorst**: Bericht über den Zug des Groß-Botschafters Ibrahim Pascha nach Wien im Jahre 1719. Im Originaltexte herausgegeben, übersetzt und erläutert . . . . . „ 1.55
4. Abhandlung. Dr. Josef **Seemüller**: XI. Mitteilung der Phonogramm-Archivs-Kommission: Deutsche Mundarten. I. . . . . . „ —.70
5. Abhandlung. Eduard **Gollob**: Medizinische griechische Handschriften des Jesuitenkollegiums in Wien (XIII., Lainz) . . . . . „ —.40
6. Abhandlung. Dr. Theodor Ritter von **Grienberger**: Das Hildebrandslied . . . . . vgr.
Band-Umschlag, Titel und Register . . . . . vgr.
1.—6. Abhandlung komplett . . . . . vgr.
159. „ 1. Abhandlung. Dom André **Wilmart**, O. S. B.: *La tradition des opuscules dogmatiques de Foebadius, Gregorius Illiberitanus, Faustinus* (mit 3 Tafeln) . . . . . „ 1.65
2. Abhandlung. Dr. Oswald **Redlich** und Dr. Anton Emanuel **Schönbach**: Des Gutolf von Heiligenkreuz *Translatio s. Delicianae* . . . . . „ 1.—
3. Abhandlung. Julius **Cornu**: Beiträge zur lateinischen Metrik . . . . . „ 1.90
4. Abhandlung. Dr. Anton Emanuel **Schönbach**: Studien zur Erzählungsliteratur des Mittelalters. Siebenter Teil: Über Caesarius von Heisterbach. II. . . . . . „ 1.25
5. Abhandlung. Dr. Johann **Kvačala**: Thomas Campanella und Ferdinand II. . . . . . „ 1.10
6. Abhandlung. Dr. Wilhelm **Weinberger**: Beiträge zur Handschriftenkunde. I. (Die *Bibliotheca Corvina*) . . . . . vgr.
7. Abhandlung. Josef **Bick**: Wiener Palimpseste. I. Teil: *Cod. Palat. Vindobonensis 16, olim Bobbiensis: Lucanus, Pelagonius, Acta Apostolorum, Epistolae Iacobi et Petri, Epistola apocrypha Apostolorum, Dioscorides, Fragmentum medicum* (mit 6 Tafeln) . . . . . „ 4.20
Band-Umschlag, Titel und Register . . . . . „ —.45
1.—7. Abhandlung komplett . . . . . einz. vgr. „ 13.55
160. „ 1. Abhandlung. Dr. Johann **Kirste**: XIII. Mitteilung der Phonogramm-Archivs-Kommission: Die altindischen Platten . . . . . „ —.35
2. Abhandlung. Dr. Johann **Loserth**: Die ältesten Streitschriften Wiclifs. Studien über die Anfänge der kirchenpolitischen Tätigkeit Wiclifs und die Überlieferung seiner Schriften . . . . . „ 1.70
3. Abhandlung. Dr. Carlo **Battisti**: Die Nonsberger Mundart (Lautlehre) (mit 2 Karten) . . . . . „ 4.40
4. Abhandlung. Dr. Anton **Mell**: Bericht über die Vorarbeiten zur Herausgabe des Ergänzungsbandes der salzburgischen Taidinge . . . . . „ 1.05
5. Abhandlung. Dr. Moses **Schorr**: Altbabylonische Rechtsurkunden aus der Zeit der I. babylonischen Dynastie (Umschrift, Übersetzung und Kommentar). II. Heft . . . . . vgr.
6. Abhandlung. Dr. Anton Emanuel **Schönbach**: Mitteilungen aus altdeutschen Handschriften. Zehntes Stück: Die Regensburger Klerikerregel . . . . . „ 1.60
7. Abhandlung. Dr. Viktor **Aptowitzer**: Das Schriftwort in der rabbinischen Literatur . . . . . „ 1.85
8. Abhandlung. Dr. Bernhard **Geiger**: Mahābhāṣya zu P. VI. 4. 22 und 132 nebst Kaiyaṭa's Kommentar . . . . . K 1.75
Band-Umschlag, Titel und Register . . . . . „ —.60
1.—8. Abhandlung komplett . . . . . vgr.
Register XVI zu den Bänden 151—160 . . . . . „ 5.80
161. Band. 1. Abhandlung. Dr. Josef Ritter von **Karabacek**: Zur orientalischen Altertumskunde. II. Die arabischen Papyrusprotokolle (mit 5 Tafeln und 20 Abbildungen im Texte) . . . . . „ 3.85
2. Abhandlung. Dr. Johann **Kelle**: Cheni [illegible] — Cantica psallentium . . . . . „ —.35
3. Abhandlung. Dr. Immanuel **Löw**: Der biblische ezob (mit 1 Tafel) . . . . . „ —.90
4. Abhandlung. Dr. Wilhelm **Weinberger**: Beiträge zur Handschriftenkunde. II. . . . . . „ 3.50
5. Abhandlung. Kurt **Kaser**: Verzeichnis der in Wiener Archiven vorhandenen Urbarien . . . . . „ 1.20
6. Abhandlung. Dr. Josef **Seemüller**: XV. Mitteilung der Phonogramm-Archivs-Kommission: Deutsche Mundarten. II. . . . . . „ —.90
7. Abhandlung. Eduard **Gollob**: Die Bibliothek des Jesuitenkollegiums in Wien XIII. (Lainz) und ihre Handschriften . . . . . „ —.80
8. Abhandlung. Dr. David Heinrich von **Müller**: Die Johannes-Legende im Lichte der [illegible] . . . . . „ 1.40
9. Abhandlung. Dr. Johann **Kelle**: Die Bestimmungen im Kanon 19 der legatinen concilium vom Jahre 789 . . . . . „ —.45
Band-Umschlag, Titel und Register . . . . . vgr.
1.—9. Abhandlung komplett . . . . . einz. vgr. „ 14.05
162. „ 1. Abhandlung. Dr. L. **Freund**: Zur Geschichte des Ehegüterrechtes bei den Semiten . . . . . vgr.
2. Abhandlung. Dr. Heinrich **Sieveking**: Aus Genueser Rechnungs- und Steuerbüchern. Ein Beitrag zur mittelalterlichen Handels- und Vermögensstatistik . . . . . „ 2.60
3. Abhandlung. Dr. Adolf **Bauer**: Beiträge zu Eusebios und den byzantinischen Chronographen . . . . . „ 1.40
4. Abhandlung. Dr. Alfred Leonhard **Feder** S. J.: Studien zu **Hilarius** von Poitiers. I. Die sogenannten „fragmenta historica“ und der sogenannte „Liber I ad Constantium imperatorem“ nach ihrer Überlieferung, inhaltlichen Bedeutung und Entstehung (mit 2 Tafeln) . . . . . „ 4.90
5. Abhandlung. Dr. Maximilian **Bittner**: Studien zur Laut- und Formenlehre der Mehri-Sprache in Südarabien. I. Zum Nomen im engeren Sinne . . . . . „ 3.10
6. Abhandlung. Dr. J. **Schleifer**: Sahidische Bibelfragmente aus dem British Museum zu London . . . . . „ 1.—
Band-Umschlag, Titel und Register . . . . . vgr.
1.—6. Abhandlung komplett . . . . . einz. vgr. „ 14.90
163. „ 1. Abhandlung. Dr. Anton Emanuel **Schönbach**: Studien zur Erzählungsliteratur des Mittelalters. Achter Teil: Die Legenden von Herzog [illegible] III . . . . . „ 2.05
2. Abhandlung. Dr. [illegible] **Hofmann**: [illegible] der [illegible] Völker von den pharaonischen [illegible] I. und II. . . . . . „ 1.90
3. Abhandlung. Dr. Rudolf **Geyer**: Beiträge zur Kenntnis des Rubah [illegible] . . . . . „ 2.—
4. Abhandlung. Dr. Arnold **Luschin** Ritter von **Ebengreuth**: Der Denar der Lex Salica (mit 1 Tafel, 1 Karte und 1 Textabbildung) . . . . . „ 2.40
5. Abhandlung. Dr. Viktor **Aptowitzer**: Die syrischen Rechtsbücher und das mosaisch-talmudische Recht . . . . . „ 2.50

6. Abhandlung. Dr. Theodor **Gottlieb**: Die Weißenburger Handschriften in Wolfenbüttel . . . . . — .65
Band-Umschlag, -Titel und -Register . . . . . vgr.
1.—6. Abhandlung komplett . . . . . einz. vgr. „ 12.10

164. „ 1. Abhandlung. Dr. Heinrich Ritter von **Srbik**: Wilhelm von Schroder. Ein Beitrag zur Geschichte der Staatswissenschaften . . . . . „ 3.70
2. Abhandlung. Dr. Karl B. **Hofmann**: Kenntnisse der klassischen Völker von den physikalischen Eigenschaften des Wassers. III. . . . . „ 1.70
3. Abhandlung. Eduard **Gollob**: Die griechische Literatur in den Handschriften der Rossiana in Wien. I. Teil . . . . . „ 2.70
4. Abhandlung. Dr. Hans von **Arnim**: Zum neuen Kallimachos . . . . . „ —.70
5. Abhandlung. Dr. Hans Wolfgang **Pollak**: Phonetische Untersuchungen. I. Zur Schlußkadenz im deutschen Aussagesatz (mit 31 Textabbildungen) K 2.20
6. Abhandlung. Dr. J. **Schleifer**: Sahidische Bibelfragmente aus dem British Museum zu London. II. . . . . . „ 1.—
Band-Umschlag, -Titel und -Register . . . . . vgr.
1.—6. Abhandlung komplett . . . . . einz. vgr. „ 12.65

165. Band. 1. Abhandlung. Dr. Nikolaus **Rhodokanakis**: Zur Formenlehre des Mehri . . . „ —.65
2. Abhandlung. Dr. Moses **Schorr**: Altbabylonische Rechtsurkunden aus der Zeit der I. babylonischen Dynastie. (Umschrift, Übersetzung und Kommentar.) III. Heft . . . . . „ 2.75
3. Abhandlung. Dr. Karl B. **Hofmann**: Kenntnisse der klassischen Völker von den physikalischen Eigenschaften des Wassers. IV. . . . . . „ 1.10
4. Abhandlung. Dr. Michael **Berkowicz**: Der Strophenbau in den Psalmen und seine äußeren Kennzeichen . . . . . „ 1.10
5. Abhandlung. Pater Wilhelm M. **Peitz** S. J.: Das Originalregister Gregors VII. im Vatikanischen Archiv (Reg. Vat. 2) nebst Beiträgen zur Kenntnis der Originalregister Innozenz III. und Honorius III. (Reg. Vat. 4—11) (mit 8 Lichtdrucktafeln) . . . . . „ 9.20
6. Abhandlung. Dr. Adolf **Wilhelm**: Attische Urkunden. I. Teil: Urkunden des korinthischen Bundes der Hellenen (mit 5 Tafeln und 2 Abbildungen im Texte) . . . . . „ 2.20
Band-Umschlag, -Titel und -Register . . . . . vgr.
1.—6. Abhandlung komplett . . . . . einz. vgr. „ 17.50

166. „ 1. Abhandlung. Dr. Adolf **Wilhelm**: Neue Beiträge zur griechischen Inschriftenkunde. I. Teil . . . . . „ 1.90
2. Abhandlung. Dr. Leopold von **Schroeder**: Die Wurzeln der Sage vom heiligen Gral . . . . . „ 2.30
3. Abhandlung. Dr. Adolf **Wilhelm**: Neue Beiträge zur griechischen Inschriftenkunde. II. Teil . . . . . „ 1.20
4. Abhandlung. Dr. Friedrich von **Kraelitz-Greifenhorst**: Corollarien zu F. Miklosich „Die türkischen Elemente in den südost- und osteuropäischen Sprachen (Griechisch, Albanesisch, Rumänisch, Bulgarisch, Serbisch, Kleinrussisch, Großrussisch, Polnisch) 1884—1890" . . . . . „ 1.80
5. Abhandlung. Dr. Alfred Leonhard **Feder** S. J.: Studien zu Hilarius von Poitiers. II. Bischofsnamen und Bischofssitze bei Hilarius. Kritische Untersuchungen zur kirchlichen Prosopographie und Topographie des 4. Jahrhunderts . . . . . „ 3.55
6. Abhandlung. Dr. Johann **Loserth**: Wiclifs Sendschreiben, Flugschriften und kleinere Werke kirchenpolitischen Inhalts . . . . . „ 2.25
7. Abhandlung. D. **Herzog**: Zwei hebräische Handschriftenfragmente aus der Steiermark (mit 2 Tafeln) . . . . . „ —.80
Band-Umschlag, -Titel und -Register . . . . . vgr.
1.—7. Abhandlung komplett . . . . . einz. vgr. „ 14.30

167. „ 1. Abhandlung. Dr. Josef Ritter von **Karabacek**: Zur orientalischen Altertumskunde. III. Rizâ-i Abbâsî, ein persischer Miniaturenmaler (mit 9 Tafeln) „ 2.80
2. Abhandlung. Dr. David Heinrich von **Müller**: Die Deutungen der hebräischen Buchstaben bei Ambrosius . . . . . „ —.85
3. Abhandlung. Dr. Josef **Seemüller**: XX. Mitteilung der Phonogramm-Archivs-Kommission. Deutsche Mundarten. III. . . . . . „ 1.50
4. Abhandlung. Dr. Karl **Holzinger** Ritter von **Weidich**: Die Aristophaneshandschriften der Wiener Hofbibliothek. Ein Beitrag zur Systematik der Aristophaneshandschriften. I. Die Buslbeckeschen Aristophaneshandschriften . „ 3.20
5. Abhandlung. Dr. Emil **Steffenhagen**: Die Entwicklung der Landrechtsglosse des Sachsenspiegels. X. Zur Stendaler Glosse und zu den Bocksdorfschen Additionen . . . . . „ 1.—
6. Abhandlung. Dr. Wilhelm **Kubitschek**: Studien zu Münzen der römischen Republik . . . . . „ 2.20
7. Abhandlung. Dr. Karl **Mras**: Die Überlieferung Lucians (mit 1 Tafel) . . „ 5.40
Band-Umschlag, -Titel und -Register . . . . . „ —.50
1.—7. Abhandlung komplett . . . . . einz. vgr. „ 17.75

168. Band. 1. Abhandlung. Dr. Norbert **Jokl**: Studien zur albanesischen Etymologie und Wortbildung . . . . . K 3.30
2. Abhandlung. Dr. Maximilian **Bittner**: Studien zur Laut- und Formenlehre der Mehri-Sprache in Südarabien. II. Zum Verbum . . . . . „ 3.50
3. Abhandlung. Dr. Friedrich von **Kraelitz-Greifenhorst**: Studien zum Armenisch-Türkischen . . . . . „ 1.40
4. Abhandlung. Dr. Viktor **Junk**: Gralsage und Graldichtung des Mittelalters „ 4.30
5. Abhandlung. Dr. Julius Ritter von **Wiesner**: Über die ältesten bis jetzt aufgefundenen Hadernpapiere. Ein neuer Beitrag zur Geschichte des Papiers (mit [illegible]) . . . . . „ —.85
6. Abhandlung. Josef Klemens **Kreibig**: Über Wahrnehmung . . . . . „ —.95
7. Abhandlung. Dr. Robert **Bartsch**: Das eheliche Güterrecht in der Summa Raymunds von Wr.-Neustadt . . . . . „ 1.70
Band-Umschlag, -Titel und -Register . . . . . „ —.50
1.—7. Abhandlung komplett . . . . . einz. vgr. „ 16.50

169. 1. Abhandlung. Dr. Jakob **Minor**: Studien zu Novalis. I. Zur Textkritik der Gedichte . . . . . „ 1.80
2. Abhandlung. Zacharias **García** S. J.: Bibliotheca Patrum Latinorum Hispaniensis. II. Band. I. Teil. [illegible] Rudolf Beer [illegible] (mit 5 Tafeln) . . . . . „ 2.45
3. Abhandlung. Dr. Hans von **Arnim**: [illegible] zur Chronologie der Platonischen Dialoge . . . . . „ 6.—
4. Abhandlung. Dr. Karl **Holzinger** Ritter von **Weidich**: Die Aristophaneshandschriften der Wiener Hofbibliothek. Ein Beitrag zur Systematik der Aristophaneshandschriften. II. Die Aristophaneshandschriften des [illegible] . . . . . „ 2.50
5. Abhandlung. Dr. Alfred Leonhard **Feder** S. J.: Studien zu Hilarius von Poitiers. III. [illegible] der Epistula ad [illegible] . . . . . „ 3.75
6. Abhandlung. Dr. [illegible] **Herzog**: [illegible] Mitteilung der Phonogramm-Archivs-Kommission. [illegible] I. . . . . . „ —.60
Band-Umschlag, -Titel und -Register . . . . . „ —.85
1.—6. Abhandlung komplett . . . . . „ 18.25

170. „ 1. Abhandlung. Dr. J. **Schleifer**: [illegible] Bibelübersetzung . . . . . „ —.95
2. Abhandlung. Dr. Hans Wolfgang **Pollak**: XXII. Mitteilung der Phonogramm-Archivs-Kommission. [illegible] und Mundarten. I. . . . „ 2.40
3. Abhandlung. Dr. [illegible] **Müller**: Kritische und exegetische Studien zu Tacitus . . . . . „ —.50
4. Abhandlung. Dr. [illegible] **Gandz**: Die Muallaqa des Imrulqais. Übersetzt und erklärt . . . . . „ 3.20
5. Abhandlung. Dr. Ludwig **Wahrmund**: Die kurialen Extrakte im Konklave Innozenz VIII. [illegible] Akten der päpstlichen Kon[illegible] . . . . . „ 1.70
6. Abhandlung. Dr. [illegible] **Pfalz**: [illegible] XXVII. Mitteilung der Phonogramm-Archivs-Kommission. Die Mundart des Marchfeldes . . . . . „ 2.40
7. Abhandlung. Dr. [illegible] **Felber**: XXIII. Mitteilung der Phonogramm-Archivs-Kommission. [illegible] Archives der Kaiserlichen Akademie. [illegible] Bernhard [illegible] . . . . . „ 1.95
8. Abhandlung. Dr. Alfred **Burgerstein**: Mikroskopische Untersuchung der von den Chinesen [illegible] Papiers als Beschreibstoff benutzten Holztäfelchen . . . . . „ —.30
9. Abhandlung. Dr. Ludwig **Radermacher**: Die Epigramme des Dolios . . . „ —.35
10. Abhandlung. Dr. Wladimir von **Mallniak**: [illegible] Ein Beitrag zur Geschichte des Staats- und Völkerrechts [illegible] . . . . . „ 5.50

Band-Umschlag, -Titel und -Register . . . . . K —.60
1.—10. Abhandlung komplett . . . . . „ 22.80
Register XVII zu den Bänden 161—170 . . . . . „ 6.—

171. Band. 1. Abhandlung. Dr. Heinrich **Singer**: Neue Beiträge über die Dekretalensammlungen vor und nach Bernhard von Pavia. Mit Benutzung der in Friedrich Maassens Nachlasse enthaltenen Vorarbeiten . . . . . „ 10.20
2. Abhandlung. Dr. Heinrich **Singer**: Die Dekretalensammlung des *Bernardus Compostellanus antiquus*. Mit Benutzung der in Friedrich Maassens Nachlasse enthaltenen Vorarbeiten . . . . . „ 3.—
Band-Umschlag, -Titel und -Register . . . . . „ —.40
1.—2. Abhandlung komplett . . . . . „ 13.60

172. „ 1. Abhandlung. Dr. Josef Ritter von **Karabacek**: Zur orientalischen Altertumskunde. IV. Muhammedanische Kunststudien (mit 13 Tafeln und 9 Abbildungen im Texte) . . . . . „ 6.—
2. Abhandlung. Dr. Karl **Wessely**: Die Wiener Handschrift der sahidischen *Acta Apostolorum* (mit 1 Tafel) . . . . . „ 3.40
3. Abhandlung. Dr. Theodor **Hopfner**: Thomas Magister, Demetrios Triklinios, Manuel Moschopulos. Eine Studie über ihren Sprachgebrauch in den Scholien zu Aischylos, Sophokles, Euripides, Aristophanes, Hesiod, Pindar und Theokrit . . . . . „ 2.—
4. Abhandlung. Dr. Karl **Wessely**: Neue Materialien zur Textkritik der Ignatius-Briefe (mit 1 Tafel) . . . . . „ 2.40
5. Abhandlung. Dr. Maximilian **Bittner**: Studien zur Laut- und Formenlehre der Mehri-Sprache in Südarabien. III. Zum Pronomen und zum Numerale „ 2.60
6. Abhandlung. Dr. Ernst **Gamillscheg**: Studien zur Vorgeschichte einer romanischen Tempuslehre . . . . . „ 7.75
Band-Umschlag, -Titel und -Register . . . . . „ —.70
1.—6. Abhandlung komplett . . . . . „ 24.85

173. „ 1. Abhandlung. Dr. Friedrich **Hrozny**: Das Getreide im alten Babylonien. Ein Beitrag zur Kultur- und Wirtschaftsgeschichte des alten Orients. Teil I . . . . . „ 5.80
2. Abhandlung. Dr. Georgios N. **Hatzidakis**: Ἄγγιζος und Verwandtes . . . „ —.40
3. Abhandlung. Dr. Matthias **Murko**: Bericht über eine Bereisung von Nordwestbosnien und der angrenzenden Gebiete von Kroatien und Dalmatien behufs Erforschung der Volksepik der bosnischen Mohammedaner . . . „ 1.40
4. Abhandlung. Dr. Maximilian **Bittner**: Vorstudien zur Grammatik und zum Wörterbuche der Soqotri-Sprache I . . . . . „ 1.—
5. Abhandlung. Dr. J. **Schleifer**: Sahidische Bibelfragmente aus dem British-Museum zu London. III. Psalmenfragmente . . . . . „ 1.10
6. Abhandlung. Dr. Lajos A. **Biró**: XXXI. Mitteilung der Phonogramm-Archivs-Kommission. Magyarische Sprach- und Gesangaufnahmen . . . . . „ —.90
Band-Umschlag, -Titel und -Register . . . . . „ —.60
1.—6. Abhandlung komplett . . . . . „ 11.20

174. „ 1. Abhandlung. Dr. Carlo **Battisti**: Die Mundart von Valvestino (mit 1 Karte) „ 2.40
2. Abhandlung. Dr. Viktor **Waschnitius**: Perth, Holda und verwandte Gestalten. Ein Beitrag zur deutschen Mythologie . . . . . „ 4.70
3. Abhandlung. Dr. Hermann **Junker** und W. **Czermak**: Kordofân-Texte im Dialekt von Gebel Dair . . . . . „ 2.—
4. Abhandlung. Dr. Maximilian **Bittner**: Studien zur Laut- und Formenlehre der Mehri-Sprache in Südarabien. IV. Zu den Partikeln. (Mit Nachträgen und Indices) . . . . . „ 2.20
5. Abhandlung. Dr. Karl **Wessely**: Sahidische Papyrusfragmente der Paulinischen Briefe (mit 2 Tafeln) . . . . . „ 2.—

175. „ 1. Abhandlung. Dr. Adolf **Wilhelm**: Neue Beiträge zur griechischen Inschriftenkunde. III. Teil (mit 4 Tafeln) . . . . . „ 2.40
2. Abhandlung. Hans **Mayer**: Einfluß der vorchristlichen Kulte auf die Toponomastik Frankreichs . . . . . „ 3.60
3. Abhandlung. Mathilde **Uhlirz**: Die Genesis der vier Prager Artikel . . „ 2.30
5. Abhandlung. Dr. Artur Zacharias **Schwarz**: Die hebräischen Handschriften der k. k. Hofbibliothek zu Wien. (Erwerbungen seit 1851) (mit 1 Tafel) . „ 3.60

176. Band. 1. Abhandlung. Dr. Maximilian **Bittner**: Studien zur Laut- und Formenlehre der Mehri-Sprache in Südarabien. V. (Anhang.) Zu ausgewählten Texten. 1. Nach den Aufnahmen von Dr. David Heinrich von Müller . . . . K 2.20
2. Abhandlung. Dr. Matthias **Murko**: Bericht über eine Reise zum Studium der Volksepik in Bosnien und Herzegowina im Jahre 1913 . . . . . „ 1.35
3. Abhandlung. Dr. Otto **Groeger**: XXXVI. Mitteilung der Phonogramm-Archivs-Kommission. Schweizer Mundarten. Im Auftrage der leitenden Kommission des Phonogramm-Archivs der Universität Zürich . . . . . „ 2.60
4. Abhandlung. Dr. Heinrich Ritter von **Srbik**: Ein Schüler Niebuhrs. Wilhelm Heinrich Grauert . . . . . „ 1.70
5. Abhandlung. Dr. Egon **Wellesz**: Die Ballett-Suiten von Johann Heinrich und Anton Andreas Schmelzer. Ein Beitrag zur Geschichte der Musik am österreichischen Hofe im 17. Jahrhundert . . . . . „ 2.10
6. Abhandlung. Dr. J. **Stur**: Die slawischen Sprachelemente in den Ortsnamen der deutsch-österreichischen Alpenländer zwischen Donau und Drau. Eine historisch-philologische Untersuchung über die Siedlungen der mittelalterlichen Alpenslawen mit einem Abriß ihrer allgemeinen Geschichte . . . „ 2.80
8. Abhandlung. Dr. Bertold **Bretholz**: Zur Geschichte der Kaiserlichen Akademie der Wissenschaften in Wien. Ein Gutachten des Grafen Kaspar von Sternberg, Präsidenten der böhmischen Gesellschaft der Wissenschaften in Prag, über den Gründungsplan vom 18. März 1837 . . . . . „ —.60

177. „ 2. Abhandlung. Dr. Nikolaus **Rhodokanakis**: Der Grundsatz der Öffentlichkeit in den südarabischen Urkunden . . . . . „ 1.30
3. Abhandlung. Julius von **Schlosser**: Materialien zur Quellenkunde der Kunstgeschichte. I. Heft. Mittelalter . . . . . „ 2.60
5. Abhandlung. Alfred **Nagl**: Die Rechentafel der Alten (mit 2 Tafeln und 5 Abbildungen im Texte) . . . . . „ 3.—

—— der königl. preussischen **Akademie** der Wissenschaften zu Berlin. Jahrg. 1882. 52 Nrn. Lex.-8. (LIV, 1222 S. mit 17 Taf.) Berlin, (Dümmler's Verlagsh.) G. Reimer. * 12 —
Vgl.: Monatsbericht.

—— dass. — Jahrg. 1883. 52 Nrn. Lex.-8. (LIII, 1297 S. mit 14 Taf.) (Ebendas.) * 12 —

—— dass. — Jahrg. 1884. 52 Nrn. Lex.-8. (LIV, 1300 S. mit 15 Taf.) (Ebendas.) * 12 —

—— der königl. preussischen **Akademie** der Wissenschaften zu Berlin. Jahrg. 1885. 52 Nrn. Lex.-8. (Nr. I—III 23 S.) Berlin, [Dümmler's Verlag.] (G. Reimer.) * 12 —

—— dass. — Jahrg. 1886. 53 Nrn. Lex.-8. (1222 S. mit 18 Taf.) Berlin, (G. Reimer.) * 12 —

—— dass. — Jahrg. 1887. 54 Nrn. Lex.-8. (1244 S. mit 15 Taf.) (Ebendas.) * 12 —

—— dass. — Jahrg. 1888. 52 Nrn. Lex.-8. (1422 S. mit 6 Taf.) (Ebendas.) * 12 —

Sitzungsberichte der königl. preuss. Akademie der Wissenschaften zu Berlin. Jahrg. 1889—1892. à Jahrg. 52—53 Nrn. Lex.-8. Berl., (G. Reimer). à Jahrg. * 12 —

— der königl. preussischen Akademie der Wissenschaften zu Berlin. Jahrg. 1891—1894. Lex.-8. Berlin, (G. Reimer). à Jahrg. n. 12.—
Erscheint in zwanglosen Nrn.

— d. kgl. preussischen Akademie d. Wissenschaften zu Berlin. Jahrg. 1895—1898. Lex.-8. Berlin (G. Reimer). à Jahrg. n. 12. —
Erscheint in zwanglosen Nummern.

— der königl. preussischen Akademie der Wissenschaften zu Berlin. Jahrg. 1899—1902. à 52 Nrn. Lex.-8. Berlin (G. Reimer). à Jahrg. n. 12. —
1899. (VIII, 1026 S. m. Abb. u. 7 Taf.) — 1900. (VIII, 1212 S. m. Abb. u. 5 Taf.) — 1901. (1. Sem. IX, 751 S. m. Abb. u. 4 Taf.) — 1902. (IX, 1076 S. m. Abb. u. 3 Taf.)

— der königl. preussischen Akademie der Wissenschaften. Jahrg. 1903—1906. à 52 Nrn. (VIII, 1182; X, 1503; VIII, 1185 u. VIII, 1020 S. m. Fig. u. 5, 17, 3 u. 1 Taf. u. Verzeichniss der Mitglieder der Akademie am 1. I. jed. Jahres. (à IX S.) Lex.-8. Berlin (G. Reimer). à Jhrg. n. 12. —

Sitzungsberichte der königl. preußischen Akademie der Wissenschaften. Jahrg. 1907—1910. à 52 Nrn. (IX, 1016; X, 1209; X, 1359 u. X, 1220 S. m. Abb. u. 9, 12, 16 u. 7 Taf.) Lex. 8. Berlin, (G. Reimer). à Jahrg. 12. —

SITZUNGSBERICHTE DES MÜNCHENER ALTERTHUMS-VEREINS.
Heft I—II. 1866-67 — 1867 68. Mit Tafeln und Holzschnitten. München. 1868 — 1869. In Comm. bei Theodor Ackermann. 4°.
Heft III. 1871 Januar — Mai. Mit VI Tafeln und einer Beilage: Ausserordentliche Publication Nr. II.*) ib. 1872. Im Selbstverlag des Alterthums-Vereins.

—— des Münchener Alterthums-Vereins. 1. Heft. 1866—67. Lex.-8. (VIII, 98 S. mit 3 Kpfrt., 1 Photogr. und 2 Stnt., wovon 1 in Buntdr. in 8. und 4.) München, (Th. Ackermann.) *

— des Altmärker Aerztevereins, referirt v. L. W. Weber. 1898. gr. 8. (III, 59 S.) Ebd. 899. n. 1. —
Sonderabdruck aus: „Münch. med. Wochenschrift".

— des Altonaer Aerztevereins i. d. J. 1899, 1900 u. 1901. gr. 8. Ebd. n. 3. 20
1899. (IV, 47 S.) 900. n. 1. 60
1900. (IV, 21 S.) 901. n. — 80
1901. (IV, 20 S.) 902. n. — 80
Sonderabdrucke aus: „Münch. med. Wochenschrift".

— des Altonaer Aerztevereins in d. J. 1902, 1903 u. 1904. gr 8. Ebd. n. 2. 60
1902. (IV, 41 S. m. Fig.) 903. n. 1. 20
1903. Im Auftrage des Vorstandes hrsg. v. C. Hueter. (IV, 30 S. m. Fig.) 904. n. — 80
1904. Im Auftrage des Vorstandes hrsg. v. C. Hueter. (III, 21 S. m. Fig.) 905. n. — 60
Sonderabdrucke aus: „Münch. med. Wochenschr."

— des Altonaer Aerztevereins in d. J. 1905—1906/07, 1907/08 u. 1909. gr. 8. Ebd. 907. 3. —
1905. Im Auftrage des Vorstandes hrsg. v. C. Hueter. (III, 22 S. m. Fig.) 907. — 80
1906/07. Im Auftrage des Vorstandes hrsg. v. P. Felgner. (III, 26 S.) 908. 1. —
1907/08. Im Auftrage des Vorstandes hrsg. v. P. Felgner. (III, 19 S. m. 1 Fig.) 909. — 80
1909. Im Auftrage des Vorstandes hrsg. v. P. Felgner. (III, 7 S.) 910. — 40
Sonderabdrucke aus: „Münch. med. Wochenschr."

— des ärztlichen Bezirksvereines in Erlangen. 1888. gr. 8. (III, 39 S.) München 889. J. A. Finsterlin. n. 1. 70

Sitzungsberichte des ärztlichen Bezirksvereines in Erlangen. 1889 u. 1890. gr. 8. (III, 28 S.) München 891. J. F. Lehmann's Verl. n. 1. 20

Sitzungs- und Geschäftsberichte der Handels- und Gewerbekammer für Österreich unter der Enns. 1907-11. 4° Wien 1908-12

Sitzungsberichte der Altertumforschenden Ges. zu Pernau. Bd 1, 1897/98 ff. — Pernau: (Altertumforschende Ges.) 1899 ff.

Sitzungsberichte der Alterthumforschenden Gesellschaft zu *Pernau* 1899—Juli 1901. 1903—09. Pernau '01—11.

SITZUNGSBERICHTE DER GESELLSCHAFT ZUR BEFÖRDERUNG DER GESAMMTEN NATURWISSENSCHAFTEN IN, später: ZU MARBURG.
Jahrg. 1866. Juni-December — Jahrg. 1876. (Mit Tafeln.) Marburg (1866) — 1876. N. G. Elwert'sche Universitäts-Buchdruckerei. 8°.
Jahrg. 1877—1883. ib. 1877—1884. Universitäts-Buchdruckerei. (R. Friedrich)

SITZUNGSBERICHTE DER GESELLSCHAFT ZUR BEFÖRDERUNG DER GESAMMTEN NATURWISSENSCHAFTEN ZU MARBURG.
Jahrg. 1884—1885. Marburg. 1885—1886. Universitäts-Buchdruckerei (R. Friedrich). 8°.

SITZUNGSBERICHTE DER GESELLSCHAFT ZUR BEFÖRDERUNG DER GESAM(M)TEN NATURWISSENSCHAFTEN ZU MARBURG.
Jahrg. 1886. Marburg. 1887. Universitäts-Buchdruckerei (R. Friedrich.) 8°. — 1887. ib. 1888. — 1888. ib. 1889. — 1889. (Mit 1 Tafel.) ib. 1890. — 1890. ib. 1891. — 1891. ib 1892. — 1892. ib. 1893. — 1893. (Mit 1 Tafel.) ib. 1894. — 1894. ib. 1895. — 1895. ib. 1896. — 1896. ib. 1897. — 1897. ib. 1898. — 1898. ib. 1899. — 1899. ib. 1900. — 1900. ib. 1901. R. Friedrich's Universitäts-Buchdruckerei (Inhaber: Karl Gleiser). — 1901. ib. 1902. — 1902. ib. 1903. — 1903. ib. 1904. — 1904. ib. 1905. — 1905. (Mit 1 Tafel.) ib. 1906. — 1906. (Mit 1 Tafel.) ib. 1907. — 1907. ib 1908. Universitäts-Buchdruckerei von Joh. Aug. Koch. — 1908. ib. 1909. — 1909. (Mit 1 Tafel.) ib. 1910. — 1910. (Mit 1 Tafel.) ib. 1911. — 1911 - 1913. ib. 1912 - 1914. Kommissionsverlag der N. G. Elwert'schen Verlagsbuchhandlung.

Sitzungsberichte der Berliner Haematologischen Gesellschaft. Hrsg. von A[rthur] Pappenheim u. Th[eodor] Brugsch. Jg. 1. Leipzig: W. Klinkhardt 1910. 8° [10. 9322

— der Berliner haematologischen Gesellschaft. 1. Jahrg. 1909. Hrsg. v. A. Pappenheim u. Th. Brugsch. (III, 133 S.) Lex. 8. Leipzig 910. Dr. W. Klinkhardt. 4.25

SITZUNGSBERICHTE DER BERLINER MATHEMATISCHEN GESELLSCHAFT.
Herausgegeben vom Vorstande der Gesellschaft.[1])
Jahrg. 1. Leipzig und Berlin 1902. B. G. Teubner. 8°. — Jahrg. 2. Beilage zum Archiv der Mathematik und Physik (3) IV, V, VI. ib. 1903. — Jahrg. 3. Beilage zum Archiv der Mathematik und Physik (3) VII, VIII. ib. 1904. — Jahrg. 4 - 13. ib. 1905 - 1914.

— der Berliner mathematischen Gesellschaft. Hrsg. vom Vorstande der Gesellschaft. 1. Jahrg. gr. 8. (IV, 66 S. m. Fig.) Leipzig 902. B. G. Teubner. n. 2.40
Sonderabdruck aus: „Archiv d. Mathematik u. Physik".

— der Berliner mathematischen Gesellschaft. Hrsg. vom Vorstande der Gesellschaft. 2.–4. Jahrg. gr. 8. Leipzig, B. G. Teubner. n. 7. 60
2. Beilage zum Archiv der Mathematik u. Physik. (III, 68 S. m. Fig.) 903. n. 2. —
3. Beilage zum Archiv der Mathematik u. Physik. (III, 85 S. m. Fig.) 904. n. 2. 80
4. (III, 80 S. m. Fig.) 905. n. 2. 80

— dasselbe. 5. Jahrg. 1. Stück. (16 S. m. Fig.) gr. 8. Ebd. 906. n. — 45

— der Berliner mathematischen Gesellschaft. 5. Jahrg. 2.—4. Stück u. 6.—8. Jahrg. gr. 8. Leipzig, B. G. Teubner. 13. 50
5. II—IV. (III u. S. 17—96 m. Fig.) 906. 2. 50
(5. Jahrg. kplt. 3. -)
Sonderabdruck aus: „Archiv d. Mathem. u. Physik".
6. (III, 74 S. m. Fig.) 907. 2. 40
7. (III, 104 S.) 908. 3. 60
8. (IV, 157 S. m. Fig.) 909. 5. -

Sitzungsberichte der königl. böhmischen Gesellschaft der Wissenschaften in Prag.
Seit 1885 in 2 Klassen geteilt: Mathem.-naturwiss. Klasse. Philos.-histor.-philolog. Klasse.

Sitzungsberichte der königl. böhmischen Gesellschaft der Wissenschaften in Prag. Jahrg. 1864—67. à Jahrg. 2 Hefte. gr. 8. Prag, (Tempsky.) [1864. (285 S. mit 1 Stnt. in 4.) * 1 Thlr. 5 Ngr., 1865. (244 S.) * 21 Ngr., 1866. (229 S.) * 20 Ngr., 1867. (1. Heft 75 S.) * 20 Ngr.] *

—— der königl. böhmischen Gesellschaft der Wissenschaften in Prag. Jahrg. 1868—1873. à Jahrg. 2 Hefte. gr. 8. Prag, (Tempsky.) [1868. (192 S.) *ℳ 2,25.; 1869. 1. Heft. (86 S. mit eingedr. Holzschn.) * 60 Pf.; 2. Heft. (44 S.) * 50 Pf.; 1870. 2 Hefte. (102; 89 S.) à Heft *ℳ 1.; 1871. 1. Heft. (83 S.) *ℳ 1.; 2. Heft. (116 S.) *ℳ 1,20.; 1872. 1. Heft. (119 S. mit eingedr. Holzschn. und 1 Stnt. in qu. Fol.) *ℳ 1,80.; 2. Heft. (86 S. mit eingedr. Holzschn.) *ℳ 1,20.; 1873. (383 S.) *ℳ 5.] *

Sitzungsberichte der königl. böhmischen Gesellschaft der Wissenschaften in Prag. Jahrg. 1874. Redact.: Kořistka. gr. 8. (295 S. mit eingedr. Holzschn.) Prag (Tempsky.) *

—— der königl. böhmischen Gesellschaft der Wissenschaften in Prag. Redact.: K. Kořistka. Jahrg. 1875. gr. 8. (303 S. mit eingedr. Holzschn., Tab. in qu. gr. 4., 2 Stnt. in qu. Fol. und 1 lithogr. Karte in qu. gr. 4.) Prag (Tempsky.) * 5 —

—— dass. — Jahrg. 1876. gr. 8. (297 S.) (Ebendas.) * 5 —

—— dass. — Jahrg. 1877. gr. 8. (422 S.) (Ebendas.) * 6 —

—— dass. — Jahrg. 1878. gr. 8. (XXVII, 367 S.) (Ebendas.) * 6 —

— dasselbe. Jahrg. 1879. Red.: K. Kořistka. gr. 8. (XXV, 547 S. m. eingedr. Holzschn. u. 8 Steintaf.) Prag 880. (Grégr & Valecka.) n. 6. —

—— der königl. böhm. Gesellschaft der Wissenschaften in Prag. Jahrg. 1879. Redact.: K. Kořistka. gr. 8. (XXV, 547 S. mit eingedr. Holzschn. und 8 Stnt.) Prag, Tempsky. *

—— dass. — Jahrg. 1880. gr. 8. (XXV, 547; XXIII, 360 S. mit Stnt.) (Ebendas.) *

—— dass. — Jahrg. 1881. gr. 8. (XXIII, 528 S. mit 8 Stnt.) (Ebendas.) *

—— dass. — Jahrg. 1882. gr. 8. (XXIII, 495 S.) (Ebendas.) *

—— der königl. böhmischen Gesellschaft der Wissenschaften in Prag. Redakt.: K. Kořistka. Jahrg. 1883. gr. 8. (XXV, 502 S. mit 12 Taf.) Prag, (Tempsky.) * 10 60

—— dass. — Jahrg. 1884. gr. 8. (435 S. mit 14 Taf.) (Ebendas.) * 9 —

—— dass. — Mathematisch-naturwissenschaftl. Classe. Jahrg. 1885. gr. 8. (XI, 664 S. mit 18 Taf.) Prag 886, (Tempsky. — Leipzig, Freytag.) * 12 —

—— dass. — Jahrg. 1886. gr. 8. (685 S. mit 27 Taf.) (Ebendas.) 887. * 15 —

—— dass. — Jahrg. 1887. gr. 8. (XI, 761 S.) (Ebendas.) 888. * 16 —

Sitzungsberichte der königl. böhmischen Gesellschaft der Wissenschaften in Prag. Redact.: K. Kořistka. Mathematisch-naturwissenschaftl. Classe. Jahrg. 1888. gr. 8. (XI, 566 S. mit 16 Taf.) Prag 889, (Tempsky. — Leipzig, Freytag.) **

—— der königl. böhmischen Gesellschaft der Wissenschaften. Mathematisch-naturwissenschaftl. Classe. 1889. 2 Bde. gr. 8. Prag, (Řivnáč). [1. Bd. (IX, 384 S. m. 9 Taf.) * 7 20; 2. Bd. (VII, 504 S. m. 10 Holzschn. u. 6 Taf.) * 7 60.] * 14 80

—— dass. — Jahrg. 1890. 2 Bde. gr. 8. (Ebd.) [1. Bd. (VII, 287 S. m. 6 Taf. u. 7 Holzschn.) ** 7 20; 2. Bd. (VII, 240 S. m. 11 Taf. u. 5 Holzschn.) ** 6 —.] ** 13 20

—— dass. — Jahrg. 1891. gr. 8. (IX, 406 S. m. 12 Taf. u. 10 Holzschnitten.) (Ebd.) ** 7 40

— dasselbe. Jahrg. 1892. gr. 8. (IX, 482 S. m. 9 Holzschnitten u. 7 Taf.) Ebd. 893. n.n. 9. 60

— dasselbe. Jahrg. 1893. gr. 8. (XI, 50, 16, 4, 21, 7, 14, 23, 74, 17, 88, 8, 11, 4, 16, 19, 71, 7, 55, 7, 29, 5, 38, 52, 7, 5, 8, 8, 23, 18, 6, 20, 17, 25, 14, 17, 7, 72, 14, 50, 39, 10, 4, 13, 8, 23, 13, 27, 4, 12, 7 u. 31 S. m. 39 Holzschn. u. 21 Taf.) Ebd. 894. n.n. 24. —

— der kgl. böhm. Gesellschaft der Wissenschaften. Mathematisch-naturwissenschaftl. Classe. Jahrg. 1894. gr. 8. (IX, 21; 8, 142, 4, 3, 4, 18, 34, 2, 17, 11, 6, 67, 4, 8, 18, 4, 6, 12, 20, 7, 15, 15, 3, 30, 8, 4, 24, 29, 21, 32, 20, 16, 10, 10, 4, 4, 9, 9, 8, 31, 9, 10, 9, 22, 15, 5, 7 u. II S. m. Abb. u. 23 Taf.) Prag 895. (F. Řivnáč.) n.n. 20. —

— dasselbe. Jahrg. 1895. 2 Tle. gr. 8. (XI, 56, 2, 13, 9, 15, 25, 47, 6, 3, 6, 7, 17, 7, 5, 5, 17, 31, 4, 26, 11, 3, 26, 16, 4, 13, 6, 10, 20, 13 u. 42, 20, 19, 12, 8, 33, 8, 6, 4, 28, 17, 46, 7, 26, 7, 27, 8, 32, 17, 10 u. II S. m. 30 Holzschn. u. 46 Taf.) Prag 896. (F. Řivnáč.) n.n. 18. —

Sitzungsberichte d. kgl. böhm. Gesellschaft d. Wissenschaften. Mathematisch-naturwissenschaftl. Classe. Jahrg. 1896. 2 Bde. Mit 27 Taf. u. 58 Holzschn. gr. 8. (XI, 16; 45, 9, 11, 5, 10, 7, 3, 32, 25, 23, 7, 35, 32, 6, 11, 40, 4, 11, 28, 8, 9, 9, 55, 12, 36, 4, 26, 26, 48, 20, 67, 111, 74, 4, 33, 16, 25, 91, 8, 9, 11 u. 2 S.) Ebd. 897. n.n. 20. —

— dasselbe. Jahrg. 1897. 2 Bde. Mit 43 Taf. u. 31 Textfig. (In böhm. u. deutscher Sprache.) gr. 8. (XV, 20, 17, 6, 24, 15, 8, 9, 5, 41, 16, 12, 5, 13, 8, 15, 16, 38, 6, 5, 4, 6, 80, 76, 7, 40, 3, 12, 11, 11, 5, 14, 47, 26, 32, 10, 13, 9, 11 u. 24, 10, 5, 5, 16, 26, 71, 50, 8, 97, 3, 3, 31, 13, 7, 14, 14, 107, 13, 11, 11, 12, 7, 9, 18, 8, 7, 19, 3 S.) Ebd. 898. n.n. 24. —

— der königl. böhmischen Gesellschaft der Wissenschaften. Mathematisch-naturwissenschaftliche Classe. Jahrg. 1898. Mit 9 Taf. u. 44 Textfig. (In böhm. u. deutscher Sprache.) gr. 8. (IX, 7, 4, 17, 10, 78, 24, 21, 13, 4, 20, 18, 7, 25, 2, 11, 2, 4, 25, 38, 41, 4, 66, 16, 19, 10, 4, 38, 8, 23, 8, 3, 4, 18, 6, 12, 7 u. II S.) Prag (F. Řivnáč). n.n. 9. —

— dasselbe. Jahrg. 1899. Mit 28 Taf. u. 152 Textfig. (In böhm. u. deutscher Sprache.) gr. 8. (XI, 86, 12, 35, 103, 11, 4, 18, 77, 64, 6, 51, 9, 7, 22, 5, 5, 8, 18, 25, 10, 14, 20, 19, 8, 9, 51, 27, 4, 45, 4, 43, 13, 15, 8, 22, 10, 17, 24, 4, 8, 2, 15, 18, 8, 7, 28 u. III S.) Ebd. 900. n.n. 18. —

— dasselbe. Jahrg. 1900. Mit 15 Taf. u. 176 Textfig. (In böhm. u. deutscher Sprache.) gr. 8. (IX, 12, 14, 223, 7, 8, 8, 6, 49, 8, 5, 8, 8, 40, 11, 51, 6, 52, 18, 4, 142, 11, 14, 11, 4, 38, 8, 19, 15, 12, 7, 21, 100, 20, 40, 5, 14 u. II S.) Ebd. 901. n.n. 18. —

— dasselbe. Jahrg. 1901. Mit 15 Taf. u. 71 Textfig. gr. 8. (XVI, 22, 11, 89, 29, 7, 14, 4, 5, 23, 5, 9, 13, 5, 33, 15, 31, 12, 5, 16, 15, 15, 82, 17, 38, 8, 23, 9, 5, 27, 38, 20, 7, 4, 23, 27 u. 28 S.) Ebd. 902. n.n. 12. —

— der königl. böhmischen Gesellschaft der Wissenschaften. Mathematisch-naturwissenschaftl. Classe. Jahrg. 1902—1905. gr. 8. Prag (F. Řivnáč.) n.n. 63. —
1902. Enth. 60 Aufsätze m. 1 Portr., 26 Taf. u. 95 Textfig. (IX, 23, 4, 15, 4, 1, 19, 29, 8, 26, 46, 59, 34, 36, 11, 5, 22, 15, 7, 8, 75, 14, 16, 4, 7, 2, 17, 20, 17, 6, 13, 2, 26, 5, 10, 7, 7, 21, 5, 37, 11, 10, 9, 58, 16, 4, 23, 10, 9, 8, 9, 8, 6, 22, 19, 25, 25, 31, 52, 6, 31 u. VI S.) 903. n.n. 18. —
1903. Enth. 47 Aufsätze m. 19 Taf. u. 26 Textfig. (IX, 15, 3, 19, 4, 8, 7, 12, 8, 5, 8, 7, 22, 5, 17, 21, 8, 71, 5, 7, 7, 5, 7, 31, 47, 29, 9, 24, 7, 10, 56, 157, 43, 8, 11, 58, 5, 7, 12, 16, 12, 11, 17, 14, 36, 4, 5 u. VI S.) 904. n.n. 15. —
1904. Enth. 38 Aufsätze m. 14 Taf. u. 57 Textfig. (IX, 30, 123, 32, 15, 13, 3, 7, 10, 10, 6, 71, 21, 14, 12, 14, 5, 6, 81, 8, 11, 15, 10, 4, 6. 70, 25, 15, 12, 14, 6, 20, 18, 29, 6, 35, 4, 6, 108 u. VI S.) 905. n.n. 15. —
1905. Enth. 30 Aufsätze m. 11 Taf. u. 87 Textfig. (IX, 69, 6, 79, 4, 4, 11, 24, 7, 4, 41, 7, 3, 21, 2, 44, 5, 186, 7, 60, 26, 3, 13, 7, 4, 5, 12, 8, 40, 11, 2 u. IV S.) 905. n.n. 15. —

— der königl. böhmischen Gesellschaft der Wissenschaften. Mathematisch-naturwissenschaftl. Classe. Jahrg. 1906—1909. Lex. 8. Prag (F. Řivnáč). nn 43. —
1906. Enth. 36 Aufsätze m. 18 Taf. u. 61 Textfig. (IX, 48; 8, 16, 25, 5, 4, 4, 63, 6, 5, 44, 15, 29, 4, 9, 8, 2, 12, 8, 17, 5, 24, 55, 25, 8, 15, 5, 19, 39, 18, 6, 14, 6, 7 u. IV S.) 907. nn 12. —
1907. Enth. 28 Aufsätze m. 6 Taf. u. 71 Textfig. (IX, 4, 13, 27, 17, 24, 6, 2, 63, 7, 71, 9, 41, 12, 18, 9, 27, 14, 8, 15, 18, 18, 28, 27, 10, 12, 17 u. IV S.) 908. nn 8. —
1908. Enth. 26 Aufsätze m. 12 Taf. u. 50 Textfig. (VII, 21, 35, 3, 4, 5, 28, 19, 16, 21, 76, 49, 18, 16, 16, 6, 15, 51, 7, 42, 4, 28, 8, 8, 13 u. IV S.) 909. nn 11. —
1909. Enth. 24 Aufsätze m. 12 Taf. u. 15 Textfig. (VII, 11, 11, 8, 23, 4, 10, 64, 33, 24, 12, 11, 7, 8, 67, 20, 4, 11, 7, 5, 13, 36, 49, 9, 10 u. IV S.) 910. nn 12. —

—— dass. — Philosopisch-historisch-philolog. Classe. Jahrg. 1885. gr. 8. (VIII, 162 S.) (Ebendas.) 886. *

—— dass. — Jahrg. 1886. gr. 8. (180 S. mit 1 Taf.) (Ebendas.) 887. *

—— dass. — Jahrg. 1887. gr. 8. (VII, 228 S.) (Ebendas.) 888. *

—— dass. — Jahrg. 1888. gr. 8. (VII, 313 S.) (Ebendas.) 889. **

—— dass. — Classe f. Philosophie, Geschichte u. Philologie. Jahrg. 1889—1891. gr. 8. (Ebd.) [1889. (IX, 408 S.) ** 5 20; 1890. (IX, 455 S.) ** 6 —; 1891. (IX, 299 S.) ** 4 20.] ** 15 40

— dasselbe. Jahrg. 1892. gr. 8. (IX, 297 S.) Ebd. 893. n.n. 4. 80

— dasselbe. Jahrg. 1893. gr. 8. (IX, 11, 30, 7, 41, 35, 176, 100, 7, 11, 13, 16, 80, 12, 6, 33, 102 u. 61 S.) Ebd. 894. n.n. 12. —

— dasselbe. Classe f. Philosophie, Geschichte u. Philologie. Jahrg. 1894. gr. 8. (IX, 8; 68, 37, 43, 14, 9, 14, 6, 54, 15, 28, 29, 51 u. I S. m. Abb. u. 1 Taf.) Ebd. 895. n.n. 5. —

— dasselbe. Jahrg. 1895. gr. 8. (IX, 12, 36, 20, 13, 28, 21, 10, 6, 26, 4, 22, 30, 5, 8, 2, 31, 21, 4, 24, 24, 5, 6, 49, 26, 41 u. II S.) Ebd. 896. n.n. 8. —

— dasselbe. Jahrg. 1896. Mit 2 Taf. u. 4 Holzschn. gr. 8. (IX, 12; 37, 12, 21, 112, 98, 31, 32, 43, 11, 15 u. 49 S.) Ebd. 897. n.n. 7. —

— dasselbe. Jahrg. 1897. (In böhm. u. deutscher Sprache.) gr. 8. (XI, 17, 40, 14, 70, 15, 92, 21, 10, 142, 35, 7, 19, 9, 11, 7, 27, 44, 25, 15, 25, 9, 20, 11, 5, 81, 29, 14, 3 u. 2 S. m. 1 Tab.) Ebd. 898. n.n. 12. —

— dasselbe. Classe f. Philosophie, Geschichte u. Philologie. Jahrg. 1898. (In böhm. u. deutscher Sprache.) gr. 8. (XI, 129, 51, 20, 89, 12, 28, 6, 21, 41, 18, 8, 93, 16, 12 u. II S.) Ebd. n.n. 7. 20

— dasselbe. Jahrg. 1899. (In böhm. u. deutscher Sprache.) gr. 8. (XI, 7, 1, 17, 16, 124, VI, 45, 18, 7, 24, 36, 79, 5, 19, 23, 34 u. I S.) Ebd. 900. n.n. 6. —

— dasselbe. Jahrg. 1900. (In böhm. u. deutsch. Sprache.) gr. 8. (XI. 144, 18, 12, 39, 8, 15, 30, 24, 36, 29, 18, 6, 5, 16, 30, 154, 11, 18 u. I S.) Ebd. 901. n.n. 9. —

— dasselbe. Jahrg. 1901. gr. 8. (XI; VIII, 84; 12, 8, 44, 41, 30, 29, 23, 31, 15, 31 u. II S.) Ebd. 902. n.n. 6. —

— dasselbe. Classe f. Philosophie, Geschichte u. Philologie. Jahrg. 1902—1905. gr. 8. Ebd. n.n. 24. 90
1902. (XI, 35, 14, 17, 51, 11, 12, 31, 17, 53, 29, 48, 30, 15, 20, 10 u. I S.) 903. n.n. 5. 40
1903. (XI, 56, 25, 32, 9, 9, 88, 14, 40, 6, 20, 27, 17, 50, 39, 12, 40, 5, 12, 67, 7, 12 u. I S. m. Abbildgn.) 904. n.n. 9 —
1904. (XI, 99, 67, 35, 35, 24, 11, 10, 33, 57, 28, 23, 30, 16, 14, 15, 19, 14 u. I S.) 905. n.n. 7. 50
1905. (XI, 58, 22, 18, 27, 12, 11, 25 u. 23 S.) 905. n.n. 3. —

— dasselbe. Klasse f. Philosophie, Geschichte u. Philologie. Jahrg. 1906—1909. Lex. 8. Ebd. nn 33. —
1906. (IX, 24; 30, 25, 78, 35, 7, 14, 19, 101, 20, 14, 11 u. I S.) 907. nn 6. —
1907. (IX, 161; IV, 125, 45, 8, 97, 5, 114, 40, 56, 24 u. I S.) 908. nn 9. —
1908. (IX, 12, 96, 108, 72, 85, 66, 39, 86, 12, 42, 18, 27, 30 u. I S. m. 3 Taf. u. 1 Karte.) 909. nn 9. —
1909. (XI, 66, 88, 83, 19, 67, 33, 54, 26, 30, 24, 3 u. 12 S.) 910. nn 9. —

Sitzungsberichte der Gesellschaft zur Erhaltung *Jerwscher* Alterthümer. [1.] 1904—11. Dorpat '12.

— der fränkischen Gesellschaft f. Geburtshilfe u. Frauenheilkunde. 1902/1903, 1904 u. 1905. gr. 8. München, J. F. Lehmann's Verl. n. 4. 20
1902/1903. (IV, 76 S. m. 1 Abbildg.) 904. n. 2. —
1904. (VIII, 26 S.) 905. n. 1. —
1905. (VIII, 44 S. m. Abbildgn.) 906. n. 1. 20
Sonderabdrucke aus: „Münch. med. Wochenschr."

Sitzungsberichte der fränkischen Gesellschaft f. Geburtshilfe u. Frauenheilkunde. 1906—1909. gr. 8. München, J. F. Lehmann's Verl. 5. —
1906. (VIII, 30 S. m. 1 Tab.) 907. 1. —
1907. (V, 59 S. m. Abb.) 908. 1. 60
1908. (V, 49 S. m. Abb.) 909. 1. 20
1909. (V, 31 S. m. Abb.) 910. 1. 20
Sonderabdrucke aus: „Münch. med. Wochenschr."

SITZUNGSBERICHTE DER GESELLSCHAFT NATURFORSCHENDER FREUNDE ZU BERLIN
aus den Jahren 1860 bis 1862. s. l. & a. 4°.
aus den Jahren 1863 bis 1864 nebst Register über die Jahre 1860—1864. s. l. & a.

SITZUNGS-BERICHTE DER GESELLSCHAFT NATURFORSCHENDER FREUNDE ZU BERLIN
im Jahre 1865. Nebst Register. — Beigefügt ist ein Register für die in 8vo gedruckten Mittheilungen der Gesellschaft aus den Jahren 1836 bis 1838. Berlin 1866. In der Nicolai'schen Buchhandlung. 4°.
im Jahre 1866. Nebst Register. — Beigefügt ist ein Register für die in den Berl. Vossischen und Spenerschen Zeitungen abgedruckten Mittheilungen der Gesellschaft aus den Jahren 1839—1859. ib. 1867. —
im Jahre 1867—1869. Nebst Register. ib. 1868—1870. —
im Jahre 1870. ib. 1871. Buchdr. der Königl. Akademie der Wissenschaften. (G. Vogt.) 8°.
im Jahre 1871—1873. ib. 1871—1873. Ferd. Dümmler.
aus dem Jahre 1874. ib. 1874. Selbstverlag der Gesellschaft.
Jahrg. 1875—1882. (Mit Tafeln.) ib. 1875—1882. Comm. bei R. Friedländer und Sohn.

SITZUNGS-BERICHTE DER GESELLSCHAFT NATURFORSCHENDER FREUNDE zu Berlin.
Jahrg. 1883—1885. Berlin. 1883—1885. In Comm. bei R. Friedländer und Sohn. 8°.

SITZUNGS-BERICHTE DER GESELLSCHAFT NATURFORSCHENDER FREUNDE ZU BERLIN.
Jahrg. 1886. Berlin 1886. In Commission (später: Kommission) bei R. Friedländer und Sohn. 8°.
Jahrg. 1887—1898. ib. 1887—1898. — Jahrg. 1899. (Mit 1 Tafel.) ib. 1899. — Jahrg. 1900—1901. ib. 1900—1901. — Jahrg. 1902—1905. (Mit Tafeln.) ib. 1902—1905. —

SITZUNGSBERICHTE DER GESELLSCHAFT NATURFORSCHENDER FREUNDE ZU BERLIN.
Jahrg. 1906—1907. (Mit Tafeln.) ib. 1906. — Jahrg. 1908. (Mit XII Tafeln und Tabellen.) ib. 1908. — Jahrg. 1909. (Mit 10 Tafeln und 1 Karte.) ib. 1909. — Jahrg. 1910. (Mit 18 Tafeln.) ib. 1910. — Jahrg. 1911. (Mit 12 Tafeln und Abbildungen.) ib. 1911. — Jahrg. 1912. (Mit 19 Tafeln und Abbildungen.) ib. 1912. —

—— der Gesellschaft naturforschender Freunde zu Berlin in den J. 1865—67. Nebst Register. gr. 4. Berlin 866—68, Nicolai'sche Verlagsh. [1865. (IV und 28 S.) * 15 Ngr., 1866. (IV und 45 S.) * 25 Ngr., 1867. (IV und 35 S.) * 20 Ngr.] *

—— der Gesellschaft naturforschender Freunde zu Berlin in den J. 1868 und 1869. gr. 4. (IV, 33; 41 S.) Berlin 870, Nicolai's Verlag. à Jahrg. *

—— dass. — in den J. 1870 und 1871. gr. 8. Berlin 872, (Dümmler's Verlag.) [1870. (VII, 91 S.) *ℳ 2.; 1871. (VI, 128 S.) *ℳ 3.] *

—— dass. — 1872. 12 Nrn. gr. 8. Ebendas. 872. *

—— dass. — 1874. gr. 8. (IV, 130 S.) Berlin 874, (Friedländer und Sohn.) *

—— der Gesellschaft naturforschender Freunde zu Berlin. Jahrg. 1875—1877. à Jahrg. 10 Nrn. (Bog.) gr. 8. Berlin, (Friedländer und Sohn.) à Jahrg. * 4 —

—— dass. — Dir.: P. Ascherson. Jahrg. 1878. 10 Nrn. (Bog.) gr. 8. (Ebendas.) * 4 —

—— dass. — Jahrg. 1879. 10 Nrn. (Bog.) gr. 8. (Ebendas.) * 4 —

—— der Gesellschaft naturforschender Freunde zu Berlin. 6.—10. Jahrg. 1880—1884. à Jahrg. 10 Nrn. gr. 8. (à Nr. ca. 25 S.) Berlin, (Friedländer und Sohn.) à Jahrg. *

—— der Gesellschaft naturforschender Freunde zu Berlin. Jahrg. 1885—1888. à Jahrg. 10 Nrn. gr. 8. (196; 164; 210; 188 S.) Berlin. (Friedländer und Sohn.) à Jahrg. *

—— d. Gesellschaft naturforschender Freunde zu Berlin. Jahrg. 1889—1892. à Jahrg. 10 Nrn. gr. 8. (205; 188; 192; IV, 262 S.) Berl., (Friedländer u. Sohn). à Jahrg. * 4 —

— dasselbe. Dir.: Bartels. Jahrg. 1893. 10 Nrn. (à ca. 1½ Bog.) gr. 8. Ebd. n. 4. —

— dasselbe. Dir.: Ascherson. Jahrg. 1894. 10 Nrn. gr. 8. (Nr. 1. 44 S.) Ebd. n. 4. —

— der Gesellschaft naturforschender Freunde zu Berlin. Jahrg. 1895—1898. gr. 8. Berlin (R. Friedländer & Sohn). à Jahrg. n. 4. —
Erscheint in zwanglosen Nummern.

Sitzungsberichte der Gesellschaft naturforschender Freunde zu Berlin. Jahrg. 1899—1902. gr. 8. (IV, 224; IV, 238; IV, 272 u. IV, 253 S.) Berlin (R. Friedländer & Sohn). à Jahrg. n. 4. —

— der Gesellschaft naturforschender Freunde zu Berlin. Jahrg. 1903—1906. (1903—05. 476, 307 u. 283 S. m. Abbildgn. u. 11, 6 u. 8 Taf.) gr. 8. Berlin, R. Friedländer & Sohn. à Jhrg. n. 4. —

— d. Gesellschaft naturforschender Freunde zu Berlin. Jahrg. 1907—1910. (1907—09. VI, 366; VI, 338 u. VI, 640 S. m. Abbildgn. u. 11, 12 u. 10 Taf.) gr. 8. Berlin, R. Friedländer & Sohn. à Jahrg. 4. —

Sitzungsberichte der Gesellschaft f. Geburtshülfe u. Gynäkologie zu Köln a/Rh. Jahrg. 1903. (29 S. m. 1 Abbildg.) gr. 8. Berlin 904. S. Karger. n. 1. 20
Sonderabdr. aus: „Monatsschr. f. Geburtshülfe u Gynäkol."

— dasselbe. Jahrg. 1904—1905. (45 S. m. Abbildgn.) gr. 8. Ebd. 906. n. 2. —

— der Gesellschaft f. Geburtshülfe u. Gynäkologie zu Köln a. Rh. Jahrg. 1906—1907. (83 S. m. Abb.) gr. 8. Berlin 908. S. Karger. 3. —

— der geburtshülflich-gynaekologischen Gesellschaft zu St. Petersburg. 1900. gr. 8. (47 S.) Berlin 901. S. Karger. n. 2. —
Sonderabdr. aus: „Monatsschrift f. Geburtshülfe etc."

— der geburtshülflich-gynaekologischen Gesellschaft zu St. Petersburg, Fortsetzg., s: Verhandlungen der russischen Gesellschaft f. Geburtshülfe u. Gynaekologie.

— der geburtshülflich-gynaekologischen Gesellschaft in Wien. 1. u. 2. Jahrg. 1888. 1889. gr. 8. (à ca. 180 S.) Wien, Braumüller. à Jahrg. n. 5. —

— dasselbe. 3. Jahrg. 1890. gr. 8. Wien, Hölder. n. 3.20

— der geburtshülflich-gynäkologischen Gesellschaft in Wien. 4. u. 5. Jahrg. 1891. 1892. Lex.-8. (à ca. 180 S.) Wien, A. Hölder. à Jahrg. n. 3.20

Sitzungsberichte der Gelehrten Estnischen Ges. (zu Dorpat) 1861—1912/13, 1919/20 ff. — Dorpat 1861—1912, 1921 ff.: Mattiesen.

—— der gelehrten estnischen Gesellschaft zu Dorpat. 1875 und 1876. gr. 8. (à ca. 180 S.) Dorpat. (Leipzig, Köhler.) à Jahrg. * — 80

— der gelehrten estnischen Gesellschaft zu Dorpat. 1877. [Im Anh. Inhaltsverzeichniß für die Jahre 1871—1876.] 8. (IV, 190 S.) Dorpat 878. (Leipzig, K. F. Koehler.) n.n. — 50

—— dass. — 1877 und 1878. gr. 8. (IV, 190; 246 S.) Dorpat. (Ebendas.) à Jahrg. ** — 50

—— dass. — 1879. gr. 8. (254 S.) (Ebendas.) * 2 —

—— der gelehrten estnischen Gesellschaft zu Dorpat. 1880. gr. 8. (213 S.) Dorpat. (Leipzig, K. F. Köhler.) *

—— dass. — 1881. 8. (268 S.) (Ebendas.). *

—— dass. — 1882. 8. (IV, 277 S.) (Ebendas.). *

—— dass. — 1883. 8. (IV, 196 S.) (Ebendas.). **

—— der gelehrten estnischen Gesellschaft zu Dorpat. 1884—1888. 8. (IV, 339; 357; 342; 188; 295 S.) Dorpat, (Krüger.) à Jahrg. **

Sitzungsberichte der gelehrten estnischen Gesellschaft. 1896—1901. 8. (IV, 218; III. 222; IV, 170; IV, 188; IV, 218 u. IV, 326 S.) Jurjew (Dorpat) 897—902. (Leipzig, K. F. Koehler.) à n. 1.20

— der gelehrten estnischen Gesellschaft. 1902—1905. gr. 8. Jurjew (Dorpat). (Leipzig, K. F. Koehler.) n. 5.60
1902. (IV, 188 u. 49 S.) 903. n. 1.20
1903. (IV, LIV, 138 S.) 904. n. 2.—
1904. (LXVI, 51 S. m. 1 Taf.) 905. n. 1.20
1905. (LXII, 70 S.) 906. n. 1.20

— der gelehrten estnischen Gesellschaft. 1906 u. 1907. (XLVIII, 56 S. m. 1 Taf. u. LXII, 119 S.) gr. 8. Jurjew (Dorpat) 907.08. Leipzig, K. F. Koehler. à 1.20

Sitzungsberichte der Gesellschaft für Geschichte und Altertumskunde (1914: zu Riga) der Ostseeprovinzen Russlands aus d. J. 1873 ff. Riga 1874 ff.

—— der Gesellschaft für Geschichte und Alterthumskunde der Ostseeprovinzen Russlands aus dem J. 1875. gr. 8. (101 S.) Riga 876, (Kymmel.) ** 1 —

— der Gesellschaft f. Geschichte u. Altertumskunde der Ostseeprovinzen Russlands aus d. J. 1904. (III, 336 S. m. 3 Taf.) gr. 8. Riga 905. (N. Kymmel's Sort.) n. 2.20

—— der Gesellschaft für Gynäkologie in München. I. 1885 und 1886. gr. 8. (III, 35 S.) München 887, J. A. Finsterlin. *

—— der Gesellschaft f. Gynäkologie in München. II. 1887 und 1888. gr. 8. (III, 59 S.) Münch. 889, J. A. Finsterlin. * 2 40

— der gynäkologischen Gesellschaft in München 1898/99. Nebst: Theilhaber, A.: Die operative Behandlung der tuberkulösen Peritonitis. gr. 8. (55 u. 15 S. m. 1 Taf.) Berlin (899). S. Karger. n. 2.50

SITZUNGS-BERICHTE DER HISTORISCHEN GESELLSCHAFT IN BERLIN.
1881. No. 1. 2.; 1882. No. 1—4.; 1883. No. 1. 2.*) (Ohne bes. Titelblatt. Berlin. R. Gaertner's Verlag.) 8°.

SITZUNGS-BERICHTE DER HISTORISCHEN GESELLSCHAFT zu Berlin.
1883. No. 1—3. 1884. No. 1—3. 1885. No. 1—2.*) (Ohne bes. Titelblatt. R. Gaertners Verlag, H. Heyfelder in Berlin.) 8°.

SITZUNGS-BERICHTE DER HISTORISCHEN GESELLSCHAFT ZU BERLIN.
1893. No. 1—4. Berlin, R. Gaertners Verlag, H. Heyfelder. (Ohne bes. Titelblatt.) — 1894. No. 1—2. ib. — 1897. No. 1—3. ib. (—.) 1898. No. 1—3. ib. 1898. (—.) 1899. No. 1—4. ib. 1899 (—.) 1900. No. 1—3. ib. 1900. (—.) 1901. No. 1—3. ib. 1901. (—.) 1902. No. 1—3. ib. (—.)

SITZUNGSBERICHTE DER JENAISCHEN GESELLSCHAFT FÜR MEDICIN UND NATURWISSENSCHAFT.
1877. (Ohne bes. Titelblatt.) 8°.
Für das Jahr 1881.*) Jena. 1881. Gustav Fischer.
Für das Jahr 1882. ib. 1883. —
Für das Jahr 1883. ib. 1884. —

SITZUNGSBERICHTE DER JENAISCHEN GESELLSCHAFT FÜR MEDICIN UND NATURWISSENSCHAFT
für das Jahr 1884. Jena, 1885. Gustav Fischer. 8°.
für das Jahr 1885. (Heft I—III.) Supplement zur Zeitschrift für Naturwissenschaft. Bd. XIX. (Mit 1 Tafel.) ib. 1885. —
für das Jahr 1886. Heft I—II. ib. 1886. —

SITZUNGSBERICHTE der Jenaischen Gesellschaft für Medicin und Naturwissenschaft für das Jahr 1886. Supplement zur Zeitschrift für Naturwissenschaft. Bd. XX. (Mit Tafeln.) Jena 1887. Verlag von Gustav Fischer [1]).

[1]) Nach einer Notiz (Sitzungsberichte der Jenaischen Gesellschaft für Medicin und Naturwissenschaft für das Jahr 1886, S. 163) hat die Gesellschaft beschlossen, die Sitzungsberichte eingehen zu lassen. Statt der Berichte über Vorträge werden, wie in früheren Zeiten, ev. „kurze Mittheilungen" am Schlusse der Hefte der Zeitschrift ihren Platz finden.

Sitzungsberichte der kurländischen Gesellschaft für Literatur u. Kunst. N. F. a. d. J. 1850—1914. Mitau.

Sitzungsberichte der kurländischen Ges. für Literatur und Kunst (1879 ff.: nebst Veröffentlichungen, 1893 ff.: und Jahresbericht des kurländischen Provinzial-Museums) aus den Jahren 1850—1914. — Mitau: Steffenhagen 1850—1916.

Sitzungs-Berichte der kurländischen Gesellschaft für Literatur und Kunst nebst Veröffentlichungen des kurländischen Provinzial-Museums aus dem Jahre 1891 ff. Mitau 1892 ff. Enthalten von 1893 an Jahresberichte. 8°

— der laryngo-otologischen Gesellschaft München. 1. Jahrg. (1900/1901.) gr. 8. (50 S. m. Abbildgn.) Berlin (902). O. Coblentz. n. 1.50
Sonderabdruck aus: „Monatsschrift f. Ohrenheilkunde".

— der laryngo-otologischen Gesellschaft München. 2.—5. Jahrg. (1902—1905). (32, 50, 7 u. 26 u. 23 S. m. Abbildgn.) gr. 8. Berlin 903—906. O. Coblentz. à n. 1.50
Sonderabdrucke aus: „Monatsschr. f. Ohrenheilkde."

— der laryngo-otologischen Gesellschaft München. VI. u. VII. Jahrg. (1906 u. 1907.) (48 S. mit Abbildgn.) Lex. 8. Berlin 908. O. Coblentz. 1.50
Sonderabdruck aus: „Monatsschr. f. Ohrenheilkde."

— der medizinischen Gesellschaft zu Chemnitz. 1902/1903—1904/1905. gr. 8. Ebd. 904. 905. n. 2.60
1902/1903. (III, 27 S.) — 80. — 1903/1904. (III, 24 S.) — 80
1904/1905. (III, 32 S.) 1.—
Sonderabdrucke aus: „Münch. med. Wochenschr."

Sitzungsberichte der medizinischen Gesellschaft zu Chemnitz. 1905/06, 1908/09. gr. 8. München, J. F. Lehmann's Verl. 3.60
1905/06. (III, 22 S.) 907. — 80
1906/07. (III, 19 S. m. 1 Abbildg.) 908. — 80
1907/08. (III, 31 S. m. Abbildgn.) 909. 1.—
1908/09. (III, 17 S.) 910. 1.—
Sonderabdrucke aus: „Münch. med. Wochenschr."

— der medicinischen Gesellschaft zu Magdeburg. 1896. [Aus: „Münch. med. Wochenschr."] gr. 8. (XV, 48 S.) München 897. J. F. Lehmann's Verl. n. 2.—

— dasselbe. 1897. [Aus: „Münch. med. Wochenschr."] gr. 8. (XV, 54 S.) Ebd. 898. n. 1.50

— der medicinischen Gesellschaft zu Magdeburg. 1898—1901. gr. 8. München, J. F. Lehmann's Verl. n. 7.20
1898. (XV, 55 S.) 899. n. 2.—. 1899. (XV, 55 S.) 900. n. 1.60
1900. (XV, 79 S.) 901. n. 2.—. 1901. (XV, 46 S.) 902. n. 1.60
Sonderabdrucke aus: „Münch. med. Wochenschrift".

— der medizinischen Gesellschaft zu Magdeburg. 1902—1905. gr. 8. Ebd. 903—906. n. 8.40
1902. (XII, 96 S.) 2.40. — 1903. (XII, 58 S.) 2.—.
1904. (XII, 42 S.) 1.60. — 1905. (XI, 105 S.) 2.40.
Sonderabdrucke aus: „Münch. med. Wochenschr."

— der medizinischen Gesellschaft zu Magdeburg 1906—1909. gr. 8. Ebd. 8.60
1906. (XI, 89 S. m. 2 Abbildgn.) 907. 3.—
1907. (XI, 63 S.) 908. 2.—
1908. (XII, 48 S.) 909. 1.60
1909. (XVI, 77 S.) 910. 2.—
Sonderabdrucke aus: „Münch. med. Wochenschr."

Sitzungsberichte der Medizinisch-naturwissenschaftlichen Gesellschaft zu Münster i. W. Jg. 1906—1910. Bonn, 1906 ff.

SITZUNGSBERICHTE DER GESELLSCHAFT FÜR MORPHOLOGIE UND PHYSIOLOGIE IN MÜNCHEN.
I. 1885. Heft 1—3. München 1885—1886. M. Rieger'sche Universitäts-Buchhandlung (G. Himmer). 8°.
II. 1886. Heft 1—2. ib. 1886. Jos. Ant. Finsterlin.

SITZUNGSBERICHTE DER GESELLSCHAFT FÜR MORPHOLOGIE UND PHYSIOLOGIE IN MÜNCHEN.

Bd. II. 1886. München 1887. Jos. Anton Finsterlin. 8°. — III. 1887. ib. 1888. Verlag der Münchener Medicinischen Wochenschrift. Jos. Anton Finsterlin. — IV. 1888. ib. 1889. —. — V. 1889. ib. 1890. — VI. 1890. ib. 1891. Verlag der Münchener Medicinischen Wochenschrift. J. F. Lehmann's medic. Buchhandlung, (später: J. F. Lehmann's Verlag). — VII. 1891. ib. 1892. —. —. VIII. 1892. ib. 1893. — — IX. 1893. ib. 1894. —.— Jahrg. (X.) 1894. Heft I—III. ib. 1895. —. —. XI. (Mit Tafeln.) 1895. ib. 1897. —. —. XII. 1896. ib. 1897. — —. XIII. (Mit Tafeln.) 1897. ib. 1898. —. —. XIV. 1898. ib. 1899. —. —. XV. 1899. ib. 1900. —. —. XVI. 1900. (Mit Tafeln.) ib. 1900. —. — XVII. 1901. ib. 1902. —. —. XVIII. 1902. (Mit Tafeln.) ib. 1903. —. —. XIX. 1903. Heft I. II. ib. 1904. —. —. XX. 1904. Heft I u. II. ib. 1905. —. —. XXI. 1905. ib. 1907. —. —. XXII. 1906. ib. 1907. —. —. XXIII. 1907. ib. 1907. — — XXIV. 1908. (Mit Tafeln.) ib. 1909. — — XXV. 1909. ib. 1910. — — XXVI. 1910. (Mit Tafeln.) ib. 1911. — — XXVII. 1911. (Mit Tafeln.) ib. 1912. — — XXVIII. 1912. ib. 1913. — — XXIX. 1913. (Mit Tafeln.) ib. 1914. — —

—— der Gesellschaft für Morphologie und Physiologie in München. I. 1885. 3 Hefte. gr. 8. München, Rieger'sche Universitäts-Buchh. [1. und 2. Heft. (S. 1—133) *M 4.20.; 3. Heft. (S. 135—174.) *M 1.80] *

—— dass. — II. 1886. 3 Hefte. gr. 8. München, J. A. Finsterlin. [1. und 2. Heft. (S. 1—100.) *M 3.80.; 3. Heft. (IV, S. 101—120.) 887. * 90 Pf.] *

—— dass. — III. 1887. 3 Hefte. gr. 8. Ebendas. [1. Heft. (S. 1—64.) *M 2.40.; 2. und 3. Heft. (IV, S. 65—164.) 888. *M 4.20.] *

—— dass. — IV. 1888. 3 Hefte. gr. 8. Ebendas. [1. Heft. (S. 1—38.) *M 1.50.; 2. Heft. (S. 39—98.) *M 2.40.; 3. Heft. (IV, S. 99—130.) *M 1.50.] *

—— der Gesellschaft f. Morphologie u. Physiologie in München. V. 1889. 3 Hefte. gr. 8. (IV, 131 S.) Münch. 889, [J. A. Finsterlin.] Lehmann. * 5 40
1. Heft. * 1 50. — 2. Heft. * 2 40. — 3. Heft. * 1 50.

—— dass. — VI. 1890. 3 Hefte. gr. 8. (IV, 177 S. m. Abbildgn.) Münch. 890, Lehmann. * 5 70
1. Heft. * 2 50. — 2. Heft. * 2 —. — 3. Heft. * 1 20.

—— dass. — VII. 1891. 3 Hefte. gr. 8. (X, 164 S. m. Abbildgn.) Ebd. 892. à Heft * 2 —; * 6 —

—— dass. — VIII. 1892. 3 Hefte. gr. 8. (VIII, 135 S. m. Abbildgn.) Ebd. 892. à Heft * 2 —; * 6 —

— dasselbe. IX. 1893. 3 Hfte. gr. 8. (XI, 181 S. m. Abbildgn.) Ebd. 893. 894. n. 5.10

— d. Gesellschaft f. Morphologie u. Physiologie in München. Jahrg. 1894. 3 Hfte. gr. 8. (IX, 139 S. m. Abb.) Ebd. 895. n. 5.—

— dasselbe. XI. 1895. 3 Hfte. gr. 8. (III, VIII, 130 S. m. Fig. u. 1 Farbdr.) Ebd. 896. 97. n. 5.—

— dasselbe. XII. 1896. 3 Hfte. gr. 8. (VIII, 140 S. m. Fig.) Ebd. 897. n. 6.—

— dasselbe. XIII. 1897. 3 Hfte. gr. 8. (III, 113 S. m. Abb., 5 Taf. u. 5 Erläutergstaf.) Ebd. 897. 98. n. 6.—

— dasselbe. XIV. 1898. 1. u. 2. Hft. gr. 8. (104 S.) Ebd. 898. n. 3.—

— der Gesellschaft f. Morphologie u. Physiologie in München. XIV. Bd. 1898. 3. Hft. gr. 8. (III, IV u. S. 105—161.) Ebd. 899. n. 2.—; (XIV. Bd. kplt. n. 5.—)

— dasselbe. XV—XVII. 1899—1901. gr. 8. Ebd. n. 14.40
XV. 3 Hfte. (XII, 160 S. m. Abb.) 899. 900. n. 5.—
XVI. 2 Hfte. (VIII, 127 S. m. Abb. u. 1 Taf.) 900. 901. n. 5.80
XVII. 2 Hfte. (XI, 93 S. m. Abb.) 902. n. 3.60

— der Gesellschaft f. Morphologie u. Physiologie in München. XVIII.—XX. Bd. 1902—1904 u. XXI. Bd. 1905. 1. Hft. gr. 8. Ebd. n. 8.60
XVIII. 2 Hefte. (XI, 100 S.) 903. n. 2.80
XIX. 2 Hefte. (III, 46 u. VIII, 39 S. m. Fig.) 904. à n. 1.20
XX. 2 Hefte. (VIII, 75 S. m. Fig.) 905. n. 2.20
XXI. 1. Heft. (48 S. m. Fig.) 905. n. 1.20

— der Gesellschaft f. Morphologie u. Physiologie in München. XXI. 1905. 2. Heft. u. XXII—XXV. 1906—1909. gr. 8. Ebd. 17.60
XXI. 1905. II. (VIII u. S. 49.) 907. —20 (Kplt. 1.40)
XXII. 1906. (VIII, 151 S. m. Abbildgn.) 907. 4.—
XXIII. 1907. (VIII, 159 S. m. Abbildgn.) 907/08. 5.—
XXIV. 1908. (VIII, 117 S. m. Abbildgn.) 909. 4.80
XXV. 1909. (VIII, 131 S. m. Abbildgn.) 910. 3.60

— der Münchener gynaekologischen Gesellschaft 1899/1900 u. 1900/1901. gr. 8. Ebd. n. 4.50
1899/1900. (60 S.) 900. n. 2.—. 1900/1901. (95 S.) 901. n. 2.50.
Sonderabdr. a.: „Monatsschr. f. Geburtshülfe u. Gynaekologie".

— der Münchener gynaekologischen Gesellschaft 1901/1902—1904/1905. gr. 8. Ebd. n. 10.50
1901/1902. (118 S. m. Abbildgn.) 902. n. 3.50
1902/1903. (65 S. m. Abbildgn.) 904. n. 2.—
1903/1904. (73 S. m. Abbildgn.) 905. n. 2.—
1904/1905. (101 S. m. 1 Abbildg.) 906. n. 3.—
Sonderabdrucke aus: „Monatsschr. für Geburtshülfe u. Gynaekologie".

— der Münchener gynäkologischen Gesellschaft 1906—1909. (79; 67; 58 u. V, 41 S.) gr. 8. Ebd. 907—10. à 2.50
Sonderabdrucke a.: „Monatsschr. f. Geburtsh. u. Gynäkol."

—— der naturforschenden Gesellschaft zu Leipzig. 1. Jahrg. 1874. gr. 8. (56 S.) Leipzig, Engelmann. *

—— der naturforschenden Gesellschaft zu Leipzig. 2.—4. Jahrg. gr. 8. Leipzig, (Engelmann.) [2. Jahrg. (120 S. mit 1 Stnt.) 875. *M 2.; 3. Jahrg. (72 S.) 876. *M 1,90.; 4. Jahrg. (III, 92 S. mit eingedr. Holzschn. und 3 Stnt.) *M 2.] * 5 90

—— dass. — 5. Jahrg. 4 Nrn. gr. 8. (Ebendas.) 878. [Nr. 1—3. (S. 1—15.) * 40 Pf.; Nr. 4. (IV, S. 17—44.) * 80 Pf.] * 1 20

—— der naturforschenden Gesellschaft zu Leipzig. 6.—10. Jahrg. 1879—1883. gr. 8. Leipzig, Engelmann. [6. Jahrg. 1879. (8 S.) * 40 Pf.; 7. Jahrg. 1880. (46 S.) *M 1,50.; 8. Jahrg. 1881. (50 S. mit 1 Tab.) *M 2.; 9. Jahrg. 1882. (17 S.) * 60 Pf.; 10. Jahrg. 1883. (III, 107 S.) *M 2.] *

—— der naturforschenden Gesellschaft zu Leipzig. 11. und 12. Jahrg. 1884 und 1885. gr. 8. (III, 58; III, 32 S.) Leipzig 885,86, Engelmann. Jahrg. 1884 *
Jahrg. 1885 *

— der naturforschenden Gesellschaft zu Leipzig. 13. u. 14. Jahrg. 1886/87. gr. 8. (III, 62 S.) Leipzig 888. Engelmann. n. 1.60

— dasselbe. 15. u. 16. Jahrg. 1888/89, 1890 [bis Febr.]. gr. 8. (III, 98 S.) Ebd. 890. n. 2.—

— der naturforschenden Gesellschaft zu Leipzig. 17. u. 18. Jahrg. 1891/92. gr. 8. (III, 126 S.) Leipzig 892. W. Engelmann. n. 2.40

— der naturforschenden Gesellschaft zu Leipzig. 19. bis 21. Jahrg. 1892/1894. gr. 8. (IV, 168 S. m. Fig.) Leipzig 895. W. Engelmann. n. 3.—

— dasselbe. 22. u. 23. Jahrg. 1895/1896. M. 1 Taf. u. 4 Abb. im Texte. gr. 8. (IV, 247 S.) Ebd. 897. n. 5.—

— der naturforschenden Gesellschaft zu Leipzig. 24. u. 25. Jahrg. 1897/1898. Mit 1 Taf. gr. 8. (IV, 134 S.) Leipzig 899. W. Engelmann. n. 3.—

— dasselbe. 26. u. 27. Jahrg. 1899/1900. gr. 8. (IV, 80 S.) Ebd. 901. n. 1.80

— der naturforschenden Gesellschaft zu Leipzig. 28.—31. Jahrg. 1900—1904. gr. 8. Leipzig, W. Engelmann. n. 3.60
28. 29. 1900—1902. (IV, 116 S. m. 1 Taf.) 903. 2.—
30. 31. 1903—1904. (III, 87 S. m. Abbildgn.) 905. 1.60

— der naturforschenden Gesellschaft zu Leipzig. 32.—35. Jahrg. 1905—1908. gr. 8. Leipzig 906—09. W. Engelmann. 10.50
1905. (III, 87 S. m. 2 Taf.) 906. 2.—
1906. (III, 140 S. m. Abbildgn.) 907. 3.—
1907. (VII, 8, 173 S. m. 3 Taf. u. 8 Bl. Erklärgn.) 908. 4.—
1908. (64 S.) 909. 1.50

SITZUNGSBERICHTE DER NATURFORSCHENDEN GESELLSCHAFT ZU LEIPZIG.
Jahrg. 13. und 14. 1866/1867. Leipzig. 1888. Wilhelm Engelmann. 8°. — 15. und 16. 1888/1889, 1890 (bis Februar). ib. 1890. — 17. und 18. ib. 1892. — 19. bis 21. 1892/1894. ib. 1895. — 22. und 23. 1895/1896. Mit 1 Tafel und 4 Abbildungen im Texte. ib. 1897. — 24. und 25. 18897/1898. Mit 1 Tafel. ib. 1899. — 26. und 27. 1899/1900. ib. 1901. — 28. und 29. 1901 —1902. ib. 1903. — 30. und 31. 1903—1904. ib. 1905. — 32. 1905. (Mit 2 Tafeln.) ib. 1906. — 33. 1906. ib. 1907. — 34. 1907. (Mit Tafeln.) ib. 1908. — 35—38. 1908—1911. ib. 1909—1912. — 39. 1912. Mit einer Tafel und 3 Figuren im Text ib. 1913. —

Sitzungsberichte der Naturforschenden Gesellschaft zu Rostock, s.a. Sitzungsberichte und Abhandlungen ...

SITZUNGSBERICHTE[1]) DER NATURFORSCHENDEN GESELLSCHAFT ZU ROSTOCK.
1886. — 1887. — 1888. — 1889. — 1890. — 1891. — 1892. — 1893. — 1894. — 1895. — 1896. — 1897. —

SITZUNGSBERICHTE DER NATURFORSCHENDEN GESELLSCHAFT ZU ROSTOCK. Anhang zum Archiv des Vereins der Freunde der Naturgeschichte in Mecklenburg.
Jahrg. 1898. — 1899. — 1900. — 1901. — 1902. — 1903. (Mit Tafeln.) — 1904. — 1905. (Mit 2 Tafeln.) (Güstrow. Ratbuchdruckerei C. Michaal.) 1906. (Mit 1 Tafel.) (ib. —). — 1907. (Mit 1 Tafel.) (ib. —). — 1908. (Mit 2 Tafeln.) (ib. —)

[1]) Die Sitzungsberichte werden ausserdem in der Rostocker Zeitung veröffentlicht.

— der Gesellschaft für Natur- und Heilkunde zu Dresden. Jahrg. 1867. 2 Hefte. gr. 8. (1. Heft 64 S.) Dresden, am Ende. *

— der Gesellschaft für Natur- und Heilkunde zu Dresden. 1868. 2 Hefte. gr. 8. (1. Heft 76 S.) Dresden, am Ende. [Kaufmann.] *

— der niederrheinischen Gesellschaft f. Natur- u. Heilkunde zu Bonn, s.o. Verhandlungen des naturhistorischen Vereins der preussischen Rheinlande usw.

SITZUNGSBERICHTE DER NIEDERRHEINISCHEN GESELLSCHAFT FÜR NATUR- UND HEILKUNDE ZU BONN.
Jahrg. (1869*)—1881. Bonn 1869—1882. Max Cohen & Sohn. 8°.

SITZUNGSBERICHTE DER NIEDERRHEINISCHEN GESELLSCHAFT FÜR NATUR- UND HEILKUNDE zu Bonn.**)
1882—1885. Bonn 1882—1885. Max Cohen & Sohn (Fr. Cohen). 8°.

— der niederrheinischen Gesellschaft für Natur- und Heilkunde zu Bonn. Jahrg. 1869. 1. Heft. gr. 8. (40 S.) Bonn, Cohen und Sohn. *

— der niederrheinischen Gesellschaft für Natur- und Heilkunde zu Bonn. 1883. gr. 8. (VII, 285 S. mit 1 Stnt.) Bonn, Cohen und Sohn. *

— der niederrheinischen Gesellschaft f. Natur- u. Heilkunde zu Bonn. 1893. gr. 8. (VI, 93 u. 68 S.) Bonn 893. (F. Cohen.) n. 3.—

— d. niederrheinischen Gesellschaft f. Natur- u. Heilkunde zu Bonn. 1894. gr. 8. (VI, 117 u. 58 S.) Bonn 894. (F. Cohen.) n. 3.—

— dasselbe. 1895. gr. 8. (V, 129 u. 38 S.) Ebd. 895. n. 4.—

Sitzungsberichte der niederrheinischen Gesellschaft f. Natur- u. Heilkunde zu Bonn. 1896. 2 Hälften. gr. 8. (VIII, 184 u. 48 S. m. 2 Fig.) Bonn 896. (F. Cohen.) n. 3.—

— dasselbe, Fortsetzg., s.: Verhandlungen d. naturhistor. Vereins d. preuss. Rheinlande etc.

— der niederrheinisch-westfälischen Gesellschaft für Gynäkologie u. Geburtshülfe 1903 u. 1904/1905. gr. 8. Berlin 904. 906. S. Karger. n. 3.—
1903. (56 S.) 1.—. — 1904/05. (58 S. m. 1 Abbldg.) 2.—.
Sonderabdrucke aus: „Monatsschr. für Geburtshülfe u. Gynaekologie".

— der niederrheinisch-westfälischen Gesellschaft f. Gynäkologie u. Geburtshülfe. 1906—1907 u. 1908—1909. gr. 8. Berlin, S. Karger. 5.50
1906.07. (62 S. m. 1 Abb.) 908. 2.50
1908.09. (85 S. m. 7 Fig.) 910. 3.—
Sonderabdrucke aus: „Monatsschr. f. Geburtsh. u. Gynäkol."

SITZUNGSBERICHTE DER NÜRNBERGER MEDICIN. GESELLSCHAFT UND POLIKLINIK.
Separat-Abdruck aus der Münchener Medicin. Wochenschrift.
1895. München 1896. J. F. Lehmann. 8°. — 1896. ib. 1897. —
Sonderabdruck aus der Münchener Medicin. (später: Medizin.) Wochenschrift.
1897. ib. 1898. — 1898. ib. 1899. — 1899. ib. 1900. — 1900. ib. 1901. — 1901. ib. 1902. — 1902. ib. 1903. — 1903. ib. 1904. — 1904. ib. 1905. — 1905. ib. 1905. — 1906. ib. 1907. —
Sonderdruck aus der Münchener medizin. Wochenschrift.
1907. ib. 1908. — 1908. ib. 1909. —

— der Nürnberger medicin. Gesellschaft u. Poliklinik. 1895—1897. [Aus: „Münch. med. Wochenschr."] gr. 8. (22, 30 u. 41 S.) Ebd. 896—898. à n. 1.—

— der Nürnberger medicinischen Gesellschaft und Poliklinik. 1898—1901. gr. 8. Ebd. n. 4.40
1898. (IV, 25 S.) 899. n. 1.—. 1899. (VI, 34 S.) 900. n. 1.—
1900. (V, 38 S.) 901. n. 1.20. 1901. (V, 37 S.) 902. n. 1.20
Sonderabdrucke aus: „Münch. med. Wochenschrift".

— der Nürnberger medizin. Gesellschaft u. Poliklinik. 1903—1905. gr. 8. Ebd. 904. 905. n. 4.60
1903. (III, 63 S.) 2.—. 1904. (III, 50 S. m. 1 Abb.) 1.60.
1905. (V, 31 S. m. 1 Abbldg.) 1.—.
Sonderabdrucke aus: „Münch. med. Wochenschr."

— der Nürnberger medizinischen Gesellschaft u. Poliklinik. 1906—1909. gr. 8. Ebd. 4.80
1906. (VI, 34 S.) 907. 1.—
1907. (IV, 54 S.) 908. 1.60
1908. (39 S. m. 1 Abbildg.) 909. 1.20
1909. (VI, 30 S.) 910. 1.—
Sonderabdrucke aus: „Münch. med. Wochenschr."

SITZUNGSBERICHTE DER PHYSIKAL.(ISCH)-MEDICIN.(ISCHEN) GESELLSCHAFT zu Würzburg.
Herausgegeben von der Redactions-Commission der Gesellschaft Prof. Dr. v. RINECKER ROSSBACH FLESCH.:
Jahrg. 1881.*) Würzburg. 1881. Stahel'sche Buch- & Kunsthandlung. 8°.
Herausgegeben von der Redactions-Commission der Gesellschaft Prof. Dr. v. RINECKER MAX FLESCH PH. STÖHR.:
Jahrg. 1882. ib. 1882. —
Herausgegeben von der Redactions-Commission der Gesellschaft JOHANNES GAD W. REUBOLD HANS VIRCHOW.:
Jahrg. 1883. ib. 1883. —
Herausgegeben von der Redactions-Commission der Gesellschaft JOHANNES GAD W. REUBOLD KONRAD RIEGER.:
Jahrg. 1884. ib. 1884. —

SITZUNGSBERICHTE DER PHYSIKALISCH-MEDICINISCHEN GESELLSCHAFT zu Würzburg.
Herausgegeben von der Redactions-Commission der Gesellschaft KUNKEL. W. REUBOLD. W. KIRCHNER.:
Jahrg. 1885. Würzburg. 1885. Stahel'sche Univers.-Buch- & Kunsthandlung. 8°.
Herausgegeben von der Redactions-Commission der Gesellschaft KUNKEL. W. REUBOLD. FRIEDRICH DECKER.:
Jahrg. 1886. ib. 1886. —

SITZUNGSBERICHTE DER PHYSIKALISCH-MEDICINISCHEN GESELLSCHAFT ZU WÜRZBURG.
Herausgegeben von der Redactions-Commission der Gesellschaft: GR. SCHMITT. W. REUBOLD. FRIEDRICH DECKER.
Jahrg. 1887. Würzburg 1886. Druck & Verlag der Stahel'schen Univers.-Buch- & Kunsthandlung. 8°.
Jahrg. 1888. ib. 1888. —
Jahrg. 1889. ib. 1889. —
Jahrg. 1890. ib. 1890. —
Herausgegeben von der Redactions-Commission der Gesellschaft: GR. SCHMITT. W. REUBOLD. PAUL REICHEL.
Jahrg. 1891. ib. 1892. —
Jahrg. 1892. ib. 1893. —
Herausgegeben von der Redactions-Commission der Gesellschaft: O. SCHULTZE. W. REUBOLD. P. REICHEL.
Jahrg. 1893. ib. 1893. —
Jahrg. 1894. ib. 1895. —

SITZUNGSBERICHTE DER PHYSIK.-MED. GESELLSCHAFT ZU WÜRZBURG.
Herausgegeben von der Redactions-Commission der Gesellschaft: O. SCHULTZE. W. REUBOLD. PAUL REICHEL.
Jahrg. 1895. ib. 1896. —
Herausgegeben von der Redactions-Commission der Gesellschaft: O. SCHULTZE. W. REUBOLD. RICH. GEIGEL.
Jahrg. 1896. ib. 1897. —
Herausgegeben von der Redactions-Commission der Gesellschaft: O. SCHULTZE. W. REUBOLD. FRIEDR. SCHENCK.
Jahrg. 1897. ib. 1898. Stahel'sche Verlags-Anstalt in Würzburg.
Herausgegeben von der Redactions-Commission der Gesellschaft: O. SCHULTZE. W. NIEBERDING. FRIEDR. SCHENCK.
Jahrg. 1898. Mit dem Porträt des † Professor v. Sandberger. ib. 1899. —
Jahrg. 1899. ib. 1900. —

SITZUNGS-BERICHTE DER PHYSIK.-MED. GESELLSCHAFT ZU WÜRZBURG.
Herausgegeben von der Redaktions-Kommission der Gesellschaft: O. SCHULTZE. W. NIEBERDING. JOHS. MÜLLER.
Jahrg. 1900. ib. 1901. A. Stuber's Verlag (C. Kabitzsch). —
Jahrg. 1901. ib. 1902. —
Jahrg. 1902. ib. 1903. —
Herausgegeben von der Redaktions-Kommission der Gesellschaft: O. SCHULTZE. JOHS. MÜLLER. J. SOBOTTA.
Jahrg. 1903. ib. 1904. —
Herausgegeben von der Redaktions-Kommission der Gesellschaft: O. SCHULTZE. W. WEYGANDT. A. SCHMINCKE.
Jahrg. 1904. ib. 1905. —
Herausgegeben von der Redaktions-Kommission der Gesellschaft: O. SCHULTZE. W. WEYGANDT. A. GÜRBER.
Jahrg. 1905. ib. 1906. —
Jahrg. 1906. ib. 1907. —
Jahrg. 1907. ib. 1908. —
Herausgegeben von der Redaktions-Kommission O. SCHULTZE. F. HARMS. K. MAYR.
Jahrg. 1908. ib. 1909. —
Herausgegeben von der Redaktions-Kommission O. SCHULTZE. F. HARMS. A. SOMMER.
Jahrg. 1909. ib. 1910. —
Herausgegeben von der Redaktions-Kommission der Gesellschaft: O. SCHULTZE. F. HARMS. O. POLANO.
Jahrg. 1910. ib. 1911. —
Herausgegeben von der Redaktions-Kommission der Gesellschaft: O. SCHULTZE. F. HARMS.
Jahrg. 1911. ib. 1912. Verlag von Curt Kabitzsch.
Herausgegeben von der Redaktions-Kommission der Gesellschaft: O. SCHULTZE. D. ACKERMANN. K. HELLY.

—— der physikalisch-medicin. Gesellschaft zu Würzburg. Hrsg. von der Redact.-Commission der Gesellschaft: v. Rinecker, Rossbach, Flesch. Jahrg. 1881. 11 Nrn. gr. 8. (184 S.) Würzburg, Stahel'sche Universitäts-Buchh. *

—— dass. — Jahrg. 1882—1884. à Jahrg. 10 Nrn. gr. 8. (160; 156; 164 S.) Ebendas. à Jahrg. *
Früher enthalten in: Verhandlungen der physikalisch-medicin. Gesellschaft zu Würzburg.

—— der physikalisch-medicinischen Gesellschaft zu Würzburg. Jahrg. 1885—1888. gr. 8. (IV, 160; IV, 166; IV, 145; IV, 170 S.) Würzburg, Stahel'sche Universitäts-Buchh. à Jahrg. *

Sitzungsberichte der physikalisch-medicinischen Gesellschaft zu Würzburg. Jahrg. 1889—1892. à Jahrg. ca. 10 Nrn. gr. 8. (IV, 160; IV, 160; IV, 144; IV, 166 S.) Würzb., Stahel. à Jahrg. * 4 —

— der physikalisch-medicinischen Gesellschaft zu Würzburg. Jahrg. 1891—1894. gr. 8. (à ca. 160 S.) Würzburg, Stahel. à Jahrg. n. 4. —

— der physikalisch-medicinischen Gesellschaft zu Würzburg. Hrsg. v. der Red.-Commission d. Gesellschaft: O. Schultze, W. Reubold, P. Reichel. Jahrg. 1895—1898. gr. 8. Würzburg, Stahel'sche Verlags-anstalt. à Jahrg. n. 4. —
Erscheint in zwanglosen Heften.

— der physikalisch-medicinischen Gesellschaft zu Würzburg. Jahrg. 1899. gr. 8. (III, 116 S.) Würzburg 899. Stahel's Verl. n. 4. —

— dasselbe. Jahrg. 1900—1902. gr. 8. (IV, 78; IV, 108 u. IV, 100 S.) Würzburg, A. Stuber's Verl. à Jahrg. n. 4. —

— der physikalisch-medicinischen Gesellschaft zu Würzburg. Jahrg. 1903—1906. (1903—1905. IV, 126; IV, 156 u. IV, 149 S. m. Abbildgn.) gr. 8. Würzburg, C. Kabitzsch. à Jhrg. n. 4. —

— der physikalisch-medicinischen Gesellschaft zu Würzburg. Hrsg. v. der Red.-Komm. der Gesellschaft: O. Schultze, F. Harms, K. Mayr. Jahrg. 1907—1910. (IV, 125 S. m. 7 Abb. u. 2 Taf.; IV, 106; IV, 80 u. IV, 82 S. m. Abb.) gr. 8. Würzburg, C. Kabitzsch. à Jahrg. 4. —

— der rheinisch-westfäl. Gesellschaft f. innere Medizin u. Nervenheilkunde. 1.—3. Jahrg. 1903/1904 bis 1905/1906. gr. 8. München, J. F. Lehmann's Verl. n. 3. 80
1903/1904. (VIII, 48 S. m. 2 Abbildgn.) 904. n. 1. —
1904/1905. (VIII, 46 S.) 905. n. 1. 20
1905/1906. (VII, 53 S.) 906. n. 1. 60
Sonderabdrucke aus: „Münch. med. Wochenschr.“

— der rheinisch-westfäl. Gesellschaft f. innere Medizin u. Nervenheilkunde. 4.—6. Jahrg. 1906/07—1908/09. gr. 8. München, J. F. Lehmann's Verl. 3.80
1906/07. (VIII, 40 S. m. 1 Fig.) 907. 1. 20
1907/08. (VII, 59 S.) 908. 1. 60
1908/09. (VIII, 83 S.) 909. 1. —
Sonderabdruck aus: „Münch. med. Wochenschr.“

— des ärztlichen Vereins Halle a/S. 1897/98. [Aus: „Münch. med. Wochenschr.“] gr. 8. (III, 68 S.) Ebd. 898. n. 2. —

— des ärztlichen Vereins Halle a. S. 1898/99. gr. 8. (III, 50 S.) Ebd. 900. n. 1.60
Sonderabdruck aus: „Münch. med. Wochenschrift“.
Fortsetzung, s.: Verhandlgn. d. Ver. d. Aerzte z. Halle.

Sitzungs-Berichte d. Handelskammer in Duisburg. 1906 ff. Duisburg-Ruhrort o. J. 4°

Sitzungsberichte der Handels- und Gewerbekammer für den Böhm. Leipaer und Gitschiner Kreis zu Reichenberg. Vom November 1851 — Dez. 1852. — 4. (34 S.) Prag, Frdr. Rohlicek.

Sitzungsberichte der Handels- und Gewerbekammer für das Erzherzogtum Österreich unter der Enns für 1876-99. 4° Wien 1876-99

Sitzungsberichte der Handels- und Gewerbekammer für Österreich unter der Enns. 1900-06. 4° Wien 1900-06

SITZUNGS-BERICHTE DER NATURWISSENSCHAFTLICHEN GESELLSCHAFT ISIS ZU, später: IN DRESDEN.
Redigirt von A. DRECHSLER.:
Jahrg. 1861—1865. (Mit Tafeln.) Dresden. 1862—1865. Rudolf Kuntze. 8°.
Redigirt von dem hierzu gewählten Comité.:
Jahrg 1866—1868. Mit Tafeln Abbildungen. ib. 1866—1869. Comm. von Herrmann Schöpff.
Herausgegeben unter Mitwirkung des Redactions-Comité von CARL BLEY.:
Jahrg. 1869—1872. (Mit Tafeln und Holzschnitten.) ib. 1870—1873. Hermann Schöpff.
Jahrg. 1873—1880. (Mit Holzschnitten und Tafeln.) ib. 1874—1881. Burdach'sche Hofbuchhandlung.

—— der naturwissenschaftlichen Gesellschaft Isis zu Dresden. Redig. von A. Drechsler. Jahrg. 1861. 12 Nrn. Lex.-8 (Nr. 1—6. 44 S. mit 2 Stnt. in gr. Fol.) Dresden 861. Kuntze. *

—— der naturwissenschaftlichen Gesellschaft Isis zu Dresden. Redig. von A. Drechsler. Jahrg. 1862—65. à Jahrg. 12 Nrn. (Bog.) gr. 8. Dresden, (Schöpff.) à Jahrg. *

—— der naturwissenschaftlichen Gesellschaft Isis in Dresden. Hrsg. unter Mitwirkung des Redactions-Comité von Carl Bley. Jahrg. 1868. gr. 8. (IV, 208 S. mit eingedr. Holzschn. und 3 lithogr. Taf.) Dresden, Schöpff. [Burdach.] *

—— dass. — 1869—1872. gr. 8. [Ebendas.] [1869. (VIII, 252 S. mit 6 eingedr. Holzschn. und 3 lithogr. Taf.); 1870. (VIII, 258 S. mit 3 lithogr. Taf. in qu. 4.); 1871. (248 S. mit 5 eingedr. Holzschn.); 1872. (190 S. mit 15 eingedr. Holzschn. und 1 lithogr. Taf. Abbildungen.)] à Jahrg. *

—— dass. — Jahrg. 1873—1875. gr. 8. Dresden, Burdach. [1873. (215 S. mit 1 Holzschn.); 1874. (281 S. mit 2 Taf. und mehreren Holzschn.); 1875. (146 S. mit 6 Holzschn.)] à Jahrg. *

—— der naturwissenschaftlichen Gesellschaft Isis in Dresden. Hrsg. unter Mitwirkung des Red.-Comité von Carl Bley. Jahrg. 1876. gr. 8. (VI, 197 S. mit 1 lithogr. Karte in qu. gr. 4. und 1 eingedr. Holzschn.) Dresden 876,77, (Burdach.) ** 5 —

—— dass. — Jahrg. 1877. gr. 8. (IV, 155 S. mit 1 lithogr. Taf. und 2 eingedr. Holzschn.) (Ebendas.) 877,78. ** 5 35

—— dass. — Jahrg. 1878. gr. 8. (IV, 207 S. mit 10 Abbild. in Holzschntaf.) (Ebendas.) 878,79. ** 4 —

Sitzungsberichte der naturwissenschaftlichen Gesellschaft Isis in Dresden. Hrsg. unter Mitwirkung des Redact.-Comité von Carl Bley. Jahrg. 1879. gr. 8. (IV, 195 S. mit 10 lithogr. Taf. und 10 eingedr. Holzschn.) Dresden 879,80, (Burdach.) ** 6 —

—— der naturwissenschaftlichen Gesellschaft Isis in Dresden. Hrsg. unter Mitwirkung des Redact.-Comité von Carl Bley. Jahrg. 1880. gr. 8. (120 S. mit 3 Stnt.) Dresden, (Burdach.) **
Fortsetzung vgl.: Sitzungsberichte und Abhandlungen.

Sitzungsberichte der medizinischen Gesellschaft Kiel. 1903/1904. (IV, 43 S.) gr. 8. München 905. J. F. Lehmann's Verl. n. 1. 20
Sonderabdruck aus: „Münch. med. Wochenschr."

— der medizinischen Gesellschaft Kiel. 1905, 1906—1909. (IV, 23 S.) gr. 8. Ebd. 4. —
1905. 1906. (IV, 23 S.) 907. 1. 20
1907. (III, 16 S. m. Abbildgn.) 908. — 60
1908. (35 S.) gr. 8. 909. 1. —
1909. (IV, 43 S. m. Abbildgn.) 910. 1. 20
Sonderabdrucke aus: „Münch. med. Wochenschr."

— des physiologischen Vereins Kiel. 1895. [Aus: „Münch. med. Wochenschr."] gr. 8. (IV, 32 S.) München 896. J. F. Lehmann's Verl. n. 1. —

— dasselbe. 1896. [Aus: „Münch. med. Wochenschr."] gr. 8. (IV, 48 S.) Ebd. 897. n. 1. 50

— dasselbe. 1897. [Aus: „Münch. med. Wochenschr."] gr. 8. (III, 73 S.) Ebd. 898. n. 1. 50

— des physiologischen Vereins Kiel. 1898. 1899/1900 u. 1901. gr. 8. München, J. F. Lehmann's Verl. n. 5. 60
1898. (III, 33 S.) 899. n. 1. —. — 1899/1900. (IV, 95 S.) 901. n. 3. —. — 1901. (IV, 49 S.) 902. n. 1. 60.
Sonderabdrucke aus: „Münch. med. Wochenschrift".

— des physiologischen Vereins Kiel, 1902, 1903 u. 1904. gr. 8. München 903—905. J. F. Lehmann's Verl. n. 4. 40
1902. (IV, 30 S.) 1. —. 1903. (IV, 64 S. m. Abbildgn. u. 1 Tab.) 1. 80. — 1904. (IV, 56 S.) 1. 60.
Sonderabdrucke aus: „Münch. med. Wochenschr."

Sitzungsberichte des physiologischen Vereins Kiel. 1905, 1906, 1907, 1908 u. 1909. gr. 8. München, J. F. Lehmann's Verl. 7. —
1905. 06. (IV, 75 u. 24 S. m. 1 Abb.) 907. 2. 40
1907. (III, 56 S.) 908. 1. 60
1908. (III, 62 S. m. Abb.) 909. 1. 80
1909. (III, 40 S. m. Abb.) 910. 1. 20
Sonderabdr. aus: „Münch. med. Wochenschr."

Sitzungsberichte der mathematisch-physikalischen Classe der königl. bayerischen Akademie der Wissenschaften zu München, s. Sitzungsberichte der königl. bayerischen Akademie der Wissenschaften zu München.

Sitzungsberichte der philosophisch-philologischen und historischen Classe der königl. bayerischen Akademie der Wissenschaften zu München, s. Sitzungsberichte der königl. bayerischen Akademie der Wissenschaften zu München.

Sitzungsberichte von den Kreisturntagen des V. Kreises D. T., 22. u. 24. Oldenburg 1899 u. 1903, 25. Delmenhorst 1905, Osnabrück, 8°. 3 Bde.

— des ärztlichen Vereins München A. V. I. II. III. 1891. 1892. 1893. [Aus: „Münch. medicin. Wochenschr."] gr. 8. (XII, 272, XII, 174, XII, 240 S. m. 1 graph. Taf.) Ebd. 892—894. à n. 4. —

— des ärztlichen Vereins München A. V. IV. 1894. [Aus: „Münch. med. Wochenschr."] gr. 8. (XIII, 217 S. m. Abb.) Ebd. 895. n. 4. —

— dasselbe. V. u. VI. 1895 u. 1896. [Aus: „Münch. med. Wochenschr."] gr. 8. (XII, 166 u. XII, 147 S. m. Abb.) Ebd. 896. 97. à n. 3. —

— dasselbe. VII. 1897. [Aus: „Münch. med. Wochenschr."] gr. 8. (XXIII, 175 S. m. Abb.) Ebd. 898. n. 3. —

— des ärztlichen Vereins München. (Eingetragener Verein.) VIII—XI. 1898—1901. gr. 8. München, J. F. Lehmann's Verlag. n. 18. —
VIII. (XV, 233 S. m. Abbildgn.) 899. n. 4. —
Sonderabdruck aus: „Münch. med. Wochenschrift".
IX. (XXIII, 242 S. m. 2 Abbildgn.) 900. n. 5. —
X. (XV, 160 S. m. Abbildgn.) 901. n. 4. —
XI. (XIV, 164 S. m. 16 Fig.) 902. n. 5. —

— des ärztlichen Vereins München. (Eingetragener Verein.) XII.—XIV. 1902—1904. gr. 8. Ebd. n. 12. 40
XII. (XXII, 168 S. m. Abbildgn.) 903. n. 4. —
XIII. (XXII, 77 S. m. Abbildgn.) 904. n. 2. 40
XIV. (XXVI, 201 S. m. Abbildgn.) 905. n. 6. —

— des ärztlichen Vereins München. (Eingetragener Verein.) XV—XIX. 1905—1909. 8. Ebd. 29. —
XV. (XXXV, 211 S. m. Abb.) 906. 6. —
XVI. (XXXVI, 214 S. m. Abb. u. 1 Tab.) 907. 6. —
XVII. (XVI, 240 S. m. Abb. u. 2 Taf.) 908. 6. —
XVIII. (XL, 205 S. m. Abb. u. 1 Bildnis.) 909. 5. —
XIX. (XVII, 228 S. m. Abb. u. 2 Bildnissen.) 910. 6. —
Sonderabdrucke aus: „Münch. med. Wochenschr."

—— der Naturforscher-Gesellschaft zu Dorpat in den J. 1853—60. Redig. von Alex. Gust. v. Schrenck. 8. (465 S.) Dorpat 861, (Glaeser's Verlag.) geb. *

—— der Naturforscher-Gesellschaft zu Dorpat in den J. 1861 bis 1869. 2. und 3. Bd. 8. (266 S.) Dorpat 870, (Gläser.) [Schnakenburg.] à Bd. *

—— der Dorpater Naturforscher-Gesellschaft, redig. von G. Dragendorff. 4. Bd. 1. Heft. [1875.] 8. (S. 1—204 mit 1 Stnt. in qu. gr. 4. und 2 Tab. in qu. gr. 4. und Imp.-Fol.) Dorpat 876. (Leipzig, Köhler.) * 2 —

—— dass. — 4. Bd. 2. Heft. 1876. 8. (S. 205—344.) (Ebendas.) 876. * 2 —

—— der Naturforscher-Gesellschaft bei der Universität Dorpat, redig. von G. Dragendorff. 4. Bd. 3. (Schluß-)Heft. gr. 8. (260 S.) Dorpat 878. (Leipzig, K. F. Köhler.) *

—— dass. — 5. Bd. 3 Hefte. 1880. gr. 8. (VII, 495 S. mit 1 Stnt.) Ebendas. à Heft * ℳ 1,50.; *

— dasselbe. 6. Bd. 1. Hft. 1881. 8. (224 S.) Ebend. 882. n. 2. —

— der Naturforscher-Gesellschaft bei der Universität Dorpat. Red. v. G. Dragendorff. 6. Bd. 2. u. 3. Hft. 1882. 8. (IV u. S. 225—654.) Dorpat 883. 84. (Leipzig, K. F. Köhler.) à n. 1. 50 (6. Bd. cplt.: n. 5. —)

—— der Naturforscher-Gesellschaft bei der Universität Dorpat, redig. von Dragendorff. 7. Bd. 2 Hefte. gr. 8. Dorpat. (Leipzig, K. F. Köhler.) [1. Heft. (S. 1—258 mit 2 Taf.) 884; 2. Heft. (S. 259—394 mit 2 Taf.) 885.] à Heft *

—— dass. — 8. Bd. 2 Hefte. gr. 8. (Ebendas.) [1. Heft. (S. 1—180 mit 2 Taf.) 886; 2. Heft. (S. 181—355.) 887.] à Heft *

—— der Naturforscher-Gesellschaft bei der Universität Dorpat, redig. v. G. Dragendorff. 8. Bd. 3. (Schluss-)Heft und 9. Bd. 1. u. 2. Heft. gr. 8. (IV, S. 357—480; S. 1—211; S. 213—405.) Dorp. 889. (Lpz., K. F. Koehler.) à Heft * 2 —; * 6 —

— der Naturforscher-Gesellschaft bei der Universität Jurjew (Dorpat) red. von J. v. Kennel. 9. Bd. 2. Hft. 1890. gr. 8. (S. 213—405.) Jurjew (Dorpat) 891. (Leipzig, K. F. Koehler) n. 2. —

— dasselbe. 9. Bd. 3. Hft. 1891. gr. 8. (IV u. S. 407—615.) Ebd. 892. n. 2. —

— dasselbe. 10. Bd. 1. Hft. 1892. gr. 8. (212 S.) Ebd. 893. n. 2. —

— dasselbe. 10. Bd. 2. Hft. 1893. gr. 8. (S. 213—421 u. 112 S.) Ebd. 894. n. 3. —

— der Naturforscher-Gesellschaft bei der Universität Jurjew (Dorpat), red. von J. v. Kennel. 10. Bd. 3. Hft. 1894. gr. 8. (IV u. S. 423—557 u. S. 113—256.) Jurjew (Dorpat) 895. (Leipzig, K. F. Koehler's Sort.) n. 3. —

— dasselbe. 11. Bd. 1. Hft. 1895. gr. 8. (XLIX, 121 S.) Ebd. 895. n. 2. —

— dasselbe. 11. Bd. 2. Hft. 1896. gr. 8. (XLIX, 121 S.) Ebd. 896. n. 1. 50

— dasselbe. 11. Bd. 3. Hft. (1897.) gr. 8. (IV, S. XCIII—CXXXIV u. 201—313.) Ebd. 898. n. 2. —
(11. Bd. kplt.: n. 5. 50)

— der Naturforscher-Gesellschaft bei der Universität Jurjeff (Dorpat), rev. v. G. Tamman u. N. Andrussow. 12. Bd. 3 Hfte. 1898—1900. gr. 8. (IV, CLXXXVII, 483 u. 22 S. m. 2 Taf.) Jurjeff (Dorpat) 899—901. (Leipzig, K. F. Koehler.) n. 6. 80

— der Naturforscher-Gesellschaft bei der Universität Jurjew, red. von N. J. Kusnezow. 13. Bd. 1.—3. Heft. 1901—1903. (Russisch u. deutsch.) (IV, CXXIII, 424 u. 67 S. m. 1 Taf.) gr. 8. Jurjew (Dorpat) 902-905. (Leipzig, K. F. Koehler.) à Hft. n. 2. —

— der Naturforscher-Gesellschaft bei d. Universität Jurjew. 14.—16. Bd. u. 17. Bd. 1. u. 2. Heft. (Russisch u. deutsch.) gr. 8. Jurjew (Dorpat). Leipzig, K. F. Koehler. 28. 50
14. 1904. 1905. Red. v. N. J. Kusnezow. 2 Hefte. (IV, CXXIV—CLXXXVII, LXXXIII, CLV, 193 u. 56 S. m. Abbildgn., 7 Taf. u. 1 Karte.) 905. 06. 10. —
15. 1906. Red. v. N. V. Kultascheff. 4 Hefte. (VI, LXXX, 238 S. m. Fig., 16 Taf. u. 1 Bildnis.) 906. 07. 7. 50
16. 1907. Red. v. B. Hryniewicki. 4 Hefte. (IV, CXI, 258, 7 u. 44 S. m. Abbildgn. u. 1 farb. Taf.) 907. 08. 6. 80
17. 1908. Red. von J. Schirokogorow. 1. u. 2. Heft. (XLIX, 48 u. 92 S. m. Fig.) 908. 4. 20

— des ärztlichen Vereins Nürnberg. Hrsg. v. Carl Koch u. Ferd. Giulini. Jahrg. 1896. [Aus: „Münch. med. Wochenschr."] gr. 8. (X, 82 S.) Ebd. 897. n. 3. —

— dasselbe. Hrsg. v. Ferd. Goldschmidt u. Ferd. Giulini. Jahrg. 1897. [Aus: „Münch. med. Wochenschr."] gr. 8. (III, 115 S.) Ebd. 898. n. 3. —

— des ärztlichen Vereins Nürnberg. Red. v. Ferd. Goldschmidt u. S. Merkel. Jahrg. 1899—1901. gr. 8. Ebd. n. 6. 60
1899. [Aus: „Münch. med. Wochenschrift".] (VII, 60 S.) 900. n. 1. 60
1900. [Aus: „Münch. med. Wochenschrift".] (VII, 104 S.) 900. n. 3. —
1901. (VII, 61 S.) 902. n. 2. —
Vergl.: Sitzungs-Protokolle.

— des ärztlichen Vereins Nürnberg. Jahrg. 1902 bis 1905. gr. 8. Ebd. n. 9. 80
1902. Red. v. Ferd. Goldschmidt u. C. v. Rad. (XXXVI, 83 S. m. Abbildgn.) 903. n. 3. —
1903. Red. v. Ferd. Goldschmidt u. C. v. Rad. (VIII, 51 S. m. Abbildgn.) 904. n. 1. 60
1904. Red. von C. v. Rad u. W. Hauenschild. [Aus: „Münch. med. Wochenschr."] (VIII, 94 S.) 905. n. 2. 80
1905. Red. von C. v. Rad u. W. Hauenschild. [Aus: „Münch. med. Wochenschr."] (VIII, 84 S. m. Abbildgn. u. 1 Taf.) 906. n. 2. 40

— des ärztlichen Vereins Nürnberg. Red. von C. v. Rad u. R. Bandel. Jahrg. 1906—1909. gr. 8. Ebd. 6. 80
1906. (VIII, 70 S. m. Abb.) 907. 2. —
1907. (VIII, 52 S.) 908. 1. 60
1908. (VIII, 42 S. m. 1 Abb.) 909. 1. 20
1909. (VIII, 79 S.) 910. 2. —
Sonderabdrucke aus: „Münch. med. Wochenschr."

SITZUNGSBERICHTE DER ALTERTHUMS-GESELLSCHAFT PRUSSIA ZU KÖNIGSBERG I. PR.
Im 31—33. Vereinsjahre November 1874-1875.*) — November 1876-1877. s.l. & a. 8°.
Im 34—38. Vereinsjahre November 1877-1878 — November 1881-1882. Königsberg (1878)—1883. Ostpreussische Zeitungs- u. Verlags-Druckerei. (L. Spach.)

—— der Alterthumsgesellschaft Prussia zu Königsberg in Pr. im 32.—46. Vereinsjahre Novbr. 1876—Novbr. 1888. gr. 8. Königsb. i. Pr., (Koch). [32. (VI, 46 S.) 877. ** 4 —; 33. (VII, 66 S.) 878. ** 4 —; 34. (VIII, 109 S.) 879. ** 4 —; 35. (VIII, 76 S.) 880. ** 4 —; 36. (X, 141 S.) 881. ** 4 —; 37. (XI, 116 S.) 882. ** 4 —; 38. (X, 135 S.) 883. ** 4 —; 39. (XII, 205 S. m. 2 Taf.) 884. ** 6 —; 40. (XII, 117 S. m. 8 lithogr. Zeichnungen.) 885. ** 6 —; 41. (XII, 136 S. m. 8 Taf.) 886. ** 6 —; 42. (XII, 176 S. m. 12 einfachen u. 3 Doppel-Taf.) 887. ** 6 —; 43. (XII, 273 S. m. 8 einfachen u. 9 Doppel-Taf.) 888. ** 6 —; 44. (XII, 299 S. m. 24 Taf.) 889. ** 6 —; 45. (XII, 196 S. m. 18 Taf.) 890. ** 6 —; 46. (XVIII, 204 S. m. 16 Taf.) 891. ** 6 —.] ** 76 —

—— dass. — f. d. 47. Vereinsj. (1891/92). 17. Heft. Hrsg. im Auftrage d. Vorstandes v. Adb. Bezzenberger. gr. 8. (VI, 262 S. mit 28 Taf.) Königsb. i. Pr. 892, (Beyer). ** 5 —
Die Jahrgg. 1—31 kamen nicht in den Handel.

— der Altertumsgesellschaft Prussia f. d. 48.—51. Vereinsj. (1892/96). 18.—20. Hft. Hrsg. im Auftr. des Vorstandes v. dem Vorsitzenden Adb. Bezzenberger. gr. 8. Königsberg (F. Beyer). n.n. 30. —
48. (1892/93.) 18. Hft. (XXVII, 146 S. m. Abb. u. 10 Taf.) 893. n.n. 5. —
49. 50. (1893/95.) 19. Hft. (XXXVIII, 274 S. m. 26 Taf.) 895. n.n. 15. —
51. (1895/96.) 20. Hft. (VI, 154 S. m. Abb. u. 9 Taf.) 896. n.n. 10. —

SITZUNGSBERICHTE DER ALTERTUMSGESELLSCHAFT PRUSSIA ZU KÖNIGSBERG IN PR.
im 39—40. Vereinsjahre. November 1882-1883 — November 1883-1884. Mit lithographierten Zeichnungen. Königsberg. 1884—1885. Ostpreussische Zeitungs- und Verlags-Druckerei. 8°.

SITZUNGSBERICHTE DER ALTERTUMSGESELLSCHAFT PRUSSIA ZU KÖNIGSBERG I. PR.
im 42. Vereinsjahre. November 1885—86. Im Text 2 Tafeln und im Anhang 10 einfache und 3 Doppeltafeln. Königsberg 1887. Ostpreussische Zeitungs- und Verlags-Druckerei. 8°.
im 43. Vereinsjahre. November 1886/87. Im Anhang 8 einfache und 9 Doppeltafeln. ib. 1888. —
im 44. Vereinsjahr. November 1887/88. Im Anhang 24 Tafeln. ib. 1889. —
Herausgegeben im Auftrage des Vorstandes von Dr. GEORG BUJACK.
im 45. Vereinsjahr. November 1888/89. Im Anhang 18 Tafeln. ib. 1890. —
im 46. Vereinsjahre, 1890. Im Anhang 16 Tafeln. Die abschliessenden redaktionellen Arbeiten durch die Vorstandsmitglieder HEYDECK und GRABE. ib. 1891. —

SITZUNGSBERICHTE DER ALTERTUMSGESELLSCHAFT PRUSSIA.
Herausgegeben im Auftrage des Vorstandes von dem Vorsitzenden Dr. ADALBERT BEZZENBERGER
für das 47. Vereinsjahr (1891/92). 17. Heft. (Mit 23 Tafeln.) ib. 1892. —
für das 48. Vereinsjahr (1892/93). 18. Heft. (Mit 10 Tafeln.) ib. 1893. —
für das 49. und 50. Vereinsjahr (1893/95). 19. Heft. (Mit 26 Tafeln.) ib. 1895. Im Selbstverlage der Gesellschaft.
für das 51. Vereinsjahr (1895/96). 20. Heft. (Mit 10 Tafeln.) ib. 1896. —
SITZUNGSBERICHTE DER ALTERTUMSGESELLSCHAFT PRUSSIA
für die Vereinsjahre 1896—1900. 21. Heft. (Mit Tafeln.) ib. 1900. —
für die Vereinsjahre 1900—1904. 22. Heft. (Mit Tafeln.) ib. 1909. In Kommission bei Gräfe & Unzer.

—— der physikalisch-medicinischen Societät zu Erlangen. 3.—6. Heft. gr. 8. Erlangen, (Besold.) à Heft * ℳ 2. *
Inhalt:
Heft 3. Mai 1870 bis August 1871. (IV, 108 S.) 871.
» 4. November 1871 bis August 1872. (VIII, 88 S.) 873.
» 5. November 1872 bis August 1873. (VIII, 130 S.) 873.
» 6. November 1873 bis August 1874. (V, 172 S.) 874.
1. und 2. Heft erschienen u. d. T.: Verhandlungen.

—— der physikalisch-medicinischen Societät zu Erlangen. 7.—11. Heft. gr. 8. Erlangen, (Besold.) [7. Heft. Novbr. 1874 bis August 1875. (VII, 164 S. mit 4 eingedr. Holzschn. und 5 lithogr. Taf.) 875. * ℳ 3.; 8. Heft. Novbr. 1875 bis August 1876. (IX, 236 S.) 876. * ℳ 4.; 9. Heft. Novbr. 1876 bis August 1877. (XIII, 206 S.) 877. * ℳ 4.; 10. Heft. Novbr. 1877 bis August 1878. (XIII, 218 S.) 878. * ℳ 4.; 11. Heft. Novbr. 1878 bis August 1879. (XIV, 230 S.) 879. * ℳ 4.] * 19 —

—— der physikalisch-medicin. Societät zu Erlangen. 12. Heft. Novbr. 1879 bis Aug. 1880. gr. 8. (XV, 172 S.) Erlangen, (Besold.) *

—— dass. — 13. Heft. Novbr. 1880 bis Aug. 1881. gr. 8. (XVIII, 74 S.) (Ebendas.). *

—— dass. — 14. Heft. Novbr. 1881 bis Aug. 1882. gr. 8. (XVIII, 184 S.) (Ebendas.) *

—— dass. — 15. Heft. Novbr. 1882 bis Aug. 1883. gr. 8. (XXIV, 86 S. mit 1 Tab. und 1 Stnt.) (Ebendas.) 883. *

—— dass. — 16. Heft. 1. Oktbr. 1883 bis 1. Oktbr. 1884. gr. 8. (XX, 192 S. mit 1 Stnt.) (Ebendas.) 884. *

—— der physikalisch-medizinischen Societät zu Erlangen. 17. Heft. 1. Oktbr. 1884 bis 1. Oktbr. 1885. gr. 8. (XX, 60 S.) Erlangen 885, (Besold.) *

—— dass. — 18. Heft. 1. Oktbr. 1885 bis 1. Oktbr. 1886. gr. 8. (XXII, 102 S.) (Ebendas.) 886. *

—— dass. — 1887. gr. 8. (III, 42 S.) München 888, J. A. Finsterlin. *

—— der physikalisch-medicinischen Societät in Erlangen. 20.—23. Heft. gr. 8. Münch., Lehmann. [20. Heft: 1888. (III, 48 S.) 889. * 1 70; 21. Heft: 1889. (XXII, 79 S.) 890. * 3 60; 22. Heft: 1890. (III, 191 S.) 891. * 4 —; 23. Heft: 1891. (XIX, 150 S.) 892. * 4 —.] * 13 30
Mit Heft 20 u. 21, ursprünglich bei J. A. Finsterlin erschienen, ging das Werk an J. F. Lehmann's Verlag über.

— der physikalisch-medicinischen Societät in Erlangen. 30.—32. Hft. gr. 8. Erlangen (M. Mencke). à n.n. 3.—
30. 1898. (XXIII, 108 S. m. Abb.) 899.
31. 1899. (XXIV, 161 S. m. Abb. u. 1 farb. Karte.) 900.
32. 1900. (XXIV, 143 S. m. 1 Fig. 901.

— der physikalisch-medizinischen Sozietät in Erlangen. 33.—37. Heft. 1901—1905. gr. 8. Erlangen (M. Mencke). n.n. 20. 50
33. (XXIV, 268 S. m. Abbildgn. u. 5 Taf.) 902. n.n. 3.—
34. (XXIV, 263 S. m. 3 Taf.) 903. n.n. 3.—
35. (XXIV, 247 S. m. Abbildgn. u. 3 Taf.) 904. n.n. 3.—
36. Red. v. Osk. Schulz. (XXIV, 352 S. m. Abbildgn.) 905 n.n. 5.—
37. Red. von Osk. Schulz. (XXIV, 484 S. m. Abbildgn. u. 1 Taf.) 906. n.n. 6. 50

— der physikalisch-medizinischen Sozietät in Erlangen. Red. v. Osk. Schulz. 38.—41. Bd. 1906—1909. gr. 8. Erlangen (M. Mencke). nn 25. 50
38. (XXIV, 412 S. m. Abbildgn. u. 1 Taf.) 907. nn 6. 50
39. (XXIV, 561 S. m. Abbild., 1 Tab. u. 3 Taf.) 908. nn 9. —
40. (XXVI, 285 S. m. Fig. u. 3 Taf.) 909. 5. —
41. (XXVI, 258 S. m. 34 Fig. u. 3 Taf.) 910. 5. —

SITZUNGSBERICHTE DER PHYSIKALISCH-MEDIC(Z)INISCHEN SOCIETÄT zu Erlangen.
Heft 16. 1. Oktober 1883 bis 1. Oktober 1884. (Mit 1 Tafel.) Erlangen 1884. Druck der Universitäts-Buchdruckerei von E. Th. Jacob. 8°.
Heft 17. 1. Oktober 1884 bis 1. Oktober 1885. ib. 1885. —

SITZUNGSBERICHTE DER PHYSIKALISCH-MEDIZINISCHEN SOCIETÄT ZU ERLANGEN.
Heft 18. 1. Oktober 1885 bis 1. Oktober 1886. Erlangen 1886. Druck der Universitäts-Buchdruckerei von E. Th. Jacob. 8°. — Heft 19. 1. Oktober 1886 bis 1. Mai 1887. ib. 1887. — 1887. München 1888. Verlag der Münchener Medizinischen Wochenschrift Jos. Ant. Finsterlin. — (Heft 20.) 1888. ib. 1889. — Heft 21. 1889. ib. 1890. — Heft 22. 1890. ib. 1890. Verlag der Münchener Medizinischen Wochenschrift J. F. Lehmann's medic. Buchhandlung. — Heft 23. 1891. ib. 1891. — Heft 24. 1892. Erlangen 1892. Druck der Universitäts-Buchdruckerei von E. Th. Jacob. — Heft 25. 1893. ib. 1893. — Heft 26—27. 1894—1895. ib. 1895—1896. — Heft 28. 1896. ib. 1897. — K. b. Hof- und Univ.-Buchdruckerei von Fr. Junge (Junge & Sohn). — Heft 29—35. 1897 bis 1903. ib. 1898—1904. —
Redigiert von OSKAR SCHULZ.
Bd. 36—37. 1904—1905. ib. 1905—1906. — Bd. 38. 1906. (Mit 1 Tafel.) ib. 1907. — Bd. 39. 1907. (Mit Tafeln.) ib. 1908. —

SITZUNGSBERICHTE DER PHYSIKALISCH-MEDIZINISCHEN SOZIETÄT IN ERLANGEN.
Redigiert von OSKAR SCHULZ.
Bd. 40. 1908. (Mit Tafeln.) Erlangen 1909. Kommissionsverlag von Max Mencke.
Bd. 41. 1909. Mit 34 Figuren im Text und 3 Tafeln. ib. 1910. —
Bd. 42. 1910. Mit 69 Figuren und einer Karte im Text und einer Tafel. ib. 1911. —
Bd. 43. 1911. Mit 38 Figuren im Text, 2 Karten und 11 Tafeln. ib. 1912. —
Bd. 44. 1912. Mit 7 Figuren im Text, 1 Tafel und 1 Karte. ib. 1913. —
Bd. 45. 1913. Mit 51 Figuren und 1 Karte im Text und 4 Tafeln. ib. 1914. —
Bd. 46. 1914. Mit 32 Figuren und 1 Kartenskizze im Text und 1 Tafel. ib. 1915. —

— der bayerischen Strafgerichte hrsg. von der Redaktion der Blätter für Rechtsanwendung. 1 u. 2. Bd. à 4 Hfte. gr. 8. (1. Bd. IV u. 510 S. 2. Bd. IV u. 550 S.) — Mit Verweisung auf die übrigen deutschen StPO. hrsg. von der Redakt. der Blätter f. Rechtsanwendung. 3 u. 4. Bd. à 4 Hfte. gr. 8. (3. Bd. VIII u. 524 S. 4. Bd. IV u. 498 S.) Erlangen 850—52, Palm & Enke. (à Hft. n. 2/3 ℛ) n. 10 2/3 ℛ

— der bayerischen Strafgerichte mit Verweisungen auf die übrigen deutschen St.PO. herausg. von der Redaktion der Blätter für Rechtsanwendung. 5. Bd. 4 Hefte (à 8 Bgn.). Erlangen 853. Palm u. Enke. gr. 8. n. 2 ℛ. 20 ngr.

— — Alphabet. u. systemat. Register zu Bd. I—V. Ebend. 854. gr. 8. (56 S.) n. 8 ngr.

— der Tagungen d. Verbandes deutscher Hochschulen zu Eisenach. 11.—15. III., u. zu Weimar, 10.—11. V. 1905. (72 S.) 8. Bonn 905. C. Georgi. n. — 75

— des allgemeinen ärztlichen Vereins zu Köln im 30. Vereinsj. 1900/1901. gr. 8. (VIII, 103 S.) Ebd. 902. n. 3. —
Sonderabdruck aus: „Münch. med. Wochenschrift".

— des allgemeinen ärztlichen Vereins zu Köln im 31.—34. Vereinsj. 1902—1905. gr. 8. Ebd. n. 9. 40
1902. (VIII, 68 S.) 903. n. 2. —
1903. (VIII, 74 S.) 904. n. 2. —
1904. (X, 118 S. m. 1 Abbildg.) 905. n. 3. —
1905. (IX, 84 S. m. Abbildgn.) 906. n. 2. 40
Sonderabdrucke aus: „Münch. med. Wochenschr."

— des allgemeinen ärztlichen Vereins zu Köln im 35.—38. Vereinsj. 1906—1909. gr. 8. Ebd. 6. —
1906. (X, 63 S.) 907. 2. —
1907. (X, 39 S.) 908. 1. 20
1908. (IX, 31 S.) 909. 1. 20
1909. (VII, 53 S.) 910. 1. 60
Sonderabdrucke aus: „Münch. med. Wochenschr."

— des Vereins Freiburger Aerzte. I. Octbr. 1894 bis Dezbr. 1895. XVI. oberrhein. Aerztetag zu Freiburg i/B. [Aus: „Münch. med. Wochenschr."] gr. 8. (V, 55 S. m. 2 Curven.) München 896. J. F. Lehmann's Verl. n. 2. —

— dasselbe. II. 1896—1897. XVII. u. XVIII. oberrhein. Aerztetag zu Freiburg i/B. [Aus: „Münch. med. Wochenschr."] gr. 8. (VI, 106 S. m. 3 Fig. u. 2 Kurven.) Ebd. 898. n. 3. —

— des Vereins Freiburger Aerzte. III—VI. 1898—1901. gr. 8. München, J. F. Lehmann's Verlag. n. 7. 60
III. XIX. oberrhein. Aerztetag zu Freiburg i. B. (VI, 108 S.) 899. n. 2. —
IV. XX. oberrhein. Aerztetag zu Freiburg i. B. (V, 83 S.) 900. n. 2. —
V. (VII, 77 S. m. Abbildgn.) 901. n. 2. —
VI. (VI, 55 S. m. 1 Abbildg.) 902. n. 1. 60
Sonderabdrucke aus: „Münch. med. Wochenschrift".

— des Vereins Freiburger Aerzte. VII.—X. 1902—1905. gr. 8. München, J. F. Lehmann's Verl. n. 6. 60
VII. (VII, 83 S. m. 1 Abbildg.) 903. n. 2. 40
VIII. (VI, 40 S.) 904. n. 1. 20
IX. (VIII, 54 S. m. Abbildgn.) 905. n. 1. 80
X. (VII, 35 S.) 906. n. 1. 20
Sonderabdrucke aus: „Münch. med. Wochenschr."

— des Vereins Freiburger Aerzte. XXI—XXIV. 1906—1909. gr. 8. München, J. F. Lehmann's Verl. 4.60
XXI. (VIII, 32 S. m. 2 Kurven.) 907. 1. 20
XXII. (VIII, 38 S. m. Abb.) 908. 1. 20
XXIII. (VIII, 29 S.) 909. 1. 20
XXIV. (VIII, 36 S.) 910. 1. —
Sonderabdrucke aus: „Münch. med. Wochenschr."

— d. Vereins der Aerzte zu Halle a. S. I. II. III. 1890/91. 1891/92. 1892/93. [Aus: „Münch. medicin. Wochenschr."] gr. 8. (VIII, 171 S. m. Abbildgn. VI, 127 S. m. Abbildgn., VI, 137 S. m. 1 Bildnis.) München 892—894. J. F. Lehmann's Verl. à n. 3. —

— d. Vereins d. Aerzte zu Halle a/S. IV. 1893/94. [Aus: „Münch. med. Wochenschr."] gr. 8. (VI, 131 S.) Ebd. 895. n. 4. —

— dasselbe. V. 1894/95. [Aus: „Münch. med. Wochenschr."] gr. 8. (III, 57 S.) Ebd. 897. n. 1. 60

—— des Vereines der Aerzte in Steiermark. 9.—11. Vereinsjahr. 1871—1874. gr. 8. (106; 104; 128 S.) Graz 872—74, (Leuschner und Lubensky.) à Jahrg. *

—— dass. — 12. Vereinsjahr. 1874—1875. A. u. d. T.: Mittheilungen des ärztl. Vereines in Steiermark. gr. 8. (190 S. mit 1 lithogr. Abbild. und 6 graph. Taf.) Ebendas. 875. *

SITZUNGSBERICHTE DES AERZTLICHEN VEREINS ZU HAMBURG.
Jahrg. 1881. Separatabdruck aus der „Deutschen Medicinischen Wochenschrift' Jahrg. 1881 und 1882. Berlin 1882. Druck von G. Reimer. 8°.
1882. (Ohne bes. Titelbl.) ib. — 1883 [1]). (Ohne bes. Titelbl.) ib. —
AERZTLICHER VEREIN ZU HAMBURG. (Sitzungsberichte.)
Jahrg. 1884. Separatabdruck aus P. Boerner's „Deutsche Medicinische Wochenschrift". Jahrg. 1884 u. 1885. ib. 1885. —
Jahrg. 1885. ib. — (Ohne bes. Titelbl.) — Jahrg. 1886. ib. Gedruckt bei Julius Sittenfeld. (Ohne bes. Titelbl.)

[1]) Ebenfalls Separat-Abdruck aus der Medicin. Wochenschrift.

— des aerztlichen Vereins zu Marburg im J. 1904/05. (V, 46 S. m. 1 Tab.) gr. 8. Ebd. 905. n. 1. 60
Sonderabdruck aus: „Münch. med. Wochenschr."

— des aerztlichen Vereins zu Marburg in d. J. 1905/06—1908/09. gr. 8. Ebd. 6. —
1905/06. (VI, 80 S. m. 2 Fig.) 906. 2. —
1906/07. (VI, 76 S.) 907. 2. —
1907/08. (V, 35 S.) 908. 1. —
1908/09. (VI, 44 S.) gr. 8. 909. 1. —
Sonderabdrucke aus: „Münch. med. Wochenschr."

Sitzungsberichte d. Vereins z. Beförder. d. Gewerbefleisses f. 1882-99. Berlin 1882-99

Sitzungberichte des Vereins zur Beförderung des Gewerbefleisses. 1900-06. 4° Berlin 1900-06

Sitzungsberichte des Vereins zur Beförderung des Gewerbefleisses. 1907-13. 4° Berlin 1907-13

SITZUNGSBERICHTE DES VEREINS FÜR DIE GESCHICHTE VON OST- UND WESTPREUSSEN
vom Schriftführer des Vereins W. TESDORPF.
(Heft I.) Königsberg in Pr. (1893). Druck von R. Leupold. 8°. – Heft II. ib. 1896. – Heft III. ib. 1897. – Heft IV. ib. 1900. –
vom Schriftführer des Vereins E. LOCH.
Heft V. ib. 1903. –

SITZUNGSBERICHTE DES VEREINS FÜR DIE GESCHICHTE VON OST- UND WESTPREUSSEN (E.V.)
vom Schriftführer des Vereins E. LOCH.
Heft VI. ib. 1906. – Heft VII. Elbing 1909. E. Wernicks Buchdruckerei. –
(Heft VIII.) für 1911–1912. Separat-Abdruck a. d. Altpreuss. Monatsschrift, Bd. XLIX, Heft 3. (Ohne bes. Titelbl., o. O. o. Dr.)

Sitzungsberichte des Vereins für Heimathskunde zu Müncheberg, s.a. Sitzungsbericht ...

SITZUNGS-BERICHTE DES VEREINS FÜR HEIMATHSKUNDE ZU MÜNCHEBERG. 1874(–)1882. Müncheberg. 1882. Druck von Albert Dübuy. 4°.

— des medizinisch-naturwissenschaftlichen Vereines zu Tübingen. Vereinsj. 1903/04. (III, 29 S.) gr. 8. Ebd. 906. n. — 80
Sonderabdruck aus: „Münch. med. Wochenschr."

— d. medizinisch-naturwissenschaftlichen Vereines zu Tübingen. Vereinsj. 1908/09. (VI, 90 S. m. Abbildgn.) gr. 8. Ebd. 909. 2.40
Sonderabdruck aus: „Münch. med. Wochenschr."

— des naturhistorischen Vereins der preuss. Rheinlande u. Westfalens, s.a. Verhandlungen des naturhistor. Vereins der preuß. Rheinlande u. Westfalens.

SITZUNGSBERICHTE, herausgegeben vom Naturhistorischen Verein der preussischen Rheinlande und Westfalens.
1906. A. Sitzungsberichte der naturwissenschaftlichen Abteilung der Niederrheinischen Gesellschaft für Natur- und Heilkunde zu Bonn.
B. Sitzungsberichte der medizinischen Abteilung der Niederrheinischen Gesellschaft für Natur- und Heilkunde zu Bonn.
C. Sitzungsberichte der Medizinisch-naturwissenschaftlichen Gesellschaft zu Münster i. W. Mit 1 Textfigur. Bonn 1907. In Kommission bei Friedrich Cohen. 8°.
1907. A. Sitzungsberichte der naturwissenschaftlichen Abteilung der Niederrheinischen Gesellschaft für Natur- und Heilkunde zu Bonn.
B. Sitzungsberichte der medizinischen Abteilung der Niederrheinischen Gesellschaft für Natur- und Heilkunde zu Bonn.
C. Sitzungsberichte der Medizinisch-naturwissenschaftlichen Gesellschaft zu Münster i. W.
D. Berichte über die Versammlungen des Niederrheinischen geologischen Vereins.
E. Berichte über die Versammlungen des Botanischen und des Zoologischen Vereins für Rheinland-Westfalen.
F. Autoren- und Sachregister zu den Verhandlungen und den Sitzungsberichten. Mit 3 Tafeln und 13 Textfiguren. ib. 1908. –
1908. A. Sitzungsberichte der naturwissenschaftlichen Abteilung der Niederrheinischen Gesellschaft für Natur- und Heilkunde zu Bonn.
B. Sitzungsberichte der medizinischen Abteilung der Niederrheinischen Gesellschaft für Natur- und Heilkunde zu Bonn.
C. Sitzungsberichte der Medizinisch-naturwissenschaftlichen Gesellschaft zu Münster i. W.
D. Berichte über die Versammlungen des Niederrheinischen geologischen Vereins.
E. Berichte über die Versammlungen des Botanischen und des Zoologischen Vereins für Rheinland-Westfalen.
F. Autoren- und Sachregister zu den Verhandlungen und den Sitzungsberichten. Mit 18 Tafeln und 23 Textfiguren. ib. 1909. –
1909. A. Sitzungsberichte der naturwissenschaftlichen Abteilung der Niederrheinischen Gesellschaft für Natur- und Heilkunde zu Bonn.
B. Sitzungsberichte der medizinischen Abteilung der Niederrheinischen Gesellschaft für Natur- und Heilkunde zu Bonn.
C. Sitzungsberichte der Medizinisch-naturwissenschaftlichen Gesellschaft zu Münster i. W.
D. Berichte über die Versammlungen des Niederrheinischen geologischen Vereins.
E. Berichte über die Versammlungen des Botanischen und des Zoologischen Vereins für Rheinland-Westfalen.
F. Literaturberichte. Fortlaufendes Verzeichnis der neuesten geologischen, botanischen und zoologischen Literatur über das Rheinische Schiefergebirge und die angrenzenden Gebiete.
G. Autoren- und Sachregister zu den Verhandlungen und den Sitzungsberichten 1909. Mit 1 Portrait (Abt. D), 11 Tafeln (Abt. A Taf. I, B Taf. I, D Taf. I–VII, E Taf. I, II) und 37 Textfiguren. ib. 1910. –

— des naturwissenschaftlich-medizinischen Vereins zu Strassburg i. E. (Medizinische Sektion.) Sommersemester 1905 — Wintersemester 1905/1906. (III, 26 S.) gr. 8. München 906. J. F. Lehmann's Verl. n. — 80
Sonderabdruck aus: „Münch. med. Wochenschr."

— d. naturwissenschaftlich-medizinischen Vereins zu Strassburg i. E. (Medizinische Sektion.) Sommersemester 1906 — Wintersemester 1909/1910. gr. 8. München, J. F. Lehmann's Verl. 2.60
1906/1907. (III, 13 S.) 907. — 40
1907/1908. (III, 32 S.) 908. — 80
1908/1909. (III, 32 S.) 909. 1. —
1909/1910. (III, 14 S.) 910. — 40
Sonderabdrucke aus: „Münch. med. Wochenschr."

SITZUNGSBERICHTE DER DERMATOLOGISCHEN VEREINIGUNG ZU BERLIN.
Herausgegeben von dem Vorstande des Vereins.
Jahrg. 1888–1889. Sonderabdruck aus dem Archiv für Dermatologie und Syphilis. Wien. 1890. Wilhelm Braumüller.

— der freien Vereinigung v. Frauenärzten in München 1907. (41 S.) gr. 8. Berlin 909. S. Karger. 2.—
Sonderabdruck aus: „Monatsschr. f. Geburtsh. u. Gynäkol."

— der wissenschaftlichen Vereinigung am städtischen Krankenhaus zu Frankfurt a. M. Vom Novbr. 1907 bis Juli 1908 u. v. Oktbr. 1908 bis Septbr. 1909. gr. 8. München, J. F. Lehmann's Verl. 2.20
1907/08. (VI, 43 S. m. 1 Fig.) 908. 1.20
1908/09. (IV, 39 S. m. 1 Fig.) 910. 1. —
Sonderabdrucke aus: „Münch. med. Wochenschr."

Die Sitzungs-Lokale der beiden Kammern in Berlin (mit 2 Grundrissen). Druck von R. Kretschmer. Lithogr. 1 Bl. Fol.
Flugblatt. Berlin, 26. Febr. 1849.

Sitzungs-Protokoll der General-Versammlung der ersten k. k. priv. Donau-Dampfschiffahrts-Gesellschaft am 30. April 1853. 4. Falz. (32 pag.) Wien. Karl Gerold und Sohn. 1853.

Sitzungsprotokoll der Generalversammlung der ersten k. k. priv. Donau-Dampfschifffahrt-Gesellschaft am 10. Mai 1856. Buchdruckerei von Karl Gerolds Sohn in Wien. (49 S. 4.)

Sitzungs-Protokoll der siebenten Generalversammlung der Wiener ersten Immobilien-Gesellschaft vom 23. April 1857. Wien, bei Karl Gerolds Sohn. 1857.

Sitzungs-Protokolle d. ständigen Arbeitsbeirathes. 1898/1899 (1.–5. Sitzung). Hrsg. vom k. k. arbeitsstatist. Amt. Lex.-8. (VI, 416 S.) Wien 900. (Hof- u. Staatsdruckerei.) n. 2.40

— dasselbe. 1900 (6. u. 7. Sitzung). Lex.-8. (VII, 218 S.) Ebd. 901. n. 2.—

Sitzungs-Protokolle des ständigen Arbeitsbeirates. 1901–1904. (8.–10., 11.–13., 14.–16. u. 17. u. 18. Sitzung.) Hrsg. vom k. k. arbeitsstatist. Amt. (VIII, VIII, 160; VIII, 281; IX, 529 u. VIII, 145 S.) Lex.-8. Wien 902–905. (Hof- u. Staatsdruckerei.) à n. 2.—

Sitzungs-Protokolle des stand. Arbeitsbeirates. 1905/06, 1907, 1908 u. 1909. (19./20., 21., 22./23. u. 24.–26. Sitzg.) Hrsg. v. k. k. arbeitsstatist. Amt. (IX, 134; X, 298; X, 96 u. XI, 278 S.) Lex. 8. Wien 907–10. (Hof- u. Staatsdruckerei.) à 2.—

Sitzungsprotokolle des Architektenvereins zu Berlin 1869–71. Berlin.

Sitzungs-Protokolle der Bayerischen acht Aerztekammern im J. 1873. 4. (97 S.) München 874, J. A. Finsterlin. *

—— dass. — im J. 1874. gr. 8. (95 S.) Ebendas. 875. *

Sitzungs-Protokolle der bayerischen acht Aerztekammern im J. 1875. gr. 8. (95 S.) München 876, J. A. Finsterlin. * 2 —

—— dass. — im J. 1876. gr. 8. (101 S.) (Ebendas.) 877. * 1 20

—— dass. — im J. 1877. gr. 8. (126 S.) (Ebendas.) 878. * 1 20

—— dass. — im J. 1878. gr. 8. (139 S.) (Ebendas.) 879. * 1 20

Sitzungs-Protokolle der bayerischen acht Aerztekammern in den J. 1879 und 1880. gr. 8. München, J. A. Finsterlin. [1879. (95 S.) 880. *ℳ 1.; 1880. (128 S.) 881. *ℳ 1,20.] *

—— dass. — im J. 1881 mit den Vorträgen von H. Vogel, Hofmann, Egger, Martius, F. Vogt über die Sanitätsverhältnisse der Reg.-Bezirke Oberbayern, Oberpfalz, Oberfranken, Mittelfranken und Unterfranken. gr. 8. (319 S. mit 1 Stnt.) Ebendas. 882. *

—— dass. — im J. 1882, mit den Vorträgen der Kreismedicinalräthe über die Sanitätsverhältnisse der Regierungsbezirke Oberbayern, Oberpfalz, Oberfranken und Unterfranken. gr. 8. (238 S. mit 1 Stnt.) Ebendas. 883. *

—— dass. — im J. 1883. gr. 8. (286 S. mit Tab. und graph. Stnt.) Ebendas. 884. *

Sitzungs-Protokolle der bayer. acht Aerztekammern im J. 1884. gr. 8. (191 S.) München 885, J. A. Finsterlin. *

—— dass. — vom 6. Octbr. 1885. gr. 8. (90 S.) Ebendas. 885. *

—— dass. — vom 5. Octbr. 1886. gr. 8. (76 S.) Ebendas. 886. *

—— dass. — vom 11. Octbr. 1887. gr. 8. (94 S.) Ebendas. 887. *

—— dass. — vom 9. Octbr. 1888. gr. 8. (108 S.) Ebendas. 888. *

Sitzungs-Protokolle d. 8 Aerztekammern Bayerns v. 29. Octbr. 1889. gr. 8. (89 S.) Münch. 890, J. A. Finsterlin. * — 60

—— desgl. — vom 7. Octbr. 1890 und 28. Octbr. 1891. gr. 8. (79; 67 S.) Münch. 890,91, Lehmann. à * 1 20

— dasselbe vom 31. Octbr. 1892. gr. 8. (82 S.) Ebd. 892. n. 1. 20

— dasselbe vom 30. Octbr. 1893. gr. 8. (116 S.) Ebd. 894. n. 2. —

— dasselbe vom 6. Octbr. 1894. gr. 8. (64 S.) Ebd. 894. n. 1. —

Sitzungs-Protokolle der 8 Aerztekammern Bayerns v. 29. X. 1895. gr. 8. (81 S. u. 2 Anlagen.) München 895. J. F. Lehmann's Verl. n. 1. —

— dasselbe vom 29. X. 1896. gr. 8. (105 u. Anlagen 6 S.) Ebd. 896. n. 2. —

— dasselbe vom 30. X. 1897. gr. 8. (96 S.) Ebd. 897. n. 2. —

— der 8 Aerztekammern Bayerns vom 31. X. 1898. gr. 8. (89 S.) München 898. J. F. Lehmann's Verl. n. 1. —

— dasselbe, vom 29. X. 1900. gr. 8. (89 S.) Ebd. 900. n. 1. —

— dasselbe, vom 28. X. 1901. gr. 8. (98 S.) Ebd. 901. n. 2 —

— der acht Aerztekammern Bayerns. 1902—1905. gr. 8. München, J. F. Lehmann's Verl. n. 10. 20
1902. Vom 27. X. (102 S.) 902. n. 2. 40
1903. Vom 26. X. (112 S.) 903. n. 2. 80
1904. Vom 24. X. (75 S.) 904. n. 2. —
1905. Vom 23. X. (108 S.) 905. n. 3. —

— der acht Aerztekammern Bayerns. 1906, 1907 u. 1909. gr. 8. München, J. F. Lehmann's Verl. 7. 80
1906. Vom 29. X. (113 S.) 906. 2. 40
1907. Vom 4. XI. (90 S.) 907. 3. —
1909. Vom 2. XI. (94 S.) 909. 2. 40

Sitzungsprotokolle der 2n landständ. Deputirtenversamml. des Herzogth. Nassau von d. J. 1819. Fol. Wiesbaden 820. Schellenberg. 3 ℛ - -

Sitzungsprotokolle der Reichenberger Handels- und Gewerbekammer von 1896-1898. Reichenberg 1896-98

Sitzungsprotokolle der Reichenberger Handels- u Gewerbekammer. 1906-11 mit Geschäftsberichte 1909-11. 4° Reichenberg 1907-12

* Sitzungs-Protokolle der Invaliditäts- und Altersversicherungs-Anstalt Schleswig-Holstein. Nr. 1 ff. Kiel. 1890 ff. 4°.

Sitzungs-Protokolle des Ersten Vereinigten Landtages. Berlin 1847. 2 Bde
[Bd 1.] Protokolle der Herren-Kurie.
[„ 2.] Protokolle der Vereinigten Kurien u. der Kurien der 3 Stände.

SITZUNGS-PROTOKOLLE DES AERZTLICHEN LOKALVEREINS ZU NÜRNBERG.
Sonderabdruck aus der Münchener Medicin. Wochenschrift . . .
Herausgegeben von A. HELLER und F. GOLDSCHMIDT.
Jahrg. 1889. München 1890. Jos. Ant. Finsterlin. 8°.
Jahrg. 1890. ib. 1891. J. F. Lehmann. — 1891. ib. 1892. —
Herausgegeben von CARL KOCH und F. GOLDSCHMIDT.
Jahrg. 1892. ib. 1893. — 1893. ib. 1894. — 1894. ib. 1895. —
Herausgegeben von CARL KOCH und FERD. GIULINI.
Jahrg. 1895. [1]) ib. 1896. —

— d. ärztlichen Lokalvereins zu Nürnberg. Hrsg. v. A. Heller u. F. Goldschmidt. Jahrg. 1890. [Aus: „Münchener medicin. Wochenschr."] gr. 8. (IV, 103 S.) Ebd. 891. n. 3. —

— dasselbe. Hrsg. v. A. Heller u. F. Goldschmidt. Jahrg. 1891. [Aus: „Münchener med. Wochenschr."] gr. 8. (IV, 95 S.) Ebd. 892. n. 3. —

— dasselbe. Hrsg. v. Carl Koch u. F. Goldschmidt. Jahrg. 1892. [Aus: „Münchener med. Wochenschr."] gr. 8. (IV, 74 S. m. 1 Abbildg.) Ebd. 893. n. 3. —

— dasselbe. Hrsg. v. Carl Koch u. F. Goldschmidt. Jahrg. 1893. [Aus: „Münchener med. Wochenschr."] gr. 8. (VI, 108 S.) Ebd. 894. n. 3. —

— d. ärztlichen Vereins Nürnberg. Hrsg. v. Carl Koch u. F. Goldschmidt. Jahrg. 1894. [Aus: „Münch. med. Wochenschr."] gr. 8. (VI, 87 S.) Ebd. 895. n. 3. —

— dasselbe. Hrsg. v. Carl Koch u. Ferd. Giulini. Jahrg. 1895. [Aus: „Münch. med. Wochenschr."] gr. 8. (IX, 131 S.) Ebd. 896. n. 3. —

— dasselbe, Fortsetzg., s.: Sitzungsberichte etc.

— des ärztlichen Vereins Nürnberg. Red. v. Ferd. Goldschmidt u. S. Merkel. Jahrg. 1898. gr. 8. (VII. 78 S.) Ebd. 899. n. 2. —
Sonderabdruck aus: „Münch. med. Wochenschrift".
Vergl.: Sitzungsberichte des ärztl. Vereins Nürnberg.

SITZUNGS-PROTOKOLLE DES LITERARISCHEN SONNTAGS-VEREINS (Tunnel über der Spree) zu Berlin. (Als Manuscript gedruckt.)
Jahrg. 32.*) Vom 3ten Dezember 1858 bis 27sten November 1859. (Berlin s. a. Gedruckt bei C. Feister.) 8°.
Jahrg. 33. Vom 3ten December 1859 bis 2ten December 1860. (ib. s. a. —)
Jahrg. 34. Vom 3ten December 1860 bis 1sten December 1861. (ib. s. a. —)
Jahrg. 35. Vom 3ten December 1861 bis 30sten November 1862. (ib. s. a. —)
Jahrg. 36. Vom 3ten December 1862 bis 30sten November 1863. (ib. s. a. —)
Jahrg. 37. Vom 3ten December 1863 bis 27sten November 1864. (ib. s. a. —)
Jahrg. 38. Vom 3ten December 1864 bis 26sten November 1865. (ib. s. a. —)
Jahrg. 39. Vom 3ten December 1865 bis 2ten December 1866. (ib. s. a. —)
Jahrg. 40. Vom 3ten December 1866 bis 3ten December 1867. (ib. s. a. —)
Jahrg. 41. Vom 3ten December 1867 bis 3ten December 1868. (ib. s. a. —)
Jahrg. 42. Vom 3ten December 1868 bis 3ten December 1869. (ib. s. a. —)
Jahrg. 43. Vom 3ten December 1869 bis 3ten December 1870. (ib. s. a. —)
Jahrg. 44. Vom 3ten December 1870 bis 3ten December 1871. (ib. s. a. Druck von Heinemann & Friedländer.)
Jahrg. 45. Vom 3. December 1871 bis 3. December 1872. (ib. s. a. —)
Jahrg. 46. Vom 3. December 1872 bis 3. December 1873. (ib. s. a. Druck von Wilhelm Heinemann.)
Jahrg. 47. Vom 3. December 1873 bis 3. December 1874. (ib. s. a. Druck von Striese u. Elsner.)
Jahrg. 48. Vom 3. December 1874 bis 4. December 1875. (ib. s. a. Druck von Oskar Striese.)
Jahrg. 49. Vom 3. December 1875 bis 3. December 1876. (ib. s. a. Druck von Julius Sittenfeld.)

Sitzungs-Protokolle der Versammlung zur Vereinbarung der preußischen Staats-Verfassung. 2 Bde. Berlin 1848. 1257, 27 S. 4.
Bd. 1. Vom 22. Mai bis 30. Sept.
Bd. 2. Vom 2. Oktober bis 1. Dezember 1848.

Sitzungssaal des deutschen Reichstags nebst Verzeichniß der Mitglieder. gr. Fol. (1 Bl.) Leipzig 877, Weber. — 20

Provinzial-Landtag der Stände des Königreichs Preußen. **Sitzungs-Verhandlungen** (Landtag 12 ff.:) **Verhandlungen** des Provinzial-Landtages der Provinz Preußen. Landtag 7—24. Danzig, [später:] Königsberg 1841—77. 17 Bde

Sjúrdar, kvaedi. Die färöischen Lieder von Sigurd. Zum erstenmal mit Einleitungen, Anmerkungen und ausführl. Glossar hrsg. von Max Vogler. I. Regin smidur. gr. 8. (VI, 107 S.) Paderborn 877, F. Schöningh. * 2 10

Sjuts, Erzählungen aus der vaterländischen Geschichte, s.: Herkenrath.

Sjuts, Hermann, a. Düsseldorf: Über die Bedeutung der Verwitterung für die Umgestaltung der Erdoberfläche. Lübbecke 1906: F. Werneburg. (101 S.) 8°
Bonn, Phil. Fak., Ref. Rein, Diss. v. 5. März 1907
[Geb. 5. Juni 82 Düsseldorf; Wohnort: Düsseldorf; Staatsangeh.: Preußen; Vorbildung: Oberrealsch. Düsseldorf Reife O. 01; Studium: Bonn 2, Leipzig 3, Bonn 6 S.; Rig. 1. Aug. 06.]

Sivart, Friedr.: Zur friesischen Agrargeschichte. Leipzig 1910.

Siveke, Carl (geb. Herford 28. 5. 1841): Ueber Magenkrebs. Berlin 1868. (32 S.) 8°
Berlin, Med. Diss. v. 7. Aug. 1868

Siventus Sinarum imperator ... Salisb. 1760. V: *Wimmer, Marian von.* (Hr)

Sivering, Henri: Handbuch der Feldpolizei oder: Die Feldhüter und ihre Dienstpflichten im Grossherzogtum Luxemburg, mit Hinzuziehung der betreffenden Gesetze und Bestimmungen. Luxemburg: Heintzé 1860. 235 S. 12°

Sivering, Henri: Législation sur le régime communal ou Code à l'usage des fonctionnaires communaux du Grand-Duché de Luxembourg. Gesetzgebung über das Gemeindewesen oder Codex zum Gebrauch der Gemeindebeamten des Grossherzogtums Luxemburg. Luxemburg: Bück 1863. 436 S. 8°

Sivering, Henri: Manuel à l'usage des fonctionnaires communaux du Grand-Duché de Luxembourg. Handbuch zum Gebrauch der Gemeinde-Beamten des Grossherzogtums Luxemburg. Luxemburg: Bück 1856. 167 S. 8°

Sivering, Henri: Statistique du Grand-Duché de Luxembourg. Villes, bourgs, villages, hameaux, châteaux, fermes, moulins et maisons isolées du Grand-Duché, avec indication entr'autres de leur population, du nombe de leurs feux, et des divisions auxquelles ils appartiennent sous le rapport de l'administration, de la milice, de la justice, de l'enregistrement, des contributions directes, des postes, des forêts et du culte. – Statistik des Grossherzogthums Luxemburg.
Städte, Flecken, Dörfer, Weiler, Schlösser, Höfe, Mühlen und isolirte Häuser des Grossherzogthums, mit Angabe, unter anderm, ihrer Bevölkerung, der Anzahl ihrer Feuerherde, und der Abtheilungen zu welchen sie hinsichtlich der Verwaltung, der Miliz, der Justiz, des Enregistrements, der direkten Steuern, der Posten, der Waldungen und des Cultus gehören. Luxemburg: P. Brück 1865. 137 S. 4°

Sivering, Henri, u. Jean Pierre Koltz: Table alphabétique des villes, bourgs, villages, hameaux, châteaux, fermes, moulins et maisons isolées du Grand-Duché de Luxembourg. Avec indication de leur population, du nombre de leurs feux et des divisions auxquelles ils appartiennent sous le rapport de l'administration de la milice, de la justice, de l'enregistrement, des contributions directes, des postes, des forêts et du culte. – Alphabetische Tabelle der Städte, Flecken, Dörfer, Weiler, Schlösser, Höfe, Mühlen und isolirten Häuser des Grossherzogthums Luxemburg, mit Angabe ihrer Bevölkerung, der Anzahl ihrer Feuerherde, und der Abtheilungen zu welchen sie hinsichtlich der Verwaltung, der Miliz, der Justiz, des Enregistrements, der directen Steuern, der Posten, der Waldungen und des Cultus gehören. Luxemburg: Lamort. VII, 93 S. 4°

– Dass. Ebd. 1847. – VII,93 S. 4°

v. Sivers, Aug., Diss. inaug. medico-chirurg. de Dacryocystitide ejusque morbis secundariis. 8. Dorpat 827. (62S.)

Sivers, C. v., aus der Blütenzeit. schmal gr. 8 (6 farb. Bl.) Berlin (901). W. Schultz-Engelhard. n. 2.50

— Fruchtzweige. qu. gr. 4. (4 farb. Bl.) Ebd. (900). 4.—

— Herbstgaben. Blumen u. Fruchtgehänge. 4 Panele. schmal gr. Fol. (4 farb. Bl.) Ebd. (900). 10.—

Sivers, C. v., s: Kunstgewerbe fürs Haus.

— Sommerblumen. hoch 4. (4 farb. Bl.) Ebd. 900. 4.—

— aus der Sommerzeit. Streubouquets. qu. Fol. (4 farb. Bl.) Ebd. (900). 4.50

— 4 Stillleben. Blumen u. Früchte nach der Natur. gr. Fol. (4 Farbdr.) Ebd. 899. n. 10.—

Sivers, Friedr. v., der Branntweinsbrand aus Getreide u. Kartoffeln bei Anwendung eines Dampfapparats. Ein Leitfaden f. Landwirthe in den deutschen Ostseeprovinzen Rußlands. 2., verb. u. verm. Aufl. Mit Tabellen u. Abbild. 12. (5 B. u. 1 Tab.) Dorpat 842, Severin's Verl. *

Sivers, Friedr. v., der Branntweinbrand aus Getreide und Kartoffeln, bei Anwendung eines Dampfapparats. Ein Leitfaden für Landwirthe in den deutschen Ostseeprovinzen Rußlands. 3., verb. und verm. Aufl. gr. 12. (IV und 120 S. mit 1 Stnt. und 2 Tabellen in Fol.) Dorpat 855, Gläser's Verlag. *

Sivers, Gregor v., die Flussfahrt auf dem Embach, von dessen Ausfluss aus dem Wirzjärw, bis Dorpat. Aus d. Archiv für die Naturkunde Liv-, Ehst- u. Kurlands. Dorpat 854. (Glaeser.) gr. 8. (16 S.) n. 5 ngr

Sivers, Heinrich (Hamburg) A. S. 271/21

De atheismo, veteribus Christianis, ob templorum inprimis aversationem, objecto, inque eosdem a nostris retorto, exercitatio.
Präs. Christian Kortholt. Rec.
Kiel (Reumann) 1707. 24 S.

Unvollst. 32729

Heinrich Jakob Sivers

Henrich Jacob Sivers. Kurtzer Bericht von dem schwedischen Marmor, welcher mit dem in denen Alterthümern berühmten lacedämonischen Marmor mit Recht zu vergleichen stehet. Norrköping 1738. 16 S. 8°

Heinrich Jakob Sivers

Henrici Jacobi Sivers Curiosorum Niendorpiensium specimen... Spec. 1-6. Lubecae: Schmid (3-6: Boeckmann) 1732 - 34. 1 Bd 110 S. 8°
Spec. 1: Sistens lapidis musicalis, echinitae cordati et stellae marinae descriptionem. 1732.
Spec. 2: Sistens lapidum stellarum descriptionem. 1732.
Spec. 3: Sistens belemnitarum descriptionem. 1732.
Spec. 4: Sistens succinorum descriptionem. 1732.
Spec. 5: Sistens echinitarum, ostracitarum et aetitarum descriptionem. 1734.
Spec. 6: Sistens conchitarum, aliorumque lapidum miscellaneorum descriptionem. 1734.

SIVERS, Henrich Jacob, Philos. Mag. (nach Oettinger geb. in Lübeck 1709, † 1758), Vermischte u. Satyrische Gedichte. Altona, Verlegts Jonas Korte. Lübeck, Gedruckt bey Christian Henrich Willern 1730. 8°. (In Dresden: Litt. germ. rec. 8°. B 2261; auch in Leipzig, Stadtbibl.) Rar! (12 Mk. Jos. Baer & Co., 1911.)
Portr. d. Vf. (nach von der Hude von C. Fritzsch in Hamb.) u. 188 S. (incl. roth u. schwarz gedr. Tit. u. 2 Bll. Vorr., dat. Lübeck, d. 5. Oct. (1730), nebst 1 Bl. Druckf.). Unter den Hochzeitgedichten Einiges etwas derb, ebenso folgende Satyren: Satyr (sic!) vom Aprillen-Wetter der Liebe; Satyr vom Splitter-richten der Weibes-Bilder; die wunderliche Liebes-Avanturen, in einer Satyre bey dem Crullisch- u. Hertzbergischen Hochzeits-Fest in Wismar . . . .; die bösen Ehe-Weiber in einer Satyre bey dem Mayerisch- u. Wäscherschen Hochzeits-Feste, d. 8. Sept. 1729 in Rostock . . . .; die im Ehe-Stand beglückten Ehe-Weiber etc.

Sivers, Heinr. Jac., verm. u. satyr. Gedichte. 8. Altona, Hellmann. 730.

SIVERS, HENR. JAC., Opuscula academica Varno-Balthica, quibus variae dissertationes curiosi argumenti et alia scripta academica continentur. Praemissa est praefatio Jo. Henr. a Seelen de studio mythologico et acc. index rerum et auctorum. Altonaviae, Lubecae. 1730. (M. Portr.).

— opuscula academia varno-balthica. 8. Altona, Hellmann. 730.

Sivers, Heinrich Jakob, Heinrich Jacob Sivers, // Lubecensis, // Heilige // Paßions-Feyer, // In // Gebundener Rede, // Darin enthalten, // I.) Sechs Betrachtungen über // verschiedene Texte aus der // Passions-Historie. // 2.) Sechs erbauliche Lieder // auff die Betrachtungen ge- //richtet. // 3.) Kurtze Andachten über die //sieben Worte J. CHristi// am Creutze. // ROSTOCK, verlegt von Georg Ludewig // Fritschen, 1728. - 8 Blatt (nicht paginiert) Titelblatt und Widmung. - 48 S.
B. S. T. 8°.671.

Sivers, Heinrich Jacob.
Merkwürdige Stücke aus der Geschichte Gustavs I. . . . Lübeck 1775. Ü: ***Bagge, Johann Friedrich.*** **(Ky)**

Sivers, Hnr. Jak., († 1758.) merkwürd. Stücke aus d. Geschichte Gustavs I. rc. Ins Deutsche übers. (v. Jh. Fr. Bagge). 8. Lübeck 775. Donatius. (Riemann u. R.) 6 gr

Sivers, H. J. Merkwürdige Züge aus dem Leben Gustavs I. A. d. Schwed. von Joh. Fr. Bagge. 8. Lübeck 1775.

Sivers, Jegór v., das Buch der Güter Livlands und Oesels. 8. (VIII und 176 S.) Riga 863, (Kymmel.) geb. **

Sivers, Jegór v., deutsche Dichter in Rußland. Studien zur Literaturgeschichte. Berlin 855. Schroeder. 16. (LXIII, 680 S.) 2 rf. 15 ngr

Sivers, Jegór v., Geschichte der Bauernfreiheit in Livland. Wiederabdruck einer Reihe von Flugschriften u. Zeitungsartikeln aus den Jahren 1817—1818. Hrsg. zur Säcularfeier der Geburt R. J. L. Samson's von Himmelstiern im Namen der Gesellschaft für Geschichte u. Alterthumskunde der Ostseeprovinzen. gr. 8. (XXXII, 236 S. m. 1 Portr. in Lichtdr.) Riga 878. Kymmel. n. 4. —

Sivers, Jegór v., Herder in Riga. Urkunden. Riga 868. Kymmel. gr. 8. (VI, 78 S.) n. 10 ngr

— Humanität u. Nationalität. Eine livländ. Säcularschrift zum Andenken Herder's u. zum Schutze livländ. Verfassungsrechtes. Berlin 869. Behr. gr. 8. (XV, 92 S.) 22½ ngr

— Humboldt u. die deutsche Bildungsquelle in Livland. Rede zur Humboldtfeier gesprochen am 2/14. Septbr. 1869 zu Wolmar in Livland. Leipzig 869. (Steinacker.) gr. 8. (9 S.) 5 ngr

— die Sivers-Heimthal'sche Körnerdarre mit den die Wärmeverhältnisse ausgleichenden Ventilations-Einrichtungen auf dem Gute Raudenhof. Vortrag, geh. am 15. [27.] Jan. 1877 in der 75. Sitzung der gemeinnützigen u. landwirthschaftlichen Gesellschaft für Süd-Livland im Polytechnikum zu Riga. Mit einem (lith.) Plane der Darre (in Fol.). gr. 8. (15 S.) Ebend. 877. n. 1. —

Sivers, Jegór v., Cuba, die Perle der Antillen. Reisedenkwürdigkeiten und Forschungen. gr. 8. (VII und 364 S.) Leipzig 861, C. F. Fleischer. *

— über Madeira und die Antillen nach Mittelamerika. Reisedenkwürdigkeiten u. Forschungen. Leipzig 861. C. F. Fleischer. gr. 8. (XII, 388 S.) n. 2 rf 7½ ngr

v. Sivers, Jegór, Palmen u. Birken. Dichtungen. 16. (XII u. 200 S.) Leipzig 852, Weber. In Engl. Einband m. Goldschn. n. 1 rf

— Palmen und Birken. Dichtungen. 2. durchges. u. stark verm. Aufl. Leipzig 853. Weber. 16. (XII, 244 S.) n. 1 ₰. 10 ngr.

[Sivers, Jegor von]: Livlands lebendiges Recht. Nach neuen Archivstudien dargest. von einem Livländer. — Bln: Behr 1870. XI, 52 S.

— Smilten. Ein Beitrag f. die Entwickelungsgeschichte Livlands zur Feier d. halbtausendjähr. Bestehens der Kirche zu Smilten, nach mündl. Ueberliefgn., geschriebenen und gedruckten Quellen verfaßt. gr. 8. (64 S. m. 11 Steintaf. u. 5 Tab. in qu. Fol.) Ebend. 872. n. 3. 50

— Karl Walfried v. Stern. Ein grünes Blatt auf sein Grab. Erweit. Ausg. 8. (28 S.) Ebend. 874. n. — 80

Sivers, Jegór v., was bedeutet die Landwirthschaft dem Staate u. der bürgerlichen Gesellschaft? Ein Vortrag. gr. 8. (18 S.) Riga 874. Kymmel. n. — 80

Sivers, Jegór v., Aus beiden Welten. Dichtungen. Leipzig 863. C. F. Fleischer. 16. (VII, 144 S.) 27 ngr.

— Wenden, seine Vergangenheit u. Gegenwart. Ein Beitrag zur Geschichte Livlands. Als Anhang sechs bisher ungedr. Urkunden. Riga 857. Kymmel. (Leipzig, C. Fr. Fleischer.) 8. (75 S.) n. 15 ngr.

Sivers, Johann Peter (Lübeck) A. S. 581/8

De consuetudine legem haud vincente. Präs. Franz Karl Conradi. Helmstedt (Drimborn) 16. VI. 1745. 32 S.

W. v.: Präs. 32730

Sivers, Johann Peter (Lübeck) A. S. 579/16

Dissertatio inauguralis juridica, exhibens lineamenta tractationis ingenio Germanorum, qua solennitates juridicas. Präs. Ernst Johann Friedrich Mantzel. Rostock (Adler) IV. 1747. 46 S.

W. v.: Präs. 32731

v. Sivers, Karl Magn. Ad., († d. 29. Aug. 1830.) s. Taschenbuch f. d. liefländ. Landwirth.

SIVERS, Max v.: Die forstlichen Verhältnisse der baltischen Provinzen dargestellt auf Grundlage der baltischen Forstenquete vom Jahre 1901. - Riga 1903. 48 S., 14 Beil.

v. Sivers, Ritter Pet. Reinhold, Gedanken üb. das Ringen einiger liefländ. Gutsbesitzer nach e. Zwangsgesetze, das den Curs d. Banknoten fixiren soll. Nebst Anh. e. Briefs d. Ritter v. Jakob üb. d. näml. Gegenstand. 8. St. Petersb. 811. (28. S.)

v. Sivers, Reinhold Hnr., († d. 5. Juli 1820.) Lustspiele. 8. Dorpat 816.

Sivers-Euseküll, A. v., dendrologische Mittheilungen üb. die Folgen d. strengen Winters 1887/88 in Livland, Estland u. Petersburg, s.: Mittheilungen der kaiserl. livländ. gemeinnütz. u. oekonom. Societät.

Sivers-Römershof, M. v., Versuch e. Anleitung zur Naturalisation v. Forst- u. Parkbäumen in Livland, s.: Mittheilungen der kaiserl. livländ. gemeinnütz. u. oekonom. Societät.

Sivle, Per, Streik, s. a Kürschner's, Jos., Bücherschatz.

Streik. Von Per Sivle. Mit Ill. von A. Lewin. Berlin, Leipzig: H. Hillger [1906]. (93 S.) 8° [J.]
= Bücherschatz, Kürschners. No 512. [07. 15319]

Siwas [Schlagwort]

Siwas, s.: Asien, Kiepert, Kleinasien.

Siwer, Agnesius, die gottgeweihte Jungfrau in der Welt. Anleitung zum geistl. Leben nach dem Vorbilde der gottgeweihten Jungfrauen in den ersten Zeiten der Kirche. (170 S.) 8. Regensburg 904. A. Coppenrath's Verlag. n. 1. —; geb. in Leinw. n. 1.40

Siwinna's moderne Taschenbücherei. 1.—3. Bd. 8. Kattowitz, C. Siwinna. n. 4. —; geb. in Leinw. n. 6. —

1. Das goldene Taschenbuch des Arbeiters. Ein Nachschlagebuch f. alles, was der Arbeiter zu wissen nötig hat, insbesondere e. Führer durch die gesamte Arbeitergesetzgebg., nebst Formularen u. Mustern u. e. Lohntabelle m. 6063 Lohnberechnungen. Von Bruno Volger. (X, 163 S.) 905. n. 1. —; geb. n. 2. —
2. Das goldene Taschenbuch des Handwerkers. Ein Nachschlagebuch f. alles, was der Gewerbetreibende u. Handwerker zu wissen nötig hat, insbesondere e. Führer durch die einschläg. Gesetzgebg., nebst Musterbriefen u. Schriftsätzen u. e. Lohntabelle m. 6063 Lohnberechngn. Von Bruno Volger. (VIII, 180 S.) (906.) n. 1. 50; geb. n. 2. —
3. Das goldene Taschenbuch des Handlungsgehilfen, insbesond. e. Rechtskatechismus für Handelsangestellte u. Lehrlinge. Von Bruno Volger. (VIII, 167 S.) (906.) n. 1. 50; geb. n. 2. —

Six. J., De Gorgone. Ds. 1885. 100 S. u. 8 Taf. 4°.

— Ikonographische Studien: Mithradates Eupator König v. Pontus. — Liberti. — Drusilla Panthea. S.-A. 1896. 14 S. —.75

Six, Joseph [approb. Arzt aus Falkenstein (Oberpfalz)]: Über Hereditaet, aud den Journalen der Münchener Universitäts-Frauenklinik. (Jahrg. 1884–1886.) . . . München: Druck v. M. Ernst (vorm. G. Pollner), 1887. 22 S. 8°
München, Med. Fak., Inaug.-Diss. v. 1887.

Six, Martin, ein Beispiel verkehrter Erziehung, genommen aus dem gewöhnl. Leben unserer Familien. Eine Erzählung aus d. hinterlass. Papieren des sel. Hrn. Pfarrers. 12. (2 B.) Passau 846, Pustet'sche Buchh.

Six, Mart., Examen aus d. kanon. Rechte. Besteh. in 510 Fragen, u. nach d. neuesten Lehrbüchern bearb. Ein erwünschtes u. recht bequemes Handb. z. Vorbereit. auf d. Examina f. d. Herrn Theologen, Pfarrkonkurrenten u. Juristen. gr. 8. (9½ B. u. 1 Stnt.) München 838, Lindauer'sche Buchh.

—— heil. Geschichte in Fragen u. Antworten f. d. liebe Jugend, zugleich e. Hilfsbüchl. f. Lehrer u. Katecheten. 1. u. 2., verb. Aufl. gr. 12. (à 1½ B.) München 835, 40, Lindauer'sche Buchh. à -

—— heilige Geschichte in Fragen u. Antworten f. die liebe Schuljugend, zugleich ein Hilfsbüchlein f. Lehrer u. Katecheten. 3. u. 4. verb. Aufl. 12. (à 1½ B.) München 844, Lindauer'sche Bh.

Six, Mart., heilige Geschichte in Fragen u. Antworten für die liebe Schuljugend, zugleich ein Hilfsbüchlein für Lehrer und Katecheten. 4. verb. Aufl. 12. (36 S.) München 847, Lindauer. — 5. verb. Aufl. 12. (36 S.) Ebd. 851. 2 ngr.

Six, Mart., nützl. Haus- u. Unterrichtsbuch f. kathol. Familien jeden Standes in Städten u. auf d. Lande. Als geistige Lesung an Sonn- u. Feiertagen üb. verschied. Verhältnisse d. tägl. Lebens z. Erinnerung an gehörte Predigten u. Christenlehren. Gezogen aus d. heil. Schrift u. aus d. Lehren d. Heiligen. gr. 12. (8½ B.) Passau 837, [Pustet'sche Buchh.] Thlr.

— nützl. Haus- u. Unterrichtsbuch für kathol. Familien jeden Standes in Städten und auf dem Lande. Als geistige Lesung an Sonn- u. Feiertagen über verschied. Verhältnisse des tägl. Lebens ꝛc. gr. 12. Passau 837. Winkler. ½ ₰

—— Hosianna! Gelobt sei, der da kommt im Namen d. Herrn. Ein kathol. Gebetb. f. Bürger u. Landleute, welches auch Unterr. ertheilt: üb. d. allerheiligste Sakrament d. Altars, u. üb. d. Lehre d. Kirche vom Fegfeuer. 12. (13 B.) Passau 840, Pustet'sche Buchh. 8 Gr., Vlnp. mit Titlbild

—— der Seelenhirt, s. Seelenhirt.

—— dreißig Tagreisen nach Sion, od. d. Rückkehr vom Wege d. Lasters auf d. Bahn d. Tugend. Ein Erbauungs- u. Unterrichts-Buch f. jed. Christen. gr. 12. (17½ B.) München 835, Lindauer'sche Buchh.

—— bibl. Unterweisungen d. Seelsorgers an seine Gemeinde üb. d. Hauptmomente d. heil. Schriften, wie solche d. Volke bei Gelegenheit d. öffentl. Unterr. leichtfaßl. vorgetragen werden sollen. Ein Compend. f. Theologen u. Seelsorger, u. e. sehr wünschenswerthes Familienbuch. gr. 8. (28⅓ B.) München 841, Fleischmann.

Six, Michael [pr. Arzt zu Uehlfeld]: Ein Fall von traumatischer doppelseitiger Luxation im Hüftgelenk . . . Würzburg: Druck d. k. b. Hof-Buchdr. v. Bonitas-Bauer 1891. 19 S. 8⁰
Würzburg, Med. Fak., Inaug.-Diss. v. 1891

Sixl, P., k. u. k. Major. Entwicklung und Gebrauch der Handfeuerwaffen. Separat-Abdruck aus der „Zeitschrift für historische Waffenkunde". 4. Leipzig (1902).

Sixl, P., k. u. k. Oberstleutnant im Infanterie-Regiment Ferdinand IV. Grossherzog von Toscana Nr. 66. Zur Geschichte des Schiesswesens der Infanterie. Vortrag gehalten im militär-wissenschaftlichen Vereine zu Kaschau im Wintersemester 1900/01. Sonderabdruck aus der „Zeitschrift für historische Waffenkunde". 4. Leipzig 1902.

Sixsey, Steph., Unterösterreichischer Landcompaß. 8. Wien, Jahn. 749.

Sixt, C. F., de regno Christi; quaedam ad hist. huj. doctrinae pertinentia. Altorf. 1737. 4.

Sixt, Christian Heinrich

Sixt, Chrn. Heinr., Paul Eber. Ein Stück Wittenberger Lebens aus den J. 1532 bis 1569. Ansbach 857. Seybold. gr. 8. (IV, 95 S.) n. 12 ngr.

Sixt, Christ. Heinr., Dr. Paul Eber, der Schüler, Freund u. Amtsgenosse der Reformatoren. Ein Beitrag zur Geschichte des Reformations-Zeitalters. Mit 49 Original-Urkunden. gr. 8. (18¼ B.) Heidelberg 843, K. Winter.

Sixt, Chrn. Heinr., Hermann Heinrich Frey, Superintendent in Schweinfurt. Ein Beitrag zur Kirchen- und Städtegeschichte des 16. Jahrh. gr. 8. (XII, 232 S.) Nürnberg 868, Sebald.

Sixt, Chrn. Heinr., Hermann Heinrich Frey. Superintendent in Schweinfurt. Ein Beitrag zur Kirchen- u. Städtegeschichte des 16. Jahrh. Nürnberg 870. Löhe. gr. 8. (XII, 232 S.) n. 15 ngr.

Sixt, Chrn. Heinr., Predigt am Sonntag Jubilate, d. 2. Mai 1852 gehalten. 8. (16 S.) Nürnberg 852, Riegel & Wießner. 2 ngr.

— und Joh. Chrph. Glieb. Port, Predigten zur 50jährigen Gedächtnißfeier der Völkerschlacht bei Leipzig am 20. Sonntag nach Trinit. den 18. Oktbr. 1863, zu Nürnberg gehalten. Nürnberg 863. Recknagel. gr. 8. (19 S.) n. 2 ngr.

—, J. Chr. E. Lösch, G. P. Dietelmair, J. Chr. G. Port und J. Ch. R. Kunel, Predigten am 300jährigen Todestage Phil. Melanchthons, den 19. April 1860 in Nürnberg gehalten. Nürnberg 860. Raw. gr. 8. (60 S.) n. 4 ngr.

— Sendschreiben an Hrn. Pfarrer Löhe u. seine Gesinnungsgenossen. Ein Votum über die Beschlüsse der letzten bayerschen General-Synode. gr. 8. (29 S.) Schweinfurt 849, Giegler. 4 ngr.

—— die bedeutsame Thatsache, daß gerade Deutschland zum Ausgangspunkt der Reformation von Gott ausersehen worden ist. Predigt am Reformationsfeste 1860 in der St. Sebalduskirche zu Nürnberg gehalten. gr. 8. (15 S.) Nürnberg 860, Raw'sche Buchh.

— Petrus Paulus Vergerius, päpstlicher Nuntius, katholischer Bischof und Vorkämpfer des Evangeliums. Eine reformationsgeschichtliche Monographie. Mit Berger's (lith.) Brustbild und 44 Originalbriefen aus dem geh. Archive zu Königsberg in Pr. Braunschweig 855. Schwetschke. gr. 8. (XVI, 602 S.) 2 ₰. 9 ngr.

Sixt, Christian Heinrich. Petrus Paulus Vergerius (1498–1565), päpstlicher Nuntius, katholischer Bischof und Vorkämpfer des Evangeliums. Volks-Ausgabe, bearb. von J. G. Findel. 8. Braunschweig 1856.

— — Volks-Ausg., bearb. von J. G. Findel. Braunschweig 856. Schwetschke. 8. (VII, 167 S.) n. 10 ngr.

Sixt, Chrn. Heinr., Petrus Paulus Vergerius, päpstlicher Nuntius, katholischer Bischof u. Vorkämpfer d. Evangeliums. Eine reformationsgeschichtl. Monographie. 2. Ausg. Mit Berger's (lith.) Brustbild (in Tondr.) und XLIV Originalbriefen aus dem geheimen Archive zu Königsberg i. Pr. gr. 8. (XVI, 601 S.) Braunschweig 871. Schwetschke & Sohn. 6. —

— was die Trauer mildert, in welche wir durch das Hinscheiden unsers geliebten Königs versetzt worden sind? Predigt zum Gedächtniß weil. Sr. königl. Maj. von Bayern Maximilian II. am Tage der Trauerfeier den 21. März 1864 in der St. Sebalduskirche zu Nürnberg gehalten. Nürnberg 864. Raw'sche Buchh. gr. 8. (16 S.) n. 2 ngr.

Das 2. bayerische Armeekorps in den Vormittagskämpfen bei Wörth am 6. August 1870. Von Friedrich Sixt, Oberstlt. z. D. (mit 5 Ansichtsskizzen). München: Lindauer 1910. 68 S. 8°
(Darstellungen aus d. bayer. Kriegs- u. Heeresgeschichte. H. 19, [1.]) 11. 310 2

Sixt, Frdr., das II. bayer. Armeekorps in den Vormittagskämpfen bei Wörth am 6. VIII. 1870. (Mit 2 Anlagen u. 5 Kartenskizzen.) (III, 68 S.) gr. 8. München 910. J. Lindauer. 2.50
Sonderabdruck aus: „Darstellungen a. d. bayer. Kriegs- u. Heeresgesch."

Sixt, Frdr., Chronik der Stadt Gerolzhofen in Unterfranken. [Aus: „Archiv d. histor. Vereins v. Unterfranken u. Aschaffenburg".] gr. 8. (175 S. m. 2 Plänen u. mehreren Abbildgn.) Würzburg 898. (L. Woerl.) n. 3. —

Sixt, Friedrich, Rittmeister etc. Das königlich Bayerische 3. Chevaux-legers-Regiment „Herzog Carl Theodor", ehemals „Herzog Maximilian" während des Feldzuges 1870—71 in Frankreich. Auf Befehl des Königlichen Regiments-Kommandos nach den Kriegsakten und Tagebüchern bearbeitet. Mit 1 Marschkarte und 4 Uebersichtsskizzen, und 1 Anhang: Merktafel für die Regiments-Geschichte 1722—1897. 300 S. 8. München 1897.

Sixt, Friedrich (Hrsg.), s. Waisenkind, Das.

Sixt, G., d. Prudentius Buch Dittochaeon. [Aus: „Korresp.-Bl. f. d. Gelehrten u. Realschulen".] gr. 8. (16 S.) Tübingen 891. Fues. n. — 60

Führer durch die k. Sammlung römischer Steindenkmäler zu Stuttgart. Hrsg. von d. Vorst. d. Sammlung Dr. G[ustav] Sixt. Stuttgart 1895: W. Kohlhammer. (IV, 58 S.) 8⁰

Sixt, Gust., Führer durch die k. Sammlung römischer Steindenkmäler zu Stuttgart. 2. Aufl. 8. (VI, 84 S.) Stuttgart 902. (H. Lindemann.) n. — 40

— s.: Fundberichte aus Schwaben.

Sixt, G. [Prof. Dr.]: Die lyrischen Gedichte des Aurelius Prudentius Clemens. — Zur Charakteristik der christlich-lateinischen Poesie. Stuttgart, Hofbuchdr. C. Liebich, 1889; S. 1—41, 1 Bl. 4°
Stuttgart, Karls-G, P 1889 (602)

— die römischen Inschriften und Bildwerke Württembergs, s.: Haug, Ferd.

Die Preismedaillen der Hohen Karlsschule. Hrsg. von d. K. Münz- u. Medaillensammlung. Verf. von d. Vorstande derselben Prof. Dr. G[ustav] Sixt in Stuttgart. Mit 8 Abb. u. 2 Taf. *Stuttgart: W. Kohlhammer 1903.* (16 S.) 4°(8°)

— aus Württembergs Vor- u. Frühzeit u. anderes. Vorträge u. Manuskripte. Hrsg. v. Elsbeth Sixt. (XI, 135 S. m. Abbildgn, Bildnis, 2 Taf. u. 1 Karte.) gr. 8. Ebd. 906. n. 2.—

Sixt, J. Geographisches Taschen-Lexikon der Schweiz. Bearb. und Hrg. von J. Sixt, Lehrer. 8. Töss... 1853.

Sixt, Jh. Andr., († d. 30. Juli 1810.) freimüth. Beitrag zu den neuen Urtheilen üb. Religion, Kirchenstaat etc. 8. Nürnb. 785. Monath u. K. 6 gl

— von d. Entzwecke des evangel. Predigtamts. 8. Nürnb. 778. Monath u. K. 6 gl

Sixt, J. A., de interpretatione universa a b. Ernestio observata, notulis aucta. Altdorf. 785. 8.

— de interpretatione universa C. Ernestii observata, notulis aucta et ad praelect. publ. selecta. 8. Altd. 785.

— cursorische Lectüre d. heil. Schrift. 8. Altdorf 775. Monath u. K. 4 gl

— Liedersamml. z. Gebrauch für Kranke u. Sterbende, auch bei Leichenbegängnissen etc. 8. Nürnb. 789.

— lautere Prüfung des sogenannten Systems der reinen Philosophie. 2 Stcke. 8. Nürnb. 779—81. Monath u. K. 10 gl

— s. Theophrasti de Characteribus.

— das rechte Verhalten bei Fällen, die uns beunruhigen. Eine Predigt. gehalt. zu Altdorf am 12. Mai 1805. gr. 8. Nürnb. 805. Ebner. 2 gl

Sixt, Johann Christoph (Altena) A. S. 607/28

De iure feminarum adspirandi ad fideicommissa familiae et de earum renunciatione quae fit exstincta iam stirpe masculina vulgo nach dem ledigen Anfall. Präs. Johann Stephan Pütter.
Marburg (Müller) IX. 1745. 48 S.

Gew.: Georg Stollius, Franz Heinrich Pauli, Bernhard Johann Franck, Johann Jakob Sixt (Vater).
32733

– Dass., in: Pütter, Johann Stephan: Sylloge commentationum ius privatum principum illustrantium.

Sixt, Jh. Laurent., Geschichte der Kirchen in der Wüste unter den Protestanten Frankreichs vom Ende der Regierung Ludwigs XIV. an bis zur französ. Revolution. Nach d. französ. Werke des Charles Coquerel in treuem u. erschöpfendem Auszuge. gr. 8. Berlin 846, Th. Enslin. 24 ngl

Sixt, Jh. Mch., († d. 23. Jan. 1821.) Reformationsgeschichte der Reichsstadt Schweinfurt. Mit XLVIII Beilagen. 8. Nürnb. 794. Raw. 16 gl

Sixtinus, Regn., de regalibus. 4. Nürnb. 716.

Sixtus, ..., s. Sendschreiben an die 127 abfälligen Katholiken.

Franz Sixtus

De Diffissione genitalium, singulari penis bifidi observatione illustr. Wuerceburgi (1813:) Nitribitt. 52 S. 8°
Würzburg, Med. Diss. v. 28. Aug. 1813

Sixtus, Georg Philipp (Würzburg) A. S. 125/26

Specimen iurisprudentiae ante-Justinianeae sistens Aelii Marciani iurisconsulti librum singularem ad hypothecariam formulam. Präs. Franz Christoph Wiesen.
Würzburg (Nitribitt) 20. VII. 1781. 31 S. 32734

Sixtus, I. Mart., enchiridion c. U. G. Siber. 4. Lipsiae. 725.

Sixtus, Johann Andreas [Praes.], s. Miller, Melchior Ludwig: De morsibus conscientiae.

Sixtus, Ludwig [Hrsg.], s. Roehn, Adolf: Gedichte u. Lieder.

Siyahi: Das gereimte und ausführliche Buch (Türkisch). 207 S., gbd., Handschr.
o.O.: 1. Hälfte des 18. Jh.

6.449

Sizeranne, Robert de la

Sizeranne, Rob. de la, die zeitgenössische englische Malerei. Aus dem Franz. übers. v. Else Fürst. gr. 8. (259 S. m. 48 Taf.) München 899. Verlagsanstalt F. Bruckmann. Geb. in Leinw. n. 10.—

Sicilianer, Der. Ein Roman ... Rudolstadt 1803. V: *Vulpius, Christian August.* (MGT) (Ky) (EE)

Sicilianer, der, (v. C. A. Vulpius). 2 Thle. 8. Rudolst. 803. (Fr. Fleischer in Leipz.) 1 ℛ 12 gl

Sicilianer, die, ein Roman v. Verf. des Rinaldo Rinaldini, (Vulpius). m. 1 K. 2 Thle. 8. Rudolst. Klüger. 803.

Sicilianerin

Die Sicilianerin oder das Liebespfand. Romantische Erzählung aus der Ritterzeit. Von C. 1825
s. Ahlefeld, Charlotte von [Verf.]

Sicilianerin, Die, oder das Liebespfand. Eine romantische Erzählung ... Quedlinb. 1825. V: *Ahlefeld, Charlotte Sophie Wilhemine von geb. v. Seebach.* (KY) (MGT) (LS) (EK)

Sicilianerin, die, oder das Liebespfand. Eine romant. Erzählung aus d. Ritterzeit, v. C. 8. Quedl. 825, Basse.

Sicilianerin, Die Tugendhaffte, oder Begebenheiten der Marqvisin von Albelini. Beschrieben von dem Verfasser der Geschichte einer Frau vom Stande. Aus dem Französischen ins Deutsche übersetzt von Crisius. Dressden u. Leipzig 1744. V: *Lambert, Chrn. Fr.* (BGE VII[3], 298)

Sizilien [Sachl. OW]

Sicilien, od. Nachricht von dessen Staatsveränderung, bes. der 1718 durch die Spanier auf dasselbe vorgenommenen Expedition. 4. M. K. u. Krtn. Hamburg 1720.

Sicilien unter neapolitanischer Herrschaft, s. Lorck's, Carl B., Zeithefte.

Sicilien vom Standpunkte seiner politischen Vereinigung mit Neapel und seiner administrativen Trennung von demselben. Aus dem Französ. übers. Leipzig 857. Kittler. gr. 8. (15 S.) n. 5 ngr.

Sizilien [Schlagwort]

Sicilien, s. a. Hand- u. Reisekarten. 35.

Siciliae — Mappa Geographica totius Insulae et Regni — Cura graphio et impensis Matth. Seutteri. August. 1 : 630,000. 1 Bl.

Sicilia, e Sardegna — Li Regni di — colle adjacenti Isole di Corsica, Elba, Malta etc. Dalla Composizione fattane dal Sigr. G. A B. Rizzi Zannoni et. Norimbergo, a Spese degl' Eredi d'Homann. 1762. 1 : 1,800,000. 1 Bl.

Sicilien's Revolutionen bis auf den heutigen Tag, ihre Geschichte u. Tendenzen. Zum Verständniß der gegenwärtigen Bewegung. Als Beilage: Die Constitution von 1812 u. eine (lith.) Karte beider Sicilien (in gr. 4.) Von J. D. H..... gr. 8. (67 S.) Berlin 848, Hempel. n. 1/3 ₰

Siciliae — Regni et Insvlae — Tabula Geographica. Ex Archetypo grandiori in hoc compendium redacta, studio Homannianorum Heredum. 1 : 680,000. 1 Bl.

Siciliae — Infelicis Regni — Tabula in tres Valles divisa Demonae, Notae et Mazarae. Ex Officina Davidis Funcke. Norimbergae. (Erdbeben von 1693.) 1 : 950,000. 1 Bl.

Siciliae et Sardiniae — Regnorum — nec non Melitae seu Maltae Insulae cum adjectis Italiae et Africae Litoribus Nova Tabula. Auctore Joh. Bapt. Homanno Geogr. Norimbergae. 1 : 1,500,000. 1 Bl.

Siciliae et Sardiniae — Regnorvm — nova et accurata Tabula, proposita a Joan. Bapt. Homanno. Norimbergae sumptibus Davidis Funky. 1 : 950.000. 1 Bl.

Skaba, D., Tafeln über den kubischen Inhalt der Rundhölzer u. für stehende Stämme nach dem metrischen Maasse. 8. (44 S.) Tabor 876. Jansky in Comm. n. — 60

Skach, Josef

Skach, J., Baupläne f. bienenwirtschaftliche Bauten, enth. Pavillons, Bienenhäuser, Bienenhütten, offene u. umschlossene Bienenlagden, Wanderhütten, Wanderböcke, Bienenschauer, Erdmieten, offene u. umschlossene unterirdische Bienenhütten. Mit nötigen Erläutergn. u. Anweisg. zur zweckmäß. Überwinterg. 1. Folge. Lex.-8. (28 S. m. 38 Abbildgn.) Braunschweig 889. Schwetschke & Sohn. n. 1. —

Skach, Jos., Baupläne f. bienenwirtschaftliche Bauten, enth. Pavillons, Bienenhäuser, Bienenhütten, offene u. umschlossene Bienenlagden, Wanderhütten, Wanderböcke, Bienenschauer, Erdmieten, offene u. umschlossene unterird. Bienenhütten. Mit nöt. Erläutergn. u. Anweisg. zur zweckmäß. Ueberwinterg. 2. Folge. Lex.-8. (25 S. m. 31 Abbildgn. in Holzschn.) Braunschweig 891. C. A. Schwetschke & Sohn. n. 1. — (1. 2.: n. 2. —)

Skach, Jos., Baupläne f. bienenwirtschaftl. Bauten, enth. Pavillons, Bienenhäuser, Bienenhütten, Bienenlagden, Wanderhütten, Erdmieten u. unterird. Bienenhütten. M. nöt. Erläutergn. u. Anweisg. zur zweckmäß. Ueberwinterg. 1. Folge. 2. Aufl. Lex.-8. (31 S. m. 38 Holzschn.) Braunschweig 896. Berlin, C. A. Schwetschke & Sohn. n. 1. —

Skach, Jos., Baupläne f. bienenwirtschaftliche Bauten, enth. Pavillons, Bienenhäuser, Bienenhütten, offene und umschlossene Bienenlagden, Wanderhütten, Wanderböcke, Bienenschauer, Erdmieten, offene u. umschlossene unterirdische Bienenhütten. Mit nötig. Erläutergn. u. Anweisgn. zur zweckmäß. Ueberwinterg. 2. Folge. 2. Aufl. gr. 8. (25 S. m. 31 Abbildgn.) Berlin 901. [C. A. Schwetschke & Sohn.] Leipzig, R. C. Schmidt & Co. n. 1. —

(H) **Skach, Jos.,** Baupläne. 901. (KVL 32.) Jetzt: Leipzig, C. F. W. Fest.

— Heizbare Bienenhäuser zur sicheren u. schnellen Entwickelg. der Bienenvölker im zeitlichen Frühjahre, Ausnützung der Obstbaumblüte als erste Haupttracht u. Verhinderung d. Faulbrut m. Angabe richtiger naturgemäß. Fütterung. Mit Plänen f. heizbare Bienenhäuser, sowie die dabei verwendbaren einfachen Bienenstöcke (Kästen). (14 S.) 8. Leipzig 908. C. F. W. Fest. — 60

— d. amerikanische Stock. S. Beschreibg., Anfertigg., Aufstellg. u. Einwinterg., sow. f. Behandlg. im Frühjahre u. Sommer. gr. 8. (12 S. m. 13 Holzschn.) Braunschweig 895. C. A. Schwetschke & Sohn. n. — 80

Skage, Roelf, liebt! (64 S.) kl. 8. Braunschweig 907. K. Pfankuch. n. 1. 20; geb. n. 2. —

Skagerrak [Sachliches OW]

Skagerrak. 1 : 300 000. (No. 63). 1881. 2 Bl. K.

Skagerrak [Schlagwort]

Skagerrak, s.: Seekarten.

Skal, Geo. v., im Blitzlicht. Momentaufnahmen aus dem Leben e. amerikan. Großstadt. 1. u. 2. Aufl. (à V, 232 S.) 8. Berlin 905. E. Fleischel & Co. n. 3. —; geb. n. 4. 50

Im Blitzlicht. Momentaufnahmen aus d. Leben e. amerik. Großstadt von Georg v. Skal. 2. Aufl. Berlin: E. Fleischel & Co. 1905. (232 S.) 8° [F.] [Umschlagt.:] Flashlights. Momentaufnahmen ... von G. v. Skal. [05. 13600

Skal, Geo. v., das amerikan. Volk. (XII, 336 S.) 8. Berlin 908. E. Fleischel & Co. 6.—

Skala, F. J.: Entspannungs-Gymnastik. Gettenbach. 28 S.

Skala, Juliana: Über die Änderung der Kapillaritätskonstante verschiedenprozentigen Glyzerins mit der Temperatur (mit 3 Textfiguren). S. 121. IIa. 1213
Separatabdruck

Skala, Karl, Allgemeines bürgerliches Gesetzbuch in seinen wichtigsten Theilen dargestellt und durch Formularien erläutert. Zum Gebrauche für den Soldatenstand. 8. (229. S.) geb. 1 fl. 20 kr.
Prag: Bellmann 1882.

Skala, Karl, Hauptm.-Auditor. Praktisches Handbuch für Militärrichter. I. Th., enthaltend eine für den Dienstgebrauch geordnete Zusammenstellung der in Straffällen anwendbaren Normalien, nebst einem Anhang 1. mit Aufzählung aller homogenen Fälle aus dem Strafgesetze; 2. mit den Jurisdictionsnormen nach dem Patente vom 22. December 1851 und dem Gesetze vom 20. Mai 1869. II. Th., enthaltend die neueren Vorschriften über das Militär-Strafverfahren sammt Formularien und im Anhang die Vorschrift über die Heiraten in der Landarmee und Kriegsmarine vom Jahre 1861 und 1863 mit dem durch spätere Verordnungen veränderten Texte. (2 Bde.) 8. Kaschau 1879.

JAHRE, Vierzig, aus dem Leben eines Wieners (von *Carl Skala*). Wien 1890.
Anon.-Lex. V. p. 162 (Eigenbericht).

Skala, Karl, Die Kriegsartikel für das österr.-ungar. Heer erläutert zum Gebrauche in den Mannschaftsschulen. 8. (133 S.) geh. 1 fl. 20 kr. Prag: Bellmann 1882.

Skala, Karl, Militär-Strafgesetz über Verbrechen u. Vergehen vom 15. Jänner 1855, sammt den darauf bezüglichen, bis auf die neueste Zeit erschienenen Verordnungen u. Erläuterungen. 12. (VII, 329 S.) Teschen 881. Prochaska. n. 4. —

Skala, Karl, Oesterreich-Ungarn, Deutschland u. Italien m. Bezug auf die Gesetzgebung im Heere. gr. 8. (31 S.) Wien 890. (Leipzig, Literar. Anstalt A. Schulze.) n. — 60

Skala, Karl, das neue System der Militär-Heirats-Cautionen in der österreichisch-ungarischen Armee. Enth. die Vorschrift nebst Erläuterungen und Formularien für den prakt. Gebrauch. 8. (105 S.) Wien 887, Perles. *
geb. *

— — Unterricht aus dem militärischen Rechte f. d. k. k. Feldgendarmerie, Einj.-Freiwillige und Kadetenschüler. 8. (92 S.) geh. 80 kr. Prag: Bellmann 1882.

—— Vorschriften für den Landsturmmann. Sammlung aller militär-gesetzl. Bestimmungen, sowohl in Straffällen und in Ehrensachen, als in Bezug auf das bürgerl. Recht in ihrer Anwendung auf Officiere und Mannschaft im Landsturm der k. k. Armee, sowie für Wehrpflichtige überhaupt. Gemeinfasslich zusammengestellt und erläutert. 8. (88 S.) Wien 887, (Seidel und Sohn.) *

Skála, Paul, s. Mannl, Osw., die Occupation der königl. Stadt Pilsen durch den Grafen Ernst v. Mansfeld,

Skalberg, Elfriede, über drei Stufen ... Gedichte. 1. u. 2. Aufl. (88 S.) kl. 8. Riga 907. 09. G. Löffler. 2.—; geb. in Leinw. 2.60

Skalenfernrohre aus dem physik.-mechan. Institute von M. Th. Edelmann in München. 1873.

Skalka, Willi, a. Osnabrück: Negotium mixtum cum donatione. Nach Gemeinem Recht und BGB. Würzburg 1907: F. Staudenraus. (VIII, 76 S.) 8°
Erlangen, Jur. Fak., Ref. Oertmann, Diss. v. 4. Okt. 1907
[Geb. 24. Nov. 81 Osnabrück; Wohnort: Hamburg; Staatsangeh.: Österreich; Vorbildung: Gymn. Christianeum Altona Reife O. 00; Studium: Berlin 4, Kiel 2 S.; Rig. 1. März 07.]

Dabrowski. — Skalkowski, Adam. — Johann Heinrich ..... I. Teil. 1755—1795. (Aus:) „Monographie zur neueren Geschichte Polens. Herausgegeben von Simon Askenazy." IV. Band. (In polnischer Sprache.) 8. Krakau 1904.

Skalla F.: Der Habsburger Herrschaft in Österreich (Gedenkrede für den 27. December 1882.) 16. Znaim R. 83.
Progr.

Skalla, F.: Ueber die Wal Ferdinand I. zum böhmischen Könige. 47 S. 8°– Auspitz, UR., Progr. 1871.

Skalla, Ferd., Chronik des Musik-Vereines in Znaim. [Von der Gründung im J. 1861 bis zum Schlusse des 25. Vereinsjahres, Anfang 1887.] gr. 8. (VIII, 164 S.) Znaim 888, (Fournier und Haberler.) *

Skalla, F., Herzog Leopold der Glorreiche u. seine Zeit, s. a. Bibliothek, historische, für die Jugend.

Skalla, Ferd. Herzog Leopold der Glorreiche und seine Zeit. (IV. 156) 16. Wien 1877. 1,30.

Skalla Ferd.: Die heidnischen Přemysliden. 28. Znaim. R. 90.
Progr.

Skalla Ferd.: Rückblick auf das erste Vierteljahrhundert der L. O. R. in Znaim. 44. Znaim R. 96.
Progr.

Skalla, Ferd., Rudolf v. Habsburg, s.: Sammlung gemeinnütziger Vorträge.

Skalla, Ferd, Franz Schubert, — Karl Maria v. Weber, } s.: Sammlung gemeinnütz. Vorträge.

Skalley, Eugen, Aphorismen über das Bergwerks-Regal in den k. preuß. Staaten. Ein Beitrag zur Gesetz-Revision. gr. 8. (11 B.) Berlin 845, Dümmler's Vrlgsh. Thlr.

Eugen Skalley

Ueber die gesetzliche Zurechnung des Erfolgs eines Heilverfahrens mit Bezug auf die Criminalgeschichte des in der Jrrenanstalt der Charité zu Berlin gebräuchlichen Sackes. Zur Würdigung der Vertheidigungsschrift des... Kohlrausch von Eugen Skalley. Berlin: Dümmler 1818. X,148 S. 8°

Skallitzky, W., k. k. Major. Handbuch für Unterofficiere über Adjustirung und Ausrüstung der k. k. Linien- und Grenz-Infanterie und der Jäger-Truppe. (Mit 12 Abbild. im Texte und 10 lith. Figuren.) kl. 8. Wien 1871.

Skallitzky, Guill., Paskéwitsch et les vaillants généraux de l'armée imp. Russe dans la campagne de 1849. Imp. Fol. (9 lith. Portr.) Vienne 852. (J. Bermann.) n. 10 ₰

SKALNIK, FRANZ XAV(ER): Darstellung der katholischen Glaubenslehre. Leutschau 1831: Druck. Joh. Werthmüller. 94, 4 S. - 150 mm

Skalski, Joannes Baptista (*geb. Wola-wereszczynska bei Lublin 10.9.1793*): De plica Polonica. Vratislaviae (1830). (26 S.) 8°
Breslau, Med. Diss. v. 14. Aug. 1830

Skalskÿ, Gust. Adf., zur Geschichte d. evangelischen Kirchenverfassung in Oesterreich. (Bis z. Toleranzpatent.) M. Benutzung handschriftl. Quellen. [Aus: „Jahrb. d. Gesellsch. f. d. Gesch. d. Protestantismus in Oesterr."] gr. 8. (VI, 184 S.) Wien 898. Manz. n. 8. —

SKALWEIT.
See Wider die Nahrungsfälscher.

Skalweit, Aug., s.: Acta borussica (Getreidehandelspolitik u. Kriegsmagazinverwaltung, die, Preußens 1740—1756).

Skalweit, Aug., die Arbeiteransiedelg. in England, s.: Stumpfe, E., die Sesshaftmachung der Landarbeiter.

— s.: Beiträge zum feldmäßigen Gemüsebau.

Skalweit, August, a. Hannover: Die ostpreußische Domänenverwaltung unter Friedrich Wilhelm I. und das Retablissement Litauens. ⟨Buch 1, T. 1, Kap. 5 und 6.⟩ (Altenburg 1906: Pierer.) (42 S.) 8° ¶(Erschien vollst. 1906 als: Staats- und Sozialwissensch. Forschungen Bd 25, H. 3.)
Berlin, Phil. Fak., Ref. Hintze, Diss. v. 3. März 1906
[Geb. 21. Aug. 79 Hannover; Wohnort: Berlin; Staatsangeh.: Preußen; Vorbildung: Lyz. 1 Hannover Reife O. 00; Studium: Tübingen 2, München 1, Berlin 6 S.; Rig. 23. Febr. 05.]

— die ostpreussische Domänenverwaltg. unt. Friedrich Wilhelm I. u. das Retablissement Litauens, s.a. Forschungen, staats- u. sozialwissenschaftliche. XXV, 3.

Die ostpreussische Domänenverwaltung unter Friedrich Wilhelm I. und das Retablissement Litauens. Von August **Skalweit**. Leipzig: Duncker & Humblot 1906. (X, 357 S.) 8°
Ein T. erschien als Inaug.-Diss. Berlin 1906.
— **Forschungen**, Staats- u. sozialwissenschaftl. Bd 25, H. 3. [06. 10981]

— s.: Vererbung, die, des ländlichen Grundbesitzes im Königr. Preussen.

Skalweit, [Bruno]: Die Arbeiteransiedelung in England.
Berlin 1906. 8°
(Landwirtschaftl. Jahrbücher. Bd 35, Erg.-Bd 3, Anh. 3.)

Skalweit, B., Gras- u. Kleesaaten, s.: Berichte üb. Land- u. Forstwirtschaft im Auslande. 20. (Hoffmann.)

Skalweit, Bruno, aus Labiau: Die ökonomischen Grenzen der Intensivierung der Landwirtschaft unter besonderer Berücksichtigung Mittel- und Nordwest-Deutschlands. Berlin 1903: Gebr. Unger. (36 S.) 4° (8°) [Erschien vollst. 1903 bei P. Parey, Berlin.]
Berlin, Phil. Diss. v. 21. März 1903

Skalweit, B., die ökonomischen Grenzen d. Intensivierung d. Landwirtschaft. Betriebswissenschaftl. Untersuchngn. auf Grund der Buchführg. v. 35 vorzüglich geleiteten Betrieben in Mittel- u. Nordwest-Deutschland. (72 S.) Lex.-8. Berlin 903. P. Parey. n. 3. —

Die ökonomischen Grenzen der Intensivierung der Landwirtschaft. Betriebswissenschaftl. Untersuchungen auf Grund d. Buchführung von 35 vorzüglich geleiteten Betrieben in Mittel- und Nordwest-Deutschland von Dr. B[runo] **Skalweit**. 2. Aufl. Berlin: Parey 1909. 76 S. 8° [10. 5622]

Skalweit, B.: Der Obstbau in England, s.a. Berichte üb. Land- u. Forstwirtschaft im Auslande. 15.

Der Obstbau in England. Von d. Landwirtschaftl. Sachverständigen bei d. Kais. Deutschen Generalkonsulat in London Dr. [Bruno] **Skalweit**. (Mit 1 Karte.) Berlin: Deutsche Landwirtsch.-Gesellsch. 1907. (23 S.) 8°
(Berichte über Land- u. Forstwirtschaft im Auslande. Mitget. v. Ausw. Amt. Buchausg. St. 15.)

Skalweit, Bruno, beste Verwertg. d. Molkerei-Rückstände durch Aufzucht v. Kälbern, Schweinen u. Geflügel, s.a. Preisschriften u. Sonderabdrücke d. Illustr. landwirtschaftl. Zeitung, Nr. 11.

[F.] Beste Verwertung der Molkerei-Rückstände durch Aufzucht und Mast von Kälbern, Schweinen und Geflügel, unter bes. Berücks. d. Art u. Menge der diesen Tieren zu reichenden Futtermittel. Preisgekr. Arbeit v. Bruno **Skalweit**-Jourlauken ... *Berlin-Schöneberg: F. Telge 1897.* (16 S.) 1 Bd 8.
— **Preisschriften** u. Sonderabdr. d. Illustrierten Landwirtschaftlichen Zeitung. No 11. [98. 5679

Skalweit, Bruno, welche Mittel dienen zur Hebung der deutschen Rindviehzucht, s.: Preisschriften u. Sonderabdrücke der Illustr. landwirtschaftl. Zeitung. 12.

Skalweit, Gerhard: Der Kreuzzug des Bischofs Heinrich von Norwich im Jahre 1383. Königsberg i. Pr. 1898: E. Rautenberg. (83 S.) 8°
Königsberg, Phil. Diss. v. 28. Juni 1898

Skalweit, Gerh., der Kreuzzug d. Bischofs Heinrich v. Norwich im J. 1383. Diss. gr. 8. (83 S.) Königsberg 898. (Gräfe & Unzer, Sort.) n. 2. —

Skalweit, H. G. W.

— Magnetische Beobachtungen in Barth. Angestellt und berechnet in den Jahren 1881—84. (Aus dem Archiv der Deutschen Seew., 1883, No. 3.) Hamburg 1883.

Skalweit, H. G. W., magnetische Beobachtungen in Memel. Nebst einem Versuche, die Unregelmässigkeiten im täglichen Gange der Declinationsnadel auf meteorologische Einflüsse zurückzuführen. gr. 4. (18 S. m. 13 Tab. in gr. 4. u. qu. Fol. u. 1 Steintaf.) Königsberg 879. Hartung. n. 4. —

— Die Missweisung des Kompasses in Barth im Jahre 1885. (Aus dem Arch. der Deutschen Seew., 1888, No. 2.) Hamburg 1888.

Skalweit, Joh., Bericht über die deutsche Brauerei-Ausstellung zu Hannover, s. Röhrig, Ernst.

— Bericht üb. die fünfjährige Thätigkeit d. hannoverschen Lebensmittel-Untersuchungsamt. gr. 8. (15 S.) Hannover 883. (Schmorl & v. Seefeld.) n. — 50

SKALWEIT, JOHANNES. Einige Versuche aus dem Gebiet der organischen Chemie. Tübingen, 1870.

Skamandros. 1909. [Pseud.], s.a. Fuchs, Friedrich, Prof. in Bonn.

Skamandros, Jocosa. Gedichte. (X, 274 S.) gr. 8. München 910. L. Finsterlin. Geb. in Leinw. 3.50

Skamel, Paul, prakt. Arzt: Ueber die Blepharoplastik mittelst Uebertragung grosser stielloser Hautlappen. *Königsberg i. Pr. 1900: M. Liedtke.* (37 S.) 8°
Königsberg, Med. Diss. v. 4. Aug. 1900

Skamper, Julius (geb. Prenzlau 8. 4. 1854): Ueber die Bestimmung der Magengrenzen. Berlin (1879). (36 S.) 8°
Berlin, Med. Diss. v. 13. Aug. 1879

Skandal, der, Caffarel-Boulanger u. die Corruption in Frankreich v. ***. gr. 8. (54 S.) Berlin 887. Issleib. n. 1. —

Scandal, Der, von G.... im Jahre 18.. Der nackte Ball. Enthüllungen aus den Geheimnissen einer österreichischen Provinzhauptstadt. 2 starke Bde. (Ende XIX. Jh.)

— — Dasselbe, Neudruck, tit: Der Skandal von Graz oder der nackte Ball. Aus den Geheimnissen einer österreichischen Provinzhauptstadt. 2 Bde. Privatdruck. Graz 1909. 8°. (Br. Mk. 15 = 18 Kr.; gebd. Mk. 18 = Kr. 21,60.) (20 Mk.. Origbd., Adolf Weigel, 1910.)

Der Scandal von Graz oder Der nackte Ball. Enthüllungen aus den Geheimnissen einer österreichischen Provinzhauptstadt. Amsterdam 1907. 2 Bde. 8°. 159 + 153 S.

Skandal, der modernste politische. Rückblick u. Ausblick e. Eingeweihten z. Prozeß Leckert-Lützow, v. F. de B . . . gr. 8. (30 S.) Wittenberg 897. W. Schaeffel. — 50

Lauter Skandäler aus Berlins Tag- und Nachtwächterleben. Druck von C. A. Schiementz u. Co. 1 Bl. Fol.
Flugblatt. Berlin, 1848/49.

Skandäler, lauter, aus Berlins Tag- u. Nachtwächterleben. 1 B. in gr. Fol. Berlin 848, Hirschfeld. 1 ngr

SKANDAL-Geschichten. Die Adamitin in den Katakomben der Stephanskirche. (1871.) 8°.
Konfisziert.

Scandalgeschichten europäischer Höfe, s. Kászony, Daniel von

Skanderbeg. Heroisches Gedicht in zehn Gesängen. Leipzig 1823—24. V: *Krug von Nidda, Frdr. Alb. Frz.* (GGr)

Skandinavia, oder Übersetzungen aus der neuesten schwedischen Literatur. Riga 1822. H: *Zachrisson, Joh. Erich.* (Ky)

Skandinavia, oder Uebersetzungen aus der neuesten schwedischen Literatur. 1s Heft: enthält: E. G. Geijer, Feudalismus u. Republikanismus. — J. H. Schröder, üb. die Entdeckungsreisen der Skandinavier. gr. 8. Riga 822. (Leipz., Hinrichs.)

Skandinavien [Sachliches OW]

Skandinavien u. die Alpen, s. v. Bonstetten.

Skandinavien und Polen nach ihrer kirchlichen Einteilung bis zur Reformation. Gotha o. J. Fol. (Spruners histor. Atlas Nr. 71.)

Skandinavien bis zur calmarischen Union 1397. Gotha o. J. (Spruners histor. Atlas Nr. 49.)

Skandinavien [Schlagwort]

— s. a.: Atlanten, Stieler.

— s. a.: Atlanten, Sydow-Habenicht.

— s.a. Europa. Gaebler.

— s. a.: Europa. Kiepert.

— s. a.: Europa. Noordhoff.

Skandinavien. Bamberg, K., Wandkarte v. Skandinavien. 1:1,400,000. 12 Blatt à 39,5 × 49 cm. Farbdr. Berlin 897. C. Chun. n. 10. —; auf Leinw. in Mappe n. 16. —; m. Stäben n. 17. 50

Skandinavien. Bamberg's, Karl, Wandkarte v. Skandinavien. 1:1,400,000. (Ausg. m. rot markierten polit. Grenzen.) 12 Blatt à 39,5×49 cm. Farbdr. Berlin 899. C. Chun. 12. —; auf Leinw. in Mappe n. 16. — m. Stäben n. 17. 50

Skandinavien. Bamberg's, Karl, Wandkarte v. Skandinavien. 1:1,400,000. 3. verb. Aufl. 12 Blatt à 39,5×49,5 cm. Farbdr. Berlin (905). C. Chun. n. 10. —; auf Leinw. in Mappe n. 16. —; m. Stäben n. 17. 50

Skandinavien. Bamberg's, Karl, Wandkarte von Skandinavien. 1:1,400,000. 4. verb. Aufl. (Physikal. Ausg.) 12 Blatt à 39,5×49,5 cm. Farbdr. Berlin (907). C. Chun. 10.—; auf Leinw. m. Stäben 17.50; m. polit. Grenzen 12.—; aufgez. 17.50

— Gaebler, Eduard, Schul-Wandkarte v. Skandinavien u. Russland. 1:2,000,000. 2. durchgeseh. Aufl. 6 Blatt à 67×95 cm. Farbdr. Leipzig (905). G. Lang. n. 15. —; auf Leinw. in Mappe od. m. Stäben n. 22. —

— Gaebler, Eduard, Schul-Wandkarte von Skandinavien u. Russland. 1:2,000,000. 4. Aufl. 6 Bl. à 66,5×94,5 cm. Farbdr. Leipzig (910). G. Lang. 16.—; auf Leinw. m. Stäben 22. —

Skandinavisches. Hrsg. v. G. (Chr. F.) Mohnike. — T. u. d. T.: Reden, Schilderungen u. Gedichte v. Wallin, v. Brinkman, Oehmann, Agardh, Tegnér, Geijer, Atterbom u. Nicander. Verdeutscht v. Mohnike u. Schütt. 8. (28½ B. u. 1 Musikbeil. 4.) Stralsund 832, Löffler.

Skapulier des hl. Joseph. 32. (4 S.) Dülmen 894. A. Laumann. 100 Stück 1. —

Skapulier, das — des bittern Leidens und der heiligen Herzen Jesu und Maria, oder: Betrachtungen und Gebete zum Gebrauche der damit betheilten Gläubigen. Aus dem Französischen übersetzt. Mit Meßgebeten und geistlichen Liedern vermehrt Gratz, 1856. Druck und Papier von J. A. Kienreich. (571 S. kl. 8.)

Skapulier, das marianische, d. i.: d. geweihte Kleid d. allerseligsten Jungfrau Maria v. Berge Carmel im gelobten Lande, nebst Anweisg. zur Theilnahme an der Bruderschaft d. Scapuliers u. d. sieben Schmerzen Mariä, d. unbefleckten Empfängniß u. d. allerheiligsten Dreifaltigkeit. 17. Aufl. 8. (20 S.) Dülmen 896. A. Laumann. n. 10. —

— das vierfache. Gebetszettel. 8. Aufl. 12. (4 S.) Nördlingen 895. Th. Reischle. n. — 02

Skapulier-Büchlein der Karmeliter-Bruderschaft. Verfaßt von Fr. Serapion a. s. Andrea. Graz: Moser's B. 1869. XII, 180 S. kl. 8°

Skaramutz. — Der erste Tag in der Kostschule. — Die beiden Freunde. Drei Erzählungen für die Jugend. Aus dem Französischen übers. 3. Aufl. *Wien* 1858. *A. Pichler's Wtw. & S.* 103 S., 16°. Mit 1 Bilde.

Skaramutz. — Der erste Tag in der Kostschule. — Die beiden Freunde. Drei Erzählungen für die Jugend. Aus dem Französ. übers. 4. Aufl. 12. (108 S. mit 1 Bild.) Wien 860, Pichler's Wwe. und Sohn. (Leipzig, Liebeskind.)

Skaramutz, ehemal. Lustigmachers bei italien. Theaters in Paris, Leben u. Abentheuer. 8. Hamb. 792. (Herold jun.) 9 gr

Skaramutz, vormal. Lustigmachers a. d. italien. Theater in Paris, Leben. 8. Halle. (Vollmer in Hamb.) 792.

Skarb modlitw odpustowych na wszystkie potrzeby czyli ziążka do nabożeństwa ułożona z modlitw do których przywiązane są odpusty z dodaniem modlitw przy konających tudzież pieśni pobożnych używanych w czasie missli a na każdy czas przydatnych. Berlin (854.) Behr. 18. (VIII, 352 S. m. Holzschn. im Text.) n. 25 ngr.

Skarbek, Fryd. Hr.

v. **Skarbek,** Graf, Leben u. Schicksale des Felix Faustin Dobosinski von Dodoscha, s. Uebersetzungs-Bibliothek ausgewählter Schriften d. polnischen Literatur, 1. Bd.

Skarbek, Fryder. Hr., Olim. Powieść. 8. (VIII und 811 S.) Berlin 866, (Behr's Buchh.)

Skarbeck, Fryd., Pamiętniki Seglasa. (2. wydania.) 2 Tomy. 16. (164 und 168 S.) Breslau 847, Schletter.

Skarbka, Fryd. Hr., Powesci i pisma humorystyczne. Tom. I — VI. A. u. d. T.: Tarlo. Powieść z dziejów polskich. III Tomi. — Damian Ruszczyc. Powieść z Czasów Jana III. III Tomi. — Chwila Wesołości. — Pan Starosta. II Tomi. — Zycie i Przypadki Faustyna Felixa Dodosinskiego. II Tomi. — Pan Antoni. — Podróż bez celu. II Tomi. — Małe przyjemności pożycia. — Sanszopansiana. — Narzucona i Odebrana. 16. Wrocławiu 840. Schletter. 6 ₰

Skarbeck, Fryd. hr., Powieści i pisma humorystyczne. Tom VII. Pamiętniki Seglasa. 16. (164 u. 168 S.) Breslau 847, Schletter. 1 ₰

— die Reise ohne Ziel, s. Ebendas., 3. Bd.

— der Starost u. sein Nachbar, s. Ebendas., 2. Bd.

Skarbina, F., die Armee Friedrichs des Großen in ihrer Uniformierung, s.: Menzel, Adph. v.

Gedächtnis-Ausstellungen Franz **Skarbina,** Jos. M. Olbrich. Königl. Akademie d. Künste zu Berlin. München-Berlin: Bruckmann (1910). 55 S. 8° [11. 6833

Skarbina, Frz., anatomische Hülfstafeln. Als Lehrmaterial für die königl. Akademie der bildenden Künste zu Berlin gezeichnet. 1—4. Blatt. Lith. Fol. Berlin 882. Burmester & Co. à n. — 15

Skarda, Jak., sbírka zákonů rakouských. Svazek I—III. Prag 863, 64. Kober. 8.

I.: Obecný zákon trestní daný dne 27. května 1852, s dodatkem daným dne 17. prosince 1862, zákon o lichvě a řád tiskový, kromě všech jiných zákonů a nařízení sem náležitých. (LXXI, 256 S.) n. 19 ngr.

II.: Obecný zákon lesní se všemi dodatky, zvláště předpisy o vykoupení a pořádání služebností lesních, pak zákony o myslivosti, nošení zbraně a ochraně polí, i řád čeledni pro království České, kromě všech nařízení sem náležitých. (XXVI, 220 S.) n. 26 ngr.

III.: Obecný zákonník obchodní se všemi dodatky, zákon o obchodě podomovním, předpisy o agentech obchodnických a komorách obchodních, pak řád živnostenský, jakož i zákon výsadní a předpisy k ochraně známek a vzorů. (LVIII, 382 S.) n. 1 ₰ 1 ngr.

SKARDA, JOSEF MARIA: Das Lied von der göttlichen Gnade in 31 Sonetten. Pozsony (Preßburg) 1906: Kathol. literar. Aktiengesellschaft. 30 S. 1 l. - 160 mm

Skarda, Jos. Maria, ein Veilchenstrauß. Gewunden aus 20 Sonetten religiösen Inhaltes, als e. bescheidener Beitrag zur Huldigungsfeier f. Jesus Christus den Erlöser u. seinen erhabenen Statthalter bei Schluss des gegenwärt. u. Beginn des künft. Jahrhunderts. qu. 12. (III, 78 S.) Wien 898. H. Kirsch.
Geb. in Leinw. m. Goldschn. n. 2. —

Skarda, L. J., das österreichische Privilegienrecht in politischer, civilrechtl. u. technischer Beziehung erläutert durch Beispiele, Rechtsfälle u. Formulare praktisch dargestellt. Nebst e. Anhang über die bezüglich der Dampfschifffahrt, Dampfmaschinen u. Eisenbahnen erlassenen gesetzlichen Vorschriften. Lex.-8. (24 B.) Wien 842, (Leipzig, Hinrichssche Buchh.) *

Skarda, L. J., das österreichische Privilegienrecht in politischer, civilrechtlicher u. technischer Beziehung erläutert durch Beispiele, Rechtsfälle u. Formulare praktisch dargestellt. Nebst e. Anhang über die bezüglich der Dampfschiff-Fahrt, Dampfmaschinen u. Eisenbahnen erlass. gesetzl. Vorschriften. Lex.-8. Wien 843, Ign. Klang. 2 ₰ herabges. Pr. 7/8 ₰

Skarga, Piotr, Czytania bractwa miłosierdzia na każdą niedzielę roku. Nowy oddruk. 8. (119 S.) Lissa 850, Günther.

Skarga, S. J., W. Ks. Piotra, Kazania na niedziele i święta całego roku. Tom I, II. Z Portretem Autora. Nowe wydanie J. N. Bobrowicza. gr. 8. Lipsk 843, Nakładem Księgarni Zagranicznej. (Librairie étrangère.) Pro VI Tomi Subscr.-Pr. 4 ₰ späterer Ladenpreis 6 ₰

Skarga, Piotra, Kazania na niedziele i święta całego roku. 6 Tom. Nowe wydanie J. N. Bobrowicza. gr. 8. (... B. u. S's. Portr. in Stahlst.) Leipsic 843, Librairie étrangère.

Skarga, X. Piotr., Kazania sejmowe. Posen 869. Merzbach. gr. 8. (IV, 92 S.) n. 10 ngr.

Skarga, Peter, Sonn-, Festtags- u. Gelegenheits-Predigten nach Skarga. Eine deutsche Anerkenng. poln. Kanzelberedtsamkeit. Hrsg. v. Aug. Swientek. [Mit Brunn's Hedwigsblatte 1869/70.] gr. 8. (XIII, 390 S.) Breslau 871. Goerlich in Comm. 4. 50

Skarga, Piotr., żywoty świętich. Zebrane na każdy dzień całego roku. Wydanie ks. Konst. Maniewskiego. Zeszyt 1—9 (Leben der Heiligen; für jeden Tag des Jahres zusammengestellt. Ausgabe von K. Maniewski.) gr. 4. (1. Bd. 522 S. und 2. Bd. S. 1—264.) Wien 859. 60, Mechitharisten-Congregations-Buchh. à Zeszyt * 10 Ngr. *

Skarica Mladen: Marulićs Sprache gegenüber dem heutigen Dialekte von Spalato und Umgebung.
II. 1909 PN 2626 Diss. Wien, Univ. 2738

Skarich, Ivanu Matiju. Sveto pismo staroga i novoga uvita iz latinskoga s obzirom na matična Knjige izbitreno i iztumaceno. Snopić 1, 2, 3, 4, 5 i 6. U *Beču* 1858. Iz c. k. dvorne i *obstene tiskarnice*. I. Bd. XXXVI und 476 S., II. Bd. S. 1—64. 8°.
(Die heilige Schrift des alten und neuen Testamentes aus dem Lateinischen übersetzt. 1.—6. Heft. *Wien* 1858. *K. k. Hof- u. Staatsdr.*) — (Kroat.)

Skaricza, Andreas Christoph (Pressburg) A. S. 762/3

In: Pfaff, Johann Christoph: Dogmata protestantium ex jure canonico comprobata. Tübingen (Reis) I. 1712. 134 S.

7 Resp. 32735

Skark, E. W. Leop., kurzes Lehrbuch der Chemie f. Papiertechniker. (VII, 128 S. m. 10 Abbildgn.) gr. 8. Halle 910. W. Knapp. 6. —

Skarnikat, Auguste, ein Rundgang durch das Knaben-Waisenhaus in Marasch, s.: Schäflein, verlorene u. gerettete.

Skarpil, Frz., die landwirthschaftl. Buchführung, basirt auf alles umfassende Register oder Tagebücher aus einem noch ungedruckten größeren Werke über das Privat- u. Staats-Rechnungs-Wesen, letzteres mit besond. Hinsicht auf das im österreich. Kaiserstaate eingeführte Staats-Casse- u. Rechnungs-Verfahren, im Lichte unserer Zeit dargestellt. gr. 4. (12 B.) Wien 842, [Mörschner's Wtwe. u. Greß.] *

Skarpin [Pseud.], s. Simmerl, Alois [wirkl. Name].

Skarron, s. Scarron.

Skarrons tragisch-komische Novellen, 2 Theile, mit Vignetten, 8. Wien, 790. Degen. 1 Rtl. 10 sgl. Dasselbe Buch, 8. Eisenach, 791. Krumbhaar. 20 sgl.

— komischer Roman, nach dem Franz. übersetzt, 3 Theile, mit 1 Kupf. 8. Reval und Leipzig, (Prag) 782. Albrecht. 2 Rthl. Dasselbe Buch, aus dem Franz. frey übersetzt, (von C. L. Bille) 3 Theile, mit Kupf. 12. Breslau, 793-94. W. G. Korn. 1 Rthl. 15 sgl.

Skarsine; ein Frühlingsgedicht . . . Breslau 1769. V: *Hausknecht, Balthasar.* (MGT)

[illegible], Wenzel, auf welche Art u. Weise könnte erfolgreich die Volksbienenzucht gehoben u. gefördert werden? [Aus: „Bienenvater".] (Internationaler land- u. forstwirthschaftl. Congreß zu Wien 1890, Hft. 7.) gr. 8. (5 S.) Wien 890. (W. Frick.) n. — 60

Skarytka, W., das Bienenjahr. Lehrbuch d. ration. Bienenzucht nach Grundsätzen d. Theorie u. Praxis. 3., verm. Aufl. gr. 8. (IX, 228 S. m. 114 Abb.) Wien 898. C. Gerold's Sohn. n. 3. 60

Skarytka, W., die Buchführung des Landwirtes. Übungsheft zum Gebrauche an landwirtschaftl. Fortbildungsschulen. gr. 4. (32 S.) Wien 900. A. Pichler's Wwe. & Sohn. n. — 60

— Volksbienenzucht. Eingehende Belehrg. üb. ertragreiche Behandlg. der Klotz-, Bretter-, Lagerbeute u. des Strohkorbes nebst Berücksicht. des Überganges zum Mobilbau. gr. 8. (VIII, 138 S. m. 100 Abbildgn.) Wien (901). A. Hartleben. n. 2.25

Skarżinski, Witold v., die Agrarkrisis u. die Mittel zu ihrer Abhilfe. Grundzüge e. agrarpolit. Programms. Als Referat f. „die Grundkreditkommission" des „Bundes der Landwirthe" gedruckt u. hrsg. gr. 8. (III, 127 S.) Berlin 894. F. Telge. n. 1. 50

Skarzynski, Graf Louis, die Arbeiterversicherung in Russland, s.: Zacher.

Skarzynski, Graf Louis, Arbeitsausstände u. Arbeiterverbände. Autoris. Übersetzg. aus dem Russ. v. Claus. (VIII, 270 S.) Lex. 8. Berlin 908. C. Heymann. 8.—

— Streik und Organisation. Aus dem Russischen von R. Clauss. 8⁰. Berlin, C. Heymann, 1907.

Skarżyński, Witold von, Adam Smith als Moralphilosoph u. Schöpfer der Nationalökonomie. Ein Beitrag zur Geschichte der Nationalökonomie. gr. 8. (XIX, 461 S.) Leipzig 878. Grieben. n. 7. —

Skarzyński, Zdzislaw v., Referendar a. D.: Die römischen Grundsätze über die fideiussio indemnitatis in ihrer Bedeutung für das Bürgschaftsrecht des B.G.B. Breslau 1908: Schatzky. 36 S. 8°
Heidelberg, Jur. Diss. v. 1908, Ref. Endemann
[Geb. 14. Mai 78 Miedzianow; Wohnort: Heidelberg; Staatsangeh.: Preußen; Vorbildung: Gymn. Ostrowo i. P. Reife O. 99; Studium: Breslau 1, Berlin 3, Breslau 3 S.; Rig. 8. Juli 08.] [U 09. 1912

Skässchen [Schlagwort]

Skässchen, s.: Sachsen. Karte.

Skässchen, s.: Sachsen. Messtischblätter.

Skat. Anleitung zur Erlernung des Skatspiels. Nebst Zusammenstellung aller Skatregeln. Anh.: Der Bierskat. 16. (72 S.) Celle 878. Literar. Anstalt. — 80

Skat. Kurze Grammatik des Skatspiels für Anfänger. 16. (64 S.) Celle 883, Literar. Anstalt.

Skat. Anleitung zur Erlerng. d. Skatspieles. Nebst Zusammenstellg. aller Skatregeln, insbesondere auch d. academ. Bierskats. 3. Aufl. 16. (72 S.) Celle 884. Literar. Anstalt. n. — 80

Skat: the German game of cards. 8. (24 S. m. eingedr. Kartenbildern.) New York 886. Westermann & Co. 1.20

Skat. Kurze Grammatik d. Skatspiels f. Anfänger. Neue Aufl. 16. (72 S. m. 1 Tab.) Lpz. 889, Literar. Anstalt. * — 75

—— der. Anleitung zum Erlernen des Skatspiels. 16. (24 S.) [Bad Ems 890, Sommer.] Höxter, Buchholtz. — 80

[F.] Der Skat. Anleitg z. Erlernen d. Skatspiels . . . *Bad Ems: H. Ch. Sommer* (Aufgekl. u. a. d. Umschl.: *Höxter: O. Buchholtz [1892]*). (24 S.) 1 Bd 8. [illegible]

Skat, der. Anleitung zum Erlernen d. Skatspiels. 2. (Titel-)Aufl. 16. (24 S.) Höxter 892. O. Buchholtz. — 30

— In e. Stunde Skat. Praktische Anleitg. zur Selbsterlernung des Skatspiels. 8. (41 S.) Berlin 893. Cassirer & Danziger. n. — 50

— Anleitung zur Erlerng. des Skatspiels, nebst Zusammenstellg. aller Skatregeln, insbesondere auch des Bierskats. Neue Aufl. 16. (84 S.) Leipzig 894. Literar. Anstalt A. Schulze. n. — 80

— Kurzo Grammatik des Skatspiels f. Anfänger. Neuo Aufl. 16. (72 S m. 1 Tab.) Ebd. 894. n. — 75

Der Deutsche **Skat**. Verdeutschungen d. Deutschen Skatverbandes. [Berlin 1905.] (3 Bl.) 8° [Kopft. F.] [05. [illegible] 3

Skat, der, im Lichte unserer Klassiker od. klass. Unterhaltgn. beim Skatspiel. (Der kleine Skatbüchmann.) Von Wenzel. 12. (52 S.) Minden 895. W. Köhler. n. — 80

Skat-Album. 12 Orig.-Zeichngn. (in Holzschn.) v. Otto Andres. Mit Dichtgn. v. Rich. Schmidt-Cabanis. qu. gr. 4. (14 Bl. Text.) Leipzig 894. J. J. Weber. Geb. in Leinw. n. 5. —

Skat-Anleitung zur Erlernung des Skatspiels. Nebst Zusammenstellung aller Skatregeln, insbesondere auch des academischen Bierskats. 2. Aufl. 16. (72 S.) Celle 882. Literar. Anstalt. n. — 80

Skat-Buch, illustrirtes. Theorie u. Praxis d. Skat-Spieles. Mit zahlreichen durch Kartenbilder illustr. Beispielen u. Aufgaben. 8. (IV, 139 S.) Breslau 883. Kern's Verl. geb. n. 5. —

Skat-Kalender für das J. 1883. Hrsg. von M. O. Fischer-Tangerhütte. (1. Jahrg.) 8. (III, 227 S.) Erfurt, Bartholomäus. *
Nicht weiter erschienen.

Skat-Kalender, allgemeiner deutscher, auf d. J. 1890 u. 1891. Hrsg. v. A. Berthold. 1. u. 2. Jahrg. 12. (à Jahrg. 186 S. m. Illustr.) Lpz., Fernau. geb. à Jahrg. * 1 —

—— deutscher, für d. J. 1893. Mit 5 kleinen Kartenspielen u. Taf. zum Einkleben interess. Spiele. 16. (48 S.) Lpz.-Anger, Hoppe. geb. — 50

Skat-Kalender, deutscher, f. d. J. 1894, m. kurzgefasster Skatordng., sowie Berechnungstabellen, angenommen vom deutschen Skatverbande u. den Skatcongressen in Altenburg, Dresden u. Leipzig. Mit 5 kleinen Kartenspielen u. dazugehör. Taf. zum Einkleben interessanter Spiele. 16. (48 S.) Leipzig-Anger, W. Hoppe. Geb. in Leinw. — 50

Skat-Kalender, deutscher, f. d. J. 1897, m. kurzgef. Skatordng., sow. Berechnungstabellen, angenommen v. deutschen Skatverbande u. den Skatcongressen in Altenburg, Dresden u. Leipzig. M. 2 kleinen Kartenspielen u. dazugehör. Taf. zum Einkleben interessant. Spiele. 16. (48 S.) Leipzig 896. Berlin, J. Gnadenfeld & Co. Geb. n. — 50
Weiter nicht erschienen.

Skat-Kalender, deutscher, f. d. J. 1907, m. kurzgefasster Skatordng., sowie Berechnungstabellen, angenommen vom deutschen Skatverbande u. den Skatkongressen in Altenburg, Dresden u. Leipzig. Mit 5 kleinen Kartenspielen u. dazu gehör. Taf. zum Einkleben interess. Spiele. (55 S.) 16. Leipzig, H. Hedewig's Nachf. Geb. — 50

SKAT-LIED (11 vierzeil. sotad. Str.). O. O. u. J. (c. 189*). Schmal-Fol. Offenes Bl., nur einseitig mit lat. Typen auf grünes Pap. gedr.

Skat-Regel f. Nicht-Mitspieler. 16. (3 S.) Kaiserslautern 893. A. Gotthold. n.n. — 10

Skatspiel, d., s. Zehn-Pfennig-Miniatur-Bibliothek.

Skatspiel, Das; von J. F. L. H. . . . Altenburg 1848. V: *Hempel, Johann Friedrich Ludwig.* (Ky)

Skatspiel, das. Erklärungen, Anweisgn., Regeln u. Gesetze zum Erlernen, wie f. Geübtere. In Verse gebracht u. der deutschen Schwester gewidmet v. e. Skatbruder. 8. (31 S.) Berlin 894. H. Steinitz' Verl. n. — 60

Skatspieler, der lustige, in der Westentasche oder rhythm. Spaziergang durch die Tüftologie des Skats. Hymnologisch-kulturhistor., humoristisch-didakt. Poëm in 5 Gesängen. In zierl. Reimlein gefaßet von Gustav v. Merkendorf, der Skatologie Sub-Vice-Doktor, der Altenburger Mysterien Geheimer Obermaurer, Mitglied von keiner gelehrten Gesellschaft. 12. (23 S.) Altenburg 886, Pierer. *

Skatspieler, der perfekte. Prakt. Leitfaden zur gründl. Erlerng. des Skats. (32 S.) 8. Neuweißensee, E. Bartels. — 30

Skatspieler, der regelrechte. E. Anweisg., in kurzer Zeit regelrecht Skat spielen zu lernen. Nach d. bewährtesten Regeln bearb. von S. v. F. 6., verb. Aufl. 12. (IV, 36 S.) Leipzig 897. Ernst. n. — 50

Skatspieler, der regelrechte. Eine Anweisg., in kurzer Zeit regelrecht Skat spielen zu lernen. Nach den bewährtesten Regeln bearb. von S. v. F. 7. verb. Aufl. 8. (IV, 36 S.) Leipzig (901). Ernst. — 50

— der tadellose, s.: Miniatur-Bibliothek.

Skattabelle, lith. u. color. kl. 4. Leipzig 886. (Pfau.) — 25

—— deutsche. Lithogr. und color. 4. (Ebendas.) 886. Auf Leinw. *

Skat-Zeitung, deutsche. Red.: A. Sanguinet, von Nr. 28 an der Verleger. 1. Jahrg. Nov. 1897—Septbr. 1898. 48 Nrn. (Bog. m. Abb.) gr. 4. Altenburg, Rob. Fuchs. 4. 40
Das 1. Quartal Nobr. u. Decbr. 1897 hatte 9 Nrn. u. kostete — 80; das 2.—4. Quartal bei je 13 Nrn. à 1. 20.

— dasselbe. 2. Jahrg. Oct. 1898—Septbr. 1899. 52 Nrn. (Bog. m. Abb.) gr. 4. Ebd. 4. 80
Kann auch vierteljährlich bezogen werden.

Skat-Zeitung, deutsche. Organ des deutschen Skat-Verbandes. 3.—5. Jahrg. Oktbr. 1899—Septbr. 1902. à 52 Nrn. gr. 4. (à ca. 8 S.) Altenburg, Rob. Fuchs. (Nur direkt.) à Jahrg. 2. 40

Skat-Zeitung, deutsche. Vereinsblatt des deutschen Skat-Verbandes. 7.—9. Jahrg. Oktbr. 1903—Septbr. 1906. à 12 Nrn. (à ca. 8 S.) Lex.-8. Altenburg, R. Fuchs. à Jhrg. n. 3. —

Skat-Zeitung, deutsche. Vereinsblatt des deutschen Skat-Verbandes. 11. Jahrg. 1909/10. 4—6 Nrn. (à 8 S.) Lex. 8. Altenburg, R. Fuchs. 2. —
Erscheint nur noch nach Bedarf.

[Russ.] **Skazanie** o nespravedlivom carė i kak on v razum vošel i kakoj sovėt ljudjam dal. Berlin: G. Štejnic (1904). (98 S.) 8°
[Auf d. Umschl.:] Vom ungerechten Zaren [u. wie er zu Verstand kam u. welchen Rat er d. Leuten gab]. Du tsar injuste.
(Sobranie lučšich russkich proizvedenij. Č. 88.) [08. 60]

[Russ.] **Skazanie** o carė Simeonė. Berlin: Štejnic (1906). 92 S. 8°
[Auf d. Umschl.:] Der Zar Simeon. Le Tsar Siméon.
(Sobranie lučšich russk. proizvedenij. Č. 133.) [09. 8751]

Skazil, Rudolf, aus Wien: Das Kali als Pflanzennährstoff; über die Absatzverhältnisse der Staßfurter Kalisalze und die Bestrebungen von Seiten des Verkaufssyndikats der Kaliwerke zu Leopoldshall-Staßfurt, diesen Absatz zu erhöhen. Gießen 1903: C. Trippo in Staßfurt. (43 S.) 8°
Gießen, Phil. Diss. v. 1903

[Russ.] **Skazka** pro to kak car' Achrejan chodil bogu žalovat'sja. V mėsto predislovija Bože, carja chrani! *Berlin: G. Štejnic 1903.* (30 S.) 8°
[Auf d. Umschl.:] Une histoire comme le Tsar lamenta devant Dieu. Eine Geschichte wie d. Zar [Achrejan] zu Gott klagte. [Als Vorwort e. satir. Travestie d. russ. Volkshymne: Gott schütze den Zaren!]
(Sobranie lučšich russkich proizvedenij. Č. 46.) [03. 20007]

Skeat, Bertha M(arian), (von East Dereham, Norfolk): The Lamentatyon of Mary Magdaleyne. Text, with critical introduction. Cambridge Fabb & Tyler 1897. 64 S. 8°.
Zürich, Phil. Diss. [v. 7. Mai 1897].

Skeat, W. W., a Moeso-Gothic glossary with en introduction, an outline of Moeso-Gothic Grammar, and a list of Anglo-Saxon and old and modern english words etymologically connected with Moeso-Gothic. Berlin 868. Asher & Co. 4. (XXIII, 340 Sp.) In engl. Einb. n. 3 ⅔

Skedel, B., Gesetz u. Technologie der Branntwein-Erzeugg. Allgemein verständl. Ratgeber üb. einfache u. rationelle Ausbeutg. der Brennerei-Rohstoffe, sowie über die einschläg. österreich. Gesetzesbestimmgn. Prakt. Handbuch für Branntweinbrennerei-Unternehmer u. sonst. Interessenten. (148 S.) kl. 8. Tittmoning (905). (Salzburg, E. Höllrigl.) Kart. n. 1. 70

Skedl, Arth., die sociale Bedeutung d. neuen Civilprozessgesetze. Rede, geh. am 4. X. 1898 bei d. Uebernahme d. Rectorates d. Franz-Josephs-Universität in Czernowitz. gr. 8. (22 S.) Czernowitz 898. H. Pardini. n. — 60

Skedl, Arth., zur Frage der Gerichtsorganisation. Ein Beitrag zur Reform der österreich. Civilprocessordng. Vortrag, geh. in der Wiener jurist. Gesellschaft am 23. März 1892. [Aus: „Allg. Juristen-Zeitg."] gr. 8. (31 S.) Wien 892. M. Breitenstein. n. — 75

—— Das Mahnverfahren. gr. 8. (III, 180 S.) Lpz. 891, Tauchnitz. * 6 —

Skedl, Arth., die Nichtigkeitsbeschwerde in ihrer geschichtlichen Entwicklung. Eine civilprocessuale Abhandlg. gr. 8. (VIII, 179 S.) Leipzig 886. B. Tauchnitz. 6. —

Skedl, Arth., das österreichische Civilprozessrecht. 1. Bd. gr. 8. (VIII, 446 S.) Leipzig 900. B. Tauchnitz. n. 9. —

Skeete, Thom., Erfahrr. u. Beobachtt. üb. röhrenförmige u. rothe peruvianische Rinde rc.; aus dem Engl. 8. Leipz. 787. Crusius. (W. Vogel). 16 gr.

Skeireins Aivaggêljôns thairh Jôhannên, s. Maßmann's Auslegung des Evangelii Johannis.

Skeitz, Grünewald. Ein Lustspiel in einem A. Leipzig u. Kölln 1782. V: *Erdmann, Ludwig.* (GGr) (MGT)

Skelett, das, u. die vorzüglichsten Organe d. menschl. Körpers, s.: Wunschmann.

Skell, Fr. Ldw., († 1822.) Beitrr. zur bildenden Gartenkunst f. angeh. Gartenkünstler u. Gartenliebhaber. Mit 8 Steindr. 8. Münch. 818.

Skell, Ludw., Anfangsgründe zur Landschafts-Zeichnenschule. 1. u. 2. Heft. München 869. Mey & Widmayer. qu. gr. 4. Jedes Heft (12 Steintaff.) n. 10 ngr.

Skelnik, Pind. et Aeschyli sententiae ad deos deorumque cultum pert. Regimont. 29 p. 1864.
Schul-/Univ.-Schrift

Skelton, H. P., Handbuch der englischen Umgangssprache, s. Busch, O.

Skelton, H. P., s.a. Taschenbuch der Handelscorrespondenz.

— u. **Fr. Courvoisier**, Taschenbuch der Handelskorrespondenz mit Anmerkungen u. Worterklärungen. Für Schulen u. Comptoire, sowie zum Selbstunterricht. 5., neu geordn. u. erweit. Aufl. 2 Abthlgn. in je 2 Thln. Leipzig 869. Spamer. 8. Jeder Thl. n. 15 ngr.
I. 1. Französisch-deutsch. (XVI, 160 S.)
I. 2. Deutsch-französisch. (XVI, 160 S.)
II. 1. Englisch-deutsch. (XVI, 176 S.)
II. 2. Deutsch-englisch. (XVI, 176 S.)

Skelton, H. P., deutsch-französisch-englische symbolische Wörtersammlung für Lernende jedes Alters u. aller Klassen, worin die nothwendigsten u. gebräuchlichsten Wörter durch Illustrationen gelehrt werden. Leipzig 863. Payne. gr. 4. (X, 103 S. m. Holzschn. u. 9 Holzschntaf.) 1 Thlr. 15 ngr.

Skelton, Henry, Handbuch der englischen Umgangssprache, s. Busch, Osc.

Skelton, Philip. Predigten über die wichtigsten und strengen Grundlehren des Christenthums; a. d. Engl. ... Leipzig 1765. Ü: *Heyne, Joh. Glob.* (Ky)

Skelton, Ph., Predigten üb. die wicht. u. streng. Grundlehren des Christenthums; aus d. Engl. (von Ih. Glo. Heyne), mit e. Vorrede von J. S. Weikhmann. gr. 8. Leipz. 765. (Brockhaus). 18 gr.

Skelton, Phil., Predigten üb. d. wicht. u. streng. Grundlehren d. Christenthums, a. d. Engl. v. J. S. Weikhmann. gr. 8. Leipzig. Heinsius. (Gleditsch.) 765. Rthlr. — 18

Skemp, A. R., Richards', Nathan, tragedy of Messallina, s.a. Materialien zur Kunde d. ält. engl. Dramas.

Skemp, Arthur Rowland: Nathanael Richards' tragedy of Messallina the Roman emperesse. Löwen: Verl. d. Materialien z. Kunde d. ält. engl. Dramas 1908. VII, 63 S. 8° ¶(Ersch. vollst. als: Materialien z. Kunde d. älteren engl. Dramas Bd. 30.)¹) Straßburg, Phil. Diss. v. 27. Febr. 1908, Ref. Koeppel
[Geb. 11. Juli 83 Eccles, Lancashire; Wohnort: Straßburg; Staatsangeh.: Großbritannien; Studium: Manchester, Berlin, Straßburg.] [U 09. 3857

Skene, Alfred von

Skene, Alfr. Frhr. v., der nationale Ausgleich in Mähren 1905. (III, 98 S.) gr. 8. Wien 910. C. Konegen. 2.20

Skene, A. jr., Ein Beitrag zur Beurtheilung der österr. Agrarfrage. 8⁰. Wien, Frick, 1885. 2. verm. Aufl. 8⁰. Ebd. 1885. 27 S.

Skene, Alfr., der Donau-Oder-Canal m. besond. Berücksicht. als Bewässerungs-Canal f. landwirthschaftl. Zwecke. Ein Gutachten f. die mähr. Donau-Oder-Canal-Enquête. gr. 8. (63 S.) Wien 886. Frick. n. 1. 20

Skene, Alfr. v., Entstehen u. Entwickelung der slavisch-nationalen Bewegung in Böhmen u. Mähren im XIX. Jahrh. Historisch-polit. Studie. gr. 8. (XXIV, 155 S.) Wien 893. C. Konegen. n. 3. —

Skene, F. M. F., verborgene Tiefen. Eine Geschichte grausamen Unrechts. Mit e. Einleitg. v. W. Shepherd Allen, M. P. Mit Genehmigg. der Verf. aus dem Engl. übers. 8. (334 S.) Hagen 887. Risel & Co. n. 3. —

Skene, James Henry

— — Die drei Epochen der osmanischen Geschichte. (1566—1850.) Politische Darstellung der neuesten Reformen in der Türkei etc. Aus dem Französischen übersetzt und durch Anmerkungen vermehrt von Hüssein Rifki, Hauptm. in der kais. osman. Armee. 8. Wien 1852.

Skene, J. H. Die drei Epochen der osman. Geschichte. (Geschichte der osman. Armeen von ungef. 1566 an.) Aus dem Französ. übs. und durch Anmerk. vermehrt von Hüßein Riffi. Wien 1852. 103 S.

v. Skepsgardh, Angelika, der Geburtstag. Erzählungen, Mährchen, Fabeln, Gedichte u. Spiele, für Kinder von 5—10 Jahren. Mit 8 (lith. u.) col. Abbild. gr. 16. (IV u. 128 S.) Hamburg 850, Berendsohn. 18 ngr

Skepsgardh, Angelika v., Phantasieblumen. Märchen für die reifere weibl. Jugend. 8. (181 S. mit 6 Illustr. in Holzschntaf. von G. Sundblad.) Leipzig 871, Rötschke. [Zander.] (*M 2,25.) * — 80

— die Träume. Zwei Mährchen. gr. 16. (48 S. m. 1 Lith.) Berlin 850, Löwenherz. n. 1/6 rf

Skepsgardh, Otto v., drei Vorreden, Rosen u. Golem-Tiere. Eine tragikomische Geschichte mit e. Kritik von Friedr. Rückert. 2 Thle. (3 Abthln.) 8. (29 1/4 B.) Berlin 844, Alex. Duncker.

Skerbinz, J., s. Skerbinz, Paskal

Skerbinz, Paskal

— Dankrede für die im J. 1817 gesegnete Erndte. gr. 8. Wien 817. Wimmer. 3 gr

Skerbinz, Paskal, Fastenreden. 1r u. 2r Jahrg. gr. 8. Wien 818, 19. Wimmer. 4 rf

— sämmtl. Fest- u. Gelegenheitspredigten. 1r Bd. A. u. d. T.: Predigten auf die vorzügl. Feste Mariens. gr. 8. Wien 820. Wimmer. 2 rf 2r Bd A. u. d. T.: Predigten auf die vorzügl. Feste d. Herrn. Mit d. Bildn. d. Verf. gr. 8. Ebd. 824. 2 rf 3r Bd. 1e Hälfte. A. u. d. T.: Predigten auf die vorzügl. Feste d. Heiligen. gr. 8. Ebd. 832. 2 rf

Skerbinz, Pasq., sämmtl. Fest- u. Gelegenheits-Predigten. 3. Bd. 1. Hälfte. — A. u. d. T.: Predigten auf d. vorzügl. Feste d. Heiligen. 1. Hälfte. gr. 8. (29 B.) Wien 832, Wimmer.
1. u. 2. Bd. Ebendas. 1820, 24. 4 Thlr.

Skerbinz, (P.,) der heil. Angela Merici, (Stifterin d. Nonnenordens d. Ursulinerinnen) Leben, Wirken, u. wunderbare Schicksale. Frei aus d. Französ. Mit 1 Kpfr. gr. 8. Wien 825, Wimmer.

— Predigt von d. christl. Abtödtung. Gehalten am 5n Sonntage nach Pfingsten, in d. Franziskanerkirche z. heil. Hieronymus in Wien. gr. 8. Wien 819. Wimmer. 3 gr

— Predigt von d. christl. Wachsamkeit; gehalt. am 26n Sonnt. nach Pfingsten, üb. d. Evangel. am 5n Sonnt. nach d. Erscheinung d. Herrn. gr. 8. Wien 819. Wimmer. 3 gr

— Predigt üb. die Wahrheit: daß der Priester die Menschen zu Gott, u. Gott zu d. Menschen führe. Bei Gelegenheit d. Primiz-Feier des ehrwürd. P. Bernard Steiner. gr. 8. Wien 819. Wimmer. 3 gr

— Predigt von der Würde d. Priester u. von d. Pflichten der Gläubigen gegen dieselben. Eine Secundezrede. gr. 8. Wien 819. Wimmer. 3 gr

— Predigt von d. Würde d. Priesterthums. Eine Secundez-Rede. gr. 8. Wien 822. Wimmer. 3 gr

— Predigten auf alle Sonntage d. katholischen Kirchenjahres. 1r Bd. Vom 1. Sonnt. im Advent bis zum 6. Sonnt. nach Ostern. gr. 8. Wien 826, Wimmer.

—— Predigten auf alle Sonntage d. kathol. Kirchenjahres. 2. Bd. Vom 1. bis z. 24. Sonnt. nach Pfingsten. gr. 8. (27 B.) Wien 828, Wimmer
1. Bd. Ebendas. 1826. 2 Thlr.

Skerbinz, P. Pasqual, Predigten auf alle Sonntage des kathol. Kirchenjahres. Neue, wohlf. (Titel-)Ausg. 1. Lfg. (VI und 160 S.) Wien 848, [Leo.] *

Skerbinz, P. Pasqual, Predigten auf alle Sonntage des kath. Kirchenjahres. Neue wohlfeile (Titel-) Ausg. (in 19 Lfgn.) 1. Lfg. (VI u. 160 S.) Wien 848, Schmidt & Leo. n. 8 ngr

— Rede bei d. Feierlichkeit, als die hochgeb. Frau Mar. Jul. geb. Gräfin v. Trautmannsdorf-Weinsberg d. Orden des heil. Franz v. Sales an d. Heimsuchung Mariä, nach zurückgelegten 50 Jahren im geistl. Stande, am 4. Nov. 1817 ihr Ordensgelübde erneuerte. gr. 8. Wien 817. Wimmer. 3 gr

— Rede von d. Liebesdiensten, welche der Priester d. sittl. u. physisch Todten leistet. Eine Secundezrede. gr. 8. Wien 818. Wimmer. 3 gr

— Rede gehalten am Richtplatz bei d. Hinrichtung des Jh. B*** am 26. Juni 1817. 2e A. 8. Wien 819. Wimmer. 1 gr

Pubitschka, P. Franz —. Die ersten Blüthen des aufkommenden Christenthumes im slavischen Böhmen. Nach der Chronik des — —. Von Johann Skerle. Mit Linzer'scher Ordinariats-Bewilligung. Der Ertrag ist dem katholischen Waisenhause in Linz gewidmet. Linz, 1855. Druck und Verlag von Joh. Huemers Witwe. (47 S. 16.)

Skerle, Johann — Gebetbuch für Kranke zum Selbstbeten oder zum Vorbeten, von — —. Mit Linzer'scher Ordinariats-Bewilligung. Linz, 1856. Druck und Verlag von Johann Huemer's Witwe. (32 S. 8.)

Skerle, Johann — Die Lebensbeschreibungen der heil. Herzogin Ludmilla und des heiligen Herzogs Wenzeslaus, des heil. Martyrers Adalbert, Bischofs von Prag und des heil. Martyrers Johann von Nep. Domherrn zu Prag, als Preisbuch für die katholische Jugend. Von — — Linz, 1857. Dr. und Verlag von Huemers Witwe und Danner. (110 S. 8.)

Skerlecz von Lomnicza, Karl. Entwurf zu einem Plane für die öffentlichen Lehranstalten, absonderlich für die gymnasialischen, fürs öffentliche Lehrwesen, das ist sowohl für das Erziehungs-Unterrichtswesen der Jugend durch Jugendlehrer, als für die weitere Ausbildung der Erwachsenen, theils durch Volkslehrer, das ist ergötzende Lehren, nämlich Dichter und Schauspieler, theils durch Staatslehrer, das ist durch eigentliche Gelehrte, welchen das Dichten und Spielen selten behaget. Redigirt und herausgegeben von — —. 4. (100, 2, 454 u. 12 S.) Wien. Gedruckt bei J. Rauh. 1854.

Škerlj, Milan, das Gesetz vom 6. III. 1906, RGBl. Nr. 58, über Gesellschaften m. beschränkter Haftung. Erläutert durch die Materialien, durch Anmerkgn. u. durch eine Auswahl aus den Entscheidgn. des deutschen Reichsgerichtes. (XVI, 189 S.) 8. Wien 906. Manz. n. 2. 90; geb. in Leinw. n. 3. 70

Skerlj, Milan, das Gesetz v. 6. III. 1906, RGBl. Nr. 58 üb. Gesellschaften m. beschränkter Haftung. Erläutert durch d. Materialien u. durch Anmerkgn. 2., durchgeseh. u. ergänzte Aufl. (XVI, 246 S.) 8. Wien 909. Manz. 2.90; geb. n 3.70

Skerlo, Hermann

Skerlo: Bemerkungen über den Gebrauch von ἰδεῖν bei Homer. 20 S. – Graudenz, Progr. 1869. 4°

Skerlo, *Julius Hermann* [Prof.]: Einiges über den Gebrauch von ἀνά bei Homer. Graudenz, Druck v. G. Röthe's Buchdr., 1892; 1 Bl., 16 S. 4.
Graudenz, k. ev. G, OP 1892 (32)

Skerlo, H., üb. den Gebrauch v. ἐπί bei Homer. (71 S.) 8. Leipzig 910. Buchh. G. Fock. 2. —

Sket, Dr. Jakob, und Wester Josip, Slovenska čitanka za prvi razred dekliškega liceja. I. Klagenfurt 1909. Druckerei der Sankt Hermagoras-Bruderschaft. Geb. K 2.60. (Min.-Erl. vom 14. Jänner 1910. Z. 48340 ex 1909.)

Sket, Dr. J., Slovenska čitanka za četrti razred srednjih šol. Klagenfurt 1893. Buchdruckerei der St. Hermagoras-Bruderschaft (Min.-Erl. v. 31. Januar 1894, Z. 699.) Geh. —.80

Sket, Dr. Jakob, Slovenska čitanka za drugi razred srednjih šol. II. Teil. 2., verbesserte Auflage. Klagenfurt 1901. Verlags-Buchdruckerei der St. Hermagoras-Bruderschaft. Preis, geheftet 1 K 60 h, gebunden 2 K.

Sket, Dr. Jakob, Slovenska čitanka za peti in šesti razred srednjih šol. 2 durchgesehene Auflage des slovenischen Lesebuches desselben Verfassers: Slovensko berilo za peti in šesti razred srednjih šol. Klagenfurt 1892. Verlag der Druckerei der „St. Hermagoras"-Bruderschaft.

Sket Dr. Jakob, Slovenska čitanka za peti in šesti razred srednjih šol. V. in VI. 3., verbesserte Auflage. Klagenfurt 1903. Verlagsbuchdruckerei der St. Hermagoras-Bruderschaft. Preis, geheftet 3 K 20 h, gebunden 3 K 60 h.

Sket, Dr. Jakob, Slovenska čitanka za prvi razred srednjih šol. I. Theil. 2. verbesserte Auflage. Klagenfurt 1896. Verlag der St. Hermagoras-Bruderschaft. (Min.-Erl. vom 1. August 1896, Z. 18726.) Geh. —.80, geb. 1.—

Sket, Dr. Jakob, Slovenska čitanka za prvi razred srednjih šol. I. 3. Auflage. Klagenfurt 1904. Verlag der Buchdruckerei der St. Hermagorer Bruderschaft. Geb. K 2.—.

Sket, Dr. Jakob, und Wester Josip, Slovenska čitanka za prvi razred srednjih šol. I. 4., umgearbeitete Auflage. Klagenfurt 1909. Druckerei der St. Hermagoras-Bruderschaft. Geb. K 2.—. (Min.-Erl. vom 14. Jänner 1910, Z. 48340 ex 1909.)

Sket, Dr. Jakob, Slovenska čitanka za tretji razred srednjih šol. III. Klagenfurt 1892. Verlag der Buchdruckerei der St. Hermagoras-Bruderschaft. (Min.-Erl. v. 12. Mai 1893, Z. 9729.) Geheftet —.80

Sket, Dr. Jakob, Slovenska Čitanka za tretji razred srednjih šol. 3. Druga izdaja. Klagenfurt 1906. Verlag der Buchdruckerei der St. Hermagoras-Bruderschaft. Geb. K 2.—.

Sket, Dr. Jakob, Slovenska slovstvena čitanka za sedmi in osmi razred srednjih šol. Wien 1893. K. k. Schulbücher-Verlag. (Min.-Erl. v. 23. Juni 1893, Z. 13464.) Gebunden 1.50

Sket Dr. Jakob, Slovenska slovstena čitanka za sedmi in osmi **razred srednjih šol. Druga, predelana izdaja. 2.,** umgearbeitete **Auflage. Wien 1905. K. k. Schulbücherverlag. Geb. K 2.80**

Sket, Dr. Jakob, Staroslovenska čitanka za višje razrede srednjih šol. Wien 1894. K. k. Schulbücher-Verlag. (Min.-Erl. v. 27. August 1894, Z. 20039.) Geheftet 1.50

Sket, Jak., Grundriss der slovenischen Grammatik mit Übungsbeispielen, Gesprächen und deutsch-slovenischem Wörterverzeichnis. 8. (188 S.) Klagenfurt 888, (v. Kleinmayr.) * 1 60

Sket, Jakob. Grundriss der slovenischen Grammatik. Klgft., St. Hermagoras-Druck., 1888. 192 S. — 2. Aufl. 1904. 192 S.

Sket, Dr. Jakob, A. Janežičeva slovenska slovnica za srednje šole. 7. Ausgabe. Klagenfurt 1894. Verlag der „St. Hermagoras"-Buchdruckerei. (Min.-Erl. v. 16. Mai 1894, Z. 7367.) Geheftet 1.30

Sket, Dr. Jakob, A. Janežičeva slovenska slovnica za srednje šole. 9., umgearbeitete Auflage. Klagenfurt 1906. Verlag der Buchdruckerei der St. Hermagoras-Bruderschaft. Geb. K 2.60, geb. K 3.—.

Sket, Jac., Slovenisches Sprach- und Uebungsbuch. Nebst einer Chrestomathie und einem slovenisch-deutschen und deutsch-slovenischen Wörterverzeichniß. Für den ersten Unterricht. 8. (300 S.) Klagenfurt 879, (v. Kleinmayr.) **

Sket, Jacob, slovenisches Sprach- und Uebungsbuch. Nebst einer Chrestomathie und einem slovenisch-deutschen und deutsch-sloven. Wörterverzeichniß. Für den ersten Unterricht bearb. gr. 8. (IV, 300 S.) Klagenfurt 880, (Bertschinger und Heyn.) *

Sket, Jak., slovenisches Sprach- u. Uebungsbuch. Nebst Chrestomathie u. slovenisch-deutschem u. deutsch-slovenischem Wörterverzeichnis. Für den ersten Unterricht bearb. 2., durchgeseh. Aufl. gr. 8. (IV, 300 S.) Klagenfurt 882. Heyn. n. 3. —

Sket, Dr. Jakob, **Slovenisches Sprach- und Uebungsbuch nebst Chrestomathie und einem slovenisch-deutschen und deutsch-slovenischen Wörterverzeichniss.** Klagenfurt 1882. **Verlag der** St. Hermagoras-Buchdruckerei. **Preis, 1 fl. 30 kr.**

Sket, Jak., slovenisches Sprach- u. Uebungsbuch. Nebst Chrestomathie u. slovenisch-deutschem u. deutsch-sloven. Wörterverzeichnis. Für den ersten Unterricht bearb. 3. Aufl. gr. 8. (IV, 303 S.) Klagenfurt 885. (Heyn.) n. 3. —

—— dass. — 4. veränd. Aufl. gr. 8. (IV, 298 S.) Klagenfurt 888, (v. Kleinmayr.) ** 2 60

Sket, Jakob. Slovenisches Sprach- u. Uebungsbuch. Klgft., St. Hermagoras-Druck., 1879. 307 S. — 2., durchgesehene Aufl., 1882. 307 S. — 3. Aufl. 1885. 307 S. — 4. veränderte Aufl. 1888. 302 S. — 5. Aufl. 1893. 302 S. — 6. Aufl. 1903. 304 S.

Sketch, A, of Hambourg, its commerce customs and manners with some account of the laws respecting bills of exchange and bankrupts. Hamb. 1801. V: *Rede, Lamann Thomas.* (schr)

Sketch, A, of Hamburg, its commerce, customs and manners. Hamburg 1801. V: *Remnant, William.* (schr)

Sketch, historical, of the cathedral of Strasburg. 18. ed. (39 S. m. Abb.) kl. 8. Strassburg 903. F. Bull. — 80

Sketch, historical, of the cathedral of Strasburg. 20. ed. (39 S. m. Abbildgn.) kl. 8. Strassburg 908. F. Bull. — 50

Sketch of a descriptive Journey through Switzerland.... Berne 1816 s.a. [Devonshire, Elizabeth Hervey Duchess of].

Sketch of a descriptive Journey through Swizerland to which is added the passage of St. Gotthard, a poem by her Grace the Dutchess of Devonshire. gr. 8. Bern 816. Burgdorfer (Leipz., Schmid). 18 gr

— a, of Kants Life in a letter from one Friend to an other. etc. 8. Leipz. 799. Hinrichs. 3 gr

Biographical Sketches of Lazarus W. Powell and John L. Helm, Governors of Kentucky. (135; 144) 8. Frankfort 1868.

Sketches, naval, by various authors, hrsg. v. R. Kron, s.: Schulbibliothek französischer u. englischer Prosaschriften. II. 41.

Sketches of the franco-german war selected from the „daily news" correspondence. With an introductory narrative. Ed. by F. H. Ahn. 8. (VIII, 301 S.) Cöln 871. Du Mont-Schauberg. n. 2. 25

Skett, Wilib., bunte Blätter. Gedichte. Minden 868. Köhler. 32. (X, 83 S.) geb. mit Goldschn. n. 15 ngr.

Jedem das Seine. Roman von Wilibald **Skett.** Bd. 1—2. Minden: Köhler 1868. 8°.
1. 2 Bl., 216 S.; 2. 2 Bl., 220 S.
Im 2. Bd. werden Bruchstücke aus Lessings Ernst und Falk angeführt und solche aus einem andern freimaurerischen Hefte. Tendenz des Romans: Wirklich frei wird der Mensch nur, wenn er frei ist von Selbstsucht.

Ski. Offizielles Organ des mitteleurop. Ski-Verbandes. Mit offizieller Beilage: Allgem. Korrespondenzblatt u. Alpiner Wintersport. Zeitschrift für den gesamten Wintersport. (In deutscher, französ., engl. u. italien. Sprache.) Red.: H. A. Tanner, f. Deutschland: E. Gruber, f. Oesterreich: Schager. Novbr. 1905—März 1906. 16 Nrn. (XIV, 1064 S. m. Abbildgn. u. 1 Taf.) gr. 8. Basel, H. A. Tanner. n. 5. —; geb. n. 6. 80
Fortsetzg., s.: Alpinismus u. Wintersport.

Ski. Jahrbuch des Schweiz. Ski-Verbandes. Annuaire de l'Association suisse des clubs de ski. Bern.
Jg. 4—9. 1908—13, Jg. 11. 1915, Jg. 14—15. 1919—20, Jg. 18—21. 1923—26, Jg. 23. 1928, Jg. 26—28. 1930—32.

Ski Heil! Liederbuch des Skiclub Schwarzwald. 12. (81 S.) Freiburg i/B. (899). F. Wagner. In Wachstuch kart. n. 1.—

Skiagraphien der Menschheit ... Rostock u. Leipz. 1786. V: *Stiller, G.* (Cat. d. Stadtbibl. Zürich. Zürich 1864—97.)

Skiagraphien der Menschheit v. G. S. 8. Rost. 786. Koppe. (Stiller). 18 gr

—satyr., f. Freunde d. Wahrheit u. Politik. Philadelphia 797. (Kühne in Wittenb.) 8 gr

— Dass., s.a. Skiographien...

Skiba, Oscar, approb. Tierarzt aus Halle: Untersuchungen über die Entwickelung, Anatomie und Histiologie des Knochenmarks bei unseren Haustieren. (Aus dem physiologischen Institut der Königlichen Tierärztlichen Hochschule zu Hannover. Dirigent: Prof. Tereg.) Mit neun Abbildungen im Text. Halle a. S. 1908. 104 S. 8°. [2. VII. 08.]
Bern. Vet.-med. Diss. 1908/09.

Skiba, Oscar. Untersuchungen über die Entwickelung, Anatomie und Histiologie des Knochenmarks bei unseren Haustieren. Diss. Vet.-Med. Bern ... von Oskar S'.... Mit 9 Abbildungen im Text. *Kopftitel:* Aus dem Physiologischen Institut der Königlichen Tierärztlichen Hochschule zu Hannover.... 104 S. 8. Halle a. S., Hohmann, 1908.

Skiba, Waclaw [aus Warschau]: Ueber Umlagerungen in der Dibenzhydroyimsäurereihe. Zürich 1898. 95 S. 8°.
Zürich. Phil. Diss. II. S. 1897/98.

Skiba-Zaborowska, Maria [aus Klice (Russ.-Polen)]: Über eine Epidemie von Vulvovaginitis kleiner Mädchen. Zürich 1898. 40 S. 8°.
Zürich. Med. Diss. 1898/99.

Skibbe, Gustav [prakt. Arzt]: Ein Thoracopagus.... Königsberg in Pr., Druck v. M. Liedtke, 1887; 2 Bl. + 21 S. + 1 Bl. u. 3 Taf. 8°.
Königsberg, Med. Fak., Inaug.-Diss. v. 26. Mai 1887.

Skibbe, Gust., ein Thoracopagus. Inaugural-Dissertation. gr. 8. (21 S. mit 3 Abbild.) Königsberg 887, (Gräfe und Unzer.) ** 1 50

Skibiński, Karl: Der Integrator des Prof. Dr. Zmurko in seiner Wirkungsweise und praktischen Verwendung (mit 2 Taf. und 18 Textfiguren). D 53. II. 35
Separatabdruck

Skibiński, Karl, der Integrator des Prof. Dr. Zmurko in seiner Wirkungsweise und praktischen Verwendung. Imp.-4. (28 S. mit 2 Taf. und 18 Holzschn.) Wien 886, (Tempsky.) * 3 20
Aus: Denkschriften der k. Akademie der Wissenschaften, besonders abgedruckt.

Skibinski, Ladisl., topographisches Post-Lexikon der Kronländer Kärnten, Krain u. Steiermark. Lex.-8. (XVI, 607 S.) Graz 892. Leykam. Kart. n.n. 7.—

Skibniewski, s.: Corvin v. Skibniewski.

SKIBNIEWSKI, Stephan Leo von: De „Filio Hominis" (relato ad Dominum). — 1908. 30 Bl. Diss. Graz, Univ.

Skibowski, Franz, Referendar: Das Nachbarrecht nach dem Bürgerlichen Gesetzbuch für das Deutsche Reich. Greifswald 1902: J. Abel. (54 S.) 8°
Greifswald, Jur. Diss. v. [20. Febr.] 1902

Ski-Chronik 1908/09. Jahrbuch des mitteleurop. Ski-Verbandes (D. S.-V. u. Oe. S.-V.) 1. Jahrg. Hrsg. v. M.-E. S.-V. unt. Schriftleitg. v. Ernst Clément. (396 S. m. Abbild. u. 6 Vollbildern.) 8. Karlsruhe 909. J. Lang. 4.—

Skjelderup, M(ichael): Medizinisch-praktische Abhandlung über die reizende Kraft der Kälte in Beziehung auf ihre klinische Anwendung. (Dissertatio medico-practica sistens vim frigoris incitantem. Dt.) 134 S.(S.59 - 192), gbd.

Braunschweig: Vieweg 1829 (Beiträge zur Kenntniß der Medizin im Norden... Bd 1,2)

JB 2.490/1,2

Skierlo, Friedrich, prakt. Arzt: Aus d. psychiatr. Universitätsklinik zu Königsberg i. Pr. (Direktor: Prof. Dr. Meschede.) Ueber periodische Paranoia. Königsberg i. Pr. 1900: M. Liedtke. (31 S.) 8°
Königsberg, Med. Diss. v. 22. Dez. 1900

Ski-Fahrten am Gotthard mit Ausgangspunkt Andermatt. Hrg. vom Ski-Club G'. Andermatt. im November 1908. [Illustriert.] II + 24 S. 8. Altdorf, Huber.

Skiführer f. das bayerische Hochland u. angrenz. Gebiete. Hrsg. vom akadem. Skiclub München. 2. Aufl. der Skitouren um München. (VIII, 130 S.) kl. 8. München 906. J. Lindauer. n. 1. 50

Skiführer f. das bayer. Hochland u. angrenz. Gebiete. Hrsg. v. akad. Skiclub München. 3. Aufl. (VI, 131 S.) kl. 8. München 910. J. Lindauer. 1.50

Skikarte der Turracher und Bundschuher Berge. 1 : 50 000. Wien.

Skikarte der Fervall Gruppe (Arlberg—Fervall—Paznaun—Samnaun). 1 : 50 000 mit grünem Waldaufdruck u. roten Skirouten. Wien. 1 Bl.

Skikarte vom Gasteiner Gebiet. 1 : 50 000. Wien. 1 Bl.

Skikarte für das Gebiet von Krimml. 1 : 50 000. Wien.

Skikarte von Hopfgarten. 1 : 50 000. Wien. 1 Bl.

Skikarte von Kitzbühel. 1 : 50 000. Wien.

Skikarte von Lilienfeld, Türnitz und Hohenberg. 1 : 50 000. Wien.

Skikarte des inneren Montafon und Paznaun (Gargellen — Gaschurn — Galtür). 1 : 50000. Wien.

Skikarte von Radstatt und der Radstädter Tauern. 1 : 50 000. Wien. 1 Bl.

Skikarte der Schneealpe. 1 : 50 000. Wien.

Skikarte von Schruns und Bludenz. 1 : 50 000. Wien. 1 Bl.

Skikarte von Seefeld. 1 : 50 000. Wien. 1 Bl.

Skikarte der Silvretta Gruppe. 1 : 50 000. Wien. 1 Bl.

Skikarte des nördlichen Bregenzer Waldes. 1 : 50 000. Wien.

Skikarte von Zell am See. 1 : 75 000. Wien.

Skiläufer-Karte. Blatt Reichenhall. 1 : 50 000. München. 1 Bl.

Skiläufer-Karte der Lenggrieser Berge und Benediktenwand-Gebirge. 1 : 50 000. München. 1 Bl.

Skiläufer-Karte der östl. Chiemgauer-Berge und Kammerköhr-Gebirge. 1 : 50 000. München. 1 Bl.

Skiläufer-Karte der westl. Chiemgauer-Berge und Kaisergebirge. 1 : 50 000. München. 1 Bl.

Skiläufer-Karte des Wetterstein- und vorderen Karwendelgebirges sowie der Estergebirgs-Gruppe (Ostl. Blatt). 1 : 50 000. München. 1 Bl.

Skimborowicz, H.

— Matzenstwo dni 15. 12. 1841. Ebend. 1 ℛ

Skimborowicz, H., Przeglgd Naukowy, literaturze, wiedy, umnictwu poświęcony, zar. 1841. 4 tomy. 8 maj. Warschau, Orgelbrand. 5 ℛ

Skinner, A. N., catalogue of 8824 stars betwen 13° 50' and 18° 10' of south declination 1855 for the equinox 1900, s.: Katalog der astronom. Gesellschaft.

Skinner, Clarence A(urel), aus Amerika: Ueber das Anodengefälle bei der Glimmentladung. Berlin: Mayer & Müller 1899. (31 S.) 8°
Berlin, Phil. Diss. v. 16. Juni 1899

Skinner, Clarence A., über das Anodengefälle bei der Glimmentladung. Diss. gr. 8. (23 S. m. 2 Taf.) Berlin 899. Mayer & Müller. n. 1. 20

Skinner, J.

— s. auch Peru, nach seinem gegenwärt. Zustande.

Skinner, J., gegenwärt. Zustand v. Peru; aus d. Engl. gr. 8. Hamb. 806. A. Campe. 1 ℛ 8 gℛ

The Tale of Danish Heroism. By J. E. H. Skinner. London. 1865. 8°.

Skinner, Thom., Abenteuer auf ein. Reise nach Indien, s. Beiträge zur Länder- u. Völkerkunde, 1—3. Bd.

—— Streifereien in Ostindien, nebst e. Wanderung üb. d. Himalaya-Gebirge zu d. Quellen d. Ganges u. d. Jumna. A. d. Engl. v. F. Steger. 2 Thle. 8. (38¼ B.) [Cassel,] 837, Fischer.

SKIOGRAPHIEN (sol), Satirische, für Freunde der Wahrheit und Politik. Philadelphia, Peter Freisinn u. Co. (Kühne in Wittenberg), 1797.
Weller, fing. Dr. — Sehr selten!

— Dass., s.a. Skiagraphien...

Skjölderup, M., vis frigoris incitans theoria et exper. firm. 8. Leipz. 804. Barth. 16 gℛ

— anatom.-physiolog. Vorlesungen f. angehende Anthropologen, mit d. Verf. Verbess. aus d. Dän. übers. v. Dr. K. W. Wendt. 8. Kopenh. 813. Bonnier. (Leipz., Wienbrack). 16 gℛ

Skjöldebrand, A. F.: Beschreibung der Wasserfälle und des Kanals von Trollhatta in Schweden. Und Reise nach dem Nordkap im Jahre 1799. Aus dem Französischen Herausgegeben von T. F. Ehrmann. Mit zwei Charten. Weimar 1805. XXIV, 239 S. 8°.

Skjöldebrand, A. F., Beschreib. d. Wasserfälle u. d. Kanals v. Trolhätta in Schweden, u. Reise nach d. Nordcap im Jahr 1799. Mit 2 Kart.; aus d. Französ. von T. F. Ehrmann. gr. 8. Weimar 805. Ind.-Compt. 1 ℛ 12 gℛ (A. u. d. T.: Bibliothek d. Reisebeschreibb. 26r Bd.)

Skjöldebrand, A. F., les Cataractes et le canal de Trolhätta en Svède, av. 12 planch. 4. Stockh. 805. (Ulrich in Norköping). 8 ℛ

— voyage pittoresque au Cap-Nord in gr. 8. avec l'Atlas de 60 planch. in Fol. Stockh. 805. (Ulrich in Norköping). 75 ℛ avec texte in Fol. ibid. 805. 80 ℛ sans Atlas, avec une carte. gr. 8. ibid. 2 ℛ

Skildberup, M., anatom. physiolog. Vorlesungen f. angehende Anthropologen, mit d. Verf. Verbess. aus dem Dän. übersetzt von Dr. K. W. Wendt. 8. Copenh. Bonnier. 813.

Skioptikon. Illustrierte Vierteljahrsschrift f. alle Zweige der Projectionskunst u. f. objektive Darstellg. wissenschaftl. Versuche aus allen Gebieten der Naturwissenschaften. Red.: V. Berghoff. 20. Bd. Jahrg. 1904. 4 Hefte. (64 S. m. 14 Abbildgn.) gr. 8. Leipzig, E. Liesegang. n. 3. —
Vergl.: Laterna magica. — Erscheint nicht mehr.

Skirmisher, the political. Nr. I. The Austrians in Italy, (a letter to the R. H. the Lord Lyndhurst) by Junius junior. Hamburg 856. Fr. Schuberth. gr. 8. (16 S.) 6 ngr.
Fortsetzung vgl.: l'Escarmoucheur politique.

Skirmishing, s. Collection of British Authors.

Skirnir, ný tídindi hins íslenzka bókmentafélags 1846. 8. Kaupmannahöfn 846. (Kopenhagen, Höst.) n. 3/8 ℛ

Skirouten-Karte der Schlierseer und Tegernseer Berge. Östl. Blatt 1 : 30 000. München. 1 Bl.

Skirouten-Karte der Schlierseer- und Tegernseer Berge. Westl. Blatt. 1 : 30 000. München. 1 Bl.

Skirrow, Frederick William, M. Sc. (Vict.) aus Lancaster (Engl.): **Über die Löslichkeit von Kohlenoxyd in binären organischen Gemischen.** Mit 16 Fig. im Text. *Leipzig: W. Engelmann 1902.* (24 S.) 8° ¶ (Aus: Zeitschrift f. physikal. Chemie, Bd 41, H. 2.)
Leipzig, Phil. Diss. v. [12. Juli] 1902

Skita, Aladar, aus Wien: Beiträge zur synthetischen Verwendung des Cyanwasserstoffsesquichlorhydrates. Heidelberg 1900: K. Rössler. (35 S.) 8⁰
Heidelberg, Naturwiss.-math. Diss. v. 1900

Skita, Aladar, Dr.: Synthesen hydroaromatischer Amidocarbonsäureester. 1906. 104 S. 8⁰ ¶ Vgl. Berichte d. Deutschen Chem. Gesellschaft. Jg. 40. 1908.
Karlsruhe Te. H., Hab.-Schr. v. 20. 7. 1906

Skitalec

Skitaletz, Duett. Erzählg. (In russ. Sprache.) (18 S.) gr. 8. Davos 910. Verlagsanstalt u. Monatsrevue „Sa Rubeschóm". — 40

Skitaletz, das Feldgericht. Erzählung. (In russischer Sprache.) (23 S.) 8. Stuttgart 905. [J. H. W. Dietz Nachf.] Berlin, Bühnen- u. Buchverlag russ. Autoren. J. Ladyschnikow. n n. — 50

— Lichtstümpfe. Novelle. (In russischer Sprache.) (125 S.) 8. Ebd. 906. 1. 50

— Spießruten, s.: Novellen-Bibliothek, internationale. Nr. 1.

[Ant. u. Russ.] Und der Wald brannte ... Skizze von Skitaletz. **Skitalec** [d. i. Stepan Gavrilovič Petrov]. Lės razgoralsja ... Ėtjud. Stuttgart: Dietz 1906. 30 S. 8° A 12. 1077

— und der Wald brannte . . . Skizze. (In russ. Sprache.) (30 S.) gr. 8. Stuttgart 906. [J. H. W. Dietz Nachf.] Berlin, Bühnen- u. Buchverlag russischer Autoren. J. Ladyschnikow. n.n. — 50

— „Fluss Ussa". Skizze. (In russ. Sprache.) (20 S.) gr. 8. Ebd. 909. — 40

Skitouren um München. Hrsg. v. akadem. Skiklub München. 8. (IV, 48 S.) München 903. J. Lindauer. n. 1. —

Skitouren um München, 2. Aufl. s.: Skiführer f. das bayerische Hochland.

Skitourenkarte vom Ammergebirge. 1 : 100 000. München. 1 Bl.

Skitze von Grätz, s.a. Skizze..., Skizzen...,

Skizze, s.a. Skizzen

Skizze, die. Illustrierte Zeitschrift f. literar. Kleinkunst. 1. Jahrg. 1906. 12 Hefte. (à ca. 64 S.) 8. Gr.-Lichterfelde-Ost, Dr. P. Langenscheidt. n. 6. —
Erscheint nicht mehr.

Aktenmäßige Skizze der gegen Eberh. **Hang**, Therese u. Nannette Vorrath vor dem Kriminal-Gerichtshof des Rhein u. Mosel-Departements eingeleiteten Prozedur. Koblenz 1805.

— dem Andenken Aloys Sandbüchlers ꝛc. Von einigen Freunden entworfen. 8. Salzb. 820. Mayr. 3 gl.

Skizze — anleitende — zum Studium der französischen und preußischen Infanterie-Taktik. München 1868. 8.

Skizze der Aufklärung. Frankfurt u. Wien 1788. V: *Cäsar, Aq. Julius.* (KY 1/419 »Wien 1789«) (WBL 2/229) (MEUE 29/708) (BIBLPORT)

Skizze des Aufmarsches der 1. und 2. Armee zum Angriff auf die französische Stellung westlich von Metz am Nachmittag des 18. Aug. 1870. [Gravelotte.] Fol. Berlin 870, Schropp'sche Landkartenh.

—— **des Aufmarsches der 3. und 4. Armee zur Einschliessung der französischen Armee unter Mac Mahon bei Sedan am 1. Septbr. 1870.** 1 : 80,000. Fol. Ebendas. 870. *

Skizze zum Bau des Altonaer Turnvereins-Hauses, 2 Bl.

Skizze zur Beantwortung der Fragen: Was der Wucher sey? und wie demselben ohne Strafgesetze auf das wirksamste abgeholfen werden könnte? Entworfen von J. v. A. Wien 1790. V: *Aperger, Johann von.* (MARGR 1422) (BIBLPORT)

Skizze, Eine, gebildete Schauspieler zu bekommen. Linz 1778. V: *Cremeri, Bened. Dominik Anton.* (GGR V/346, Nr. 199/5) (WBL 3/27) (BIBLPORT)

Skizze u. Belege zur Verbesserung des Menschen durch eigne Warmeerzeugung, nebst Wasserheilverfahren bei Nervenfieber u. Cholera. gr. 8. (XVIII u. 93 S.) Hanau 847. (König.) n. 1/3 ℛ

Skizze e. vollkomm. Bewirthschaftung der Waldungen in Rücksicht auf ihre Kultur, (v. Karl Slevogt). 8. Erlangen 801. Palm. 12 gr

Skizze einer vollkommenen Bewirthschaftung der Waldungen ... Erlangen 1802. V: *Slevogt, Carl.* (Engoec) »1801« (Ky)

Skizze, Biographische, Mathias Aberle ... Salzburg 1847. V: *Storch, Franz.* (IIr)

(*Planat*, Obrist-Lieut.) Biographische Skizze über Se. Königl. Hoheit den *Prinzen Eugen, Herzog v. Leuchtenberg*, Fürsten v. Eichstätt, vormaligen Vicekönig von Italien etc. Augsburg, gedr. bei J. C. Wirth, auf d. St. Annaplatz. 1824. 8⁰. Cart.
Tit. u. 15 S. Selten! — Name d. Verf. mit Bleistift auf dem Titel vermerkt.

Skizze, Biographische, von N. E. F. von Guinoens Hauptmanns ... im niederländischen Dienste ... A. d. Holl. Bern 1835. V: *Thellung von Courtlary, V. E.* (Pr)

Skizze. Biographische Sk' von N(iklaus) F(riedrich) E(manuel) von Gumoens (1790-1832). Oberst im königl. Niederländischen Generalstab .... Aus dem holländischen militairischen Spectator übersetzt ([durch] Oberst V[ictor] E[manuel] Thellung), und hrg. von seinen Freunden. [Mit 1 Vignette und 2 Tafeln.] 8. Bern 1835.

Skizze, biograph., v. N. F. E. v. Gumoens, Oberst im k. niederländ. Generalstab, Ritter d. militair. Wilhelms-Ordens 3. Classe. A. d. holländ. militair. Spectator übers., u. hrsg. v. seinen Freunden. gr. 8. (2 3/4 B., G's. Bildn., Denkmal u. Ttlvign.) Bern 835. [Fischer.]

Gyulai. — Biographische Skizze des Grafen Ignatz ....., k. k. Feldzeugmeisters und Hofkriegsraths-Präsidenten. Aus der: „Oesterr. milit. Zeitschrift“ 1833 1. und 2. Hft. besonders abgedruckt. 8. Wien 1833.

Skizze, Biographische, über Michael Haydn ... 1808. V: *Schinn, N., J. Otter & P. Werigrand Rettensteiner von Michaelbeuern.* (H. F. Wagner, Anonymes und Pseudonymes in der Salzburger Literatur 1910, S. 15)

Skizze, Biographische, von Michael Haydn, von des verklärten Tonkünstlers Freunden ... Salzburg 1808. V: *Schinn, Johann Georg & Joh. Otter.* (BrMm)

Skizze, Biographische, des Malers Josef Anton Kapeller. Innsbruck 1825. V: *Di Pauli, Andreas Alois von.* (Margr 1424) (BiblPort)

Skizze, biographische, der Königin Karoline von England, nebst den wichtigsten Aktenstücken bis zum Anfang ihres Prozesses. 8. Augsburg. (Leipzig, Rein.) 820.

Skizze, Biographische, des hochwürdigen Priesters Philipp Benitius Mayr aus dem Serviten-Orden. Innsbruck 1826. V: *Mersi, Andreas von.* (Margr 1423) (BiblPort)

— biograph., von Wolfgang Amadäus Mozart. Nach richtigen Quellen bearb. Mit dem Portraite von Mozart (u. Abbildung von Mozart's Geburtshaus. 12. Salzb. 837. Oberer. 1/4 ℛ

Skizze, Biographische, der Madame Rietz, jetzige Gräfin Lichtenau. O. O. 1798. V: *Bandemer, Susanne von geb. von Franklin.* (NN)

– Dass., s.a. Skizzen ....

— biograph., der Madame Ritz, jetzt Gräfin v. Lichtenau, (v. S. v. Bandemar). 8. Frankf. a. M. 798. Diez. 12 gr

SKIZZE, Biographische, der Madame Ritz, jetzigen Gräfinn v. Lichtenau. Paris (Leipzig, Rein) im Jahr 1798. 16⁰. Rar! (12 Mk. E. Frensdorff, 1906; 15 Mk. Schaper, 1907; 9 Mk. O. Rauthe, 1908.)

Skizze, Biographische, Johann Michael Satler ... Salzburg 1847. V: *Storch, Franz.* (IIr)

Skizze über Bosnien und die Herzegowina. [Serajevo 1875.] V: *Theodorovich.* (WFM)

Skizze des Karakters des Kronprinzen von Dänemark ... Fünf Briefe a. d. Engl. Flensb. u. Leipz. 1793. V: *Thorkelin, Grim Johnson.* (Schles) (Bruun, Bibl. Danica III, 564)

— d. Charakters des Kronprinzen v. Dänemark ꝛc. Aus d. Engl. v. K. Reinhard l. 8. Flensb. 793. (Hammerich in Alt.) 16 gr

— d. Charakters d. Kronprinzen v. Dänemark ꝛc. a. dem Engl. von K. Reinhard. 8. Flensb. Korte. (Christiani in Schlesw.) 793.

Skizze über den moralischen Charakter eines obrigkeitl. Beamten auf d. Lande. Von C. S. 8. Grätz 803. Kienreich. 1 fl

Skizze der Cottbus-Schwielochsee-Eisenbahn. 1 : 100 000. 1 Bl. Hz.

Skizze zu einer noch ausführlicheren Darstellung der im schwäbischen Kreise vorhabenden Peräquation der französischen Kriegsschäden. 8⁰. Kempten, Kösel, 1797.

Skizze der christkatholischen Dogmatik nach ächt katholischem Lehrbegriff. Linz 1810. 2. Aufl. 1815. N. A. Const. 1827. V: *Freindaller, Franz Joseph.* (Schmal) (Th)

— der christ-kathol. Dogmatik, od. christl. Glaubenslehren nach den echten kathol. Lehrbegriffen rc. 8. Linz 810. 2e Aufl. 815. Haslinger. 8 gl. Constanz 827. Seemüller. 8 gl.

— die christkathol. Dogmatik oder christl. Glaubenslehren nach d. echten kathol. Lehrbegriffe in ihrer Verbindung u. moral. Beziehung. 2e Aufl. 8. Constanz 826, Seemüller.

— üb. die Einrichtung u. Leistg. der 8 cm Feldkanone M. 5. (V, 80 S. m. 4 Taf.) kl. 8. Wien 907. Hof- u. Staatsdruckerei. 1. 50

Skizze der Entwicklung der schweizerischen Kartographie. 1880?

Skizze der Ereignisse an der untern Donau in den Jahren 1848—1849 ... Wien 1852. V: *Puffer, Jos.* (KA)

— der Ereignisse an der untern Donau in den Jahren 1848—1849 mit besonderer Beziehung auf das Peterwardeiner Regiment. Mit 1 (lith.) Plane (in qu. 4.). gr. 4. (IV u. 82 S.) Wien 852, Manz. 16 ngr

Skizze zu einem Erweiterungs-Plan für die Stadt Leipzig von dem Verein Leipziger Architecten. Zum ersten Male veröffentlicht im Decbr. 1877. 1 : 10,000. Chromolithogr. Imp.-Fol. Leipzig 879, (Hinrichs'sche Sortimentsb.) 1 20

⊙ Ethnographische Skizze. Ammerland. — Jewerland im Grossherzogthum Oldenburg. Schleswig. 1865. 8°

Skizze des Feldzuges 1859 in Italien ... Wien 1859. V: *Heller v. Hellwald, Frdr.* (KA) (Mitth. Dr. Ignaz Schwarz-Wien.)

Skizze des Feldzuges 1859 in Italien. Von einem süddeutschen Offizier. 1. u. 2. Aufl. Wien 859. Gerold. gr. 8. (76 S.) 18 ngr

Skizze von Frankfurt a. M. [Frankfurt] 1800. V: *Gerning, Johann Isaac Freih. von.* (HS) (GGr) (NN) »1801« (Ky)

— v. Frankfurt am Mayn. 12. Frankfurt, Behrens. 801.

— von Frankfurt a. M., (v. J. J. v. Gerning). 12. Frkf. a. M. 801. (Jäger). 8 gl.

— üb. die französ. Freiheit. 8. Bremen 793. (Müller). 8 gl.

K. K. „Fürst Franz zu Liechtenstein" 9. Husaren-Regiments geschichtl. Skizze a. d. Feldzuge 1864 gegen Dänemark. Chrudim 1866. 99 S. 8°

Skizze, eine gedrängte biographische, von William Penn. 8. (71 S.) Philadelphia 877. (Schäfer & Koradi.) geb. n. 1. —

—— vom Gefechtsfelde von Weissenburg. 1 : 50,000. gr. 4. Ebendas. 870.

—— vom Gefechtsfelde von Wörth. gr. 4. Ebendas. 870.

— genetische, des Lehrstoffs für den Unterricht in der Dienstkenntniß auf den Königl. Kriegsschulen nach der Vorschrift vom 20. Mai 1859 über die Methode, den Umfang u. die Eintheilung des Unterrichts auf den genannten Lehranstalten. Berlin 860. v. Decker. gr. 8. (23 S.) 3 ngr

— genetische, d. Lehrstoffs f. den Unterricht in der Dienstkenntniß auf den königl. Kriegsschulen nach der Vorschrift vom 20. Mai 1859 üb. die Methode, den Umfang, die Eintheilg. des Unterrichts auf den genannten Lehranstalten. gr. 8. (26 S.) Berlin 873. v. Decker. — 30

Skizze, genetische, des Lehrstoffs für den Unterricht in der Dienstkenntniß auf den königl. Kriegsschulen nach der Vorschrift vom 20. Mai 1859 über die Methode, den Umfang, die Eintheilung des Unterrichts auf den genannten Lehranstalten. gr. 8. (26 S.) Berlin 883. v. Decker'sche Geh. Ober-Hofbuchdr. — 30

—— genetische, des Lehrstoffs für den Unterricht in der Fortification auf den königl. Kriegsschulen. gr. 8. (64 S.) Berlin 860, Decker'sche geheime Ober-Hofbuchdruckerei.

—— genetische, des Lehrstoffs für den Unterricht in der Fortifikation auf den königl. Kriegsschulen nach der Vorschrift vom 20. Mai 1859 über die Methode, den Umfang und die Eintheilung des Unterrichts auf den königl. Kriegsschulen. gr. 8. (III, 119 S.) Ebendas. 870. — 90

—— dass. — Neue Ausg. 1. Heft Abschnitt 1—4. und 2. Heft Abschnitt 5—10. gr. 8. (59; 68 S.) Ebendas. 873,74. à Heft 90 Pf. 1 80

—— genetische, des Lehrstoffs für den Unterricht in der Taktik auf den königl. Kriegsschulen nach der Vorschrift vom 20. Mai 1859 über die Methode, den Umfang und die Eintheilung des Unterrichts auf diesen Lehranstalten. gr. 8. (31 S.) Berlin 860, Decker'sche geheime Ober-Hofbuchdruckerei.

Skizze, Genetische, des Lehrstoffs für den Unterricht in der Taktik auf den k. Kriegsschulen nach der Vorschrift vom 20. Mai 1859 über die Methode, den Umfang und die Eintheilung des Unterrichts auf diesen Lehranstalten. 8. Berlin 1860.
— — (Neuauflage.) 8. Berlin 1874.

Skizze, Genetische, des Lehrstoffs für den Unterricht in: der Terrainlehre, der Terraindarstellung, dem militärischen Aufnehmen, auf den k. Kriegsschulen nach der Vorschrift vom 20. Mai 1859 über die Methode, den Umfang und die Eintheilung des Unterrichts auf diesen Lehranstalten. 8. Berlin 1860.

—— genetische, des Lehrstoffs für den Unterricht in: Der Terrainlehre, der Terraindarstellung, dem militairischen Aufnehmen auf den königl. Kriegsschulen. gr. 8. (31 S.) Berlin 860, Decker'sche geheime Ober-Hofbuchdruckerei.

— genetische des Lehrstoffs für den Unterricht in der Terrainlehre, im militärischen Planzeichnen u. im Aufnehmen auf den königl. Kriegsschulen nach der Vorschrift vom 20. Mai 1859 über die Methode, den Umfang u. die Eintheilung des Unterrichts auf diesen Lehranstalten. Ebend. 868. gr. 8. (36 S.) 3 ngr

— genetische, d. Lehrstoffs f. den Unterricht in der Terrainlehre, im militär. Planzeichnen u. im Aufnehmen auf den königl. Kriegsschulen nach der Vorschrift vom 20. Mai 1859 üb. die Methode, den Umfang u. die Eintheilg. des Unterrichts auf diesen Lehranstalten. gr. 8 (36 S.) Ebend. 874. n. — 40

—— genetische, des Lehrstoffs für den Unterricht in der Waffenlehre auf den königl. Kriegsschulen nach der Vorschrift vom 20. Mai 1859 über die Methode, den Umfang und die Eintheilung des Unterrichts auf diesen Lehranstalten. gr. 8. (51 S.) Berlin 861, Decker'sche geheime Ober-Hofbuchdruckerei.

Skizze, genetische, des Lehrstoffs für den Unterricht in der Waffenlehre auf den königl. Kriegsschulen nach der Vorschrift vom 20. Mai 1859 über die Methode, den Umfang und die Eintheilung des Unterrichts auf den königl. Kriegsschulen. gr. 8. (32 S.) Berlin 867, v. Decker'sche geheime Ober-Hofbuchdruckerei.

— genetische, d. Lehrstoffs f. den Unterricht in der Waffenlehre auf den königl. Kriegsschulen. gr. 8. (48 S.) Ebend. 874. n. — 60

Jahresbericht, vierter — der k. k. vollständigen Unterrealschule in Laibach. Veröffentlicht am Schlusse des Schuljahres 1856. Gedruckt bei Josef Blasnik. (40 S. 4.)

Inhalt: Geographische Skizze des Herzogthums Krain, als Fortsetzung des im Jahresberichte 1855 abgedruckten Theiles derselben. Statut für die Verwaltung des Lokalfondes der Unterreal;chnle zu Laibach. — Schulnachrichten.

Geog-statistisch-topographische Sk f Einwanderer u Freunde d Länder- und Völker-kunde (Mississippi). Baltimore, 1837.

Skizze e. Geschichte der Stadt Berlin, s.a. Schriften des Vereins f. die Geschichte Berlins. 42. Heft.

Skizze einer Geschichte der Stadt Berlin. Zugleich e. Wegweiser durch d. Veröffentlichungen d. Ver. f. d. Gesch. Berlins dargebracht dem Internat. Kongreß f. hist. Wissensch., Berlin 1908. Mit 38 Abb. Berlin: Ver. f. d. Gesch. Berlins 1908. (79 S.) 8° [F.]
— Schriften d. Vereins f. d. Geschichte Berlins. H. 42. 108. 11397

Skizze einer Geschichte des Rigischen Kalender-Streits. [Riga 1826.] V: *Schweder, Johann Gotthard Dietrich.* (R-N)

Skizze einer Geschichte der Künste, besonders der Mahlerey in Sachsen. Dresden 1811. V: *Racknitz, Joseph Friedrich Freih. von.* (BrMm) (Ky) (MGT) (Kat. d. stat. Bureaus. Dresden 1890.)

— einer Geschichte d. Künste, besond. d. Malerei, in Sachsen (v. Frhrr. J. F. zu Racknitz). gr. 8. Dresd. 811. Walther. 12 gr

— eine, aus d. Geschichte d. Stammes v. Habsburg in dem Geschlechte Joseph II. rc. 8. Wien 781. Kraus. 8 gr

SKIZZE EINER GESCHICHTE DER STADT TRIER. Den sehr verehrten Theilnehmern an der General-Versammlung des Gesammtvereins der historischen Vereine Deutschlands zur Erinnerung an die Tage vom 22. bis 26. September 1873: s. l. & a. (Trier. Fr. Lintz'sche Buchdruckerei.) 8°.

Skizze, Geschichtliche, des Erzherzog Joseph k. k. 37. L.-Inft.-Reg. Seit dessen Errichtung 1741, bis jetzt. Autographirt vom Lieut. Matosović. Fol. 1861.

Skizze von Grätz. O. O. 1792. V: *König, Jos. Ernst.* (Ant. Schlossar, Inneröst. Stadtleben. Wien 1877. S. 164) (Auction Gilhofer 16/1323) V: ***Rudnigg (Nutnik) Martin.*** (Sartori, Neueste Reisen durch Österreich, ob u. u. d. E. Wien 1811. Bd. 3, S. 134) (BiblPort)

Skitze (!) von Grätz. 2 Hfte. Grätz 1792. 8°. Rar! Erschien anonym. — Goedeke VI, 623. Als Verfasser werden Rutnigg u. Josef König genannt.

— Dass., s.a. Skizzen...

Skizze des Deutsch-Französischen Grenzzuges nach dem Friedenstractate vom 26. Febr. 1871, und dessen Zusätzen vom 10ten Mai und 11ten Dec. 1871. Berlin [1876?] 2 Bll. (Br. Mus.)

— zu e. Grundsteuerkataster f. Baiern in Hinsicht d. Landmanns. Mit Tabell. gr. 8. Münch. 801. Lentner. 21 gr

— Dass. in Hinsicht d. Städte u. Märkte. gr. 8. Münch. 802. Lentner. 12 gr

Skizze eines Handbuchs für Bremische Bürger, zur Prüfung über die Frage: wie viel sind Religionen unter euch? Bremen 1804. V: *Aschen, Johann Heinrich von.* (Ky) (MGT) (Roterm)

— e. Handbuchs f. Bremische Bürger, z. Prüfung üb. die Frage: Wie viel Religionen sind unter euch? (v. J. H. v. Aschen). 8. Bremen 804. Müller. 8 gr (A. u. d. T.: Religion, Christenthum, Confession rc.)

— von Michael Haydn. gr. 8. Salzb. 808. Mayr. 8 gr

—— historiographische, des preuß. Staats, s. Rühle v. Lilienstern.

Historische Skizze über die Entwickelung der kurzen 15 cm Kanone. Berlin 1870. 8°.

Skizze, Historische, der Hauptmomente der Wirksamkeit der k. k. Landwirthschafts-Gesellschaft in Krain 1767—1867. Laibach 1867. V: *Bleiweis, Janez.* (EB)

Skizze, historische — der k. k. Landwirthschafts-Gesellschaft und Beiträge zur landwirthschaftlichen Statistik des Herzogthumes Krain. Laibach. 1854. Druck von Ignaz v. Kleinmayr und Fedor Bamberg. (36 S. 1 Beil. 8.) steif

— histor. u. philosophische, der Entdeckungen d. Europäer rc. s.a. Geschichte d. Entdeckungen rc.

Skizze, Historische und philosophische, der Entdeckungen und Niederlassungen der Europäer in Nord- und Westafrika ... A. d. Engl. Bremen 1802. V: *Steudel, Carl.* (MGT)

Skizze des 18. Jahrhunderts. Vollendet und hsg. ... Braunschw. 1801. V: *Huebner, Eberhard Friedrich.* (Sauer, Säculardichtungen. Berlin 1901. S. LXIII.)

— aus meinem Kinderlehr-Kalender auf die Frage: wie machst du deine Kinderlehren fruchtbar? gr. 16. (55 S.) Pforzheim 873. Riecker. n. — 45

Skizze einer Krankenbaracke nach dem Gipsdielen-System. (A. u. O. Mack.) 1890.

Skizze des zweyten französisch-republikanischen Krieges. Wien 1804. V: *Graeffer, Aug.* (WBL 5/248) (BiblPort)

Skizze, culturhistorische, aus der nächsten Umgebung Berlin's. 1. Hft. Weißensee u. seine Umgebgn. Eine culturhistor. Skizze v. Heinr. Joachim. Mit 5 Portraits (in Holzschn.) gr. 8. (54 S.) Charlottenburg 873. Fritze in Comm. n. 1. —

– Dass., s.a. Skizzen ...

Kurze histor. Skizze des Ursprungs und der Schicksale des Geschlechts der Barone Bistram vel Bystram Tarnova. Posen 1861. 4.

— kurze, d. gegen P. J. Schäffer, Erpfarrer in Cöln, wegen e. zweyf. Meuchelmordes geführten Criminalprocedur. 8. Coblenz. Lassaulx. (Pauli.) 804.

— einer statist. Landeskunde Böhmens, s.a. J. A. v. Riegger.

— e. statist. Landeskunde Böhmens, v. Riegger. 3 Stck. gr. 8. Prag, Widtmann. 794–95.

Skizze einer statistischen Landeskunde Böhmens. Leipzig u. Prag 1795. V: *Riegger, Joh. Ant. Steph. von.* (weber)

Skizze aus dem Leben des Herrn Elias Springer jun. zu Hammelburg ... Nürnberg 1828. V: *Lang, Carl Hnr. v.* (Ky)

— ein. Lebensbeschreibung des verewigten Menschenfreundes Leopold, Grafen von Berchtold. gr. 8. Prag, (Ebend. in Comm.) 811.

Skizze einer Lebensbeschreibung des Herzogs Friedrich von Braunschweig ... 2. Aufl. Braunschw. 1814. V: *Bülow, Adam Heinrich Dietrich von.* (Pr)

Skizze einer Lebensbeschreibung des Herzogs Friedrich Wilhelm von Braunschweig-Lüneburg-Oels nebst einem Tagebuche über die Expedition von der Gränze Frankens bis zur Mündung der Weser. 2. Ausg. Braunschweig 1814. 8°.

— — dies. des Herzogs Friedrich Wilhelm von Braunschweig-Lüneburg-Oels, nebst e. Tagebuch üb. dessen Expedition. 2te Ausg. 8. Braunschw. Lucius. 814.

Skizze der Lebensbeschreibung Kaiser Josephs II. 8. Wien 1790.

Skizze der Lebensbeschreibung Leopold des Zweiten. Wien 1790. V: *Oehler, Jos.* (BiblPort)

— e. Lebensgemäldes v. Blücher, Fürsten v. Wahlstadt. Nebst e. Lorbeerkranz auserles. Gedichte. Mit Blüchers Portrait. 8. Cöln 820. (Rommerskirchen). 8 gl.

— der bis jetzt bekannten Lebensmomente des merkwürd. Findlings Kaspar Hauser in Nürnberg. Mit der naturgetreuen Abbild. desselben auf Stein gezeichnet. 8. Kempten 830. Dannheimer. 6 gl.

Skizze eines Lehrplans einer internationalen Schule. gr. 8. (7 S.) Wien 886, Konegen. * — 20

— des Lehrstoffs f. den Unterricht in der Taktik auf den königlichen Kriegsschulen. gr. 8. (135 S.) Berlin 874. v. Decker. n. 1. 80; durchschossen u. cart. n 2. 30

— über die Leistung u. Verwendung der 10 cm. Feldhaubitze M. 99. (III, 37 S. m. 2 Taf.) 8. Wien 905. Hof- u. Staatsdruckerei. n. — 60

Skizze von Linz, theils als Beytrag, theils als Gegenstück zu Hrn. Nicolai's ... Beschreibung dieser Stadt. Linz 1787. V: *Hoff, Heinrich Georg.* (weber) (MGT)

– Dass., s.a. Skizzen ...

Skizze, Malerische, der Einzugsfeyerlichkeiten bey der Rückkunft des Herrn Landgrafen aus Sachsen. O. O. [ca. 1795]. V: *Textor, Friedrich Ludw.* (MGT)

Skizze, militärische, der allgemeinen land- u. forstwirthschaftl. Ausstellg. zu Wien im J. 1890 v. P—r. gr. 16. (62 S.) Wien 890. (Arming.) n. — 80

Skizze von München im Jahre 1810. München 1810. V: *Klebe, Friedrich Albr.* (HThPP)

Skizze der Pößnecker Mundart im 2. Drittel des 19. Jahrh. (Von A. F.) 8. (25 S.) Pößneck 888. (C. Latendorf.) n. — 60

—— nach der Natur des im jüngsten Consistorium vom Papste so hoch geprief. belg. Klerus, u. kurze Schilderung v. dess. Verhältnissen z. kgl. niederländ. Regierung, als Antwort an d. Verf. des diese Regierung ungerecht angreif. u. jenen Klerus ohne Sachkenntniß vertheidigenden Werkchens: „Worte e. kathol. Geistlichen üb. d. köln. Irrungen." gr. 12. (1 B.) Hanau 838, König.

Skizze zum Neubau der Turnhalle des Straßburger M. T. V. mit Kostenanschlag (nicht ausgeführt), 1 Bl.

Skizze, Neue, von Wien. Wien 1805—12. V: *Pezzl, Joh.* (MGT) (BrMm)

— neue, von Wien. (von Pezzl.) 1s—3s Heft. 8. Wien, Degen. 812. (à 10 gr.)

– Neue, von Wien unter Franz II. Regierung, s. Pezzl J.

Skizze zur Organisations- u. Formations-Geschichte der bayerischen Artillerie, bearb. im Kriegsarchiv. (Mit 3 Anlagen, hiervon 2 graph. u. 1 in Tabellenform.) gr. 8. (S. 213—262.) Ebd. 901. n. 1 —
Sonderabdruck aus: „Darstellungen aus der bayer. Kriegs- u. Heeresgeschichte".

— üb. deutsche Orthographie u. Prosodie. 8. Elberfeld, Mannes. 810.

Skizze eines Ost-Nordsee-Canal-Projects mit den Endpunkten Flensburger-Hafen — Lyster-Tiefe. (Mit 3 Karten.) Berlin. 1868. 4°.

Skizze einer Pastoraltheologie, zum Gebrauch der Vorlesungen. Trier 1788. V: *Conrad, Peter.* (MGT)

—— des Pastoral-Unterrichtes über die Buße, s. Sintzel, M.

Skizze, Philosophische, von Berlin. Philadelphia [Gera] 1789. V: *Knüppeln, Julius Friedrich.* (wr)

– Dass., s.a. Skizzen ...

— d. i., kurz entworf. Plan zu einer höhern Schulanstalt rc. 8. Manh. 804. Schwan u. G. 2 gr

Skizze eines pädagogischen und ökonomischen Planes zur Errichtung einer Erziehungsanstalt für verwaiste Griechenknaben. [Schaffhausen] 1828. V: *Bürgi, J. J.* (AarF) (AarK)

Skizze e. medizinischen Psychologie. 48 S. 1787. 8°. Ohne Angabe des Orts.

Skizze ehemaliger Westphälischer Rechtspflege und Finanzadministration No. 6. [Quedlinb. 1813.] V: *Nagel, Johann Friedrich Gottlieb.* (MGT)

Skizze der Regierung Georg des Dritten von 1780. bis zu Ende des Jahrs 1790. Aus dem Englischen übersetzt [von Dorothea Margarete Liebeskind]. Frankfurt-Leipzig. 1791. VI, 136 S. 8°.
Niedersächsische Landesbibliothek Hannover
Übers. v. Bd. 3 v. Robert Macfarlane, History of the Reign of George III, 4 Bde., London 1770-1796. Bd. 3 nicht v. Macfarlane, vgl. National Union Catalog pre-1956, Bd. 350, S. 587. Für Ausg. v. Bd. 1 u. 2 dieses Werkes [1784 u. 1789]
Dorothea Margarete Liebeskind, 1765-

Skizze der Regierung Georg des Dritten von 1780 bis 1792; a. d. Engl. Frankfurt 1791. Ü: *Liebeskind, Dorothea Margaretha geb. Wedekind vorm. Forkel.* (MGT) (schl)

– Dass., s.a. Skizzen ...

Skizze der teutschen Reichskreise. [Tübingen] ... 1804. V: *Klotz, Chn Carl Aug.*, (nicht): *Benzel auf Sternau, Hohenau, Baptist Joseph Graf.* (Eisenbach, Beschreibung und Geschichte der Stadt und Universität Tübingen. 1822. S. 367.) (Mitth. Ober-R.-R. Dr. Adam.

Skizze der Teutschen Reichskreise nach dem neuesten Territorialbestande ... O. O. 1804. V: *Benzel auf Sternau und Hohenau, Baptist Joseph Graf & Andere.* (HS) (MGT)

Skizze einer Reise nach Berlin. [Wien 1792.] V: *Hager, Joseph.* (MGT)

Skizze. Scizze einer mahlerischen Reise durch die Schweiz. Bern 1816 s.a.[Devonshire, Elizabeth Hervey Duchess of].

Skizze einer mahlerischen Reise durch die Schweiz. Aus dem Engl. eines Ungenannten hsg. ... von Joh. Rud. Wyß. Bern 1816. V: *Devonshire, Elisabeth Herzogin v.* (zuwzür)

— einer maler. Reise durch die Schweiz; aus d. Engl. mit Anmerkk. versehen v. J. R. Wyß. 8. Bern 816. Burgdörfer. 1 fl

— von Rußland. 8. Wien 796. Trattner. 8 gr

Skizze der Schicksale der Loge zu den drey Degen im Or. zu Halle a. S. vom Jan. 1884 bis zur Gegenwart. Halle a. S. 1889. V: *Hertzberg, Gustav.* (wolfstieg I, 531)

—— von der Schlacht bei Saarbrücken am 6. Aug. 1870 nach dem officiellen Bericht im Staatsanzeiger. Fol. (1 Bl. Text in 16.) Ebendas. 870. *

Skizze eines neuen Schulplanes, oder Materialien zu den Berathschlagungen über die Verbesserung der Landschulen in Bayern. Frankf. [Landshut] 1802. V: *Kraus, Joseph.* (GGr) (MGT)

– Dass., s.a. Skizzen ...

Skizze, Scientifische, der Gartenkunst. [Tübingen ca. 1800.] V: *Trefz, Carl Benj.* (MGT)

Skizze der rauhen Sitten unserer Vorältern, s.a. F. A. v. Brühl, theatral. Belustigungen.

Skizze der rauben Sitten unsrer Vorältern. Schausp. 8. Dresd. Walther. 790.

Skizze der rauhen Sitten unserer guten Vorältern. In fünf Handlungen ... Dresden 1790. V: *Brühl, Alois Friedrich Graf von.* (BrMm)

Skizze, statistische, — der Hochfürstlich Ferdinand von Lobkowitz'schen Fideikommiss-Herrschaft Bilin. *Brüx* 1858. *Ferd. Ritt. v. Schönfeld's Wtw. & C.* 15 S. 8°. Nicht ber.

Skizze, Strategische, über den Feldzug 1866 in Böhmen. Brünn 1869. V: *Kuhn von Kuhnenfeld, Franz Freiherr von.* (Biogr. Jahrb. I, 106.)

Skizze des Peutingerischen Systems ... Salzb. 1796. V: *Pauer, Vincenz.* (Hr)

— des Peutingerischen Systems: Religion, Offenbar. u. Kirche in d. reinen Vernunft aufgesucht. gr. 8. Salzb. 796. Duyle. 1 gr.

Skizze einer neuen Theorie der Klagen und deren Bestreitung. Rostock 1799. V: *Sibeth, Friedrich W.* (Schletter, Handb. d. jurist. Litt. Grimma 1843. S. 56.)

— einer neuen Theorie der Klagen u. deren Bestreitungen. Rostock 798. Stiller. 8 gr.

Skizze der Umgebung von **Gudsoe.** o. O. u. J. Farbendr. 1 Bl. Fol., ca. 22,5/44,3 cm (beschn.). Aufgez. a. Leinwand. 8°.

Skizze eines Verzeichnisses von den Schriften der alten Römischen Rechtsgelehrten ... [Leipzig 1799.] V: *Schmid, Christian Heinrich.* (MGT) (ML)

Skizze eines Voranschlages wie die Naturgeschichte in den österr. Staaten bald und mit Nutzen verbreitet werden könnte. Wien 1791. V: *Laicharding, Joh. Nep. von.* (Margr) [Innsbruck] 1791. (WBL 14/3) (Fidei-Commiss-Bibliothek Wien 2/385) (BiblPort)

Skizze eines Vortrages über Generalstabswissenschaft von J. v. H(ardegg). 1. Lfg. gr. 8. (S. 1—128.) Stuttgart 851, Frz. Köhler. *

Skizze eines Vortrages über Generalstabswissenschaft von J. v. H. (Hardegg.). Mit einem ausführlichen Inhaltsverzeichniss u. e. Nachtrage. 2. u. 3. Liefg. Stuttgart 854. Fr. Köhler. (Aue.) 8. (XXXVI, S. 129—340.) Jede Liefg. n. 15 ngr.

Skizze eines Vortrages über Generalstabswissenschaft ... Stuttgart 1854. 3. Aufl 1865. V: *Hardegg, Jul. v.* (KA) (Klüpfel)

Skizze von Wien. Wien u. Leipz. 1786—1812. V: *Pezzl, Joh.* (BGG) (BrMm) (MS) (BGE) »1787—90« (Weber)

– Dass., s.a. Skizzen ...

Skizze von Wien unter der Regierung Josephs des Zweyten. 4. Aufl. Wien 1803. V: *Pezzl, Johann.* (EB)

Skizze von Wirtemberg, vorzüglich zum Unterricht der Jugend bestimmt. Stuttgart 1792. V: *Pfleiderer, Immanuel.* (MGT) (Heyd) (Ky)

Skizze des Zeitgeistes mit einem Rückblicke auf sein erstes Werden, seine Abartung ... 1. Heft. Würzb. 1826. V: *Kast, Jos.* (MGT) »1826—27« (Ky) »1826—30« (Th) (Schmal)

— des Zeitgeistes, mit e. Rückblicke auf sein erstes Werden, seine Abartung, Verbesserungs- u. Fortbildungsweise, bis auf unsere Tage, u. von da bis zu seiner Vollendung, (v. Jos. Kast). 1s, 2s Hft. gr. 8. Würzb. 826, 27. Strecker. (à 16 gr.) 1 Thlr. 8 gr.

Skizze über die Birnbaumer Zuckerrübensamenzüchtung ... Wien 1890. V: *Jirku, Hnr. Maria.* (EB)

Skizzen, s.a. Skizze

Skizzen. A. d. Schwed. von C. Eichel. Leipzig 1843. V: *Knorring, Sophie Gräfin von geb. Tieck.* (EE)

Skizzen aus Afrika, s.: Universal-Bibliothek, geographische.

Skizzen aus dem Alltagsleben, s. Bibliothek, ausgewählte, der Classiker des Auslandes.

Skizzen aus dem Alltagsleben. Leipzig 1838—40. Ü (Bd. 1): *Bremer, Friederike.* (Ky)

Skizzen aus dem Alltagsleben. A. d. Schwed. (Von Frederike Bremer.) 1—6. Bdchn. 8. Leipzig, Brockhaus.

A. u. d. Titln.:

Bdchn. 1. Die Töchter d. Präsidenten. Erzählungen e. Gouvernante. (21 B.) 838. 1 Thlr. 16 Gr.
» 2., 3. Die Nachbarn. 2 Thle. (38½ B.) 839. 3 Thlr.
» 4., 5. Das Haus, od. Familiensorgen u. Familienfreuden. 2 Thle. (38½ B.) 840. 3 Thlr.
» 6. Streit u. Friede. (12 B.) 841. 1 Thlr.

Vgl. Bibliothek, ausgew., d. Classiker d. Auslandes. — Bremer, F.

Skizzen und Anekdoten a. d. Leben berühmter Dichter, Mahler, Kupferstecher, Bildhauer u. Baumeister. 8. Gotha, Stendel. 810.

SKIZZEN. – oder Anmerkungen für das gesellschaftliche Leben besonders junger Fürsten. Von Karl Sch ... Salzer, Wien 1791. 1 vol. 93 S.

Skizzen, architektonische. Eine Sammlung ausgeführter Baulichkeiten und architekton. Gegenstände für alle Zweige des Bauhandwerks. Enth.: Gartenhäuser, Brunnengehäuse, Balkons etc. 1.—6. Heft. Fol. Berlin 863—65, Nicolai'sche Verlagsh. à Hoft * 1 Thlr. *

Inhalt:

Heft 1. Die Arbeiten des Bautischlers. (5 Kpfr.- und 1 Stnt. in Tondr.)
» 2. Constructionen vom Rohbau-Mauerwerk. (6 Kpfrt.)
Heft 3. Wohngebäude. (6 Kpfrt.)
» 4. Constructionen in Eisen und Zink. (6 Kpfrt.)
» 5. Schwurgericht in Greifswald. — Orangeriehaus in Putbus. — Erbbegräbniss. — Das neue Logengebäude in Stettin. (1 Chromolithogr. und 5 Kpfrt.)
» 6. Die Arbeiten des Bautischlers. 2. Lfg.: Thorwege von H. Kämmerling. — Glaswand von H. Richter. — Hausthüren von Schmidt. — Doppelfenster mit Rouleaux von H. Kämmerling. — Badeeinrichtuug in Berlin, von Strassmann. — Innerer Ausbau der Turnhalle in Stettin, von L. Wolff. (6 Kpfrt.)

Skizzen für den Artillerie-Unterricht. Hrsg. von der S. A. J. Oldenburg 1909.

Skizzen und Aufnahmen der Bauschüler des eidg. Polytechnikums, 1863 und 1868. fol. Autogr.

Skizzen und Aufnahmen der Exkursion der Bauschule, 3. Curs. 1863. Gezeichnet u. autographirt unter Leitung von J. Stadler von C. Balthasar, O. Becker, F. Bluntschli etc. Zürich 864. (Schabelitz.) Fol. (24 Taf.) n. 1 Thlr. 18 ngr.

Skizzen f. Aussen- u. Innenarchitektur nach Originalen von Nash, Haghe, Müller, Lewis, Chapuys, Harding, Lane, Gauci, Girault de Prangey u. anderen mehr. Zeit: 1300—1900. (Hrsg. v. Mart. Kimbel sen.) (ca. 20 Hefte.) 1. Heft. (4 Taf.) 4. Breslau 906. M. Kimbel. n. 3. —

Skizzen über das Avers. Mit besonderer Berücksichtigung der wirtschaftlichen und pflanzengeographischen Verhältnisse. [Luzern] 1907. V: *Wigger, Anton.* (BBull schw 17, S. 174)

Skizzen in — aus — von — durch den Be — la — ge — rungs — zu — stand oder: der Belagerungszustand aufgehoben! Ausgelassen von Einem der Weissen. (Mit einem Holzschnitt). Berlin, H. Eichenhauer (August 1849). 8 S. 8.

—— berliner. Bilder u. Charakteristiken aus dem Leben der Gesellschaft von Alb. Fränkel u. Ludw. Köppen. 1—3. Bd. 8. (41½ B. u. 2 Stnt.) Berlin 846, Rieß.

— u. Bilder aus dem Orient. Hrsg. vom ‚Deutschen Hilfsbund f. christl. Liebeswerk im Orient' (Zentrale: Frankfurt a. M.) Lohmann qu. Fol. (56 S. m. Abb. u. 4 Taf.) Dinglingen 899. St. Johannis-Druckerei. Kart. n. 2. —

— u. Bilder aus Palästina kurz vor u. nach uns. Zeitrechng. u. aus d. Geschichte d. Christentums v. Frauenhand. gr. 8. (VI, 443 S.) Emden 895. W. Haynel. Geb. in Leinw. n. 6. —

—biographische. 8. Gera 794. Rothe. 14 gr

—— biographische, verstorbener bremischer Aerzte u. Naturforscher. Eine Festgabe f. die 22. Versammlung deutscher Naturforscher u. Aerzte zu Bremen vom ärztl. Vereine zu Bremen. gr. 8. (43¼ B.) Bremen 844, (Heyse.)

— biographische, deutscher Dichter. Zwickau 862. Buchhdlg. des Volksschriften-Vereins. 8. (104 S.) n. 4 ngr.

— biographische, deutscher Dichter. 2. Bd. Theilweise schriftl. Nachlaß vom verewigten Conrect. Ed. Köhler zu Leipzig. Zwickau 864. Döhner. 8. (103 S.) n. 5 ngr.

Skizzen, Biographische, aus dem Leben unserer theuern Ältern, als ein Beytrag . . . zur fünfzigjährigen Geburtsfeyer seines geliebten Bruders K. F. Lossius . . . Erfurt 1803. V: *Lossius, Rud. Chph* (MGT) (Ky)

—biograph., aus d. Leben unserer theuern Aeltern, als e. Beitr. zum Familienarchiv u. zur 50jähr. Geburtsfeier seines geliebten Bruders K. F. Lossius, (v. R. C. Lossius). gr. 8. Erf. 803.

B i o g r a p h i s c h e **Skizzen** aus dem Leben Weiland Sr. k. Hoheit des durchlauchtigsten Herrn Erzherzogs Ferdinand Carl Victor von Oesterreich-Este ... (Mit 1 Portrait.) Brünn 1851. 8°

Skizzen, biograph., der Personen, welche in den, das Grabmal Kais. Maximilian I. in d. Kirche zum heil Kreuz in Inspruck umgebenden 23 Statuen v. J. G. Schedler in Kupferstichen darstellt sind, deutsch u. italien. gr. Fol. Inspr. 824. Wagner. 12 ß

Skizzen, Biographische, der Mad. Rietz jetzige Gräf. v. Lichtenau. Frankfurt a. M. 1798. V: *Bandemer, Susanne von geb. v. Franklin.* (Ky) (Schl) »Paris [Leipzig] 1798« (Wr)

— Dass. s.a. S k i z z e . . .

Skizzen, Biographische, von Selbstmördern . . . Leipzig u. Berlin 1793. V: *Hoff, Heinrich Georg.* (MGT) (Ky) (BGE)

Skizzen, Biographische, von Selbstmördern . . . Grätz [Leipzig u. Berlin] 1793. V: *Knüppeln, J. F.* (GGr IV, III, 190, 83 f.) (Zeitschr. f. Büch. N. F. 15, 1923, S. 122) V nicht: *Spiess, Chn. Hch.* (GGr IV/257, Nr. 9/4; V/502, Nr. 1/17)

—biograph., von Selbstmördern, (von H. G. Hoff). 8. Grätz 793. Kienreich. 11 gr (Salzb., Mayr). 5 gr

— biograph., der Selbstmörder, von Chr. H. Spieß, als Nachlese zu seinen Biographien d. Selbstmörder. 8. Grätz, Tusch. 793.

— biographische, von Selbstmördern, als eine Nachlese zu den Biographien der Selbstmörder, 8. Salzburg, 793. Mayrs. 7 fal.

—biographische, aus dem letzten Viertel dieses Jahrhund., zur Erweckung edler Gefühle. Ein Buch für Junge u. Alte. 2 Bdchn. 8. Grätz 793. Kienreich. 1/3 ß

— biographische, a. d. letzten Viertel dieses Jahrhunderts. 8. Grätz Kienreich. (Meinicke in Leipz.) 793. — 11

SKIZZEN, B i o g r a p h i s c h e, a u s d e r w i r k l i c h e n W e l t. (6 Erzählungen.) Mit Titelvignette. (R i c h t e r del., G r ü n l e r sc.). Gera, 1794. Bei Heinrich Gottlieb Rothe. Gr. 8°. Titel u. 212 S. (3 Mk. Frdr. Klüber, 1905.)

Inh.: 1. Graf Wieprecht. (Ziemlich üppige Erz.) 2. Die Familie von Goldenstern. 3. Amalie. Ein (pikantes) Gemälde neuerer Zeit. 4. Wilhelm u. Klärchen. (Liederliche Erz.) 5. August Sonnenthal. (Ziemlich frei.) 6. Die neue Penelope.

SKIZZEN, B i o g r a p h i s c h - h i s t o r i s c h e (stellenw. üppige), i m r o m a n t i s c h e n G e w a n d e. 2 Bde. Berlin 1813. 8°. (3 Mk., gelesen, Lehmann & Lutz, Frf. a. M., 1884.)

Axinia, Kzarin von Russland. — Constanze de Cezelli. — Wisigarda, Königin von Austrasien. — Ulrike, Königin von Castilien. — Basina, Königin von Thüringen. — Justa Grata Honoria, Enkelin Theodosius d. Gr. — Nantilde, Königin v. Frankreich.

Skizzen, biograph. histor., in romant. Gewande. 2 Thle. 8. Berlin. Braunes. 813. (Sommerbrodt.)

Skizzen, biographisch-historische, im romant. Gewande. 1r u. 2r Bd. Auch unt. d. Titel: Beiträge zur Modelektüre. 2r u. 3r. 8. Berl. Braunes. 813.

Skizzen, böhmische. 1860. Von einem Landeskind. gr. 8. (127 S.) Leitomischl 861, Augusta.

Skizzen über Herrn Prof. Dr. Bernhard Breslau. Zürich 1867. V: *Ernst, Friedrich.* (ZZ) (Cat. d. Stadtbibl. Zürich. Zürich 1864—97.)

Skizzen über Herrn Professor Dr. Bernh[ard] Breslau (1829–1866)... ([von] F E). 8. Zürich 1867.
Ausg. A. Sk'..., von einem Mitgliede des Vereins jüngerer Aerzte in Zürich. Vorgetragen in der Sitzung vom 26. Januar 1867. (Als Manuscript gedruckt.)
Ausg. B. (Vorgetr' von einem Mitgl' des V' jüng' Aerzte in Z' in der S' vom 26. J' 1867. Als M' gedr'.) [Mit Porträt-Vignette.]

—— u. Briefe aus der Gegenwart. 12. (5⅓ B.) Darmstadt 845, Leske.

— aus d. Charakter Josephs II. 15 Sammll. 8. Halle ... Hendel. 8 ⁄ 18 gl

— charakteristische aus dem Leben des Czaren Nicolaus I. Nach dem Franz. von *. Graz 868. Moser. gr. 16. (43 S.) 4 ngr.

— und Charakterzüge aus der heutigen Welt, v. Sebastian Kilian. 8. Eisenberg, Schöne. 804. — 12

SKIZZEN und Charakterzüge aus der heutigen Welt. Eisenberg, J. W. Schöne, 1806. 8°. (10 ggr.)
Anzeige des Verlegers.

— — Dasselbe. Ebd. 1812. 8°.
Harpf's (Königsb.) Leihbibl. no. 11,619.

—— üb. Deutschland u. d. Deutschen, mit Bemerkn. üb. Oestreich, Ungarn, Polen u. d. Schweiz von ein. in Deutschland wohnenden Engländer. 2 Bde. 8. (32⅓ B. u. 2 Stnt.) Leipzig 837, Literar. Museum.

Skizzen aus Dorpat. Von einem alten Dorpater Studenten. Dorpat 1862. V: *Bosse, H.* (Erman & Horn, Bibliogr. d. dtsch. Univ. 2. Leipz. u. Berl. 1904.)

— aus Dorpat. Von einem alten Dorpater Studenten. Dorpat 862. Gläser. 16. (2 Bl., 177 S.) n. 1 ⁄

Skizzen aus dem böhmischen Elbegau. Hrsg. von Eug. Klutschak. 1. und 2. Bdchn. 16. Aussig a. d. E. 883, (Grohmann.) [1. Bdchn. (48 S.) * 40 Pf.; 2. Bdchn. (96 S.) * 60 Pf.] * 1 —

Skizzen, englische, v. e. deutschen Lehrerin. 8. (87 S.) Gera 899. Leipzig. Th. Hofmann. n. 1.20

— aus dem Entwicklungsgang u. den Erlebnissen Dr. Johann Caspar Beeg's, königl. Gewerbs-Commissär in Nürnberg. Nürnberg 867. Zeiser. gr. 8. (52 S.) 7½ ngr.

Skizzen und Erzählungen ... 2. Aufl. Leipzig 1804. V: *Schreiber, Alois Wilhelm.* (GGr) (Ky) (EE)

— u. Erzählungen, vom Verf. der Reise meines Vetters auf seinem Zimmer. 8. Leipz. Voß. 804.

— u. Erzählungen (v. A. W. Schreiber). 8. Leipz. 804. Voß. 20 gl

— Erzählungen u. Schwänke, v. A. W. Meißner. 8. Berl. Neue Societätsbuchh. 813.

Skizzen aus der Feen- und Geisterwelt. Leipzig 1791. V: *Fischer, Christian August.* (MGT) (HS) (Ky)

— aus d. Feen- u. Geisterwelt, (v. Chr. Aug. Fischer). 8. Leipz. 791. N. A. 802. Beygang. 12 gl

— aus der Feen- u. Geisterwelt. (h. a. d. Titel: Skizzen für Romanenfreunde.) 8. Leipz. Beygang. 802.

Skizzen aus dem Feldzuge von 1866 (in Böhmen). Potsdam 1868. 288 S.

— aus dem Feldzuge von 1866. 1. u. 2. Aufl. Potsdam 867,68. Döring. gr. 8. (V, 288 S.) n. 1 ⁄ 15 ngr

— während des Feldzuges in Bulgarien im J. 1828 aufgenommen u. z. Besten d. Ueberschwemmten in Preußen hrsgg. v. A. M. Berl., (Gropius). 1 ⁄ 12 gl

Skizzen, Flüchtige, aus einer erregten Vergangenheit und fromme Wünsche für die Zukunft, niedergeschrieben für Freunde und Bekannte von E. A. H. Frankfurt a. M. 1898. V: *May, Ernst Gust.* (Stadtbibl. Frankf. a. M. Kat. der Neueren Bestände.)

—— fortificatorische, s. Studien und Skizzen.

Skizzen, Französische, der neuesten Zeit, s.: Stimmen, neue.

Skizzen zu den empfehlenswertheren v. Hermannstadt ausgehenden Gebirgsausflügen. Hrsg. v. d. Sektion Hermannstadt d. siebenbürg. Karpathenvereins. 8. (15 S.) Hermannstadt 888. (Michaelis & Seraphin.) n.n. — 20

Skizzen physischer und moralischer Gegenstände für die Jugend, mit K. Fol. Nürnberg, Campe. Rthlr.

— z. e. Gemälde v. Hamburg. 6 Hefte, s. a. F. J. L. von Meyer.

Skizzen zu einem Gemälde von Hamburg. Hamb. 1800—2. V: *Meyer, Friedrich Johann Lorenz.* (BGE) »1801—2« (Schles)

— zu einem Gemälde edler Seelen, vom Frhrrn. L. A. v. S. 8. Oldenb. 809. Schulze. 20 gl

Skizzen, genetische, d. Gegenstände aus welchen d. Aspiranten f. d. höh. Artillerie- u. Genie-Curs d. Aufnahmsprüfg. abzulegen haben. Hrsg. v. k. u. k. Reichs-Kriegs-Ministerium, im Sinne d. Art. X d. „Organisation d. techn. Militär-Fach-Curse“ A—1, dd 5. (Zu Präs. Nr. 5524 v. J. 1894, Normal-Verordnungsblatt f. d. k. u. k. Heer, 52. Stück.) hoch 4. (21 S.) Wien 895. (L. W. Seidel & Sohn.) n. — 60

Skizzen, genetische, der Gegenstände, aus welchen die Aspiranten f. den höheren Artillerie-Curs u. den höheren Genie-Curs die Aufnahmsprüfung abzulegen haben. Hrsg. vom k. u. k. Reichs-Kriegs-Ministerium im Sinne des Artikels II der „Ändergn. zu der Organisation der techn. Militär-Fachcurse, betr. den höheren Artillerie- u. den höheren Genie-Curs“. (Circular-Verordnung vom 17. II. 1899, Präs. Nr. 687, Normal-Verordnungsblatt f. das k. u. k. Heer, 6. Stück.) gr. 4. (18 S. m. Fig.) Wien 899. (L. W. Seidel & Sohn.) n. — 60

(F) Genetische Skizzen der Gegenstände, aus welchen die Aspiranten für den höheren Genie-Curs die Aufnahmsprüfung abzulegen haben. Herausgegeben vom k. u. k. Reichs-Kriegs-Ministerium im Sinne des Art. VIII, Punkt 2 der „Organisation der technischen Militär-Fachcurse". Wien. 1901. Hof- und Staatsdruckerei. 4°. 14 S. K —.60

(F) Genetische Skizzen der Gegenstände, aus welchen die Aspiranten für den Militär-Bau-Ingenieur-Curs die Aufnahmsprüfung abzulegen haben. 4°. (8 S.)
Wien: Hof- und Staatsdruckerei 1902.

— genetische, d. Gegenstände, aus welchen die Berufs-Officiers-Aspiranten (Reserve-Officiere, Reserve-Cadet-Officiersstellvertreter u. Reserve-Cadetten) die Ergänzungsprüfg. abzulegen haben. Hrsg. v. k. u. k. Reichs-Kriegs-Ministerium, im Sinne d. Circular-Verordng. v. 2. II. 1896, Abthlg. 1, Nr. 703 (N.-V.-Bl. 5. Stück v. 1896). hoch 4. (70 S.) Ebd. 897. n. 1.—

— dasselbe, aus welchen die Berufs-Officiers-Aspiranten (Reserve-Officiere, Reserve-Cadet-Officiersstellvertreter u. Reserve-Cadetten) die Ergänzungsprüfung abzulegen haben. Hrsg. vom k. u. k. Reichs-Kriegs-Ministerium, im Sinne der Circular-Verordng. vom 2. II. 1896, Abthlg. 1, Nr. 703 (N.-V.-Bl. 5. Stück v. 1896). (Ausg. 1901.) hoch 4. (69 S.) Ebd. 901. n. 1.60

— dasselbe, aus welchen bei der Cadettenprüfung ohne vorhergegangene Absolvierung e. Cadettenschule, Kenntnisse nachzuweisen sind. Hrsg. vom k. u. k. Reichs-Kriegs-Ministerium, im Sinne des § 16 der Vorschrift betr. die Ablegg. der Cadettenprüfg. ohne vorhergegangene Absolvierg. e. Cadettenschule (Dienstbuch F—10). hoch 4. (91 S. m. Fig.) Wien 900. (L. W. Seidel & Sohn.) n. 2.—

— genetische, der Gegenstände, aus welchen d. Kriegsschul-Aspiranten die Aufnahmsprüfung abzulegen haben. Hrsg. vom k. k. Reichs-Kriegs-Ministerium, im Sinne d. Art. IX der „Organisation d. Kriegsschule". Lex.-8. (15 S.) Wien 888. (Seidel & Sohn.) n. —60

Skizzen, genetische, d. Gegenstände, aus welchen d. Kriegsschul-Aspiranten d. Aufnahmsprüfg. abzulegen haben. Hrsg. v. k. u. k. Reichs-Kriegs-Ministerium, im Sinne d. Art. IX d. „Organisation d. Kriegsschule". (Circular-Verordng. Präs.-Nr. 6569 v. J. 1887, Normal-Verordnungsblatt, 40. Stück.) gr. 4. (14 S.) Wien 897. (L. W. Seidel & Sohn.) n. —60

(F) Geographische Skizzen. Als Lernbehelf für die k. u. k. Militär-Akademien im Auftrage des k. u. k. Reichs-Kriegs-Ministeriums bearbeitet von A. Kühtreiber. 2. Heft. Der Südosten der österreichisch-ungarischen Monarchie mit dem Küsten- und Occupationsgebiet, ferner die Balkanländer. Mit 13 Skizzen. Wien. 1901. Seidel & Sohn. Gr.-8°. IV, 74 S. K 2.—

Skizzen aus der ältern Geschichte der Kaiserl. Königl. Erblande. 1793
s. Geschichtskalender für die Kaiserl. Königl. Erblande.

Skizzen aus der Geschichte der Freimaurerei im Statte [!] New-York. Ansprache, gehalten bei Gelegenheit der maurerischen Soirée des deutschen Districts No 24 [recte 28] im Cooper-Institut, am 24. April 1889.
[A. (NF.) 9 (1890) S. 274.]

Skizzen zu einer Geschichte des Russisch-Französischen Krieges im Jahre 1812. Leipzig 1814. V: *Grave, Carl Ludwig.* (GGr) (R-N) (Ky) (Pr)

Skizzen zu e. Geschichte des russisch-franz. Krieges im J. 812. 8. Leipz. Hartknoch. 814.

— einer Geschichte der Menschenreligion für denkende Christen, veranlaßt durch Lessings Erziehung. 8. Dessau 783. (Barth in Leipz.) 6 gr

§ SKIZZEN einer Geschichte von Sitten und Gebräuchen der Franzosen. Leipzig, Köhler, 1790. 8°. Zahm.

— e. Geschichte von Sitten u. Gebräuchen der Franzosen, von den ältesten bis zu den neuesten Zeiten. 8. Leipz. 790. Köhler. 10 gr

Skizzen und kleine Geschichten. Leipzig 1780. V: *Kaiser, Albrecht Christoph.* (Adel) (Ky) (MGT)

— u. kleine Geschichten, (v. Albr. Cph. Kayser). 8. Leipz. 780. Weygand. 16 gr

Skizzen zu Grabmonumenten. (5 Bl) fol

— graphische. Zwanglose Hefte f. das Entwerfen u. Skizziren in der Typographie, sowie f. das typograph. Kunstleben überhaupt. Hrsg.: C. Kulbe. 1. Hft. hoch 4. (8 S. m. Abbildgn. u. 10 Taf.) Leipzig-Reudnitz 893. (R. Härtel.) n.n. 1.70

— v. Grdh. 2 Hfte. 8. Grätz, Kienreich. (Reinicke in Leipz.) 792.

– Dass., s.a. Skizze ...

Skizzen der Hauswirthschaft. Das Wohnungswesen von A. Z. 8. (98 S.) geh. 80 kr. Klagenfurt: Heyn 1882.

Skizzen von Heroismus und Biedersinn. Leipzig u. Wien 1790. V: *Durach, Johann Baptist.* (Kn) (Ky) (Hr)

— von Heroismus und Biedersinn, ein Geschenk für Deutschlands Patrioten, mit 1 Kupf. 8. Wien, 790. Hochenleitner. Schreibp. 1 Rtl. 8 sgl. Dasselbe Buch. Druckp. 1 Rthl.

Skizzen, historische, auf Grundlage vom Thet Oera Linda Bok; m. etl. Ein- u. Ausfällen. Aus dem Holländ. v. Herm. Otto. Autoris. u. vom Verf. rev. Ausg. 8. (VII, 154 S.) Norden 875. Braams. n. 2.—

Skizzen, Historische, über das Königlich Preußische 31. Infanterie-Regiment von der ursprünglichen Formation bis 1840. Erfurth 1840. V: *Görtz-Wrisberg, Alfred Graf v.* (Hirsch)

— historisch-romantische, aus Rom u. Griechenland, v. C. A. Buchholz. 1r Bd. m. K. 8. Berlin, Unger. 804. 2 —
Velinpap. 3 12

Skizzen aus der Münchener Industrieausstellung 1854. 44 Blätter. fol.

Skizzen, interess., des Neuesten u. Wissenswerthesten, aus d. Geschichte, Politik u. Statistik. Gesamm. u. hrsg. v. J. W. Arndt. 8. (11¼ B. u. Titlkpfr.) Wien 833, Wenedikt.

— aus Irland, s. Reisen u. Länderbeschreibungen 16e Lfrg.

Skizzen aus Irland oder Bilder aus Irlands Vergangenheit und Gegenwart von einem Wanderer. Heft 1. Stuttgart u. Tübingen 1838. 158 S. 8°
(Reisen und Länderbeschreibungen der älteren und neuesten Zeiten. Lfg. 16.)

Skizzen aus Irland. Berlin 1850. V: *Huber, Victor Aimé.* (Klüpfel)

Skizzen aus Ireland. (Von V. A. Huber.) 8. (XII und 319 S.) Berlin 850, Hertz. *

— von Italien, s. C. E. Penker.

Skizzen von Italien. Über einige Theile dieses Landes . . . Altdorf 1789—1802. V: *Penker, Christian Erdmann.* (Adel) (BB) (MGT) »Nürnberg« (Will)

— v. Italien. 2 Thle. 8. Nürnberg, Monath u. K. 789. (à 10 gr.)

— — neue Samml. edirt. v. Penker. 8. Schwabach, Mizler. 794.

— — 3r Thl. 8. Nürnberg, Wolf. (Seidel in Sulzbach.) 802.

— über, wider, für u. an die Juden. 8. Bresl. 803. Barth. (Holäufer). 3 gr

— aus der Jugendzeit Friedrich Wilhelm IV., s. Königshaus, unser.

Skizzen von Julian. Erzählungen und Gedichte. Neuhaldensleben 1835. V: *Uschner, Carl August Wilhelm.* (Nowack, Schles. Schriftst.-Lex. Breslau 1836—43. III, 152.)

— aus dem Klosterleben, gesammlet und bearbeitet von J. F. E. Albrecht. 2 Thle. 8. Prag, Albrecht. (Neureutter.) 786.

— eines Compositions-Vereins. 1. Heft. qu. 1/2 Fol. 6 lith. Bl.) Frankf. a/M. 846, Schmerber'sche B. n. 3 1/2 ₰

— v. Kriminaluntersuchungen, s. v. Krause.

—— böhmischer Kulturbilder. Entworfen von e. norddeutschen Schulmanne, mit besond. Rücksicht auf dessen pädagog. Landsleute. gr. 8. (16 1/2 B.) Leipzig 844, Otto Wigand.

Skizzen, culturhistorische, aus der nächsten Umgebung Berlin's. 1. Heft: Weißensee und seine Umgebungen. Eine culturhistor. Skizze von Heinr. Joachim. gr. 8. (54 S. mit 5 Portr. in Holzschn.) Charlottenburg 873, (Fritze.) 1 —

– Dass., s.a. Skizze ...

Skizzen einer statistischen Landeskunde Böhmens, s. Skizze ...

— aus dem Leben v. A. S. Fol. (17 Steintaf.) Stuttgart 876. Wittwer. In Mappe. n. 20. —; einzelne Blätter à n. 1. 40

— aus d. Leben u. Charakter großer u. seltener Männer unserer u. ält. Zeiten. 4 Thle. 8. Quedlinb. 785—89. Ernst. 1 ₰ 16 gr

Skizzen aus dem Leben galanter Damen . . . Regensb. 1789—93. V: *Vulpius, Christian August.* (BGE) (Ky) (EE) (BrMm)

— aus dem Leben galanter Damen; ein Beytrag z. Kenntniß weibl. Charaktere rc. 4 Samml. 8. Regensb. Montag u. W. 791—93. (1ste 1 Thlr. 2te 20 gr. 3te 1 Thlr. 4 gr. 4te 14 gr.)

* **FOX**, Henry, Lord. — Skizzen aus dem Leben des Lord Fox. Aus d. Engl. 2 Thle. Mit 2 freien, halbseitigen Titel-Vign. (J. F. L. Mayer sc.). Hamburg u. Leipzig 1786, bey H. J. Matthiessen. Kl. 8°. (In Hamburg, Stadtbibl., schönes Expl.) (4 Mk. Max Harrwitz, 1891; 5 Mk. A. Buchholz, 1908.)

— aus d. Leben des Lord Fox; aus d. Engl. 2 Thle. 8. Hamb. 786. Matthießen. (Unzer in Königsb.) 6 gr

— — dasselbe, in einer andern Uebersetzung. 2 Thle. Leipz. Gräff.

— Dass. in einer andern Uebersetzung. 2 Thle. 8. Leipz. 786. (Wienbrack). 12 gr

Skizzen aus dem häuslichen Leben. A. d. Schwed. Leipzig 1846. Ü: *Ekendahl, Daniel Georg von.* (BrVV)

—— aus dem häuslichen Leben. Aus dem Schwed. 2 Thle. 12. (14 1/3 B.) Leipzig 846, Brockhaus.

SKIZZEN, aus dem häuslichen Leben genommen und zur Beförderung häuslicher Glückseligkeit mitgetheilt. Mit schönem color. Titelkpfr. („Hymen heilig".) Leipzig u. Schleswig, Röhs, o. J. (1800). 8°. XIV u. 240 S.
Citirt Heinsius; R. Zinke's Dresdner Novbr.-Auct. 1905, no. 1992: „Interess. Inhalts".

— a. d. häusl. Leben z. Beförd. häusl. Glückseligkeit, m. K. 8. Schlesw. Röhß. 800.

Skizzen aus dem Leben Joseph des Bayers. [Zürich 1851.] V: *Schauberg, Joseph* [?]. H: *Rathgeb, Johann Jacob.* (Cat. d. Stadtbibl. Zürich. Zürich 1864—97.)

§ **SKIZZEN** aus dem Münchner Leben. 2 Lfgn. Mit Kpf. Memmingen, Geo. Müller, o. J. (18**). 8°.
Mit vorigem identisch?

§ **SKIZZEN** aus dem Münchner Leben. 2 Lfrgn. München, o. J. (c. 1835). Je 16 Seiten Text u. 2 Lithographieen (Bockkeller u. Hofgarten).

Skizzen aus dem Nürnberger Leben. (Hrsg. v. Cäsar Max Heigel.) Nürnberg: Winter 1832. 8°

Skizzen aus dem Leben des [Joh. Christian] Schubart Edlen Herrn v. dem Kleefelde. o. O. 1790. 76 S. 8°
°[Dasselbe.] Berlin: Schöne 1790. 76 S. 8°
Kl. 2333. Enth. auf S. 72 die Stelle: „Den Körper" (Leichnam) „bedeckte ein Ordenshabit der Frmr", usw.

Skizzen aus Gervasius Schuler's Leben und Wirken . . . Strassburg 1855. V: *Culmann, Friedrich Wilhelm.* (Cat. d. Stadtbibl. Zürich. Zürich 1864—97.) (Ky)

— aus Gervasius Schuler's Leben und Wirken in Zürich, Bischweiler, Bremgarten, Basel, Memmingen u. Lenzburg, von 1520 bis 1563. Ein Beitrag zur Reformationsgeschichte obgenannter Städte, vom Verf. der „Geschichte von Bischweiler" (F. W. Culmann). Basel 855. Bahnmaier. 8. (3 Bl., 184 S. u. 1 lith. Facsimile.) n. 24 ngr.

Skizzen aus dem socialen Leben Oesterreichs. Ein Beitrag zur Charakteristik der oesterreichischen Verhältnisse. Vom Verfasser der »Volkswirthschaftlichen Zustaende in Oesterreich«. Leipzig 1871. V: *Angerstein, Wilhelm.* (EB)

—— aus dem socialen Leben Oesterreichs. Ein Beitrag zur Charakteristik der österreich. Verhältnisse. [Vom Verf. der „volkswirthschaftl. Zustände in Oesterreich."] gr. 8. (51 S.) Leipzig und Berlin 871, Luckhardt'sche Verlagsh. * 1 —

Skizzen aus einem vielbewegten Leben. 1793—1851. Mit einem Vorwort von Ferd. Gleich. Leipzig 1859. V: *Zirges, Wilhelm.* (Russell XVI, II, 2, 2164)

— aus einem vielbewegten Leben. 1793—1851. (Von Wilh. Zirges.) Mit einem Vorwort von Ferd. Gleich. Leipzig 859. (Gräfe.) 8. (IV, 139 S.) 15 ngr.

—— eines vielbewegten Lebens, von e. Dame aus dem höhern Stande. gr. 8. (17½ B.) Stuttgart 846, Hallberger'sche Vrlgsh.

—— eines vielbewegten Lebens von einer Dame aus dem höheren Norden. 2. (Titel-)Aufl. gr. 8. (274 S.) Stuttgart 851, Hallberger'sche Vrlgsh. Thlr.

— d. Lebensbeschreibung Josephs d. II. 8. Wien. (Benj. Fleischer in Leipz.) 790.

— d. Lebensbeschreibung König Leopolds II. 8. Prag, Diesbach. 790.

— aus dem Lebenslauf, Charakter u. Amtsführung Rüters, (v. F. J. D. Tanck). 8. Hamb. 785. Matthießen. 4 gr.

Skizzen aus dem Lebenslauf, Charakter und Amtsführung des sel. Hrn. Archidiakon. Rüter. Hamburg 1785. V: *Tanck, Franz Johann Daniel.* (Ky) (MGT)

Skizzen aus der niedern Lebenswelt des Wassers. [Zürich 1857.] V: *Menzel, Aug.* (Cat. d. Stadtbibl. Zürich. Zürich 1864—97.)

— Leipziger. 1. Heft. gr. 8. Leipzig, Teutonia-Verlag. n. — 50

Messen, die Leipziger. Von e. alten Leipziger. (64 S.) 907.

— von Linz. 8. Leipz. 787. (Wienbrack). 10 gr. Hbg. Pr. 6 gr.

— Dass., s.a. Skizze ...

— v. Linz. 8. Leipz. Gräff. 788.

— aus P. Denifles: Luther u. Luthertum, s. Sammlung zeitgemäßer Broschüren. Nr. 36.

— malerische, v. Teutschland nach d. Natur entw. u. romant. dargestellt v. Schlenkert, m. K. 2 Hefte. Fol. Leipz. Voß. 794–95. (I. 2 Rthlr. 16 gr. II. 2 Rthlr.)

— von Meißner, 14 Samml. m. K. 8. Lpz. Dyk. 792–96. (1e–10e S. in 5 Bdn. à 1 Rthlr. 11e 12e 1 Rthlr. 8 gr. 13e 14e 1 Rthlr. 16 gr.)

Skizzen aus dem Menschenleben oder Geschichte Joh. Ludw. Ohrenbergs . . . Frankf. a. M. 1789–90. V: *Ochsenheimer, Ferdinand.* (Ky) (BGE) (Kn) (MGT)

— aus dem Menschenleben, od. Gesch. J. L. Ohrenbergs. 2 Thle. 8. Frankf. Eßlinger. 789.

— aus d. Menschenleben, od. Geschichte J. L. Ohrenbergs, (v. Ferd. Ochsenheimer). 2 Thle. 8. Frankf. 789 u. 90. (Schäfer). 18 gr.

SKIZZEN von und für die Menschheit. (Zwischen 2 roth gedr. Linien:)

Descends du haut des cieux, auguste Vérité;
Repands sur mes écrits ta force & ta clarté.
Hnriade (sic!), 1 Ch.

Mit niedlicher TVign. Berlin (o. Adresse), 1790. 8°. 154 S. Zahm.

Enth. 18 Nrn., u. a.: Betrachtgn. über die Geistlichkeit, Bischofthümer u. Klöster. — Ueber die Inquisition, eine Unterredung, in Sevilla. — Von der Religions-Intoleranz.

— von u. für die Menschheit. 8. Berl. 790. Doll in Wien. 8 gr.

Skizzen aus München. Flawyl 1847. V: *Mühl, Gust. G. v. der.* (Cat. d. Stadtbibl. Zürich. Zürich 1864—97.)

— musikalisch-theatralische. Eine Sammlg. musikal. Novellen, Erzählgn. u. Biographieen ꝛc., nebst Autographen-Beilagen erster Größen in der Musik- u. Theaterwelt. [Aus: „Bote's musikal. Haus- u. Familienkalender".] 4. (223 S. m. Illustr.) Berlin 892. R. Bote's Verl. — 75

— zum reifen Nachdenken üb. die Bestimmung der bei dem Rastadter Friedenscongreß abzuhandelnden Indemnisations- u. Säcularisations-Basis. 8. Ulm 798. Stettin. 6 gr.

— nachgeahmte Meißnersche. 1s Bdchen. 8. Frankf. 795. Gebhardt u. K. 1 ß

— nachgeahmte Meißnersche, von N. S. C. T. J. A. 1r Theil, mit 1 Kupf. 8. Frankfurt, 796. Macklot. 1 Rthl.

SKIZZEN nach der Natur, oder Geschichte von Heinrich und Emma, und von Fanny und Lucie Stanley. Aus d. Engl. 3 Thle. Leipzig, Schwickert, 1779. 8°.
Citirt Heinsius.

— n. d. Natur, auf einer Reise nach Margathe entw., herausgeg. v. Keate, a. d. Engl. 8. Leipzig, Weidmann. 780.

—— neue rumänische. Uebers. von Mite Kremnitz. 8. (VIII, 161 S.) Leipzig 880, Friedrich. * 3 —

Skizzen, 69 landschaftliche, von Theilen der Gefechtsfelder von Weissenburg, Wörth, Spichern . . . Wien 1891. V: *Conrad von Hötzendorf, Frz Freih.* (KA)

— 69 landschaftliche, v. Theilen der Gefechtsfelder v. Weissenburg, Wörth, Spichern, Vionville, Gravelotte, Plevna, G. Dubnik, Teliš, Lovča, Sipka, Slivnica. Nach der Natur gezeichnet von F. C. v. H. qu. hoch 4. (79 autogr. Taf. m. VII S. Text in gr. 8.) Wien 891. (L. W. Seidel & Sohn.) In Carton-Mappe. n. 4. —

—— aus Nord-Amerika. Schilderungen aus der Natur, dem religiösen, politischen u. socialen Leben. In Briefen eines kathol. Missionairs. 8. (19 B.) Augsburg 845, Schmid'sche Buchh.

—— Novelletten, Notizen, Spaßiges, Ernstes und mehr dergl. aus dem Buchhändler-Leben und dem Buchhändler-Treiben von ehemals und jetzt. Fremdes und Eigenes von Carl Siebenpfeiffer. 1. und 2. Heft. 8. Landsberg, Volger und Klein. [1. (79 S.) 847. 10 Ngr., 2. (111 S.) 848. 15 Ngr.]

— aus dem Pastorat zu Maßtland. Aus dem Leben eines holländ. Dorfpastors. (Von C. E. van Koetsveld.) Deutsch von H. R. Schollenbruch. Elberfeld 865. Bädeker'sche Buchh. 8. (IV, 303 S.) n. 1 ₰ 10 ngr; geb. n. 1 ₰ 20 ngr.

— — 2., wohlf. Volks-(Titel-)Ausg. Ebend. 868. 8. (IV, 303 S.) 15 ngr.

— Persische, f. die Jugend bearb., s.a. Fr. Heldmann, Jugendbibliothek.

—— persische, e. Schilderung d. gesellschaftl. Zustandes d. Perser nach d. besten Quellen f. d. Jugend bearb. v. Fr. Heldmann. 2 Bdchn. 16. (15⅓ B. u. 2 Kpfr.) Darmstadt 828, Leske. Aus „Neue Jugend-Bibliothek, hrsg. v. Fr. Heldmann" besond. abgedruckt.

Skizzen über Pferdezucht und Pferdewesen. Gesammelt auf einer Reise in England und Frankreich im Jahre 1852. Wien 1853. V: *Ritter, Joseph.* (EB)

Skizzen über Pferdezucht und Pferdewesen. Gesammelt auf einer Reise in England und Frankreich im Jahre 1852. Wien 853. Gerold. 8. (2 Bl., 68 S.) n. 16 ngr.

Skizzen, Phantastische — von E. S. 8. (72 S.) Wien. Druck von J. B. Wallishausser. 1853.

— philosoph., von Berlin. 1r Thl. 8. Philadelphia 789. Beckmann in Gera. 18 ℊ

– Dass., s.a. Skizze ...

Skizzen, Philosophische, zur natürlichen Geschichte des Ursprungs, Fortschritts und Verfalls der gesellschaftlichen Verfassungen. Berlin 1801. V: *Ascher, Saul.* (Ky) (MGT)

— — philosophische, zur natürl. Geschichte des Ursprungs, Fortschritts u. Verfalls der gesellschaftlichen Verfassungen. (v. Ascher.) 8. Berlin, (Braun.) 801.

— philosoph., zur natürl. Geschichte des Ursprungs, Fortschritts u. Verfalls der gesellschaftl. Verfassungen, (v. S. Ascher). 8. Berl. 801. Leipz. 805. Hinrichs. 18 ℊ

—— aus Polen. A. d. Brieftasche e. poln. Offiziers. 2. Aufl. 8. (7½ B.) Heidelberg 833, Winter.

Skizzen, Politische, über Deutschland und Würtemberg, aus der Mappe eines Conservativen . . . [Stuttgart] 1852. V: *Wilhelm Graf von Würtemberg.* (Heyd) (Kat. d. ständ. Bibl. Stuttg. 1907. S. 265. 521.)

—— politische und militairische, aus dem Orient. I. (Heft.) Omer Pascha und die türk. Armee. Aus dem Französ. gr. 8. (IV und 68 S.) Berlin 856, Springer's Verlag.

Skizzen, Politische, aus Oesterreich. Ein Beitrag zur neuesten österreichischen Geschichte. Leipzig 1871. V: *Angerstein, Wilhelm.* (EB)

—— politische, aus Oesterreich. Ein Beitrag zur neuesten österreich. Geschichte. gr. 8. (III, 40 S.) Ebendaf. 871. * 1 —

Skizzen, Politisch-ökonomische. Prag: Steinhauser in Comm. 1867. 14 S. gr. 8⁰

— der medicin. Psychologie. 8. Königsb. 787. Hartung. 3 ℊ

Skizzen der Regierung Georgs III. von 1780—90; a. d. Engl. Hannover 1791. Ü: *Liebeskind, Dorothea Margarethe.* (Ky)

– Dass. s.a. Skizze ...

— der Regierung Georgs III. von 1780—90; aus d. Engl. (v. Dor. M. Liebeskind). gr. 8. Hannov. 791. Helwing. 9 ℊ

— aus d. Regierungsgeschichte Katharina's II. Kaiserin v. Rußland. 8. Leipz. 797. (Hinrichs). 12 ℊ

—— religiöse, in Novellen-Form. Mit Beiträgen v. P. v. Mettingh, L. Mey, A. v. Hohenhausen. Hrsg. v. Th. Schäfer. 8. (20⅞ B.) Leipzig 846, Keil u. Comp. •

Skizzen der französischen Revolution. Wien ca. 1800. V: *Richter, Joseph.* (BiblPort) (Hans Viktor Pisk: Josef Richter. Diss. Wien 1927. S. 147)

Skizzen für Romanen-Freunde. Neue Ausgabe. Leipzig 1802. V: *Fischer, Christian August.* (BGE VII³, 331)

SKIZZEN, Romantische. Holzminden 1792. 8⁰. (⅔ Rthl.) Citirt Heinsius ohne Angabe des Verlegers.

SKIZZEN, Romantische. (7 zum Theil freie Geschichten.) Mit curioser Titelvign. (zugleich Druckersignet). Altona u. Leipzig, bey Joh. Heinr. Kaven, 1797. 8⁰. 200 S. (incl. Tit.). (1 Mk. 80 Pfg. M. Edelmann, Nürnb., c. 1905.)
1. Die belohnte kindliche Liebe u. Tugend. 2. Der bestrafte falsche Freund. 3. Die edle Rache. 4. Der Wald zu Bondi, od. die Räuber-Höhle. 5. Das unvermuthete Glück. 6. Der Mann, der sich über nichts wundert. 7. Der ungegründete Haß. 8. Die Gefahren der Unerfahrenheit.

— romantische. 8. Leipz. 797. Altona, Hammerich. 12 ℊ 8. Leipz. 808. (Rauck; a Wienbrack). 12 ℊ

SKIZZEN, Romantische. Leipzig, Heinrich Gräff, 1803. 8°. (1/2 Rthl.)
Anzeige des Verlegers.

— romantische. 8. Altona, Hammerich. (Gräff, a. Sommer in Leipz.) 808. — 12

SKIZZEN, Romantische, für Stunden der Muße. Frankfurt, Keßler, 1794. 8°. (2/3 Rthl.)

— romant., der Vorwelt, v. n Fr. S. Told. 8. Wien, Wimmer. 817.

SKIZZEN, Romantische, neuester Zeit, wahr und einfach zusammengetragen. Bdchn. 1. Mit 1 Kpfr. Nürnberg, Felsecker, 1805. 8°. (1 1/6 Rthl.) Selten!

— romantische, neuester Zeit. 8. Nürnb. 805. Stein. 1 ß 4 gr.

Skizzen, romant.-histor., aus Oesterreichs Vorzeit. Von Emil **. — A. m. d. Umschl.-T.: Sagen u. Bilder aus d. Geschichte Oesterreichs. 8. (17 B.) Wien 837, Beck's Univ.-Buchh. Thlr.

— rumänische. Eingeleitet u. übers. von Mite Kremnitz. gr. 16. (XXII, 233 S.) Bukarest 877. Sotschek & Co. n.n. 5. —

— aus Salzburg. Salzburg 865. Mayrische Buchh. 8. (XII, 352 S. mit 1 lith. Plane der Stadt Radstadt.) n. 1 ß

Skizzen eines neuen Schulplans, oder Materialien zu den Beratschlagungen über die Verbesserung der Landschulen in Baiern. Landshut 1802. V: *Kraus, Jos.* (Ky)

– Dass., s.a. Skizze ...

— eines neuen Schulplans, od. Materialien zu den Berathschlagungen üb. die Verbesserung der Landschulen in Baiern, (von Jos. Kraus). 8. Landsh. 802. Thomann. 6 gr

— Schwedische, siehe: Bibliothek, Europäische, 825 u. 826. Bd.

— u. Splitter v. M. B. 8. (28 S.) Triest 899. F. H. Schimpff. n. 1. —

— lebender Sprachen. Hrsg. v. Wilh. Vietor. 1. 12. Leipzig, B. G. Teubner. Geb. in Leinw. n. 3. —
Nordenglisch. Northern English. Phonetics. Grammar. Texts. By Rich. J. Lloyd, M. A. (VI, 127 S.) 899.

— lebender Sprachen. Hrsg. v. Wilh. Viëtor. 2. u. 3. 8. Leipzig, B. G. Teubner. Geb. in Leinw. n. 7. 60
2. Vianna, Aniceto dos Reis Gonçalves, Portugais. Phonétique et phonologie, morphologie, textes. (VI, 147 S.) 903. n. 4. —
3. Dijkstra, R., Holländisch. Phonetik. Grammatik. Texte. (VI, 105 S.) 903. n. 3. 60

— lebender Sprachen. Hrsg. v. Wilh. Vietor. 1. Nordengl. kl. 8. Leipzig, B. G. Teubner. Geb. in Lw. 3.20
1. Northern English. Phonetics, grammar, texts. By Rich. J. Lloyd. 2. ed. (VI, 127 S.) 908.

Skizzen aus Stendal, Hildesheim und Goslar, gezeichnet von Studierenden der Königl. Akademie der Künste zu Berlin unter Leitung von **P. A. Kuhn.** Berlin 1881. Fol.

Skizzen und Stimmungen aus Rom. [München] 1892. V: *Zobel, Louise Freifrau v.* (Berl)

— u. Studien zur künftigen Geschichte des badischen Aufstandes im Jahre 1849. Mit Rücksicht auf die Gegenwart u. die Gestaltung der Zukunft. gr. 8. (22 S.) Karlsruhe 850, Bielefeld. n. 4 ngr

Skizzen und Studien-Ausstellung. Zum Besten des Ortsverbandes Berlin, der Renten- und Pensions-Anstalt für deutsche bildende Künstler. Berlin 1904. V: *Fechner, Hanns.* (Berl 1914, S. 1286)

Skizzen aus dem Süden. Wien 1894—95. V: *Rothschild, Nathaniel Freiherr von.* (EB)

Skizzen aus dem Süden. Wien 1894—1895. V: *Rothschild, Nathaniel Baron.* (Berlzu 1895, I, 596)

— u. Szenen f. Romanschreiber u. Schauspieldichter. 8. Altenb. 791. Richter. (Henaings in Neisse). 16 gr

— u. Scenen f. Romanschreiber u. Schauspieldichter. 8. Altenb. Richter. (Akadem. Buchh. in Jena.) 791.

—— aus meinem Tagebuche, od. Erinnerungen an Abenteuer u. Erlebnisse während 29 Dienstjahren auf der pyrenäischen Halbinsel, in Frankreich, in Ostindien, auf St. Helena u. in Canada. Von ein. Militärarzte. Frei aus d. Engl. übertragen. 2 Bdchn. 8. (20 1/2 B.) Leipzig 842, [Carl Engelmann jun.]

— aus dem Tagebuche des mongolischen Reiterführers Tschin-ra. 8. (40 S.) Wien 876. (Budapest, Grimm.) n. 1. —

Skizzen des Hamburgischen Theaters von 1784 ... Hamburg. V: *Tanck, Franz Johann Daniel.* (Arch. f. Litt. VIII, 211.)

— zu einer naturhistorischen Topographie des Herzogthums Salzburg. Herausg. von Frz. Storch. 1. Bd. Flora von Salzburg. Mit 4 (lith.) Portr. u. 1 (lith.) Karte (in 4.). Salzburg 857. Mayr. gr. 8. (VIII, 243 S.) n. 1 ß.

—— zu einer naturhistorischen Topographie des Herzogth. Salzburg. Hrsg. von Frz. Storch. 1. Bd.: Flora von Salzburg. gr. 8. (VIII und 243 S. mit 4 lithogr. Portr. und 1 lithogr. Landkarte von Salzburg in 4.) Salzburg 858, Mayr'sche Buchh.

Skizzen über die Überschwemmung und Überschüttung im Tauferer und Ahrnthale am 17. August 1878 ... Bruneck [1878]. V: *Mahl, Johann Georg.* (Margr)

Skizzen aus der Vendée und Bretagne. Berlin 1853. V: *Huber, Vict. Aimé.* (Cat. d. Stadtbibl. Zürich. Zürich 1864—97.) (EngG) (Ky)

— aus der Vendée und Bretagne. (Nach Em. Souvestre „Les derniers paysans“ und „Scènes de la chouanerie“ bearb. von V. A. Huber.) Berlin 853. Hertz. 8. (XIX, 297 S.) n. 1 ß. 15 ngr.

— zur ökonomisch-cameralist. Verbesserung der Eifel, mit ste- tem Rückblicke auf die von Hrn. Kreissekretair Haas bekannt gemachten ökonom.-cameralist. Ansichten. 8. Cobleng 826, N. Gelehrten-Buchh.

Skizzen zur ökonom.-cameralist. Verbesser. der Eifel, mit ste- tem Rückblicke auf die v. Hrn. Kreissekretair Haas bekannt gemachten ökonom.-cameralist. Ansichten. 8. Coblenz 826. Hergt. 6 Gr.

— aus d. Verbrecherleben, s.: Miniatur-Bibliothek.

Skizzen von dem Verfasser der Reise meines Vetters auf seinem Zimmer. Leipzig 1802. V: *Schreiber, Alois Wilhelm.* (BGE VII*, 333)

Skizzen aus der Vergangenheit u. Gegenwart d. Gemeinde Burgberg. Gabe der Gemeinde an ihre Gustav-Adolf-Zweigvereinsgäste 29. VI. 1910. (35 S.) 8. Hermannstadt 910. (W. Krafft.) nn —40

—— über die Verwaltungs-Organisation von Grossgrundbesitz-Complexen in Böhmen. Als Beitrag zur land- und forstwirthschaftl. Collectiv-Ausstellung des Königr. Böhmen auf der Weltausstellung in Wien 1873. gr. 8. (VI, 128 S.) Prag 874, (Calve'sche Universitäts-Buchh.) * 2 —

Skizzen aus der vornehmen Welt ... Breslau 1842. V: *Düringsfeld, Ida v.* (EE)

Skizzen aus der vornehmen Welt. (IV, 2780.) — Lies: 1842/45. IV. (DARP)

—— aus der vornehmen Welt. Von der Verfasserin von „Schloß Goczyn." 4 Bde. 8. Breslau, Kern.

Bd. 1. Marie. Novelle. (20¼ B.) 842. 1 Thlr. 15 Ngr.
" 2. Haraldsburg. Novelle. (12¼ B.) 844. 1 Thlr.
" 3., 4. Hugo. Novelle. 2 Thle. (26 B.) 845. 2 Thlr.

Skizzen zu einer philosophischen Weltsystemslehre ... Helmstädt 1791. V: *Kemmerich, Andreas Frdr.* (MGT) (KY) (ML)

— zu e. philosoph. Weltsystemslehre, (v. A. F. Kemmerich). 8. Helmst. 791.

— zu Shakspeare's dramat. Werken, s. Ludw. Sigism. Ruhl.

— von Wien. (v. Jh. Pezzl). 6 Hfte. 8. Wien 786–90. Degen. 2 ß 12 Gr. Neue Skizzen von Wien, s. Jh. Pezzl.

– Dass., s.a. Skizze ...

— von Wirtemberg, nebst dem Leben d. 12 Herzoge und ihr. Portraits. 8. Stuttgart, Erhard. 792.

— von Würtemberg, nebst dem Leben der 12 Herzoge u. ihrer Portraits, (von J. Pfleiderer). 8. Stuttg. 792. (Hofmann). 9 Gr. Ohne Portr. 2 Gr.

Skizzen aus d. neuern Zeiten, in histor. Hinsicht. 8. Danzig 804. Goldstamm. 20 Gr.

Skizzen über die Zucht der Rinder, Schafe und Schweine im Kaiserthum Oesterreich ... Wien 1856. H: *Arenstein, Joseph.* (KY)

— über die Zucht der Rinder, Schafe u. Schweine im Kaiserth. Oesterreich. Im Auftrage d. k. k. Ministeriums des Innern. (Herausg. von Arenstein.) Wien 856. (Gerold.) Lex.-8. (XII, 90 S. u. 6 lith. Taf.) n. 27 ngr.

— zwei philosoph., in einer verständl. allgem. Sprache vorgetragen v. J. H. C. N. 12. Bresl. 801. Gehr. 6 Gr.

Skizzen, Zwey, über die ältesten Wenden in Meissen ... [Dresden 1779.] V: *Hasche, Johann Christian.* (MGT)

Skizzen-Album. Original modèles internationaux. Jahrg. 1905. 10 Hefte. (à ca. 14 farb. Taf. m. Text auf der Rückseite.) Fol. Wien (C. Konegen). n. 34. —; halbjährl. n. 20. –; einz. Hefte n. 5. 50

Skizzenbuch v. Phantasus, s.: Phantasus.

Skizzenbuch von Phantasus. Für 1834. (Enthält: Giulietta u. Bernardo. Nachtstück. — Mal'Occhio. Ein Nachtstück. — Der gefangene Falke. Histor. Scene aus dem 12n Jahrh. — Pfarrers Röschen. Schattenriß.) (Mit 1 Steindruck.) 16. München 834. Franz. 2/3 ...

Skizzenbuch m. Orig.-Künstlerbeiträgen. (Allerlei aus Mecklenburg u. anderswoher.) (13 [2 farb.] Taf. u. 14 S. Text z. Tl. in Fksm.) 25,5×34,5 cm. Rostock 908. H. Koch. 5. —

Skizzen-Buch, architektonisches. Eine Sammlung von Landhäusern, Villen, ländl. Gebäuden, Gartenhäusern, Gartenverzierungen, Gittern, Erkern, Balkons u. a. kleinen Baulichkeiten, welche zur Verschönerung baul. Anlagen dienen und in Berlin, Potsdam und an andern Orten ausgeführt sind. Mit Details. In zwanglosen Heften. 1—4. Heft. Fol. (à Heft 6 Bl. in Kpfrst. und Stndr. und 1 Bl. Text.) Berlin 851—52, Ernst und Korn. à Heft * 1 Thlr. *

Skizzen-Buch, architektonisches. Eine Sammlung von Landhäusern, Villen, ländl. Gebäuden, Gartenhäusern, Gartenverzierungen, Gittern, Erkern, Balkons u. a. kleinen Baulichkeiten, welche zur Verschönerung baulicher Anlagen dienen und in Berlin, Potsdam und an andern Orten ausgeführt sind. Mit Details. In zwanglosen Heften. 1—26. Heft. (à Heft 6 Bl. in Stndr. oder Kpfrst. und zusammen 22 Bl. Text.) Fol. Berlin 852—56, Ernst und Korn. à Heft * 1 Thlr. *

—— dass. — 2. Aufl. 1—16. Heft. (à 6 Bl. in Stndr. oder Kpfrst. mit 1 Bl. Text.) Ebds. 855—56. à Heft * 1 Thlr. *

—— dass. — 2. Aufl. 17—29. Heft. à Heft 6 Bl. in Lithogr., Kpfrst. und farb. Druck. Fol. (à Heft 1 Bl. Text.) Ebendas. 857. à Heft * 1 Thlr. *

Skizzen-Buch, architektonisches. Eine Sammlung von Landhäusern, Villen, ländlichen Gebäuden, Gartenhäusern, Gartenverzierungen etc. Mit Details. 27—58. Heft. à Heft 6 Bl. in Lithogr., Kpfrst. und farb. Druck. Fol. (à Heft 1 Bl. Text.) Berlin 857—62, Ernst und Korn. à Heft * 1 Thlr. *

Skizzen-Buch, architektonisches. Eine Sammlung von Landhäusern, Villen, ländl. Gebäuden, Gartenhäusern, Gartenverzierungen etc. Mit Details. 59.—90. Heft. Fol. (à Heft 6 Blatt in Lithogr. und farb. Druck und 1 Blatt Text.) Berlin 863—68, Ernst und Korn. à Heft * 1 Thlr. *

Skizzenbuch, architektonisches. Eine Sammlung von Landhäusern, Villen, ländl. Gebäuden, Gartenhäusern, Gartenverzierungen etc. Mit Details. 91.—111. Heft. à 6 Bl. in Lithogr. und farb. Druck. Fol. (Mit je 1 Bl. Text.) Berlin 869, Ernst und Korn. à Heft (*M. 3.) * 4 —

1.—111. Heft. Ebendas. 1852—69. Bei Entnahme der ganzen Sammlung à Heft *M. 3. Einzeln à Heft *M. 4.

—— dass. — Jahrg. 1872—1874. à Jahrg. 6 Hefte. [Der ganzen Folge 112.—129. Heft.] à Heft 6 Bl. in Lithogr. und farb. Druck. Fol. (à Heft 1 Bl. Text.) Ebendas. à Heft * ℳ 4. * 72 —

Skizzen-Buch, architektonisches. Eine Sammlung von Landhäusern, Villen, ländl. Gebäuden, Gartenhäusern, Gartenverzierungen etc. Mit Details. Jahrg. 1875—1879. à Jahrg. 6 Hefte. [Der ganzen Folge 130.—159. Heft.] à 6 Bl. in Stich, Lithogr. und farb. Druck. Fol. (à Heft 1 Bl. Text.) Berlin, Ernst und Korn. à Heft * ℳ 4.; à Jahrg. *

Skizzen-Buch, architektonisches. Eine Sammlung, enthaltend Landhäuser, Villen, ländl. Gebäude etc. Mit Details. Jahrg. 1880—1884. à Jahrg. 6 Hefte. [Der ganzen Folge 160.—189. Heft.] (à Heft 6 Bl. in Stich, Lithogr. und farb. Druck.) Fol. (à Heft 1 Bl. Text.) Berlin, Ernst und Korn. à Heft * 4 —
à Jahrg. * 24 —

Skizzenbuch, architektonisches. Eine Sammlung, enth. Landhäuser, Villen, ländl. Gebäude etc. Mit Details. Jahrg. 1885 und 1886. à Jahrg. 6 Hefte. [Der ganzen Folge 190.—201. Heft.] Fol. (à Heft 6 Bl. in Stich, Lithogr. und farb. Druck und 1 Bl. Text.) Berlin, Ernst und Korn. à Heft * 4 —
Nicht weiter erschienen. — Gesammtpreis der 201 Hefte * ℳ 693.—.

Skizzenbuch, das Braunschweiger, e. mittelalterl. Malers. Im Auftr. d. Vereines f. Geschichte d. Deutschen in Böhmen hrsg. v. Jos. Neuwirth. Mit 29 Lichtdr.-Taf. Fol. (VI, 28 S.) Prag 897. J. G. Calve. In Mappe n. 25. —

Deutsches **Skizzenbuch**. Charlottenburg: R. Münch [1904]. (320 S.) 8° [J.] = **Hausschatz**, Münch's. Bd. 2.

—— für Jedermann, genannt das Schweine-Album, mit einer Vorrede von M. v. T. 1.—4. Aufl. qu. 8. (64 S. mit eingedr. Fig.) Hagen 883, Risel und Comp. cart. * 1 —

Skizzenbuch für den Ingenieur, s. Wiebe, F. K. H.

Skizzenbuch für Ingenieure und Maschinenbauer. Jg 1859/60—1895. Leipzig und Wien
Reg. 1—15

—— für Ingenieure und Maschinenbauer. Eine Sammlung mustergilt. und interessanter Konstruktionen aus dem Gesammtgebiete des Bau- und Ingenieurwesens. Hrsg. von E. Nowák. Jahrg. 1882. 6 Hefte. Fol. (à Heft 6 Taf. mit 1 Bl. Text.) Leipzig, [Knapp.] Verlag des Maschinenbauer. à Heft * ℳ 4. * 24 —
Vgl.: Wiebe, F. K. H.

—— dass. — Jahrg. 1883 und 1884. à Jahrg. 12 Hefte. Fol. (à Heft 4 Taf. mit 1 Bl. Text.) Ebendas. à Heft * 2 —
à Jahrg. * 24 —

—— für Ingenieure und Maschinenbauer. Eine Sammlung mustergilt. und interessanter Konstruktionen aus dem Gesamtgebiete des Bau- und Ingenieurwesens. Hrsg. von E. Nowák. Jahrg. 1885—1888. à Jahrg. 12 Hefte. Fol. (à Heft 4 Taf. mit 1 Bl. Text.) Leipzig, Verlag des Maschinenbauer. à Heft * 2 —
à Jahrg. * 24 —

—— für Ingenieure u. Maschinenbauer. Eine Sammlg. mustergilt. u. interessanter Konstruktionen aus dem Gesamtgebiete d. Bau- u. Ingenieurwesens. Hrsg. v. E. Nowák. 31.—34. Jahrg. 1889—1892. à Jahrg. 12 Hefte. (à Heft 4 Taf. m. 1 Bl. Text.) Fol. Lpz., Verlag d. Maschinenbauer. à Heft * 2 —; à Jahrg. * 24 —

Skizzenbuch f. Ingenieure u. Maschinenbauer. Eine Sammlg. mustergilt. u. interessanter Konstruktionen aus dem Gesamtgebiete des Bau- u. Ingenieurwesens. Hrsg. v. E. Nowák. 33.—35. Jahrg. 1891—1893. à 12 Hfte. (à 4 Taf. m. 1 Bl. Text.) Fol. Leipzig, Verl. d. Maschinenbauer. à Hft n. 2. —

— f. Ingenieure u. Maschinenbauer. Eine Sammlung mustergilt. u. interessanter Konstruktionen aus d. Gesamtgebiete d. Bau- u. Ingenieurwesens. Hrsg. v. E. Nowák. 37. u. 38. Jahrg. 1895—1896. à 12 Hfte. (à 4 Taf.) Fol. Stötteritz b. Leipzig, M. Hoffmann. à Hft. n. 2. —

—— italienisches. Organ für das Studium architekton. und kunstgewerbl. Denkmäler der italien. Renaissance. Nebst Erläuterungen. Unter Mitwirkung von Fachgenossen hrsg. von Leop. Gmelin. 3 Hefte. Fol. (à Heft 8 Photolithogr. mit 1 Bl. Text.) Leipzig 879, Seemann. à Heft * ℳ 2,50. *

Inhalt:
Heft 1. Die geschnitzten Thüren des Vatican.
» 2. Die Riesentreppe Antonio Rizzo's im Hofe des Dogenpalastes zu Venedig. Von Fr. Otto Schulze.
» 3. Römische Stuccaturen. Aufgenommen und gezeichnet von W. Bubeck.

Skizzenbuch der angewandten Kinematik. Nach den Vorträgen des geh. Regierungsrath Prof. Reuleaux bearb. von den Studirenden der k. tech. Hochschule Althof, La Baume, Boy, Lührs, Schittko. Herausgeg. vom Verein „Hütte". Berlin 1880. Text 8°. Atlas von 62 Blatt q. Fol.

—— für häusliche Kunst. Redact.: Osc. Hülcker. 1. Jahrg. 1884. 12 Nrn. (à Nr. $^{1}/_{2}$—$^{3}/_{4}$ Bog. mit 2 Beilagen: Vorlagen für Majolika-, Holz-, Marmor-, Porzellan-, Leder-, Stoff-, Glasmalerei und Aetzerei für Zink, Glas, Kupfer etc.) gr. 4. Berlin, (Gottheil.) * 12 —

—— für häusliche Kunst. Redact.: Osc. Hülcker. 2. und 3. Jahrg. 1885 und 1886. à Jahrg. 12 Nrn. (à Nr. $^{1}/_{2}$—$^{3}/_{4}$ Bog. mit Beilagen: Vorlagen für Majolika-, Holz-, Marmor-, Porzellan-, Leder-, Stoff-, Glasmalerei und Aetzerei für Zink, Glas, Kupfer etc.) gr. 4. Berlin, (W. Peiser's Verlag.) à Jahrg. * 12 —
cf.: Scizzenbuch.

—— dass. — 4. und 5. Jahrg. 1887 und 1888. à Jahrg. 12 Nrn. (à Nr. $^{1}/_{2}$—$^{3}/_{4}$ Bog. mit Beilagen: Vorlagen für Majolika-, Holz-, Marmor-, Porzellan-, Leder-, Stoff-, Glasmalerei und Aetzerei für Zink, Glas, Kupfer etc.) gr. 4. Berlin, Rosenbaum und Hart. à Jahrg. * 12 —

Skizzenbuch für den practischen Maschinen-Constructeur. Hrsg. von H. W. Uhland. Bd 1—18. 1879—1895. Leipzig, seit 1888: Dresden

—— militärisches, aus dem Feldzuge von 1870 und 1871. Ernste und heitere Kriegsbilder aus dem Franzosenkrieg. gr. 8. (IV, 92 S. mit 24 Illustr. in eingedr. Holzschn.) Darmstadt 871, Zernin. * ℳ 1,60.; Pracht-Ausg. * 3 —

Skizzenbuch, praktisches, f. Fassaden- u. Innen-Decoration. Eine Motiven-Sammlg. f. die decorative Kunst der Gegenwart, enth. architekton., ornamentale u. figürl. Details in Form, Farbe u. Anwendg. Zum prakt. Gebrauch in allen Gebieten der Kunst u. d. Kunstgewerbes. Unter Mitwirkg. hervorrag. Künstler u. Fachleute hrsg. v. Jean Pape. 1. Jahrg. Oktbr. 1891—Septbr. 1892. 5 Lfgn. (12 Bl. in Licht- u. Farbendr., sowie in anderen neuen Vervielfältigungsverfahren.) gr. Fol. Dresden, Gilbers. à Lfg. n. 6. —

— dasselbe. Neue Folge 1892/93. 5 Lfgn. (12 Bl. in Licht- u. Farbendr., sowie in anderen neuen Vervielfältigungsverfahren.) gr. Fol. Ebd. à Lfg. n. 6. —

Skizzenbuch aus Salzburg. Mit 1 Plane der Stadt Radstadt. 8. (XII u. 352 S.) Salzburg, Mayrische Buchh. 1865. 1 fl. 50 kr.

Skizzenbuch aus den Tagen vor und während der polnischen Revolution vom Jahre 1830. Ein Seitenstück zu den Memoiren über Polen unter Constantins Behauptung v. H[arro] Harring. Von einer Polin. Eingeführt durch Leonhard Chodzko. Fürth. 1832. 8°
[Nebent.:] Der Grossfürst Constantin wie er war. Züge aus seinem Leben und Wirken. Von einer Polin.

[**Skizzenbuch** mit ländlichen und stadtischen Trachten aus Schwaben, Baden und Nord-Schweiz. Um 1820.]
145 Bl. Bleistiftzeichnungen. 8°.

Skizzenbuch der Wahrheit. (Sehr komische Holzschnitte, nach dem Leben gez., die *Juden* in den lächerlichsten Situationen darstellend, m. erklärend. Text.) Jahrg. 1880 (einz.). Berlin, A. Werckenthin, 1881. Quer-8°. Beibd.
Vergriffen u. selten!

—— der „Wahrheit". Jahrg. 1880. 1.—5. Aufl. qu. gr. 4. (30 S. mit chemityp. Illustr.) Berlin, M. Schulze. 1 —

—— dass. — 6. Aufl. qu. 4. (31 S. mit Illustr.) Ebendas. 884. * 1 —

—— dass. — 2. Jahrg. qu. gr. 4. (32 S. mit eingedr. Chemigr.) Ebendas. 883. * 1 —

— der „Wahrheit". 1. u. 2. Jahrg. qu. 4. (à ca. 30 S. m. Illustr.) Berlin 883. 84. M. Schulze. à n. 1. —
1. 6. Aufl. 884.

Skizzen-Hefte. Eine Sammlg. v. Orig.-Entwürfen zum prakt. Gebrauche f. Bau- u. Möbel-Tischler, Holz-Bildhauer etc. Unter Mitwirkung namhafter Fachmänner hrsg. v. R. Albrecht u. F. Kiefhaber. 1. Jahrg. 12 Lfgn. (à 6 Bl. autolithogr. Zeichngn.) Fol. Leipzig 872. Scholtze. Subscr.-Pr. à Lfg. n. 1. 20; einzelne Hfte. n. 1. 50

Skizzenhefte, hrsg. v. academ. Architekten-Verein Berlin. 1.—3. Hft. Imp.-4. Berlin, E. Wasmuth. à n. 4. —
1. Excursion d. Hrn. Prof. C. Hehl nach Niedersachsen, 24. VII.—5. VIII. 1896. (29 autogr. Taf.) 896.
2. Excursion d. Hrn. Prof. Hehl nach d. Rheinlanden v. 26. III.—5. IV. (30 autogr. Taf.) 897.
3. Aufnahmen mittelalterl. Backsteinbauten. (21 autogr. Taf.) 898.

Skizzen-Mappe der Kasseler Künstler. gr. Fol. (16 S. m. Bild.) Kassel 897. (E. Hühn.) n. 3. —

Skizzen-Sammlung v. Gas- u. Petroleum-Motoren. Eine Auswahl bewährter Ausführgn. zu d. Vorlesgn. üb. Theorie d. Gas- u. Petroleum-Maschinen. Hrsg. vom akadem. Maschinen-Ingenieur-Verein München. Technische Hochschule München. Sommer-Sem. 1896. gr. 4. (IV, 62 S. m. Abb.) München 896. (Th. Ackermann.) Geb. in Leinw. n. 4. —

Skladanowsky, Max, plastische Weltbilder. Photographische Orig.-Aufnahmen. I. 1. Hft. Eine Knipsfahrt durch Berlin. qu. gr. 4. (16 S. m. plastograph. Apparat.) Berlin (902). Deutscher Verlag. 1. —

Skladanowsky, Max, plastische Weltbilder. Photograph. Orig.-Aufnahmen. I. 2.—10. Heft. (à ca. 16 S. m. Text in deutscher, franz. u. engl. Sprache u. plastograph. Apparat.) qu. gr. 4. Berlin (903. 904). Deutscher Verlag. à 1. —
2. Eine Blitzfahrt durch Süddeutschland. — 3. Rheinwanderung. — 4. Potsdam, Charlottenburg u. die Mark. — 5. Niederrhein u. Nordseestädte. — 6. Die Weltstadt London. — 7. Ein Ausflug nach Paris. — 8. Kreuz u. quer durch Ostdeutschland. — 9. Niederländische Fahrten. — 10. Im Herzen Deutschlands.

Skladanowsky, Max, plastische Weltbilder. II. Serie. Italien 1.—6. (à 12 S. m. deutschen, französ., engl. u. italien. Unterschriften u. plastograph. Apparat.) qu. gr. 4. Berlin 905. 906. Deutscher Verlag. à 1. —
1. Riviera. — 2. Oberitalien. — 3. Mittelitalien. — 4. Rom. 5. Unteritalien. — 6. Sicilien.

Skladny, Andreas: Bibliotheks-Katalog der historischen Gesellschaft f. die Prov. Posen, s. Zeitschrift der historischen Gesellschaft f. die Prov. Posen.

Skladny, C., Verrichtungen bei den Feld- u. Gebirgs-Kanonen, s.: Handbuch f. d. k. k. Artillerie.

Skladny, Richard [aus Oppeln]: Ueber das Auftreten von glatter Atrophie des Zungengrundes in Folge hereditärer Lues ... Berlin, C. Vogts Buchdr., *1896;* 30 S., 1 Bl. 8.
Berlin, Med. Fak., Inaug.-Diss. v. 4. Aug. 1896

Sklarek, Bruno, Arzt aus Lissa (Posen): Aus d. pharmakol. Institut. Experimentelle Untersuchungen über die reizmildernde Wirkung der Mucilaginosa bei Entzündung. München [1900]: (E. Mühlthaler). (23 S.) 8°
München, Med. Diss. v. 1900

Sklarek, Elisabet Róna-, s.a. Róna-Sklarek

Ungarische Volksmärchen. Ausgew. u. übers. von Elisabet **Sklarek**. Mit e. Einl. von A[dolf] Schullerus. *Leipzig: Dieterich 1901.* (XXI, 300 S.) 8° [F.]

Sklarek, Elisab.: Ungarische Volksmärchen, 2. Bd., s. Róna-Sklarek, Elisab.

Sklarek, Francis (Hrsg.), s. Krise. – Zur Krise im Bund f. Mutterschutz.

Sklarek, Franz [aus Berlin]: Ueber Hodentumoren ... Berlin: Druck v. H. S. Hermann 1893. 30 S., 1 Bl. 8°
Berlin, Med. Fak., Inaug.-Diss. v. 6. Juni 1893

Sklarek, Max [aus Beuthen O.-S.]: Die Abtei Bronnbach an der Tauber. E. Beitr. z. Baugeschichte d. Cistercienser ... Berlin: Druck v. H. S. Hermann 1895. 63 S., 2 Taf. 8°
Heidelberg, Phil. Fak., Inaug.-Diss. v. [12. Aug.] 1895

Sklarek, Max, s. Burenfreund.

Sklarek, Max, der Lippesche Erbfolgestreit nach seinem heutigen Stande dargestellt. 1. u. 2. Aufl. (à 34 S.) 8. Berlin 904. Boll & Pickardt. n. — 50

Sklarek, W., s.: **Rundschau, naturwissenschaftliche.**

Sklarek, Wilhelm: Aus d. chirurg. Klinik zu Bonn. Ein Fall von Gastrotomie wegen Fremdkörpers ... Bonn: Univ.-Buchdr. v. Carl Georgi 1889. 25, 1 S. u. 1 Taf. 8°
Bonn, Med. Fak., Inaug.-Diss. v. 30. Apr. 1889

Sklarek, Guil. (geb. Raschkow in Posen 22. 9. 1836): De respirationis frequentia dissectis nervis laryngeis. Berolini (1858). (32 S.) 8°
Berlin, Med. Diss. v. 2. Okt. 1858

Sklarek, Wilh., die Gesundheitslehre nach dem neuesten Standpunkte der Physiologie populär dargestellt. gr. 8. (VIII, 332 S.) Berlin 868, Gerschel. [Oppenheim.] * 3 —

Sklarek, Willy, appr. Arzt a. Jutroschin: Zur Aetiologie des Leberabscesses. München 1907: Kastner & Callwey. (41 S.) 8°
München, Med. Fak., Ref. v. Bollinger, Diss. v. 8. März 1907
[Geb. 15. Febr. 80 Jutroschin (Posen); Wohnort: Stuttgart; Staatsangeb.: Preußen; Vorbildung: Wilhelms-Gymn. Krotoschin Reife O. 00; Studium: Leipzig 5, Berlin 1, München 6 S.; Coll. 8. März 07; Approb. 22. März 06.]

Sklav, der; e. Schspl. mit Gesang (v. Karl Aug. Seidel. 8. Berl. 783.

Sklav, der,. Schsp. v. Sander. gr. 8. Berl. Sander. 786.

SKLAVE, Ein. Zürich, Verlag von Cäsar Schmidt (190*).

Sklave, Der glückliche, oder wahrhafte Geschichte eines lothringischen Edelmanns ... Aus d. Französ. Bresslau 1758. V: *Rochonville, Charles de.* (BGE VII², 334)

Sklaven, die. Trauerspiel in 5 Acten von Gfr. Aga. 12. (III, 126 S.) Halle 883. Pfeffer. n. 1.20

Moderne **Sklaven**. 6 Kapitel Schauspielerelend von e. Clown. Berlin: Oesterheld & Co. 1907. (34 S.) 8° [J.] 07. 10323

Sklavenfeind, Theodor [Pseud.], s. L a w ä t z , Ferdinand Otto Vollrath

Sklavenhandel, der, Amerika's, s. Wochenbände. Nr. 127.

Sklavenhandel (Ueber) und Sklaverei. 8⁰. Hannover 1849.

Sklavenhändler, der; Sgspl. (v. Chr. Fr. Schwan). 8. Manh. 790. Schwan u. G. 6 Kr

— der, von Smyrna; Lstspl., aus d. Französ. (v. M. v. Brahm). 8. Wien 770. Trattner. 2 Kr

Sklavenheim: Das Sklavenheim v. Der Sclavenfreund.

Sklaveninsel; Lstspl. 8. Frankf. 764. Gebhardt u. K. 4 Kr

Im Sklavenjoch. Erlebnisse eines weissen Sklaven aus dem amerikanischen Plantagenleben. Privatdruck. 141 S. (Mk. 6—.)

DI Sklavenjoch. Erlebnisse eines weißen Sklaven von ihm selbst erzählt. O. O. u. J. 8⁰. 141 Seiten. (5 Mk. Adolf Weigel, 1910.)

Sklavenkette u. Befreiung. 8. (4 S.) Basel 874. Spittler. pro 100 Explre. n. — 80

Das | Sklavenkind | in der | Löwengrube. | Wahre Begebenheit der | neuesten Zeit. | Zu haben bei Fr. Ahrend.
Kol.: Druck v. C. H. Schulze in Gräfenhainichen.
o. J., 4 Bl. n. n., 172 × 110.
LBO Bänkelsängerlit. III, 78.

Sklavenleben in Amerika: oder wunderbare Lebensschicksale eines auf britisches Gebiet entkommenen, ehemaligen Negersklaven, Namens John Brown. Nach dessen eigenen Worten deutsch wiedererzählt, sowie mit einer Einleitung über den dermaligen Stand der Sklaven-Frage versehen rc. von Chr. Fr. Grieb. 8. (XLII und 214 S.) Stuttgart 855, Belser'sche Buchh.

Wider die Sklaverei. Bericht üb. die Verhandlgn. der Volksversammlg. im Gürzenich zu Köln am 27. Oktbr. 1888. 8. Düsseld. 888. Frankf. a. M., Jaeger's Verlag. — 60

Sklaverei, die, u. d. Christenthum, s.: Volksaufklärung.

Sklaverei, die moderne, des Aerztestandes, v. O. gr. 8. (86 S.) Bonn 901. P. Hanstein. n. 1.—

Die m o d e r n e **Sklaverei** des deutschen Aerztestandes von O. Bonn: P. Hanstein 1901. (36 S.) 8⁰

Die Sklaverei in den Südstaaten Nordamerikas von einem kathol. Missionäre. Frankfurt, (Hamacher,) 1865, 8°, 82 S.
Recens. Hist.-pol. Blätt. Bd. 62, S. 195 f.

Sklaverei (Die weisse) oder die Leibeigenschaft in Russland. Von dem Verfasser des enthüllten Russland. 1.—3. Thl. 8⁰. Grimma, Verl.-Compt., 1845/6.

Sklavin, die, oder d. Seefahrer; Operette, aus d. Italien. (von Chr. Fr. Schwan). 8. Manh. 783. Schwan u. G. 3 Kr

— die; od. der Seefahrer. Operette. 8. Mannh. Schwan. 788.

Sklavin, die, in Surinam. Schausp. in 5 Akten v. Kratter. 8. Frkft. Eßlinger. 804.
m. K. Schreibp.

SKLENAR, FRANZ: Die Schöpfungswerke der sechs Tage, sammt der Heiligung des Sabbats, nach dem Sinn der heiligen Kirchenlehrer zur Belehrung der katholischen Christen erklärt. Preßburg 1831. Gedr. bei Belnay's Erben 116 S. - 8⁰

SKLENAR, FRANZ: Die Stadt Gottes nach den Zeugnissen der heiligen Schrift und der heiligen Kirchenlehrer zum Schluss der Glaubenslehren für diejenigen die denselben Unterricht erhielten. Schemnitz 1830: Stefan Michalickische Typographie. 10 S. - 4⁰

Sklenář, Jan — Padesát deklamovanek promládež, sebral — —. V Hradci Králové 1856. Tisk Jana H. Pospíšila. (94 S. 8.) (Fünfzig Deklamationsstücke für die Jugend, gesammelt von — —. Königingrätz, 1856. Gedruckt bei Josef Pospissil.) (Böhmisch.)

Šklenař Josef: Zur Geschichte des A-Vokales in den slawischen Sprachen.
II. 1882 PN 233 Diss. Wien, Univ. 2659

Sklenčzka, Joh. B. M. Sub tuum praesidium! Unter deinen Schutz fliehen wir, o heilige Gottesgebärerin! 7 Marienpredigten für den Monat Mai. gr. 8. (III, 72 S.) Wien 890, Kirsch. 1 —

Sklenczka, Joh. B. M., O. Servit., d. Zeugen d. Todes Jesu auf Golgatha. 7 Fastenpredigten. gr. 8. (79 S.) Wien 895. H. Kirsch. n. 1.

Sklerander, Phil. Iac., historia antiquit. ecclesiast. 4. Francf. 716.

Sklerander, P. J., historia antiquitatum ecclesiasticarum. Frcf. ad M. 1716. 4.

Skliar, N(achmann) [prakt. Arzt aus Borislav, Russland]: Ueber Gefängnispsychosen. (S.-A. aus „Monatsschrift für Psychiatrie und Neurologie". Bd. 16.) Berlin 1904. 41 S. 8⁰. [24. II. 04.]
Bern. Med. Diss. 1903/1904.

Skliar, N[achmann]. Ueber Gefängnispsychosen. Diss. Med. Bern. (Sonder-Abdruck aus Monatsschrift für Psychiatrie und Neurologie, Bd. 16.) 42 S. 8. Berlin, S. Karger, 1904.

Škljarevskij, A[leksěj Sergěevič] v.: Die Unterscheidungs-Merkmale der männlichen und weiblichen Typen. mit Bezug auf die Frage der höheren Frauenbildung [Ob Otličitel'nych svojstvach mužskago i ženskago tipov v priloženii k voprosu v vysšem obrazovanii ženščin; 1874.] Von A. v. Schkljarewsky. Übers. nebst e. Anh.: Ein Wort zur Zeit von Cäcilie Neudecker-Bortniker. — Würzburg: Stahel 1898. 41 S. 8⁰

Sklodowski, Jos.: Über Diagnose u. Indikationen zur Operation bei unkomplizierter Nephrolithiasis, s.a. Sammlung klin. Vorträge.

Über Diagnose und Indikationen zur Operation bei unkomplizierter Nephrolithiasis. Von Dr. Josef **Sklodowski**. Leipzig: Barth 1909. 44 S. 8° [Umschlagt.]
(Sammlung Klinischer Vorträge. N. F. Nr 554/556.)

Sklow, Iulius: • Opusculum, a. 1662: Het interest van Holland inscriptum, postea autem sub titulo: Aanwysing der heilsame politike Gronden en Maximen van der Republike van Holland en West-Vriesland in vulgus editum, a Joanne de Witt compositum esse, argumentis, quantum fieri potuerat, proba[bi]libus, confirmatur. 25 Bl. 4° (2°)
Halle-Wittenberg, Phil. Diss. v. 22. Dez. 1847
Geb. Schönlanke (Posen) 1822. V.

Sklower, S., s. v. Goethe's, Maximes et Réflexions.

Sklower, Siegfried: Beiträge zur Serodiagnostik des Typhus abdominalis. Breslau 1897: Th. Schatzky. (30 S.) 8°
Leipzig, Med. Diss. v. 13. Okt. 1897

Skobeleff, Michael Dmitrejowitsch. Ein Zeitbild, nach authent. Quellen bearb. von H. M. 8. (XVII, 128 S. m. Holzschn.-Portr.) Grossenhain 882. Baumert & Ronge. n. 2. —

Skobelew, Memoiren, hrsg. v. Felix Elberg. 1. u. 2. Abth. 8. Elbing 883. Ostdeutsche Verlags-Anstalt. à 1.80
1. Seine Jugendzeit. Wahrheit u. Dichtg. (79 S.)
2. Bekenntnisse. Wahrheit u. Dichtung. (80 S.)

Skobielski, J[ohann]: Zu Horaz carm. II 17. 21. S. 3–6. 8.
Progr K. k. I. Staatsgymn. *Czernowitz* 1901.

Skobielski, *Johann* Der sapphische Vers bei den lateinischen Dichtern. 8 (S. 7—34). **Progr.** K. k. Ober-G. *Czernowitz* 1889.

Skobolew, Michael Denitriewitsch, sein Leben etc., s. Ossipowitsch, O.

Skocdopole, Ant., Compendium d. Pastoral u. Katechotik, s.a. **Egger's,** B. A., Correspondenz-Blatt-Bibliothek, IV.

Skočdopole, Dr. Anton, Compendium der Pastoral und Katechetik. I. Band. (B. A. Egger's Correspondenzblatt. Bibl. IV. Bd.) 16. (XV, 330 S.) Wien: Fromme 1897. 2.—

Skoczyński, Vincenz, Kgl. Oberarzt a. D., Nervenarzt: Beitrag zur Kenntnis der Sprachbewegungshalluzinationen und ihrer Beziehung zum Gedankenlautwerden. Bonn: Georgi 1910. 31 S. 8°
Bonn, Med. Diss. v. 30. Juli 1910, Ref. Westphal
[Geb. 15. Dez. 65 Posen; Wohnort: Posen; Staatsangeh.: Preußen: Vorbildung: Marien-Gymn. Posen Reife O. 85; Studium: Berlin Phil. 2, Med. 9 S.; Coll. 30. Juli 10; Approb. 10. Juli 99.]

Skoda, E: 8 mm Mitrailleuse System Erzhg. Carl Salvator und v. Dormus. Patent Skoda. Pilsen 1891

Skoda, E: 37 mm, 47 mm und 66 mm Schnellfeuerkanonen. Patent E. Skoda. Pilsen 1892

Skoda, Herma v., „Es war einmal". Gedichte. (VII, 87 S.) 8. Wien 908. W. Braumüller. 1.80; geb. in Leinw. m. Goldschn. n 3.60
108*

Skoda, Herma v., der gordische Knoten. (Eine Geschichte in Liedern u. and. Gedichte.) (Gedichte III. Bd.) (118 S.) 8. Leipzig-Gohlis 909. Raschwitz, B. Volger. 2.—; geb. 3. —

— Die Spinnerin. Neue Gedichte. (VII, 152 S.) kl. 8. Dresden (909). E. Pierson. 2.50; geb. n 3.50

Škoda, Jan Karel, Katechetika. 2. vydání. Prag 864. (Storch.) gr. 8. (261 S.) n. 1 Thlr.

Skoda, Jos., Abhandlung üb. Perkussion u. Auskultation. 1. Aufl. (18¼ B.) 839. 1⅙ Thlr., 2. A. gr. 8. (21½ B.) Wien 842, [Braumüller u. Seidel.] *

Skoda, Jos., Abhandlung über Perkussion u. Auskultation. 2. Aufl. 842. u. 3. Aufl. gr. 8. (à 21½ B.) Wien 844, [Braumüller.] à *

Škoda, Jos., Abhandlung üb. Perkussion u. Auskultation. 4. Aufl. gr. 8. (XVI u. 325 S.) Wien 850, Seidel. n. 2 Thlr.

Skoda, Jos., Abhandlung über Perkussion und Auskultation. 5. Aufl. Wien 854. Seidel. 8. (XIII, 338 S.) n. 2 Thlr.

Skoda, Dr. Joseph —, Abhandlung über Perkussion und Auskultation von — —. 5. Auflage. 8. (XIII, 337 S.) Wien. Druck von L. Sommer. Verlag von L. W. Seidel. 1854.

Skoda, Jos., Abhandlung über Perkussion und Auskultation. 6., theilweise umgearb. u. verm. Aufl. Wien 864. Seidel & Sohn. gr. 8. (X, 344 S.) n. 2 Thlr. 20 ngr.

— s. Auenbrugger, L., neue Erfindung.

– Beobachtung über die Bewegungen des Herzens. S. 4. 212
Separatabdruck

– Über die Erscheinungen, aus denen sich die Verwachsung des Herzens mit dem Herzbeutel am lebenden Menschen erkennen läßt. S. 7. 784
Separatabdruck

— über die Funktion der Vorkammern des Herzens u. über den Einfluss der Contractionskraft der Lunge u. der Respirationsbewegungen auf die Blutcirkulation. [Aus den Sitzungsberichten 1852 der k. Akademie der Wissenschaften abgedr.] Lex. 8. (22 S.) Wien 852. (Braumüller.) n. 4 ngr.

– Über die Funktion der Vorkammern des Herzens und über den Einfluß der Kontraktionskraft der Lunge und der Respirationsbewegungen auf die Blutzirkulation. S. 9. 788
Separatabdruck

—— über die Funktion der Vorkammern des Herzens und über den Einfluss der Contractionskraft der Lunge und der Respirationsbewegungen auf die Blutcirculation. Lex.-8. (22 S.) Wien 853, (Gerold's Sohn.) *

— Geschichte einer durch mehrere Monate anhaltenden Katalepsis. (Aus d. Sitzungsberichten d. k. Akad. d. W.) Wien 852. (Gerold.) gr. 8. (18 S.) n. 4 ngr.

– Geschichte einer durch mehrere Monate anhaltenden Katalepsis. S. 9. 515
Separatabdruck

—— Geschichte einer durch mehrere Monate anhaltenden Katalepsis. Lex.-8. (18 S.) Wien 854, (Gerold's Sohn.) *
aus: Sitzungsberichte der k. Akademie der Wissenschaften J. 1852, besonders abgedruckt.

Skoda, **Referat über den Inhalt der Berichte, welche über den Kretinismus in der österreichischen Monarchie eingelangt sind. Lex.-8. (12 S.) Wien 861, (Gerold's Sohn.) ***
Aus: Sitzungsberichte der k. Akademie der Wissenschaften, Jahrg. 1861, besonders abgedruckt.

– R e f e r a t über den Inhalt der Berichte, welche über den Kretinismus in der österreichischen Monarchie eingelangt sind. S. 44. II. 593
Separatabdruck

Škoda, Josef, Dr.: Über die von Dr. Semmelweis entdeckte wahre U r s a c h e der in der Wiener Gebäranstalt ungewöhnlich häufig vorkommenden Erkrankungen der Wöchnerinnen und die Mittel zur Verminderung dieser Erkrankungen bis auf die gewöhnliche Zahl. S. 3. 168
Separatabdruck

Skodlar Viktor: Die Politik Herzog Albrecht V. von Oesterreich gegenüber König Sigismund und Papst Martin V. in den Jahren 1420–1428.
II. 1884 PN 348 Diss. Wien, Univ. 692

Skodler, Vikt., System der direkten Steuern in Oesterreich. I. Bd. Allgemeiner Tl. u. Realsteuern. (XII, 236 S.) gr. 8. Graz 905. Styria. n. 3. 60

Skofitz, Alex., s.: Wochenblatt, österreich. botanisches. — Zeitschrift, österreich. botanische.

Skogman, C., Reise um die Welt mit der schwedischen Kriegsfregatte Eugenie. In den J. 1851—1853 ausgeführt unter dem Befehl des Admiral C. A. Virgin. Aus dem Schwed. 2 Thle. in 1 Bd. (Neue Ausg.) gr. 8. (XIV und 610 S. mit 20 Bildern in Farbendr., 3 lithogr. Karten, Plänen in qu. gr. 8. und Fol. und vielen in den Text gedr. Holzschn.) Berlin 856(57,) Janke. *

Skogman, G., Erdumsegelung der königl. schwedischen Fregatte Eugenie. In den J. 1851 bis 1853 ausgeführt unter dem Befehl des Commandeur-Capitains C. A. Virgin Behufs Anknüpfung polit. und commercieller Beziehung und wissenschaftlicher Beobachtungen und Entdeckungen. Nach der amtl. Ausg. übers. von Ant. v. Etzel. 2 Bde. gr. 8. (XIV und 610 S. mit 7 Bildern in Farbendr., 3 lithogr. Karten, Plänen in 4. und qu. gr. Fol. und vielen in den Text gedr. Holzschn.) Berlin 856, Janke.

Skogmann, G., Erdumsegelung der Königl. Schwedischen Fregatte Eugenie. In den Jahren 1851 bis 1853 ausgeführt unter dem Befehl des Commandeur-Capitains C. A. Virgin Behufs Anknüpfung politischer und commercieller Beziehungen u. wissenschaftlicher Beobachtungen u. Entdeckungen. Nach der amtl. Ausg. übers. von Ant. v Etzel. Mit 7 Bildern in Farbendr., (3 lith.) Karten, Plänen (in 4. u. Fol.) u. vielen in den Text gedr. Holzschn. 2 Bde. 856. 5 ℛ. — Neue (Titel-)Ausg. mit 20 Bildern in Farbendr., 3 (lith.) Karten ꝛc. Berlin 857. Janke. gr. 8. (XIV, 610 S.) n. 5 ℛ.

— Reise um die Erde, vgl. Hübner-Trams.

Skok, Peter, die mit den Suffixen-ácum, -ānum, -ascum u. -uscum gebildeten südfranzösischen Ortsnamen, s.a. Zeitschrift f. romanische Philologie. 2. Beiheft.

Die mit den Suffixen -acum, -ánum, ascum and uscum gebildeten südfranzösischen Ortsnamen von Dr. Peter **Skok**. Halle a. S.: M. Niemeyer 1906. (IX, 265 S.) 8°
— **Zeitschrift** f. romanische Philologie. Beihefte. 2. [06. 3401 4

Skoko, Eugenius, oder der Seeräuberkönig auf Coronala. Baireuth 1796 —1803. V: *Seidel, Carl Aug. Glieb.* (StAt)

Skola, J. Ueber den Charakter einer **Klasse** der Wortbildung. Prag, R. I., 1882. 34 S. Progr.

Skola, J. Corneille's „Le menteur“ und Goldoni's „Il bugiardo“ in ihrem Verhältnisse zu Alarcons „La verdad sospechosa“. Pilsen. R., 1883. 36 S. Progr.

Σκολιά h. c. Carmina conviv. S. oben *Carmina convivalia.*

Skolien, s. Saul Ascher.

Skolien in Freundesrund; ein Liederkranz für lebensfrohe Menschen. Dresden 1821. V: *Philippi, Carl Ferdinand* (?). (GGr IX, 315)

Skolien für den literarischen Clubb in Magdeburg. [Magdeburg] 1791. V: *Köpken, Friedrich von.* (Ky) (EE) (MGT) (JL) (Adel)

Skolien für d. literar. Clubb in Magdeburg, (v. Fr. v. Köpken I.). 8. (Magdeb.) 794. Neuer verm. u. verb. Abdr. 805.

Domowa Školka. (Die Hausschule.) Redakteur: Basil Zborowski. Druck der Mechitaristen in Wien. 8. Erscheint zwanglos. Wien 1855.

Andreas Skolka

Sonderbare Naturerscheinungen zur Unterhaltung und Belehrung für die Jugend. Von Andreas Skolka. Th.1. Gotha: Perthes 1803. 8°

Th.1: 1803.
[Zwischent.:] (Skolka:) Räthselbuch [Rätselbuch] zu den sonderbaren Naturerscheinungen, theils zum Leitfaden für den Lehrer, vorzüglich aber zur Uebung und Unterhaltung für die Jugend.

Skolkowski's unverkennbare Fügungen Gottes. Aufzeichnungen e. bekehrten Israeliten. Neu hrsg. v. Karl Kunert. (72 S.) 8. Königsberg 904. Ev. Buchh. des ostpr. Prov.-Vereins f. innere Mission. n. — 40
Sonderabdruck aus: „Saat auf Hoffng.“

Sköllin, Helmut, Warnemünde: Aktive maritime Berufstätigkeiten der mecklenburgischen Küstenbevölkerung. Jena 1904: G. Fischer. (46 S.) 8° ¶ (= Thünen-Archiv, Jahrg. 1, H. 2 S. 155—200.)
Rostock, Phil. Fak., Ref. Ehrenberg, Diss. v. 8. Nov. 1904
[Geb. 28. Febr. 81 Warnemünde; Wohnort: Warnemünde; Staatsangeh.: Mecklenburg-Schw.; Vorbildung: Realgymn. Rostock Reife O. 00; Studium: Göttingen 4, Rostock 4 S.; Rig. 18. Juli 04.]

Sköllin, H., Aktive maritime Berufstätigkeiten der Mecklenburgischen Küstenbevölkerung. Jena, 1905. 124 S.

Skomal, Carl, Ornamentvorlagen, s.: **Moser,** Ferd.

† Skommatogenes, Eulog. (F. Gagg), humoristischer Ergänzungsversuch des Buches „Freiburg im Breisgau und seine Umgebungen von Dr. H. Schreiber.“ Vier Vorträge. 51. Aufl. gr. 8. (16 S.) Freiburg i. Br. 868, (R. Mayer.) * — 20

Skomorowsky, Salomon, zwei Fälle von Purpura haemorrhagica. Inaugural-Dissertation. gr. 8. (44 S.) Jena 878. (Neuenhahn.) n. — 80

Skonietzki, Richard

Skonietzki, R. u. **Max Gelpcke,** Zivilprozeßordnung u. Gerichtsverfassungsgesetz f. das Deutsche Reich nebst den Einführungsgesetzen u. den preußischen Ausführungsgesetzen, auf Grund der Rechtsprechung erläutert. 1. u. 2. Lfg. (S. 1—312.) Lex.-8. Berlin 905. F. Vahlen. à n. 3. —

Skonietzki, Rich., u. Max Gelpcke, Zivilprozeßordnung u. Gerichtsverfassungsgesetz f. das Deutsche Reich nebst den Einführungsgesetzen u. den preuß. Ausführungsgesetzen, in Verbindg. m. Wilh. Kraemer erläutert. 3.—6. Lfg. (S. 318—1056.) gr. 8. Berlin 907. 10. F. Vahlen. 14.20

Skopal, Hugo: Über das Altarbild von Tintoretto in der Rudolfswerter Capitelkirche nebst einer kurzen Charakteristik der Darstellungsweise dieses Meisters im allgemeinen. S. 3—10. 8.
Progr. K. k. Ober-Gymn. *Rudolfswert* 1901.

Skopek Karl: Giordano Bruno und Spinoza in ihren Beziehungen zum Pantheismus.
II. 1895 PN 940 Diss. Wien, Univ. 72

Skopin Schuiski, Fürst, s.: Lese-Cabinet, belletristisches, 501 - 508. Lfg.

Skoplje [Sachliches OW]

Skoplje. [Neue Uebersichtskarte aus Mittel-Europa.] 1 : 750.000. 47 X 47 *cm* Wien: Lechner (Müller) 1902.

Skoplje [Schlagwort]

Skoplje, s.: Europa. Uebersichtskarte.

Skopnik, A., Politik u. Christentum. Eine religiös-polit. Studie. gr. 8. (IV, III, 220 S.) Berlin 893. E. Skopnik. n. 3. 50; geb. n. 4. 50

Skopnik, Albrecht v., aus Glogau, Schlesien: Synthese dreifach gemischter Glyceride. [Mit zwei Figuren im Text.] Zürich 1909. 52 S. 8°. [28. I. 10.]
Zürich. Univ. Phil. Diss. II. S. 1909/10.

Skopnik, Albrecht v[on]. Synthese dreifach gemischter Glyceride. Diss. Phil. [II.] Univ. Zürich. [Mit 2 Figuren.] 52 S. 8. Zürich, Aktien-Buchdr. Z', 1909.

Skopnik, Amelie von, a. Glogau a. O. in Schlesien: Ueber Epithelcysten des Ösophagus. Mit zwei Abb. München 1907: C. Wolf & Sohn. (48 S., 2 Taf.) 8°
München, Med. Fak., Ref. v. Bollinger, Diss. v. 14. Febr. 1908
[Geb. 15. Mai 77 Glogau a. O.; Wohnort: Berlin; Staatsangeh.: Preußen; Vorbildung: Gymn. Schweidnitz i. Schl. Reife M. 01; Studium: Freiburg i. B. 2, Bonn 3, Heidelberg 2, München 1, Berlin 1, München 1 S.; Coll. 14. Febr. 08; Approb. 27. Jan. 08.]

Skopoli, s. Scopoli.

Skoppewer: Über die elementar-geometrische Behandlung der Kegelschnitte. 19 S. – Sorau, Progr. 1854.

Frauen, Die, die Liebe, die Ehe, von *H. J. S(kóraczewsky).* Posen 1853. 8°. (1 Mk. Jos. Jolowicz, Posen, 1905.)
Anon.-Lex. VI, p. 182 (Eigenbericht) hat „1843".

Skorczewski, Oskar, Gerichtsreferendar a. Cassel: Beiträge zur Auslegung des § 465 des Bürgerlichen Gesetzbuchs. Borna-Leipzig 1907: R. Noske. (XI, 62 S.) 8°
Erlangen, Jur. Fak., Ref. Binder, Diss. v. 7. Jan. 1908.
[Geb. 26. Mai 80 Cassel; Wohnort: Berlin; Staatsangeh.: Preußen; Vorbildung: Gymn. Fulda, Brilon (Westf.) Reife 98; Studium: Berlin 4, Marburg 2 S.; Rig. 16. Dez. 07.]

Skorczyk, F., Leitfaden der Geometrie f. Präparanden-Anstalten u. Seminare. 1. u. 2. Tl. gr. 8. Halle 903. H. Schroedel. n. 3. 20; geb. n. 4. —
1. Planimetrie. (VIII, 144 S. m. 215 Fig.) n. 1. 60; geb. n. 2. —
2. Ebene Trigonometrie u. Stereometrie. (VIII, 150 S. m. 85 Fig.) n. 1. 60; geb. n. 2. —; Resultate (20 S.) n. — 50

Skorczyk, F., Raumlehre f. Volks-, Bürger- u. Fortbildungsschulen s.: Braune, A.

Skordelis, Blasios G., meditationes Thracicae. (In griech. Sprache.) gr. 8. (46 S.) Leipzig 880. (Matthes.) n. 1. 20

Skoresby, Will., s. Scoresby.

Skork, Ernst v., Bemerkungen üb. jurid. u. administr. Gegenstände im Preuß. Staate, s.: Beiträge f. Rechtsphilosophie, 2. Hft.

Skork, Ernst v.: Bemerkungen über juridische und administrative Gegenstände im Preußischen Staate mit bes. Bez. auf das Herzogthum Sachsen, zur Berücks. der Landstände und Behörden. Braunschweig u. Leipzig 1829.
(Beiträge f. Rechtsphilosophie, Gesetzgebung u. Staatskunst. H. 2.)

—— Denkschrift üb. d. Kaiserl. Russ. Kriegsmacht rc., s.: Denkschrift rc.

v. Skork, E. Denkschrift über die kaiserlich russische Kriegsmacht in besonderer Beziehung auf den Krieg gegen die Türken. Sr. Majestät dem Kaiser Nikolaus eingereicht, mit erläuternden Noten und einem Anhange über die russischen Militar-Colonien und die polnische Armee. (95) 8. Leipzig 1828. 1.50

v. Skork, Er., Denkschrift üb. die kaiserl. Russ. Kriegsmacht, in besond. Beziehung auf den Krieg gegen die Türken. Sr. Majest. d. Kaiser Nicolaus eingereicht, mit erläut. Noten u. e. Anh. über die Russ. Militär-Colonien u. d. Poln. Armee herausgg. 8. Leipz. 828. Er. Klein. 12 gr.

— das Volk u. Reich der Osmanen, in besond. Darstell. ihrer Kriegsverfassung u. ihres Kriegswesens. Nach d. besten ältesten u. neuest. Quellen bearb. gr. 8. Pirna 828. Friese. 1 Thlr 8 gr.

—— das Volk u. Reich d. Osmanen, in besond. Darstellung ihrer Kriegsverfass. u. ihres Kriegswesens. Nach d. besten ältesten u. neuesten Quellen bearb. gr. 8. (20 B.) Pirna 829, [Leipzig,] Friese.

Skormin, Benzian [aus Rogatschow in Russl.]: Über die basischen Chromate bezw. auch die chromsauren Kaliumdoppelsalze des Zink-, Cadmium-, Kupfer- und Quecksilberoxyds . . .
Berlin, Buchdr. v. G. Schade, 1896; 85 S., 1 Bl. 8°
Berlin, Phil. Fak., Inaug.-Diss. v. 25. Jan. 1896.

Skormin, Benzian, Dr. phil., aus Rogatschew (Russl.): Über die verschiedenen Formen des Icterus im Säuglingsalter.
Berlin (1902): G. Schade. (50 S.) 8°
Berlin, Med. Diss. v. 17. Jan. 1902.

Skorna, *Franz Otto* Adolf [aus Berlin]: Ein Fall von Carcinoma hepatis idiopathicum ... Berlin, Buchdr. v. G. Schade, *1895;* 48 S., 1 Bl. 8.
Berlin, Med. Fak., Inaug.-Diss. v. 26. Juli 1895

SKORNJAKOFF, Alexander (Simferopol): Zur Frage der extramedullären Blutbildung bei posthämorrhagischen Anämien.- Leipzig: Vogel 1910. 18 S.- S.-Abdr. aus: Deutsches Archiv für klinische Medizin. Bd. 101.
11.2.1911 - Chr 1910/11,25; U 11.5757
Diss. Ingolst.-Landsh.-Mchn.

Skorodinski, A., der Musterschutz in Russland. Prakt. Kommentar z. Gesetz, betr. d. Eigentumsrecht an den Fabrikzeichngn. u. Modellen. Autoris. Übersetzg. aus dem Russ. v. M. Augustin. (31 S.) gr. 8. St. Petersburg 909. (Berlin, W. H. Kühl.) 1. —

Privilegien und Patente. (Einführung in d. Patentwesen.) Leitfaden f. Erfinder u. Gewerbetreibende. A. Skorodinski, Dipl.-Ing. Vom Verf. genehmigte Übers. von M[ax] Augustin. St.-Petersburg & Berlin: (Kühl in Komm.) 1910. VIII, 97 S. 8° [11. 3935

Skorodinski, A.: S t u d i e n in der Praxis des russischen Patentgesetzes. Vom Verf. genehmigte Übers. von M[ax] Augustin.
St. Petersburg & Berlin 1909: (Mattiesen in Dorpat). VI, 213 S. 8°

Skorodwidz wszystkich miejscowości położonych w królestwie Galicyi i Lodomeryi jakoteż w wielkiem księstwie Krakowskiem i księtwie Bukowińskiem etc. — Alphabetisch geordnetes Ortschafts-Verzeichniß der Königreiche Galizien u. Lodomerien so wie des Großherzogthums Krakau u. des Herzogthums Bukowina mit genauer Berücksichtigung der polit. und gerichtl. Eintheilung und Angabe der Pfarren, Postämter und landtäfl. Eigenthümer. Mit 1 (in Kpfr. gest.) Uebersichtskarte der neuen Eintheilung (in Fol.). Lemberg 855. Wild. gr. 4. (2 Bl., 267 S.) n. 1 ℛ︎. 24 ngr.; Schreibp. n. 2 ℛ︎.

Skorpík, Frant., Mluwnictwi a Zjeweni. gr. 8. (100 S.) Brünn 847. (Wimmer.) n. 13 ngr.

Skorpion: Der Skorpion
① Offizielles Zentralorgan der schweizerischen Jungburschen-Vereine ④ Der Jungbursche ⑤ Februar 1907—Juli 1907 (4 Nummern Februar, März, Mai, Juli) ⑥ 2° ⑦ Monatsblatt ⑧ Zürich: F. Hinnen ⑩ Zentralvorstand der schweizerischen Jungburschen-Vereine ⑪ Fritz Bader, Hch. Bräm ⑫ radikal-sozialistisch, kommunistisch ⑬ Zh: Z; Be: L.

Skorra, Thekla, wovon mein Herz sich freigesungen. (IV, 95 S.) 8. Berlin 905. M. Lilienthal. n. 2.—; geb. n. 3.—

Skoruppa, Th., Anleitung zur richtigen Ausführung von Recognoscirungen, nebst Anfertigung der hierzu erforderl. Meldungen und Berichte. 8. (32 S.) Schweidnitz 886, Brieger. * — 50

—— Anleitung zum Verfertigen von Croquis für Unteroffiziere, Gefreite und einjährig Freiwillige. 8. (20 S. mit 5 Taf.) Ebendas. 886. * — 60

v. Skorzewski, Heliodor Stanisl. Joh. Graf, von Renten-Papieren u. Papier-Geld ohne Renten. Ein Wort zur Beherzigung in der jetzt allgemein gefühlten Geldnoth. [2. Aufl.] Lex. 8. (11 S.) Posen 850. (Leipzig, Beyer.) 3 ngr.

Skorzewski, Heliodor Stanisl. Joh. v., von Renten-Papieren und Papier-Geld ohne Renten. Ein Wort zur Beherzigung in der jetzt allgemein gefühlten Geldnoth. (2. Aufl.) Lex.-8. (11 S.) Posen 850. (Leipzig, Gräfe.)

Skotnicki, M.

— Karciarze. 4 Bde. 12. Ebend. 847. 3 ℛ︎

— Samoluby, obrazy tegoczesne. 5 Bde. 12. Ebd. 846. 3 1/3 ℛ︎

Skotnicki, M., Adjutant naczelnego wodza, rzecz z czasow Xięstwa Warzawskiego. 8. Warschau 846, Orgelbrand. 1 ℛ︎

Skotti, Kosimus, Orangenblüthen aus Italiens reizenden Gefilden in moral. Erzählungen f. d. reif. Jugend u. Jugendfreunde. A. d. Ital. frei übers. 2c. v. F. Buchinger. 12. (7 B.) Landshut 840, Krüll'sche Univ.-Buchh.
Vgl. Scotti.

Skottowe, A.

— Will. Shakespeare's Leben. Deutsch bearb. v. A. Wagner. Mit Shakespears Bildn. 16. Leipzig 824, E. Fleischer.

Skottowe, A., the Life of Shakespeare, s. *Shakespeare the* Plays.

Skottsberg, Carl, „Antarctic", s.: N o r d e n s k j ö l d, O.

Einige blütenbiologische Beobachtungen im arktischen Teil von Schwedisch Lappland 1900 von Carl **Skottsberg**. Mit 2 Taf. *Stockholm 1901: P. A. Norstedt & Söner.* (19 S.) 8°
= **Handlingar**, Svenska Vetenskaps-Akademiens. Bihang. Bd 27, Afd. 3, No 2. [02 1120 0]

Pflanzenphysiognomische Beobachtungen aus dem Feuerlande von Carl **Skottsberg**. Mit 3 Taf. u. 1 Kt. Stockholm 1909: Lith. Inst. d. Generalstabs; Berlin: Asher 1909. 63 S. 4°(8°) [Umschlagt.]
(Wissenschaftliche Ergebnisse d. schwed. Südpolar-Expedition. 1901–1903. Bd 4, Lfg 9.) [09. 18131]

Feuerländische Blüten. Einige Aufzeichnungen u. Beobachtungen von Carl **Skottsberg**. Stockholm 1905: Lith. Inst. d. Generalstabs; Berlin: A. Asher & Co. (75 S.) 4°(8°) [Umschlagt.]
= **Ergebnisse**, Wissenschaftl., d. schwed. Südpolar-Expedition 1901–1903. Bd 4, Lfg 2. [06. 7009]

Zur Flora des Feuerlandes. Florist. Beobachtungen über Gefässpflanzen, gesammelt in d. Jahren 1902 u. 1903 von Carl **Skottsberg**. Mit 2 Taf. u. 1 Karte. Stockholm 1905: Lith. Inst. d. Generalstabs; Berlin: A. Asher & Co. (41 S.) 4°(8°) [Umschlagt.]
= **Ergebnisse**, Wissenschaftl., d. schwed. Südpolar-Expedition 1901–1903. Bd 4, Lfg 6. [06. 7011]

Die Gefässpflanzen Südgeorgiens von Carl **Skottsberg**. Mit 2 Taf. u. 1 Karte. Stockholm 1905: Lith. Inst. d. Generalstabs; Berlin: A. Asher & Co. (12 S.) 4°(8°) [Umschlagt.]
= **Ergebnisse**, Wissenschaftl., d. schwed. Südpolar-Expedition 1901–1903. Bd 4, Lfg 3. [06. 7010]

SKOTTSBERG, Carl Johan Fredrik.
Zur Kenntnis der subantarktischen und antarktischen Meeresalgen. 1. Phaeophyceen. Inaugural-Dissertation von Carl Skottsberg. Stockholm 1907. 4:o. 172 s., 11 pl. (Ur: Wissenschaftl. Ergebn. d. schwed. Südpolarexped. 1901—1903, Bd 4.)
Diss. Uppsal. phil.

Zur Kenntnis der subantarktischen und antarktischen Meeresalgen. Von Carl **Skottsberg**. 1. Stockholm: Lith. Inst. d. Generalstabs; Berlin: A. Asher & Co. 1907. 4°(8°)
— **Ergebnisse**, Wissenschaftl., d. schwed. Südpolar-Expedition 1901–1903. Bd 4, Lfg 6. [07. 9346]

Zur K e n n t n i s der Vegetation der Insel Oesel von Carl **Skottsberg** u. Tycho Vestergren. 1. Stockholm 1901: P. A. Norstedt & Söner. 8°
(Handlingar, Svenska Vetenskaps-Akademiens. Bihang. Bd 27, Afd. 3, No 7.)

Die Malpighiaceen des Regnellschen Herbars von Carl **Skottsberg**. Mit 8 Taf. *Stockholm 1901: P. A. Norstedt & söner.* (41 S.) 4°
— **Handlingar**, K. Svenska Vetenskaps-Akademiens. N.F. Bd 35, No 6. [03. 13758]

Studien über das Pflanzenleben der Falklandinsel von Carl **Skottsberg**. Stockholm 1909: Lith. Inst. d. Generalstabs; Berlin: Asher 1909. 58 S. 4°(8°) [Umschlagt.]
(Wissenschaftliche Ergebnisse d. schwed. Südpolar-Expedition 1901–1903. Bd 4, Lfg 10.) [09. 18432]

Übersicht über die wichtigsten Pflanzenformationen Südamerikas s. von 41°, ihre geograph. Verbreitung u. Beziehung z. Klima. Von Carl **Skottsberg**. Mit 1 Kt. Uppsala & Stockholm 1910: Almqvist & Wiksell. 28 S. 4°
(Botan. Ergebnisse d. schwed. Expedition nach Patagonien u. d. Feuerlande 1907–1909. 1.)
(Svenska Vetenskapsakademiens Handlingar. Bd 46, Nr 3.) [11. 4543 4]

– V e g e t a t i o n s b i l d e r aus Feuerland, v. den Falkland-Inseln u. v. Südgeorgien, s. V e g e t a t i o n s b i l d e r.

Skottsberg, Carl, Vegetationsbilder v. d. Juan Fernandez-Inseln, s.: V e g e t a t i o n s b i l d e r. VIII, 2.

Skovajsa Franz: Pfalzgraf Johann Casimir und seine Unionspolitik.
II. 1907 PN 2294 Diss. Wien, Univ. 967

Skovgaard-Petersen, C[arl]

Skovgaard-Petersen, C., des Glaubens Bedeutung im Kampf ums Dasein. Ein Appell. Deutsche, vom Verf. autoris. Ausg. 2., verb. Aufl. (3. u. 4. Taus.) 8. (IX, 273 S.) Berlin 902. Reuther & Reichard. n. 2.—; geb. n.n. 3.—
1. Aufl. (VII, 193 S.) 901. n. 2.—; geb. 3.—.

(B) — Des Glaubens Bedeutung. 902. (KVL 32.) Jetzt: Hamburg, Agentur d. Rauhen Hauses.

— des Glaubens Bedeutung im Kampf ums Dasein. Ein Appell. Deutsche, vom Verf. autoris. Ausg. 3. Aufl. (V, 248 S.) 8. Berlin 906. Reuther & Reichard. Geb. in Leinw. n. 3.—

— dasselbe. Billige Volksausg. (5.—15. Taus.) (V, 248 S.) 8. Ebd. 903.906. Geb. in Leinw. n. 1.60

Skovgaard-Petersen, C[arl]. Ein Blick in die Tiefe der Liebe Gottes. ([Aus dem Dänischen übersetzt von] H[ermann] Gottsched, Basel.) 95 S. 8. Gütersloh, C. Bertelsmann, 1908. [M. 1.—, geb. 1.50]

— Das Buch der Jugend. Autoris. Übersetzg. aus dem Dän. v. Walth. Bleibtreu. (271 S.) 8. Berlin 910. M. Warneck. Geb. in Leinw. 4.60

Skovgaard-Petersen, C., das Geheimnis des Glaubens. Ein Wegweiser f. das prakt. Glaubensleben. Deutsche autoris. Ausg. v. O. Gleiß. (VII, 207 S.) 8. Gütersloh 906. C. Bertelsmann. n. 2.40; geb. n. 3.—

— Kurze Worte v. großen Dingen. Deutsch v. Herm. Gottsched. 1.—3. Bdchn. (85, 75 u. 83 S.) kl. 8. Basel 907—10. Kober. à — 60

Skowronek, Heinrich, Gerichtsassessor: Die Behandlung ausländischer Ersuchungsschreiben nach der Haager Konvention. Borna-Leipzig 1908: Noske. IX, 42 S. 8°
Breslau, Jur. Diss. v. 21 Dez. 1908, Ref. Fischer-Gretener.
[Geb. 10. Febr. 78 Czuchow; Wohnort: Kattowitz; Staatsangeh.: Preußen; Vorbildung: Matthias-Gymn. Breslau Reife O. 98; Studium: Marburg 1, München 2, Berlin 1, Breslau 2 S.; Rig. 17. Dez. 07.]

Skowronnek, Fritz, der Angelsport, s.a. Hillger's, Herm., illustr. Volksbücher.

Skowronnek (F.). Der Angelsport. (93 S. m. 33 A.) Berlin. 1909. M. —.30

Skowronnek, Fritz, quellenkritische Beiträge zur Wallensteinfrage. gr. 8. (37 S.) Königsberg 882. Nürmberger's Sort. n. — 40

— Mein Freund Boruch u. andere Erzählungen, s.a. Kürschner's Bücherschatz.

Mein Freund Boruch u. andere Erzählungen von Fritz **Skowronnek**. Mit Ill. von W. Roegge. Berlin, Leipzig: H. Hillger [1907]. (111 S.) 8° [F.]
— **Bücherschatz**, Kürschners. No 560. [07. 13376

— Die geerbte Braut, s.a. Kürschner's Bücherschatz.

Die geerbte Braut. Roman von Fritz **Skowronnek**. Mit Ill. von A. Lewin. Berlin, Leipzig: H. Hillger [1908]. (111 S.) 8° [F.]
— **Bücherschatz**, Kürschners. No 616. [08. 12035

Mit Büchse und Angel. Streifzüge von Fritz Skowronnek. Berlin: Janke [1908]. 152 S. 8°
(Kollektion Otto Janke.)

Skowronnek, Fritz, der Erbsohn, s.a. Eckstein's mod. Bibliothek.

Der Erbsohn. Ein Dorfroman aus Masuren von Fritz **Skowronnek**. 1. bis 10. Taus. *Berlin: R. Eckstein Nachf. [1901].* (96 S.) 8°
— **Bibliothek**, Ecksteins Moderne. Bd 9. [03. 11589

Skowronnek, Fritz, die Fischwaid. Handbuch der Fischerei, Fischzucht u. Angelei. Mit 16 Kunstbeilagen u. 410 Abbildgn. im Text. 11 Lfgn. (XIII, 242 u. 114 S.) gr. 8. Leipzig 903.904. Berlin, R. C. Schmidt & Co. n. 9.90

(B) — Die Fischwaid. 903. 904. (KVL 34.) Jetzt: Hannover, M. u. H. Schaper.

Frühling. Von Fritz Skowronnek. Stuttgart: Greiner & Pfeiffer [1899]. (60 S.) 8° [Umschlagt.]
(Türmer-Bücher. Jg. 1, H. 7. 8.)

— Garbata. Der Kawaljer, s.a. Universal-Bibliothek.

Garbata. Der Kawaljer. Zwei masurische Geschichten von Fritz Skowronnek. Leipzig: Reclam jun. [1909]. 87 S. 8°
(Universal-Bibliothek. 5131.)

— Halali. Bunte Bilder aus Waidwerk u. Fischwaid. 1.—3. Tauf. (330 S. m. Abb.) gr. 8. Berlin 910. Weimar, A. Duncker Verl. 5.50; geb. 7.—

— Heimatlos u. andere Geschichten, s. Sammlung Franckh.

— die Jagd, s.a. Sammlung illustr. Monographien. 3.

Die Jagd. Von Fritz Skowronnek. Mit 7 Kunstbeil. u. 178 Abb. Bielefeld & Leipzig: Velhagen & Klasing 1901. (165 S.) 4° (8°)
(Sammlung Illustrierter Monographien. 3.)

— Das Kribbeln im Halse u. and. Geschichten. 1.—3. Tauf. (III, 256 S.) 8. Berlin 909. Weimar, A. Duncker Verl. 3.—; geb. in Leinw. n 4.—

Fritz Skowronnek, Masurenblut. Berlin: Vita [1898]. (S. 23–71.) 8° [F.]
— Geschichten, Kurze. 1, 10, [2.] [05. 3343

— Masurenblut. Geschichten u. Gestalten. 8. (175 S.) Berlin (899). Vita. n. 2.50

— Oculi, s.a. Schultze's Zehnpfennigbücher.

Oculi. Novellette von Fritz **Skowronnek**. Wie ich Braut wurde. Novelle von E. H. v. Zagory. (Berlin: F. Schulze [1904].) (10 S.) 8° [Umschlagt. Text stenogr.]
— Zehnpfennigbücher, Schulzes. No 33. [05. 7391

— Der Reformbauer. Im Schutze der Sippe, s. Volksbücher, Neue. 109. Bd.

— Sarah u. Hagar. Roman. (328 S.) 8. Berlin (909). Zehlendorf, R. Eckstein Nachf. 4.—; geb. n 5.—

— Im Schutz der Sippe u. andere Novellen, s.a. Kürschner's Bücherschatz.

Im Schutz der Sippe und andere Novellen. Von Fritz **Skowronnek**. Mit Ill. von A. Lewin. Berlin, Leipzig: Hillger [1910]. 112 S. 8°
(Kurschners Bucherschatz. Nr 712.) [10. 7411

— Die Sedanschlacht v. Kerschken, s.: Humor.

— Der Sonntagsjäger, s.: Volksbücher, neue.

Skowronnek, Fritz, Junkern Trutz! Bauern Schutz! E. Wort an d. Wähler. 8. (60 S.) Berlin 898. Vita, deutsches Verlagshaus. n. — 50

— Das deutsche Weidwerk, s.a. Hillger's, Herm., illustr. Volksbücher.

Das deutsche Weidwerk. Von Dr. Fritz **Skowronnek**. Mit 8 Ill. Berlin & Leipzig: Hillger [1910]. 90 S. 8°
(Hillgers Illustrierte Volksbucher. Bd 131.) [10. 7740

— lustiges Weidwerk, s.a. Für den deutschen Jäger. I.

Lustiges Weidwerk. Von Dr. Fritz **Skowronnek**. Berlin-Schöneberg: Die Jagd [1906]. (233 S.) 8° [F.]
= **Jäger**, Für d. deutschen. 1. [06. 15058

— wie die Heimat stirbt! u. andere Geschichten aus Masuren. 8. (397 S.) Leipzig (902). Berlin, H. Seemann Nachf. n. 4. —; geb. n. 5. —

Bei den Wölfen der Bjelowjesa u. andere Jagdgeschichten von Fritz Skowronnek. Berlin: Janke [1908]. 157 S. 8°
(Kollektion Otto Janke.)

— Bei den Wölfen der Bjelowjesa u. and. Jagdgeschichten. (1.—6. Tausd.) (III, 157 S.) 8. Berlin (909). O. Janke. 1. —

Der Bruchhof. Ein Roman aus Masuren von Richard **Skowronnek**. *Stuttgart & Berlin: J. G. Cotta Nachf. 1903.* (300 S.) 8° [F.] [03. 7301

Skowronnek, Rich., der Bruchhof. Ein Roman aus Masuren. 2. Aufl. (300 S.) 8. Stuttgart 903. J. G. Cotta Nachf. n. 3. —; geb. in Leinw. n. 4. —

Skowronnek, Rich., der Bruchhof. Ein Roman aus Masuren. 3. Aufl. (298 S.) 8. Stuttgart 908. J. G. Cotta Nachf. 3.—; geb. 4. —

Skowronnek, Rich., masurische Dorfgeschichten. 2., verm. Aufl. 8. (VII, 212 S.) Dresden-Blasewitz 897. H. Minden. n. 2. —; geb. n.n. 3. —

Skowronnek, Rich., im Forsthause, s.: Universal-Bibliothek.

— das rote Haus, s.: Engelhorn's allgem. Roman-Bibliothek.

Skowronnek, Rich., Hans der Sieger, s.: Engelhorn's allgemeine Romanbibliothek. 16. Jahrg.

— Armer Henner. Roman. 3. Aufl. (295 S.) kl. 8. Stuttgart 908. J. Engelhorn Nachf. 4. —; geb. in Leinw. 5.—

— dasselbe, s.a. Engelhorn's allgem. Roman-Bibliothek.

Mein Vetter Josua. Roman von Richard Skowronnek. Dresden & Leipzig: H. Minden 1895. (184 S.) 8°

— mein Vetter Josua. Roman. 3. Aufl. 8. (184 S.) Ebd. 895. n. 3. —; geb. n.n. 4. —

Ihr Junge. Roman von Richard **Skowronnek**. *Stuttgart: J. Engelhorn 1900.* (159 S.) 8° [F.]
= **Romanbibliothek**, Engelhorns Allgemeine. Jg. 17, Bd 3. [01. 3468 10

— ihr Junge. Roman. (Engelhorns allgemeine Romanbibliothek. Salon-Ausg.) 8. (159 S.) Stuttgart 902. J. Engelhorn. Geb. in Halbleinw. n. 2.—

— dasselbe, s.a. Engelhorn's allgem. Romanbibl. XVII.

— Der rote Kersien, s.a. Engelhorn's allgem. Roman-Bibliothek.

— der rote Kersien. Roman. (318 S.) kl. 8. Stuttgart 906. J. Engelhorn. n. 4. —; geb. in Leinw. n. 5.—

Der rote Kersien. Roman von Richard **Skowronnek**. Bd 1. 2. Stuttgart: Engelhorn [1909]. 8°
(Engelhorns Allgemeine Roman-Bibliothek. Jg. 24, Bd 17.)
(Bibliothek August Scherl. Bd 549.) [10. 13935

— die Frau Leutnant, s.a. Union-Sammlung moderner Romane aller Nationen. 24.

Richard Skowronnek. Die Frau Leutnant. Stuttgart, Berlin, Leipzig: Union [1901]. (224 S.) 8°
(Union-Sammlung moderner Romane aller Nationen. 24.)

— die Frau Leutnant. Illustriert v. E. Rosenstand. (212 S.) 8. Stuttgart (906). Union. n. 2. —; geb. in Leinw. n. 3. —

Skowronnek, R., Polska Maria. Masurische Dorfgeschichten. 8. (223 S.) Dresden 889. Minden. n. 3. —; geb. n.n. 4. —

— eine Palastrevolution. Lustspiel in 4 Akten. 8. (VII, 105 S.) Dresden 893. H. Minden. n. 2. —

— Schweigen im Walde. Humorist. Roman. (307 S.) 8. Stuttgart 909. J. Engelhorn Nachf. 4. —; geb. in Lw. 5.—

- Sommerliebe u. andere Geschichten, s. Engelhorn's allgemeine Roman-Bibliothek.

— **Spielerleben u. Anderes. Novellen. schmal 8. (128 S.) Berlin-Charlottenburg (899). Leipzig, P. E. Lindner. 1.—**

— Das Verlobungsschiff. Humoristischer Roman. (1.—5. Taus.) (350 S.) kl. 8. Berlin (909). Concordia. 4.—; geb. 5. —

— die stille Wache, s.a. Bloch's, Ed., Theater-Korrespondenz.

[F.] Die stille Wache. Schwank in 1 Aufz. v. Richard **Skowronnek**. *Berlin: E. Bloch (1895).* (27 S.) 1 Bd 8.
= **Theater-Korrespondenz**, Eduard Blochs. No 273. [96. 1141

- Die beiden Wildtauben, s. Engelhorn's allgemeine Roman-Bibliothek.

Skowroński, Alexander, appr. Arzt: Aus d. pathol. Inst. in Greifswald. Drei Fälle von 'Lumbago' bedingt durch Rückenmarkstumoren. Posen 1909: Winiewicz. 31 S. 8°
Greifswald, Med. Diss. v. 24. Febr. 1910, Ref. Grawitz.
[Geb. 21. Febr. 81 Macznik; Wohnort: Bromberg; Staatsangeh.: Preußen; Vorbildung: Marien-Gymn. Posen Reife O. 03; Studium: Greifswald 10 S.; Coll. 17. Aug. 08; Approb. 12. Sept. 09.]

A[lex.] **Skowroński**. In welcher Sprache muß der Religionsunterricht erteilt werden? Beuthen O.S.: Katolik 1902. (34 S.) 8° [03. 8169

Skowronski, Leopoldus *(geb. Laurahütte in Oberschles. 14. 11. 1862)*: De auctoris Heerenii et Olympiodori Alexandrini scholis cum universis tum iis singulis quae ad vitam Platonis spectant capita selecta. Vratislaviae: G. Koebner 1884. (54 S.) 8° *[Buchausg. ebenda.]*
Breslau, Phil. Diss. v. 30. Sept. 1884

Skopykunas, E., Schlüssel zu Dr. Curt Schäfers Lehrgang f. den französ. Unterricht. IV. Tl. (II, 112 S.) gr. 8. Berlin 908. Winckelmann & Söhne. Geb. 3. —

Skra, de, van Nougarden, d. i.: Die Handels-, Gerichts- u. Polizey-Ordnung d. deutschen Handels-Hofes zu Nowgorod in uralten Zeiten, ins jetzige Deutsche übertragen, nebst e. einleit. Vorerinnerung, e. Vergleichung ders. mit d. lübschen Recht, u. erläut. Anmerkn. v. H. Behrmann. gr. 8. (10½ B.) Copenhagen 825, (Brummer.)

Skrabal, Anton

— und Weberitsch S. R.: Zur Kenntnis der Halogensauerstoffverbindungen. 9. Die Kinetik der Bromat-Bromidreaktion. S. 123. IIb. 1177 . . . . vgr.
— — — 10. Die Kinetik der Bromatbildung aus Brom. S. 123. IIb. 1206 . . . . vgr.
Separatabdruck

Skrabal Anton: Zur Kenntnis der unterhalogenigen Säuren und der Hypohalogenite: 1. Die Kinetik der Hypojodite und Hypobromite in stark alkalischer Lösung. S. 116. IIb. 215 . . . . vgr.
— — 2. Die Kinetik der Hypobromite in schwach alkalischer Lösung. S. 117. IIb 847 vgr.
— — 3. Der Einfluß der Elektrolyte auf die Geschwindigkeit der Hypojoditreaktion. S. 120. IIb. 27 . . . . vgr.
— — 4. Der Einfluß der Elektrolyte auf die Geschwindigkeit der Hypobromitreaktion. S. 120. IIb. 45 . . . . vgr.
— — 5. Die Kinetik der Jodatbildung aus Jod- und Hydroxylion (mit 1 Textfigur). S. 120. IIb. 600 . . . . vgr.
— — 6. Die Temperaturkoeffizienten der Jodlaugenreaktionen. S. 120. IIb. 907 . . vgr.
— — 8. Die Temperaturkoeffizienten der reziproken Reaktionen des Jod-Jodatgleichgewichtes. S. 123. IIb. 653 . . . . vgr.
Separatabdruck

— und Buchta Friedrich: Zur Kenntnis der unterhalogenigen Säuren und der Hypohalogenite: 7. Die Wärmetönungen der Jodlaugenreaktionen. S. 123. IIb. 217 vgr.
Separatabdruck

Skrabel, A., d. induzierten Reaktionen, ihre Geschichte u. Theorie. Die Reaktion Ferrosalz-Permanganat in salzsaurer Lösg. (36 S. m. 1 Abb.) Lex. 8. Stuttgart 908. F. Enke. 1. 20
Sonderabdr. aus: „Sammlg. chem. u. chemisch-techn. Vorträge".

— und Preiß J.: Über den Reaktionsmechanismus der Permanganatreduktion. Die Kinetik der Permanganat-Ameisensäurereaktion. S. 115. IIb. 301 . . . . vgr.
Separatabdruck

Skrum, Amalie, Agnete. Drama in 3 Acten. Für die deutsche Bühne bearb. v. Therese Krüger u. Otto Erich Hartleben. 8. (91 S.) Berlin 895. Deutscher Autoren-Verlag. n. 2. —; geb. n. 3. —

Skram, Amalie, Gebet u. Anfechtung. Erzählung. Einzige, v. der Verf. autoris. Übersetzg. aus dem Norweg. v. Luise Wolf. 4. (92 S.) Leipzig (902). Berlin, H. Seemann Nachf. n. 2. —; geb. n. 3. —

— Professor Hieronymus. Roman. Autor. Uebersetzg. aus d. Norweg. v. M. Mann. 8. (293 S.) Paris u. Leipzig 895. München, A. Langen. n. 3. —

Skram, Amalie, Professor Hieronymus. Roman. Einzig berecht. Uebersetzg. aus dem Norweg. v. M. Mann. 2. Aufl. (293 S.) 8. München 903. A. Langen. n. 2. —; geb. in Leinw. n. 3. —

— Frau Ines. Erzählung. Einzige, v. der Verf. autoris. Übersetzg. aus dem Norweg. v. Luise Wolf. 12. (197 S.) Ebd. (902). n. 2. —; geb. n. 3. —

— im Irrenhause. (Professor Hieronymus.) Deutsch v. M. Mann. Wohlfeile [Titel-] Ausg. 8. (293 S.) München (895) 897. Langen. 1. —

— die Leute vom Felsenmoor. 8. (357 S.) Leipzig 898 **Max Spohr.** n. 4. — ; geb. n. 5. —

— die Leute vom Felsenmoor. 8. (357 S.) Leipzig 898. [M. Spohr.] E. Fiedler. n. 4. —

— ein Liebling der Götter. Roman. Einzige berechtigte Übersetzg. aus dem Norweg. v. Cläre Mjöen. 8. (202 S.) München 902. A. Langen. n. 2. 50; geb. n. 3. 50

— Lucie. 8. (250 S.) **Leipzig 898. [M. Spohr.] E. Fiedler. n. 2. 50**

— Nachwuchs. Roman. Einzig berecht. Übersetzg. aus dem Norweg. v. Mathilde Mann. 8. (504 S.) München 901. A. Langen. n. 4. 50; geb. n. 5. 50

— Konstanze Ring. 8. (523 S.) Leipzig 897. [M. Spohr.] E. Fiedler. n. 3. —

— Konstanze Ring. **(Collection Wigand.) 8. (523 S.) Ebd. 898. n. 3. —**

— Sommer. Kleine Erzählgn. Autoris. Übersetzg. aus dem Norweg. von Adele Neustädter. 8. (V, 136 S.) München 900. A. Langen. n. 2. —; geb. n. 3. —

Skram, Amalie, Knud Tandberg, s.a. Bibliothek der fremden Zungen.

— Knut Tandberg. Die Geschichte e. Ehe. Einzige, v. der Verf. autoris. Übersetzg. aus d. Norweg. v. Luise Wolf. 12. (131 S.) Leipzig (902). Berlin, H. Seemann Nachf. n. 2. —

— verraten, s. a. Bibliothek Langen, kleine, Bd. 3.

[F.] Amalie Skram. Verraten. Novelle. Autoris. Übs. a. d. Norweg. v. Emmy Drachmann. *Paris, Leipzig, München: A. Langen 1897.* (191 S.) 1 Bd 8.
— Bibliothek Langen, Kleine. Bd III. [ʒd. 10844 Gr

Skram, Erik, Gertrude Coldbjörnsen. Roman. Autor. Uebersetzg. v. Mathilde Mann. 8. (281 S.) Leipzig 897. P. List. n. 3. —; geb. 4. —

Skram, Erik, Agnes Vittrup. Roman. Autoris. Übersetzg. aus dem Dän. v. Mathilde Mann. 8. (101 S.) Berlin (899). Vita. n. 1. —

Skraup, Joh. Nep., Anleitung zum Figural- u. Choralgesange nebst der allgem. Musiklehre. Zum Gebrauch f. Seminarien, Geistliche, Schullehrer etc. gr. 8. (VIII u. 116 S.) Prag 848, Haase Söhne. 21 ngr

Skraup, Joa. Nep., manuale pro sacris functionibus, quae per anni ecclesiastici decursum cum cantu celebrantur. Ad usum directorum chori et cantorum juxta rituale missale et breviarium Romanum. Editio altera. (Titel-Ausg.) Pragae (858)869. (Olmüz, Hölzel.) gr. 4. (IV, 316 S.) n. 3 ₰ 12 ngr

Skraup, Joh. Nep., kurze Methodik beim Gesangs-Unterrichte in der Volks-Schule. gr. 8. (14 S.) Prag 873. Dominicus. n. — 40

—— Missa I. in G, — II. in B. gr. 4. (37 S.) Ebendas. (865)69. 1 60

—— Missa III. in D, — IV. in C. gr. 4. (56 S.) Ebendas. 869. 2 40

Skraup, Joa. Nep., kurze Musik-Lehre, insbesond. für Musikbildungs-Anstalten verfasst. Prag 870. Bellmann. gr. 8. (IV, 48 S.) n. 8 ngr

Skraup, Joh. Nep., theoretisch-praktische Musikschule für Lehrer und Kirchenchordirectoren insbesond. für Lehramtscandidaten. Lex.-8. (VII und 254 S.) Prag 862. (Leipzig, Volckmar.) *

Skraup, Karl, Katechismus der Mimik u. Gebärdensprache. 12. (XIV, 247 S. m. 60 Abbildgn.) Leipzig 892. J. J. Weber. Geb. in Leinw. n. 3. 50

— die Kunst der Rede u. des Vortrags. gr. 8. (XVI, 284 S. m. 16 Abbildgn.) Ebd. 894. n. 4. 50; geb. n. 6. —

Skraub, Karl. Mimik u. Gebärdensprache, s.a. Weber's, J. J., illustr. Katechismen Nr. 143.

Skraup K, Mimik und Gebärdensprache. (Weber's Katechismen 143) Leipzig 1892

Skraup, Karl, Mimik u. Gebärdensprache. 2., verm. u. verb. Aufl. m. 58 in den Text gedr. Abb. (XII, 247 S.) kl. 8. Leipzig 908. J. J. Weber. Geb. in Leinw. 3. 50

Skraup, Zdenko Hans: Über die A f f i n i t ä t einiger Basen in alkoholischer Lösung. S. 103. IIb. 665.
Separatabdruck

– und Zwerger, R.: Über α- und β-I s o c i n c h o n i n . S. 109. IIb. 413.
Separatabdruck

– und Cobenzl, A.: Über α- und β-N a p h t o c h i n o l i n . S. 87. II. 1089.
Separatabdruck

– und Hardt-Stremayr, Emil Ritter von, Dr.: Über den sogenannten A m i d s t i c k s t o f f der Proteïne. S. 117. IIb. 25.
Separatabdruck

– und Philippi, E.: Über den kapillaren A u f s t i e g von Aminen, Phenolen und aromatischen Oxysäuren. S. 120. IIb. 173.
Separatabdruck

– Krause, E. und Biehler, A. von: Über den kapillaren A u f - s t i e g von Säuren. S. 119. IIb. 565.
Separatabdruck

– Biehler, A. von, Lang, R., Philippi, E. und Priglinger, J.: Über den kapillaren A u f s t i e g von Säuren (mit 3 Textfiguren). S. 119. IIb. 873.
Separatabdruck

– und Kremann, Robert: Über A z e t o c h l o r g l u k o s e , -Galaktose und -Milchzucker. S. 110. IIb. 288.
Separatabdruck

– Über die A z e t y l i e r u n g mit Zuhilfenahme von Schwefelsäure. S. 107. IIb. 507.
Separatabdruck

– Über sterische B e h i n d e r u n g . S. 112. IIb. 115.
Separatabdruck

– und Piccoli, G.: Neue B e i t r ä g e für die Hofmannsche Reaktion (mit 1 Textfigur). S. 111. IIb. 137.
Separatabdruck

– Über das B e n z o y l e k g o n i n und dessen Überführung in Kokaïn. S. 92. II. 456.
Separatabdruck

– B e n z o y l v e r b i n d u n g e n von Alkoholen, Phenolen und Zuckerarten. S. 98. IIb. 432.
Separatabdruck

– B e r i c h t i g u n g über die Diaminosäuren aus Kaseïn und Gelatine. S. 114. IIb. 274.
Separatabdruck

– und Priglinger, J.: Eine B i l d u n g s w e i s e von Dimethylpyron. S. 119. IIb. 249.
Separatabdruck

– Eine neue B i l d u n g s w e i s e des Phenanthrolins. S. 90. II. 360.
Separatabdruck

Skraup, Zd. H., die Chemie in der neuesten Zeit. Rede, geh. bei der Inauguration als Rektor Magnifikus der Karl Franzens-Universität in Graz am 4. XI. 1903. (20 S.) gr. 8. Graz 904. Leuschner & Lubensky. n. — 50

— über das Chinin. [1. Mittheilung.] Aus dem Laboratorium des Prof. Lieben. [Aus: „Sitzungsber. d. k. Akad. d. Wiss."] Lex.-8. (14 S.) Ebend. 879. n.n. — 30

– Über das Chinin. 1. Mitteilung. S. 80. II. 2?? . . . . vgr.
Separatabdruck

– Über C h i n i n und Chinidin. S. 84. II. 622.
Separatabdruck

– Über die C i n c h o l o i p o n s ä u r e . S. 105. IIb. 351.
Separatabdruck

– Über die C i n c h o m e r o n s ä u r e . S. 81. II. 337.
Separatabdruck

—— über Cinchonidin und Homocinchonidin. [Aus dem Universitäts-Laboratorium des Prof. Lieben.] Lex.-8. (6 S.) (Ebendas.) 881. * — 20
aus: Sitzungsberichte der k. Akademie der Wissenschaften, besonders abgedruckt.

– Über C i n c h o n i d i n und Homocinchonidin. S. 83. II. 1078.
Separatabdruck

– Über C i n c h o n i n und Cinchotenin. S. 104. IIb. 90.
Separatabdruck

– und Vortmann, Georg: Über D e r i v a t e des Dipyridyls. 1. Mitteilung. S. 86. II. 304.
– – 2. Mitteilung. S. 88. II. 243.
Separatabdruck

– Über das D e s a m i d o g l u t i n . S. 115. IIb. 453.
– – 2. Mitteilung. S. 116. IIb. 345.
Separatabdruck

– und Hoernes, Ph.: Über das D e s a m i d o k a s e i n . S. 115. IIb. 431.
Separatabdruck

– Über einige physikalische E i g e n s c h a f t e n von α- und β-ι-Cinchonin (mit 2 Textfiguren). S. 110. IIb. 957.
Separatabdruck

– und Witt, R.: Über die E i n w i r k u n g von Bromlauge auf Kaseïn. S. 116. IIb. 505.
Separatabdruck

– und Krause, E.: Über die E i n w i r k u n g von Jodmethyl auf Kaseïn. S. 118. IIb. 227.
Separatabdruck

– Über die E i n w i r k u n g von Jodwasserstoffsäure auf Chinaalkaloide. S. 100. IIb. 382.
Separatabdruck

Skraup, Zd. H., Farbenreaction zur Beurtheilung der Constitution v. Carbonsäuren der Pyridin-, Chinolin- u. verwandter Reihen. [Aus dem Laboratorium der Wiener Handelsakademie XIX.] Lex.-8. (6 S.) Wien 886. (Gerold's Sohn.) — 15

Skraup, Zd. H., Farbenreaction zur Beurtheilung der Constitution von Carbonsäuren der Pyridin-, Chinolin- und verwandter Reihen. [Aus dem Laboratorium der Wiener Handelsakademie XIX.] Lex.-8. (6 S.) Wien 886, (Tempsky.) — 15
Aus: Sitzungsberichte der k. Akademie der Wissenschaften, besonders abgedruckt.

– F a r b e n r e a k t i o n zur Beurteilung der Konstitution von Carbonsäuren der Pyridin-, Chinolin- und verwandter Reihen. S. 93. II. 950.
Separatabdruck

– Über den G e h a l t des Kaseïns an Glykokoll und Alanin. S. 114. IIb. 879.
Separatabdruck

– und Heckel, F.: Über G e l a t i n e . 2. Mitteilung. S. 114. IIb. 887.
Separatabdruck

– und Hummelberger, F.: Über einige G e l a t o s e n . S. 117. IIb. 209.
Separatabdruck

— über das Homoocinchonidin. [Aus dem Laboratorium des Prof. Lieben.] [Aus: „Sitzungsber. d. k. Akad. d. Wiss."] Lex.-8. (11 S.) Ebend. 879. n.n. — 25

— Über das Homocinchonidin. S. 80. II. 217 . . . . vgr.
Separatabdruck

– und Hummelberger, F.: Über die H y d r o l y s e des Eiereiweißes mit Natronlauge. S. 117. IIb. 855.
Separatabdruck

– Über die H y d r o l y s e der Eiweißstoffe. 2. Abhandlung: Die Gelatine. S. 113. IIb. 1187.
Separatabdruck

– Über die H y d r o l y s e des Kaseïns durch Salzsäure. S. 113. IIb. 263.
Separatabdruck

– und Wöber, A.: Über die partielle H y d r o l y s e von Edestin. S. 118. IIb. 93.
Separatabdruck

– und Krause, E.: Über partielle H y d r o l y s e von Kaseïn. S. 119. IIb. 67.
Separatabdruck

– und Krause, E.: Partielle H y d r o l y s e von Proteïnen durch Schwefelsäure. S. 119. IIb. 61.
Separatabdruck

– I s o m e r i e n in der Cinchoningruppe. S. 108. IIb. 329.
Separatabdruck

– Über I s o m e r i e n in der Schleimsäurereihe. S. 102. IIb. 479.
Separatabdruck

– Über einige K a p i l l a r e r s c h e i n u n g e n . S. 118. IIb. 459.
Separatabdruck

Skraup, Zdenko Hanns (Wien)
Zur Kenntnis der Chrysophansäure und des Emodins.
[In: Sitzungsberichte d. Akad. d. Wiss. Wien.]
Dr. phil. Giessen 17.3.1875.

— u. G. Vortmann, zur Kenntniss des Cinchonidins. [Aus dem Laboratorium des Prof. Ad. Lieben.] [Aus: „Sitzungsber. der k. Akad. d. Wiss."] Lex.-8. (16 S.) Ebend. 878. n.n. — 30

– und Vortmann, Georg: Zur K e n n t n i s des Cinchonidins. S. 78. II. 601.
Separatabdruck

— zur Kenntniss der Eisencyanverbindungen. [Aus dem Laboratorium d. Prof. Lieben.] [Aus: „Sitzungsber. d. k. Akad. d. Wiss."] Lex.-8. (22 S.) Ebend. 876. n. — 40

— dasselbe. II. Abhandlung. Lex.-8. (11 S.) Ebend. 877. n.n. — 30

– Zur K e n n t n i s der Eisencyanverbindungen. 1. Mitteilung. S. 74. II. 313.
– – 2. Mitteilung. S. 75. II. 814.
Separatabdruck

– und Zwerger, R.: Zur K e n n t n i s der Kyrine. S. 114. IIb. 939.
Separatabdruck

Skraup, Zd. Hanns, zur Kenntniss der Rhabarberstoffe Chrysophansäure u. Emodin. [Aus: „Sitzungsber. d. k. Akad. d. Wiss."] Lex.-8. (8 S.) Wien 874. (Gerold's Sohn.) n. — 20

– Zur K e n n t n i s der Rhabarberstoffe, Chrysophansäure und Emodin. S. 70. II. 235.
Separatabdruck

– und Wiegmann, D.: Über das K o d e ï n m e t h y l j o d i d . S. 98. IIb. 708.
Separatabdruck

– und Zwerger, R.: Zur K o n s t i t u t i o n des Allocinchonins. S. 111. IIb. 287.
Separatabdruck

– Copony, H. und Medanich G.: Zur K o n s t i t u t i o n des β-Isocinchonins. S. 109. IIb. 390.
Separatabdruck

– Zur K o n s t i t u t i o n der Chinaalkaloide. 1. Mitteilung: Das Cinchonin (mit 7 Textfiguren). S. 97. IIb. 667.
– – 2. Mitteilung: Das Chinin. S. 98. IIb. 22.
Separatabdruck

– und Würstl, Julius: Zur K o n s t i t u t i o n der Chinaalkaloide. 5. Mitteilung. S. 98. IIb. 213.
Separatabdruck

– Zur K o n s t i t u t i o n der Chinaalkaloide. 6. Mitteilung: Die Überführung der Cincholoiponsäure in eine stickstofffreie Säure (mit 1 Textfigur). S. 109. IIb. 651.
Separatabdruck

– Zur K o n s t i t u t i o n des Chinins und Chinidins. S. 88. II. 301.
Separatabdruck

– und Brunner, Ph.: K o n s t i t u t i o n einiger Chinolinderivate. S. 93. II. 638.
Separatabdruck

– Zur K o n s t i t u t i o n des Cinchonins. Vorläufige Mitteilung. S. 94. II. 521.
Separatabdruck

— zur **Constitution des Cinchonins u. Cinchonidins.** [Mit 2 (eingedr.) Holzschn.] [Aus dem Laboratorium d. Prof. Lieben.] [Aus: „Sitzungsber. d. k. Akad. d. Wiss."] Lex.-8. (37 S.) Ebend. 879. n. — 60

– Zur K o n s t i t u t i o n des Cinchonins und Cinchonidins (mit 2 Holzschnitten). S. 80. II. 534.
Separatabdruck

– Über die K o n s t i t u t i o n des Traubenzuckers. S. 98. IIb. 444.
Separatabdruck

– Über die K o n s t i t u t i o n der Verbindungen von Chinaalkaloiden mit Äthyljodid. S. 103. IIb. 388.
Separatabdruck

– Über das K y n a r i n . S. 98. IIb. 702.
Separatabdruck

– L a b o r a t o r i u m s n o t i z e n (mit 2 Textfiguren). S. 111. IIb. 966.
Separatabdruck

Skraup, Zdenko Hans, Methoden der chemischen Synthese. Vortrag. 8. (23 S.) Wien 898. (C. Gerold's Sohn.) n. — 30

– und Böttcher, B.: Über die M e t h y l i e r u n g von Gelatine. S. 119. IIb. 851.
Separatabdruck

– und Fischer, O. W.: Über das M e t h y l p h e n a n t h r o l i n . S. 90. II. 352.
Separatabdruck

– und Wiegmann, D.: Über das M o r p h i n (mit 1 Textfigur). S. 98. IIb. 92.
Separatabdruck

– N o t i z über einige Chininverbindungen. S. 84. II. 645.
Separatabdruck

– N o t i z über Cinchonifin, Cinchotin und Cinchonin. S. 110. IIb. 963.
Separatabdruck

– und Türk, W.: N o t i z über die Hydrolyse von Kasein mit Salzsäure und Schwefelsäure. S. 118. IIb. 91.
Separatabdruck

– und Brunner, Ph.: N o t i z über die *m*-Chinolinbenzkarbonsäure. S. 94. II. 523.
Separatabdruck

– N o t i z über das Phloroglucin. S. 98. IIb. 697.
Separatabdruck

– und Zwerger, R.: Über die O x y d a t i o n von α-ι-Cinchonin. S. 110. IIb. 943.
Separatabdruck

– Über O x y d a t i o n s p r o d u k t e des Cinchonins. S. 78. II. 527.
Separatabdruck

– Über das P a r a c h i n a n i s o l . S. 92. II. 789.
Separatabdruck

– und Witt, R.: Über P e p t o n e aus Kasein. S. 115. IIb. 463.
Separatabdruck

– P r o d u k t e der Hydrolyse von Kasein. S. 117. IIb. 505.
Separatabdruck

– Geinsperger, E., Knaffl, E. von, Menter, F. und Sirk, H.: Über S t ä r k e , Glykogen und Zellulose. Auf Grund von experimentellen Untersuchungen. S. 114. IIb. 951.
Separatabdruck

– Zur S t e l l u n g s f r a g e in der Pyridin- und Chinolinreihe. S. 82. II. 748.
Separatabdruck

– Eine S y n t h e s e des Chinolins. Vorläufige Mitteilung. S. 81. II. 593.
Separatabdruck

– Zur T h e o r i e der Doppelbindung. S. 100. IIb. 163.
Separatabdruck

– Die Ü b e r f ü h r u n g der additionellen Verbindungen von Cinchonin und Halogenwasserstoff in halogenfreie Basen. Ein Beitrag zur Kenntnis katalytischer Prozesse. S. 110. IIb. 153.
Separatabdruck

– Über die U m l a g e r u n g des Cinchonins durch Säuren. S. 106. IIb. 411
Separatabdruck

– Über die U m l a g e r u n g des Cinchonins durch Schwefelsäure. S. 110. IIb. 71.
Separatabdruck

– und Egerer, W.: Über eine neue U m l a g e r u n g des Cinchonicins. S. 112. IIb. 531.
Separatabdruck

– Über die Pasteursche U m l a g e r u n g . S. 112. IIb. 139.
Separatabdruck

– Über U m l a g e r u n g e n : Die Umwandlung des Cinchonins in α-Isocinchonin. S. 108. IIb. 358.
Separatabdruck

– Über die U m w a n d l u n g der Maleinsäure in Flumarsäure. S. 100. IIb. 124.
Separatabdruck

– Einige U m w a n d l u n g e n des Chinins. S. 102. IIb. 414.
Separatabdruck

– und Zwerger, R.: Weitere U n t e r s u c h u n g e n über die Cinchoninisobasen. S. 113. IIb. 561.
Separatabdruck

– und Konek von Norwall, F.: Über neue V e r b i n d u n g e n der Chinaalkaloide mit Äthyljodid. S. 102. IIb. 771.
Separatabdruck

Skraup, Zdenko H.: Das V e r h a l t e n von Chinidin . . . geg. Jodwasserstoff, s. S c h u b e r t , Arthur.

– Über das V e r h a l t e n wässeriger Lösungen bei Kapillarvorgängen (mit 10 Textfiguren). S. 118. IIb. 559.
Separatabdruck

– Über das V e r h a l t e n der Maleinsäure beim Erhitzen. S. 102. IIb. 518.
Separatabdruck

– und Kremann, Robert: Synthetische V e r s u c h e mit Azetochlorglukose und Azetochlorgalaktose. S. 110. IIb. 869.
Separatabdruck

Skraup, Zd. H., synthetische Versuche in der Chinolinreihe. Erste Mittheilung. [Aus dem Universitäts-Laboratorium des Prof. Lieben.] Lex.-8. (32 S. mit 3 eingedr. Holzschn.) Wien 881, (Gerold's Sohn.) ** — 50

– Synthetische Versuche in der Chinolinreihe. 1. Mitteilung (mit 3 Holzschnitten). S. 83. II. 434.
Separatabdruck

– Synthetische Versuche in der Chinolinreihe. 3. Mitteilung. S. 85. II. 970.
– – 4. Mitteilung. S. 86. II. 265.
Separatabdruck

– und König, J.: Über die Zellobiose. S. 110. IIb. 843.
Separatabdruck

Skraup, Zdenko Hanns, I. Ueber die Zusammensetzung des Cinchonins. II. Ueber Oxydationsproducte des Cinchonins. [Aus dem Laboratorium des Prof. Lieben.] Lex.-8. (33 S.) Wien 878, (Gerold's Sohn) **

— Über die Zusammensetzung des Cinchonins. S. 78. II. 506 . . . . vgr.
Separatabdruck

– und Biehler, A. von: Über die Zusammensetzung der Gelatine. S. 118. IIb. 247.
Separatabdruck

Skrbenski von Hrzistie, Maximilian Bernhard Leopold (Schlesien) A. S. 569/55

Ius liberorum separatorum. Dissertatio academica. Präs. Johann Gottlieb von Hackeman. Frankfurt/O. (Winter) 28. III. 1750. 24 S.

Gew.: Erdmann Jaroslav Skrbenski von Hrzistie (Vater). 32736

Skrbinšek, Josef: Stilisierung der Reden Ciceros für Ligarius und den König Deiotarus. S. III—XXVI. 8. K. k. Staats-Gymn. *Villach* 1908.
Progr.

Skrczypczek, Stanislaw, Jean Paul Friedrich Richter, s. a. Klassiker, die pädagogischen. 19. Bd.

Jean Paul Friedrich Richter. Sein Leben u. s. pädag. Werke. Die 'Levana', vom Standpunkte moderner Pädagogik betrachtet von Stanislaw **Skrczypczek**. Halle: H. Schroedel 1905. (103 S.) 8°·[F.]
— **Klassiker,** Die pädagogischen. Bd 19. [05. 15612 8

A[lexander] Skrebitzki, Dr. med. Zur Blindenfürsorge in Russland. Philantropie [!] u. Büreaukratie. *Berlin 1899: C. Berg.* (34 S.) 8° [00. 1906 10

Skrebitzki, A., zur Blindenfürsorge in Russland. Philantropie u. Büreaukratie. gr. 8. (34 S.) Berlin 899. Lausanne (Villa Prélaz), Selbstverlag. n. 1. —

Skrein, Stefan (Hrsg.), s. Theater-Zeitung.

Skreinka, L., Beiträge zur Entwicklungsgeschichte der jüdischen Dogmen und des jüdischen Cultus. Wien 861. (Leipzig, Leiner.) Lex.-8. (V, 198 S.) n. 1 ℛ 10 ngr.

Skreinka, L., analytische Elementarlehre der rabbinisch-mosaischen Religion, der biblischen Geschichte u. der Sittenlehre. Als 2., verb. Aufl. seiner „Vorübungen" f. die minderreife Jugend. 8. (13¾ B.) Arad 846. (Pesth, Geibel.) *

Skrejšovský, F., s. Scheiwl, Jos., kalligraph. Denkmale.

Skribanowitz, Theodor: Wundts Voluntarismus in seiner Grundlegung geprüft. Greifswald 1906: J. Abel. (110 S.) 8°
Greifswald, Phil. Fak., Ref. Rehmke, Diss. v. 7. Aug. 1906.
[Geb. 17. Mai 80 Riga; Wohnort: Greifswald; Staatsangeh.: Rußland; Vorbildung: Gymn. St. Petersburg Reife O. 00; Studium: Greifswald 1, Berlin 1, Dorpat 1, Berlin 5, Greifswald 4 S.; Rig. 30. Juli 06.]

Wilhelm Wundt's Voluntarismus in seiner Grundlegung geprüft von Theodor **Skribanowitz**. Greifswald: J. Abel 1906. (110 S.) 8°
[Erschien zugleich als Greifswalder Diss.] [06. 11377 9

Skriblerus, Magister. Ein komischer Roman. Leipzig 1803. V: *Lütkenmüller, Sam. Chph. Abr.* (GGr IV, I, 620, 100) (Zeitschr. f. Büch. N. F. 15, 1923, S. 122)

Skriblerus, Magister. Ein komischer Roman. Leipzig 1803. V: *Wolf, Peter Philipp.* (Max Harrwitz-Berlin. Kat. Nr. 101 a. S. 32.)

Skriblerus, Magister; ein kom. Roman, v. P. P. Wolf. 8. Leipz. Wolf. (Schmidt.) 803.

SKRIBULUS, Hans-Christel (ps.), Quodlibet oder polit. krit. moral. histor. ästhetische Abhandlung über Thurmspitzen, Feuerspritzen, Besenbinder etc. 1788.
So in Karajan's Bibl. II. Wien 1879 no. 1612; Weller, Lex. Ps. p. 528. — Selten!

Skrifter, det kongelige medicinske Selskabs. Ny Række. 1. Bind, indeholdende de permanente Comiteers Arbeider i Aarene 1846 og 1847. [Med 2 lith. Tavler og en Tabel.] gr. 4. (XVIII u. 308 S.) Kjøbenhavn 848, Reitzel. n. 4⅙ ℛ

Skrimshire, Fenwick, erster Unterricht in den Anfangsgründen der Chemie u. in e. davon abhängigen Künsten; aus d. Engl. v. C. G. Senkeisen, mit e. Vorrede v. J. C. Hoffmann II. 8. Leipz. 804. Richter. (Brockhaus). 1 ℛ 4 gr

Skrimshire, F., erster Unterricht in d. Anfangsgr. d. Chemie rc. aus dem Engl. v. C. G. Senkeisen mit J. C. Hoffmanns Vorrede. 8. Leipzig, Enoch Richter. (Gleditsch.) 804.

Skřivan, A. (Hrsg.), s. Tacitus, Cornelius: Výbor ze spisů Tacitových.

Skřivan, Ant., Aehrenlese auf dem Felde der Buchhaltung bei der Industrie. Für prakt. Buchhalter. gr. 8. (24 S.) Prag 875. Rziwnatz in Comm. n. — 50

– Ein Beitrag zur Lehre der Buchhaltung bei Liquidationen der Gläubiger-Massen für Kaufleute und Juristen. Aus der juridischen böhmischen Zeitschrift „Právnik", nebst einem Anhang über die wichtigsten Grundsätze der doppelten Buchhaltung. Ebds. in Comm. 1868. 46 S. 8°

Skřivan, Anton, *Inhaber einer Handels-Lehr-Anstalt in Prag etc.* Der österreichische Calculateur oder praktische Anleitung, Waaren von verschiedenen Plätzen des Auslandes auf den inländischen Preis in österreichische Währung zu berechnen. Nebst einem Anhang über Reduction von Conv.-Münze, nord- und südddeutscher auf österreich. Währung etc. *Prag* 1858. *Friedr. Rohlíček.* IX, 79 S. u. 1 Bl. 16°. 60 Neukr.

Skřivan, Ant., der österreichische Calculateur oder praktische Anleitung, Waaren von verschiedenen Plätzen des Auslandes auf den inländischen Preis in österreichischer Währung zu berechnen. Nebst einem Anhang über Reduction von Conventionsmünze, nord- und süddeutscher auf österreich. Währung und umgekehrt, so auch über die nunmehrige Interessenrechnung. 24. (XII und 81 S.) Prag 858, (Rziwnatz.) *

Skřivan, Anton, — Lehrer an der Gremial-Handelsschule zu Prag. Lehrbuch der kaufmännischen einfachen Buchhaltung mit vorangehender Erklärung der Hilfsbücher. Von — —. Prag, 1855. Druck von Fr. Rohlicek. (3 Bl., 260 S. gr. 8) geb.

Skřivan, Ant., Lehrbuch der kaufmännischen einfachen Buchhaltung mit vorangehender Erklärung der Hilfsbücher. gr. Lex.-8. (VII und 260 S.) Prag 855, (Rziwnatz.) *

Skřivan, Ant., Lehrbuch der kaufmännischen einfachen Buchhaltung mit vorangehender Erklärung der Hilfsbücher. 2. Aufl. Prag 859. (Rziwnatz.) Lex.-8. (IV, 274 S.) n. 1 ₰ 18 ngr.

– Lehrbuch der kaufmännischen einfachen Buchhaltung mit vorangehender Erklärung der Hilfsbücher. 3. Auflage. Ebds. in Comm. 1868. 287 S. gr. 8°

Skřivan, Ant., Lehrbuch der kaufmännischen einfachen Buchhaltung m. vorangehender Erklärg. der Hilfsbücher. 4. Aufl. Lex.-8. (IV, 286 S.) Prag 871. Rziwnatz in Comm. n. 4. —

Skřivan, Ant., Lehrbuch der kaufmännischen einfachen Buchhaltung m. vorangehender Erklärung der Hilfsbücher. 6. Aufl. Hrsg. v. Vladimír Skřivan. Lex.-8. (VI, 283 S.) Prag 892. (F. Řivnáč.) n. 4. —

Skřivan, Anton. Münzen und Kourszettel der wichtigsten Länder und Plätze. Für Schüler der Prager Gremial-Handelsschule. kl. q. 8. (24 S.) Prag, fürsterzbischöfliche Buchdruckerei 1853.

Skřivan, Anton — Münzen- und Kurszettel, ferner Maße und Gewichte der wichtigsten Länder und Plätze. Für Schüler der Prager Sonntags-Handelsschule zusammengestellt von — —. 2te Auflage. Prag, 1857. Druck von Friedrich Rohlicek. (52 S. 8.)

– Münzen und Courszettel, ferner Masse und Gewichte der wichtigsten Länder und Plätze. 5. vermehrte Auflage. Ebds. in Comm. 1868. VIII u. 75 S. kl. 8°

– Münzen u. Courszettel, ferner Maasse u. Gewichte der wichtigsten Länder u. Plätze verbunden m. d. österreich. Calculatur enth.: Schlüssel f. verschiedene Waarenberechngn. 6. verm. u. umgearb. Aufl. 8. (VIII, 109 S.) Ebend. 871. 1. 40

Skřivan, Ant., Münzen und Curszettel, ferner Masse und Gewichte der wichtigsten Länder und Plätze, nebst einigen Schlüsseln für Waarenberechnungen. 8. zeitgemäss umgearb. Aufl. 12. (XII, 136 S.) Prag 885, (Řivnáč.) * 1 80

—— Nauka o slohu kupeckých listů S česko-německými pořekadly a se sbírkou německo-českých kupeckých významů. gr. 8. (X und 304 S.) Prag 850. (Leitmeritz, Pohlig.) **

Skřivan, Ant., Český obchodník. Část 1.: O obchodu vůbec. gr. 8. (VIII u. 112 S.) Prag 851. (Leitmeritz, Pohlig.) n. n. 5/12 ₰

— peníze, míry a váhy nejdůležitějších zemí v porovnání s rakouskými, jakož i krátké poučení o převádění konvenční mince, severoa jihoněmeckého čísla na nové číslo rakouské a naopak. Ebend. 858. 24. (XII, 64 S.) n. 6 ngr.

— Počtářství pro život obecný. Se zvláštním ohledem na obchodní třídu. I—II. díl. gr. 8. (I: IV u. 240 S. II: VIII u. 256 S.) Ebd. 851. (I: n. n. 2/3 ₰ II: n. n. 3/4 ₰) n. 1 5/12 ₰

Skřivan, Anton —. Stoff zur praktischen Durchführung der doppelten Buchhaltung. Verfaßt und verlegt von — —. 8. (16 S.) Prag. Druck von Fr. Rohlicek. 1854.

Skřivan, Ant., Stoff zur praktischen Durchführung der doppelten Buchhaltung. gr. 8. (24 S.) Prag, Selbstverlag. 1865

– Stoffe für kaufmännische Briefe. Ebds. in Comm. 1868. 78 S. kl. 8°

—— Stoffe für kaufmännische Briefe. Für seine Handelslehranstalt verfasst und methodisch zusammengestellt. 3. Aufl. gr. 16. (78 S.) (Ebendas.) 875. * — 60

Skřiwan Ant. Wechsellehre mit Erläuterung der neuen Wechselordnung 8. Prag, fürsterzbischöfliche Druckerei 1852.

Skřivan, Anton — Wechsellehre mit vollständiger Erläuterung der neuen Wechsel-Ordnung. Für Handels- und Realschulen, auch zum Selbstunterricht geeignet. Von — —. (Zweite umgearbeitete und vermehrte Auflage.) Prag, 1856. Druck von Friedrich Rohlicek im fürsterzbischöflichen Seminar. (274 S. 8.)

Skřivan, Ant., Wechsellehre mit vollständiger Erläuterung der neuen Wechsel-Ordnung, nebst der Ministerial-Verordnung vom 25. Jänner 1850 etc. Für Handels- und Realschulen auch zum Selbstunterricht geeignet. 3. Aufl. gr. 8. (VIII und 305 S.) Prag 862, (Rziwnatz.) *

—— Wechsellehre mit vollständ. Erläuterung der oesterreich. Wechsel-Ordnung. 4. Aufl. gr. 8. (VIII, 332 S.) (Ebendas.) 872. * 3 40

Skřivan, Ant., Wechsellehre mit vollständiger Erläuterung der österreichischen Wechsel-Ordnung u. des ungarischen Wechselgesetzes v. Jahre 1876. 5. Aufl. gr. 8. (VIII, 376 S.) Prag 880. Rziwnatz in Comm. n. 4. —

Skřivan, Gust.

— základové analytické geometrie v rovině. Prag 864. Calve. Lex.-8. (IV, 144 S. u. 2 lith. Taf.) n. 1 ₰ 10 ngr.

Skřivan, Gust., Grundlehren der Zahlen-Theorie. Wien 862. Braumüller. gr. 8. (VII, 176 S.) n. 1 ₰

Skriwan, Anton, s. Skrivan

Skrobek, Anatomie, Morphologie u. Physiologie der Pflanzen, Tiere u. Menschen. Ein Lehrbuch f. Seminaristen nach den neuen Lehrplänen. Ein Leitfaden zur Vorbereitg. auf die Mittelschullehrerprüfg. (181 S. m. 33 Abbildgn.) gr. 8. Leipzig 904. Dürr'sche Buchh. n. 1. 80; geb. n. 2. —

Skrobek, method. Leitfaden f. d. Schreibunterricht in d. Volksschule. z. Gebrauche an Schullehrerseminarien u. Volksschulen bearb. gr. 8. (48 S.) Leipzig 895. Dürr'sche Buchh. n. 1. —

— methodischer Leitfaden f. den Schreibunterricht in der Volksschule. Zum Gebrauche an Schullehrerseminaren, Präparandenanstalten u. Volksschulen. 2. verm. u. verb. Aufl. (56 S.) gr. 8. Ebd. 904. n. 1. 20

Skrodzki: Schiller der grösste Dichter der Nation. I. II. 56 S.–Tilsit, Progr. 1862, 1863

Skrodzki, Timotheus, Medizinalprakt.: Casuistischer Beitrag zur Lehre von den Erkrankungen des Pons und der Medulla oblongata mit besonderer Berücksichtigung der luetischen Veränderungen. München 1908: Kastner & Callwey. 38 S. 8°
München, Med. Diss. v. 17. Aug. 1908, Ref. v. Bollinger
[Geb. 28. Febr. 80 Kreuzburg O.-S.; Wohnort: München; Staatsangeh.: Preußen; Vorbildung: Kaiser-Wilhelms-Realgymn. Berlin Reife O, 02; Studium: Kiel 2, Königsberg 1, Leipzig 2, Berlin 3, München 2 S.; Coll. 17. Aug. 08; Approb. 4. Aug. 08.]

Skrodzki, With., Anleitung zum deutschen Schreib- u. Lese-Unterricht in utraquistischen Schulen, unter Berücksicht. amtlicher Verfügungen für dieselben über die Behandlung der deutschen Sprache u. den gesammten Unterricht. Im Anschluß an E. Bock's method. Anleitung zum Schreib- u. Lese-Unterricht für deutsche Schulen u. mit Zugrundlegung von E. Bock's Schreib- u. Lese-Fibel, wie von dem „Deutschen Lesebuche für den ersten Unterricht in Schule u. Haus beider Confessionen". Mit in den Text gedr. Anschauungsbildern nach Orig.-Zeichnungen. gr. 8. (VII, 79 S.) Breslau 877. F. Hirt. n. — 60

Skrodzki, Wilhelm [aus Angerburg (Ostpr.)]: Zur Aetiologie der Nebenhöhlenempyeme ... Berlin, C. Vogts Buchdr., *1895*; 53 S., 1 Bl. 8.
Berlin, Med. Fak., Inaug.-Diss. v. 5. Nov. 1895

Trumpas Katekizmas arba Vadovėlis į gerą Spaviednę ir Šv. Komuniją kun. Kazimiero **Skrodzkio**, Kulių Klebono, parašytas 1850 m. Naujai išduotas iškaščiais ir rupesniu 'Kryžiaus Redakcijos'. Tilsit 1904: J. Schoenke. (111 S.) 8°
[Kurzer Katechismus oder Führer zu e. rechten Beichte u. z. heil. Abendmahl, von Pfarrer Kasimir Skrodzki geschrieben 1850. Neu hsg. auf Kosten der 'Kryžiaus Redakcija'.] [-. 3835] 10

Skrofulose u. Rachitis s.: Miniatur-Bibliothek.

Politische Skrupel oder die Volkssouveränetät in ihrem Verhältniß zur erblichen Monarchie. Breslau, O. B. Schuhmann, 1848. 20 S. 8°.

Skrupel, politischer, oder die Volkssouverainetät in ihrem Verhältniß zur erblichen Monarchie. 8. (20 S.) Breslau 848. [Hainauer.] *

Skrupel, politischer, od. die Volkssouverainetät in ihrem Verhältniß zur erblichen Monarchie. 8. (20 S.) Breslau 848, Schuhmann. n. 2 ngr

SKRZECZEK, Fr. Wilhelm (Regensburg): Zur Pathogenese der Albuminurie.- München: Bayer. Landeszeitung und Börsenhalle 1881. 29 S.
2.3.1881 - Urk (Titel: De albuminuriae pathogenesi.); Chr 1880/81,15
Diss.Ingolst.-Landsh.-Mchn.

Skrzeczka: Ein Beitrag zur Geschichte des Kneiphöfischen Gymnasii zu Königsberg i.Pr. im 17. Jahrhundert. Königsberg 1865.
Schul-/Univ.-Schrift

Skrzeczka, C., Generalbericht über das Medizinal- und Sanitätswesen der Stadt Berlin in den J. 1879 und 1880. gr. 8. (VII, 393 S.) Berlin 882, Hahn's Erben. * 6 —
cart. * 7 —

Fortsetzung s. Wernich, A. — Bistor.

Skrzeczka, C., s.: Jahrbuch, klinisches.

—— Kindesmord, s. Handbuch der gerichtlichen Medicin.

Skrzeczka, Otto [prakt. Arzt]: Ueber Pigmentbildung in Extravasaten ... Königsberg in Pr., Druck v. M. Liedtke, 1887; 2 Bl. + 21 S. + 2 Bl. 8°
Königsberg, Med. Fak., Inaug.-Diss. v. 18. Jun. 1887.

Skrzeczka, Otto, über Pigmentbildung in Extravasaten. Inaugural-Dissertation. gr. 8. (21 S.) Königsberg 887, (Koch.) * — 80

—— dass. — s.a. Beiträge zur pathologischen Anatomie und Physiologie.

Skrzeczka, R. De pronominibus propter locum, quem obtinent, orthotonumenis. 16 S. 4°
Gumbinnen, Progr. 1837

Skrzeczka, Rud.Ferd. Leop.: Die Lehre des Apollonius Dyscolus von den Redetheilen und kritische Bemerkungen zu Apollon, de adverbio. 28 S. – Königsberg K.G., Progr. 1852

Skrzeczka: Die Lehre des Apollonius Dyscolus von den Redetheilen und kritische Bemerkungen zu Apoll. de adverbiis. 28 S. – Königsberg, Kn., Progr. 1853.

Skrzeczka: Die Lehre des Apoll. Dyscolus vom Verbum. I.–III. 62 S. – Königsberg, Kn., Progr. 1855, 1858, 1861.

Skrzeczka, R. F. L. Die Lehre des Apollonius Dyscolus vom Verbum. Erster Theil. Ebd. 1855. 16 S. 4.
Zweiter Theil. Ebd. 1857. 21 S. 4.
Dritter Theil. Ebd. 1861. 25 S. 4.
Vierter Theil. Ebd. 1869. 22 S. 4. Progr.

Skrzeczka, Rud. Ferd. Leop. Observationes in Apollonii Dyscoli librum de pronomine. 24 S. 4°
Königsberg, K.G., Progr. 1847

Skrzeszewski, s. Ungarn.

Skrzeszewski, Adf. v., General-Karte der Länder der Ungarischen Krone nebst einem Theile der angrenzenden Ländergebiete. Nach den neuesten Quellen entworfen und gezeichnet. Ausg. 1887. Nach der neuesten Comitats-Eintheilung berichtigt und mit allen im J. 1886 in Betrieb gesetzten neuen Eisenbahnlinien ergänzt. 1 : 1,152,000. gr. Fol. Budapest 887, Nagel. cart. * 4 —
cart. auf Leinw. * 6 —
Auf Leinw. mit Stäben * 6 —

Cabinets-Atlas über alle Theile der Erde, Reiche und Völker, von Adolf Ritter von **Skrzeszewski**. In 48 Quarzblättern in Farbendruck, mit 27 Miniatur-Städteplänen. Pest: Hartleben 1861. 4°

—— Karte der Umgebung von Bad Gastein und Rundschau vom Gamskahr-Kogel. 1 : 50,000. Photolithogr. und color. Imp.-Fol. Ebendas. 877. * 2 —

Skrzeszewski, Adf. v., Karte der Umgebung von Bad-Gastein und Rundschau vom Gamskahr-Kogl. 1 : 50,000. Chromolithogr. Nebst Plan von Wildbad-Gastein. 1 : 7200. Chromolithogr. Fol. Wien 880, Hölzel. In Carton * 2 —

Skrzeszewski, A. v., Plan des Wildbads Gastein. 1 : 7200. Photolithogr. Fol. Wien 877, Lechner's Verlag. * 1 —

Skrzeszewski, Adf. v., Special-Karte der Umgebung von Bad Gastein und Rundschau vom Gamskahr-Kogel. 1 : 50,000. Chromolithogr. Imp.-Fol. Nebst Plan des Wildbads Gastein. 1 : 7,200. Lithogr. Fol. Wien 882, Hölzel. * 2 —

Skrzeszewiski, Maj. Adf. Ritter v., Wiener Touristen-Karte. Nach den besten Quellen entworfen und gezeichnet. 6. Aufl. 1872, und 7. verm. und verb. Aufl. [Mit einem Plane und einer Ansicht der Weltausstellung.] Fol. (Mit 24 S. Text in 8.) Wien 873, Czermak. *

Skrzeszewski, Adf. Ritter v., Wiener Touristen-Karte. Nach den besten Quellen entworfen und gezeichnet. 1 : 246,857. 11. verm. und verb. Aufl. Chromolithogr. qu. gr. Fol. Mit Ortsverzeichniss. 8. (26 S.) Wien 878, Toeplitz und Deuticke. cart. * 1 —

Skrzeszowsky, Adf. Ritter v., Wiener Touristen-Karte. 1 : 246,857. 13. verm. und verb. Aufl. Chromolithogr. qu. Fol. Wien 882, Toeplitz und Deuticke. In Carton * 1 —

Skrzeszewsky, Adf. Ritter v., Wiener Touristen-Karte. 1 : 246,857. 16. verm. und verb. Aufl. Chromolithogr. qu. Fol. Wien 889, Deuticke. In Carton * 1 —

Umgebung von Bad-Gastein und Rundschau von Gamskahr-Kogl. Gez. u. hrsg. Adolf v. Skrzeszewski. Maßst. 1 : 50,000. *Olmütz: R. Promberger [1903]; Dr. von E. Hölzel, Wien.* (2 Kartenbl. je 63×52 cm.) quer-gr. 2° [kol.]
[Umschlagt.:] Umgebungskarte von Badgastein u. Rundschau vom Gamskahr-Kogl. [03. 16433

Skrzeszewsky, s. Skrzeszewski

Skrzipietz, Paul, Apotheker: Die Aulax-Gallen auf Hieracium-Arten. Breslau 1900: A. Schreiber. (52 S.) 8°
Rostock, Phil. Diss. v. [29. Jan.] 1900.

Skrzivan: Ueber Waarenberechnungen und den Einfluss der Prozente auf die Waarenpreisse. 36 S. 8° –Prag H., Progr. 1857

Skrzivân, G.: Die ersten Grundlehren der Zahlentheorie. 72 S. 8°–Wien OR. Inn. St., Progr. 1860

Skrzivan, G.: Zur Lehre der Transversalen im ebenen Dreiecke. 17 S. 8°–Wien OR.Inn.St., Progr. 1862

Skrzivan, G.: Ueber Potenzreste. 30 S. 8°–Wien OR. Inn.St., Progr. 1861

Skubich, A., zur Versittlichung des Partei- und des persönlichen Streites. Die nächste Reformfrage des Jahrhunderts, auf geschichtl. und altchristl. Grundlage. gr. 8. (58 S.) Berlin 871, Henschel. [München, Th. Ackermann.] * — 80

ERNST, Erzherzog von Oesterreich. — Laura von Skublicz und Erzherzog Ernst. Darstellung ihrer heimlichen, aber glücklichen Ehe, die traurigen Schicksale ihrer Kinder und der Kampf dieser um's Recht, gegen Missgunst und Lüge. Leipzig, Gracklauer, o. J. (190*). 8°. (1 Mk. Südd. Antiqu., München, 1908.)
Verboten v. L.-G. Wien, 19. VIII. 1901. § 64; Kr.-G. Reichenberg, 23. IX. 1901. §§ 63, 64, 305.

Skublics, Laura v., u. Erzherzog Ernst. Ausführl. Darstellg. ihrer heiml., aber glückl. Ehe, der traurigen Schicksale ihrer Kinder u. der Kampf dieser um's Recht, gegen Mißgunst u. Lüge. [Umgearb. in erweit. Abdr. aus: „Ketösy, M. Graf, Habsburg. Mesalliancen".] 8. (67 S. m. 1 Bildnis.) Leipzig (901). Leipz. Verlags-Comptoir. n. 1. —

Skubovius, E., Beitrag zur Denkmalsfrage. Kaiser Wilhelm I. in Versailles am 18. Jan. 1871, dem Geburtstage d. neuen deutschen Reiches. Dem Einiger der deutschen Stämme zur Erinnerg. an die errungene Einigung. Nach seinem Vortrage im Berliner Architekten-Verein vom 25. Novbr. 1889, f. Nichtarchitekten etwas erweitert. gr. 8. (20 S.) Berlin 890. Bohne. n. — 50

Skucck, L.: Quam salubris sit flore iuventutis institutio. 5 S.– Saaz, Progr. 1852.

Skuczek: Einige Oden des Anakreon ins Lat. übersetzt. 3 S.–Saaz, Progr. 1852

Skudamore, F., s.: Krieg, der große, v. 189—

Skuberl, s. Scuberl.

Skufca, Ludovik. Šmarnice ali: Romanje v nebeško kraljestvo v Marijinem mesecu. V Celovci, St. Hermagoras-Druck., 1886. 288 S. (Eigentl.: Škufca.)

Skugarewski. Das Jahr 1812 vom Anfange des Krieges bis inclusive Smolensk. Praktische Winke zum Studium der Kriegsgeschichte. (Mit 14 Karten und Plänen.) (In russischer Sprache.) 8. Kasan 1898.

Skugarewski, Arcadius

Skugarewski, A. Der Angriff der Infanterie. Übs. v. V. Mikulicz. A. d. Russ. Mit 1 Beil. Wien 1894. 176 S.

Skugarewski, Arcadius, der Angriff der Infanterie. Autoris. Übersetzg. der 2. Aufl. v. Valerian Mikulicz. Mit e. Beilage. gr. 8. (VIII, 176 S.) Wien 894. C. Konegen. n. 3. —

Skuhala, Ivan. Življenje našega Gospoda Jezusa Kristusa. V Celovcu. St. Hermagoras-Druck., 1889. 224 S.

Skuhersky, F. Z., die musikalischen Formen. gr. 8. (VIII, 228 S.) Prag 879. Mikuláš & Knapp. n. 5. —

Skuhersky, F. Z., Die Harmonielehre auf wissenschaftl. Grundlage in ihrer einfachsten Gestalt und mit Bezug auf die reiche Harmonie-Entfaltung d. Gegenwart. 1885. gr. 8 (IV u. 193 S.) Prag. Fr. A. Urbánek. 2 fl.

— missa in honorem b. Agnetis de Bohemia ad IV voces inaequales cum organo adjuncto [non obligato]. Op. 24. Partitur u. Stimmen. Imp.-4. (14 u. 12 S.) Ebend. 877. n. 3. 20

— missa in honorem Sc. Ferdinandi, ad IV voces inaequales. Op. 42. Partitur. hoch 4. (12 S.) Ebend. 877. n. 1. —; Stimmen (16 S.) n. — 80

Skuhersky, F. Z., missa „quarta" quatuor vocum inaequalium organo comitante ad libitum. Op. 22. Puritur. Imp.-4. (19 S.) Prag 875. Mikulás & Knapp. n. 2. 40; Stimmen (16 S.) n. — 80

— missa „quinta" ad unam vocem cum organo. Op. 23. Partitur. Imp.-4. (12 S.) Ebend. 875. n. 2. —; Stimmen (4 S.) n. — 20

—— **Missa** ad duas voces aequales cum organo obligato aut 2 violinis, 1 viola, 1 violoncello et 1 contrabasso comitantibus. Op. 43. Partitur und Stimmen. gr. 4. (12 und 9 S.) (Ebendas.) 877. *
Instrumentationsstimmen. (15 S.) *

— motetta [gradualia et offertoria] pro dominicis et festis totius anni ecclesiastici ad voces tantum cum organo adjuncto [non obligato]. Vol. I—III. [Op. 28—30.] Partitur u. Stimmen. gr. 4. (63, 51 u. 63 S.) Ebend. 876. à n. 2. 40

Skuhersky, F. Z., motetta [gradualia et offertoria] pro dominicis et festis totius anni ecclesiastici ad voces tantum cum organo adjuncto [non obligato]. Vol. IV—VII. [Op. 31—34.] Partitur u. Stimmen. gr. 4. (47, 51, 48 u. 49 S.) Prag 877. Mikuláš & Knapp. à n. 2. 40

Skuhersky, Rud., die Methode der orthogonalen Projekzion auf zwei Ebenen, die keinen rechten Winkel mit einander einschliessen, als Grundlage für jede auf dem Principe der orthogonalen (orthographischen) Projekzion beruhende perspektivische Projekzionsart oder Parallel-Perspektive. gr. 4. (21 S. mit 2 Stnt. in qu. Fol.) Prag 858, (Calve'sche Universitäts-Buchh.) Thlr. *
Aus: Abhandlungen der k. böhmischen Gesellschaft der Wissenschaften, besonders abgedruckt.

Skuhersky, Rudolf: Die orthographische Parallelperspektive (mit 1 Taf.). S. 5. 326.
Separatabdruck

Skuherský, Rud., die orthographische Parallel-Perspektive. (In 2 Heften.) 1. Heft. gr. 8. (IV und S. 1—50 mit 5 Stnt. in gr. 4.) Prag 855, [Tempsky.] *

—— die orthographische Parallel-Perspektive. 2. (Schluss-) Heft. gr. 8. (VI und S. 51—107 mit 7 Stnt. in qu. gr. 4. und 18 in den Text gedr. Fig. in Holzschn.) Prag 858, Tempsky. *
1. Heft. Ebendas. 1855. * 20 Ngr.

Skuherský, Rud., die Theorie der Theilungspunkte als Beitrag zur Lehre von d. freien Perspective. [Mit 1 (lith.) Taf. (in Fol.)] [Aus den Sitzungsberichten 1851 der kais. Akad. der Wissenschaften abgedruckt] gr. 8. (7 S.) Wien 852. (Braumüller.) n. 1/4 ₰

– Die Theorie der Teilungspunkte als Beitrag zur Lehre von der freien Perspektive (mit 1 Taf.). S. 7. 471.
Separatabdruck

SKUHR, Christian: Botanisches Handbuch der mehrsten, theils in Deutschland wildwachsenden, theils ausländischen in Deutschland unter freyem Himmel ausdauernden Gewächse. Wittenberg 1791 u. 1792. 2 Tl. i. einz. H.

Skulpturen, s. a.: Sculpturen.

— antike, aus den kgl. Museen zu Berlin. 1. Bd. 75 Lichtdr.-Taf. Fol. (1 Bl. Text.) M. erklär. Text v. d. Direction d. Sammlg. Lex.-8. (19 S.) Berlin 897. Graph. Gesellschaft. In Leinw.-Mappe. Subskr.-Pr. n.n. 120. —; Ladenpr. n.n. 135. —

Skulpturen, assyrische. 1.—3. Lfg. hoch 4. (30 Taf. in Phototyp. m. 6 S. Text in deutscher, engl. u. französ. Sprache.) Haarlem (901. 902). H. Kleinmann & Co. à 5.—

Skulpturen, assyrische. 4.—7. Lfg. (58 Taf. in Phototyp. m. 28 S. Text in deutscher, engl. u. französ. Sprache.) hoch 4. Harlem (903. 904.) H. Kleinmann & Co. à 5. —

Skulpturen, assyrische, bearb. u. erläutert v. Archib. Paterson. (Sculptures assyriennes. — Assyrian sculptures.) 8. u. 9. Lfg. (20 Taf in Phototyp. m. 9 S. Text in deutscher, engl. u. französ. Sprache.) 33,5×24,5 cm. Haarlem (907). H. Kleinmann & Co. à 5. —

— neue. Ausgewählte Plastiken moderner Meister Deutschlands u. Oesterreichs. I. Serie. (60 Lichtdr.-Taf.) Fol. Wien (904). F. Wolfrum & Co. In Mappe n. 40. —; auch in 5 Lfgn. à 8. —

— neue. Ausgewählte Plastiken moderner Meister Deutschlands u. Österreichs. II. Serie. 60 Taf. in Lichtdr. 5 Lfgn. (Je 12 Taf.) 45×34 cm. Wien (907). F. Wolfrum & Co. In Mappe à Lfg. 8. —

Skulpturen Neue, mod. Meister Deutschl. u Österr. I. (60 T) fol Wien (1904)

— die, des Pergamon-Museums in Photographien. (Neue Ausg.) (33 Bl.) qu. 8. Berlin (905). G. Reimer. In Leinwand-Mappe 30. —; einz. Bl. 1. —

Skulpturen-Kalender 1911. (6 Taf.) 40×30 cm. Steglitz-Berlin, Neue photograph. Gesellschaft. 4. —

Skulpturen-Schatz, klassischer. Hrsg. von F. v. Reber u. A. Bayersdorfer. 1. Jahrg. Octbr. 1896—Septbr. 1897. 24 Hfte. hoch 4. (à Hft. 6 Autotyp. m. 1 Bl. Text.) München, Verlagsanstalt F. Bruckmann. à Hft. n. — 50; Einzelpr. à n. — 75
Das 1. Semester hatte 6, das 2. 18 Hfte.

— dasselbe. 2. u. 3. Jahrg. Oktbr. 1897—Septbr. 1899. à 24 Hfte. hoch 4. (à Hft. 6 Autotyp. m. 1 Bl. Text.) Ebd. à Jahrg. 12. —; einz. Hfte. — 75
Kann auch vierteljährlich bezogen werden.

Skulpturen-Schatz, klassischer. Hrsg. von F. v. Reber u. A. Bayersdorfer. IV. Jahrg. Oktbr. 1899—Septbr. 1900. 24 Hfte. hoch 4. (à ca. 6 Autotyp. m. 1 Bl. illustr. Text.) München, Verlagsanstalt F. Bruckmann. n. 12. —

Skuphos, Thdr. Geo., üb. Partanosaurus Zitteli Sk. u. Microleptosaurus Schlosseri nov. gen. nov. spec. aus den Vorarlberger Partnachschichten, s. a. Abhandlungen der k. k. geologischen Reichsanstalt.

Ueber Partanosaurus Zitteli Skuphos und Microleptosaurus Schlosseri nov. gen., noc. spec. aus den Vorarlberger Partnachschichten. Von Dr. Theodor Georg Skuphos aus Paros. (Mit 3 Taf. u. 1 Zinkotypie.) Wien: K.k. geol. Reichsanst. 1893. (16 S.) 4°
(Abhandlungen d. k.k. geol. Reichsanstalt. Bd 15, H. 5)

Skupnik, Vinzenz, Persönlichkeit, s. a. Magazin, pädagog.

Persönlichkeit. Eine theoret. Untersuchung von Prof. Vinzenz **Skupnik**. Langensalza: Beyer 1910. 22 S. 8°
(Pädagogisches Magazin. H. 403.) [11. 9339

Skupoli, Laurentius, der geistliche Kampf. Aus dem Italien. neu übers. mit Anmerkungen und gewöhnlichen Andachten versehen durch Bernh. Arnold. Schaffhausen 858. Hurter. 16. (XXIV, 332 S.) 18 ngr.
Vgl.: Scupuli.

Skupoli, Laurent., der geistliche Kampf. Aus dem Italien. neu übers., mit Anmerkungen u. gewöhnlichen Andachten versehen durch Bernh. Arnold. 2., durchaus verb. u. verm. Aufl. Schaffhausen 867. Hurter'sche Buchh. 16. (XXVIII, 335 S.) 18 ngr.

Skupuli, s. Scupuli.

Skurz [Schlagwort]

Skurz, s.: Preussen. Messtischblätter.

Skusa, A. E., zur Feyer d. 50jähr. Stiftungs-Gedächtniß-Tages d. naturforsch. Gesellschaft in Danzig. gr. 8. Danzig, Troschel. 794.

ABRAHAM BENJAMIN SKUSA, Rede zur Feier des funfzigjährigen Stiftungsgedächtnißtages der Naturforschenden Gesellschaft zu Danzig, in der ausserordentlichen öffentlichen Versammlung derselben am zweiten Januar 1793 gehalten. Danzig 1794. Bei Ferdinand Troschel. 8°.

AUGUST WILHELM SKUSA, Rede zur Feier des ersten Säcular-Festes der naturforschenden Gesellschaft zu Danzig am zweiten Januar 1843 gehalten. Laut Beschluss und auf Kosten der Gesellschaft gedruckt. Danzig 1843. Druck der Gerhardschen Officin. 4°.

Die neueren Arzneimittel in der ärztlichen Praxis. Wirkungen u. Nebenwirkungen, Indikationen u. Dosierung. Von Dr. A[lexander] **Skutetzky**. Mit e. Geleitwort von Prof. Dr. J[osef] Nevinny. Berlin: J. Springer 1908. (VI, 379 S.) 8° [08. 7900

Skutetzky, A., die neueren Arzneimittel in der ärztl. Praxis. Wirkungen u. Nebenwirkgn., Indikationen u. Dosierg. Vom k. u. k. Militär-Sanitäts-Comité in Wien preisgekrönte Arbeit. Mit e. Geleitwort v. J. Nevinny. (VII, 379 S.) 8. Berlin 908. J. Springer. 7.—; geb. in Leinw. n 8. —

Skutezky G.: Der landwirtschaftliche Betrieb d. Drnowitzer Zuckerfabrik zu Wischau. M. e. Einleitung v. M. v. Proskowetz. Wien 1890. 72 S. 4°. [Tysk og fransk].

Skutezky, Gust., die rationelle Conservirung d. Stallmistes. (Internationaler land- u. forstwirthschaftl. Congress zu Wien 1890, 98. Hft.) gr. 8. (16 S.) Wien 890. (Frick.) n. — 80

Skutsch, Felix [Dr., Erster Assistenzarzt d. gynäkolog. Klinik in Jena]: Die Beckenmessung an der lebenden Frau .... Jena, Gustav Fischer, 1886; 1 Bl. + 106 S. u. 12 Taf. 8°.
Jena, Med. Fak., Hab.-Schr. v. 1886.

Skutsch, Fel., die Beckenmessung an der lebenden Frau. Mit 12 lith. Taf. [Aus: „Jenaische Zeitschr. f. Naturwissensch."] gr. 8. (105 S.) Jena 887. Fischer. n. 6. —

Skutsch, Felix *(geb. Königshütte 14. 1. 1861)*: Die Lacerationen des Cervix uteri, ihre Bedeutung und operative Behandlung. Jena 1884. (46 S.) 8° *[Im Buchhandel 1884 bei Neuenhahn in Jena]*
Breslau, Med. Diss. v. 6. Okt. 1884

Skutsch, Felix, die Lacerationen des Cervix uteri, ihre Bedeutung und operative Behandlung. Inaugural-Dissertation. gr. 8. (46 S.) Jena 884, (Neuenhahn.) — Breslau, (Köhler.) * 1 20

Geburtshilfliche Operationslehre. Für Studierende u. Aerzte. Von Dr. Felix **Skutsch**, Prof. Mit 145 Abb. Jena: Fischer 1901. X, 348 S. 4°(8°) [11. 1088 11

Skutsch, Fel., die Palpation der Bauch- u. Beckenorgane, s.: Sammlung klinischer Vorträge.

Skutsch, Feodor (geb. Pless 1821): De empyemate. Berolini 1845. (43 S.) 8
Berlin, Med. Diss. v. 14. Mai 1845

Skutsch, Frz., s.: Forschungen zur griechischen u. latein. Grammatik.

Skutsch, Frz., Forschungen zur lateinischen Grammatik u. Metrik. 1. Bd.: Plautinisches u. Romanisches. Studien zur plautin. Prosodie. gr. 8. (VII, 186 S.) Leipzig 892. B. G. Teubner. n. 4. 40

Skutsch, Frz., aus Vergils Frühzeit. gr. 8. (VII, 170 S.) Leipzig 901. B. G. Teubner. n. 4.—; geb. n. 4. 60

Aus Vergils Frühzeit. Von Franz **Skutsch**. T. [1.] 2. Leipzig (2: & Berlin): B. G. Teubner 1901–06. 2 Bde 8°
[1.] 1901. 2 [u. d. T.:] Gallus u. Vergil. Von F. Skutsch. 1906. [06. 11001

Gallus und Vergil ... von Franz **Skutsch**. Leipzig & Berlin: B. G. Teubner 1906. (202 S.) 8°
= **Skutsch**: Aus Vergils Frühzeit. T. 2. [06. 11000

— Geschichte der römischen Literatur, s.: Teuffel, W. S.

— s.: Glotta.

— Zur latein. Grammatik: Testis „Zeuge". S.-A. 1896. 5 S.

— Jahresbericht zur latein. Sprache für 1897, 1898. S.-A. 1899. 24 S.

Skutsch, Franz: Iambenkürzung u. Synizese. *Breslau 1896.* in: **Satura** Viadrina. Festschr. z. 25j. Besteh. d. philol. Ver. zu Breslau. [97. 6463

— s.: Literatur u. Sprache, die griechische u. lateinische.

Skutsch, Franciscus [Nissensis]: De nominibus latinis suffixi-no-ope formatis observationes variae . . . Vratislaviae, apud Guilelmum Koebnerum, 1890; 1 Bl. + 84 S. 8°
Breslau, Phil. Fak., Hab.-Schr. v. 2. Aug. 1890

Skutsch, Frz., de nominibus latinis suffixi-no-ope formatis observationes variae. Commentatio philologica. gr. 8. (84 S.) Breslau 890. Koebner. n. 1. —

Skutsch, Franciscus [Silesius]: De nominum Latinorum compositione quaestiones selectae . . . Bonnae, typ. Caroli Georgi univ. typogr., 1888; [nur Titelbl., Vita u. Thesen] 2 Bl. 8°
Bonn, Phil. Fak., Inaug.-Diss. v. 11. Aug. 1888

Skutsch, Franciscus [Silesius]: De nominum latinorum compositione quaestiones selectae. . . . Nissae, typ. A. Letzelii, 1888: 42 S. 8°
[vgl. 1887/88 Bonn Nr. 87]
Bonn, Phil. Fak., Inaug.-Diss. v. 11. Aug. 1888

— Lateinisch-deutsches Schul- u. Handwörterbuch, s.: Stowasser, J. M.

Skutsch, H., Bibliotheca Silesiaca. Systematisch geordnetes Verzeichniss einer reichhaltigen Sammlung von Büchern und Manuscripten aus dem Gebiete der schlesischen Literatur. Breslau 1861. 8. . . . . (D.)

Skutsch, Louis, die projectirte Wasser-Versorgung der Stadt Neisse. Eine hygien. Studie. gr. 8. (15 S.) Neisse 873. (Graveur. n. — 50

Skutsch, Louis, die projectirte Wasser-Versorgung der Stadt Neisse. Eine hygien. Studie. gr. 8. (15 S.) Neisse 875, Graveur'sche Buchh. *

Skutsch, Ludov. (geb. Tarnowitz 2. 10. 1832): De empyemate. Berolini (1856). (20 S.) 8°
Berlin, Med. Diss. v. 5. Aug. 1856

Skutsch, Richard [pr. Arzt aus Krotoschin]: Ueber Vulvovaginitis gonorrhoica bei kleinen Mädchen. . . . Jena, Druck v. G. Neuenhahn Univ.-Buchdr., 1891; 54 S. 8°
Jena, Med. Fak., Inaug.-Diss. v. (20. März) 1891

Skutsch, Rich., üb. Vulvovaginitis gonorrhoica bei kleinen Mädchen. Diss. gr. 8. (54 S.) Jena 891. (Neuenhahn.) n. 1. —

Skutsch, Rudolf: Über den Einfluß der elastischen Nachwirkung auf die Leistungsfähigkeit der Riementriebe. Dortmund: Selbstverl. 1910. 37 S., 2 Taf. 4° ¶ Ohne das Vorw. in: Mitteilungen über Forschungsarbeiten auf d. Gebiete d. Ingenieurwesens. H. 120. 1912; Ausz. in: Zeitschrift d. Vereines deutscher Ingenieure. Bd 55. 1911, Halbj. 2.
Braunschweig, Dr.-Ing.-Diss. v. 21. 7. 1910

Skwirsky, P(eter): ⟨Aus d. Bakteriol. Laborat. d. Städt. Krankenh. Am Urban, Berlin. Vorstand: Michaelis.⟩ Ueber den Mechanismus der Komplementbindungen. Berlin 1910: (Frommann, Jena). 34 S. 8° ¶ (Aus: Zeitschr. f. Immunitätsforsch. u. exper. Therapie. T. 1. Orig. Bd 5, H. 5.)
Berlin, Med. Diss. v. 3. Mai 1910, Ref. Kraus
[Geb. 29. Nov. 83 Ekaterinoslaw; Wohnort: Berlin; Staatsangeh.: Rußland; Vorbildung: Realsch. Ekaterinoslaw; Studium: Charkow Techn. Hochsch., Med. Jena 2, Straßburg 5, Berlin 3 S.; Rig. 11. März 10.] [U 10. 99

Škwor, Johann, Hauptm. im k. k. Inft.-Reg. Freiherr v. Reischach etc.: Orts-Lexikon der im Reichsrathe vertretenen Königreiche und Länder von Oesterreich. Enthaltend, nebst der Ortschaft die Nachweisung der Bezirkshauptmannschaft, des Bezirksgerichtes, des Gerichtshofes I. Instanz, des Steueramtes, der Finanz-Bezirks-Direction, (Finanz-Inspectorats), des Heeres-(Marine-) Ergänzungs-Bezirkes und des Landwehr- (Landesschützen-) Bataillons, zu welchem dieselbe gehört. Wien 1876. 8°

—— Orts-Lexicon der Länder der ungarischen Krone, enth. nebst der Ortschaft die Nachweisung des polit. Bezirkes, der Jurisdiction [Comitat, Stuhl, District etc.], des Bezirksgerichtes, des Gerichtshofes, des Heeres-[Marine-]Ergänzungs-Bezirkes und des Landwehr-Bataillons, zu welchem dieselbe gehört. Lex.-8. (161 S.) Budapest 876, (Grill's Hofbuchh.) *

Škwor, Joh., Orts-Lexikon von Oesterreich-Ungarn, enth. nebst der Ortschaft die Nachweisung des polit. Bezirkes, des Bezirksgerichtes, des Gerichtshofes [in den im Reichsrathe vertretenen Königreichen u. Ländern, auch d. Finanz-Bezirkes], d. Heeres- [Marine-] Ergänzungs - Bezirkes u. des Landwehr - [Landesschützen-] Bataillons, zu welchem dieselbe gehört. 1. Thl. Im Reichsrathe vertretene Königreiche u. Länder von Oesterreich. Lex.-8. (228 S.) Wien 876. Seidel & Sohn in Comm. n. 7. — (cplt.: n. 14. 20)
Den 2. Bd. bildet: Škwor, J., Orts-Lexikon der Länder der ungarischen Krone.

Skwor, Joh., Orts-Lexicon v. Oesterreich-Ungarn. 2. Thl. A. u. d. T.: Orts-Lexicon der Länder der ungarischen Krone, enth. nebst der Ortschaft, die Nachweisg. d. polit. Bezirkes, der Jurisdiction [Comitat, Stuhl, District etc.], d. Bezirksgerichtes, d. Gerichtshofes, d. Heeres-[Marine-]Ergänzungs-Bezirkes, u. d. Landwehr-Bataillons, zu welchem dieselbe gehört. Lex.-8. (161 S.) Budapest 876. Grill in Comm. n. 7. 20

Skworzow, Constantin, patrologische Untersuchungen. Ueber Ursprung der problemat. Schriften der apostol. Väter. gr. 8. (V, 170 S.) Leipzig 875, Fr. Fleischer. *

Skyles, Henry H., das Handels-, Wechsel-, Konkurs- u. See-Recht der Vereinigten Staaten v. Amerika, s.: Handelsgesetze des Erdballs. (Clark, William Lawrence.)

Skytte, die Familie, s.: Bibliothek, Europäische, 662 u. 663. Bd. — Lese-Cabinet, belletrist., 534—537. Lfg.

Slabber, Mart., physikal. Belustigungen od. mikroskop. Wahrnehmungen in- u. ausländ. Land- u. Wasserthierchen; aus d. Holländ. übersetzt v. P. L. S. Müller. Mit Kpf. 4. Nürnb. 775. Winterschmidt. 3 ℔ 8 g.

Slabe, A., mein Gebet u. mein Trost in jeder Lage d. Lebens. Ein Andachtsbuch f. kathol. Christen u. wahre Bekenner d. Religion Jesu. 1., u. 2. Aufl. (à 9 B. u. 6 Kfr.) gr. 12. Wien 831, 34, Pfautsch. à

Slabikář a první čítanka pro katolické školy v císařství Rakouském. 8. (94 S) Ve Vídni, Tiskem L. Grunda. 1853. (A B C und erstes Lesebuch für die katholischen Schulen des österr. Kaiserthums. (Prodává se nevázaný za 6 kr. Vázaný na hřbetě plátnem 9 kr. stř.
Verlag der Schulbücher-Verschleiß-Administration

Slabikář a proní čitanka pro katolické školy v císařství Rakouském. Spřipojeným malým katechismem. 8. (110 p.) Ve Vídni. Tiskem L. Grunda, 1854. (A B C und erstes Lesebuch für die katholischen Schulen im österr. Kaiserthume. In Verbindung mit dem kleinen Katechismus.) Nevázaný za 7 kr. stř. Vazany na hřbetě platnem za 10 kr. stř.
Verlag der Schulbücher-Verschleiß-Administration

Slabikář a první čitanka pro katolické školy v císařství Rakouském. S připojeným malým katechismem. Ve Vídni, 1855. Tiskem L. Grund. 110 S. 8.) (Namenbüchlein und erstes Lesebuch für die katholischen Schulen im Kaiserthume Oesterreich. Mit einem kleinen Katechismus.) (Böhmisch.)
Verlag der Schulbücher-Verschleiß-Administration

Slabikář, německý, pro druhé oddělení prvni třídy na městských školach v císařství Rakouském. 8. (38 S) Ve Vídni. Tiskem L. Grunda. 1854. (Deutsches Namenbüchlein für die zweite Abtheilung der ersten Klasse in den städtischen Schulen im Kaiserthume Oesterreich) Kostet gebunden in Leinwandrücken 6 kr. C. M.
Verlag der Schulbücher-Verschleiß-Administration

Slaboszewicz, Josef [Ingenieur-Technolog aus Butkajcie (Littau)]: Über eine neue Synthese der Fluorindine. Basel 1900. 36 S. 8°.
Basel. Phil. Diss. 1900/1901.

Slaboszewicz, Jozef. Über eine neue Synthese der Fluorindine. Diss. Phil. Basel. 54 S. 8. Basel, Walz & Miéville, 1901.

Slaby (Red.), s. Verhandlungen d. Vereins z. Beförderung d. Gewerbfleisses.

Slaby: Das Wurzelausziehen aus irrationalen Zahlen. 8 S.–Prag N., Progr. 1856

Slaby, Adolf: Ueber die Beweg. eines schweren Punktes a. e. rotirenden Bahn. 1873. 8°
Diss. Jena

Slaby, A., Entdeckungsfahrten in den elektr. Ozean. Gemeinverständliche Vorträge. 4. Aufl. Wohlfeile Ausg. (XI, 434 S. m. Abbildgn.) Lex. 8. Berlin 911. L. Simion Nf. Geb. in Leinw. 6. 50

Die neuesten Fortschritte auf dem Gebiete der Funkentelegraphie. Von A[dolf] Slaby, Prof., Berlin. Vorgetr. in d. 42. Hauptversammlung d. Ver. deutscher Ingenieure zu Kiel. Mit 1 Taf. Berlin: J. Springer 1901. (30 S.) 8°
Aus: Zeitschrift d. Ver. deutscher Ingenieure. 1901. No 30.

Slaby, A., die Funkentelegraphie. M. 22 Abb. u. 2 Karten. gr. 8. (IV, 70 S.) Berlin 897. L. Simion. n. 2.

— die Funkentelegraphie. Gemeinverständliche Vorträge. 2. Aufl. Lex.-8. (V, 119 S. m. 30 Abb. u. 2 Taf.) Berlin 901. L. Simion Nachf. n. 3. —; geb. n. 4. —

Slaby, A[dolf]: Das Gesetz von der Erhaltung der Energie und seine Bedeutung für die Technik. 1895. 13 S. 4° ¶ Abgedr. in: Zeitschrift d. Vereines deutscher Ingenieure. Bd 39.

Otto von Guericke. Fest-Vortrag geh. in München 1906 von Geh. Reg. R. Prof. Dr. Dr. ing. A[dolf] Slaby. (München 1906: Bruckmann.) 13 S. 8° [Umschlagt.]
(Deutsches Museum. Vorträge u. Berichte. H. 3.)

Slaby, A., Otto v. Guericke. Festvortrag aus Anlass der Grundsteinlegg. des Deutschen Museums zu München, geh. im Wittelsbach-Palais am 13. XI. 1906. (28 S.) 8. Berlin 907. J. Springer. n. — 60

Slaby, A. Die Klein-Motoren der Pariser Welt-Ausstellung 1878. (Manuscript.) Fol.

Slaby, A: Die Kleinmotorenfrage und ihr augenblicklicher Standpunkt. Vortrag. Berlin 1880

Glückliche Stunden. Entdeckungsfahrten in d. elektr. Ozean. Gemeinverständl. Vorträge von A[dolf] **Slaby**, Prof. Berlin: L. Simion Nf. 1908. (VIII, 434 S.) 4°(8°) [F.] 08. 4100

Slaby, A., calorimetrische Untersuchungen üb. den Kreisprozess der Gasmaschine. gr. 4. (VIII, 240 S. m. 80 Holzschn. u. 9 lith. Taf.) Berlin 894. L. Simion. Kart. n. 30. —

Slaby, A., Versuche über Leistung und Brennmaterial-Verbrand der Kleinmotoren, s. Brauer, E.

Slaby, W. Th., die Zauber-Rechnenkunst. Eine Samml. mathematischer Kunststücke u. Kunstzahlen z. angenehmen Unterhalt., nebst Beifügung, wie oft fünf Zahlen v. 1 bis 90 versetzt werden können. 8. (3 B.) Leitmeritz 840, Medau.

Slade's, Mr., Aufenthalt in Wien. Ein offener Brief an meine Freunde. 8. (44 S.) Wien 878. Fischer & Co. n. 1. —

Sladeck, Karl

Sladeck, Carl, billigstes, probates Schutzmittel f. Obstbäume, Sträucher, Garten u. Feld gegen Schädlinge, insbes. Ungeziefer, auch Anleitg. zur Befestigg. junger Bäume. gr. 16. (12 S. m. 6 Abb.) Schmalkalden 895. O. Lohberg. n. — 25

Sladeček, zur Lehre der Preßdelikte. (Aus d. Manuscripten e. Monographie üb. d. Preßrecht.) [Aus: „Archiv f. Strafrecht".] gr. 8. (25 S.) Berlin 896. R. L. Prager. n. — 80

Sladeczek, A., die Elemente der deutschen Poetik oder Formenlehre der Dichtkunst. Zum Gebrauche in Bürger- und höheren Töchterschulen, Präparandenanstalten und Lehrerseminarien. 8. (IV, 62 S.) Breslau 884, Goerlich's Verlag. *

Sladeczek, A., kleine Poetik. Der Versbau u. die Gattgn. der deutschen Dichtg. Auszug aus desselben Verf. „Elemente der deutschen Poetik", zunächst zum Gebrauche in gehobenen Volksschulen bestimmt. 8. (IV, 20 S.) Breslau 884. Goerlich. n. — 20

Sladeczek, Andr., kurzer Abriß d. Kirchengeschichte f. kathol. Schulen. 2., verb. Aufl. 8. (IV, 57 S.) Freiburg i/B. 896. Herder. n. — 40

Sladeczek, Andr., kurzer Abriß der Kirchengeschichte für kathol. Schulen. 3. Aufl. 8. (IV, 59 S.) Freiburg i/B. 899. Herder. n. — 40

Sladeczek, Andr., kurzer Abriß der Kirchengeschichte f. kathol. Schulen. 4. Aufl. (IV, 59 S.) 8. Freiburg i/B. 903. Herder. n. — 40

Sladeczek, Andr., kurzer Abriß der Kirchengeschichte f. kathol. Schulen. 5. Aufl. (IV, 59 S.) 8. Freiburg i/B. 906. Herder. — 40

— die vorbeugende Bekämpfung des Alkoholismus durch die Schule. Theoretisch-prakt. Hilfsbuch f. die Hand der Lehrer. (154 S.) gr. 8. Berlin 905. Mäßigkeits-Verlag. n. 2. —; geb. in Leinw. n. 2. 40

— die Berechnung der Flächen u. Körper. Erklärungen, Regeln, Formeln, Beispiele u. Übungsaufgaben. Für die Hand der Schüler. 8. (VIII, 72 S.) Ebd. 901. n. — 60; kart. n.n. — 70

— kleine Ernährungs- u. Nahrungsmittellehre zum Gebrauche in Schulen. (VI, 90 S.) 8. Dresden (906). A. Müller-Fröbelhaus. Kart. n. — 80

Sladeczek, Andr., die Geschichte der Pädagogik in ihrer Bedeutung f. Lehrerbildg. u. Lehrerwirksamkeit. Eine erziehungs-theoret. Abhandlg. auf psycholog. Grundlage. gr. 8. (32 S.) Beuthen 875. Görlich & Coch. n. 1. 25

— Handbuch der Ernährungskunde zum Gebrauche in Schule u. Haus. (XVI, 245 S. m. Abbildgn.) gr. 8. Ebd. (905). n. 3. —; geb. n. 3. 60

— kleiner Katechismus üb. die Tuberkulose. Zunächst f. die Schuljugend. (22 S.) 8. Breslau (904). F. Goerlich. n. — 20

— das katholische Kirchenjahr u. die gebräuchlichsten kirchlichen Andachten. Ausg. A. Zum Gebrauche in Volksschulen. 8. (VII, 66 S.) Ebd. 900. n. — 50

— dasselbe. Ausg. B. Zum Gebrauche in erweiterten u. höh. Schulen sowie beim Selbstunterricht. 8. (VII, 166 S.) Ebd. 900. n. 1. 20; Einbd. in Halbleinw. n.n.n. — 10

Sladeczek, P. Henr., cantica sacra, quae in usum studiosae juventutis selegit H. S. gr. 8. (33 S.) Wien 883. Hölder. n. — 30

Sladeczek, Henr., cantica sacra, quae in usum studiosae juventutis selegit H. S. Edit. II. gr. 8. (31 S.) Wien 885, Hölder. *

—— exegetische Erbauungsreden über die Episteln und Lectionen. 8. (VIII, 432 S.) Wien 887, Kirsch. *

Sladeczek, Heinr., Paulinische Lehre über das Moralsubjekt. Als anthropolog. Vorschule zur Moraltheologie des hl. Apostels Paulus. gr. 8. (XI, 336 S.) Regensburg 899. Verlagsanstalt vorm. G. J. Manz. n. 4. —

Paulinische Lehre über das Moralsubjekt. Als anthropolog. Vorschule z. Moraltheologie d. hl. Apostels Paulus. Von Prof. Heinrich Sladeczek ... Regensburg: Nation. Verlagsanst. 1899. (XI, 335 S.) 1 Bd 8°

Sladek, Eduard —. Rede des hochwürd. Herrn — —, gehalten in der Plenarversammlung des Central-Severinusvereines am 15. August 1855. „Ueber den ersten katholischen Jungfrauen-Verein in Wien." Wien. 1855. Gedruckt bei A. Pichler's Witwe und Sohn. (6 S. 8.)

Sladek, F., Religionsgeheimnisse, s.: Volksschriften zur Umwälzg. der Geister.

— Spaziergänge e. Freidenkers in das Reich der Mystik, s.: Volksschriften zur Umwälzung der Geister.

Sladek, Frz., die Macht der Finsternis. Streiflichter aus d. christl. Kirche. 8. (64 S.) Berlin 899. J. Sassenbach. — 35

Die Macht der Finsternis. Streiflichter aus d. christl. Kirche v. Franz **Sladek**. 2. Aufl. Berlin: J. Sassenbach 1899. (64 S.) 8°

Sladek, J., das heil. Grab Christi zu Niemes. Von der Erbaug. bis zur Feier d. Osterfestes der Gegenwart. 12. (21 S.) Niemes 883. (B.-Leipa, Künstner.) n. — 10

Sládek, Wenzel, Unterrichts-Methode für Damen-Bekleidung und Reductions-Schema. Imp.-Fol. (2 lithogr. Bl.) Prag 877, Kytka. *

Sladen, F[rederick] W[illiam] L[ambart]. Die Königinzucht. Von A[ugust] Sträuli.... Autorisierte Übersetzung von: Queen Rearing in England ⟨Kön' in England⟩ von F. W. L. S'... (**Umschlag:* Die K'. Aut' Üb' von: Q' R' in E'... von F. W. L. S'.... Von A. St'...). 56 S. 8. Leipzig, C. F. W. Fest, [1910]. (M. 1. 20)

Sladen, F. W. L., Queen rearing in England, Übersetzg., s.: Sträuli, A., die Königinzucht.

Sladović, Ant. Zachar., praktische Anleitung zur Gebührenbemessung der Verlassenschaften und der Gutsabtretungen mit Vorbehalten. Mit vielen erläuternden Beispielen. Warasdin 860. (Zuber's Wwe.) gr. 8. (145 S.) 15 ngr.

Programm des k. k. Militärgrenz-Obergymnasiums zu Zengg, veröffentlicht am Schlusse des Schuljahres 1856. Inhalt: 1. Griechisch, Lateinisch und Slavisch in ihrer Wechselseitigkeit. Vom Professor Immanuel Sladović. 2. Schulnachrichten vom Direktor Stephan Sabljak. Wien, 1856. Mechitaristen-Buchdruckerei. (22 S. 4.)

Sladowsky, Louis [aus Skaisgirren]: Über Nierenrupturen ... Halle a. S., Hofbuchdr. v. C. A. Kaemmerer & C., 1897; 28 S., 2 Bl. 8.
Halle, Med. Fak., Inaug.-Diss. v. 5. März 1897

Slama, Franz, Assist. an d. techn. Hochsch. zu Wien: I. Über **Halogenderivate** des Anthragallols. II. Darstellung eines Oxystyrogallols. *Wien: Selbstv. 1899.* (34 S.) 8°
Giessen, Phil. Diss. v. 1899

Sláma, Frz., Oesterreichisch-Schlesien. Landschafts-, Geschichts- und Culturbilder. Unter Mitwirkung von A. Peter, J. Matzura, K. Radda, F. Schmied u. A. hrsg. 16 Lfgn. Lex.-8. (504 S. mit Illustr.) Prag 885—87, Otto. à Lfg. * 50 Pf. *

Sláma v. Freyenstein, Jos., Handbuch der reinen und politischen Geographie, mit besonderer Rücksicht auf militärische Wichtigkeit zum Gebrauche für die Regiments-Kadetenschulen der k. k. österr. Armee. Brünn 854. Buschak u. Irrgang. gr. 8. (VIII, 4 Bl., 262 S.) n. 1 thl. 6 ngr.

Slameczka: Ueber Eigentümlichkeiten im Gebrauche der Epitheta bei Sophokles. 21 S. 8°–Teschen kth., Progr. 1869

Slameczka, Fr.: Einige Bemerkungen zu Cicero de legibus. S. 23-26. 8°. – Teschen I.G., Progr. 1870.

Slameczka, Frz. Untersuchungen über die Rede des Demosthenes von der Gesandtschaft. 48 S. 8. **Progr.** *Hernals* 1885.

Slameczka, Frz., Untersuchungen üb. die Rede d. Demosthenes v. der Gesandtschaft. gr. 8. (48 S.) Wien 885. Hölder. n. 1. 60

Slameczka, Friedrich

—: [Bericht über die Feier der hundertsten Wiederkehr von Schillers Todestag an der Anstalt.] S. 77—80. 8.
Progr. K. k. Akademisches Gymn. *Wien* 1905.

Slameczka, Friedrich: Zur Erinnerung an Ludwig von Zitkovszky. S. 29—33. 8. K. k. Akademisches Gymn. *Wien* 1903.
Progr.

Slamschak, Ludwig (Red.), s. Zeitschrift, Österr., f. Hippologie u. Pferdezucht.

Slander, a poëme. 4. Braunschw. 816. Plüchart. 8 gr.

Slangen, Niels, Geschichte Christian des IV. Königs in Dänemark, in Kürze vorgetragen u. mit Anmerkk. u. Zusätzen ꝛc. versehen von Jh. H. Schlegel. 2 Bde. 4. Kopenh. 757, 71. Pelt. 4 ß 8 gr

Slanina, C., s.: Kalender f. mittlere Justizbeamte.

Verzeichnis der Gerichtsschreiberei- und Gerichtskassen-Beamten des Oberlandesgerichtsbezirks Breslau nebst Dienstalters-Liste. Hrsg. auf Grund d. Angaben der Herren Kollegen von C. **Slanina**, Obersekr. Königshütte: K. Vater [1907]. (140 S.) 8° [Š.] 10. 8334 2

Slanina, Paul [app. Arzt aus Forst N.-L.]: Aus d. Patholog. Institute zu Kiel. Ueber die Todesursachen der Säuglinge bis zum Alter von 6 Monaten. '(Nach d. Protokollen d. Kieler Patholog. Instituts aus d. Jahren 1886—1892.)' ... Kiel, Druck d. »Nord-Ostsee-Zeitg«, 1893; 20 S., 1 Bl. 8.
Kiel, Med. Fak. Inaug.-Diss. v. [13. März] 1893

Slany, Paul: Über die Sinne nach Malebranche. Halle a/S. 1881: Decker in Posen. 34 S. 8°
Halle-Wittenberg, Phil. Diss. v. [10. Dez.] 1881
Geb. Roschowitzdorf (Kr. Kosel; Schlesien) 28. 2. 1850. V.
Im Buchhandel Posen: Jolowicz 1882.

Slany, Paul, über die Sinne nach Malebranche. Inaugural-Dissertation. gr. 8. (34 S.) Posen 882. (Jolowicz.) n. 1. —

Frederic Slare

Friederich Slare. [An Account of the nature and excellent properties and vertues of the Pyrmont waters. Deutsch:] Bericht von der Natur und denen fürtreffl. Eigenschafften und Tugenden des pyrmontischen Wassers,... gedr. zu Londen in England anno 1717. ... ins Teutsche übers. durch Georg Ludewig Piderit. o.O. 1718. 108 S. 8°

Slaski, J., u. **F. Wasilkowski**, Tabellen f. Zucker-Chemiker, enth. Angaben üb. Zuckergehalt, Reinheitsquotiente u. techn. Wert der Rübensäfte u. Zuckerlösgn. von 8 bis 30° Brix u. der in der Praxis vorkomm. Reinheitsgraden. 3., erweit. u. rev. Aufl., hrsg. durch A. Bukowinski & J. Slaski, techn. Bureau. (375 S.) Lex.-8. Kiew. 905. (Prag, F. Řivnáč.) n.n. 13. —

Slaski, W(itold) von: Danziger Handel im XV. Jahrhundert auf Grund **eines** im Danziger Stadtarchiv befindlichen **Handlungsbuches** geschildert. Heidelberg 1905: C. F. Beisel. (97 S.) 8° ¶ (Erscheint vollst. u. d. T.: Das Handlungsbuch e. Danziger Kaufmanns a. d. XV. Jahrh.)
Heidelberg, Phil. Fak., Ref. Rathgen, Diss. v. 12. Sept. 1905
[Geb. 27. Febr. 77 Karolewo, Posen; Wohnort: Heidelberg; Staatsangeh.: Preußen; Vorbildung: Gymn. Kulm Reife 97; Studium: München T.H. 3, München Univ. 1, Leipzig 8, Heidelberg 1 S.; Rig. 9. Mai 05.]

Slataroff, Nikola, a. Gabrovo: Herrschaftsgebiet des Bulgarischen Strafgesetzes. Halle a. d. S. 1905: H. Köhler. (112 S.) 8°
Halle, Jur. Fak., Ref. Finger, Diss. v. 28. Nov. 1905
[Geb. 25. Mai 81 Gabrovo, Bulgarien; Wohnort: Gabrovo, Staatsangeh.: Bulgarien; Vorbildung: Gymn. Gabrovo Reife M. 01; Studium: Berlin 2, Halle a. S.; Rig. 13. Nov. 05.]

Slatarow, Dimitri: Geschichtliche und rechtliche Begründung der Kriminal-Verjährung und deren dogmatische Ausgestaltung nach dem Bulgarischen Strafgesetzbuch. ⟨Art. 71—80.⟩ Würzburg 1910: Staudenraus. 109 S. 8°
Heidelberg, Jur. Diss. v. 16. Febr. 1911, Ref. v. Lilienthal
[Geb. 1. Jan. 83 Kalofer; Wohnort: Kalofer; Staatsangeh.: Bulgarien; Vorbildung: Gymn. Sofia Reife Dez. 05; Studium: Sofia 1, München 1, Bern 1, Heidelberg 5 S.; Rig. 13. Dez. 10.] [U 11. 2138

Handbuch für Büchersammler und Bücherliebhaber von J[ohn] Herbert **Slater**. Mit 27 ganzseit. Ill. u. 31 Ill. im Text. Jena: H. W. Schmidt 1906. (XII, 218 S.) 8° [4. 3779

Slatin Pascha, Rud., Feuer u. Schwert im Sudan. Meine Kämpfe m. d. Derwischen, meine Gefangenschaft u. Flucht. 1879—1895. Deutsche Orig.-Ausg. M. 1 Portr. in Heliograv., 19 Abb. v. Talbot Kelly, 1 Karte u. 1 Plan. 8. Aufl. gr. 8. (XII, 596 S.) Leipzig 896. F. A. Brockhaus. n. 9. —; geb. in Leinw. n. 10. —
Erschien auch in 18 Lfgn. à n. —50.

Slatin Pascha, Rud., Feuer u. Schwert im Sudan. Meine Kämpfe m. den Derwischen, meine Gefangenschaft u. Flucht. 1879—1895. Deutsche Orig.-Ausg. Mit 1 Portr. in Heliograv., 19 Abbildgn. v. Talbot Kelly, 1 Karte u. 1 Plan. 9. u. 10. Aufl. gr. 8. (à XII, 596 S.) Leipzig 899. F. A. Brockhaus. n. 9. —; geb. in Leinw. n. 10. —; auch in 18 Lfgn. à n. —50

Slatin Pascha, Rud., Feuer u. Schwert im Sudan. Meine Kämpfe m. den Derwischen, meine Gefangenschaft u. Flucht. 1879—1895. Deutsche Orig.-Ausg. Mit 1 Portr. in Heliograv., 19 Abbildgn. v. Talbot Kelly, 1 Karte u. 1 Plan. 11. Aufl. (XII, 596 S.) gr. 8. Leipzig 906. F. A. Brockhaus. n. 9. —; geb. in Leinw. n. 10. —

– Fire and sword in the Sudan, s.a. Collection of British authors.

Fire and sword in the Sudan. [Feuer u. Schwert im Sudan]. A personal narrative of fighting and serving the dervishes 1879–1895. By Rudolf C[arl] **Slatin** Pasha. Transl. by Major F. R. Wingate. With 2 maps. Copyright ed. In 3 vol. Vol. 1–3. Leipzig: Tauchnitz 1896. 8°
(Collection of British authors. Tauchnitz Ed. Vol. 3169–71.) [11. 8140

Slator, Arthur: Chemische Dynamik der Einwirkung von Chlor auf Benzol unter dem Einflusse verschiedener Katalysatoren und des Lichtes. Leipzig: W. Engelmann 1903. (46 S.) 8°
(Aus: Zeitschr. f. physikal. Chemie Bd 45, H. 5.)
Leipzig, Phil. Diss. v. 1903

Slatow, Georg von, a. Kiew: Diffuses Gliom der Medulla oblongata im Kindesalter. Berlin: S. Karger 1908. (16 S.) 8° ¶(Aus: Monatsschrift f. Psychiatrie u. Neurologie Bd 23.)
Berlin, Med. Fak., Ref. Ziehen, Diss. v. 6. März 1908
[Geb. 31. Dez. 71 Taurien (Rußl.); Wohnort: Kiew; Staatsangeh.: Rußland; Vorbildung: Gymn. Nikolajeff Reife M. 93; Studium: Berlin 10 S.; Rig. 29. Febr. 08.]

Slauck, f.: Leitfaden f. den Unterricht in Electrotechnik in der Ingenieur-Klasse der kaiserl. Deckoffizierschule.

Slavaty, Hrabě Vilem, Děje království uherského za panováni Ferdinanda I. Z rukopisu Jindřichohradeckeho vydal Josef Jireček. 1. Svazek: Od leta 1526—1546. (Geschichte des Königreichs Ungarn unter der Regierung Ferdinand I. Hrsg. aus dem Jendrichogroder Manuscripte von Josef Jireček.) Lex.-8. (X und 161 S.) Wien 857, (Manz und Comp.) *

Slaven u. Magyaren. 8. (10¾ B.) Leipzig 844, Phil. Reclam jun. Thlr.

Slaven, Russen, Germanen. Ihre gegenseitigen Verhältnisse. Leipzig 1843. V: *Khuninge.* (Jahrbuch der Grillparzer-Gesellschaft. Karl Glossy, Literarische Geheimberichte aus dem Vormärz I, Jg. XXII, 360) (BiblPort)

Slaven, Russen, Germanen. Ihre gegenseitigen Verhältnisse . . . Leipzig 1843. V: *Nemeth* [?]. (pk)

Slawen, Russen, Germanen. Ihre gegenseitigen Verhältnisse in der Gegenwart u. Zukunft. Lex.-8. (15¼ B.) Leipzig 843, [Carl Engelmann jun.]

Slaventhum, Das, und seine Zukunft. 1852. V: *Štúr, Ludwig.* (WBL)

Slavia. Pokrokový časopis českoslovanský ve Vídni. Ročník I. Číslo 1. dne 7. října 1906. Vydavatel a zodpovědný redaktor Augustin Bušek. Tiskl Augustin Bušek ve Vídni, IX/2. Prechtlgasse 1, od 16. listopadu IX/8. Währingerstraße 15. („Slavia." Böhmisch-slawische Fortschrittszeitschrift. I. Jahrgang. Nr. 1.) Gr.-Fol. (6 S.) Bis zu Neujahr * K 4.—, einzelne Nummern * K —.08.
Wien: Slavia 1906.

Slavjan. Časnik slovstven i uzajemen za Slavjane knjižerne i prosvětljene. Vreduje in na světlo dava M. Majar. V Celovee, St. Hermagoras-Druck., 1873—75. 3 Jgg.

SLAVIC, Matthias: Vernunft und Wille in ihrer Beziehung zum Glaubensakt mit besonderer Berücksichtigung des gleichnamigen Buches von Georg Schmitt. — (1905) 42 Bl. 4° (Handschr.) Diss. 865
Diss. Wien, Univ.

Slavíček, Fr. Jos., Bestimmungstabellen zum ersten Studium der Weiden. [Ergänzter Sonder-Abdr. aus: „Centralbl. f. d. gesammte Forstwesen".] gr. 16. (71 S. m. 1 Holzschn.) Littau 893. (Olmütz, E. Hölzel.) n. 1. 60

Slavici, Joan

Slavici, J., die Glücksmühle, s. Universal-Bibliothek Nr. 2156.

Slavici, J., die Rumänen in Ungarn, Siebenbürgen und der Bukowina, s. Völker, die, Oesterreich-Ungarns.

Slavici, Ioan: Die Rumänen in Ungarn, Siebenbürgen und der Bukowina. Wien, Teschen: Prochaska 1881. (Die Völker Österreich-Ungarns. Bd 6.)

Slavík, Alfred

— die Ablagerungen der Permischen Formation bei Vlašim. [Aus: „Sitzungsber. d. k. böhm. Gesellsch. d. Wiss."] gr. 8. (S. 60—66.) Ebd. 892. n. — 20

Slavík, Alfr., die Ablagerungen der Glacialperiode u. ihre Verbreitung in Nordböhmen. [Aus: „Sitzungsberichte d. k. böhm. Gesellsch. d. Wiss."] gr. 8. (S. 231—249.) Prag 891. (F. Řivnáč.) n. — 60

— die Kreide-Formation in Böhmen u. den benachbarten Ländern. Eine Erwiderung d. Artikels „Ueber die in den nordböhm. Pyropensanden vorkommenden Versteinergn. der Toplitzer u. Priesener Schichten", v. Jar. Jahn. [Aus: „Sitzungsber. d. k. böhm. Gesellsch. d. Wiss."] gr. 8. (S. 157 — 166.) Ebd. 892. n. — 20

— die Schichten d. hercynischen Procaen- od. Kreidogebietes, ihre Deutg. u. Vergleichg. m. anderen Kreidogebieten. [Aus: „Sitzungsber. d. k. böhm. Gesellsch. d. Wiss."] gr. 8. (S. 199—230.) Ebd. 891. n. — 60

Slavík, Carl, s. Slavík, Karl

Slavík, Frz., spilitische Ergussgesteine im Präkambrium zwischen Kladno u. Klattau, s.a. Archiv f. die naturwissenschaftl. Landesdurchforschung v. Böhmen. XIV, 2.

Spilitische Ergußgesteine im Präkambrium zwischen Kladno und Klattau. Von Dr. František **Slavík**. Mit 4 Taf. u. 1 Karte. Prag: F. Řivnáč in Komm. 1908. (176 S.) 4°(8°)
= **Archiv** f. d. naturwiss. Landesdurchforschung von Böhmen. Bd 14, No 2. [ol. 17418

— Über Telluride in e. Aplitgange bei Zduchovic, s.: Hofmann, Ad.

Slavík, Karl

SLAVIK, Carolus: De lectione sacrae scripturae in linguis vernaculis. — (1894) 107 S. 4° (Handschr.) Diss. 466
Diss. Wien, Univ.

Slavik, Rudolf, die Stadt Sitzersdorf im Erzherzogth. Oesterreich unter der Enns und die feindlich-preußische Invasion im J. 1866. 8. (68 S.) Korneuburg 866, Kühkopf. *

Slavik, V. O. Die Aufgabe der Real-Gymnasien. Neubydžov, G., 1875. 6 S. Progr.

— Schule und Haus. 2 Teile. Ebd. 1876. 1877. 12, 15 S. Progr.

— Ein Wort über die Erziehung des sittlichen Charakters. Ebd. 1878. 14 S. Progr.

Slavisirung, die, der Bukowina im XIX. Jahrh. als Ausgangspunkt grosspolnischer Zukunftspolitik. Ethnographische u. polit. Betrachtgn. v. e. Bukowiner Rumänen. gr. 8. (40 S.) Wien 900. (C. Gerold's Sohn.) n. 1.—

Slavonien [Sachliches OW]

Slavonien. *Herausgeg. v. k. k. General-Stab im J. 1830. 1 Bl., 24" H., 30" Br. Massstab: 1 Wr. Zoll = 6,000 Wr. Klftr. Verhältn. 1 : 432.000.* Aus den vorhandenen Militär-Aufnahmen mit besonderer Rücksicht auf die Strassen zusammengestellt. Auf Stein gravirt.

Slavonien [Schlagwort]

Slavonien, s.a. Croatien.

Slavonien, s.a. Croatien u. Slavonien.

Slavonien, s.a. Eisenbahnkarten.

Slavonien, s.a. Hand- u. Reise karten. 31.

Slavonien, s.a. Geologische Karten. Uebersichtskarte.

Slavonien, s.a. Kroatien.

Slavonien, s.a. Oesterreich - Ungarn. Steinhauser, A.

Slavonien — Charte von — enthaltend die Poscheganer, Werowitzer und Syrmier Gespannschaft, nebst den Gradiscaner, Broder und Peterwardeiner Militär-Grenz-Districten. Gezeichnet von Carl Müller. Wien im Verlage des Kunst- und Industrie-Comptoirs. 1803. 1:520,000. 1 Bl.

Sclavoniae — Tabula Geographica exhibens Regnvm — cum Syrmii Ducatu. Ex mappa grandiori desumta et in lucem edita ab Homannianis Haeredibus. Norimbergae. 1 : 620,000. 1 Bl.

Slavonske Varoske Pesme sabrane po Slavoljubu Slavoncevicu, Izdane po Lavoslavu Zupanu u Zagrebu. Svezak I. 24. Wien 845. (Wenedikt's sel. Witwe.) 1/4 ₰

Slavsky, N., s.: Czarine divorcée, une.

Slawen, s. Slaven

Slawick, F. H., s. Slawik, F. H.

Slawik, Aug., die Kalifrage vom Standpunkte der Landwirthe und Zuckerfabrikanten besprochen. gr. 8. (16 S.) Teschen 870. (Wien, Faesy und Frick.) *

Slawik, Aug., Zuckerfabrikant und Rübencultivateur. Ein Beitrag zur Bodenerschöpfungslehre. gr. 8. (VI und 63 S.) Prag 866, Reichenecker. *

Slawik, F. H., Erzählungen nach Volkssagen aus Oesterreichs Vorzeit. 8. Wien 827. Armbruster. 18 Kr

Slawik, Franz, Beweis f. die Unrichtigkeit der Theorie d. Pendelmessung und Entgegnung üb. „Die Schwankungen des Meeresspiegels". kl. 8. (28 S. mit 3 Holzschn.) Wien, R. v. Waldheim. 30 kr.
1884

Slawik, Franz (Red.), s. Eilpost, Olmützer.

– (Red.), s. Tagesblatt, Olmützer.

Slawik, J.: K. k. Oberlieutenant des 29. Landwehr-Infanterie-Regimentes. Die Adjustierung und Ausrüstung des Offiziers (Kadett-Offizier-Stellvertreters) der Fusstruppen. Infanterie, Jägertruppe. Pioniere, Eisenbahn- und Telegraphen-Regiment, bosnisch-hercegovinische Infanterie, Landwehr, Landesschützen. Auszug aus der Adjustierungs- und Ausrüstungs-Vorschrift für das k. und k. Heer, ergänzt durch sämtliche diesbezüglich erschienene Erlässe und Verordnungen des k. und k. Heeres und der k. k. Landwehr. (Mit 1 Tafel Abbildungen.) Budweis 1902. 8°

Slawik, M., Eigenthum und Credit, vornehmlich Mobilar-Credit. De lege ferenda. gr. 8. (20 S.) Wien 868, Manz. *

Slawikowski, A., Abhandlung über die Würmer im Menschen. gr. 8. Wien, Heubner. 819.

Slawinsky, A., die einfache u. doppelte Buchhaltung u. Wechselkunde, s.: Stade, Frz., die Schule des Bautechnikers. 19. Bd.

Slawismus u. Pseudomagyarismus. Vom alten Menschenfreunde, nur der Pseudomagyaren Feinde. gr. 8. (6 B.) Leipzig 842, Otto Wigand.

Slawitschek, Rud., Beiträge zur öffentlich-rechtlichen Begriffskonstruktion, s.a. Archiv f. Rechts- u. Wirtschaftsphilosophie. 5. Beiheft.

Beiträge zur öffentlichen-rechtlichen Begriffskonstruktion. Von Dr. jur. Rudolf **Slawitschek**. Berlin & Leipzig: Rothschild 1910. 29 S. 8°
(Archiv f. Rechts- u. Wirtschaftsphilosophie. Beiheft. [Nr 5.]

— Die Frage des Sprachengebrauches bei den autonomen Behörden in Böhmen. (51 S.) gr. 8. Prag 910. J. G. Calve. 1. —
Sonderabdr. aus: „Ztschr. f. Volkswirtsch. usw."

Selbstverwaltung und Autonomie. Von Dr. Rudolf **Slawitschek.** Hrsg. m. Unterstütz. d. Gesellsch. z. Förd. Deutscher Wiss., Kunst u. Lit. in Böhmen. Leipzig: Duncker & Humblot 1910. IV, 129 S. 8° [11. 13619

Slawitzky, Karl Adolf

Slawitzky, Carolus Adolphus: *Commentationis grammaticae de natura et usu loquendi formulae „tantum abest, ut — ut" specimen. 53 S. 4° (2°)
Halle-Wittenberg, Phil. Diss v. 7. Juni 1862
Geb. [Kosel (Schles.) 18. 1. 1828]

Slawkowsky, Wilh. G. J., über Anpassungs- u. Correlationserscheinungen der Pflanzen m. Einschluss der Kulturgewächse. (IV, 39 S.) gr. 8. Wien 905. (W. Frick.) n.n. 1. —

Slawkowsky, Wilh.-G.-J., Grad u. Ursachen der Schwankungen in der Zusammensetzung der Milch. Das Fett der Kuhmilch. (II. internat. Kongress f. Nahrungshygiene Brüssel, 4.—8. X. 1910.) (15 S.) gr. 8. Brüssel 910. (Wien, W. Frick.) — 60

Slawoff, Iwan: Beitrag zu der Frage der ausländischen Kapitalien in Bulgarien. Erlangen 1909: Junge. VIII, 119 S. 8°
Erlangen, Phil. Diss. v. 20. April 1910, Ref. v. Eheberg
[Geb. 31. Jan. 84 Stara-Zagora; Wohnort: Stara-Zagora; Staatsangeh.: Bulgarien; Vorbildung: Handelsgymn. Sistov Reife M. 04; Studium: Halle 3, Erlangen 6 S.; Rig. 26. Juli 09.] [U 10. 902

Slawski, Johann, Referendar: Die Anfechtung der Übereignung nach § 119 Abs. 2 BGB. bei gleichem Irrtum im Kausalgeschäft. Frankfurt a. M. 1910: Weisbrod. 58 S. 8°
Göttingen, Jur. Diss. v. 29. Okt. 1910, Ref. Detmold
[Geb. 17. Juni 84 Posen; Wohnort: Frankfurt a. M.; Staatsangeh.: Preußen; Vorbildung: Marien-Gymn. Posen Reife O. 03; Studium: Lausanne 1, Berlin 1, München 2, Göttingen 2 S.; Rig. 30. Juli 10.] [U 11. 1442

Slawski, Stanislaus, a. Posen, Referendar in Hannover: Die Wirkung der Rücktrittserklärung auf das bestehende Schuldverhältnis. Posen 1906: St. Adalbert-Dr. (39 S.) 8°
Erlangen, Jur. Fak., Ref. Örtmann, Diss. v. 25. April 1906
[Geb. 11. Dez. 81 Posen; Wohnort: Hannover; Staatsangeh.: Preußen; Vorbildung: Gymn. Posen Reife O. 00; Studium: Heidelberg 1, Paris 1, München 2, Göttingen 2 S.; Rig. 20. Febr. 06.]

Slawyk, Coelestin, s. S l a w y k , Zölestin

Slawyk, J., elsässische Geschichtsbilder für die Schule. 2.—4. Aufl. 8. (68 S.) Gebweiler 873—75, Boltze. *
cart. *

Slawyk, J., elsässische Geschichtsbilder, für die Schule bearb. 5.—9. Aufl. 8. (72 S.) Straßburg 876—83, Schmidt's Universitäts-Buchh. *

Slawyk, J., elsässische Geschichtsbilder für die Schule. 10. Aufl. 8. (72 S.) Straßburg 886, Schmidt's Universitäts-Buchh. *

—— Heimathskunde von Elsaß-Lothringen für Schule und Haus. 1.—9. Aufl. 8. (48 S.) Ebendas. 873—75. * 40 Pf.; cart. *
Mit lithogr. und color. Karte * 60 Pf.; cart. *

— Heimathskunde v. Elsaß-Lothringen f. Schule und Haus. 7. verb. Aufl. 8. (48 S.) Ebend. 874. n. — 40; m. Karte n. — 60

Slawyk, J., Heimathskunde von Elsaß-Lothringen für Schule und Haus. 10. Doppel-Aufl. 8. (48 S.) Gebweiler 876, Boltze. cart. * 45 Pf.; mit Karte *

—— Heimathskunde von Elsaß-Lothringen für Schule und Haus. 11.—14. verb. Aufl. 8. (47 S. mit 1 chromolithogr. Karte.) Ebendas. 1877—82. cart. *
Ohne Karte *

— Heimatskunde v. Elsaß-Lothringen f. Schule u. Haus. 16. Aufl. 8. (48 S. m. 1 chromolith. Karte.) Ebend. 886. cart. n. — 65; ohne Karte n. — 45

Slawyk, J., Heimatskunde v. Elsaß-Lothringen f. Schule u. Haus. 17. Aufl. 8. (48 S. m. Karte.) Straßburg 889. Schmidt. cart. n. — 65; ohne Karte n.n. — 45

Slawyk, J., Heimatskunde v. Elsaß-Lothringen f. Schule u. Haus. 18. Aufl., durchgesehen v. R. Slawyk. gr. 8. (46 S. m. 2 eingedr. u. 1 farb. Karte.) Straßburg 893. F. Bull. Kart. n. — 70

Slawyk, J., Heimatskunde v. Elsaß-Lothringen f. Schule u. Haus. 20., verm. Aufl., besorgt v. R. Slawyk. Mit 6 (farb.) Karten u. Bilderanh. (64 u. 16 S.) 8. Straßburg 910. F. Bull. Geb. 1. 20

Slawyk, R., Wandkarte des Kreises Altkirch, zunächst für die Schule bearb. 4 Bl. Fol. Gebweiler 875, Boltze. *

—— **Wandkarte des Kreises Gebweiler zunächst für die Schule bearb. Fol. Ebendas. 874.** *

Slawyk, Reinhold Über die Brennpunkte einer syzigetischen Schar von Kurven dritter Klasse. 15 S. Progr. G. *Mülhausen Els.* 1878.

Slawyk, Reinhold *(geb. Groß-Wartenberg in Schles. 12. 1. 1847)*: Die Polareigenschaften der allgemeinen ebenen Curve III. Ordnung. Breslau 1872. (45 S.) 8°
Breslau, Phil. Diss. v. 27. Jan. 1872

Slawyk, Zölestin

Slawyk, Coelestin [aus Spandau]: Über Lungenchirurgie . . . . Berlin, Buchdr. v. Gustav Schade (Otto Francke) (1888): 30 S. + 1 Bl. 8°
Berlin, Med. Fak., Inaug.-Diss. v. 25. Febr. 1888

Slebinger, Janko: O. Ivan Krstnik od Sv. Križa, slovenski propovednik. S. 11—32. 8. Progr. K. k. Obergymn. *Rudolfswert* 1909.
P. Johannes Baptist a Santa Croce, slovenischer Prediger.

Šlebinger Johann: Adam Bohorič.
1903 PN 1637 **Diss.** Wien Univ 2700

Š l e c h t a, Joh., Geschichte und Beschreibung des königl. böhmischen Jagdschlosses Pürglitz und seiner nächsten Umgebung. gr. 8. (39 S. mit Illustr.) Prag 886, (Kytka.) **

Sledenkopf, De malo hysterico. Giss. 4°. 1785

Sledlezki, Joh. Balthasar (Hrsg.), s. A p o t h e k e r , Der.

Van der Sleen, Gosen [aus Haarlem]: **Über die α-Oxybutensäure (Vinyl-glycolsäure) und ihre Umlagerungen. Haarlem 1901. 100 S. 8°.**
Basel. Phil. Diss. 1901 1902.

V a n d e r S l e e n, Gosen. Ueber die α-Oxybutensäure (Vinyl-glycolsäure) und ihre Umlagerungen. Diss. Phil. Basel. [Mit Figuren.] IV + IV + 100 S. gr.-8. Haarlem, De Erven F. Bohn, 1901.

Sleeswijk, R., über die Art u. Wirkung der auslösenden Kräfte in der Natur. Eine physikalisch-biolog. Studie. (VIII, 88 S. m. 8 Abbildgn.) Lex.-8. Wiesbaden 906. J. F. Bergmann. n. 3. —

Sleeswijk, R., über die Bedeutg. des psychologischen Denkens in der Medizin. (36 S.) gr. 8. Bussum 908. (Leipzig, K. F. Koehler.) — 65

Sleeswijk, R., der Kampf des tierischen „Organismus" m. der pflanzlichen „Zelle". gr. 8. (139 S.) Amsterdam 902. (Leipzig, K. F. Koehler.) n. 3. —

Der Kampf des tierischen 'Organismus' mit der pflanzlichen 'Zelle'. Von Dr. R. Sleeswijk, in Alkmaar. Mit 10 Fig. Amsterdam: J. A. Sleeswijk 1902. (139 S.) 8°

Sleeswijk, Reijndert [Militärarzt d. Niederländ. Armee aus Alkmaar]: Ueber die sogenannte Periostitis albuminosa '(Ollier)' ... Amsterdam, J. A. Sleeswijk, 1894; 2 Bl., 45 S. 8.
Jena, Med. Fak., Inaug.-Diss. v. [10. Sept.] 1894

Sleidan, Johannes

— d. neuvermehrte, d. i. histor. Beschr. d. 4 Monarchien, worinnen alles was v. Anf. d. Monarch. bis auf d. letzten Friedensschlüsse vorgegangen, erzählt wird. 4 Thle. 8. Lpz. Weidmann. 698–704.

Sleidan, Joh. Wahrhafftige und eigentliche Beschreibung aller fürnehmen Händel, so sich in geistlichen und weltlichen Sachen bey Regierung Kaiser Karls V. zugetragen. A. d. Latein. fol. Strasburg 1557. — fol. Frankfurt 1559. — fol. ib. 1561. — fol. ib. 1563. — fol. ib. 1567. — fol. Strasburg 1568 — fol. ib. 1572. — fol. Frankfurt 1583. — fol. Strasburg 1593. — A. d. Latein. von J. S. Semler. 4 Bde. 8. Halle 1771—75. 18,00.

Sleidan's Briefwechsel, hrsg. von Herm. Baumgarten. gr. 8. (XXXII, 335 S.) Strassburg 881, Trübner. *

Sleidan, Jo., (Jh. Paul Röder,) succincta enodatio de tribus infeudationis litteris Burggraviis in Nürnberg concessis, ad illustrandam Civitatis Norimbergens. semper liberae nec unquam municipalis historiam. 4. Nürnb. 751.

Sleidani historia reformationis. Ex ejus commentariis excerpta et annotationibus aliorum suisque instructa a Ed. Hoche. 8. (24½ B.) Lipsiae 846, Ern. Fleischer.

Sleidan, Ioh., de quatuor summis imperiis. 8. Dresd. Hübner. 7¹5.

— — idem liber c. Schurzfleisch. 12. Lips. 701 – 13.

Sleidanus' Reden, s. Bibliothek des litterarischen Vereins in Stuttgart CXLV.

Sleidanus, Johannes, zwei Reden an Kaiser und Reich. Neu hrsg. von Eduard Böhme, s. Bibliothek des litterarischen Vereins in Stuttgart, Bd. 145.

— Reformationsgeschichte, a. d. Latein. m. Conravers u. and. Anmerk. u. e. Vorrede herausg. v. J. S. Semler. 4 Thle. gr. 8. Halle, Gebauer. 770—73. (à 1 Rthlr. 12 gr.)

Sleidan, Joh. Reformationsgeschichte. A. d. Latein. übers. von J. S. Semler. 4 Bd. 8. Halle 1771—75. 18,00.

Sleidanus, Jo. De statu religionis et reipublicae Carolo Quinto Caesare comentariorum libri XXVI. fol. Argentorati 1555. 8. ib. 1556. fol. ib 1559. fol. Basilae 1562. acced. Beutheri commentariorum libri VIII Delio interprete. fol. Argentorati 1568. ed. J. G. Böhmer, multis annotationibus illustr. Ch. K. Am Ende. 3 v. 8. Francofurti 1785. 86. 14,00

— de statu religionis et reipublicae a Carolo V. comment. ed. nova delin. ab Böhm. adorn ab am Ende. III Tomi. 8. Francofurti, Varrentrapp et W. 786. (I. II. à 1 Rthlr. 12 gr. III. 1 Rthlr. 16 gr.)

Slejhar, Jos. K., Erzählungen u. Skizzen, s.: Romanbibliothek, slavische. X.

Slemenik, Valentin. Križem sveta. Zgodovinska povest. V Celovcu, St. Hermagoras-Druck., 1877. 96 S. — 2. natisek. 1905. 96 S.

Slepjan, Morduch [aus Russland]: Ueber Blausäureanlagerung an das Oxim und Phenylhydrazon des Valeraldehyds und die sich davon ableitenden Amide und Säuren ... München, Buchdr. v. J. Fuller, 1894; 35 S. 8.
Erlangen, Phil. Fak., Inaug.-Diss. v. 1894

Slepjan, Rebecca: Zur Kenntnis der Arzneidermatosen. Bern 1898. 56 S. 8°.
Bern. Med. Diss. 1898/99.

Slepiza, Leopold (Hrsg.), s. Turner-Hort, Deutscher.

Slepoff, E., ein Wort zu den Reformen in Rußland. Leipzig 865. Gerhard. gr. 8. (IV, 111 S.) n. 20 ngr.

Slesinger, Ginda. Ueber doppelseitigen Pneumothorax. Aus dem Zürcher Kinderspital .... Diss. Med. Univ. Zürich. 34 S. 8. Grüningen, J. Wirz, 1910.

Slesvico-Germanus, für Schleswig-Holstein, gegen die Neu-Holsteiner. gr. 8. Hamburg 839. (Altona, Aue.) n. 1/6 ₰

Sletzstat, N. de, Fasciculus temporum. Colon. 774. f.

Sleumer, Alb., s.: Consalvi, Herkules, Denkwürdigkeiten.

— die Dramen Victor Hugos, s. a. Forschungen, litterarhistorische. XVI.

Die Dramen Victor Hugos. Eine litterarhist.-krit. Untersuchung von Prof. Dr. phil. Albert Sleumer. *Berlin: E. Felber 1901.* (xxvi, 368 S.) 8°
— Forschungen. Litterarhistorische. H. 16. [01. 0036 2

Sleumer, Alb., der Geisterkult in alter u. neuer Zeit, s. a. Broschüren, Frankfurter zeitgemäße.

Der Geisterkult in alter und neuer Zeit. Eine hist.-krit. Studie v. Dr. Albert Sleumer. Hamm i. W.: Breer & Thiemann 1907. (30 S.) 8° [Umschlagt. F.]
= Broschüren, Frankfurter Zeitgemässe. Bd 26, H. 12.

Index Romanus. Verzeichnis sämtlicher auf d. röm. Index stehenden deutschen Bücher, desgleichen aller fremdsprachl. Bücher seit d. J. 1870. Auf Grund d. neuesten vatikan. Ausg. zsgest. u. mit Einl. versehen von Dr. phil. Albert Sleumer. Osnabrück: G. Pillmeier 1906. (76 S.) 8° [06. 4176

Sleumer, Albert. Index Romanus: Verzeichnis sämtlicher auf dem römischen Index stehenden deutschen Bücher, desgleichen aller fremdsprachlichen B' seit dem Jahre 1870. Zusammengestellt auf Grund der neuesten vatikanischen Ausgabe, sowie mit Einleitung und Nachtrag versehen von Dr. phil. A' S'. 2. erweiterte Aufl. Mit bischöflicher Genehmigung. 87 S. 8. Osnabrück, G. Pillmeyer, 1906. [M. 1.30, geb. 1.90]

Index Romanus. Verzeichnis sämtlicher auf d. röm. Index stehenden deutschen Bücher, desgleichen aller fremdsprachl. Bücher seit d. J. 1870. Zsgest. auf Grund d. neuesten vatikan. Ausg. sowie mit Einl. u. Nachtrag versehen von Dr. theol. et phil. Albert Sleumer. 3. verm. Aufl. Osnabrück: G. Pillmeyer 1907. (96 S.) 8° [07. 14802

— Index Romanus. Verzeichnis sämtl. auf dem röm. Index steh. deutschen Bücher, desgleichen aller fremdsprachl. Bücher seit dem J. 1870. Zusammengestellt auf Grund der neuesten vatikan. Ausg., sowie m. Einleitg. u. Nachtrag versehen. 4. sehr verm. Aufl. (132 S.) 8. Osnabrück 909. G. Pillmeyer. 1.50; geb. in Leinw. 2.10

— Das Marien-Hospital zu Osnabrück. Festschrift zum 50. Jahrestage der Gründg. des Krankenhauses. (88 S. m. 6 Taf.) gr. 8. Osnabrück 909. F. Schöningh. 1.25; bessere Ausg. 1.80

Sleumer, Albert, Priester d. Diöz. Osnabrück, Dr. phil.: Die Mitwirkung zur Sünde des Nächsten. Bonn 1907: C. Georgi. (67 S.) 8°
Bonn, Kath.-theol. Fak., Ref. Kirschkamp u. Esser, Diss. v. 5. Aug. 1907
[Geb. 3. Aug. 76 Osnabrück; Wohnort: Osnabrück; Staatsangeh.: Preußen; Vorbildung: Gymn. Carolinum Osnabrück; Studium: Münster 3, Würzburg 2, Tübingen 3, Kiel 1, Brüssel 2, Bonn 4 S.; Rig. 17. Juli 07.]

— s.: Bacca. Kard. BarthＯlom., Denkwürdigkeiten.

— Ein apostolischer Seelsorger des 19. Jahrh., s.: Volksaufklärung.

— Der Spiritismus, s.: Volksaufklärung.

Sleumer, Hermann Josef: Die ursprüngliche Gestalt der Zisterzienser-Abteikirche Oliva. Heidelberg: Winter 1909. 31 S., 1 Taf. 4° (Enth. nur einen Teil der Zeichnungen.) ¶ Mit dem gesamten Illustrationsmaterial u. 1 Zeittaf. als: Zeitschrift f. Geschichte d. Architektur. Beih. 1. Danzig, Dr.-Ing.-Diss. v. 17. 11. 1908

Sleumer, Herm. Jos., die ursprüngliche Gestalt der Zisterzienser-Abtei-Kirche Oliva, s.a. Zeitschrift f. Geschichte der Architektur. 1. Beiheft.

Die ursprüngliche Gestalt der Zisterzienser-Abtei-Kirche Oliva. Von Dr. Ing. Hermann Josef **Sleumer**. Mit 1 Taf. u. 17 Abb. Heidelberg: Winter 1909. 44 S. 4°
(Zeitschrift f. Geschichte d. Architektur. Beih. 1.)

Sleuth, Old: Detectiv Barnes, s.a. Detectiv-Romane, Amerikanische.

Detektiv Barnes. Amerikan. Kriminal-Roman von **Old Sleuth**. Aus d. Engl. von Hans Helling. *Berlin: R. Jacobsthal [1899].* (221 S.) 8° [F.]
= **Kriminal**- u. Detektiv-**Romane**, **Moderne**. Bd 13. [01. 1802

– Fräulein Detektiv, s.a. Detectiv-Romane, Amerikanische.

Fräulein Detektiv (The Lady Detective). Von Old **Sleuth**. Kriminalroman aus d. amerikan. Leben. Deutsch von Egon Berg. Berlin: R. Jacobsthal [1902]. (176 S.) 8°
= Detektiv-Romane, Amerikanische. Bd 24.

– Der geheimnisvolle Passagier, s.a. Detectiv-Romane, Amerikanische.

Der geheimnisvolle Passagier. Kriminalroman aus d. amerikan. Leben von Old **Sleuth**. Deutsch von E[va] Fließbach. Berlin: R. Jacobsthal [1902]. (264 S.) 8°
= Detektiv-Romane, Amerikanische. Bd 27.

Sleuth, Old, ein Verbrechen an der Hudsonbai, s.a. Detectiv-Romane, amerikanische. 31. Bd.

Ein Verbrechen an der Hudsonbai ⟨The bai ridge mystery⟩. Detektiv-Roman aus d. amerikan. Leben von Old **Sleuth.** Deutsch von E[va] Fließbach. Berlin: R. Jacobsthal [1903]. (208 S.) 8° [F. u. Ant.]
= Detectiv-Romane, Amerikanische. 31.

Sleutjes, Mich., O. ff. min., De prohibitione et censura librorum juxta Leonis XIII const. „Officiorum". Commentatio summaria in commodum cleri curati ex probatis auctoribus recepta ac disposita. (V, 56 S.) gr. 8. Galopiae 903. (Paderborn, F. Schöningh.) n.n. — 70

Slevogt, kirchliche Feier beim Auszug der Naumburger Freischaar nach Schleswig. gr. 8. (4 S.) Naumburg 848, Weber. 1½ ngr

Slevogt, kurze Gebete für Schule und Haus zusammengestellt. 3. Aufl. Halle 853. Lippert. gr. 8. (32 S.) n. 3 ngr.

Slevogt, Rathaus-Konkurrenz f. Pforzheim in Baden, s.: Kempermann.

Slevogt, B., die Grossfalter (Macrolepidoptera) Kurlands, Livlands, Estlands u. Ostpreussens, s.a. Arbeiten des Naturforscher-Vereins zu Riga. 12. Heft.

Die Grossfalter ⟨Macrolepidoptera⟩ Kurlands, Livlands, Estlands und Ostpreussens, m. besond. Berücks. ihrer Biologie u. Verbreitung. Von B. **Slevogt**. Riga 1910: Häcker. 235 S. 8°
(Arbeiten d. Naturforscher-Vereins zu Riga. N. F. H. 12.) [11. 9154 4

Slevogt, C., das Notenrecht der Reichsbank. Ein Beitrag zur Interpretation und Kritik der §§ 9 und 14 des Reichs-Bankgesetzes. gr. 8. (64 S.) [Leipzig 876.] Rudolstadt, Hartung und Sohn.

Slevogt, Chr. Ant. Aug., der deutsche Advocat, od. so ist der Schlendrian in Gerichtshöfen, mit Anekdoten u. Beispielen f. Juristen u. Nichtjuristen. 2 Thle. 8. Jena 802, 3. (Schmid). 2 ß

Slevogt, Ch. A. A., d. deutsche Advocat, od. so ist der Schlendrian in Gerichtshöfen, m. Anekdoten u. Beyspielen f. Juristen u. Nichtjuristen. 2 Thle. 8. Jena, Stahl. 802–803.

Slevogt, A., Justiz- u. Polizeiblatt, s. Justiz- 2c.

— Justiz- u. Polizey-Rügen, s. Justiz- und Policey-Rügen.

– s. Kann ein Gerichtsherr seinen Gerichtshalter …

— alphabet. Wörterbuch besond. f. Unstudirte, z. Erklärung d. gewöhnlichst. in d. deutschen Sprache vorkommend. fremd. Redensarten. 4 Thle. 8. Jena, Stahl. (Steinacker in Leipz.) 810.

Slevogt, Fedor, über die im Blute der Säugethiere vorkommenden Körnchenbildungen. Inaugural-Dissertation. gr. 8. (36 S.) Dorpat 883, (Schnakenburg's Verlag.) *

Slevogt, Georg Gabriel A. S. 150/3

De iurisprudentia per emendationem religionis reformata specimen academicum. Präs. Kaspar Achaz Beck. Jena (Fickelscherr) XII. 1717. 40 S. 32741

Slevogt, Gottlieb

Slevogt, Gottl., casus forenses selecti. 4. Jenae, Meyer. 723.

Slevogt, Gottlieb (Jena) A. S. 813/40

Dissertatio inauguralis juridica de juribus altarium, Vom Rechte der Altäre. Präs. Christian Wildvogel. Jena (Müller) VI. 1716. 62 S.

Gew.: Johann Jacobs. 32742

[**Slevogt**, Gottl.]: Nachricht von einigen auserlesensten, gröstentheils raren, alten und neuen Juristischen Büchern. Lfg 1.2. [Mehr nicht ersch.] Jena 1725.

— quatuor juris sacri et civilis opuscula. 4. Jenae, Güth. 722.

— de sectis et philosophia jurisconsultorum opuscula. 8. ibid. 724.

— Untersuch. v. d. Rechten d. Altäre, Taufsteine, Predigt- Beicht- u. Kirchenstühle ꝛc. 8. Jena, Ritter. 732.

SLEVOGTH, Dr. Gli., Meditatio juris sacri, de vocatione ad pastoratum sub conditione matrimonii, cum defuncti pastoris vidua aut filia ineundi. Von der Vocation unter der Schürtze. Jenae, apud Jo. Friderisum Ritterum, 1731. 4°.
7 Sgr. Scheible 21. p. 31. Vieles in deutscher Sprache. Vogel, Lex. jurid. II. 138.

§ — — Idem opus. Ibid. 1733. 4°. 24 S.
8 Sgr. Derselbe, Cat. 34; 1 Mk. Osw. Weigel 131. (1908.)

§ — — Idem opus. Ibid. 1739. 4°.
2 Mk. Bielefeld 60. no. 943.

§ — — Idem opus. Ibid. 1743. 4°.

Slevogtius, Gottl.: Commentatio iuris sacri de vocatione ad pastoratum sub conditione matrimonii cum defuncti pastoris vidua aut filia ineundi. Oder: Von der Vocation unter der Schürtze. Jenae 1748.

Slevogt, Hugo

Slevogt, H. Gedächtnisrede auf Aug. Winzer. 8 S. *Ohrdruf* 1884. Progr.

Slevogt, Hugo Technopaegnion Poeticum ex Codice MS. edidit H. S. Specimen I. 4 (8 S.). Specimen II. 4 (10 S.). Gräfl. Gleichensch. G. *Ohrdruf* 1887 (649). 1888 (662).

Slevogt, Johann Adrian

Slevogt, Jo. Hadr., resp. Gttf. **Samuel,** De affectu tenesmodi. 4 l. Jen. 4°. 1721

Slevogt, Jo. Hadr., resp. J. S. T. **Wider,** Diss. Aegor paralysi perfecta laborans. Jen. 4°. 1704

Slevogt, Jo. Hadr., resp. Ch. **Titius,** De autochiria medica in genere. 4 l. Jen. 4°. 1707

Slevogt, J. Hadrian: De calamo aromatico prolvsio qva Ienense vinvm a nocentis calcis svspicione vindicatvr. Jenae: Krebs 1718. Jena, Univ.Schrift v. 7.8.1718 -- 17.29*

Johann Adrian Slevogt

Jo[annes] Hadrianus Slevogtius [Johann Adrian Slevogt]: Cauteria. [Resp.:] Jacobus Fridericus Gerberus. Jenae (1708): Gollner. 24 S. 8°

Jena, Med. Diss. v. Febr. 1708

Slevogt, J. Hadr., resp. Jac. Fr. **Gerber,** De cauteriis αὐτοχειρίας. 8 pp. Jen. 4°. 1708

Johann Adrian Slevogt

Io[annes] Hadrianus Slevogtius [Slevogt]: Caloris sine febre excedentis Consideratio. Jenae (1706:) Krebs. 4 Bl. 8°

[Einladungsschrift zur Dr.-med.- Promotion von Siegmund Rudolf Heydenreich, Jena, 4. Juli 1706.]

—, Pr. de sympathotica morborum curatione mediante urina. Jen. 4°. 1704

—, resp. Jo. Otto **Horstius,** Diss. qua processus cerebri mamillaris ex nervorum olfactoriorum numero exemtos submittit. 31 pp. Jen. 4°. *Haller,* Disp. anat. Gott. 1747. 4°. II p. 849—869. *Haller,* Bibl. anat. I, 730. 1715

Slevogt, Jo. Hadr., Diss. sistens puerperam suffocationis hypochondriaco-hystericae periculo expositam. Jen. 4°.
1761

Jo. Hadrian. Slevogt prolus. de embryulcia Hippocratis. Jen. 1709. 4.

Jo. Hadrian. Slevogt progr. de fatis chirurgiae. Jen. 1695. 4. — *German.* in Samml. einiger kleinen Schriften über den Ursprung der Wundarzneik. Erfurt 1757. p. 28 — 35. (Cfr. *Conr. Gesner de medicinae chirurgicae antiquitate et praestantia et Enumeratio alphabetica virorum illustrium, qui rem chirurgicam vel scriptis vel artis usu excoluerunt* in Ej. collectione chirurgica. Tiguri 1555. f., fol. 393—408.)

Slevogt, Johann Hadrian [Praes.], s. Hahn, Ludwig August: Puerperam suffocationis hypochondriaco-hystericae periculo expositam.

Jo. Hadrian Slevogt progr. de instrumentis Hippocratis chirurgicis hodie ignoratis. Jen. 1709. 4.

Johann Adrian Slevogt

Jo[annes] Hadrianus Slevogtius [Johann Adrian Slevogt]: Invitatio publica ad dissertationem inauguralem De Cauteriis ... Jenae (1708): Gollner. 4 Bl. 8°

[Einladungsschrift zur Dr. med.-Promotion von Jacob Friedrich Gerber, Jena, Febr. 1708]

Johann Adrian Slevogt

Io[annes] Hadrianus Slevogtius [Slevogt]: Prolusio inauguralis de natura morborum per morbos curatrice. Jenae (1700:) Krebs. 4 Bl. 8°

[Einladungsschrift zur Dr.-med.- Promotion von Salomo Gottlob Hausdorff, Jena, Apr. 1700.]

Johann Adrian Slevogt

Io[annes] Hadrianus Slevogtius [Slevogt]: Prolusio inauguralis de natura morborum effectrice. Jenae (1700:) Krebs. 4 Bl. 8°

[Einladungsschrift zur Dr.-med.- Promotion von Johann Tobias Schmid, Jena, 12. Apr. 1700.]

Slevogt, Johann Hadrian [Praes.], s. Nitschke, Gottfried Samuel: De tumoribus tunicatis.

Johann Adrian Slevogt

Io[annes] Hadrianus Slevogtius [Slevogt]: Prolusio de oculis. Jenae (1706:) Krebs. 4 Bl. 8°

[Einladungsschrift z. Dr.-med.- Promotion von Johann Gottfried Reyher, Jena, 24. Mai 1706]

Slevogt, J. H., De utero et suffocatione uterina opiniones. Jen. 4°. 1701

Jo. Henr. Slevogt prolus. de partu Thamaris difficili et perinaeo inde rupto. Jenae 1700. 4.

—, resp. C. H. **Laurentius,** De pavore puellae morbo complicato laborantis. 48 pp. Jen. 4°. 1707

Slevogt, J. H., Diss. Pavores puellae morbo complicato laborantis. Jen. 4°.
1706

Johann Adrian Slevogt

Io[annes] Hadrianus Slevogtius [Slevogt] Prolusio in qua de remediis quibusdam futilibus dubiis impiis et ineptiis. ([Jena] 1712:) Krebs. 4 Bl. 8°

[Einladungsschrift zur Dr. med.- Promotion von Johannes Henricus Tomannus, Jena. 31. Juli 1712.]

Johann Adrian Slevogt

Io[annes] Hadrianus Slevogtius [Slevogt]: Prolusio qua die Galanterie- Kranckheit oder Mode- Fieber delineatur.([Jena] 1712:) Krebs. 4 Bl. 8°

[Einladungsschrift zur Dr. med.- Promotion von Konrad Ross, Jena, 9. Juli 1712.]

Johann Adrian Slevogt

Jo[annes] Hadrianus Slevogtius [Johann Adrian Slevogt]: Prolusio qua nummaturus foetus, servandae matris causa occidendus? Aut abortus provocandus sit, ut mater gravida a magno morbo morteque liberetur? disceptatur. Jenae (1710) Krebs. 4 Bl. 8°

[Einladungsschrift zur Dr. med.-Promotion von Erdmann Friedrich Andreae, Jena, 20. Nov. 1710.]

Johann Adrian Slevogt

Io[annes] Hadrianus Slevogtii [Slevogt]: Prolusio qua per partum illegitimum abortumque matris vitam subinde conservandam esse demonstratur. Jenae (1710:) Krebs. 4 Bl. 8°

[Einladungsschrift zur Dr. med.- Promotion von Gottfried Erdmann Kau, Jena, 23Dez. 1710.]

—, resp. L. A. Hahn, Puerporam suffocationis hypochondriaco-hystericae periculo expositam exponit. 33 pp. Jen. 4°.
1701

Johann Adrian Slevogt

Io[annes] Hadrianus Slevogtius [Slevogt]: Prolusio de pyrethro. Ienae (1709:) Krebs. 8 S. 8°

[Einladungsschrift zur Dr.-med.- Promotion von Samuel Joachim Bertram, Jena, 20. Juli 1709.]

—, De quaestione, an crus paralytici citius restituatur quam brachium? Jen. 4°. 1704

Slevogt, J. Hadr., Pr. Remedia superstitiosa. Jen. 4°. 1712

Slevogt, Johann Hadrian [Praes.], s. Scheffer, Heinrich: Dissertatio inauguralis medica exhibens choleram humidam siccam excipientem.

Slevogt, Johann Hadrian [Praes.], s. Schelhass, Christoph Elias: Dolorum partus spuriorum cum veris collatio.

Slevogt, Johann Hadrian [Praes.], s. Schünemann, Georg Amandus: Dissertatio inauguralis medica exhibens gonorrhoeam virulentam cum chorda.

Johann Adrian Slevogt

Io[annes] Hadrianus Slevogtius [Slevogt]:Scrophularia. [Resp.:] Henricus Christianus Ehrlich. Ienae (1720:) Werther. 27 S. 8°

Jena, Med. Diss. v. 30. Dez. 1720

Johann Adrian Slevogt

Io[annes] Hadrianus Slevogtius [Slevogt]: Prolusio de incerta placentae uterinae sede. Jenae (1710:) Krebs. 4 Bl. 8°

[Einladungsschrift zur Dr. med.- Promotion v. Matthias Zacharias Pilling, Jena, 5. Nov. 1710.]

Slevogt, Johann Hadrian [Praes.], s. Seyffarth, Christian Ernst: Dissertatio inauguralis medica aegram retentione secundinarum laborantem sistens.

Slevogt, Johann Hadrian [Praes.], s. Slevogt, Johann Friedemann: De clyssis mineralibus.

—, Pr. σπαδων Hippocratis. Jen. 4°. 1712

Slevogt, Johann Hadrian [Praes.], s. Steube, Johann Sebastian: De infelici hydropes saccati curatione.

Slevogt, Johann Hadrian [Praes.], s. Teitheim, Johann Tobias: De aphthis.

—, De thea romana et hungarica, s. silesiaca, aliisque ejus succedaniis. Jen. 4°. 1721

Jo. Hadrian. Slevogt diss. de M. Tullii Ciceronis vomitu αχρατου χολης. Jenae 1710. 4. (Ad Epist. ad famil. XIV. 7.)

Slevogt, Johann Hadrian [Praes.], s. Weber, Johann Andreas: De Gentiana.

Slevogt, Johann Hadrian [Praes.], s. Weissmann, Johann Friedrich: Balsamum verum, quod vulgo opobalsamum dicitur.

Slevogt, Johann Hadrian [Praes.], s. Wider, Johann Samuel Tobias: Dissertatio inauguralis medica exhibens aegrum paralysi perfecta laborantem.

Slevogt, Johann Hadrian [Praes.], s. Winckler, Friedrich: Mulier gravida lapsu vaginae uteri laborans.

Slevogt, Johann Hadrian [Praes.], s. Wucherer, Christian Ludwig: De tumoribus artuum fungosis.

Slevogt, Johann Friedemann (Jena) A. S. 1192/14

Dissertatio medica inauguralis de clyssis mineralibus. Präs. Johann Adrian Slevogt (Vater). Jena (Gollner) 3. VIII. 1707. 24 S.

Gew.: Johann Jacobs. 32744

Slevogt, Johann Friedemann (Jena) A. S. 1196/15

Dissertatio medica de legitima venaesectionis usu in gravidis. Präs. Simon Paul Hilscher. Jena (Müller) II. 1706. 40 S.

Gew.: Johann Kaspar Rhein, Jo. Friedrich Weismann. 32743

Slevogt, Johann Georg (Jena) A. S. 1174/16

Dissertatio inauguralis medica de lue venerea.
Präs. Johann Adolph Wedel.
Jena (Fickelscherr) 30. VII. 1729. 32 S. 32745

Slevogt, Johann Philipp [Praes.], s. A r e n d, Gajus Matthias: De argumentis legum caute formandis.

Slevogt, Johann Philipp [Praes.], s. A u s s e n, Christian von: De servitutibus anomalis personalibus.

Slevogt, Johann Philipp [Praes.], s. B o c r i s, Johann Kaspar: De retorsione in moratorio non competente.

Slevogt, Johann Philipp [Praes.], s. B ö t t i g e r, Johann Justus: De jure primogeniturae et majoratus. Von Rechte der Erstgeburt.

Slevogt, Johann Philipp [Praes.], s. B r a n d t, Reinhard Hilmar: De allodialis investiturae renovatione.

Slevogt, Johann Philipp [Praes.], s. C l e m e n, Joh. Adam: De possessione non transeunte.

Slevogt, Johann Philipp [Praes.], s. D i m p f e l, Christian Christoph: De mercatore falso censum profitente.

Slevogtius, J. Phil.: Epistola ad Gerh. Pfankuchium, de aequitate retorsionis iniuriarum. Ed. auctior. Jenae 1678.

Slevogtius, J. Phil.: Ad Gerh: Pfankuch epistola de vindicatione iniuriarum. Jenae 1675.

Slevogt, Johann Philipp [Praes.], s. F i s c h e r, Fried. Hartmann: De extraordinaria citatione.

Slevogt, Johann Philipp [Praes.], s. F l o e r c k e, Jo. Ernst: De origine bonorum mensae episcopalis.

Slevogt, Johann Philipp [Praes.], s. F r i e s e, Bernhard Adolph: De vera jurisjurandi in litem indole et natura.

Slevogt, Johann Philipp [Praes.], s. G a b l e r, Friedrich Ernst: De securitate religionis.

Slevogt, Johann Philipp [Praes.], s. H a m b e r g e r, Lorenz Andreas: De incendiis.

Slevogt, Johann Philipp [Praes.], s. H e r t e l, Johann Friedrich: Praecognita juris. Specim. jurid.

Slevogt, Johann Philipp [Praes.], s. J ä g e r, Daniel Eusebius: De alienatione domino prohibita.

Slevogt, Ioh. Phil., **inscriptiones** varii generis. 4. ibid. 730.

Slevogt, Johann Philipp [Praes.], s. J u n c k e r, Jo. Georg: De jure omnium in omnia.

Slevogt, Johann Philipp [Praes.], s. K e l l n e r, Wilhelm Ernst: De alienatione fisci vel imperatoris privilegiata.

Slevogtius, Jo. Phil.: Opuscula iuris ecclesiastici, quorum 1. de unione ecclesiarum et beneficiorum 2. de divisione ecclesiarum et beneficiorum agit. Francofurti et Lipsiae 1746.

— Opuscula juris ecclesiastici quorum unum de unione ecclesiarum et beneficiorum, alterum de divisione eccles. et benef. agit. 4. Francf. Hanisch. 746.

Slevogt, Johann Philipp [Praes.], s. R i c h t e r, Johann August: De foro gestae administrationis, Germanis: Von dem Gerichte, vor welchem jeder seiner geführten Rechnung halber sich zu stellen, und zu rechtfertigen hat.

Slevogt, Johann Philipp [Praes.], s. S c h r o e t e r, Christian Friedrich: De vicesimo hereditatum positiones iuridicae.

Slevogt, Johann Philipp [Praes.], s. S c h r o e t e r, Christian Friedrich: De citationis requisitis et efficacia, Von Der Gerichtlichen Vorladung, woraus sie bestehe, und was sie würcke.

— de sepulturis Imperatorum et electorum c. praef. B. G. Struvii. 8. Jenae, Cröcker. 722.

Slevogtius, Jo. Phil.: Commentationes de unione ecclesiarum et beneficiorum. Jenae 1746.

Slevogt, Johann Philipp [Praes.], s. V o c k e l, Johann Paul: De iure recipiendi provocationes ex superioritate territoriali oriundo, Germanis: Rechtliche und historische Nachricht: Von dem Ursprunge der Landeshoheit ...

Slevogt, Karl, **Sammlung** neuer Entdeck. u. Beobacht. z. Erweit. d. Naturgesch. d. Forstgewächse u. e. gründlichen Forstwissenschaftskunde etc. m. 7 K. 8. Leipz. Compt. f. Lit 804. Rthlr.

Slevogt, Karl, († d. 19. Febr. 1809.) Samml. neuer Entdeck. u. Beobacht. zur Erweiterung der Forstgewächse u. e. gründl. Forstwissenschaftskunde etc. Mit 6 Kpft. 8. Leipz. 804. (Taubert). 2 ℔ 4 gr.

– s.a. S c h a r l a t a n e r i e n.

— **Scharlatanerien** d. neuen Forstwissenschaftskunde, zur Berichtigung derselben etc. 1r Heft. 8. Erlangen, Palm. 802.

– s.a. S k i z z e einer vollkomm. Bewirthschaftung der Waldungen.

— **Skizze** e. vollkomm. Bewirthschaftung d. Waldungen in Rücksicht auf ihre Cultur. 8. Ebend. 801.

Slevogt, Karl Sam., Versuch eines poet. Gemäldes vom Herbste. 8. Eisenach 771. Wittekind. 4 gr.

Slevogt, M., Achill. 15 Lithographien zur Ilias. (15 Bl. m. 1 Bl. Text.) 38,5×51,5 cm. München (908). A. Langen. In Mappe 50. —

— dasselbe. (Wohlfeile Ausg.) (15 Taf. m. 1 Bl. Text.) 37,5×51 cm. Ebd. (908). 15. —

Slevogt, Max, Ali Baba u. die 40 Räuber. (Ein Märchen aus 1001 Nacht.) Improvisationen. (Zeichnungen v. S., hergestellt in Lichtdr.) Fol. (48 S.) Berlin 903. B. Cassirer. Geb. n. 5. —

Slevogt, Max, Coranna. Eine Indianergeschichte. Zeichngn. zu e. Erzählg. v. W. Claire. (68 S.) 32,5×24,5 cm. Berlin (909). P. Cassirer. Geb. in Leinw. 5. —

Slevogt, Max. Don Juan. Heiteres Drama in zwei Akten von Lorenzo da Ponte. Mit 20 Zeichnungen von Max Slevogt, in Holz geschnitten von Reinhold Hoberg. Textbuch aus der Druckerei der Taubstummen, Wien 1788. Berlin, Fritz Gurlitt, 1921. 4°. 131 S.
In der Ausgabe A auf Van-Gelder-Bütten (Nr. 1—20), sämtliche 16 Vollbilder sowie das Widmungsblatt an d'Andrade vom Künstler signiert. Italienischer Text.

Slevogt, Philipp [Praes.], s. Boerls, Johann Caspar: De retorsione in moratorio non competente.

Slevogt, Philipp [Praes.], s. Bücking, Gg. Adolf: De solario ex superficie praestando.

EHESTANDSSPIEGEL, Der, oder Geschichte Wilhelms und Julius; eine Erzehlung (von *Wilh. Julius Slevogt*) Mitau 1778. Rar!
Anon.-Lex. II. p. 6 (nach Kayser u. Recke-Napiersky).

— üb. ewige Fortdauer des Menschen. Rede zum Denkmal der Hochachtung beim Leichenbegängnisse des Hrn. Gro. Eph. v. Kleist. Mit Titelkpf. 4. Mitau 814. (12 S.)

Slevogth, Gottlieb, s. Slevogt, Gottlieb

Slevoigt, G.: Kurtze Abhandlung von denen Rechten d. Altäre, aus d. Kanonischen und Protestant. Kirchenrecht erläutert. Jena. 1726. 8°

Slezak, Alois, der Organismus d. Stil-Unterrichtes an Volks- u. Bürgerschulen, s.: Lehrer-Bibliothek, kleine.

Slezak, Alois: Stil-Unterricht, s. Lehrer-Bibliothek. Kleine.

Slezak, Alois, die Unterrichtssprache als Gegenstand d. volksschulmäßigen Unterrichtes, s.: Lehrer-Bibliothek, kleine.

Slevina, Jh., († d. 2. Jan. 1776.) commentarius in universam sacram scripturam. IV Tmi. 4. Prag 757—60. Editio altera 770.

Slezinski, J. — Wegweiser der k. Hauptstadt Lemberg, oder Uebersicht sämmtlicher Herrn Haus-eigenthümer mit Angabe der Hausnummern und Gassen. Verfaßt von — —. Lemberg, 1856. Druck und Verlag von Kornel Piller. (122 S. 8.)

Slibae de patriarchis Nostorianorum commentaria, s.: **Maris.**

Slick, s. Jonathan.

Slick, Jonathan. Aus dem Engl. von Frdr. Gerstäcker. 2 Bde. 2. (Titel-)Aufl. 8. (IV u. 447 S.) Leipzig (845) 851, O. Wigand. 2 ℳ

Slick, Jonathan [Pseud.]
s. Stephens, Ann Sophia [Wirkl. Name]

— — das Leben in Newyork, siehe Ausland, das belletrist., 853—857. Bdchn.

Slick, J., Das Leben in Neu-York. In Briefen. 5 Thle. Stuttgart 1847. 16°. Zahm. (60 Pfg. M. Edelmann, Nürnb., 1907.)

Slick's, (des Uhrmachers) Sam., Reden u. Thun. Aus d. Yankee-Englischen übersetzt von E. A. Moriarty. 1r u. 2r Bd. 8. Braunschweig 840, 41. Westermann. $2^1/_3$ ℳ

Slick, Sam., Reden u. Thun. A. d. Yankee-Engl. übers. v. E. A. Moriarty. 3 Bde. 8. ($9^3/_4$, $9^3/_4$ u. $9^1/_2$ B.) Braunschweig 841, 42, Westermann. à $1^1/_6$ Thlr. 3 Thlr. 12 Gr., hrbgs. Pr.

Slike iz štajerske zgodovine. Za slovenske štajerske šole. Graz 1907. J. Meyerhoff. Geb. K —.20.

Slimmer, Max, üb. asymmetrische Synthese, s. Fischer, Emil.

Slimmer, Max Darwin, aus Austin (Minn. U. S. A.): Über **asymmetrische Synthese.** *Berlin (1902): G. Schade.* (34 S.) 8°
Berlin, Phil. Diss. v. 16. Aug. 1902

Slingelandt, Pieter Cornelisz van: Überreichg. e. Hahnes, s. Blätter, Bunte, aus aller Welt.

Slingervoet Ramondt, A., zur Geschichte der Kautschukforschung. Zusammenstellg. der wissenschaftl. Veröffentlichgn. aus dem Gesamtgebiet d. Kautschuks. (V, 70 S.) 8. Dresden 907. Berlin, Union, Zweigniederlassg. 1.50

Sliosberg, Beila, aus Naliboki (Russland): Beitrag zur Kasuistik der Nebennierenblutungen im Kindesalter. (Aus dem Kinderspital Zürich. Innere Abteilung. Prof. Wyss.) Zürich 1908. 29 S. 8°. [15. I. 08.]
Zürich. Med. Diss. 1907/08.

Sliosberg, Beila. Beitrag zur Kasuistik der Nebennierenblutungen im Kindesalter. Diss. Med. Univ. Zürich. *Kopftitel:* Aus dem Kinderspital Zürich. Innere Abteilung: Prof. Dr. O[scar] Wyss. 29 S. 8. Zürich, J. J. Meier, 1908.

Sliosberg, Mark: Die guten Sitten im Zivilrecht. Borna-Leipzig 1910: Noske. VI, 41 S. 8°
Heidelberg, Jur. Diss. v. 26. Juni 1910, Ref. Endemann
[Geb. 10. 23. Dez. 88 Poltawa; Wohnort: Petersburg; Staatsangeh.: Rußland; Vorbildung: Gymn. d. dtsch. Hauptsch. zu St. Petri Petersburg Reife Mai 06; Studium: Jena 1, Heidelberg 5 S.; Rig. 16. Dez. 09.] [U 10. 2020

Sliven [Schlagwort]

Sliven, s.: Europa. Generalkarte.

Sliwinski, Paul *Ernst* [aus Pless]: Ueber Fracturen des Fersenbeins nebst einigen in d. Kgl. chirurg. Universitätsklinik zu Greifswald beobacht. Fällen ... Greifswald, Druck v. J. Abel, 1897; 38 S. 8.
Greifswald, Med. Fak., Inaug.-Diss. v. 2. März 1897

Sliwka, Jan, Geografia czyli opis ziemi dla uczącéj się młodzieży. Teschen 863. Prochaska. 8. (162 S.) n. 14 ngr.

Śliwka, Jan, Historye biblijne dla początkowéj nauki dziatek. (Biblische Geschichten für Kinder.) 8. (146 S.) Teschen 860, (Prochaska.) *

—— Piosnki dla dziatek z melodjomi. (Lieder nebst Melodien für Kinder.) 8. (32 S. mit 2 Musikbeilagen.) Teschen 857, Prochaska. *

[Hebr.] Sēfer ispaqlarijā ham-mēira ... asafti ... Hajjim Šālōm **Sliwqin.** Waršā 657. E. Baumritter. (139 S.) 8°
[Nebent.:] [Russ.] Aspaklarija gameira t. c. světloe zerkalo. Sobral Ch. Š. Slivkin. Varšava 1897. [Leuchtender Spiegel von H. Š. S.]

Slizien Stanislaus: Der Einfluß, welchen Burkes abhandlung: „A philosophical inquiry into origin of our ideas of the sublime and beautiful" auf Kants Urteilskraft geübt hat.
II. 1879 PN 138 Diss. Wien, **Univ.** 11

Sloane, Hans, Sir: Histoire d'un remède très efficace pour la foiblesse et la rougeur des yeux, et autres maladies du même organe. Avec un remède infaillible contre la morsure du chien enragé. (An Account of a most efficacious medicine for soreness, weakness, and several distempers of the eyes. Frz.) Traduits...et enrichie de notes par (André) Cantwell. 30 S., gbd.

Amsterdam et Leipzik: Arkstée & Merkus 1767

JB 4.202

Sloane, John

Sloane, J. Von den Krankheiten, welche er in Jamaika beobachtet und behandelt hat; a. d. Engl. . . . Augsb. 1784. Ü: *Becker, Chph Ludwig.* (Ky) (ML)

Sloane, John, v. d. Krankheiten, welche er in Jamaika beobachtend behandelt hat, a. d. Engl. m. Anmerk. gr. 8. Augsb. Klett. 784.

Sloane, John. Nachricht eines bewährten Mittels vor Schmerzen, Blödigkeit . . . der Augen . . . A. d. Engl. Danzig 1745. Ü: *Klein, Jac. Theod.* (ML)

Sloboda, Karl, e. Gebirgsmärchen. 8. (95 S.) Dresden 899. E. Pierson. n. 1. 50; geb. n. 2. 50

Slocum, Frank L. [of Fort Atkinson, Wis. U. S. A.]: On phenyl-β-acethyllactic acid and the preparation of phenylcrotonic and phenylangelic acids. Strassburg, Karl J. Trübner, 1883. 8. 22 S.

Slocum, Joshua, Sailing alone around the world, hrsg. v. R. Blume, s.: Perthes' Schulausgaben englischer u. französischer Schriftsteller. Nr. 42. B.

Sloët, Léon, Capriccio! 2 Bde. 8. (372 S.) Leipzig 884, Bergmann. *ℳ 8.; geb. *

— der Raugraf. Eine Erzählg. 8. (251 S.) Dresden 887. Minden. n. 3. 50; geb. n.n. 4. 50

—— Sünden der Väter. Roman aus dem heut. Rußland. 2 Bde. 8. (260; 249 S.) Jena 885, Costenoble. *

Slokar Johann: Die Beziehungen Herzogs Friedrich IV. von Oesterreich-Tirol zu Kaiser Sigmund. 1410—1437.
II. 1907 PN 2264 Diss. Wien, Univ. 960

Sloman, E., Dichtungen. gr. 12. (10 B.) Hamburg 836, Hoffmann u. Campe.

Sloman, Henry

Sloman, H., Leibnitzens Anspruch auf die Erfindung der Differenzialrechnung. Leipzig 857. Teubner. 4. (3 Bl., 99 S. mit Holzschn. im Text.) 1 ℛ.

Sloman, H., leichte Blätter über die pariser Kunstausstellung, über Klaus Groth's Roman und die neue französische Uebersetzung seiner Gedichte. 8. (108 S.) Kiel 859, [Homann.] *

Sloman, H., leichte Blätter über die Pariser Kunstausstellung, über Klaus Groth's Roman und die neue französische Uebersetzung seiner Gedichte. Kiel 859. Schwers. 8. (108 S.) n. 18 ngr

—— lose Blätter geheftet in Frankreich. 8. (122 S.) Kiel 859, [Homann.] *

Sloman, H., Versuch die Differenzialrechnung auf andre als die bisherige Weise zu begründen. Eine mathemat. Abhandlung. gr. 8. (XXXIX und 144 S.) Paris 856, Glaeser. *

Slomann, Rob. M., Betrachtungen üb. d. von Inspektor Menz vorgeschlag. Plan uns. Hafen in einen Dock zu verwandeln u. uns. Stadt v. d. Wasserseite einzumauern. gr. 8. (1 B.) Hamburg 841, Nestler u. Melle.

Slominsky, Einleit. d. Processes mit d. Beweisgründen wid. das an d. Person d. Königs v. Pohlen begang. Verbrechen, a. d. Pohln. 4. Danzig, Jacobäer. 773.

Slomke's Städtebuch f. reisende Arbeiter, Handwerker u. Künstler. Wissenswerthes üb. ca. 1000 Städte Deutschlands, Oesterreichs u. der Schweiz: Angabe der Herbergen u. Verkehrslokale sämmtl. Gewerkschaften, der Adressen polit. u. die allgemeine Bildung fördernder Arbeitervereine, der Beitrags- u. Unterstützungsverhältnisse in den zentralisierten Gewerkschaftsorganisationen, der ortsübl. Tagelöhne, der örtl. hauptsächl. Produktionszweige, gemeinnütz. Bildungsanstalten, künstlerisch u. geschichtlich werthvoller Sehenswürdigkeiten u. a. m., sowie m. gegen 900 Kilometertabellen der wichtigsten Eisenbahnlinien u. zahlreicher Fußtouren, e. Orts-Register u. 1 Uebersichtskarte. Bearb. v. Frz. Diederich. 8. (XX, 356 S.) Bielefeld 895. G. Slomke. Geb. in Leinw. n. 1. 60

Slomšek, Anton Martin. Kershanska Beseda. V' Zelovzi, v. Kleinmayr. 1836. Quart. 48 S.

Slomšek, Ant., Blaže ino Nežica v nedelski šoli. (Drugi natis.) gr. 8. (XVI und 271 S. mit 1 Kpfrt. und 5 Stnt.) Klagenfurt 848, Leon. *

Slomšek, Anton Martin. Blaže in Nežica v nedelskej šoli. 3. natis. V Celovcu, Leon, 1857. 320 S. (1. u. 2. Aufl. in Cilli.)

Slomšek, Ant., Blaže in Nežica v nedelskej šoli. Učitelom in učencom za pokušno spisal etc. 3. natis. Klagenfurt 857. Leon. gr. 8. (XVI, 304 S. u. 6 lith. Taf.) 1 ℛ.

Slomšek, Anton Martin. Keršansko Devištvo. Potrebni nauki, izgledi in molitve za žensko mladost. 7. natis. V Celovcu, Leon, 1858. — 8. natis. 1868. 228 S. (Die früheren Aufl. unter Devishtvo.)

Slomšek, Anton Martin. Krščansko devištvo. Nova izdaja. V Celovcu, St. Hermagoras-Druck., 1894. 400 S.

Slomšek, Ant., djanje švetnikov Božjih in razlaganje prestavnih praznikov alj svetkov. Spisali družniki sv. Mohorja etc. Graz 854. (Klagenfurt, Leon.) Lex.-8. (VIII, 736; 813 S. m. Holzschn. im Text u. 1 Lithogr.) n. 4 ℛ.

Slomshek, Ant., Drobtince za Novo Leto 1846. Učitelam ino učencam starišam ino otrokam v podvučenje ino za kratek čas. I. Leto. gr. 8. (15 B. u. 1 Holzschn.) (Klagenfurt 846, Leon.) *

Slomšek, Ant., apostolska brana bogoljubnim dus am dana po branji svetiga pisma za nedele ino svetke cerkveniga leta. 1—3. del. gr. 8. (1: VIII u. 240 S. 2 u. 3: VIII u. 234 S.) Klagenfurt 849. 50, Leon. (1: 28 ngr 2 u. 3: 28 ngr) 1 ℛ 26 ngr

—— **Hrana evangelskih naukov, bogoljubnim dusham dana na vse nedéle ino sapovédane prásnike v' léti. I—3. Dél. Drugi pomnoshen natif. gr. 8. (35½ B.) Zelovzi 845, Leon.**

Slomšek, Anton Martin. Pastirski listi. Zbral in uredil M. Lendovšek. V Celovcu. St. Hermagoras-Druck., 1890. 255 S. (Eigentl. 5. Bd. der „Zbrani spisi".)

Slomshek, Ant., **Mnemosynon Slavicum, suis quondam auditoribus ac amicis carissimis dicat. 8maj. (10¾ B.) Glanforti 840, Leon.**

***Molitvize** in potrebni nauki sa pridne mladenzhe. V' Zelovzi, Leon, 1838. Sedez. 238 S. — (ca. 1855.) 247 S. (Verf.: Anton Martin Slomšek.)

Nauki, Posebni, ino molitve sa shénsko mladóst. V' Zelóvzi, Leon, 1835. 74 S. — (Vor 1866.) 221 S. (Verf.: Anton Martin Slomšek.)

Pot, Sveti križev, in litanije od terplenja ino smerti Jezusa Kristusa. V Celovcu, Leon, (vor 1854). 24 S. (Verf.: Anton Martin Slomšek.)

Slomšek, Ant., življenja srečen pot. Potrebni nauki, izgledi in molitvice za mladenče. 4. natis. Klagenfurt 859. Leon. 8. (VI, 404 S., 1 Holzschntaf. u. 1 lith. Karte in 4.) 16 ngr.

Slomšek, Anton Martin. Življenja srečen pot. (Izd. M. Lendovšek.) V Celovcu, St. Hermagoras-Druck., 1893. 448 S.

Slomšek, Anton Martin. Shivleja Szezhen Pot. V' Zelovzi, Leon, 1837. 332 S. — 2. natis. 1845. — 3. natis. 1851. — 4. natis. 1859. 412 S. — 5. natis. 1871.

***Povaba** na botrino katolškim misijonam pomagati. V Celovci, Leon, 1850. 16 S. (Verf.: Anton Martin Slomšek.)

Slomshek, Ant., **Predigten (in windischer Sprache). 3 Thle. gr. 8. (33 B.) Grätz 835, Ferstl'sche Buchh.**

***Ritus** excipendi et praestandi iuramentu praepositorum communitatis. Klgft., Leon, 1850. Quart. 7 S. (Verf.: Anton Martin Slomšek.)

Slomšek, Anton Martin. Zbrani spisi. Zbral. uredil in izdal Mih. Lendovšek. V Celovcu, St. Hermagoras-Druck., 1876—85. 4 Bde.

Slonim [Schlagwort]

Slonim, s.: Europa. Uebersichtskarte.

Slonimski, Ludw., Karl Marx' nationalökonom. Irrlehren. Eine krit. Studie. Uebers. u. eingeleitet v. Max Schapira. 8. (IV, 203 S.) **Berlin 897.** J. Räde. n. 2.50

Slonimski, Ludw., **Versuch e. Kritik der Karl Marx'schen ökonomischen Theorieen. Aus dem Russ. v. Max Schapiro. 8. (IV, 203 S.) Berlin 899. J. Räde. n. 2.50**

Versuch einer Kritik der Karl Marx'schen ökonomischen Theorien von Ludwig **Slonimski**. Aus d. Russ. von Max Schapiro. 2. Aufl. Berlin: J. Räde 1899. (IV, 203 S.) 8°

Slonimski, Ludw., Versuch einer Kritik der Karl Marx'schen ökonomischen Theorien. Aus dem Russischen von Max Schapiro. gr. 8°. Berlin, J. Räde, 1899. 2. Aufl. gr. 8°. Ebd., 1902.

Slonimski, S., Alexander v. Humboldt. Eine biograph. Skizze. Dem Nestor des Wissens gewidmet zu seinem 88. Geburtstage. (In hebr. Sprache.) 2. verb. und verm. Aufl. gr. 8. (84 S.) Warschau 874. (Wien, Löwy.) *

Slonimski, S., Alexander v. Humboldt. Eine biograph. Skizze. Dem Nestor d. Wissens gewidmet zu seinem 88. Geburtstage. 2. verb. u. verm. Aufl. (In hebr. Sprache.) gr. 8. (84 S.) Warschau 874. (Wien, Brüder Winter.) n. 1.20

Slonimsky, Alexander, Russland, Kiew: Ueber einige in der Zürcher Frauenklinik beobachtete Fälle von Missbildungen des weiblichen Genital-Apparates. Zürich 1910. 35 S. 8°. [12. II. 10.]
Zürich. Univ. Med. Diss. 1909/10.

Slonimsky, Alexander. **Über einige in der Zürcher Frauenklinik beobachtete Fälle von Missbildungen des weiblichen Genital-Apparates. Diss. Med. Univ. Zürich. 35 S. 8. Zürich, Schereschewsky, 1910.**

Słoński, Stanislaus, a. Michalow (Polen): Die Übertragung **der griechischen Nebensatzkonstruktionen** in den altbul**garischen Sprachdenkmälern.** Kirchhain N.-L. 1908: M. **Schmersow. (VI, 78 S.) 8°**
Leipzig, Phil. **Fak., Ref.** Leskien-Windisch, Diss. v. 5. Juni 1908
[Geb. 9. Okt. 79 Michalow (Gouv. Warschau); Wohnort: Warschau; Staatsangeh.: Rußland; Vorbildung: Gymn. Warschau Reife Juni 98; Studium: Heidelberg 1, Leipzig 5 S.]

Entlarvt [Ontmaskerd]. Novelle von Melati von Java [d. i. Nicolina Maria Christina **Sloot**]. Übers. von Dr. B. J. F. Dülmen: J. Horstmann [1902]. (183 S.) 8° [F.] [03. 2834 B

– Dass., s.a. Melati von Java

Slooten, Johannes Carel, van der: Tierarzt von 's-Gravenhage, Zuid-Holland: Bakteriologische Wurstuntersuchung. Haag 1907. 109 S. 8° [22. X. 07.]
Bern, Vet.-med. Diss. 1907/08.

Van der Slooten, Johannes Carel. Bakteriologische Wurstuntersuchung. Diss. Vet.-Med. Bern. 109 S. 8. Haag, Blankwaardt & Schoonhoven, 1907.

van der Slooten, Willem [Apotheker aus Haag in Holland]: **Beiträge zur** Kenntniss der Homologen des Caffeïns ... **Marburg, Buchdr. v.** J. Hamel, 1895; 45 S., 1 Bl. 8.
Marburg. Phil. Fak., Inaug.-Diss. v. [19. Okt.] 1895

Slop, V. v. **Die tridentinische Mundart. Klagenfurt, R., 1888.** 46 S. **Progr.**

§ SLOPP d. Jüng. — Miscellaneen von Doctor *Slopp demJüngern.* Rotenburg an der Fulda (fing.?) 1788. 8°. Rar!

SLOSARZ, Johannes: Lis de investitura inter pontifices Romanos et imperatores Romano-Germanicos saeculis 11. et 12. agitata. — (1885) II, 120 S. 4° (Handschr.) Diss. 388
Diss. Wien, Univ.

Slossarczyk, Paul: De periodorum structura apud dactylicos Romanos veteres. Plessis 1908: Lokay. 78 S. 8°
Breslau, Phil. Diss. v. 14. Okt. 1908, Ref. Skutsch
[Geb. 18. Febr. 81 Cwiklitz; Wohnort: Cwiklitz; Staatsangeh.: Preußen; Vorbildung: Gymn. Pleß Reife O. 02; Studium: Breslau 13 S.; Rig. 13. Mai 08.] [U 09. 629

Enquête sur l'alimentation de 1065 ouvriers belges par A. **Slosse** & É[mile] Waxweiler. Bruxelles & Leipzig: Misch & Thron 1910. VI, 260 S. 4°(8°)
(Recherches sur le travail humain dans l'industrie. 1.)
(Inst. Solvay. Travaux de l'Institut de sociologie. 1. Notes et mémoires. Fasc. 9.) [10. 18346

Slossy, C. Zur Biographie des Wiener Bürgermeisters Joh. Andr. v. Liebenberg. s. Uhlirz, Karl.

Slossy, C., zur Biographie des Wiener Bürgermeisters Johann Andreas v. Liebenberg. gr. 8. (19 S.) Wien 888. Gerold's Sohn. n. — 40

Slota, Georg, Abschiedsrede, gehalten in der Neusohler Domkirche am Pfingstsonntage im Jahre 1861. Lex. 8. (32 S.) Trenchin, Mößner in Comm. 30 kr.

SLOTA, GEORG: Abschied-Rede gehalten in der Neusohler Domkirche am Pfingstsonntage im Jahre 1861. Der reine Ertrag ist zur Gründung einer Filial-Schule in Tuzsina (Schmidshäu) bestimmt. Trenčin (Trentschin) 1864: Franz Xaver Skarnitzl. 32 S. - 8°

Slotemaker, Gijsbertus [app. Arzt, zu Hoorn]: Total-Exstirpation des Uterus durch Laparotomie ... Arnheim: G. J. Thieme 1891. 3 Bl., 46 S. 8°
Freiburg i. B., Med. Fak., Inaug.-Diss. v. 1891

Slothouber, I. H., Observationes ad paroemiographos. Diss. 1879. 86 S. 2.—

SLOTTA, GEORG: Predigt bei der Primiz-Feier des Hochwürdigen H. Adolf Borsiczky. Neusohl (1859). Phil. Machold. 22 S. - 8°

SLOTTA, GEORG: Vermächtnis des alten Jahres 1874. Predigt, gehalten am Sylvester-Abende in der jetzt Militär-Invaliden- einst Jesuitenkirche zu Tyrnau von Georg Slotta, Director des katholisch-literarischen St. Adalbert-Vereines in Tyrnau etc. Der Reinertrag ist für die Tyrnauer Kleinkinder-Bewahrungsanstalt bestimmt. Tyrnau 1875. S. Winter. 17 S. - 8°

Thermodynamische Behandlung eines innerhalb der Elasticitätsgrenze tordirten prismatischen oder cylindrischen Körpers von K[arl] F[redrik] Slotte. (Helsingfors: Finn. Lit.-Gesellsch. 1908.) 12 S. 4°
(Acta societatis scientiarum Fennicae. T. 35, Nr 4.)

Über den molekularen Druck und die Oberflächenspannung geschmolzener Metalle von K[arl] F[redrik] Slotte. (Helsingfors: Finn. Lit.-Gesellsch. 1908.) 13 S. 4°
(Acta societatis scientiarum Fennicae. T. 35. Nr 6.)

Über den molekularen Druck des Quecksilbers. Von K[arl] F[redrik] Slotte. Helsingfors: Finn. Literaturgesellsch. 1909. 8 S. 4°
(Acta Societatis scientiarum Fennicae. T. 37, Nr 8.)

Ueber die Elasticität der Metalle von K[arl] F[redrik] Slotte. (Helsingfors 1900: Off. typogr. soc. litt. fenn.) (33 S.) 4°
(Acta Societatis scientiarum Fennicae. T. 26, No 5.)

Molekular-physikalische Konstanten für einfache feste Körper. Von K[arl] F[redrik] Slotte. Helsingfors 1910: Finn. Litteraturges. 13 S. 4°
(Acta Societatis scientiarum Fennicae. T. 40, No 3.) A 12. 985

Slottko, A., Ehestandsfesseln, s.: Kühling's, A., Volks-Schaubühne.

Slotty, Fridericus, Bregensis: De numeri pluralis usu Catulliano. Jenae 1905: G. Neuenhahn. (50 S.) 8°
Jena, Phil. Fak., Ref. Goetz, Diss. v. 25. Okt. 1905
[Geb. 14. Nov. 81 Brieg; Wohnort: Brieg; Staatsangeh.: Preußen; Vorbildung: Gymn. Brieg Reife O.01; Studium: Greifswald 3, Breslau 2, Jena 4 S.; Rig. 3. Juni 05.]

v. Slotwinski, Konst.: Systemat. Darstellung der Unterthansgesetze in Galizien. 3 Theile. *Brünn.* 827. 8. (3 Thl. 8 Gr.)

Slotwinsky, C. von: „Versuch einer systematischen Darstellung der Unterthansgesetze in Gallizien", 2 Teile, Lemberg 1826 (Kuhn & Millikowsky).

Slovák, Aloisius, u. Joh. Kmeut, ora et canta. Gebet- u. Gesangbuch, zunächst f. die kathol. Schuljugend. 2. Aufl. 12. (192 S. m. Titelbild.) Brünn 893. C. Winiker. Geb. n. — 80

Slovák, Aloisius, u. Joh. Kmeut, ora et canta. Gebet- u. Gesangbuch, zunächst für die kathol. Schuljugend. 3., verb. Aufl. 12. (VIII, 216 S. m. 1 Bildn.) Brünn 896. C. Winiker. Geb. in Leinw. n. — 80

Slovák, Alois, d. Schlacht b. Austerlitz, s.: Janetschek, Clem.

Slovakei, die mährische. (Zum Tl. farbig.) Illustrierter Führer f. Touristen. (VI, 74 S. m. 1 farb. Karte.) 8. Ung. Hradisch (910). Sektion f. Fremdenverkehr. (Nur direkt.) nn 1. —

Slovenci, pomagajte zidati „Učiteljski dom" v Celovcu! Celovec, St. Hermagoras-Druck., 1905. 24 S.

Slovenec. V Celovcu, v. Kleinmayr, 1865—67. Quart u. Folio. 3 Jgg.

Slovenen, die Kärntner, und die Volksschule. Ein Wort der Richtigstellung und Abwehr. Hrsg. vom Deutschen Verein in Klagenfurt. gr. 8. (30 S.) Klagenfurt 885, (Raunecker.)

Slovnica, nemška, za slovenske šole. 8. (124 S.) Na Dunaju. Nat snil L. Grund. 1853. (Deutsche Sprachlehre für die slovenischen Schulen) Ungebunden 8 kr, geb in Leinwandrücken 12 kr. C. M.
Verlag der Schulbücher-Verschleiß-Administration

Slovník, knihopisný, česko-slovenský, aneb seznam kněh, drobných spisův, map, obrazných a hudebných věcí, vyšlých v jazyku národu česko-slovenského od roku 1774 až do nejnovější doby. Co rukovět přátelům literatury, zároveň co dodatek k Jungmannově „Historii literatury České" vydal Frant. Doucha, přispěním Jos. Al. Dundra a Frant. Aug. Urbánka. Sešit I—VI. Prag 863—65. Kober. 4. (S. 1—288.) Jedes Heft n. 8 ngr.

Slovník, naučny. Red.: Frant. Lad. Rieger. Spolured: J. Malý. Přispěvatelé: Aug. Beer, Th. Bílý, V. Brandl, Branner etc. Díl I. (16 sešitů.) — Díl II. (19 seš.) — Díl III. (21 seš.) — Díl IV. (26 seš.) Prag 859—64. Kober. Lex.-8. (I.: VIII, 1028 S.; II.: 1166 S.; III.: 1170 S.; IV.: 1470 S.) Jedes Heft n. 8 ngr.

Slovo v cas o vlastenectvi, o cestine a o národu ceskoslovanském, s ohledem na spolek nemecký zvláste celni. 16. ($3^3/_8$ B.) Lipsko 845, [Slawische Buchh.] * .

Slovo-Slavenicum, in specie Czechicum. [Prag 1799.] V: *Dobrowský, Joseph.* (BrMin)

Słów, kilka, z powodu odezwy X. Adama Sapiehy. 1. i 2. przedruk. Leipzig 864. Gerhard. gr. 8. (48 S.) n. 10 ngr.

(—) Словъ, нѣсколько, о русской знати. Berlin 862. F. Schneider. 8. (15 S.) n. 5 ngr.

J. Słowacki. †Denkschrift über Juliusz Słowacki. 210 S., 1 Portr. 8.
Progr. K. k. zweites Staats-Gymn. *Lemberg* 1909.
Hausner, Bernard: Słowacki a biblia. (Sł. und die Bibel.) S. 1—53. Bednarowski, Adolf: Sł. jako tłomacz Homera. (Sł. als Homerübersetzer.) S. 54—98. Rollauer, J[akob] W[alenty]: Słowackiego „Fantazy" („Niepoprawni") a „Tasso" Goethego. (Sł's. „Fantazy" und Göthe's „Tasso".) S. 99—111. Bromberg-Bytkowski, Zygmunt: Sł. jako dramaturg. Fragment. (Sł. als Dramendichter.) (Ein Fragment.) S. 112—135. Szczurat, Wasyl: J. Słowackij w ukrainśkim pyśmenstwi i perekładii. (Sł. in ukrainischer Literatur und Übersetzungen.) S. 137—166. Kossowski, Stanisław: Ze studyów nad Słowackim. Kwestya genezy wiersza „Testament mój". (Die Frage über die Entstehung des Gedichtes „Testament mój".) S. 167—210.

Słowacki, Jul., Anhelli. Nowe wydanie. Naumburg 861. Maurer. 8. (87 S.) n. 15 ngr.

Słowacki, Jul., Balladina. Tragödie in 5 Aufzügen, übers. v. Ludomil German. gr. 8. (122 S.) Krakau 882. Krzyzanowski in Comm. n. 2. –

Slowacki, J., erzählende u. lyrische Gedichte, s.: Bibliothek der Gesamt-Litteratur d. In- u. Auslandes.

—— Kordian. Spisek Koronacyjny. Nowe wydanie. (Kordian. Die Krönungs-Verschwörung. Neue Ausgabe.) 8. (159 S.) Naumburg 861, Maurer. *

—— Ksiadz Marek. Poema dramatyczna w trzech aktach. Nowe wydanie. (Ksiadz Marek. Dramatische Dichtung in drei Akten. Neue Ausgabe.) 8. (158 S.) Naumburg 861, Maurer. *

—— Ksiaże. Niezłomny. (Z Calderona de la Barca.) Tragedya w 3 częściach. Nowe wydanie. (Der standhafte Prinz. Trauerspiel in 3 Theilen. Neue Ausgabe.) 8. (172 S.) Naumburg 861, Maurer. *

Słowacki, Jul., Mazeppa, s. Bühnen-Repertoir. 14. Bd.

Słowacki, Jul, d. Pest in El-Arish. Uebers. v. Witold Hausner. 8. (23 S.) Wien 896. L. Weiss. n. — 70

—— Pisma (Werke), s. Biblioteka pisarzy polskich.

— Poezye. Nowe wydanie. Naumburg 861. Maurer. 8. (VIII, 445 S.) n. 2 ℛ

Słowacki, J., Powieści poetyczne, s. Powieści.

— — Schematismus des landtäflichen und Grossgrundbesitzes von Oberösterreich. Nach amtlichen Quellen und directen Angaben bearbeitet. Gr.-8. (175 S.) 2.—
Wien: Weiss 1896.

—— in der Schweiz. Eine Dichtung. Uebers. von L. Kurtzmann. gr. 8. (15 S.) Wien 880. (Leipzig, Friedrich.) *
Aus: Die Dioskuren, besonders abgedruckt.

— Maria Stuart. Drama in 5 Aufzügen. Uebersetzt v. Ludomil German. 8. (94 S.) Leipzig 879. Friedrich. n. 2. —

Slowacki, Jul. Lilla Weneda, s. Bibliothek d. Gesamt-Litteratur.

Słowacki, Juliusza, Xiaze Niezłomny. (Z Calderona de la Barca.) Tragedja we trzech czesciach. 12. Berlin 844, Behr. n. 1⅓ ℛ

Słowacki, Jul., Żmija, romans poetyczny, z podań ukraińskich w sześciu pieśniach. Leipzig 867. Brockhaus. 16. (82 S.) n. 10 ngr.; geb. n. 17½ ngr.

Słowik, J., Die Slawen, das älteste autochthone Volk Europas. 1. Teil. 8°. (95 S.) † K 1.80
Prag: Řivnáč 1909.

Słownik dokładny, włosko-polski i polsko-włoski. Przez autora słownika angielskiego. (Vollständiges italienisch-polnisches und polnisch-italienisches Wörterbuch. Vom Verfasser des englischen Wörterbuches.) 2 Thle. Lex.-8. (XX und 1155 S.) Berlin 856. 57, Behr's Buchh. *

Słownik francusko-polski. — Dictionnaire français-polonais. 12. (46½ B.) Berlin 839, Behr; Lipsk, Brockhaus et Avenarius.*

— dass. 18. Berlin 840. Behr. 4 ℛ

Słownik polsko-francuzki, s. Dictionnaire.

Slownik Polsko-Francuski. — Dictionnaire Polonais-Français. 6 Posz. 12. (87⅓ B.) Berlin 843—45, Behr's Buchh. *

Słownik Polsko-Francuzki. — Dictionnaire Polonais-Français. Poszyt VII. VIII. (R—Z.) 12. (S. 2090—3412.) Berlin 847, Behr. Subscr.-Pr. für 8 Hfte. n. 6⅔ ℛ — Ladenpreis 8 ℛ

Słownik polsko-francuzki i francuzko-polski. — Dictionnaire polonais-français. Nowe wydanie. Berlin 858. Behr. Lex.-8. (Polnisch-französ. Thl.: 4 Bl., 853 S.; französ.-poln. Thl.: 2 Bl., 275 S.) n. 8 ℛ.

Словъ, нѣсколько, о русской знати. (Einige Worte über russisches Wissen.) 8. (15 S.) Berlin 862, F. Schneider. [Behr's Buchh.] *

СЛОВАРЬ ЦЕРКОВНО-СЛАВЯНСКАГО И РУССКАГО ЯЗЫКА, СОСТАВЛЕННЫЙ ВТОРЫМЪ ОТДѢЛЕНIЕМЪ ИМПЕРАТОРСКОЙ АКАДЕМIИ НАУКЪ. 4 ТОМЪ. (Wörterbuch der kirchlich-slawischen und russ. Sprache, verfaßt von der 2. Abthl. der kaiserl. Akademie der Wissenschaften. 4 Bde.) gr. 4. (XXII und 2102 S.) St. Petersburg 847. (Leipzig, Voß.) **

Слово, свободное, русскiй политическiй органъ, издаваемый подъ редакцiею Л. П. Блюммера. (Freies Wort, redig. von Blummer.) Томъ I, вып. 1—8. 8. (590 S.) Berlin 862, F. Schneider. [Behr's Buchh.] à Heft * 12 Ngr. *

Slubek, Zoltán, aus Pozsony (Ungarn): Über Arylthioglykolsäuren. Zürich 1907. 47 S. 8°. [17. VIII. 07.]
Zürich. Phil. Diss. II. S. 1906/1907.

Slubek, Zoltán. Über Arylthioglykolsäuren. Diss. Phil. [II.] Univ. Zürich. 47 S. 8. Zürich, Gebr. Leemann & Co., 1907.

Sluder, Greenfield, die physiologische Rolle d. Anastomose zwischen N. laryngeus superior u. N. laringeus inferior. [Aus: „Sitzungsber. d. k. Akad. d. Wiss."] gr. 8. (7 S. m. 1 Taf.) Wien 898. (C. Gerold's Sohn.) n. — 40

Van der Sluis, Ype. Ueber die Abtötung der Tuberkelbacillen in natürlich infizierter Milch und über die Pasteurisierung der Milch. Diss. Vet.-Med. Bern ... von Ype van der Sluis.... (Sonderabdruck aus dem Centralblatt für Bakt[eriologie] etc. Abt. I. Originale. Bd. 50. Heft 3.) II + 24 S. 8. Jena, Gustav Fischer, 1909.

Sluiter, Karl Philipp: Holothurien aus Australien u. dem malayischen Archipel, s. Denkschriften der medicinisch-naturwissenschaftlichen Gesellschaft zu Jena.

Sluiter, C. Ph., die Holothurien der Siboga-Expedition. gr. 4. (142 S. m. 10 [3 farb.] Taf. u. 10 Bl. Erklärgn.) Leiden (901). Buchh. u. Druckerei vorm. E. J. Brill. n.n. 12. 75

Die Sipunculiden und Echiuriden der Siboga-Expedition, nebst Zusammenstellung der ueberdies aus d. ind. Archipel bekannten Arten von Dr. C[arel] Ph[ilip] **Sluiter**, Prof. in Amsterdam. Mit 4 Taf. u. 3 Fig. Leiden: E. J. Brill 1902. (53 S.) 4°
= Uitkomsten op zoologisch, bot., oceanogr. en geol. gebied. 25.

Sluiter, C. Ph., Tunicaten aus Australien u. dem malayischen Archipel, s.: Denkschriften der medicinisch-naturwissenschaftl. Gesellschaft zu Jena, VIII

Sluiter, C. Ph., die Tunicaten der Siboga-Expedition. I. Abtlg. Die socialen u. holosomen Ascidien. (Siboga-Expeditie LVIa.) (126 S. m. 15 Taf. u. 15 Bl. Erklärgn.) 4. Leiden 904. Buchh. u. Buchdruckerei vorm. E. J. Brill. n.n. 15. —

— dasselbe. Suppl. (S. 127—139 m. 1 Taf. u. 1 Bl. Erklärgn.) 4. Ebd. 905. n.n. 1. 70

Sluiter, C. Ph., die Tunicaten der Siboga-Expedition. II. Abtlg. Die merosomen Ascidien (Krikobranchia excl. Clavelinidae). (Siboga-Expeditie.) (112 S. m. 8 [1 farb.] Taf. u. 8 Bl. Erklärgn.) 33,5×27 cm. Leiden 909. Buchh. u. Druckerei vorm. E. J. Brill. nn 12. 50
I. Abt. m. Suppl. Ebd. 904. 05. 16.70.

Sluiter, J. W., Specimen acad. in M. Tullii Ciceronis Divinationem in Caecilium. Diss. 1822. 112 S.

Sluiter, Jan Otto

Sluiter, I. Q., Lectiones andocideae, interject. sunt Valkenarii medit. et Luzacii in Andocidem animadv. etc. 8. maj. Leyden. (Bädecker et K., Duisb.) 805.

Sluiter, J. O., lectiones Andocideae. Interject. sunt Valkenarii medit. et Luzacii in Andocidem animadvers. etc. 8maj. Leyden 805. (Bädeker in Essen). 2 ℛ 4 𝔤𝔤

Sluiteri, Iani Ottonis, Lectiones Andocideae. Interjectae sunt Lud. Casp. Valckenaerii ineditae et Io. Luzacii in Andocidem animadversiones: item nonnulla ex codicibus Mss. excerpta. Iterum cum annotationibus edid. Car. Schiller. 8maj. (13½ B.) Lipsiae 834, [Berger's Vrlsbuchh.]

Sluiteri, J. O., Lectiones andocideae. Edid. Car. Schiller. gr. 8. Leipzig 843, Schäfer. 1 ℛ

— s. J. Jusae, lectiones.

Sluka, Aug., Leitfaden zur scientifischen Bildung slavischer Rekruten zu verwendbaren Unteroffizieren. Ein theoretisch-praktisches Lehr-Buch in böhmischer und deutscher Sprache, mit einer gründlichen Anweisung, nach einer stufenweisen Ordnung den Schülern in der Chargen- und Schreib-Schule die deutsche Sprache, das Schreiben und Rechnen in der kürzesten Zeit beizubringen; auch für deutsche Schüler zur Erlernung einer slavischen Sprache. Budweis 856. Hansen. gr. 8. (XVI, 166 S. u. 4 lith. Taf. in 4.) n. 25 ngr.

Sluka, E., die Leukämie im Kindesalter, s.: Benjamin, E.

Sluke, W. Vaterländisches Liederbuch, s. Wagner, E.

Sluke, W., Liedersammlung, s.: Reinelt, E.

von Slupecki, Hans [k. preuss. Landrichter aus Oppeln]: **Die Lehre von den jugendlichen Verbrechern im gemeinen deutschen Strafrecht und Strafprozessrecht** ... Tübingen, F. Pietzcker, 1895; VI S., 1 Bl., 88 S. 8.
Tübingen, Jur. Fak., Inaug.-Diss. v. 1895

— d. Reform d. Strafprozesses. gr. 8. (34 S.) Berlin 896. C. Heymann's Verl. n. — 60

Slupecky, v., üb. die Strafmittel bei Jugendlichen. [Aus: „Jahrb. d. Gefängnis-Gesellsch. f. die Prov. Sachsen u. d. Herzogt. Anhalt".] gr. 8. (26 S.) Halle 894. (A. Kegel.) n. — 25

František SLUPECKÝ — Die Geschichte der deutschen Literatur, besonders der neueren, in A. W. Schlegels Vorlesungen über schöne Literatur und Kunst
Prag, Phil. Diss. 1906/07.

Slupski, Roman, prakt. Arzt: Aus d. Kgl. hygien. Universitätsinstitut zu Königsberg i. Pr. Bildet der Milzbrandbacillus unter streng anaëroben Verhältnissen Sporen? *Königsberg i. Pr. 1902: H. Jaeger.* (29 S.) 8°
Königsberg, Med. Diss. v. 20. Febr. 1902

Sluter, Johannes (Hamburg)
Dissertatio juridica inauguralis de responsis mercatorum, vulgo parere dictis.
Gissae 7. Sept. 1706: Joh. Reinh. Vulpius. 76 S. 4°
pro summis in utroque jure honoribus ac privilegiis doctoralibus rite consequendis.

Slüter's, Joach., ältestes rostocker Gesangbuch vom J. 1531 und der demselben zuzuschreibende Katechismus vom J. 1525. Nach den Originaldrucken wortgetreu herausg. von C. M. Wiechmann-Kadow. Schwerin 858. Bärensprung. 16. (3 Bl., 160, 92 S.) n. 20 ngr.

Slüter, Johann (Hamburg) A. S. 570/30

Dissertatio inauguralis iuridica de exceptione non numeratae pecuniae non privilegiata.
Giessen (Lammers) 9. VIII. 1742. 53 S.

Gew.: Stadt Hamburg. 32751

Slüter, Rutger Nikolaus (Hamburg) U. S. Göttingen 1753/1

Dissertatio inauguralis iuridica de variis matrimonii perfectionibus et earum effectibus.
Göttingen (Schulz) 29. IV. 1753. 88 S.

Gew.: Johann Slüter (Vater). 32752

Sluymer, Joh. Friedrich

Sluymer, J. F., die liturgischen Andachten in der Volksschule. Eine Handreichung der Schule an die Kirche. (Vorgetragen auf der Conferenz der Schulinspectoren und Lehrer am 14. Septbr. c. im Seminare zu Pr. Eylau.) Königsberg 853. Gräfe u. Unzer. gr. 8. (32 S.) 3 ngr.

Sluymer, Joh. Friedr., ausführl. Bericht über die Lehrerversammlung zu Pr. Eylau am 27. u. 28. April 1848. gr. 8. (32 S.) Königsberg 848, Gräfe & Unzer. 3 ngr.

Sluymer, Joh. Friedr., Lehrplan f. Volksschulen, mit vorzügl. Berücksichtigung der Provinz Preußen. 1. Aufl. (7½ B.) 842. * 10 Ngr. u. 2., verm. u. verb. Aufl. gr. 8. (10¾ B.) Königsberg 842, Gräfe u. Unzer. *

— Lehrplan für Volksschulen mit vorzüglicher Berücksichtigung der Provinz Preußen. 2. sehr verm. u. verb. Aufl. gr. 8. (X u. 159 S.) Ebd. 847. n. ½ ℛ

Sluys, Jan van, klare und deutliche Anweisung oder die Kunst das Bier auszuwirthen, daß es immer wie frisch angestochen ist, mit unbedeutenden Kosten. Sowie auch saures Bier wieder trinkbar zu machen und Bier gegen das Sauerwerden zu schützen. Auf vieljährige Beobachtungen gegründet. Basel (856.) Schabelitz. versiegelt n. 22½ ngr.

Sluyter, Friedrich, Referendar: Ist Eigentumserwerb aus B.G.B. 932 möglich, wenn der Erwerber weiß oder wissen muß, daß eine gültige Erwerbs-causa für ihn nicht vorliegt? Stendal 1910: Gewert & Sluyter. 43 S. 8°
Greifswald, Jur. Diss. v. 21. Sept. 1910, Ref. Stampe
[Geb. 28. Okt. 86 Minden i. W.; Wohnort: Stettin; Staatsangeh.: Preußen; Vorbildung: Stadtgymn. Stettin Reife O. 05; Studium: Freiburg i. B. 1, Kiel 2, Berlin 1, Greifswald 3 S.; Rig. 16. Febr. 09.] [U 11. 1613

Sluyter, Friedrich, aus Dorstfeld i. W.: **Untersuchungen über den Wassergehalt in den Laubblättern.** *Kiel 1900: P. Peters.* (38 S.) 8°
Kiel, Phil. Diss. v. [23. Juni] 1900

Sluyter, Hermann, aus Westerkappeln ⟨Westfalen⟩: **Beiträge zur Kenntniss des anatomischen Baues einiger Gnetum-Arten.** *Kiel 1899: P. Peters.* (28 S.) 8°
Kiel, Phil. Diss. v. [17. Juni] 1899

Sluyter, *Konrad Friedrich* Theodor [z. Z. Einj.-Freiw. Arzt im Garde-Füsilier-Reg.]: Aus d. Augenklinik zu Kiel. Zwei Fälle von Netzhautblutungen bei Menstruationsanomalieen ... Stendal, Druck v. Franzen & Grosses Verl., 1893; 10 S., 2 Bl. 8.
Kiel, Med. Fak., Inaug.-Diss. v. [30. Mai] 1893

Sluyter, (Conr. Frid.) Theod. (geb. Hartum in Westf. 30. 8. 1817): De vegetabilibus organismi animalis parasitis ac de novo epiphyto in pityriasi versicolore obvio. Berolini (1847). (32 S.) 8°
Berlin, Med. Diss. v. 27. Nov. 1847

Sluyterman, K., alte Innenräume in Holland. 10 Lfgn. (100 Lichtdr.-Taf. m. III, 20 S. Text.) 43×33 cm. Leipzig 907. 08. K. W. Hiersemann.
In Leinw.-Mappe 100. —

Slusalek, Hans, Referendar: Die handelsrechtlichen Sondervorschriften über den Kauf im Vergleich mit dem bürgerlichen Recht. Greifswald 1904: J. Abel. (65 S.) 8°
Greifswald, Jur. Fak., Ref. Frommhold, Diss. v. 30. Aug. 1904
[Geb. 17. Mai 79 Kattowitz; Wohnort: Kattowitz; Staatsangeh.: Preußen; Vorbildung: Gymn. Kattowitz Reife O. 99; Studium: Breslau 2, Leipzig 2, Greifswald 3 S.; Rig. 7. Apr. 03.]

Slusalek, Karl: Kasuistischer Beitrag zur Lehre der Hämophilie. Erlangen 1909: Junge. 37 S. 8°
Erlangen, Med. Diss. v. 24. April 1909, Ref. Graser
[Geb. 5. Juni 82 Kattowitz; Wohnort: Würzburg; Staatsangeh.: Preußen; Vorbildung: Gymn. Kattowitz Reife O. 01; Studium: München 1, Berlin 1, Erlangen 3, Breslau 1, Greifswald 4 S.; Coll. 25. Febr. 09; Approb. 5. Apr. 07.] [U 09. 790

***Služba,** A n g e l s k a, za mladenče k' sveti maši streči. V Celovcu, Leon, (vor 1840). — (ca. 1850.) (Nach Simonič.)

Služba, P o p o l d a n j a, božja za katolške kristjane. V Celovcu, Liegel, 1855. 144 S.

Służewski, Stanislaus. Die Quadratur des Kreises nach der Auflösung des — übers. von Rafael Schoenborn. 8. (30 S. 1 Taf.) Krakau, k. k. Universit. Buchdruck. 1853.

Šmaha Jos. **Bible kralická. 18. Reichenau 77. Progr.**

Smaha, Jos., Comenius als Kartograph seines Vaterlandes, s.a. Comenius-Studien.

Comenius als Kartograph seines Vaterlandes. Nach d. böhm. Abhandl. von Josef Šmaha, ⟨R.-S.-Prof. in Rakonitz⟩, mit e. Neudruck d. Karte d. Comenius deutsch hrsg. von Karl Bornemann. *Znaim: Fournier & Haberler 1892.* (48 S.) 8°
= Comenius-Studien. H. 5. [09. 3656 11

Smal-Stocki, Stephan: Nationale und kirchliche Bestrebungen der Rumänen in der Bukowina 1848 – 1862, von Bischof Hakmann in einem Sendschreiben dargestellt. Czernowitz: Pardini 1899.

Smal-Stocki, Dr., und Gartner, Dr. Theodor, Ruthenische Grammatik. Lemberg 1893. (Min.-Erl. v. 8. März 1894, Z. 954.) Gebunden 1.—

Smal-Stocki, Stef., s. Hakmann, nationale u. kirchl. Bestrebungen der Rumänen in der Bukowina.

Smal Stockij, Dr. St., üb. den Inhalt des Codex Hankensteinianus. (Aus dem Jahrg. 1885 der Sitzungsber. der phil.-hist. Classe der k. Akad. der Wissensch. [CX. Bd. 2. Heft. S. 601] besond. abgedr.) 8°. (91 S.) Wien, Gerold's Sohn. In Comm. fl. —.70.
1886

Smal-Stocki, Stephan u. **Gartner,** Th.: Minoritätsvotum in der vom k. k. bukowiner Landesschulrate behufs Regelung der ruthenischen Schulorthographie eingesetzten Kommission, abgegeben im November 1887. Czernowitz: Eckhardt 1887.

S m a l S t o c k i j, St., **über den Inhalt des Codex Hankensteinianus. Lex.-8. (91 S.) Wien 886, (Tempsky.)** *
Aus: Sitzungsberichte der k. Akademie der Wissenschaften, besonders abgedruckt.

—— und Th. G a r t n e r, **Minoritätsvotum in der vom k. k. Bukowinaer Landesschulrathe behufs Regelung der ruthenischen Schulorthographie eingesetzten Commission, abgegeben im Novbr. 1887. gr. 8. (56 S.) Czernowitz 887, (Pardini.)** **
Vgl.: B i l i n k i e w i c z, Sev., Joh. Hlibowicki und Leon Kirilowicz, Entgegnung.

Smal recte Stocki Stefan: Ueber die Wirkungen der Analogie in der Deklination des Kleinrussischen.
1884 PN 329 **Diss.** Wien, Univ. 2662

Smalakies, s.: B e r i c h t üb. das Versuchsfeld der Universität Königsberg i. Pr. in Waldgarten.

Smalakies, Arthur, a. Usseinen: Zur Kenntnis der Tränkwasserverhältnisse ostpreußischer Güter. Königsberg i. Pr. 1906: O. Kümmel. (100 S.) 8°
Königsberg, Phil. Fak., Ref. Albert-Stutzer, Diss. v. 14. Sept. 1906
[Geb. 31. März 78 Usseinen; Wohnort: Königsberg i. Pr.; Staatsangeh.: Preußen; Vorbildung: Realgymn. Tilsit Reife O. 99; Studium: Breslau 1, Halle 1, Leipzig 2, Königsberg 7 S.; Rig. 19. Mai 06.]

Smalcalder, Ludwig Konrad [Praes.], s. H u b e r, Johann Ludwig: De pictura principali, scriptura accessorio.

Smalcalder, Ludwig Konrad [Praes.], s. N e u f f e r, Wilhelm: De jurisdictione academiarum privilegiaria in causis criminalibus.

Smale, Frederick J. [aus Lindsay, Ont. Canada]: Studien über Gasketten ... (Aus: Zeitschr. f. physik. Chem., Bd XIV. 1894.) Leipzig, W. Engelmann, 1894; 49 S. 8.
Leipzig, Phil. Fak., Inaug.-Diss. v. [14. Juli] 1894

Smalian, Carl, s. S m a l i a n, Karl

Smalian, Heinrich Ludwig

S m a l i a n, H. L., A n l e i t u n g z. Untersuchung u. Feststellung d. Waldzustandes, d. Forsteinrichtung, d. Ertrages u. Geldwerthes d. Forste, so wie z. Forstverwaltung u. deren Kontrole auf d. Grund d. Forstschätzung. M. 19 Beiln., v. A—T u. 3 Stntaf. (auf 1 Bog., gr. Fol.) zur prakt. Anwendung d. Forstschätzungsverfahrens. gr. 8. (18¾ B. u. 17½ B., gr. Fol.) Berlin 840, [Stange?]

S m a l i a n, H. L.: „Anleitung zur Untersuchung und Feststellung des Waldzustandes, der Forsteinrichtung, des Ertrags und Geldwerths der Forste, sowie zur Forstverwaltung und deren Controle auf dem Grund der Forstschätzung, mit 19 Beilagen und 3 Steindrucktafeln zur praktischen Anwendung des Forstschätzungsverfahrens", Berlin 1840 (Stange & Brandus).

—— Baumhöhenmesser u. einfaches Verfahren d. Baummessung u. Holzberechnung f. Forstmänner, Bauherrn u. Holzhändler. Mit 1 Zeichn. (in 4., auf Leinwand), 4 Zahlentaf. z. Erleichterung d. Veranschlagung u. Auswahl d. Bau- u. Nutzhölzer u. 2 Formularen z. Holzanschlage u. z. vergleich. Nachweisung d. danach wirkl. verabfolgten Holzes. gr. 8. (3¼ B.) Stralsund 840, Löffler'sche Buchh.

—— Beitrag z. Holzmeßkunst. gr. 8. (12½ B. u. 7 Belln. incl. 2 Stnt.) Stralsund 837, Löffler'sche Buchh.

Smalian, H. L., Beiträge zur Forstwissenschaft. 1. u. 2. Hft. gr. 8. Stralsund, Löffler'sche Bh. [1. (9¼ B.) 842. * 20 Ngr., 2. (18 Bl.) 45. * 1 Thlr. 15 Ngr.] *

—— Buchenhochwaldbetrieb u. Schätzung der Forstbeläufe Hagen u. Rusewase, Forstreviers Werder, zur prakt. Darstellung des Forstschätzungs-Verfahrens. Mit 22 Anlagen einschließl. 8 Steinzeichnungen. gr. 4. (30¾ B.) Stralsund 846, Löffler'sche Bh. *

SMALIAN, Heinrich Ludwig: Durchmesser-, Halbmesser- und Umfangs-Tafeln. - Stralsund 1841

—— allgem. Holzertrag-Tafeln f. d. Abtriebs-Ertrag, Zuwachssatz, jährl. Durchschnitts-Ertrag, d. gesammte Holzmasse u. d. Ertragsatz, z. wissenschaftl. Holzertrag- u. Wald-Werth-Berechn., im Auszuge v. 10 zu 10 Jahren. 4. (11 B.) Stralsund 837, Löffler'sche Buchh.

—— Walzentafel zur Erleichterung der Holzmassenberechnung der Baumstämme von 1 bis 100 Fuß Länge u. 0,001 bis 46,2 Quadratfuß Querfläche, mit den entsprech. Durchmessern u. Umfängen. 4. (9 B.) Stralsund 846, Löffler'sche Buchh.

Smalian, Hermann

—— s. Eisenbahn-Coursbuch.

Smalian, Herm., practisches Handbuch für Buchdrucker im Verkehr mit Schriftgiessereien. 8. (V. 118 S.) Danzig 874, Kafemann. *

Smalian, Herm., praktisches Handbuch für Buchdrucker im Verkehr mit Schriftgiessereien. 2. vollständig umgearb. Aufl. gr. 8. (V, 135 S.) Leipzig 877, Waldow. *
geb. *

Smalian, Karl

Smalian, Carl, Beiträge zur Anatomie der Amphisbaeniden. Inaugural-Dissertation. gr. 8. (76 S.) Göttingen 884, (Vandenhoeck und Ruprecht's Verlag.) *

Smalian, Karl, Grundzüge der Pflanzenkunde f. höh. Lehranstalten. B: Schulausgabe. 2 Tle. gr. 8. Leipzig 903. G. Freytag. Geb. in Leinw. n. 5. 60
I. Die offen blühenden Sprosspflanzen od. Blütenpflanzen. (IV, 321 S. m. 331 Abbildgn u. 33 farb. Taf.) n. 4. —
II. Verborgen blühende u. blütenlose Pflanzen. Innerer Bau der Pflanzen u. daran gebundene Lebensvorgänge. (II, 102 S. m. 142 Abbildgn. u. 3 farb. Taf.) n. 1. 60

Smalian, Karl, Grundzüge der Pflanzenkunde f. höh. Lehranstalten. Ausg. A f. Realanstalten. 2. Aufl. (288 S. m. 344 Abb. u. 36 farb. Taf.) gr. 8. Leipzig 908. G. Freytag. — Wien, F. Tempsky. Geb. 4. —

— dasselbe. 2. Aufl. 2 Tle. gr. 8. Ebd. 910.
Geb. in Leinw. 5. —
1. Blütenpflanzen. (248 S. m. 280 Abb. u. 32 farb. Taf.) Geb. 3. 50
2. Blütenlose Pflanzen u. anatom. Physiol. d. Pflanzen. (V u. S. 246–330 m. 125 Abb. u. 4 farb. Taf.) Geb. 1. 50

Smalian, K., Grundzüge der Tierkunde. Ausgabe *A*. Für Realanstalten. Gr.-8° (ill. 304 S. mit 30 Tafeln) geb. K 4.80
Wien: Tempsky 1907.

— Grundzüge der Tierkunde f. höhere Lehranstalten. Ausg. A f. Realanstalten. (304 S. m. 415 Abbildgn. u. 30 farb. Taf.) 2. Aufl. gr. 8. Ebd. 910.
Geb. in Leinw. 4. —

— dasselbe. 2 Tle. gr. 8. Ebd. 910. Geb. in Leinw. 5. 80
1. Wirbeltiere. (187 S. m. 232 Abb. u. 21 farb. Taf.) Geb. 3. 30
2. Wirbellose Tiere u. anatomische Physiologie des Menschen. (IV u. S. 185–341 m. 220 Abb. u. 9 farb. Taf.) Geb. 2. 50

— Lehrbuch der Pflanzenkunde f. höh. Lehranstalten. Mit 570 Abbildgn. u. 36 Farbendr.-Taf. A: Grosse Ausg. (VI, 626 S.) gr. 8. Ebd. 903.
Geb. in Leinw. n. 8. —

Smalian, Karl, Leitfaden der Pflanzenkunde f. höh. Lehranstalten. 1.—5. Tl. gr. 8. Leipzig, G. Freytag. — Wien, F. Tempsky. Geb. 7. 80
1. Lehrstoff der Sexta. Mit 38 Textabbildgn. u. 8 Farbentaf. (IV, 28 S.) 909. Geb. 1. —
2. Lehrstoff der Quinta. Mit 37 Textabbild. u. 8 Farbentaf. (III u. S. 29–74.) 909. Geb. 1. 25
3. Lehrstoff der Quarta. Mit 50 Textabbild. u. 9 Farbentaf. (III u. S. 75—128.) 909. Geb. 1. 30
4. Lehrstoff der Untertertia. Mit 45 Textabbildgn. u. 14 Farbentaf. (IV S. u. S. 127—225.) 910. Geb. 2. 25
5. Lehrstoff der Obertertia. Mit 86 Textabbildgn. u. 10 Farbentaf. (IV S. u. S. 227—326.) 910. Geb. 2. —

— Leitfaden der Tierkunde f. höh. Lehranstalten. 1.—5. Tl. gr. 8. Ebd. Geb. 8. 30
1. Lehrstoff der Sexta. Mit 38 Textabbildgn. u. 1 Farbentaf. (IV, 40 S.) 908. Geb. 1. 20
2. Lehrstoff der Quinta. Mit 55 Textabbild. u. 10 Farbentaf. (III u. S. 41—100.) 908. Geb. 1. 50
3. Lehrstoff der Quarta. Mit 112 Textabbild. u. 13 Farbentaf. (III u. S. 101—208.) 908. Geb. 2. —
4. Lehrstoff der Untertertia. Mit 50 Textabbildgn. u. 8 Farbentaf. (III u. S. 207—304.) 909. Geb. 1. 80
5. Lehrstoff der Obertertia. Mit 187 Textabbildgn. u. 5 Farbentaf. (III u. S. 305—368.) 909. Geb. 1. 80

— s. Natur u. Erziehung.

— kleine Naturgeschichte der drei Reiche f. einfachere Schulen (Mittel-, Bürgerschulen u. a.) I. Pflanzenkunde, bearb. v. H. Haupt. (156 S. m. 145 Abbildgn. u. Bilder-Atlas 9 farb. Taf. in 8.) gr. 8. Ebd. 905.
Geb. in Leinw. u. geh. n. 1. 50

— Kleine Naturgeschichte der drei Reiche f. einfachere Schulen (Mittel-, Bürgerschulen u. a.). II. Tierkunde, bearb. v. H. Haupt. (IV, 136 S. m. 141 Abbildgn. u. 10 farb. Taf.) gr. 8. Leipzig 909. G. Freytag. — Wien, F. Tempsky. Geb. in Leinw. 1. 80

— Anatomische Physiologie der Pflanzen u. des Menschen nebst vergleichenden Ausblicken auf die Wirbeltiere. Für die Oberklassen höherer Lehranstalten dargestellt. (86 S. m. 107 Abbildgn.) gr. 8. Ebd. 908. Geb. 1. 40

— Naturwissenschaftliches Unterrichtswerk f. höhere Mädchenschulen. Auf Grund der Bestimmgn. vom 12. XII. 1908 üb. die Neuordnung des höheren Mädchenschulwesens in Preussen bearb. v. K. Bernau. 1.—4. Tl. gr. 8. Ebd. Geb. in Leinw. 7.75
1. Lehrstoff der VII. Klasse. Mit 45 Abbildgn. im Text u. 8 Farbentaf. (50 S.) 909. Geb. 1.20
2. Lehrstoff der VI. Klasse. Mit 72 Abbildgn. im Text u. 11 Farbentaf. (80 S.) 910. Geb. 1.80
3. Lehrstoff der 5. Klasse. (127 S. m. 161 Abbildgn. u. 10 farb. Taf.) 909. Geb. 2.25
4. Lehrstoff der 4. Klasse. (152 S. m. 210 Abbildgn. u. 12 farb. Taf.) 910. Geb. 2.50

Smalian-Delohra, was dünkt Euch von Schutz und Lage der kathol. Kirche in den Staaten von Preußens evangelischen und Rußlands griechischen Souverainen? Eine nicht unwichtige Zeitfrage an die Katholiken dieser Staaten und an alle Polen insbesond., freimüthig und vorurtheilsfrei erörtert. Lex.-8. (36 S.) Berlin 847. [Leipzig, Baensch.]

Smalian-Delohra, was dünkt Euch von Schutz u. Lage der Kathol. Kirche in den Staaten von Preußens Evangelischen u. Rußlands Griechischen Souverainen? Eine nicht unwichtige Zeitfrage an die Katholiken dieser Staaten u. an alle Polen insbesondere, freimüthig u. vorurtheilsfrei erörtert. Lex.8. (36 S.) Berlin 847, A. v. Schröter (jetzt: Gury). 6 ngr

Small, A. E., Handbuch der Homöopathie für Familien und das Publikum im Allgemeinen. 4. verm. Ausg., in's Deutsche übers. von Karl Jul. Hempel. Leipzig 856. Köhler. 12. (XIX, 572 S.) 3 ℔.

Small, A. E., Handbuch der Homöopathie für Familien und das Publikum im Allgemeinen. 7., verm. Ausg. in's Deutsche übers. von Karl Jul. Hempel. gr. 8. (XIX und 577 S.) Philadelphia 863, (Schäfer und Korabi.) geb. *

Small, A. E., Handbuch der Homöopathie f. Familien u. das Publikum im Allgemeinen. In's Deutsche übers. v. Karl Jul. Hempel. 11., m. vielen Zusätzen, Ansichten üb. Wasserheilkunde u. kurzgefaßtem Repertorium verseh. Aufl. gr. 8. (643 S.) New-York 871. (Leipzig, M. F. Köhler.) geb. n. 15. —

Small, A. E., der Haus-Arzt, s.: Warren, J.

Small, A. E., Taschen-Handbuch der Homöopathie für Familien und das Publikum im Allgemeinen nach dem „Handbuch der Homöopathie" bearb. 32. (102 S.) Philadelphia 861, (Schäfer und Korabi.) geb. *

Small, (Matthew): Thierarzneiliche Tabelle; eine Übersicht der Krankheiten der Pferde, des Rindviehes und der Hunde, mit ihrer Ursache, Symptomen und Heilung. (Veterinary Tablet; being a synopsis of the diseases of horses, cattle, and dogs, with their cause, symptoms, and cure. Eighth edition. Dt.) Übers. von Karl Hoyer. 6 S., gbd.

Minden: Eßmann o.J.

JB 5.932

Small's thierarzneiliche Tabelle; eine Uebersicht der Krankheiten der Pferde, des Rindviehes u. der Hunde, mit ihrer Ursache, Symptomen u. Heilung. Nach der 8. Aufl. aus dem Engl. übersetzt v. Karl Hoyer. Mit 3 Holzschnitt-Vignetten u. Einfassung. Imp.-Fol. Minden 841, Eßmann. n. 1/6 ℔

Small, M., Uebersichts-Tafel d. innern u. äußern Krankheiten bei Pferden, Rindvieh, Schafen u. Hunden, ihrer Ursachen, Kennzeichen u. Heilung. Nach d. 6. Ausg. u. verm. v. Lentin u. Weißenborn. Imp.-Fol. Weimar 840, Voigt.

Small, Roscoe Addison, the stage-quarrel between Ben Jonson and the socalled poetasters, s.a. Forschungen zur englischen sprache u. litteratur. 1.

The stage-quarrel between Ben Jonson and the so-called poetasters by Roscoe Addison Small. Breslau: M. & H. Marcus 1899. (VIII S., 1 Bl., 204 S.) 1 Bd 8°
= Forschungen z. engl. sprache u. litteratur. H. I.

Smallenburg, N., primae lineae juris civilis Holland. 8. Leyden 820. Luchtmans. 1 ℔

— s. Ant. Schulting, Notae etc.

Smaragd. An der Galga. Von — —. Pesth, 1855. Buchdruckerei von Gustav Emich. (110 S. 16)

Smaragd, an der Galga. (Gedichte.) Pest 855. (Lauffer u. Stolp.) 16. (111 S.) n. 16 ngr

Cornelius Schut. Oper in 3 Aufz. von Luigi Illica. Deutsch von Ludwig Hartmann. Musik von Antonio Smareglia. [Textbuch.] Leipzig & Wien: Hofbauer copyr. 1893. 71 S. 8° A 12.7289

Smart, Christopher. Vier Gedichte über Eigenschaften des höchsten Wesens . . . a. d. Engl. Kopenhagen u. Leipzig 1768. Ü: *Abrahamson, Werner Hans Friedrich.* (Ky) (MGT) (Kordes, Schlesw.-holst. u. eutin. Schriftst. Schleswig 1797.)

Smart, Cph., 4 Gedichte über die Eigenschaften des höchsten Wesens; aus d. Engl. (von W. H. F. Abrahamson). gr. 8. Kopenh. 768. (Brummer). 4 gr

Smart, C., 4 Gedichte üb. d. Eigenschaften d. höchsten Wesens. gr. 8. Kopenh. Proft. 768.

Smart, Hawley, vom Start zum Ziel. Ein Sportroman. In das Deutsche übertragen von Frz. Wohl. gr. 8. (VI, 458 S. mit Illustr.) Leipzig 888, Freund. geb. *

Smarzyk, Karl

Smarzyk, Carl *Bernhard* [pr. Arzt aus Friedersdorf]: Über die Complicationen der Fibromyome des Uterus m. bes. Berücks. e. Falles v. Ascites ... Greifswald, Druck v. C. Sell, 1893; 31 S., 1 Bl. 8.
Greifswald, Med. Fak., Inaug.-Diss. v. 22. Febr. 1893

Sempadscher Kodex ([Armen.] Smbat: Datastanagirkh) aus dem 13. Jahrhundert oder: Mittelarmen. Rechtsbuch. Nach d. Venediger u. d Etschmiadziner Version unter Zurückführung auf s. Quellen hrsg. u übers. von Josef Karst. Mit Unterstütz. d. Kgl. Akad. d. Wiss. zu Berlin Straßburg: K. J. Trübner, 1905. (J, XXXII, 223 S.) 4°
= Rechtsbuch, Armenisches, ed. u. komm. von J. Karst. Bd 1. [05. 1104

Smeathman, Henry. Sendschreiben an den Baronet J. Banks . . . a. d. Engl. . . . Gött. 1789. Ü: *Meyer, Friedrich Albrecht Anton.* (ML) (Ky) (Schr)

Smeathmann, Hnr., Sendschreiben üb. die Termiten Afrika's u. andern heißen Klima; aus d. Engl. (von F. A. A. Meyer). Mit Kpf. 8. Götting. 789. Dieterich. 5 gr

Smeddinck, Bernard: Maria, dir Trösterin der Betrübten, oder kräftige Andachten in Leiden und besondere Anliegen, nebst einer Geschichte des Bildes zu Luxemburg und zu Kövelaer. Luxemburg: Rehm 1850. – 48 S. 12°

Smeddinck, Bernard: Vollständiges St. Donatus-Büchelchen enthaltend die Geschichte der Reliquien dieses Schutzpatrons gegen Ungewitter, sowie besondere Andachten, Litaneien und Gesänge für die Bruderschafts-Mitglieder zu Arlon, Luxemburg, Trier und Münster-Eifel u. für alle Verehrer des hl. Donatus, nebst einem Worte kirchlicher Belehrung über Gewitter und über die Mittel gegen ihre schädlichen Folgen. Arlon 1851. – 108 S. 12°

Smeddinck, J. C. B., Apologie des lateinischen Choralgesanges, oder: Das Verhältniß des lateinischen und deutschen Kirchengesanges vom positiven, kirchlichen Standpunkte aus beurtheilt. Ursprünglich eine Pfarrkapitels-Aufgabe für das Dekanat Solingen. Düsseldorf 853. Kampmann. 8. (63 S.) n. 5 ngr.

— vollständiges Jubiläums-Büchlein, oder Unterricht über den Jubel-Ablaß, für die Zeit vom 2. Novbr. d. J. bis zum 2. Febr. 1855. Nebst Andachtsübungen bei Gewinnung desselben. Düsseldorf 854. Kampmann. 16. (36 S.) 1½ ngr.

Smeddinck, J. K. B., die Knabenseminarien für Kleriker u. Cantoren, nach ihrem Ursprunge u. Fortgange dargestellt. Nebst einem Anhange neuer Urkunden. 8. (11 B.) Düsseldorf 846, Schaub'sche Buchh.

Smedley, Frank E., die Geheimnisse von Redgrave Court, s. Bergson's Eisenbahnbücher.

Smee, A., das Sehvermögen in seinem gesunden und krankhaften Zustande, nebst Rathschlägen, die geschwächte Sehkraft durch zweckmässige Brillen, Gläser und Lichtschirme zu unterstützen und zu verbessern, sowie Andeutung der Gefahren, welche eine Folge des Missbrauches der Gläser sind. In vier Vorlesungen im Central Ophthalmic Hospital entwickelt. 853. (IV, 148 S. u. 2 lith. Taf.) — 2. verm. Aufl. Mit 62 erläuternden Fig. (auf 3 lith. Taf. in 8. u. Fol.) Weimar 858. Voigt. 8. (IV, 169 S.) 15 ngr.

Smee, Alfred

Smee A., Elemente d. Electro-Metallurgie. Dtsch. v. O. Kühn 1851. 4.80

Smee, Alfr., Elemente der Electro-Metallurgie. Deutsch bearb. nach der 3. verm. u. verb. engl. Orig.-Ausg. Mit vielen in den Text gedr. Holzschn. gr. 8. (XXIV u. 408 S.) Leipzig 851, Abel. n. 2⅔ ß

Smee, Alfr., erste Hilfe bei Unglücksfällen m. Anh.: Das Wasser-Heilverfahren, s.a. Hausbücher f. Gesundheitspflege, Bd. 22.

Smee, A. Die erste Hilfe bei Unglücksfällen. Berlin, 1888.

[S.] Erste Hilfe bei Unglücksfällen. Anl. zur Behandlg bei Blutgn, ... Anh.: D. Wasser-Heilverfahren. Von Dr. Alfred Smee, prakt. Arzt in New-York. M. 16 Abb. 2. Aufl. ... *Berlin: W. Möller [1898].* (35 S.) 1 Bd 8.
= Hausbücher f. Gesundheits-Pflege. Bd 22. 98. 3575

Smekal, Gust., der Angriff im Festungskriege. Eine krit. Studie. gr. 8. (90 S.) Wien 902. (L. W. Seidel & Sohn.) n. 2. 40
Sonderabdr. aus: „Organ d. militär-wissenschaftl. Vereine".

Smekal, Gust., fünf taktische Aufgaben üb. Führg. u. Verwendg. d. Feld-Artillerie. Applikatorisch behandelt. 1. u. 2. Hft. gr. 8. Wien, L. W. Seidel & Sohn. n. 8. 60
1. (Einleitg. u. takt. Aufgabe Nr. 1.) M. 5 Beilagen. (III, 103 S.) 897. n. 3. 60
2. (1. Thl. d. takt. Aufgabe Nr. 2.) M. Beilagen u. mehr. im Texte enth. Skizzen u. Fig.) (IX, 189 S.) 898. n. 5. —

— artilleristischer Aufklärungsdienst. In 2 Beispielen applicatorisch behandelt. Mit 3 Beilagen u. 5 im Texte enth. Skizzen. gr. 8. (XII, 81 S.) Ebd. 900. n. 3.—

Smekal, Gust., neue Beiträge zum Infanterieangriff. (21 S.) gr. 8. Wien 907. L. W. Seidel & Sohn. 1. 20

— Durchführung des artilleristischen Aufklärungsdienstes. Als unmittelbare Fortsetzung der Studie „Artillerist. Aufklärungsdienst" in 2 Beispielen applicatorisch behandelt. gr. 8. (XI, 121 S. m. 15 z. Tl. farb. Beilagen.) Ebd. 901. n. 5. —

— d. Exercier-Reglement f. d. russische Infanterie v. J. 1897. E. krit. Betrachtg. 8. (77 S.) Ebd. 898. n. 1. 60

— Führung u. Verwendung der Divisions-Artillerie e. Infanterie-Truppen-Division. An e. Beispiele applicatorisch behandelt. Mit 12 Beilagen. gr. 8. (IX, 130 S.) Ebd. 901. n. 5. —

— die Schlacht bei Aspern u. Esslingen 21. u. 22. V. 1809. gr. 8. (IX, 79 S. m. 9 Beilagen.) Ebd. 899. n. 3.60

M. Neustadt.: Beobachtungsresultate der meteor. Station in den J. 1876—81. 18 v. J. Smekal 82, in den J. 1882—3 nebst einer kurzen Zusammenstellung der bisherigen Resultate überhaupt 6. v. dems. 84. Progr.

Smeliansky, Chana, aus Kiew: Aus der bakteriologischen Abteilung des Hygiene-Institutes der Universität Zürich. (Vorstand: Professor Dr. W. Silberschmidt.) Ueber den Einfluss verschiedener Zusätze auf die Labgerinnung der Kuhmilch. München 1906. 31 S. 8°. S.-A. a. d. Archiv f. Hygiene Bd. 59. S. 187—215. [6. III. 07.]
Zürich. Med. Diss. 1906/1907.

Smeliansky, Chana. Über den Einfluss verschiedener Zusätze auf die Labgerinnung der Kuhmilch. Diss. Med. Univ. Zürich. [Sep.-Abdr. aus: Archiv für Hygiene, Band 59.] *Kopftitel:* ⟨Aus der bakteriologischen Abteilung des Hygiene-Institutes der Universität Zürich. Vorstand: Professor Dr. W[illiam] Silberschmidt.⟩ 31 S. 8. München, R. Oldenbourg, 1906.

Smelkus, Hugo [Assist. am Chem. Univ.-Laborat.]: ... Über die Zersetzung der α-Brombuttersäure durch Natronhydrat und eine dabei entstehende neue Säure, die „Butodiglycolsäure" ... Königsberg i. Pr., Hartungsche Buchdr., *1897;* 2 Bl., 60 S., 1 Bl. 8.
Königsberg, Phil. Fak., Inaug.-Diss. v. 25. März 1897

Smellie, William

— Abhandlung von der Hebammenkunst, aus dem Engl. 3 Thle. 8. Altenb. Richter. (Akadem. Buchhdl. in Jena.) 755–70.

— Abhandl. von der Hebammenkunst; aus d. Engl. 3 Thle. 8. Altenb. 755—70. (Hennings in Neisse). 2 ß

William Smellie
1740 - 1795

William Smellie's [The Philosophy of natural history. Deutsch:] Philosophie der Naturgeschichte. Aus d.Engl. übers. , mit Zusätzen des [Anton August Heinrich] Lichtensteins hrsg.u.mit Erl. vers. von E[berhard] A[ugust] W[ilhelm] Zimmermann. Th.1.2. Berlin:Voss 1791. 1 Bd 8°

Smellie, W. Philosophie der Naturgeschichte; a. d. Engl. . . . Berlin 1791—92. Ü: *Bartels, Ernst Dan. Aug.* (MGT)

Smellie, William: Sammlung anatomischer Tafeln nebst einer Erklärung derselben und einem kurzen Begriff der Hebammenkunst...

s.a. Smellie, W.: Tabulae anatomicae. Accedit earundem explicatio cum brevi, de arte obstetricia, institutione... - Sammlung anatomischer Tafeln nebst einer Erklärung derselben und einem kurzen Begriff der Hebammenkunst... (A Set of anatomical tables... Lat.u.Dt.) Nürnberg: 1758

JB 6.306

Smellie, Wlh., Samml. anatom. Tafeln, nebst Erklär. derselben u. e. kurzen Begriff der Hebammenkunst rc.; aus dem Engl. übers. v. G. L. Huth u. in Kupfer gestochen u. verlegt v. J. M. Seligmann. Mit 39 Kpf. Fol. Nürnb. 758. (Campe). 6 ₰

Smellie, William. Anatomische Tafeln, nebst einer Erklärung derselben . . . a. d. Engl. . . . Nürnberg 1758. Ü: *Huth, Georg Leonhard.* (will)

— Samml. anatomischer Tafeln. gr. Fol. Leipz. Fritsch. 760.

Smellie, W. Sammlung anatomischer Tabellen, mit Erläuterungen . . . a. d. Engl. Augsburg 1782. Ü: *Becker, Christoph Ludwig.* (Ky) »1805« (EngM)

— Samml. anatom. Tabellen, mit Erläuterr. u. e. Ausz. der prakt. Hebammenkunst; aus d. Engl. (v. C. L. Becker). Mit 140 Kpf. gr. 8. Augsb. 782. N. Aufl. 805. (Kranzfelder). 1 ₰ 8 𝔤𝔤

— — dasselbe a. d. Engl. ins Latein. u. Deutsche übers. v. Huth, m. 39 K. gr. Fol. Nürnb. Seeligmann. (Fr. Campe.) 789.

— — dasselbe m. K. gr. 8. Augsburg, Bürglen. 804.

Smellie, Will., Samml. anatomischer Tabellen m. Erklär. u. e. Auszuge d. prakt. Hebammenkunst, a. d. Engl. m. K. gr. 8. Augsb. Klett. (Doll.) 805.

Smellie, William: Tabulae anatomicae. Accedit earundem explicatio cum brevi, de arte obstetricia, institutione, ad illustrandum quem de eadem illa in publicum auctor edidit tractatum, variarumque observationum collectionem. - Sammlung anatomischer Tafeln nebst einer Erklärung derselben und einem kurzen Begriff der Hebammenkunst, wodurch die von ihm herausgegebene Abhandlung der Hebammenkunst und seine Sammlungen verschiedener Wahrnehmungen erläutert werden. (A Set of anatomical tables... Lat.u.Dt.) 41 S., gbd., 39 Taf.

Nürnberg: Fleischmann 1758

JB 6.306

Smelzkop, Immen. gr. 8. (13 B. m. Titvign.) Braunschweig 846, Westermann. *

—— ower de kunst jesunt te sin. 2. Aufl. gr. 8. (2¼ B.) Braunschweig 846, (Rademacher.) *

—— Scheppenstiddesche streiche in C-dur mit Fis-moll for hoch- u. deipnäsige Lue. Gedichte. gr. 8. (4 B.) Braunschweig 846, Westermann. *

Smend, F., und E. Müller, zwei Predigten, s. Müller, E.

Smend, G., s.: Maronius, Melchior, Kirchweihpredigt.

Die Kreuzkirche in Lissa. Ein Beitrag zu ihrer Baugeschichte. Zur Erinnerung an d. Errichtung d. Turmhelms im J. 1909/10 hrsg. von Gottfried **Smend**, Pfarrer u. Superint. Lissa i. P.: Eulitz in Komm. 1910. 103 S. 8° [11. 817

Smend, Hans, Referendar: Die Kirchenverfassung der Grafschaft Bentheim in ihrer geschichtlichen Entwicklung. Borna-Leipzig 1908: Noske. VIII, 78 S. 8°
Leipzig, Jur. Diss. v. 13. Nov. 1908
[Geb. 13. Jan. 80 Dudenrode; Wohnort: Osnabrück; Staatsangeh.: Preußen; Vorbildung: Gymn. Burgsteinfurt Reife O. 02; Studium: München 1, Grenoble 1, Berlin 2, Göttingen 2 S.; Rig. 2. Aug. 05.] [U 09. 2691

Smend, J., übersichtliche Darstellung der Geschichte des Reiches Gottes zunächst für den Katechumenen- und Confirmanden-Unterricht. 8. (68 S.) Münster 872, Brunn's Verlag. geb. *

Smend, J., übersichtliche Darstellung der Geschichte des Reiches Gottes, zunächst für den Katechumenen- u. Confirmanden-Unterricht. 2., verb. Aufl. 8. (64 S.) Münster 874. Brunn. n. — 35

Smend, J., übersichtliche Darstellung der Geschichte des Reiches Gottes zunächst für den Katechumenen- und Konfirmanden-Unterricht. 3. verb. Aufl. 8. (63 S.) Leipzig 883, Lenz. *

Smend, J., übersichtl. Darstellg. der Geschichte d. Reiches Gottes zun. f. d. Katechumenen- u. Konfirmanden-Unterr. 4., verb. Aufl. 8. (67 S.) Leipzig 896. O. Lenz. n. — 35

Smend, J., in die Freiheit. Erzählung aus neuester Zeit. gr. 8. (135 S.) Gütersloh 875. Bertelsmann. 1. 20

— ein elend Leben. Erzählung aus der Wirklichkeit. 16. (47 S.) Barmen 874. (Wiemann.) n. — 20

Smend, Jul. Feierstunden. Kurze Betrachtgn. für die Sonn- u. Festtage d. Kirchenjahres. 8. (V, 373 S.) Gött. 892, Vandenhoeck u. Ruprecht. * 3 20; geb. * 4 —; m. Goldschn. * 4 60

Smend, Jul., Feierstunden. Kurze Betrachtgn. f. d. Sonn- u. Festtage d. Kirchenjahres. 2., verb. Aufl. gr. 8. (VIII, 302 S.) Göttingen 895. Vandenhoeck & Ruprecht. n. 3. 20; geb. in Leinw. n. 4. —; m. Goldschn. n. 4. 50

Smend, Jul., Feierstunden. Neue Folge. Beiträge zum Verständnis der h. Schrift f. deren Leser u. Ausleger in Betrachtgn. f. die Sonn- u. Festtage des Kirchenjahres. 8. (V, 322 S.) Göttingen 901. Vandenhoeck & Ruprecht. n. 3. 20; geb. in Leinw. n. 4. —; m. Goldschn. n. 4. 50

— Festpredigt beim Jubiläum d. Kaiser-Wilhelms-Universität, geh. in d. St. Thomaskirche zu Strassburg am 2. V. 1897. gr. 8. (14 S.) Strassburg 897. F. Bull. n. — 50

Smend, Jul., zwölf Fest-Predigten u. -Ansprachen f. Weihnachten, Neujahr, Ostern, Himmelfahrt, Pfingsten u. Erntefest, s.a. Predigt-Bibliothek, moderne. VI, 1.

Zwölf Fest-Predigten und- Ansprachen ... von Julius Smend. Göttingen: Vandenhoeck & Ruprecht 1908. 96 S. 8°
(Moderne Predigt-Bibliothek. Reihe 6, H. 1.)

— zur Frage der Kultusrede, s.: Abhandlungen, theologische.

— zum Gedächtnis W. A. Mozarts. Vortrag, geh. in der Aula d. Ludwig-Georgs-Gymnasiums zu Darmstadt am 9. Dezbr. 1891. gr. 8. (28 S.) Darmstadt 892. J. Waitz. n. — 80

— d. erste evangelische Gottesdienst in Straßburg. Vortrag, geh. im evang. Vereinshause zu Straßburg am 16. III. 1897. gr. 8. (32 S.) Straßburg 897. J. H. E. Heitz. n. — 80

Smend, Jul., der evangel. Gottesdienst. Eine Liturgik nach evangel. Grundsätzen, in 14 Abhandlgn. dargestellt. (VII, 203 S.) gr. 8. Göttingen 904. Vandenhoeck & Ruprecht. n. 3. 60; geb. n. 4. 40

— Handagende zum Kirchenbuch f. evangel. Gemeinden. Predigtgottesdienst, Handlungen, Krankenbesuch. (VII, 239 S.) kl. 8. Straßburg 908. E. van Hauten. Geb. in Leinw. 3.50; in Ldr. 4. 80

— Kelchversagung u. Kelchspendg. in der abendländ. Kirche. Ein Beitrag zur Kultusgeschichte. (Umschlag: Kelchspendg. u. Kelchversagg. ꝛc.) gr. 8. (104 S.) Göttingen 898. Vandenhoeck & Ruprecht. n. 2. 80

– s. Kelle u. Schwert.

– s. Kirchenbuch f. evangelische Gemeinden . . .

— deutsches Liederbuch f. die evangelische Jugend zum Gebrauch in Kirche, Schule u. Haus, zunächst innerhalb der preußischen Westprovinzen. 2. Aufl. 8. (158 S.) Dortmund 893. W. Crüwell's Verl. Geb. n.n. — 50

— Deutsches Liederbuch f. die evangel. Jugend. Zum Gebrauch in Kirche, Schule u. Haus. 10. Aufl. (158 S.) 8. Dortmund 910. W. Crüwell. Geb. nn --50

Smend, Jul., in gesunder Luft, s.a. Für den Feierabend.

— in gesunder Luft. Eine Erzählg. 8. (III, 182 S.) Hamburg 872. Agentur d. Rauh. Hauses. n. 1. 20

Smend, J., in gesunder Luft. Eine Erzählg. 2. Aufl. 8. (168 S.) Hamburg 890. Agentur d. Rauhen Hauses. n. 1. 20

Die evangelischen deutschen Messen bis zu Luthers Deutscher Messe v. D. Julius Smend, Prof. ... in Strassburg i/E. ... Göttingen: Vandenhoeck & Ruprecht 1896. (XII, 283 S.) 1 Bd. 8°

— s.: Monatsschrift f. Gottesdienst u. kirchliche Kunst.

— der Muth d. Glaubens u. der Muth der Liebe. Eine Passionspredigt üb. Petri Verleugng. gr. 8. (15 S.) Bonn 885. Hochgürtel. n.n. — 30

— die politische Predigt Schleiermachers von 1806 bis 1808. Rede zum Antritt des Rektorats der Kaiser Wilhelms-Universität Strassburg. (30 S.) gr. 8. Strassburg 906. J. H. E. Heitz. n. 1. —

— Evangelische Predigten samt den zugehörigen Gottesdienstordnungen. (VIII, 266 S.) gr. 8. Straßburg 910. E. v. Hauten. 4. —

— s.: Religionsunterricht, der evangelische, auf höh. Schulen.

Smend, Ivlivs (geb. am 10 Mai 1857 in Lengerich Westf.): Theses theologicae ... ad licentiati in theologia ev. honores impetrandos ... Bonnae, typ. C. Georgi (1884). 2 Bl. 8.
Bonn, Ev.-theol. Fak., Thes. v. 4 Aug. 1884

– s.: Werde Licht.

— üb. den erzieblichen Wert der Hausmusik. Ein Vortrag. gr. 8. (23 S.) Dortmund 894. W. Crüwell's Verl. Kart. 1. —

— üb. den Wert d. Todeserinnerung f. uns. inneres Leben. Vortrag, geh. im evang. Vereinshause zu Straßburg. gr. 8. (21 S.) Straßburg 897. J. H. E. Heitz. n. — 60

— über das Wesen der evangelischen Frömmigkeit. Ein Vortrag. gr. 8. (34 S.) Straßburg 899. F. Bull. n. — 80

Smend, Rud., Alter u. Herkunft des Achikar-Romans u. sein Verhältnis zu Aesop, s.a. Zeitschrift f. die alttestamentliche Wissenschaft. 13. Beiheft.

Alter und Herkunft des Achikar-Romans und sein Verhältnis zu Aesop von Rudolf Smend. Gießen: A. Töpelmann 1908. (S. 55–125.) 8°
— Zeitschrift f. d. alttestamentl. Wissenschaft. Beih. 13, [2.] [illegible]

Smend, Rud., e. Beispiel kirchlichen Zelotenthums in Sachen d. Protestantenvereins. Offenes Sendschreiben an Freunde. 8. (36 S.) Münster 873. Brunn's Verl. n. — 60

[*Ant. u. Arab.*] Smend, Rvdolfvs, stvd. theol. ev. (geb. am 5 Nov. 1851 in Lengerich Westf.): De Dsv r'Rvmma poeta Arabico et carmine eivs Mâ bâlu ʿainika minhâ-l-mâu jansakibu [Wie kommt es, dass das Wasser von deinem Auge herabströmt?] ... Bonnae, form. C. Georgi (1874). 1 Bl., 40 S. 8. ¶ Erschien zugleich selbständig bei Weber in Bonn.
Bonn, Phil. Fak., Diss. v. 28 Jan. 1874

Smend, Rud., de Dsv r'Rymma poeta arabico et carmine eivs ما بال عينك منها الماء ينسكب commentatio. gr. 8. (38 S.) Bonn 874. Weber's Verl. n. 1. 50

Smend, Rud., d. hebräische Fragment d. Weisheit d. Jesus Sirach, s.: Abhandlungen der kgl. Gesellschaft d. Wissenschaften, Phil.-hist. Kl. Bd. 2.

— Griechisch-syrisch-hebräischer Index zur Weisheit des Jesus Sirach. Mit Unterstützg. der königl. Gesellschaft der Wissenschaften in Göttingen. (XIII, 251 S.) gr. 8. Berlin 907. G. Reimer. 8. —

Smend, Rud., u. Alb. **Socin**, die Inschrift d. Königs Mesa v. Moab, f. akadem. Vorlesgn. hrsg. gr. 8. (III, 35 S. m. 1 Steintaf. [in Mappe].) Freiburg i/Br. 886. (Mohr.) n.n. 2. 50

Smend, Rud., Lehrbuch der alttestamentlichen Religionsgeschichte. gr. 8. (XIX, 550 S.) Freiburg i/B. 893. J. C. B. Mohr. n. 12. —; geb. n.n. 14. 50

Smend, Rud., Lehrbuch der alttestamentl. Religionsgeschichte. (Sammlung theolog. Lehrbücher.) 2. umgearb. Aufl. gr. 8. (X, 519 S.) Freiburg i/B. 899. Tübingen, J. C. B. Mohr. n. 11. 50; geb. n.n. 14. —

Smend, Rud., die Listen der Bücher Esra u. Nehemia. Zusammengestellt u. untersucht. gr. 4. (28 S. m. 1 Tab.) Basel 881. (Schneider.) n. 2. —

Smend, Rudolf: Johann David Michaelis. *Göttingen (1898): Dieterich.* (27 S.) 8°
Göttingen, Festrede z. akadem. Preisvertheilung am 8. Juni 1898

— Moses apud prophetas sive quidnam prophetae saeculi IX. et VIII. de religionis israeliticae moribus et institutis eorumque origine et antiquitate prodant. Commentatio. gr. 8. (76 S.) Halle 875. Buchh. d. Waisenh. n. 1. 50

Smend, Rud., Nothwendigkeit einer Kirchenreform durch das Prophetenthum. Predigt über Jeremias 1, 4—12. geh. am 30. Aug. 1843. Mit einem Vorwort von Pastor Fr. Mallet. gr. 8. Bremen 843, Kaiser. 1/8 ℛ

— der Prophet Ezechiel erklärt, s.: Handbuch, kurzgefasstes exegetisches, zum Alten Testamente.

Smend, Rud., die Weisheit des Jesus Sirach. Hebräisch u. deutsch. Mit e. hebr. Glossar. (XXII, 81 u. VI, 95 S.) gr. 8. Berlin 906. G. Reimer. n. 5. —

— dasselbe. Erklärt. Mit Unterstützg. der königl. Gesellschaft der Wissenschaften zu Göttingen. (CLIX, 518 S.) gr. 8. Ebd. 906. n. 16. —

Smend, Rudolf, a. Göttingen: Die Preußische Verfassungsurkunde im Vergleich mit der Belgischen. Göttingen 1904: Dieterich. (85 S.) 8° ¶ (Gekr. Preisschr.)
Göttingen, Jur. Fak., Ref. Schoen, Diss. v. 16. Sept. 1904
[Geb. 15. Jan. 82 Basel; Wohnort: Göttingen; Staatsangeh.: Preußen; Vorbildung: Gymn. Göttingen Reife O. 00; Studium: Basel 1, Berlin 1, Bonn 1, Göttingen 5 S.; Rig. 29. Juli 04.]

—— die Zukunft d. evang.-kath. Kirche. Eine Weissagung. Mit e. Nachworte v. Fr. Mallet. gr. 8. (7 1/8 B.) Bremen 845, Kaiser.*

Smerczek, Ph. Die Seiden-Raupen-Kultur im Kaiserstaate Oesterreich. Klgft., Leon, 1863. Quart. 23 S.

Smet, C., histoire de la réligion catholique en Brabant, et en particulier à Bruxelles. Traduit et augmenté par l'Abbé Tiron. 8. Bruxelles 839. (Leipz., Brockhaus et A.) n. 2/3 ℛ

Smet, Eugenie, s.: Maria v. der Vorsehung.

de **Smet**, J. J., s. Collection de Chroniques Belges, Vol. VI.

Smet, J.-J., Recueil de Chroniques de Flandre. — Corpus Chronicorum Flandriae, s. Collection de Chroniques Belges Vol. III.

Smet, Pierre Jean de. Reisen zu den Felsengebirgen u ein Jahr unter den Indianer-Stämmen des Oregon-gebietes ... Aus dem Französischen übersetzt v L. Hinsen. StL. 1865.

Smetaček, Wilhelm

Smetaczek W.: Über Collineation in der darst. Geom. 5. Pilsen R. 75.
Progr.

Smetaczek, W.: Explikation geometrischer Grundbegriffe und Versuch einer neuen naturgemässen Entwicklung der Parallelentheorie aus derselben. 9 S. 8° – Reichenberg, OR., Progr. 1872.

— I. d. St. R.: Katalog der Lehrerbibl. 97. v. Wilhelm Smetaczek. (76).
Progr.

Smetaczek W.: Lehrgang für den geom. Unterricht in der IV. Realschulcl. 17. Pilsen R. 76.
Progr.

Smetaczek Wilhelm: Mathematisches aus der Lehrstunde. 1) Gegensatz bei radikalen Perpendikeln. 2) Einiges über Kegelschnitte. 3) Einiges über den Pyramidenstutz. 4) Einige Aufgaben aus der Wahrscheinlichkeitsrechnung. (28). Prag I. St. R. 97.
Progr.

Smetaček, W.: Ueber höhere geometrische Reihen. 26 S. 8° – Reichenberg, OR., Progr. 1865.

Smetal, Anton, Der wirthschaftliche Liberalismus. Kritischer Entwurf. gr. 8. (20 S.) Prag. A. Reinwart. 20 kr.
1883

Smetana, Augustin

— Bedeutung, die, des gegenwärtigen Zeitalters. gr. 8. (30 S.) Prag 848, Ehrlich.

Smetana, Augustin, die Bestimmung unseres Vaterlandes Böhmen vom allgemeinen Standpunkte aufgefaßt. 8. (15 S.) Prag 848, Ehrlich. n. 2 ngr.

Smetana, August, der Geist, sein Entstehen u. Vergehen. Philosophische Encyklopädie. Prag 865. Steinhauser. gr. 8. (VI, 273 S.) 1 ℛ 10 ngr.

Smetana, August., Geschichte eines Excommunicirten. Eine Selbstbiographie. Aus dessen Nachlasse herausg. Mit einem Vorwort von Alfr. Meißner. 1. u. 2. Aufl. 863. n. 1 ℛ 5 ngr. — 3. Ausg. Leipzig 865. Grunow. 8. (283 S.) n. 24 ngr.

— die Katastrophe u. d. Ausgang der Geschichte der Philosophie. 8. (XX u. 288 S.) Hamburg 850, Hoffmann & Campe 1 1/2 ℛ

Smetana, Edmund, Denksprüche in griechischen u. deutschen Versen über die Pflichten d. Lehrer. 4. Wien, Tendler. 803.

Smetana, Edm., Denksprüche in griech. u. deutschen Versen, üb. die Pflichten der Lehrer. 4. Wien 803. Trattner. 8 kr.

Smetana, Dr. F. J. Pocela siloslovja ili Fizike. Za niže Gimnazie. Iz Českoga polag — — — preveo Josip Torbar. 8. (340 S.) U Beču. Tiskom kod Dragutina Ueberreutera. 1854. (Anfangsgründe der Physik für die Unter-Gymnasien.) Gebunden 37 kr. C. M.
Verlag der Schulbücher-Verschleiß-Administration

Smetana, F. J., Počátkové silozpytu čili fysiky. Pro nižší gymnasia a reálky. gr. 12. (VIII u. 268 S. m. eingedr. Holzschn.) Prag 852, Calve. 24 ngr

Smetana, F. J., Počátkové silozpytu čili fysiky. Pro nižší gymnasia a reálky. gr. 12. (VIII und 268 S. mit eingedr. Holzschn.) Prag 852, [Tempsky.]

Smetana, Frdr., d. verkaufte Braut. Kom. Oper in 3 Acten v. K. Sabina. Deutscher Text v. Max Kalbeck. Musik v. S. Textbuch. 8. (56 S.) Berlin (892). E. Bote & G. Bock. — 75

Die verkaufte Braut. Kom. Oper in 3 Akten von K[arl] Sabina. Deutscher Text von Max Kalbeck. Musik von Friedrich **Smetana**. [Textbuch.] *Berlin: E. Bote & G. Bock [1893].* (56 S.) 8° [00. 5719

Dalibor. Oper in 3 Acten von Josef Wenzig. Deutsche Bühnenbearb. von Max Kalbeck. Musik von Friedrich **Smetana**. [Text.] Leipzig: J. Weinberger [zw. 1892 u. 1897]. (32 S.) 8°

Dalibor. Oper in 3 Akten. Text von Josef Wenzig. Für d. deutsche Bühne einger. von Max Kalbeck. Musik von Friedrich **Smetana**. (Klavier-Ausz. mit Text.) *Wien: J. Weinberger; Leipzig: H. Seemann [1902].* (154 S.) 4°
(Universal-Edition. No 411.) [03. 3136

Das Geheimniß [Tajemstvi]. Komische Oper in 3 Acten von Elisabeth Krasnohorska. Für d. deutsche Bühne frei bearb. von Max Kalbeck. Musik von Friedrich **Smetana**. [Text.] Leipzig. J. Weinberger [1893]. (68 S.) 8°

— zwei Wittwen. Komische Oper in 3 Acten. Text nach d. Böhm. Musik v. S. Textbuch. 8. (94 S.) Ebd. (893). — 75

Zwei Wittwen. Oper in 3 Acten. Text nach d. Böhmischen. Musik von Friedrich **Smetana**. ‹Als Ms. gedr.› [Textbuch.] Berlin: E. Bote & G. Bock [1894]. (94 S.) 8°

Smetana, J. F., Wšeobecný dějepis, siehe: Biblioteka, Nowočeska. Cislo VIII.

Gott und – wir. Gedichte von P. Rudolf R(r) v. **Smetana**, C. Ss. R. Mit e. Geleitw. von P. Alois Pichler, C. Ss. R. Münster i. W.: Alphonsus-Buchh. [1904]. (102 S.) 8°

Smetana, P. Rud. v., geistliche Uebungen. Zum Gebrauche für Mitglieder geistl. Gemeinden. Nach der 2. Aufl. des Orig. bearb. gr. 16. (VI, 337 S. mit 1 Stahlst.) Würzburg 876, Bucher.
— dass. — Neu hrsg. von einem Priester derselben Congregation. 2. und 3. Aufl. gr. 16. (VIII, 318 S.) Ebendas. 877.

— geistliche Uebungen für Ordensfrauen. gr. 16. (288 S.) Ebendas. 877. *

v. Smetana, Rud., geistliche Uebungen für zehn Tage. Zum allgem. Gebrauche im Besondern aber für Mitglieder geistl. Gemeinden. 2. Aufl. gr. 12. (VI u. 223 S.) Aachen 851, Cremer. n. 16 ngr

Smetana, Rud. v., geistliche Uebungen für 10 Tage. Zum Gebrauch für geistliche Gemeinden. Neu hrsg. von einem Priester derselben Congregation. 3. Aufl. gr. 16. (VIII, 318 S.) Würzburg 877. Bucher. 2. 40

Smetana, W. J., der schriftliche Gedankenausdruck u. seine Förderung in der Volks- u. Bürgerschule, s. a. Lehrer-Bibliothek, kleine.

Smetana, W. J., Der schriftliche Gedankenausdruck und seine Förderung in der Volks- und Bürgerschule. Referat bei der mährischen Landeslehrerconferenz (deutsche Abtheilung). 8. (29 S.) —.20
Znaim: Fournier & Haberler 1893.

Smetius, Hch., prosodia latina. 8. Francofurti, Andreae. 719.

Smetius a Leda, Henricus. Über Alter und Vortrefflichkeit der Medicin, aus dem Lat. übers. v. Gust. Waltz. (Deutsch u. latein.) gr. 8. (56 S.) Heidelb. 889, (Koester). ** — 50

Smętosz, Jerem., siedm kazań o męce pana naszego Jezusa Chrystusa. 8. (VI und 101 S.) Gnesen 850, Lange. *

Smets, Wilh., in Leben u. Schriften, s.: Müllermeister, J.

Smets, Mor., Geschichte der österreichisch-ungarischen Monarchie, das ist der Entwicklung des österreich. Staatsgebildes von seinen ersten Anfängen bis zu seinem gegenwärt. Bestande. Ein Volksbuch, nach den besten Quellen bearb. 24 Lfgn. gr. 8. (1052 S. mit 12 Holzschntaf.) Wien 877,78, Hartleben's Verlag. à Lfg. 60 Pf.; compl. geb. in Leinw. *

— Geschichte des deutschen Reiches. Mit zahlreichen Illustr. von C. Peßler u. A. (in eingedr. Holzschn. und Holzschntaf.) Volks-Ausg. 24 Hefte. hoch 4. (514 S.) Wien 876, v. Waldheim. à Heft 30 Pf.; geb. *

— das Jahr 1848, s.: Reschauer, H.

Smets, Mor., Wien in u. aus der Türken-Bedrängniß. [1529—1683.] gr. 8. (122 S.) Wien 883. Gottlieb. n. 2. —

— Wien im Zeitalter der Reformation. gr. 8. (264 S.) Preßburg 875, Heckenast Nachf. *

Smets, Ph. Karl Josef Anton Johann Wilhelm, s. Affre, v.: Das Christenthum.

Smets, (Ph. Carl Jos. Ant. Joh.) Wilh., Andenken an d. erste heil. Communionfeier. 2., verb. u. verm. Aufl. 12. (..B. u. 1 Stahlst.) Köln 835, DuMont-Schauberg.

—, A. W. Schlegels „Berichtigung einiger Mißdeutungen," hin u. wieder berichtigt u. beleuchtet. 8. (2¼ B.) Köln 829, [Pappers.] (?)

Smets, Ph. Karl Jos. Ant. Jh. Wlh., die Blutbraut; Trspl. in 4 A. 12. Coblenz 818. Hölscher. 16 K

Smets, Wilh., s. a. Canones und Beschlüsse des Concils von Trient.

Smets, des Concils v. Trient Canones u. Beschlüsse. Concilii Tridentini canones et decreta. Deut. u. lat. Text m. Anmerkgn. 6. Aufl. Bielefeld 868.

— s. Catechismus romanus.

— s. Concilium Tridentinum.

— kleinere epische Dichtungen. (Enthalt. Romanzen u. Balladen. — Erzählungen u. Schilderungen. — Parabeln u. Legenden.) gr. 12. Köln 835. Du Mont-Schauberg. 1/2 ℛ

Smets, (Ph. Carl Jos. Ant. Joh.) Wilh., neue Dichtungen a. d. J. 1824—1830. gr. 12. (6½ B.) Bonn 831, Habicht.

Smets, (Ph. Carl Jos. Ant. Joh.) Wilh., Epheukränze. Neueste Dichtungen. 8. (6 B.) Aachen 838, [Cöln,] Roschütz u. Comp. Thlr.

— Erinnerungen an die erste heil. Communionfeier. Ein Jugendgeschenk in Spruchliedern. Mit 1 Titelkpfr. 12. Köln 830. (Gaul u. Tonger.) 1/4 ℛ

— s.a. Feier, Die, der ersten h. Communion.

— die Feier der ersten heil. Communion am Königl. Jesuiten-Gymnasium zu Cöln am Rhein 1824. gr. 8. Cöln 827, Du-Mont-Schauberg.

—— Fragen u. Antworten, betreff. d. Augsburg. Confession u. ihre 300jähr. Jubelfeier am 25. Juni 1830. 8. (1 B.) Köln 830, DuMont-Schauberg.

— poet. Fragmente aus Theobalds (W. Smets) Tagebuche. 8. Coblenz 818. Hölscher. 16 Gr.

—— das Gebet d. Kindes. Ein Andachtsb. f. d. Jugend. 18. (214 Seit. u. Ttlkpfr.) Bonn 834, Habicht. 8 Gr., Blnp.

— Gedichte. Mit d. Bildn. des Verf. gr. 12. Aachen 824. Cöln, Du-Mont-Schauberg. 20 Gr.

—— Gedichte. Vollständ. Samml. 8. (25 B.) Stuttgart u. Tübingen 840, Cotta'scher Verl.

Smets, Wilh., Gedichte. Neue Sammlung. 12. (VIII u. 232 S.) Frankfurt a. M. 847, Sauerländer. 1 ℛ

— kurze Gesch. der Päpste. Vom heil. Petrus bis auf Leo XII. 4 Bdchen. 2e Aufl. gr. 12. Cöln 829. Pappers u. Kohnen. 1 ℛ 8 Gr. 5s od. Suppl.-Bdchen. A. u. d. T.: das Mährchen von der Päpstin Johanna, aufs neue erörtert. gr. 12. Ebd. 829. 6 Gr.

—— kurze Geschichte der Päpste. Vom h. Petrus bis auf Leo XII. 4 Bdchn. 2. Aufl. gr. 12. (17⅓ B.) Köln 829, [Du Mont-Schauberg.]

—— kurze Geschichte d. Päbste. Nebst e. Anh.: Ueber d. Primat Petri u. d. Mährchen v. d. Päbstin Johanna. 3., verb. Aufl. gr. 8. (.. B.) Köln 835, DuMont-Schauberg. 1⅓ Thlr., hrbgs. Pr.

Smets, (Ph. Carl Jos. Ant. Joh.) Wilh., Gott ist mein Heil. Ein Gebetb. f. kathol. Christen. gr. 12. (18 B. u. 1 Stnt.) Bonn 832, Habicht. 20 Gr., Blnp. Thlr.

—— Gott ist mein Heil! Ein Gebetb. f. kathol. Christen. 2., verm. u. verb. Aufl. gr. 12. (19 B. u. 1 Stahlst.) Bonn 838, Habicht.

Smets, Wilh., Gott ist mein Heil. Ein Gebetbuch f. kathol. Christen. Neu bearb. v. Hub. Schmetz. I. Ausg. (640 S. m. 3 Stahlst.) 16. Einsiedeln 908. Verlagsanstalt Benziger & Co. Geb. in Leinw. 1. 80; m. Goldschn. 2.20; in Ldr. m. Goldschn. 3. 20

— dasselbe. II. Ausg. (368 S. m. 2 Lichtdr.) 11,5×7,5 cm. Ebd. 908. Geb. von 1.35 bis 5. 60

— Hieroglyphen für Geist u. Herz. 12. Cöln 821. Schmidt. (Spitz). 16 Gr.

Smets, Wilh., Jesus Christus und das Symbolum der Apostel. Gefeiert in Gesängen und Liedern. gr. 4. (40 S. und 13 Kpfrt.) Nürnberg 848, J. L. Schrag. *

—— des Kronprinzen v. Preußen Jubelfahrt auf d. Rheine am 30. Oct. 1833. Romant. Gedicht in 3 Gesängen. 16. (6¼ B. u. Portr. d. Kronprinzen.) Köln 833, Renard u. Dübyen.
Ohne Portrait, 12 Gr.

— das kathol. Kirchenjahr nach seinen Hauptmomenten in Briefen dargestellt. gr. 8. Cöln 827. P. Schmitz. 10 Gr.

— s. Lacordaire, H.: Kanzelvorträge.

— s. Malou, Jh. B.: Erklärung der Gebete der Christen.

Smets, Wilhelm, Das Märchen von der Päpstin Johanna auf's Neue erörtert. Köln, bei Pappers und Kohnen. 1829. 8°. 65 S.

— — Dasselbe (vermehrt). Ebd. 1835. 8°.

Smets, Wilh., Maria Hilf. Katholisches Gebet- und Erbauungsbuch für alle Verehrer der allerseligsten Jungfrau u. Gottesmutter Maria. Mit Andachten auf die Feste des Herrn u. der allerseligsten Jungfrau, Tagzeiten auf alle Tage der Woche rc. Einsiedeln 858. Benziger. 18. (VI, 354 S. u. 5 Lithogr.) 12 ngr.

Smets, Wilh., Maria Hilf! Gebet- u. Erbauungsbuch f. alle Verehrer der seligsten Jungfrau Maria. Nebst den gewöhnl. Andachtsübgn. e. kathol. Christen. 24. (447 S. m. 2 Chromolith.) Einsiedeln 883. Benziger & Co. — 65

Maria Hilf! Gebet- u. Erbauungsbuch f. alle Verehrer d. seligsten Jungfrau Maria. Nebst d. gewöhnl. Andachtsübungen eines kath. Christen. Von Dr. Wilhelm Smets, Stifts-Canonicus in Aachen. *Einsiedeln, Köln: Benziger & Co. [um 1902].* (447 S.) 8° [F.]

Smets, Wilhelm. Maria Hilf! Vollständiges Gebet- und Gesangbuch im Geiste des kathol. Kirchenjahres, insbesondere für alle Verehrer der seligsten Jungfrau Maria. Von Dr. W' S', weiland Stifts-Kanonikus in Aachen. Umgearbeitete und vermehrte Ausgabe von Hub[ert] Schmetz, Aachen. [Mit Vignetten und 7 Tafeln.] 688 S. 8. Einsiedeln *etc.*, Benziger & Co. A.G., 1906. [geb. fr. 2.— u. 2.50]

— üb. Menschenbildung u. Menschenerziehung; e. zeitgemäßes Wort z. Beherzigung an Deutschlands Jünglinge. Cöln 822. Schmidt. 16 Gr.

— s. Monatsschrift, Kathol., zur Belehrung.

— Rede zur Feier der ersten heil. Communion am königl. Jesuiten-Gymnasium zu Cöln am Rhein 1824. gr. 8. Cöln 827. Du-Mont-Schauberg. 2 Gr.

—— das Rosenkranzgebet der Katholiken. Vertheidigt in Form e. Festpredigt. gr. 8. (1¾ B.) Köln 830, Du Mont-Schauberg.

—— Spruchlieder. 2., verb. u. verm. Aufl. 12. (.. B.) Köln 835, DuMont-Schauberg.

— Standrede, gehalt. am Grabe des Dichters Chr. Sam. Schier, nebst e. nekrolog. Notiz u. Angabe seiner Schriften. 8. Cöln, Dü-Mont-Schauberg. 1 gr

Smets, Wilh., Taschenbuch für Rheinreisende, historisch, topographisch u. poetisch bearb. Koblenz 1818. 8.

Smets, (Ph. Karl Jos. Ant. Jh.) Wlh., Taschenbuch f. Rheinreisende, histor., topograph. u. poetisch bearb. 12. Coblenz (820). Hölscher. 20 gr

— Tasso's Tod; Trspl. in 5 A. 8. Ebd. 820. 18 gr

— Trauerrede auf Se. H. Papst Pius VII., gehalt. zu Cöln am 17. Sept. 1823. gr. 8. Cöln, Dü-Mont-Schauberg. 3 gr

— Trauerrede auf Se. Heiligkeit Papst Pius VIII. gr. 8. Cöln 830. Dü-Mont-Schauberg. Velinp. 2 gr

—— Trauerrede auf Se. Heiligkeit d. Papst Pius VIII. gr. 8. (1 B.) Köln 831, DuMont-Schauberg.

—— Vernunft u. Gefühl. Die Streitfrage d. Gegenwart in Bezug auf wissenschaftl. Begründung d. christkathol. Theologie abgehandelt. 8. (2 B.) Cöln 830, Pappers. (?)

– s. Veroni, Fr.: Regula fidei.

— — Versuch in Gedichten: 1) Vaterländische Lieder; 2) Heiligenbilder; 3) Lebensbilder. 12. Cöln, Rommerskirchen. 817.

— über Volksdenkmale u. Volksfeste. Eine Rede, gehalten in d. großen Aula d. königl. Gymnasium zu Cöln, am Geburtsfest Sr. Majest. d. Königs Friedr. Wilhelms III. d. 3. Aug. 1823. 8. Cöln, Dü-Mont-Schauberg. 1 gr

– s. Volkskalender, Katholischer.

— Ferd. Frz. Wallraf. Ein biograph.-panegyrisch. Versuch. Mit 3 Abbildd. in Steindr. gr. 8. Cöln 825. Dü-Mont-Schauberg. 12 gr

— was that der Jesuiten-Orden für die Wissenschaft! Beantwortet in einem Verzeichnisse der vorzügl. Schriftsteller dieses Ordens u. ihrer Schriften. Mit Hinzufügung biograph. u. bibliograph. Notizen. gr. 8. Aachen 834. Mayer. 1 Rthlr

Smets, Wlh. Canonicus. Wir bauen mit am Kölner Dom. Eine Rede, v. d. am 6. Novbr. 1845 Statt gefundenen Vorstandswahl des Aachener Filial-Dombau-Vereins, in der Münsterkirche gehalten. gr. 8. Aachen 846, Boisserée. n. 1/12 Rthlr

Smets v. Erenstein, s. Erenstein.

Smets v. Erenstein, Jh. Nik. W., († d. 2. April 1811.) Straf- u. Polizeigesetze des 18. Jahrh., jurist., philosoph. u. polit. betrachtet. gr. 8. Leipz. 796. Breitkopf u. H. 16 gr

SMETZER, Theorie der schönen Künste. (In Th. I—III auch Abhandlgn. über Tanz, Ballet, Pantomime.)
l. c. (ohne Angabe von Ort, Jahr u. Format).

Smichow [Schlagwort]

Smichow. s.: **Prag.**

SMIČIKLAS, Gabriel: Fides ecclesiae gr. antiquae usque ad schisma Photianum de purgatorio. — (1868) 61 S. 8° (Handschr.) Diss. 235
Diss. Wien, Univ.

Smičiklas, T., s.: Codex diplomaticus regni Croatiae Dalmatiae et Slavoniae.

Smid, Storia d' S. Genofefa, trasportada t' nosc' lingaz da M. D. Plovang d' Mareo. Prum liber lading. 8. (129 S.) Brixen 878, (Theolog. Verlags-Anstalt.) *

Šmíd, Ant. Adam, chov ovcí a vlnoznalství. Úplná kniha ovčácká. S 15 vyobrazeními. Prag 863. Kober. gr. 8. (XII, 195 S.) n. 17 ngr

— pěstování obilních požitků, — pěstování řepy cukrovky, s. Rolník nového věku.

Smid, Arend, u. T. A. Hoffmann. Lesebuch f. die Mittelstufe ostfriesischer Volksschulen. (VIII, 179 S. m. Holzschn.) 889; 2. Aufl. gr. 8. (VIII, 204 S. m. Abbildgn.) Leer 891, Leendertz. * — 75 geb. ** 1 —
Vorstehendes bildet zugleich die 8. u. 9. Aufl. von Smid, Lesestoff. 3. Büchlein.

Smid, Arend, u. T. A. **Hoffmann,** Lesebuch f. die Mittelstufe ostfriesischer Volksschulen. 4. (11.) Aufl. 8. (VIII, 204 S. m. Abbildgn.) Leer 894. W. J. Leendertz. n.n. — 75; geb. n.n. 1. —

Smid, Arend, u. T. A. **Hoffmann,** Lesebuch f. die Mittelstufe ostfriesischer Volksschulen. 7. (14.) Aufl. gr. 8. (VIII, 231 S.) Leer 901. W. J. Leendertz.
Geb. in Halbldr. n.n. 1. 10

Smid, Arend, Lesestoff. I.—III. Büchlein. 8. Leer 868—71, Securius. [I. Büchlein. 7. Aufl. (24 S.) * 13 Pf.; II. Büchlein. 6. und 7. Aufl. (52 S.) cart. * 30 Pf.; III. Büchlein. 3. und 4. Aufl. (144 S.) cart. * 50 Pf., und 5. verm. Aufl. (176 S. mit eingedr. Holzschn.) 875. cart. ** 75 Pf.] *

Smid, Arend, Lesestoff. 1. Büchlein, Ausg. A und B., 2. und 3. Büchlein. kl. 8. Leer, Leendertz. [1. Büchlein. Ausg. A. 15. Aufl. (24 S.) 887. * 15 Pf.; cart. * 20 Pf.; Ausg. B. 12. Aufl. (24 S.) 887. * 15 Pf.; cart. * 20 Pf.; 2. Büchlein. 10. Aufl. (52 S.) 883. * 25 Pf.; cart. * 30 Pf.; 3. Büchlein. 7. Aufl. (176 S.) 885. * 75 Pf.; geb. * ℳ 1.—.] *
geb. **

—— Rechenstoff für die Oberklasse der Volksschule. 1. Aufl. 1868. * 30 Pf., und 2. Aufl. 8. (IV, 64 S.) Ebendas. 875. *

Smid, Arend, Rechenstoff f. Volks- u. Fortbildungsschulen. In Verbindg. m. L. Hoffmeyer gesammelt u. bearb. 3. Aufl. 8. (III, 88 S.) Bielefeld 884. Velhagen & Klasing. cart. n. — 60; Auflösungen (23 S.) n. — 50

—— Singweisen zu den im Lesestoff enthaltenen Liedern. 8. (16 S.) Leer 867, Securius. *

Smid, Jh., Beitrr. zur Förderung des Gemeinsinns u. republikan. Staatslebens. In zwanglosen Heften. 1s Heft. gr. 8. Bremen 831. Heyse. 1 Rthlr 4 gr

Smid, Joh., hanseatisches Magazin, siehe Magazin.

– s. Meßgeschenk, an die Xenophoren.

Smid, Jh. Hnr., s. S i b y l l e n , Der, Weissagungen.

Smid, K., Bog čuje nad pravičnimi. Poleg nemskiga. 8. (108 S.) Klagenfurt 849, Leon. 8 ngr

Smid, Petr. Joh., **Dissertatio medica inaug. de meningitide spinali. 8maj. (4¼ B.) Groningae 845. (Leer, Prätorius et Seyde.)** **Thlr. ***

Smid, Walt., s.: B e r i c h t üb. das Landesmuseum Rudolfinum in Laibach.

— s.: C a r n i o l a.

ŠMID, Walter: Über Entstehung und Herausgabe der Bibel Dalmatins. Ein Beitrag zur Geschichte der Reformation. — 1904. 2, 79 Bl. Diss. Graz, Univ.

Smida, Prof. Dr. Franz, Das Königreich Dalmatien. Land u. Leute. Im Anhang: Das Insurrectionsgebiet von Vincenz von Haardt. 8. (65 S.) geh. 50 kr.

Wien: Graeser 1882.

Smidek, Karel, poutní kniha Velehradská. 2. opravené a rozmnožené vydání. Brünn 863. Nitsch. 12. (VI, 88 S.) n. 4 ngr.

Smidek, Wlad., Gesetz betr. die Handels- u. Gewerbe-Kammern in der durch das Gesetz vom 30. VI. 1901 R.G.Bl. 103 abgeänderten Fassung, nebst den neuen Wahlordngn. f. Brünn u. Olmütz. Erläutert durch die wichtigsten einschläg. Ministerial-Erlässe, sowie die Entscheidgn. des k. k. Verwaltungsgerichtshofes, des k. k. Reichsgerichtes u. des k. k. obersten Gerichtshofes. 8. (52 S.) Brünn 902. C. Winiker. n. 1.20

Smidek, Wladimir: Alphab. N a c h s c h l a g e r e g i s t e r , s.a. G e s e t z - u. Verordnungs b l a t t f. das Herzogt. Ober- u. Nieder-Schlesien.

(F) **Smidek**, W., Alphabetisches Nachschlageregister zu sämtlichen bisher erschienenen Jahrgängen des Gesetz- und Verordnungsblattes für das Herzogtum Ober- und Niederschlesien. 8°. (108 S.) K 2.—
Brünn: Winiker 1906.

— **alphabetisches Normalien-Register zu sämmtlichen bisher erschienenen Jahrgängen des Verordnungsblattes f. den Dienstbereich des k. k. Ministeriums f. Cultus u. Unterricht. 1869—1900. 12. (IV, 182 S.) Ebd. 901. n. 2.60**

Smidowitsch, Marie, aus Tula (Russland): Aus dem Hygiene-Institut der Universität Zürich. Direktor: Herr Prof. Dr. O. Wyss. Über die B e z i e h u n g e n der Sommertemperaturen zur Säuglingsmortalität in der Stadt Zürich. Zürich 1904. 18 S. 8°. u. 5 Tabellen. [7. XI. 04.]
Zürich. Med. Diss. 1904/1905.

S m i d o w i t s c h , Marie. Über die Beziehungen der Sommertemperaturen zur Säuglingsmortalität in der Stadt Zürich. Diss. Med. Univ. Zürich. [Mit 5 Tabellen.] *Kopftitel:* Aus dem Hygiene-Institut der Universität Zürich, Direktor: Herr Prof. Dr O[scar] Wyss. 18 S. 8. Zürich, Buchdr. des Schweiz. Grütlivereins. 1904.

S m i d t , J o h a n n. **Ein Gedenkbuch zur Säcularfeier seines Geburtstags hrsg. von der histor. Gesellschaft des Künstlervereins zu Bremen. gr. 8. (VIII, 312 S. mit Smidt's Bildniss in Stahlst.) Bremen 873, Müller's Verlag.** *

Smidt, Bürgermstr., s. **Bericht**, amtlicher, über die 22. Versamml. deutscher Naturforscher.

Smidt, Anders [app. Arzt aus Hoyer]: Aus d. Laboratorium d. pharmakognost. Sammlung in Kiel. Beitrag zur Kenntnis der Wirkung des Sabadinin ... Kiel, Druck v. A. F. Jensen, 1892; 18 S., 1 Bl. 8.
Kiel, Med. Fak., Inaug.-Diss. v. [22. Dez.] 1892

Smidt, F., s. Necker de Saussure, Mdme., die Erziehung d. Menschen.

Smidt, Franz, Medizinalprakt.: Über Eiweißreaktionen in der Cerebrospinalflüssigkeit Gesunder, Geistes- und Nervenkranker. Jena 1909: Kämpfe. 29 S. 8°
Jena, Med. Diss. v. 24. Dez. 1909, Ref. Binswanger
[Geb. 27. Aug. 82 Hannover; Wohnort: Roda S.-A.; Staatsangeh.: Preußen; Vorbildung: Kaiser-Wilhelms-Gymn. Hannover Reife O. 01; Studium: Freiburg i. B. 3, Göttingen 1, München 1, Freiburg i. B. 2, Kiel 1, Heidelberg 2, Straßburg 2 S.; Coll. 31. Juli 09; Approb. 15. Aug. 08.] [U 10. 2313

Smidt, Gustav, Regierungsassessor bei d. Polizeidirektion, Bremen: **Die Haftung des Tierhalters** (§ 833 B.G.B.) in der Rechtsprechung. *Bremen 1904: A. Guthe.* (48 S.) 8°
Freiburg i. B., Rechts- u. staatswiss. Diss. v. 1904

Smidt, Gust., **die Haftung des Tierhalters (§ 833 B.G.B.) in der Rechtsprechung. Diss. (48 S.) 8. Bremen 904.** (F. Leuwer.) **n. 1.—**

Smidt, Heinr., Alles Maske! s. Jahrbuch deutscher Bühnenspiele.

Smidt, Heinr., die Anker-Schenke. Eine Seemanns-Erzählung f. d. Jugend. [Abgedr. aus d. Jugend-Bibliothek von G. Nieritz.] 8. (94 S.) Berlin 849, Simion (jetzt: Leipzig, Voigt & Günther.) ⅓ ℛ (siehe auch: J u g e n d - B i b l i o t h e k von Nieritz. 9. Jahrg. 3. Bdchn. Neue Ausg. 51. Bdchn.)

S m i d t , Heinr., die Anker-Schenke. Eine Seemanns-Erzählung für die Jugend. 2. Aufl. gr. 16. (95 S.) Düsseldorf 879, Bagel's Verlag. cart.

Smidt, Heinr., Bachus oder Schwiegervater? s. Novellen-Sammlung.

Smidt, H., Beantwort. u. Widerlegung d. Schrift: Sendschreiben an *** über d. dermal. Zustand d. Theaters in Berlin im J. 1832. gr. 8. Berl. 832. Bechtold u. H. 4 gℛ

— die Belagerung von G l ü c k s t a d t. Romant. Seegemälde. 3 Thle. 8. Altona 838. Aue. 3½ ℛ

– Der B e r g e n f a h r e r , s.a. N o v e l l e n - S a m m l u n g .

—— **der Bergenfahrer.** Romantische Erzählung aus den Zeiten der Hanse. 3 Bde. 8. (708 S.) Berlin 850. [Leipzig, Voigt und Günther.]

Der B e r g e n f a h r e r . See-Roman aus d. Zeiten d. Hansa von Heinrich Smidt. Bd [1.] 2. Magdeburg: F. Hoede [1898–99]. 2 Bde 8° [1.] Ill. von Alex. Marcks.
= Smidt: Marine - Romane. [4.5.]

Smidt, Heinr., Berlin und Potsdam, s. Volksbuch, deutsches.

Smidt, Hnr., Berlin u. West-Afrika. Ein Brandenburg. See-Roman. 6 Bde. Berlin 845—47, Simion. 5½ ℛ

Smidt, Heinr., Berliner u. Spanier. Novelle. 8. (13½ B.) **Berlin 837, Natorff u. Comp.** (?)

—— **altonaer Bilder. Genre-Bilder u. Skizzen. 8. (17¼ B.) Berlin 843, Vereins-Buchh.**

—— Hamburger Bilder. Wirklichkeit im romant. Gewande. 3 Bde. 8. (16½, 13⅓ u. 15½ B.) Hamburg 836, 37, Hoffmann u. Campe. à 1½ Thlr., ungetrennt nur

— Jan Blaufink, oder See und Theater. Eine hamburgische Erzählung. Mit einer Vorgeschichte: Die Comödie des Pfarrers. 2 Bde. Berlin 864. Janke. 8. (523 S.) 2 ℛ 15 ngr.

Smidt, H., Admiral Carpfänger, s.a. Spiegelbilder aus dem Leben u. der Geschichte der Völker.

— Admiral Carpfänger, oder deutsches Flottenleben von ehedem. Ein Seemannsleben, der deutschen Jugend erzählt. Neu-Ruppin 865. Leipzig, Oehmigke. 8. (159 S.) 12½ ngr.

—— Hamburg's Catonen, s.a. Bibliothek histor. Romane, 7. Bd.

(Bibliothek historischer Romane u. Erzählungen. Bd. 7.)
Hamburg's Catonen, eine historische Erzählung aus dem 17. Jahrh.
v. **Heinrich Smidt.** Leipzig. 1829. 8°

– s. Charakterbilder für die reifere Jugend.

——, Ferdinand Cortez, s. Kinder-Theater, Nr. 2.

—— die weiße Dame &c., s. Kinder-Theater, Nr. 1.

Smidt, Heinr., die Deichschau. In Quarantäne, s.: Volksbücher, neue.

– Denn die Elemente hassen . . ., s.: Schaffstein's Volksbücher. (Mügge, Thdr.)

— Ludw. Devrient. Eine Denkschrift. Mit Devrients Bildniß. gr. 8. Berl. 832. Bechtold u. H. 8 ℊ

— Ludw. Devrient. Eine Denkschrift. (Mit Devrient's Bildniß.) gr. 8. Berlin 833. Bechthold u. Hartje. ⅓ ℛ

Smidt, Heinr., Devrient-Novellen, s.a. Bibliothek der Gesammtlitteratur d. In- u. Auslandes.

— Devrient-Novellen. 8. (X u. 322 S.) Berlin 852, A. Duncker. n. 1½ ℛ; cart. m. Goldschn. n. 2 ℛ

Smidt, Heinr., Devrient-Novellen. 2 Thle. 2., verm. Aufl. 16. (III und 336 S.) Berlin 857, A. Duncker. *
Beide Theile in 1 Bd. geb. *

-- Devrient-Novellen. 3. Aufl. 2 Bde. 8. (168 u. 192 S.) Berlin 882. Paetel. n. 6. —; geb. n. 8. —

Devrient-Novellen v. Heinrich **Smidt**. Hrsg. v. Paul Sonnekalb. M. e. Bilde Ludwig Devrients. Halle a. S.: O. Hendel 1898. (V S., 1 Bl., 272 S., 1 Portr.) 1 Bd 8°
= Bibliothek d. Gesamtlitteratur d. In- u. Auslandes. No 1116–1119.

– Diesseits u. Jenseits, s. Novellen-Sammlung.

— Dissonanzen, oder: Heut vor 25 Jahren, s. Theater-Almanach, Berliner, 1842.

— die Ditmarscher u. ihr Voigt. Eine Jugend-Erzählung. [Abgedr. aus d. Jugend-Bibliothek von Gust Nieritz.] 8. (120 S.) Berlin 849, Simion (jetzt: Leipzig, Voigt & Günther). ⅓ ℛ (siehe auch: Jugend-Bibliothek von Nieritz. Neue Ausg. 56. Bdchn.)

Smidt, Heinrich. *Die Ditmarscher und ihr Voigt.* **Eine Jugend-Erzählung. Leipzig, Voigt & Günther [1850]. 2 Bl. 120 S. u. 1 handkolor. Titelbild (Federlithogr.) von Th. Hosemann. Kl.-8°. Weißer geprägter Or.-Pappbd. m. reicher Verzierung in Blau und Gold. 18.—**
★ Erstausgabe, nicht bei R. u. BrHobr. In der Reihe der Nieritzschen Jugendschriften erschienen. — Der reizende Einband trotz einigen Gebrauchsspuren gut erhalten.

– die Ditmarscher u. ihr Vogt. Eine Jugend-Erzählung. 2 Aufl. gr. 16. (96 S.) Düsseldorf 879. F. Bagel. cart. — 60

—— der Dominikaner. Histor.-romant. Erzähl. aus d. 17. Jahrh. 8. (17 B.) Berlin 831, Wagenführ.

— Erzählungen. 1r Bd. Herausgg. v. C. W. Dannenberg. 8. Hamb. 826. Christiani. 20 ℊ — 2r Bd. A. u. d. T.: Meine Reise in die neue Welt. Erzählung aus den Papieren e. Seemanns, mit Anmerkk. — Der Todtenkranz. Novelle. 8. Leipz. 827. Kollmann. 1 ℛ 3 ℊ — 3e Bd. A. u. d. T.: Die Rache des beleidigten Stolzes. Nebst einigen and. Erzähll. 8. Ebd. 828. 1 ℛ

Smidt, Heinr., historisch-romantische Erzählungen aus Schwedens Vorzeit. I.: Der Untergang des folkunger Königs-Geschlechts. br. 8. (III und 187 S.) Berlin 855(56,) Hoevel. Thlr.

—— dass. — II.: Deutsche Herren in schwed. Landen. br. 8. (III und 186 S.) Ebds. 856. *

—— eine **Fahrt** nach Helgoland, u. d. Sagen d. Niederelbe. 1. Aufl. 839., u. 2., durch 1 Karte verm. Ausg. — A. m. d. Umschl.-Ttl.: Taschenbuch f. Reisende nach Helgoland. 16. (à 11¼ B.) Berlin 840, Voss'sche Buchh.

—— Falke und Taube, s. Novellen-Sammlung.

—— das Feuerschiff, s. Novellenschatz, neuer deutscher.

—— Heinrich Flaggentrost. Eine Seenovelle. gr. 12. (10 B.) Frankfurt a. M. 842, Sauerländer, Vrlgsh. -

— Flieder-Blüthen. Eine Sammlung von Erzählungen. In 3 Bdchn. 8. Glogau 833. (Berlin, Heymann.) 3 ℛ

—— Flieder-Blüthen. Eine Samml. v. Erzählungen. 3 Bdchn. 8. (46 B.) Glogau 835, [Berlin,] Heymann.

Smidt, Heinrich: deutsches Flottenbuch, s. Berndt, R.v.

Smidt, Heinr., deutsches Flottenbuch, s.: Jugend- u. Hausbibliothek, illustrirte.

— Brandenburgische Fregatten, s.: Bücher, bunte.

— Schleswig-Holsteins Freiheitskampf im 13. Jahrhundert, oder: Der Tag v. Bornhöved. Historischer Roman. 3 Bde. 8. (199. 216 u. 222 S.) Berlin 851, Simion (jetzt: Leipzig, Voigt & Günther). 3 ℛ

– Der Fünfnummern-Teufel, s.a. Haus- und Familienschatz, Neuer.

—— der Fünfnummern-Teufel. Eine Erzählung aus dem Leben. 8. (162 S.) Berlin 850, Verlagshandlung des allgemeinen deutschen Volksschriften-Vereins. *
Vgl.: Volks-Bibliothek, allgem. deutsche.

— Skandinavien's Fürsten und Völker. Historischer Roman aus dem 14. Jahrh. 3 Bde. Berlin 858. Hoevel. 8. (3 Bl., 557 S.) 3 ℛ︎.

—— Geheim u. Oeffentlich, s. Original-Romane, 4. Thl.

— Glöckchen und Schellen, s. Unterhaltungs-Bibliothek, deutsche.

Smidt, Heinrich

Glöckchen und Schellen. Heitere Erzählungen. Berlin: Janke 1860. 202 S. 8°

(Deutsche Unterhaltungs-Bibliothek. Ser. 1, Bd 2.)

—— Glück aus Unglück, s. Original-Romane, 7. Thl.

— der Glücksschiffer. Eine Seemanns-Erzählung. [Abgedr. aus der Jugend-Bibliothek von G. Nieritz.] 8. (126 S.) Berlin 848, Simion (jetzt: Leipzig, Voigt & Günther). 1/3 ℛ︎ (siehe auch: Jugend-Bibliothek von Nieritz. 8. Jahrg. 6. Bdchn. — Neue Ausgabe. 47. Bdchn.)

— Der Glücksschiffer. Eine Seemanns-Erzählung. 2. Aufl. (115 S.) kl. 8. Gütersloh (910). C. Bertelsmann. — 60; geb. —70; in Bibliotheksbd. —80; in Leinw. — 90

—— Neptuns Grotte. Erzählungen u. Mährchen f. große u. kleine Kinder. gr. 12. (9⅔ B. u. 8 ill. Bild.) Berlin 842, Winckelmann u. Söhne.

—— Herr Aug. Grund, s. Original-Romane, 5. Thl.

—— Halbdeck und Fockmast. Ein kurbrandenburgischer Seeroman mit einer Vorgeschichte: Edelsitz und Fischerhütte. br. 8. (III, 180 S. mit 4 chromolithogr. Bildern nach Orig. von C. Haun.) Neu-Ruppin [Leipzig] 868, Oehmigke's Verlag. geb.

—— Hamburg und die Antillen, s.a. Novellen-Sammlung.

(Novellen-Sammlung. Bdch. 545–56.)

Hamburg und die Antillen. Seeroman aus der Zeit des vorigen Jahrhunderts v. Heinrich Smidt. Th. 1. 2. Berlin. 1859? 8°

— Onkel Heinrich. Auf dem Leuchtthurm. Zwei Erzählungen aus dem Seemannsleben. Mit 4 (lith.) Illustr. von Rud. Geißler. Glogau 861. Flemming. 16. (149 S.) n. 10 ngr.

Smidt, Heinr.: Hie Dänemark, s.a. Novellen-Sammlung.

Hie Dänemark! Hie Schleswig! oder Die Bruderfehde. Historischer Roman v. Heinrich Smidt. Th. 1. 2. Berlin. o. J. 8°

—— Burggraf Friedrich v. Hohenzollern zu Kostnitz. Histor. Novelle. 8. (9¼ B.) Berlin 831, Bechtold u. Hartje.

Ein Jahrhundert Römischen Lebens. Von Winckelmanns Romfahrt bis z. Sturze d. weltl. Papstherrschaft. Berichte Deutscher Augenzeugen gesammelt von Dr. H[einrich] Smidt. *Leipzig: Dyk 1904.* (XV, 295 S.) 8° [F.] [03. 14719

— Bruder Kain, siehe: Jahrbuch deutscher Bühnenspiele. 31. Jahrg.

—— Kajüts-Passagiere, s. Novellenschatz, neuer deutscher.

— Das Kind der Hallig, s.a. Jugendschriften, Münchener.

Smidt, Heinr., das Kind der Hallig. — Der Vogel-Stephan. 2 Erzählgn. aus dem Seemannsleben f. die reifere Jugend. Mit 4 Farbendr.-Bildern nach Aquarellen v. Hugo L. Braune. 12. (94 S.) Leipzig (899). O. Spamer. Geb. n. 1.—

Smidt, Heinr., das Kind der Hallig. — Der Vogel-Stephan. 2 Erzählgn. aus dem Seemannsleben f. die reifere Jugend. Mit 4 Farbendr.-Bildern nach Aquarellen v. Hugo L. Braune. 2. [Titel-]Aufl. (94 S.) kl. 8. Leipzig [899] (906). O. Spamer. Geb. n. 1. —

Smidt, Heinr., s.a. Kinder- u. Ammenreime in plattdeutscher Mundart.

Kinder- und Ammen-Reime in plattdeutscher Mundart. 3. Aufl. (Hrsg.: Heinrich Smidt.) Bremen: E. v. Masars (1906). (74 S.) 8° [07. 545

— s. Kindertheater.

— Kipper u. Wipper. Erzählung aus Hamburg-Altona. Wien 865. Typographisch-literar.-artist. Anstalt. gr. 16. (191 S. mit eingedr. Holzschn. u. 1 Holzschntaf.) 1 ℛ︎

— der Kirschkern, Novelle. 8. Berl. 829. Cosmar u. Kr. 1 ℛ︎

— der Kirschkern. Novelle. ... Berlin 829. (Klemann.) 1 ℛ︎

—— der Kirschkern. Novelle. 8. (11½ B.) Berlin 829, [Jesch.]

Smidt, Heinr., Kopmann to Bergen. Erzählung aus dem Seemannsleben f. die reifere Jugend. Mit 4 Farbendr.-Bildern v. W. Zweigle. 8. (84 S.) Leipzig (902). O. Spamer. Geb. n. 1. 20

— Theodor Körner. Ein Dichter- u. Heldenleben. Der deutschen Jugend erzählt. Neu-Ruppin 866. Leipzig, Oehmigke. 8. (135 S.) 12½ ngr.; mit 4 Steintaff. 22½ ngr.

— Der Korn-Zehnten, s.a. Haus- und Familienschatz, Neuer.

— der Korn-Zehnten. Erzählung aus der Ditmarsischen Geschichte. 3 Thle. (Aus der allgem. deutschen Volks-Bibliothek abgedr.) 8. (482 S.) Berlin 849, Verlagshandlung des allgemeinen deutschen Volksschriften-Vereins. n. 24 ngr. (siehe auch: Volks-Bibliothek, allgem. deutsche.)

— skandinavische Kreuz- und Querzüge. Berlin 853. Grobe. (Bergemann.) 8. (210 S.) 1 ℛ︎.

Smidt, Heinr., Mutter Cary's Küchlein, s. Original-Romane, 4. Thl.

— grünes Land und blaue Wellen. Novellen. 2 Bde. Berlin 853. Grobe. (Bergemann.) 8. (3 Bl., 565 S.) 2 ℛ︎. 7½ ngr.

—— zu Lande und zu Wasser. Erzählungen aus dem Seemannsleben für die reifere Jugend. 2 Bde. br. 8. Glogau, Flemming's Verlag. [1. Bd. (III und 378 S. mit 8 chromolithogr. Abbild.) 858. 1 Thlr. 22½ Ngr., 2. Bd. (II und 358 S. mit 6 chromolithogr. Abbild.) 860. 1 Thlr. 15 Ngr.]

—— zu Lande und zu Wasser. Erzählungen aus dem Seemannsleben für die reifere Jugend. 3 Bde. 2. Aufl. 8. (132; 127; 180 S. mit 3, 2 und 3 Chromolithogr.) Glogau 878, Flemming. cart. à Bd. ℳ 1,50.

— des Seemanns Landgang, s. Unterwegs u. Daheim.

—— Liederbuch für Preußens Marine, s. a. Liederbuch.

Smidt, H., Liederbuch für Preußens Marine zu Orlog u. Kauffahrtei. Berlin 853. Decker. 16. (103 S.) n. 10 ngr.

—— das Loggbuch. Scherz u. Ernst zur See. 3 Thle. 12. (28 B.) Frankfurt a. M. 844, Sauerländer, Vrlgsh.

— Marinebilder. Neue See-Geschichten. Berlin 859. Janke. 8. (2 Bl., 330 S.) 1 ℛ 15 ngr.

— Marine-Romane. Hrsg. v. Wilh. Noeldechen. 1.—27. Lfg. 8. Magdeburg 898. F. Hoede. à Lfg. — 25
1—14. Admiral de Ruyter. Roman. M. Illustr. von E. Zardetti v. Bayer. 2 Bde. (376 u. 371 S.)
15—21. E. Berliner Matrose. See-Roman. Illustr. von E. Zardetti v. Bayer, Hans Günther u. a. (357 S.)
22—27. Der Bergenfahrer. See-Roman aus den Zeiten der Hansa. Illustr. v. Alex. Marcks. (S. 1—336.)

— Marine-Romane. Hrsg. v. Wilh. Noeldechen. Illustr. von Alex. Marcks, E. Zardetti v. Bayer u. a. 28.—32. (Schluß-)Lfg. 8. Magdeburg 899. [F. Hoede.] Berlin, R. Jacobsthal. à — 25; (kplt. in 4 Bdn. à n. 2. —; geb. à n. 3. —)
28—32. Der Bergenfahrer. See-Roman aus den Zeiten d. Hansa. (1. Bd. S. 337—376 u. 2. Bd. 188 S.)

— ein Berliner Matrose. Seeroman. 2 Bde. Berlin 866. Janke. 8. (522 S.) 2 ℛ 15 ngr.

— Meeresstille und hohe See. Neue Seegeschichten. Berlin 861. Foerster. 16. (2 Bl., 319 S.) n. 1 ℛ 10 ngr.

—— Michael de Ruiter, s. a. Novellen-Sammlung.

—— Michael de Ruiter. Bilder aus Hollands Marine. 4 Bde. 8. (61 B.) Berlin 846, Simion.

— Michel de Ruiter. Bilder aus Holland's Marine. Taschen-Ausg. (2. Ausg.) 4 Bde. gr. 16. (261. 222. 245 u. 233 S.) Berlin 848, Simion (jetzt: Leipzig, Voigt & Günther). 1½ ℛ

—— Mittheilungen aus d. Tagebuche e. nordischen Seemannes. 8. (14 B.) Berlin 830, Bechtold u. Hartje.

— Mittheill. aus d. Tagebuche eines nordischen Seemannes. 8. Berl. 832. Bechtold u. H. 1 ℛ

— Fee Morgane oder die Neptunsgrotte im Zaubergarten. Märchen u. Erzählungen für große u. kleine Kinder. Mit 8 color. (lith.) Bildern. Berlin 860. Winckelmann & Söhne. 16. (VII, 317 S.) 1 ℛ

—— Muscheln am Strande. Eine Samml. v. Erzähln. 4 Bde. 8. (64¼ B.) Leipzig 840, Kollmann.

— Nordsee und Ocean. Neue Seegeschichten der deutschen Jugend erzählt. Berlin (857.) Janke. 16. (358 S. u. 8 Lithogr. in Farbendr.) 1 ℛ. 10 ngr.

—— Novellen. 8. (15½ B.) Berlin 832, Bechtold u. Hartje.

——, Oberon. Schausp., s. Kinder-Theater, Nr. 4.

—— der Page des Prinzen. Wie gesäet, so geärndtet. Zwei Erzählungen für die reifere Jugend. 16. (163 S. mit 4 lithogr. Illustr. von Rud. Geißler.) Glogau 861, Flemming's Verlag. *

—— Rebenblüthen. Erzähln., Reiseblätter u. Genrebilder. 3 Thle. 8. (49 B.) Leipzig 841, Kollmann.

— Unter'm Regenbogen, s. Bloch's, E., Dilettanten-Bühne.

— Herr Rentier Rosentipfel und seine beiden Neffen. Komischer Roman aus den harmlosen Tagen des goldnen Berlin. Berlin 859. Janke. 8. (2 Bl., 332 S.) 1 ℛ. 7½ ngr.

Smidt, Heinr., Admiral de Ruyter. Marine-Roman. Mit Illustr. v. E. Zardetti v. Bayer. 2 Tle. in 1 Bd. (376 u. 370 S.) 8. Neuweißensee, E. Bartels. 6. —
v. Hugo L. Braune. 2. [Titel-]Aufl. (94 S.) kl. 8. Leipzig [899] (906). O. Spamer. Geb. n. 1. —

— Saat und Frucht, oder Bauersleute und Schiffersleute. Eine Erzählung von der Niederelbe. Wien 862. Typograf.-literar.-artist. Anstalt. 16. (206 S.) n. 1 ℛ

— deutsche Schiffe und dänische Kaper. Eine Erzählung aus dem 16. Jahrhundert. 2 Bde. Leipzig 864. Grunow. 8. (4 Bl., 381 S.) 2 ℛ

— deutsche Schiffe u. dänische Kaper. Eine Erzählung aus dem 16. Jahrh. 2 Bde. 2. (Titel-)Ausg. Leipzig 866. Grunow. 8. (381 S.) 1 ℛ 15 ngr.

—— das Schlachtengemälde v. Fehrbelin, s. a. Bibliothek histor. Romane, 8. Bd.

(Bibliothek historischer Romane u. Erzählungen. Bd. 8.)
Das Schlachtengemälde von Fehrbellin. Eine historische Novelle v. Heinrich Smidt. Leipzig. 1829. 8°

—— Schleswig-Holstein. Romantische Skizzen und Sagen. 3 Bde. 8. (760 S.) Frankfurt a. M. 847, Sauerländer's Verlag. à Bd. 15 Ngr.

— die Frau Schwiegermutter, s.: Jahrbuch deutscher Bühnenspiele. 29. Jahrg.

— Auf wogender See. Nebst e. Vorgeschichte: Edelsitz u. Fischerhütte, s.: Oehmigke's Jugendbibliothek.

— auf wogender See. Edelsitz u. Fischerhütte, s.: Spiegelbilder aus d. Leben u. d. Geschichte d. Völker.

—— Seegemälde. 8. (14½ B.) Leipzig 828, Kollmann.

— Seegeschichten und Marinebilder. 2 Thle. Berlin 855. Allgem. deutsche Verlags-Anstalt. 8. (4 Bl., 191; 173 S.) 2 ℛ.

—— mein Seeleben. Wahrheit u. keine Dichtung. 3 Bde. 8. (45½ B.) Berlin 837, Hayn.

—— ein Seelenverkauf, s. Novellen-Sammlung.

—— Seemanns-Sagen u. Schiffer-Märchen. 2 Bdchn. gr. 16. (13¼ u. 12½ B.) Berlin 835, 36, [Klemann.] à 1 Thlr.

— Seemanns-Sagen u. Schiffer-Mährchen. 2. vollständ. Ausg. 8. (VI u. 222 S.) Berlin 849, Vereins-Buchhandlg. 1 ℛ

—— See-Novellen. Erzähln. Burkhardt's d. Steuermanns. 2 Bde. 8. (17 u. 17½ B.) Frankfurt a. M. 838, [Sauerländer's Verl.] à 1¼ Thlr.

Smidt, Heinr., Seeschlachten und Abenteuer berühmter Seehelden. Ein Buch der Admirale. Der deutschen Jugend zur Unterhaltung und Nacheiferung erzählt. br. 8. (II und 360 S. mit 4 Stahlst. und 8 Chromolithogr.) Berlin 857, Janke. Thlr.

— Seeschlachten u. Abenteuer berühmter Seehelden. Ein Buch der Admirale. Der deutschen Jugend zur Unterhaltung u. Nacheiferung erzählt. 2. Aufl. Glogau 865. Flemming. 8. (388 S. mit 8 Stahlst.) geb. 1 ₰ 15 ngr.

— Seeschlachten u. Abenteuer berühmter Seehelden. Ein Buch der Admirale. Der deutschen Jugend zur Unterhaltg. u. Nacheiferg. erzählt. 3. Aufl. gr. 8. (IV, 388 S. m. 8 Stahlst.) Glogau 871. Flemming. geb. 4. 50

—— Seeschlachten und Abenteuer berühmter Seehelden. Ein Buch der Admirale. Der deutschen Jugend zur Unterhaltung und Nacheiferung erzählt. 3. Aufl. 8. (IV, 388 S. mit 8 Stahlst.) Ebendas. 878. cart.

—— Seeschlachten und Abenteuer berühmter Seehelden. Der deutschen Jugend zur Unterhaltung und Nacheiferung erzählt. 4. Aufl. 8. (IV, 388 S. mit 8 Stahlst.) Glogau 880, Flemming. cart.

— Seeschlachten u. Abenteuer berühmter Seehelden. Ein Buch der Admirale. Der deutschen Jugend zur Unterhaltung u. Nacheiferung erzählt. 5. Aufl. gr. 8. (IV, 344 S. m. 8 Stahlst.) Glogau 889. Flemming. geb. 3. 50

— Seeschlachten u. Abenteuer berühmter Seehelden. Der deutschen Jugend erzählt. M. e. Anh.: Bilder aus d. chinesisch-japan. u. d. amerikanisch-span. Kriege. Illustr. v. Pet. Geh. gr. 8. (240 S.) Berlin 898. Frz. Schulze. Geb. 1. 50

— dasselbe, der deutschen Jugend zur Unterhaltg. u. Nacheiferung erzählt. 1. Tl. 8. (155 S.) Krefeld 900. G. Hohns. Geb. — 90

— Seeschlachten u. Abenteuer berühmter Seehelden. Der deutschen Jugend erzählt. Mit e. Anh.: Bilder aus dem chinesisch-japan. u. dem amerikanisch-span. Kriege. Illustriert v. Pet. Geh. gr. 8. (240 S. m. 5 [3 farb.] Taf.) Berlin (902). R. Gahl. Geb. 3. —

—— Steuermann Johannes Smidt. Memoiren eines Seemanns. 3 Bde. gr. 16. (51 B.) Frankfurt a. M. 840, [Sauerländer's Verl.]

— eine innere Stimme ꝛc., s.: Volksbuch, deutsches.

Smidt, Heinr., aus früheren Tagen, s. Unterwegs und Daheim.

—— binnen der rothen Tonne. Novellen der Niederelbe. 4 Bde. 8. (XVIII und 1314 S.) Berlin 865, Janke.

— hinter Thor u. Wall. Geschichten für Alt u. Jung. Mit 8 (chromolith.) Bildern von Alfr. Diethe. 8. (283 S.) Ebend. 878. cart. 3. 50

Smidt, H., Vergeltung. Trspl. in 4 Aufz. gr. 12. Kiel 825. Universitäts-B. 16 ggr.

—— die Verlobung, s. Original-Romane, 7. Thl.

SMIDT, HEINR., Poetische Versuche. Altona. 1825.

— der Verstoßene, s.: Jahrbuch deutscher Bühnenspiele. 30. Jahrg.

—— Zu Wasser und Land. Geschichten aus See und von der festen Wall. 3 Thle. 8. Berlin 856, Janke.

Inhalt:

Thl. 1. Der Krämer von Glatz. Die Schiffspathe. (309 S.)
" 2. Pflanzer und Freineger. Aus dem Waisenhause. (327 S.)
" 3. Capitain und Matrose. Altona's achter Januar. (355 S.)

— Zu Wasser und Land. Geschichten aus See und von der festen Wall. 3 Thle. Berlin 857. Janke. 8. (309; 327; 355 S.) 4 ₰.

Inhalt. 1. Bd.: Der Krämer von Glatz. Die Schiffspathe. 2. Bd.: Pflanzer und Freineger. Aus dem Waisenhause. 3. Bd.: Capitain und Matrose. Altona's achter Januar.

—— Windstille und Sturmböen, s. Unterwegs und Daheim.

— wo ist mein Lustspiel, s.: Jahrbuch deutscher Bühnenspiele. 27. Jahrg.

—— Czaar u. Zimmermann, s. Kindertheater.

—— der Zaubergarten. Märchen f. große u. kleine Kinder. gr. 12. (11 B. u. 8 ill. Bild.) Berlin 841, Winckelmann u. Söhne.

—— Heinrich van Zütphen, der Huß des Nordens. Eine Erzählung für die Jugend. 8. (146 S.) Neu-Ruppin 866, Oehmigke.

Smidt, Henry [aus Hamburg]: Aus d. chirurg. Universitätsklinik zu Bonn. Beitrag zur operativen Behandlung der Kiefercysten ... Bonn, Buchdr. v. A. Henry, 1897; 43 S. 8.
Bonn, Med. Fak., Inaug.-Diss. v. [31. Juli] 1897

Smidt, Hermann [pract. Arzt aus Bremen]: Über das Vorkommen der Hysterie bei Kindern. Leipzig: Druck von B. G. Teubner 1880. 22 S. 8°

Smidt, J., Beiträge zur Förderung d. Gemeinsinns u. republikanischen Staatslebens. In zwangl. Hftn. hrsg. (1. Hft.) gr. 8. (16½ B.) Bremen 831, Heyse.

Smidt, J. H. W., Uebersicht der bremischen Seeschifffahrt in d. Jahren 1838, 1839 u. 1840. Roy.-Fol. (1½ B.) Bremen 842, Schünemann's Vrlgsh. *

Smidt, Joh., patriotische Mahnungen u. Rückblicke. Präsidialreden bei Einführg. neuerwählter Rathmänner u. Bürgermeister. 1821—1857. Hrsg. zum Säcularfeste seines Geburtstages [den 5. Novbr. 1773] v. Heinr. Smidt. gr. 8. (XIV, 122 S.) Bremen 873. Tannen. n. 3. —

Smidt, N. E., Riss der vollstandigen Takelage einer Bark. Emden 1842. Handzeichnung.

Smidt, Wilhelm: Das Chronicon Beneventani monasterii S. Sophiae. ⟨T. 1 u. Anh.⟩ (Berlin 1910: G. Schade.) 146 S. 8° ¶ (Ersch. vollst. als Buch b. Springer, Berlin.)
Berlin, Phil. Diss. v. 11. Mai 1910, Ref. Tangl
[Geb. 27. März 85 Hannover Wohnort: Berlin; Staatsangeh.: Preußen; Vorbildung: Kaiser-Wilhelms-Gymn. Hannover Reife O. 04; Studium: Freiburg i. B. 4, Bonn 1, Berlin 6 S.; Rig. 4. Nov. 09.] [U 10. 265

Smidt, Wilh., das Chronicon Beneventani monasterii S. Sophiae. Eine quellenkrit. Untersuchg. (146 S.) gr. 8. Berlin 910. J. Springer. 4. —

S(midtburg), G. R. von: „Statistische Tabellen zur bequemen Uebersicht der Grösse, Bevölkerung, des Reichthums und der Macht der vornehmsten europäischen Staaten", Prag 1781. — 3. Auflage, Leipzig 1785.

Smidtfeier, die, ein Denkmal. Rückblick auf das Jubiläum d. Hrn. Dr. Smidt, Bürgermeister der freien Hansestadt Bremen, am 26. April 1846. Seinen hiesigen u. auswärt. Freunden gewidmet. Mit dem Brustbild des Gefeierten. gr. 8. Bremen 846. (Küthmann u. Comp.) n. ⅓ ₰

Smidtfeier, die, ein Denkmal. Rückblick auf d. Jubiläum des Hrn. Dr. Smidt, Bürgermstr. d. freien Hansestadt Bremen, am 26. April 1846. gr. 8. (3 B. u. S's. Brustbild.) Bremen 846, Schünemann's Sort.-Buchh. *

Smidth, J. H., Ulrikas Flucht. Ein dän. Sittengemälde aus d. letzten Drittheil des vorig. Jahrhund. Ins Deutsche übertragen von L. Kruse. 3 Thle. 8. Hamb. 831. Herold jun. 3 ₰ 12 gl

Smiechowski, Ant. Über das erste Auftreten d. Hämoglobins bei Hühnerembryonen. Diss. Lex.-8. (47 S. m. 1 farb. Taf.) Dorpat 892, (Karow). * 1 50

Smierzchalski, Anton [pr. Arzt aus Posen]: Behandlung der Fibrome des Uterus . . . Greifswald: Druck v. F. W. Kunike (1888). 24 S. u. 1 Taf. 8°
Greifswald, Med. Fak., Inaug.-Diss. v. 21. Dez. 1888

Smigelski-Atmer, Ernst, aus dem Tagebuch e. römischen Priesters. Ein Klosterbild der Gegenwart. (XIV, 172 S.) 8. Leipzig 909. F.W. Grunow. 3.—; geb. 4. –

Smil von Pardubic, s.a Pardubic.

Smil v. Pardubic, der neue Rath, eine Thierfabel aus dem 14. Jahrh. nebst dessen übrigen Dichtungen und einer Auswahl aus seiner Sprüchwörtersammlung. Nach dem böhm. Originaltext zum ersten Male deutsch bearb. von Jos. Wenzig. 16. (VIII und 85 S.) Leipzig 855, R. Weigel. *

Smilax, H. [Autorname] = Schwitzguebel, Mlle Henriette.

Smiles, Samuel

— industrial biography, s.: Schulbibliothek französischer u. englischer Prosaschriften aus der neueren Zeit.

Smiles, Sam., s. Boyes, Jos. M., die Selbsthülfe.

— Charakter, s.a Bibliothek der Gesamtlitteratur des In- u. Auslandes.

Smiles, Samuel, der Charakter, s.a Rudow, W.

— dasselbe, s.a Universal-Bibliothek.

—— der Charakter. Deutsche autoris. Ausg. von Fr. Steger. 1. Aufl. (XII, 603 S.) 1872, und 2. verb. Aufl. gr. 16. (XII, 584 S.) Leipzig 874, Weber. *
geb. *

Smiles, Sam., der Charakter. Deutsche autorisirte Ausg. von Fr. Steger. 3., verb. Aufl. 8. (XII, 584 S.) Leipzig 878. Weber. n. 6. —; geb. n. 7. 50

Smiles, Sam., der Charakter. Deutsche, autoris. Ausg. v. Fr. Steger. 4. Aufl. 8. (XII, 532 S.) Leipzig 884. Weber. n. 6. —; geb. n. 7. 50

Smiles, Samuel, der Charakter. Nach dem Englischen für das deutsche Volk bearb. von W. Rudow. 8. (VII, 319 S.) Heidelberg 888, Weiß' Verlag. * ℳ 2.80.; geb. *

—— Der Charakter. Deutsche, autoris. Ausg. v. Fr. Steger. 5. durchgeseh. Aufl. 8. (XII, 532 S.) Lpz. 890, J. J. Weber. * 6 —
geb. ** 7 50

Smiles, Samuel, der Charakter. Deutsche autoris. Ausg. v. Fr. Steger. 6. Aufl. 8. (VI, 470 S.) Leipzig (900). J. J. Weber. n. 4. 50; geb. in Leinw. n. 6. —

Smiles, Sam., der Charakter. Deutsch v. Heinr. Schmidt. (Kröners Taschenausg.) (VI, 211 S.) kl. 8. Leipzig (910). A. Kröner. Geb. in Leinw. 1. —

—— Deeds of Heroism, s. Bibliothek gediegener und lehrreicher Werke der englischen Litteratur.

— hilf dir selbst, s.a : Boyes, Jos. M.

Smiles, Sam., Hilf dir selbst! Charakterskizzen und Lebensschilderungen. 6 Lfgn. 8. (896 S.) Colberg 871, Post'sche Buchh. à Lfg. * 50 Pf.; compl. geb. *

— hilf dir selbst. Charakterskizzen u. Lebensschildergn. Von dem Verf. autoris. Uebersetzg. 2. Aufl. 8. (V, 375 S.) Kolberg 877. Post. n. 4. —

—— Leben u. Arbeit. Charakterzüge v. Fleiß, Bildung u. Genie. Deutsche, autoris. Ausg. v. O. Neugebauer. 8. (XII, 778 S.) Lpz. 889, J. J. Weber. * 6 —; geb. * 7 50

Smiles, Sam., Leben Georg Stephensons, s. Bergson's Eisenbahnbücher.

—— Georg Moore, ein Kaufmann und ein Menschenfreund. Autoris. Übersetzung aus dem Engl. von Auguste Daniel. gr. 8. (III, 367 S.) Gotha 882, F. A. Perthes. *

— Pflicht, erläutert durch Beispiele des Mutes, der Geduld u. Ausdauer, s.a Bibliothek der Gesamtlitteratur des In- u. Auslandes.

Smiles, Sam.: Die Pflicht, s.a. Universal-Bibliothek.

—— die Pflicht. Deutsche autoris. Ausg. von C. Pelz. 8. (XII, 713 S.) Leipzig 882, Weber. *
geb. **

Smiles, S., ausgewählte Schriften. Für das deutsche Volk bearb. (In 16—17 Lfgn.) 1.—12. Lfg. 8. Heidelberg 889. 890. G. Weiß' Verl. à n. — 70
1.—4. Der Weg zum Erfolg durch eigene Kraft. Nach dem Engl. f. das deutsche Volk bearb. v. H. Schramm-Macdonald. 4 Lfgn. (322 S.) n. 2. 80; geb. n. 3. 80
5.—8. Der Charakter. Nach dem Engl. f. das deutsche Volk bearb. v. W. Rudow. 4 Lfgn. (VII, 319 S.) n. 2. 80
9.—12. Der Weg zum Wohlstand. Nach dem Engl. f. das deutsche Volk bearb. v. H. Schramm-Macdonald. 4 Lfgn. (VII, 317 S.) n. 2. 80

Smiles', Samuel, ausgewählte Schriften. Für das deutsche Volk bearb. Neue Ausg. 12 Lfgn. 8. Heidelberg 892. G. Weiß' Verl. à n. — 70
1.—4. Der Weg zum Erfolg durch eigene Kraft. Nach dem Engl. f. das deutsche Volk bearb. v. Hugo Schramm-Macdonald. (IV, 322 S.)
5.—8. Der Charakter. Nach dem Engl. f. das deutsche Volk bearb. v. W. Rudow. (VII, 319 S.)
9.—12. Der Weg zum Wohlstand. Nach dem Muster v. S. S.'s „Thrift" v. Hugo Schramm-Macdonald. 2., durchgeseh. u. umgearb. Aufl. (VII, 305 S.)

– Selbst ist der Mann

—— dass. — Lebensbilder daraus, s.a Schüler-Bibliothek, englische.

—— Selbst ist der Mann. Charakterskizzen und Lebensbilder. 3. sorgfältig durchges. Aufl. von Smiles „Hilf dir selbst". Von dem Verf. autoris. Uebers. 8. (VI, 478 S.) Colberg 881, Post'sche Buchh. * ℳ 6.; geb. **

— selbst ist der Mann. Charakterskizzen u. Lebensbilder. Vom Verf. autoris. Uebersetzg. 4. Aufl. 8. (VI, 478 S.) Colberg 886. Post. n. 6. —; geb. n. 7. 50

— selbst ist der Mann. Charakterskizzen u. Lebensbilder. Vom Verf. autor. Uebersetzung. Volksausg. 9. Taus. gr. 8. (VIII, 419 S.) Kolberg (894). C. F. Post. n. 2. 40; geb. n. 3. —

[F.] Selbst ist der Mann. Charakterskizzen u. Lebensbilder v. Samuel Smiles ... Vom Vf. autoris. Uebs. Volksausg. 9. Taus. *Kolberg: C. F. Post [1895].* (2 Bl., VI S., 1 Bl., 419 S.) 1 Bd 8.

Smiles, Sam., Selbst ist der Mann. Charakterskizzen u. Lebensbilder. Vom Verf. autoris. Uebersetzg. Volksausg. 10. Taus. (VIII, 419 S.) 8. Kolberg (902). C. F. Post. n. 1. 90; geb. in Leinw. n. 2. 50

— Selbsthilfe, s.: Bibliothek der Gesamtlitteratur des In- u. Auslandes.

– Dasselbe, s. Schramm-Macdonald, Hugo: Der Weg zum Erfolg durch eigene Kraft.

— dasselbe, s.: Universal-Bibliothek.

Smiles, S., die Selbsthülfe in Lebensbildern u. Charakterzügen, s. Boyes, J. M.

– Self-help, hrsg. v. A. v. Roden, s.: Schulbibliothek, französische u. englische.

— Sparsamkeit, s.a. Bibliothek der Gesamtlitteratur.

— die Sparsamkeit. Deutsche autoris. Ausg. übers. v. Mor. Busch. 8. (XVIII, 629 S.) Leipzig 876. Weber. n. 6. —; geb. n.n. 7. 50

—— die Sparsamkeit. Deutsche autoris. Ausg. übers. von Mor. Busch. 8. (XVIII, 629 S.) Leipzig 878, Weber. * geb. **

Smiles, S., die Sparsamkeit. Deutsche autoris. Ausg. v. M. Busch. 2., durchgesch. Aufl. 8. (XV, 690 S.) Leipzig 890. J. J. Weber. n. 6. —; geb. n. 7. 50

Sparsamkeit. Von Samuel Smiles. Deutsch v. F. Dobbert ... Halle a.d.S.: O. Hendel (1895). (VI S., 1 Bl., 359 S., 1 Portr.) 1 Bd. 8°
= Bibliothek d. Gesamtlitteratur d. In- u. Auslandes. No 898–902.

- Sparsamkeit, s.a Universal-Bibliothek.

Sparsamkeit [Thrift]. Von Samuel Smiles. Aus d. Engl. übers. von Paul Seliger. Leipzig: Ph. Reclam jun. [1908]. (413 S.) 8° [F.] (Universal-Bibliothek. 4973–76.)

— George Stephenson, s.: Rauch's English readings.

Verzage nicht! (Nach Samuel Smiles.) [Ausz.] Mit e. Vorw. von Paul Lehmann, Halle a. S.: Hendel [1908]. X, 242 S. 8°

Verzage nicht! [Self-help.] (Nach Samuel Smiles.) Mit e. Vorw. von Paul Lehmann. 5. bis 8. Taus. Halle a. S.: Hendel [1908]. X, 242 S. 8°

Verzage nicht! Wehe dem Verzagten! [Samuel Smiles, Ausz.] Mit e. Vorbemerkung. Halle: Hendel [1909]. X, 242 S. 8°

— der Weg zum Erfolg durch eigne Kraft, s.a. Schramm-Macdonald, Hugo.

Smiles S, der Weg zum Erfolg durch eigene Kraft. Nach dem Englischen von H Schramm-Macdonald. Heidelberg 1890

— der Weg zur Selbsterziehung, s.: Rudow, W.

— d. Weg zum Wohlstand, s.a. Schramm-Macdonald, Hugo.

— der Weg zum Wohlstand. Nach dem Engl. f. das deutsche Volk bearb. v. Schramm-Macdonald. 8. (VII, 317 S.) Heidelberg 888. Weiß' Verl. n. 2. 80; geb. n. 3. 80

Smiljanić, Manojlo v., Prof. am Gymn. König Alexanders I. in Belgrad: Beiträge zur Siedelungskunde Südserbiens. Mit 1 Karte u. u. 3 Textabb. Wien: R. Lechner 1900. (69 S.) 4° (8°)
Aus: Abhandlungen d. k. k. Geogr. Gesellsch. in Wien, Bd 2, No 2.
Leipzig, Phil. Diss. v. [8. Apr.] 1900

Smirić, italien.-serbisch od. kroatisch-deutsche Amtsterminologie, überprüft v. e. üb. Auftrag der k. k. Ministerien des Innern, der Justiz, der Finanzen, des Handels u. der Eisenbahnen eigens zusammengesetzten Kommission. (VI, 912 S.) kl. 8. Agram 904. (Zara, Internationale Buchh. H. v. Schönfeld.) n.n. 7. —; geb. n.n. 8. —

Smirnoff, Wassily, aus Moskau: Beiträge zur Kenntnis der Friedel-Crafts'schen Reaktion. Freiburg i. B.: Speyer & Kaerner 1900. (35 S.) 8°
Freiburg i. B., Phil. Diss. v. 1900

Smirnow, Ueb. den phrygischen Mondgott. S.-A. ca. 1895. 55 S.

Smirnow, Pet. v., Leitfaden f. d. Religions-Unterricht. Ins Deutsche übers. v. Georgij Morosow. 8. (VIII, 199 S.) Berlin 896. K. Siegismund. n. 3. —

Smirnow, W. D.: Manuscrits turcs de l'institut des langues orientales, s. Collections de l'institut ...

Smirnowa, Marie, von Moskau (Russland): Statistische Erhebung über die Verteilung gewisser Augenkrankheiten zu verschiedenen Jahreszeiten in Beziehung zu meteorologischen Verhältnissen. Bern 1908. 19 S. und 26 Tabellen. 4°. [13. XII. 05.]
Bern, Med. Diss. 1907/08.

Smirnowa, Marie. Statistische Erhebung über die Verteilung gewisser Augenkrankheiten zu verschiedenen Jahreszeiten in Beziehung zu meteorologischen Verhältnissen. Diss. Med. Bern. [Mit 27 Tabellen.] II + 18 S. 4. Bern, Rutishauser & Ludwig, 1908.

Smissen, Carl ..., s. Smissen, Karl ...

Smissen, C. van der, erster Unterricht in der englischen Sprache. Einjähriger Kursus. gr. 8. (IV, 92 S.) Hamburg 888. O. Meißner's Verl. n. — 60

SMISSEN, H. E. V. D., Aquae maris Balthici analysis chemica. (Diss.). Kiliae. 1824. 4. P.

Smissen, Heinrich van der: Beiträge zur Kenntnis der chemischen Eigenschaften des Kalziummetalls. 1907. 35 S. 8°
Berlin, Dr.-Ing.-Diss. v. 13. 12. 1907

SMISSEN, HERM. V. D., De corticum Peruvianorum diversae speciei partibus constitutivis earumque proprietatibus. Diss. inaug. chemico-analytica. Kiliae. 1813. 4. P. [Praes. Chr. H. Pfaff]. (U. B.).

v. d. Smissen, Jak. Gysb., s. de Roy, Beitr. u. dessen Richtschnur.

Smissen, Johann Peter Jakob van der

van der Smissen, J. P. J., Pflanzen-Oratorium. Gedicht. gr. 8. Kiel 834. (Universitäts-Buchh.) n. 1/2 ℛ

— s. A. Zachariä's Lehrbuch der Erdbeschreibung.

Smissen, Johs. van der, Astrographie od. Wegweiser am Himmel z. Auffindung, Erkenntniß u. Bestimmung d. vorzüglichsten Gestirne u. z. Selbstbelehr. auch f. Nichtmathematiker u. Liebhaber d. Sternkunde. Zunächst berechnet f. Deutschland u. die mit ihm unt. dens. Breiten liegenden Gegenden. 12. (4 B. u. 41 Holzschn.) Weimar 838, Voigt.

Kurzgefaßte Geschichte und Glaubenslehre der Altevangelischen Taufgesinnten oder Mennoniten. Hrsg. von Karl H. A. van der **Smissen**, Pastor. Summerfield: Selbstverl. 1895. XIV, 251 S. 8°

[Sondert.:] Die Glaubenslehre d. Mennoniten oder Taufgesinnten nach deren öffentl. Glaubensbekenntnissen dargest. von Cornelis Ris, Pred. zu Hoorn. In deutscher Uebers. von Carl J[ustus] van der Smissen, mit Beweisstellen versehen von Pastor B[erend] C[arl] Roosen von Hamburg-Altona u. Pastor C. J. van der Smissen von Friedrichstadt. Hrsg. von Pastor C[arl] H. A. van der Smissen von Summerfield, Ill. 1895.

Smissen, Carl H. A. van der: Kurzgefaßte Geschichte und Glaubenslehre der Altevangelischen Taufgesinnten oder Mennoniten. *St. Louis, Mo.: Im Selbstverlag des Verfassers; (A. Wiebusch & Son, Prtg. Co.) XIV, 251 S., ill.*
Die Mennoniten in Amerika. S. 131—154.

Smissen, Karl Justus van der

Zweyter Brief aus Daenemark an die Mennonisten Gemeine in Canada, datiert von Friedrichstadt, Mai 19, 1840, *geschrieben von* **Carl Justus van der Smissen.** *Berlin, Canada: Heinrich Eby 1841. 23 S.*

Smissen, Karl Oktavius van der

van der Smissen, Carl *Octavius* [app. Arzt aus Altona]: Über Nervenverletzungen bei Knochenbrüchen ... Kiel, Druck v. H. Fiencke, 1895; 27 S. 8.
Kiel, Med. Fak., Inaug.-Diss. v. [14. Sept.] 1895

Smissen, Wilhelm van der, a. Niepruszewo, Prov. Posen: Die Landwirtschaft auf der hamburgischen Geest. Beitrag z. Kenntnis d. vorstädt. Wirtschaft. Halle a. S. 1908: M. Jänecke, Hannover. (VI, 109 S.) 8° [J.]
Halle, Phil. Fak., Ref. Wohltmann, Diss. v. 20. Juni 1908
[Geb. 18. Juli 82 Niepruszewo, Kr Graetz; Wohnort: Varchentin (Mecklenburg); Staatsangeh.: Preußen; Vorbildung: Realgymn. Altona Reife O. 03; Studium: Halle 9 S.; Rig. 6. Aug. 07.]

Smit, A., Arzt in Berlin [russ. Transkription]
s. Smith, August. [cs. 12443]

Smit, F., de paschate ipsiusque praecipuis ritibus a Judaeis observatis. Brem. 1717. 4.

Smit, H. J., Tierarzt. Geboren in Amboina (Niederländisch-Ostindien): Ueber das Vorkommen von Tuberkelbacillen in der Milch und den Lymphdrüsen des Rindes. ⟨Arbeit aus dem Reichsseruminstitut zu Rotterdam. Direktor: Dr. Poels.⟩ Jena 1909. II + 36 S. 8°. S.-A. aus dem Centralblatt für Bakteriologie. Abt. I. Originale. Bd. 49. Heft 1. [23. VII. 08.]
Bern, Vet.-med. Diss. 1908/09.

Smit, H J. Ueber das Vorkommen von Tuberkelbacillen in der Milch und den Lymphdrüsen des Rindes. Arbeit aus dem Reichsseruminstitut zu Rotterdam.... Diss. Vet.-Med. Bern. [Mit Figuren.] (Sonderabdruck aus dem Centralblatt für Bakt[eriologie] etc. Abt. I. Originale. Bd. 49. Heft 1.) II + 36 S. 8. Jena, Gustav Fischer, 1909.

Smit, J. A. Roorda, die Transvaal-Republik u. ihre Entstehung. Ein historisches Dokument zur Begründung des guten Rechts der Bauern [Boeren]. Aus dem Holländischen mit Autorisation des Verfassers. Mit 1 (chromolith.) Karte von Süd-Afrika. 8. (IV, 88 S.) Köln 881. Mayer. n. 2. —

Smit, J. A. Roorda, die Transvaal-Republik u. ihre Entstehung. Ein histor. Dokument. Aus dem Holl. m. Autoris. d. Verf. Mit e. (chromolith.) Karte v. Süd-Afrika. 2. Ausg. 8. (XII, 88 S.) Leipzig 884. Mayer. n. 1. 20

Σμιτ, Ιω. Αδ., Γραμματική Λατινική ἀκριβεστάτη εἰς χρῆσιν τῶν Ἑλλήνων μετὰ πάσης ἐπιμελείας συντεθεῖσα. Ἐν Λειψίᾳ τῆς Σαξωνίας. ͵αωμβ. — **Grammatica latina in usum Graecorum. 8maj. (Mit 1 Tabelle.) Lipsiae 842. (T. O. Weigel.) 1 ℛ**

Smit, P. J., Observationes ad Dionysii Hal. Antiquitates Romanas. Diss. 1879. 72 S.

SMITA, Arthur: Über die Einwirkung von Phosphorpentachlorid auf Chromsäureanhydrid, einige Silicate und metawolframsaures Natron. — 1881. 37 S. Diss. Graz, Univ.

Smita, J.: Die Chemie als formelbildendes Element an Volks- und Mittelschulen. S. 17–25. 8° – Teschen, I. G., Progr. 1872.

Smita Dr. J.: Die Eiszeit und ihr Einfluss auf die Verbreitung der Pflanzen. 18. Prag R. I. 74.
Progr.

Smita, Joh.

Smita: Über Geschichte der Botanik. 15 S.– Prag d.OR., Progr. 1858.

Smita, Joh., Grundzüge zur Naturgeschichte der beiden organischen Reiche zum Gebrauche beim naturgeschichtlichen Unterrichte in den unteren Classen der Mittelschulen, entworfen. Brünn 856. Winiker. gr. 8. (3 Bl., IX, 239 S.) n. 24 ngr.
Inhalt: I. Semester. Naturgeschichte des Thierreichs (Zoologie). — II. Semester. Naturgeschichte des Pflanzenreichs (Botanik).

Smita, Joh., *wirkl. Lehrer an d. k. k. deutschen Oberrealsch. zu Prag.* Grundzüge z. Naturgeschichte des Mineralreiches für die unteren Klassen der Mittelschulen entworfen. *Brünn* 1858. *Karl Winiker.* 87 S. 1 Bl. 8°. 30 kr.

Smita Dr. Joh.: Über Moneren. 17 u. 1 Tafel. Prag R. I. 80.
Progr.

Smita, Jos. Über Anlegung und Verwendung der Lehrmittelsammlungen für naturgeschichtlichen Unterricht an Gymnasien. 18 S. 8. **Progr.** *Teschen* 1879.

Smita Jos.: Lehrziel u. Lehrmittel des naturgeschichtlichen Unterrichtes an Gymn. 35. Teschen 75.
Progr.

Smita: Die Musik in ihren Beziehungen zu den übrigen Künsten und zur Wissenschaft. 45 S. 8° Forts.
die Musik als Bildungsmittel. 38 S. 8°–Teschen kth., Progr. 1862, 1863

Smita, Jos. Singen und Sprechen. Ein Beitrag zum Gesangsunterrichte an Gymnasien mit Rücksicht auf den neuesten Umschwung auf musikalischem Kunstgebiete. 24 S. 8. G. *Teschen* 1884.
Progr.

Smital: Ueber d. Unterricht im freien Zeichnen an d. unt. Klassen der Realschule und die Notwendigkeit seiner Reform. 20 S. 8° – Iglau C.-UR, Progr. 1863

Smital, Ant., die Familie Kobinsan. Ein galiz. Sittenbild. 8. (182 S.) Dresden 888, Minden. *M 3.—.; geb. **

Smital Anton, Der wirthschaftliche Liberalismus. Kritischer Entwurf. 8° Prag, Reinwart. fl. —.20.

1886

Smital, F., der heimatkundliche Unterricht, s. Petzel, K.

Smital, Hans. Abriß der österreichischen Geschichte. Zusammengestellt auf Grundlage der Geschichtsbilder d. Lesebuches aus dem k. k. Schulbücherverlage. 8. (15 S.) Korneuburg 889. Kühkopf. * — 20

Smital, Hans, Abriß der österreichischen Geschichte. Zusammengestellt auf Grundlage der Geschichtsbilder d. Lesebuches aus dem k. k. Schulbücherverlage. 12. (15 S.) Korneuburg 891. Kühkopf. n. — 20

Smital, Hans, Abriss der österreich. Geschichte. Zusammengestellt auf Grundlage der Geschichtsbilder des Lesebuchs aus dem k. k. Schulbücherverlage. 3. Aufl. (16 S.) 8. Korneuburg (903). J. Kühkopf. n. — 20

— Geschichte der Großgemeinde Floridsdorf umfassend die Orte Floridsdorf, Jedlesee, Donaufeld u. das Jedlersdorfer Fabriksgebiet. Mit zahlreichen Abbildgn., 11 Textplänen u. 1 großen Ortsplane. (X, 678 S.) gr. 8. Floridsdorf 903. (Wien, Gerlach & Wiedling.) n n. 5. —

— die geschichtliche Zeit. Für österreich. Bürgerschulen dargestellt. 3 Blatt. 145×73 cm. Ebd. 891. n. 3. —; auf Leinw. m. Stäben n. 5. 60

Smital Ottokar: Das Institut der Stadtbücher in Mähren.
1900 PN 2479 Diss. Wien, Univ. 902

Smith, Adam, als Moralphilosoph, s. Skarżyński, W. v.

Smith, Gipsy. Vom Zigeuner zum Evangelisten. Eine Selbstbiographie. Ins Deutsche übertr. v. C. F. (288 S. m. Bildnis.) 8. Neumünster (909). Vereinsbuchh. G. Ihloff & Co. Geb. in Leinw. 2. 50

Smith, das Buch d. Geheimnisse f. Künstler, Fabrikanten u. Handwerker. Aus d. Franz. 8. Stuttg. 827, Hoffmann.

Smith, das Buch d. Geheimnisse f. Künstler, Fabrikanten u. Handwerker. A. d. Franz. (Wohlf. Ausg.) gr. 12. (25 B.) Stuttgart 829, [Weise u. Stoppani.]

Smith, Cours d'Optique, trad. de l'angl. p. Pezenas. II Vol. av. fig. gr. 4. Avignon. (Walther, Dresden.) 767.

Smith, Gräuelthaten der Piraten auf Cuba. Getreuer Bericht der schreckl. Drangsale, die der Verf. während seiner Gefangenschaft bei ihnen erduldete. Aus d. Engl. v. G. Lotz 8. Braunschw. 825, Meyer.

Smith, Kriegs-Ereignisse im Jahre 1877. Illustrirte Chronik des russisch-türkischen Feldzuges. 18 Hfte. gr. 4. (288 S. m. je 2 color. Steintaf.) Dresden 877—81. A. Wolf. à — 30

Smith, die Lustseuche, die gräßlichste Feindin des Menschengeschlechts. Kurze Geschichte derselben, ihre Erkennungszeichen, Formen u. Fortpflanzung. Verhaltungsregeln nach erfolgter Ansteckung, so wie Vorbeugungsmittel dagegen. 8. (3 B.) Quedlinburg 846, Ernst'sche Buchh.

Smith. ..., s. May, J. K.: Commercial letters.

— de l'Optique et du microscope. II Tomes. av. planch. 4. Berne, Typ. 767.

Smith, A., der Bau des Himmels, oder anschauliche Darstellung des Weltsystems in Bildern. Für Schulen und für Freunde der Astronomie. Deutsch bearb. von Mayer-Meng. gr. 4. (IV und 42 S. mit 29 Stnt.) Schwäbisch Hall 854, Nitzschke. *

Smith, A., der Bau des Himmels, oder anschaulichste Darstellung des Weltsystems in Bildern. Für Schulen und für Freunde der Astronomie. Deutsch bearb. von Mayer-Meng. 2. Aufl. 3. Abdr. gr. 4. (IV und 42 S. mit 29 Stnt.) Stuttgart 858, Nitzschke.

Smith, A. Der Bau des Himmels. Deutsch von Mayer-Meng. Schwäbisch Hall, 1865.

Smith, A., und F. J. Evans, über die Deviationen des Compasses, s. Evans, F. J.

SMITH, A., Leben und Thaten der berühmtesten Strassenräuber, Mörder und Spitzbuben, so in den letzten 50 Jahren in England hingerichtet worden. Mit Titelkpfr. Leipzig 1720. 8°. 889 S. Rar! (6 Mk. 80 Pfg. Theod. Ackermann, München, 1877; 9 Mk. H. Kerler, Ulm, 1886; jetzt theurer!)

Smith, A. Lapthorn, höhere Frauenbildung u. Rassen-Selbstmord, s. a. Sammlung pädagogischer Vorträge. XV. 4.

Höhere Frauenbildung und Rassen-Selbstmord. Von Dr. med. A. Lapthorn Smith, Montreal. (Übers. von e. alten Deutsch-Amerikaner.) Minden i. W.: C. Marowsky (1905). (24 S.) 8°
Der Orig.-Aufsatz erschien in Popular Science Monthly. 1905, März.
= Sammlung pädag. Vorträge. Bd 15, H. 4.

Smith (A. M.). Flora von Fiume. Wien, 1878. 8°.

Smith, Ad., s. National-Oeconomen, die.

[SMITH, Adam] 1723 - 1790
Abhandlung über die Colonien überhaupt und die Amerikanischen besonders.
[A. d. Franz. ?]
Bern: Haller. 1779. 3, 152 S. 8°.
Stadt- und Universitätsbibliothek Bern
Teilübers. v. Wealth of Nations.
Identisch mit voraufgehender Nr.
Gleiche Ausg.: Bern: Walthard, 1779 [Sabin 38231 u. Palmer, ohne Verfasser] u. Basel: C. A. Serini, 1779 [Frankfurt-Leipziger Meßkatalog, Ostermesse 1779, S. 603] konnten nicht gefunden werden.

[SMITH, Adam] 1723 - 1790
Historische und politische Betrachtungen über die Colonien besonders in Rücksicht auf die Englisch-Amerikanischen.
[A. d. Franz. ?]
Bern: Haller. 1779. 3, 152 S. 8°.
Stadt- und Universitätsbibliothek Bern
Teilübers. v. Wealth of Nations
Identisch mit nachfolgender Nr.
Franz. Ausg. Fragment sur les colonies ..., 1778, s. Nr. 195.
Ausg. mit obigem Titel: Bonn 1779 [Sabin 32105 u. Palmer] konnte nicht gefunden werden.
Frankfurt-Leipziger Meßkatalog, Michaelismesse 1779, S. 741.
Palmer: ohne Verfasser.

Smith, Adam, Buch IV, Kapitel 1. Ein ABC- und Lese-Buch aus der 2. Hälfte des 18. Jahrh. für Leser aller Stände in der 2. Hälfte des neunzehnten. Deutsch von C. W. Asher. Hamburg 857. Nolte u. Köhler. gr. 8. (28 S.) n. 3 ngr.

— essay on philosophical subjects; to which is prefixed an account of the life and writing of the author by D. Stewart. 8. Basel 799. Tourneisen. (Levrault in Strassb.) 21 gr. Fein Pap. 1 Thlr. 8 gr.

[SMITH, Adam] 1723 - 1790
Fragment sur les Colonies en général, et sur celles des Anglois en particulier.
Traduit de l' Anglois.
Basel: Flick. 1778. VIII, 171 S. 8°.
John Carter Brown Library Providence, R. I.
Teilübers. v. Wealth of Nations
Dt. Ausg. 1779, s. Nr. 213, 214.
Frankfurt-Leipziger Meßkatalog, Ostermesse 1778, S. 497.

—Inquiry into the nature and causes of the wealth of nations. IV Voll. 8. Basel 801. Tourneisen. (Levrault in Strassb.) 5 ß 6 gr Fein Pap. 7 ß 21 gr

Smith, Adam, Natur und Ursachen des Volkswohlstandes. Neu übers. von Wilh. Loewenthal. 16 Lfgn. oder 2 Bde. gr. 8. (XII, 512; 467 S. mit Portr. in Stahlst.) Berlin 878,79, Staude. à 50 Pf.

Smith, Adam, Natur u. Ursachen des Volkswohlstandes. Neu übersetzt von Wilh. Loewenthal. 2. (Titel-)Aufl. 16 Lfgn. gr. 8. (XII, 512 u. 467 S. m. Portr. in Stahlst.) Berlin (1879) 880. Staude. à n. – 50; cplt. n. 10. —; geb. n. 13. —

Smith's, des jüngeren Adam, Prüfung der heutigen volkswirthschaftlichen Systeme. gr. 8. (IV und 335 S.) Frankfurt a. M. 867, Winter. *

Smith, Adam, über die Quellen des Volkswohlstandes. Neu bearb. von C. W. Asher. 2 Bde. Stuttgart 861. Engelhorn. Lex.-8. (XII, 488 S.; IV, 502 S.) Jeder Bd. 2 ß 15 ngr.

—recherches sur les richesses des nations trad. de l'Anglois. V Vols. 12. Bern 797. Typ. Soc. 4 ß

Smith, Adam, der Reichtum der Nationen. Nach der Übersetzg. v. Max Stirner u. der engl. Ausg. v. Cannan (1904) hrsg. v. Heinr. Schmidt. 2 Bde. (Kröners Volksausg.) (VI, 245 u. IV, 324 S.) gr. 8. Leipzig (910). A. Kröner. à 1. —

– s. Sartorius, G. F. C.: Die Elemente d. Nationalreichthums.

– s. Sartorius, G. F. C.: Handbuch der Staatswirthschaft.

— u. Paine, Sinken u. Untergang d. englischen Finanzsystems, Versuch e. Kritik derselben. gr. 8. Gotha, Perthes. 796.

— Systems of political economy, s.: Schriftsteller, englische, aus dem Gebiete der Philosophie, Kulturgeschichte u. Naturwissenschaft. 4.

Smith, Adam. Theorie der moralischen Empfindungen . . . übersetzt. Braunschweig 1770. Ü: *Rautenberg, Christian Günther.* (ML) (Ky)

Smith, Adam, Theorie d. moral. Empfindungen, a. d. Engl. 8. Braunschw. Meyer. 770.

— Theorie d. moral. Gefühle, übersetzt, vorgeredet und commentirt v. L. Th. Kosegarten. 2 Thle. gr. 8. Leipzig, Gräff. 791-95. (I. 1 Rthlr. 12 gr. II. 18 gr.)

—Theorie der moral. Gefühle, übersetzt, vorgeredet u. commentirt von L. Th. Kosegarten. 2 Thle. gr. 8. Leipz. 791—95. (Wienbrack). 2 ß 6 gr

— Theory of moral sentiments. II Voll. 8. Basel 793. Tourneisen. (Levrault in Strassb.) 2 ß

—Untersuch. üb. Nationalreichthum, u. Th. Paine's Sinken u. Fall d. engl. Finanzsystems. Versuch e. Kritik. gr. 8. Hamb. 796. Perthes u. B. 16 gr — Dass. französisch. gr. 8. Ebd. 796. 16 gr

Smith, A. Untersuchung der Natur und Ursachen von Nationalreichthümern; a. d. Engl. Leipzig 1776—92. Ü: *Schiller, Johann Friedrich & Christian August Wichmann.* (MGT) (Ky)

—Untersuch. der Natur u. Ursachen, von Nationalreichthümern. 2 Bde; aus d. Engl. (von J. Fr. Schiller u. Chr. A. Wichmann), u. 3r Bd. 1e Abtheil. gr. 8. Leipz. 776—792. Weidmann. 2 ß 8 gr Schrbp. 4 ß

SMITH, Adam 1723 - 1790
Untersuchung der Natur und Ursachen von Nationalreichthümern von Adam Smith ...
Aus dem Englischen [von Johann Friedrich Schiller].
Erster [- Zweyter] Band.
Leipzig: Weidmann. 1776 [- 1778]. 8°.
Landes- und Stadtbibliothek Düsseldorf
1. dt. Ausg. d. Wealth of Nations, 1776.
Weitere dt. Ausg. v. Garve 1794-1796, Nachdr. 1796-1799, 2. Aufl. 1799,

Johann Friedrich Schiller

SMITH, Adam 1723 - 1790
Untersuchung über die Natur und die Ursachen des Nationalreichthums von Adam Smith ...
Aus dem Englischen der vierten Ausgabe neu übersetzt [von Christian Garve und August Dörien].
Erster [- Vierter] Band.
Breslau: Korn. 1794 [- 1796]. 8°.
Landes- und Stadtbibliothek Düsseldorf
Übers. v. Wealth of Nations.
1. dt. Ausg. 1776-1778, Nachdr. d. Garve-Ausg. 1796-1799, 2. Aufl. 1799,

Christian Garve, 1742-1798
August Dörien

SMITH, Adam 1723 - 1790
Untersuchung über die Natur und die Ursachen des Nationalreichthums von Adam Smith ...
Aus dem Englischen der vierten Ausgabe neu übersetzt [von Christian Garve und August Dörien].
Zweyte, mit Stewarts Nachricht von dem Leben und den Schriften des Autors vermehrte Ausgabe.
Erster [- Dritter] Band.
Breslau-Leipzig: Korn. 1799. 8°.
Universitäts- und Stadtbibliothek Köln
Übers. v. Wealth of Nations.
1. Aufl. 1794-1796, Nachdr. 1796-1799
1. dt. Ausg. 1776-1778
Christian Garve, 1742-1798
August Dörien
Dugald Stewart, 1753-1828

Smith, Adam: „Untersuchung über die Natur und Ursachen des Nationalreichthums", aus dem Englischen der 4. Ausgabe übersetzt von A. Dörrien und Chr. Garve, 4 Bände, 3. Auflage. Breslau 1810. (W. G. Korn).

– – Eine Untersuchung üb. Natur u. Wesen des Volkswohlstandes, s.: Sammlung sozialwissenschaftlicher Meister. 11. Bd.

— Untersuchung über das Wesen u. die Ursachen des Volkswohlstandes, s.a. Bibliothek der Volkswirthschaftslehre u. Gesellschaftswissenschaft.

Adam **Smith**. Untersuchung über das Wesen und die Ursachen des Volkswohlstandes [An inquiry into the nature and causes of the wealth of nations]. Aus d. Engl. übertr. von F[ranz] Stöpel. 2. Aufl., durchgesehen u. verb. von Robert Prager. Bd 1–4. Berlin: R. L. Prager 1905–07. 4 Bde 8°
1. 1905. 2. 3. 1906. 4. 1907.
— **Bibliothek** d. Volkswirtschaftslehre u. Gesellschaftswiss. 3–6. [07. 1063

Smith, Ad., Untersuchungen üb. d. Wesen rc. des Nationalreichthums, s. a. National-Oekonomen.

Smith, Adam. Über das Wesen und die Ursachen des Nationalreichthums. Deutsch von Stirner. Leipzig 1846—47. 4 Bde.

Smith, Albert, die Marquise v. Brinvilliers, s.: Bibliothek, Europäische, 536—538. Bd.

Smith, Albert, so kommt man unter die Haube, s.: Bibliothek, Europäische, 801—803. Bd.

Smith, Albert L. [aus Cleveland O., V. S. A.]: Ueber die Einwirkung des Schwefels auf organische Verbindungen bei hoher Temperatur... Berlin, Buchdr. v. Trowitzsch & Sohn, 1890; VI + 44 S. + 1 Bl. 8°
Berlin, Phil. Fak., Inaug.-Diss. v. 10. Jul. 1890

Smith, Albert W., aus Cleveland [Ohio], U. S. A.: Ueber den Einfluss substituirender Radikale auf die Configuration stereoisomerer Ketoxime der Benzolreihe. Zür. J. Schabelitz Dr. 1891. 69 S. 8°.
Zürich. Phil. Diss. [v. 24. Juli 1891].

Smith, Alexander [B. Sc. aus Edinburgh]: Ueber 1,3 Diketone... München: Akad. Buchdr. v. F. Straub 1889. 39 S. 8°
München, Phil. Fak., Inaug.-Diss. v. 1889

Smith, Alex., Einführung in die allgemeine u. anorganische Chemie auf elementarer Grundlage. Unter Mitwirkg. des Verf. übers. u. bearb. v. Ernst Stern. Mit e. Vorwort v. Fritz Haber. (XVI, 677 S.) 8. Karlsruhe 909. G. Braun'sche Hofbuchdr.
Geb. in Leinw. 9. —

Smith, Alex., Leben der englischen Straßenräuber. 8. Leipz. 721.

Smith, Alex., prakt. Uebungen zur Einführung in die Chemie. Nach e. vom Verf. besorgten Umarbeitg. der 2. amerikan. Aufl. ins Deutsche übertr. v. F. Haber u. M. Stoecker. (VIII, 159 S.) 8. Karlsruhe 904. G. Braun'sche Hofbuchdr.
Geb. in Leinw. u. durchsch. n. 3. 60

— Praktische Übungen zur Einführung in die Chemie. Nach der 4. amerikan., v. A. Smith u. J. Hale überarb. Aufl. ins Deutsche übertr. v. F. Haber u. F. Hiller. 2. Aufl. der v. F. Haber u. M. Stoecker nach der 2. amerikan. Ausg. besorgten Übersetzg. (VII, 175 S. m. Abbildgn.) 8. Ebd. 910.
Geb. in Leinw. u. durchsch. 3. 60

Smith, Alfr., die Durchführbarkeit u. der Wert der Alkohol-Enthaltsamkeit im landwirtschaftlichen Betriebe. (16 S.) 8. Flensburg (904). Deutschlands Grossloge II. n.n. — 25

Smith, Alfr., für die Abstinenz! Enthaltsamkeit u. Volksgesundheit. Eine volkswirtschaftl. Studie. gr. 8. (63 S.) Dresden 900. O. V. Böhmert. n. 1. —

Smith, Amad. Wlh., Aetiologie, od. Lehre von den Ursachen d. Verderbniß des menschl. Körpers. gr. 8. Wien 788. Hörling. 16 xr

— philosoph. Fragmente über die prakt. Musik. 8. Wien 787. (Heubner). 12 xr Hbg. Pr. 8 xr

— philosoph. Fragmente üb. d. prakt. Musik. 8. Wien Hörling. 783.

— Kranken-Examen. 8. Wien. (Göthe in Leipzig.) 796.

— Schema e. method. Kranken-Examens. 8. Wien 787. (Göthe in Leipz.) 16 xr

Smith., Amand, Geist der Stoa. vide Spiritus.

Smith, Anthony, Martha. Eine englische Dorfgeschichte. Aus dem Engl. von A. Diezmann. Leipzig 856. Einhorn. (Wien, Hartleben.) 8. (2 Bl., 248 S.) 18 ngr

Balkangreuel. 12 Bilder in Licht- und Kupferdruck nach Originalen von *Archibald Smith*. Mit einer Einleitung von Herbert Stone. (Privatdruck der Gesellschaft österr. Bibliophilen, Stück XVII.) 1909. (Subscr.-Pr. Mk. 25 —, Luxusausgabe [30 Expll.] 50—.) Format der Bilder c. 22 cm.: 28 cm.

Smith, Arth. Bessey, u. F. Aldendorff, automat. Fernsprechsysteme. Ihre Entwicklg. bis zur Gegenwart. 2 Lfgn. (V, 327 S. m. Abb. u. 8 Taf.) gr. 8. Berlin (NO. 43, Neue Königstr. 89) (910). S. Heimann & Sohn. 7.—; geb. in Leinw. 8.50.

Smith, Arth. H., chinesische Charakterzüge. Deutsch frei bearb. v. F. C. Dürbig. Mit 28 Titelvignetten v. Fritz Tersch u. 18 Vollbildern nach Orig.-Photograph. gr. 8. (VIII, 211 S.) Ebd. 900. n. 5. 40; geb. n. 7. 50

Smith, Arth. H., das neue China, s.a. Handbücher zur Missionskunde. I.

Smith, Arthur H. Das neue China. Nach dem englischen Original von A' H. S'. Berechtigte deutsche Bearbeitung von Luise Oehler. Mit Abbildungen [auf 16 Tafeln, sowie einer Tabelle, einer Uebersichtskarte] und einer Karte. VIII + 208 S. 8. Basel, Basler Missionsbuchh., 1909. [fr. 3. —]
Handbücher zur Missionskunde. Band 1...

Smith, August

Smith, A., Alkohol u. geistige Arbeit, s.a. Tages- u. Lebensfragen.

— Alkohol und geistige Arbeit. Vortrag. Leipzig 1898. 48 S. m. 3 Tab Mk. 1 —

— die Alkoholfrage u. ihre Bedeutg. f. Volkswohl u. Volksgesundheit. E. sozial-medicin. Studie f. Aerzte u. gebild. Laien. gr. 8. (IV, 127 S. m. 7 Abb.) Tübingen 895. Osiander's Verl. n. 2. 80

Smith A, die Alkoholfrage und ihre Bedeutung für Volkswohl und Volksgesundheit. (127 S) Tübingen (1898)

Smith, A.: Die Alkoholfrage und ihre Bedeutung für Volkswohl und Volksgesundheit. 127 S. Osiander. Tübingen. 1899.

— Zur Behandlung der narkotischen Suchten. Vortrag. Schloss Marbach am Bodensee 1894. 8 S.

Smith, Dr. A. Die Behandlung der Trunksucht auf Schloss Marbach am Bodensee. Wiesbaden 1893. 11 S.

— Ueber einige Formen der Alkoholintoleranz und ihre Prognose. Vortrag. (Sonderabdruck aus Centralblatt für Nervenh. und Psych.) Koblenz 1894.

Die Gefäßentartung (Arteriosklerose) von Dr. med. A[ugust] **Smith.** Berlin: Verl. f. Volkshygiene u. Med. (1908). 211 S. 8°
(Smith: Herz- u. Gefäßkrankheiten. 1.)

Smith, A., Herz- u. Gefäßkrankheiten. Neue Wege zu ihrer Beurteilg. u. Heilg. I. u. II. 8. Berlin, Verlag f. Volkshygiene u. Medizin. 4.60; geb. 7. —
I. Die Gefäßentartg. (Arteriosklerose). (211 S.) (908.) 2.80; in russ. Sprache. (IV, 240 S.) (909. 4. 50
II. Herzmuskelschwäche — Herzerweiterg. u. ihre nervösen Begleiterscheingn. Mit e. Anh.: Ratschläge f. Herzkranke. (94 S.) (910.) 1.80; geb. 3. —

Herzmuskelschwäche – Herzerweiterung u. ihre nervösen Begleiterscheinungen von Dr. med. A[ugust] **Smith.** Mit e. Anh.: Ratschläge f. Herzkranke. Berlin: Verl. f. Volkshygiene u. Med. 1910. 94 S. 8°
(Herz- u. Gefäßkrankheiten. 2.) [10. 9323]

Smith, A., Herzstörungen u. Neurasthenie. Neue Gesichtspunkte u. Methoden zur Erkenntnis, Beurteilg. u. Behandlg. v. Herzleiden u. v. ihnen abhäng. Nervenstörgn. (Umschlag: 2. verm. Aufl.) (34 S.) 8. Berlin (905). H. Baate Nachf. n. — 50

[Russ.] Pererozdenie sosudov ⟨Arterioskeroz⟩ Dr. med. A. Smita [August **Smith**]. Berlin: Baake 1909. IV, 240 S. 8°
[Die Gefäßveränderung.]
(Bolézni serdca i sosudov. 1.)

Ueber den heutigen Stand unserer klinischen Kenntnis des Alkoholismus. ⟨Referat, erstattet im Auftr. d. 7. internat. Kongresses gegen d. Missbrauch geistiger Getränke. Paris 1899.⟩ Von Dr. A[ugust] **Smith**, dirig. Arzt, Schloss Marbach. (Radebeul [1900] : Kupky & Dietze.) (24 S.) 8° [Umschlagt.]
Aus: Der Alkoholismus.

— über den heutigen Stand der funktionellen Herzdiagnostik u. Herztherapie, s. a. Klinik, Berliner.

Ueber den heutigen Stand der funktionellen Herzdiagnostik und Herztherapie. Von Dr. A[ug.] **Smith**, Schloss Marbach a. Bodensee. Berlin: Fischer (1902). (82 S.) 8°
= Klinik, Berliner. H. 166.

— über Temperenz-Anstalten u. Volksheilstätten f. Nervenkranke. Die f. dieselben in Betracht komm. Erkrankgn. u. deren Behandlungsweise. 2. durchgeseh. Aufl. gr. 8. (IV, 71 S.) Würzburg 899. A. Stuber's Verl. n. — 60

— über Temperenz-Anstalten u. Volksheilstätten f. Nervenkranke. Die f. dieselben in Betracht komm. Erkrankgn. u. deren Behandlungsweise. 2. durchgeseh. Aufl. gr. 8. (IV, 71 S.) Würzburg 899. A. Stuber's Verl. n. — 60

— welche Stellung sollen wir Aerzte der Alkoholfrage gegenüber einnehmen? Ein Vortrag. 5.—6. Taus. dieser Ausg. 8. (15 S.) Basel (893). Schriftstelle des Alkoholgegnerbundes (durch F. Reinhardt). n. — 08

— welche Stellung sollen wir Aerzte der Alkoholfrage gegenüber einnehmen? Vortrag. Hrsg. v. Verein zur Bekämpfg. d. Alkoholgenusses. 8. (15 S.) Basel (Spalenvorst. 14) 895. (Schriftstelle d. Internat. Vereins zur Bekämpfg. d. Alkoholgenusses.) n.n. — 10

Smith, C. Alphonso, An English-German conversation book, s.: **Krüger, Gust.**

Smith, C. W., Grammatik der poln. Sprache. gr. 8. (14⅛ B.) Berlin 845, Behr's Buchh.

Smith, C. W., Grammatik der polnischen Sprache. 2., neu bearb. Aufl. Berlin 864. Behr. gr. 8. (IV, 248 S.) n. 25 ngr.

Smith, Calvin

Smith, C., Karte der Vereinigten Staaten von Nord-Amerika. 16 Bl. 5. Aufl. Cassel 870, Fischer. ℳ 6.; cart. aufgez. in Mappe *

Smith, Calvin, Special-Karte der Vereinigten Staaten von Nordamerika. In 16 Bl. 1 — 4. Lfg. gr. Fol. (9 lith. Bl.) Cassel 851. 52, Fischer. (à Lfg. 18 ngr) 2 ₰ 12 ngr Col. (à Lfg. ¾ ₰) 3 ₰

Smith, Caspar Wilhelm, s. Smith, Kaspar Wilhelm

Smith, Charles M., nach Dover, London ꝛc. einsteigen, s.: Domizio, Carlo di.

Smith, Charles S., der rote Hut, s.: Weber's moderne Bibliothek.

Smith, Charles W., der Ruin der Landwirthschaft. V. Verf. autor. Uebersetzg. Als Beitrag zur Beurtheilg. d. börsenmäß. Getreide-Terminhandels u. z. Begründg. d. Nothwendigkeit d. Börsenreform hrsg. v. Graf Arnim-Muskau. gr. 8. (IV, 24 S.) Berlin 896. G. Schuhr. n. — 50

Smith, Charlotte, die Abtei v. Palsgrave. N. Ausg. 8. Leipz. 810. (Krappe). 21 gr

— Celestine; aus d. Engl. übers. von Mad. Forkel. 4 Thle. 8. Leipz. 792. Weidmann. 3 ₰

Smith, C. Desmond, eine Geschichte in Briefen, a. d. Engl. Hamb. 1793. Ü: *Liebeskind, Dorothea Margaretha geb. Wedekind verm. Forkel.* (GGr) (MGT) (Schl)

— Desmond; e. Geschichte in Briefen: aus d. Engl. v. (D. M. Liebeskind). 3 Thle. Mit Kpf. 8. Hamb. 793. (Campe). 2 ₰ 12 gr

— Emmeline, od. die Waise des Schlosses; aus d. Engl. (von Chr. Felix Weiße). 4 Thle. 8. Wien 790. (Schaumburg u. C.) 2 ₰ 20 gr

— s. Ethelinde.

Smith, Charlotte, Gedichte, s. Elise Carter.

GEMÄLDE menschlicher Schwächen und Leidenschaften. Eine Reihe interessanter Begebenheiten aus Verhandlungen verschiedener Gerichtshöfe gezogen. Aus d. Engl. (der *Charlotte Smith*). Mit Titelvignette. (Schubert del., Liebe sc.). Leipzig 1789. in der Weygandschen Buchhandlung. 8°. Zahm.
VIII–463 S., 1 S. Inh. Name d. Verfasserin unter dem Vorbericht.

— Geschichte Corianders. 8. Leipz. 810. (Krappe). 21 gr

Smith, C. Marchmont, ein Roman in vier Bändchen; a. d. Engl. Leipzig 1797. Ü: *Liebeskind, Dorothea Margaretha geb. Wedekind verm. Forkel.* (MGT) (GGr)

— Marchmont; e. Roman in 4 Bden; aus d. Engl. 8. Leipz. 797. (Snobloch). 2 ₰ 12 gr

Smith, C. Montalbert; a. d. Engl. Erlangen 1798. Ü (Bdch. 1): *Reich, Gottfried Christian.* (Ky) (Fiker) (MGT) (NN) (Koner) (Hitzig)

— Montalbert; aus d. Engl. (v. G. C. Reich), 1s Bdchn. Erlang. 798. 2e Aufl. 2 Bdchen. 8. Ebd. 800. (Heyder). 1 ₰ Holländ. P. 1 ₰ 10 gr

— Papiere eines einsamen Wanderers; aus d. Engl. v. Fr. v. Oertel. 3 Thle. 8. . . ., 805. (Krappe in Leipz.) 2 ₰

Smith, C. Warwicks Reisen. A. d. Engl. Leipzig 1794. Ü: *Löbel, Renat. Gotthelf.* (GGr) (Ky)

— Warwicks Reisen; aus d. Engl. (v. R. G. Löbel). 8. Leipz. 794. Voß. 1 ꝑ

— das Kloster Saint-Michel. Histor. Roman aus d. Zeiten der Bartholomäusnacht. Nach dem Engl. von Frhrrn. v. Biedenfeld. 8. Berl. 827. Cosmar u. Kr. 1 ꝑ

Smith, C. Schiffbruchsscenen vom Theater des jetzigen Seekrieges, a. d. Engl. . . . Hamb. 1797. Ü: *Lohmann, Christoph Wilhelm.* (Schr) (MGr) (GGr)

Smith, Charlotte, Schiffbruchsscenen v. Theater des letzten Seekriegs, a. d. Engl. v. W. Lohmann. 8. Goslar, Lohmann. (auch Hoffmann in Hamb.) 800.

Smith, Charlot. Das alte Schloss; a. d. Engl. Leipzig 1795. Ü: *Löbel, Renatus Gotthelf.* (GGr) (MGT) (Ky) (ML)

— das alte Schloß; aus d. Engl. (v. R. G. Löbel). 3 Thle. 8. Leipz. 795. Schwickert. 2 ꝑ 12 gl

— ländl. Spaziergänge: 4 Thle, s. Schreibepult, das geöffnete.

Smith, C. Ländliche Spaziergänge in Gesprächen. Nach d. Engl. . . . Leipzig 1800—3. Ü: *Weisse, Christian Felix.* (GGr)

— der verbannte; aus d. Engl. 2 Bde. 8. Hamb. 795. (Aue in Altona). 2 ꝑ

Smith, D., Cautionari Precepts for young Writers, comprised in a set of Round Hand Copies in Familiar Verse. gr. 4. Nürnb. Campe. —

— Elegant set of Round Text Copies. Performed for the Use of Schools and Academies. gr. 4. Nürnb., Campe. 10 gl

— Elegant set of Round Text Copies. Written for the Use of Schools and Academies. gr. 4. Nürnb., Campe. 10 gl

Smith, D., theses de juribus S. R. I. Vicariorum. 8. Bremen, Cramer. 742.

— rural Walks in Dialogues intended for the use of young persons. 2 Vol. 8. Leipz. Hinrichs. 803.

Smith, Dan., das Leben Daniels. Aus dem Englischen v. W. Bersch. 18. (168 S.) Neu-Berlin 844. (Philadelphia, Schäfer & Koradi.) n. ⅓ ꝑ

— Liebe zum Heiland. gr. 16. (78 S. m. 1 Holzschntaf.) Cincinnati 849. (Bremen, Heyse.) n. 6½ ngr

Smith, Dan., Liebe zum Heiland. Cincinnati 853. (Bremen, Heyse.) 16. (79 S. u. 1 Holzschn.) nn. 7½ ngr

Smith, David

Smith, D., die englische Färberei, s. Schauplatz, neuer, der Künste ꝛc. 193. Bd.

Smith, Dav., die englische Färberei der glacirten Coburgs, satinirten Orleans ꝛc. der Merinos, Damaste und Lastings, der wollenen Garne ꝛc. Nebst einer Anweisung zur Färberei mittelst der Grundirmaschine. In's Deutsche übertr. von Chr. Heinr. Schmidt. 8. (XXII und 157 S.) Weimar 851(52,) Voigt.

Smith, D.: D. engl. Färberei d. glacirten Coburgs d. satinirten Orleans. Dtsch. v. C. Schmied. 2. Aufl. 1854.

Smith's, Dav., praktisches Laboratorium des Färbers und Coloristen. Enth. prakt., auf die neuesten Fortschritte der Wissenschaft und die wichtigsten Entdeckungen der techn. Chemie begründete Farben-Recepte zum Färben aller Arten wollener, baumwollener und seidener Stoffe ꝛc. in allen gangbaren und beliebten Modefarben. Nebst beigefügten Probemustern in Stoffen und einer faßl., prakt. Anweisung zur Foulardmaschinenfärberei. Deutsch von Charles Dubois. Nebst einem Anhang, enth. die Fabrikation und Anwendung der Anilinfarben. 2. verm. Aufl. gr. 8. (VIII, 84 S.) Berlin 870, Mode's Verlag. geb.

Smith, D(onald) P(ritchard), a. Washington: Über die Legierungen des Kaliums mit Aluminium, Magnesium, Zink, Kadmium, Wismut, Zinn und Blei. Hamburg u. Leipzig: L. Voss 1907. (36 S.) 8° (Aus: Zeitschrift f. anorgan. Chemie Bd 56.)
Göttingen, Phil. Fak., Ref. Tammann, Diss. v. 27. Dez. 1907
[Geb. 22. Sept. 79 Helena (Montana); Wohnort: Helena; Staatsangeh.: Vereinigte Staaten; Vorbildung: Williams College Williamstown (Massach.) B. A. 02; Studium: Göttingen 6 S.; Rig. 21. Nov. 07.]

Smith, Duncan

Smith, D., academical instructor, a new Copy-Book containing an Alphab. etc. London. (Industrie Comt., Leipzig.)

Smith, Duncan, the Academical-Instructor, a new copybook, contain. alphabets of round text, round hand and currency. 3 Part. 3. and 4. edit. — Neue Sammlung engl. Vorschriften, besteh. in d. vorzügl. Schreibarten in stufenweiser Folge f. d. Gebr. in Schulen u. Handlungsakademien, so wie z. Selbstunterr. 3 Hfte. gr. 4. Hamburg 839—41, Heubel. à ½ Thlr.
Hft. 1. Alphabete u. Vorschriften in grosser Schrift. (5 Bl., Kpfrst.)
2. Alphabete u. Vorschriften in Mittelgrösse. (5 Bl., Kpfrst.)
3. Vorschriften zum gewöhnl. Geschäftsgebrauch. (13 Bl., Kpfrst.)

Smith, E., Palästina und die südlich angrenzenden Länder, s. Robinson, E.

Smith, E. P., Handbuch der politischen Oekonomie, s. a. Bibliothek der Volkswirthschaftslehre u. Gesellschaftswissenschaft.

Smith EP, Handbuch der polit. Ökonomie. Übersetzt von F Stöpel. Berlin 1878

Smith, Edgar F., elektrochemische Analyse. Autor. deutsche Ausg., nach d. 2., amerikan. Aufl. übers. v. Max Ebeling. 8. (IX, 112 S. m. 29 Abb.) Berlin 895. Weidmann. Geb. in Leinw. n. 2. 50

Smith, Edgar F., über trisubstituirte Benzolverbindungen u. über die Einwirkung von Chlor auf Benzyltrichlorid. Inaugural-Dissertation. gr. 8. (50 S. m. 1 Tab.) Göttingen 877. (Vandenhoeck & Ruprecht.) n. 1. —

Smith, Edgar F., quantitative Elektroanalyse. Mit e. Anh.: Organische Elementaranalyse auf elektr. Wege. Nach der 4. Aufl. m. Genehmigg. des Verf. deutsch bearb. v. Arth. Stähler. (VI, 338 S. m. 43 Fig.) gr. 8. Leipzig 908. Veit & Co. Geb. in Leinw. 8. —

Smith, Edw., Kaffee ist wirklich Gift! Keine Ironie; leider nur zu sehr Ernst! Frei nach d. Engl. 8. (1 B.) Hamburg 845, Berendsohn. *

Smith, E., die Nahrungsmittel, s.a. Bibliothek, internationale wissenschaftliche.

Smith, E.: D. Nahrungsmittel. 2 Bde. 1874.
I. Bd. feste Nahrungsmittel a. d. Thier- u. Pflanzenreiche
II. Bd. flüssige u. gasige Nahrungsmittel.

Smith, Edw. J., Erläuterung üb. Wasserkunst rc., s. Betrachtungen üb. d. gemeinnütz. Tendenz rc.

Smith, Erastus G., üb. die Einwirkung d. Broms auf Anhydropropionylphenylendiamin. gr. 8. (29 S.) Göttingen 883. Deuerlich. n. — 60

Smith, F. Hopkinson, Pleinair-Studien aus Spanien, Holland u. Italien. Aus der Mappe e. Malers, der das Malerische suchte. Aus dem Engl. übers. v. Adelheid v. Blomberg. 8. (III, 127 S.) Weimar 890. Böhlau. geb. n. 2. 50

Smith, Francis, a. Hamburg: Römische Heeresverfassung und Timokratie. (Gräfenhainichen 1906: C. Schulze.) (104 S.) 8° ¶(Erscheint erweitert u. d. Tit.: „Die römische Timokratie“ bei G. Nauck in Berlin.)
Berlin, Phil. Fak., Ref. Delbrück, Diss. v. 30. Juni 1906
[Geb. 14. Febr. 81 St. Petersburg; Wohnort: Berlin; Staatsangeh.: Hamburg; Vorbildung: Falkrealgymn. Berlin Reife M. 00, Nachexamen Viktoriagymn. Potsdam Reife M. 02; Studium: Berlin 1, München 2, Berlin 2, Bonn 1, Berlin 4 S.; Rig. 8. Febr. 06.]

Smith, Francis, die römische Timokratie. (V, 161 S.) gr. 8. Berlin 906. G. Nauck. n. 3. —

Smith, Frank Clifton, a. Albany N.-Y., U. S. A.: Die Sprache des Handboc Byrhtferths und des Brieffragmentes eines unbekannten Verfassers. Ein Beitrag zur Lautlehre des Spätangelsächsischen. Leipzig: 1905. (VII, 135 S.) 8°
Leipzig, Phil. Fak., Ref. Wülker u. Sievers, Diss. v. 2. März 1905
[Geb. 1. Apr. 62 Albany, N.-Y.; Wohnort: Albany; Staatsangeh.: Ver. St.; Vorbildung: High school Willimantic Reife 80; Studium: Yale Univ. New Haven 6, Leipzig 14 S.; Rig. 11. Dez. 03.]

Smith, Frank Clifton, die Sprache der Handboc Byrhtferths u. des Brieffragmentes e. unbekannten Verfassers. Ein Beitrag zur Lautlehre des Spätangelsächsischen. Diss. (VIII, 133 S.) 8. Leipzig 905. (Dr. Seele & Co.) n. 1. 60

Smidt, G., Die Haftung des Tierhalters (§ 833 B. G. B.) in der Rechtsprechung. Diss. (48 S.) 8. Bremen, F. Leuwer. 1. —
1904

Smith, G., & Co., Maschinenfabrik: Neue Zeugnisse und Beschreibung von Dampf-Dreschmaschinen und fahrbaren Locomobilen. Magdeburg 1894

Smith, G. C. Moore, s.: Pedantius.

Smith, Geoffrey, Rhizocephala, s.a. Fauna u. Flora des Golfes v. Neapel.

Rhizocephala by Geoffrey **Smith**, Oxford. Mit 24 Textfig. & 8 pl. Hrsg. von d. Zool. Station zu Neapel. Berlin: R. Friedländer & Sohn 1906. (VIII, 123 S.) 4°
— **Fauna** u. Flora d. Golfes von Neapel. Monogr. 29. [06. 14193

Entdeckungen in Assyrien. E. Bericht d. Untersuchgn u. Entdeckgn z. Richtigstellg d. Lage v. Ninive in d. Jahren 1873 u. 1874 v. George **Smith** v. d. Abth. d. Orient-Alterthümer d. Brit. Mus. ... M. Abb. M. Erlaubniss d. Verlegers übs. v. Emilie Freifrau v. Boecklin geb. Rau. *Leipzig: E. Pfeiffer 1898.* (X, 512 S., 1 Bl., 7 Taf., 1 Kt.) 1 Bd 8. [98. 11439

Smith, Geo., Entdeckgn. in Assyrien. Ein Bericht der Untersuchgn. u. Entdeckgn. zur Richtigstellung der Lage v. Ninive in den J. 1873 u. 1874. Mit Erlaubniss des Verlegers übers. v. Emilie Freifrau v. Boecklin geb. Rau. Neue billige [Titel-]Ausg. (X, 513 S. m. 28 Abbildgn. u. 1 Karte.) 8. Leipzig [898] 904. E. Pfeiffer. n. 6. —

Smith's, George, chaldäische Genesis. Keilinschriftliche Berichte über Schöpfung, Sündenfall, Sintfluth, Thurmbau und Nimrod, nebst vielen anderen Fragmenten ältesten babylonisch-assyr. Schriftthums. Autoris. Uebersetzung von Herm. Delitzsch. Nebst Erläuterungen und fortgesetzten Forschungen von Friedr. Delitzsch. gr. 8. (XIV, 321 S. mit 27 Abbild. in eingedr. Holzschn., 4 Holzschntaf. und 1 Photogr.) Leipzig 876, Hinrichs'sche Buchh. *

Henry Drummond. Von Prof. G[eorge] A[dam] Smith. Autor. Übers. von H. Groschke. Mit Vorw. von F[riedrich] Bettex. Berlin: M. Warneck 1900. (VII, 509 S.) 8°

Smith, George Mc Phail, aus Nashville (Amerika): Zur Kenntnis der Derivate des p-Jodazobenzols und des m-Chlorjodbenzols mit mehrwertigem Jod. *Freiburg i. B.: Speyer & Kaerner 1903.* (38 S.) 8°
Freiburg i. B., Phil. Diss. v. 1903

Smith, Gipsy
s. Smith, Rodney. [06. 3074 8

Smith, Goldwin, A trip to England, hrsg. v. G. Wendt, s.a. Schulbibliothek französischer u. englischer Prosaschriften.

A trip of England by Goldwin Smith ... M. Anm. vers. v. Dr G[ustav] Wendt, Prof. ... in Hamburg. Rechtsmäss. Ausg. *Berlin: R. Gaertner 1898.* (VII, 119 S.) 1 Bd 8.
= Schulbibliothek französ. u. engl. Prosaschriften a. d. neueren Zeit. Abt. II. Bdch. 34. [99. 775

Smith, H., nachgelassene Denkwürdigkeiten üb. mich selbst, s.: Meyer's Volksbücher.

Smith, H., u. H. Horneman, norwegische Grammatik, nebst e. Glossar f. Touristen. 8. (III, 60 S.) Christiania 890. Aschehoug & Co. geb. n. 1. 50

Smith, H., a selection of English dialogues chiefly for the use of young ladies. 8. (71 S.) Potsdam 891. Rentel. Kart. n. — 60

Smith, Hamlyn: Das gespenstische Gasthaus, s. Lese-Cabinet, Neuestes belletristisches.

Smith, Hamlyn: Ein Londoner Geheimniß, s. Lese-Cabinet, Neuestes belletristisches.

Smith, Hannah Whitall

Smith, Hanna W., durch die Wüste nach Canaan. Ein Wort an Christen. gr. 16. (37 S.) Basel 875, Spittler. *

Smith, H. W., Frank. Ein glückl. Leben. Erinnerungen an Franklin Whitall Smith v. seiner Mutter. Aus dem Engl. übers. v. A. v. N. gr. 16. (239 S. m. e. Stahlst.) Basel 874. Spittler. n. 1. 40; geb. n. 2. 60

Smith, H[annah] W[hitall]. Frank. Ein glückliches Leben. Erinnerungen an Franklin Whitall Smith (1854–1872), von seiner Mutter H. W. [Pearsall] Smith.... Aus dem Englischen übersetzt von A(nna) v[on] N(iebuhr). [Mit Porträt-Tafel.] 8. Basel.
[1. Aufl. 1871] — 2. Aufl. [1875.]

Smith, Hannah W., erziehet Mütter! Nach dem Engl. Educate our mothers v. Louise Eschholz. (72 S.) kl. 8. Basel 907. Kober. — 60

S[mith], H[annah] W[hitall]. Der Gott alles Trostes, von H. W. S., Verf. von «Glauben und Leben». Übersetzung des englischen The God of all comfort von M[aria] K[ober]-G[obat]. 373 S. 8. Basel, Kober, 1907. [fr. 2.50, geb. 3.50]

Smith, Hanna W., Heiligung wie sie die Schrift lehrt. Eine Auswahl Stellen aus Gottes Wort 122 Stn. 32. Basel, C. F. Spittler. —. 40·
1875

Smith, Hanna[h] W[hitall]. Die Selbstlosigkeit Gottes und wie ich sie entdeckte. Aus dem Leben der Quäkerin Hanna W. S'. Nach dem Englischen von M[aria] K[ober]-G[obat]. Mit Vorwort von D. C[onrad] von Orelli, Professor .... 228 S. 8. Basel, Kober, 1910. [fr. 2.—]

(... im Jahrg. 1905 der «Sammlungen für Liebhaber christlicher Wahrheit und Gottseligkeit» erschienen ....)

Smith, Harry B., englische Unterrichtssprache, s.: Schmidt, H.

SMITH, HARRY J. Beiträge zur Kenntniss der drei isomeren Oxybenzoësäuren. Leipzig, 1877.

Smith, Harry Monmouth, aus Middletown ⟨Connecticut⟩: Kryoskopische Untersuchungen. Heidelberg 1898: J. Hörning. (65 S.) 8°
Heidelberg, Naturw.-math. Diss. v. [21. Okt.] 1898

Smith, Henry Arthur, die Chemie der Schwefelsäure-Fabrikation. Aus dem Engl. übersetzt u. m. Anmerkgn. versehen v Frdr. Bode. Mit 7 Diagrammen (in eingedr. Holzschn.) gr. 8. (II, 126 S.) Freiberg 874. Engelhardt. n. 4. —

Smith, Henry August [aus Mauel, (Rheinprovinz)]: Ueber Beteiligung und Bedeutung der Blutbahnen bei Bildung und Weiterentwicklung der Sarcome ... Würzburg: Anton Boegler'sche Buchdr., 1889. 28 S. u. 1 Taf. 8°
Würzburg, Med. Fak., Inaug.-Diss. v. 1889

Smith, Henry J., Noxia or the daughter of Gehofen. A tale of Thuringia in 5 acts. Spare hours. (By the same.) gr. 16. (VI und 133 S.) Leipzig 863, Denicke.

Smith, Henry John, e. Festtag. Schauspiel in 4 Aufzügen. gr. 8. (97 S.) Leipzig 875. Mayer. 1. 50

Smith, Herbert, a. Dundee, Schottland: Syntax der Wycliffe-Purveyschen Übersetzung und der „authorised version" der vier Evangelien. Marburg 1907: (E. Karras, Halle a. S.). (39 S.) 8° ¶(Erscheint vollst. in der „Anglia, Zeitschrift für englische Philologie".)
Marburg, Phil. Fak., Ref. Viëtor, Diss. v. 19. Juli 1907
[Geb. 13. März 81 London; Wohnort: Marburg; Staatsangeh.: England; Vorbildung: Harris Academy Dundee Reife 96; Studium: St. Andrews (Schottland) 7, Marburg 3 S.; Rig. 1. Mai 07.]

Smith, Herb. Greenough, Schloß Sombras, s.: Sammlung, bunte, interessanter Erzählungen.

Smith, Herbert H.: Classification of the chalcid flies or the superfamily Chalcidoidea, s. Ashmead, William Harris

Smith, Horace, Arthur Arundel. Ein Roman aus d. Zeit der englischen Revolution. Uebers. v. Wilh. Ad. Lindau. 3 Bde. 8. (61 B.) Leipzig 845, Kollmann.

Smith, Horace, s.a. Brambletye-House.

Smith, (H.,) Brambletye-Haus, oder Ritter- u. Rundköpfe. 3 Thle Aus d. Engl. gr. 8. Stuttg. 826. Franckh.

Smith, Horace, Brambletye-Haus, od. Ritter- u. Rundköpfe; aus d. Engl. 3 Thle. gr. 8. Stuttg. 827. (Brodhag). 4 ₰

— Dass. aus d. Engl. von C. A. Michaelis. 4 Thle. 8. Leipz. 827. Wienbrack. 4 ₰

—— Adam Brown, der Kaufmann. Aus d. Engl. v. Wilh. Ad. Lindau. 3 Bde. 8. (55 B.) Leipzig 843, Kollmann.

Smith, Horace, Oliver Cromwell. Histor. Roman. A. d. Engl. übers. v. Wilh. Ad. Lindau. 3 Thle. 8. (53 B.) Leipzig 841, Kollmann.

— Erzählungen. 1r Bd. Herausgeg. v. C. W. Dannenberg. 8. Hamb. 826, Christiani.

— dess. 2r Bd. — A. u. d. T.: Meine Reise in die neue Welt. Erzählung a. d. Papieren e. Seemanns, mit Anmerkk. Der Todtenkranz. Novelle. 8. Leipz. 827, Kollmann.

—— der Geldmann. Aus d. Engl. übers. v. Wilh. Ad. Lindau. 3 Thle. 8. (53½ B.) Leipzig 842, Kollmann.

Smith, Horace, Jane Lomar, oder das Verbrechen aus mütterl. Liebe. Aus d. Engl. übersetzt. 3 Bde. 8. Leipzig 839. Kirchner u. Schwetschke. 3½ ₰

—— Masaniello. Ein histor. Roman. A. d. Engl. übers. v. Wilh. Ad. Lindau. 3 Thle. 8. (47 B.) Leipzig 843, Kollmann.

— Apsley Reuben. Aus d. Engl. v. G. Sellen. 3 Thle. 8. Leipz. 827, Magazin f. Ind. u. Lit.

— Seegemälde 8. Leipz. 828. Kollmann. 1 ₰

Smith, Horatio

Der Thurm Hill. Nach der 2. Aufl. des Engl. übers. von Gustav Sellen [d.i. Ludwig von Alvensleben].
Bd 1-4.
Leipzig: Wienbrack 1827. 8°

Smith, Horace, der Wald v. Hampshire; od.: Des Sonderlings Glück. A. d. Engl. frei übers. v. L. v. Alvensleben. 1. Thl. 8. (12¼ B.) Leipzig 830, [Böhme.]
Der 2. u. 3. Thl. sind nicht erschienen.

— der Wald v. Hampshire, oder: des Sonderlings Glück. Ein Roman; aus d. Engl. frei übers. v. L. v. Alvensleben. 3 Thle. 8. Leipz. 830. Hartmann 2 ₰ 16 gr

— s. Zilla.

Smith, Hugh: Kurzer Innbegriff der heutigen praktischen Arzneykunst sammt einem Anhange von den Wirkungen und Gebrauch des Aderlassnes. (Formulae medicamentorum, or compendium of the modern practice of physic. Third edition. Dt.) Übers.und mit Anmerkungen versehen von Fr(anz Xaver) Schwediauer. 312 S., gbd.

Wien: Gräffer 1776

JB 1.606

Smith, Hugo, kurzer Inbegriff der prakt. Arzneikunst, nebst Anh. über Aderlassen; aus d. Engl. mit Anmerkk. von F. X. Swediauer. 8. Wien 776. Gräffer. (W. Nauck in Leipz.) 12 gr

Smith, Hg., kurzer Inbegriff d. prakt. Arzneykunst n. Anh. üb. Aderlassen, a. d. Engl. 8. Wien, Gräffer. (Sommer in Leipz.) 776.

Smith, J., Früchte u. Mehlstoffe die eigentl. Nahrg. d. Menschen, s.a. Gesundheit, Wohlstand u. Glück.

— dasselbe, s.a. Gut, das höchste.

Smith J. Früchte und Mehlstoffe die eigentliche Nahrung des Menschen. Berlin 1873

Smith, J., Römische Heeresverfassung u. Timokratie. Diss. 1906. 104 S.

Smith, J., Slesvigsk Jagtret. En kommenteret Udgave af Jagtloven og af de øvrige i Slesvig gaeldende jagtretlige Bestemmelser. (106 S.) 8. Haderslebeu 907. H. Lauridsen. Kart. 2. —

Smith, J., erklärende Uebersicht der prophet. Schriften des alten Bundes; aus d. Engl. gr. 8. Libau 797. Friedrich. (Rein in Leipz.) 1 ₰

— das gewöhnliche Wasser. Seine Eigenschaften u. sein Nutzen als Vorbeugungs- u. Heilmittel vieler Krankheiten. Nebst Regeln zur Erhaltg. der Gesundheit durch Diät, m. Zusätzen v. J. Shew. gr. 8. (VI, 50 S.) Berlin 875. Grieben. n. — 75

— dasselbe, s.a. Gesundheit, Wohlstand u. Glück.

— dasselbe, s.a. Gut, das höchste.

Smith, J. F., Gräfin Arran, s. Lesekabinet.

– Die Abtei Carrow, s.a. Ausland, Das belletristische.

Smith, J F

Die Abtei Carrow. Roman. Frei nach dem Engl. von C. Büchele. Bd 1-4.
Stuttgart: Franckh 1859. 8°

– Ebbe u. Fluth, s.a. Ausland, Das belletristische.

Smith, J F

Ebbe und Fluth. Roman aus der Gegenwart. Aus dem Engl. von Karl Kolb. Bd 1-4.6.
Stuttgart: Franckh 1860. 8°

Smith, J. F.: Das Erbe, s.a. Ausland, Das belletristische.

Smith, J F

Das Erbe oder die Lehren des Lebens. Roman. Frei nach dem Engl. von C. Büchele. Bd 1-4.
Stuttgart: Franckh 1858. 8°

– Der Glücks-Soldat, s.a. Ausland, Das belletristische.

Smith, J F

Der Glücks-Soldat. Roman. Aus dem Engl. von C. Büchele. Bd 2.
Stuttgart; Franckh 1859. 279 S. 8°

—— Leib und Freud', s. Lese-Cabinet, neuestes belletristisches.

Smith, J. F., a lesson for gentlemen, s.: Theatre, modern english comic.

– Licht- und Schatten seiten des Lebens, s.a. Ausland, Das belletristische.

Smith, J F

Licht- und Schattenseiten des Lebens. Volksroman. Frei aus dem Engl. von A. von Schraishuon. Bd 1-4.
Stuttgart: Franckh 1857-58. 8°

—— Milly Moyne, s.a. Ausland, das belletristische.

Smith, J F

Milly Moyne. Roman. Aus dem Englischen von Albert von Schraishuon. Bd 1-3.
Stuttgart: Franckh 1860. 8°

– Der junge Prätendent, s.a. Ausland, Das belletristische.

Smith, J F

Der Prätendent oder: Vor hundert Jahren. Geschichtl. Roman. Aus dem Engl. von Albert von Schraishuon. Bd 1-3.
Stuttgart: Franckh 1858. 8°

Smith, J. F., die Rache, oder: dreißig Jahre später. Deutsch von L. v. Alvensleben. 2 Bde. Brünn 864. Karafiat. 8. (505 S.) 1 ₰ 10 ngr.

– Sein u. Schein, s.a. Ausland, Das belletristische.

Smith, J F

Sein und Schein. Roman. Aus dem Engl. von Albert von Schraishuon. Bd 1-3.
Stuttgart: Franckh 1859. 8°

Smith, J. J., die Orchideen v. Java, s.a. Flore de Buitenzorg. VI.

Die Orchideen von Java von J. J. Smith. Leiden: E. J. Brill 1905. (VIII, 652 S.) 8°
= Flore de Buitenzorg. P. 6. [05. 1166]

Smith, J. J., die Orchideen v. Java. Figuren-Atlas. 1. u. 2. Heft. Lex. 8. Leiden, Buchh. u. Druckerei vorm. E. J. Brill. nn 21. 50
1. (31 Taf. m. 31 Bl. Erläutergn. u. VI S. Text.) 908. nn 12. —
2. (25 Taf. m. 25 Bl. Erläutergn. u. IV S. Text.) 909. nn 9. 50

— Neue Orchideen des malaiischen Archipels. I u. II. Lex. 8. Buitenzorg. (Haag, M. Nijhoff.) nn 2. 25
I. (28 S.) 907. nn 1.25. — II. (29 S.) (908.) nn 1. —.
Sonderabdruck aus: „Bulletin du departement de l'agriculture aux Indes néerlandaises".

Smith, I. L., dissert. inaug. med. de phthisi calculosa. 4. Nrnb. Lechner. 803.

Smith, J. P. Andeutungen üb. d. Einfluß des Reichthums auf geistige und moralische Kultur. Beitrag zur Philos. der Kulturgesch. 13 S.
Elbing, Progr. 1839

Smith, J. P., Sarah Halls sonderbare Geschichte. — Demjans Fischsuppe v. E. F. Markoff. 8. (168 S.) Stuttgart 893. Deutsche Verlags-Anstalt. n. 1. —; geb. n. 1. 50

— dasselbe, s.a. Bibliothek der fremden Zungen.

Smith, Jac. Thomas (geb. Gratsch Hertford in England 22. 6. 1814). De haemorrhagiis. Berolini (1838). (27 S.) 8°
Berlin, Med. Diss. v. 28. Apr. 1838

[F.] Brocken vom Gottestisch. Wanderern zur Ewigkeit z. tägl. Nahrg dargeboten. Morgen-Ausg. Nach d. Engl. v. James Smith deutsch bearb. v. Edw. Millard. *Bonn: J. Schergens 1895.* (188 ungez. Bl.) 1 Bd 8. [96. 38]

Smith, James, Brocken vom Gottestisch. Wanderern zur Ewigkeit zur tägl. Nahrg. dargeboten. Abend-Ausg. Nach dem Engl. deutsch bearb. v. Edw. Millard. (III, 366 S.) 12. Frankfurt a/M. 902. Bonn, J. Schergens. n. 1. —; geb. in Leinw. n. 1. 60; weich geb. n. 1. 80; m. der Morgenausg. in 1 Bd. geb. n. 3. —

Smith, James, über den Schiffbau und die nautischen Leistungen der Griechen und Römer im Alterthum. Eine antiquar. Abhandlung. Aus dem Engl. übertr. von H. Thiersch. gr. 8. (53 S. mit eingedr. Holzschn.) Marburg 851, Elwert'sche Universitäts-Buchh.

— unser himmlischer Vater od. Gott e. Zuflucht u. Stärke in d. Not. E. Trostbüchlein f. Leidende u. Angefochtene. Aus d. Engl. 12. (63 S.) Stuttgart 898. Christl. Verlagshaus. Geb. in Leinw. — 60

Smith, James, Worte d. Trostes od. Erquickg. im Leiden. Aus dem Engl. 16. (96 S. m. e. Holzschntaf.) Gütersloh 871. Bertelsmann's Verl. cart. m. Goldschn. — 80

Smith, James Edward

Smith, J. E., Anleitung z. Studium d. physiol. u. systemat. Botanik. Aus dem Engl. von J. A. Schultes. Mit 15 Kupfert. gr. 8. Wien, Ant. Doll. (Leipzig, Liebeskind in Comm.) 818.

— compendium Florae Britanicae in usum florae germ. ed. a G. F. Hoffmann. 12. Erl. Palm. 801. Schreibp. Velinp.

Smith, I. E., Flora Britanica, recudi cur. add. passim adnot. 3 Vol. 8. Zürich, Gessner. 804–5. (I. II. 3 Rthlr. 8 gr. III. 1 Rthlr. 18 gr.)

Smith, (Jam. Ed.,) botan. Grammatik z. Erläuterung sowohl d. künstl. als d. natürl. Classification. Aus d. Engl. Mit 21 Kupf. gr. 8. Weimar 822, Industr.-Compt. 1 Rthl. 18 gr., ill.

— plantarum icones hactenus ineditae. II Fasc. Fol. Lond. 790. (v. Cotta in Stuttg.) 20 ℔

— Reise durch Holland, Frankreich u. Italien; aus d. Engl. übers. von G. Chr. Reich, 8. Leipz. 796. Fr. Fleischer. 2 ℔ 12 gl. Holl. Pap. 3 ℔ 12 gl.

Smith, James Perrin [aus Cokesbury, Süd-Carolina]: Die Jurabildungen des Kahlberges bei Echte ... (Aus: Jahrb. d. Kgl. Preuss. geol. Landesanst. u. Bergakad. zu Berlin f. d. J. 1891.) Berlin: A. W. Schade's Buchdr., 1893. 71 S., 1 Kt., 2 Taf. m. je 1 Erl.-Bl. 8°
Göttingen, Phil. Fak., Inaug.-Diss. v. [1. März] 1893

Smith, James Walter, eine englische Stimme über Franz Müllers Prozeß. Ist Müller gerichtet worden? und hat Müller bekannt? Uebers., bevorwortet und mit Noten versehen von Ed. Oberstadt. gr. 8. (24 S.) London 864. (Leipzig, Steinacker.)

Smith, Joh. Hch., Weissagungen d. Sybillen, nebst d. Hirtenliedern Virgils u. Pope. 4. Aurich, Luschky. 762.

Smith, John, (I.,) Anweisung, Gurken u. Melonen, sowie Spargel, die Champignons, den Meerkohl, den Rhabarber ꝛc. zu treiben. N. d. 3. Orig.-Aufl. übers. v. Chrstn. Heinr. Schmidt. 8. (4⅛ B. u. 1 Stnt.) Quedlinburg 837, Basse. Thlr.

Smith, J., s. Alterthümer Galliens.

Smith, John. Gallische Alterthümer oder eine Sammlung alter Gedichte aus dem Gallischen des Ullin, Ossian, Orran u. s. w. von John Smith ins Engländische und aus diesem ins Deutsche übersetzt, benebst einer Geschichte der Druiden hauptsächlich der Caledonischen, und einer Abhandlung über die Aechtheit der Ossianischen Gedichte. 2 Bde. Leipzig 1781. 8°.

Smith, John, a Catalogue raisonné of the works of the most eminent Dutch, Flemish, and French Painters; in which is included a short Biographical Notice of the Artists, with a copious description of their principal pictures etc. Part. I. — VII. (Mit Titelkupfer u. 1 Fac simile von Rubens.) Lex.-8. London 829—36. Smith and Son. (Leipzig, Rud. Weigel.) n. 63 ℔

Smith, John, die Geheimnisse der erfolgreichsten Verkäufer. (Ein Lehrbuch zur Erlangg. der Kunst, e. flotter, gewandter u. gesuchter Verkäufer zu werden. Das Geheimnis der Unwiderstehlichkeit u. die Macht jeden Kunden unbedingt zum Kauf zu veranlassen.) (120 S.) 8. Dresden. Leipzig, M. Wendel. 3. —

Smith, John, s.: Indianer- u. Volksbibliothek.

Smith, John, über die heilsame Kraft des gemeinen Wassers. Aus d. Engl. 3e verm. u. verb. Aufl. vom Prof. Oertel in Ansbach. kl. 8. Nürnberg 834. (Campe.) ⅓ ℔

Smith, John, (II.,) von der heils. Kraft u. Wirkung d. gemeinen Wassers, od. d. Vortheile dess. in Vorbauung u. Heilung vieler Krankheiten. A. d. Schriften verschied. Aerzte u. e. länger als 40jähr. Erfahr. gesammelt. A. d. Engl. übertr. v. Chrstn. Ritter. 8. (.. B.) Pesth 838, Heckenast.

Smith, John, die Leiden der Füße oder zuverlässige Hilfe gegen Leichdornen, Hühneraugen u. Frostballen ꝛc. durch neue zuverläss. u. wohlf. Mittel. Leipzig 865. (Poenicke.) 16. (24 S.) n. 5 ngr.

— Merkwürdigkeiten d. gemeinen Wassers ꝛc. a. d. Engl. 8. Leipz. Barth. 784.

Smith, John, (od. Joh. Schmidt) Reisen, Entdeckungen u. Unternehm., welche d. wahren Urspr. d. engl. Colonien in Nordamerika bewirkt haben. 8. Berlin, Hesse. 782.

Smith, John, Reisen, Entdekk. u. Unternehmungen, welche den wahren Ursprung der engl. Colonien in Nordamerika bewirkt haben, größtentheils aus dessen eigenen Schriften beschrieben von K. F. Schribler. 8. Berl. 782. (Stuhr). 16 gl.

Smith, John Henry, (of Bolton), associate of the royal college of science, Dublin: On the oxidation of the sulphur compounds present in the manufacture of caustic soda. Zür. Orell Füssli Cie Pr. 1883. 68 S. 8°.
Zürich. Phil. Diss. [v. 4. Juli 1884].

Smith, John Prince, über Censur. Königsb. 84.., Voigt. ⅛ ℔

Ein Kampf um die rechtliche Stellung des Turnunterrichts. Aktenmässig dargest. von Zahnarzt J[onathan] Smith. Hadersleben: Selbstverl. (1909). 90 S. 8°

Staatsrechtliche Untersuchungen über die Giltigkeit der Verordnungen vom 28. August 1866, 12. Juli 1865 und 18. Okt. 1872 von Zahnarzt J[onathan] Smith, Hadersleben, mit e. hist. Einl. Flensburg 1900: Flensborg Avis. (23 S.) 8° [07. 3053

Smith, Joseph

— Die köstliche Perle. 8°. Bern 1882.

Lebenswahrheiten [Life truths]. Von J[oseph] Denham Smith. Aus d. Engl. übers. von A. P. Berlin: E. Richter 1907. (120 S.) 8° [F.] [06. 11796

v. Smith, Julie, Erzählungen. (Der Fremde. — Die Rosen). 8. Brünn 824. Traßler. 1 ℔

Smith, Kaspar Wilhelm

Smith, Casp. Guil., de locis quibusdam grammaticae linguarum balticarum et slavonicarum. Partic. I. De elementis inprimis vocalibus. Havniae 857. Gyldendal. (Leipzig, A. Dürr.) gr. 8. (VIII, 130 S.) 18 ngr.

— — Partic. II. De nominum declinatione. Havniae 857. Gyldendal. (Leipzig, A. Dürr.) gr. 8. (83 S.) 15 ngr.

Smith, Casp. Wilh., de locis quibusdam grammaticae linguarum Balticarum et Slavonicarum. Partic. I et II. gr. 8. Kopenhagen, Gyldendal'sche Buchh.
Inhalt:
Partic. I. De elementis inprimis vocalibus. (130 S.) 857. 18 Ngr.
» II. De nominum declinatione. (83 S.) 858. 15 Ngr.

Kirstine Smith: Gezeitenströme bei den Feuerschiffen Vyl und Horns Rev. 1910. 23 S. Fig.

Smith, L. Horton-, s. Horton-Smith, L.

Smith, L. Toulmin, S. Patriks Purgatory, and the Knight, Sir Owen, s. Studien, englische, Bd. 9, Heft. 1.

Smith, Laur.

Smith, L., Commentatio de libertate humana atque divina 8maj. Kopenh. 790. (Brummer). 8 gl

Smith, L., de libertate humana atque divina. 8.maj. Copenh. Proft. 790.

— üb. die Natur u. Bestimmung d. Thiere u. die Pflichten der Menschen geg. die Thiere. 8. Kopenh. 790. (Brummer). 16 gl Schrbp. 20 gl

— Versuch eines vollständ. Lehrgebäudes der Natur u. Bestimmung der Thiere u. der Pflichten der Menschen gegen die Thiere; aus d. Dän. gr. 8. Kopenh. 793. (Brummer). 1 rthl 20 gl

Lr. Smith's Vers. e. vollständ. Lehrgebäudes d. Natur u. Bestimm. d. Thiere, u. d. Pflichten d. Menschen gegen die Thiere; a. d. Dän. m. vielen Zusätzen u. Berichtt. d. Vf. *Kopenh.*, Proft. 793. gr8° 1 rthl 20 gl

Smith, Longfield, B. Sc. (Edin.) aus Leeds, England: Über einige Derivate des α-Methyl-β-Ketopentamethenylens (Looft's Keton). *Leipzig-R. 1898: O. Schmidt.* (27 S.) 8°
Leipzig, Phil. Diss. v. [21. Jan.] 1899

Smith, Louie H(enrie), a. Champaign, Illinois (U. S. A.): Beobachtungen über Regeneration und Wachstum an isolierten Teilen von Pflanzenembryonen. Halle a. S. 1907: C. A. Kaemmerer & Co. (85 S., 4 Taf.) 8°
Halle, Phil. Fak., Ref. Klebs, Diss. v. 23. März 1907
[Geb. 15. Apr. 72 Crystal Lake, Illinois; Wohnort: Halle a. S.; Staatsangeh.: Vereinigte Staaten; Vorbildung: Univ. Illinois Bach. of Science 97, Master of Science 99; Studium: Univ. Illinois 10, Halle 5 S.; Rig. 4. Febr. 07.]

Smith, Margaret Keiver [aus Newyork, U. S. A.]: Rhythmus und Arbeit. Leipzig 1900. 174 S., 1 Bl. 8°
(S.-A. aus Wundt, Philosophische Studien, Bd. XVI.)
Zürich, Phil. Diss. I. S. 1899/1900.

Smith, Mary A., aus Westfield, Mass. U. S. A.: Beitrag zu der Lehre der foetalen Rachitis. Mit 2 Tafeln. [Erschien unter dem Titel: Rachitis foetalis. Nach einer Beobachtung aus dem Züricher Kinderspital. in: Jahrbuch für Kinderheilkunde u. phys. Erziehg. N. F. Bd 15. S. 79—122]. Leipz. B. G. Teubner Dr. 1880. 1 Bl., 44 S., 2 Taf., 1 Bl. 8°.
Zürich, Med. Diss. [v. 18. Juni 1880].

Smith, Max [app. Arzt. Aus Wepener '(Oranje-Freistaat)']: Trophische Störungen beim chronischen Gelenkrheumatismus ... Jena, Druck v. E. Schneider, Eisleben, 1896; 1 Bl., 40 S. 8.
Jena, Med. Fak., Inaug.-Diss. v. [22. Aug.] 1896

Smith, Norman, Untersuchungen üb. die Bildungsverhältnisse d. ocean. Salzablagerungen, s.: Hoff, J. H. van't.

Smith, Oberlin, das Pressen, Stanzen u. Prägen der Metalle, s.: Kannegiesser, Rob.

Smith, Otto [DR. aus Stockholm]: Die schwedische Arbeiterbewegung von 1883 und das Gothenburger Ausschanksystem. . . . Tübingen, H. Laupp'sche Buchh., 1886; VIII + 168 S. 8°
Tübingen, Staatsw. Fak., Inaug.-Diss. v. 1886

Smith, Percy, die Herstellung e. Kindertheaters, s.: Spiel u. Arbeit. 13. Bdchn.

Smith, Peter, Können die Reichs-Einnahmen ohne Steuer-Erhöhung vermehrt werden? 8. (13 S.) Breslau 882, Leuckart'sche Sortimentsh. *

Smith R.: Handbuch z. Vertreibung d. schädlichen vierfüssigen u. geflügelten Thiere. Aus d. Engl. übers. u. m. Zusätzen verm. Hann. 1800. 271 S.

Smith, R., Handbuch z. Vertreib. d. schädl. vierfüß. u. geflügelten Thiere, a. d. Engl. gr. 8. Hannover, Ritscher. (Hahn) 801.

Smith, R. Payne, s. Thesaurus syriacus.

Smith, R. Pearsall

Smith, R. P., das Geheimniss des Sieges. 20 Stn. 12. Basel, C. F. Spittler. —. 10
1875

Smith, R. P., die Heiligung durch den Glauben. 3. Aufl. Basel, Spittler. 8. 1. —
1875

Smith, R. Pearsall, die Heiligung durch den Glauben. Dargestellt nach den Aussprüchen der heil. Schrift u. beleuchtet durch Mittheilgn. persönl. Lebenserfahrgn. 4. Aufl. gr. 16. (XVI, 192 S.) Basel 875. Spittler. n.— 80

— Rede geh. in der ersten luther. Kirche zu Elberfeld. Mit einleit. Ansprache v. Lichtenstein. gr. 16. (28 S.) Ebend. 876. n. — 20

— Rede geh. in der theologischen Conferenz in Barmen, Missionshaus. Mit einleit. Ansprache v. F. Fabri. gr. 16. (60 S.) Barmen 875. Klein. n. — 40

— Reden. Mit einleit. Ansprache v. Christlieb, Fabri, Lichtenstein, Müller u. Rogge. 16. (348 S.) Ebend. 875. n. 1. 60; cart. n. 1. 80

— 4 Reden. Geh. im Berliner Vereinshause in der Osterwoche 1875. 16. (40 S.) Berlin 875. Beck in Comm. n. — 40

— — R. Pearsal, Richtet nicht. Ein Wort an Christen. 20 Stn. 32. Basel, C. F. Spittler. —. 10
1875

Smith, P. R., der besiegte Soldat. Eine Erzählung. 8 S. 8. Basel, C. F. Spittler. —. 05
1876

der Wandel im Licht. Worte der Belehrg. f. Solche, die da leben im Glauben d. Sohnes Gottes. Aus dem Engl. übers. von G. v. R. 2. Aufl. gr. 16. (141 S.) Basel 875. Spittler. n. — 80

Smith, R. Pearsall, Wandelst du in der Heiligung? gr. 16. (15 S.) Basel 874, Spittler. *

Smith, Regnerus, Specimen medicum inaugurale, exhibens casum hydropis thoracis compositi, in nosocomio academico observatum cum epicrisi. 8maj. (3¾ B.) Groningae 844. (Leer, Praetorius et Seyde.) *

Smith, Rich. M., de arte rhetorica in L. A. Senecae tragoediis perspicua. Dissertatio inauguralis. gr. 8. (122 S.) Leipzig 885, Fock. K

Smith, Robert

Smith, R. Vollständiger Lehrbegriff der Optik. Deutsch von A. Kästner. Altenburg, 1755.

Smith, Rob., der Mensch und seine Selbsterhaltung oder aufrichtige Belehrungen über Liebe und Ehe, Geschlechtsgenuß, Verirrungen des Geschlechtstriebes rc. Mit Angabe der Heilmittel zur Wiederherstellung des geschwächten Zeugungsvermögens u. zur Beseitigung der Harn- u. Geschlechtskrankheiten, der Folgen von Selbstbefleckung, Samenergießungen u. des weißen Flußes. Nebst einem Schwangerschafts-Kalender. 1. u. 2. Aufl. 864. (64 S.) — 3. verb. u. verm. Aufl. Berlin 865. Mode. 8. (96 S.) 15 ngr.

Smith, Rob., der Mensch u. seine Selbsterhaltung oder aufrichtige Belehrungen über Liebe u. Ehe, Geschlechtsgenuß, Verirrungen des Geschlechtstriebes rc. Mit Angabe der Heilmittel zur Wiederherstellung des geschwächten Zeugungsvermögens rc. Nebst einem Schwangerschafts-Kalender. 4—10., verb. u. verm. Aufl. Berlin 865—68. Mode's Verl. 8. (127 S.) 15 ngr.

Smith, Rob., der Mensch und seine Selbsterhaltung rc. 19. Aufl. Berlin 872, Frank.

Smith, Rob., der Mensch u. seine Selbsterhaltung od. aufricht. Belehrgn. üb. Liebe u. Ehe, Geschlechtsgenuß, Verirrgn. d. Geschlechtstriebes rc. Mit Angabe der Heilmittel zur Wiederherstellg. d. geschwächten Zeugungsvermögens u. zur Beseitigg. der Harn- u. Geschlechtskrankheiten, der Folgen v. Selbstbefleckg., Samenergießgn. u. d. weißen Flusses. Nebst e. Schwangerschafts-Kalender. 19. verb. u. verm. Aufl. 8. (126 S.) Berlin 875. Mode's Verl. 1. 50

Smith, Rob., der Mensch und seine Selbsterhaltung oder aufrichtige Belehrungen über Liebe und Ehe, Geschlechtsgenuß, Verirrungen des Geschlechtstriebes, Schwangerschaft rc., männliches Unvermögen und weibliche Unfruchtbarkeit, Sicherung gegen geheime Krankheiten und Beseitigung derselben. Mit Angabe der Heilmittel rc. Nebst einem Schwangerschafts-Kalender. 24. verb. und verm. Aufl. 8. (128 S.) Berlin 882, P. G. Frank.

Smith, Rob.: Optik, s. Kästner, Abr. G.

Gipsy Smith (d. i. Rodney Smith). Vom Zigeuner zum Evangelisten. Eine Selbstbiographie. Ins Deutsche übertr. von C. F. Neumünster: Ihloff [1909] 286 S. 8°

Smith, Samuel Alden, die Keilschrifttexte Asurbanipals, Königs v. Assyrien [668—626 v. Chr.], nach dem selbst in London copirten Grundtext m. Transscription, Übersetzung, Kommentar u. vollständigem Glossar. 1. Hft. Die Annalen nach dem Cylinder RM 1 [vgl. V R 1—10]. gr. 8. (V, 131 S.) Leipzig 887. Ed. Pfeiffer. n. 7. —

Smith, Sam. A., die Keilschrifttexte Asurbanipal's, Königs v. Assyrien [668—626 v. Chr.], nach dem in London copirten Grundtext m. Transscription, Übersetzung, Kommentar u. vollständigem Glossar. 2. u. 3. Hft. gr. 8. Leipzig, Ed. Pfeiffer. n. 30. — (1—3.: n. 37. —)
2. Neue Bautexte, unveröffentlichte Briefe u. Depeschen m. Originaltext-Ausgabe u. s. w. (IV, 99 S. m. 18 Schrifttaf.) 887. n. 12. —
3. Unedirte Briefe, Depeschen, Omentexte u. s. w. (VII, 129 S. m. 28 Schrifttaf.) 889. n. 18. —

— Assyrian letters from the royal library at Niniveh. Transcribed, translated, and explained. [Aus: „Proceedings of the Society of Biblical Archaeology".] gr. 8. (64 S. m. 36 Taf.) Ebd. 888. n. 6. —

— miscellaneous Assyrian texts of the British Museum with textual notes. gr. 8. (VII, 16 S. m. 28 Taf.) Ebd. 887. n. 7. —

— why that „Assyrisches Wörterbuch" ought never to have been published. gr. 8. (16 S.) Ebd. 888. n. 1. 20

Smith, Sam. Stanhope, Versuch üb. die Ursachen der ungleichen Farbe u. Gestalt des Menschengeschlechts; aus d. Engl. v. Th. Kühne. 8. Braunschw. 790. Schröder. 10 gr.

Smith, Seba, der Indianer-Häuptling, s. a. Bibliothek, Europäische, 144 u. 145. Bd.

Smith, Seba

Der Indianer-Häuptling und die Gefangene des Westens. Eine Erz. aus dem letzten amerikanischen Kriege. In's Deutsche übert. von Friedrich Gerstäcker. Th. 1.2. Grimma: Verlags-Comptoirs 1847. 8°

Smith, Sidney. Peter Plymley's letters, and selected essays. gr. 16. (192 S.) Lpz. 889, Gressner u. Schramm. * — 80

Smith, Th.

— Zur Kenntniss d. amerikanischen Schweineseuche (1891). (21) S. (Særtr.). P.

Smith, Th. & W. Smith: C. G. Johnson's Patent-Ensilage-Presse zur Bereitung von Süß-Preßfutter in Schobern. Hamburg. Vor 1910

Smith, Theod., das Fundament der englischen Grammatik, ihr Ursprung aus der skandinavischen Sprache u. nicht aus der anglo-sächsischen, so wie Einiges üb. Sprachreinheit im Allgemeinen. Philolog., critisch u. historisch beleuchtet u. entwickelt. gr. 8. (2 B.) Kiel 845, Schwers'sche Buchh. *

Smith, Thom., vitae quorundam eruditissimorum et illustrium virorum. 4. London. 707.

Smith, Thomas F. A.: The Life and Literary Works of Mrs. Augustus Craven née la Ferronnays. Nürnberg 1910: Nister. 43 S. 8°
Erlangen, Phil. Diss. v. 5. Nov. 1910, Ref. Varnhagen
[Geb. 7. April 75 Ledbury; Wohnort: Erlangen; Staatsangeh.: Großbritannien; Vorbildung: Wesleyan Boys School London Reife 94; Studium: City of London College 8, Erlangen 3 S.; Rig. 25. Juli 10.] [U 11. 999

Smith, Toulmin, Wer ist der König von Ungarn der jetzt als Kläger vor dem englischen Kanzleigerichtshof erscheint? Ein Brief an Lord Russell. Mit einem Vorwort von Fr. Szarvady. Berlin 861. Fr. Duncker. 8. (XI, 59 S.) n. 10 ngr.

Smith, Vincent A., Andhra history and coinage. (Continued.) (23 S. m. Abbildgn.) 8. Leipzig 903. (F. A. Brockhaus' Sort.) n. 1. 50
Sonderabdruck aus: „Ztschr. d. deut. morgenländ. Gesellsch."

Smith, W. French, über Didymium u. Lanthanium. Inaugural-Dissertation. gr. 8. (71 S.) Göttingen 876. (Vandenhoeck & Ruprecht.) n. 1. —

Smith, Warren D., the Philippine Islands, s.: Handbuch der regionalen Geologie. 3. Heft.

Smith, Watson jun. Zur Kenntnis der Ester von Kohlenhydraten. Diss. Phil. [II.] Univ. Zürich von W' S' jun. .... [Mit 1 Figur.] 100 S. 8. Zürich, Gebr. Leemann & Co., 1908.

Smith, Wilhelm

Smith, Guil. (geb. Forfar in Schottl. 19. 9. 1810): De febrium causis. Berolini (1838). (29 S.) 8°
Berlin, Med. Diss. v. 25. Juli 1838

Smith, W(ilhelm) A(ugust): Über die stufenweise Dissociation zweibasischer organischer Säuren. M. 2 Fig. im Text. Leipzig: W. Engelmann 1898. (111 S.) 8°
(Aus: Zeitschrift für physikalische Chemie, Bd 25 H. 1 u. 2.)
Leipzig, Phil. Diss. v. [29. Jan.] 1898

Smith, Will., Reise n. d. Reiche d. Todten. 8. Frkf. 734.

William Benjamin **Smith**. Der vorchristliche Jesus. Nebst weiteren Vorstudien z. Entstehungsgesch. d. Urchristentums. Mit e. Vorw. von Paul Wilhelm Schmiedel. Gießen: A. Töpelmann 1906. (XIX, 243 S.) 8° [06.7905]

(8) **Smith, William Benjamin, der vorchristliche Jesus. 906. Jetzt: Jena. Eugen Diederichs Verlag.**

Smith, Will. Benj., zur Molecular-Kinematik. Inaugural-Dissertation. gr. 8. (38 S.) Göttingen 879. (Vandenhoeck & Ruprecht.) n. 1. —

Smith, William G. [aus Dumfriesshire, Schottl.]: Zur Frage der Mittelbaren Association ... Leipzig, Druck v. Breitkopf & Härtel, 1894; 2 Bl., 31 S. 8.
Leipzig, Phil. Fak., Inaug.-Diss. v. [22. Febr.] 1894

[F.] **Smith, William G.** ['(B.Sc. St. Andrews Univ.)' aus Dundee, Schottl.]: Untersuchung der Morphologie und Anatomie der durch Exoasceen verursachten Spross- und Blatt-Deformationen ... (Aus: Forstl.-naturw. Zeitschr., 1894.) München, M. Rieger'sche Univ.-Buchh., 1894; 2 Bl., 49 S., 1 Taf. 8.
München, Phil. Fak., Inaug.-Diss. v. 1894

Smith, William Robertson

Smith, W. Robertson, die Religion der Semiten. Autor. deutsche Uebersetzg. aus dem Engl. nach der 2. Aufl. der „Lectures on the religion of the Semites" v. R. Stübe. Mit 13 Abbildgn. im Text, e. Vorwort v. E. Kautzsch u. e. Anh. gr. 8. (XX, 372 S.) Freiburg i/B. 899. Tübingen, J. C. B. Mohr. n. 10. —; geb. n.n. 11.25
Erschien auch in 8 Lfgn. à n. 1. —.

Das alte Testament. Seine Entstehung und Überlieferung. Grundzüge der alttestamentl. Kritik in populär-wissenschaftl. Vorlesgn dargest. v. W[illiam] Robertson **Smith**. Nach der 2. Ausg. d. engl. Originalwerks: 'The old Testament in the Jewish Church' ins Deutsche übertragen u. hrsg. v. Dr. J. W[ilhelm] Rothstein, ... a. o. Prof. ... in Halle a. d. S. Freiburg i. B. & Leipzig: J. C. B. Mohr 1894. (XIX, 447 S.) 1 Bd 8°

Smith, W. Robertson, das alte Testament, seine Entstehung u. Ueberlieferung. Grundzüge der alttestamentl. Kritik, in populärwissenschaftl. Vorlesgn. dargestellt. Nach der 2. Ausg. des engl. Orig.-Werks: The old Testament in the Jewish Church ins Deutsche übertr. u. hrsg. v. J. W. Rothstein. Billige [Titel-] Ausg. (XIX, 448 S.) gr. 8. Tübingen [894]905. J. C. B. Mohr. n. 4.50; geb. in Halbleinw. n.n. 6. —; in Halbfrz. n.n. 7. —

Smith, Will. Stanley [aus London]: I. Über kohlenstoffreichere Zuckerarten aus l- und i-Mannose. II. Untersuchung über i-Mannonsäure . . . Würzburg, k. Universitätsdr. v. H. Stürtz 1891. 27 S. 8°
Würzburg, Phil. Fak., Inaug.-Diss. v. 1891

Smith-Rieber, Aasta, s.a. Rieber, Aasta Smith-

Smith-Rieber, Aasta, der wunderbare Traum meines Lebens. Aus dem Norweg. v. Pauline Klaiber. (112 S.) 8. Elberfeld 908. Buchh. der ev. Gesellschaft f. Deutschland. Geb. in Leinw. 2.50

Smith Steenstrup, Johannes Japetus
s.: Steenstrup, Johan Japetus Smith

Smiths, James, der Arzt für Diejenigen, welche an Blähungen leiden rc. Ein treuer Rathgeber und Helfer für Diejenigen, welche mit Blähungen behaftet sind und deren Heilung befördern wollen. Schweidnitz 855. (Breslau,) Fürst. 8. (30 S.) 10 ngr.

Shmits, James, der Arzt für Diejenigen, welche an Blähungen leiden, wodurch gewöhnlich Nervenleiden, Hypochondrie, Hysterie, Krämpfe, Lebensüberdruß und noch andere hartnäckige Krankheiten entstehen. Ein treuer Rathgeber und Helfer für Diejenigen, welche mit Blähungen behaftet sind und deren Heilung befördern wollen. gr. 8. (30 S.) Schweidnitz 855(56,) Fürst.

Smithson, James, Chemische Zerlegung einiger Gallmey-Arten. (Aus dem Engl. übersetzt von Dr. Meinecke.) [1803.]

Smitmans, Karl

Smitmans, Carl, a. Krefeld: Beiträge zur Lehre von der Totenstarre. Ehrenfeld 1905: Schirk & Wagener. (26 S.) 8°
Würzburg, Med. Fak., Ref. Lehmann, Diss. v. 25. Apr. 1905
[Geb. 16. März 79 Crefeld; Wohnort: Würzburg; Staatsangeh.: Preußen; Vorbildung: Gymn. Barmen Reife O. 99; Studium: Würzburg 6, München 1, Würzburg 2 S.; Coll. 9. März 04; Approb. 3. März 04.]

Smitmer, Franz Paul von.
Literatur der geistlichen und weltlichen Militair- und Ritter-Orden überhaupt. Amberg 1802. H: *Kayser, Alb. Chph.* (Petz)

Smitmer, F. P. v., Literatur d. geistl. u. weltl. Militair- u. Ritterorden überh. so wie d. Johanniter- od. Maltheserordens u. seine Besitzungen insbesond. 8. Sulzbach, Seidel. 802.

Smits, *Andreas* [aus Utrecht '(Holland)']: Untersuchungen mit dem Mikromanometer ... M. 5 Taf. Utrecht, J. Nikerk, 1896; 5 Bl., 62 S., 2 Bl., 5 Taf. 8.
Giessen, Phil. Fak., Inaug.-Diss. v. 1896

Smits, Josephus Cornelis Jacobus Carolus [aus Arnhem (Holland)]: Vergleichende Beurtheilung der verschiedenen Methoden des Steinschnitts bei Männern .... Berlin, Buchdr. v. Gustav Schade (Otto Francke) (1887); 116 S., 1 Bl. 8°
Berlin, Med. Fak., Inaug.-Diss. v. 17. Dez. 1887

Smits, Jos., vergleichende Beurteilung der verschiedenen Methoden d. Steinschnitts bei Männern. Lex.-8. (XVII, 88 S.) Tübingen 888. Moser. n. 1.80

Smits, Jos., die Chirurgie des Rückenmarkes, s.: Sammlung klinischer Vorträge.

Smits, Jos. Zur Geschichte der Harnröhrendilatation bei Frauen. gr. 8. (11 S. m. 5 Fig.) Neuwied 889, Heuser's Verlag. — 30
Aus: Frauenarzt, besonders abgedruckt.

Smits, Theodor (geb. am 9 Dez. 1846 in Wankum Kr. Geldern): Ueber Urethrotomia externa ... Bonn, Druck v. J. Trapp 1872, 19 S., 1 Bl. 8.
Bonn, Med. Fak., Diss. v. 20 Juni 1872

Smitson, (G.,) Hülfsbüchlein f. Uhrenbesitzer. Nebst interessanten Mittheilungen, wie mit leichter Mühe, Wecker an Taschenuhren anzubringen sind. Nach den neuesten Erfindungen. Mit Abbild. 8. Quedl. 825, Basse.

Smitt, Frdr. v., zur näheren Aufklärung über den Krieg von 1812. Nach archivalischen Quellen. Mit 1 lith. (u. color.) Karte (in Fol.). Leipzig 861. C. F. Winter. gr. 8. (VI, 558 S.) n. 3 ₰

Smitt, Frédér., la clef de la question polonaise, ou pourquoi la Pologne n'a pu et ne peut exister comme état indépendant? Leipzig 866. Kittler. gr. 8. (X, 110 S.) n. 20 ngr.

Smitt, Friedr. v., Denkwürdigkeiten eines Livländers, s. a. Löwenstern.

—— Denkwürdigkeiten eines Livländers. (Aus den J. 1790—1815.) 2 Bde. gr. 8. (XIV und 623 S. mit 1 Bildniß in Stahlst.) Leipzig 858, C. F. Winter'sche Verlagsh. *

— Feldherrn-Stimmen aus und über den Polnischen Krieg vom J. 1831. Leipzig 858. C. F. Winter. 8. (XI, 418 S.) n. 2 ₰.

Smitt, Friedr. v., Geschichte d. poln. Aufstandes u. Krieges in d. J. 1830 u. 1831. Nach authent. Quellen dargest. 2 Thle. gr. 8. (51½ B., 7 lith. Pläne u. 6¾ B. Tab.) Berlin 839, Duncker u. Humblot.

Smitt, Friedr. v., Geschichte des polnischen Aufstandes und Krieges in den J. 1830 und 1831. Nach authent. Quellen dargestellt. 1. und 2. Thl. 2., verb. Aufl. gr. 8. (XXIV und 810 S. mit 7 lithogr. und ill. Schlachtplänen in gr. Fol. und 15 Tabellen.) Berlin 848, Duncker und Humblot.

—— dass. — 3. Thl. A. u. d. T.: Feldzug des Feldmarschalls Paskewitsch in Polen im J. 1831. gr. 8. (XX und 627 S. mit 9 theils lithogr. und ill. theils lithochrom. Schlachtplänen in qu. gr. Fol. und 16 Tabellen.) Ebds. 848.

— Suworow's Leben u. Heerzüge. Im Zusammenhange mit der Geschichte seiner Zeit dargestellt. 1r Thl. Mit 4 Tabell. gr. 8. Wilna 833. (Leipzig, Voß.) n. 3 ₰

v. Smitt, F. Suworows Leben und Heereszüge. 1 Bd. (37½ B.) 8. Wilna, Leipzig 1833 34. 9,00. — 2 Bde. 8. St. Petersburg 1838.

— Schlüssel zur polnischen Frage, oder warum konnte u. kann Polen als selbständ. Staat nicht bestehen? St. Petersburg 865. Röttger. gr. 8. (VIII, 112 S.) n. 25 ngr.

v. Smitt, Fr. Der Sturm v. Ismail. (VI. 65.) 12. Wilna 1830.

—— Suworow und Polens Untergang. Nach archival. Quellen dargestellt. (In 3 Thln.) 1. und 2. Thl. gr. 8. (XXVIII und 1093 S. mit 4 lithogr. und ill. Plänen in qu. Fol. und qu. gr. Fol.) Leipzig 858, C. F. Winter'sche Verlagsh. *
Der 3. Thl. ist noch nicht erschienen.

Adhuc stat et stabit posthac. Vortrag gehalten in der Loge Apollo zu Leipzig von Will. Smitt. Leipzig: Zechel 1889. 16 S. 8⁰
Aus: FZ. 43 (1889) S. 332—334, 337—338.
Abgedr. in: Smitt, W.: Einschau u. Ausschau. 1895 S. 11—20.

Smitt, W., adhuc stat et stabit posthac. Vortrag, geh. in der Loge Apollo zu Leipzig. 12. (16 S.) Leipzig 890. Zechel. — 30

Smitt, Willem, Einschau u. Ausschau. 3. Ausg. v. Lehrlings-Arbeiten aus d. Loge Apollo. gr. 8. (VII, 240 S.) Leipzig 895. B. Zechel. n. 5. —

Smitt, Willem, erkenne Dich selbst. Lehrlings-Arbeiten aus der Loge Apollo. Mscr. für Freimaurer. gr. 8. (VII, 240 S.) Leipzig 880. Zechel. Verklebt. n. 5. —

Smitt, Willem. Freimaurerei, s. a. Weber's, J. J., illustr. Katechismen.

Smitt W. Freimaurerei. (Weber's illustrierte Katechismen 132) Leipzig 1891

Smitt, Willem, Handbuch der Freimaurerei. 3., verb. Aufl. v. Frz. Kießling. (X, 177 S.) kl. 8. Leipzig 910. J. J. Weber. Geb. in Leinw. 2. 50

Smitt, Willem, Deutschlands Heldenkampf gegen die Wälschen. Illustrirte Geschichte d. deutsch-französischen Feldzugs v. 1870. In 2 Abtheilgn. Für die Jugend bearb. 1. Abth. br. 8. (V, 136 S. m. 5 Holzschntaf. in br. 8. u. qu. 4.) Leipzig 871. Lißner. (?) geb. n. 2. —

Smitt, Willem, Katechismus der Freimaurerei, s. a. Weber's illustrirte Katechismen.

Katechismus der Freimaurerei. Von Will. Smitt. Leipzig: Weber 1891. VIII, 160 S. 8⁰
[Umschlagtit.:] [Webers ill. Katechismen. 132.] Freimaurerei.

[Dasselbe.] 2. verb. Aufl. Ebendas. 1899. VIII, 172 S. 8⁰
Recens f. 1. Aufl.: Al. 17 (1891) S. 95—96 (H. Hagen); Bh. 34 (1891) S. 86—87 (J. G. Findel); L. 14 (1891) S. 58 (B. Cramer); O. 16 (1891) S. 84 (M. Gelléri); DrL. 20 (1890—1891) S. 1692 (Chr. Klötzer); f. 2. Aufl.: Al. 25 (1899) S. 55; Bh. 42 (1899) S. 328 (C. Gotthold); OF. 23 (1899) S. 115.
cf. f. 1. Aufl.: BrL. 8 (1890—1891) S. 78; f. 2. Aufl.: S. 6 (1899) S. 41 (J. G. Findel).
Einblick in d. Geschichte d. Frmrei in allen Kulturländern, d. äussere Organisation u. d. Zweck d. Frmrbundes.
[3. Aufl. u. d. Tit.:]

Handbuch der Freimaurerei von Will. Smitt. 3. verb. Aufl. von Franz Kiessling. Leipzig: Weber 1910. X, 177 S. 8⁰
[Umschlagtit.:] [Webers ill. Handbücher. 132.] Freimaurerei.
cf. Bh. 53 (1910) S. 8; Brh. 7 (1910) S. 173.

Erkenne Dich selbst. Lehrlings-Arbeiten aus der Loge Apollo [in Leipzig] von Will. Smitt. Ms. f. Frmr. Leipzig: Zechel 1880. 240 S. 8⁰
Recens: Wöchentlicher Anzeiger d. Arbeiten in d. St. Joh.-Logen zu Berlin. 12 (1880) No 21; Bh. 23 (1880) S. 140—141; FZ. 34 (1880) S. 167 (K. Pilz); L. 3 (1880) S. 128; O. 6 (1880) S. 59—60; Z. 10 (1880) S. 47 (M. Amster).
Tt. 1915. Ansprachen bei d. Aufnahme, Sylvester- und Konfirmanden-Reden, Logenvorträge.
[2. Samml. u. d. Tit.:]

Tempelwacht. Eine neue Folge von Lehrlings-Arbeiten aus der Loge Apollo [in Leipzig] von Will. Smitt. Leipzig: Zechel 1888. VI; 232 S. 8⁰
Recens: BrL. 5 (1887—1888) S. 63; DrL. 17 (1887—1888) S. 1349; FZ. 42 (1888) S. 143 bis 144 (F. Dénervaud); SL. 8 (1888) S. 8; Bbl. 3 (1889) S. 474—475.
15 Vorträge, 22 Ansprachen bei d. Aufnahme, 1 Konfirmandenrede.
[3. Samml. u. d. Tit.:]

Einschau und Ausschau. 3. Ausg. von Lehrlings-Arbeiten aus der Loge Apollo [in Leipzig] von Will. Smitt. Ms. f. Brr. Frmr. Leipzig: Zechel 1895. 240 S. 8⁰
Recens: Bh. 38 (1895) S. 280 (C. Gotthold); Bbl. 9 (1895) S. 387 (A. W. Sellin); FZ. 49 (1895) S. 348—349 (F. Katsch); L. 18 (1895) S. 112.
cf. DrL. 25 (1895—1896) S. 1208 (A. Peuckert).
Vorträge, Reden in Sylvester- u. Trauer□, Ansprachen bei Aufnahmen.

Smitt, Willem, Leitfaden der allgemeinen Weltgeschichte in Biographien, für Schulen. gr. 8. (X und 160 S.) Leipzig 866, Fr. Fleischer.

Maurerarbeit. Allen Kindern der W. für einen nothleidenden Bruder gewidmet von Will. Smitt. Leipzig [1869]: Vollrath. 47 S. 8⁰ [Umschlagtit.]
Recens: FZ. 23 (1869) S. 229—230.
Tt. 1914. 4 Reden.

— die Schulsparkasse. Vortrag, gehalten in der Gemeinnützigen Gesellschaft zu Leipzig. Mit einem Anhang über den Stand der Agitation für Jugendsparkassen in Deutschland von Vict. Böhmert. [Aus: „Arbeiterfreund".] gr. 8. (18 S.) Leipzig 881. Matthes in Comm. n. — 50

— Tempelwacht. Eine neue Folge von Lehrlings-Arbeiten aus der Loge Apollo. Mscr. f. Brr. Freimaurer. 1. u. 2. Aufl. gr. 8. (VII, 282 S.) Ebd. 888. n. 5. —

Wir und die Ultramontanen. Ein Logen-Vortrag von Will. Smitt. Leipzig: Findel 1873. 15 S. 8⁰ [Umschlagtit.]
Abgedr. in: Bh. 16 (1873) S. 309—312.
cf. FZ. 39 (1885) S. 141—143.
Tt. 2195. Legt die Unversöhnlichkeit der beiden, die Zeit bewegenden Gegensätze klar.

Smitz, Pfennig-Encyklopädie d. ganzen menschl. Wissens, s. Pfennig-Encyklopädie.

Smitz, Hermannus (geb. am 6 Aug. 1810 in Megen in Nordbrabant): De singularum intestini partium, respectu morborum, diagnosi ... Bonnae, typ. C. Georgii 1839. VI, 29 S. 8.
Bonn, Med. Fak., Diss. v. 14 Sept. 1839

Smoczynski, Vincenzo, Il Papa e la massoneria. Il discorso pronunziato nel I. internazionale congresso antimassonico di Trento nel 1896. gr. 8. (26 S.) Krakau 896. (Buchh. d. poln. Verl.-Gesellsch.) n.n. — 60

Smok, (C.,) selbstunterrichtendes Lehrbüchlein d. deutscher Sprache, um selbige daraus in ganz kurzer Zeit richtig schreiben zu lernen. 8. Hamb. 826, Nestler.

Smola, J. Frhr v. Taschenbuch für k. k. Österr. Artillerie-Offiziere. T. 1. 2. Wien 1831. 8⁰.
Dass. 2. Aufl. 1839.

Smola, Karl v., u. Jos. v. Smola, Handbuch f. k. k. österr. Artillerie-Offiziere. Mit Benutzung d. hinterlass. Schriften d. k. k. Generalmajors in d. Artillerie Jos. v. Smola bearb. 2., verm. Aufl. gr. 12. (26¾ B. u. 10 Kpfrt.) Wien 839. (Beck'sche Univ.-Buchh.) •

v. Smola, Karl Freih., das Leben des Feldmarschalls Heinrich Grafen von Bellegarde. gr. 8. (283 S.) Wien 847, Heubner. 2 ℳ

Smola, Carl v., das Leben des Feldmarschalls Prinzen Friedr. Franz Xavier von Hohenzollern-Hechingen. gr. 8. (13¼ B.) Wien 845, Schaumburg u. Comp.

v. Smola, (Oberlieut.) Karl u. Jos. Frhrrn., Taschenbuch f. k. k. östreich. Artillerie-Officiere. 2 Thle. Theilweise nach den hinterlass. Schriften d. k. k. Generalmajors in der Artillerie, Jos. Frhrrn. v. Smola bearb. Mit 4 Kpft. gr. 12. Wien 831. (Bauer u. Dirnbeck). 1 ℳ 12 ℛ

Smola, Carl u. Jos. Frh. v., Taschenbuch für k. k. österr. Artillerie-Officiere. 2 Thle. Theilweise nach d. hinterlassenen Schriften d. k. k. Generalmajors in d. Artillerie, Jos. Frh. v. Smola bearb. gr. 12. (21½ B. u. 4 Kpfrt.) Wien 831, (Gerold.)

Smolarz, die Elektricität u. der Magnetismus in ihrer Anwendung zu praktischen Zwecken,
— das elektrische Gewehr, elektrische Mineuzündung, elektrische Distanzmesser u. das Gastroskop,
s.: Schöffler.

Smolarz v. Doblaschowsky, Rob. Ritter, Bayreuth-München. Eine Studie. (23 S.) 8. Arnstadt 903. (Leipzig, Baum.) n. — 60

Smolensky, P., Am Olám (Das ewige Volk). Eine kritisch-historische Abhandlung zur Beleuchtung der Reformfrage. SA. aus dem „Haschachar". (Umschlagtitel.) Wien 1873.

Smolensky, P., Gaon Wascheber [Hochmuth u. Sturz]. [Aus: „Haschachar."] (In hebr. Sprache.) gr. 8. (190 S.) Wien 874. (Brüder Winter.) n. 3. 60

— — Mischpath uzdakah (Gericht und Gerechtigkeit). 2 Recensionen über die Bücher. a) Schir-Haschirim von H. Grätz. b) die jüdischen Familienpapiere. (SA. aus dem Haschachar 1873.) Wien 1873.

Smoler, Franz Xaver (Red.), s. Vereinsschrift für Forst-, Jagd- und Naturkunde.

—— Verhandlungen des böhm. Forstvereins, s. Verhandlungen.

Smolerja, J. E., Njemsko-Serski Słownik. Z. wułozenjom powsi-komneho Serskeho prawjepisanja. — Deutsch-wendisches Wörterbuch. Mit einer Darstellung der allgem. wend. Rechtschreibung. Von J. E. Schmaler. 8. (12 B.) Budesini 843, Weller. •

Smolerja, J. E., krótke Wułozenje powsit-komneho Serskeho prawjepisanja. — Kurze Darstellung der allgem. wendischen Rechtschreibung v. J. E. Schmaler. 8. (2 B.) Bautzen 843. Weller. Thlr. -

Smoler, Frz. Xav., historische Blicke auf das Forst- u. Jagdwesen, seine Gesetzgebung u. Ausbildung von der Urzeit bis zu Ende des 18. Jahrhunderts. gr. 8. (XVI u. 430 S.) Prag 847. (Calve.) n. 3⅙ ℳ

Rechenschafts-Bericht über die Thätigkeit der Aerztekammer für Kärnten. 1896—99. Klgft., Röschnar, 1899. 95 S. (Verf.: Alois Smoley.)

Benvenuto Cellini von Hector Berlioz. Hist.-ästhetische Einführung von Arthur Smolian. *Leipzig: H. Seemann Nachf. [1901].* (54 S.) 8⁰ [Ŭ.]
= Opernführer. No 31. [03. 9057

Feuersnot. Ein Singgedicht von Ernst v. Wolzogen. Musik von Richard Strauss. Textl. u. musikal. erl. von Arthur **Smolian**. *Leipzig: H. Seemann Nachf. [1902].* (33 S.) 8° [F.]
= **Opernführer.** No 79. [03. 3813

Der Improvisator. Hist.-romant. Volks-Oper in 3 Aufz. von Eugen d'Albert. Textl. u. musikal. erl. von Arthur **Smolian**. *Leipzig: H. Seemann Nachf. [1902].* (48 S.) 8° [F.]
= **Opernführer.** No 78. [03. 3812

Eugen d'Albert's Einakter 'Kain' ⟨Dichtung von Heinrich Bulthaupt⟩ und 'Die Abreise' ⟨Dichtung nach A. E. Frh v. Steigentesch von F. Graf Sporck⟩. Textlich u. musikalisch erl. von Arthur **Smolian**. Leipzig: H. Seemann Nachf. [1900]. (40 S.) 8°
= Opernführer. No 19.

Felix **Mendelssohn-Bartholdy**. Musik zu Shakespeare's 'Ein Sommernachtstraum' Op. 61 ⟨sc. 21⟩. Erl. von Arthur **Smolian**. *Leipzig: H. Seemann Nachf. [1904].* (27 S.) 8° [F.]
= **Musikführer**, Der. No 287. [04. 11549

— Richard Strauß' Musikdramen, s.: **Meisterführer.** (Jordan, W.)

— Ferd. **Pfohl**, **Hans Merian**, Richard Wagner's Opern, erläutert, s.a. **Meisterführer.**

Richard Wagners Opern. Erl. von Arthur **Smolian**, Ferdinand Pfohl, Hans Merian. Berlin: Schlesinger; Wien: Haslinger [1910]. 256 S. 8°
(Meisterführer. Nr 7.)
(Schlesinger'sche Musik-Bibliothek.) [11. 4834

— s.: **Opernführer.**

Smolian, Arth., **Engelbert Humperdinck's maurische Rhapsodie, s.a. Musikführer, der.**

Engelbert Humperdinck. Maurische Rhapsodie für Orchester. Erl. von Arthur **Smolian**. Leipzig: H. Seemann Nachf. [1901]. (19 S.) 8°
= Musikführer. No 216.

— Felix Woyrsch' skaldische Rhapsodie, s.a. **Musikführer**, der.

Felix Woyrsch: Skaldische Rhapsodie. Konzert in Dmoll für Violine u. Orchester ⟨Op. 50⟩. Erl. von Arthur **Smolian**. Berlin & Leipzig: H. Seemann Nachf. [1908]. (15 S.) 8° [F.]
= **Musikführer**, Der. No 291. [08. 10315

— Rich. Wagner's Rienzi, s.a. **Opernführer.**

Rienzi der letzte der Tribunen. Große tragische Oper in 5 Akten ⟨nach Bulwers gleichnamigem Roman⟩ von Richard Wagner. Textlich u. musikalisch erl. von Arthur **Smolian**. Mit e. Einl.: 'Richard Wagners früheste dramat.-musikal. Versuche'. Berlin & Leipzig: H. Seemann Nachf. [1905]. (56 S.) 8° [F.]
= **Opernführer.** No 83. [04. 885

— **Richard Wagner's Bühnenfestspiel Der Ring des Nibelungen, s.a. Meisterführer. Nr. 2.**

Richard Wagner's Bühnenfestspiel 'Der Ring des Nibelungen'. Ein Vademecum von Arthur **Smolian**. 1–4. *Leipzig: H. Seemann Nachf. [1901].* 4 Bde 8° [F.]
1. Das Rheingold. Mit einer d. Werdegeschichte u. Bedeutung d. Trilogie behandelnden Einl.
2. Die Walküre. 3. Siegfried. 4. Götterdämmerung
= **Opernführer.** No 65–68. [02. 5844

Richard Wagner's Bühnenfestspiel Der Ring des Nibelungen. Ein Vademecum v. Arthur **Smolian**. Berlin: Schlesinger [1907]. (VII, 167 S.) 8° [F.]
= **Meisterführer.** No 2.
(Schlesingersche Musik-Bibliothek.) [08. 10291

— vom Schwinden der Gesangeskunst. Ein treugemeintes Wort an Gesanglehrende u. Gesanglernende. (32 S.) 12. Leipzig 903. Berlin, H. Seemann Nachf. n. — 50
Sonderabdruck aus: „Neue musikal. Presse".

— **Stella del monte.** Rotschimmernde Erinnerungsblätter aus dem Lebensherbste e. Romantikers. Nach Berlioz' Memoiren wiedergegeben. Mit 1 Bildnisse des Komponisten Berlioz. (65 S.) 12. Ebd. (903). — 60

— Richard Strauß' Taillefer, s.a. **Musikführer, der.**

Richard Strauß. 'Taillefer' ⟨Ballade von Ludwig Uhland⟩ für Chor, Soli und Orchester. Op. 52. Erl. von Arthur **Smolian**. *Leipzig: H. Seemann Nachf. [1904].* (12 S.) 8° [F.]
= **Musikführer**, Der. No 290. [04. 11548

Smolian, Arth., Hector Berlioz. Te Deum, s.a. **Musikführer, der.**

Hector **Berlioz**. Te Deum. Op. 22. Erl. von Arthur **Smolian**. *Leipzig: H. Seemann Nachf. (1903).* (34 S.) 8° [F. u. Ant.]
= **Musikführer.** No 193/194. [03. 4446

— **die Trojaner v. Hector Berlioz. I. Die Einnahme v. Troja. II. Die Trojaner in Karthago. Historisch-ästhet. Einführg. (Opernführer.) schmal gr. 8. (59 S.) Leipzig (900). Berlin, H. Seemann Nachf. n. — 50**

Der Widerspänstigen Zähmung. Oper in 4 Akten. Dichtung nach Shakespeare von J. V. Widmann. Musik von Hermann Götz. Textlich u. musikalisch erl. von Arthur **Smolian**. *Leipzig: H. Seemann Nachf. [1900].* (36 S.) 8° [F.]
= **Opernführer.** No 25. [03. 8052

Smolian, Arth., L. A. Coerne's Zenobia, s.a. **Opernführer.**

Zenobia. Oper in 3 Akten. Nach e. Dichtung von Oskar Stein. Musik von Louis Adolphe Coerne. Textlich u. musikalisch erl. von Arthur **Smolian**. Berlin & Leipzig: H. Seemann Nachf. [1905]. (38 S.) 8° [F.]
= **Opernführer.** No 109. [04. 886

Smolian-Nutzenbach, A., Milchviehzucht auf Leistung u. Gesundheit vermittelst der Tuberculinprobe. gr. 8. (18 S.) Leipzig 901. R. C. Schmidt & Co. n. — 50
Sonderabdruck aus: „Deutsche landw. Tierzucht".

(B) Smolian-Nutzenbach, A., Milchviehzucht. 901. Jetzt: Hannover. M. & H. Schaper.

Smolibocki, Josef: Aus der Königlichen Universitäts-Frauen-Klinik zu Breslau. Klinische **Beobachtungen** über Dislocation der Nabelschnur. *(Schrimm 1898: H. Schwantes.)* (42 S. mit Tab.) 8°
Breslau, Med. Diss. v. 1. Febr. 1898

Smolik, Franz

Smolik F.: Begriff des Gegensatzes zwischen den positiven und negativen Größen. Ein Beitrag zum mathematischen Unterrichte an der Mittelschule. 15. Budweis R. 83.
Progr.

Smolik, Frz., Elemente der darstellenden Geometrie. Ein Lehrbuch für Oberrealschulen. Im Sinne des mit der Verordnung vom 15. April 1879 Z. 5607 ausgegebenen Normallehrplanes und der hiezu erschienenen Instruction verfasst. gr. 8. (VI, 271 S. mit 345 in den Text gedr. Holzst.) Prag 882, Tempsky. *

Smolik's F., Elemente der darstellenden Geometrie. Ein Lehrbuch f. Oberrealschulen. Neu bearb. v. Jos. F. Heller. 2., veränd. Aufl. gr. 8. (VI, 304 S. u. 334 Holzst.) Wien 900. F. Tempsky. — Leipzig, G. Freytag. Geb. in Leinw. n. 4. —

Smolik's, F., Elemente der darstellenden Geometrie. Ein Lehrbuch f. Oberrealschulen. Neu bearb. v. Jos. F. Heller. 3., im wesentlichen unveränd. Aufl. (VI, 306 S. m. 334 Holzst.) 8. Wien 906. F. Tempsky. — Leipzig, G. Freytag. Geb. n. 4. —

— s.: **Kilometerzeiger**, officieller.

Smolik, officieller Kilometerzeiger, s.: Bechtel, A.

Smolik, Frz., Lehrbuch der darstellenden Geometrie [Géométrie descriptive] für Oberrealschulen. 2 The. gr. 8. Budweis, [Stropek's Buchh.] Benninger. [1. Thl. (VIII, 181 S. mit 7 Stnt. in Fol.) 875. * ℳ 4.; 2. Thl. (VIII, 221 S. mit 9 Stnt. in Fol.) 876. * ℳ 5.] *

— Lohrbuch der darstellenden Geometrie [Géométrie descriptive] für Oberrealschulen. 2 Thle. gr. 8. Budwois 877. Stropek. n. 9. —
1. (VIII, 181 S. m. 7 Steintaf. in Fol.) n. 4. —
2. (VIII, 221 S. m. 9 Steintaf. in Fol.) n. 5.

Smolik, Frz., Lehrbuch der freien Perspective f. Oberrealschulen, Realgymnasien, Lehrerbildungs-Anstalten u. höhere Bürgerschulen. Mit 6 lith. Taf. (in qu. 4.) gr. 8. (VIII, 124 S.) Prag 874. Tempsky. n. 2. 60

Smolik, Fr.: Die Strictionscurve und die entwickelbare asymptetische Fläche einer windschiefen Fläche. S. 57–64. 8°. u. 5 Taf. – Budweis, OR., Progr. 1872.

Smolik: Die Terminrechnung. 5 S.–Prag N., Progr. 1861

— der Zeichenunterricht u. seine Bedeutung in der Volksbildung; Pflege desselben an östr. Realschulen; Unterrichtsresultate auf der Wiener Weltausstellg. 8. (24 S.) Budweis 873. Hansen. n. — 60

Smolikovskis, Povylas [litauische Namensform] s. **Smolikowski**, Paweł. (10. 1134) 10

Marijos mėnuo [Miesiąc Maryi]. Lenkiszkai sudėstė kun. Povylas Smolikovskis [Paweł **Smolikowski**]. Lietuv. iszguldė C. N. S. B. P. A. V. Tilžėje: v. Mauderode 1905. 152 S. 8°
[Der Marien-Monat, aus d. Poln.] (10. 1134) 10

Smolinski, C. J. v., der Güter- u. Effecten-Transport auf den Eisenbahnen in Bezug auf das Zollwesen, eine Zusammenstellung der in dieser Beziehung zwischen den Staaten des Zollvereins vereinbarten reglementairen Bestimmungen, nebst einem Nachweis sämmtl. an den Eisenbahnen gelegener Zollstellen unter Angabe ihrer Befugnisse in Bezug auf den Eisenbahnverkehr etc. für Zoll- u. Eisenbahn-Beamte, Spediteure u. Kaufleute. Berlin 866. Schotte & Co. Lex.-8. (III, 71 S. mit lithogr. Abbild. eines reglementsmäss. Güterwagens.) n. 20 *ngr.*

Smolinski, Emilian [aus Steszewo (Posen)] : Ueber das moderne Dammschutz-Verfahren ... Würzburg: Buchdr. d. „N. Bayer. Landeszeitung", 1888. 25, 1 S. 8°
Würzburg, Med. Fak., Inaug.-Diss. v. 1888

Smolka's, Franz, Leben u. politisches Wirken, s.: Widmann, C.

Smolka, Alois

— Über das Allylbiguanid und einige seiner Derivate. S. 96. II. 20 . . . . . . vgr.
Separatabdruck

— und Halla Ed.: Über α- und β-Naphtylbiguanid. S. 110. IIb. 92 . . . . . vgr.
Separatabdruck

Smolka, Alois und Friedreich, A.: Über eine neue Darstellungsweise der Biguanide und über einige Derivate des Phenylbiguanids. S. 97
Separatabdruck

— Über die Einwirkung von Brom auf Harnstoff. S. 95. II. 26 . . . . vgr.
Separatabdruck

— Über die Einwirkung von Kaliumpermanganat auf Glukose in neutraler Lösung. S. 95. II. 5 . . . . vgr.

Smolka Alois: Über Isobutylbiguanid und seine Verbindungen. S. 88. II. 912 . . . . vgr.
Separatabdruck

Smolka, A., u. K. Friedreich, zur Kenntniss d. Ammelins. [Aus: „Sitzungsber. d. k. Akad. d. Wiss."] Lex.-8. (19 S.) Wien 890. (Tempsky.) n. — 40

— Über die Konstitution einiger Derivate des Cyanamids. S. 99. IIb. 190 . . . . . vgr.
Separatabdruck

Smolka, Al., Lehrbuch d. anorgan. Chemie f. gewerbl. Lehranst. gr. 8. (X, 397 S.) Wien 895. F. Deuticke. n. 5. —

— Über Mannit-Bleinitrat. S. 91. II. 555 . . . . vgr.
Separatabdruck

— Notiz über das Loew'sche Drittelbleinitrat und das Morawski'sche Pentaplumbotrinitrat. S. 91. II. 581 . . . . vgr.
Separatabdruck

– und Friedreich, A.: Über Phenylammelin und Phenylisocyanursäure. S. 99
Separatabdruck

— Über einige neue Pikrate. S. 92. II. 1023 . . . . vgr.
Separatabdruck

— Über einige Salze der Pikraminsäure. S. 96. II. 493 . . . . vgr.
Separatabdruck

– und Friedreich, A.: Studien über einige Derivate des Cyanamids. S. 98
Separatabdruck

– und Friedreich, A.: Über eine neue Synthese und die wahrscheinliche Konstitution des Ammelins $C_3 H_5 N_5 O$. S. 97
Separatabdruck

Smolka, Franciscus Xaverius Nicolaus *(geb. [Zawada in Oberschles.] 3. 12. 1827)*: De Brunonis bello Saxonico. Wratislaviae (1856). (48 S.) 8°
Breslau, Phil. Diss. v. 20. Mai 1856

Smolka, H.: Des P. Cornelius Tacitus Lebensbeschreibung des Julius Agricola. Wien: Tempsky 1902. 8° (ill. 52 S. mit 1 Karte)

Smolka, H[einrich]: [Bericht über die Feier der Einweihung des neuen Gebäudes.] S. 43—46. 4.
Progr. Kgl. kath. Gymn. *Gleiwitz* 1904 (222).

[Umschlagt.:] **Smolka**, Heinrich: Zum Betriebe des lateinisch-grammatischen Unterrichtes in der Untersekunda der Gymnasien. Tremessen, gedr. bei L. Marten, 1893; 1 19 S. 4.
Tremessen, k. PG, OP 1893 (166)

Smolka, Heinrich: Die Saisonarbeitslosigkeit im Baugewerbe. Ein Beitr. z. Lösung d. Arbeitslosenfrage. Borna-Leipzig 1910: Noske. VIII, 127 S. 8°
Straßburg, Rechts- u. staatswiss. Diss. v. 31. Juli 1909, Ref. Sartorius Frh. v. Waltershausen
[Geb. 13. Juli 87 Zalenze, Kr. Kattowitz; Wohnort: Gleiwitz; Staatsangeh.: Preußen; Vorbildung: Gymn. Gleiwitz Reife 02; Studium: Berlin 4, Straßburg 3 S.] [U 10. 4034

Smolka, Joannes Georgius *[geb. Zawada in Oberschl. 23. 4. 1818]*: Theses theologicae ... pro licentiati in theologia honoribus rite capessendis. Vratislaviae (1842). (2 Bl.) 8° *[Verf. schrieb sich später Schmolka.]*
Breslau, Kath.-theol. Liz.-Thesen v. 16. Nov. 1842

Smolka, Stanisl., Ferdinand des Ersten Bemühungen um die Krone von Ungarn. [Aus: „Archiv für österreichische Geschichte".] Lex.-8. (172 S.) Wien 878. Gerold's Sohn in Comm. n. 2. 80

Smolka, Stanisl. v., Erinnerung an Leo XIII. Gedanken üb. die weltgeschichtl. Bedeutg. seines Pontifikates. (VII, 108 S.) 8. Freiburg i/B. 906. Herder. n. 1. —; geb. n. 1. 60

Polen, Böhmen und Deutsche. Von Prof. Dr. Stanislaus **Smolka**. Wien-Leipzig: Austria 1898. (46 S.) 8° [F.] [08. 1828

Smolka, Stanisl., s.: Polen's Könige u. Herrscher.

Die Ruthenen und ihre 'Gönner' in Berlin. Von Dr. Stanislaus **Smolka**, Univ.Prof. Wien, Leipzig: Austria 1902. (39 S.) 8° [F.] [06. 20463

Smolla, Rud., Ottomar Zeh, der verschwiegene Registrator. Gereimtes. Illustriert v. Mart. Growald. (III, 38 S.) 8. Dresden 904. E. Pierson. n. 1. —; geb. n. 2. —

Lehr- und Stoffverteilungsplan für Halbtagsschulen. Von Wilhelm **Smolla**, Lehrer in Glumbowitz. *Breslau: Selbstverl.; (Priebatsch in Komm.) 1901.* (43 S.) 8° [F.] [03. 4863

Smolle, Leo, Erzherzog Albrecht. Österreichs ruhmgekrönter Feldmarschall. E. Lebensbild, d. Volke u. d. Jugend erzählt. 8. (V, 69 S. m. Bildn.) Wien 895. G. Szelinski. n. 1. —

Smolle, Leo, die Belagerung Wiens durch die Türken. 7. Juli bis 12. Septbr. 1683. Gedenkschrift für das Volk und die Jugend Österreichs. gr. 8. (32 S. mit zahlreichen Portr. und 3 Schlachtenbildern in eingedr. Holzschn.) Wien 883, Graeser.

Smolle, Leo, das Buch v. unserem Kaiser, 1848—1888. Festschrift aus Anlaß d. 40jähr. Jubiläums Sr. Maj. d. Kaisers Franz Joseph I. Mit 34 Illustr. gr. 8. (IV, 240 S.) Wien 888. Pichler's Wwe. & Sohn. n. 3. —; geb. n. 3. 50

—— Charakterbilder aus der vaterländischen Geschichte für Schule und Haus. gr. 8. (XII, 328 S. mit 78 Illustr. in Zinkotypie nach Federzeichnungen von J. Langl.) Wien 888, Hölder. **M* 3.20.; geb. **
Prachtausg. Lex.-8. (XII, 412 S.) geb. **

Smolle, Leo Zur Einführung in d. Studium d. Psychologie als propädeutischen Unterrichtsgegenstandes. 19 S. 8. I. d. Staatsg. *Brünn* 1884 **Progr.**

Smolle, Leo, Elisabeth, Kaiserin v. Oesterreich u. Königin v. Ungarn. Ein Lebensbild. (VIII, 128 S. m. 1 Bildnis.) gr. 8. **Wien 904. A. W. Künast. n. 3. —**

Smolle, Leo Kants Erkenntnistheorie, vom psychologischen Standpunkte aus betrachtet. 41 S. 8. **Progr.** G. *Znaim* 1876.

Smolle, Leop., Kant's Erkenntnisstheorie, vom psychologischen Standpuncte aus betrachtet. gr. 8. (41 S.) Znaim 877. (Fournier & Haberler.) — 75

— Prinz Eugen v. Savoyen, s.a. Geschichtsbibliothek, illustrierte, f. jung u. alt.

(F) Smolle, L., Prinz Eugen von Savoyen. [Illustrierte Geschichtsbibliothek für jung und alt. I.] 8°. (ill. 139 S.) K 1.—, geb. K 1.60
Graz: Styria 1906.

Smolle, Leo, auf Feldern der Ehre. Schilderungen aus der Geschichte Österreich-Ungarns. 8. (V, 126 S. m. 4 Illustr.) Wien 890. Szelinski. n. 1. 40

— Kaiser Franz Josef I. Festschrift zur Feier d. 40jähr. Regierungs-Jubiläums unseres Monarchen. 16. (32 S. m. Illustr.) Wien 888. Pichler's Wwe. & Sohn. n. — 20

— Kaiser Franz Josef I. Festschrift z. Feier d. 50jähr. Regierungsjubiläums uns. Monarchen. 12. (32 S. m. Abb. u. farb. Bildn.) Wien 898. A. Pichler's Wwe. & Sohn. n. — 20

— Gesühnt, s. a. Erzählungen f. Jugend u. Volk. 11. Bd.

(F) **Smolle,** L., Gesühnt. Eine Erzählung aus der Zeit **W. A. Mozarts.** [Erzählungen für Jugend und Volk. Bd. XI.] 8°. (192 S.) geb. K 2.—
Graz: Moser 1905.

Smolle, Leo, der letzte Graf v. Cilli, s.a. Volksbücherei.

Smolle, Leo: Der letzte Graf von *Cilli*. Geschichtl. Erz. aus Steiermarks Vergangenheit. Graz ['07]. 187 S. (Volksbücherei. 160/162.)

(F) **Smolle,** L., Der letzte Graf von Cilli. [Volksbücherei. Bd. 44.] 8°. (187 S.) geb. K 1.10
Graz: Styria 1908.

Smolle, Leo, Grundzüge der deutschen Literaturgeschichte. Für höhere Schulen u. zum Selbstunterrichte. 8. (VIII, 151 S.) Wien 901. W. Braumüller. Geb. in Leinw. n. 1. 80

Smolle, Dr. Leo, Die Habsburger. 600 Jahre ihrer ruhmreichen Geschichte. Gedenkschrift zur Jubelfeier am 27. December 1882. Für das Volk und die Jugend Oesterreichs. Mit 12 Abbildungen. 8. (32 S.) geh. 10 kr. mit 50%. Nur.
Wien: Graeser 1882.

— fünf Jahrzehnte auf Habsburgs Throne. 1848—1898. Festschrift aus Anlaß des 50jähr. Regierungsjubiläums Sr. Maj. des Kaisers Franz Josef I. Mit 1 Farbendr.-Bild Sr. Maj. u. 43 Illustr. im Text. gr. 8. (VI, 242 S.) Ebd. 898. Geb. in Leinw. n. 4. —

Smolle, L.: Die erste deutsche K a i s e r k r ö n u n g . 19 S. 4° – Znaim, OG., Progr. 1871.

Smolle, L.: Kaiser K a r l V. in seinen Beziehungen zum englischen Könige Heinrich VIII. bis zum Sturze Wolseys. 20 S. 4° – Znaim, OG., Progr. 1872.

— Christoph Kolumbus u. das Zeitalter der großen Entdecker, s.a. Geschichtsbibliothek, illustrierte, f. jung u. alt.

(F) **Smolle,** L., Christoph Kolumbus und das Zeitalter der großen Entdecker. [Illustrierte Geschichtsbibliothek für jung und alt. Bd. XI.] 8°. (X, 144 S.) K 1.40, geb. K 2.10
Graz: Styria 1910.

— Kreuz u. Halbmond, s.a. Erzählungen f. Jugend u. Volk. 10. Bd.

(F) **Smolle,** L., Kreuz und Halbmond. Eine Erzählung aus der Zeit der zweiten Türkenbelagerung Wiens. [Erzählungen für Jugend und Volk. Bd. 10.] Gr.-8°. (ill. 163 S.) geb. K 2.—
Graz: Moser 1904.

— Im Lande der aufgehenden Sonne. Japan u. die Japaner, s.a. Länder- u. Völkerkunde, illustrierte. II.

Smolle, L., Im Lande der aufgehenden Sonne. Japan und die Japaner. [Illustrierte Länder- und Völkerkunde.] 8°. (157 S.)
Graz: Styria 1909.

Smolle, Leo, Lehrbuch der Geschichte des Alterthums f. die unteren Classen der Mittelschulen. gr. 8. (IV, 132 S. m. 31 Abbildgn.) Wien 898. A. Hölder. Geb. n. 1. 70

— Lehrbuch der Geschichte des Mittelalters f. die unteren Classen der Mittelschulen. gr. 8. (IV, 111 S. m. 26 Abbildgn.) Ebd. 894. n. 1. 8; geb. n. 1. 48

— Lehrbuch d. Geschichte d. Neuzeit f. d. unt. Classen der Mittelschulen. gr. 8. (VI, 145 S. m. 1 Titelbild u. 31 Abb.) Wien 895. A. Hölder. Geb. n. 1. 90

Smolle, Dr. Leo, Lehrbuch der Geschichte der Neuzeit für die unteren Classen der Mittelschulen. Mit 31 Abbildungen und einem Titelbilde. Gr.-8. (VI, 145 S.) —.75, geb. —.95
Wien: Hölder 1895.

Smolle, Leo: Nikolaus Lenau, s. Bibliothek, Historische, für die Jugend

—— die Markgrafschaft Mähren, s. Länder, die, Oesterreich-Ungarns in Wort und Bild.

— Maria Theresia, die Stammutter des Hauses Habsburg-Lothringen, s.a. Geschichtsbibliothek, illustrierte, f. jung u. alt.

(F) Smolle, L., Maria Theresia, die Stammutter des Hauses Habsburg-Lothringen. [Illustrierte Geschichtsbibliothek für jung und alt. X.] 8°. (ill. X, 150 S.) K 1.10, geb. 10
Graz: Styria 1909.

— Napoleon I., s.a. Geschichtsbibliothek, illustr., f. jung u. alt.

(F) Smolle, L., Napoleon I. [Illustrierte Geschichtsbibliothek für jung und alt.] 8°. (ill. 198 S.) K 1.40
Graz: Styria 1906.

— Feldmarschall Radetzky. Sein Leben u. seine Thaten. 8. (V, 106 S. m. 4 Illustr.) Wien 891. W. Szelinski. n. 1. 40

—— Vater Radetzky. Für Oesterreichs Volk u. Jugend erzählt. 16. (42 S. m. 4 Abbildgn.) Ebd. 891. * — 30

— Oesterreichs Regentenhalle, s.: Mück's prakt. Taschenbücher. (Beck, Paul Ralph.)

— Die neuen Reichslande Österreich-Ungarns Bosnien u. die Herzegowina, s.a. Länder- u. Völkerkunde. illustr. I.

(F) Smolle, L., Die neuen Reichslande Österreich-Ungarns, Bosnien und die Herzegovina. [Illustr. Länder- und Völkerkunde. I.] 8°. (X, 159 S.) K 1.40, geb. K 2.10
Graz: Styria 1909.

— Friedrich Schiller, s.a. National-Bibliothek, allgemeine.

— Friedrich Schiller. Sein Leben u. Wirken. Festschrift zur Feier des 100. Todestages des Dichters. (211 S. m. 6 Vollbildern.) 8. Wien 905. C. Daberkow. n. — 80; geb. in Leinw. n. 1. 40

— Friedrich Schiller. Sein Leben u. Wirken. (211 S. m. 6 Vollbildern.) kl. 8. Wien (909). Th. Daberkow. Geb. in Leinw. 1. —

Smolle, Leo, Charles Sealsfield. Biographisch-literar. Charakterbild. gr. 8. (IV, 37 S.) Wien 875. Hölder. n. 1. —

— Der treue Spielmann, s.a. Erzählungen f. Jugend u. Volk.

(F) Smolle, L., Der treue Spielmann. [Erzählungen für Jugend und Volk, Bd. XIV.] Gr.-8°. (ill. 187 S.) geb. K 6. –
Graz: Moser 1907.

— Wilhelm v. Tegetthoff, e. Held zur See, s.a. Erzählungen f. Jugend u. Volk.

(F) Smolle, L., Wilhelm von Tegetthoff, ein Held zur See. [Erzählungen für Jugend und Volk. Bd. XVIII.] Gr.-8°. (ill. 164 S.) geb. K 1.80
Graz: Moser 1910.

— Mein liebes Wien. Schilderungen u. Erzählgn. aus der Kaiserstadt. Mit 20 Orig.-Aufnahmen v. Wiener Stadtbildern. (IV, 162 S.) 8. Wien (909). K. Graeser & Co. Geb. in Leinw. 2. 20

Smollett, Tobias George

— des Ritters Launcelot Greaves Abentheuer. 8. Kopenh. 772. Rothe. 16 ℊ
— Dass. nach einer andern Uebersetzung. 2 Thle. 8. Wien 791. Alberti. (Schalbacher). 20 ℊ

– Peregrin Pickele's Abentheuer ..., nach d. Engl. v. G. N. Bärmann. 6 Thle., s. Bibliothek, Class., d. ält. Romandichter Englands, 7.–19. Bd.

— Peregrine Pickle's Abenteuer, s.: Bibliothek d. Romantiker Altenglands, 14—19. Bd.

– Abenteuer Roderic Random's. 4 Thle., s. Bibliothek, Class., d. ält. Romandichter Englands, 7.–19. Bd.

Smollet, Tob., († d. 20. Octbr. 1771), Abenteuer des Roderick Random, siehe: Bibliothek der Romantiker Altenglands, 7—18. Bd.

Smollet, T., the Adventures of Peregrine Pickle, s. Collection of British Authors.

– The Adventures of Roderick Random, s.a. Collection of british authors.

— Dass. aus d. Engl. übers. 2 Thle. 8. Dresd., Hilscher. 1 ℛ

Smollet G. T., the adventures of Roderik Random. II Vols. 8. Lausanne 782. Pott. 1 ℛ 8 ℊ

— the same. 8. Jena 785. Akadem. Buchh. (Hennings in Neisse). 1 ℛ 12 ℊ

— Dass. aus d. Engl. übers. (v. W. C. S. Mylius). 2 Thle. 8. Berl. 791. (Reimer). 3 ℛ

— Dass. aus d. Engl. 4 Thle. 8. Wien 802. A. Doll. 1 ℛ 16 ℊ

Smollett, T., M. D. The adventures of Roderick Random. With the life of the author. 8. Leipzig 1815.

— Randoms Begebenheiten; aus d. Engl. (v. Jh. Geo. Busch). 2 Thle. 8. Hamb. 754, a. 770. ... 22 ℊ

– The Expedition of Humphry Clinker, s. Collection of british authors.

Smollet, T., History of England from the revolution to the death of George II., designed as a Continuation of Hume's history. 8 Vol. 8. Bazel, Thourneisen. (Tourneisen S., Paris, a. Levrault, Strasb.) 794.

Smollett, T., the history of England from the revolution to the death of George II. Erklärt von R. Wilcke. gr. 8. (215 S.) Berlin 879. Weidmann. 1. 80

– Peregrine Pickle, s. Bibliothek der ältern Romandichter Englands 5.–19. Bd.

Smollet, G. T., Peregrine Pickle, für die Jugend, von Gans, s. Lesekabinet, neues, für die reifere Jugend.

— Peregrine Pickle, s. Pikle

Smollet, G. T., Peregrine Pickle, s. Sammlung d. ausgezeichnetsten humorist. u. kom. Romane d. Auslandes ꝛc., 1—5. Bdchn.

– Roderic Random, s.a. Bibliothek der ältern Romandichter Englands 5.–19. Bd.

Smollett, Tobias George. Roderich Random, ein Seitenstück zum Gil Blas neu übers. Berlin 1790. Ü: *Mylius, Wilhelm Christhelf Sigmund.* (GGr)

– Humphry Clynker's Reisen, übers. v. Heinr. Döring, 3 Thle, s. Bibliothek, Class., d. ält. Romandichter Englands, 7.–19. Bd.

– Humphry Klinkers Reisen, s.a. Bibliothek der ältern Romandichter Englands 5.-19. Bd.

— Humphry Clinker's Reisen, s.a. Bibliothek der Romandiker Altenglands, 11—13. Bd.

— Humphry Klinkers Reisen; aus d. Engl. (von J. J. Cph. Bode). 3 Bdchen. 8. Leipz. 772. 2e A. 775. N. Aufl. 785. Weidmann. 1 ℛ 18 ℊ

— Reisen durch Frankreich u. Italien ꝛc., in Briefen; aus dem Engl. 2 Thle. gr. 8. Leipz. 767. (Brockhaus). 20 ℊ

— Reisen d. Frankreich u. Italien ꝛc. in Briefen. 2 Thle. a. d. Engl. gr. 8. Lpz. Junius. (Gleditsch.) 767.

— ausgewählte humoristische Romane. Neue Ausg. 1. 2. Bd. A. u. d. T.: Roderich Random. Aus dem Engl. übersetzt von Ed. Keller. 1. u. 2. Bd. 16. Ebend. 846. 18 ngℊ

— dies. 3. Bd. A. u. d. T.: Ferd. Fathom. Aus dem Engl. übersetzt von G. Fink. 16. Ebend. 846. 1/2 ℛ

— dies. 4. u. 5. Bd. A. u. d. T.: Peregrine Pickle. Aus dem Engl. übers. von E. Ortlepp. 2 Bde. 16. Ebend. 846. 21 ngℊ

Smollet, Tob., ausgewählte humorist. Romane. Neue Ausg. 6. Bd. A. u. d. T.: Humphry Klinkers Fahrten. Aus dem Englischen von G. Fink. 16. Stuttgart 846, Hallberger'sche Buchh. 1/2 ℛ

Smollet's, Tobias, humoristische Romane. 1r—4r Bd. A. u. d. T.: Roderich Random. Aus d. Engl. übersetzt von Ed. Keller. 1r—4r Bd. 16. Stuttg. 839,40. Hallberger. (à 1/4 ℛ) 1 ℛ

— humoristische Romane. 5.—7. Bd. — A. u. d. T.: Ferdinand Fathom. Aus dem Engl. übersetzt von G. Fink. 3 Bde. 16. Stuttgart 841, Hallberger'sche Buchh. à 1/4 ℛ

— dies. 8.—13. Bd. (Schluß.) — A. u. d. T.: Peregrine Pickle. Aus dem Engl. übersetzt von E. Ortlepp. 5 Bde. — Humphry Klinkers Fahrten. Aus dem Engl. von G. Fink. 3 Bde. 16. Ebend. 841. à 1/4 ℛ 2 ℛ

Smollet's, T. G., Werke, s.: Collection Spemann.

Smollny, Hans, Gerichtsassessor: Die geschichtliche, dogmatische und volkswirtschaftliche Bedeutung der Reallast und der Rentenschuld. (Ein Beitr. z. Frage d. Entschuldung d. Grundbesitzes.) Borna-Leipzig 1909: Noske. 109 S. 8°
Breslau, Jur. Diss. v. 28. Sept. 1909, Ref. Meyer, Schott
[Geb. 4. Jan. 78 Radoschau, Kr. Kosel; Wohnort: Ohlau; Staatsangeh.: Preußen; Vorbildung: Gymn. Leobschütz Reife O. 98; Studium: Leipzig 2, München 1, Breslau 3 S.; Rig. 25. Febr. 09.]

Smollny, Maximilian: Über das Kalium-Xanthogenat als analytisches Fällungsmittel. Stuttgart 1908: Bonz. 42 S. 8°
Freiburg i. B., Phil. Diss. v. 1908, Ref. Gattermann
[Geb. 24. Apr. 72 Radoschau; Wohnort: Radoschau; Staatsangeh.: Preußen; Vorbildung: Gymn. Leobschütz Reife O. 95; Studium: München 3, Leipzig 10, Freiburg i. B. 5, Greifswald 4 S.; Rig. 8. Aug. 08.] [U 09. 1049

Smolny, Emil, approb. Arzt: Über **Homoplastik der langen** Röhrenknochen. Drei Fälle aus d. Bresl. chirurg. Universitäts-Klinik. (Prof. Dr. von Mikulicz-Radecki.) *Breslau 1904: Bresl. Genoss.-Buchdr.* (49 S.) 8°
Breslau, Med. Diss. v. 18. Febr. 1904

Smólski, Greg. Ritter v., s.: **Führer,** illustr., auf den k. k. österr. Staatsbahnen, Hft. 29.

Smoluchowski, M. v., üb. die innere Reibung in nicht wässerigen Lösungen. [Aus: „Sitzungsber. d. k. Akad. d. Wiss."] Lex.-8. (5 S. m. 1 Fig.) Wien 1893. (F. Tempsky). n. — 20

SMOLUCHOWSKI Ritter von SMOLAN, M.
Weitere Studien über den Temperatursprung bei Wärmeleitung in Gasen von Dr. M. Smoluchowski Ritter v. Smolan. (Mit 2 Textfiguren.) Aus den Sitzungsberichten der kaiserl. Akademie der Wissenschaften in Wien. Mathem.-naturw. Classe; Bd. CVIII. Abth. IIa. Jänner. 1899. Wien. 1899. In Comm. Gerold's Sohn. Gr.-8°. 19 S. fl. —.20

Smoluchowski R. v. Smolan, M., über den Temperatursprung bei Wärmeleitung in Gasen. [Aus: „Sitzungsber. d. k. Akad. d. Wiss."] gr. 8. (26 S. m. 2 Fig.) Wien 898. (C. Gerold's Sohn.) n. — 60

— akustische Untersuchungen üb. die Elasticität weicher Körper. [Aus: „Sitzungsber. d. k. Akad. d. Wiss."] Lex.-8. (34 S. m. 7 Fig.) Ebd 894. n. — 80

Smoluchowski Th. von: Über die Zersetzung der [illegible] durch naszierenden Wasserstoff. S. 102 [illegible] vgr.
Separatabdruck

sMon-lam-bču-t'am-byor-bai-smon-bsño-ba. Smon-lam-btschu-tham-abyor-bai-smon-bsngo-ba. Ein tibetisches Gebetbuch. Leipzig 1835.

Smorawski, *Josef* [aus Rogasen]: Zur Entwickelungsgeschichte der Phytophtora infestans (Montagne) De By. . . . Berlin, Druck v. Gebr. Unger, 1890; 17 S., 1 Bl., 1 Taf. 8°
Erlangen, Phil. Fak., Inaug.-Diss. v. 1890

Smout, Beaumont, u. Sydney Smout, Anfangsgründe d. engl. Sprache, besteh. aus e. Vorübung z. Begründ. e. richt. Aussprache u. Darstellung d. Haupt-Formen d. Grammatik, durch leichte Sätze erläutert. Nebst e. Lesebuche: Stories from the Roman history. gr. 12. (10½ B.) Hamburg 833, Nestler u. Melle.

— s. Dover, Lives of the most eminent sovreigns.

— — engl. Lesebuch, s. Dover, Lord.

Smout, B., Uebungsbuch z. Uebersetzen aus d. Deutschen ins Englische, f. Deutsche u. Engländer, bestehend in e. Auswahl vorzügl. Stellen, aus d. besten deutsch. Schriftstellern. gr. 8. Hamb. 825. Nestler. 18 ℊ

Smout, Herm., Einführung in die deutsche kaufmännische Korrespondenz unter Berücksicht. der wissenswertesten Bestimmgn. des deutschen Handelsgesetzbuches. Bearb. in 2 Heften. 1. Heft. (136 S.) 8. Gent 908. (Leipzig, M. Rübe.) 2. —

Smout, Sydney, Anfangsgründe d. engl. Sprache, s. Smout, Beaumont.

Smout, Sydney S., the mercantile Letter-Writer, or Commercial Correspondent, cont. a Series of Lettres on Business, comprehending almost every subject which occurs in the counting-house, with formulas of the most necessary documents. For the use of commercial schools; and Foreigners, wishing to acquire, a facility in corresponding. gr. 12. Hamb. 831. (Erie; Leipz., Hinrichs). 1 ⁄

Smrček, Ant., Canal du Centre in Belgien. gr. 8. (40 S. mit 3 autogr. Taf.) Leipzig 888, Felix. *

Smrček, Ant., der Pardubitz-Prerau-Krakauer-Kanal s.a. Verbands-Schriften des deutsch-österreich.-ungar. Verbandes für Binnenschiffahrt, Nr. 30.

Der Pardubitz-Prerau-Krakauer-Kanal und sein Zusammenhang mit dem Donau-Oder-Kanal. Von Prof. Ing. Anton **Smrček**, Brünn. Mit 2 Taf. Berlin-Grunewald: A. Troschel 1904. (17 S.) 8°
= Deutsch-Oesterr.-Ungar. Verband f. Binnenschiffahrt. Verbands-Schriften. N. F. No 30.

Smrček, Ant., der Stand der wichtigeren Kanalprojekte Donau—Elbe, Donau—Oder u. Donau—Weichsel, s.a. Verbands-Schriften des deutsch-oesterreich-ungarischen Verbandes f. Binnenschiffahrt. N. F. 41.

Der Stand der wichtigeren Kanalprojekte Donau-Elbe, Donau-Oder und Donau-Weichsel. Bericht, erstattet auf d. 7. Verbandstage 1906 von Ingen. Anton **Smrček**. Mit 4 Taf. Gr.-Lichterfelde: Troschel 1909. 43 S. 8°
(Deutsch-Oesterr.-Ung. Verband f. Binnenschiffahrt. Verbands-Schriften. N. F. Nr 41.)

Smrčka, Frz., quae M. Tullius Cicero de philosophia merita sibi paraverit, explicat F. S. gr. 8. (38 S.) Pisek 892. (J. Buriam.) n. 1. —

Smreker, Ernst, u. Osk. **Zoth**, üb. die Darstellung v. Haemoglobinkrystallen mittelst Canadabalsams und einige verwandte Gewinnungsweisen. Lex.-8. (26 S.) Wien 886. (Gerold's Sohn.) n.n. — 50

Smreker, Ernst, und Osk. **Zoth**, über die Darstellung von Haemoglobinkrystallen mittelst Canadabalsams und einige verwandte Gewinnungsweisen. Lex.-8. (26 S.) Wien 886, (Tempsky.) **
Aus: Sitzungsberichte der k. Akademie der Wissenschaften, besonders abgedruckt.

Handbuch der Porzellanfüllungen und Goldeinlagen. Von Dr. med. Ernst **Smreker**. T. 1. Berlin: Berlin. Verlagsanst. 1909. 8° [10.9324

Smreker, Josephine (Hrsg.), s. Wienerin, Die.

Smreker, L. Im Hause Willkem. Roman. 8. (275 S.) Bresl. 891, Schles. Verlags-Anstalt. * 4 50; geb. * 5 50

Smreker, L., im Hause Willkem. Roman. (Neue [Titel-] Ausg.) 8. (275 S.) Breslau (891) 898. Schles. Buchdruckerei rc. n. 2. —

Smreker, O. Die Depressionsflächen bei Schachtbrunnen. Berlin 1881.

Smreker, O. Detail-Project für das Wasserwerk der Stadt Mannheim. 1885. 4.

Smreker, O., Lehrbuch der technischen Mechanik, s. Henneberg, L.

Smreker, O. Vorarbeiten für das Wasserwerk der Stadt Mannheim. 1884. 4.

Smrsch, F., Illustr. Führer durch d. Curort Baden u. seine Umgeb. Mit e. Bade-Diätetik v. Dr. Raab, e. Plan d. Stadt Baden u. e. Touristenkarte. 8. (VI u. 140 S.) Baden, Ferd. Schütze. 90 kr., ohne Touristenkarte 50 kr.
1885

Smueliade. Ein groteskkomisches Heldengedicht. Münster 1860. V: *Karsch, Anton.* (Kn)

Smueliade, die. Grotesk-komisches Heldengedicht nach dem Altspanischen des Don Pedro Meinolpho de las Padras Mendoza in einige teutsche Reime gebracht von C. A. K. Münster 860. Brunn. 16. (VIII, 184 S. m. Holzschn.) n. 15 ngr.

Smulczynski, J., Heimatkunde des Kreises Krotoschin. Unter Benutzg. amtl. Quellen bearb. (23 S. m. Abb.) 8. Krotoschin 908. R. Raetzer. nn — 20

Smulowitsch J.: Ueber das Belegen d. Stuten u. die Zucht d. Füllen, in der Wirthschaft u. Pferdezucht d. Bauern. Dorpat 1872. 20 S. P.

Smutny, E., De scholiorum Terentianorum quae sub Donati nomine feruntur auctoribus fontibus quaest. selectae. Diss. 1896. 42 S. 1.

Smutny, Franz, Anleitung zur Behandlung des Fahrrades und dessen praktische Verwendung insbesonders für militärische Zwecke. 16. (VIII, 88 S.) —.60
Graz: Cieslar 1896.

Smutny, Frz., Anleitg. z. Behandlg. d. **Fahrrades** u. dessen prakt. Verwendg. 2., verm. u. verb. Aufl. 12. (VIII, 78 S. m. Fig.) Graz 897. P. Cieslar. n. 1. —

Smutný, Wenzel, Vorlagen f. Wagner. Landwirtschaftl. Arbeiten. Zum Gebrauche an gewerbl. Fortbildungsschulen, Fachschulen, sow. f. d. Praxis. Mit Unterstützg. d. k. k. Ministeriums f. Cultus u. Unterricht. 21 (z. Thl. farb.) Blatt. gr. Fol. M. erklär. Text. gr. 8. (III, 59 S.) Wien 898. C. Graeser & Co. In Mappe n. 15. —

Ein neuer Bericht von General J. C. **Smuts**, Staatsprokureur d. Südafr. Republ. Jan. 1902. Beil.: Präs. (M. T.) Steyn's Antwort auf Lord Kitchener's Proklamation u. Begleitschreiben v. 6. Aug. 1901. In deutscher Uebers. hrsg. durch A. Schowalter. *München: J. F. Lehmann 1902.* (27 S.) 8°
— **Berichte**, Amtliche, von Burengeneralen an Präs. Krüger. H. 2. [04.16]46

Smuts, J. C., die Gräuel der Kriegführung in Südafrika. Ein Brief an den Staatspräsidenten Steyn. gr. 8. (28 S.) Berlin 901. Herm. Walther. n. — 50

Smuts, Joh., Dissertatio zoolog., enumerationem mammalium capensium cont. 4 maj. (15½ B., 2 ill. u. 1 schw. Stnt.) Leidae 832, Cyfveer. (Lipsiae, Weidmann; Weigel.)

Smyčka, Frz., 1. Bericht üb. das Vorkommen der europäischen Sumpfschildkröte (Emys lutaria Mars.) im Flussgebiete der Oder in Mähren u. Österreichisch-Schlesien. gr. 8. (5 S.) Prag 899. (F. Řivnáč.) n. — 10
Sonderabdr. aus: „Sitzungsber. d. böhm. Gesellsch. d. Wiss."

Smykal Anton: Der Patriotismus im böhmischen Roman.
H. 1910 PN 2948 Diss. Innsbruck [illegible] 2761

Smyll, Jam., Tactique des jeux de hasard, recherches sur les meilleures manières d'y jouer et de jouer avec assurance de gain démontrées mathématiquement par la théorie et la pratique. Avec un Atlas de 16 planches color. et 40 tableaux de calcul spéculatifs et démonstratifs. 8. Leipsic, Hinrichs, 820. Rthlr.

Smyrna [Sachliches OW]

Smyrna, Die Amazonische, ... Staats und Liebes-Roman ... [Frankf. u. Leipz. 1705.] V: *Meier, Joachim.* (Archiv f. Litt. I, 101—4.) (Bz)

Smyrna [Schlagwort]

Smyrna, s.: Mytilini.

Smysslaf, Der Repsold'sche Kreis, die Chronometer und die chronometrische Expedition d. J. 1859. St. Petersburg 1863.

Smyth, Georgo Adams, Entwickelung der theoretischen Ansichten über die gepaarten Schwefelverbindungen. 8. (XII, 122 S.) Berlin 876, Oppenheim. *

Smyth, George Adams (geb. Brunswick, Me. 23. 9. 1847): Zur Geschichte der Sulfoverbindungen mit besonderer Berücksichtigung der Sulfosäuren der methylirten und äthylirten Aniline. Berlin 1876. (43 S.) 8°
Berlin, Phil. Diss. v. 31. März 1876

—— zur Geschichte der Sulfoverbindungen mit besonderer Berücksichtigung der Sulfosäuren der methylirten und äthylirten Aniline. Inaugural-Dissertation. gr. 8. (43 S.) Berlin 876, (Calvary und Comp.) *

Smyth, Hamlyn: Das gespenstische Gasthaus, s. Lese-Cabinet, Neuestes bellestrist.

Smyth, Hamlyn, e. Londoner Geheimniß, s.: Collection Hartleben, 3. Jahrg. 19.—21. Bd.

Smyth, Hamlyn: Ein londoner Geheimniß, s. Lese-Cabinet, Neuestes bellestrist.

Smyth, Herbert Weir

Smyth, H. W., The arcado-cyprian dialect. S.-A. 1887. 79 S.

Smyth, H. W., Der Diphthong ει im Griechischen unter Berücks. seiner Entsprechungen in verwandten Sprachen. Diss. 1884. 82 S. 1.50

Smyth, Herbert Weir, der Diphthong ει im Griechischen; unter Berücksicht. seiner Entsprechungen in verwandten Sprachen. gr. 8. (82 S.) Göttingen 885, Vandenhoeck und Ruprecht's Verlag.

Smyth, Morland, aus Oldham, Engl.: Beiträge zur Kenntniss der isomeren Diacetbernsteinsäureester. *Jena 1901: G. Neuenhahn.* (27 S.) 8°
Jena, Phil. Diss. v. (19. Dez.) 1900

Smyth, W. W., s. Süd-Rußland.

Smythe, John Armstrong, aus Newcastle-on-Tyne, England: Über das Nitrosopinen. Göttingen 1898: Dietrich. (42 S.) 8°
Göttingen, Phil. Diss. v. [17. Aug.] 1898

Smythe, John Armstrong, über das Nitrosopinen. Diss. gr. 8. (42 S.) Göttingen 898. (Vandenhoeck & Ruprecht.) n. 1. 20

Smythe, J(ohn) Seabury, B. Sc., aus Liverpool (Engl.): I. Zur Umlagerung von Bromdiazoniumchloriden in Chlordiazoniumbromide. II. Ueber sogen. Diazoguanidin. *Würzburg 1899: Becker.* (59 S.) 8°
Würzburg, Phil. Diss. v. 1899

Smythies, G., die Frau in Schwarz, s. Roman-Bibliothek, neue.

Smythson, H., vollständ. Hausarzt; aus d. Engl. v. J. C. F. Scherf. gr. 8. Leipz. 783. Schwickert. 1 ℳ

Snabel, H. W., de agno paschali illustri servatoris J. Chr. pro nobis mactati typo. Brem. 1702. 4.

Snabel, H. W., amoenitates theologicae emblematicae et typicae. 4. Traj. ad Rhen. Chatelain. 727.

Snape, Henry Lloyd [[D. Sc. (London), F. J. C., F. C. S.] aus Manchester, England]: Ein Beitrag zur Kenntniss der Cyanate und Carbamate .... Göttingen, Druck d. Univ.-Buchdr. v. E. A. Huth, 1888; 39 S. 8°
Göttingen, Phil. Fak., Inaug.-Diss. v. 6. Jan. 1888

Snape, Henry Lloyd, ein Beitrag zur Kenntniss der Cyanate und Carbamate. Inaugural-Dissertation. gr. 8. (37 S.) Göttingen 888, (Vandenhoeck und Ruprecht's Verlag.) *

Snář, aneb: Sny wykládagjcj knjžečka, ktera wypisuge, kterak máme zgewenj widěti a sny nočnj rozuměti a wykládati, ze starých i nowých snařů, které učenj lidé, sepsali a nynj znowu na swětlo wydali. 3. wydánj. Brünn 857. Winiker. 12. (64 S. mit Holzschn. im Text.) n. 3 ngr.

Snář, nowý egyptský, s připojenými zkuš enými čislami loterie. 8. (31 S., wovon 15 mit eingedr. Lithogr.) Wien 853, Wenedikt.

Snare, Esbern, Brev til Danmark i Mai 1848. Lex. 8. (28 S.) Kiobenhavn 848, Gyldendal. 6 ngr.

Snaschtsch, Sroel, aus Piusk (Russland): Die Behandlung der Nachgeburtsblutungen im Frauenspital Basel-Stadt. Basel 1907. 38 S. 8°.
Basel. Med. Diss. 1906/1907.

Snaschtsch, Sroel. Die Behandlung der Nachgeburtsblutungen im Frauenspital Basel-Stadt. Diss. Med. Basel. 38 S. 8. Basel, Friedrich Reinhardt, 1907.

Snay, Carl Georg, s. Snay, Karl Georg

Snay, Emil *(geb. Skrzydlowitz in Schles. 26.2.1848)*: Darlegung des metaphysischen Fundamentalbegriffes. Breslau (1879). (47 S.) 8° *[Im Buchhandel 1879 bei Koebner in Breslau.]*
Breslau, Phil. Diss. v. 10. Juli 1879

Snay, Karl Georg

Snay, Carl Georg, Referendar: Der Umfang des freien Kindesvermögens. Dargestellt unter Berücksichtigung der geschichtlichen Entwicklung. Borna-Leipzig 1907: R. Noske. (VIII, 37 S.) 8° [F.]
Breslau, Jur. Fak., Ref. Schott-Fischer, Diss. v. 7. Aug. 1907
[Geb. 27. Jan. 84 Metz; Wohnort: Himmelthal, Kr. Groß-Wartenberg in Schlesien; Staatsangeh.: Preußen; Vorbildung: Maria-Magdalenen-Gymn. Breslau Reife O. 02; Studium: Jena 3, Göttingen 1, Breslau 2 S.; Rig. 17. Juli 07.]

Sneedorff, Friedrich

Sneedorf, Briefe e. reisenden Dänen, s. Briefe.

Snedorf, Fridericus. De hymnis veterum Graecorum. Hafniae et Lipsiae 1786.

Sneedorff, Fr., (✝ 1792.) de hymnis veterum graecorum. 8maj. Kopenh. 786. (Brummer). 6 gl

Snedorff, Fr., de hymnis veterum Graecorum. 8. maj. Copenhag. Proft. 786.

[Sneedorf, Fr.,] Reise eines reisenden Dänen, geschrieben im J. 1791 u. 92 während seiner Reise durch einen Theil Deutschlands, der Schweiz u. Frankreichs, a. d. Dän. übers. [von J. F. Schuetze]. Züllichau 1793. 8. . . . . (D.)

Sneedorff, Jens Schelderup

Sneedorff, J. S., Briefe. 8. Kopenh. 764. Proft. 18 gl

— Essai d'un traité du style de Cour revu et corrigé p. Colom. 8. Götting. Schmidt, (Hahn, Hannov.) 776.

— über die bürgerl. Regierung, a. d. Dän. gr. 8. Wien, Sheleu. 780.

Sneedorf, Jens Schelderup. Patriotischer Zuschauer; a. d. Dän. •Flensburg 1769—72. Ü (Th. 1, 2): *Schmalz, H. A.* (Th. 3, 4): *Ebeling, Christoph Daniel.* (MGT) (ML) (Ky) (Rotermund, Gel. Hannover. Bremen 1823.)

— patriotischer Zuschauer, a. d. Dän. 4 Thle. gr. 8. Flensb. Korte. (Christiani in Schl.) 769–72.

— patriot. Zuschauer. 4 Thle; aus d. Dän. (1r u. 2r v. H. A. Schmalz, 3r u. 4r von Ch. Dn. Ebeling). gr. 8. Flensb. 769 —772. (Hammerich in Altona). 3 ₰

Sneewittchen. Ein Kinder-Mährchen mit 17 (col.) Bildern. 8. (32 S.) Berlin 847, Winckelmann & Söhne. ¼ ₰

Sneewittchen. Ein Märchenbuch für artige Kinder. gr. 4. (9 aneinanderhängende Chromolithogr. in 8. und 4. zum Auseinanderklappen mit 3 S. Text.) Fürth 885, Schaller und Kirn. geb.

Snegirjeff, Wl. Th., zur Entferng. e. Echinococcus aus d. Milz vermittelst d. Dampfes, s.: Klinik, Berliner.

SNEH, Mada (ps.), Die reisenden Handwerker. Ein romantisches Gemälde aus der wirklichen und idealen Welt. Weimar, Gräbner, 1832. 8°.
Fehlt in Weller's Lex. Pseud.

Sneh Mado, die reisenden Handwerker. 8. Weimar 832. (Hennings u. Hopf in Erfurt) 1 ₰

Sneider, Hillrich: Ueber die physiologische Wirkung des Opium und seine therapeutische Anwendung. Halle 1873: Lipke. 31 S. 8°
Halle-Wittenberg, Med. Diss. v. 3. Juli 1873
Geb. Bensersyehl (Ostfriesland) 7. 7. 1846. V.

Sneider, Wilhelm, gen. Smidt (Frankfurt/M.) A. S. 111/3

Dissertatio inauguralis iuridica de excessuum poenis. Präs. Justus Henning Boehmer.
Halle (Grunert) V. 1730. 50 S. 32763

Sneider, Wilhelm, gen. Smidt (Frankfurt/M.)
A. S. 299/29

Dissertatio inauguralis iuridica de excessuum poenis. Präs. Justus Henning Boehmer, Rec.
Halle (Grunert) 1738. 50 S.

Diss. V. 1730. 32764

Snell's, Dr. Ludwig, Leben und Wirken. Ein Beitrag zur Geschichte der regenerirten Schweiz, bearb. nach den von dem Verstorbenen hinterlassenen Papieren und Schriften von einem jüngeren Freunde desselben. Zürich 858. Meyer u. Zeller. gr. 8. (VII, 336 S.) n. 1 ₰. 10 ngr

Snell, Carl ..., s. Snell, Karl ...

Snell, C. W., Brevis comparatio veterum Germanorum et Gallorum. Progr, Wiesbad. 809. 4. (22 S.)

— C. W., de seculo Romano et ludis Saecularibus Romae olim celebratis Prolusio. Wiesb. 801. 4. (18 S.)

Snell, Christian Wilhelm

Snell, Chr. Wilh., 3 Abhandlungen philosophischen Inhalts. 8. Leipz. Müller. (Joachim.) 796.

— einige Bemerkk. üb. die Privaterziehung junger Leute aus gebild. Ständen. 8. Frkf. a. M. 794. Gebhardt u. K. 8 gl

— üb. frühe Bildung d. Geschmacks, f. Eltern, Schullehrer ꝛc. 8. Marb. Krieger. 782.

— s.a. Chrestomathia Liviana.

— Chrestomathia Liviana oder histor. Lesebuch aus Livius Werken. Neue Aufl. 8. Gießen 825, Heyer.

— s. Determinismus.

Snell, Chr. Wlh., Einleit. ins Studium der Philosophie, od. encyklopäd. Uebersicht ꝛc. 8. Gieß. 809. (Ferber). 1 ₰ (Auch u. d. T.: Handbuch d. Philosophie, 7r Bd.)

Snell, C. W., Einleitung in das Studium d. Philosophie, od. kleine philosoph. Encyklopädie f. den ersten Unterricht. Neue Aufl. 8. Gießen, Müller. 815.

— — u. F. W. D. Snell, Encyklopädie der Bildungswissenschaften, oder mathemat. Cursus f. die obern Classen in Gymnasien. Mit 378 in Kupf. gestochenen Darstellungen. Neue Aufl. in 6 Theilen. 8. Gießen, Müller. 820 u. 821.
Einzeln unter folgenden Titeln:
Snell, Fr. W. D., Anfangsgründe der Arithmetik. Neue verb. Aufl. 8.
— — Anfangsgründe der Algebra. Neue verb. Ausgabe. 8.
— — Anfangsgründe der Geometrie u. Trigonometrie. 2 Bändchen, mit 296 in Kupf. gestoch. Vorstellungen. Neue verb. Aufl. 8.
— — Anfangsgründe der Naturlehre, oder leichtes Lehrbuch der Physik. 2 Bändchen. Neue verb. Ausg. mit 82 in Kupfer gestochenen Vorstellungen. 8. à 16 Gr.

Ch. W. **Snell**'s erste Grundlinien z. Metaphys. (z. Handb. d. Philos. f. Liebh. gehör.) *Giess.*, Müller. (804. 810.) 819. 8° 18 gl

— erste Grundlinien d. Metaphysik. Gießen 810. 2te Aufl. 819. (Ferber). 18 gl (A. u. d. T.: Handbuch d. Philosophie, 3r Bd. 2e Abtheil.)

— Handbibliothek f. d. Jugend, s.a. unten: Lesebuch.

— Handbibliothek f. d. Jugend. 2 Bdchen. 8. Gießen, jetzt Ferber.

— Handbuch d. Aesthetik, f. Liebhaber d. Schönen. 8. Gießen 803. N. A. 823. Mit n. Titel u. Jahrz. 1828. Ebd., Ferber. 20 gl Schrbp. 1 ₰ (A. u. d. T.: Handbuch der Philosophie, 2r Thl.)

Snell, Ch. W., Handbuch der Aesthetik, für Liebhaber des Schönen. Neue Aufl. 8. Gießen, Heyer. 821.

— Handbuch d. Philosophie f. Liebhaber 1r Erfahrungsseelenlehre, (u. a. d. Titel: Empyrische Psychologie, u. ist d. Encyklopädie 1ste Abth. Philosophie 1r Bd.) 8. Ebendaselbst. 809.

— — 2r Bd. a. unt. d. Tit. Versuch e. Aesthetik f. Liebhaber, ist d. Encyklopädie 1ste Abth. Philosophie 2r Bd.) 8. Ebend. 803.

— — 3r Bd. 1ste 2te Abth. (a. unt. d. Titeln: a) Logik u. Metaphysik; b) erste Grundlinien d. Logik (1 Rthlr.); c) erste Grundlinien d. Metaphysik (1 Rthlr. 8 gr.); u. d) metaphysische Unterhaltungen, ist d. Encyklopädie 1ste Abth. Philosophie 3r Bd. Logik, u. 4r Metaphysik.) 8. Ebend. 810.

— — 4r Bd. (a. unt. d. Tit. d. Hauptlehren d. Moralphilosophie, ist d. Encyklopädie 1ste Abth. Philosophie 5r Bd.) 8. Ebend. 805.

— — 5r Bd. (a. unt. d. Tit. Versuch e. popup. philos. Religionslehre.) 8. Ebendas. 807.

— — 6r Bd. (a. unt. d. Tit. philosophische Rechtslehre.) 8. Ebend. 807.

— — 7r Bd. 1ste Abth. (a. unt. d. Tit. Uebersicht d. Philosophie, od. encyklopäd. Einleit. in d. Studium derselben, ist Encyklopädie 1ste Abth. Philosophie 8r Bd.) 8. Gießen, Müller. 810. Rthlr.

Snell, C. W., u. F. W. D., Handbuch d. Philosophie f. Liebhaber. 8r Bd. in 2 Abtheil.
Auch unt. dem Titel:
Geschichte u. Literatur d. Philosophie. 2 Thle. 8. Ebendas. 815.

— — Handbuch der Philosophie. 1r bis 8r Bd. 1ste u. 2te Abth. Neue Aufl. 8. Gießen, Müller. 819.
1r Thl. empirische Psychologie, oder Erfahrungs-Seelenlehre von F. W. D. Snell.
2r — Aesthetik od. Geschmackslehre von C. W. Snell.
3r — 1ste u. 2te Abth. (1ste Abth. Logik od. Verstandeslehre. 18 Gr. — 2te Abth. Erste Grundlinien der Metaphysik. 18 Gr.)
4r — Moralphilosophie, oder Metaphysik der Sitten, Ethik u. Asketik v. Ch. W. Snell.
5r — Philosophische Religionslehre od. Unterh. üb. Gott rc. von Ch. W. Snell.
6r — Philosophische Rechtslehre, Darstellung des Vernunftrechts.
7r — Einleitung ins Studium der Philosophie oder encyclopäd. Uebersicht rc.
8r — 1ste Abth. Geschichte u. Literatur d. alten Philosophie von P. L. Snell.
8r — 2te Abth. Abriß d. Geschichte d. Philosophie d. Mittelalters u. d. neuern Zeiten. (auch unt. d. Titel: kurzer Abriß der Geschichte d. Philosophie v. J. F. Snell.)

Snell, Chrstn Wilh., und Friedr. Wilh. Dan. Snell, Handbuch d. Philosophie f. Liebhaber. 1. Thl. Empir. Psychologie, od. Erfahrungs-Seelenlehre v. F. W. D. Snell. 3., verm. u. verb. Aufl. 8. (15¼ B.) Gießen 833, Ferber.

— — dass. 2. Thl. — A. u. d. T.: C. W. Snell, Versuch e. Aesthetik. 2. Ausg. 8. (18 B.) Ebds. 828.

— — dass. 3. Thl. 1. Abthl. — A. u. d. T.: F. W. D. Snell, erste Grundlinien d. Logik od. Verstandeslehre. 3., v. J. Fr. Snell verb., aufs Neue durchges. u. verm. Aufl. 8. (14½ B.) Ebds. 828.
3. Thl. 2. Abthl. u. 4—8. Thl. (2 Abthln.) Ebendas. 1807—19. 6 Thlr. 18 Gr. — 8 Thle. (od. 10 Abthln.) zusamm. genomm. 7 Thlr.

Snell, (C. W.,) Hand-Encyclopädie rc. — A. u. d. T.: B. H. Blasche, Handbuch d. Erziehungswissenschaft. 2e Abthlg. (1e Abthlg., s. Blasche.) 8. Gießen 824, Müller. 8 gr. Schreibpap.

— die Hauptlehren d. Moralphilosophie f. Liebhaber rc. 8. Gieß. 805. 2e A. 819. (Ferber). 1 Rthlr. (A. u. d. T.: Handbuch der Philosophie, 4r Bd.)

Ch. W. **Snell's** Hauptlehren d. Moral-Philosophie u. philosoph. Religionslehre (d. Handb. d. Philos. f. Liebh. 4-5r Th.) *Giess.*, Tasché u. Müller. 805-7. 2 Bde. 8° 3 Rthlr.

Ch. W. **Snell's** Hauptlehren d. philosoph. Rechtslehre (z. Handb. d. Philos. für Liebh. gehörig.) *Giess.*, Tasché u. Müller. 807. gr 8° 1 Rthlr. 8 gr.

— üb. einige Hauptpunkte der philosoph.-moral. Religionslehre. 8. Leipz. 798. Müller. (Joachim). 8 gr.

* — — Inbegriff des Nützlichsten z. Bildung des Verstandes u. Herzens. 2 Bde. 8. Ebend. 806.

— üb. Jugendbildung u. Unterricht, eine Erörterung des alten Denkspruchs, die Jugend soll nicht f. die Schule, sondern f. das Leben lernen. 8. Gießen, Tasché. 812.

— über Jugendbildung u. Unterricht. 8. Gießen 813. (Fr. Fleischer in Leipzig.) ½ Rthlr.

— über Jugendbildung u. Unterricht, eine Erörterung des alten Denkspruchs, die Jugend soll nicht für die Schule, sond. f. das Leben lernen. 8. Gießen 813. Tasché. 12 gr.

— Lehrbuch d. Kritik d. Geschmacks. 8. Leipz. Müller. (Joachim.) 795.

— Lehrbuch der deutschen Schreibart, f. die obern Klassen der Gymnasien. gr. 8. Frankf. a. M. 788. 2e A. 801. 3e Aufl. 818. Hermann. 20 gr.

— histor. Lesebuch aus Livius Werken gesammelt. 8. Gießen, Heyer. 795.

— — Lesebuch für die Jugend; oder Inbegriff des Nützlichsten zur Bildung des Verstandes u. Herzens. N. Aufl. Mit Kupfern. 8. Gießen, Müller. 818.

— u. F. W. D. Snell, kleines Lesebuch f. die Jugend. 3 Thle. Mit Kpf. 8. Leipz. 802. N. A. 815 u. 818. 8. Gießen, (Ferber). 16 gr. (2r u. 3r Thl. A. u. d. T.: Handbibliothek f. die Jugend, 2 Thle.)

— philosoph. Lesebuch a. Ciceros Schriften zusammengetr. 8. Frankf. Gebhardt u. K. 792.

Ch. W. **Snell's** Logik u. Metaphysik, (d. Handb. d. Philos. f. Liebh. 3r Th.) *Giess.*, Tasché u. Müller. (804. 810.) 819. 8° 1 Rthlr. 12 gr.

— Philotimus, s. oben: Versuch üb. den Ehrtrieb.

Snell, Chr. Wilh., üb. d. Privaterziehung junger Leute aus gebild. Ständen. 8. Frankf. Gebhardt u. K. 794.

— philosoph. Rechtslehre. Darstell. d. Vernunftrechts. 2 Abtheill. 8. Gießen 807, 8. (Ferber). 1 Rthlr. 16 gr. (A. u. d. T.: Handbuch d. Philosophie, 6r Bd.)

Ch. W. **Snell**: d. Sittlichkeit in Verbind. m. d. Glückseligk. einzelner Menschen u. ganzer Staaten; a. 2 gekr. Preisschr. zusammengetr. u. mit beständ. Rücks. auf die Kant. Moralphilos. ganz neu bearb. *Frkf. a. M.*, Gebhard u. Körber. 790. 8° 1 ß 12 gl

— Sophron u. Neophilus. 8. Marb. 785. Krieger. 4 gl.

Ch. W. **Snell's** allgem. Uebers. d. Philosophie, od. encykl. Einleit. in d. Studium ders. (z. Handb. für Liebh. d. Philos. gehör.). *Giess.*, Tasché u. Müller. (808.) 810. 8° 1 ß

— Unterhaltungen der Familie zu Rosenthal. 8. Gießen 817. Müller. 16 gl

— metaphysische Unterhaltungen f. Liebhaber, (h. a. d. Tit. erste Grundlinien z. Metaphysik, u. ist d. Encyklopädie 1ste Abth. Philosophie 4r Bd.) 8. Gießen, Müller. 810.

– s.a. Unterhaltungsbuch f. Knaben u. Mädchen.

— Versuch üb. den Ehrtrieb, mit besond. Rücksicht auf das Geschäft der Menschenerziehung ꝛc. 8. Frankf. a. M. 800. Gebhardt u. K. 1 ß 8 gl 1808 mit folg neuen Titelbl.: Philotimus. Ein Beitr. zu d. Lehre von d. Menschen ꝛc.

— Versuch e. populären philosoph. Religionslehre. 8. Gieß. 807. 2e A. 819. (Ferber). 1 ß (A. u. d. T.: a) Hauptlehren der Moralphilosophie, 2r Bd. b) Handbuch d. Philosophie, 5r Bd. c) Encyklopädie f. das bürgerl. Leben, 6r Bd.)

Snell, Eberhard Joachim (Darmstadt)
Dissertatio inauguralis medica de inappetentia.
Giessae Nov. 1743: E.H. Lammers. (4), 16 S. 4°
pro licentia summos in arte medica honores ... rite consequendi.

Snell, Ernst. Vorwort zu einem kritischen Versuch über die mythischen Grundbestandtheile der Nibelungensage. Dresden 1879. 4.
Progr. Gymn. heil. Kreuz, Dresden. . . . . (1)

Snell, F. H., Lehren eines guten Vaters an seine Kinder. Ein zweckmäßiges Christenlehr- und Prüfungsgeschenk. 8. Grätz 809. Kienreich. 1/6 ß

Snell, Fr. Wlh., († d. 10. Sept. 1774.) kurzer Unterricht in d. christl. Lehre, f. die Schuljugend auf d. Lande; nebst kurzgefaßter Kirchengeschichte. 12. Burg Friedberg 772.

— Versicherung e. Christen von seinem Gnadenstande. 4. Frkf. a. M. 766.

Snell, Friedrich Anton (Giessen)
Dissertatio inauguralis juridica de addictione in diem.
Giessae 19. März 1711: Joh. Reinh. Vulpius. 23 S. 4°
pro licentia summos in utroque jure honores et privilegia doctoralia consequendi.

Snell, Frdr. Heinr., die Kirchenverfassungsagitation und die wahre Lösung der Kirchenfrage. Frankfurt a. M. 862. Auffarth in Comm. gr. 8. (VIII, 33 S.) n. 5 ngr

Snell, Friedrich Wilhelm Daniel (Hrsg.), s. Abhandlungen zur Aufklärung über die Rechte u. Pflichten des Menschen u. Bürgers.

Snell, (F. W. D.,) Anfangsgründe d. Algebra. Neue Aufl. 8. Gießen 822, Hartknoch in Leipzig.

— Anfangsgründe d. Arithmetik. (Handbuch d. rein. Mathematik I. 1.) Neue verb. Aufl. 8. Gießen 822, Leske in Darmstadt.

— Anfangsgründe der Arithmetik u. Algebra. 1e Abtheil. A. u. d. T.: Anfangsgründe der Arithmetik. gr. 8. Gieß. 804. 2e A. 809. 3e A. 810. 4e umgearb. A. 818. 5e A. 822. (Leske in Darmst.) 16 gl 2e Abtheil. (A. u. d. T.: Anfangsgründe d. Algebra.) gr. 8. Ebd. 804. 2e A. 809. 3e A. 810. 4e A. 818. 5e A. 822. (Hartknoch in Leipz.) 16 gl

Snell, Fr. Wilh. Dan., Anfangsgründe d. Arithmetik u. Algebra 1ste Abth. (a. unt. d. Tit. Anfangsgr. d. Arithmetik.) gr. 8. Gießen, Müller. 810.

— — desselb. 2te Abth. (a. unt. d. Tit. Anfangsgründe d. Algebra. gr. 8. Ebend. 810.

Snell, Fr. Wilh. Dan., Anfangsgründe d. Arithmetik, Algebra, Geometrie u. Trigonometrie. Neue Aufl. m. Kupf. gr. 8. Gießen, Müller. 815. Rthlr.
Ist auch einzeln unt. folg. Titeln zu haben:
1) Anfangsgründe d. Arithmetik.
2) — — d. Algebra.
3) — — d. Geometrie ꝛc.

— Anfangsgründe der Geometrie u. Trigonometrie. 1e—3e Abtheil. (1e Abtheil. Planimetrie. 2e Abtheil. Stereometrie. 3e Abtheil. Stereometrie.) Mit Kpf. gr. 8. Gieß. 809. 2e A. Mit 9 Kpf. 820. N. Aufl. 823. (Leske in Darmst.) 1 ß 8 gl (A. u. d. T.: Handbuch der reinen Mathematik, 2r Bd.)

– Anfangsgründe d. Naturlehre. 2 Thle.
s.a. Encyklopädie 4. Abth. Naturwissenschaft 1. 2.

Snell, Fr. Wlh. Dn., († 1827.) Anfangsgründe der Naturlehre, od. leichtes Lehrbuch d. Physik. Mit 4 Kpf. 2 Bde. 8. Gieß. 806. 2e A. 810. 3e A. Mit 82 in Kupf. gestoch. Vorstellungen auf 4 Taf. 820. (Hartknoch in Leipz.) 1 ß 8 gl (A. u. d. T.: a) Physik, od. Naturlehre. b) Encyklopädie d. Bildungswissenschaften ꝛc.)

— — dies. d. Naturlehre. 2 Thle. neue Aufl. m. K. gr. 8. Ebend.

— — dass. wohlf. Ausg. Ebend.

— kurze u. faßl. Anweis. zur Arithmetik für d. ersten Anfänger. 8. Gießen 803.

— kurze u. leichte Anweis. z. ebenen Trigonometrie, m. 1 K. 8. Marb. Krieger. 798.

— üb. eine neue u. bequeme Art, die Factoren einzurichten ꝛc. Mit 1 Kpf. 4. Gieß. 800. Heyer. 6 gl

— vermischte Aufsätze. 8. Gieß. 788. N. A. 796. Krieger. 10 gl

— u. C. W. Snell, kleine Chrestomathie f. die Jugend. 8. Zeitz, Webel. 12 gl

— kurze Darstell. u. Erläuter. der Kantischen Kritik der ästhetischen Urtheilskraft. 2 Thle. gr. 8. Manh. 791, 92. Schwan u. G. 1 ß 12 gl

— üb. den Elementarunterricht in d. Algebra. 4. Gießen 802.

— und Chr. Wilh., Encyklopädie der Realkenntniß und Schulwissenschaften f. höh. Bildungsanst. ausgearb. v. e. Gesellsch. Gelehrten, s. Encyklopädie.

— Erfahrungsseelenlehre, od. empirische Psychologie. Neue Aufl. 8. Ebend. 813.

— Genealogie jetzt regierender Europ. Häuser. 8. Gießen 808. Müller. 8 gl

— üb. d. Gleichmüthigkeit. 8. Gießen, Heyer. 793.

— erste Grundlinien d. Logik, s. a. Encyklopädie 1ste Abth. Philosophie 3r Bd.

— erste Grundlinien d. Logik, od. Verstandeslehre. 8. Gieß. 804. 2e A. 810. 3e A. v. J. Fr. Snell verb. 8. Ebd. 828. Ferber. 18 gl (A. u. d. T.: Handbuch d. Philosophie, 3r Thl. 1e Abtheil.)

— erste Grundlinien d. Logik, neue Aufl. 8. Ebendas. 815.

— — dies. d. Metaphysik, f. den Schulunterricht. 8. Ebendas. 811.

— Handbuch der reinen Mathematik. 2 Bde. Mit Kpf. gr. 8. Gießen 804—8. N. A. 815, 19 u. 21. Müller. (1r Bd. Arithmetik u. Algebra. 2 ß. 2r Bd. Geometrie u. Trigonometrie. 2 ß 8 gl) 4 ß 8 gl Hbg. Pr. 2 ß 16 gl

— — dass. wohlf. Ausg. Ebend.

— Handbuch d. Philosophie, s. Ch. W. Snell.

— Handbuch d. Philosophie f. Liebhaber. 8 Bde. 8. Gießen 819, Ist Verl. v. Ferber.

– s. Journal zur Aufklärung der Rechte u. Pflichten d. Menschen ...

– s. Journal. Philosoph.. für Moralität ...

— üb. philosoph. Kriticismus in Vergleichung mit Dogmatismus u. Skepticismus. 8. Gieß. 802. Taschè. 8 gl

Snell, Fr. Wlh. Dan., über philosophischen Criticismus, in Vergleichung mit Dogmatismus u. Skepticismus. 8. Gießen 802; Leipzig, Fr. Fleischer. 1/3 ß

— Kupfersamml. zu seinen Anfangsgründen d. Geometrie u. Trigonometrie. qu. Fol. Gieß. 811. Müller. (Leske in Darmst.) 10 gl

— leichtes Lehrbuch der Arithmetik, Geometrie u. Trigonometrie. (A. u. d. T.: leichtes Lehrbuch d. Elementar-Mathematik.) 2 Thle. Mit 3 Kpf. 8. Gieß. 799. 2e A. ... 3e A. 809. 4e A. 813. 5e A. 816. 6e A. 819. 7e Aufl. 824. 8e von J. Gambs verb. Aufl. 2 Thle. Mit 5 Steindr. 8. Ebd. 831. Mit 1 Anh. Heyer. 1 ß Der Anh. apart. 4 gl

—— leichtes Lehrbuch d. Elementar-Mathematik für d. ersten Anfänger. 8., verb. u. mit e. Anh.: Buchstabenrechnung u. Algebra enthalt., verm. Aufl. v. J. Gambs. 2 Thle. 8. (24½ B. u. 5 Stnt. 4.) Gießen 831, [Heyer, Vater.]
Der Anh.: Die ersten Elemente d. Buchstabenrechnung u. Lehre v. d. Gleichungen vom ersten u. zweiten Grade. Von J. Gambs, apart, 4 Gr.

— leichtes Lehrbuch der Elementar-Mathematik. 9e Aufl. Verbessert u. vermehrt von J. Gambs. 2 Thle. Arithmetik u. Algebra. — Geometrie, Trigonometrie u. Stereometrie. Mit 6 Steintaf. 8. Gießen 839. Heyer, Vater. 1 ß

— leichtes Lehrbuch der Geometrie. Trigonometrie u. Stereometrie. Mit 6 Steintafeln. 9e verb. u. verm. Aufl. 8. Gießen 839. Heyer, Vater. 2/3 ß

Snell, F. W. Lehrbuch der Physik für Schulen. Giessen, 1808.

— leichtes Lehrbuch d. Physik für Schulen. gr. 8. Gießen, Müller. 809.

— Lehrbuch für den ersten Unterricht in der Philosophie. 2 Thle. 8. Gießen 794. 2e A. 794. 3e A. 801. 8e A. 832. Heyer. 1 ß

— Lehrbuch f. d. erst. Unterr. in d. Philosophie. 2 Thle. 8. Gießen, Heyer. 810.

— Lehrbuch f. d. ersten Unterr. in d. Philosophie. 7e Aufl. 8. Gießen 821, Heyer.

—— Lehrbuch f. d. ersten Unterr. in d. Philosophie. 2 Thle. 8., revid. u. verb. Aufl. 8. (18½ B.) Gießen 832, Heyer, Vater.

— genealog. Lesebuch, s. dessen Genealogie.

— kleines Lesebuch f. die Jugend, s. C. W. Snell.

— u. C. W., kleines Lesebuch f. d. Jugend. 3 Thle. 8. Gießen, Müller. 810.

F. W. Dn. **Snell's** Menon, od. Versuch, in Gesprächen d. vornehmsten Punkte a. d. Krit. d. prakt. Vernunft — *Kant's* zu erläutern. *Mannh.*, Schwan u. Götz. (789.) 796. 8° 1 ß 4 gl

—— Naturlehre. 4. Aufl. Neu bearb. v. Aug. Ludw. Theod. Koch. 2 Thle. gr. 8. (59 B. u. 7 Figtaf.) Leipzig 839, 40, Hartknoch.

— empirische Psychologie, s. a. Encyklopädie 1ste Abth. Philosophie 1r Bd.

—— empir. Psychologie, s. a. Snell, Chr. W., Handbuch ꝛc., 1. Thl.

— empirische Psychologie. 8. Gieß. 802. 2e A. 809. Mit n. T.: 819. (Ferber). 16 gl (A. u. d. T.: Encyklopädie. 1e Abtheil. Philosophie. 1r Bd.)

— Samml. von 66 Uebungsaufgaben, aus d. Lehre vom Größten u. Kleinsten, nebst ihrer Auflösung f. Anfänger in d. Differenzialrechnung. Mit 2 Kpf. (A. u. d. T.: mathemat. Uebungsaufgaben.) gr. 8. Gießen 805. N. Aufl. 810. (Leske in Darmst.) 1 ß Zusätze dazu. Mit 1 Kpf. gr. 8. Ebd. 810. 8 gl

— Sammlung v. 66 Uebungsaufgaben, a. d. Lehre vom Größten u. Kleinsten, nebst ihrer Auflös., f. Anfänger in der Differenzialrechnung, m. 2 K. gr. 8. (auch mit dem Titel: mathemat. Uebungsaufgaben.) Gießen, Müller. 810.

– s. Schmidt, J. C. H.: Erläuter. der Transscendental-Philosophie.

— Tabelle über die Volksmenge von 630 Städten. gr. Fol. Gießen ...; Leipzig, Fr. Fleischer. 1/4 ß

— tabellar. Uebersicht üb. d. Volksmenge von 600 Städten. gr. Fol. Gießen, Taschè. 809.

(—) tabellar. Uebersicht über d. Volksmenge von 630 Städten. gr. Fol. Gießen 806. Taschè. 6 gl

— mathemat. Uebungsaufgaben ꝛc., s. a. oben Samml. v. 66 Uebungsaufgaben ꝛc.

— mathemat. Uebungsaufgaben nebst Zusätzen, m. K. 2te Aufl. gr. 8. Gießen, Müller.

— mathematische Uebungsaufgaben rc. Mit Kupf. N. Ausg. gr. 8. Gießen 810, jetzt Leske in Darmst.

– s. Unterhaltungsbuch f. Knaben u. Mädchen.

— Zusätze u. Nachträge zu d. Sammlung von 66 Uebungsaufgaben u. s. w. mit 1 K. gr. 8. Ebend. 811.

Snell, J. F., Abhandl. vom Gnadenstand d. wahren Gläubigen. 4. Frkf. a. M. 767. Brönner. 1 gr

Snell, Imm., einige kurze philosoph. u. theolog. Bemerkn. 1. Bdchn. 8. (8½ B.) Hadamar 828. [Weilburg, Lanz.]

Snell, Jo. Fr., Geisteslehre od. Unterricht üb. den Menschen, was er als geistiges Wesen ist u. seyn; für die aus d. Kindheit heranreifenden Zöglinge. 8. Gießen 822. Heyer. 10 gr

J. F. Snell's Geisteslehre, od. Unterr. üb. d. Menschen, was er als geist. Wesen ist u. sein soll; für die a. d. Kindh. zur Jug. heranreifenden Zögll. verfasst. *Giess.*, Müller. 822. 8° 12 gr

– s.a. Leben u. Meinungen griech. Philosophen.

Snell, J. Fr., u. J. Ph. L., Leben u. Meinung. der ersten griech. Philosophen, a. Diogenes Laertius übers. m. Anmerk. 8. Ebend. 807.

– s. Snell, Ph. Ldw.: Abriß d. Geschichte der Philosophie, 2. Abtheil.

Snell, Jo. Pt., († d. 1. April 1797.) Abhandl. von d. rechten Gebrauch u. Mißbrauch d. Eidschwüre. 8. Marb. 775. Krieger. 3 gr

— Grundriß z. e. vollst. Religionsunterricht z. katechet. Gebr. b. Unterweis. d. Confirmanden. 8. Frkf. Pech. (Tusch in Grätz.) 791.

— Sophokles, od. die richtigste u. begreiflichste Vorstellungsart eines vernunftmäß. Moralsystems. 8. Bremen 796. (Müller). 5 gr (Heyse). Hbg. Pr. 3 gr

— Sophokles, od. d. richt. u. begreifl. Vorstellungsart eines vernunftmäß. Moralsystems. 8. Bremen, Willmanns. (Müller.) 797. Rthlr.

Snell, Johann Peter (Braubach)
Dissertatio philosophica moralis de emendandae vitae studio mature suscipiendo.
Giessae 20. Oct. 1746: E. H. Lammers. 16 S. 4°
pro facultate praesidendi et aperiendi collegia.

— neuer Versuch einer deutschen Sprachlehre. 8. Offenb. 790. N. A. verb. v. J. V. Meidinger. 799. Brede. 8 gr

– s. Versuch e. apokalypt. Zeitrechnung.

Snell, Johann Peter Ludwig, s.a. Snell, Karl Philipp Michael

Snell, J. P. L., u. J. F., kurz. Abriß d. Geschichte d. Philosophie, nebst e. Uebersicht d. Literatur d. Philosophie. 2 Thle. 8. Gießen, Müller. 815.

– s. Bencken, Cph. Geo.: Astronom. Bestimmung.

— Beschreibung d. russ. Provinz. an d. Ostsee. gr. 8. Jena, Akadem. Buchhdl. 794.

— Beschreib. der Russisch. Provinzen an der Ostsee. gr. 8. Jena 794. (Hennings in Neisse). 1 Rthlr

– s. Briefe üb. das Russische Kriegswesen.

— Chrestomathia oeconomica, c. praefat. Harles. 8. Giessen 780. Krieger. 6 gr

– s. Erinnerungen u. Zweifel gegen die Brauchbarkeit ...

— Erklär. des göttl. Gebots von der Keuschheit. 8. Frkf. a. M. 793. Pech. 3 gr

— katechet. prakt. Handbuch üb. s. Katechismus d. christl. Lehre. 2 Thle. 8. Gießen, Heyer. 799–802. (I. 16 gr. II. 20 gr.)

— v. d. Handlungsvortheilen, welche aus d. Unabhängigk. d. verein. Staaten v. Nordamerika f. d. russ. Reich entspringen. 8. Riga, Hartknoch. 783.

– s.a. Katechismus der christl. Lehre.

Snell, J. Pet. Lud., Katechismus d. christl. Lehre. 6te mit untergesetzten Fragen vermehrte Auflage. 8. Gießen, Heyer. 813.

Snell, J. P. L., Katechismus der christlichen Lehre. 9te Aufl. 8. Ebend. 821.

Snell, (J. P. L.) Katechismus d. christl. Lehre. 11e Aufl. 8. Gießen 824, Heyer.

Snell, Jh. Peter Ldw., Katechismus der Christl. Lehre. 12e u. 13e verb. u. mit Fragen verm. Original-Aufl. 8. Gießen 838. Heyer, Vater. ¼ Rthlr

Snell's, Joh. Peter Ludw., Katechismus der christl. Lehre durchgehends revidirt u. zeitgemäß neu bearb. v. Wilh. Heyer. Mit d. kleinen Katechismus Luthers. 13. Orig.-Ausg. 3. Stereotyp-Abdruck. 8. (10¼ B.) Gießen 844, Heyer's Verl.

— neuer Katechismus d. christl. Lehre nach Anleitung des Hannöverschen, mit untergesetzten Fragen. 8. Ebendaselbst. 810.

— Kritik der Volksmoral f. Prediger. 8. Heidelb. 793. N. A. 797. (Rein in Leipz.) 2 Rthlr

— Kritik d. Volksmoral f. Prediger. 8. Heidelberg, Pfähler. (Braun.) 797.

— Nachr. von der Verfassung d. Rigischen Domschule. 4. Gießen 781.

— von d. Patriotismus in e. monarch. Staate; e. Rede. 8. Riga 783. (24 S.)

– s. Philodeknos.

J. Pt. L. Snell's Sittenlehre in Beyspp. f. Bürger u. Landleute. *Brem.*, Wilmans. (795–807.) 4e A. 819. 2 Thle. 8° 1 Rthlr

— Sittenlehre in Beispielen, Fortsetzung, siehe Münch, K. W.

— Sittenlehre für Kinder, e. Lesebuch zum Gebr. in deutschen Schulen. 8. Gieß. 804. (Frkf. a. M., Fr. Wilmans). 10 gr

Snell, Joh. Pet. Lud., neue Uebersetz. u. Erklär. d. Apostelgeschichte, z. Gebr. f. Schullehrer. 8. Frankf. Pech. (Tusch in Grätz.) 791.

— patriot. Unterhaltungen. 2 Stcke. 8. Riga 786.

– s.a. Volkspredigten u. Gespräche.

— Volkspredigten u. Gespräche üb. Gegenstände d. reinen Sittenlehre. 8. Gießen, Heyer. 795.

Snell, Karl, philosophische Betrachtungen der Natur. 8. Dresden 839. (G. Fleischer. 3/4 Thlr.

Snell, Karl, philosoph. Betrachtungen d. Natur. 8. (14 B.) Dresden 839. [Leipzig, Kummer.]

Snell, Carl, Einleitung in d. Differential- u. Integralrechnung. 1. Thl. Vom ersten Differentialquotienten. gr. 8. (24½ B. u. 3 Stnt.) Leipzig 846, Brockhaus. *

Snell, Carl, Einleitung in die Differential- und Integralrechnung. 2. Thl.: Von den höheren Differentialquotienten. gr. 8. (XVI und 375 S. mit 4 Stnt.) Leipzig 851, Brockhaus. *
1. Thl. Ebendas. 1846. * 1 Thlr. 26 Ngr.

Snell, Karl, Einführung in die Differential- u. Integral-Rechnung. Sonderabdr. aus dem Osterprogramm 1842 der Kreuzschule (Gymnasium z. h. Kreuz) zu Dresden, veranlasst durch e. profanen Verehrer des Verf., Hans Frhr. v. Koenneritz. (32 S.) gr. 8. Dresden 903. (A. Huhle.) n. — 80

Snell, Carl, Nicolaus Copernicus. Rede geh. am 19. Febr, 1873 dem 400jähr. Geburtstag d. Copernicus. gr. 8. (32 S.) Jena 873. E. Frommann. n. — 80

Snell, C., Nicolaus Copernicus. gr. 8. Jena 873. Leipzig, Reichardt Verlag. *

— Lehrbuch d. Geometrie. gr. 8. (20⅓ B. u. 6 Stnt.) Leipzig 841, Brockhaus. *

Snell, Carl, Lehrbuch der Geometrie für Schulen und zum Selbstunterricht. 3 Thle. gr. 8. Leipzig, Brockhaus. Thlr. *
Inhalt:
Thl. 1. Lehrbuch der gradlinigten Planimetrie. 2. Aufl. (XXVIII und 204 S. mit 5 Stnt.) 857. * 24 Ngr.
2. Kreislehre und ebene Trigonometrie. 2. Aufl. (XVIII und 236 S. mit 4 Stnt.) 856. * 24 Ngr.
3. Schäffer, H., Lehrbuch der Stereometrie. (XII und 224 S. mit 16 Stnt.) 857. * 1 Thlr.

Snell, Karl, Lehrbuch der Geometrie für Schulen u. zum Selbstunterricht. 1. Thl. Gradlinigte Planimetrie. 3. Aufl. Mit 5 lith. Taff. Leipzig 869. Brockhaus. gr. 8. (XXVIII, 204 S.) n. 24 ngr.

Snell, Carl. Mozart. Gedenkrede, gehalten im Jahre 1856 . . . Jena 1891. H: *Schäffer, Hermann.* (Berl)

Snell, Karl. Mozart. Gedenkrede, geh. im J. 1856 in den akadem. Rosensälen zu Jena. gr. 8. (39 S.) Jena 891, (Mauke). * — 60

— Newton u. die mechanische Naturwissenschaft. Zu Newton's Gedächtniß im 2. Säcularjahre seiner Geburt. 8. (6 B.) Dresden 843, Arnoldische Buchh.

— Newton und die mechanische Naturwissenschaft. Zu Newton's Gedächtniß im zweiten Säcularjahre seiner Geburt. 2. Aufl. gr. 8. (VI und 72 S.) Leipzig 858, Arnoldische Buchh.

Snell, Karl, die Schöpfung des Menschen. Leipzig 863. Arnold. 8. (2 Bl., 159 S.) n. 20 ngr.

— und Karl Aug. Müller, Skizze einer philosophischen Begründung des Gymnasial-Unterrichts, und (:) Die Forderungen des Staats an seine Gelehrtenschulen. 2 Schulreden. gr. 8. Dresden 833. (Wagner.) n. 7 gr.

— die Streitfrage des Materialismus. Ein vermittelndes Wort. gr. 8. (VIII und 63 S.) Jena 858, Frommann. *

Snell, Karl, a. Essen a. d. Ruhr: Untersuchungen über die Nahrungsaufnahme der Wasserpflanzen. Jena: G. Fischer 1907. (38 S.) 8° ¶ [Aus: Flora oder Allg. bot. Zeitung Bd 98, 1907.]
München, Phil. Fak., Ref. Goebel, Diss. v. 24. Juli 1907
[Geb. 19. Jan. 81 Essen; Wohnort: Essen; Staatsangeh.: Preußen; Vorbildung: Oberrealsch. Essen Einj.-Freiw.-Zeugnis März 97, Nachprüfung im Lat. Realgymn. Essen, pharmazeut. Staatsexamen Mai 05; Studium: München 8 S.; Rig. 24. Juli 07.]

Snell, Karl, Vorlesungen über die Abstammung des Menschen. Aus dem handschriftl. Nachlasse. Hrsg. von Rud. Seydel. 8. (III, 214 S.) Leipzig 887, Arnoldische Buchh. *
geb. *

— Vorlesungen üb. die Abstammung d. Menschen. Aus dem handschriftl. Nachlasse. Hrsg. v. Rud. Seydel. 2. (Titel-) Ausg. 12. (IV, 214 S.) Leipzig 893. E. Haberland. n. 1. —

Snell, Karl Ch., über Zweck u. Einrichtung e. Realgymnasiums. Ein Progr. gr. 8. (6½ B.) Dresden 834, (Arnold.) Thlr.

Snell, Karl Philipp Michael, s.a. Snell, Johann Peter Ludwig

Snell, Karl Philipp Michael (Lehrer am Gieß. Pädagog)
Dissertatio inauguralis philosophica de affectibus mixtis.
Giessae 8. Jan. 1777: Joh. Jac. Braun. 16 S. 4°
pro gradu doctoris philosophiae.

Snell, Karl Philipp Michael: Beschreibung der russischen Provinzen an der Ostsee oder Zuverlässige Nachrichten sowohl von Rußland überhaupt, als auch insonderheit von der natürl. und politischen Verfassung . . . . — Jena: Akademische Buchh. 1794. XVI, 364 S.

Snell, K. Ph. Mich., Briefe üb. d. russische Kriegswesen. 8. Neuwied. (Gehra in Th. Chr.) 790.

Snell, C. P. M., Chrestomathia oeconomica seu fragmenta in usum scholar. collecta et illustrata. Gieß. 780. 8. 6 gr.

SNELL, Karl Philipp Michael 1753 - 1806
Von den Handlungsvortheilen, welche aus der Unabhängigkeit der vereinigten Staaten von Nord-Amerika für das russische Reich entspringen.
Ein Versuch von M. Karl Philip Michael Snell ...
Riga: Hartknoch. 1783. 44 S. 8°.
Staats- und Universitätsbibliothek Göttingen
Frankfurt-Leipziger Meßkatalog, Michaelismesse 1783, S. 722.

Snell, C. Ph. Mich., de republica Romana non vere libera. Specim. I. Giss. 778. 4. (15 Seiten).

Snell, Car. Phil. Mich.: De republica Romana non vere libera. Specimen primum. Progr. Gissae 1778.

Snell, Karl Ph. Mch., s. die Sporen.

Snell, Karl Ph. Mich., († d. 22. Nov. 1806.) vom Ursprung der griech. Accente. 4. Gießen 776.

— ein Wort zur Vertheidigung des alten Glaubens, ob. Darstell. e. wichtigen, aus d. Kantischen Philosophie geschöpften Gründe. 8. Frkf. a. M. 799. Brönner. 12 gr.

Snell, Ludw., die Bedeutung des Kampfes der liberalen katholischen Schweiz mit der römischen Kurie, betrachtet aus einer Gesammt-Uebersicht der Tendenzen des restaurirten Papstthums. gr. 8. Solothurn 839. Jent u. Gaßmann. 5/6 Thlr.

[Snell, Ludwig.] Beherzigungen bei der Einführung der Pressfreiheit in der Schweiz. und über gesetzliche Bestimmungen über die Presse. 8. Zürich 1829.

[Snell, Ludwig.] Beleuchtung der Schweizer-Aristokraten, mit Hinblick auf Dr. Casimir Pfyffer's Zuruf an den eidgenössischen Vorort. 8. Sursee 1831.

Snell, Ludwig s. Darstellung. Geschichtliche D' der kirchlichen Verhältnisse der katholischen Schweiz. Band 2. Mannheim 1854

Snell, Ludwig. Dokumentirte pragmatische Erzählung der neuern kirchlichen Veränderungen, so wie der progressiven Usurpationen der Römischen Kurie in der katholischen Schweiz bis 1830. 8. Sursee 1833.

——, Chr. W. Glück und A. Henne, pragmatische Erzählung der kirchl. Ereignisse in der kathol. Schweiz von der helvet. Revolution bis auf die Gegenwart. Ein Beitrag zur Kirchengeschichte des XIX. Jahrhunderts. Mit einer einleit. Darstellung der kirchl. Verhältnisse der kathol. Schweiz von der frühesten Zeit bis zur Helvetik. 2 Bde. gr. 8. Mannheim 850—51, Bassermann. *

Inhalt:

Bd. 1. Geschichtliche Darstellung der kirchl. Verhältnisse der kathol. Schweiz von den frühesten Zeiten bis zur Helvetik. Von Chr. W. Glück. (VI und 609 S.)

Bd. 2. Geschichtliche Darstellung der kirchl. Vorgänge und Zustände in der kathol. Schweiz von der helvet. Revolution bis auf die Gegenwart Abthl. 1.: Von der helvet. Revolution. 1798 bis 1830. (VI und 325 S.) Abthl. 2.: Von 1830 bis auf unsere Tage. Von Ant Henne. (519 S.)

—— Geist d. neuen Volksschule in d. Schweiz, nebst d. Hoffnungen, welche d. Menschen- u. Vaterlandsfreund daraus schöpft. 8. (5½ B.) St. Gallen 840, (Huber u. Comp.) *

Snell, Ludw., Geschichte der Nuntiatur in der Schweiz, s. Geschichte.

—— Handbuch d. schweizer. Staatsrechts. 1. Bd. Bundesstaatsrecht, in 5 Büchern. (4 Lfgn.) gr. 8. (50¾ B.) Zürich 837—39, Orell, Füßli u. Comp.

Snell, Ludw., Handbuch des schweizerischen Staatsrechts. Bundesstaatsrecht. 2. Nachtrag z. 1. Bde., enthalt. die Tagsatzungsbeschlüsse, Konkordate, Verträge mit d. Ausland rc. v. 1839 bis u. mit 1842. gr. 8. (11¾ B.) Zürich 844, Orell, Füßli u. Comp.

1. Bd. (4 Lfgn.) Ebendas. 1837—39. 2 Thlr. 15 Ngr.

—— Handbuch des schweizerischen Staatsrechts. Bundesstaatsrecht. 3. Nachtrag zum 1. Bd., enth. die Tagsatzungsbeschlüsse, Konkordate, Verträge mit dem Auslande rc., von 1843 bis und mit 1846. gr. 8. (IV und 80 S.) Zürich 848, Orell, Füßli und Comp.

1. und 2. Bd. mit Nachträgen. Ebendas. 1837—45. 5 Thlr. 15 Ngr.

—— dass. 2. Bd. Kantonalstaatsrecht. 1. u. 2. Abthl. gr. 8. Ebds.

Inhalt:

Abthl. 1. Die Verfassungen der 13 alten Kantone. (30¼ B.) 844. 1 Thlr. 10 Ngr.

" 2. Die Verfassungen der Kantone St. Gallen, Graubünden, Aargau, Thurgau, Tessin, Waadt, Wallis, Neuenburg u. Genf, nebst histor. Einleitungen rc. (26 B.) 845. 1 Thlr. 5 Ngr.

[Snell, Ludwig.] Die Jesuiten und der Ultramontanismus in der Schweiz von 1798 bis 1845. Aus der „Allgemeinen Halleschen Literaturzeitung" besonders abgedruckt und hrg. mit einem Vorworte von Dr. Johann Gihr. 8. Liestal 1846.

[Snell, Ludwig.] Die gegenwärtige Lage der Schweiz und ihre Gefahren. Allen geistesfreien Eidgenossen gewidmet. 8. Bern 1844.

Snell, L., W. Glück und A. Henne. Kirchliche Verhältnisse der katholischen Schweiz. Mannheim 1853. 2 Bde.

Snell, Ludw., das verletzte Völkerrecht an d. Eidgenossenschaft; od. Betrachtn. üb. d. ungerechten Notenforderungen, nebst e. genauen Abdruck d. amtl. Protokolls der üb. dies. Gegenstand geführten Tagsatzungsverhandlungen v. 22., 24. u. 29. Juli. gr. 8. (7¾ B.) Zürich 834, Orell, Füßli u. Comp.

Snell, Ludw. Im., nützl. Allerley z. Belustig., Besser. Belehr. u. Warnung d. unerfahr. Jugend rc. 2 Thle. 8. Offenbach, Wrede. 807.

— üb. Despotismus und moralische Freyheit. 8. Ebend. 789.

— Epiktets Enchiridion, s. Epiktet.

— neue unterhaltende u. lehrreiche Geschichten f. Kinder. Mit 3 Kpf. 8. Brem. 796. 2e A. 799. 3e Aufl. Frkf. a. M. 809. Fr. Wilmans. 20 ggr

— moral. Lehrsätze d. Beyspiele d. heil. Schrift erläutert. 8. 8. Nrnb. Monath u. K. 800.

— allgemein faßl. Predigten. 8. Neuwied 798.

— populäre Predigten, in beständ. Rücksicht auf d. Grunds. d. prakt. Vernunft. 8. Neuwied. (Gehra in Th. Ehr.) 794.

— populäre Predigten, in beständ. Rücksicht auf die Grundsätze der prakt. Vernunft. 8. Neuwied 794. (Streng in Frkf. a. M.) 8 ggr

— popul. Predigten mit beständ. Rücksicht a. d. Grunds. d. prakt. Vernunft. 1ste 2te Samml. 8. Bremen, Willmanns. (Müller.) 796.

— populäre Predigten, mit beständ. Rücksicht auf die Grundsätze der praktisch. Vernunft. 1e u. 2e Samml. 8. Brem. 796. Fr. Wilmans in Fr. 20 ggr 3e, 4e Samml. od. neue populäre Predigten. 1e u. 2e Samml. 8. Brem. 797, 98. 1 rthl (Heyse). 12 ggr

— christl. Trost- u. Besserungsbuch in besond. Fällen. 8. Berlin, Gödicke. 804.

— christl. Trost- u. Besserungsbuch in besond. Fällen. 8. Berl. 804. (Henning in Greiz). 16 ggr

— Unterredungen e. Vaters mit sn. Söhnen üb. die natürl. Religion. 8. Neuwied 784. N. A. 804. (Streng in Frkf. a. M.) 8 ggr

L. Im. **Snell's** Unterred. e. Vaters m. sn. Söhnen üb. d. natürl. Religion. *Neuwied*, Gera. (794.) 804. 8° 4 ggr

— Unterredungen e. Vaters m. seinen Söhnen üb. d. natürl. Religion. 8. Neuwied. (Gehra in Th. Ehrenbreitstein.) 804.

— die vornehmsten Wahrheiten der natürl. Religion aus d. Sittenlehre. 8. Bremen 798. 10 ggr (Heyse). 6 ggr

— d. vornehmst. Wahrheiten d. natürl. Religion a. d. Sittenlehre. 8. Bremen, Willmanns. (Müller.) 798.

— Warnungen für die Jugend in Beyspielen. 8. Lemgo, Meyer. 800.

Snell, M., Erklär. d. göttl. Gebots v. d. Keuschheit. 8. Frankf. Pech. 793.

Weber, Imm. [Präs.] u. Michael Snell (Giessen) [Resp.] Antiquitates Antinoi.

Giessae 29. Sept. 1707: Joh. Reinh. Vulpius. 42, (2) S. 4°
pro summis in philosophia honoribus obtinendis.

— rec. et aucta. Giessae 1711: Vulpius. 48 S. 4°

Grundzüge der Irrenpflege f. Studir. u. Aerzte v. Dr. med. Otto Snell, II. Arzt d. Prov.-Heil- . . . Anst. zu Hildesheim. *Berlin: G. Reimer 1897.* (VII, 132 S.) 1 Bd 8. [97. 65]

Snell, Otto. Hexenprozesse u. Geistesstörung. Psychiatrische Untersuchgn. gr. 8. (IV, 130 S.) Münch. 891, Lehmann. * 4 —

Snell, Petrus Laurenz (Sohn d. Gießener Stadtapothekers Joachim S.)
Dissertatio inauguralis medica de cordis polypo.
Giessae - Hass. [23.] Nov. 1702: Joh. R. Vulpius. 76 S. 4°
pro licentia summos in arte medica honores et privilegia doctoralia rite et solenniter impetrandi.

Snell, Ph. Edw., kurzer Abriß d. Geschichte d. Philosophie. 1e Abtheil. Enthalt. die Geschichte d. alten Philosophie. 8. Gieß. 813. 2e A. 821. (Ferber). 16 gl. 2e Abtheil. Geschichte der Philosophie d. Mittelalters, (v. Jh. Fr. Snell). 8. Ebd. 819. 2e A. 821. (Ferber). 16 gl. (A. u. d. T.: Handbuch d. Philosophie. 8r Bd. 1e u. 2e Abtheil.)

— s. Leben u. Meinungen d. griech. Philosophen.

Snell, Dr. med. R. Ueber die gesundheitlichen Nachteile des Alkoholmissbrauchs und gesundheitspolizeiliche Massregeln dagegen. Braunschweig 1894. 28 S.

Snell, Richard *August Emil* [app. Arzt aus Hildesheim]: Aus d. Laboratorium d. pharmakognost. Sammlung in Kiel. Beitrag zur Kenntnis der Wirkung des Cocains ... Kiel: Druck v. Schmidt & Klaunig 1891. 17 S., 1 Bl. 8°
Kiel, Med. Fak., Inaug.-Diss. v. [19. Jan.] 1891

Snell, Rich. Beitrag zur Kenntnis der Wirkung d. Cocains. Diss. gr. 8. (17 S.) Kiel 891, (Lipsius u. Tischer). * 1 —

Snell, Wilh.: Abhandl. über verschiedene Gegenstände der Strafrechtswissenschaft. 1. Heft. A. u. d. Tit.: Betrachtungen über die Anwendung der Psychologie im Verhöre mit peinl. Angeschuldigten. 1. Abthl. *Giessen*, Heyer, Vater. 819. 8. (12 Gr.)

Snell, Wlh., criminalist. Abhandl. 8. Gieß. 819. Heyer. 12 gl.

Snell, Wilh.: Betrachtungen über die Anwendung der Psychologie im Verhöre mit dem peinlich Angeschuldigten. Abth. 1. [einz.] Gießen 1819.

Snell, Wilhelm. Naturrecht nach den Vorlesungen, herausgegeben von einem Freunde des Verewigten. Langnau 1857. H: *Hodler, J.* (KGBerlin I, 22)

(Snell, Wilh.) Naturrecht nach den Vorlesungen von Wilh. Snell. Herausg. von einem Freunde des Verewigten. Langnau 857. (Bern, Blom.) 8. (XVI, 272 S. u. lith. Bildniß.) n. 2 rthl. 4 ngr.

(Snell, Wilh.) — Naturrecht nach den Vorlesungen von Dr. W. Snell rc. Herausg. von einem Freunde des Verewigten. (Neue, für das Ausland bestimmte Ausg.) Bern 859. Huber & Co. in Comm. 8. (XVI, 272 S.) n. 2 rthl; mit lith. Portr. n. 2 rthl 10 ngr.

Snell, Wilh., Naturrecht. Nach den Vorlesungen hrsg. von einem Freunde des Verewigten. Neue (Titel-)Ausg. gr. 8. (XVI, 271 S.) Bern (859)885, [Jenni.] Köhler'sche Buchh. *

Snellaert, F. A., s. Volksboeker.

Snellen, Agatha, Jungfrau Edelweiss. Ein Rheinmärchen. 12. (68 S. m. Bild.) Leipzig 895. A. Schumann's Verlag. Geb. in Leinw. m. Goldschn. n. 3. —

— in der Mäusewelt. E. neue Erzählg. m. Klavier. Aus d. Holl. Mit Musik v. Catharina van Rennes; (z. Tl. farb.) Zeichngn. v. L. W. R. Wenckebach. Fol. (28 S.) Stuttgart 895. F. Krais. Kart. 3. 50

Snellen, Hermann

Snellen, H., s.: Graefe's, Albr. v., Archiv f. Ophthalmologie.

Snellen jr., die augenärztlichen Heilmittel, s.: Graefe, Alfr., u. Thdr. Saemisch, Handbuch. IV.

— (Augenärztliche) Operationslehre, s.: Graefe, Alfr., u. Thdr. Saemisch, Handbuch.

Snellen, Herm., optotypi ad visum determinandum. Ed. V., metrico systemato. gr. 8. (34 Bl.) Berlin 877. Peters. n. 3. 50

Snellen, H., Optotypi ad visum determinandum secundum formulam $v = \frac{d}{D}$. Ed. 9., metrico systemate. gr. 8. (34 S. m. 4 Taf.) Utrecht 888. (Berlin, H. Peters. — Wien, Deuticke.) n. 3. 50

Snellen, H. Optotypi ad visum determinandum secundum formulam $v = \frac{d}{D}$. Ed. XI., metrico systemate. gr. 8. (35 Bl. u. Taf.) Utrecht 892. (Berl., H. Peters.) ** 3 50
10. Aufl. (30 Bl. m. 8 Taf.) Ebd., u. bei Deuticke in Wien. 890. ** 3 50.

Snellen, Herm., Optotypi ad visum determinandum secundum formulam $v = \frac{d}{D}$. Ed. 12. gr. 8. (34 z. Tl. farb. Bl. m. 4 Taf.) Berlin 894. H. Peters. n.n. 3. 50

— Optotypi ad visum determinandum secundum formulam $v = \frac{d}{D}$. Ed. XIV. (Probebuchstaben zur Bestimmg. der Sehschärfe.) gr. 8. (30 Bl. u. 8 Taf.) Berlin 898. H. Peters. n n. 3. 50

— Optotypi ad visum determinandum secundum formulam $v = \frac{d}{D}$. Ed. XVIII. (Probebuchstaben zur Bestimmg. der Sehschärfe.) (IV S., 28 Bl. u. 7 Taf.) gr. 8. Göttingen 906. Stettin, H. Peters. n.n. 3. 50

Optotypi ad visum determinandum secundum formulam $v = \frac{d}{D}$. Confecit H[ermann] **Snellen**. Ed. H[ermann] Snellen jun. Ed. 19. Stettin: Peters [usw.] 1908. 29 Bl., 10 Taf. 8° (10. 685)

— Optotypi ad visum determinandum secundum formulam $v = \frac{d}{D}$. Ed. H. Snellen jun. Ed. XXI. (Probebuchstaben zur Bestimmg. der Sehschärfe.) (IV S., 28 Bl. u. 10 Taf.) gr. 8. Stettin 908. Darmstadt, H. Peters. nn 3. 50

Snellen's, H., Probebuchstaben zur Bestimmung der Sehschärfe. 1. Aufl. 1862. * 1 Thlr. 5 Ngr. und 2. Aufl. gr. 8. (8 S. Text und 16 Tab. in gr. 8. und Fol.) Berlin 863, Peters. *

Snellen, Herm., Probebuchstaben zur Bestimmung der Sehschärfe. I. 3. Aufl. 1869, und 4. Aufl. gr. 8. (19 S. mit 5 Stnt. in qu. 4. und qu. Fol.) Berlin 873, Peters. *

Snellman, G. R., Ueber Socialversicherung. 8°. Helsingfors 1909.

Snellman, J. L.: Übersicht der Branntweingesetzgebung in Deutschland, der Schweiz und von Dänemark. Im Auftrag von dem kaiserl. Senat in Finnland verfaßt. 1 Bd. X, 107 S. 8°. Helsingfors. 1890.

Snellman, Johann Wilhelm

Snellmann, Joh. Wilh., Liebe u. Liebe. Geschichte zweier Ehen. Gemälde in Terburg's Manier. Aus d. Schwed. 8. (16⅞ B.) Berlin 844. [Leipzig, Kößling'sche Buchh.]

— Liebe u. Liebe. Geschichte zweier Ehen. Gemälde in Terburg's Manier. Aus d. Schwed. 8. Berlin 844, Morin. 1 ₰

Snellman, Joh. Wilh., Versuch e. speculat. Entwicklung d. Idee d. Persönlichkeit. gr. 8. (16 B.) Tübingen 841, Fues, Vrlsh.

Snellman, Paavo: Der Anfang des Arianischen Streites. Ein Beitrag zur Geschichte des Streites aufs neue untersucht. Helsingfors 1904. VIII, 143 S. 8°
Diss. Hels.

Snellman, W. J., De gerundiis orationum Ciceronis. Diss. 1894. 288 S. u. 2 Taf.

Snellmann, W. J., Die bei Caesar gebräuchl. Stellungsformen eines adjektiv.

Snellmann, ..., Rede am Dankfeste, welches die Universität zu Abo am 28. Junk 1811 wegen des neuen Staats feierte. 8. Abo 812. Meyer. (Barth in Leipz.) 6 gr.

Snėmy zvířat. Bájka i kronika. Od K. V. opravené a rozmnožené vydání. Prag 863. Kober. 8. (VIII, 172 S.) n. 16 ngr.

Snethlage, Bernhard, Gerichtsref: Die Verpflichtungen des Verkäufers einer Forderung und eines dinglichen Nutzungsrechtes (Erbbaurecht oder Dienstbarkeit) nach gemeinem Recht und nach dem Bürgerlichen Gesetzbuch. *Rostock 1902: H. Winterberg.* (82 S.) 8°
Rostock, Jur. Diss. v. [15. Jan.] 1903

Snethlage, Bernhard Moritz.- Kurze Uebersicht der Geschichte des Königl. Joachimsthalschen Gymnasiums. ([Verf.:] Bernhard Moritz Snethlage.)
Berlin: Spener 1824. 107 S. 8°
Schulprogr. Berlin, Joachimsthalsches G.

Snethlage, Carl, s. Snethlage, Karl

Snethlage, C. Ueber das ethische Prinzip der Platon. Erziehung 33 S. .
Berlin, J., Progr. 1834

Snethlage, Emilie, a. Kraatz, Prov. Brandenb.: Aus d. Zoolog. Institut in Freiburg i. B. Über die Frage vom Muskelansatz und der Herkunft der Muskulatur bei den Arthropoden. Mit 3 Abb. im Text. Freiburg 1905: (Lippert & Co., Naumburg a. S.) (S. 496–513) 8° (Aus: Zoolog. Jahrbücher Bd 21. Abt. f. Anatomie, 1905.)
Freiburg i. B., Phil. Fak., Ref. Weismann, Diss. v. 3. Juni 1905
[Geb. 13. Apr. 68 Kraatz, Prov. Brandenburg; Wohnort: Freiburg; Staatsangeh.: Preußen; Vorbildung: Berlin Reife O. 00; Studium; Berlin 3 Jena 1, Freiburg 2 S.; Rig. 15. Juli 04.]

Snethlage, K., Bemerkungen über die beiden in Sachen der „Prediger-Bibel" erschienenen Schriften der Prediger J. F. E. Sander und Ed. Hülsmann. gr. 8. Barmen 836. Steinhaus. 1/8 ₰

— Einführungsrede etc., s. R. Stier, Antrittspredigt.

Snethlage, K., s. a. Presbyterial-Kirchenordnungen die älteren, der Länder Jülich, Berg etc.

— die älteren Presbyterial-Kirchenordnungen d. Länder Jülich, Berg, Cleve u. Mark in Verbindung mit der neuen Kirchenordnung für die evangel. Gemeinen der Provinz Westphalen u. der Rheinprovinz. Mit e. Vorwort des Dr. Gräber. gr. 8. Leipzig 837. K. Tauchnitz. 1 1/6 ₰

— kirchenrechtliche Prüfung der die Schwelmer Prediger-Wahl-Angelegenheit betreffenden Erklärung der Pfarrer der Kreissynode Dortmund. gr. 8. Barmen 836. Steinhaus. 1/12 ₰

— Rede bei dem Missionsfest in Elberfeld, am 17. Juni 1835. gr. 8. Barmen 837. Steinhaus. 1/12 ₰

Snethlage, Karl

Snethlage, [Carl]. Das Siech- und Siegesbette Friedrich Wilhelms IV., Königs von Preussen. Nach den Mittheilungen des Predigers Dr. S'. [Umschlag illustriert.] 8. Basel *o. J.* [1861/70].

Snethlage, (Karl Wilhelm Moritz). Zwei Predigten nach dem Tode Friedrich Wilhelms IV. Berlin 1861. 24 S. 8.

Snetiwy, Karl, die Bäder zu Gastein, ihre Heilkräfte und Wirkungsweise. Salzburg 855. Mayr in Comm. gr. 8. (4 Bl., 65 S.) n. 14 ngr.

Snetiwy, Dr. Karl —. Die Bäder zu Gastein, ihre Heilkräfte und Wirkungsweise. Von — —. Salzburg. 1855 Zaunrith'sche Buchdruckerei. In Kommission der Mayr'schen Buchhandlung. Wien, bei Prandel und Meyer. (4 Blätt. 66 S. 8)

Snetiwy, Carl, die Heilquellen im Gasteinerthale. Mit 2 (lith.) Ansichten v. Hof- u. dem Wildbade Gastein. 12. (VIII u. 303 S.) Salzburg 852, Mayr. 1 ₰ 6 ngr.

— die Körper-Verletzungen in gerichtl.-medizin. Beziehung, nach dem Geiste der österreich. Gesetzgebung beurtheilt. gr. 8. (VIII u. 134 S.) Linz 849, Fink in Comm. n. 28 ngr.

Snetiwy, K. Sammlung auserlesener gerichtl.-medizin. Untersuchungen u. Gutachten. Prag 1846.

Snetlage, Dr., s. Leipoldt, W., Festpredigten. — Unterricht, evangel., in Bibelsprüchen.

Snetlage, Bernhard Moritz Ritter v.

— Bemerkk. üb. Pestalozzi's Lehrmethode. 8. Berl. 804.

Snetlage, Bernhard Moritz, s. Feier des Eintritts des Pastors Feldhoff.

— Frankreichs Revolution ist warnend u. lehrreich für alle Nationen. 2 Thle. 8. Hamm 794—796. (W. Nauck in Leipz.) (à 8 gr.) 16 gr. (1r Thl. auch Coppenrath in Münster). 8 gr.

— Frankreichs Revolution ist warnend u. lehrreich für alle Nationen. 2 Thle. 8. Hamm, (Sommer in Lpz.) 794–96. (à 8 gr.)

Snetlage, Ritter Bhrd. Maurit., 4 Progr. üb. einige Hindernisse, welche den Erfolg d. Erziehung u. die vermehrte Wohlfahrt der Staaten aufhalten. Mit Fortsetzung. 8. Berl. 805—809. Haude u. Sp. 12 gr.

— üb. die Umschaffung der latein. Schulen in Realschulen, u. über die damit verbund. Vortheile. 8. Hamm 800.

— üb. den gegenwärt. Zustand der Schulen u. ihre zweckmäßigere Einrichtung. 8. Hamm u. (Münster) 798. Platvoet. 8 gr.

Snetlage, L. W. Observations sur l'expédition navale des Anglais sur les côtes de la Zelande. Berlin 1809. 8°.

Snetlage, Leonhard Wilhelm

— de methodo jus docendi. 8. Halle 788. Hendel. 2 gr

Snetlage, Lhrd. Wlh., († d. 10. Nov. 1812.) de juris universi ratione. 8maj. Halle 789. Hendel. 8 gr

Snetlage, Léon., Contes politiques et tableaux du 18 Siècle. 8. Berlin, Schöne. 779.

— Dictionnaire nouveau français contenant les express. de nouv. création du peuple français etc. 8. Götting. Dieterich. 795.

Schreibp.

— neues deutsch-franz. Wörterbuch, e. Hülfsmitt. zur bequemen Anwend. d. neuen franz. Wörter u. Redensarten, v. Fr. la Coste. gr. 8. Lpz. Voß. 796.

Sneyd, Henry, Cyllene. Histor. Erzählung. In's Deutsche übertragen von Ludmilla Reynolds. 2 Bde. 8. (256; 260 S.) Breslau 888, Schottländer. *ℳ 9.—; geb. *

v. Sniadecki, (J.,) sphärische Trigonometrie in analyt. Darstellung. Mit Anwendung auf die Ausmessung d. Erde u. auf die sphärische Astronomie. Aus dem Polnischen übers. von L. Feldt. Mit 2 Kupft. gr. 8. Leipz. 827, Schwickert.

v. Sniadecki's, J., sphärische Trigonometrie in analyt. Darstell. mit Anwend. auf die Ausmessung der Erde u. auf die sphär. Astronomie, z. Gebrauch öffentl. Vorlesungen; aus d. Poln. nach d. 2n stark verm. Orig.-Ausg. übers. u. mit e. tabellar. Uebersicht d. vorzügl. u. am häufigsten vorkomm. Formeln, von L. Feldt. Mit 2 Steintaf. in gr. 8. u. 36 Tabb. Leipz. 828. Schwickert. 1 ß 8 gr

Sniadecki, Jana, Dzieła. Wydanie nowe Michała Balińskiego. VII Tom. 16. Warszawie 837. Glücksberg. 5⅓ ß

Sniadezki, And., Theorie d. organischen Wesen, a. d. Pohln. v. Jos. Moritz. 1r Bd. 8. Königsb. Unzer. 810.

Sniadezki's, Andreas, Theorie der organischen Wesen. A. d. polnischen Urschrift übers. v. Andreas Neubig. gr. 8. Nürnberg, Zeh. 821. –

Snieders d. J., Aug., Abend und Morgen aus dem flämischen Leben, s. Lesekranz.

Snieders, A., Allein in der Welt, s. Unterhaltungsbibliothek.

Snieders jun., Aug., das Armenschwesterchen. Eine Erzählung aus der Gegenwart. Aus dem Flämischen übertragen von H. Brinckmann. Autorisirte Uebersetzung. 16. (IV, 291 S.) Köln und Neuß [Düsseldorf] 870, Schwann'sche Verlag.

Snieders d. J., A., Bilder aus dem Leben, s.: Bibliothek ausgewählter Novellen, 1—3. Bdchn.

Snieders, A.: Der Dorfpfarrer, s. Unterhaltungsbibliothek, Katholische.

—— Hoch fliegen, tief fallen, s. Unterhaltungsbibliothek,
—— die Lilie des Dorfes, katholische.

Snieders, Aug., der Mann m. dem Puppenspiel, s.: Für Herz u. Haus I 25. Bd.

Snieders jr., A., der Orgeldreher. Eine Geschichte aus dem Jahre 1817. Aus dem Vlämischen übers. von L. Romen. Mit 4 (lith.) Bildern nach J. B. Wittkamp. Emmerich 856. Romen. 16. (141 S.) 7½ ngr.

—— der Orgeldreher. Eine Geschichte aus dem J. 1817. Aus dem Vläm. übers. von L. Romen. gr. 16. (141 S. mit 4 lithogr. Bildern von J. B. Wittkamp.) Emmerich 857, Romen.

— der Scheerenschleifersjunge, s.: Familien-Bibliothek.

—— So wurde er reich, s. Unterhaltungsbibliothek.

—— die Störche, s. Unterhaltungsbibliothek, katholische.

— auf dem Thurme, s.: Unterhaltungsbibliothek, kathol.

Snieders, August

Vielliebchen. Erzählung. Aus dem Flämischen übers. von Ferdinand von Hellwald. Berlin 1868.

In: Roman-Magazin des Auslandes. Nr 7-9.

—— der Wolfsjäger, s. Unterhaltungsbibliothek.

Snieders, J. Renier

Snieders, J. R., der Großknecht, s. Lesekranz.

Snieders, J. Renier, das Krähennest. Erzählung. Nach dem Vlämischen von Friedr. Schnettler. 8. (89 S.) Köln 885, H. Theissing.

Snieders, R., die Lilie des Dorfes, s.: Unterhaltungs-Bibliothek, katholische.

– Die himmelschreiende Sünde, s. Unterhaltungsbibliothek, Kathol.

Snieders, J. Renier, Wie man Bürgermeister wird. Humoristische Dorfgeschichte. Aus dem Vlämischen von Edm. Flinke. Autoris. Uebersetzung. 8. (138 S. mit 4 Stahlst.) Regensburg 874, Manz.

– Das Wunder von Saint Hubert, s. Unterhaltungsbibliothek, Katholische.

Sniegocki, Jós. F., Przepisy dla sług, czeladzi, chlebodawców i urzędników gospodarczych naprowadzające jak się mają zachować w sprawach policyjnych i sądowych wedle ogólnej ustawy względem czeladzi. gr. 8. (42 S.) Berlin 862, Sniegocki's Selbstverlag. *

Sniehotta, Ludw., Schulwörterbuch zu den Kommentarien des Caius Iulius Caesar üb. den gallischen Krieg, s.: Eichert, Otto.

Sniehotta, Ludovicus, Silesius: De vocum Graecarum apud poetas Latinos dactylicos ab Ennii usque ad Ovidii tempora usu. *Vratislariae: M. & H. Marcus (1903).* (36 S.) 8° ¶ (Erscheint vollst. als: Bresl. philol. Abhandl., Bd 9, H. 2.)
Breslau, Phil. Diss. v. 4. Aug. 1903

Sniehotta. Ludov.. de vocum graecarum apud poetas latinos dactylicos ab Enni usque ad Ovidi tempora usu, s. a. Abhandlungen, Breslauer philologische. IX. 2.

De vocum graecarum apud poetas latinos dactylicos ab Enni usque ad Ovidi tempora usu scripsit Ludovicus Sniehotta. *Vratislaviae: M. & H. Marcus 1903.* (75 S.) 8°
= Abhandlungen, Breslauer philologische. Bd 9, H. 2. [04. 1845

Snitger, Eleonore. [Berlin 1826.] V: *Bernstein, Caroline.* (GGr)

Snitger, Hieronymus, der Volkstribun von Hamburg. Geschichtliches Drama. Erstaufführung am Hamburger Stadttheater 28. Februar 1849. V: *Baison, Jean Baptist & Rudolf Gottschall.* (Hessische Biographien. Hgbn. von Herman Haupt. Darmstadt 1918. I, 85)

Snitger, Jastram, an Hamburg's Bürger und Die vom Gebiete. Vaterstädtisches. Hft. 1. gr. 8. (6½ B.) Hamburg 842, Riemeyer. *

Snitling, D., vindicatio articuli de descensione Chr. ad inferos contra Rosium. Hamb. 1728. 8.

Snodgraß, J. J., der Birmanenkrieg. A. d. Engl. Bearb. u. mit Anmerkn. verf. v. G. Nagel. M. 2 Kpfr. u. mehr. Orig.-Documenten d. Königs d. Birmanen u. seiner Heerführer, nebst d. Friedenstractate. gr. 8. (19½ B.) Hannover 830, (Hahn.)

Snodgraß, J. J., der Birmanenkrieg. Aus d. Engl. von G. Nagel. gr. 8. 1831, ist Verlag von Schulze in Celle u. der Preis n. 1 ℛ

Snoilsky, Karl

Snoilsky, Graf Carl. Ausgewählte Gedichte. Deutsch v. Adf. Stern. 8. (167 S.) Stockh. 892. Dresd., v. Zahn u. Jaensch. * 4 — geb. * 5 —

Snoek, Hans, aus Zwischenahn (Grh. Oldenb.): Die Wortstellung bei Bunyan. Marburg 1902: R. Friedrich. (88 S.) 8°
Marburg, Phil. Diss. v. [16. Juni] 1902

Snoek, Hans, die Wortstellung bei Bunyan, s.a. Studien **Marburger, zur englischen** Philologie. 3.

Die Wortstellung bei Bunyan. Von Hans Snoek, Dr. phil. Marburg: N. G. Elwert 1902. (88 S.) 8°
= Studien, Marburger, z. engl. Philologie. H. 3.

[S.] Die Harfe als Orchesterinstrument. Winke u. Ratschläge f. Komponisten ... nebst e. Anh.: Harfen-Litteratur v. Johannes Snoer, Harfenist ... zu Leipzig. *Leipzig: C. Merseburger (1898).* (84 S.) 1 Bd 8.

Snörken un Hamörken ... Hannover u. Leipzig 1869. V: *Fricke, Wilhelm.* (Zeitschr. f. Büch. N. F. 15, 1923, S. 122)

Snörken un Hamörken. Plattdütsche Rimels vun mi sülwst. 8. (VIII, 224 S.) Hannover 869, Cruse's Buchh. *

Snörken un Hamörken. Plattdütsche Rimels vun mi sülwst (W. Fricke). 2. [Titel-] Ausg. 8. (VIII, 224 S.) Hannover (869) 897. L. Ost. Geb. n. 2. —

—— spröäken de norddütsche Bu'rn. Röädensoarten, Sprüchwöö'r, Bu'rröäthsel, Riemsel un Singsang van de Göären. 16. (IV, 200 S.) Berlin 870, Schlingmann. *

Snorra-Edda asamt skaldu og þarmed fylgiandi Ritgjördum af R. Kr. Rask. gr. 8. Stockholm 818, Elmenstku. Rthlr.

Snorri Sturluson

Snorro Sturluson, Edda, s. Edda.

Snorre Sturlason, Heimskringla. Sagen d. Könige Norwegens. A. d. Isländ. v. Ettl. Mohnike. 1. Bd. 1. u. 2. Abthl. gr. 8. (39 B. u. 1 Karte.) Stralsund 835, 37, Löffler'sche Bh.

Snorr, Sturlae filii, historia regum norvegicorum, dan. et lat. ed. Schöning. II Tom. fol. maj. Copenhag. Pelt. 777.

Snorronis Sturlae filii Historia regum norwegicorum. Nova emendata et aucta ed. G. Schöning, S. T. et B. Thorlacio, et E. C. Werlauf, Hand. lat. et danice. 6 Tomi. gr. Fol. Copenh. 777—26. (Schubothe.)

Snorronis, Sturlae filii, historia regum Norvegicorum. Tom. I—III. edd. G. Schöning et Sk. Th. Thorlacius. 777. Tom. IV. V. edd. B. Thorlacius et E. C. Werlauff. Islandice, latine, danice. 813 et 818. fol. maj. Hafn. Gyldendal.
(Vol. I. 4 Thlr. vol. II. 4 Thlr. vol. III. 6 Thlr. vol. IV. 8 Thlr. vol. V. 8 Thlr.)

— Sturlae filii, historia regum Norvegicorum. Tom. I—III. edd. G. Schöning et Sk. Th. Thorlacius. 777. Tom. IV. et V. edd. B. Thorlacius et E. C. Werlauff. Islandice, latine, danice. 813 et 818. Fol. maj. Kopenh., (Gyldendal). 30 ℛ VI Tml. Fol. maj. ibid. 777—26. Schubothe. 36 ℛ Tom. I—III. bei Brummer das. 18 ℛ

Snorro, Sturlusyni Konunga-Sögur. Tom. I. II. 8maj. Holmiae. (Hafn. Gyldendal.) 816 et 817.

—— Weltkreis (Heimskringla) übers. u. erläut. v. Ferd. Wachter. 1. u. 2. Bd. gr. 8. (55 B.) Leipzig 835, 36. Breitkopf u. Härtel.

Snosko-Borowski, E., Muzio-Gambit. Analytische Untersuchgn. üb. den Lean-Angriff [13. Df3—e2]. Mit zahlr. Diagr. (VIII, 64 S.) 8. Leipzig 911. Veit & Co. 2. —

Snouck Hurgronje, C., Bilder aus Mekka. Mit kurzem erläut. Texte. Imp.-4. (18 Lichtdr.-Taf. m. 2 Bl. Text.) Leiden 889. E. J. Brill. In Mappe. n.n. 21. 25

Snouck Hurgronje, C. Grundriss von Mekka, nach der in dem Werke »Burckhardt's Reisen in Arabien (Weimar 1830« enthaltenen Karte; mit Berichtigungen versehen 1887. 1 Bl. I. Ff.

— **Mekka. Mit Bilder-Atlas.** Hrsg. v. „Het Koninklijk instituut voor de Taal-, Land- en Volkenkunde van Nederlandsch-Indië te'S-Gravenhage". 1. Theil: die Stadt u. ihre Herren. Lex.-8. (228 S. m. 2 Grundr. u. 17 Taf. in gr. 4. u. in Mappe.) Haag 888. Nijhoff. n.n. 36. —

Snouck Hurgronje, C. Mekka. Mit Bilder-Atlas. Hrsg. v. „Het Koninklijk instituut voor de Taal-, Land- en Volkenkunde van Nederlandsch-Indië te'S-Gravenhage". Lex.-8. 2. (Schluss-)Thl. Aus dem heutigen Leben. (XVIII, 397 S. m. 23 Taf.) Haag 889, Nijhoff. — —
1. Thl. Ebd. 1888. — Der im XVIII. Bde. angegebene Preis von ** 36 — gilt für beide Thle., für das vollständige Werk.

Snouck Hurgronje, C., mekkanische Sprichwörter u. Redensarten, gesammelt u. erläutert. Hrsg. als Festgabe zum VII. internat. Orientalistencongresse in Wien vom koninglijk Instituut voor de taal-, land- en volkenkunde van Nederlandsch-Indië. gr. 8. (144 S.) Haag 886. Nijhoff. n.n. 4. 50

Snouck Hurgronje. C., Dr. C. Landberg's „Studien" geprüft. Leiden 1887.

Snow, Benjamin *Warner* [aus Henry, Illinois]: Ueber das ultrarothe Emissionsspectrum der Alkalien ... M. 3 Taf. Leipzig, J. A. Barth, 1892; 48 S., 1 Bl., 3 Taf. 8.
Berlin, Phil. Fak., Inaug.-Diss. v. 20. Juli 1892

Snow, John, über die Verbreitungsweise der Cholera. 2., sehr verm. Ausg. Aus dem Engl. übertr. von A. F. W. Assmann. Quedlinburg 856. Huch. gr. 8. (VIII, 150 S. u. 2 lith. Karten in Fol.) n. 1 ₰.

Snow, Julia W., [von] La Salle, Ill[inois]: The conductive tissue of the monocotyledonous plants. Zur. F. Lohbauer Pr. 1893. 98 S., 1 Bl., 7 Taf., 1 Bl. 8°.
Zürich. Phil. Diss. [v. 5. Aug. 1893].

Snow, Walt. B., üb. künstlichen Zug, s.: Toldt, Frdr.

Snowacki, A[nton]: Exposé du quatrième état dans les poèmes de François Coppée. Rybnik 1910: Bartels. xvii S. 4°
Rybnik, k. PG i. E. P 1910 (292) [S 10.416

Snowacki, Anton, aus Serock: Stanislaus Konarski, sein Leben und Wirken. *Posen 1903: St. Adalbert Druckerei.* (124 S.) 8°
Breslau, Phil. Diss. v. 12. Nov. 1903

Snowe's, Jos., the Rhine. Legends, Traditions, and History, with numerous Illustrations in Wood and Zincograph. 2 Vols. 8. London ... Black et Armstrong. eleg. geb. 11 ₰ 5 gl

— the Rhine, the most interesting Legends, Traditions, Histories. from Cologne to Mainz. 2 Vol. (Mit 2 Titelbildern.) 18. Frankfort o. M. 840. Jugel. n. 2 ₰

Snoy, Friedrich, appr. Arzt a. Bromberg, Unterarzt b. Inf.-Reg. v. Wittich (3. Kurhess.) Nr. 83: **Aus der Nervenheilstätte** Haus Schönow bei Zehlendorf (Direktor: Prof. Dr. M. Lähr). Die Nervenschwäche der Feuerwehrleute nach Rauchvergiftung. Berlin (1907): E. Ebering. (52 S.) 8°
Berlin, Med. Fak., Ref. Ziehen, Diss. v. 25. Juni 1907
[Geb. 3. März 81 Bromberg; Wohnort: Bromberg; Staatsangeh.: Preußen; Vorbildung: Gymn. Gumbinnen Reife O. 01; Studium: Berlin K. W. A. 9 S.; Coll. 10. Juni 07; Approb. 11. Mai 07.]

Snüffelmann, Jenny Lind u. die Hamburger, od. ein Ständchen im Jungfernstieg. Genrebild. Mit wenigen Portraits u. gar keinen Abbildgn. gr. 8. (1 B.) Hamburg 845, (Berendsohn.)

Snüffelmann, Jan Döößpeter's Reiseschwiten. I. Fahrt. Von Hamburg nach Berlin. 8. (32 S. und 1 ill. Abbild.) Hamburg 847, Berendsohn.

Sny, moje. Pieśń napisana przez *. 8. (47 S.) Leipzig 851, Michelsen.**

Snyckers, A(lexandre): Die Bank von Frankreich. Organisation, Tätigkeit und Politik. Leipzig: Göschen 1910. S. 43–82. 8°
(Ersch. vollst. als Buch ebd. u. d. T.: Französ. u. dtsch. Diskontpolitik m. bes. Berücks. d. Entwickl. d. Bank v. Frankr.)
Heidelberg, Phil. Diss. v. 17. Febr. 1910, Ref. Gothein
[Geb. 21. Okt. 79 Lüttich; Wohnort: Leipzig; Staatsangeh.: Belgien; Vorbildung: École norm. de l'État Huy Reife M. 99; Studium: Lüttich École d. hes études commerc. 6, Leipzig 5, Heidelberg 1 S.; Rig. 29 Juli 09.]
[U 10. 2173

Snyckers, Alex., les chambres des métiers (Handwerkskammern). Diss. (60 S.) gr. 8. Leipzig 906. G. J. Göschen. n. 1. 20

Französische und deutsche Diskontpolitik mit besond. Berücks. d. Entwicklung der Bank von Frankreich. Von Dr. phil. A[lexandre] **Snyckers**. Leipzig. Göschen **1910**. VI, 61 S. 8° [10. 4768

La Reichsbank et la Banque de France. Leur politique par Alex. **Snyckers**. Leipzig. Paris: A. Rousseau 1905. (VIII, 206 S.) 8° [05. 13174

Snyder, Carl, s. Snyder, Karl

Snyder, Edmund *Nathaniel:* **Der Commentar und die Textüberlieferung des Mahavamsa ... Berlin, Mayer & Müller, 1891; 3 Bl., 51 S. 8.**
Leipzig, Phil. Fak., Inaug.-Diss. v. [15. Sept.] 1891

Snyder, H(elena) A(dell): Thoreau's Philosophy of Life. With special consideration of the influence of Hindoo philosophy. o. O. [1902]. (VII, 93 S.) 8°
Heidelberg, Phil. Diss. v. 1902

Snyder, Karl, das Weltbild der modernen Naturwissenschaft nach den Ergebnissen der neuesten Forschungen. Autoris. deutsche Uebersetzg. von Hans Kleinpeter. (XI, 306 S. m. 16 Bildnissen.) 8. Leipzig 905. J. A. Barth. n. 5. 60; geb. in Leinw. n. 6. 60

Snyder, Carl, das Weltbild der modernen Naturwissenschaft nach den Ergebnissen der neuesten Forschungen. Autoris. deutsche Übersetzg. v. Hans Kleinpeter. 2. verb. Aufl. (XII, 306 S. m. 16 Bildnissen.) 8. Leipzig 907. J. A. Barth. 5.60; geb. in Leinw. 6. 60

— Die Weltmaschine. 1. Tl.: Der Mechanismus des Weltalls. Autoris. deutsche Übersetzg. v. Hans Kleinpeter. (IX, 469 S. m. 11 Abb.) gr. 8. Ebd. 908. 8.—; geb. in Leinw. 9. —

Snyder, Virgil [aus Dixon, Iowa]: Ueber die linearen Complexe der Lie'schen Kugelgeometrie ... Göttingen: Druck d. Dieterich'schen Univ.-Buchdr., 1895. IV, 47 S. 8°
Göttingen, Phil. Fak., Inaug.-Diss. v. [25. Juni] 1895

Snyder, Virgil, üb. d. linearen Complexe d. Lie'schen Kugelgeometrie. Diss. gr. 8. (47 S. m. 14 Fig.) Göttingen 895. (Vandenhoeck & Ruprecht.) n. 1. 20

Snyders, Wilhelm (Rotterdam) [Auctor]
Dissertatio inauguralis medica de morbo iliaco.
Giessae 5. cal. Jan. 1788: Braun. 24 S. 4°
pro gradu in utraque medicina doctoris ... rite obtin.

Snýdr, W.: Anleitung zur Erkennung u. Prüfung der in der österr. Pharmakopöe VII. Ausg. aufgenommenen Arzneimittel, s. Melichar, L.

So bezahlt man seine Schulden, Lustspiel in 3 Aufzüg. von Regina Frohberg. 8. Wiesbaden, Schellenberg. 817.

S. denke ich über die Brachenreiten in Ellwangen. Augsb. 775. 8.

So denke ich ub. d. Gastgebung d. Abteyen im Jahr 1782. 4. Nördlingen, Beck.

So denke ich von dem Beweise des Herrn Franz Xavier Gemeiner, dass die Ordensgelübde ... ohne vorhergehender Dispensation ihre Verbindlichkeit verlieren. O. O. 1783. V: *Zimmermann, Benedict.* (MGT)

Anonym: „So endete Preussen", Germanien 1807. — Vorh.: Preuß. Staatsbibl. Berlin.

SO endete Preußen. Germanien 1807. (In Rostock, Landesbibl.) Selten!

So endete Preußen. gr. 8. (Horaczeck in Hamburg.) 808.

So fährt man in der Welt! od. Begebenh. u. Erfahr. Fr. Tillens, welcher Student, Soldat, Postillion, Schirrmeister, Gastwirth, Räuberfreund und endlich Jagdrath war. 8. Leipz. Seeger. 802.

— feierten Tharand's Bürger den unvergeßl. 7. Juni 1815 am 18. desselb. Monats. gr. 8. Dresd. 815. Arnold. 6 gl

So geht es den Wankelmüthigen. 8. Leipzig, Böhme. 801. 1/2 thlr.

SO geht es den Wankelmüthigen! Leipzig (Cnobloch) 1801. 8°. (1/4 Rthl.) Rar!

SO geht es in der Priesterwelt, mit und ohne Kutten! Ein Gemälde nach der Natur. Mit 1 (freien) TKpfr. Th. 1 (einz.). Leipzig, in Commission bey Gerhard Fleischer d. Jüng. 1804. 8°. (1 1/4 Rthl.) (3 Mk. O. Richter, Lpz., vor 1885; jetzt theurer!
Tit. u. 289 SS., nebst 1 Bl. Errata.

So geht es in der Welt, Eine wahre Begebenheit, v. C. Meyer, s. Cölestine.

— geht es in d. Welt. Lstsp. v. Hanke. gr. 8. Wien, Hörling. 792.

So geht es in der Welt; v. A. Lafontaine. 5 Thle. 8. Berl. Sander. 803—4. (I. d. Baron v. Bergedorf, od. d. Prinzip d. Tugend. 1 Thlr. 18 gr. II. III. Eduard u. Margarethe, od. Spiegel d. menschlich. Lebens. 2 Bde. 3 Thlr. 6 gr.)
Velinpap. (I. 2 Thlr. 12 gr. II. III. 5 Thlr.)

So gehts d. alten Freyern. Eine kom. Oper in 3 A. v. C. H. Köhler. 8. Eisenach, Wittekind. 801.

— gehts, wenn man dem Gesinde die Aufsicht der Kinder überläßt. Trsp. 8. Lpz. Barth. (a. Gerold in Wien.) 772.

— giebt es denn in d. Welt gar keine Ruhe. Lstspl. in 2 A. 8. Wien 807. Wallishausser. 5 gr.

So handeln Freunde. Ein Original-Gemählde aus dem häuslichen Leben in einem Aufzuge. Wien 1794. V: *Schleifer, Leopold Mathias.* (WBL 30/84) (GGr VI/554, Nr. 32/11) (BiblPort)

— handeln Freunde. Originalgemälde. 8. Wien 794. Wallishausser. 6 gr.

— handelt e. guter Fürst. Schsp. v. Blumhofer. 8. Düsseld. (Compt. f. Lit. Lpz.) 786.

— häsch's gearn. Poetische Kochrezepte in Schwarzwälder Mundart v. E. G. (112 S.) kl. 8. Freiburg i/B. (904). J. Elchlepp. Geb. in Leinw. n. 2. —

So heilt man Gicht u. Rheumatismus! gr. 8. (51 S.) Leipzig 898. A. Strauch. n. 1. —

So heilt man Gicht u. Rheumatismus! (4.[Umschlag-] Aufl.) gr. 8. (48 S.) Leipzig (901). A. Strauch. n. 1. —

So ihr Mich von ganzem Herzen suchet, Will Ich Mich finden lassen. Erzählungen f. d. christl. Haus. Lengerich i.W.: Bischof & Klein [1903]. (64 S.) 8° [J.]
= Hinauf die Herzen! No 2. Kt. 1403 6

—— ist es! Romantisch-phantast.-medicin.-pharmaceut. Oper von Giacomo sen. (Mscr.) 8. (16 S.) Breslau 861, (Maruschke und Berendt.) *

So ist es! oder: Ein Stündchen bei Aeskulap. Romantisch-phantastisch-medicinisch-pharmaceut. Oper von Giacomo sen. 2., durch schöne neue, homöopath. und Geheimmittel-Lieder bedeutend erweit. und verm. Aufl. gr. 16. (III und 36 S.) Breslau 862, Maruschke und Berendt. *

So kann es nicht weiter gehen! [Kaiser Wilhelm II.] Gedanken üb. Heilkunde im allgemeinen u. Bakteriologie im besonderen v. *.*. 1.—4. Aufl. gr. 8. (52 S.) Berl. 890,91. W. Issleib. * 1 —

So kann es nicht weiter gehen! (Kaiser Wilhelm II.) Gedanken üb. Heilkunde im allgemeinen u. Bakteriologie im besonderen v. *.*. 1.—4. Aufl. gr. 8. (52 S.) Berlin 891. G. Schuhr. n. 1. —

LIEBE, So laßt uns wieder von der — reden. (= Geheimnisvolle Bibliothek, Bd. 31.) Dresden, Dresdener Roman-Verlag (um 1905). 8°.
Verb. d. Ldg. Dresden V. A. 217/08.

— lernten die Alten zählen u. rechnen! „Nach Adam Riese". Rechenblatt I u. II. (Je 1 Bl. auf Karton m. Abb. ohne Text.) 13,5×19,5 cm. Gebweiler (909). J. Boltze. à — 10

— machen's die Mädchen; Sgspl., aus d. Italien. 8. Amsterd. 791. (Lingen, Jülicher). 6 gr.

So macht ich's mit den Mönchen . . . Rottenmann 1783. V: *Moll, Carl Marie Ehrenbert Freih. v.* (ADB) (NN) (Pk) (WBL) (MGT) (Hr)

— machts jede. Scherzhaftes Singspl. in 2 A. 8. Passau 793. Ambrosi. 2 gr.

So muss man die Männer fangen. Ein Lustspiel in fünf Aufzügen . . . Prag u. Leipzig 1789. V: *Borches, H.* (BrMm)

— muß man d. Männer fangen. Lstsp. v. Borchers. 8. Prag, Widtmann. 789.

— muß man die Männer fesseln. Lstspl., aus d. Engl. von Jb. Leonhardi. 8. Hamb. 788. Herold. 6 gr.

— muß man Füchse fangen. Lstsp. v. Stephani. gr. 8. Leipz. Rein. 795.

— muß man mir nicht kommen, oder d. Schläger. Lstspl., aus d. Engl. 8. Lübeck 778. Donatius. 4 gr.

So muss man mir nicht kommen! oder der Schläger. Lustsp. in 5 Akten. Nach dem Engl. des W. Kenrick. Lübeck 1778. Wien 1788. B: *Engelbrecht, Joh. Andr.* Vgl. Hamburg. Schriftst.-Lex. 2 (1854), S. 191: Der Schläger, oder: So darf man usw. (DARP)

So muss man seelig sterben! oder der wahre Verlauf des ... Todes ... Christianen Eberhardinen, Königin in Pohlen ... 1727. V: *Matthesius, Johann Balthasar.* (Bem I, 1, S. 377)

So nimm denn meine Hände! Ein Mahn- u. Trostbüchlein f. luther. Konfirmanden. (83 S. m. Abb.) 16. St. Louis, Mo. 910. (Zwickau, Schriften-Verein.) Geb. in Leinw. — 80

So prellt man alte Füchse oder Wurst wider Wurst. Posse . . . mit Gesängen und Balletten . . . [Nach Molieres Fourberies de Scapin.] Halle 1777. V: *Mylius, Wilhelm Christhelf Siegmund & Bernhard Christoph d'Arien.* (GGr) (MGT) (EE) (Schr) (MD). (Cat. d. Stadtbibl. Zürich. Zürich 1864—97.)

— prellt man alte Füchse, oder Wurst wider Wurst. Posse nach Molière, von W. C. S. Mylius. 8. Halle 777. Hendel. 8 ℊ

So rächen sich Schriftsteller an betrügerischen Buchhändlern. Ein Lustsp. in fünf Aufz. 1790. V: *Rothe, J. A.* (BrMm) (MD) (GGr)

— rächen sich Schriftsteller an Buchhändlern. Lstsp. 8. Prag, Schönfeld. (a. Neukutter.) 790.

So segnet der Papst! Eine Fastengabe für Christen aller Bekenntnisse, worinnen die wahre Menschen- u. Nächstenliebe in päpstlich-unfehlbarer Weise gepredigt wird. 1. u. 2. Aufl. Bremen 870. Tannen. 16. (14 S.) 3 ngr.

So segnet der Papst! Eine Fastengabe f. Christen aller Bekenntnisse, worinnen die wahre Menschen- u. Nächstenliebe in päpstlich-unfehlbarer Weise gepredigt wird. 3. Aufl. gr. 16. (14 S.) Bremen 871. Tannen. — 30

So singt man in Wien. Des lustigen Wieners neuestes Liederbuch. Sammlung der beliebtesten und neuesten Original-Wiener-Lieder. 24. (236 S.) —.30
Wien: Fritze 1891.

So sollet ihr beten! Münster 1837. V: *Deiters, Joh. Hnr. Paul.* (RASS)

So sollet ihr beten! (Matth. 6, 9.) Ein Gebetb. f. kathol. Christen. Gesammelt u. bearb. nach d. besten ält. u. neu. Gebet- u. Erbauungsbüchern. Mit Vorr. von e. kathol. Geistlichen. Münster, Deiters.
Ausg. Nr. 1. 1. Aufl. 8. (22¼ B. u. 1 Stahlst.) 838., 2., verm. A. (22½ B. u. 1 Stahlst.) 839. à 6 Gr.
" " 2. 1. Aufl. gr. 12. (16 B. u. 1 Stahlst.) 838., 2. verb. A. 8. (22½ B. u. 1 Stahlst.) 839. à 9 Gr.
" " 3. 1. Aufl. gr. 12. (16 B. u. 1 Stahlst.) 838., 2., verb. A. 8. (22½ B. u. 1 Stahlst.) 839., 3., verb. u. verm. A. (16 B. u. 1 Stahlst.) 841. Vlnp. à 12 Gr.
" " 4. Prachtausg. 8. (22½ B. u. 5 Stahlst.) 839. 1 Thlr.
" " 5. In grob. Schrift. 8. (30½ B.) 840. 12 Gr., Schrbp. 20 Gr.

—— sollet ihr beten!, das kleine, e. Gebetbüchl. f. kathol. Christenkinder. Mit Vorw. von e. Pfarrer d. Dekanats Arnsberg. 2. Aufl. 12. (4¾ B.) Arnsberg 841, Ritter. • -

So sollet ihr beten! Matth. 6, 9. Ein Gebetbuch f. kathol. Christen. Gesammelt u. bearb. nach d. besten ältern u. neuern Gebet- u. Erbauungsbüchern. Mit Vorr. v. e. kathol. Geistlichen. Miniatur-Ausg. 18. (14⅔ B. u. 1 Stahlst.) Münster 843, Deiters.

—— dass. Neue, verb. u. verm. Aufl. Stereotypausg. Nr. 1. 8. (22½ B. u. 1 Stahlst.) Ebds. 843. * 7½ Ngr., Nr. 2. 11¼ Ngr., Nr. 3. Velinp. mit 1 Stahlst. 15 Ngr. Pracht-Ausg. Velinp. m. 6 Stahlst.

—— dass. Ausg. Nr. 5. in grober Schrift. 8. (38¼ B. u. 1 Stahlst.) Münster 844, Deiters. 15 Ngr. Schrbp.

So sollet ihr beten! Ein Gebetb. f. kathol. Christen. Gesammelt u. bearb. von e. kathol. Geistlichen. (Neuer unveränd. Abdr.) Min.-Ausg. m. 1 Stahlst. 18. (524 S.) Münster 847, Deiters. ¼ ℛ Velinpap. ⅜ ℛ — e. kathol. Geistlichen. Neue verb. u. verm. Aufl. [Ster.-Ausg. Nr. 1. m. 4 Stahlst.] 8. (VI u. 354 S.) Ebd. 847. ¼ ℛ — Neue verb. u. verm. (31.) Aufl. 12. (408 S.) Ebd. 847. Ausg. Nr. 2. Mit 1 Stahlst. ⅜ ℛ Ausg. Nr. 3. Mit 1 Stahlst. ½ ℛ Prachtausg. Nr. 4. Mit 6 Stahlst. 1 ℛ — Gesamm. u. bearbeitet nach den besten ältern u. neuern Gebet- u. Erbauungsbüchern. Mit Vorrede von einem katholischen Geistlichen. Neue verb. u. verm. Aufl. [Ster.-Ausg. Nr. 1. Mit 1 Stahlst.] 8. (VIII u. 364 S.) Ebd. 849. ¼ ℛ — Miniatur-Ausgabe mit 1 Stahlst. 18. (524 S.) Ebd. 850. ¼ ℛ Velinpapier ⅜ ℛ — Ausg. Nr. 5. in grober Schrift. Mit 1 Stahlst. gr. 12. (X u. 538 S.) Ebd. 850. ½ ℛ — 41. Aufl. [Ausg. Nr. 3 m. 1 Stahlst.] 8. (XVI u. 431 S.) Ebd. 850. ½ ℛ Prachtausg. m. 6 Stahlst. u. 1 Lithochrom. 1 ℛ

— dass. 2. Thl. Oder: 366 Betrachtungen üb. die Hauptpflichten des Christenthums, vertheilt auf alle Tage des Jahrs. Im Anh.: Morgen- u. Abend-, sowie Meß-, Beicht-, Communion- u. andere Gebete, mit Hinweisung auf die vorhergehenden Betrachtungen. (Ausgabe Nr. 1.) gr. 12. (XII u. 403 S. mit 1 Stahlst.) Ebd. 850. ½ ℛ (Ausgabe Nr. 3.) 12. (XIV u. 492 S. m. 1 Stahlst.) Ebd. 850. ½ ℛ

So sollet ihr beten! Ein vollständ. Gebetbuch für kathol. Christen ꝛc. Neue verb. und verm. Aufl. 8. (VIII und 364 S. mit 1 Stahlst.) Ebds. 852.
fein Pap. -

—— dass. — 42. Aufl. 16. (XII und 472 S. mit 1 Stahlst.) Ebds. 852.
fein Pap. mit lithochrom. Titel (43. Aufl.)

—— dass. — 44. Aufl. 8. (XVII und 431 S. mit 1 Stahlst.) Ebds. 852.
mit 6 Stahlst. und lithochrom. Titel

So sollet ihr beten! Ein Gebetbuch für kathol. Christen. Gesammelt und bearb. nach den besten ältern und neuern Gebet- und Erbauungsbüchern. Mit Vorrede von einem kathol. Geistlichen. Min.-Ausg. (Nr. 6.) 32. (511 S. mit 1 Stahlst.) Wesel 852, Bagel. Thlr.
Vlnp. mit lithochrom. Titel (Ausg. Nr. 7.) -

So sollet ihr beten! Matth. 6, 9. Ein Gebetbuch für katholische Christen. Gesammelt u. bearb. nach den besten ältern u. neuern Gebet- u. Erbauungsbüchern von einem katholischen Geistlichen. Ausg. Nr. 5 in grober Schrift. Mit 1 Stahlst. Wesel 864. Bagel. 8. (VIII, 536 S.) 15 ngr.

So sollet ihr beten! Vollständ. Gebet- und Andachtsbuch für kathol. Christen. Von einem kathol. Priester. 2. Aufl. 32. (XVI, 480 S. mit 1 Stahlst.) Dülmen 880, Laumann'sche Verlagsb. * 80 Pf.; geb. von * ℳ 1,50. bis *

— dasselbe. Vollständiges Gebet- u. Andachtsbuch für katholische Christen. Von einem katholischen Priester. (3. Aufl.) 32. (XII, 480 S. m. 1 Stahlst.) Dülmen 882. Laumann.
n. — 60; geb. von n. 1. — bis n. 6. —

So sollet ihr beten! Ein Gebetbuch für katholische Christen. Pracht-Ausg. m. 1 Stahlst. 16. (479 S. m. chromolith. Titel.) Düsseldorf 882. A. Bagel 1. 50

—— dass. — 4. Aufl. 32. (XVI, 470 S.; Liederanhang 26 S. mit 1 Stahlst.) Ebendas. 883. *
geb. von * ℳ 1,20. bis *

So sollet ihr beten. Vollständiges Gebet- und Andachtsbuch für kathol. Christen. Von einem kathol. Priester. 5.—7. Aufl. 32. (XVI, 480 S. mit Farbentitel und 1 Stahlst.) Dülmen 885—87, Laumann'sche Buchh. *
geb. von * ℳ 1.—. bis *

— sollet ihr beten! Vollst. Gebet- u. Erbauungsbuch f. kathol. Christen. 6. Aufl. in großem Druck. gr. 16. (512 S. m. 1 Farbdr.) Leipzig 898. P. Braun. 1. 50

So sollet ihr beten! Vollständiges Gebet- u. Erbauungsbuch für kathol. Christen. 6. Aufl. in großem Druck. (512 S. m. 1 Farbdr.) gr. 16. Leipzig (903). [P. Braun.] Regensburg, J. Habbel. n. 1.50

— sollst du schneidern. Leichtfassliches Handbuch zur prakt. Erlerng. der Damenschneiderei nach bestens bewährten Regeln. (110 S. m. Abb.) Lex. 8. Dresden (910). Internationale Schnittmanufaktur. 2.-

— sollt ihr beten! Vollständiges Gebet- und Andachtsbüchlein für kathol. Christen. 32. (288 S. mit Bildern in eingedr. Holzschn. und 2 Chromolithogr.) Einsiedeln 868, Gebr. Benziger.

Mit 2 Stahlst.

So sollt ihr beten! Vollständiges Gebet- u. Andachtsbüchlein f. kathol. Christen. Feine Ausg. Nr. 2. 32. (336 S. m. Holzschn. u. 2 Stahlst.) Einsiedeln 883. Benziger & Co. — 90

So sollt ihr beten! Vollständ. Gebet- u. Andachtsbüchlein f. kath. Christen. Rev. durch e. Priester d. Erzdiöc. Köln. Verb. u. verm. Ausg. No 1. *Einsiedeln, Köln: Benziger & Co. 1902.* (344 S.) 8° [F.] 1.4. [illegible]

So sprach der König. Reden, Trinksprüche, Proclamationen, Botschaften . . . Friedrich Wilhelm IV., Königs von Preussen. N. Aufl. Stuttgart 1861. H: *Simon, Ludw.* (JStBbH)

— sprach der König. Reden, Trinksprüche, Proclamationen rc. Friedrich Wilhelms IV., Königs von Preußen. Denkwürdigkeiten aus und zu allerhöchstdessen Lebens- und Regierungsgeschichte vom J. 1840—1854. in systematisch geordneter Zusammenstellung. Neue, sehr verm. und vervollständ., wohlfeilere Ausg. Lex.-8. (LXV und 352 S. mit dem Bildn. Sr. Maj. in Stahlst.) Stuttgart 861, Göpel.

So sprach ein Fürst. Stuttgart 860. Göpel. gr. 8. (VIII, 232 S.) n. 1 *ℳ* 10 *ngr.*

So sprichst Du richtig. Ein Rügen-, Merk- und Regelbuch für kleine und große Leipziger Kinder, welche gern richtig deutsch sprechen möchten. Von Nichtsfürungut. Leipzig 857. Wengler. 8. (40 S.) 5 *ngr.*

— spröäken de nordbütsche Bu'rn. Röädensoarten, Sprüchwüö'r, Bu'rröäthsel,.Riemsel un Singsang van de Göären. Berlin 870. Schlingmann. 16. (IV, 200 S.) n. 10 *ngr.*

So stehts in Bender od. Beschreibung was seit 3½ Jahren in u. umb Bender vorgegangen. (80) 8 1713

— treibt man's jetzt! Eine zeitgemäße Erzählg. f. das Volk. gr. 16. (76 S.) Prag 874. Steinhauser. n. — 50

So u. nicht So. Bilderbuch, belehrend u. unterhaltend f. d. Kinderwelt. Mit 90 ausgemalt. Gegenbildern. 8. (2 B. u. 12 Taf.) Leipzig 846, Hunger.

— urtheilt die Welt, s. Familien-Bibliothek.

So wäre die Kupferstecherkunst doch so geringschätzig nicht? [Leipz. 1800.] V: *Wöllfeldt, Johann Caspar.* (MGT)

— werden Mädchen gut. Fünf Erzähln. aus ein. edlen weibl. Kreise. Ein pass. Fest- u. Prüfungsgeschenk f. fleiß. u. gesitt. Mädchen. 12. (3 B.) Wien 839, [Dorfmeister.]

— werden Mädchen gut. Fünf Erzählungen aus einem edlen weiblichen Kreise. Ein passendes Fest- u. Prüfungsgeschenk für fleißige und gesittete Mädchen. 12. Wien 839. Mausberger. (Leipzig, Hunger.) ⅓ *ℳ*

— wird es kommen! Prophezeihungen und Vorhersagungen der Ereignisse von 1866—1870. Nach alten beglaubigten und neuerdings entdeckten Urkunden dargestellt. 8. (15 S.) Berlin 866, Mecklenburg.

So wird unserer Finanznoth abgeholfen. 8. (14 S.) Wien 861, (Heubner.)

— zieht man dem Betrüger die Larve ab. Lstsp. v. Brühl. 8. Dresd. Walther. 787.

Ernst Gottlob Albert, Herzog von Mecklenburg-Strelitz: Cantate, aufgeführt bei der Todtenfeier des wail. [!] Durchl. Prinzen Ernst Gottlob Albert, Herzogs zu Mecklenb[urg]-Strelitz. In Musik gesetzt für die ehrw. L. z. d. 3 Sternen [in Rostock] von **Soal.** Rostock 1814.
Kl 1446.
[Kalender f. d. Prov.-Loge von Mecklenburg. 8 (1831) S. 136.]

Discours prononcé dans la célèbre loge Absalon de la très-vénérable confrairie des francs-maçons de Hambourg, par Soalhat, Chevalier de Mainvillers; avec la trad. allemande. o. O. [1775]. 7 S. 4° [Umschlagtit.]
Kl. 926. Selten. Preis der Mrei.

Soane, Predigten üb. verschiedene Materien, 2 Thle. nebst Haberkorn von Habersfeld Eingängen zu diesen n. d. ält. Neuville Predigten um solche auf d. Sonn- u. Festtage zu gebr. 2 Thle gr. 8. Breslau, Korn d. ält. 781.

Soanen, Jean. Predigten über verschiedene Materien . . . a. d. Franz . . . Bresl. 1781. Ü: *Heyde, Joh. Daniel.* (ML)

Soardi, Laur., institutio naturalis ad honestatem. 8. Patav. 753. (Heubner in Wien). 12 *kr*

Soardi, Laur., institutio naturalis ad honestatem. 8. Patav. (Pott, Lausanne.) 753.

Soardi, S. A., de suprema Romani pontif. auctor. hodierna eccles. Gall. doctrina; ed. de Buinink. 4. maj. Heidelb. Braun. 793..

Soardi, Victor Amad., De suprema Romani Pontificis auctoritate hodiernae ecclesiae Gallicanae doctrina. Editio emendatior et correctior cura I. de Buininck. Heidelberg. 1793. 4°. 2 Teile in 1 Bde.

Das Original Avignon 1747, 4°. Tritt für die päpstl. Rechte gegenüber den gallikan. Prätensionen ein, weshalb das Werk durch Parlamentsbeschluß v. 25. Juni 1748 unterdrückt wurde. Vgl. Hurter, a. a. O. II, 1305.

Soardi, U. A., de suprema Romani pontif. auctor. hodierna eccles. Gall. doctrina; ed. de Buinink. 4maj. Heidelb. 793.. Braun. 2 *ℳ*

Soarius, Cypr., de arte rhetorica. 8. Augsb. 755. Wolff. 4 *gr*

Soarius, Cypr., methodus parandae eloquentiae. 8. Nürnb. 712.

Soave, Francesco. Elementi della lingua italiana di — —. Ad luso delle scuole normali. 8. (102 p.) Vienna. Stamperia della vedova di L. Grund. 1844.
Verlag der Schulbücher-Verschleiß-Administration

Soave, Francesco. Elementi della pronunzia e dell' ortografia italiana di — —. Ad uso delle scuole normali 8. (38 p. 1 Bl.) Vienna. Stamperia di L. Grund. 1854. Legato 4 Car. M. C.
Verlag der Schulbücher-Verschleiß-Administration

Soave, Frz., moral. Erzählungen; aus d. Italien. frei übers. 8. Wien ... (Leipz., Joachim). 1 ♂

— Dies. aus d. Italien. übers. v. H. G. Zehner u. J. Meurer. 4 Thle. 16. Hanau 828. Edler. 1 ♂ 4 gl. Hdg. Pr. 20 gl.

Soave, Frz., grammatica ragionata della lingua Italiana. 8. Zwickau 804. Schumann. 12 gl.

Soave, Franc., grammatica ragionata della lingua italiana adattata all' uso e all' intelligenza comune. Nuovissima ed accurata ediz. Trieste 858. Coen. 8. (168 S.) 7 ngr.

Soave, Francesco. Introduzione alla Gramatica italiana, estratta dagli elementi di — —. per la seconda Classe. 8. (96 p.) Vienna. Stamperia di L Grund. 1854. Legato 9 Car. M. C.
Verlag der Schulbücher-Verschleiß-Administration

Soave, F., novelle morali, s. a. Uebersetzungs-Bibliothek zu den italienischen Unterrichts-Briefen von Buonaventura u. Schmidt.

— novelle morali, mit deutschen grammat. Anmerkk. u. Wörterverzeichn., herausgg. v. F. Ahn. Aachen ... Cremer. 10 gl.

— Novelli morali. 12. Padova. (Sommer, Leipz.) 798.

— Novelli morali. 8. Lips. Köhler. 806.

Soave, Franz, Novelle morali. Ad uso dé giovani studiosi, della lingua italiana arrichite di sotto poste note tede che spiéganti i passi la parole difficile e le regole grammati ali etc. e Frittellieri. P. II. 8. Berl. Achenwall et Comp. 811. (à 1 Rthlr. 8 gr.)

Soàve, Fr., Novelle morali etc. da Frittellieri. II Part. 8. Berlin, 811. Jetzt Verl. v. Rücker.

— novelli morali ad usu de Giov. da Fritellieri. II Ptes. 8. Berl. 814. (Rücker). 2 ♂ 16 gl.

— Novelle morali, ad uso de Fanciulli. 16. Leipz. Sommer. 816.

— — Novelle morali. 3 Parti. Ediz. novissima. 16. Lipsia, Sommer. 817.

— il med. 12. Leipz. 798. N. A. 824. Sommer. (Nauck). 20 gl.

Soave, Francesco, Novelle morali, ad uso della gioventù. nuova ediz., accresciuta. — e di otto novelle di autore incerto. Nella quale si sono accentate tutte le voci, per facilitare agli stranieri il modo d'imparare la prosodia della lingua italiana. 18. Parigi et Lione 835. (Leipzig, Hinrichs.) 5/6 ♂

Soave, Franc., Novelle morali. Ad usum della gioventù. Ultima ediz. corretta, nella quale si sono accentate tutte le voci, per facilitar agli stranieri il modo d'imparare la prosodia della lingua italiana. 16. (11 B.) Vienna 838, Sammer.

Soave, Franc., Novelle morali. Nuova edizione riveduta, ed arricchita di note Tedesche. 8. (220 S.) Vienna 852, Tendler & Co. 1/2 ♂

— novelle morali. Nuova ediz. riveduta, ed arricchita di note tedesche. Vienna (853.) Tendler e Co. 8. (2 Bl., 220 S.) 15 ngr.

— Novelle morali. Ad uso dei fanciulli. 8. (242 S. mit 1 Holzschnt.) Triest 861, Coen. *

Soave, Franc., Novelle morali. Ad uso dei fanciulli. 8. (240 S. mit 1 Holzschnttaf.) Triest 864, Coen. *

— dass. — 8. (207 S. mit 1 Holzschnttaf.) Ebendas. 868. *

Soave, Francesco, Novelle morali. 3a ediz. riveduta, ed arrichite di note tedesche. 8. (IV, 172 S.) Wien 871, Gerold's Sohn.

— Novelli morali e frittellieri. P. I. 8. Berlin, Salfeld.

Soave P. F. moralische Novellen für die Jugend, aus dem Italiänischen, 8. Leipz. 787. Lincke. 13 gl.

SOAVE, P. Francesco, Moralische Novellen für die Jugend. Aus d. Italienischen des —. Leipzig, bey Carl Friederich Schneidern, 1787. 8⁰. Zahm.
190 S. (incl. Tit. u. 1 Bl. Vorber. d. Uebersetzers), 1 Bl. Inh. Der Vorber. besagt: „Der Vf. ist ein Italienischer Ordensgeistlicher in der Lombardie (so!), der sich außerdem durch eine Sammlung Idyllen, und eine Grammatik über seine Muttersprache bekannt gemacht hat. Die letzte Ausgabe (der Novellen) erschien 1785 in zwey Octavbändchen, und enthielt eine Sammlung von 34 Novellen. Der Uebersetzer hat diese Zahl bis auf 19 eingeschränkt" etc. „Die 15. u. 16. Novelle sind aus einer ähnlichen Sammlung des Marchese *Albergati* entlehnt. Sämmtlich harmlos.

— der Graf Orenzo u. die nächtl. Erscheinung. 8. Leipz., (Joachim). 1 ♂

— Scelta d'Alcune Novelle. Come d'Itilli trad. dal metesimo, con Vocabolario (Italienisch-Deutsch, vom Prof. C. Clesea), particolarmente pro le scuole. gr. 12. Augsb. 832. M. Rieger. (Rimmer). 6 gl.

Soballk Franz: Die Ausbreitung und Stellung des deutschen Elements in Böhmen und Mähren bis zum Regierungsantritte Přemysl Ottokars II.
1892 PN 742 Diss. Wien. Ur. 742

Sobanja, die besonderen Polizeiverordnungen für den Reg.-Bez. Liegnitz und die Provinz Schlesien. Systemat. zusammengestellt. gr. 8. (V, 364 S.) Tarnowitz 888, Sauer und Comp. cart. *

Sobanja, die besond. Polizei-Verordnungen f. den Reg.-Bez. Liegnitz u. die Prov. Schlesien. Systematisch zusammengest. 2. Aufl. gr. 8. (V, 349 S.) Tarnowitz 897. H. Sauer. Kart. n. 6. —

Sobanja, Polizei-Verordnungen f. den Reg.-Bez. Liegnitz u. die Prov. Schlesien. Nachtrag. gr. 8. (III, 36 S.) Tarnowitz 899. H. Sauer. Kart. n. — 80
Hauptwerk. Ebd. 897. Kart. n. 6. —.

— die neuen Strafbestimmungen in Polizei-Sachen für den Reg.-Bez. Oppeln von 1874 bis 1886, systemat. zusammengestellt. gr. 8. (XVI, 443 S.) Ebendas. 886. geb. *

— die allgemeine Veterinär-Polizei in Preußen m. erläuternden Anmerkungen, übersichtlich geordnet. 8. (VII, 172 S.) Ebd. 887. geb. n. 3. 50

Sobawa, Bernhard, aus Dombrowka, Kreis Gr. Strehlitz i. Schl., z. Z. Referendar in Belgard a. Pers. (Pomm.): Das Recht des Überhangs und Überfalls. Nach Römischem u. Deutschem Rechte, sowie dem Rechte d. Bürgerl. Gesetzbuchs f. d. Deutsche Reich. *Greifswald 1902: J. Abel.* (42 S.) 8°
Greifswald, Jur. Diss. v. [6. Sept.] 1902

Zweite Auflage. | Sobbe, | der Mörder | des Geldbriefträgers Cossäth. | (Fig.: *Porträt eines Mannes*, 63 × 60) | Preis 10 Pfg. Nachdruck verboten. | Hannover, | Druck und Verlag von Fr. Rodewald, Eckerstr. 3.
o. J. (um 1883), 4 Bl. n. n., 185 × 110.
U/SB Göttingen Poet. Germ. IV. 7588 (17.

Sobbe, v., Theilnahme des 3. Magdeburgischen Infanterie-Regiments Nr. 66 an der Schlacht von Königgrätz. gr. 8. (140 S. mit 2 lithogr. und color. Karten und einer Erläuterung dazu in gr. 4. und Fol.) Magdeburg 869, Heinrichshofen'sche Buchh.

Sobbe, Adrian von, Referendar aus Xanten: Die emtio rei speratae, ihr Wesen und ihre Wirkungen. *Köln 1899: F. A. Uckelmann.* (55 S.) 8°
Erlangen, Jur. Diss. v. 21. März 1899

Sobbe, Carl, s. Sobbe, Karl

Sobbe, Eug. v., Bilder und Erfahrungen aus dem Leben. Emsdetten 863. v. Sobbe. 16. (IV, 149 S.) n. 12½ ngr

—— die Erstürmung der Stadt Salzkotten am 22. Dezbr. 1633 durch die Schweden und Hessen. Eine Skizze aus dem 30jähr. Kriege. gr. 8. (20 S.) Salzkotten 856. (Emsdetten, v. Sobbe's Verlag.)
Aus: Zeitschrift für vaterländische Geschichte und Alterthumskunde, besonders abgedruckt.

Sobbe, Eug. v., die jungen Burggrafen Johann und Sigmund von Nürnberg, s. Johann und Sigmund.

Sobbe, Eug. v., ausgegangene Ortschaften u. Ansiedlungen in der Umgebung der Stadt Salzkotten. [Aus: „Zeitschr. f. Geschichte u. Alterthumskde. Westfalens".] gr. 8. (40 S.) Salzkotten 877. v. Sobbe. — 50

Sobbe, Karl

Sobbe, Carl: Beiträge zur Technologie des Schmiedepressens. (Berlin: Springer) 1908. 36 S. 4° ¶ Aus: Werkstattstechnik. Jg. 2.
Berlin, Dr.-Ing.-Diss. v. 17. 7. 1908

v. **Sobbe**, Rud. (geb. Minden a. W. 10. 8. 1844): Ein Beitrag zur Geschichte der subperiostalen Resectionen in der Continuität der grossen Röhrenknochen. Berlin (1868). (32 S.) 8°
Berlin, Med. Diss. v. 14. Okt. 1868

Söbbeke, Anton, approb. Arzt aus Oelde: Aus d. Universitäts-Augenklinik zu Giessen. Bericht über die Trachomverhältnisse in dem Krankenmaterial der Giessener Augenklinik in den Jahren 1895—1901. *Giessen 1901: v. Münchow.* (28 S.) 8°
Giessen, Med. Diss. v. 1901

Sobbowitz [Schlagwort]

Sobbowitz, s.: Preussen. Messtischblätter.

Sobczyk, das pythagoreische System in seinen Grundgedanken entwickelt. 8. (41 S. m. 1 Steintaf.) Breslau 878. (Koebner.) n. 1. —

Sobe, Herm., Lesebuch f. Musiter-Fachklassen, s.: Teuchert, Emil.

Sobeck, Friedrich: Die Quästoren der Römischen Republik. Trebnitz: Maretzke & Märtin 1909. VIII, 95 S. 8°
Breslau, Phil. Diss. v. 1. Juli 1909, Ref. Cichorius
[Geb. 12. Dez. 84 Breslau; Wohnort: Breslau; Staatsangeh.: Preußen; Vorbildung: Matthias-Gymn. Breslau Reife 05; Studium: Breslau 8 S.; Rig. 3. März 09.] [U 09. 630

Sobecki, Wladislaus: Synthese tertiärer Pyridylalkine und die Produkte ihrer Umwandlung. Beiträge z. Kenntnis einiger Δ^3-Cyklohexaenderivate. Breslau 1909: Fleischmann. 70 S. 8°
Breslau, Phil. Diss. v. 11. März 1909, Ref. Ladenburg
[Geb. 21. Sept. 85 Posen; Wohnort: Posen; Staatsangeh.: Preußen; Vorbildung: Oberrealsch. Posen Reife O. 05; Studium: Breslau 8 S.; Rig. 17. Febr. 09.] [U 09. 631

Sobeczko, Antonius (*geb. Babitz bei Leobschütz 13.6.1801*): De morbis salutiferis. Vratislaviae (1825). (35 S.) 8°
Breslau, Med. Diss. v. 28. Dez. 1825

Sobek, Franz, Dějiny všeobecné pro nižší třídy škol středních. Díl I. Věk starý. Vierte umgearbeitete Auflage. Prag 1895. F. L. Kober. (Min.-Erl. v. 21. März 1893, Z. 3163) —.75

Sobel Amalie: Börne als Dramaturg.
1906 PN 2082 Diss. Wien, Univ. 193

Geschichte und Festschrift der österr.-böhm. Ordens-Provinz der Barmherzigen Brüder zu d. am 28., 29. u. 30. Aug. stattfindenden Feierlichkeit d. Einweihung des... neuerbauten Mutterhaus-Spitales zu Feldsberg in N.-Oe. Verf. u. hrsg. v. Ordens-Provinzial Joannes de Deo **Sobel**. Wien: Selbstverl. d. Ordens 1892. (IV, 275 S.) 8° [05. 13947

Sobel, Natali

Sobel, N., die Accente in Otfrids Evangelienbuch, s. Quellen u. Forschungen zur Sprach- u. Culturgeschichte der germanischen Völker.

Sobel Naftali: Die Akzente in Otfrids Evangelienbuch. Eine metrische Untersuchung. Diss. Wien, Univ.
D: Straßburg, 1882.
1881 PN 192 13

Soboleff, die Verletzung des Amnions während der Bebrütung, s. Mittheilungen aus dem embryologischen Institute der k. k. Universität in Wien.

Sobelsohn, Johann [prakt. Thierarzt in Wien]: Über die physikalischen Heilmethoden der kolikartigen Krankheiten beim Pferde. (S.-A. aus Monatshefte für praktische Thierheilkunde. XIII. Bd. 7./8. Heft.) Stuttgart 1902. 46 S. 8°.
Bern. Vet.-med. Diss. 1901/1902.

Sobelsohn, Johann. Ueber die physikalischen Heilmethoden der kolikartigen Krankheiten beim Pferde. Diss. Vet.-Med. Bern. Sonderabdruck aus « Monatshefte für praktische Thierheilkunde », Band 13. II + 46 S. 8. Stuttgart [Union Deutsche Verlagsgesellschaft] 1902.

Sober, Edgar (geb. Oels 13. 9. 1859): Beitrag zur subcutanen Osteotomie. Berlin (1884). (35 S.) 8°
Berlin, Med. Diss. v. 2. Mai 1884

Sobernheim [Schlagwort]

Sobernheim, s.: Deutschland. Kürschner-Pelp.

Sobernheim, s.: Preussen. Messtischblätter.

Sobernheim [Verfasser]

Sobernheim, B. H., Sistens casum insultus apoplectici levioris feliciter curati. 32 pp. Hal. 4°.
1742

Sobernheim, Franz, Referendar in Berlin: Ein Beispiel für die Anwendung der materiell-rechtlichen Vorschriften zugunsten des guten Glaubens. (§ 407 BGB.) Borna-Leipzig 1906: R. Noske. (IX, 84 S.) 8° [J.]
Berlin, Jur. Fak., Ref. Seckel, Diss. v. 6. Aug. 1906
[Geb. 26. Apr. 83 Berlin; Wohnort: Berlin; Staatsangeh.: Preußen; Vorbildung: Französ. Gymn. Berlin Reife M. 01; Studium: Lausanne 1, München 2, Berlin 3 S.; Rig. 20. Juni 06.]

Sobernheim, Georg [aus Berlin]: Über die Beziehungen zwischen Pneumonie und Lungen-Tuberculose. . . . Berlin, Buchdr. v. G. Schade, 1891; 30 S., 1 Bl. 8°
Berlin, Med. Fak., Inaug.-Diss. v. 25. Jul. 1891

Über Bücherdesinfektion. Von Prof. Dr. G[eorg] Sobernheim u. Dr. E[rich] Seligmann. Berlin: Verl. f. Volkswohlfahrt 1910. 24 S. 8°
Aus: Desinfektion. Jg. 3. (10. 16037 2

Leitfaden für Desinfektoren. Von Prof. Dr. G[eorg] Sobernheim, Halle a. S. Halle: C. Marhold 1907. (47 S.) 8°

Sobernheim, Georg: Experimentelle Untersuchungen zur Frage der aktiven und passiven Milzbrandimmunität ... Halle a. S.: Hofbuchdr. v. C. A. Kaemmerer & C., 1897. 39 S., 16 Tab. 8°
Halle, Med. Fak., Hab.-Schr. v. [10. März] 1897

Sobernheim, J., religiöse Duldsamkeit. Eine Pred., geh. in d. Synagoge zu Bingen am 15. Dez. 1838. gr. 12. (1 B.) Bingen 839. (Gießen, Ricker.)

Sobernheim, Jos. Friedr., prakt. Diagnostik d. innern Krankheiten, mit vorzügl. Rücksicht auf patholog. Anatomie. gr. 8. (28¼ B.) Berlin 837, A. Hirschwald.

Sobernheim, Jos. Friedr., Elemente der allgemeinen Physiologie. gr. 8. (14 B.) Berlin 844, Förstner. *

Sobernheim, J(oseph) F(riedrich) (Übers.):
s.: Frank, Johann Peter: Behandlung der Krankheiten des Menschen. (De curandis hominum morbis epitome. Dt.) Bd 1 - 4. Berlin: 1835
JB 2.216

– s. Frank, Jh. Pet., specielle Pathologie u. Therapie.

Sobernheim, J. F., allgem. Gesundheitslehre f. alle Stände u. alle Klassen d. Gesellschaft. Nach d. gegenwärt. Standpunkte dies. Wissenschaft bearb. 8. (11¼ B.) Berlin 834, Vereins-Buchh.

—— Handbuch d. prakt. Arzneimittellehre in tabellar. Form. Auf d. Grund d. neuesten preuss. Pharmakopöe u. mit vorzügl. Berücksichtigung d. naturhistor. Theils dieser Doctrin etc. 1. Aufl. (51½ B.) 836., 2., umgearb. u. verm. A. (in 3 Lfgn.) (54 B.) 838. à 4 Thlr., 3., neu bearb. u. verm. A. (in 3 Lfgn.) gr. 4. (59¼ B.) Berlin 839, 40, Förstner.

—— Handbuch d. prakt. Arzneimittellehre f. angeh., prakt. u. Physikats-Aerzte, so wie als Leitfaden f. d. akadem. Unterricht. 2 Thle. gr. 4. Berlin 841, Förstner.
A. u. d. Ttln.:
Thl. 1. Physiologie d. Arzneiwirkungen. Gestützt auf d. neuesten Erfahrungen im Gebiete d. Entwickelungsgesch., d. Physio-Pathologie u. organ. Chemie. (12 B.) 1 Thlr.
- 2. oder specieller Theil. 4., durchgäng. revid. u. verm. Aufl. (2 Lfgn.) (60 B.) 4 Thlr. 12 Gr.

—— Handbuch der prakt. Arzneimittellehre. Für angehende, prakt. u. Physikats-Aerzte, sowie als Leitfaden f. d. akadem. Unterricht. 1. Thl. A. u. d. Ttl.: Physiologie der Arzneiwirkungen. Gestützt auf die neuesten Erfahrungen im Gebiete d. Entwickelungsgeschichte, der Physio-Pathologie u. organ. Chemie. 2. Aufl. (12¼ B.) 843. u. 3. Aufl. bearb. u. hrsg. v. Mor. Lövinson. gr. 4. (13½ B.) Berlin 847, Förstner. à

Sobernheim, Jos. Friedr., Handbuch der prakt. Arzneimittellehre. etc. 2. od. specieller Theil. 5., verm. u. revid. Aufl. gr. 4. (62 B.) Berlin 844, Förstner. Thlr.

Sobernheim's, Jos. Friedr., Handbuch der prakt. Arzneimittellehre. Für angehende, prakt. und Physikats-Aerzte, so wie als Leitfaden für den akadem. Unterricht. 2., oder specieller Thl. 6., durchgängig verb. und verm. Aufl. Bearb. von Mich. Bened. Lessing. gr. 4. (X und 506 S.) Berlin 850, Förstner'sche Buchh.
1. Thl. (3. Aufl.) Ebendas. 1847. 1 Thlr.

Sobernheim's, J. F., Handbuch der praktischen Arzneimittellehre. Für Studirende, prakt. Aerzte, Physikats-Aerzte und Apotheker, so wie als Leitfaden für den akadem. Unterricht. 1. oder allgemeiner Thl. 4., vielfach verb. Aufl. von Mich. Bened. Lessing. Berlin 855. (Leipzig,) Förstner. gr. 4. (VIII, 104 S.) 1 ₰.

— — 2. oder specieller Thl. 7., gänzlich umgearb. u. vielfach verm. Aufl. von Mich. Bened. Lessing. Ebend. 854. gr. 4. (XII, 510 S.) 5 ₰.

—— und J. Frz. Simon, Handbuch d. prakt. Toxikologie. N. d. neuesten Standpunkte dies. Wissenschaft u. ihrer Hilfsdoktrinen etc., gr. 8. (47 B., 1 Kpfrt. u. 3 Tab., incl. 2 ill.) Berlin 838, Förstner.

—— Deutschlands Heilquellen in physikal., chem. u. therapeut. Beziehung. In tabellar. Form geord. gr. 4. (10½ B.) Berlin 836, Förstner.

— Deutschlands Heilquellen in physikalischer, chemischer und therapeutischer Beziehung. In tabellar. Form geordnet. Zum Gebrauch für Medizin Studirende, Aerzte, Wundärzte u. gebildete Nichtärzte. gr. 4. Berlin 836. Schüppel. 1 ₰

(——) die medicin. Praxis, s. Praxis.

— Tabulae pharmacologicae usui medico-practico dicatae. breit 16. Berolini 837. Förstner. ¾ ₰

—— Tabulae pharmacologicae usui medico-practico dicatae. Editio secunda aucta et emendata. 16. (9½ B.) Berlin 843, Förstner. —

—— Tabulae pharmacologicae usui medico-practico dicatae. Editio III. multum aucta et emendata. Post mortem auctoris elaboravit atque ed. Mich. Bened. Lessing. br. 12. (VI und 162 S.) Berolini 851(52,) libr. Förstner. —

—— Tabulae pharmacologicae usui medico-practico dicatae. Post mortem auctoris elaboravit atque edidit Mich. Bened. Lessing. Editio IV. multum aucta et emendata. br. 12. (VI und 162 S.) Berolini 855. [Leipzig,] libr. Förstner. -

Sobernheimii, J. F., tabulae pharmacologicae usui medico-practico dicatae. Post mortem auctoris tertium elaboravit atque ed. Mich. Benedict. Lessing. Editio V. multoties aucta et emendata. br. 12. (VII und 164 S.) Leipzig 859, [Felix.] Thlr. -

Sobernheim, J. F., tabulae pharmacologicae usui medico-practico dicatae. Post mortem auctoris tertium elaboravit atque edid. **Mich. Bened. Lessing.** Editio V. multoties aucta et emendata. Leipzig 859. Förstner. (Felix.) 12. (VII, 164 S.) 27½ ngr.

Sobernheim, Mor., Palmyrenische Inschriften, s. Mitteilungen der vorderasiatischen Gesellschaft. 1905. II.

Palmyrenische Inschriften. Von Moritz **Sobernheim**. Berlin: W. Peiser in Komm. 1905. (57 S., 25 Taf.) 8°
= **Mitteilungen** d. Vorderasiat. Gesellschaft. 1905, 2. 05. 6776

Sobernheim, Moritz *Sebastian* [aus Berlin] : Ueber die Madraset elazwāg von Mohammad ᶜosmān Galāl . . . Berlin: S. Calvary & C., 1896. 2 Bl., 129 S. 8°
Bonn, Phil. Fak., Inaug.-Diss. v. 6. Aug. 1896*)

Sobernheim, M., s.: Mohammad Bey ᶜosmān Galāl, Madraset elazwāg.

Sobernheim, Moses (Bingen) A. S. 1292/15

Specimen medicum de cauto et incauto sedativorum usu.
Halle (Hilliger) 25. 1. 1724. 36 S. 32767

Handelskammern und Handelsregister in der Rechtsprechung seit d. J. 1900. Im Auftr. d. Handelskammer zu Berlin bearb. von Dr. Otto **Sobernheim**, Ger.Ass. Hrsg. von d. Handelskammer zu Berlin. Berlin 1910: Liebheit & Thiesen. 203 S. 8° 10. 17134

Sobernheim, Otto, Referendar in Berlin: Das Notverordnungsrecht im Deutschen Staatsrecht. Borna-Leipzig 1904: R. Noske. (69 S.) 8°
Berlin, Jur. Fak., Ref. Kahl, Diss. v. 17. Dez. 1904
[Geb. 3. März 82 Berlin; Heimatsort: Berlin; Staatsangeh.: Preußen; Vorbildung: Französisches Gymn. Berlin Reife O. 00; Studium: Freiburg i. B. 3, Berlin 4 S.; Rig. 2. Aug. 04.]

[F.] **Sobernheim, Walter [Kammerger.-Ref.]: Die juristische Natur der sogenannten Syndikate '(Ringe, Kartelle)' . . . Berlin, Buchdr. v. G. Schade,** *1895;* 50 S. 8.
Göttingen, Jur. Fak., Inaug.-Diss. v. [2. Mai] 1895

Sobernheim, Wilhelm, approb. Arzt aus Berlin: **Ein Beitrag zur Kenntnis des pulsierenden Exophthalmus und Enophthalmus.** *Freiburg i. B.: Speyer & Kaerner 1903.* (41 S.) 8°
Freiburg i. B., Med. Diss. v. 1903

Sobeski, Michael: **Aus d. psychol. Institut d. Universität Breslau. Über Täuschungen** des Tastsinns. *Breslau 1903: H. Fleischmann.* (71 S.) 8°
Breslau, Phil. Diss. v. 3. Aug. 1903

Sobiech, Josef: Untersuchungen über Milch- und Wassermargarine . . . Leipzig, Druck v. H. Schmidt, 1896; 53 S., 1 Bl. 8.
Leipzig, Phil. Fak., Inaug.-Diss. v. [17. Dez.] 1896

Sobiech, Sim., Compendium theologiae moralis, II Ptes. 8. Breslau, Korn d. ält. 806. (à 16 gr.)

Sobiech, (S.,) Compendium theologiae moralis pro utilitate confessariorum et examinandorum editum. 2 partes. Edit. IIIa 8. Breslau 822. J. F. Korn.

Sobierajczyk, Alois [aus West-Preussen]: **Zur Casuistik der Dextrocardie nebst Beschreibg e. diesbezügl. neuen Falles . . . Berlin, Buchdr. v. G. Schade,** *1896;* 30 S., 1 Bl. 8.
Berlin, Med. Fak., Inaug.-Diss. v. 5. Juni 1896

v. Sobieranski, Waclaw [Dr. phil. aus Warschau (Polen)]: Ueber das „Timbo" (Paullinia pinnata) ein brasilianisches Fischgift. . . . Strassburg, Buchdr. C. Goeller, **1890;** 19 S. 8°
Strassburg, Med. Fak., Inaug.-Diss. v. 1890

v. Sobierański, Wenzel [Dr. med. et phil. Assist. am pharmakolog. Inst.]: Über die Nierenfunction und die Wirkungsweise der Diuretica . . . Leipzig, Druck v. J. B. Hirschfeld, 1895; 1 Bl., 37 S. 8.
Marburg, Med. Fak., Hab.-Schr. v. [2. März] 1895

Sobieski: Ueber den Standpunkt, von welchem die Aeneide des Virgil beurtheilt werden soll. 10 S. – Neu-Sandec, Progr. 1854.

Sobieski: Vergil und Ovid nach ihren Gleichnissen der Aeneide und den Metamorphosen. 24 S.–Lemberg 2. G., Progr. 1861

Sobieski, Jakob Ludwig, s. Feit, Paul.

Sobiesky, Jh., Königs v. Polen, Briefe an die Königin Kasimiere, während d. Feldzugs v. Wien. Ins Französ. übers. v. Graf. Plater; hrsgg. v. N. A. Salvandy. Deutsch herausgg. v. Fd. Fr. Dechsle. gr. 8. Heilbr. 827. Drechsler. 1 ℞

Sobieski, Johannis, Acta, s. **Acta historica res gestas Poloniae illustrantia.**

Sobieszczański, F. M., Fremdenführer in Warschau. Mit 1 Plane der Stadt (in Stahlst.) u. 10 in Stahl gest. Ansichten (auf 1 Taf.). Warschau 858. (Natanson.) 8. (31 S.) n. 20 ngr.
Auch in französ. Sprache zu gleichem Preise erschienen.

Sobitschek jun., F., Obstbau u. Landwirtschaft. Hilfsbuch f. den Selbstunterricht m. besond. Berücksicht. d. rauhen Lagen Österreichs. Anh.: 1. Mittel zur Hebg. des Obstbaues. 2. Der Obstbau in den Vereinigten Staaten v. Nordamerika. (191 S. m. 111 Abb.) gr. 8. Budweis 907. Verlagsanstalt Moldavia. Kart. 3. —

Sobkowski, Ludwig [Dr. theol., Priester d. Erzdiöc. Gnesen u. Posen]: Episkopat und Presbyterat in den ersten christlichen Jahrhunderten . . . (Theil e. gekr. Preisschr.) Würzburg, Becker's Univ.-Buchdr., 1893; XI, 98 S. 8.
Würzburg, Theol. Fak., Inaug.-Diss. v. 1893

Sobkowski, Ludw., Episkopat u. Presbyteriat in den ersten christlichen Jahrhunderten. gr. 8. (XI, 98 S.) Würzburg 893. A. Göbel. n. 1. 50

Sobler, (J. A.): Abhandl. über d. Veitstanz, s. Bernt, J.: Monographia Choreae Sti Viti.

SOBOL, Johann: Die historische Entwicklung der Ehetrennung in der griechischen Kirche bis zum Abfall derselben von dem Apostolischen Stuhle. — (1910) 74 Bl. 4° (Handschr.) Diss. 697
Diss. Wien, Univ.

Sobol, Kalman [aus Nicolajew '(Russl.)'] : Ueber die Beziehungen zwischen Diabetes mellitus und insipidus . . . Berlin: C. Vogt's Buchdr., 1894. 26 S., 2 Bl. 8°
Berlin, Med. Fak., Inaug.-Diss. v. 16. März 1894

Soboleff, Mich. v., Die Mobilisierung des Grundbesitzes u. die neuen Strömungen der agrarpolitischen Bewegungen in Deutschland. (In russ. Sprache.) gr. 8°. Moskau, Universitätsdruckerei, 1898.

Sobolew, Iwan von, aus St. Petersburg i. Rußl.: **Über die Alquié-Alexandersche Operation.** *Berlin 1904: J. Zalachowski, Charlottenburg.* (55 S.) 8°
Berlin, Med. Diss. v. 28. Juni 1904

Sobolew, L. N., der erste Fürst v. Bulgarien. Aufzeichnungen. Aus dem Russ. Mit e. Einleitg. 8. (XVII, 114 S.) Leipzig 886. Duncker & Humblot. n. 2. 40

Sobolewski. — Catalogue de la collection précieuse de livres anciens et modernes formant la bibliothèque de feu M. Serge Sobolewski [de Moscou]. gr. 8. (XVIII, 314 S.) Leipzig 873, List und Francke.
— dass. — Prix d'adjudication. gr. 8. (115 S.) Ebendas. 873. *

Sobolewski, Eduard. Reaktionäre Briefe. [S.-A. aus der Ostpreussischen Zeitung.] Königsberg 1854.

Sobolewski, Ed., das Geheimniß der neuesten Schule der Musik. 8. (30 S) Leipzig 859, Wiedemann.

Sobolewski, Ed., Oper, nicht Drama. Bremen 857. Strack. 8. (29 S.) n. 6 ngr.

Sobolewski, Ludw., größere Aufgaben-Sammlung für das Tafelrechnen. 1. Heft und 2. Heft in 2 Abthlgn. gr. 8. Glogau, Flemming. *

Inhalt:
Heft 1. Das Rechnen mit ganzen gleichbenannten Zahlen. — Die Anfänge des Rechnens mit Bruch- und ungleichbenannten Zahlen. (Stufe I—IV.) (III und 60 S.) 862. * 4 Ngr.
" 2. Abthl. 1. Das Rechnen mit ungleichbenannten Zahlen. (Stufe V.) (II und 45 S.) 864. * 3 Ngr.
" 2. Abthl. 2. Das vollständige Bruchrechnen. (Stufe VI.) (36 S.) 864. * 3 Ngr.

— kleinere Aufgabensammlung für das Tafelrechnen. (Auszug aus der größern Sammlung.) 1. Heft. gr. 8. Glogau 862, Flemming. *

Inhalt:
Das Rechnen mit gleichbenannten Zahlen, so wie Anfänge des Rechnens mit ungleichbenannten Zahlen und des Bruchrechnens. (Stufe III und IV.) (36 S.)

Sobolewsky, Ludw., Aufgaben-Sammlung für die höheren bürgerlichen Rechnungsarten mit Berücksicht. der einzuführ. neuen Maß- und Gewichtsordnung. Kopfrechnen. 3 Hefte. gr. 8. Glogau 869, Flemming. à Heft * 25 Pf. *

Inhalt:
Heft 1. Zusammengesetzte Regeldetri. Verhältnißgleichung. Zinsrechnung. Rabatt- und Discontorechnung. (36 S.)
" 2. Die Wechselrechnung im weitesten Sinne. Die kaufmännische Waarenberechnung. (28 S.)
" 3. Gesellschaftsrechnung. Mischungsrechnung. Algebraische Aufgaben. (24 S.)

— dass. — Tafelrechnen. 3 Hefte. gr. 8. (à Heft 32 S.) Ebendas. 869. à Heft * 25 Pf. *

Inhalt:
Heft 1. Zusammengesetzte Regeldetri. Verhältnißgleichung. Zinsrechnung. Rabatt- und Contorechnung. Terminrechnung.
" 2. Die Wechselrechnung im weitesten Sinne. Die kaufmännische Waarenberechnung.
" 3. Gesellschaftsrechnung. Mischungsrechnung. Decimalbrüche.

— Auflösungen zur größeren und kleineren Aufgaben-Sammlung für das Tafelrechnen. 2 Hefte. gr. 8. Glogau, Flemming. [1. Heft. (34 S.) 862. * 5 Ngr., 2. Heft. 1. und 2. Abthl. (à 20 S.) 864. à Abthl. * 3 Ngr.] *

— Auflösungen zu der Aufgaben-Sammlung für die höheren bürgerlichen Rechnungsarten. Tafelrechnen. 3 Hefte. gr. 8. (14; 14; 16 S.) Ebendas. 869. à Heft * 20 Pf. *

Sobolewsky, Ludw., die Erde in Beziehung auf d. Himmel, s. Hand- u. Taschen-Bibliothek, pädagog., II. Abthl. 9. u. 10. Bdchn.

— protestant. Gegenrede auf röm.-kathol. Schmährede wider Luther's Sittlichkeit. gr. 8. (2½ B.) Breslau 845, Scholz.

Sobolewski, Ludw., Lehrgang der Elementar-Geometrie f. mittlere u. niedere Volksschulen u. f. die Anfangsgründe in den höhern Schulen. gr. 8. (18½ B.) Erfurt 843, Hennings u. Hopf.

— Lehr- und Lernmittel für den Rechenunterricht in Volksschulen. Ebenb. 862—64. gr. 8.
Inhalt: Nr. 1. Rechenstudien oder allgemeine methodische Belehrungen, Grundsätze u. Regeln aus dem Gebiete des elementaren Rechnens namentlich in der Volksschule. Eine Ergänzung zu jeder Rechen-Anweisung. (XII, 248 S.) 22½ ngr. — Nr. 2. Lehr-Anweisung. 1. Thl.: Das Rechnen mit gleichbenannten Zahlen. Stufe I—IV. (VIII, 224 S.) 22½ ngr. — Nr. 5. Zahlenbüchlein enth. Zahlentäfelchen zu Rechenübungen für die Unter- u. Mittelstufe. (16 S.) n. 1 ngr. — Nr. 8. Musterbeispiele von angewandten Aufgaben für's Kopfrechnen. 1. Heft: Aufgaben für die 1—4. Rechenstufe. (VIII, 80 S.) n. 5 ngr. — 2. Heft. 1. Abth. Stufe 5. Das Rechnen mit ungleichbenannten Zahlen. (IV, 36 S.) n. 3 ngr.

— Lehr- und Lernmittel für den Rechenunterricht in Volksschulen. Nr. I. und II. 1. 2. gr. 8. Glogau, Flemming. à Nr. 22½ Ngr.

Inhalt:
Nr. I. Lehr-Anweisung für den Rechenunterricht in Volksschulen. 1. Thl.: Das Rechnen mit gleichbenannten Zahlen. (Stufe I—IV.) (VIII und 224 S.) 862.
" II. — dass. — 2. Thl. 1. Abthl.: Das Rechnen mit ungleichbenannten Zahlen und das vollständ. Bruchrechnen. (Stufe V und VI.) (V und 202 S.) 866.
" II. — dass. — 2. Thl. 2. Abthl.: Die höheren bürgerlichen Rechnungsarten, nebst Decimalrechnung. (Stufe VII.) (VIII und 288 S.) 867.

— Magazin für Zergliederungen von Lesestücken in Poesie und Prosa. Zum Gebrauch in Volksschulen für Mittel- und Oberstufe. 1. Bdchn. gr. 8. (V und 139 S.) Glogau 868, Flemming. *

— neue Maß- und Gewichts-Tabellen nebst Uebersicht der besteh. Münzverhältnisse. Namentlich als Beigabe zu des Verf. Aufgaben-Sammlungen für die höheren bürgerl. Rechnungsarten. gr. 8. (8 S.) Ebendas. 869.

— Musterbeispiele von angewandten Aufgaben für's Kopfrechnen. 1. Heft und 2. Heft in 2 Abthlgn. gr. 8. Glogau, Flemming. *

Inhalt:
Heft 1. Aufgaben für die I.—IV. Rechenstufe. (VIII und 80 S.) 863. * 5 Ngr.
Heft 2. Abthl. 1. (Stufe V.) Das Rechnen mit ungleichbenannten Zahlen. (IV und 36 S.) 864. * 3 Ngr.
" 2. " 2. (Stufe VI.) Das Bruchrechnen. (IV und 44 S.) 866 * 3 Ngr.

— Rechenstudien oder allgemeine methodische Belehrungen, Grundsätze und Regeln aus dem Gebiete des elementaren Rechnens namentlich in der Volksschule. Eine Ergänzung zu jeder Rechen-Anweisung. gr. 8. (XII und 248 S.) Glogau 862, Flemming.

— Zahlenbüchlein enth. Zahlentäfelchen zu Rechenübungen für die Unter- und Mittelstufe. qu. 16. (16 S.) Glogau 862, Flemming. *

Sobolewski, Sergius, de praepositionum usu Aristophaneo. gr. 8. (VI, 229 S.) Moskau 890. (Lang.) n. 4. —

Sobota, Ant., das Recht auf Erziehung. Ein Beitrag zur Lösg. der socialen Frage. gr. 8. (22 S.) Stockerau 899. (Wien, J. Eisenstein & Co.) n. — 50

Sobota, Ant., griechisches Schatzkästlein, vorzugsweise f. Maturanten. (VIII, 116 S.) kl. 8. Wien 904. C. Fromme. n. 1. —

— lateinisches Schatzkästlein, vorzugsweise f. Maturanten. (100 S.) kl. 8. Ebd. 905. 1. —

Sobota, Ant., viribus unitis! Kaiserjubiläum u. Sozialreform 1908. Ein Vortrag, geh. vor der „Gesellschaft f. erweit. Frauenbildg. u. Frauenberufe" in Baden bei Wien am 2. IV. 1908. (22 S.) kl. 8. Baden bei Wien (908). (F. Schütze.) nn — 35

Sobotka. Tygodnik belletrystyczny illustrowany. Jahrg. 1869. 52 Nrn. (Bgn.) Posen, Leitgeber. gr. 4. n. 2 ℛ

Sobótka z powieści pod napisem kościelisko. (Przez autora Zamku Kanowskiego.) 8. (IV und 40 S.) Breslau 851(52,) S. Schletter. *

Sobotka, drei Blätter meines Tagebuches. Eine Novellen-Trifolie aus Wien. 8. (III, 343 S.) Wien 869, (Lechner's Universitäts-Buchh.) *

Sobotka Georg: Pietro Bernini und die Plastik in Neapel und Rom um die Wende des 16. Jahrhunderts. D: Erschien unter dem Titel „Pietro Bernini". (L'Arte 1909).
1909 PN 2770 Diss. Wien, Univ. 1901

Sobotka, J., zur konstruktiven Auflösung der Gleichungen 2., 3. u. 4. Grades. (29 S. m. 4 Fig. u. 1 Taf.) Lex.-8. Prag 904. (F. Řivnáč.) n. — 50

SOBOTKA, J.
Zur rechnerischen Behandlung der Axonometrie von J. Sobotka. (Mit 1 Tafel.) Separatabdruck aus den Sitzungsberichten der königl. böhm. Gesellschaft der Wissenschaften in Prag. 1900. Prag. 1900. Königl. böhmische Gesellschaft der Wissenschaften. In Comm. Řivnáč. Gr.-8°. 20 S. K —.50

— Beitrag zur infinitesimalen Geometrie d. Integralcurven. [Aus: „Sitzungsber. d. k. Akad. d. Wiss."] gr. 8. (55 S. m. 13 Fig.) Ebd. 898. n. 1. 20

Sobotka, J., Beitrag zur Construction v. umschriebenen Developpablen: I. an Flächen 2. Grades, II. an Rotationsflächen. [Aus: „Sitzungsber. d. k. böhm. Gesellsch. d. Wiss."] gr. 8. (16 S.) Prag 893. (F. Řivnáč.) n. — 40

Sobotka, J., Beitrag zur Construction v. Krümmungskugeln an Raumcurven. [Aus: „Sitzungsber. d. k. Akad. d. Wiss."] Lex.-8. (25 S.) Wien 895. (C. Gerold's Sohn.) n. — 50

— Beitrag zur Perspektive des Kreises u. anschliessend zur Construction der Axen u. Kreisschnitte f. Flächen 2. Grades. gr. 8. (32 S. m. 1 Taf.) Wien 900. (C. Gerold's Sohn.) n. — 85
Sonderabdruck aus: „Sitzungsber. d. k. Akad. d. Wiss."

— üb. Berührungscurven der Schraubungsregelflächen m. umschriebenen Cylinderflächen. [Aus: „Sitzungsber. d. k. böhm. Gesellsch. d. Wiss."] gr. 8. (38 S. m. 2 Taf.) Ebd. 893. n. 1. 20

Sobotka, J., Betrachtungen zur Konstruktion v. Kegelschnitten aus teilweise imaginären Elementen. (18 S.) Lex. 8. Prag 908. (F. Řivnáč.) — 30

— axonometrische Darstellungen aus zwei Rissen u. Coordinatentransformationen. gr. 8. (27 S. m. 2 Taf.) Prag 902. (F. Řivnáč.) n. — 80

— zur Ermittelung der Krümmung e. durch Punkte od. Tangenten gegebenen Kegelschnittes. (18 S. m. 7 Fig.) Lex.-8. Ebd. 904. n. — 30

— zur infinitesimalen Geometrie einiger Planocurven. [Aus: „Sitzungsber. d. k. böhm. Gesellsch. d. Wiss."] gr. 8. (38 S. m. 4 Fig.) Prag 898. (F. Řivnáč.) n.n. — 52

— zur Konstruktion v. Krümmungskreisen u. Axen bei Kegelschnitten, welche durch 5 Punkte od. 5 Tangenten gegeben sind. gr. 8. (19 S. m. 1 Taf.) Ebd. 902. n. — 64

— zur Construction der Osculationshyperboloide windschiefer Flächen. [Aus: „Sitzungsber. d. k. böhm. Gesellsch. d. Wiss."] gr. 8. (16 S.) Ebd. 893. n. — 40

— zur Construction v. Osculationshyperboloiden an windschiefe Flächen. (11 S.) gr. 8. Ebd. 903. n. — 20

— Zur Konstruktion der Oskulationshyperboloide v. Regelflächen. (13 S.) Lex. 8. Ebd. 908. — 20
Sonderabdruck aus: „Sitzungsber. d. böhm. Gesellsch. d. Wiss."

— einige Constructionen bezüglich d. Schnittcurven v. Umdrehungsflächen m. Ebenen. [Aus: „Sitzungsber. d. k. Akad. d. Wiss."] gr. 8. (18 S. m. 2 Fig.) Ebd. 896. n. — 60

— einige Constructionen bezüglich der Schraubungsflächen. [Aus: „Sitzungsber. d. k. Akad. d. Wiss."] Lex.-8. (37 S. m. 2 Taf.) Wien 893. (F. Tempsky.) n. 1. 10

Sobotka, J. Über Krümmung u. Indicatricen der Helikoide. Lex.-8. (21 S. m. 1 Taf.) Wien 892, (Tempsky). * 1 —
Aus: Sitzungsber. d. k. Akademie d. Wissensch., besonders abgedruckt.

— zur Krümmung der Kegelschnittevoluten u. Konstruktion des Kegelschnittes durch 5 benachbarte Punkte e. ebenen Kurve. gr. 8. (15 S. m. 1 Taf.) Ebd. 902. n. — 40
Sonderabdruck a.: „Sitzungsber. d. böhm. Gesellsch. d. Wiss."

Sobotka, J., ein. Krümmungs-Halbmesser-Eigenschaften der Kegelschnitte. [Aus: „Sitzungsber. d. k. böhm. Gesellsch. d. Wiss."] gr. 8. (9 S. m. 1 Taf.) Prag 895. (F. Řivnáč.) n. — 60

— zu den quadratischen Lösungen des Normalenproblems v. Kegelschnitten. (12 S. m. 1 Taf.) gr. 8. Ebd. 903. n. — 50
Sonderabdr. a.: „Sitzungsber. d. böhm. Gesellsch. d. Wiss."

— zum Normalenproblem d. Kegelschnitte. (1. Mitteilg.). (27 S. m. 2 Taf.) gr. 8. Wien 903. (A. Hölder). 903. n. 1. —
Sonderabdruck aus: „Sitzungsber. d. k. Akad. d. Wiss."

— über das e. Fläche 2. Grades umschriebene Viereck. (8 S. m. 1 Fig.) gr. 8. Prag 903. (F. Řivnáč.) n. — 20
Sonderabdr. aus: „Sitzungsber. d. böhm. Gesellsch. d. Wiss."

Sobotka, Ign. Ant., balneograph.-therapeut. Abhandlung über Mineralwässer im Allgemeinen u. über die Heilquellen Deutschlands insbesondere, m. vorzügl. Berücksichtigung des österreich. Kaiserstaates; nebst Anhange üb. die äußere Anwendungsart der Mineralwässer, z. Gebr. f. Medizin-Studirende u. prakt. Aerzte. gr. 8. (10 B.) Wien 843, Wallishausser.

Sobotka Johann: Über einige Aufgaben aus der Arithmographie. 23. Wien IV. R. 95.
Prag.

Sobotka, Karl, Der verläßlichste Rechenmeister. Neuester Schnellrechner, berechnet nach Kronenwährung, zum praktischen Gebrauche für Jedermann. 24. Cart. —.40
Dasselbe in böhmischer Sprache. 24. Cart —.40
Prag: Kapr & Kotek 1893.

Sobotka, M., welche Nachtheile erwachsen der Malzindustrie durch die Getreide- u. Malzzölle, sowie durch die Transportverhältnisse? Welche Mittel sind geeignet, Abhilfe zu schaffen, s.: Hoenig, Max.

Sobotta, Benno [Landwirth aus Kempczowitz]: Der Einfluss der Niederungs-Moorkultur auf den landwirtschaftlichen Betrieb ... Breslau, Druck v. H. C. Tietzen. 1894; 81 S., 1 Bl., 1 Pl. 8.
Jena, Phil. Fak., Inaug.-Diss. v. 1894

Sobotta, Ernst, über den Einfluss diätetischer Curen insbesondere der Milchcur bei der Behandlung der Albuminurie und des Morbus Brightii. Diss. Berlin 1887, Mayer & Müller. 8⁰. 29 S.

Sobotta, Ernst [aus Berlin]: Ueber den Einfluss diätetischer Curen insbesondere der Milchcur bei der Behandlung der Albuminurie und des Morbus Brightii .... Berlin, Buchdr. v. Gustav Schade (Otto Francke) (1887); 29 + 1 S. + 1 Bl. 8°.
Berlin, Med. Fak., Inaug.-Diss. v. 23. Jul. 1887.

Sobotta, Johannes

— neuere Anschauungen üb. die Entstehung der Doppel-(miss)bildungen m. besond. Berücksicht. der menschlichen Zwillingsgeburten, s.: Abhandlungen, Würzburger, a. d. Gesamtgebiet der prakt. Medizin. I. 4.

Sobotta, J., Atlas der deskriptiven Anatomie des Menschen, s.a. Lehmann's medizinische Atlanten.

Atlas der deskriptiven Anatomie des Menschen. Von Dr. med. J[ohannes] Sobotta, Prof. in Würzburg. Mit Taf. u. Abb. Abt. 1–3. München: J. F. Lehmann 1904–07. 4 Bde 8⁰
1. Knochen, Bänder, Gelenke u. Muskeln. 1904.
2. Die Eingeweide d. Menschen einschliessl. d. Herzens. 1904.
3, Lfg 1. Das Nerven- u. Gefässsystem d. Menschen. 1906. 2. Die Sinnesorgane d. Menschen nebst e. Anh.: Das Lymphgefässsystem d. Menschen. 1907.
= Atlanten, Lehmann's medizinische. Bd 2–4.

Sobotta, J., Atlas u. Grundriss der Histologie u. mikroskopischen Anatomie des Menschen, s.a. Lehmann's medizinische Handatlanten.

Atlas und Grundriss der Histologie und mikroskopischen Anatomie des Menschen von Privatd. Dr. J[oh.] Sobotta in Würzburg. Mit 80 Taf. u. 68 Textabb. von Maler W. Freytag. *München: J. F. Lehmann 1902.* (XXIII, 247 S.) 8°
— Handatlanten. Lehmanns medizinische. Bd 26. [02. 461 11]

Sobotta (Johs.), Atlas u. Lehrbuch der Histologie u. mikroskopischen Anatomie des Menschen, s.: Lehmann's medizinische Atlanten.

Sobotta, Johannes [aus Berlin]: Über den Bau und die Entwicklung des Uterus, insbesondere beim Menschen und den Affen.... (Ersch. vollst. im Arch. f. mikrosk. Anat.) Berlin, Buchdr. v. G. Schade, *1891;* 30 S., 1 Bl. 8⁰
Berlin, Med. Fak., Inaug.-Diss. v. 25. Jul. 1891

[Umschlagt.:] Die morphologische Bedeutung der Kupffer'schen Blase. E. Beitr. z. Gastrulation der Teleostier v. Dr. Johannes Sobotta, Privatdoz. an d. Univ. Würzburg. M. 1 lith. Taf. u. 3 Text-Abb. *Würzburg: Stahel 1898.* (17 S., 1 Taf.) 1 Bd 8.
— Verhandlungen d. physikal.-medicin. Gesellschaft zu Würzburg. N. F. Bd 32. No 3. [98. 13550]

Beobachtungen über den Gastrulationsvorgang beim Amphiochus. Von Dr. Johannes Sobotta. M. 1 lithogr. Taf. u. 1 Textabb. *Würzburg: Stahel 1897.* (21 S., 1 Taf.) 8.
= Verhandlungen d. physikal.-medic. Gesellschaft zu Würzburg. N. F. Bd 31. No 2. [97. 4668]

— Grundriss der deskriptiven Anatomie des Menschen. Ein Handbuch zu jedem Atlas der deskriptiven Anatomie m. besond. Berücksicht. u. Verweisgn. auf Sobottas Atlas der deskriptiven Anatomie. 3 Abtlgn. 4. München, J. F. Lehmann's Verl. n. 13. —; geb. in Leinw.-Bd. n. 15. —
I. Knochen, Bänder, Gelenke u. Muskeln. (VIII, 206 S.) 904. n. 4. —
II. Die Eingeweide des Menschen einschliesslich d. Herzens. (IV u. S. 207—362.) 904. n. 3 —
III. Die Gefässlehre, die Nervenlehre u. die Lehre von den Sinnesorganen des Menschen, nebst 2 Anhängen (Regionen des Körpers u. allgemeine Vorbemerkgn. üb. den Aufbau u. die Entwicklg. des Körpers) u. 2 Registern. (IV u. S. 363—704.) 907. n. 6. —

— Über die Richtungsteilungen des Säugetiereies, speziell üb. die Frage der Zahl der Richtungskörper. (21 S.) gr. 8. Würzburg 908. C. Kabitzsch. — 80
Sonderabdruck aus: „Verhandlgn. der phys.-med. Gesellsch. zu Würzburg".

— über die Verwertung v. Mikrophotographien f. d. Untersuchung u. Reproduktion mikroskopischer u. embryologischer Präparate. gr. 8. (34 S. m. 1 Taf. in Heliograv.) München 899 Seitz & Schauer. n. 2. —
Sonderabdr. a.: „Internat. photogr. Monatsschr. f. Medizin".

(8) Sobotta (Johs.), Verwertung v. Mikrophotographien. 899. Jetzt: München, Verlag d. ärztl. Rundschau.

(Sobranie.)

—— двѣнадцати святыхъ евангелій господа нашего Іисуса Христа. Во святый великій четвертокъ. (Sammlung der zwölf Evangelien u. H. Jesu Christi.) 16. (48 S.) Dresden 862, Bock's Verlag. *

—— стихотвореній Декабристовъ, s. Библіотека русскихъ авторовъ. (Sammlung der Dichtungen der Decembristen, s. Bibliothek russischer Autoren.)

Собраніе стихотвореній Пушкина и т. д. (Sammlung von Puschkins Gedichten u. s. w.), s. Библіотека, Русская.

Собраніе запрещенныхъ стиховъ и прозы. (Sammlung verbotener Gedichte u. Aufsätze.) Leipzig 865. Kasprowicz. 8. (114 S.) n. 20 *ngr.*

Sobrero, A., analytische Chemie, s. Barreswil, C.

Sobri Jóski, der Räuberhauptmann, als Krämer, Buchdrucker, Hausirer rc., nebst seinem gegenwärt. Schicksale in Amerika. Von ihm selbst beschrieben. 2. Aufl. gr. 8. (½ B.) Ofen 843. (Leipzig, Kummer.)

Sobri, A., s. Lady Morgan, la France en 1829 et 30.

Sobrino, F., aumentata a nouevo diccionario de las lenguas Española, Francesa et Latina. II Tomi. 4maj. Leyd. 781. Weidmann in Leipz. 4 ℔

— Dictionnaire espagnol, françois et ital., et franç., espagnol et latin, avec Supplément, II Tms. 4 Livr. (Thourneisen, Basel.) 791.

— grammaire nouvelle Espagnole et Françaisc. 8. Leipz. ... (Joachim). 20 gr.

Sobry, A [Übers.]
s. Morgan, Sidney: La princesse. 1835.

Sobtzick, Felix, Referendar aus Ratibor: Die bedingte und die befristete Obligation. *Breslau 1898: Schles. Volkszeitungs-Buchdr.* (92 S.) 8°
Erlangen, Jur. Diss. v. 17. Okt. 1898

[Russ.] Poslědnija revoljucionnyja sobytija v Rossii i Lev Tolstoj. *Berlin: G. Stejnic 1901.* (141 S.) 8°
(Auf d. Umschl.: Die letzten revolut. Ereignisse in Russl. u. Leo Tolstoj.) [02. 3272

Soc . . . ., s.a.Soz . . . .

Sočebran, Andreas Comel Edler v., s.a. C o m e l , Andreas, Edler v. Sočebran.

Sočebran, Andreas Comel Edler von, Kurzgefaßte praktische Grammatik der slovenischen Sprache für Deutsche. Mit besonderer Berücksichtigung der Militär-Terminologie in den angewendeten Beispielen. Nebst slovenisch-deutschen und deutsch-slovenischen Wörterverzeichniß. 2. vermehrte u. verbesserte Auflage. 8. (247 S.) 1.30
Klagenfurt: Raunecker 1890.

Socecu, Alex. J. V. Die rumänische Armee in ihrer gegenwärtigen Uniformirung. 8. (28 S. m. 16 Chromolithogr.) Lpz. 889, M. Ruhl. * 2 50; geb. * 3 —

Socecu, Alex. J. v., die rumänische Armee, ihre Organisation, Einteilg., Stärke u. Uniformierg. 2. Aufl. gr. 8. (54 S.) Leipzig 895. M. Ruhl. n. 1. 50

Sochaczewer, D(avid): Das Riechorgan der Landpulmonaten. Berlin 1880: Möbus. 34 S. 8°
Halle-Wittenberg, Phil. Diss. v. 25. [vielmehr: 24.] Juni 1880
Geb. Neubrück bei Posen 30. 9. 1856. V.
Ersch. gekürzt u. mit Nachtrag u. Taf. auch in: Zeitschrift f. wiss. Zoologie. Bd 33. Leipzig 1881. S. 30—46, Taf. 3; Erwiderung des Verf. ebd. Bd 36. 1882. S. 541—542.

Sochaczewer, Leonhard [Dr. jur., Kammerger.-Ref.]: Zur Lehre von der Transportfunction des Wechselindossaments . . . Berlin, Druck v. Penner & Janetzke, 1894; 32 S. 8.
Erlangen, Jur. Fak., Inaug.-Diss. v. 1894

Sochaczewski, Walter, a. Breslau: Über das Verhalten der Lymphknötchen des Darms bei einigen Krankheiten. Jena 1907: A. Kämpfe. (32 S.) 8°
Jena, Med. Fak., Ref. Müller, Diss. v. 6. Febr. 1907
[Geb. 18. Mai 81 Breslau; Wohnort: Breslau; Staatsangeh.: Preußen; Vorbildung: Städt. Gymn. Liegnitz Reife O. 01; Studium: München, Breslau, Leipzig, Würzburg, Berlin, Jena zus. 10 S.; Coll. 8. Dez. 06; Approb. 30. März 07.]

Sochaczewsky, Alex., in Sibirien! Novellen v. einem polit. Verbannten (S.), bearb. u. hrsg. v. Rich. Schott. (226 S.) 8. Berlin (906). Dr. F. Ledermann. n. 3. —; geb. n. 4. —

(B) **Sochaczewsky,** A., in Sibirien. 906. Ladenpr. aufgehob.

Sochatzy, Antonius: Dissertationis philosophico-criticae liber I. de sensu utriusque rebus et ideis coniungendis. Halae (1836): Semmler. 38 S. 8°
Halle-Wittenberg, Phil. Diss. v. 5. Dez. 1836
Geb. [Neu-Titschein (Mähren) 12. 8. 1810]
Die eingereichte Abhandlung: De vi, quam habuerit philosophia Leibnitiana in metaphysica philosophorum a Kantii inde aetate subsequentium systemata war die vermehrte Hallische gekrönte philosophische Preisschrift v. 1836.

Socher, Geo., († d. 26. Nov. 1807.) zur Beurtheilung neuer Systeme in der Philosophie, e. Rede. 8. Ingolst. 800. (Krüll in Landsh.) 3 gr.

– s. C a l m e r : Weltgeschichte.

– s.a. C h r i s t e n l e h r b u c h .

— Christenlehrbuch im Auszuge. gr. 8. München. Lentn. 807.

— Grundlinien des christl. Religionsunterrichts. Ein abgekürzter Ausz. aus d. Lehrbuch der christl. Religion 2c. Münch. 809. (Haslinger in Linz). 2½ gr.

– Grundriß d. Geschichte d. philosoph. Systeme, von d. Griechen bis auf Kant. gr. 8. München, Lentner. 802.

– s. L e h r b u c h der christl. Religion.

Socher, Josef

— üb. die Ehescheidung in kathol. Staaten. gr. 8. Landsh. 810. Krüll. 16 gr.

Socher, Jos., (Decan,) († d. 17. Jan. 1834.) bibl. Geschichte, od. Geschichte d. Offenbarungen Gottes im Alt. u. N. Testament, zum Gebr. in Kirchen u. Schulen. gr. 8. Münch. 806. 2e A. 811. 3e A. 12. Ebd. 818. Lentner. 4 gr.

Jos. **Socher's** Grundr. d. Gesch. d. philosoph. Systeme v. d. Griechen b. auf Kant; z. Gebr. d. Vorless. *Münch.*, Lentner. 802. 8° 1 ℔ 3 gr

– s.a. H a u p t z ü g e aus S. Rottmanner's Leben.

SOCHER, Josef: Hauptzüge aus dem Leben des Dr. Simon Rottmanner, Gutsbesitzer von Ast. Ächten Vaterlandsfreunden zum Andenken und zur Erinnerung. - Landshut 1815

– s. L a n d s t ä n d e , Die, in Baiern.

– s. L e b e n u. Thaten Dr. Herkommens.

Socher, J., Über Plato und dessen Schriften. Münch. 819. 8. 1 rthlr. 20 gr.

— üb. Platons Schriften. gr. 8. Münch. 820. Lentner. 2 ℔

Socher, P. F., Kirchenlieder z. Gebrauch bei dem kathol. Gottesdienst f. das ganze Jahr. 4. Augsb. 804. Lotter u. S. 12 gr.

— neuer Meßgesang. 4. Augsb. 808. Lotter u. S. 3 gr.

— Meßlieder. 4. Augsb. 804. Lotter u. S. 3 gr.

– s. V e r t h e i l u n g der Pfarreien.

– s. V e r w e n d u n g e. Klostergüter.

Sochor, Joh., Anleitung zur Abhaltung der Gesellenprüfungen. Ueber Auftrag der k. k. oberösterr. Statthalterei unter Mitwirkg. des Gewerbeförderungs-Institutes in Linz bearb. (III, 111 S.) gr. 8. Linz 908. Zentraldruckerei vorm. E. Marcis. 1. —

Sochor, Siskind: Aus d. Kgl. Anat. Inst. zu Königsberg i. P. ⟨Nr. 44.⟩ Os trigonum tali. Königsberg i. P. 1909: Jaeger. 39 S. 8°
Königsberg, Med. Diss. v. 22. Juli 1909, Ref. Stieda
[Geb. 25. Jan. 85 Dubrowna; Wohnort: Dubrowna; Staatsangeh.: Rußland; Vorbildung: Gymn. Orel Reife M. 04; Studium: Königsberg 10 S.; Rig. 15. Juli 09.] [U 09. 2384

Söhtig, Otto, aus Halberstadt: Zur Technik altenglischer Spielmannsepen. *Lucka, S.-A. [1904]: R. Berger.* (71 S.) 8°
Leipzig, Phil. Diss. v. 1904

Söhtig, Wilhelm [aus Braunschweig]: Ueber para-Ditolylchlorphosphin, Phenylparatolylchlorphosphin und einige Derivate derselben . . . Rostock, C. Boldt'sche Hof-Buchdr., 1894; 31 S. 8.
Rostock, Phil. Fak., Inaug.-Diss. v. [4. Juni] 1894

Soechting, Andreas Julius (Wolfenbüttel) A. S. 832/15

Dissertatio iuris gentium de statu naturali rerum publicarum. Präs. Friedrich Alexander Künhold. Leipzig (Titius) 16. IV. 1723. 30 S. 32770

Söchting, E., die Einschlüsse von Mineralien in krystallisirten Mineralien, nebst Betrachtungen über die Entstehung von Mineralien und Gebirgsarten. Freiberg 860. Engelhardt. (Leipzig, Felix.) gr. 8. (VI, 357 S.) n. 1 *ℛ* 24 *ngr.*

[Soechting, Edmundus]: • Additamenta ad cognitionem saxorum pyroxenicorum. 13 Bl. 4° (2°)

Halle-Wittenberg, Phil. Diss. v. 11. Aug. 1854

Geb. [Könnern (Saalkr.) 13. 1. 1830]

Deutsche Bearb. ersch. u. d. T.: Ueber die ursprüngliche Zusammensetzung einiger pyroxenischer Gesteine. [Nebst] Zusatz. In: Zeitschrift f. d. ges. Naturwissenschaften. Bd 4. Berlin 1854. S. 194—219 u. 358—363. — Verf. erlebte die Diplomerneuerung 1904 als Oberbibliothekar a. D. in Berlin-Wilmersdorf.

Söchting, Edmund, a. Berlin: Das landwirtschaftliche Genossenschaftswesen in der Provinz Sachsen. Halle a. S. 1906: Waisenhaus. (X, 341 S.) 8°

Tübingen Staatsw. Fak., Ref. v. Leemann, Diss. v. 24. Juli 1906

[Geb. 5. März 78 Berlin; Wohnort: Halle a. S.; Staatsangeh.: Preußen; Vorbildung: Gymn. Herford i. W. Reife f. Obersek. O. 96; Studium: Berlin Landw. Hochsch. 4, Tübingen 3 S.; Rig. 26. April 06.]

(Nicht für den Austausch)

Söchting, Edmund, das landwirtschaftliche Genossenschaftswesen in der Prov. Sachsen. Eine volkswirtschaftl. Studie. (X, 343 S.) gr. 8. Halle 906. Tausch & Grosse. n. 10. —

Die Lehre des 'freien Falles'. E. Anl. zu kunstgerechter Tonbildg b. Klavierspiel. F. Lehrer u. Schüler gemeinverständl. dargest. v. Emil Söchting ... *Magdeburg: O. Wernthal [1898].* (75 S., 1 Taf.) 1 Bd 8. [98. 1384

— **Noten-Tafeln f. d. Anfänger im Klavierspiel.** (Vor u. neben jeder Klavierschule zu gebrauchen.) Separat-Druck d. Beispiele aus d. Verf. Schrift: „Die Lehre des freien Falles", e. Anleitg. zu kunstgerechter Tonbildg. im Klavierspiel. qu. gr. 4. (19 Taf.) Ebd. 898. n. 1. —

Söchting, Erhard [cand. med. aus Berlin]: Über Anorexia hysterica ... Erlangen, k. b. Hof- u. Univ.-Buchdr. v. F. Junge, 1896; 50 S. 8.

Erlangen, Med. Fak., Inaug.-Diss. v. 21. Juli 1896

Johann Wilhelm Soechting

Ioannes Guilelmus Söchting: De Erysipelate. Berolini (1821:) Brüschcke. 46 S. 8°

Berlin, Med. Diss. v. 12. Nov. 1821

Social-..., s. Sozial-...

Social democracy in Germany. Vide: Zürich (Von) nach London.

Socialis, s. Kneipwirte, Die, auf dem Kriegspfade.

Socialisme, le, allemand. gr. 8. (32 S.) Berlin 889. Wilhelmi. n. 1. —

Social Justice Review: Jan. 1908 – 1955 ( ).

Roman Catholic. Monthly, Jan. 1908 – 1938?; monthly, except bi-monthly in July and August, 1938? – 1954. Sub-title: Offizielles Organ des D.R.K. Central-Vereins, Jahrgang 1. Pioneer American Journal of Catholic Social Action. Title varies: CENTRAL-BLATT, Apr. 1908 – Mar. 1909; CENTRAL-BLATT AND SOCIAL JUSTICE, Apr. 1909 – Mar. 1940; SOCIAL JUSTICE REVIEW, Apr. 1940 – 1954. Published in German: Jahrgang 1, no. 1 – 12, Apr. 1908 – Mar. 1909; thereafter in English and German, and "Jahrgang" become "Volume." Circulation: 1915, 8500; 1936, 2749; 1943, 2525. Edited by Rudolf Krüger, Jan. 1908 – Mar. 1909; by Peter Ernst Dietz [with Augustine Carl Breig, Apr. – Sept. 1909], Apr. 1909 – ?; by F. P. Kenkel.
Published by D.R.K. Central-Verein, Jan. 1908 – ?; by Catholic Central Verein of America, ? – 1954.
St. Louis, MO

Societas entomologica. Organ f. den internationalen Entomologen-Verein. Red.: M. Rühl. 23. u. 24. Jahrg. April 1908—März 1910. à 24 Nrn. (à Jahrg. IV, 192 S.) Lex. 8. Zürich. (Steglitz-Berlin, F. L. Dames.) à Jahrg. 8. —

Fortsetzg., s.: Zeitschrift, entomologische.

Societätshaus; od. Fehde d. Wissenschaften und Künste. Original-Lustspiel in 2 Akten. 8. Dortmund, Mallinkrodt. 809.

Societätshaus, oder Fehde d. Wissenschaften u. Künste; Lstspl. in 2 A. 8. Dortmund 809. (Hamm, Wundermann). 6 *K* Hbg. Pr. 4 *K*

Societäts-Schriften, s. Leben u. Treiben, zweckloses.

Societatum litterae. Verzeichniss der in den Publikationen der Academieen und Vereine aller Länder erscheinenden Einzelarbeiten auf dem Gebiete der Naturwissenschaften. Hrsg. von Ernst Huth. 1. Jahrg. 1887. 12 Nrn. (à Nr. ½ Bog.) gr. 8. Berlin, Friedländer und Sohn. *

—— dass. — 2. Jahrg. 1888. 12 Nrn. (Bog.) gr. 8. Ebendas. *

Societatum Litterae. Verzeichniss der in den Publikationen der Academieen u. Vereine aller Länder erschein. Einzelarbeiten auf dem Gebiete der Naturwissenschaften. Im Auftrage d. naturwissenschaftl. Vereins f. den Reg.-Bez. Frankfurt hrsg. v. Ernst Huth u. Arth. Hering. 3.—6. Jahrg. 1889—1892. à Jahrg. 12 Nrn. (Bog.) gr. 8. Berl., (Friedländer u. Sohn). à Jahrg. * 4 —

Bis incl. 1890 v. E. Huth allein redigirt.

— dasselbe. Hrsg. v. Ernst Huth u. M. Klittke. 7. Jahrg. 1893. 12 Nrn. (Bog.) gr. 8. Ebd. n. 4. —

— dasselbe. Hrsg. v. M. Klittke. 8. Jahrg. 1894. 12 Nrn. (Bog.) gr. 8. Ebd. n. 4. —

Societatum Litterae. Verzeichniss d. in d. Publikationen der Academieen u. Vereine aller Länder erschein. Einzelarbeiten auf dem Gebiete der Naturwissenschaften. Begründet v. Ernst Huth. Im Auftr. d. naturwissenschaftl. Vereins f. d. Reg.-Bez. Frankfurt hrsg. v. M. Klittke. 9.—11. Jahrg. 1895—1897. à 12 Nrn. (Bog.) gr. 8. Berlin (R. Friedländer & Sohn). à Jahrg. n. 4. —

— dasselbe. 12. Jahrg. 1898. 12 Nrn. (Bog.) gr. 8. Ebd. n. 6. —

Societatum Litterae. Verzeichniss der in den Publikationen der Academieen u. Vereine aller Länder erschein. Einzelarbeiten aus dem Gebiete der Naturwissenschaften. Im Auftrage des naturwissenschaftl. Vereins f. den Reg.-Bez. Frankfurt a. Oder hrsg. von M. Klittke. 13. u. 14. Jahrg. 1899 u. 1900. à 12 Nrn. gr. 8. (à ca. 16 S.) Berlin (R. Friedländer & Sohn). à Jahrg. n. 6. —

Société des Etudiants Suisses. Revue v. Monatrosen.

Société, La, des frères de tablettes. Kamtschatka 1766. V: *Morawizky Topor, Johann Heinrich Theodor Graf von.* (BB)

Société d'histoire naturelle de Colmar. (Assemblée générale le 22 mai 1859. Ohne bes. Titelblatt.) 8°.

Société Impériale Ottomane du Chemin de fer de Bagdad. 1903—12. (Bln). 4°

Société des sciences naturelles du grand-duché de Luxembourg. Tome 2 et 3. gr. 8. Luxembourg, Bück. [2. (199 S. mit 2 Stnt. in gr. 8. und qu. Fol. und 1 lithogr. und ill. Karte in Fol.) 854. ** 1 Thlr. 5 Ngr., 3. (223 S. mit 5 Stnt. in gr. 8. und Fol.) 855. * 1 Thlr. 6 Ngr.] *

Société des sciences naturelles du grand-duché de Luxembourg. Tome 4. gr. 8. (184 S.) Luxemburg 857, Bück. *

Les *sociétés* coopératives en Autriche. Vienne 1900. 11 S. P.

Society. – Die 'American Philosophical Society' über Weltsprache, s. Bauer, Georg.

Austrian Society of Chemical Industry. *See* Berichte der Oesterreichische Gesellschaft [etc.].

Bavarian Society of Chemical Industry. *See* Bericht über die Versammlung [etc.].

The geological society of the Austrian empire. Vienna, 1862.

German Electrochemical Society. *See* Bericht über die erste Jahresversammlung [etc.].

Society for the History of the Germans in Maryland. Annual Reports: 1886–Present.
English continuation of German *Jahresbericht der Gesellschaft f. d. Geschichte der Deutschen in Maryland*, q. v. Contains valuable source material in German and English.
Baltimore, MD

Society in London, s. Collection of British Authors.

Society in London, by a foreign resident, ausgewählt v. Gerh. Budde, s.: Schulbibliothek französischer u. englischer Prosaschriften aus der neueren Zeit.

Milwaukee Musical Soc. Der Musikverein von Milwaukee. 1850-1900. Eine Chronik ... Milw, 1900.

Russian Society of the Red Cross
v. Société Russe de la Croix Rouge.

Vienna Society for the Promotion of Instruction. *See* Vierteljahresberichte [etc.].

Socin, A., Alfred v. Gutschmid. [Beilage zur Allgemeinen Zeitung. 1887 Nr. 82. München.] [München 1887.]

Socin, A., Kerbela und Hille. [Das „Ausland" 49. Jahrgang. Nr. 24. 1876.]

Socin, A. und Holzinger, H., Zur Mesainschrift. SA. a. d. BSGW. [Leipzig] 1897.

Socin, A., Die pseudomoabitischen Steininschriften und Thonwaaren. [Aus dem Ausland, Jahrg. 1876.] 2°.

Socin, A., s. Verzeichnis der Gauner...

Socin, Abel, († d. 20. Oct. 1808.) Anfangsgründe der Elektricität. Mit Kpf. gr. 8. Hanau 777. 2e Aufl. 778. (Leipz., Wienbrack). 10 gr

Socin, Abel. Anfangsgründe d. Elektricität, m. K. gr. 8. Hanau, Brönner. 779.

Socin, Abel, als Bewerber um die anatom.-bot. Professur. Cogitationes subitariae de nonnullis rebus medicis.
Basel; med. Diss. 1752

Socin, Abel, [Basel]. Dissertatio chirurgico-medica de foetu hydropico.
Basel; med. Diss. 1751

Socin, Abel, als Bewerber um die anatom.-bot. Professur. Theses anatomico-botanicae.
Basel; med. Diss. 1751

Socin, Adolf: Eine in Strassburg erschienene Anekdotensammlung in Versen, s. Studien, Strassburger, Bd. 3.

Socin, Adf., s. Beówulf.

Socin, Adolf, und Schwarz, Rudolf. Handbuch der Stenographischen Praxis <System Stolze-Schrey>. 2 Teile. 8. Wetzikon bei Zürich, Hermann Bebie. ([cart.] *je* fr. 2. —, *zus.* 3. 50)
Teil 1: Systematische Anleitung. 56 S. 1903.
Teil 2: Alphabetisches Kürzungsverzeichnis. 92 S. 1904.

Socin, Adf., u. Rud. Schwarz, Handbuch der stenographischen Praxis (System Stolze-Schrey). 2 Tle. gr. 8. Wetzikon. (Leipzig, J. H. Robolsky.) Kart. à n.n. 1.60
1. Systematische Anleitg. (51 S.) 903.
2. Alphabetisches Kürzungsverzeichnis. (92 S.) 904.

Socin, Adf., der Kampf des niederdeutschen Dialektes gegen die hochdeutsche Schriftsprache, s. a. Sammlung gemeinverständlicher wissenschaftlicher Vorträge.

Socin A. der Kampf des niederdeutschen Dialekts gegen die hochdeutsche Schriftsprache. (Slg gemeinverständl. wissenschaftlicher Vortr. NF II, 20) Hamburg 1887

Socin, Adlf, Der Kampf des niederdeutschen Dialektes gegen die hochdeutsche Schriftsprache. Hamburg 1888. 8.
Ist: Samml. gem.-verst. wiss. Vortr. N. F. Ser. 2. H. 44. . . . . (HC.)

— **ausführliches Lehrbuch der vereinfachten Stenographie.** gr. 8. (VI, 49 S. m. 48 autogr. Taf.) Basel 890. [Schneider.] Geering. n. 1. 60; Schlüssel dazu (16 autogr. S.) n. — 40

Socin, Adf., Lehrbuch d. vereinf. Stenographie. 2., nach d. Systemurkunde bearb. Aufl. gr. 8. (IX, 103 S.) Basel 895. A. Geering. n. 1. 60

– Basler Mundart u. Basler Dichter, s.a. Neujahrsblatt, hrsg. v. d. Gesellschaft zur Beförderg. d. Guten u. Gemeinnützigen in Basel, 74.

[F.] Basler Mundart und Basler Dichter. Von Adolf **Socin.** *Basel: In Komm. bei R. Reich: (Buchdr. Baur) 1895.* (63 S., 1 Taf.) 1 Bd 4.
= **Neujahrsblatt** hrsg. v. d. Gesellschaft z. Beförderung d. Guten u. Gemeinnützigen. [No] 74. (97. 1527)

—— **Nachtrag zu den Ortsbestimmungen in den Weissenburger Urkunden,** s. Studien, Strassburger. Bd. 1.

Socin, Adolf. Mittelhochdeutsches Namenbuch. Nach oberrheinischen Quellen des zwölften und dreizehnten Jahrhunderts. XVI + 787 S. 4. Basel, Helbing & Lichtenhahn, 1903. [fr. 50. —]

Socin, Adolf, siehe: *Neujahrsblatt.*

Socin, Adf., Schriftsprache u. Dialekte im Deutschen nach Zeugnissen alter u. neuer Zeit. Beiträge zur Geschichte der deutschen Sprache. gr. 8. (XII, 544 S.) Heilbronn 888. [Gebr. Henninger.] Leipzig, Reisland. n. 10. —

– Die althochdeutsche Sprache im Elsass vor Otfried von Weissenburg, s. Studien, Strassburger, Bd. 1.

Socin, A. J. J. Spreng. Ein basler Gelehrter und Dichter aus dem XVIII. Jahrh. In-8°. 21 S. Zürich, J. Müller's Xylogr. Anstalt. 1893.
*** Sep.-Abdr. aus d. Bas. Jahrbuch 1893.

— s.: Spreng's, J. J., Idioticon Rauracum.

Socin, Alb., Bücher-Verzeichniss von Karl J. Trübner in Strassburg. XI. Arabische, pers. und türk. Drucke aus den Pressen von Bulaq, Cairo, Alexandrien, Stambul, Beirut, Bagdad, Teheran, Tebriz etc. gr. 8. (36 S.) Strassburg 874, Trübner. **

Socin, Albertus: De 'Alkamae elfahl carminibus et vita adjecto textu Arabico adhuc inedito. Halis Saxonum (1867): Metzger in Leipzig. 16, [arab.:] 16 S. 8°
Halle-Wittenberg, Phil. Diss. v. 5. Aug. 1867
Geb. Basel 13. 10. 1844. V.
[Zwischent. arab.]
Vom Verf. erschien: Die Gedichte des 'Alkama Alfahl. Mit Anm. hrsg. Leipzig: Vogel 1867. VIII, 64 S. 8°

— u. Hans Stumme, der arabische Dialekt der Huowāra des Wād Sūs in Marokko. Lex.-8. (144 S.) Leipzig 894. [S. Hirzel.] B. G. Teubner. n. 8. —; ermäss. Preis n. 4. —

— u. Hans Stumme, der arabische Dialekt der Huowāra des Wād Sūs in Marokko. [Aus: „Abhandlgn. d. sächs. Gesellsch. d. Wiss."] Lex.-8. (144 S.) Leipzig 894. S. Hirzel. n. 8. —

— zum arabischen Dialekt v. Marokko. Lex.-8. (56 S.) Leipzig 893. [S. Hirzel.] B. G. Teubner. n. 3. —; ermäss. Pr. n. 1. 50

Socin, Alb., zum arabischen Dialekt v. Marokko. [Aus: „Abhandlgn. d. k. sächs. Gesellsch. d. Wiss."] Lex.-8. (56 S.) Leipzig 893. S. Hirzel. n. 3. —

— der arabische Dialekt v. Mōṣul u. Märdin. (III, 128 S.) gr. 8. Leipzig 904. (F. A. Brockhaus' Sort.) n. 4. —
Sonderabdruck a.: „Ztschr. d. deut. morgenländ. Gesellsch."

Socin, Alb., der neu-aramaeische Dialekt des Tûr 'Abdîn, s.: Prym, E.

— die neu-aramaeischen Dialekte von Urmia bis Mosul. Texte u. Übersetzung. gr. 4. (XI, 224 S., wovon 168 autogr.) Tübingen 882. Laupp. n.n. 20. —

— s.a. Diwan aus Centralarabien.

Socin, Albert. Diwan aus Centralarabien. Gesammelt, übersetzt und erläutert von Albert Socin. Hrg. von Hans Stumme. 3 Theile. gr.-8. Leipzig, B. G. Teubner. (M. 26.—)
Theil 1: Texte nebst Glossen und Excurse. (Mit 3 Tafeln.) IV + 300 S. 1900. (M. 12. —)
Theil 2: Übersetzung. IV + 146 S. 1900. (M. 4. —)
Theil 3: Einleitung. Glossar und Indices. Nachträge des Herausgebers. XII + 354 S. 1901. (M. 10. —)
Abhandlungen der philologisch-historischen Classe der Königl. Sächsischen Gesellschaft der Wissenschaften. Band 19, № 1—3.

Socin, Alb., die Aechtheit der moabitischen Alterthümer geprüft, s. Kautzsch, E.

Socin, Alb., die Gedichte des Alkama Alfahl. Mit Anmerkungen hrsg. gr. 8. (VIII und 64 S.) Leipzig 867, Vogel. *

— die Genesis, m. äusserer Unterscheidung der Quellenschriften übersetzt, s.: Kautzsch, E.

Socin, Alb., Arabic grammar, s.a. Porta linguarum orientalium, IV.

Socin, A., arabic grammar. Paradigms, litterature, chrestomathy and glossary. [Porta linguarum orientalium. Pars 4. ed. 3.] 8. (XVI, 191 S.) Berlin 885. Reuther. n. 7. —

Arabic grammar. Paradigms, literature, exercises a. glossary by Dr. A[lbert] Socin, Prof. o. in the Univ. of Leipzig. 2. English ed. transl. from the 3. German ed. by the Rev. Arch[ibald] R[obert] S[tirling] Kennedy ... Prof. ... in the Univ. of Edinburgh. *Berlin: Reuther & Reichard 1895.* (XVI, 170, 159 S.) 1 Bd 8.
— Porta linguarum orientalium. P. IV. [96. 43]

Socin, Alb., arabische Grammatik, s.a. Porta linguarum orientalium. IV.

— arabische Grammatik. Paradigmen, Litteratur, Chrestomathie u. Glossar. [Porta linguarum orientalium. Pars IV. 3. ed.] 8. (XVI, 194 S.) Berlin 885. Reuther. n. 6. —

Socin, Albert, Arabische Grammatik, Paradigmen, Litteratur, Chrestomathie und Glossar. [= Porta linguarum orientalium. Pars IV.] Carlsruhe und Leipzig 1885.
— — dasselbe. 2. Auflage. 1889.
— — dasselbe. 3. Auflage. Berlin 1894.
— — dasselbe. Englische Ausgabe. 1885.

Arabische Grammatik. Paradigmen, Litteratur, Übungsstücke u. Glossar. Von Dr. A[lbert] Socin, o. Prof. a. d. Univ. Leipzig. 4. verm. u. verb. Aufl. Berlin: Reuther & Reichard 1899. (1 Bl., XIII, 169, 156* S.) 1 Bd 8°.
= Porta linguarum orientalium. Pars. IV.

Socin, A[lbert]. A. Socin's Arabische Grammatik, Paradigmen, Litteratur, Übungsstücke und Glossar. 5. verbesserte Aufl. Bearb. von Karl Brockelmann. XIV + 176 + 156* S. 8. Berlin, Reuther & Reichard; London, Williams & Norgate; New York, Lemcke & Buechner, 1904. (M. 7. —, geb. 7. 80)
Porta linguarum orientalium. Sammlung von Lehrbuchern fur das Studium der orientalischen Sprache.... (Pars) 4....

Socin, A[lbert]. A. Socins Arabische Grammatik, Paradigmen, Litteratur, Übungsstücke und Glossar. 6. Aufl. Neu bearb. von Karl Brockelmann. XVI + 200 + 130* S. 8. Berlin, Reuther & Reichard; London, Williams & Norgate; New York, Lemcke & Buechner, 1909. (M. 7. —, geb. 8. —)
Porta linguarum orientalium. Sammlung von Lehrbüchern für das Studium der orientalischen Sprachen... (Pars) 4....

— hebräisches u. aramäisches Handwörterbuch üb. d. Alte Testament, s.: Gesenius, Wilh.

Socin, Albertus: Zur Metrik einiger ins Arabische übersetzter Dramen Moliere's. Lipsiae (1897): A. Edelmann. (41 S.) 4°
Leipzig, Verz. d. Promotionen in d. phil. Fak. 1896—97

Socin, Albert, Zur Metrik einiger in's Arabische uebersetzter Dramen Molière's. Leipzig o. J.

— kurdische Sammlungen, s.: Prym, Eug.

— die Siloahinschrift zum Gebrauch bei akadem. Vorlesungen. Neu gezeichnet u. hrsg. gr. 8. (4 S. m. 1 Taf.) Freiburg i/B. 899. Tübingen, J. C. B. Mohr. n. — 60
Sonderabdruck aus: „Zeitschr. d. deut. Palästina-Vereins".

—— arabische Sprichwörter und Redensarten, gesammelt und erklärt. gr. 4. (41 und 14 S.) Tübingen 878, (Fues'sche Sortimentsb.) *

— s. Zeitschrift der deutschen morgenländ. Gesellschaft.

Socin, Aug., u. Edw. Klebs, chirurgische u. pathologisch-anatomische Beiträge zur Kriegsheilkunde. I. u. II. hoch 4. Leipzig 872. F. C. W. Vogel. n 20. —
I. Beiträge zur patholog. Anatomie der Schusswunden nach Beobachtgn. in den Kriegslazarethen in Carlsruhe 1870 u. 1871 v. Edw. Klebs. Mit (eingedr.) Holzschn. u. 10 (lith.) Taf. (XI, 137 S.) n. 13. —
II. Kriegschirurgische Erfahrgn. gesammelt in Carlsruhe 1870 u. 1871 v. Socin. Mit (eingedr.) Holzschn. u. 9 (lith.) Taf. (X, 195 S.) n. 16. —

Socin, A. Kriegschirurg. Erfahrungen, gesamm. in Karlsruhe 1870 u. 71. Mit 9 Taf. Leipzig 1872. 4. (Dopp.) 2 Bde.

Socin und Burckhardt. Jahresbericht über die chirurgische Abtheilung des Spitals in Basel während des Jahres 1880. In-8⁰, 157 S. Basel. 1882

Socin, [Aug.], die Krankheiten der Prostata, s. Handbuch der allgemeinen und speciellen Chirurgie.

Socin, A., u. Emil Burckhardt, die Verletzungen u. Krankheiten der Prostata, s.a. Chirurgie, deutsche.

Socin, A(ugust), und Burckhardt, Emil. Die Verletzungen und Krankheiten der Prostata. Begonnen von weil. Prof. Dr. A. Socin in Basel, fortgeführt und vollendet von Prof. Dr. Emil Burckhardt in Basel. Mit pathologisch-anatomischem Beitrag von Prof. Dr. E[duard] Kaufmann in Basel. Mit 3 Tafeln und 153 in den Text gedruckten Abbildungen. LX + 504 + *Tafel-Erklärungen* 3 S. 8. Stuttgart, Ferdinand Enke, 1902. [M. 18. —]
Deutsche Chirurgie.... Hrg. von E[rnst] v. Bergmann und P[aul] v. Bruns. Liefg. 58....

Socin, Benedikt: De crimine peculatus in specie sic dicto. 22 S. Basel, Jur.Diss.v. 30.Dez.1727.

Socin, Benedikt: Theses juridicae. 6 S.– Basel, Jur.Diss.v. 20.April 1731.

Socin, Carl A., s. Socin, Karl A.

Socin, Chr., d. Abendmahl nebst verwandt. Lehren nach Schriftgrundzügen ausgeführt für jede Konfession. gr. 12. (21½ B.) Basel 842, Bahnmaier's Buchh. *

Socin, Constantin, s. Socin, Konstantin

Socin, Joh.Jakob: De officiis erga inimicos, s. Huber, Joh.Jakob (Praes.)

Socin, Joh.Jakob: Specimen philosophicum, s. Stupan, Joh.Rudolf (Praes.)

Socin, Joh.Rudolf: De meliorationibus illarumque probatione et aestimatione. 30 S.– Basel, Jur.Diss.v. 12.Mai 1719.

Socin, Joh.Rudolf: Theses juridicae. 6 S.– Basel, Jur.Diss.v. 10.Juli 1722.

Socin, Joseph: De bona fama, s. Ryhiner, Daniel (Praes.)

Socin, Joseph: De fundamento juris naturae et gentium quod continetur..., s. Ryhiner, Peter (Praes.)

Socin, Joseph: De summis imperantibus eorumque officio, s. Burckhardt, Andreas (Praes.)

Socin, Karl A.

Socin, *Carl* A. [eidg. dipl. Arzt aus Basel]: Wie verhalten sich Diabetiker Lävulose- und Milchzuckerzufuhr gegenüber? ... Strassburg i. E., Buchdr. C. Goeller, 1894; 30 S. 8.
Strassburg. Med. Fak., Inaug.-Diss. v. 1894

Socin, Konstantin

Socin, Const.: De forma et praestantia Ciceronis pro Milone orationis. 42 S. 8⁰. – Roveredo OG., Progr. 1872.

Indian Sociologist: The Indian Sociologist v. The Indian Sociologist.

Socius, Verus Jesu, in primo fervore conservatus ... Viennae 1749. V: *Werdnig, Michael.* (Jes)

Socius, Verus Jesu. Viennae 1838. V: *Schega, Johann.* (So) Ü & H: *Pierling, Johann.* (Jes)

Sockel, J., Die Eroberung und Verteilung des heil. Landes unter die Stämme Israels durch Josua. Gleiwitz, 1870, 25 S., 4°, Gymnas.-Programm.

Söckeland, Bernhard, s.a. Sökeland, Bernhard

Söckeland, B., de antiquis Guestfalicae cultoribus. 8. Münst. 824. Regensberg. 6 gr

Söckeland (auch Sökeland), Bernh., Geschichte d. Stadt Coesfeld. 8. (17⅛ B.) Coesfeld 839, (Riese's Verl.) *

Söckeland, B., Geschichte des Münsterschen Gymnasiums von d. Uebergange desselben an die Jesuiten im J. 1588 bis 1630. 8. Münst. 827. Coppenrath. 8 gr

— üb. die Straßen der Römer u. Franken zwischen d. Ems u. Lippe. 8. Münst. 825. Regensberg. 8 gr

Söckeland, B., Umgestaltung d. Münsterschen Gymnasiums durch d. Minister Frh. v. Fürstenberg, nebst Nachrichten üb. Fürstenberg. Progr. 8. (10½ B.) Münster 828, Regensberg.

— üb. d. Verhältnisse u. Wohnsitze d. deutschen Völker zwischen d. Rhein u. d. Weser z. Zeit d. Römerkriege in Deutschland. Eine polem. Schrift geg. d. Herrn v. Ledebur „Land u. Volk d. Brukterer." 8. (5 B.) Münster 835, Theissing'sche Bh. Thlr.

Sockl, Mor., Interessen-Tabellen in österreichischer Wahrung für jeden Kapitals-Betrag von 1 Kreuzer bis 1 Million Gulden auf jede beliebige Anzahl Tage an bis zu einem Jahre à 4, 4½, 5, 5½, 6, 6½, 7, 7½, 8, 8½, 9, 9½ u. 10 Procente nebst einer Tabelle, enthaltend die Jahres-Interessen à ¼, ½ u. so fort bis 10 Procente. Wien 859. Sommer. (F. Klemm.) Fol. (31 S.) n. 20 ngr.

Soecknick, Karl: Anfänge. Drei Gespräche über Erziehungsfragen. Tilsit, gedr. bei E. Suttkus, 1895; 3—24 S. 4.
Tilsit, k. RG, OP 1895 (23)

Soecknick, Karl, Prof.: Über das Saint-Venantsche Problem. Königsberg i. Pr. 1904: Hartung. (52 S.) 4°
Königsberg i. Pr., k. Friedrichs-K P 1904 (6)

Soecknick, Karl, Prof.: Über das Saint-Venantsche Problem. T. 2. Königsberg i. Pr. 1905: Hartung. (45 S.) 4° ¶ [Forts. d. P-Beil. 1904.]
Königsberg, k. FriedrichsK P 1905 (6)

Soecknick, K., Triebsand-Studien. (S. 37—48 m. Abbildgn.) Lex.-8. Königsberg (905). (W. Koch.) n.n. 1. — Sonderabdr. a.: „Schriften d. physikal.-ökonom. Gesellsch."

Soecknick, Karl: Zeichen, Benennungen, Definitionen in der Schulmathematik mit besonderer Berücksichtigung des Parallelenaxioms. Königsberg i. P. 1910: Hartung. 28 S. 8°
Königsberg i. P., k. Friedrichs-Koll. OP 1910 (6) [S 10. 417

Die Grundprobleme der Philosophie kritisch dargest. u. zu lösen versucht von Ilariu **Socoliu**. Bern: Beck-Keller 1895. XVI, VI, 261 S. 8°
Erschien zuerst u. d. T.: Zur Verjüngung d. Philosophie. Von I. Segall-Socoliu. Reihe 1. Berlin: Duncker 1893. [10. 16770

Zur Verjüngung der Philosophie. Psycholog.-krit. Untersuchungen auf d. Gebiet d. menschl. Wissens von I[lariu] Segall-**Socoliu**. Reihe 1. Berlin: Duncker 1893. 8° [10. 16768

Socoloff, A., sur la queue du I type de la comète de 1858, V. [Avec 1 planche (lith.).] gr. 8. (14 S.) Moscou 884. (Leipzig, Voss' Sort.) n. 1. —

Socquet, Jos. Maria, prakt.-chem. Abhandl.; aus d. Franzöf. mit Anmerkk. von J. B. Trommsdorf. Mit 1 Kpf. gr. 8. Erfurt 803. Hennings in Gotha. 18 gr.

Socrate Delirante, o sia Dialoghi di Diogene di Sinope . . . Traduzioni dal Tedesco. Colonia 1781. V: *Wieland, Christoph Martin.* (BrMm)

Socrate, Le Rustique, ou déscription de la conduite . . . d'un paysan philosophe. Zürich 1768. V: *Frey von Landres, Joh. Rud.* (Engoec) (Ky)

Socrate, le Rustique, ou déscription de la conduite économique et morale d'un paysan philosophe, (par J. R. Frey de Landres). 8. Zürich 768. Oroll. 16 gr (4 Auflagen).

Socrates, s. a. S o k r a t e s

SOCRATES serviens, Xantippe dominans, oder wohlmeinender Zuruff an alle unter dem Joche ihrer Weiber seufzende Mitbrüder. Gedruckt zu Sclavenburg, 1747. 8°. 47 SS. (4 Mk. Jacques Rosenthal, c. 1903.)
Seltene und derbe Satyre, nicht bei Weller, falsche u. fingirte Druckorte.

SOCRATES SERVIENS, Xantippe dominans, oder wohlmeinender Zuruf an alle unter dem Joche der Weiber feufzenden Mitbrüder etc. Gedruckt zu Sclavenburg 1751. 8°. 47 S. [E. VII, 336.]

Socrates μαινόμενος, oder die Dialogen des Diogenes von Sinope. Leipzig 1770. V: *Wieland, Christoph Martin.* (BrMm) (MGT)

Socrates, Betracht. über die Rechte u. Pflichten Gottes. 8. Erfurt 763. Homeyer. 3 gr.

— les entretiens mémorables de Socrate; trad. du grec par M. Levesque. 8. Dresd. 786. Walther. 16 gr.

Socratis et Socraticorum, Pythagorae et Pythagoreorum, quae feruntur Epistolae. Graece ad fidem Codicis quondam Helmstadiensis, nunc Gottingensis recensuit, notis Allatii, Stanleji, Olearii etc. aliorumque et suis illustravit, versionem lat. emendat. Allatii, Pearsonii, Olearii, Bentleji, Meinersii dissert. et judicia de epist. Socr. et indicem adjecit Jo. Conr. Orellius. 8maj. Lips. Weidmann. 815. Druckp. Schreibp. besseres

Auch unt. dem Titel:
Collectio epistolarum graecarum graece et latine. Recensuit, notis priorum interpretum suisque illustravit Io. Conr. Orellius. Tom. I. continens epist. Socraticorum et Pythagoreorum. 8maj. ibid. 815.

Socratis et Socraticorum, Pythagorae et Pythagoreorum, quae feruntur, epistolae. Graece. Ad fidem Codicis quondam Helmstad., nunc Gottingensis, recensuit, notis Allatii Stanleji, Olearii etc. aliorumque et suis illustravit, vers. lat. emendat. Allatii, Pearsonii, Olearii, Bentleji, Meinersii dissertat. et judicia de epist. Socrat. et indicem adjecit Jo. Conr. Orellius, 8maj. Leipz. 816. Weidmann. 2 Rthl 6 gr Schreibp. 3 Rthl Velinp. 3 Rthl 12 gr (A. u. d. T.: Collectio epistolarum graecarum graece et latine. Recensuit, notis priorum interpretum suisque illustravit Jo. Conr. Orellius. Tom. I.)

S o c r a t i s scholastici ecclesiastica historia. Edidit Rob. Hussey. III Tomi. 8maj. (Tom. I. et 2. LIII und 887 S. und Tom. 3.: Annotationes 609 S.) Oxonii 853, (Parker.) **

FSC
www.fsc.org
MIX
Papier | Fördert gute Waldnutzung
FSC® C083411

Kolibri 360 GmbH
Ferdinand-Jühlke-Straße 7
99095 Erfurt, Deutschland
produktsicherheit@kolibri360.de